INTRODUÇÃO À BIOQUÍMICA

TRADUÇÃO DA 4ª EDIÇÃO AMERICANA

Blucher

ERIC E. CONN
P. K. STUMPF
Departamento de Bioquímica e Biofísica,
University of California, Davis, EUA

INTRODUÇÃO À BIOQUÍMICA

TRADUÇÃO DA 4ª EDIÇÃO AMERICANA

J. REINALDO MAGALHÃES
Departamento de Biofísica e
Fisiologia da Escola Paulista de Medicina
LÉLIA MENNUCCI
Instituto de Química
da Universidade de São Paulo

Tradutores da edição anterior

Lélia Mennucci e M. Júlia Manso Alves
Instituto de Química da Universidade de São Paulo

Luiz Juliano Neto
Escola Paulista de Medicina

Odécio Cáceres
Escola de Medicina de Marília

Marina A. Alvarez
Faculdade de Medicina da FUABC

Título original
OUTLINES OF BIOCHEMISTRY
A edição em língua inglesa foi publicada pela JOHN WILEY & SONS, INC.

Introdução à bioquímica

16ª reimpressão - 2020

Blucher

Rua Pedroso Alvarenga, 1245, 4º andar
04531-934 - São Paulo - SP - Brasil
Tel.: 55 11 3078-5366
contato@blucher.com.br
www.blucher.com.br

FICHA CATALOGRÁFICA

Conn, Eric Edward
C762i Introdução à bioquímica / Eric E. Conn e Paul Karl Stumpf; tradução Lélia Mennucci [e outros], supervisão José Reinaldo Magalhães - 4ª ed. - São Paulo: Blucher, 1980.

536 p. ; ilust.

Publicado anteriormente com o título: Manual de bioquímica

Bibliografia.
ISBN 978-85-212-0158-8

1. Bioquímica 2. Metabolismo I. Stumpf, Paul Karl

75-0012 17. 18. CDD-574.192
17. -574.13
18. -574.133

Índices para catálogo sistemático:
1. Bioquímica: Biologia 574.192 (17. e 18.)
2. Metabolismo: Fisiologia: Biologia 574.13 (17.)
574.133 (18.)
3. Química biológica: Biologia 574.192 (17. e 18.)

CONTEÚDO

PREFÁCIO
Tradução da 4ª edição americana

Há quinze anos atrás, começamos a reunir material para a primeira edição deste livro. Aquela edição foi baseada em nossa experiência no ensino de bioquímica geral na Universidade da California, tanto no *campus* de Davis como no de Berkeley. Naquele tempo havia poucos livros de texto que podiam atender às necessidades do ensino de graduação, para um curso introdutório de semestre. Na década posterior ao aparecimento de nossa primeira edição, em 1963, vários outros textos em bioquímica geral foram publicados. Alguns deles excederam em muito este livro quanto ao número de tópicos abordados e os detalhes apresentados. Outros textos, igualmente abreviados, foram projetados para os mesmos leitores. É nosso desejo que a presente edição consiga atingir um equilíbrio razoável entre esses dois extremos.

Cada edição subseqüente de nosso livro tem refletido muitos dos desenvolvimentos em bioquímica desde 1961. O aumento no conhecimento bioquímico naquele período resultou num aumento na extensão de nosso livro, de 390 para 609 páginas. Os desenvolvimentos em biologia molecular exigiram revisão e expansão, a cada nova edição, dos vários capítulos que discutem ácidos nucleicos e proteínas. O material referente à fotossíntese e à fixação do nitrogênio sofreu revisão e atualização contínuas. O aumento no conhecimento da estrutura celular levou-nos a adicionar um capítulo, inexistente na primeira edição, bem como material sobre a estrutúra e composição dos constituintes celulares, o que mal se conhecia em 1961. Finalmente, o assunto primário deste livro — o metabolismo intermediário — sofreu revisões repetidas à medida que novas informações eram acumuladas sobre o próprio metabolismo e seus processos de regulação. Um exemplo relevante é a nova informação incluída nesta edição sobre a glutamato-sintetase como a reação principal para a incorporação de NH_3 às combinações orgânicas.

Ao preparar esta e as outras edições, continuamos agradecidos a nossos estudantes e colegas que usaram o livro em seus cursos. Em particular, agradecemos aos estudantes participantes do curso de Bioquímica 101AB em Davis, e a I. H. Segel — que ensinou no curso de Davis por quase uma década —, pelas inúmeras sugestões durante todos esses anos. Agradecemos também a nossos colegas G. E. Bruening, R. H. Doi e M. R. Villarejo, que leram determinados capítulos da presente edição. Somos particularmente agradecidos a E. Aaes-Jorgensen, que leu todo o livro; ele e seus colegas B. Jensen, O. M. Larsson e P. Arends fizeram muitas sugestões valiosas para a melhoria da edição atual.

Finalmente, desejamos salientar mais uma vez que este livro destina-se a servir como um texto introdutório para o estudo da bioquímica, através do tema do metabolismo intermediário. Esse tópico parece ser particularmente apropriado aos estudantes que não vão se especializar no assunto.

O livro foi traduzido do inglês para cinco outros idiomas.

Davis, California

E. E. Conn
P. K. Stumpf

PARTE I
A QUÍMICA DOS COMPOSTOS BIOLÓGICOS

capítulo 1

pH E SOLUÇÕES-TAMPÃO

OBJETIVO

Neste capítulo são discutidas algumas propriedades químicas das soluções aquosas, como uma introdução ao estudo da ionização dos eletrólitos fracos. Segue-se uma descrição de sistemas-tampão, apresentando-se exemplos de diferentes tampões. Dessa maneira, o estudante poderá entender os diversos exemplos, que encontrará no decorrer do texto, de compostos ionizáveis e o efeito do pH sobre suas estruturas.

INTRODUÇÃO

As células vivas contêm carboidratos, lipídeos, aminoácidos, proteínas, ácidos nucleicos, nucleotídeos e compostos relacionados em quantidades variáveis. Embora esses compostos tenham um número quase infinito de estruturas químicas, sua massa é constituída quase que inteiramente por somente seis elementos — carbono (C), hidrogênio (H), oxigênio (O), nitrogênio (N), fósforo (P) e enxofre (S). Além disso, dois dos elementos, hidrogênio e oxigênio, combinam-se para formar o mais abundante componente celular, H_2O, que não está incluída dentro de quaisquer categorias acima mencionadas. Mais de 90% do plasma sanguíneo é H_2O, o músculo contém cerca de 80% de H_2O e a água constitui mais da metade da maioria dos outros tecidos animais ou vegetais.

Conquanto a H_2O seja o mais abundante componente celular, é também um composto indispensável à vida. Os nutrientes que a célula consome, o oxigênio usado na oxidação dos mesmos e os produtos residuais formados são todos transportados pela H_2O. Por essa razão é útil notar que esse familiar composto químico tem um número excepcional de propriedades que o faz peculiar e bem apropriado para seu desempenho como solvente da vida.

ALGUMAS IMPORTANTES PROPRIEDADES DA ÁGUA

Muitas das propriedades físicas da H_2O são singularmente excepcionais. Consideremos, por exemplo, o grupo de compostos que se encontram na Tab. 1-1. Esses compostos podem ser comparados com a H_2O, seja pelas suas boas propriedades como solventes ou porque eles têm o mesmo número de elétrons (isoeletrônicos). Como se pode ver, a H_2O tem o mais elevado ponto de ebulição, o mais alto calor específico de vaporização e também o ponto de fusão mais elevado de todos esses compostos. Pauling expressou o comportamento anômalo da H_2O de outra maneira, comparando-a com hidretos de outros elementos do grupo VI da tabela periódica — H_2S, H_2Se e H_2Te. De acordo com essa comparação, nós poderíamos predizer que a H_2O teria um ponto de ebulição de —100 °C em lugar de + 100 °C como se observa.

Tabela 1-1. Algumas propriedades físicas da água e outros compostos

Substância	Ponto de fusão (°C)	Ponto de ebulição (°C)	Calor de vaporização (cal/g)	Capacidade calorífica (cal/g)	Calor de fusão (cal/g)
H_2O	0	100	540	1,000	80
Etanol	−114	78	204	0,581	24,9
Metanol	−98	65	263	0,600	22
Acetona	−95	56	125	0,528	23
Acetato de etila	−84	77	102	0,459	—
Clorofórmio	−63	61	59	0,226	—
NH_3	−78	−33	327	1,120	84
H_2S	−83	−60	132	—	16,7
HF	−92	19	360	—	54,7

A molécula de água é fortemente polarizada devido à eletronegatividade do átomo de oxigênio, que tende a atrair os elétrons dos átomos de hidrogênio, produzindo uma carga eletropositiva efetiva em torno do próton. Devido a essa polarização, as moléculas de água comportam-se como dipolos, uma vez que elas podem ser orientadas em ambas as direções como íons positivos e negativos. Essa propriedade dá à água uma singular capacidade para atuar como solvente. Moléculas dipolares de água podem penetrar na rede cristalina formada pelos íons negativos e positivos, os quais são solubilizados. Uma vez em solução, os íons com cargas positivas ou negativas serão envolvidos pelas camadas protetoras de moléculas de água e a interação existente entre aqueles íons de cargas opostas será, conseqüentemente, diminuída.

Os elevados pontos de ebulição e de fusão da água e seu alto calor de vaporização são resultado de uma interação entre moléculas de água adjacentes, conhecida como pontes de hidrogênio. Em síntese, o termo *ponte de hidrogênio* se refere à interação de um átomo de hidrogênio que está covalentemente ligado a um átomo eletronegativo com um segundo átomo eletronegativo. Há uma tendência do átomo de hidrogênio a associar-se com um segundo átomo eletronegativo, compartilhando o par de elétrons livres deste último, formando-se uma ligação fraca de aproximadamente 4,5 kcal/mol. [Em material biológico, os dois átomos mais comumente envolvidos em pontes de hidrogênio são o nitrogênio (N) e o oxigênio (O).] Na água líquida pequenas cadeias transitórias de moléculas de água ocorrem devido a essa interação.

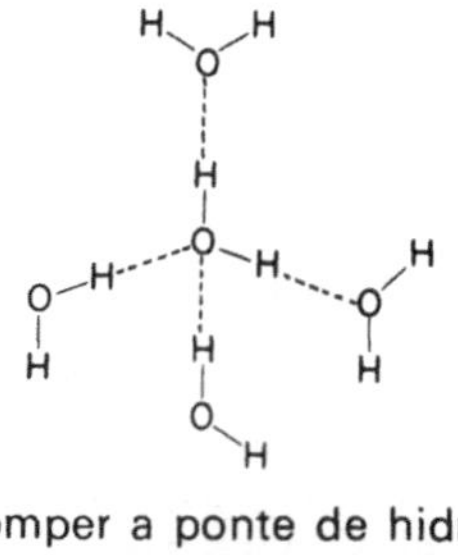

A energia necessária para romper a ponte de hidrogênio (4-10 kcal/mol) é muito menor que a requerida para quebrar uma ligação covalente O — H, e em solução as pontes de hidrogênio são rompidas e formadas rapidamente. O efeito aditivo das uniões por pontes de hidrogênio é um dos principais fatores que explicam muitas das propriedades incomuns da H_2O. Assim, a energia extra necessária para ferver a água ou fundir o gelo, pode ser atribuída em grande parte ao grande número de pontes de hidrogênio existentes.

Outras propriedades incomuns da água fazem-na um meio ideal para os organismos vivos. Por exemplo o calor específico da H_2O — o número de calorias necessárias para elevar a temperatura de 1 g de água de 15 para 16 °C — é 1,0 e é excepcionalmente elevado em comparação com outros solventes (etanol, 0,58; metanol, 0,6; acetona, 0,53; clorofórmio, 0,23; acetato de etila, 0,46). Somente o da amônia líquida é mais alto, 1,12. Quanto maior é o calor específico de uma substância, menor é a variação da temperatura que resulta quando uma determinada quantidade de calor é absorvida por aquela substância. Devido a isso, a água é muito apropriada para conservar relativamente constante a temperatura dos organismos vivos. Foi essa propriedade da água que fez dos oceanos um meio ideal para a origem da vida e a evolução das formas primitivas.

O calor de vaporização da H_2O, como já foi mencionado, é singularmente alto. Expresso como calor específico de vaporização (calorias absorvidas por grama vaporizada) o valor para a água é 540 em seu ponto de ebulição e ainda mais elevado em temperaturas menores. Esse valor elevado é de grande utilidade para manter constante a temperatura dos organismos vivos, uma vez que uma grande quantidade de calor pode ser dissipada por vaporização de H_2O.

O elevado calor de fusão da água (80 cal/g, comparado com 25 para o etanol, 22 para o metanol, 17 para o H_2S, 23 para o acetona) é também de grande significado na estabilização do meio ambiente biológico. Embora a água da célula raramente se congele nos organismos superiores, o calor libertado pela água ao se congelar é um dos fatores principais que diminui essa possibilidade de abaixamento da temperatura de uma massa dê água durante o inverno. Assim, 1 g de H_2O deve perder oitenta vezes mais calor, ao congelar-se a 0 °C, do que perderia ao passar da temperatura de 1° C para 0° C, exatamente antes de congelar-se.

Pode citar-se, por último, outra propriedade da água com importância biológica, que é o fato dela possuir densidade máxima a 4 °C. Isso a faz expandir-se ao solidificar-se, portanto o gelo é menos denso. Esse fenômeno é raro, mas a sua importância em biologia foi reconhecida há tempos. Se o gelo fosse mais pesado que a água líquida deveria afundar-se ao congelar-se. Isso significaria que os oceanos, lagos e rios se congelariam do fundo para a superfície e uma vez congelados seria difícil fundirem-se novamente. Essa situação tornaria impossível a utilização das massas de água que constituem o habitat de muitos seres vivos. O que acontece, entretanto, é que a água quente líquida vai para o fundo em qualquer lago e o gelo flutua na superfície onde o calor do meio ambiente facilmente pode fundi-lo.

Outras propriedades adicionais da água tais como alta-tensão superficial e elevada constante dielétrica têm importância biológica. Entretanto, aconselhamos que o estudante consulte a publicação clássica de L. J. Henderson, *The Fitness of the Environment*, na qual esse problema é discutido com mais detalhe e em lugar disso discutiremos o mecanismo pelo qual a concentração do íon de hidrogênio (H^+) é controlada em soluções aquosas. Para esclarecer isso, revisaremos a *lei de ação das massas* e o *produto iônico da água*.

A LEI DE AÇÃO DAS MASSAS

Para a reação

$$A + B \rightleftharpoons C + D, \quad (1\text{-}1)$$

em que dois reagentes A e B interagem para formar dois produtos C e D, podemos escrever a expressão

$$K_{eq} = \frac{C_C \cdot C_D}{C_A \cdot C_B}. \quad (1\text{-}2)$$

Essa é uma expressão da lei de ação das massas, aplicada à reação (1-1), que estabelece que *no equilíbrio, o produto das concentrações das substâncias formadas numa reação química, dividido pelo produto das concentrações dos reagentes nessa reação, é uma constante conhecida como constante de equilíbrio,* K_{eq}. Se se variar a concentração de qualquer um dos componentes dessa reação, a concentração de pelo menos um dos outros componentes também deverá ser alterada, para manter as condições de equilíbrio, definidas pela K_{eq}.

Para sermos precisos, devemos fazer a distinção entre concentração de reagentes e produtos nessa reação e sua *atividade* ou *concentração efetiva*. Já se sabe há muito tempo que a concentração de uma substância nem sempre define com precisão sua reatividade em uma reação química. Além disso, essas discrepâncias eram mais apreciáveis quando eram altas as concentrações dos reagentes. Nessas condições as partículas reativas podem exercer atrações mútuas, ou apresentar interações com o solvente onde se efetua a reação. Por outro lado, em soluções diluídas, ou em baixas concentrações, as interações são consideravelmente menores ou desprezíveis. Com o objetivo de estabelecer a diferença entre concentração e concentração efetiva, foi introduzido o termo coeficiente de atividade γ. Dessa forma temos

$$a_A = C_A \times \gamma, \tag{1-3}$$

onde a_A se refere à atividade e C_A à concentração da substância. O coeficiente de atividade não é um valor constante, mas varia segundo as condições consideradas. Em concentrações muito baixas, o coeficiente de atividade se aproxima da unidade, por causa da pequena ou nenhuma interação das moléculas do soluto entre si. Em uma diluição infinita a atividade e a concentração são iguais. Para a finalidade deste livro não distinguiremos atividades de concentrações; fica quase sempre o último termo. Como em muitas reações bioquímicas as concentrações dos reagentes são muito baixas, a exatidão não será modificada de maneira apreciável. Além disso a concentração de H^+ na maioria dos tecidos biológicos é aproximadamente 10^{-7} mol/litro e nessa concentração o coeficiente de atividade será igual a unidade.

DISSOCIAÇÃO DA ÁGUA E SEU PRODUTO IÔNICO, K_w

A água é um eletrólito fraco e a sua dissociação para formar H^+ e OH^- é muito reduzida,

$$H_2O \rightleftharpoons H^+ + OH^-. \tag{1-4}$$

A constante de equilíbrio para essa reação de dissociação foi cuidadosamente medida e a 25 °C tem um valor de $1{,}8 \times 10^{-16}$ moles/litros. Ou seja,

$$K_{eq} = \frac{C_{H^+} C_{OH^-}}{C_{H_2O}} = 1{,}8 \times 10^{-16}.$$

A concentração de H_2O (C_{H_2O}) na água pura pode ser calculada como 1 000/18 ou 55,5 moles/litro. Já que a concentração de H_2O em soluções aquosas diluídas é praticamente imutável, esse valor pode ser considerado constante. Com efeito, ele geralmente se incorpora na expressão para a dissociação da água, para dar

$$\begin{aligned} C_{H^+} C_{OH^-} &= 1{,}8 \times 10^{-16} \times 55{,}5 = 1{,}01 \times 10^{-14}, \\ &= K_w = 1{,}01 \times 10^{-14}, \end{aligned} \tag{1-5}$$

a 25 °C.

Essa nova constante K_w, denominada *produto iônico da água*, expressa a relação entre a concentração de H^+ e OH^- em soluções aquosas; por exemplo, essa relação pode ser usada para calcular a concentração de H^+ na água pura. Para isso vamos considerar x igual à concentração de H^+. Como na água pura, ao dissociar-se molécula de H_2O se produz um OH^- para cada H^+ formado, a concentração de OH^- também é igual a x. Substituindo na Eq. (1-5) temos

$$x \cdot x = 1{,}01 \times 10^{-14}$$
$$x^2 = 1{,}01 \times 10^{-14}$$
$$x = C_{H^+} = C_{OH^-} = 1{,}0 \times 10^{-7} \text{ mol/litro.}$$

pH

Em 1909, Sörensen introduziu o termo pH como uma maneira conveniente de expressar a concentração de H^+ por meio de uma função logarítmica; pH pode ser definido como

$$\text{pH} = \log \frac{1}{a_{H^+}} = -\log a_{H^+}, \tag{1-6}$$

onde a_{H^+} é definido como a atividade do H^+. Neste texto não se faz nenhuma distinção entre atividades e concentrações, assim sendo,

$$\text{pH} = \log \frac{1}{[H^+]} = -\log [H^+]. \tag{1-7}$$

Além disso, as concentrações serão indicadas utilizando-se colchetes. Dessa forma, a concentração de H^+ (C_{H^+}) é representada como $[H^+]$. Podemos mostrar a diferença entre atividades e concentrações com o seguinte exemplo: o pH do HCl 0,1 *M* quando medido com um pH-metro é 1,09. Esse valor pode ser substituído na Eq. (1-6), uma vez que o pH-metro mede as atividades e não as concentrações (veja o Apêndice 2),

$$1{,}09 = \log \frac{1}{a_{H^+}},$$
$$a_{H^+} = 10^{-1{,}09},$$
$$a_{H^+} = \text{antilog } \bar{2}{,}91,$$
$$a_{H^+} = 8{,}1 \times 10^{-2} \text{ mol/litro.}$$

Como a concentração de H^+ no HCl 0,1 *M* é 0,1 mol/litro, o coeficiente de atividade, γ, pode ser calculado,

$$\gamma = \frac{a_{H^+}}{[H^+]},$$
$$= \frac{0{,}081}{0{,}1},$$
$$= 0{,}81.$$

É importante frisar que o pH é uma função logarítmica, portanto quando o pH de uma solução diminui de 5 para 4, a concentração de H^+ aumenta 10 vezes de 10^{-5} *M* a 10^{-4} *M*. Quando o pH aumenta de 3 décimos de unidade, de 6,0 para 6,3, a concentração de H^+ diminui de 10^{-6} *M* para 5×10^{-7} *M*.

Se aplicarmos agora a equação do pH ao produto iônico da água pura, obteremos essa outra expressão útil:

$$[H^+] \times [OH^-] = 1{,}0 \times 10^{-14}.$$

Tomemos os logaritmos dessa equação,

$$\log [H^+] + \log [OH^-] = \log (1{,}0 \times 10^{-14}),$$
$$= -14,$$

e multipliquemos por (-1),

$$-\log [H^+] - \log [OH^-] = 14.$$

Se, agora, definirmos $-\log [OH^-]$ como pOH, de forma semelhante à de pH, teremos uma expressão que relaciona o pH e o pOH em qualquer solução aquosa,

$$pH + pOH = 14. \qquad (1\text{-}8)$$

CONCEITO DE ÁCIDOS SEGUNDO BRÖNSTED

Entre as definições de ácidos e bases, a de maior utilidade em bioquímica é aquela proposta por Brönsted. Ele definiu *um ácido como qualquer substância que pode doar prótons*, e *uma base como uma substância que pode aceitar prótons*. Embora outras definições de ácidos, em especial aquela proposta por G. N. Lewis, sejam muito mais gerais, o conceito de Brönsted deve ser detalhadamente compreendido por estudantes de bioquímica.

As seguintes substâncias indicadas à esquerda da equação são exemplos de ácidos de Brönsted:

$$\mathbf{HCl} \longrightarrow H^+ + Cl^-,$$
$$\mathbf{CH_3COOH} \longrightarrow H^+ + CH_3COO^-,$$
$$\mathbf{NH_4^+} \longrightarrow NH_3 + H^+.$$

E a expressão generalizada seria

$$\mathbf{HA} \longrightarrow H^+ + A^-.$$

As bases correspondentes são vistas abaixo reagindo com um próton.

$$Cl^- + H^+ \longrightarrow \mathbf{HCl},$$
$$CH_3COO^- + H^+ \longrightarrow \mathbf{CH_3COOH},$$
$$NH_3 + H^+ \longrightarrow \mathbf{NH_4^+}.$$

A base correspondente para o ácido fraco genérico HA é

$$A^- + H^+ \longrightarrow \mathbf{HA}.$$

É costume referir o par ácido-base como segue: HA é o *ácido de Brönsted* porque ele pode fornecer um próton; o ânion de A^- é chamado de *base conjugada* porque pode aceitar o próton para formar o ácido HA.

DISSOCIAÇÃO DE ELETRÓLITOS FORTES

Os eletrólitos fortes são substâncias que, em solução aquosa, são quase completamente dissociados em partículas carregadas, conhecidas como íons. O cloreto de sódio existe como Na^+ e Cl^-, mesmo em forma cristalina ou sólida. Podemos representar a dissociação do NaCl como sendo completa, da seguinte forma:

$$Na^+Cl^- \longrightarrow Na^+ + Cl^-.$$

Ácidos e bases fortes são eletrólitos que estão quase completamente dissociados em seus íons correspondentes, em soluções aquosas. Assim, o ácido clorídrico (HCl), um ácido mineral, é completamente dissociado em solução aquosa,

$$HCl \longrightarrow H^+ + Cl^-. \qquad (1\text{-}9)$$

Entretanto estaremos representando mais precisamente a reação de HCl em H_2O como uma *ionização*

$$HCl + H_2O \longrightarrow H_3O^+ + Cl^-,$$

em que o HCl eletricamente neutro reagiu com H_2O para formar o ânion de Cl^- e o próton hidratado, H_3O^+, ou íon de hidrônio. Na terminologia de Brönsted, o HCl, ácido de Brönsted, pela ionização contribui com um próton para a base conjugada H_2O formar H_3O^+, um novo ácido de Brönsted, e o Cl^-, a base conjugada do HCl,

$$\underset{\substack{\text{(Ácido}\\ \text{conjugado)}_1}}{\text{CHI}} + \underset{\substack{\text{(Base}\\ \text{conjugada)}_2}}{H_2O} \longrightarrow \underset{\substack{\text{(Ácido}\\ \text{conjugado)}_2}}{H_3O^+} + \underset{\substack{\text{(Base}\\ \text{conjugada)}_1}}{Cl^-}.$$

Nesse caso, lembremos que não só o próton fornecido pelo HCl hidratou-se para formar o íon de hidrônio (H_3O^+), mas que o Cl^- também é hidratado. É comum na prática, omitir a água de hidratação em reações químicas e representar a ionização do HCl, um ácido forte como uma simples dissociação de acordo com a Reação (1-9).

IONIZAÇÃO DE ÁCIDOS FRACOS

Um ácido fraco, em contraste com um ácido forte, é apenas parcialmente ionizado em solução aquosa. Considere-se a ionização de um ácido fraco genérico, HA

$$\underset{\substack{\text{(Ácido}\\ \text{conjugado)}_1}}{HA} + \underset{\substack{\text{(Base}\\ \text{conjugada)}_2}}{H_2O} \rightleftharpoons \underset{\substack{\text{(Ácido}\\ \text{conjugado)}_2}}{H_3O^+} + \underset{\substack{\text{(Base}\\ \text{conjugada)}_1}}{A^-}. \qquad (1\text{-}10)$$

O próton doado pelo HA é recebido pela H_2O para formar o íon de hidrônio, H_3O^+. A constante de equilíbrio para essa reação de ionização é conhecida como constante de ionização, $K_{íon}$:

$$K_{eq} = K_{íon} = \frac{[H_3O^+]\,[A^-]}{[HA]\,[H_2O]}. \qquad (1\text{-}11)$$

Como já vimos, a concentração de H_2O em solução aquosa é por si mesma uma constante, 55,5 moles/litro; podemos assim combinar $K_{íon}$ e $[H_2O]$ para obter uma nova constante, K_a,

$$K_a = K_{íon}[H_2O] = \frac{[H_3O^+]\,[A^-]}{[HA]}. \qquad (1\text{-}12)$$

Além disso, devido $[H_3O^+]$ ser igual à concentração de íon de hidrogênio, vemos que K_a torna-se

$$K_a = \frac{[H^+]\,[A^-]}{[HA]}. \qquad (1\text{-}13)$$

Essa expressão por sua vez é idêntica à constante de equilíbrio que poderíamos ter escrito se HA fosse considerado como um ácido fraco que se dissociasse parcialmente para fornecer prótons e ânions de A^-,

$$HA \rightleftharpoons H^+ + A^-;$$

$$K_{eq} = \frac{[H^+]\,[A^-]}{[HA]}. \qquad (1\text{-}14)$$

IONIZAÇÃO DE BASES FRACAS

A ionização de uma base fraca, definida por um critério químico como uma substância que fornece OH^- pela dissociação, pode ser representada como

$$BOH \rightleftharpoons B^+ + OH^-; \tag{1-15}$$

$$K_{eq} = K_b = \frac{[B^+][OH^-]}{[BOH]}.$$

Para o hidróxido de amônio (NH_4OH), a K_b é dada pelos manuais de química como $1{,}8 \times 10^{-5}$. É importante por essa razão admitir que a capacidade de dissociação do NH_4OH é idêntica à do ácido acético (CH_3COOH; $K_a = 1{,}8 \times 10^{-5}$). A diferença importante, naturalmente, é que o NH_4OH se dissocia para formar íons de hidroxila (OH^-) enquanto que o CH_3COOH para formar prótons (H^+) e que o pH de soluções 0,1 *M* dessas duas substâncias não apresentam semelhanças.

Um dos tipos de base fraca mais comumente encontrado em bioquímica é o grupo denominado aminas orgânicas (por exemplo, os aminogrupos dos aminoácidos). Tais compostos, quando representados pela fórmula geral $R\text{-}NH_2$, não contêm grupos de hidroxilas que possam se dissociar como na reação (1-15). Por outro lado, tais compostos podem se ionizar na H_2O para produzir íons de hidroxila,

$$\underset{\text{(Base conjugada)}_1}{RNH_2} + \underset{\text{(Ácido conjugado)}_2}{H_2O} \rightleftharpoons \underset{\text{(Ácido conjugado)}_1}{RNH_3^+} + \underset{\text{(Base conjugada)}_2}{OH^-}. \tag{1-16}$$

Nessa reação, a H_2O serve como ácido, doando um próton para a base $R\text{-}NH_2$.

Usando a definição de base como sendo uma substância (A^-) que aceita um próton, segundo Brönsted, podemos escrever a expressão geral

$$\underset{\text{(Base conjugada)}_1}{A^-} + \underset{\text{(Ácido conjugado)}_2}{H_2O} \rightleftharpoons \underset{\text{(Ácido conjugado)}_1}{HA} + \underset{\text{(Base conjugada)}_2}{OH^-}. \tag{1-17}$$

A constante de equilíbrio $K_{íon}$ para essa ionização pode ser escrita em analogia com a Eq. (1-11) como

$$K_{íon} = \frac{[HA][OH^-]}{[A^-][H_2O]}. \tag{1-18}$$

Combinando $K_{íon}$ e $[H_2O]$ como anteriormente, temos, analogamente à Eq. (1-12),

$$K_b = \frac{[HA][OH^-]}{[A^-]}. \tag{1-19}$$

A Eq. (1-19) pode ser usada para calcular a $[OH^-]$ de uma solução de uma base fraca; os textos de química apresentam os valores para a K_b de tais substâncias. O pOH por sua vez pode ser calculado e a partir daí o pH pode ser obtido [Eq. (1-8)]. Entretanto existe uma relação direta entre a K_b de uma base fraca e a K_a de seu ácido conjugado que é útil na obtenção direta do pH de misturas de bases fracas e seus sais.

Resolvendo a Eq. (1-19) para $[OH^-]$, temos

$$[OH^-] = \frac{K_b[A^-]}{[HA]}. \tag{1-20}$$

Da mesma forma, resolvendo a Eq. (1-13) para $[H^+]$, temos

$$[H^+] = \frac{K_a[HA]}{[A^-]}. \tag{1-21}$$

Então, substituindo para $[H^+]$ e $[OH^-]$ na expressão que se segue, já definida na Eq. (1-5), temos

$$[H^+][OH^-] = K_w,$$
$$\frac{K_a[HA]}{[A^-]} \cdot \frac{K_b[A^-]}{[HA]} = K_w. \quad (1\text{-}22)$$

que é simplificada para

$$K_a \cdot K_b = K_w. \quad (1\text{-}23)$$

Substituindo o valor de K_w a 25 °C, temos

$$K_a \cdot K_b = 10^{-14}. \quad (1\text{-}24)$$

Tomando os logaritmos e multiplicando-os por −1, temos

$$\log K_a + \log K_b = \log K_w,$$
$$-\log K_a - \log K_b = -\log K_w. \quad (1\text{-}25)$$

Então, da mesma forma como o pH foi definido como $-\log[H^+]$, podemos definir pK_a e pK_b como $-\log K_a$ e $-\log K_b$, respectivamente. A Eq. (1-25) fica

$$pK_a + pK_b = -\log K_w = 14. \quad (1\text{-}26)$$

A EQUAÇÃO DE HENDERSON-HASSELBALCH

Henderson e Hasselbalch aplicaram a *lei da ação das massas* à ionização dos ácidos fracos e obtiveram uma expressão muito útil que se conhece como equação de Henderson-Hasselbalch; se considerarmos a ionização de um ácido fraco qualquer HA,

$$HA \rightleftharpoons H^+ + A^-,$$
$$K_{íon} = K_a = \frac{[H^+][A^-]}{[HA]}.$$

Rearranjando os termos, temos

$$[H^+] = K_a \frac{[HA]}{[A^-]}.$$

Tomando logaritmos, encontramos

$$\log[H^+] = \log K_a + \log \frac{[HA]}{[A^-]}$$

e multiplicando por −1, resulta

$$-\log[H^+] = -\log K_a - \log \frac{[HA]}{[A^-]}.$$

Se $-\log K_a$ é definido como pK_a e $\log[A^-]/[HA]$ substitui $-\log[HA]/[A^-]$, temos

$$pH = pK_a + \log \frac{[A^-]}{[HA]}. \quad (1\text{-}27)$$

Essa forma da equação de Henderson-Hasselbalch pode ser escrita como uma expressão muito mais geral em que substituímos $[A^-]$ pelo termo "base conjugada" e [HA] por "ácido conjugado":

$$pH = pK_a + \log \frac{[\text{Base conjugada}]}{[\text{Ácido conjugado}]}. \tag{1-28}$$

Essa expressão pode então ser aplicada não somente para os ácidos fracos tal como ácido acético, mas também para a ionização de íons de amônio e aqueles aminogrupos encontrados nos aminoácidos. Nesse caso, os NH_4^+ ou os aminogrupos protonados $R\text{-}NH_3^+$ são os ácidos conjugados que se dissociam para formar prótons e as bases conjugadas NH_3 e $R\text{-}NH_2$, respectivamente

$$NH_4^+ \rightleftharpoons NH_3 + H^+,$$
$$RNH_3^+ \rightleftharpoons RNH_2 + H^+.$$

Aplicando a Eq. (1-28) ao aminogrupo protonado, temos

$$pH = pK_a + \log \frac{[RNH_2]}{[RNH_3^+]}. \tag{1-29}$$

Manuais de bioquímica geralmente apresentam relações de K_a (ou pK_a) para os ácidos conjugados de substâncias normalmente consideradas como bases (por exemplo, NH_4OH, aminoácidos, animais orgânicas). Se isso não acontece, o K_b [ou pK_b; veja Eq. (1-19)] para a ionização de base fraca será certamente indicado e K_a (ou pK_a) deve primeiramente ser cálculado, antes de empregar a equação geral de Henderson--Hasselbalch. Embora se tenha que tomar muito cuidado para identificar corretamente os pares ácido-base conjugados naquela expressão, seu uso leva diretamente ao pH de misturas de bases fracas e seus sais.

ALGUNS PROBLEMAS TÍPICOS

Calculemos a concentração de H^+ em uma solução de ácido acético (CH_3COOH) 1,0 *M* e determinemos então o seu grau de ionização a essa concentração. Antes de começarmos, devemos considerar que se o ácido acético fosse totalmente ionizado, como o HCl, um ácido mineral *forte*, a $[H^+]$ seria 1,0 mol/litro. Todavia, uma vez que o ácido acético é um ácido fracamente ionizado, a Eq. (1-13) deve ser empregada. Se considerarmos x como a concentração de H^+ formado pela ionização do ácido acético, então x também será a concentração de CH_3COO^-, uma vez que esses dois íons são formados em quantidades iguais quando o ácido acético se ioniza. A quantidade de CH_3COOH restante, após estabelecer-se o equilíbrio da ionização, será de $1 - x$, conseqüentemente

concentração inicial (mol/litro)	concentração após o equilíbrio da ionização (mol/litro)
$[CH_3COOH] = 1{,}00,$	$[CH_3COOH] = (1{,}00 - x),$
$[H^+] = 0{,}00,$	$[H^+] = x,$
$[CH_3COO^-] = 0{,}00,$	$[CH_3COO^-] = x.$

Substituindo os valores existentes no equilíbrio na expressão para a ionização do ácido acético, temos

$$\frac{x^2}{1 - x} = 1{,}8 \times 10^{-5}. \tag{1-30}$$

Nessa equação quadrática o valor de x (veja Apêndice 1), é 0,0042 M. Dessa forma, $[H^+] = [CH_3COO^-] = 0,0042\ M$. A concentração do CH_3COOH não-dissociado será igual a $1 - 0,0042\ M = 0,9958\ M$. A 25 °C uma solução de ácido acético 1 M está dissociada ou ionizada somente em 0,4%. O pH dessa solução, em que a concentração de íon de hidrogênio é de 0,0042 M, pode ser calculado a partir da Eq. (1-7):

$$\begin{aligned} pH &= -\log 0,0042 = -\log (4,2 \times 10^{-3}), \\ &= -\log 4,2 - \log 10^{-3}, \\ &= -0,62 + 3, \\ &= 2,38. \end{aligned}$$

É possível simplificar a solução da Eq. (1-30). Considerando-se a ionização em soluções relativamente concentradas de eletrólitos fracos, o denominador $(1 - x)$ pode ser simplificado, deixando de corrigir a quantidade de ácido que se dissocia (x), uma vez que esta é muito pequena. No exemplo dado a quantidade que se dissocia (somente 0,4%) pode ser desprezada. Quando essa aproximação é feita, temos

$$\begin{aligned} x^2 &= 1,8 \times 10^{-5}, \\ x &= \sqrt{18 \times 10^{-6}}, \\ x &= 4,2 \times 10^{-3}, \\ [H^+] = [CH_3COO^-] &= 0,0042\ M. \end{aligned}$$

Outra relação importante é salientada pelo cálculo da concentração de H^+, quando a concentração do ânion é igual à do ácido fraco não-dissociado. Tal relação existiria em uma solução preparada pela mistura de 0,1 mol de acetato de sódio (8,2 g) com 0,1 mol de ácido acético (6,0 g) em água suficiente para fazer 1 litro de solução. Nessas condições, $[CH_3COO^-] = [CH_3COOH] = 0,1\ M$ e quando esses valores são substituídos na Eq. (1-13),

$$\begin{aligned} \frac{[H^+]\,[CH_3COO^-]}{[CH_3COOH]} &= 1,8 \times 10^{-5}, \\ \frac{[H^+]\,[0,1]}{[0,1]} &= 1,8 \times 10^{-5} \\ [H^+] &= 1,8 \times 10^{-5}, \\ pH &= 5 - \log 1,8, \\ pH &= 4,74. \end{aligned}$$

Dessa forma $H^+ = K_a$, quando a concentração do ânion do ácido é igual à concentração do ácido não-ionizado. Como os diferentes ácidos fracos tem diferentes K_a (constantes de dissociação) as misturas equimolares desses ácidos e seus sais correspondentes, terão pH diferentes.

Note que a equação de Henderson-Hasselbalch [Eq. (1-28)] não seria útil no cálculo da $[H^+]$ de uma solução contendo apenas o ácido fraco. Contudo no problema em que calculamos a $[H^+]$ de uma mistura contendo acetato de sódio 0,1 M e ácido acético 0,1 M, a equação de Henderson-Hasselbalch é particularmente útil. Nesse caso a Eq. (1-28) torna-se

$$pH = pK_{a_{HAc}} + \log \frac{[CH_3COO^-]}{[CH_3COOH]} \qquad (1\text{-}31)$$

A concentração de ácido acético, $[CH_3COOH]$, na mistura será 0,1 M *menos* a pequena quantidade a de CH_3COOH que se dissociou e a concentração do íon de acetato,

$[CH_3COO^-]$, será 0,1 *M mais* a pequena quantidade a de íon de acetato produzido na dissociação anteriormente mencionada. Portanto a Eq. (1-31) torna-se

$$pH = pK_{a_{HAc}} + \log \frac{[0,1 + a]}{[0,1 - a]} \quad (1\text{-}32)$$

Embora seja possível calcular a, a quantidade é geralmente desprezível e pode ser ignorada. Essa aproximação, juntamente com a aproximação previamente introduzida substituindo atividades por concentrações [Eq. (1-3)], podem ser incorporadas na expressão para a constante de equilíbrio, usando-se uma *constante de equilíbrio* corrigida, K'_{eq}. Essa constante mudará obviamente com a concentração dos reagentes, e as condições para seu uso podem ser especificadas, geralmente em termos de força iônica.

O K_a para o ácido acético é $1,8 \times 10^{-5}$ mol/litro; pK_a é portanto $-\log(1,8 \times 10^{-5})$ ou 4,74. Substituindo esse valor e desprezando a, a Eq. (1-32) torna-se

$$pH = 4,74 + \log \frac{0,1}{0,1},$$
$$= 4,74.$$

O estudante deve se familiarizar com cálculos em que se utilize a equação de Henderson--Hasselbalch. No Apêndice 1 existem problemas que ilustram seu uso.

CURVAS DE TITULAÇÃO

A curva de titulação obtida quando 100 ml de CH_3COOH 0,1 *N* é titulado com NaOH 0,1 *N*, é mostrada na Fig. 1-1. Essa curva pode ser obtida experimentalmente no laboratório medindo-se o pH do CH_3COOH 0,1 *N* antes e após a adição de diferentes alíquotas de NaOH 0,1 *N*. A curva também pode ser calculada pela equação de Henderson-Hasselbalch para todos os pontos exceto o primeiro, onde não foi adi-

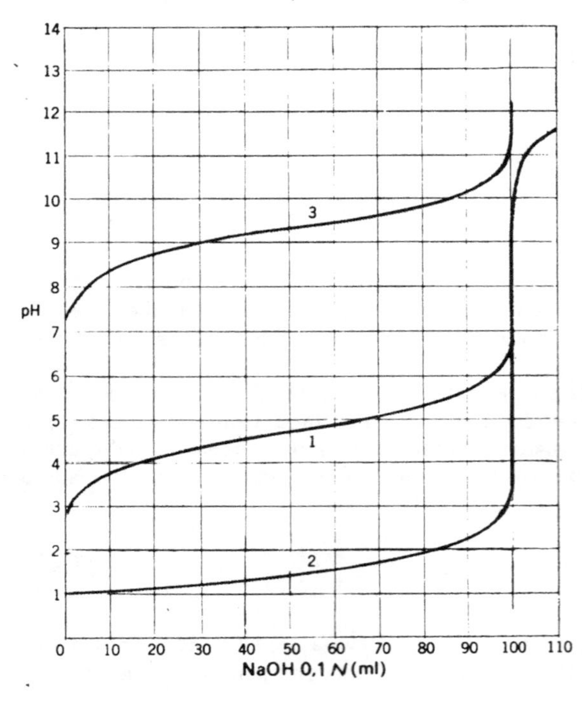

Figura 1-1. Curvas de titulação de 100 ml de CH_3COOH 0,1 *N* (1), 100 ml de HCl 0,1 *N* (2), e 100 ml de NH_4Cl 0,1 *N* (3) com NaOH 0,1 *N*

cionado NaOH e o último, onde se juntou uma quantidade estequiométrica de NaOH 0,1 N (100 ml). Logicamente, a equação de Henderson-Hasselbalch não pode ser usada para determinar o pH nos limites da titulação, onde a relação de sal para ácido é zero ou infinita.

Considerando a curva de titulação do ácido acético em seu aspecto geral, observamos visualmente que a mudança de pH por unidade de álcali adicionado é máxima no início e no fim de titulação, enquanto que a menor variação de pH por unidade de álcali adicionado é obtida com metade da titulação completa. Em outras palavras, uma mistura equimolecular de acetato de sódio e ácido acétido, mostra menos variação no pH, quando se junta um ácido ou um álcali do que uma solução que contenha mais ácido acético ou mais acetado de sódio.

Denomina-se *ação tamponante* a capacidade de uma solução de resistir às mudanças de pH, e pode-se demonstrar que uma solução tampão apresenta sua capacidade *máxima* quando a titulação está na metade, ou seja, quando o pH é igual ao pK_a [Eq. (1-31)]. Na Fig. 1-1 o ponto de máxima ação tamponante está em pH 4,74.

Outra forma de representar a condição que existe quando o pH de uma mistura de ácido acético e acetato de sódio é igual ao pK_a, é estabelecer que o ácido, nesse pH, está 50% ionizado. Isto é, a metade do "acetato total" se encontra presente sob forma não-dissociada de CH_3COOH, enquanto que a outra metade está sob forma de íon de acetato, CH_3COO^-. Como no pK_a qualquer ácido fraco estará 50% ionizado, essa é uma das maneiras mais úteis para distinguir os diferentes ácidos fracos. O pK_a também é uma propriedade característica de cada ácido, porque a constante de ionização é uma função das propriedades inerentes do ácido fraco.

A curva de titulação do HCl 0,1 N também está representada na Fig. 1-1. A equação de Henderson-Hasselbalch não é utilizável para calcular a curva do HCl, uma vez que ela se aplica somente aos eletrólitos fracos. Porém, o pH de qualquer ponto da curva do HCl pode ser calculado determinando-se os miliequivalentes de HCl que restaram e corrigindo-se o volume. Dessa forma, quando foram adicionados 30 ml de NaOH 0,1 N, permaneceram 7,0 meq de HCl, em um volume de 130 ml. A concentração de H^+ será portanto 7,0/130 ou 0,054 M. Se o coeficiente de atividade é desprezado, o pH pode ser calculado a partir da Eq. (1-7) e é de 1,27.

A curva 3 na Fig. 1-1 é a curva de titulação obtida quando 100 ml de NH_4Cl 0,1 N são titulados com NaOH 0,1 N. Nessa titulação os prótons fornecidos pelo NH_4^+ são neutralizados pelos OH^- provenientes do NaOH:

$$NH_4^+ + OH^- \longrightarrow NH_3 + H_2O.$$

Outra vez, a equação de Henderson-Hasselbalch não é utilizável para o cálculo do pH da solução de NH_4Cl antes da adição de NaOH. O pH dessa solução pode ser calculado usando-se a Eq. (1-19) para se obter a $[OH^-]$ primeiramente. A $[H^+]$, ou pH, pode então ser calculada a partir das Eqs. (1-5) ou (1-8). Entretanto a equação de Henderson-Hasselbalch pode ser empregada para determinar qualquer ponto da curva quando algum NH_4Cl tiver sido neutralizado.

Até agora consideramos somente o ácido monobásico, ácido acético. Os ácidos polibásicos ou *poliprotônicos*, comumente encontrados em bioquímica, são ácidos capazes de ionizar-se e liberar mais de um próton por molécula de ácido. Em cada caso a magnitude da dissociação dos prótons individuais pode ser descrita por um $K_{íon}$ ou K_a. No caso do ácido fosfórico (H_3PO_4) três prótons podem ser obtidos na ionização completa de um mol desse ácido

$$H_3PO_4 \rightleftharpoons H^+ + H_2PO_4^-, \qquad K_{a_1} = 7,5 \times 10^{-3}, \qquad pK_{a_1} = 2,12;$$
$$H_2PO_4^- \rightleftharpoons H^+ + HPO_4^{2-}, \qquad K_{a_2} = 6,23 \times 10^{-8}, \qquad pK_{a_2} = 7,21;$$
$$HPO_4^{2-} \rightleftharpoons H^+ + PO_4^{3-}, \qquad K_{a_3} = 4,8 \times 10^{-13}, \qquad pK_{a_3} = 12,32.$$

Isso significa que a um pH de 2,12 a primeira ionização do H_3PO_4 é de 50%; todavia para que a terceira ionização do H_3PO_4 seja de 50% o pH deverá ser de 12,32. A um pH 7,0, que é freqüentemente encontrado na célula, o segundo próton do H_3PO_4 ($pK_{a_2} = 7,21$) estará cerca de 50% dissociado. Nesse pH, ambos os mono e diânions do ácido fosfórico ou ésteres fosfato estarão presentes aproximadamente em iguais concentrações. Para o ácido fosfórico as duas espécies iônicas predominantes serão $H_2PO_4^-$ e HPO_4^{2-}. No caso do α-glicerol fosfato os dois íons seguintes estarão presentes em concentrações aproximadamente iguais a pH 7,0:

```
 H               H
HCOH            HCOH
 |               |
HCOH   O        HCOH   O
 |     |         |     ||
HC—O—P—OH       HC—O—P—O
 H     |         H     |
       O               O
```

Muitos dos ácidos orgânicos comuns encontrados no metabolismo intermediário são poliprotônicos; por exemplo, o ácido succínico se dissocia de acordo com o seguinte esquema:

```
COOH                      COO + H⁺                     COO
 |                         |                            |
CH₂                       CH₂                          CH₂
 |      ⇌                  |          ⇌                 |
CH₂   pKa₁ = 4,2          CH₂       pKa₂ = 5,6         CH₂
 |                         |                            |
COOH                      COOH                         COO + H⁺
```

Na célula a pH 7,0 o ácido succínico existirá predominantemente como o diânion $^-OOC—CH_2—CH_2—COO^-$. Além disso a maioria dos ácidos orgânicos que atuam como metabólicos (por exemplo: ácido palmítico, láctico e pirúvico) estão presentes como seus ânions (palmitato, lactato e piruvato). Isso levou ao uso dos nomes dos *íons* quando esses compostos são discutidos em bioquímica. Contudo ao escrever reações químicas serão utilizadas neste livro as formas do ácido não-dissociado.

Na Tab. 1-2, aparece a relação dos pK_a para os diversos ácidos orgânicos comuns que são encontrados no metabolismo intermediário.

Se ainda não o fez até agora, o estudante de bioquímica deverá revisar seus conhecimentos de estequiometria química. Os significados de moléculas grama e equivalente grama (mol e equivalente, respectivamente) e o significado de molaridade, de molalidade, e de normalidade devem ser perfeitamente compreendidos. A bioquímica

Tabela 1-2. O pK_a de alguns ácidos orgânicos

	pK_{a_1}	pK_{a_2}	pK_{a_3}
Ácido acético (CH_3COOH)	4,74		
Ácido acetoacético (CH_3COCH_2COOH)	3,58		
Ácido cítrico ($HOOCCH_2C(OH)(COOH)CH_2COOH$)	3,09	4,75	5,41
Ácido fórmico ($HCOOH$)	3,62		
Ácido fumárico ($HOOCCH=CHCOOH$)	3,03	4,54	
Ácido DL-glicérico ($CH_2OHCHOHCOOH$)	3,55		
Ácido DL-láctico ($CH_3CHOHCOOH$)	3,86		
Ácido DL-málico ($HOOCCH_2CHOHCOOH$)	3,40	5,26	
Ácido pirúvico ($CH_3COCOOH$)	2,50		
Ácido succínico ($HOOCCH_2CH_2COOH$)	4,18	5,56	

é uma ciência quantitativa e o estudante deverá reconhecer de imediato termos tais como, milimol e micromol. Em relação com as titulações, também é importante recordar ao estudante que a concentração de H^+ no H_2SO_4 0,1 *N* e CH_3COOH 0,1 *N* não é a mesma, mas que um litro de cada uma dessas soluções contém a mesma quantidade de ácido titulável.

DETERMINAÇÃO DO pK_a

A capacidade de ionização é uma propriedade importante de muitos compostos biológicos. Ácidos orgânicos, aminoácidos, proteínas, purinas, pirimidinas e ésteres fosfatos são exemplos de compostos bioquímicos que se ionizam em graus variáveis em sistemas biológicos. Uma vez que o pH de muitos fluidos biológicos é próximo de 7,0, o grau de dissociação de alguns desses compostos pode ser total. Conseqüentemente, a primeira ionização do H_3PO_4 será completa; a segunda ionização ($pK_{a_2} = 7,2$) será de 50% aproximadamente.

Uma das propriedades qualitativas características de uma molécula é o pK_a de qualquer grupo dissociável que ela possui. Por essa razão, a determinação experimental do pK_a de grupos dissociáveis é um procedimento importante na descrição das propriedades de uma substância desconhecida. O pK_a pode ser determinado no laboratório, medindo-se experimentalmente a curva de titulação com um pH-metro. À medida que quantidades conhecidas de álcali ou de ácido são adicionadas a uma solução-problema, o pH é determinado, e o gráfico da curva de titulação pode ser construído. A partir dessa curva o ponto de inflexão (pK_a) pode ser determinado por métodos adequados.

TAMPÕES

Com um conhecimento completo da ionização dos eletrólitos fracos é possível discutir soluções-tampão. *Uma solução-tampão (ou mistura-tampão ou sistema-tampão) é aquela que resiste a uma variação do pH quando se adiciona ácido ou álcali.* Geralmente, uma solução-tampão consiste de uma mistura de ácido fraco de Bronsted e sua base conjugada; por exemplo, misturas de ácido acético e acetato de sódio ou de hidróxido de amônio e cloreto de amônio são soluções-tampão.

Existem muitos exemplos da importância das soluções-tampão em biologia; a capacidade de impedir mudanças bruscas de pH é uma propriedade importante dos organismos biológicos intatos. Os líquidos citoplasmáticos contêm proteínas dissolvidas, substratos orgânicos e sais inorgânicos e resistem às mudanças excessivas do pH. O plasma sanguíneo é uma solução-tampão muito efetiva, feita quase idealmente para conservar os valores do pH do sangue em 7,2-7,3, com variação de 0,2 unidades de pH; os valores situados fora desses limites são incompatíveis com a vida. Pode-se ter uma apreciação, mais completa do poder tamponante das células vivas, se recordarmos que muitos dos metabólitos, que constantemente estão sendo produzidos e utilizados pelas células, são ácidos fracos de Bronsted. Além disso, todas as enzimas que catalisam as reações das quais participam esses eletrólitos apresentam sua máxima ação catalítica dentro de limites definidos de pH. (Cap. 8).

No laboratório, o bioquímico deseja examinar reações *in vitro* sob condições em que a variação de pH é mínima. Ele obtém essas condições pelo uso de tampões eficientes, preferencialmente aqueles inertes às reações que se investigam. Os tampões podem incluir ácidos fracos, tais como ácidos fosfórico, acético, glutárico e tartárico ou bases fracas, tais como, amônia, piridina e tris-(hidroximetil)aminometano.

Consideremos o mecanismo mediante o qual uma solução-tampão exerce controle sobre as mudanças bruscas de pH. Quando se adiciona álcali (por exemplo, NaOH) a uma mistura de ácido acético (CH_3OOH) e acetato de potássio (CH_3COOK) ocorre a seguinte reação:

$$OH^- + CH_3COOH \longrightarrow CH_3COO^- + H_2O$$

Essa reação estabelece que o OH^- reage com os prótons produzidos pela dissociação do ácido fraco e formam H_2O,

$$CH_3COOH \rightleftharpoons CH_3COO^- + H^+ \xrightarrow{OH^-} H_2O.$$

Ao acrescentar álcali há uma dissociação adicional do CH_3COOH para fornecer mais prótons e dessa forma conservar a concentração de H^+ ou o pH sem variar.

Quando se adiciona ácido a uma solução de tampão de acetato, se efetua a seguinte reação:

$$H^+ + CH_3COO^- \longrightarrow CH_3COOH$$

Os prótons adicionados (em forma de HCl, por exemplo), combinam-se instantaneamente com o ânion CH_3COO^- presente na mistura-tampão (como acetato de potássio) para formar o ácido fraco não-dissociado CH_3COOH. Em conseqüência, a mudança de pH resultante é muito menor do que ocorreria se a base conjugada estivesse ausente.

Na discussão dos aspectos quantitativos da ação tamponante, veremos que dois fatores determinam a eficiência ou *capacidade tamponante* da solução. Um deles, obviamente, é a concentração molar dos componentes do tampão. A capacidade tamponante é diretamente proporcional à concentração dos componentes do sistema. Aqui encontramos a convenção utilizada ao referir-se às concentrações dos tampões. A concentração de um tampão refere-se à *soma* das concentrações do ácido fraco e sua base conjugada. Dessa forma, um tampão de acetato 0,1 *M*, pode conter 0,05 mol de ácido acético e 0,05 mol de acetato de sódio em um litro de H_2O. Também pode conter 0,065 mol de ácido acético e 0,035 mol de acetato de sódio em um litro de H_2O.

O segundo fator que influi na eficiência de uma solução-tampão é a *relação* entre a concentração de base conjugada e do ácido fraco. Pode se observar que, quantitativamente, a solução-tampão mais eficiente será aquela que tiver a mesma *concentração de ácido e de base*, uma vez que essa mistura pode proporcionar *igual quantidade* de componentes ácidos e básicos para reagir com base e ácido, respectivamente. Observando a curva de titulação do ácido acético (Fig. 1-1), analogamente, pode-se ver que a mudança mínima no pH resultante da adição de uma unidade de álcali (ou ácido) ocorre no pK_a do ácido acético. Nesse pH já vimos que a relação de CH_3COO^- para CH_3COOH é 1. Por outro lado, em valores de pH distantes do pK_a (e portanto com relações de base conjugada para ácido bem diferentes da unidade), a mudança no pH por unidade de ácido ou álcali adicionado é muito maior.

Conhecendo-se os dois fatores que influenciam a capacidade tamponante, podemos decidir qual é o tampão mais eficiente para o valor do pH desejado, por exemplo, pH = 5,0. Logicamente, deve selecionar-se um ácido fraco que tenha pK_a de 5,0. Se isso não é possível, o ácido fraco que tenha pK_a mais próximo de 5,0 será o mais adequado. Além disso, desejar-se-á a concentração mais alta possível, que seja compatível com as características do sistema, já que as altas concentrações de sais freqüentemente inibem a atividade de enzimas e outros sistemas fisiológicos. A solubilidade dos componentes do sistema-tampão, também pode ser um fator limitante da concentração que se pode utilizar.

A Tab. 1-3 relaciona o pK_a de alguns tampões comumente encontrados em bioquímica.

Tabela 1-3. Tampões

Composto	pK_{a_1}	pK_{a_2}	pK_{a_3}	pK_{a_4}
Ácido acético	4,7			
Ácido carbônico	6,4	10,3		
Ácido cítrico	3,1	4,7	5,4	
Ácido 2-(*N*-morfolino)-etanossulfônico (MES)	6,2			
Ácido fosfórico	2,1	7,2	12,3	
Ácido fumárico	3,0	4,5		
Ácido maleico	2,0	6,3		
Ácido *N*-(2-acetamido)-iminodiacético (ADA)	6,6			
Ácido *N*-2-hidroxietilpiperazina-*N'*-2-etanossulfônico (HEPES)	7,6			
Ácido *N*-Tris-(hidroximetil)-metil-2-amino-etanossulfônico (TES)	7,5			
Ácido pirofosfórico	0,9	2,0	6,7	9,4
Cloreto de amônio	9,3			
Dietanolamina	8,9			
Etanolamina	9,5			
Glicina	2,3	9,6		
Glicilglicina	3,1	8,1		
Histidina	1,8	6,0	9,2	
Trietanolamina	7,8			
Tris-(hidroximetil)aminometano (Tris)	8,0			
Veronal (dietilbarbiturato de sódio)	8,0			
Versene (ácido etilenodiaminotetracético)	2,0	2,7	6,2	10,3

TAMPÕES FISIOLÓGICOS

Na Sec. 1.13, fez-se referência às diversas classes de compostos biológicos capazes de sofrer ionização; outros serão discutidos mais tarde. Pode-se perguntar quais desses compostos funcionarão, no organismo, como tampões fisiologicamente importantes. A resposta dependerá de vários fatores, inclusive daqueles relacionados na seção precedente, ou seja, a concentração molar dos componentes do tampão e a relação entre a concentração da base conjugada e a do ácido fraco. O primeiro desses fatores já excluiria diversos compostos encontrados no metabolismo intermediário, cujas concentrações raramente são elevadas, tais como os ésteres fosfóricos da glicólise, os ácidos orgânicos do ciclo de Krebs e os aminoácidos livres. Nas plantas, entretanto, alguns ácidos orgânicos – málico, cítrico e isocítrico – podem acumular-se nos vacúolos e, nesse caso, desempenham um papel primordial no estabelecimento do pH daquela parte da célula. As leveduras também podem acumular concentrações relativamente altas de ésteres fosfóricos durante a glicólise.

Nos animais, existe um sistema-tampão complexo e vital no sangue circulante. Os componentes desse sistema são: $CO_2 - HCO_3^-$; $NaH_2PO_4 - Na_2HPO_4$; as formas oxigenada e desoxigenada da hemoglobina; e as proteínas plasmáticas. Dois desses componentes serão discutidos agora. Como o pKa_1 do H_2CO_3 é 6,1, a razão entre base conjugada e o ácido fraco é aproximadamente 20 · 1, no intervalo normal de pH do sangue, 7,35-7,45. Conseqüentemente, esperar-se-ia que o sistema $H_2CO_3 - HCO_3^-$ não fosse muito eficaz como tampão. Assim, é necessário enfatizar que, na realidade, o sistema H_2CO_3 — HCO_3^- é um tampão extremamente importante para o sangue. Isso é explicado pelo fato de o ácido fraco H_2CO_3 entrar rapidamente em equilíbrio com o CO_2 dissolvido no plasma (Eq. 1-33). Esse equilíbrio é catalisado pela enzima anidrase carbônica, encontrada nos glóbulos vermelhos do sangue.

$$H_2CO_3 \rightleftharpoons CO_{2\ diss} + H_2O. \qquad (1\text{-}33)$$

O CO_2 dissolvido, por sua vez, está em equilíbrio com o CO_2 da atmosfera e, dependendo da pressão parcial de CO_2 da fase gasosa, escapará para o ar (como nos pulmões, onde o CO_2 é expirado) ou penetrará no sangue (como nos tecidos periféricos, onde o CO_2 é produzido pela respiração das células). Assim, o sistema-tampão H_2CO_3 — — HCO_3^- funciona, não pela alteração da razão 20:1 entre base conjugada (HCO_3^-): ácido fraco ($H_2CO_3^-$), mas, pelo contrário, mantendo essa razão como 20:1 e aumentando ou diminuindo a quantidade total dos componentes do tampão ($H_2CO_3 + HCO_3^-$).

O outro tampão importante do sangue é constituído pelas duas formas da hemoglobina (hemoglobina oxigenada, $HHbO_2$, e hemoglobina desoxigenada, HHb). Sua capacidade tamponante, que se deve aos grupos imidazólicos dos resíduos de histidina existentes em ambas as formas, é muito maior do que a das proteínas plasmáticas, cuja ação tamponante se deve a diversos grupos dissociáveis nelas encontrados. A hemoglobina de um litro de sangue pode tamponar 27,5 meq de H^+, ao passo que as proteínas plasmáticas neutralizarão apenas 4,24 meq de H^+. As duas formas da hemoglobina também diferem em seus pKa; $HHbO_2$ é o ácido mais forte e se dissocia com um pKa_1 de 6,2:

$$HHbO_2 \rightleftharpoons H^+ + HbO_2^-, \qquad pKa_1 = 6{,}2.$$

Portanto, nos pulmões, onde a pressão parcial de O_2 é alta, $HHbO_2$ predominará em relação à forma desoxigenada, e o sangue tenderá a se tornar mais ácido. Nos tecidos periféricos, onde a pressão parcial de O_2 é relativamente mais baixa, haverá predominância de HHb, cujo pKa_1 é mais alto (7,7), e o pH tenderá a aumentar:

$$HHb \rightleftharpoons H^+ + Hb^-, \qquad pKa = 7{,}7.$$

Esses efeitos são compensados pela baixa concentração de CO_2 dos pulmões em relação à dos tecidos periféricos, e os dois efeitos, em conjunto, são os responsáveis pela variação mínima do pH do sangue.

UM PROBLEMA SOBRE TAMPÃO

Consideremos agora o problema prático da preparação de um litro de tampão de acetato 0,1 *M*, pH = 5,22. O primeiro passo é determinar a relação de base conjugada (íon de acetato) e do ácido fraco (ácido acético) nessa solução-tampão. Ela pode ser calculada por meio da equação de Henderson-Hasselbalch:

$$pH = pK_a + \log \frac{[CH_3COO^-]}{[CH_3COOH]},$$

$$5{,}22 = 4{,}74 + \log \frac{[CH_3COO^-]}{[CH_3COOH]},$$

$$\log \frac{[CH_3COO^-]}{[CH_3COOH]} = 5{,}22 - 4{,}74 = 0{,}48,$$

$$\frac{[CH_3COO^-]}{[CH_3COOH]} = \text{antilog } 0{,}48,$$

$$\frac{[CH_3COO^-]}{[CH_3COOH]} = 3.$$

Nessa solução, haverá 3 moles de CH_3COO^- para cada mol de CH_3COOH; ou seja, 75% dos componentes da solução-tampão será de base conjugada CH_3COO^-. Como um litro de tampão de acetato 0,1 *M* conterá 0,1 mol de acetato e ácido acético combinados, haverá $0{,}75 \times 0{,}1$ ou 0,075 moles de íon de acetato presente.

Essa quantidade de íon de acetato se encontra em 6,15 g de acetato de sódio. Conseqüentemente, o componente ácido será de $0{,}25 \times 0{,}1$ ou 0,025 mol de ácido acético, ou seja, 1,5 g de ácido acético. Quando se mistura essa quantidade de ácido acético com acetato de sódio e se completa o volume para 1 litro, obteremos um litro de solução-tampão com a concentração e pH desejados.

Sem dúvida, na prática, quando essa solução é preparada cuidadosamente e seu pH medido com exatidão com um pH-metro, observa-se que o pH não é 5,22. A principal razão dessa discrepância é que em nossos cálculos usamos a concentração em lugar das atividades. Como o pH-metro mede precisamente a atividade de H^+, essa discrepância não é surpresa. Se necessário, o pH do tampão pode ser ajustado com ácido ou álcali até se obter o pH desejado. Freqüentemente ajustamos o pH de um tampão concentrado, de tal forma que, quando ele é diluído 10 a 50 vezes em um experimento, o pH da mistura final de reação é conhecido precisamente.

É uma prática comum preparar-se uma mistura-tampão partindo-se de um dos componentes do tampão desejado e preparando-se o outro componente pela adição de ácido ou base. Por exemplo, a amina primária tris-(hidroximetil)aminometano, ou "Tris", tem sido largamente usada como tampão em bioquímica. Essa amina reage com ácido para formar o sal de amina correspondente

$$(CH_2OH)_3CNH_2 + H^+ \rightleftharpoons (CH_2OH)_3CNH_3^+.$$

O pK_a para a dissociação do ácido formado é 8,0. Portanto considere-se a preparação de 500 ml de tampão "Tris" 0,5 *M*, pH 7,4. A relação de base conjugada para ácido nesse tampão será encontrada como segue:

$$\begin{aligned} pH &= pK_a + \log \frac{\text{base}}{\text{ácido}}, \\ 7{,}4 &= 8{,}0 + \log \frac{[(CH_2OH)_3CNH_2]}{[(CH_2OH)_3CNH_3^+]}, \\ -0{,}6 &= \log \frac{[\text{amina livre}]}{[\text{sal ácido}]}, \\ 0{,}6 &= \log \frac{[\text{sal ácido}]}{[\text{amina livre}]}, \\ 4 &= \frac{[\text{sal ácido}]}{[\text{amina livre}]}. \end{aligned} \tag{1-33}$$

A partir disso, a composição desejada desse tampão "Tris" será 4/5 ou 80% do tampão total como sal ácido e 20% como amina livre. Como 500 ml de tampão 0,5 *M* contém 0,25 mol de "Tris" (sal e amina livre), o tampão conterá $0{,}8 \times 0{,}25$ ou 0,2 mol de sal ácido e 0,05 mol de amina livre. Para preparar o tampão, podemos pesar 0,25 mol (30,2 g) da amina sólida (P.M. = 121) e adicionamos 0,20 mol de HCl (200 ml de HCl 1 *N*) e completa-se o volume para 500 ml.

Alguns problemas adicionais de soluções tamponantes, podem ser encontrados no Apêndice 1.

REFERÊNCIAS

1. I. H. Segel – *Biochemical Calculations*, 2.ª edição. New York, EUA, John Wiley, 1976. Analisa detalhadamente o equilíbrio ácido básico em bioquímica e muitos cálculos típicos são discutidos.

2. R. M. C. Dawson, D. C. Elliott, W. H. Elliott, e K. M. Jones, (eds.) – *Data for Biochemical Research*, 2.ª edição. New York e Oxford, EUA, Oxford University Press, 1969; H. A. Sober, (ed.) – *Handbook of Biochemistry*, 2.ª edição. Cleveland, Ohio, EUA, Chemical Rubber Co., 1970. Particularmente úteis como fontes de informação em bioquímica, incluindo constantes de dissociação para os tampões mais comuns.

3. L. J. Henderson – *The Fitness of the Environment*. Boston, EUA, Beacon Press, 1958. Esse clássico, primeiramente publicado em 1913, foi reeditado. A moderna introdução de George Wald, de Harvard, localiza o livro na perspectiva adequada para biologistas contemporâneos.

capítulo 2

CARBOIDRATOS

OBJETIVO

Neste capítulo, estudaremos a química dos carboidratos desde os açúcares simples até os polissacarídeos. Faz-se uma revisão da estereoquímica e consideram-se as várias maneiras de representar os carboidratos por meio de diferentes fórmulas estruturais. São descritas as propriedades físicas e químicas dos açúcares simples, sendo dadas também as estruturas de alguns dos carboidratos mais complexos, especialmente polissacarídeos estruturais e de reserva.

INTRODUÇÃO

Neste e nos três próximos capítulos, iremos estudar os mais importantes blocos construtivos da biosfera — os açúcares simples, os ácidos graxos, os aminoácidos e os mononucleotídeos — que formam os biopolímeros da célula — os polissacarídeos, os lipídeos, as proteínas e os ácidos nucleicos. Neste capítulo estudaremos os açúcares simples, os carboidratos de reserva e os polissacarídeos estruturais. Os carboidratos complexos não apenas exercem um papel estrutural na célula, mas também servem de reservatório de energia química, o qual pode ser aumentado ou diminuído pelo organismo. Como exemplos de carboidratos estruturais, temos a celulose, o principal componente estrutural da parede celular das plantas, e os peptideoglicânios das paredes celulares de bactérias. Os carboidratos de reserva incluem os bem-conhecidos amido e glicogênio, polissacarídeos que podem ser produzidos ou consumidos, de acordo com as necessidades energéticas da célula.

Os carboidratos podem ser definidos como sendo poliidroxialdeídos ou poliidrocetonas, ou ainda substâncias que pela hidrólise fornecem esses compostos. Grande número de carboidratos apresenta a fórmula empírica $(CH_2O)_n$, onde n é igual ou maior do que três. Obviamente essa fórmula contribuiu para a crença primitiva de que esse grupo de compostos poderia ser representado como *hidratos de carbono*. Com a descoberta de outros compostos que tinham as propriedades gerais de carboidratos, mas continham em sua molécula nitrogênio ou enxofre além de carbono e hidrogênio, tornou-se claro que essa definição não era adequada. O açúcar simples desoxirribose, composto muito importante e encontrado em todas as células como componente do ácido desoxirribonucleico (DNA ou ADN), apresenta a fórmula molecular $C_5H_{10}O_4$ e não $C_5H_{10}O_5$

Os carboidratos podem ser classificados em três grupos principais, monossacarídeos, oligossacarídeos e polissacarídeos. Os monossacarídeos são açúcares simples que não podem ser hidrolisados a unidades menores em condições razoavelmente suaves. Os monossacarídeos mais simples, de acordo com a nossa definição e com a fórmula empírica, são a *aldose* gliceraldeído e o seu isômero, a *cetose* diidroxiacetona.

Esses dois açúcares são *trioses*, pois contêm três átomos de carbono. Assim, os monossacarídeos podem ser descritos não apenas pelo grupo funcional, como também pelo número de átomos de carbono que possuem.

$CH_2OH—CHOH—CHO$ (Gliceraldeído) $CH_2OH—CO—CH_2OH$ (Diidroxiacetona)

Gliceraldeído Diidroxiacetona

Os oligossacarídeos são polímeros hidrolisáveis de monossacarídeos, contendo de duas a seis moléculas de açúcares simples. Assim, dissacarídeos são oligossacarídeos que, na hidrólise, fornecem duas moléculas de monossacarídeos. Em sua grande maioria, monossacarídeos e oligossacarídeos são compostos cristalinos, solúveis em água e que têm geralmente sabor doce.

Os polissacarídeos são cadeias muito compridas, ou polímeros de monossacarídeos, e podem ter estrutura linear ou ramificada. Se for constituído de um único tipo de monossacarídeo, o polissacarídeo será um homopolissacarídeo; se dois ou mais tipos de monossacarídeos são encontrados no polímero, este é chamado um heteropolissacarídeo. Glucose, xilose e arabinose são alguns dos monossacarídeos que se ligam por ligações glicosídicas para formarem polissacarídeos. Os polissacarídeos são geralmente compostos insolúveis, sem sabor e de alto peso molecular.

ESTEREOISOMERIA

O estudo dos carboidratos e de sua química introduz imediatamente o tópico da estereoisomeria. É de interesse, portanto, rever a isomeria, da forma que é tratada em química orgânica.

A isomeria pode ser dividida em isomeria estrutural e estereoisomeria. Os isômeros estruturais têm a mesma fórmula molecular, mas fórmulas estruturais diferentes; os estereoisômeros têm a mesma fórmula molecular e a mesma estrutura, mas diferem na *configuração*, isto é, no arranjo de seus átomos no espaço.

$CH_3—CH_2—CH_2—CH_3$ (n-Butano) $CH_3—CH(CH_3)—CH_3$ (Isobutano)

n-Butano Isobutano

Os isômeros estruturais podem ser de três tipos. Um tipo é o de *isômeros de cadeia*, em que os isômeros apresentam diferentes disposições dos átomos de carbono. Por exemplo, *n*-butano é isômero de cadeia do isobutano. Outro tipo é o de *isômeros de posição*; por exemplo, 1-cloropropano e 2-cloropropano, onde os dois compostos envolvidos têm a mesma cadeia de carbono, mas diferem na posição do grupo subs-

$CH_3—CH_2—CH_2Cl$ $CH_3—CHCl—CH_3$

Cloreto de *n*-propila Cloreto de isopropila

tituinte, são isômeros de posição. O terceiro tipo é o de *isômeros de função*, nos quais os compostos tem grupos funcionais diferentes. Como exemplo temos o *n*-propanol e o éter metiletílico.

$H_3C—CH_2—CH_2OH$ $H_3C—CH_2—O—CH_3$

n-Propanol Éter metiletílico

A estereoisomeria pode ser subdividida nas áreas menores de *isomeria óptica* e *isomeria geométrica ou cis-trans*; o último tipo de isomeria é ilustrado pelo par de isômeros *cis-trans*, os ácidos maléico e fumárico.

H–C–COOH	H–C–COOH
‖	‖
HOOC–C–H	H–C–COOH
Ácido fumárico (*trans*)	Ácido maléico (*cis*)

Isomeria óptica. É um tipo de isomeria comumente encontrado nos carboidratos; aparece quando a molécula possui um ou mais átomos de carbono quiral [do grego *cheir* (mão)] ou *assimétrico*. O estudo da estereoisomeria teve grande desenvolvimento após a introdução do conceito do *átomo de carbono tetraédrico* por van't Hoff e LeBel. Sabe-se hoje que o átomo de carbono, na maioria de seus compostos, tem a forma de um tetraedro, com os eixos de ligação dirigindo-se para os vértices do tetraedro (Estr. 2-1).

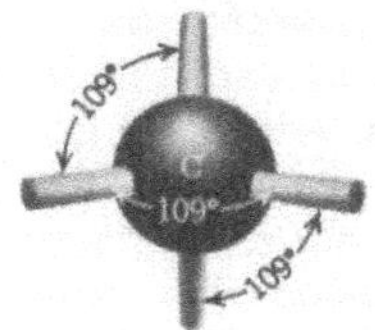

Estrutura 2-1

Quando essas ligações são feitas com quatro grupos diferentes, diz-se que o átomo de carbono do centro da molécula é um *centro quiral* (ou um *átomo de carbono assimétrico* ou quiral). Na Estr. 2-2, o composto C (ABDE), com um único carbono as-

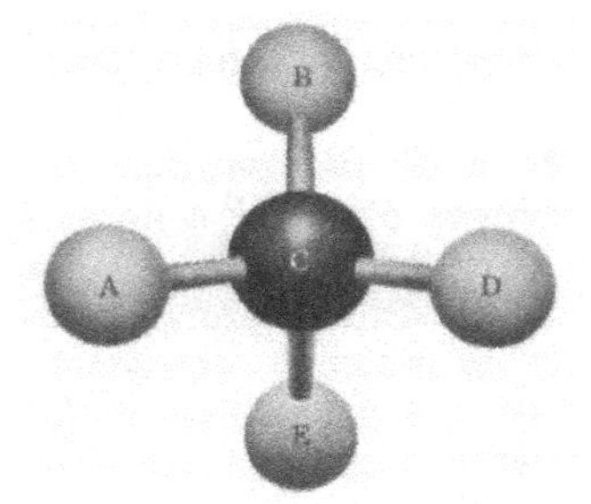

Estrutura 2-2

simétrico, é representado com os quatro grupos A, B, D e E ligados. Esses grupos podem ser arranjados no espaço de duas maneiras diferentes, de modo que dois compostos diferentes podem ser formados. Esses compostos são claramente diferentes; não podem ser sobrepostos, mas têm entre si a mesma relação que a mão direita tem com a mão esquerda. Tais moléculas são imagens especulares uma da outra, isto é, se uma for posta diante de um espelho, a sua imagem corresponde à outra molécula. (Estr. 2-3).

Esses isômeros especulares constituem um par *enantiomorfo ou enantiomérico*; cada membro do par é um *enantiômero* do outro.

Atividade óptica. Quase todas as propriedades dos dois membros de um par enantiomorfo são idênticas – eles têm o mesmo ponto de ebulição, o mesmo ponto de fusão, a mesma solubilidade em vários solventes. Mostram também atividade óptica, e, nesse aspecto, diferem entre si de uma maneira significativa. Um membro do par desviará o plano da luz polarizada na direção dos ponteiros de um relógio e será, portanto, dextrorrotatório. Seu isômero especular ou enantiômero desviará o plano da luz polarizada na mesma extensão, mas na direção oposta à dos ponteiros do relógio,

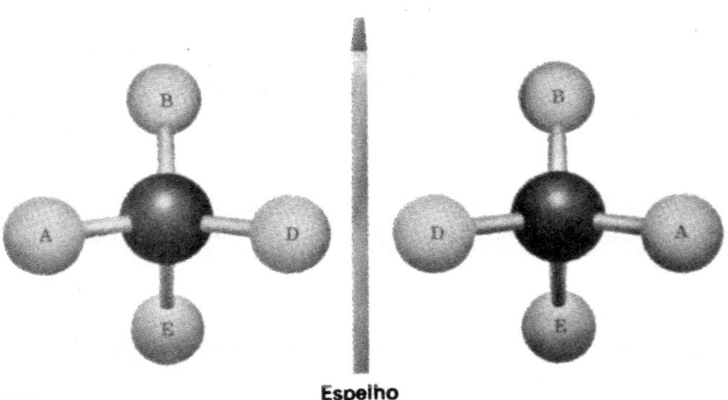

Estrutura 2-3

e será chamado levorrotatório. Deve-se notar, entretanto, que nem todos os compostos que possuem carbono assimétrico têm um enantiômero e exibem atividade óptica. Por outro lado uma molécula pode possuir isômeros ópticos, exibir atividade óptica e não conter átomos de carbono assimétricos.

O estudo da atividade óptica e da capacidade dos compostos opticamente ativos de girar o plano da luz polarizada é feito pela química orgânica básica. O estudante deveria rever os princípios da refração da luz que possibilitam a construção de um prisma de Nicol que polarize a luz em dois planos. Deveria também rever o funcionamento de um polarímetro, o aparelho que mede quantitativamente a extensão da rotação do plano da luz polarizada, quando essa passa através de substâncias opticamente ativas. Finalmente, deveria rever o significado de $[\alpha]_D^T$, *rotação específica*, que é dada pela fórmula

$$[\alpha]_D^T = \frac{\text{Rotação observada (°)}}{\text{Comprimento do tubo (dm)} \times \text{Concentração (g/ml)}}$$

Fórmulas de projeção e de perspectiva. No estudo dos carboidratos, aparecem muitos exemplos de isomeria óptica, e é necessário encontrar uma maneira para representar os diferentes isômeros possíveis. Um modo de representá-los é usar a *fórmula de projeção*, introduzida no século dezenove pelo famoso químico orgânico alemão, Emil Fischer. A fórmula de projeção representa os quatro grupos ligados ao átomo de carbono projetados em um plano. Essa projeção pode representar a molécula assimétrica dada anteriormente, o que pode ser visto na Estr. 2-4. Na fórmula de projeção

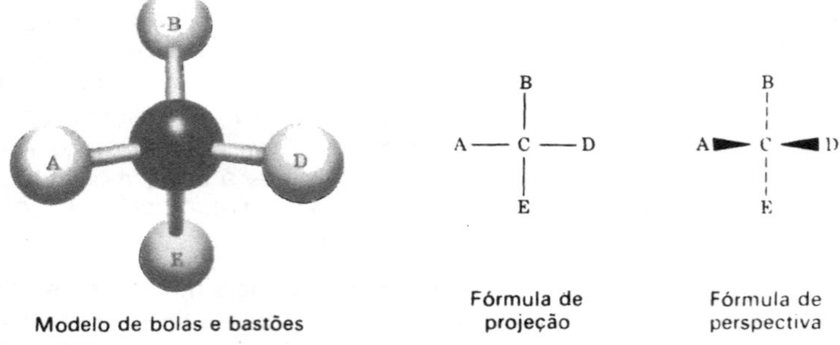

Estrutura 2-4

de Fischer, subentende-se que as ligações horizontais estão à frente do plano da página, enquanto as verticais estão atrás. Isso é visto mais claramente na fórmula de *perspectiva*, onde as linhas pontilhadas indicam as ligações que se estendem para trás do plano da página, enquanto as cunhas cheias indicam as ligações dirigindo-se para a frente do plano da página. As fórmulas de projeção e de perspectiva, juntamente com uma versão simplificada do modelo de bolas e bastões, podem ser usadas para distinguir o composto mostrado anteriormente de seu isômero especular, visto a seguir. Esses três pares de fórmulas constituem três maneiras diferentes de escrever fórmulas que representem pares enantioméricos.

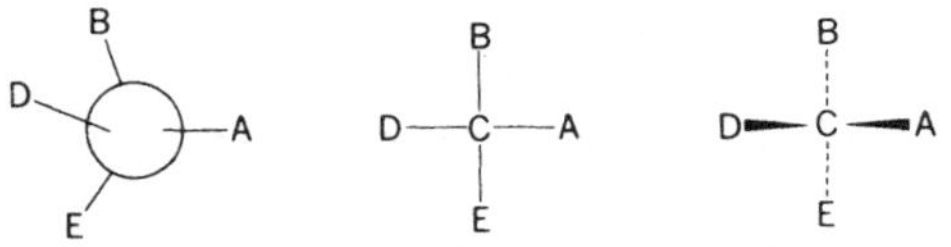

Modelo simplificado de bolas e bastões | **Fórmula de projeção** | **Fórmula de perspectiva**

A fórmula de perspectiva pode ser girada em todos os planos, sem haver confusão entre os dois enantiômeros. Mais cuidado é necessário ao se lidar com as fórmulas de Fischer; elas podem ser giradas de um ângulo de 180° no plano do papel, mas uma rotação de apenas 90° reproduz o enantiômero, devido à convenção de representar as ligações horizontais como estando à frente do plano do papel. A fórmula de Fischer não pode ser tirada do plano do papel.

D-Gliceraldeído como composto de referência. Devido à existência de um grande número de isômeros ópticos nos carboidratos, é necessário também um composto de referência. Escolheu-se então como padrão de referência o mais simples monossacarídeo que possui um átomo de carbono assimétrico; esse composto é a triose *glicerose ou gliceraldeído*. Como esse composto possui um centro de assimetria, pode existir em 2 formas opticamente ativas, que podem ser representadas por suas fórmulas de Fischer ou pela versão simplificada dos modelos de bolas e bastões, ou, ainda, pelas fórmulas de perspectiva.

Fórmulas de Fischer

Modelos de bolas e bastões

Fórmulas de perspectiva

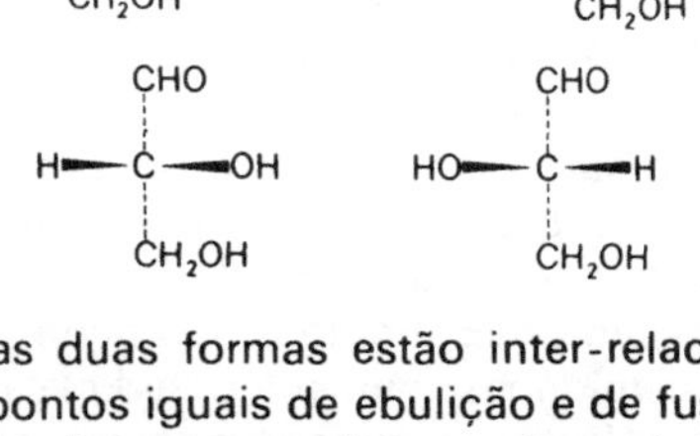

Deve-se ter sempre em mente que essas duas formas estão inter-relacionadas como isômeros especulares. Embora possuam pontos iguais de ebulição e de fusão e a mesma solubilidade em água, elas diferem na direção em que giram o plano da luz polarizada. O isômero que gira a luz na direção dos ponteiros do relógio é identificado pelo símbolo (+), para indicar que é o enantiômero dextrorrotatório. No início deste século, esse isômero foi também representado pela fórmula de Fischer, onde o grupo de hidroxilas se situa à direita, quando o grupo de aldeído está acima do átomo de carbono assimétrico central. Além disso, concordou-se que essa forma seria designada como D(+)-gliceraldeído. Para maior clareza, são dadas a seguir as representações da fórmula de projeção e do modelo de bolas e bastões:

D(+)-Gliceraldeído

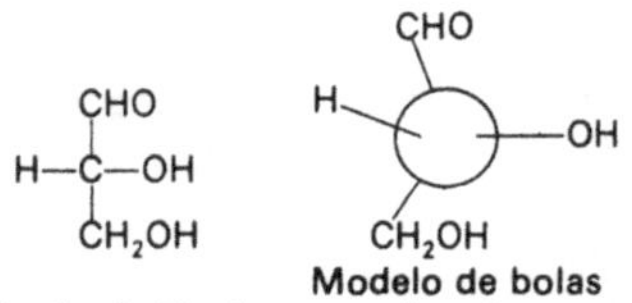

CHO
H—C—OH
CH₂OH
Projeção de Fischer

CHO
H —OH
CH₂OH
Modelo de bolas e bastões

Essa designação particular tinha uma probabilidade de 50:50 de estar correta e só em 1949 é que Bijvoet, usando difração de raio X, determinou a posição real dos átomos no ácido (+)-tartárico e assim demonstrou que a escolha feita arbitrariamente havia sido a correta. Cerca de trinta anos antes, havia sido demonstrado, por uma série de reações químicas, que o D(+)-gliceraldeído e o ácido (−)-tartárico levorrotatório tinham a mesma configuração quanto ao átomo de carbono de referência. Assim, o estudo de Bijvoet estabeleceu a configuração absoluta de todos os compostos que, em décadas anteriores, haviam sido relacionados ao D(+)-gliceraldeído ou ao seu enantiômero, o L(−)-gliceraldeído.

O D(+)-gliceraldeído apresenta grande importância como composto de referência, não apenas para carboidratos, mas também para hidroxiácidos e aminoácidos encontrados em bioquímica. Assim, a notação D e L foi particularmente útil para estabelecer relações entre grupos de carboidratos (os D-açúcares de ocorrência natural) e de aminoácidos (os L-aminoácidos de ocorrência natural). Entretanto o sistema D + L não pode ser usado para todos os compostos que contêm centros quirais, pois, em teoria, isso exigiria a conversão do composto em foco em D- ou L-gliceraldeído ou em algum outro composto que se soubesse estar relacionado a esses padrões de referência. Assim sendo, um novo sistema, chamado *regra de seqüência* de Cahn-Ingold-Prelog, foi criado para descrever, de maneira absoluta, a configuração de centros quirais individuais. Esse método é baseado na orientação da molécula e na disposição relativa dos átomos substituintes do centro quiral em função de seus números atômicos. Assim, orientando-se a molécula de modo que o menor grupo fique situado do lado oposto ao do observador, estabelece-se a configuração conforme a direção observada quando se passa gradualmente do átomo substituinte de maior número atômico para o de menor número atômico. Se a direção tomada for a horária, o centro terá configuração R (de *rectus*), e se for antihorária, será S (de *sinister*). Pela *regra de seqüência*, o D(+)-gliceraldeído seria designado como (R)-gliceraldeído. Embora essa regra seja empregada em muitas áreas da química orgânica, ainda não está sendo usada para carboidratos ou aminoácidos, para os quais são mantidos os "sistemas tradicionais" baseados no D(+)-gliceraldeído e na L_s-serina (veja as Secs. 2.2.5 e 4.2).

Síntese de cianidrinas. Como uma ilustração do uso do D(+)-gliceraldeído como composto de referência, consideremos a formação de tetroses a partir de uma triose, pela síntese de *Kiliani-Fischer*, que é um processo pelo qual o comprimento da cadeia de uma aldose (aldotriose, aldotetrose, aldoexose, etc.) pode ser aumentado. Na etapa inicial, faz-se o açúcar reagir com HCN, ácido cianídrico. A adição de cianeto ao grupo de aldeído gera um novo átomo de carbono assimétrico e duas cianidrinas serão formadas. Essas cianidrinas são então hidrolisadas a ácidos carboxílicos; desidrata-se para formar as γ-lactonas correspondentes e finalmente reduz-se com amálgama de sódio para obter duas aldoses diastereoisômeras (mas não enantiômeras), contendo um átomo de carbono a mais que o açúcar inicial.

A aplicação da síntese de Kiliani-Fischer às formas D e L de gliceraldeído é vista na Fig. 2-1. Na reação inicial com D-gliceraldeído, duas cianidrinas são formadas, nas quais a configuração no átomo de carbono adjacente ao grupo nitrila é diferente. Após hidrólise, lactonização e redução obtêm-se dois novos açúcares, as tetroses D-eritrose e D-treose. Observe que essas tetroses diferem apenas na posição do grupo de hidroxila

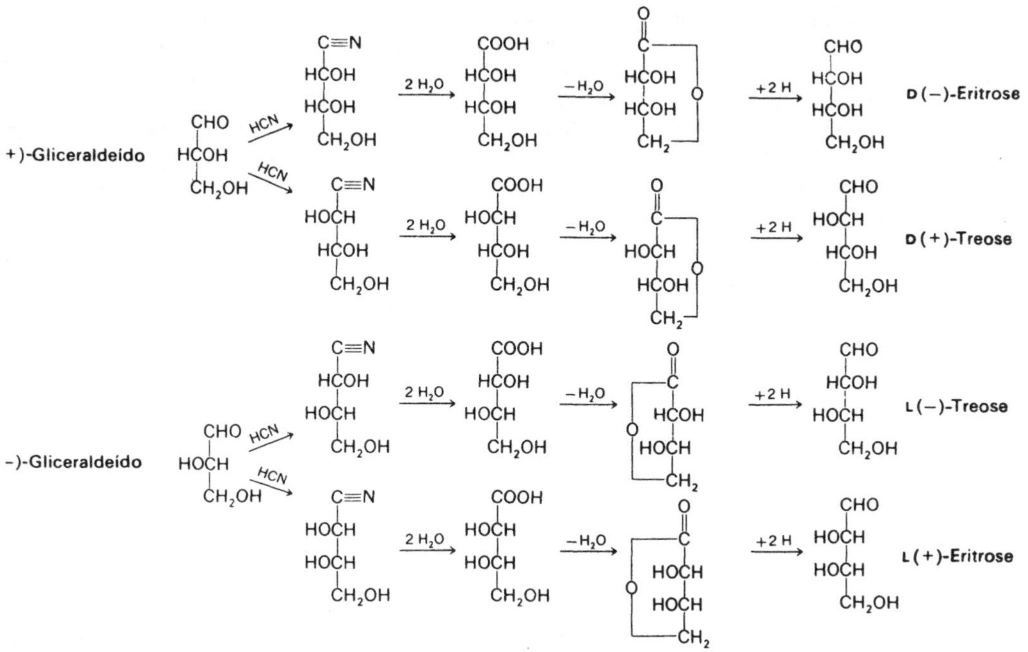

Figura 2-1. Aplicação da síntese por cianidrina ao D-gliceraldeído e L-gliceraldeído

do átomo de carbono 2, adjacente ao grupo de aldeído. Elas não diferem na configuração do átomo de carbono 3, que é o átomo de carbono assimétrico inicialmente presente no D-gliceraldeído. Uma vez que elas têm a mesma configuração no *átomo de carbono de referência*, (que é sempre o átomo designado pelo número maior, ou seja, o átomo de carbono assimétrico situado mais longe do grupo de aldeído), essas duas tetroses são D-açúcares. Da mesma maneira, dois novos L-açúcares, L-treose e L-eritrose, são formados na síntese de cianidrina a partir do L-gliceraldeído (Fig. 2-1).

Neste ponto, será proveitoso considerar as relações estereoquímicas existentes entre essas quatro tetroses e o composto de referência, o D-gliceraldeído. Em primeiro lugar, essas quatro tetroses têm a mesma fórmula estrutural, $CH_2OH - CHOH - - CHOH - CHO$ e são portanto estereoisômeros e não isômeros de estrutura. Em segundo lugar, em relação à sua estereoisomeria, pertencem obviamente à classe de isômeros ópticos e não à de isômeros geométricos. Terceiro, existem dois pares de enantiômeros entre as quatro tetroses: D-eritrose é o isômero especular de L-eritrose e a mesma relação existe entre D-treose e L-treose. Quarto, os dois D-açúcares estão relacionados estruturalmente ao D-gliceraldeído, pois têm todos a mesma configuração quanto ao átomo de carbono de referência. Na maioria dos açúcares comuns, o átomo de referência é o penúltimo átomo de carbono, o átomo vizinho ao átomo que contém o grupamento funcional de aldeído. Quinto, observe que os símbolos D e L não têm qualquer relação com a direção do desvio da luz polarizada. Assim, a D-eritrose é levorrotatória e a D-treose é dextrorrotatória. A direção em que a luz polarizada é desviada é uma característica específica da molécula em consideração e não está diretamente relacionada com a configuração do penúltimo átomo de carbono (a não ser nos gliceraldeídos).

À medida que o número de átomos de carbono assimétrico aumenta em uma molécula, cresce também o número de isômeros ópticos. Foi estabelecido por van''

Hoff que o número de isômeros ópticos possíveis pode ser representado por 2^n, onde n é o número de átomos de carbono assimétrico. Assim, nas trioses, onde $n = 1$, existem dois isômeros ópticos; nas tetroses, onde $n = 2$, há quatro isômeros ópticos (Fig. 2-1). Nas aldoexoses, que possuem 4 átomos de carbono assimétrico, existem 16 isômeros ópticos; os oito isômeros que são D-açúcares, e estão, portanto, relacionados com o D-gliceraldeído, são vistos na Fig. 2-2, juntamente com as D-tetroses e as D-pentoses a eles relacionadas. Nas cetoexoses, onde $n = 3$, existem oito isômeros possíveis.

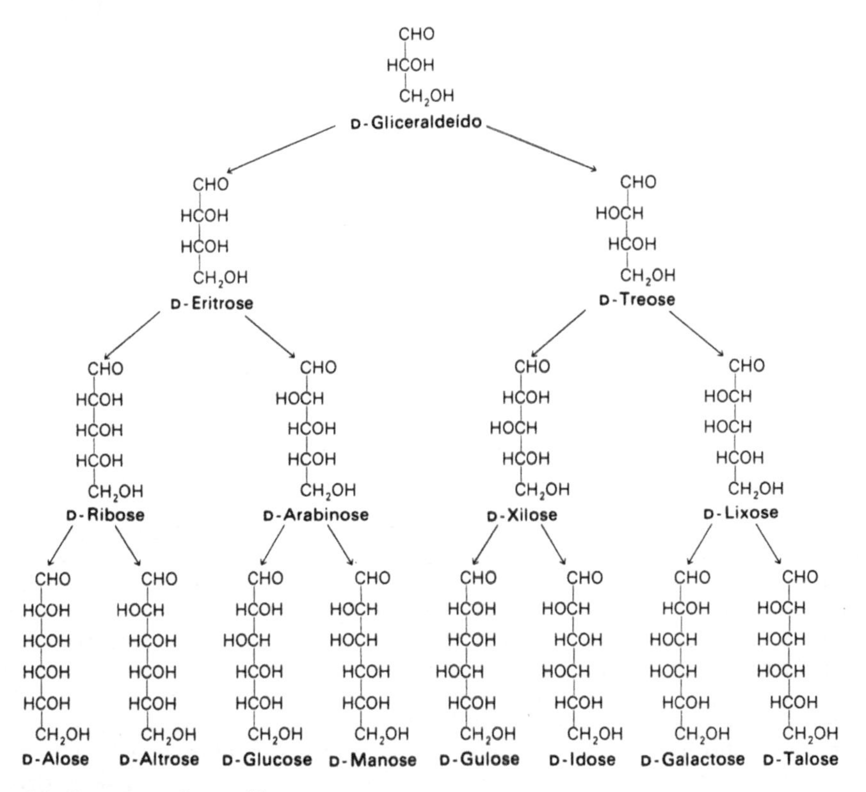

Figura 2-2. Estruturas das D-aldoses

Consideremos as quatro hexoses comuns, cujas fórmulas de projeção são

D(+)-Glucose	D(+)-Manose	D(+)-Galactose	D(−)-Frutose
CHO	CHO	CHO	CH_2OH
HCOH	HOCH	HCOH	C=O
HOCH	HOCH	HOCH	HOCH
HCOH	HCOH	HOCH	HCOH
HCOH	HCOH	HCOH	HCOH
CH_2OH	CH_2OH	CH_2OH	CH_2OH

Podemos fazer as seguintes afirmações a respeito de sua estereoisomeria: os quatro açúcares são D-açúcares, pois têm a mesma configuração do D-gliceraldeído no penúltimo átomo de carbono; o uso do termo D não indica se os açúcares são dextro ou levorrotatórios.

A D-frutose é um isômero estrutural das três outras hexoses. Embora tenha a mesma fórmula molecular ($C_6H_{12}O_6$) apresenta um grupamento funcional diferente, pois é uma cetose e não uma aldose.

As três aldoexoses são estereoisômeros ou, mais especificamente, isômeros ópticos. Como nenhum deles é um enantiômero dos outros, eles são chamados de *diaestereoisômeros*. Dois isômeros ópticos não-enantiomorfos, relacionam-se entre si como diaestereoisômeros. Os diaestereoisômeros apresentam diferentes pontos de fusão e de ebulição, diferentes solubilidades e rotações específicas e, de modo geral, diferentes propriedades químicas. Evidentemente, as três aldoses são apenas três dos dezesseis isômeros ópticos possíveis. Nesses dezesseis isômeros, existem oito pares de enantiomorfos.

A D(+)-glucose é considerada um epímero da D(+)-manose, pois os dois compostos diferem entre si apenas pela configuração de um único átomo de carbono assimétrico. Da mesma maneira, a D(+)-glucose é um epímero da D(+)-galactose. Por outro lado, não existe relação epimérica entre a D(+)-manose e a D(+)-galactose.

A estrutura da glucose. Emil Fischer recebeu o Prêmio Nobel de química por seus estudos sobre a estrutura da glucose, mais especificamente, pelo estabelecimento da configuração de seus quatro átomos de carbono assimétrico em relação ao D(+)-gliceraldeído. A partir do trabalho de Fischer, os químicos foram capazes de escrever as fórmulas de projeção e de bolas e bastões para a D- e a L-glucoses (Estr. 2-5).

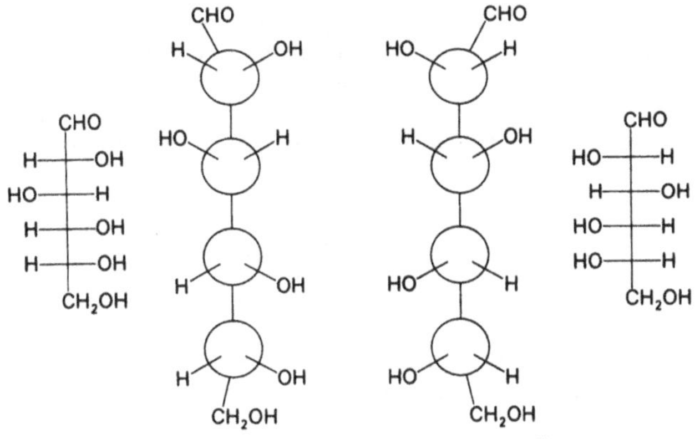

I
D(+)-Glucose

II
L(−)-Glucose

Estrutura 2-5

Se o estudante segurar um modelo de bolas e bastões e o colocar de modo que $-CHO$ e $-CH_2OH$ estejam dirigidos na direção oposta à da sua pessoa (atrás do plano do papel), o restante dos átomos de carbono formará um anel que se projeta na sua direção tendo os grupos de hidrogênio e de hidroxila ainda mais próximos dele.

Embora os açúcares tenham sido considerados até agora como poliidroxialdeídos ou poliidroxicetonas, existe considerável evidência de que outras formas (por exemplo da glucose) existem e, ainda mais, predominam, quer no estado sólido, quer em solução. Por exemplo, as aldoexoses reagem com dificuldade na síntese de Kiliani-Fischer, embora a formação de cianidrinas a partir de aldeídos simples seja geralmente rápida. Glucose e outras aldoses não fornecem o teste de Schiff para aldeídos. A glucose sólida é quase inerte ao oxigênio e, no entanto, os aldeídos são notoriamente autoxidáveis. Finalmente é possível demonstrar a existência de duas formas cristalinas de D-glucose.

Quando se dissolve D-glucose em água e deixa-se cristalizar por evaporação da água, obtém-se uma forma conhecida como α-D-glucose. Se a glucose for cristalizada de ácido acético ou piridina, obtém-se uma outra forma, a β-D-glucose. Essas duas formas da D-glucose apresentam o fenômeno da *mutarrotação*. Uma solução recentemente preparada de α-D-glucose tem uma rotação específica, $[\alpha]_D^{20}$, de + 113°; após certo tempo em repouso, muda para + 52,5°. Uma solução recente de β-D-glucose tem uma $[\alpha]_D^{20}$ de + 19; depois de algum tempo em repouso, a sua rotação específica também muda para + 52,5°.

A explicação para a existência de duas formas de glucose, assim como para as outras propriedades anômalas descritas, está no fato de que as aldoexoses, assim como outros açúcares, reagem internamente para formar hemiacetais cíclicos. A formação de hemiacetal é uma reação característica entre aldeídos e álcoois,

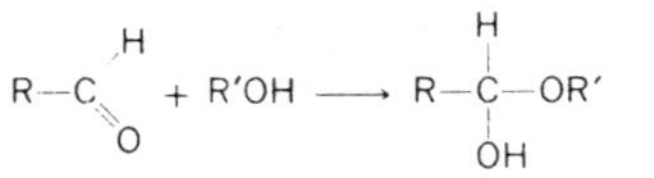

$$R-C(=O)H + R'OH \longrightarrow R-CH(OH)-OR'$$

Essa reação da glucose deve-se à proximidade entre o grupo hidroxílico do átomo de carbono 5 e o grupo de aldeído do átomo de carbono 1. Como foi visto acima, os ângulos do átomo de carbono tetraédrico podem dobrar a molécula de glucose para formar um anel; o grupo hidroxílico do C-5 portanto reage, formando um anel de seis membros; quando a reação se dá com o grupo hidroxílico do C-4, forma-se um anel de cinco membros. Um anel de sete membros se formaria sob muita tensão e por isso a hidroxila do C-6 de uma aldoexose não forma hemiacetal. Podemos considerar os açúcares com anéis de seis membros como derivados do pirano, e os com anéis de cinco membros relacionam-se com o furano. Assim, é comum a referência às formas *piranósica* ou *furanósica* de um monossacarídeo. As formas furanósicas da glucose são menos estáveis

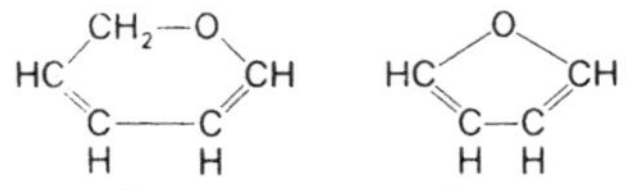

α-Pirano Furano

que as piranósicas em solução; formas combinadas de açúcares furanósicas são entretanto encontradas na natureza (por exemplo, na unidade de frutose da sacarose).

Quando o processo de formação do anel é representado como na Fig. 2-3, torna-se mais fácil entender a estrutura do hemiacetal cíclico. Uma simples rotação da ligação entre os átomos de carbono 4 e 5 na direção contrária à dos ponteiros do relógio coloca a hidroxila de C-5 em posição para reagir com o grupo aldeídico. Ao se fazer isso, o grupo $-CH_2OH$ passa a ocupar a posição inicialmente ocupada pelo hidrogênio do C-5. Quando o anel é formado, o C-1 torna-se um átomo assimétrico, possibilitando a formação de duas moléculas diastereoisômeras. Tais isômeros serão as formas α e β da glucose; elas são diastereoisômeras e não enantiômeras, porque diferem entre si apenas pela configuração no carbono do hemiacetal. Como as formas cíclicas das aldoexoses apresentam cinco átomos de carbono assimétricos, existem trinta e dois isômeros ópticos das aldoexoses cíclicas, constituídos de dezesseis pares de enantiômeros.

O químico inglês W. H. Haworth propôs que os cinco primeiros átomos de carbono das aldoexoses e o átomo de oxigênio seriam melhor representados como um anel hexagonal em um plano perpendicular ao do papel. A parte do hexágono que está mais próxima do leitor seria então indicada por uma linha cheia. Quando se faz isso, os substituintes dos átomos de carbono irão se dispor acima ou abaixo do plano do

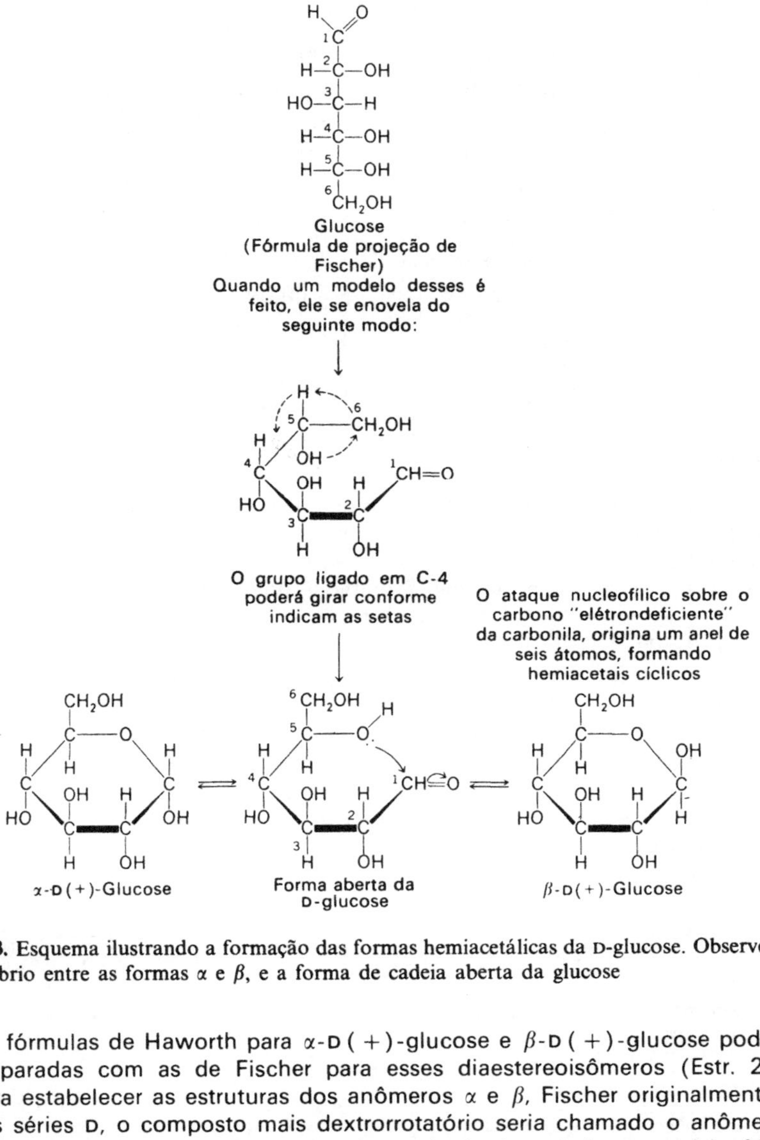

Glucose
(Fórmula de projeção de Fischer)
Quando um modelo desses é feito, ele se enovela do seguinte modo:

O grupo ligado em C-4 poderá girar conforme indicam as setas

O ataque nucleofílico sobre o carbono "elétrondeficiente" da carbonila, origina um anel de seis átomos, formando hemiacetais cíclicos

α-D(+)-Glucose

Forma aberta da D-glucose

β-D(+)-Glucose

Figura 2-3. Esquema ilustrando a formação das formas hemiacetálicas da D-glucose. Observe que existe um equilíbrio entre as formas α e β, e a forma de cadeia aberta da glucose

anel. As fórmulas de Haworth para α-D(+)-glucose e β-D(+)-glucose podem então ser comparadas com as de Fischer para esses diaestereoisômeros (Estr. 2-6).

Para estabelecer as estruturas dos anômeros α e β, Fischer originalmente sugeriu que, nas séries D, o composto mais dextrorrotatório seria chamado o anômero α, enquanto que nas séries L, o anômero α seria a substância mais levorrotatória. Mais tarde, Freudenberg propôs que os anômeros α e β fossem classificados de acordo com sua configuração e não com o sinal ou a grandeza da rotação. A relação entre a hidroxila anomérica e o átomo de carbono de referência é mais fácil de ser observada nas estruturas em anel quando são usadas às fórmulas de Fischer. Nessas projeções, o α-anômero é o isômero no qual a hidroxila anomérica e a hidroxila do átomo de carbono de referência estão do mesmo lado (*cis*) da cadeia de carbono. Se o grupo hidroxila do carbono de referência estiver envolvido na formação do anel, como acontece na α-D-glucopiranose, então a hidroxila anomérica do α-isômero estará do mesmo lado da estrutura de anel formada pela ponte de oxigênio. No β-anômero, o grupo hidroxila do hemiacetal é *trans* em relação à hidroxila do átomo de carbono de referência.

Fórmula de projeção de Fischer

Fórmula de Haworth

Estrutura 2-6 α-D-Glucose β-D-Glucose

A configuração do átomo de carbono anomérico é notada com maior dificuldade nas fórmulas de Harworth. No caso de D-hexoses e D-pentoses, a hidroxila anomérica do α-anômero é escrita abaixo do plano do anel; o β-anômero terá, portanto, a hidroxila anomérica acima do plano do anel. Exemplos podem ser vistos na Fig. 2-4.

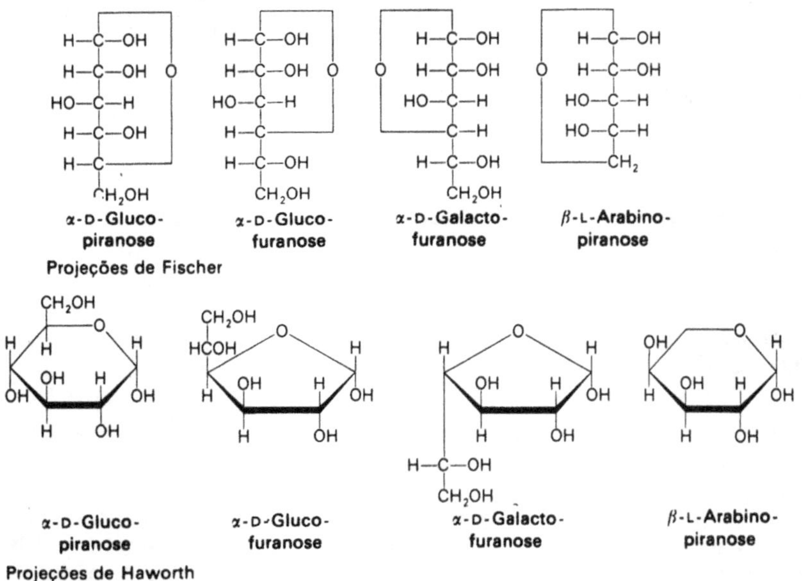

Figura 2-4. Fórmulas de Fischer e Harworth de alguns monossacarídeos comuns

Existe ainda outro aspecto da estrutura da glucose que precisa ser mencionado; é a *conformação*. Como o ângulo da ligação C – O – C do anel do hemiacetal (111°) é semelhante aos ângulos das ligações de C – C – C do anel (109°) no anel do cicloexano, o anel piranósico da glucose, em lugar de formar um verdadeiro plano, dobra-se da mesma maneira que esse composto. A revisão da estrutura do cicloexano recordará que o anel pode existir em duas conformações, as formas em cadeira e em bote. A conformação em cadeira da glucose torna mínima a tensão gerada pela torsão;

além disso, a estrutura conformacional onde o maior número possível de grupos volumosos (tais como $-OH$ e $-CH_2OH$) sejam *equatoriais* e não *axiais* a um eixo passando através do anel é a preferida. O diagrama

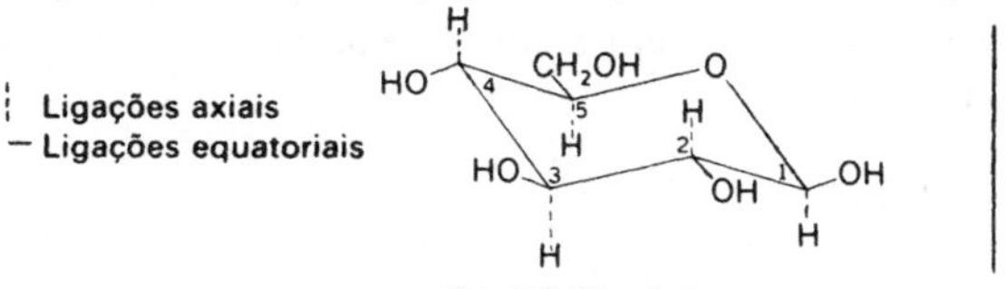

¦ Ligações axiais
— Ligações equatoriais

β-D(+)-Glucopiranose

Eixo

mostra que a β-D(+)-glucopiranose pode adquirir uma conformação onde todos os grupos volumosos são equatoriais (ou perpendiculares) a um eixo que passa pelo plano do anel. Essa conformação é termodinamicamente mais estável que aquela onde as hidroxilas e o $-CH_2OH$ são axiais (paralelos ao eixo mostrado). A α-D(+)-glucopiranose pode apresentar uma conformação onde todos os grupos volumosos, com exceção da hidroxila anomérica, são equatoriais, e a estrutura preferencial para essa forma pode ser representada como

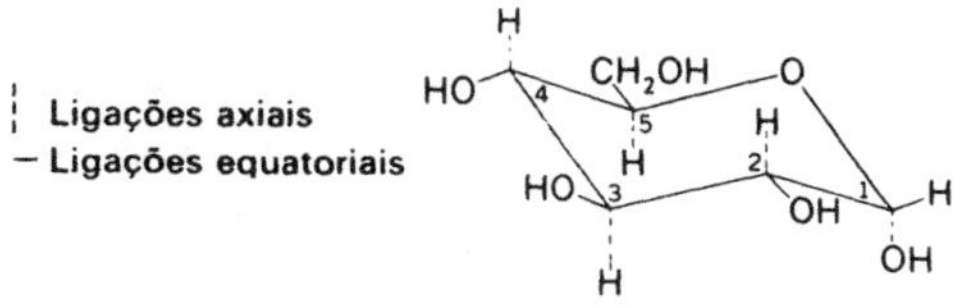

¦ Ligações axiais
— Ligações equatoriais

α-D(+)-Glucopiranose

Um dos dois anômeros, o anômero β, que tem todos os grupos volumosos equatoriais, deveria portanto predominar em solução sobre o isômero α, que tem um grupo axial, a hidroxila anomérica. Realmente, em solução aquosa, a β-D(+)-glucopiranose está presente com cerca de 63 %, enquanto a α-D(+)-glucopiranose compreende cerca de 36 %. A forma linear do poliidroxialdeído contribui com menos de 1 % para o total de carbono presente como glucose (veja a Fig. 2-3).

Estruturas de outros monossacarídeos. As formas piranósicas das outras aldoexoses mencionadas na p. 25 podem ser obtidas por um arranjo adequado dos grupos hidroxílicos dos C-2, C-3 e C-4.

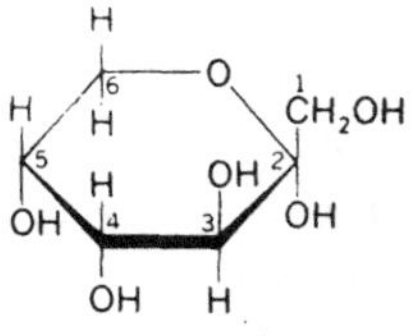

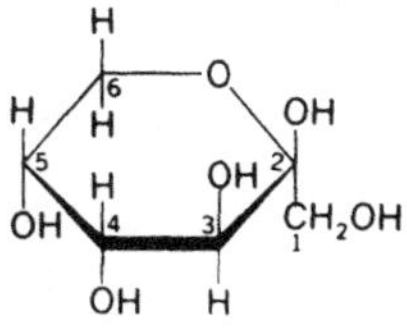

Estrutura 2-7 α-D-Frutopiranose β-D-Frutopiranose

Da mesma maneira, as fórmulas de Haworth para a α-D-frutopiranose e β-D-frutopiranose podem ser escritas como na Estr. 2-7. Note, entretanto, que a estrutura furanósica de cinco membros (Estr. 2-8) é a única encontrada para a frutose, quando o

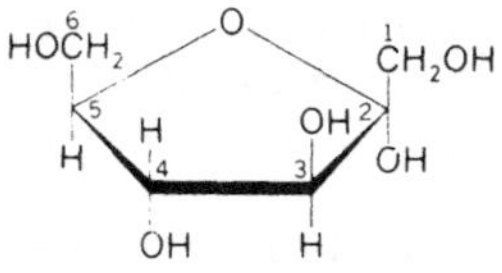

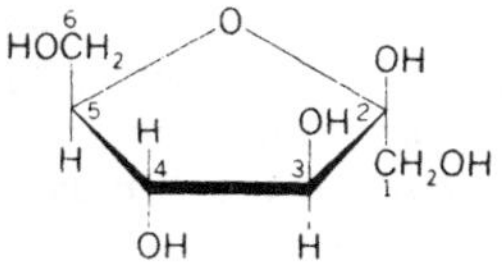

Estrutura 2-8 α-D-Frutofuranose β-D-Frutofuranose

grupo hemicetal (obtido do grupo cetônico das cetoexoses) está substituído, como acontece na sacarose (veja adiante) e nos frutosanos.

A conhecida pentose D-ribose, componente do ácido ribonucleico e a 2-desoxi-D-ribose, componente do ácido 2-desoxirribonucleico, são açúcares furanósicos. Os dois isômeros, α e β podem existir em solução, mas apenas a forma β é encontrada nos ácidos nucleicos (Estr. 2-9).

H–C=O / HCOH / HCOH / HCOH / CH_2OH — D-Ribose

H–C=O / HCH / HCOH / HCOH / CH_2OH — 2-Desoxi-D-ribose

$HOCH_2$, O, OH, H, H, H, H, OH, OH (1, 2, 3, 4) — β-D-Ribofuranose

Estrutura 2-9 D-Ribose 2-Desoxi-D-ribose β-D-Ribofuranose

A aldotetrose, D-eritrose, as cetopentoses, D-xilulose e D-ribulose, e a cetoeptose, D-sedoeptulose, são monossacarídeos que exercem papéis importantes no metabolismo dos carboidratos, durante a fotossíntese.

H–C=O / HCOH / HCOH / CH_2OH — D-Eritrose

CH_2OH / C=O / HOCH / HCOH / CH_2OH — D-Xilulose

CH_2OH / C=O / HCOH / HCOH / CH_2OH — D-Ribulose

CH_2OH / C=O / HOCH / HCOH / HCOH / HCOH / CH_2OH — D-Sedoeptulose

Embora as formas de hemiacetal (na eritrose) ou de hemicetal (na xilulose, ribulose) possam ser escritas, as formas metabolicamente ativas desses monossacarídeos são os ésteres fosfóricos, nos quais o álcool primário ($-CH_2OH$) está esterificado com H_3PO_4, impedindo assim a sua participação em um anel furanósico.

Dois outros desoxiaçúcares são encontrados na natureza como componentes de paredes celulares, a L-ramnose (6-desoxi-L-manose) e L-fucose (6-desoxi-L-galactose).

H–C=O / HCOH / HCOH / HOCH / HOCH / CH_3 — L-Ramnose

H–C=O / HOCH / HCOH / HCOH / HOCH / CH_3 — L-Fucose

Também a D-glucosamina e a D-galactosamina, dois aminoaçúcares nos quais o grupo hidroxílico do C-2 está substituído por um grupo de amina, são encontrados na natureza. O primeiro é um importante componente da quitina, um polissacarídeo estrutural existente em insetos e crustáceos e a D-galactosamina, do polissacarídeo da cartilagem. As suas formas de hemiacetal estão mostradas abaixo; as formas derivadas dos aminoaçúcares serão descritas mais adiante.

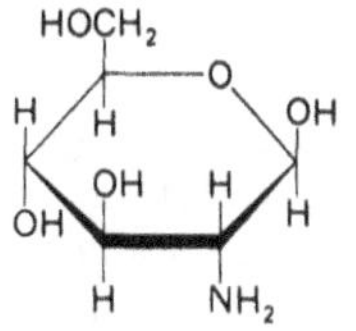

2-Desoxi-2-amino-β-D-glucopiranose
(β-D-Glucosamina)

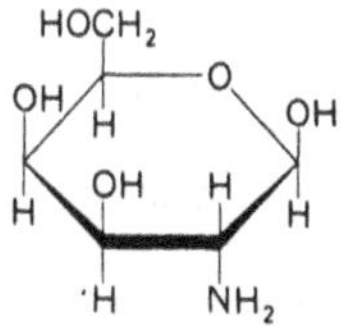

2-Desoxi-2-amino-β-D-galactopiranose
(β-D-Galactosamina)

PROPRIEDADES DOS MONOSSACARÍDEOS

Mutarrotação. O fenômeno da mutarrotação já foi visto quando estudamos as formas da D-glucopiranose. É uma propriedade exibida pelas formas de hemiacetal e cetal dos açúcares que são capazes de formar a cadeia aberta. Como foi mostrado na Fig. 2-3, um poliidroxi-aldeído ou cetona de cadeia aberta é um intermediário para a interconversão das formas α e β durante a mutarrotação.

Quando se trata glucose com álcali diluído, por várias horas, a mistura resultante contém frutose e manose. Se qualquer um desses dois açúcares for por sua vez submetido ao mesmo tratamento, a mistura de equilíbrio conterá o outro açúcar e ainda glucose. Essa reação, conhecida como a transformação de Lobry de Bruyn-von Ekenstein, é devida à enolização desses açúcares em presença de álcali. Os enediόis intermediários que são comuns aos três açúcares, são os responsáveis pelo estabelecimento do equilíbrio. Em concentrações mais elevadas de álcali, os monossacarídeos são geralmente instáveis, sofrendo oxidação, degradação e polimerização.

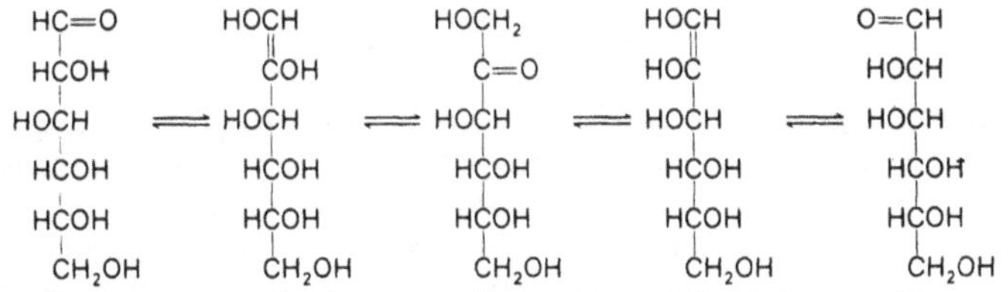

D-Glucose		*trans*-Enediol		D-Frutose		*cis*-Enediol		D-Manose
HC=O		HOCH		$HOCH_2$		HOCH		O=CH
HCOH		COH		C=O		HOC		HOCH
HOCH	⇌	HOCH	⇌	HOCH	⇌	HOCH	⇌	HOCH
HCOH		HCOH		HCOH		HCOH		HCOH
HCOH		HCOH		HCOH		HCOH		HCOH
CH_2OH		CH_2OH		CH_2OH		CH_2OH		CH_2OH

Isomerização em álcali diluído

Ao contrário, em soluções de ácidos minerais diluídos, os monossacarídeos são geralmente estáveis, mesmo sob aquecimento. Entretanto, quando aldoexoses são aquecidas em presença de ácidos minerais fortes, sofrem desidratação, formando hidroximetilfurfural:

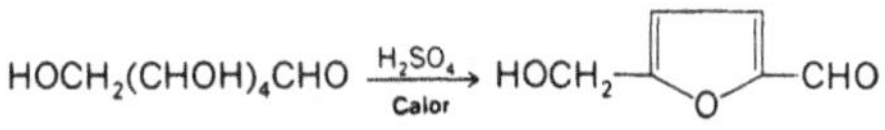

$$HOCH_2(CHOH)_4CHO \xrightarrow[\text{Calor}]{H_2SO_4} HOCH_2\text{-}C_4H_2O\text{-}CHO$$

Hidroximetilfurfural

Sob as mesmas condições, as pentoses formam furfural:

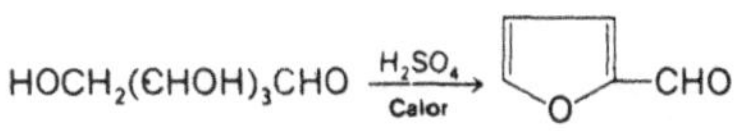

$$HOCH_2(CHOH)_3CHO \xrightarrow[\text{Calor}]{H_2SO_4} C_4H_3O\text{-}CHO$$

Furfural

Essa reação de desidratação constitui a base para certos testes qualitativos de açúcares, pois os furfurais reagem com α-naftol e outros compostos aromáticos, formando produtos coloridos característicos.

Açúcares redutores. Os carboidratos podem ser classificados como açúcares redutores ou não-redutores. Os redutores, que são os mais comuns, são capazes de reagir como agentes redutores, devido à presença em sua molécula de grupos aldeído ou cetona livres ou potencialmente livres. As propriedades redutoras desses açúcares podem ser comprovadas pela sua capacidade de reduzir íons metálicos, especialmente de cobre ou prata, em solução alcalina. A solução de Benedict é um reagente comumente usado na detecção de açúcares redutores; nesse reagente, íons de Cu^{2+} são mantidos em solução, como um complexo alcalino de citrato. Quando o Cu^{2+} é reduzido, o Cu^{+} resultante é menos solúvel e precipita-se da solução alcalina sob a forma de Cu_2O, um sólido amarelo ou vermelho. O açúcar redutor, por sua vez, é oxidado, quebrado e polimerizado na solução alcalina de Benedict.

O grupo aldeídico das aldoexoses é facilmente oxidado (como pode ser visto pela sua oxidação por Cu^{2+}) por oxidantes fracos e em pH neutro, ou por enzimas a ácido carboxílico. O ácido monocarboxílico formado é conhecido como ácido aldônico (por exemplo, ácido galactônico, formado na oxidação da galactose). As estruturas de alguns deles são vistas a seguir:

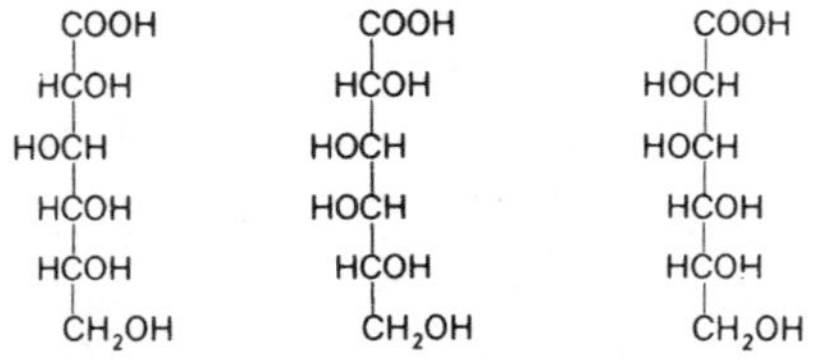

COOH	COOH	COOH
HCOH	HCOH	HOCH
HOCH	HOCH	HOCH
HCOH	HOCH	HCOH
HCOH	HCOH	HCOH
CH_2OH	CH_2OH	CH_2OH
Ácido D-glucônico	Ácido D-galactônico	Ácido D-manônico

Na presença de um agente oxidante forte como NHO_3, tanto o aldeído como o álcool primário das aldoses serão oxidados, dando o correspondente ácido dicarboxílico ou aldárico (por exemplo, o ácido galactárico). Um dos mais importantes produtos da oxidação dos monossacarídeos é o ácido monocarboxílico obtido pela oxidação apenas do grupo alcoólico primário, geralmente por meio de enzimas específicas, formando o correspondente ácido urônico (por exemplo, ácido galacturônico). Tais ácidos são componentes de vários polissacarídeos.

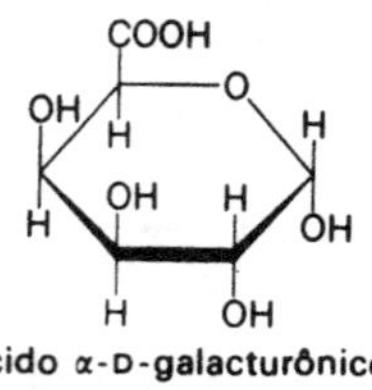

Ácido α-D-galacturônico

O agente oxidante ácido periódico é muito usado na análise de carboidratos. Esse reagente quebra ligações de carbono-carbono, desde que ambos os carbonos possuam grupos de hidroxila, ou quando um grupo de hidroxila e um de amina estão em átomos de carbono adjacentes. Assim, o glicosídeo α-metil-D-glucose reagirá da maneira mostrada abaixo. Os átomos de carbono cujas ligações são cindidas, vão formar aldeídos (R – CHO). Se houver três grupos hidroxílicos em átomos de carbono adjacentes, como nesse caso, o átomo central é libertado sob a forma de ácido fórmico

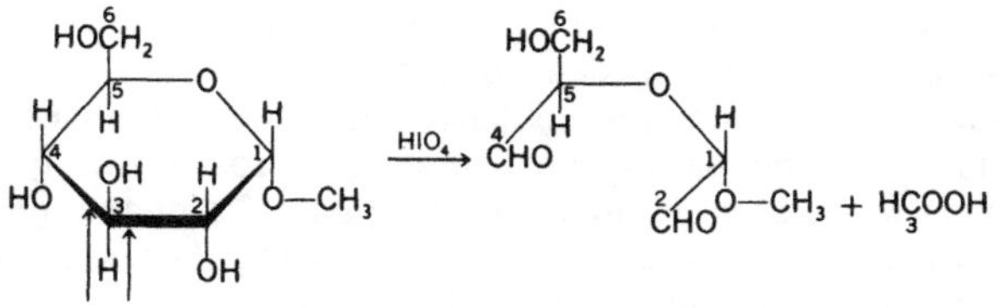

$\xrightarrow{HIO_4}$ + HCOOH

As funções aldeídica e cetônica dos monossacarídeos podem ser reduzidas quimicamente (por hidrogênio ou por $NaBH_4$) ou por meio de enzimas para dar os correspondentes álcoois. Assim, D-glucose, quando reduzida, dá D-sorbitol, e D-manose dá D-manitol. O D-sorbitol é encontrado nos frutos de muitas plantas superiores, especialmente nas *Rosaceae*; é um sólido cristalino à temperatura ambiente, mas tem um

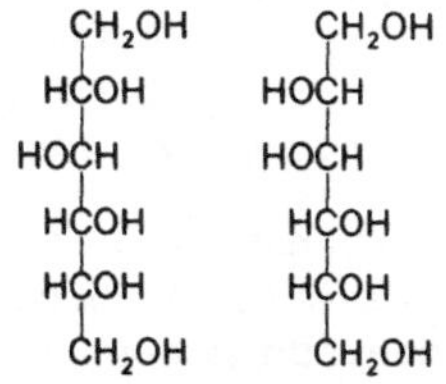

D-Sorbitol	D-Manitol
CH_2OH	CH_2OH
HCOH	HOCH
HOCH	HOCH
HCOH	HCOH
HCOH	HCOH
CH_2OH	CH_2OH

ponto de fusão muito baixo. O D-manitol é encontrado em algas e fungos. Os dois compostos são solúveis em água e têm sabor doce.

Formação de glicosídeos. Uma das propriedades mais importantes dos monossacarídeos é a sua capacidade de formar glicosídeos ou acetais. Consideremos como exemplo a formação de metilglucosídeo a partir de glucose. Tratando-se uma solução de D-glucose com metanol e HCl, formam-se dois compostos; a determinação da sua estrutura mostrou que são os metil-α e β-D-glucosídeos diastereoisômeros. **Estes glucosídeos, como em geral todos os glicosídeos, são sensíveis a ácidos, mas relativamente estáveis em pH alcalino.** Como a formação de um metilglicosídeo transforma o grupo aldeídico em um grupo acetal, o glicosídeo não é um açúcar redutor e não apresenta o fenômeno da mutarrotação.

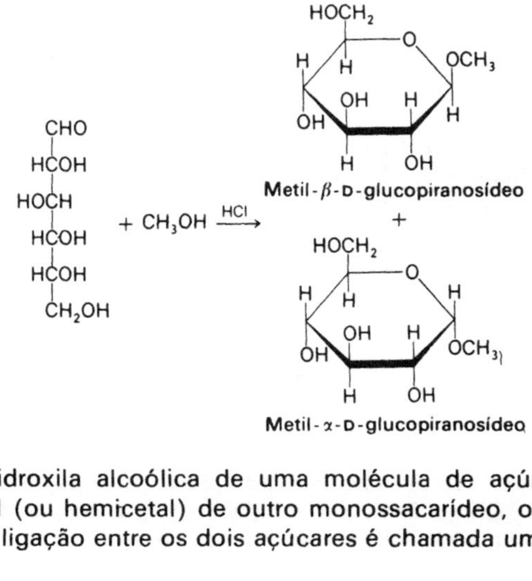

CHO / HCOH / HOCH / HCOH / HCOH / CH_2OH + CH_3OH $\xrightarrow{HCl}$

Metil-β-D-glucopiranosídeo

+

Metil-α-D-glucopiranosídeo

Quando uma hidroxila alcoólica de uma molécula de açúcar reage com a hidroxila do hemiacetal (ou hemicetal) de outro monossacarídeo, o glicosídeo resultante é um dissacarídeo. A ligação entre os dois açúcares é chamada uma *ligação glicosídica*.

Os polissacarídeos são formados pela união entre si de um grande número de unidades de monossacarídeos, através de ligações glicosídicas.

O grupo hidroxílico anomérico dos açúcares é facilmente metilado, como acabamos de ver no exemplo acima, ao passo que a metilação dos outros grupos hidroxílicos necessita de agentes metilantes muito mais enérgicos. Os quatro grupos hidroxílicos do metil-α-D-glucopiranosídeo podem reagir com iodeto de metila ou sulfato de dimetila para dar o derivado pentametilado. Tais compostos, por sua vez, são úteis na determinação da estrutura do anel do açúcar original, como no seguinte exemplo:

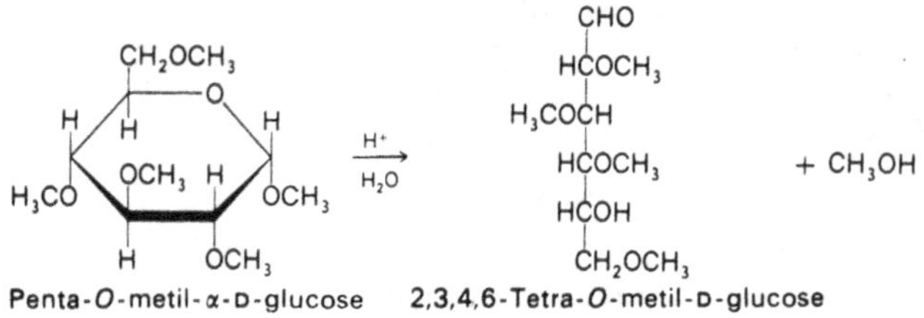

Penta-*O*-metil-α-D-glucose $\xrightarrow[H_2O]{H^+}$ 2,3,4,6-Tetra-*O*-metil-D-glucose + CH_3OH

O grupo metílico do carbono do hemiacetal é facilmente hidrolisado por ácidos, por ser um metil glicosídico. Os outros grupos metílicos sendo éteres metílicos, são resistentes. Assim, o tratamento do derivado pentametilado da glucose mostrado acima, com ácido diluído a 100 °C, fornecerá o 2,3,4,6-tetra-*O*-metil-D-glucose. Por outro lado o tratamento de um derivado pentametilado de açúcar na forma furanósica irá fornecer o 2,3,5,6-tetra-*O*-metil-D-glucose.

Formação de ésteres. Outro derivado muito usado na determinação de estruturas, é o derivado acetilado dos carboidratos. Assim, no tratamento de α-D-glucopiranosídeos com anidrido acético, todas as funções hidroxílicas serão acetiladas para dar o penta-*O*-acetilglucose aqui mostrado. Esses grupos acetílicos, sendo ésteres, podem ser hidrolisados por ácidos ou álcalis.

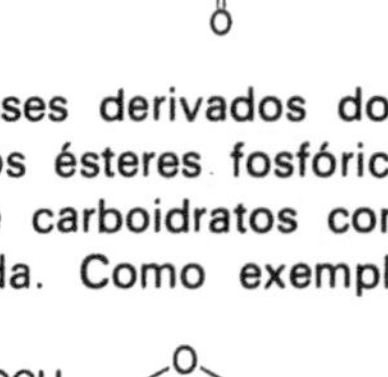

Penta-*O*-acetil-α-D-glucose

$(Ac = CH_3{-}\underset{\underset{O}{\|}}{C}{-})$

Um exemplo importante desses derivados dos carboidratos que aparecem no metabolismo intermediário é o dos ésteres fosfóricos. Tais compostos são freqüentemente formados pela reação de carboidratos com trifosfato de adenosina (ATP), na presença de enzima apropriada. Como exemplo, temos a frutose-1,6-difosfato.

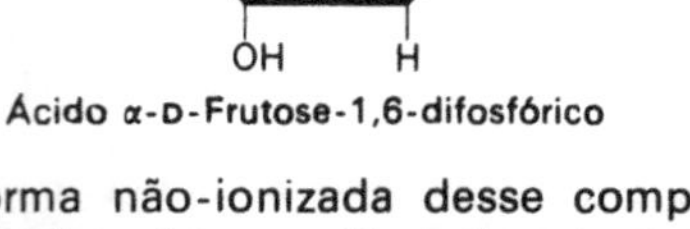

Ácido α-D-Frutose-1,6-difosfórico

O nome correto da forma não-ionizada desse composto é ácido α-D-frutofuranose-1,6-difosfórico. Como foi visto no Cap. 1, tais ésteres fosfóricos são ácidos relativamente fortes, tendo pK_{a_1} e pK_{a_2} respectivamente iguais a aproximadamente 2,1 e 7,2. Isso significa que em pH neutro, os fosfatos de açúcares são ânions e portanto chamados pelo nome de ânion, ou seja, frutose-1,6-difosfato.

OLIGOSSACARÍDEOS

Dissacarídeos. Os oligossacarídeos (veja definição na p. 19) mais freqüentemente encontrados na natureza são dissacarídeos, que na hidrólise fornecem sempre duas moléculas de monossacarídeos. Entre eles, temos por exemplo a maltose; esse açúcar é obtido como um intermediário na hidrólise do amido por enzimas chamadas amilases. Na maltose, uma molécula de glucose une-se através da hidroxila do átomo de carbono C-1, ao grupo hidroxílico do átomo de carbono C-4 de outra molécula de glucose, por uma ligação glicosídica.

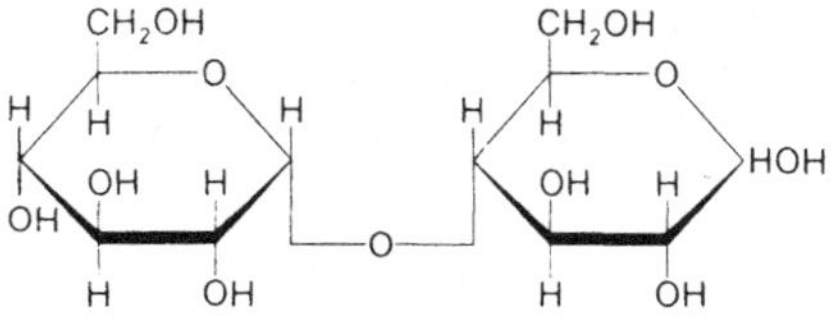

Maltose

Essa ligação é chamada de α-1,4, porque o átomo de carbono do hemiacetal envolvido está na forma α e se liga ao átomo de carbono C-4 da outra molécula. Essa segunda molécula possui uma hidroxila anomérica livre, a qual pode existir nas formas α e β; esse grupo hidroxílico confere à maltose as propriedades de mutarrotação e de poder redutor. A determinação da estrutura da maltose foi feita pela análise dos produtos obtidos na hidrólise ácida de seu derivado octametilado, tendo este sido preparado pelo tratamento da maltose com sulfato de dimetila. A maltose assim metilada irá for-

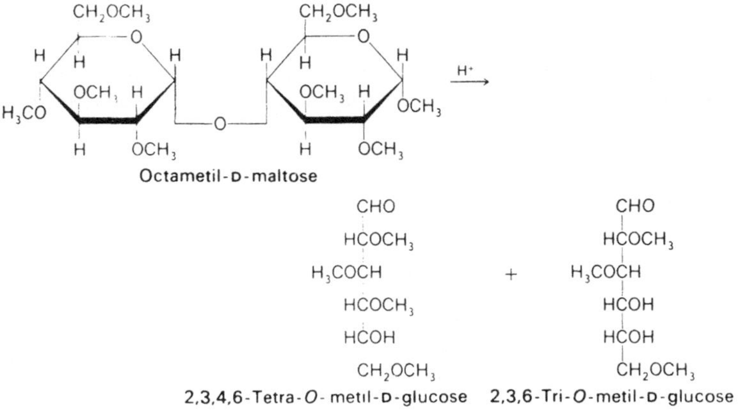

Octametil-D-maltose $\xrightarrow{H^+}$

CHO		CHO
$HCOCH_3$		$HCOCH_3$
H_3COCH	+	H_3COCH
$HCOCH_3$		$HCOH$
$HCOH$		$HCOH$
CH_2OCH_3		CH_2OCH_3
2,3,4,6-Tetra-*O*-metil-D-glucose		2,3,6-Tri-*O*-metil-D-glucose

necer 2,3,4,6-tetra-*O*-metil-D-glucose e 2,3,6-Tri-*O*-metil-D-glucose. Embora o carbono anomérico da maltose seja metilado no tratamento do dissacarídeo, essa ligação *O*-metilglicosídica, assim como a ligação glicosídica entre as duas unidades de glucose são sensíveis a ácido e portanto quebradas durante a hidrólise ácida.

O dissacarídeo celobiose é idêntico à maltose, tendo entretanto uma ligação glicosídica da forma β-1,4. A celobiose é formada durante a hidrólise da celulose; é um açúcar redutor e sofre mutarrotação. O tratamento da celobiose com sulfato de dimetila produz um açúcar octametilado, que na hidrólise ácida fornecerá os mesmos produtos obtidos a partir da octametilmaltose.

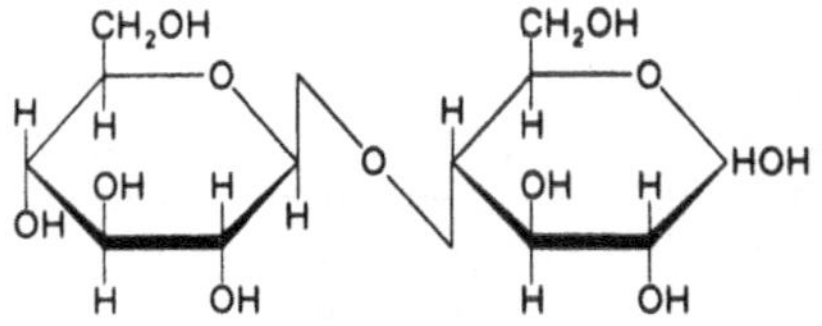

Celobiose

A isomaltose, um dissacarídeo obtido pela hidrólise de alguns polissacarídeos, é também semelhante à maltose, tendo porém uma ligação glicosídica α-1,6. A metilação exaustiva e a subseqüente hidrólise da octametil-isomaltose formada fornecerá 2,3,4,6--tetra-*O*-metil-D-glucose e 2,3,4-tri-*O*-metil-D-glucose.

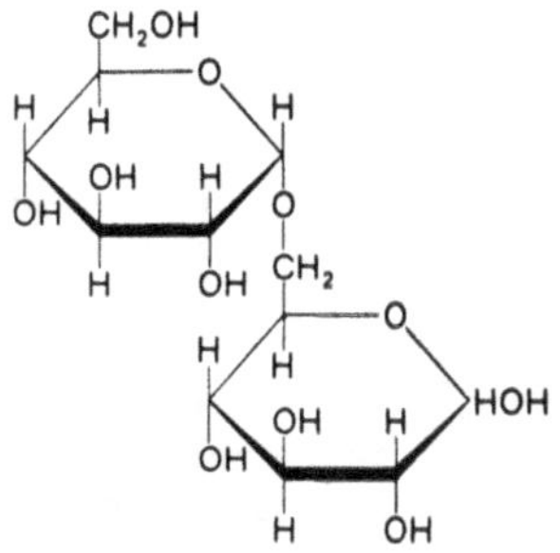

Isomaltose

A lactose é um dissacarídeo encontrado no leite; na hidrólise fornece 1 mol de D-galactose e um de D-glucose. Possui uma ligação *β*-1,4, é um açúcar redutor e pode sofrer mutarrotação.

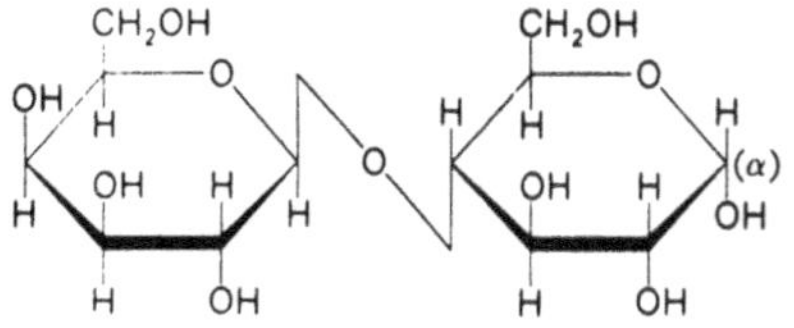

Lactose

A sacarose, o açúcar comum comercial, é amplamente distribuído entre as plantas superiores. Na hidrólise, produz 1 mol de D-glucose e um mol de D-frutose. O açúcar de cana e de beterraba são as suas únicas fontes comerciais de obtenção. Em oposição a todos os outros mono e dissacarídeos vistos anteriormente, a sacarose não é um açúcar redutor. Isso significa que os dois grupos redutores dos monossacarídeos que a formam estão envolvidos na ligação glicosídica, ou seja, o átomo de carbono C-1 da glucose e C-2 da frutose devem participar da ligação. A hidrólise ácida da sacarose octometilada fornece 2,3,4,6-tetra-*O*-metil-D-glucose e 1,3,4,6-tetra-*O*-metil-D-frutose.

Sacarose

O fato da configuração da frutose ser β e a da glucose ser α foi constatado por estudos com raio X e trabalhos com enzimas que hidrolisam especificamente ligações α ou β.

Octametil-sacarose $\xrightarrow{H^+}$ 2,3,4,6-Tetra-*O*-metil-D-glucose + 1,3,4,6-Tetra-*O*-metil-D-frutose

POLISSACARÍDEOS

Os polissacarídeos encontrados na natureza ou têm função estrutural ou exercem um papel importante como formas de armazenamento de energia. Todos os polissacarídeos podem ser hidrolisados por ácidos ou enzimas, dando monossacarídeos e/ou derivados de monossacarídeos. Os polissacarídeos que, por hidrólise, fornecem um único tipo de monossacarídeo são chamados de homopolissacarídeos. Os heteropolissacarídeos, por hidrólise, fornecem uma mistura dos monossacarídeos constituintes e de produtos derivados. A D-glucose, a unidade monomérica do amido, glicogênio e celulose, é a mais abundante unidade de construção dos carboidratos encontrada na biosfera.

Polissacarídeos de reserva. O amido, o polissacarídeo de reserva de plantas superiores, é formado de dois componentes, a amilose e a amilopectina, que estão presentes no amido em quantidades variáveis. A amilose é formada por unidades de D-glucose unidas linearmente por ligações α-1,4; possui uma extremidade redutora e uma não-redutora (Estr. 2-10). Seu peso molecular pode variar de alguns milhares a 150 000.

Estrutura 2-10 Amilose

A amilose dá uma cor azul característica no tratamento com iodo, devido ao fato do iodo se intercalar em uma posição específica no interior da estrutura helicoidal que a amilose assume quando suspensa em água (Estr. 2-11).

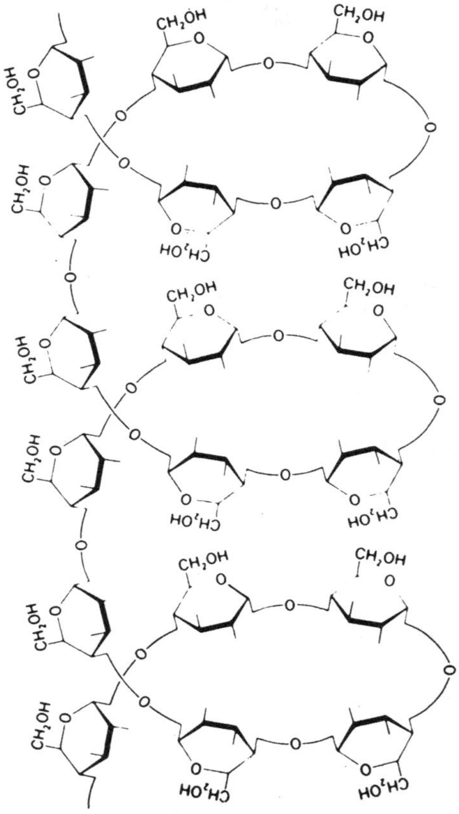

Estrutura 2-11

A amilopectina é um polissacarídeo ramificado; na sua molécula, cadeias mais curtas de glucose ligadas por α-1,4 são também unidas entre si por ligações α-1,6 (das quais pode-se obter a isomaltose), veja Estr. 2-12. O peso molecular da amilopectina de batata é muito variável e pode atingir 500 000 ou mais. A amilopectina tratada com iodo exibe uma coloração entre púrpura e vermelho.

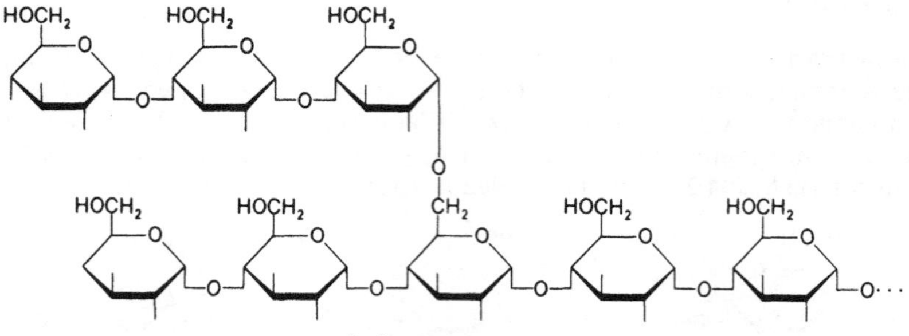

Amilopectina

Estrutura 2-12

Através de pesquisas com metilação exaustiva e agentes oxidantes, muito foi aprendido sobre a estrutura desse polissacarídeo. Uma enzima, a α-amilase, encontrada no trato digestivo dos animais (na saliva e no suco pancreático), hidrolisa a cadeia linear da amilose, atacando ao acaso as ligações α-1,4 por toda a cadeia, produzindo uma mistura de maltose e glucose. A β-amilase, uma enzima encontrada em plantas, ataca a extremidade não-redutora da amilose, dando sucessivas unidades de maltose.

A amilopectina também pode ser atacada por α e β-amilase, mas as ligações α-1,4 próximas das ramificações da amilopectina, e as ligações α-1,6 não são hidrolisadas por essas enzimas. Desse modo, um núcleo condensado, altamente ramificado, obtido da amilopectina original — denominado dextrina-limite — é o produto dessas enzimas. Uma outra enzima "desramificadora", a α-1,6-glucosidade, pode hidrolisar as ligações no ponto da ramificação. Assim, a ação combinada de α-amilase e de α-1,6-glucosidase irá hidrolisar a amilopectina até uma mistura de glucose e maltose.

O polissacarídeo de reserva dos tecidos animais é o glicogênio; ele é semelhante à amilopectina em estrutura, pois é ramificado e formado de unidades de glucose; é entretanto muito mais ramificado que a amilopectina, apresentando ramificações a cada 8 a 10 unidades de glucose. O glicogênio é hidrolisado por α e β-amilases, fornecendo glucose, maltose e uma dextrina-limite.

Um outro exemplo de polissacarídeo de nutrição é a inulina, um carboidrato de reserva encontrado nos bulbos de muitas plantas (dálias, alcachofras, etc.). A inulina consiste principalmente de unidades de frutofuranose unidas por ligações glicosídicas β-2,1.

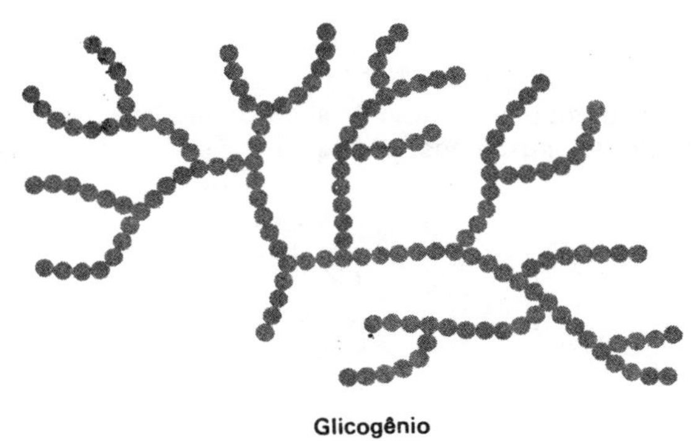

Glicogênio

Polissacarídeos estruturais. O polissacarídeo estrutural mais abundante é a celulose, um homopolissacarídeo linear constituído de unidades de D-glucopiranosídeo ligadas em β-1,4 (Estr. 2-13).

CH_2OH CH_2OH CH_2OH CH_2OH CH_2OH ... O ... O ... O ... O ... O...

Celulose

Estrutura 2-13

A celulose é encontrada nas paredes celulares de plantas, onde tem um papel preponderante na estrutura do organismo (veja p. 113). Não possuindo um esqueleto ósseo, no interior do qual os órgãos e os tecidos especializados se organizem, as plantas superiores contam com suas paredes celulares para suportar o próprio peso, quer se trate de uma sequóia ou de um girassol. A madeira das árvores é constituída principalmente de celulose e de um outro polímero chamado lignina.

Ao contrário do amido, as ligações β-1,4 da celulose são altamente resistentes a hidrólise ácida; ácidos minerais fortes são necessários para produzir D-glucose; a hidrólise parcial fornece o dissacarídeo redutor, celobiose. As ligações β-1,4 da celulose não são hidrolisadas pelas glicosidases encontradas nos tratos digestivos de homens ou outros animais superiores; entretanto, os caracóis secretam uma celulose, que hidrolisa o polímero; as térmitas contêm uma enzima similar; também as bactérias existentes no trato intestinal de bovinos e outros ruminantes podem hidrolisar a celulose e metabolizar a D-glucose resultante.

Outros exemplos de polissacarídeos estruturais são conhecidos em plantas. As plantas contêm pectinas e hemiceluloses. Essas últimas não são derivadas da celulose, mas homopolímeros de D-xilose ligadas em β-1,4. As pectinas contêm arabinose, galactose e ácido galacturônico. O ácido péctico é um homopolímero do éster metílico do ácido D-galacturônico.

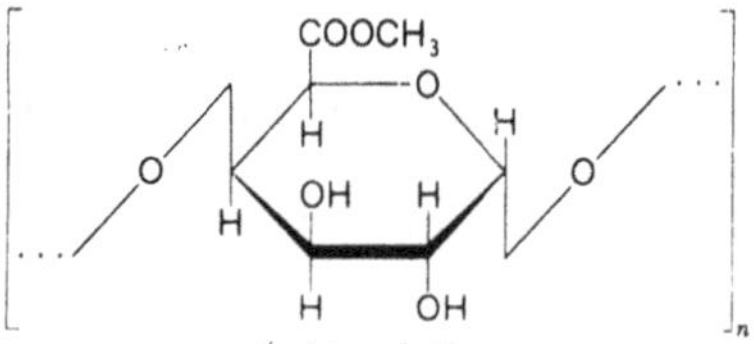

Ácido péctico

A quitina, um homopolímero de *N*-acetil-D-glucosamina, é o polissacarídeo existente na carapaça de crustáceos e insetos.

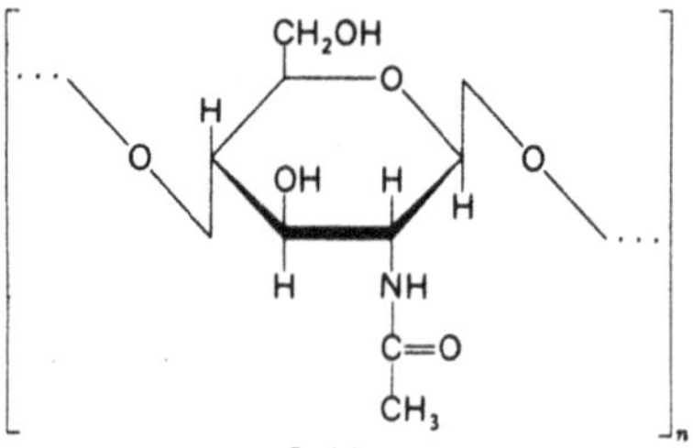

Quitina

Recentemente, muito esforço tem sido feito no sentido de identificação da natureza química das paredes celulares e estruturas relacionadas, tanto em bactérias como em organismos superiores. As células animais em geral não possuem uma parede celular bem definida, mas sim uma capa celular, visível ao microscópio eletrônico e que exerce um importante papel na interação com células adjacentes. Essas capas contêm glicolipídeos, glicoproteínas e mucopolissacarídeos. A natureza química dos dois primeiros será discutida mais tarde (pp. 67 e 106). Os mucopolissacarídeos são substâncias gelatinosas de alto peso molecular (até 5×10^6) que ao mesmo tempo lubrificam e servem de cimento ligante. Um mucopolissacarídeo comum é o ácido hialurônico, um heteropolissacarídeo composto de unidades alternadas de ácido D-glucurônico e *N*-acetil-D-glucosamina. Os dois diferentes monossacarídeos são ligados por uma unidade β-1,3, formando um dissacarídeo que se liga, por β-1,4, à próxima unidade igual. O ácido hialurônico, encontrado no humor vítreo do olho e no cordão umbilical, é solúvel em água, formando soluções viscosas.

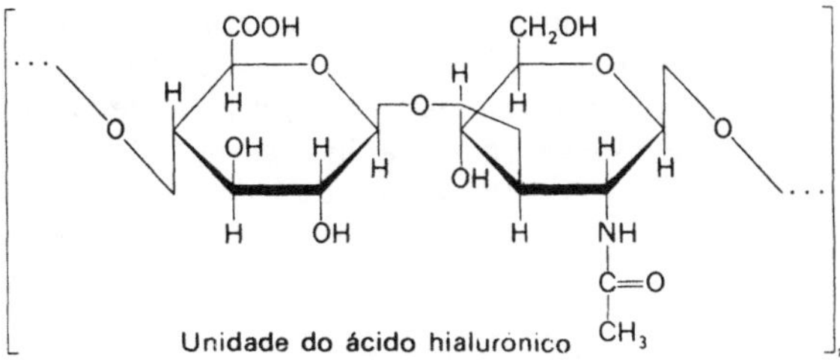

Unidade do ácido hialurônico

A condroitina, semelhante em estrutura ao ácido hialurônico, mas tendo como açúcar aminado a *N*-acetil-D-galactosamina, é também um componente das membranas celulares. Ésteres-sulfato da condroitina (nas posições C-4 e C-6 do açúcar aminado) são importantes componentes estruturais de cartilagens, tendões e ossos.

As paredes celulares de bactérias, as quais determinam muitas das características fisiológicas dos organismos que envolvem, contêm polímeros complexos de polissacarídeos ligados a cadeias de aminoácidos (veja Cap. 9). Como as cadeias individuais dos aminoácidos não são longas como as das proteínas, tais polímeros têm sido chamados de peptideoglicânios, melhor do que de glicoproteínas. A unidade que se repete nos peptideoglicânios é um dissacarídeo composto de *N*-acetil-D-glucosamina (NAG) e ácido *N*-acetilmurâmico (NAMA), unidos por uma ligação glicosídica β-1,4. O ácido *N*-acetilmurâmico consiste de uma unidade de *N*-acetilglucosamina que tem o seu grupo hidroxílico do C-3 unido ao α-hidroxila do ácido láctico por uma ligação de éter. No peptideoglicânio, a carboxila de cada ácido láctico está por sua vez ligado a um tetrapeptídeo (veja Cap. 4) formado de L-alanina, D-isoglutamina, L-lisina e

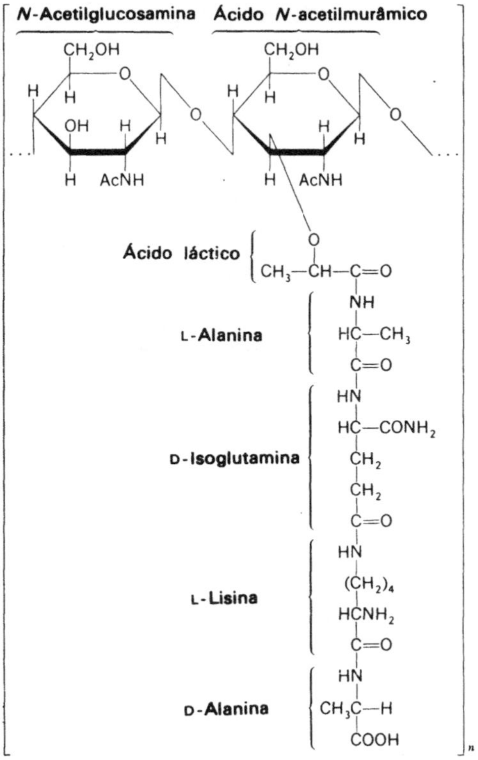

N-Acetilglucosamina **Ácido N-acetilmurâmico**

Ácido láctico

L-Alanina

D-Isoglutamina

L-Lisina

D-Alanina

Unidade repetitiva do peptideoglicano

D-alanina. Embora o peptideoglicano pudesse ser representado como uma ramificação de um tetrapeptídeo em cada segunda unidade de hexosamina, existe evidência considerável de *ligação cruzada* entre as cadeias de polissacarídeos paralelas adjacentes. Nesta ligação (Fig. 2-5), a carboxila da D-alanina terminal é ligada a um resíduo de pentaglicina, por sua vez ligada ao ε-aminogrupo da lisina da unidade de glicânio adjacente seguinte.

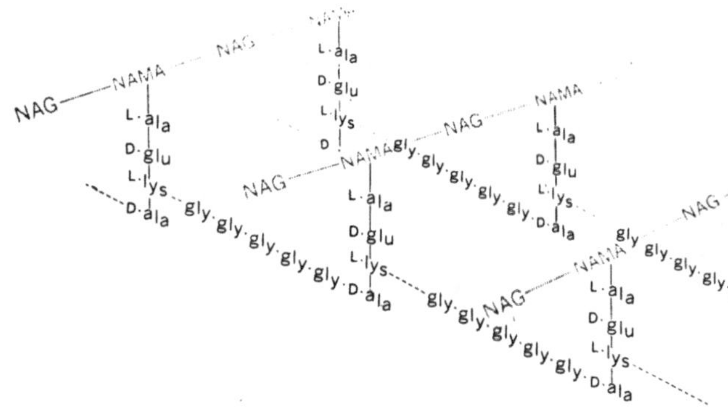

Figura 2-5. Esquema demonstrativo das ligações cruzadas do pentapeptídeo de glicina, entre tetrapeptídeos localizados em esqueletos adjacentes de glicano

Ainda há muito para ser estudado sobre a estrutura das paredes celulares antes que tenhamos uma compreensão total de fenômenos importantes, tais como resposta imunológica, crescimento e diferenciação celular.

REFERÊNCIAS

1. R. T. Morrison e R. N. Boyd – *Organic Chemistry*, 3.ª edição. Boston, EUA, Allyn and Bacon, 1973. Um livro excelente para revisão de química orgânica elementar.

2. W. Pigman e D. Horton, eds. – *The Carbohydrates*, 2.ª edição. New York, EUA, Academic Press, 1970, 1972. Uma fonte inestimável de informações detalhadas de química e bioquímica de carboidratos.

3. R. Barker – *Organic Chemistry of Biological Compounds*. Englewood Cliffs, N. J., EUA: Prentice-Hall, 1971. O capítulo sobre carboidratos é especialmente bem escrito e reflete os interesses de pesquisa do autor.

PROBLEMAS

1. Quantos isômeros seriam obtidos na síntese de heptoses (açúcares de 7C), pelo método de Kiliani, a partir de um açúcar de quatro átomos de carbono?
2. Uma mistura em equilíbrio de α- e β-D-galactose tem um $[\alpha]_D^{25°}$ de $+80{,}2°$. A rotação específica da α-D-galactose pura é de $+150{,}7°$ e a da β-D-galactose pura é de $+52{,}8°$. Calcule a proporção dos dois açúcares na mistura em equilíbrio.
3. Desenhe a estrutura de qualquer β-D-aldoeptose na forma piranósica, usando a projeção de Fischer ou a estrutura de anel de Harworth e responda às questões seguintes, em relação a essa β-D-aldoeptose.

   a) Quantos átomos de carbono assimétrico o açúcar possui?
   b) Quantos estereoisômeros são teoricamente possíveis?
   c) Desenhe a estrutura do anômero do açúcar.
   d) Desenhe a estrutura do enantiomorfo.
   e) Desenhe a estrutura de um epímero (que não o anômero) do açúcar.
   f) Desenhe a estrutura de um diastereoisômero.
   g) Desenhe a estrutura de um isômero estrutural.
   h) Desenhe as estruturas de dois açúcares diferentes obtidos usando-se essa β-D-aldoeptose como o reagente inicial de uma síntese de tese de Kiliani (com adição de HCN, etc).
   i) Por que a síntese de Kiliani fornece dois açúcares diferentes a partir de um único precursor?
   j) Desenhe as estruturas de dois açúcares diferentes que produziriam a mesma ozazona formada pela sua β-D-aldoeptose.
   l) Desenhe a estrutura da β-D-aldoeptose na forma furanósica.

4. Um dissacarídeo desconhecido foi purificado a partir de um homogenato de bactérias. Após hidrólise ácida do dissacarídeo, foram obtidas quantidades iguais de D-glucose e de D-galactose, e descobriu-se que os dois açúcares estavam ligados por uma ligação α-glicosídica. A metilação exaustiva do dissacarídeo, seguida de hidrólise ácida branda, produziu quantidades iguais de 2,3,4,6-tetrametil-galactose e 2,4,6-trimetil-glucose.

   Usando fórmulas de Harworth, desenhe a estrutura do dissacarídeo sugerida pelas informações dadas acima e mostre claramente a ligação entre os açúcares.

capítulo **3**

LIPÍDEOS

OBJETIVO

Vamos descrever a química dos ácidos graxos e a maneira como eles se combinam com diversos compostos para formar triacilglicerídeos, fosfolipídeos, etc. Discutiremos rapidamente a classe dos terpenóides e faremos uma comparação entre os lipídeos das células procarióticas e os das eucarióticas. Este capítulo serve como base para uma melhor compreensão dos Caps. 9 e 13.

INTRODUÇÃO

Os lipídeos são caracterizados por sua pequena solubilidade em água e considerável solubilidade em solvente orgânicos, propriedades físicas que refletem a natureza hidrofóbica de uma estrutura de hidrocarboneto. Sendo uma classe de compostos heterogêneos, os lipídeos classificam-se tradicionalmente em: (a) acilgliceróis; (b) ceras; (c) fosfolipídeos; (d) esfingolipídeos; (e) glicolipídeos; e (f) lipídeos terpenóides, incluindo os carotenóides e os esteróides. Todas essas classes encontram-se largamente distribuídas na natureza.

ÁCIDOS GRAXOS

Associado à maioria dos lipídeos, aparece, como principal componente, o ácido graxo contendo número par de átomos de carbono (de 4 a 30) em cadeias retas, geralmente saturadas, mas que podem também conter de uma a seis duplas ligações, quase sempre em configuração *cis* (Tab. 3.1).

Os ácidos graxos de origem animal apresentam geralmente uma estrutura bem simples, ou seja, têm cadeia reta, a qual pode conter até seis duplas ligações. Os ácidos graxos de bactérias podem ser saturados, monoenóicos, de cadeia ramificada, ou conter um anel de ciclopropano (o ácido lactobacílico). Por outro lado, os ácidos graxos vegetais são bastante variados e podem conter ligações acetilênicas, epóxi-, hidróxi-, e ceto-grupos, ou anéis de ciclopropeno.

REATIVIDADE

A reatividade química dos ácidos graxos reflete a reatividade do grupo carboxílico, de outros grupos funcionais e o grau de insaturação da cadeia do ácido graxo. Ácidos graxos livres são pouco freqüentes na célula e aparecem, na sua grande maioria, sob a forma de ésteres (triacilgliceróis e fosfolipídeos).

As ligações de éster são sensíveis à hidrólise ácida, que é reversível, ou alcalina, que é irreversível. A última etapa da hidrólise alcalina é irreversível, pois em presença

Tabela 3-1. Estrutura dos ácidos graxos comuns

Ácido	Estrutura	Ponto de fusão (°C)
Ácidos graxos saturados		
Ácido acético	CH_3COOH	16
Ácido propiônico	CH_3CH_2COOH	−22
Ácido butírico	$CH_3(CH_2)_2COOH$	−7,9
Ácido capróico	$CH_3(CH_2)_4COOH$	−3,4
Ácido decanóico	$CH_3(CH_2)_8COOH$	32
Ácido láurico	$CH_3(CH_2)_{10}COOH$	44
Ácido mirístico	$CH_3(CH_2)_{12}COOH$	54
Ácido palmítico	$CH_3(CH_2)_{14}COOH$	63
Ácido esteárico	$CH_3(CH_2)_{16}COOH$	70
Ácido araquídico	$CH_3(CH_2)_{18}COOH$	75
Ácido beênico	$CH_3(CH_2)_{20}COOH$	80
Ácido lignocérico	$CH_3(CH_2)_{22}COOH$	84
Ácidos graxos monoenóicos		
Ácido oleico	$CH_3(CH_2)_7CH\overset{cis}{=}CH(CH_2)_7COOH$	13
Ácido vacênico	$CH_3(CH_2)_5CH\overset{cis}{=}CH(CH_2)_9COOH$	44
Ácidos graxos dienóicos		
Ácido linoleico	$CH_3(CH_2)_4(CH\overset{cis}{=}CHCH_2)_2(CH_2)_6COOH$	−5
Ácidos graxos trienóicos		
Ácido α-linolênico	$CH_3CH_2(CH\overset{cis}{=}CHCH_2)_3(CH_2)_6COOH$	−10
Ácido γ-linolênico	$CH_3(CH_2)_4(CH\overset{cis}{=}CHCH_2)_3(CH_2)_3COOH$	−
Ácidos graxos tetraenóicos		
Ácido araquidônico	$CH_3(CH_2)_4(CH\overset{cis}{=}CHCH_2)_4(CH_2)_2COOH$	−50
Ácidos graxos incomuns		
Ácido α-elaeosteárico	$CH_3(CH_2)_3CH\overset{trans}{=}CHCH\overset{trans}{=}CHCH\overset{cis}{=}CH(CH_2)_7COOH$ (conjugada)	48
Ácido tarírico	$CH_3(CH_2)_{10}C\equiv C(CH_2)_4COOH$	51
Ácido isânico	$CH_2=CH(CH_2)_4C\equiv C-C\equiv C(CH_2)_7COOH$	39
Ácido lactobacílico	$CH_3(CH_2)_5\overbrace{CH-CH}^{CH_2}(CH_2)_9COOH$	28
Ácido vernólico	$CH_3(CH_2)_4\underbrace{CH\overset{cis}{-}CH}_{O}CH_2CH=CH(CH_2)_7COOH$	−
Prostaglandina (PGE_2)	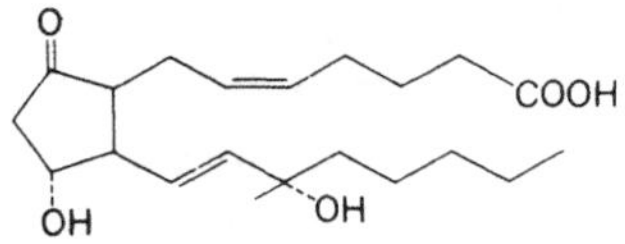	−

de excesso de base, o ácido está na forma de ânion totalmente dissociado, o qual não tem tendência a reagir com álcoois. Na hidrólise ácida, o sistema é totalmente reversível, em todas as fases, atingindo um equilíbrio. Portanto, as bases fortes são usadas na saponificação para hidrolisar as ligações de éster dos lipídeos simples ou complexos.

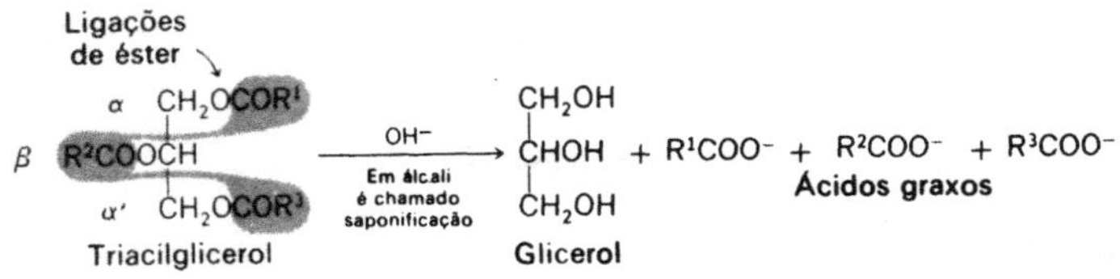

Os ácidos graxos livres dissociam-se em água, segundo

$$RCOOH \rightleftharpoons RCOO^- + H^+$$

$$K_a = \frac{[H^+]\,[RCOO^-]}{[RCOOH]}$$

Como $pK_a = -\log K_a$, a força do ácido é determinada pela dissociação do próton. O pK_a da maioria dos ácidos graxos é da ordem de 4,76-5,0. Ácidos mais fortes têm valores de pK_a mais baixos e ácidos mais fracos, valores mais altos. A concentração efetiva de um ácido também é um fator importante. O ácido acético, sendo muito solúvel em água, tem suas propriedades ácidas facilmente medidas. O ácido palmítico, com a sua cadeia carbônica lateral comprida e hidrofóbica, é quase insolúvel em água; em conseqüência, as suas propriedades ácidas não são facilmente medidas. Veja a Sec. 1.8 para uma discussão detalhada da dissociação de ácidos.

Outras propriedades dos ácidos graxos refletem a natureza das suas cadeias hidrocarbônicas. Os ácidos carboxílicos saturados naturais, que têm de 1 a 8 átomos de carbono, são líquidos, enquanto que os que têm mais carbonos são solúveis. O ácido esteárico funde a 70 °C; a introdução de uma dupla ligação, como no ácido oléico, causa um abaixamento do ponto de fusão para 14 °C, e a adição de mais duplas ligações abaixa-o ainda mais. Quando a cadeia de hidrocarboneto de um ácido graxo contém uma dupla ligação, surge o fenômeno da isomeria geométrica. A maioria dos ácidos graxos insaturados sao encontrados na forma do isômero menos estáveis *cis* e não na do isômero *trans*, mais estável. Estruturalmente, a cadeia carbônica de um ácido graxo saturado tem uma configuração de zigue-zague, como indica a Estr. 3-1, com a ligação de carbono-carbono formando um ângulo de 109°.

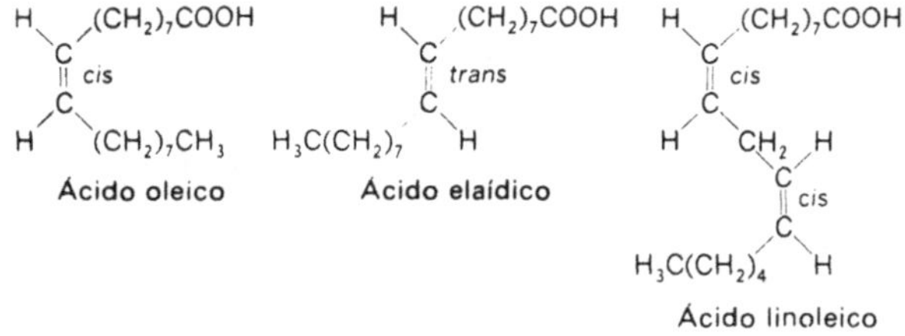

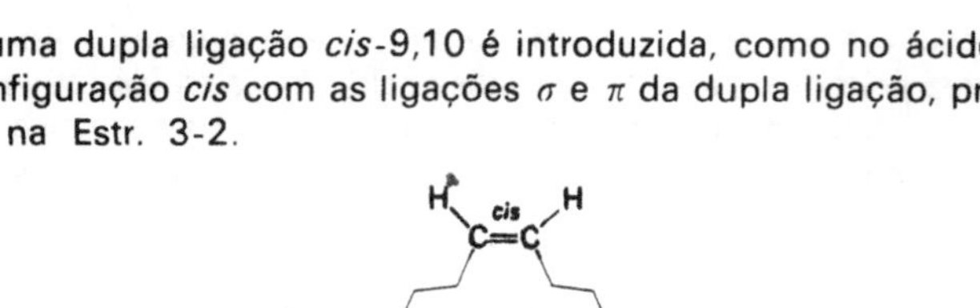

Estrutura 3-1

Quando uma dupla ligação *cis*-9,10 é introduzida, como no ácido oleico, a combinação da configuração *cis* com as ligações σ e π da dupla ligação, produz a molécula dobrada vista na Estr. 3-2.

Estrutura 3-2

O ácido linoleico, com duas duplas ligações, tem a sua cadeia ainda mais dobrada (Estr. 3-3). Portanto, quando examinamos compostos que contêm duplas ligações em

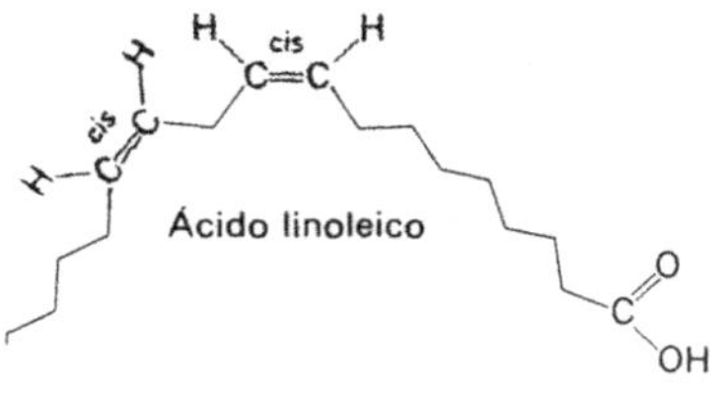

Ácido linoleico

Estrutura 3-3

suas cadeias carbônicas devemos imaginá-los não como cadeias retas ocupando um mínimo de espaço, mas como grupos grandes e volumosos que se dobram consideravelmente. É interessante saber que as membranas das células vegetais e animais são ricas em ácidos graxos polinsaturados, ao passo que as bactérias não os contêm; seu principal ácido monoenóico é o ácido *cis*-vacênico, $CH_3-(CH_2)_5-CH=$ $=CH(CH_2)_9-COOH$.

Outro aspecto estrutural encontrado nos ácidos graxos de ocorrência natural, além da isomeria geométrica, é o sistema de *duplas ligações não-conjugadas* dos ácidos graxos polinsaturados. O ácido linoleico é um exemplo do tipo não-conjugado onde as duplas ligações são interrompidas por um grupo metileno. Esse arranjo é chamado de estrutura do pentadieno.

$$-CH_2-CH{=}CH-CH_2-CH{=}CH-CH_2-$$

Sistema de duplas ligações não-conjugadas

Entretanto, o ácido α-elaeosteárico, um importante ácido graxo polinsaturado, que é o principal componente do óleo de tungue, embora seja isômero do ácido α-linoléico difere dele por ter um sistema trieno conjugado. Sua estrutura é

$$CH_3(CH_2)_3\underset{trans}{CH{=}CH}\underset{trans}{CH{=}CH}\underset{cis}{CH{=}CH}(CH_2)_7COOH$$

e ilustra o sistema de duplas ligações conjugadas.

$$-CH_2-CH{=}CH-CH{=}CH-CH{=}CH-CH_2-$$

Sistema de duplas ligações conjugadas

Esses dois tipos de sistemas de duplas ligações múltiplas apresentam diferenças importantes quanto à reatividade química. O sistema não-conjugado ou 1,4-pentadieno apresenta um grupo de metileno tendo duplas ligações dos dois lados. Esse grupo de metileno pode ser atacado diretamente para formar um radical livre, que leva a uma série de reações com oxigênio:

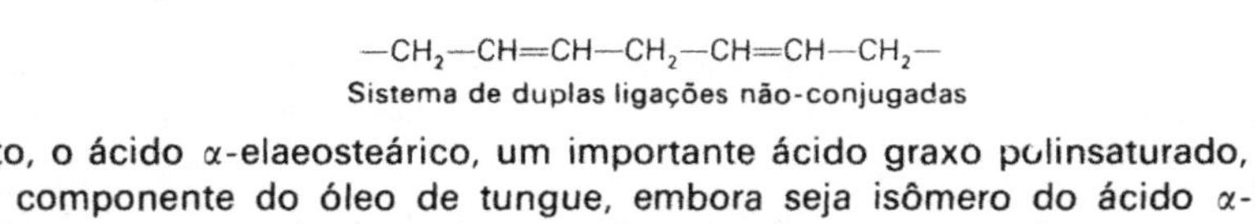

$$\underset{R}{\overset{H}{}}C{=}C\overset{H}{}-CH_2-\overset{H}{}C{=}C\underset{R}{\overset{H}{}} \xrightarrow{-H} R(H)C{=}C(H)-\dot{C}H-(H)C{=}C(H)R \longrightarrow R-CH(OOH)-\underset{trans}{CH{=}CH}-\underset{cis}{CH{=}CH}-R$$

Hidroperóxido

Os sistemas de duplas ligações conjugadas são muito reativos devido ao grande deslocamento de elétrons π. Ácidos graxos com tais sistemas sofrem ampla polimerização, uma propriedade muito utilizada pela industria de tintas. O retinol e os carotenos são exemplos de sistemas conjugados importantes das biomoléculas. Esses sistemas exercem um papel importante no processo visual da retina. Outros exemplos serão estudados no decorrer deste texto.

ANÁLISE DE LIPÍDEOS

Na última década surgiu uma revolução nas técnicas de separação e caracterização dos lipídeos e seus componentes. Através do uso da cromatografia de gás e em camada fina, os químicos especialistas em lipídeos podem agora resolver mais facilmente seus problemas de análises. Esses dois métodos estão descritos no Apêndice 2. Como esses métodos são rápidos, quantitativos e podem ser usados para quantidades mínimas de material, eles tomaram o lugar das técnicas mais antigas, que envolviam número de iodo e dados de saponificação e acetilação; esses métodos mais velhos, portanto, não serão descritos neste livro.

NOMENCLATURA

Os bioquímicos de lipídeos empregam uma notação abreviada para descrever os ácidos graxos. A regra geral é escrever primeiro o número de átomos de carbono depois o número de duplas ligações, e finalmente, indicar a posição das duplas ligações, contando-as a partir da carboxila. Assim, o ácido palmítico, um ácido saturado de 16 átomos de carbono, é escrito como 16:0, o ácido oleico é escrito como 18:1 (9), e o ácido araquidônico é 20:4 (5,8,11,14). Supõe-se que a configuração *cis* seja o único isômero geométrico presente. Se ocorrer configuração *trans* na estrutura, deve-se indicá-la, assim: 18:3 (6t,9t,12c).

Recentemente, a nomenclatura da classe das fosfolipídeos foi claramente definida. Se o carbono 1 ou o carbono 3 do glicerol estiverem esterificados com um ácido graxo ou com ácido fosfórico, o carbono 2 torna-se um centro de assimetria, dando origem a formas antípodas. Assim, tanto estudantes como bioquímicos ficam geralmente confusos com o fato de L-3-glicerofosfato (I) ser equivalente a D-1-glicerofosfato (II).

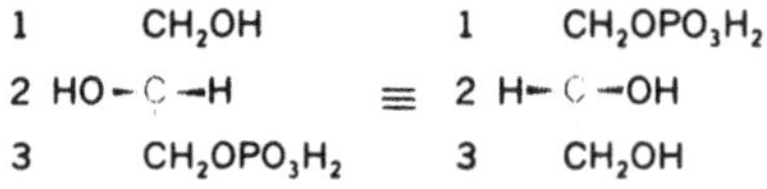

$$
\begin{array}{lc}
1 & CH_2OH \\
2 & HO-C-H \\
3 & CH_2OPO_3H_2 \\
 & \text{I}
\end{array}
\equiv
\begin{array}{lc}
1 & CH_2OPO_3H_2 \\
2 & H-C-OH \\
3 & CH_2OH \\
 & \text{II}
\end{array}
$$

Ácido glicerol-3-fosfórico

Para simplificar esse problema, em 1967, a Comission on Biochemical Nomenclature da IUPAC-IUB adotou o seguinte sistema para dar nomes mais claros aos derivados do glicerol. Os números 1 e 3 *não podem ser usados* indiscriminadamente para o mesmo grupo de OH do álcool primário. O segundo grupo hidroxílico do glicerol é mostrado à esquerda do C-2 na projeção de Fischer, sendo o carbono superior a C-2 chamado C-1 e o abaixo C-3. Essa *numeração estereoespecífica* é indicada pelo prefixo *sn* antes do nome do composto. O glicerol será portanto marcado desta maneira:

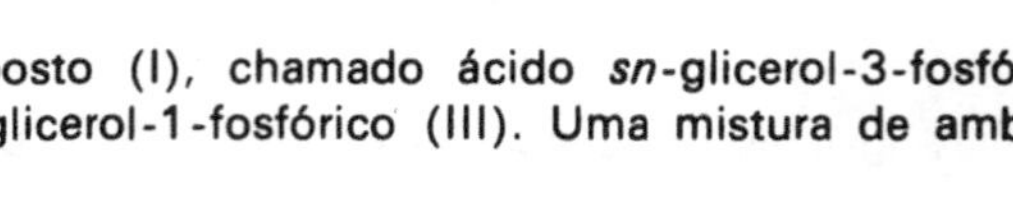

$$
\begin{array}{cl}
CH_2OH & 1 \\
HO-C-H & 2 \\
CH_2OH & 3
\end{array}
\leftarrow \text{Numeração estereoespecífica } (sn)
$$

Obviamente o composto (I), chamado ácido *sn*-glicerol-3-fosfórico é o antípoda óptico do ácido *sn*-glicerol-1-fosfórico (III). Uma mistura de ambos seria o *rac*-glicerol-ácido fosfórico,

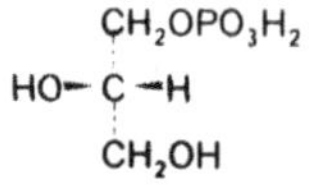

$$
\begin{array}{c}
CH_2OPO_3H_2 \\
HO-C-H \\
CH_2OH \\
\text{III}
\end{array}
$$

A estereoquímica de uma fosfatidilcolina seria definida pelo termo 3-*sn*-fosfatidilcolina. Tendo em mente a definição de *sn*, escreveríamos a sua fórmula assim

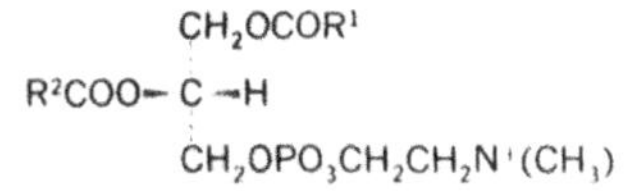

$$\begin{array}{c} CH_2OCOR^1 \\ R^2COO-C-H \\ CH_2OPO_3CH_2CH_2N^+(CH_3) \end{array}$$

ACILGLICERÓIS

O acilglicerol mais comum é o triacilglicerol, também chamado triglicerídeo ou lipídeo neutro. A estrutura geral de um triacilglicerol é

Numeração dos carbonos		
1 ou α	CH_2OCOR^1	Grupo acila
2 ou β	R^2COOCH	RCO—
3 ou α'	CH_2OCOR^3	
	Triacilglicerol	

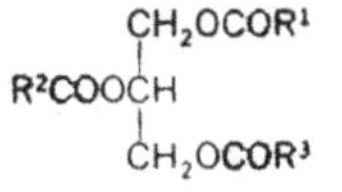

Os diacilgliceróis e monoacilgliceróis não ocorrem na natureza em quantidades apreciáveis, mas são importantes intermediários em um grande número de reações biossintéticas. Suas estruturas são

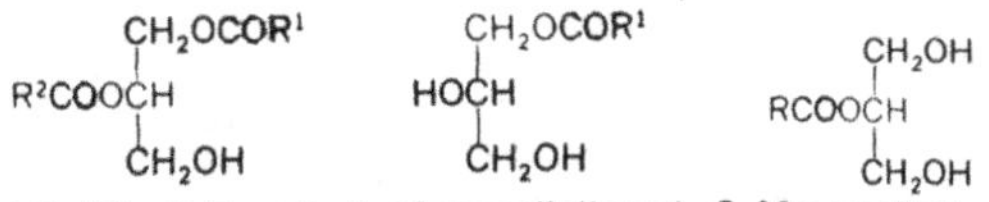

CH_2OCOR^1	CH_2OCOR^1	CH_2OH
R^2COOCH	$HOCH$	$RCOOCH$
CH_2OH	CH_2OH	CH_2OH
1,2,-Diacilglicerol	1-Monoacilglicerol	2-Monoacilglicerol

Os triacilgliceróis podem existir nas formas sólida ou líquida, dependendo da natureza de seus ácidos graxos constituintes. A maior parte dos triacilgliceróis de plantas tem baixos pontos de fusão e é líquida à temperatura ambiente, porque contém uma grande proporção de ácidos graxos insaturados, tais como os ácidos oleico, linoleico ou linolênico. Ao contrário, os triacilgliceróis animais contêm uma proporção maior de ácidos graxos saturados, tais como os ácidos palmítico e esteárico, tendo por isso um ponto de fusão mais elevado e, conseqüentemente, são sólidos ou semi-sólidos à temperatura ambiente. Alguns ácidos graxos que ocorrem naturalmente, suas estruturas e seus pontos de fusão são dados na Tab. 3-1.

CERAS

Igualmente abundantes são as ceras, que funcionam como um revestimento de proteção em frutos e folhas, ou que são secretados por insetos (por exemplo, abelhas). Em geral, as ceras são constituídas de uma complexa mistura de alcanos de cadeia longa, com número ímpar de átomos de carbono, os quais variam de C_{25} a C_{35}, e seus derivados oxigenados, tais como álcoois secundários e cetonas, e ainda ésteres de ácidos graxos de cadeia longa e monoidroxi-álcoois de cadeia longa. Sendo quase insolúveis em água e não tendo duplas ligações em suas cadeias de hidrocarboneto, as ceras são quimicamente inertes. Funcionam admiravelmente na superfície das folhas, protegendo as plantas contra a perda de água e os danos por fricção. Têm também um importante papel como barreira protetora contra a água, em insetos, aves e animais, como o carneiro. Essa importante função foi dramaticamente demonstrada recentemente, ao serem usados detergentes no oceano, para solubilizar o óleo derramado por navios; nessas ocasiões, as aves marinhas tinham enorme dificuldade em se manter à superfície da água, pois as camadas protetoras de cera de suas penas haviam sido removidas tanto pelo óleo como pelo detergente.

Tabela 3-2. Alguns lipídeos Anfipáticos

Fosfolipídeos	Ácido graxo usual (componente não-polar)	Base (componente polar)	Nome comum
3-*sn*-Fosfatidilcolina 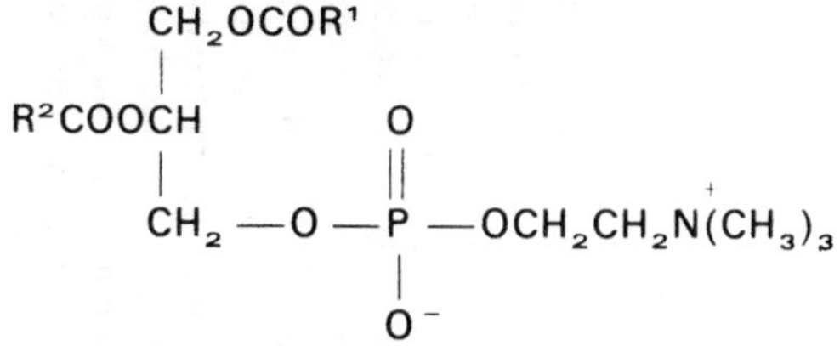 CH_2OCOR^1 R^2COOCH $CH_2—O—P(=O)(O^-)—OCH_2CH_2\overset{+}{N}(CH_3)_3$	Esteárico ou palmítico (R^1) poliinsaturado (R^2)	Colina	Lecitina
3-*sn*-Fosfatidilaminoetanol 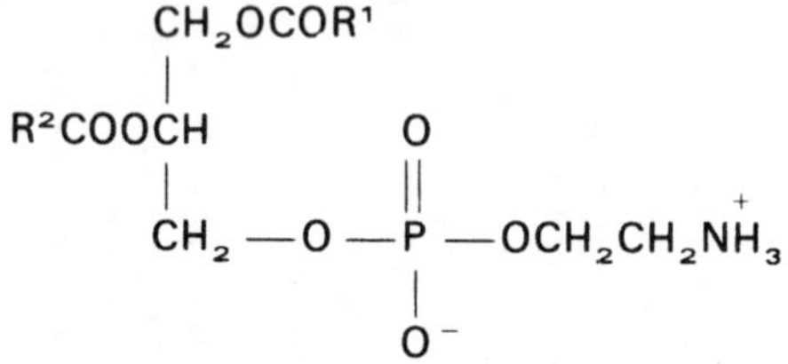 CH_2OCOR^1 R^2COOCH $CH_2—O—P(=O)(O^-)—OCH_2CH_2\overset{+}{N}H_3$	Esteárico ou palmítico (R^1) poliinsaturado (R^2)	Aminoetanol	Cefalina
3-*sn*-Fosfatidilserina 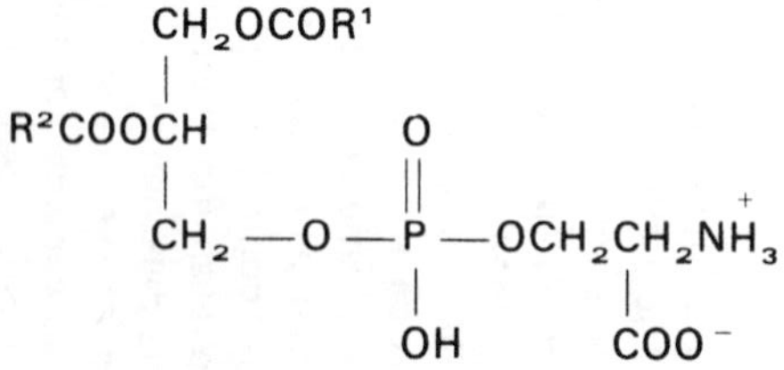 CH_2OCOR^1 R^2COOCH $CH_2—O—P(=O)(OH)—OCH_2CH(COO^-)\overset{+}{N}H_3$	Esteárico ou palmítico (R^1) poliinsaturado (R^2)	Serina	Cefalina
3-*sn*-Fosfitalaminoetanol 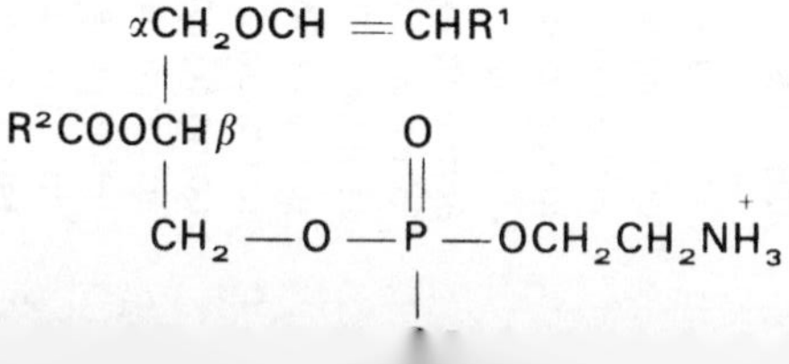 $\alpha CH_2OCH=CHR^1$ $R^2COOCH\beta$ $CH_2—O—P(=O)—OCH_2CH_2\overset{+}{N}H_3$	Éter insaturado (α) Linoléico (β)	Aminoetanol	Plasmalogênio

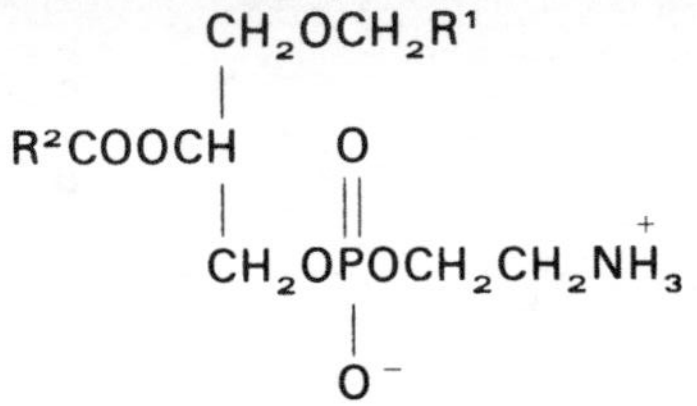 $CH_2OCH_2R^1$ R^2COOCH — $CH_2OPOCH_2CH_2\overset{+}{N}H_3$ (P=O; P—O^-)	ácido graxo insaturado		
3-*sn*-Fosfatidilinositol 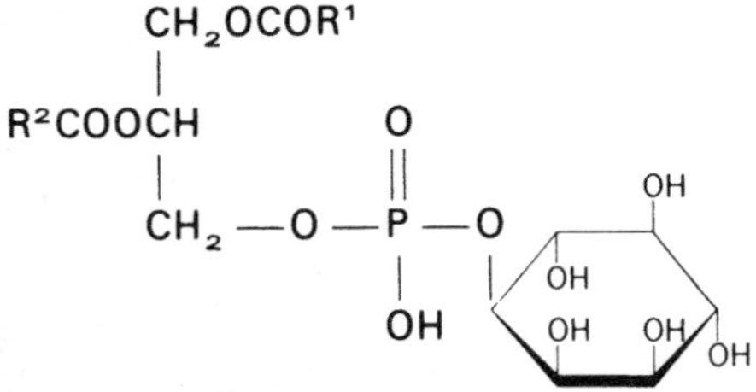 CH_2OCOR^1 R^2COOCH CH_2—O—P(=O)(OH)—O—inositol (OH)	Palmítico (R^1) araquidônico (R^2)	Mioinositol substitui a base	Inositolfosfolipídeo
3-*sn*-Fosfatidilglicerol 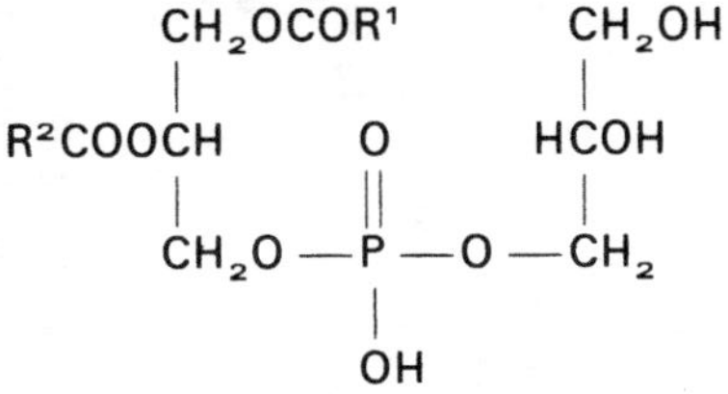 CH_2OCOR^1 CH_2OH R^2COOCH HCOH CH_2O—P(=O)(OH)—O—CH_2	Ácido graxo polinsaturado (R^1, R^2)	Glicerol substitui a base	
-(3-*sn*-Fosfatidil)-3-*o*-L-lisilglicerol 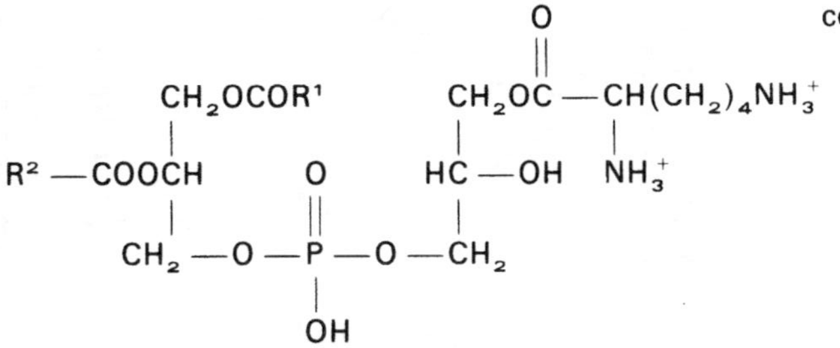 CH_2OCOR^1 $CH_2OC(=O)$—$CH(CH_2)_4NH_3^+$ (—NH_3^+) R^2—COOCH HC—OH CH_2—O—P(=O)(OH)—O—CH_2	Aminoacilfosfatidilglicerol		

FOSFOLIPÍDEOS

Os fosfolipídeos são assim chamados porque contêm um átomo de fósforo em sua molécula. Os outros componentes são basicamente glicerol, ácidos graxos e uma base nitrogenada. Diversos fosfolipídeos, considerados como derivados do ácido fosfatídico, estão relacionados na Tab. 3-2. A estrutura do ácido fosfatídico é

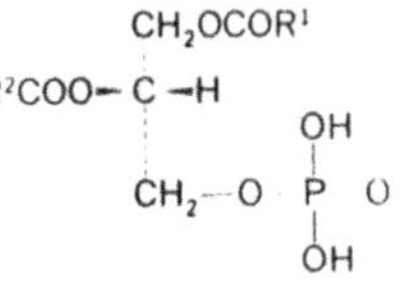

CH_2OCOR^1
$R^2COO-C-H$
$CH_2-O-P(OH)_2-O$

Ácido 3-*sn*-fosfatídico

Os fosfolipídeos são abundantes em bactérias e tecidos vegetais e animais; suas estruturas gerais, qualquer que seja a sua fonte, são muito semelhantes. Os fosfolipídeos fosfatidilaminoetanol, -colina e -serina são freqüentemente associados às membranas. São chamados de compostos anfipáticos, por possuírem funções polares e não-polares. A importância dessas propriedades será discutida na p. 256.

ESFINGOLIPÍDEOS

Os esfingolipídeos incluem um grupo importante de compostos intimamente ligados a tecidos e membranas animais. O composto central é chamado 4-esfingenina (antes esfingosina). Uma série de componentes pode ser ligada a essa estrutura, dando importantes derivados. A 4-esfingenina é formada a partir de uma série complexa de

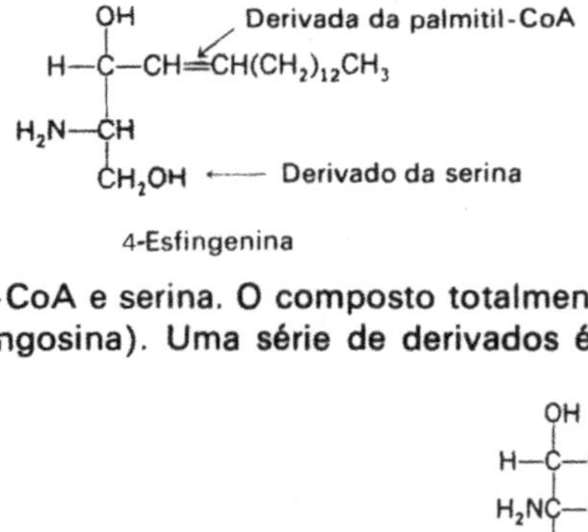

OH
$H-C(OH)-CH=CH(CH_2)_{12}CH_3$ ← Derivada da palmitil-CoA
H_2N-CH
CH_2OH ← Derivado da serina

4-Esfingenina

reações, envolvendo palmitil-CoA e serina. O composto totalmente reduzido é chamado esfinganina (antes diidroesfingosina). Uma série de derivados é apresentada a seguir:

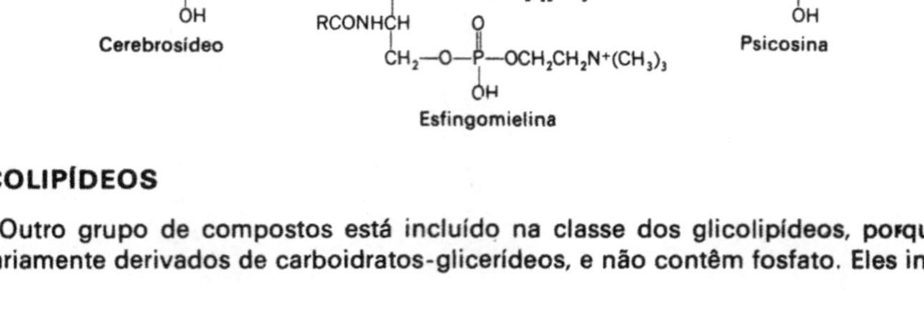

$H-C(OH)-CH=CH(CH_2)_{12}CH_3$
$RCONHCH$
CH_2O- (β) galactose (CH_2OH, OH, HO, OH)

Cerebrosídeo

$H-C(OH)-CH=CH(CH_2)_{12}CH_3$
$RCONHCH$
$CH_2-O-P(=O)(OH)-OCH_2CH_2N^+(CH_3)_3$

Esfingomielina

$H-C(OH)-CH=CH(CH_2)_{12}CH_3$
H_2NC-H
CH_2O- (β) galactose (CH_2OH, OH, HO, OH)

Psicosina

GLICOLIPÍDEOS

Outro grupo de compostos está incluído na classe dos glicolipídeos, porque são primariamente derivados de carboidratos-glicerídeos, e não contêm fosfato. Eles incluem os galactolipídeos e os sulfolipídeos, encontrados principalmente em cloroplastos. Suas estruturas são

R_1 e R_2:
18:2 (9, 12),
18:3 (9, 12, 15)

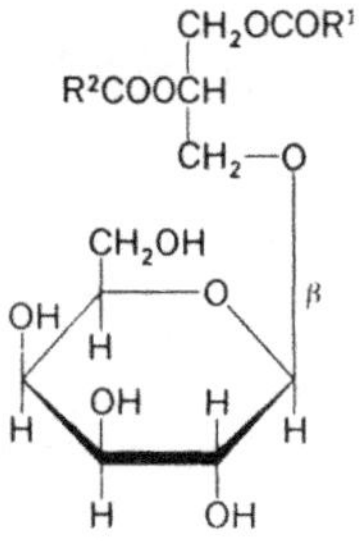

3-*sn*-Monogalactosildiacilglicerol

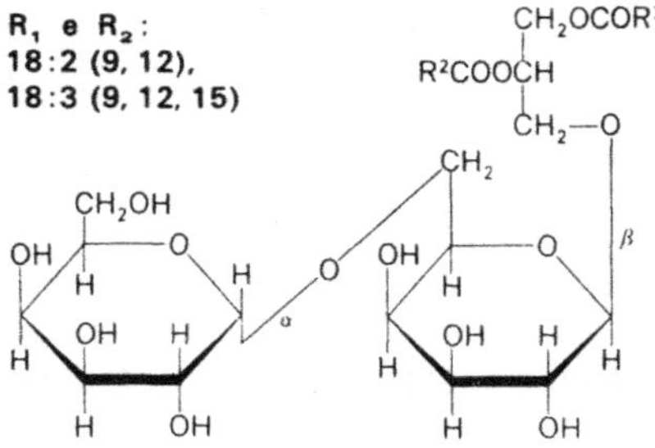

3-*sn*-Digalactosildiacilglicerol

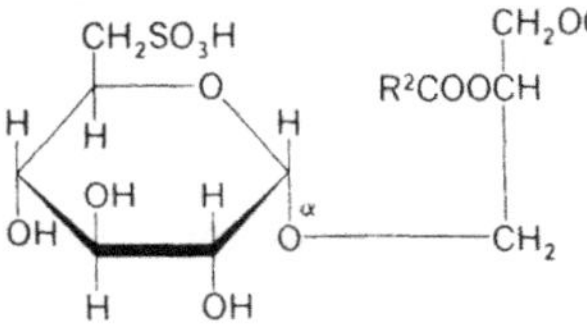

3-*sn*-Sulfonil-6-desoxiglucosildiacilglicerol

TERPENÓIDES

Os terpenóides constituem um grupo muito grande e importante de compostos, que são formados por uma simples unidade que se repete, a unidade isoprenóide; essa unidade, através de condensações engenhosas, dá origem a compostos como a borracha, os carotenóides e muitos terpenos bem mais simples. O isopreno, que não ocorre na natureza, tem o seu correspondente biologicamente ativo no isopentenil-pirofosfato que é formado a partir do ácido mevalônico através de uma série de etapas catalisadas enzimaticamente. O isopentenilpirofosfato sofre reações posteriores para formar o esqualeno, o qual, por seu turno, pode condensar com outra molécula de esqualeno, dando o colesterol. Outro terpenóide típico é o β-caroteno, que é desdobrado nas células da mucosa intestinal para formar retinol. As relações estruturais entre esses compostos podem ser vistas nos diagramas seguintes. Observe a unidade isoprenóide que se repete periodicamente em todos esses compostos. As reações biossintéticas serão estudadas no Cap. 13.

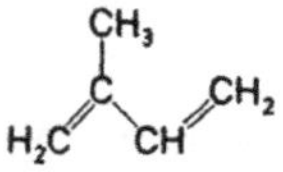

"Unidade isoprenóide"

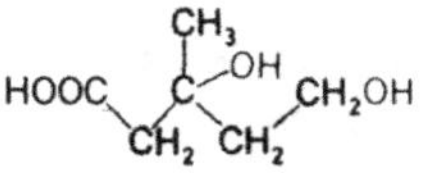

Ácido mevalônico

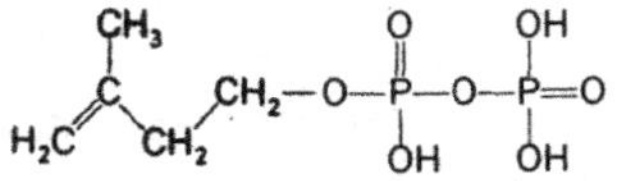

Isopentenilpirofosfato

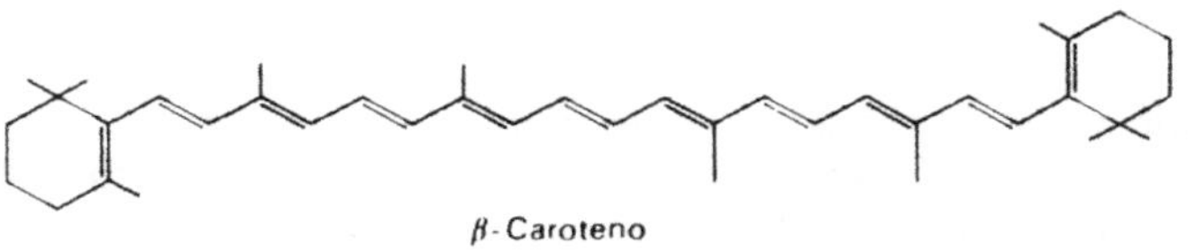

β-Caroteno

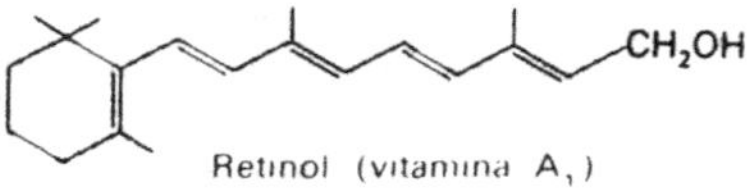

Retinol (vitamina A_1)

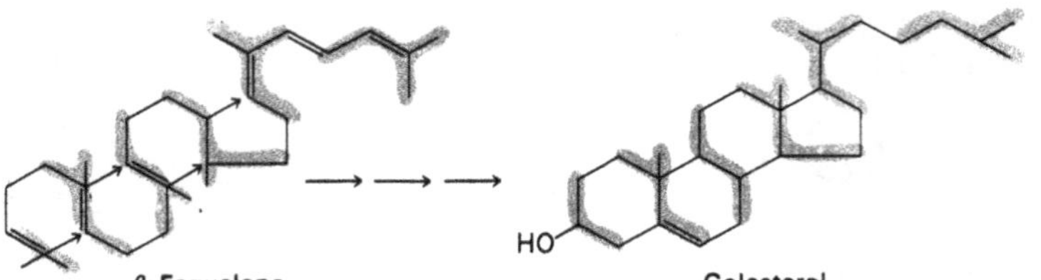

β-Esqualeno → → → Colesterol

FUNÇÕES DOS LIPÍDEOS

Recentemente tornou-se evidente o importante papel exercido pelos lipídeos no funcionamento normal de uma célula. Eles não só servem como formas de reserva de energia, como também participam intimamente da estrutura das membranas das células e das organelas encontradas na célula. Esses aspectos serão discutidos com mais detalhes nos Caps. 9 e 13.

Os lipídeos participam direta ou indiretamente em diversas atividades metabólicas, tais como:

1. Importantes fontes de energia em animais, insetos, pássaros, e sementes de elevado conteúdo lipídico.

2. *Ativadores de enzimas*. Três enzimas microsomais, ou seja, a glucose-6-fosfatase, a estearil-CoA dessaturase e ω-hidroxilases, e ainda a β-hidroxibutírico-desidrogenase (uma enzima mitocondrial) necessitam de micelas de fosfatidilcolina para serem ativadas. Além dessas, existem muitas outras enzimas que necessitam de micelas lipídicas para ativação máxima.

3. *Componentes do sistema de transporte de elétrons da mitocôndria*. Existe considerável evidência de que a cadeia de transporte de elétrons nas membranas internas da mitocôndria está mergulhada em um meio de fosfolipídeos.

4. *Como substrato*. A α-acil-β-oleil-fosfatidilcolina serve especificamente como aceptor de um grupo CH_3 da S-adenosilmetionina (veja p. 481, para a estrutura e bioquímica desse composto) o qual se liga por adição à dupla ligação da cadeia β-oleil, formando o anel de ciclopropano do ácido lactobacílico

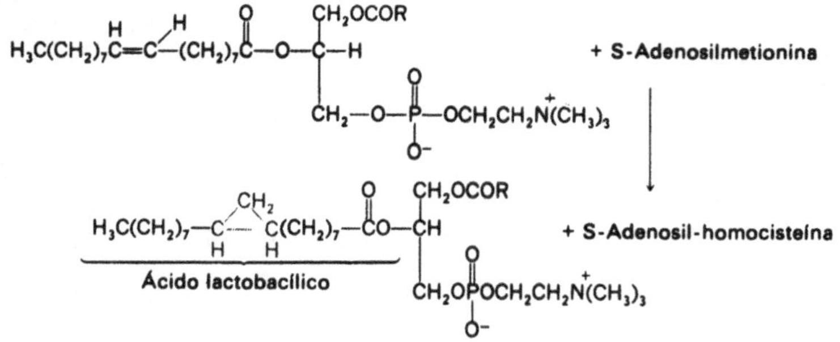

$$H_3C(CH_2)_7\overset{H}{C}{=}\overset{H}{C}{-}(CH_2)_7\overset{O}{\overset{\|}{C}}{-}O{-}\underset{CH_2{-}O{-}\overset{O}{\overset{\|}{P}}(O^-){-}OCH_2CH_2\overset{+}{N}(CH_3)_3}{\overset{CH_2OCOR}{C}}{-}H \quad + \text{ S-Adenosilmetionina}$$

$$\downarrow$$

$$\underbrace{H_3C(CH_2)_7{-}\underset{H}{C}\overset{CH_2}{\frown}\underset{H}{C}(CH_2)_7{-}}_{\text{Ácido lactobacílico}}\overset{O}{\overset{\|}{C}}O{-}\underset{CH_2O\overset{O}{\overset{\|}{P}}(O^-)OCH_2CH_2\overset{+}{N}(CH_3)_3}{\overset{CH_2OCOR}{CH}} \quad + \text{ S-Adenosil-homocisteína}$$

Fosfatidilcolina

5. *Transportador de glicosila*. O composto isoprenóide, fosfato de undecaprenila, atua como um transportador lipofílico de um resíduo de glicosila na síntese de lipopolissacarídeos e peptideoglicânios da parede celular bacteriana.

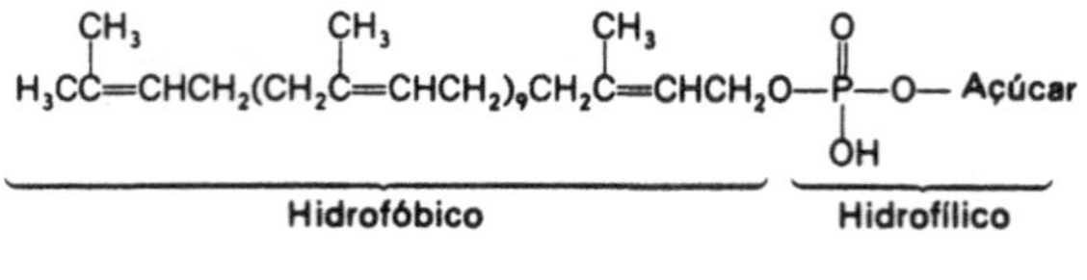

$$\underbrace{H_3C\overset{CH_3}{C}{=}CHCH_2(CH_2\overset{CH_3}{C}{=}CHCH_2)_9CH_2\overset{CH_3}{C}{=}CHCH_2O{-}}_{\text{Hidrofóbico}}\underbrace{\overset{O}{\overset{\|}{P}}(OH){-}O{-}\text{ Açúcar}}_{\text{Hidrofílico}}$$

6. *Substrato na descarboxilação indireta de serina e etanolamina.* **A fosfatidilserina é descarboxilada por uma descarboxilase específica, dando fosfatidiletanolamina. A descarboxilação direta de serina a etanolamina nunca foi demonstrada.**

$$\text{Fosfatidilserina} \longrightarrow \text{Fosfatidilaminoetanol} + CO_2$$

LIPOPROTEÍNAS

Os lipídeos não são transportados em forma livre no plasma circulante, mas sim como quilomícrons, como lipoproteínas de densidade muito baixa, ou como complexos de ácidos graxos livres – albumina. Além disso, as lipoproteínas ocorrem como componentes de membranas. O papel das lipoproteínas será discutido em detalhe no Cap. 13.

Tabela 3-3. Composição de algumas lipoproteínas

Fonte	Lipoproteína	Peso molecular	Conteúdo (%)			
			Proteína	Fosfolipídeos	Colesterol (livre + éster)	Triacil-glicerol
Soro sangüíneo	Quilomícrons	10^9-10^{10}	4	7,5	10	78
	Densidade muito baixa	5-10 × 10^6	8	19	18	55
	Baixa densidade	2 × 10^6	21	28	27	10
	Alta densidade	1-4 × 10^5	58	25	12	6
Gema de ovo	β-Lipovitelina	4 × 10^5	78	12	1	9
Leite	Baixa densidade	4 × 10^6	13	52	0	35

As lipoproteínas são uma classe de biomoléculas onde os componentes lipídicos consistem de triacilglicerol, fosfolipídeos e colesterol (ou seus ésteres) em proporções notadamente uniformes (veja Tab. 3-3). Os componentes protéicos, por sua vez, apresentam uma proporção relativamente alta de aminoácidos polares, que podem participar da ligação com os lipídeos. Pesquisas realizadas excluíram claramente a participação de ligações covalentes e iônicas na forte ligação dos lipídeos a apoproteínas específicas. As forças de dispersão de London-van der Waals, contudo têm um papel significativo no processo de ligação; mas a evidência atual demonstra que a principal força de ligação é a interação hidrofóbica entre apoproteínas e lipídeos. A interação (ou *ligação*) hidrofóbica é definida como a tendência dos componentes hidrocarbônicos de se associarem em meio aquoso. São exemplos de ligação hidrofóbica entre lipídeos e proteínas a ligação entre o 11-*cis*-retinol e a opsina, e entre o retinol e a proteína que liga retinol.

As lipoproteínas são também encontradas nas membranas de mitocôndria, retículo endoplasmático e núcleo. O sistema de transporte de elétrons da mitocôndria aparece conter grandes quantidades de lipoproteínas. Sistemas lipoprotéicos lamelares ocorrem na bainha de mielina de nervos, nas estruturas fotorreceptoras, nos cloroplastos e nas membranas de bactérias.

DISTRIBUIÇÃO COMPARATIVA DE LIPÍDEOS

Com o advento de técnicas modernas no estudo de lipídeos, muito trabalho foi dirigido para elucidação da natureza dos lipídeos em um grande número de organismos. De modo geral, células procarióticas e eucarióticas (respectivamente, aquelas sem e as com organelas com membranas) diferem notavelmente em sua composição lipídica Um breve resumo dessas diferenças será dado a seguir.

Células procarióticas. De modo geral, uma célula bacteriana tem 95 % de seu lipídeo total associado com sua membrana celular; os 5 % restantes estão distribuídos entre seu citoplasma e a parede celular. As células de bactérias distinguem-se pela completa ausência de esteróis; tais células são incapazes de sintetizar a estrutura de anel esteróide, embora sejam capazes de formar extensos polímeros lineares isoprenóides. Os triacilgliceróis não ocorrem em bactérias, com exceção das micobactérias; as bactérias não são capazes de sintetizar os convencionais ácidos graxos polinsaturados, com exceção dos bacilos (*Bacilli*), que contêm alguns, como 16:2(5,10) e 16:2(7,10). Portanto as bactérias são, de algum modo, limitados em sua capacidade de sintetizar uma grande variedade de ácidos graxos e produzem apenas ácidos graxos saturados, monoenóicos, de ciclopropano ou de cadeia ramificada. Na realidade certas espécies como o *Mycoplasma* e alguns mutantes de *E. coli* perderam até mesmo a capacidade de síntese de ácidos graxos monoenóicos e necessitam ser supridas desses ácidos graxos para poderem crescer.

Células eucarióticas. PLANTAS. Em geral, as sementes das plantas superiores apresentam uma composição fixa em ácidos graxos, que é a expressão fenotípica de seus genótipos. A semente madura sintetiza seus diferentes ácidos graxos em velocidades diferentes e em períodos diferentes da maturação, mas quando a semente entra no período de latência, a sua composição de ácidos graxos é semelhante à da semente-mãe. Os ácidos graxos exóticos são normalmente encontrados como triacilgliceróis na planta madura e raramente são encontrados em organelas tissulares, tais como o cloroplasto. Os cloroplastos apresentam uma composição de ácidos graxos e lipídeos complexos notavelmente constante em todo o reino vegetal superior. Particularmente, o ácido α-linolênico (ácido graxo polinsaturado) é sempre associado com quatro lipídeos complexos altamente polares, que são característicos do tecido fotossintético e são o monogalactosildiacilglicerol, o digalactosildiacilglicerol, o sulfoquinovosildiacilglicerol e o fosfatidilglicerol. Esses lipídeos estão intimamente associados às membranas lamelares dos cloroplastos. As plantas superiores sintetizam uma série variada de ácidos graxos polinsaturados.

ANIMAIS. Os lipídeos das células animais são também bastante complexos e sua composição é característica para cada célula determinada. Assim, uma célula nervosa é rica em esfingolipídeos, gliceriléteres e plasmalogênios assim como fosfolipídeos; uma célula adiposa, por sua vez, é composta essencialmente de triacilgliceróis. Há um outro aspecto notável tanto das células das formas inferiores como das superiores da vida animal, ou seja, a limitada capacidade de formar ácidos graxos poliinsaturados típicos. Geralmente, as células eucarióticas sintetizam facilmente "de novo" o ácido oléico, através de um mecanismo aeróbico, onde uma dupla *cis* é introduzida na posição *cis*-9,10 (contando a partir da carboxila). Entretanto as células animais absolutamente não possuem a enzima responsável pela transformação seguinte de oleil-CoA a linoleil-CoA, embora essa dessaturase específica seja largamente distribuída em tecidos vegetais. Além disso, as células animais introduzem duplas ligações *cis* adicionais na cadeia de hidrocarboneto apenas na direção da extremidade carboxílica, ao passo que as vegetais sempre o fazem na direção da extremidade metílica.

Nas células animais:

$$\underset{\text{Linoleico}}{18{:}2(9,12)} \xrightarrow{-2H} \underset{\gamma\text{-Linolênico}}{18{:}3(6,9,12)} \xrightarrow{+C_2} \underset{\text{Homo-}\gamma\text{-linolênico}}{20{:}3(8,11,14)} \xrightarrow{-2H} \underset{\text{Araquidônico}}{20{:}4(5,8,11,14)}$$

Nas células vegetais:

$$\underset{\text{Oleico}}{18{:}1(9)} \xrightarrow{-2H} \underset{\text{Linoleico}}{18{:}2(9,12)} \rightarrow \underset{\text{Vias}}{\overset{\text{Muitas}}{\rightarrow}} \rightarrow \underset{\alpha\text{-linolênico}}{18{:}3(9,12,15)}$$

Nos tecidos animais, os ácidos graxos poliinsaturados servem a uma função nutricional ainda não explicada. Alguns deles são precursores de um novo grupo de hormônios chamados prostaglandinas. Esses ácidos graxos oxigenados (veja Tab. 3-1) atuam em quantidades mínimas como estimulantes de músculos lisos, como depressores da pressão sanguínea, como abortivos e como antagonistas para uma série de outros hormônios.

REFERÊNCIAS

1. M. I. Gurr e A. T. James – *Lipid Biochemistry: An Introduction*. Ithaca, New York, EUA, Cornell University Press, 1971. Um breve tratamento da química e da bioquímica dos lipídeos. Uma boa introdução ao assunto.

2. R. M. Burton e F. C. Guerra (eds.) – *Fundamentals of Lipid Chemistry*. Webster Groves, Missouri, EUA, Bi-Science Publication Division, 1972. Uma compilação de uma grande variedade de tópicos em química de lipídeos escrita por especialistas do campo.

3. W. W. Christie – *Lipid Analysis*. Oxford, Pergamon Press, 1973. Um excelente tratamento dos processos analíticos empregados na bioquímica de lipídeos.

4. G. B. Ansell, J. N. Hawthorne e R. M. C. Dawson (eds.) – *Form and Function of Phospholipids*, 2.ª edição. Amsterdam, Holanda, Elsevier, 1973. Um moderno tratamento de todos os aspectos das complexas química e bioquímica dos lipídeos.

PROBLEMAS

1. Dada uma mistura de ácido acético, ácido oleico e tri-oleilglicerol em água, proponha um processo para a separação dos três componentes.
2. Escreva as fórmulas estruturais dos seguintes ácidos:

   (a) 14:3 (7,10,13) (d) 18:2 (6,9)
   (b) 12:1 (3 trans) (e) 12-hidroxi 18:1 (9)
   (c) 10-CH_3-18:0 (f) 20:4 (5,8,11,14).

3. Quais dos seguintes compostos seriam solúveis, parcialmente solúveis ou insolúveis em água?

$$\begin{array}{l} \quad CH_2OCOCH_3 \\ CH_3\overset{O}{\overset{\|}{C}}OCH \\ \quad CH_2OCOCH_3 \end{array} \qquad \begin{array}{l} \quad CH_2OH \\ CH_3(CH_2)_8\overset{O}{\overset{\|}{C}}OCH \\ \quad CH_2OH \end{array} \qquad \begin{array}{l} \quad CH_2OCO(CH_2)_{14}CH_3 \\ CH_3(CH_2)_{16}\overset{O}{\overset{\|}{C}}OCH \\ \quad CH_2OCO(CH_2)_{18}CH_3 \end{array}$$

4. Escreva a estrutura da dioleil-fosfatidilcolina.
5. O que diferencia os seguintes compostos, uns dos outros:

   a) uma esfingomielina;
   b) um cerebrosídeo;
   c) um monogalactosil-diacilglicerídeo?

6. Dê um exemplo específico de descarboxilação indireta de um aminoácido.
7. Cite pelo menos três diferenças específicas entre células procarióticas e eucarióticas, em termos dos lipídeos componentes.

capítulo 4

AMINOÁCIDOS E PROTEÍNAS

OBJETIVO

Estudaremos a química dos aminoácidos, as unidades estruturais de todas as proteínas. Estas serão consideradas em termos de suas estruturas primárias, secundárias e terciárias. As classes importantes de proteínas serão discutidas e faremos um estudo detalhado da química do citocromo *c*. Este capítulo é fundamental para a compreensão dos Caps. 8, 17, 19 e 20.

INTRODUÇÃO

As proteínas são polímeras macromoleculares cujas unidades básicas são os aminoácidos. As suas moléculas contêm carbono, hidrogênio, oxigênio, nitrogênio e geralmente também enxofre. As proteínas, em sua grande maioria, têm uma como posição elementar muito semelhante, com porcentagens aproximadas de C = 50-55, H = 6-8, O = 20-23, N = 15-18 e S = 0-4. Esses valores fornecem pouca informação sobre a estrutura da molécula protéica, mas são úteis para uma estimativa grosseira do conteúdo protéico de matéria orgânica e alimentos. Como o teor em nitrogênio da maioria das proteínas é de cerca de 16 % e como o nitrogênio pode ser facilmente analisado como NH_3 pelo método de Kjeldahl, em geral calcula-se o conteúdo protéico de um material, determinando-se o seu teor em nitrogênio e multiplicando-se por um fator igual a 6,25 (100/16).

A unidade estrutural básica das proteínas é o aminoácido, como se pode demonstrar facilmente pela hidrólise química ou enzimática de proteínas purificadas. Por exemplo, uma proteína pode ser hidrolisada a aminoácidos pela ação catalítica de HCl 6 *N*, a 110 °C, durante 18-24 horas, em uma ampola hermeticamente fechada. Nessas condições, os aminoácidos são libertados e podem ser isolados do hidrolisado ácido sob a forma de seus cloridratos. Todos os aminoácidos naturais são estáveis a esse tratamento com ácido forte, com exceção do triptofano. Este pode ser recuperado parcial ou totalmente, fazendo-se a hidrólise ácida na presença de agentes redutores, ou fazendo-se uma hidrólise alcalina (com NaOH 2 *N*). Essa última hidrólise tem a desvantagem de destruir vários outros aminoácidos (cisteína, serina, treonina e arginina). Além disso, o tratamento por álcalis leva à recemização de todos os aminoácidos. Como veremos mais tarde, todos os aminoácidos que ocorrem normalmente em proteínas apresentam a configuração L, em relação ao padrão de referência, o D-gliceraldeído. Na hidrólise com álcali, o composto L será convertido em uma mistura dos enantiômeros D e L.

FÓRMULAS

A fórmula geral de um aminoácido natural pode ser representada por uma fórmula modificada do modelo de bolas e bastões ou pela fórmula de projeção de Fischer (Estr. 4-1). Os aminoácidos que apresentam essa fórmula geral são chamados de alfa (α)

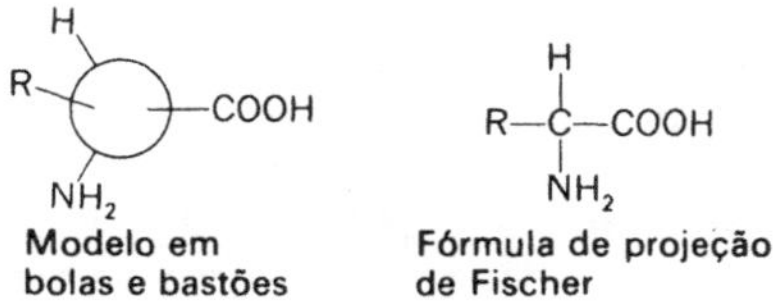

Estrutura 4-1

Modelo em bolas e bastões: H, R, COOH, NH_2

Fórmula de projeção de Fischer:

$$R-\overset{H}{\underset{NH_2}{C}}-COOH$$

aminoácidos, pois possuem o aminogrupo ligado ao carbono mais próximo ao do grupo carboxílico. É também evidente, pela fórmula, que se R não for igual a H, o átomo de carbono α é assimétrico. Portanto devem existir dois compostos diferentes tendo a mesma fórmula química: um terá a estrutura mostrada acima e o outro será o seu enantiômero ou isômero especular. É sabido que todos os aminoácidos naturais encontrados nas proteínas apresentam a mesma configuração, a configuração L, oposta à do padrão de referência para os carboidratos, o D-gliceraldeído. Essa relação é mostrada na Estr. 4-2, onde, no modelo de bolas e bastões e na projeção de Fischer, o aminogrupo da L-serina aparece à esquerda, estando o grupo carboxílico escrito no alto da fórmula. Já havia sido demonstrado anteriormente que a L-serina podia ser convertida a L-gliceraldeído, por uma série de reações que não modificavam a configuração do átomo de carbono α. Dessa maneira, foi estabelecida a configuração absoluta da L-serina, sendo ela o padrão de referência para os outros aminoácidos. (Quando isso é feito, usa-se a notação L_s.)

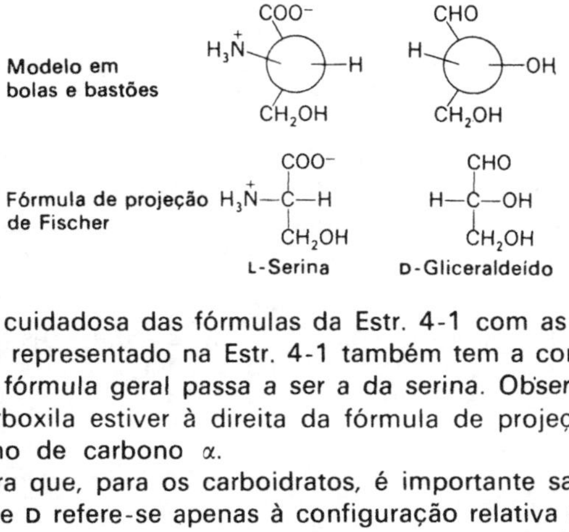

Estrutura 4-2

Modelo em bolas e bastões: L-serina (COO^-, $H_3\overset{+}{N}$, H, CH_2OH); D-gliceraldeído (CHO, H, OH, CH_2OH)

Fórmula de projeção de Fischer:

$$H_3\overset{+}{N}-\overset{COO^-}{\underset{CH_2OH}{C}}-H \qquad H-\overset{CHO}{\underset{CH_2OH}{C}}-OH$$

L-Serina D-Gliceraldeído

Uma comparação cuidadosa das fórmulas da Estr. 4-1 com as da Estr. 4-2 mostrará que o aminoácido representado na Estr. 4-1 também tem a configuração L; se se fizer $R = -CH_2OH$, a fórmula geral passa a ser a da serina. Observe-se que, em um L-aminoácido, se a carboxila estiver à direita da fórmula de projeção, o aminogrupo estará abaixo do átomo de carbono α.

Da mesma maneira que, para os carboidratos, é importante salientar aqui que o uso das convenções L e D refere-se apenas à configuração relativa desses compostos, e não fornece qualquer informação sobre a direção na qual eles desviam o plano da luz polarizada.

ESTRUTURAS DOS AMINOÁCIDOS ENCONTRADOS NAS PROTEÍNAS

Os aminoácidos naturais podem ser classificados de acordo com a natureza química de seus grupos R (alifáticos, aromáticos, heterocíclicos), com as necessárias subclasses. Entretanto, é mais lógica uma classificação baseada na polaridade do grupo ou resíduo R, porque dá ênfase à possível função que o aminoácido exercerá nas proteínas. Segundo essa classificação, os vinte aminoácidos comumente encontrados na hidrólise de proteínas podem ser descritos como 1) não-polares ou hidrofóbicos; 2) polares, mas sem carga; 3) polares devido a uma carga negativa no pH fisiológico 7; 4) polares devido a uma carga positiva no pH fisiológico. As estruturas desses vinte aminoácidos, assim como algumas de suas características importantes são dadas a seguir.

1. Aminoácidos com grupos R não-polares ou hidrofóbicos. Esse grupo compreende os aminoácidos que contêm resíduos alifáticos (alanina, valina, leucina, isoleucina, metionina) e aromáticos (fenilalanina e triptofano), que tem caráter hidrofóbico. Um dos compostos, prolina, é peculiar no sentido de que o seu átomo de nitrogênio forma uma amina secundária e não uma primária.

$H_3C—CH(NH_2)—CO_2H$

L_s-Alanina

$(H_3C)_2CH—CH(NH_2)—CO_2H$

L_s-Valina

$(H_3C)_2CH—CH_2—CH(NH_2)—CO_2H$

L_s-Leucina

$H_3C—CH_2—CH(CH_3)—CH(NH_2)—CO_2H$

L_s-Isoleucina

L_s-Prolina

$C_6H_5—CH_2—CH(NH_2)—CO_2H$

L_s-Fenilalanina

L_s-Triptofano

$H_3C—S—CH_2—CH_2—CH(NH_2)—CO_2H$

L_s-Metionina

2. Aminoácidos com grupos R polares, mas sem carga. A maioria desses aminoácidos possui grupos polares R que podem participar na formação de pontes de hidrogênio. Diversos possuem uma hidroxila (serina, treonina e tirosina) ou sulfidrila (cisteína), e dois (asparagina e glutamina) têm grupos amídicos. A glicina, que não possui grupos R, está incluída nesse grupo, devido à sua natureza definitivamente polar, uma propriedade que lhe é conferida pelo fato de seus grupos carregados, amínico e carboxílico, constituírem uma grande parte da massa da própria molécula. Esse grupo também inclui tanto compostos alifáticos como aromáticos (tirosina).

$H—CH(NH_2)—CO_2H$

Glicina

$HOCH_2—CH(NH_2)—CO_2H$

L_s-Serina

$H_3C—CH(OH)—CH(NH_2)—CO_2H$

L_s-Treonina

$HS—CH_2—CH(NH_2)—CO_2H$

L_s-Cisteína

$HO—C_6H_4—CH_2—CH(NH_2)—CO_2H$

L_s-Tirosina

$H_2N—C(=O)—CH_2—CH(NH_2)—CO_2H$

L_s-Asparagina

$H_2N—C(=O)—CH_2—CH_2—CH(NH_2)—CO_2H$

L_s-Glutamina

3. Aminoácidos com grupos R carregados positivamente. Três aminoácidos estão incluídos nesse grupo. A lisina, com o seu segundo (épsilon, ε) aminogrupo ($pK = 10,5$), estará mais do que 50% na forma carregada positivamente, em qualquer pH abaixo do pK_a desse grupo. A arginina, que contém um grupo da guanidina fortemente básico ($pK = 12,5$) e a histidina, com seu grupo imidazol fracamente básico ($pK = 6,0$), fa-

zem também parte desse grupo. Note-se que a histidina é o único aminoácido que possui um próton que se dissocia no intervalo de pH neutro. É devido a essa característica que determinados resíduos de histidina exercem um papel importante na atividade catalítica de algumas enzimas.

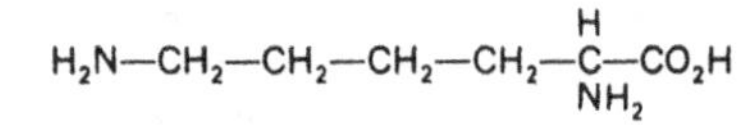

$$H_2N{-}CH_2{-}CH_2{-}CH_2{-}CH_2{-}\underset{NH_2}{\overset{H}{C}}{-}CO_2H$$

L$_s$-Lisina

$$H_2N{-}\underset{\|NH}{C}{-}NH{-}CH_2{-}CH_2{-}CH_2{-}\underset{NH_2}{\overset{H}{C}}{-}CO_2H$$

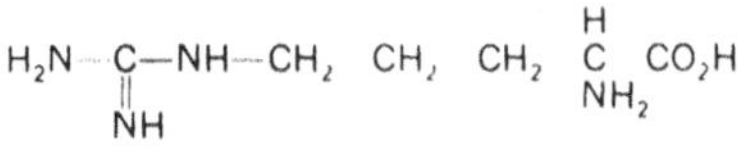

L$_s$-Arginina

$$HC{=}C{-}CH_2{-}\underset{NH_2}{\overset{H}{C}}{-}CO_2H \quad (N{-}CH{-}NH)$$

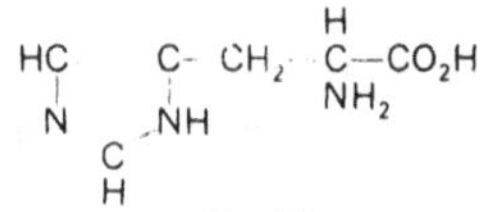

L$_s$-Histidina

4. Aminoácidos com grupos R carregados negativamente. Esse grupo compreende os dois aminoácidos dicarboxílicos, ácidos aspártico e glutâmico. Em pH neutro, as segundas carboxilas, que têm pK_{a2} respectivamente de 3,9 e 4,3 dissociam-se, dando uma carga efetiva de -1 a esses compostos.

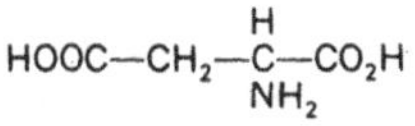

$$HOOC{-}CH_2{-}\underset{NH_2}{\overset{H}{C}}{-}CO_2H \qquad HOOC{-}CH_2{-}CH_2{-}\underset{NH_2}{\overset{H}{C}}{-}CO_2H$$

L$_s$-Ácido aspártico 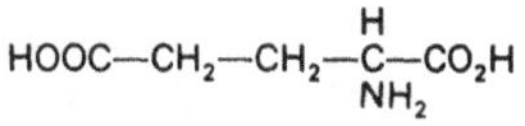 L$_s$-Ácido glutâmico

Além desses vinte aminoácidos, que são as unidades fundamentais que se encontram em todas as proteínas, podem existir vários outros aminoácidos — geralmente em altas concentrações, mas apenas em algumas poucas proteínas. Por exemplo, a hidroxiprolina tem uma distribuição limitada na natureza, mas constitui mais de 12 % da estrutura do colágeno, uma importante proteína estrutural de animais. Identicamente, a hidroxilisina é um componente dessa proteína animal.

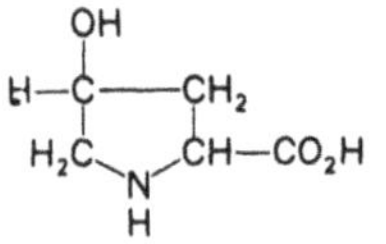

$$H{-}\overset{OH}{C}{-}CH_2;\ H_2C{-}\underset{H}{N}{-}CH{-}CO_2H \qquad H_2N{-}CH_2{-}\underset{OH}{\overset{H}{C}}{-}CH_2{-}CH_2{-}\underset{NH_2}{\overset{H}{C}}{-}CO_2H$$

L$_s$-Hidroxiprolina (*eritro*-4-hidroxi-L$_s$-prolina) L$_s$-Hidroxilisina (*eritro*-5-hidroxi-L$_s$-lisina)

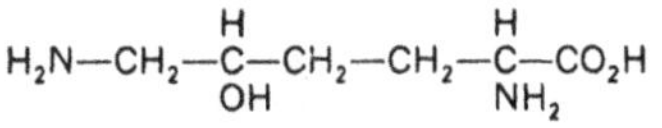

Aminoácidos tendo a configuração D também ocorrem na natureza em ligações peptídicas, mas não fazem parte de grandes moléculas protéicas. Sua ocorrência é limitada e peptídeos cíclicos, bem menores, ou a componentes de peptídeoglicânios das paredes celulares de bactérias. Assim, dois resíduos de D-fenilalanina são encontrados no antibiótico gramicidina-S (Estr. 4-3), e D-valina ocorre na actinomicina-D, um potente inibidor da síntese de RNA. A D-alanina e o ácido D-glutâmico são encontrados no peptideoglicânio da parede celular de bactérias gram-positivas (p. 44).

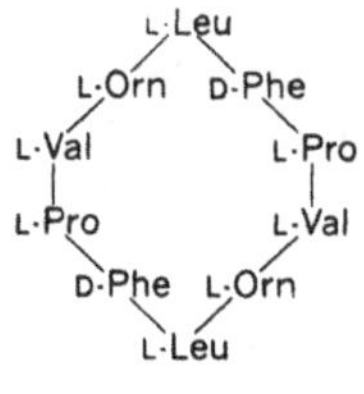

L-Leu
L-Orn D-Phe
L-Val L-Pro
L-Pro L-Val
D-Phe L-Orn
L-Leu

Estrutura 4-3 Gramicidina-S

AMINOÁCIDOS NÃO-PROTÉICOS

Enquanto os aminoácidos comumente encontrados em proteínas também ocorrem como compostos livres em muitas células, existem diversos aminoácidos que nunca são encontrados como constituintes das proteínas, mas que exercem importantes papéis no metabolismo. Entre eles estão a L-ortinina e a L-citrulina, que são intermediários metabólicos do ciclo da uréia (p. 392) e que, portanto, participam da biossíntese do aminoácido arginina. Um isômero da alanina, a β-alanina, ocorre livre na natureza e é um componente da vitamina ácido pantotênico, da coenzima A e da proteína carregadora de acila (p. 190). A amina quaternária creatina, um derivado da glicina, tem um papel importante no processo de armazenamento de energia em vertebrados, onde é fosforilada e convertida em fosfato de creatina (p. 123).

$H_2N—CH_2—CH_2—CO_2H$

β-Alanina

$H_2N—C(=NH)—N(CH_3)—CH_2—CO_2H$

Creatina

Além desses aminoácidos não-protéicos, para os quais é possível atribuir um papel metabólico, mais de 200 outros foram descobertos como produtos naturais. As plantas superiores são uma fonte particularmente rica desses aminoácidos. Em contraste com os aminoácidos previamente descritos, esses aminoácidos não são largamente distribuídos, mas parecem estar limitados a uma única espécie ou a poucas espécies, dentro de um gênero. Esses aminoácidos não-protéicos são relacionados aos protéicos, como homólogos ou derivados substituídos destes. Assim o ácido L-azetidina 2-carboxílico, um homólogo da prolina, responde por 50 % do nitrogênio presente no rizoma do selo-de-salomão (*Polygonatum multiflorum*). Orcilalanina (2,4-diidroxi-6--metil-fenil-L-alanina), encontrada na semente de nigela-dos-trigos (*Agrostemma githago*) pode ser considerada como uma fenilalanina substituída.

CH_2 / CH_2 — $CH—CO_2H$ / N—H (anel)

Ácido azetidina-2-carboxílico

OH, HO—(anel)—$CH_2—CH(NH_2)—CO_2H$, CH_3

Orcil-L_s-alanina

Esses e muitos outros aminoácidos não-protéicos estão atualmente sendo estudados para se saber como aparecem e qual o seu papel, se houver, na planta onde ocorrem.

PROPRIEDADES DOS AMINOÁCIDOS

Duas propriedades dos aminoácidos, facilmente observáveis, nos dão informações sobre sua estrutura, quer no estado sólido, quer em solução. Por exemplo, os aminoácidos, com algumas exceções, são geralmente solúveis em H_2O e quase insolúveis em solventes orgânicos não-polares, tais como éter, clorofórmio e acetona. Essa observação não está de acordo com o que se conhece sobre as propriedades de ácidos carboxílicos e aminas orgânicas. Ácidos carboxílicos alifáticos e aromáticos, particularmente aqueles que possuem grande número de átomos de carbono, têm solubilidade limitada em água, mas são facilmente solúveis em solventes orgânicos. Da mesma maneira, as aminas de peso molecular relativamente elevado são usualmente solúveis em solventes orgânicos, mas não em H_2O.

Outra propriedade física dos aminoácidos relacionada com a sua estrutura é a de seus elevados pontos de fusão, que geralmente levam à decomposição; os pontos de fusão de ácidos carboxílicos e aminas sólidos são geralmente baixos e bem nítidos com pequeno intervalo de fusão. Essas duas propriedades físicas dos aminoácidos não são compatíveis com a sua fórmula estrutural geral (Estr. 4-1), que os representa como possuidores de carboxilas e aminogrupos não-carregados. As solubilidades e os pontos de fusão sugerem antes estruturas com grupos carregados, altamente polares.

Uma compreensão mais profunda da estrutura dos aminoácidos em solução é adquirida quando se considera o comportamento dos aminoácidos como eletrólitos. Como a alanina, por exemplo, possui um aminogrupo e uma carboxila, deve reagir com ácidos e com álcalis. Tais compostos são chamados *substâncias anfóteras*. Se uma amostra sólida de alanina é dissolvida em água, o pH da solução será aproximadamente neutro. Colocando-se eletrodos na solução e estabelecendo-se uma diferença de potencial entre os eletrodos, o aminoácido não migrará no campo elétrico. Esse resultado está de acordo com a representação do aminoácido como uma molécula neutra, não-carregada, mas o mesmo resultado seria verdadeiro se se representasse o aminoácido como um íon anfótero ou *zwitterion*. Essa fórmula, proposta pela primeira vez por Bjerrum em 1923, mostra o grupo carboxílico ionizado e o aminogrupo ainda protonado.

$$H_3C-CH(NH_2)-COOH \qquad H_3C-CH(NH_3^+)-COO^-$$

Alanina (sem carga) — Alanina (íon anfótero)

Titulação dos aminoácidos. Uma escolha definitiva entre essas duas fórmulas para a alanina pode ser feita quando se compara a curva de titulação desse aminoácido (Fig. 4-1) com as curvas de titulação de ácidos carboxílicos e alquilaminas simples.

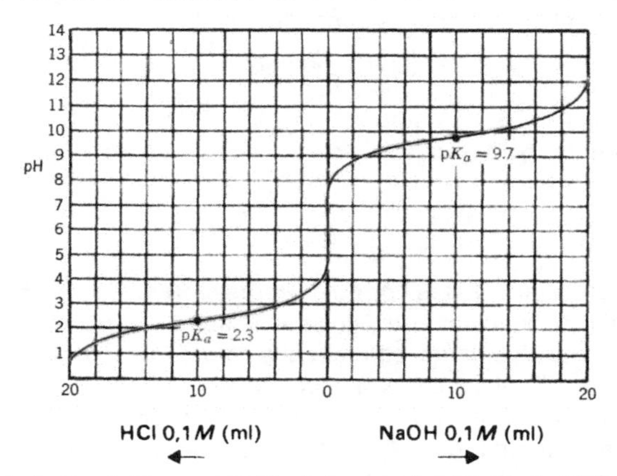

Figura 4-1. Curva de titulação obtida quando 20 ml de L-alanina 0,1 *M* são tituladas com NaOH 0,1 *M*, e com HCl 0,1 *M*

Se titularmos 20 ml de uma solução 0,1 *M* de alanina com soda 0,1 *M*, obteremos uma curva onde um pK_a de 9,7 é atingido quando 10 ml da soda 0,1 *M* foram adicionados. Isso significa que, no pH 9,7, algum grupo capaz de fornecer prótons para reagir com o álcali adicionado está metade neutralizado. Da mesma maneira, se adicionarmos HCl 0,1 *M* à solução de alanina, a outra metade da curva de titulação é obtida e um pK_a de 2,3 é alcançado quando 10 ml do HCl 0,1 *M* foram adicionados. A adição de álcali e ácido à forma *zwitteriônica* da alanina pode ser representada pela Reação 4-1:

$$H_3C-CH(NH_3^+)-COOH \xleftarrow{H^+} H_3C-CH(NH_3^+)-COO^- \xrightarrow{OH^-} H_3C-CH(NH_2)-COO^- + H_2O. \qquad (4\text{-}1)$$

Note que no primeiro caso, o próton do aminoácido dissocia-se para neutralizar o íon de hidroxila adicionado, enquanto que na acidificação, as carboxilas ionizadas aceitam os prótons adicionados. Os pK_a observados na curva de titulação concordam com essa representação porque, como foi observado no Cap. 1, as carboxilas de ácidos orgânicos dissociam-se num intervalo de pH de 3 a 5, enquanto íons amônio (e alquilaminas protonadas) são ácidos fracos com pK_a no intervalo de 9 a 11.

Se a fórmula que tem as funções amino e carboxila não-carregadas (p. 63) fosse a representação correta da alamina em solução neutra, dever-se-ia escrever a Reação 4-2 para a titulação do aminoácido com álcali e ácido,

$$H_3C-\underset{NH_3^+}{\underset{|}{C}H}-COOH \xleftarrow{H^+} H_3C-\underset{NH_2}{\underset{|}{C}H}-COOH \xrightarrow{OH^-} H_3C-\underset{NH_2}{\underset{|}{C}H}-COO^- + H_2O. \quad (4\text{-}2)$$

Nessa representação, o grupo carboxílico da alanina seria o titulado com álcali e o que, de acordo com a Fig. 4-1, teria um pK_a de 9,7. Igualmente, a Reação 4-2 determina que é o aminogrupo da alanina que reage quando ácido é adicionado e, portanto, possui um pK_a de 2,3. É difícil argumentar que o pK_a da carboxila da alanina seja de 9,7, quando os pK_a do ácido acético e propiônico são respectivamente 4,74 e 4,85. A estrutura da alanina não difere tanto da do ácido propiônico que nos leve a sugerir que a carboxila do aminoácido seria 10^5 vezes menos ácida. Quanto ao aminogrupo, o pK_a do NH_4^+ é 9,26, e é impossível explicar o fato de que, como apresentado na Reação 4-2, o aminogrupo da alanina deveria ser cerca de 10^7 vezes mais ácido que o NH_4^+

É importante observar que a interpretação correta da curva de titulação da alanina, como representada na Reação 4-1, leva às mesmas espécies iônicas que seriam obtidas pela representação errônea da Reação 4-2. O ânion

$$H_3C-\underset{NH_2}{\underset{|}{C}H}-COO^-$$

é obtido no tratamento com álcali, ao passo que o cátion

$$H_3C-\underset{NH_3^+}{\underset{|}{C}H}-COOH$$

aparece após a acidificação. Essas fórmulas representam corretamente a estrutura da alanina em soluções respectivamente alcalina e ácida. Experimentalmente, a alanina em solução ácida é positivamente carregada e migra para o pólo negativo (catodo) em um campo elétrico. Inversamente, a alanina em solução alcalina é negativamente carregada e migra para o pólo positivo (anodo) em um campo elétrico.

Da mesma maneira que os pK_a observados na titulação constituem evidência da natureza anfotérica (ou *zwitteriônica*) dos aminoácidos em solução, as propriedades físicas dos aminoácidos sólidos indicam que os aminoácidos são íons anfóteros (*zwitterions*) também no estado sólido. Assim, eles são facilmente solúveis em água e têm altos pontos de fusão. O *zwitterion* é essencialmente um sal interno, que deve ter um alto ponto de fusão e ser facilmente solúvel em água. Uma evidência adicional para a natureza dipolar dos aminoácidos anfóteros é obtida pela titulação do aminoácido em formaldeído. O formaldeído reage com o aminogrupo sem carga, dando uma mistura de derivados mono e diidroximetilados

$$R-\overset{H}{\overset{|}{C}}(-N(H)H)-COO^- \xrightarrow{HCHO} R-\overset{H}{\overset{|}{C}}(-N(H)CH_2OH)-COO^- \xrightarrow{HCHO} R-\overset{H}{\overset{|}{C}}(-N(CH_2OH)CH_2OH)-COO^-$$

Esses compostos são aminas secundárias e terciárias e, portanto, são bases mais fracas (ou ácidos mais fortes). Isso é demonstrado na curva de titulação por um abaixamento do pK_a do aminogrupo em presença de formaldeído (Fig. 4-2).

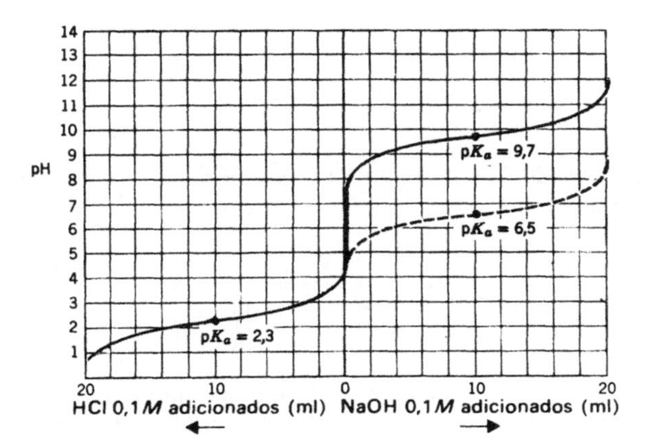

Figura 4-2. A linha tracejada mostra a curva de titulação obtida quando 20 ml de L-alanina 0,1 M são tituladas com NaOH na presença de formaldeído

Outras evidências da natureza anfótera de todos os aminoácidos são encontradas em suas propriedades espectroscópicas, seus efeitos na constante dielétrica de soluções aquosas e suas titulações em solventes orgânicos.

Os aminoácidos que têm mais de um aminogrupo ou carboxila terão valores de pK_a correspondentes para esses grupos. Assim, o pK_a para o grupo de α-carboxila do ácido aspártico é 2,1, enquanto o pK_a para o β-carboxila é 3,9. O pK_a para o aminogrupo é 9,8. A curva de titulação do ácido aspártico aparece na Fig. 4-3. Quatro espécies iônicas diferentes do ácido aspártico podem existir em diferentes valores de pH. O estudante deve consultar um dos vários excelentes compêndios que discutem a titulação dos aminoácidos e resolver alguns problemas relacionados com esses compostos.

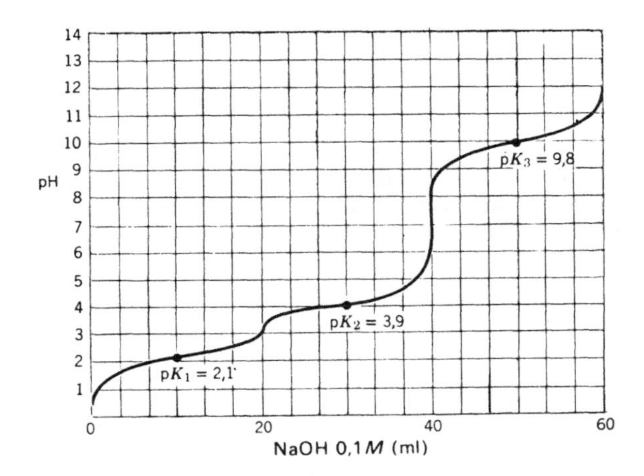

Figura 4-3. Curva de titulação obtida quando 20 ml de ácido aspártico 0,1 M, na forma de cloridrato, são titulados com NaOH 0,1 M

Alguns aminoácidos possuem, além do aminogrupo e da carboxila, outros grupos contendo prótons dissociáveis. Assim, o grupo sulfidrílico da cisteína dissocia-se com um pK_a de 8,2

$$H_2N-\underset{\underset{SH}{|}}{\underset{CH_2}{|}}{\overset{COO^-}{\overset{|}{C}}}-H \underset{pK_a=8,2}{\rightleftharpoons} H_2N-\underset{\underset{S^-}{|}}{\underset{CH_2}{|}}{\overset{COO^-}{\overset{|}{C}}}-H + H^+$$

Da mesma maneira, o resíduo de guanidina da arginina dissocia-se, dando um próton, com um pK_a de 12,5

$$(H_2N)(HN-R)C=NH_2^+ \underset{pK_a=12,5}{\rightleftharpoons} (H_2N)(HN-R)C=NH + H^+$$

Outros grupos dissociáveis incluem o átomo de nitrogênio protonado do anel heterocíclico da histidina ($pK_a = 6,0$) e a hidroxila fenólica da tirosina ($pK_a = 10,1$).

REAÇÕES DOS AMINOÁCIDOS

Embora a capacidade de agir como eletrólitos seja uma das mais importantes propriedades químicas dos aminoácidos, existem outras propriedades que dependem da presença dos aminogrupos e carboxilas na molécula e que são igualmente significantes. As reações desses grupos funcionais dos aminoácidos são reações orgânicas bem conhecidas.

Reações do grupo carboxílico. As carboxilas dos aminoácidos podem ser esterificadas com álcoois

$$R-\underset{^+NH_3}{\underset{|}{C}H}-COOH + C_2H_5OH \overset{H^+}{\rightleftharpoons} R-\underset{^+NH_3}{\underset{|}{C}H}-\overset{O}{\overset{\|}{C}}-OC_2H_5 + H_2O$$

ou convertidas nos cloretos de acila correspondentes

$$R-\underset{^+NH_3}{\underset{|}{C}H}-COO^- \xrightarrow[POCl_3]{PCl_5} R-\underset{^+NH_3}{\underset{|}{C}H}-COCl$$

Neste último caso, o grupo NH_3^+ deve ser primeiro protegido para evitar sua violenta reação com o PCl_5. Os cloretos de acila representam formas ativadas dos aminoácidos, os quais podem agora ser acoplados com o aminogrupo de um segundo aminoácido para dar um dipeptídeo. A ligação amídica que une dois aminoácidos é conhecida como uma ligação peptídica

$$-\underset{O}{\underset{\|}{C}}-\overset{H}{\overset{|}{N}}-$$

As propriedades dessa ligação amídica *substituída* têm um papel especial na determinação da estrutura das proteínas: esse assunto será discutido em detalhe na p. 78-81. Um peptídeo contendo duas ou mais ligações peptídicas reagirá com Cu^{2+} em solução alcalina formando um complexo azul-violeta. Essa reação, conhecida como a reação de biureto, é a base de uma determinação quantitativa de proteínas.

O grupo carboxílico dos aminoácidos pode ser descarboxilado química e biologicamente, formando a amina correspondente

$$R-\underset{\displaystyle NH_2}{\underset{|}{CH}}-CO_2H \longrightarrow R-\underset{\displaystyle NH_2}{\underset{|}{CH_2}} + CO_2.$$

Assim, o agente vasoativo, histamina, é produzido a partir de histidina por uma reação de descarboxilação. A histamina estimula o fluxo de suco gástrico no estômago e está envolvida em respostas alérgicas.

Reações do aminogrupo. O aminogrupo dos aminoácidos reage com o forte agente oxidante ácido nitroso (NHO_2) libertando N_2. Essa reação, que é estequiométrica, é importante na determinação quantitativa de α-aminogrupos em aminoácidos. Os aminoácidos prolina e hidroxiprolina não dão essa reação, e o ε-aminogrupo da lisina reage, mas a uma menor velocidade. Os produtos dessa reação são o α-hidroxiácido correspondente e o gás N_2, que pode ser medido manometricamente.

$$R-\underset{\displaystyle NH_3^+}{\underset{|}{CH}}-COOH + HNO_2 \longrightarrow R-\underset{\displaystyle OH}{\underset{|}{CH}}-COOH + N_2 + H_2O + H^+.$$

O aminogrupo dos aminoácidos também sofre oxidação por um agente oxidante mais fraco, a ninidrina, formando amônia, CO_2, e o aldeído obtido pela perda de um átomo de carbono do aminoácido original. Nessa reação, um equivalente de ninidrina serve como oxidante do aminoácido, dando os produtos descritos a seguir:

$$R-\underset{\displaystyle NH_2}{\underset{|}{CH}}-COOH + \text{Ninidrina oxidada} \longrightarrow R-\underset{\displaystyle O}{\underset{||}{CH}} + NH_3 + CO_2 + \text{Ninidrina reduzida.} \qquad (4\text{-}3)$$

Um segundo equivalente de ninidrina oxidada reage então com a ninidrina reduzida e com o NH_3 formados na Eq. 4-3, para dar um produto intensamente colorido, com a seguinte estrutura:

Ninidrina oxidada + NH_3 + Ninidrina reduzida $\longrightarrow$ Produto azul + $3\,H_2O$

Ninidrina oxidada

Ninidrina reduzida

Produto azul

A intensa cor azul do produto é geralmente càracterística dos aminoácidos que tem α-aminogrupos. Prolina e hidroxiprolina, que são aminas secundárias, dão produtos amarelos, e asparagina, que tem um grupo amídico livre, reage produzindo um composto marrom característico. A reação de ninidrina é largamente empregada na determinação quantitativa de aminoácidos.

Outra reação do aminogrupo que tem sido recentemente muito empregada é a reação com 1-fluoro-2,4-dinitrobenzeno (FDNB),

$$H_2N{-}\underset{R}{CH}{-}CO_2H + O_2N{-}C_6H_3(NO_2){-}F \longrightarrow O_2N{-}C_6H_3(NO_2){-}\underset{H}{N}{-}\underset{R}{CH}{-}CO_2H + HF.$$

Nessa reação, o núcleo fortemente colorido do dinitrofluorobenzeno liga-se ao átomo de nitrogênio do aminoácido, dando um derivado amarelo, o 2,4-dinitrofenilderivado ou DNP-aminoácido. O composto FDNB reage com o aminogrupo livre do fim da cadeia de um peptídeo, assim como com o aminogrupo de aminoácidos livres. Assim, fazendo-se reagir uma proteína nativa ou um polipeptídeo intato com FDNB, hidrolisando-se o composto resultante e isolando-se o DNP-aminoácido colorido, pode-se identificar o aminoácido terminal de uma cadeia polipeptídica. O ε-aminogrupo da lisina também reage com FDNB, mas o composto formado, ε-DNP-lisina, pode ser facilmente separado dos outros α-DNP-aminoácidos por um processo de extração.

O aminogrupo, tanto dos aminoácidos livres como de cadeias peptídicas, também reage com *cloreto de dansila* (1-sulfonilcloreto, 5-dimetilaminonaftaleno) produzindo um dansilderivado. Como o grupo de dansila é facilmente fluorescente, quantidades mínimas de aminoácidos podem ser determinadas por esse método.

$$H_2N{-}\underset{R}{CH}{-}CO_2H + (H_3C)_2N{-}C_{10}H_6{-}SO_2{-}Cl \longrightarrow (H_3C)_2N{-}C_{10}H_6{-}SO_2{-}NH{-}\underset{R}{CH}{-}CO_2H + HCl$$

Cloreto de dansila — Derivado dansilado do aminoácido

A reação bem conhecida de isotiocianatos com aminas foi modificada por Edman, de modo a degradar uma cadeia polipeptídica e ao mesmo tempo identificar o aminoácido da extremidade NH_2-terminal no peptídeo (Apêndice 2). Fenilisotiocianato reage com o α-aminogrupo do aminoácido (ou peptídeo) para formar o derivado correspondente feniltiocarbamil aminoácido. Em ácido anidro esse composto sofre ciclização formando uma feniltioidantoína, que é estável em ácido.

$$C_6H_5{-}N{=}C{=}S + H_2N{-}\underset{R}{CH}{-}CO_2H \longrightarrow C_6H_5{-}NH{-}\underset{S}{\overset{\|}{C}}{-}\overset{H}{N}{-}\underset{R}{CH}{-}CO_2H \xrightarrow{H^+} \text{Feniltioidantoína}$$

Feniltioidantoína

Se o aminoácido da extremidade NH_2-terminal de um polipeptídeo reage com fenilisotiocianato e o derivado formado é tratado em seguida com ácido anidro, apenas a feniltioidantoína desse aminoácido é libertada da cadeia. O polipeptídeo restante permanece intato, o que torna esse método muito útil. O aminoácido terminal do polipeptídeo original pode ser identificado determinando-se a natureza da feniltioidantoína formada.

SÍNTESE DE PEPTÍDEOS

A síntese química de peptídeos pode ser efetuada sob condições controladas que permitem estabelecer a seqüência dos aminoácidos no polipeptídeo. Tais sínteses têm sido muito úteis no estabelecimento das estruturas de peptídeos e polipeptídeos de ocorrência natural. Para sintetizar um peptídeo, é necessário bloquear os grupos do aminoácido que possam reagir durante a síntese de uma ligação peptídica entre dois aminoácidos específicos (ou resíduos de aminoácidos). Esse grupo bloqueador deve então ser removido, sem destruir a ligação peptídica recém-sintetizada. A descrição dos inúmeros agentes bloqueadores, assim como a dos numerosos métodos de síntese de peptídeos atualmente existentes, está além do objetivo deste livro. Descreveremos aqui um único método, apenas como ilustração.

Se a síntese pretende ligar o grupo carboxila de R_1CHNH_2-COOH ao amino-grupo de R_2-CHNH_2-COOH, é necessário inicialmente bloquear o aminogrupo do primeiro aminoácido. Isso pode ser feito pela reação desse aminoácido com cloreto de benzilcarbonila.

$$R_1{-}CHNH_2{-}CO_2H + C_6H_5{-}CH_2{-}O{-}\overset{O}{\overset{\|}{C}}{-}Cl \longrightarrow C_6H_5{-}CH_2{-}O{-}\overset{O}{\overset{\|}{C}}{-}\underset{H}{N}{-}\overset{R_1}{CH}{-}CO_2H + HCl$$

Em seguida, o grupo carboxila do derivado formado deve reagir com o aminogrupo do segundo aminoácido. Em teoria, entretanto, esse grupo carboxila deveria antes ser bloqueado, talvez como o éster benzílico.

$$R_2{-}CHNH_2{-}CO_2H + C_6H_5{-}CH_2OH \xrightarrow{H^+} R_2{-}CHNH_2{-}\overset{O}{\overset{\|}{C}}{-}O{-}CH_2{-}C_6H_5 + H_2O$$

Agora, para que os grupos carboxila e amino livres dos dois derivados possam reagir, o grupo carboxila (em geral) deve ser ativado. Isso pode ser feito através da formação do cloreto de acila; entretanto, existem reagentes, como a dicicloexilcarbodiimida (DCC), que podem ser usados para, em uma única operação, ativar e ligar ou condensar o grupo carboxila.

$$C_6H_5{-}CH_2{-}O{-}\overset{O}{\overset{\|}{C}}{-}\underset{H}{N}{-}\overset{R_1}{CH}{-}CO_2H + C_6H_{11}{-}N{=}C{=}N{-}C_6H_{11} + R_2{-}CHNH_2{-}\overset{O}{\overset{\|}{C}}{-}O{-}CH_2{-}C_6H_5 \longrightarrow$$

Dicicloexilcarbodiimida (DCC)

$$C_6H_5{-}CH_2{-}O{-}\overset{O}{\overset{\|}{C}}{-}\underset{H}{N}{-}\overset{R_1}{CH}{-}\overset{O}{\overset{\|}{C}}{-}NH{-}\overset{R_2}{CH}{-}C{=}O{-}O{-}CH_2{-}C_6H_5 + C_6H_{11}{-}NH{-}\overset{O}{\overset{\|}{C}}{-}NH{-}C_6H_{11}$$

Dipeptídeo Dicicloexiluréia

Agora os grupos benzila protetores podem ser removidos sem que haja destruição da ligação peptídica, e o dipeptídeo livre está formado.

$$C_6H_5{-}CH_2{-}O{-}\overset{O}{\overset{\|}{C}}{-}\underset{H}{N}{-}\overset{R_1}{CH}{-}\overset{O}{\overset{\|}{C}}{-}\underset{H}{N}{-}\overset{R_2}{CH}{-}\underset{O}{\underset{\|}{C}}{-}O{-}CH_2{-}C_6H_5 \xrightarrow[Pd]{H_2}$$

$$R_1{-}\underset{NH_2}{CH}{-}\overset{O}{\overset{\|}{C}}{-}\underset{H}{N}{-}\overset{R_2}{CH}{-}CO_2H + C_6H_5{-}CH_3 + CO_2 + C_6H_5{-}CH_2OH$$

Obviamente, o peptídeo bloqueado poderia reagir com um terceiro resíduo de aminoácido para formar um tripeptídeo. Isso exigiria geralmente o desbloqueamento seletivo ou do aminogrupo ou do grupo carboxila, dependendo da síntese desejada, seguido pela reação do grupo funcional desbloqueado.

Os processos aqui descritos foram usados para sintetizar inúmeros peptídeos de seqüência conhecida, geralmente por meio da combinação de uma série de pequenos peptídeos, formando, finalmente, um único grande peptídeo. O processo é extremamente trabalhoso e os rendimentos do produto muito pequenos. Recentemente foi elaborada uma engenhosa síntese de polipeptídeos, tendo uma fase sólida como suporte. Embora os processos de bloqueamento de grupos reativos, condensação e desbloqueamento sejam ainda utilizados, a introdução do uso de microesferas de poliestireno insolúvel e inerte para ligar o grupo carboxila do aminoácido C-terminal permite filtração, lavagem e recuperação do dipeptídeo produzido ligado à esfera. Como nos métodos anteriores, os reagentes usados para desbloquear o grupo N-terminal, para que o próximo aminoácido possa ser adicionado, devem ser suficientemente brandos para evitar a hidrólise da ligação peptídica já formada, assim como a da ligação à resina. O processo está esquematizado na Fig. 4-4.

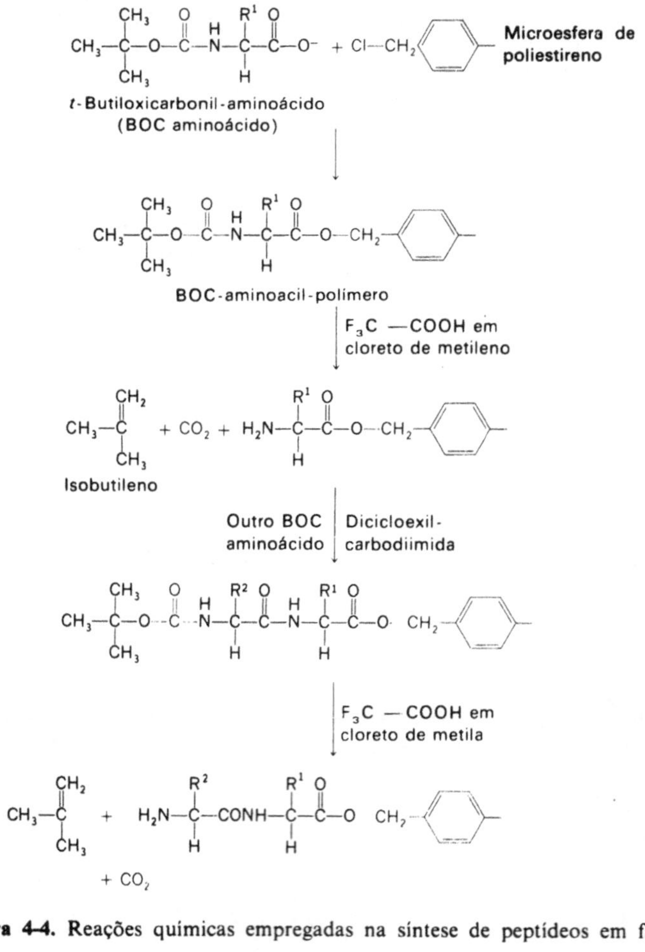

$(CH_3)_3C{-}O{-}CO{-}NH{-}CH(R^1){-}COO^- + Cl{-}CH_2{-}C_6H_4{-}$ Microesfera de poliestireno

t-Butiloxicarbonil-aminoácido (BOC aminoácido)

↓

$(CH_3)_3C{-}O{-}CO{-}NH{-}CH(R^1){-}CO{-}O{-}CH_2{-}C_6H_4{-}$

BOC-aminoacil-polímero

↓ $F_3C-COOH$ em cloreto de metileno

$CH_2{=}C(CH_3){-}CH_3 + CO_2 + H_2N{-}CH(R^1){-}CO{-}O{-}CH_2{-}C_6H_4{-}$

Isobutileno

↓ Outro BOC aminoácido | Diciclοexil-carbodiimida

$(CH_3)_3C{-}O{-}CO{-}NH{-}CH(R^2){-}CO{-}NH{-}CH(R^1){-}CO{-}O{-}CH_2{-}C_6H_4{-}$

↓ $F_3C-COOH$ em cloreto de metila

$CH_2{=}C(CH_3){-}CH_3 + H_2N{-}CH(R^2){-}CONH{-}CH(R^1){-}CO{-}O{-}CH_2{-}C_6H_4{-}$ $+ CO_2$

Ligação do aminoácido C-terminal à resina

Remoção do grupo bloqueador do NH_2

Purificação do amino-acil-polímero por filtração e lavagem

Ligação do aminoácido seguinte ao aminoacil-polímero

Purificação do dipeptidil-polímero por lavagem e filtração

Remoção do grupo bloqueador do NH_2

Purificação do dipeptidil-polímero por filtração e lavagem

Adição do aminoácido seguinte, etc.

Figura 4-4. Reações químicas empregadas na síntese de peptídeos em fase sólida

O processo de fase sólida é rápido, os rendimentos são elevados, e não ocorre racemização. Por esse processo, já foram sintetizados oligopeptídeos simples e proteínas completas, com atividade biológica. Por exemplo, bradicinina (9 resíduos) pode ser sintetizada em menos de uma semana. Insulina (51 resíduos), ferredoxina (55 resíduos), proteína carregadora de acila (77), e mesmo ribonuclease (129), já foram eficazmente sintetizadas.

Reações dos grupos R. Já nos referimos anteriormente (p. 67) à ionização dos grupos R da cisteína, tirosina e histidina. Existem também duas reações de interesse biológico, que se dão respectivamente com os resíduos R da serina e da cisteína. A hidroxila da serina é freqüentemente fosforilada em uma proteína biologicamente ativa. Assim, a enzima glicolítica fosfoglicomutase (Cap. 10) contém uma serina cuja hidroxila sofre fosforilação durante o funcionamento da enzima. A caseína, proteína do leite, contém um grande número de resíduos de serina fosforilada.

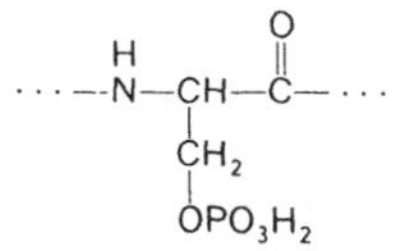

$$\cdots-\underset{H}{N}-\underset{\underset{OPO_3H_2}{|}}{\underset{CH_2}{\underset{|}{CH}}}-\overset{O}{\overset{\|}{C}}-\cdots$$

Resíduo de fosfosserina

A sulfidrila da cisteína dá reações típicas do grupo —SH. Uma delas é a oxidação reversível a dissulfeto, na reação com outra molécula de cisteína. Ligações dissulfídicas entre dois resíduos de cisteína ocorrem freqüentemente em cadeias polipeptídicas. A insulina, por exemplo, contém três ligações dissulfídicas, duas das quais unem duas cadeias polipeptídicas (p. 457) na molécula fisiologicamente ativa. Também a ribonuclease contém quatro ligações dissulfídicas entre quatro pares de resíduos de cisteína, se uma dessas ligações é destruída (por redução, por exemplo), a enzima perde a sua atividade catalítica.

PEPTÍDEOS SIMPLES

Os peptídeos são compostos formados pela união de aminoácidos entre si, por ligações peptídicas, e são intermediários, quanto à complexidade estrutural, entre os aminoácidos e as proteínas. São conhecidos muitos peptídeos que ocorrem naturalmente e que serão discutidos. Além desses existem outros que são obtidos através da hidrólise, química ou enzimática, das proteínas. Um peptídeo contendo dois aminoácidos unidos por ligação peptídica é conhecido como um dipeptídeo; quando contém três aminoácidos é um tripeptídeo, etc. Se contiver menos do que dez aminoácidos, é chamado oligopeptídeo; além desse tamanho já é um polipeptídeo.

Na Estr. 4-4 vemos a estrutura típica de um oligopeptídeo formado por quatro aminoácidos. Observe que a molécula tem um aminogrupo terminal (NH_2) em uma

$$H_2N-\overset{R^1}{CH}-\overset{O}{\overset{\|}{C}}-\underset{H}{N}-\overset{R^2}{CH}-\overset{O}{\overset{\|}{C}}-\underset{H}{N}-\overset{R^3}{CH}-\overset{O}{\overset{\|}{C}}-\underset{H}{N}-\overset{R^4}{CH}-\overset{O}{\overset{\|}{C}}-OH$$

Estrutura 4-4

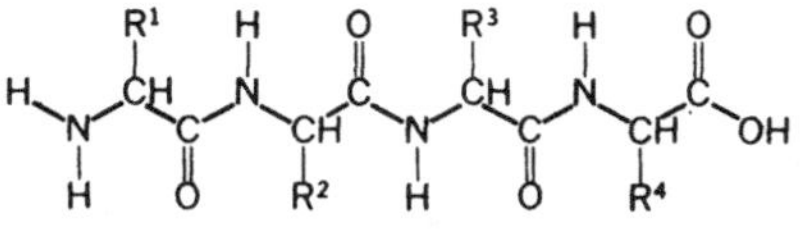

das extremidades e uma carboxila terminal na outra (COOH). Essas extremidades são chamadas respectivamente de extremidade NH_2-terminal e extremidade carboxila-terminal; a mesma terminologia é usada para as proteínas. Por convenção, o aminoácido

NH_2-terminal é considerado o primeiro aminoácido ou o primeiro resíduo de um oligopeptídeo ou da cadeia polipeptídica de uma proteína (aa_1).

O processo de denominação de um peptídeo simples é ilustrado na Estr. 4-5, pelo glutation, um tripeptídeo importante na natureza. O nome químico do glutation é γ-glutamilcisteinilglicina. O sufixo *-il* indica qual o resíduo de aminoácido cuja carboxila está unida por ligação peptídica ao aminogrupo do aminoácido seguinte do

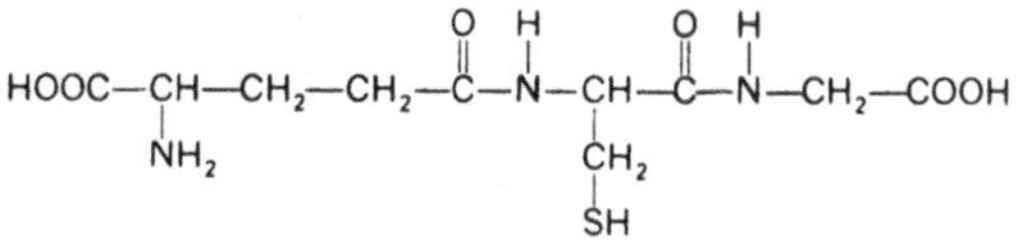

Estrutura 4-5 γ-Glutamilcisteinilglicina (Glutation)

peptídeo. No caso de peptídeos que contêm ácido glutâmico (ou aspártico), o grupo carboxílico envolvido na ligação peptídica deve ser mencionado. No glutation, é o γ-carboxila que está envolvido na ligação peptídica; entretanto, isso é inusitado, pois quando o ácido glutâmico ocorre em proteínas, é o seu grupo α-carboxila que está envolvido na ligação peptídica. Assim, quando não há a identificação da carboxila ligada, subentende-se que é a α-ligação. A determinação da seqüência de aminoácidos em um polipeptídeo é um passo essencial para a elucidação da estrutura de proteínas mais complexas. As reações descritas anteriormente e outras ainda não descritas são utilizadas nesse processo, e o método de Edman pode ser visto no Apêndice 2.

Além do glutation, certos hormônios da glândula pituitária podem ser incluídos entre os peptídeos que ocorrem na natureza. A vasopressina e a oxitocina são octapeptídeos que podem assumir uma estrutura cíclica, em virtude das ligações dissulfídicas que se formam entre a cisteína NH_2-terminal e uma outra cisteína do peptídeo. Seis dos oito aminoácidos dos dois peptídeos são iguais; o resíduo COOH-terminal é a amida da glicina. Entretanto, os seus efeitos fisiológicos são bastante diferentes. A oxitocina provoca a contração de músculos lisos; a vasopressina causa uma elevação de pressão sangüínea, pela constrição dos vasos sangüíneos periféricos.

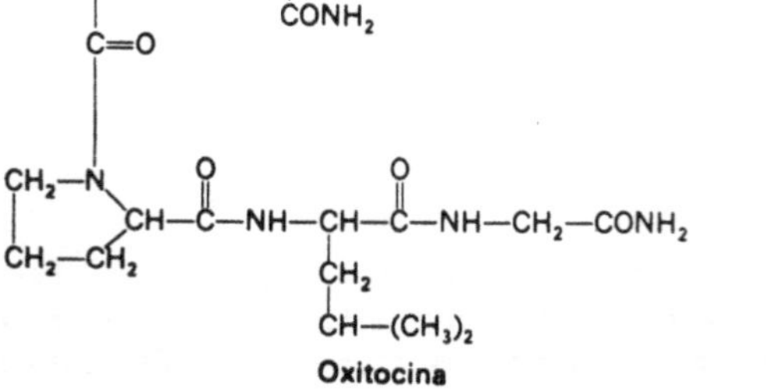

Oxitocina

Vasopressina

Diversos antibióticos são polipeptídeos de estrutura relativamente simples. A gramicidina (Estr. 4-3) e a tirocidina são exemplos de tais compostos. A biossíntese da gramicidina é discutida na p. **438-439**.

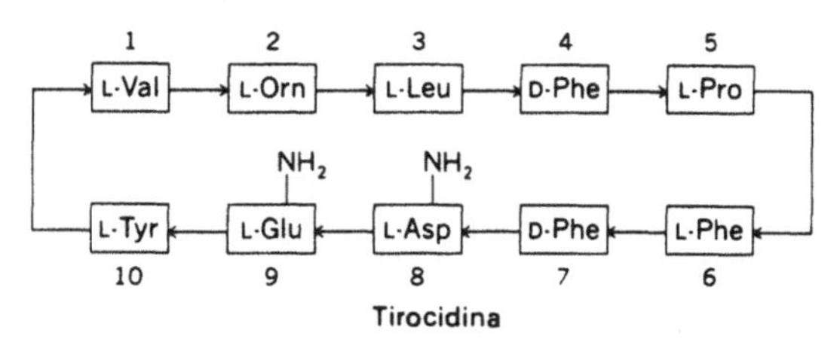

Tirocidina

A penicilina, outro antibiótico, contém os resíduos de valina e cisteína, que entretanto não estão unidos por ligações peptídicas. Na sua estrutura são encontrados um tenso anel de quatro membros e um anel que contém enxofre. O hormônio adrenocorticotrófico (ACTH) contém 39 resíduos de aminoácidos. Os que ocupam as posições de 4-10 são idênticos aos resíduos de 7-13 dos hormônios estimulantes de melanócitos e podem ser relacionados à capacidade do ACTH de estimular a produção de melanócitos, as células que produzem os pigmentos da pele.

Penicilina G
(Benzilpenicilina)

A insulina (p. **456**), produzida pelo pâncreas, é um hormônio que consiste de duas cadeias polipeptídicas, com um total de 51 resíduos de aminoácidos.

PROTEÍNAS

A natureza polipeptídica das proteínas é vista na Fig. 4-5, onde notamos uma série de L-aminoácidos ligados por ligações peptídicas. Nessa figura, R é a cadeia lateral ou resíduo de aminoácido e pode representar qualquer um dos vinte grupos

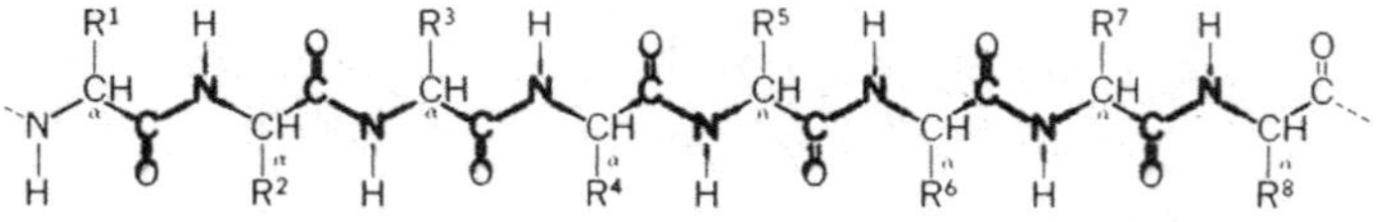

Figura 4-5. Fórmula geral de uma cadeia polipeptídica mostrando a ligação entre resíduos adjacentes de aminoácidos por intermédio de ligações peptídicas

possíveis. As proteínas variam em peso molecular de cerca de cinco mil a muitos milhões. Apesar de tal complexidade, a seqüência de aminoácidos de várias proteínas já foi determinada, incluindo insulina, a primeira proteína a ser completamente seqüenciada, ribonuclease, ferredoxina, citocromo e a proteína carregadora de acila.

Os seguintes fatores devem ser considerados ao se definir a estrutura total de uma proteína:

1. A ligação peptídica é a ligação que une os aminoácidos nas proteínas. Essa ligação, equivalente a uma amida substituída, tem estrutura plana, pois os elétrons são deslocados na ligação amida, dando à ligação C — N um considerável caráter de dupla ligação, como se pode ver nas estruturas de ressonância.

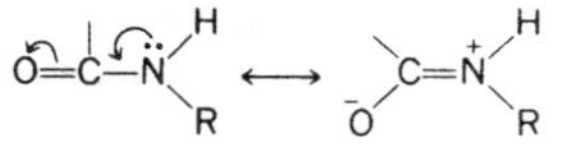

$$O{=}C{-}\ddot{N}(H)R \longleftrightarrow {}^{-}O{-}C{=}\overset{+}{N}(H)R$$

Assim, a ligação peptídica plana pode ser representada como

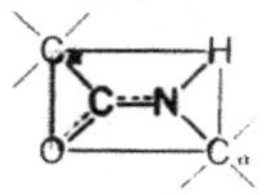

Dado o plano relativamente rígido onde os átomos O = C e C — N estão localizados, não há livre rotação sobre esses eixos. Como se pode ver na Fig. 4-5, uma cadeia polipeptídica consiste de uma série de ligações peptídicas planas unindo carbonos-α, (C_α), os quais servem como centros de rotação para a cadeia polipeptídica.

2. Como a ligação peptídica é plana, apenas as rotações ao longo dos eixos C_α — N(ϕ) e C_α — C(ψ) (Fig. 4-6) são permitidas. O conhecimento dos valores das

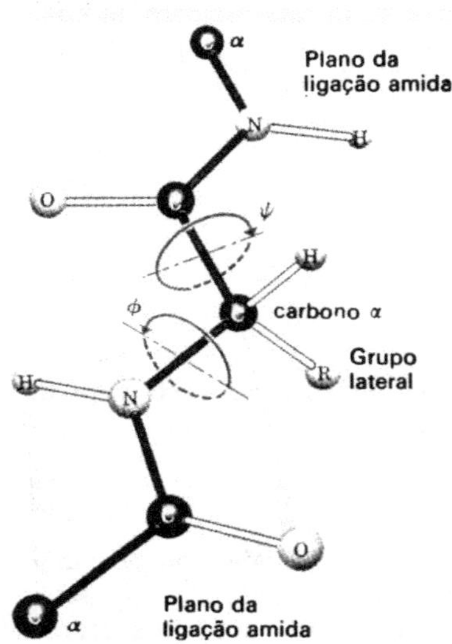

Figura 4-6. Dois planos de ligação de amidas unidos por um átomo de carbono e relacionados entre si pelos ângulos de rotação $\varphi(C_\alpha - N)$ e $\psi(C_\alpha - C)$. Na posição mostrada no desenho, ambos os ângulos tem valor zero. [Reproduzido de "The Structure and Action of Proteins", por R. E. Dickerson e I. Geis, W. A. Benjamin, Inc., Publ., Menlo Park, California, EUA, (c) 1969 por Dickerson e Geis.]

rotações ϕ e ψ irá definir totalmente a estrutura secundária de uma proteína. A partir de considerações sobre impedimento estérico, e potencial para a formação de pontes de hidrogênio, os químicos especializados em proteínas deduziram que uma configuração específica, chamada alfa-hélice de passo direito, α_r (Fig. 4-7) é particularmente

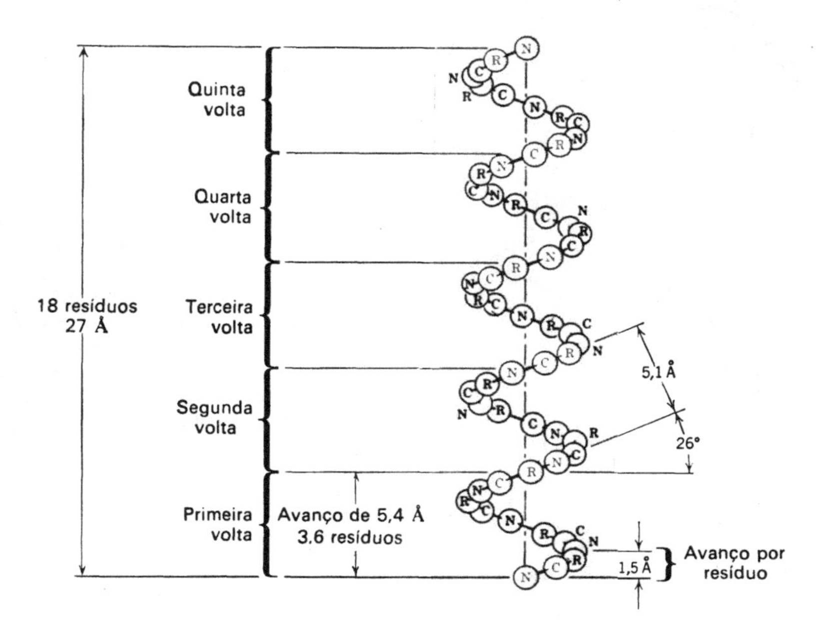

Figura 4-7. Representação de uma cadeia polipeptídica como uma configuração em α-hélice. Os círculos sombreados indicam átomos abaixo do plano do papel. Os círculos brancos representam átomos acima do plano. [De L. Pauling e R. B. Corey, *Proc. Intern. Wool Textile Res. Conf., B*, 249 (1955), conforme foi redesenhado por C. B. Anfinsen, *The Molecular Basis of Evolution*, John Wiley & Sons, New York, EUA, 1959, p. 101]

favorável para a estabilização da estrutura. Essas α-hélices, que têm um passo de 3,6 aminoácidos, são estabilizadas pelas pontes de hidrogênio formadas entre um grupo —NH —da hélice e o grupo —C = O do quarto aminoácido ao longo da cadeia (Fig. 4-8). **Devido ao fato de que cada —NH e C = O podem ser ligados entre si por pontes** de hidrogênio dessa maneira, a α-hélice constitui uma estrutura altamente favorecida. Sob essas condições, os valores de ϕ variam de 113 a 132° e os de ψ, de 123 a 136°.

Como o C_α é o ponto de rotação para a cadeia, os grupos R a ele associados tornam-se extremamente importantes. Em geral, se os grupos R não são volumosos ou não têm grupos polares tais como hidroxilas primárias ou grupos carregados NH_3^+ ou COO^-, os valores de ϕ e ψ para a formação máxima de hélice podem ser obtidos. Porém se grupos de lisil (ε-NH_3^+), ou aspartil (β-COO^-), ou glutamil (γ-COO^-) estiverem presentes em locais próximos, o que permitiria que cargas iguais ocupassem uma posição oposta em um passo da hélice e portanto que fossem mutuamente repelidos, a α-hélice perderia a estabilidade. Se, porém tais resíduos de aminoácidos ocorrerem isoladamente na cadeia polipeptídica, não haverá perda de estabilidade da hélice. Um aglomerado de glicina, que não possui grupos R, permite um grau de rotação maior; ou seja, uma configuração em α-hélice é permitida, mas como não há grupos R comprimido o C_α, outras conformações tornam-se possíveis — inclusive a conformação β. A prolina constitui uma exceção, pois tendo o seu átomo de N_α em um sis-

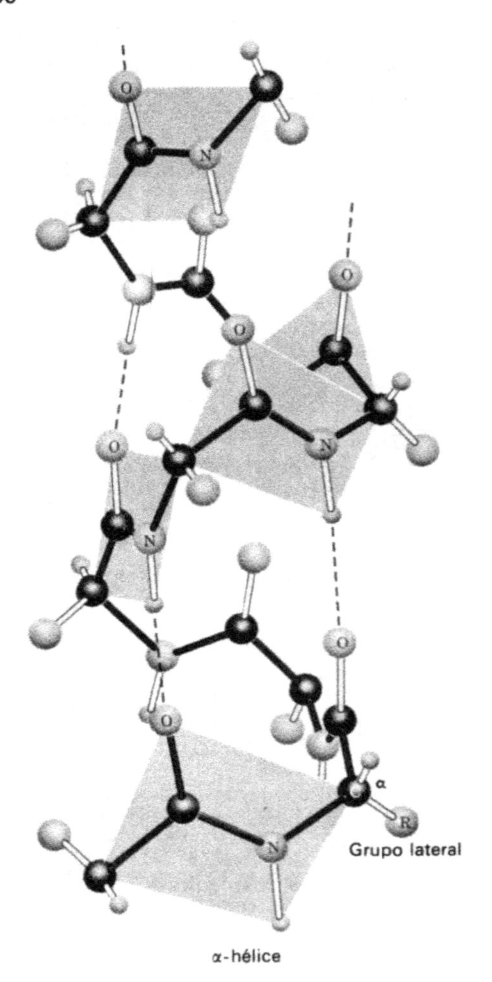

Figura 4-8. Estrutura α-helicoidal com rotação orientada para a direita de uma cadeia polipeptídica, mostrando as ligações de hidrogênio sem tensão, que estabilizam a estrutura α-helicoidal, e a configuração planar das ligações peptídicas. [Reproduzido de *The Structure and Action of Proteins*, por R. E. Dickerson e I. Geis, W. A. Benjamin Inc., publisher, Menlo Park, California]

tema rígido de anel, o valor do eixo C_α-N possível não permite uma estrutura em α-hélice, mas antes exige uma dobra abrupta. Assim, sempre que aparece um resíduo de prolina, a estrutura de α-hélice é desfeita. Na verdade, os aminoácidos prolina, glicina, serina, glutamina, treonina e asparagina são chamados resíduos de aminoácidos rompedores de hélice.

3. Os grupos R também interferem no estabelecimento da estrutura total de uma molécula protéica. Como já foi visto, os aminoácidos são classificados em 4 grupos gerais, não-polares, polares sem carga, e polares carregados positiva ou negativamente. Existe hoje considerável evidência indicando que uma molécula protéica imersa em seu meio aquoso, tende a expor um número máximo de seus grupos polares a esse meio, enquanto um número máximo dos grupos não-polares são orientados internamente. Essa forma de orientação de tais grupos leva a uma estabilização da conformação da proteína. Esse efeito de estabilização parece estar relacionado com um decréscimo desfavorável de entropia que acompanharia uma transição para o arranjo contrário. Se a superfície da molécula protéica fosse altamente hidrofóbica (repelisse a água), as moléculas de água próximas a essa superfície seriam forçadas a tomar uma estrutura mais ordenada, como de rede, com um conseqüente abaixamento de

entropia em relação ao total da água. Ao contrário, com grupos polares na superfície, tal estrutura não seria induzida; ou se o fosse, o decréscimo desfavorável de entropia seria compensado por um decréscimo da entalpia resultante das interações dos resíduos polares com as moléculas polares da água. O efeito final seria um decréscimo da energia livre, levando a um estado estável. O citocromo c é um bom exemplo no qual a estrutura terciária é hidrofílica externamente e hidrofóbica internamente [Fig. 4-15 (*b*)].

Além disso, os resíduos dos aminoácidos polares sem carga são os sítios das pontes de hidrogênio que podem levar a uma ligação cruzada das cadeias. Os grupos polares carregados podem, em resposta ao pH do meio circundante, afetar acentuadamente a atividade das proteínas funcionais. Determinados aminoácidos exercem papéis altamente específicos, alguns dos quais são descritos a seguir:

1. A cisteína pode estabelecer uma ligação cruzada com outro grupo de sulfidrila de cisteína, na mesma ou em outra cadeia polipeptídica, oxidando-se e dando uma ligação covalente de dissulfeto. A estrutura da insulina é um excelente exemplo da importância das ligações dissulfídicas (Fig. 19-9). No estado reduzido, um resíduo de cisteína pode servir como sítio para a ligação do substrato em várias enzimas. Além disso, pontes de tioéter ocorrem no citocromo c entre o grupo de protoporfirina-ferro e dois resíduos de cisteína da proteína [Fig. 4-15 (*b*)].

2 A histidina, com o seu par de elétrons isolado no nitrogênio do anel pode servir como ligante potencial de metal, como nas proteínas que contêm ferro, por exemplo, hemoglobina e citocromo c. Mais ainda, o nitrogênio N-1 do anel imidazólico da histidina pode também ser fosforilado, formando uma ligação N —P rica em energia. Um bom exemplo é a proteína fosforil-H —Pr do sistema da PEP:glicose-fosfotransferase, descrito na p. 225-226.

3. A lisina está intimamente envolvida com a ligação de piridoxalfosfato e biotina (veja o Cap. 8) e, como a serina e a histidina, pode participar do sítio ativo de uma enzima, como a aldolase do músculo.

4. A serina pode servir como nucleófilo em diversas enzimas proteolíticas, devido ao seu grupo alcoólico primário. Junto com um resíduo de histidina, um resíduo específico de serina funciona como componente do centro ativo da quimotripsina e de outras proteases chamadas serina-proteases. Resíduos de serina servem também como sítios de grupos fosforil, que modificam a atividade de inúmeras enzimas, inclusive da fosforilase *a* e da lipase sensível a hormônio. Finalmente, um resíduo específico de serina da proteína carregadora de acila está covalentemente ligado, por meio de uma ligação fosfato-diéster, à 4'-fosfopanteteína (p. 188-190).

5. A prolina, devido ao seu anel relativamente rígido, força a cadeia a dobrar-se e rompe a α-hélice.

6. Os aminoácidos polares, glutâmico, aspártico, arginina, lisina e histidina são ionizados em intervalos de pH muito grandes e podem, portanto, formar ligações iônicas na estrutura proteica. Além disso, ligações covalentes entre proteínas e carboidratos podem ocorrer via ligações γ-glutamil, β-asparaginil ou *O*-serilglicosídicas, para formar glicoproteínas (p. 89).

ALGUMAS DEFINIÇÕES

Para poder definir uma estrutura tão complexa como a de uma proteína em termos descritivos, estabeleceram-se quatro níveis estruturais básicos para as proteínas.

1. *Estrutura primária*. A estrutura primária de uma proteína é definida como a seqüência linear dos resíduos de aminoácidos que constituem sua cadeia polipeptídica. Evidentemente, nesse conceito está implícita a noção da ligação peptídica entre os aminoácidos (Fig. 4-5), mas nenhuma outra ligação ou força é indicada por esse termo.

2. *Estrutura secundária*. Esse termo refere-se geralmente à estrutura que um polipeptídeo ou uma proteína pode possuir em conseqüência das interações das ligações de hidrogênio entre aminoácidos distantes um do outro na estrutura primária. Por exemplo, uma espiral em α-hélice de passo direito é estabilizada por pontes de hidrogênio entre as carbonilas e imidogrupos das ligações peptídicas, os quais aparecem em uma seqüência regular ao longo da cadeia (Figs. 4-7 e 4-8). Uma estabilização semelhante ocorre nas estruturas em folha pregueada (Fig. 4-12).

3. *Estrutura terciária*. Esse termo refere-se à tendência da cadeia polipeptídica a enrolar-se ou dobrar-se, formando uma estrutura complexa, mais ou menos rígida (Fig. 4-9). Normalmente o dobramento ocorre devido a interações entre resíduos de

Figura 4-9. Esquema ilustrativo do enovelamento complicado de uma proteína globular, estabilizado por ligações não-covalentes, ilustradas na Fig. 4.10

aminoácidos relativamente distantes na seqüência peptídica. A estabilização dessa estrutura é atribuída às diferentes reatividades associadas com os grupos R dos resíduos de aminoácidos (Fig. 4-10). Mais ainda, o termo conformação define a participação das estruturas secundária e terciária na formação da estrutura final da proteína. A conformação correta de uma proteína é de primordial importância na determinação da estrutura fina dessa proteína e contribui enormemente para as propriedades catalíticas

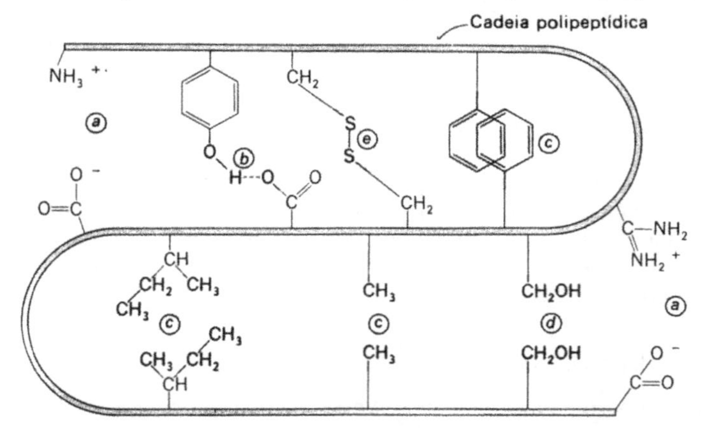

Figura 4-10. Alguns tipos de ligações não-covalentes que estabilizam a estrutura protéica: (*a*) interações eletrostáticas; (*b*) pontes de hidrogênio entre os resíduos de tirosina e os grupos de carboxilas das cadeias laterais; (*c*) interações hidrofóbicas das cadeias laterais não-polares causadas pela repulsão mútua do solvente; (*d*) interações dipolo-dipolo; (*e*) ligações dissulfeto, uma ligação covalente (de C. B. Anfinsen, *The Molecular Basis of Evolution*, John Wiley & Sons, New York, EUA, 1959, p. 102)

peculiares das proteínas biologicamente ativas. Usaremos esse termo extensivamente ao estudarmos as proteínas com funções enzimáticas.

4. *Estrutura quaternária*. Define a estrutura resultante de interações entre unidades polipeptídicas isoladas de uma proteína contendo mais de uma subunidade. Assim, a enzima fosforilase *a* contém duas subunidades idênticas que sozinhas são cataliticamente inativas, mas reunidas em um dímero formam a enzima ativa, como indica a Fig. 4-11. Esse tipo de estrutura é chamado uma estrutura quaternária homogênea;

Figura 4-11. Uma unidade proteica dímera, ilustrando a estrutura quaternária de uma proteína globular complexa

se as unidades são diferentes, obtém-se uma estrutura quaternária heterogênea. Outro termo empregado para descrever as subunidades de tal proteína é protômero e uma proteína feita de mais de um protômero seria uma proteína oligomérica. Especificamente, a hemoglobina é uma proteína oligomérica tendo uma estrutura quaternária heterogênea, que consiste de dois protômeros de cadeias α idênticas e dois protômeros de cadeia β idênticas (isto é, $\alpha_2\beta_2$).

Tendo esses conceitos básicos e essas definições em mente, podemos examinar agora as duas grandes categorias de proteínas, ou seja, as proteínas fibrosas e as globulares. Como o nome indica, as proteínas fibrosas são compostas de cadeias filamentosas individuais e alongadas, as quais se unem lateralmente por diversos tipos de ligações cruzadas, formando uma estrutura muito estável e quase insolúvel. Exemplos importantes são queratina, miosina e colágeno. As proteínas globulares, por outro lado, são relativamente solúveis e bastante compactas devido ao considerável número de dobras da longa cadeia peptídica. As proteínas biologicamente ativas, tais como antígenos e enzimas, são do tipo globular.

Proteínas fibrosas. Atualmente existe muita informação sobre as estruturas detalhadas das proteínas fibrosas. Dada a sua estrutura simples e periódica, as proteínas fibrosas foram examinadas por difração de raios X. A partir desses e de outros estudos, foram identificados três subclasses das proteínas fibrosas, que são as queratinas, as fibras de seda, e o colágeno; cada classe possui um tipo característico de estrutura conformacional ou respectivamente (a) α-hélice de passo direito, (b) a folha β-pregueada paralela e antiparalela e (c) a hélice tripla. (Veja Fig. 4-12 para as estruturas gerais.)

Queratinas. As α-queratinas, que são as proteínas dos pêlos, garras, cascos e penas, consistem basicamente de cadeias polipeptídicas em α-hélice. Uma α-queratina típica, a fibra de lã, foi muito bem estudada através de uma série de técnicas físicas, tais como difração de raios X e microscopia eletrônica. A unidade básica é uma α-hélice de passo direito, três das quais se enrolam, dando uma espiral de passo esquerdo ou uma protofibrila, estabilizada por pontes de dissulfeto entre as cadeias. Nove protofibrilas se

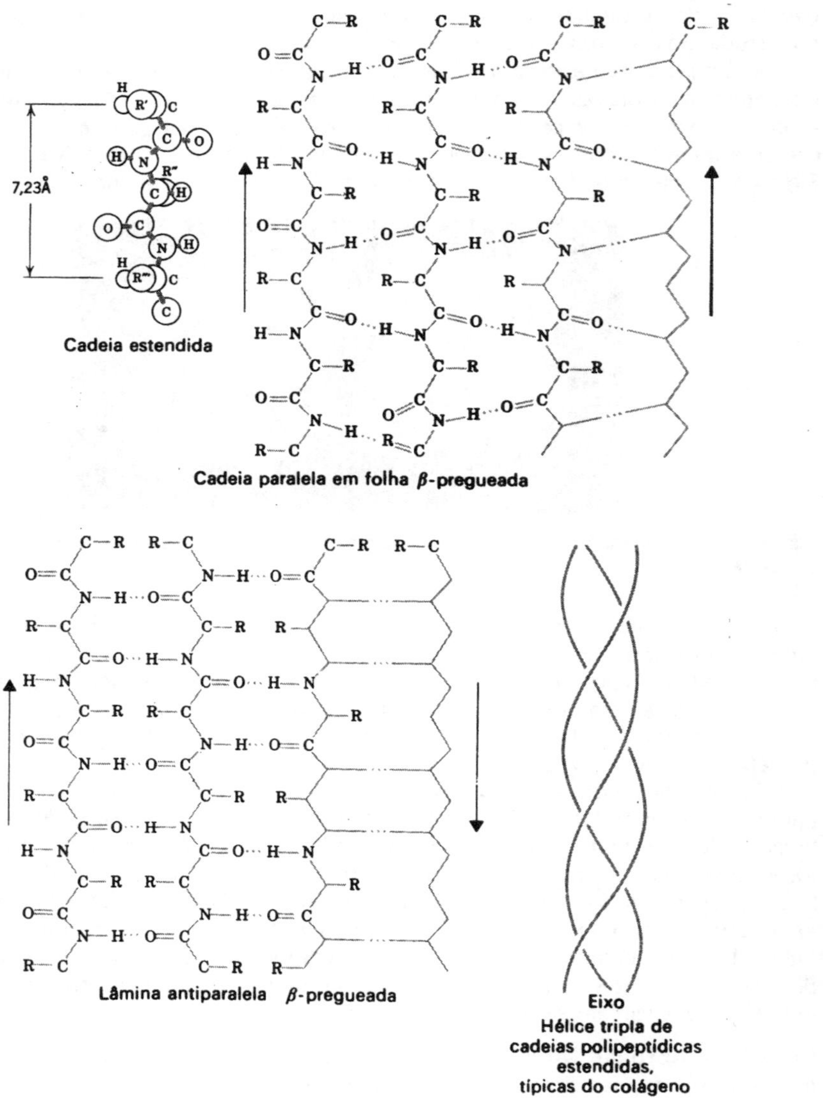

Cadeia estendida

Cadeia paralela em folha β-pregueada

Lâmina antiparalela β-pregueada

Eixo
Hélice tripla de cadeias polipeptídicas estendidas, típicas do colágeno

Figura 4-12. Diferentes conformações de proteínas fibrosas

agrupam ao redor de duas outras, formando uma microfibrila, com cerca de 80 Å de largura. Cada microfibrila, por seu turno, junta-se a várias centenas de fibrilas iguais em uma matriz protéica amorfa, que é a macrofibrila. Uma série de macrofibrilas forma a célula, e essas, por sua vez, orientam-se no sentido paralelo, alongado e filamentoso, resultando a fibra de lã completa. Portanto uma fibra de lã é constituída de um número muito grande de cadeias polipeptídicas mantidas em união por pontes de hidrogênio na cadeia e por pontes de dissulfeto entre as cadeias, todas elas formando a proteína matriz insolúvel.

Quando a α-queratina é exposta a calor úmido e é distendida, converte-se em uma forma conformacional diferente, a β-queratina. Nessas condições, as pontes de hidrogênio que estabilizam a estrutura de α-hélice são rompidas e aparece a conformação de folha β-pregueada paralela estendida.

Seda. Possui uma estrutura característica, completamente diferente da anterior, ou seja, a chamada folha β-pregueada antiparalela. Estudos sobre a seqüência da seda mostram uma seqüência periódica de seis resíduos:

$$(\text{Gly-Ser-Gly-Ala-Gly-Ala})_n.$$

A cristalografia de raios X, por sua vez, revela cadeias polipeptídicas estendidas em paralelo ao eixo da fibra, com as cadeias vizinhas correndo na direção oposta. Esse arranjo garante uma máxima ligação por pontes de hidrogênio entre os resíduos peptídicos de cadeias vizinhas. Como a glicina, com o seu carbono α-metilênico, se alterna com serina e alanina, ela ficará de um dos lados da folha e a alanina ou a serina do lado oposto. Como a seda não contém cisteína, não há ligações por pontes de dissulfeto e assim a estabilidade dessa proteína é obtida apenas através das ligações por pontes de hidrogênio.

Colágeno. A terceira estrutura importante é a estrutura de hélice tripla exibida pelo colágeno, uma proteína encontrada na pele, cartilagem e osso Com um poder de distensão notável, o colágeno consiste de feixes paralelos de fibrilas lineares individuais altamente insolúveis em água. A composição de aminoácidos do colágeno é bastante rara, contendo 25 % de glicina e 25 % de prolina e hidroxiprolina. Devido ao alto teor de glicina e prolina, não há formação de α-hélice. Cada fibrila linear é um cabo formado de três cadeias polipeptídicas. Cada cadeia é torcida em uma hélice de passo esquerdo, e as três cadeias enroladas umas ao redor das outras, formando uma super-hélice de passo direito muito forte e mantida em união através de pontes de hidrogênio entre as cadeias (Fig. 4-13).

Figura 4-13. O colágeno, uma hélice de fita tripla estendida, ilustra a proteína fibrosa típica

As proteínas fibrosas portanto servem às necessidades estruturais dos tecidos, através das três manifestações básicas das cadeias polipeptídicas, as estruturas de α-hélice, folha β-pregueada e hélice tripla.

Proteínas globulares. As proteínas globulares, o segundo grande grupo de proteínas, exercem inúmeras funções. Uma proteína globular típica pode ser descrita como uma cadeia polipeptídica muito compacta toda dobrada, com muito pouco lugar, se existe algum, para moléculas de água em seu interior. Em geral, todos os grupos R polares dos aminoácidos estão localizados na superfície externa da proteína e são hidratados, ao passo que praticamente todos os grupos R hidrofóbicos estão no interior da molécula. A cadeia polipeptídica pode apresentar ampla estrutura α-helicoidal, como no caso da mioglobina, ou muito pouca, como no citocromo c, e possuir a forma estendida β da β-queratina. A Fig. 4-14 mostra a variação da porcentagem de estrutura de α-hélice em uma série de proteínas. Cerca de dez proteínas já foram examinadas detalhadamente através de análise de difração de raios X.

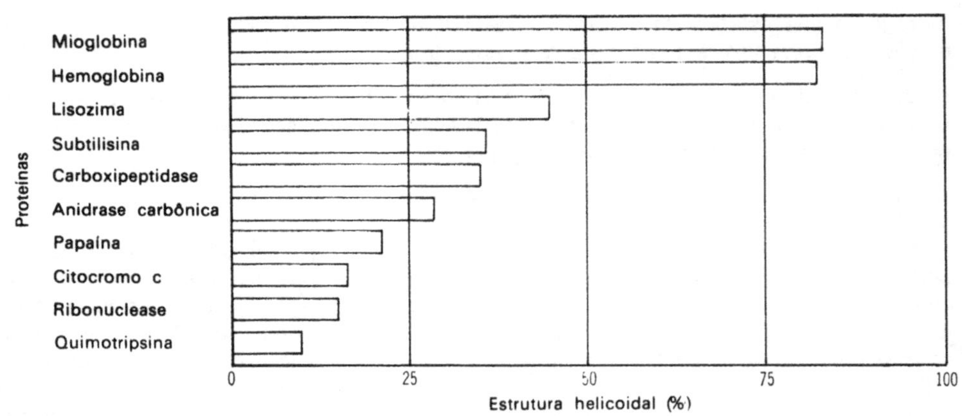

Figura 4-14. Proporção de estrutura helicoidal em diversas proteínas

CITOCROMO c

Vamos agora examinar mais detalhadamente o citocromo c, pois a estrutura química dessa importante proteína já é detalhadamente conhecida. O citocromo c é uma proteína encontrada em todos os organismos aeróbicos, com a função exclusiva de transportar um elétron de um doador de potencial de óxido-redução mais baixo para um receptor de potencial de redox mais elevado (veja p.127, sobre pigmentos de óxido-redução). O citocromo c de cerca de 35 espécies de plantas, animais e bactérias já foi seqüenciado e sabe-se que contém apenas um heme e 104 a 115 aminoácidos em uma única cadeia polipeptídica, sem pontes de dissulfeto. A proteína é básica. Todos os citocromos apresentam em sua estrutura a seqüência Cys_{14}-x-x-Cys_{17}-His_{18}, na qual os grupos sulfidrílicos das duas cisteínas estão ligados covalentemente ao heme por pontes de tioéter. Além disso, o átomo de nitrogênio do anel imidazólico da histidina-18 está ligado por coordenação a um dos lados do ferro do heme, como o quinto ligante. O átomo de enxofre da metionina-80 estende-se do outro lado, para formar o sexto ligante do ferro. Esses estudos revelaram também um importante princípio, ou seja, que resíduos de aminoácidos bastante separados na cadeia podem participar na ligação de um grupo prostético ou mesmo de um substrato. Assim, os resíduos 14, 17, 18 e 80 do citocromo c estão envolvidos na ligação do heme. Veremos mais tarde que resíduos de aminoácidos bem separados em uma cadeia de proteína podem estar justapostos, através de uma conformação específica para formar o centro ativo de uma enzima.

O grupo heme está localizado em uma cavidade no centro da molécula que permite a penetração dos transportadores de elétrons. Rodeando o heme por todos os lados, existem grupos R hidrofóbicos bem compactos, como se pode ver na Fig. 4-15 (*a*). O componente que organiza a disposição da molécula é o grupo heme localizado centralmente e tendo metade da molécula de citocromo c, formada dos aminoácidos de 1 a 46, à direita da cavidade e a outra metade, dos aminoácidos 47 a 91, à esquerda da cavidade. Regiões de α-hélice são formadas pelos resíduos 1-11 e 89-106.

Outras características interessantes da molécula podem ser citadas, como segue

1. Trinta e cinco resíduos de aminoácidos são invariáveis em todas as espécies estudadas, existindo, porém, substituições de aminoácidos em outras posições.

2. A seqüência de 11 aminoácidos de 70 a 80 é a maior região invariável de todos os citocromos c estudados até agora.

Figura 4-15(*a*). Modelo esquemático da molécula de ferricitocromo c de coração eqüino, resolução de 4 Å. A região escura central corresponde à molécula do heme, mergulhada na proteína. (Reprodução autorizada por R. E. Dickerson)

3. O citocromo c de vertebrados possui *N*-acetilglicina como grupo terminal e mais 103 aminoácidos. O citocromo c de insetos e fungos não possui um aminoácido NH_2-terminal acetilado. O citocromo c de plantas superiores tem na extremidade NH_2-terminal a *N*-acetilalanina e sete resíduos adicionais.

4. A proteína sofre uma considerável variação conformacional quando o ferro hemínico sofre redução ou oxidação. Assim, cristais de citocromo c oxidado deformam-se por redução, indicando alterações conformacionais profundas.

5. Todos os citocromos c funcionam igualmente bem como qualquer preparação de citocromo oxidase. Portanto, os aminoácidos invariáveis preenchem totalmente as exigências funcionais da molécula.

6. Os citocromos c dos dois primatas, macaco e o homem, são quase idênticos; diferem por uma média de 10 aminoácidos dos de outros mamíferos, tais como cão ou baleia; por cerca de 15 resíduos dos de vertebrados de sangue frio; por cerca de 30 resíduos dos de insetos; e por cerca de 50 resíduos dos de plantas e procariotes. Nos

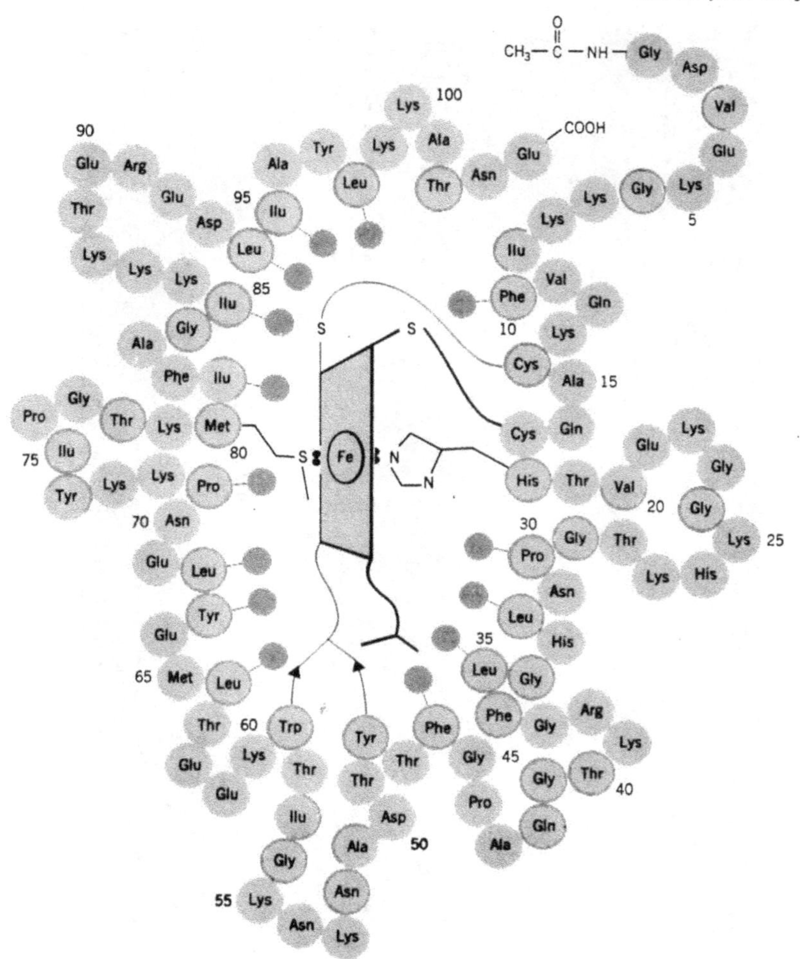

Figura 4-15(*b*). Esquema representando a seqüência de aminoácidos na cadeia polipeptídica do citocromo c de coração eqüino. Os círculos sem contorno indicam cadeias laterais situadas na parte externa da molécula, e os resíduos circundados de um traço indicam cadeias laterais do interior da molécula. Os círculos escuros menores indicam as cadeias laterais internas dos aminoácidos empacotados contra o heme. Observe que essas cadeias são hidrófobas, em contraste com as externas que são hidrófilas. (Reprodução autorizada por R. E. Dickerson)

eucariotes, o citocromo c está sempre associado à membrana interna da mitocôndria; nos procariotes, está localizado na membrana plasmática.

Proteínas do sangue. Mais de sessenta proteínas já foram identificadas e caracterizadas no plasma sangüíneo. Essas proteínas podem ser grosseiramente divididas em proteínas que não contêm carboidratos e em glicoproteínas.

ALBUMINA DO SORO. A albumina predomina entre as proteínas que não contêm carboidrato, constituindo mais de 50 % da proteína total do soro. Como a soro-albumina tem alta afinidade por ácidos graxos livres e por outros ânions, liga-se fortemente a esses ânions e serve, portanto, como proteína carregadora ou de transporte. Dessa maneira, os ácidos graxos livres, que são tóxicos na forma livre, hemolíticos e insolúveis, são solubilizados, removidos e transportados para o fígado como um complexo ácido graxo-albumina, solúvel e não-tóxico (p. 291). A albumina do soro serve também para controlar a pressão osmótica do sangue, assim como para manter a capacidade tamponante do pH do sangue. A soro-albumina tem peso molecular de aproximadamente 69 000 e é uma proteína globular típica, com pequena configuração em α-hélice e considerável estrutura terciária.

GLICOPROTEÍNAS. As glicoproteínas ocorrem amplamente na natureza. Consistem numa proteína ligada covalentemente a um polímero de carboidrato por meio de uma ligação N- ou O-acilglicosilamina. Diferenciadas pela sua composição em carboidratos e pela ligação do carboidrato à proteína, as glicoproteínas dividem-se em três grupos fundamentais: (a) glicoproteínas do plasma, das quais mais de 40 % são encontradas no soro sangüíneo; (b) mucinas, que estão associadas às várias secreções como, por exemplo, a saliva, e constituem as substâncias dos grupos sangüíneos, altamente características, associadas às camadas da superfície das células; e (c) mucopolissacarídeos, que consistem numa pequena cadeia polipeptídica, à qual estão ligados extensos polissacarídeos não-ramificados, e que são encontrados amplamente distribuídos em cartilagem, olhos, tendões, pele, etc.

Glicoproteínas do plasma:

Resíduo de asparagina

(Carboidrato)—O … CH_2OH … OH … H … $NHCOCH_3$ … —N(H)—C(=O)—CH_2—CH(NH)(C=O) Proteína

Resíduo de *N*-acetilglucosamina

Mucinas:

Resíduo de serina (ou de treonina)

(Carboidrato)—O … CH_2OH … OH … OH … H … $NHCOCH_3$ … —O—CH_2—CH(NH)(CO) Proteína

Resíduo de *N*-acetilgalactosamina

Mucopolissacarídeos:

[Carboidrato]—O—CH_2—CH(NH)(CO) Proteína

Serina (ou treonina)

Uma função bem pouco usual das glicoproteínas é encontrada na resistência ao congelamento de alguns peixes antárticos que sobrevivem em uma temperatura ambiente de $-1,9$ °C, devido à presença, em seu sangue, em uma concentração de cerca de 2,5 %, de um grupo de glicoproteínas, de peso molecular variando entre 10 000-20 000 que diminuem o ponto de congelamento do sangue. Como qualquer alteração em seus carboidratos destrói as propriedades "anticongelantes", parece que esses carboidratos, componentes devido a seus fortes efeitos de hidratação, devem participar de um mecanismo que envolve o retardamento da formação de cristais de gelo no sangue desses peixes.

ANTICORPOS. Um grande grupo de proteínas, classificadas como globulinas, são encontradas no plasma sanguíneo. Algumas dessas proteínas são produzidas no baço e nas células linfáticas, em resposta a uma substância estranha ao organismo, chamada de antígeno. A proteína recém formada é chamada um anticorpo e combina-se especificamente com o antígeno que provocou a sua síntese.

As imunoglobulinas (os anticorpos) são classificados em três grupos principais ditos IgG, IgA e IgM. Cada classe possui inúmeros subgrupos, os quais são produzidos por células específicas em indivíduos normais. É quase impossível a purificação dessas proteínas tão heterogêneas, para se fazer uma análise química detalhada. Contudo pacientes com mieloma múltiplo, um câncer ósseo letal, produzem apenas um tipo de imunoglobulina, ou IgG ou IgA. Como cada paciente produz a sua própria imunoglobulina típica, que difere em seqüência de aminoácidos das produzidas por outras pessoas sofrendo da mesma doença, provavelmente uma célula plasmática produtora de imunoglobulina específica — uma entre uma população de várias células — propaga a sua globulina característica. Além disso, uma pequena proteína, chamada proteína de Bence-Jones, é eliminada na urina desses pacientes. Portanto tais pacientes são capazes de sintetizar uma imunoglobulina e uma proteína de Bence-Jones específicas, as quais podem ser facilmente purificadas e seqüenciadas. Como conseqüência de uma intensiva investigação feita por inúmeros químicos especialistas em proteínas, obteve-se a seguinte informação concernente às imunoglobulinas: cada imunoglobulina completa é feita de dois pares de cadeias polipeptídicas; um par de cadeias leves (curtas) e um par de cadeias pesadas (longas). A proteína de Bence-Jones é idêntica à cadeia leve da imunoglobulina. Todas as cadeias leves são divididas em uma região de seqüência de aminoácidos variável (VL) e uma região de seqüência constante (CL). A região VL ocupa a metade NH_2-terminal da cadeia leve (cerca de 110 aminoácidos) e a região CL ocupa a segunda metade. A região CL é essencialmente idêntica em todas as cadeias leves humanas. As cadeias pesadas também são divididas em região VH e regiões CH. A região VH é semelhante, em tamanho, à das cadeias VL leves, mas a região CH é cerca de três vezes maior. Uma estrutura geral pode ser agora delineada, como na Fig. 4-16. Quando a enzima proteolítica papaína é adicionada à IgG homogênea, obtêm-se dois fragmentos, sendo um, uma proteína cristalina dita Fc, e o outro um fragmento dito Fab, porque esse último combina-se especificamente com seu antígeno. Como a IgG tem dois sítios de combinação com o antígeno, ela é bivalente, isto é, combina-se com duas moléculas de antígeno. Investigações posteriores nesse importantíssimo campo irão procurar respostas para questões tais como o porquê da admirável capacidade dos organismos de responder de maneira tão específica a corpos estranhos, o que provoca a formação dos anticorpos e como uma síntese excessiva é regulada.

HEMOGLOBINA. A hemoglobina é a proteína respiratória de todos os vertebrados e está localizada exclusivamente nos eritrócitos. Reagindo reversivelmente com oxigênio molecular, transporta-o dos pulmões para todas as partes do corpo. Dada à facilidade de purificação da hemoglobina, existe uma grande quantidade de informações a respeito de sua estrutura e mecanismo de ação. Resumidamente, ela é uma proteína tetramérica, conjugada, heterogênea, composta de duas subunidades diferentes, α e β. Cada unidade monomérica (PM aproximado $= 16\,000$) contém um grupo heme (veja o cap. 17, para uma discussão de porfirinas) ligado à proteína através do nitrogênio

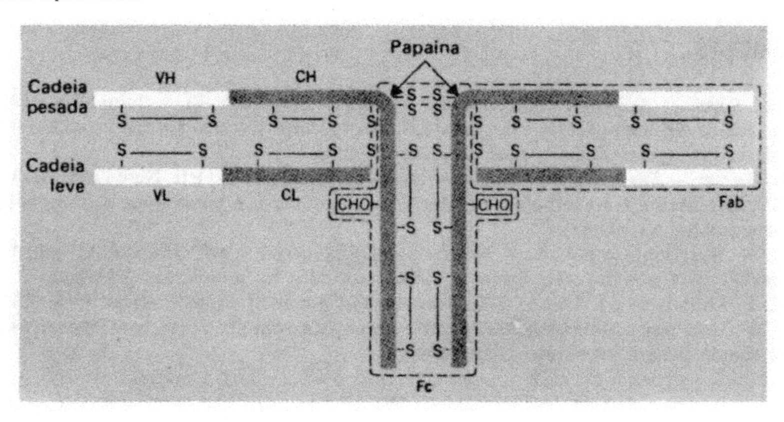

Figura 4-16. Estrutura da imunoglobulina humana αG. O local de clivagem pela papaína, para produzir os fragmentos Fab e Fc, está indicado pelas flechas. As pontes de dissulfeto – intercadeia e intracadeia – estão mostradas, bem como as posições aproximadas dos resíduos de carboidratos (CHO) e as regiões leve variável (VL), pesada variável (VH), leve constante (CL) e pesada constante (CH)

imidazólico dos resíduos de histidina do monômero proteico. A ferroemoglobina, a forma reduzida da hemoglobina, combina-se reversivelmente com oxigênio para formar o oxiferroemoglobina, de acordo com a reação:

$$Hb_4 + 4O_2 \rightleftharpoons Hb_4(O_2)_4 .$$

HORMÔNIOS. Esses polipeptídeos e proteínas pequenas, encontrados em concentrações relativamente baixas nos tecidos animais, têm um papel ainda mal definido mas de extrema importância na manutenção da ordem em um intrincado complexo de reações metabólicas. Incluídos nessa categoria temos os hormônios de pequeno peso molecular da pituitária posterior, a oxitocina (9 aminoácidos) e a vasopressina (9), a proteína um pouco maior glucagon (29), o hormônio adrenocorticotrófico (39) e a grande molécula da insulina (51). A biossíntese da insulina é discutida com algum detalhe na p. 456-458.

Enzimas. Esses catalisadores biológicos de extrema importância serão descritos detalhadamente no Cap. 7 e estudados em todo o livro.

Proteínas de nutrição. Uma função importante que geralmente é nigligenciada na discussão sobre proteínas é o seu papel como fonte de aminoácidos essenciais, necessários ao homem e outros animais. Tais aminoácidos essenciais são facilmente sintetizados por plantas, mas devem ser ingeridos pelo homem, geralmente como proteínas, na dieta (veja a p. 382).

O termo proteína é derivado do grego *proteios* significando "o que mantém o primeiro lugar". Esse resumo demasiadamente breve das proteínas apenas cita a importância das funções que elas exercem na célula viva e dá um forte apoio ao significado do termo proteína, sugerido por Berzelius em 1838.

Uma breve discussão sobre a purificação e a caracterização das proteínas e a aplicação de processos de ultracentrifugação e eletroforese pode ser visto no Apêndice 2.

REFERÊNCIAS

1. I. H. Segel. – *Biochemical Calculations*, 2.ª edição. New York, EUA, John Wiley, 1976. O equilíbrio ácido básico dos aminoácidos e de seus derivados é extensiva e lucidamente discutido. Muitos problemas típicos são apresentados e suas soluções discutidas.

2. A. Meister – *Biochemistry of the Amino Acids*, 2.ª edição, Vols. I e II. New York, EUA, Academic Press, 1965. Esse livro é o trabalho de referência para a química e bioquímica dos aminoácidos mais comuns encontrados na natureza.

3. R. H. Haschemeyer e A. E. V. Haschemeyer – *Proteins*. New York, EUA, John Wiley, 1973. Uma discussão clara dos métodos físicos e químicos usados no estudo das proteínas.

4. R. E. Dickerson e I. Geis – *The Structure and Action of Proteins*. New York, EUA, Harper & Row, 1969. Uma descrição esplêndida da estrutura e função das proteínas, com ilustrações excelentes. Uma necessidade para o estudante interessado.

PROBLEMAS

1. Um tetrapeptídeo foi isolado a partir de um hidrolisado parcial de um antibiótico bacteriano. Com base nas observações relacionadas abaixo, desenhe uma estrutura adequada do tetrapeptídeo.
   a) A hidrólise ácida total do tetrapeptídeo forneceu (qualitativamente) apenas ácido glutâmico, lisina e fenilalanina.
   b) O tratamento do tetrapeptídeo com 1-fluoro-2,4-dinitrobenzeno (FDNB, reativo de Sanger) forneceu, após hidrólise, ácido glutâmico, fenilalanina e ε-DNP-lisina.
   c) A hidrólise ácida parcial do tetrapeptídeo forneceu uma série de dipeptídeos, inclusive fenilalanil-lisina.
   d) A curva de titulação do tetrapeptídeo mostrou apenas duas regiões tamponantes, com valores de pK_a de 2,5 e 10,5.
2. *a*) O que você entende por estruturas "primária", "secundária", "terciária" e "quaternária" das proteínas?
   b) Represente as estruturas dos vários tipos de forças ou ligações responsáveis pela manutenção da estrutura terciária de uma proteína.
   c) O que é uma "proteína conjugada"? Dê três exemplos.
   d) O que é um "grupo prostético"? Dê alguns exemplos.
3. Calcule as concentrações das três principais espécies iônicas presentes em uma solução 0,1 *M* de ácido glutâmico isoelétrico. Os valores de pK_a do ácido glutâmico são, respectivamente, 2,5, 4,0 e 9,5. Desenhe as estruturas das três espécies iônicas.
4. Verificou-se que uma proteína contém 0,29 % em peso de resíduos de triptofano. Calcule o peso molecular mínimo da proteína. (O peso molecular do triptofano é 204.)

capítulo 5

ÁCIDOS NUCLEICOS E SEUS COMPONENTES

OBJETIVO

O conhecimento há poucos anos adquirido sobre a química dos componentes dos ácidos nucleicos expandiu enormemente os horizontes da bioquímica. O estudante deveria focalizar sua atenção particularmente na química dos nucleosídeos e de seus derivados fosforilados, pois eles exercem papéis preponderantes em várias reações bioquímicas dos capítulos seguintes. Como os ácidos nucleicos estão intimamente envolvidos em todos os processos vitais, é importante que o aluno compreenda sua estrutura peculiar. Os Caps. 18, 19 e 20 farão uso da informação contida neste capítulo.

INTRODUÇÃO

Os ácidos nucleicos têm sido objeto de investigações bioquímicas praticamente a partir do momento em que eles foram pela primeira vez isolados do núcleo da célula, há cerca de 100 anos atrás. Ácidos nucleicos ocorrem em todas as células vivas, onde eles não só são responsáveis pelo armazenamento e transmissão da informação genética, mas também pela tradução dessa informação, expressa pela síntese precisa das proteínas, características de cada célula. Como as proteínas, os ácidos nucleicos são biopolímetros de alto peso molecular, mas neles, a unidade que se repete é o mononucleotídeo, em vez de um aminoácido.

Há duas espécies de ácidos nucleicos, o ácido desoxirribonucleico (ADN ou DNA) e o ácido ribonucleico (ARN ou RNA). Suas estruturas básicas, representadas na Fig. 5-1, consistem em cadeias nas quais ácido fosfórico e resíduos de açúcar alternam-se. No RNA, o açúcar é a D-ribofuranose; no DNA, como seu nome indica, o açúcar é a 2-desoxi-D-ribofuranose:

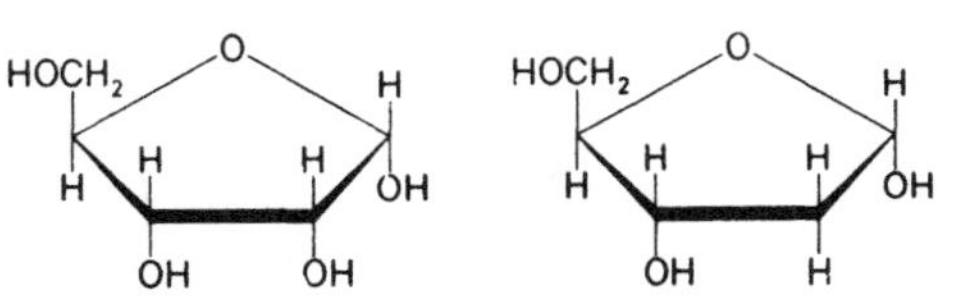

α-D-Ribofuranose

α-2-Desoxi-D-ribofuranose

Ligado a todas as unidades de açúcar, está o terceiro componente dos ácidos nucleicos, uma base nitrogenada que pode ser tanto um derivado purínico como pirimidínico. É a seqüência de bases nas longas cadeias de açúcar-fosfato que determina as propriedades biológicas da molécula.

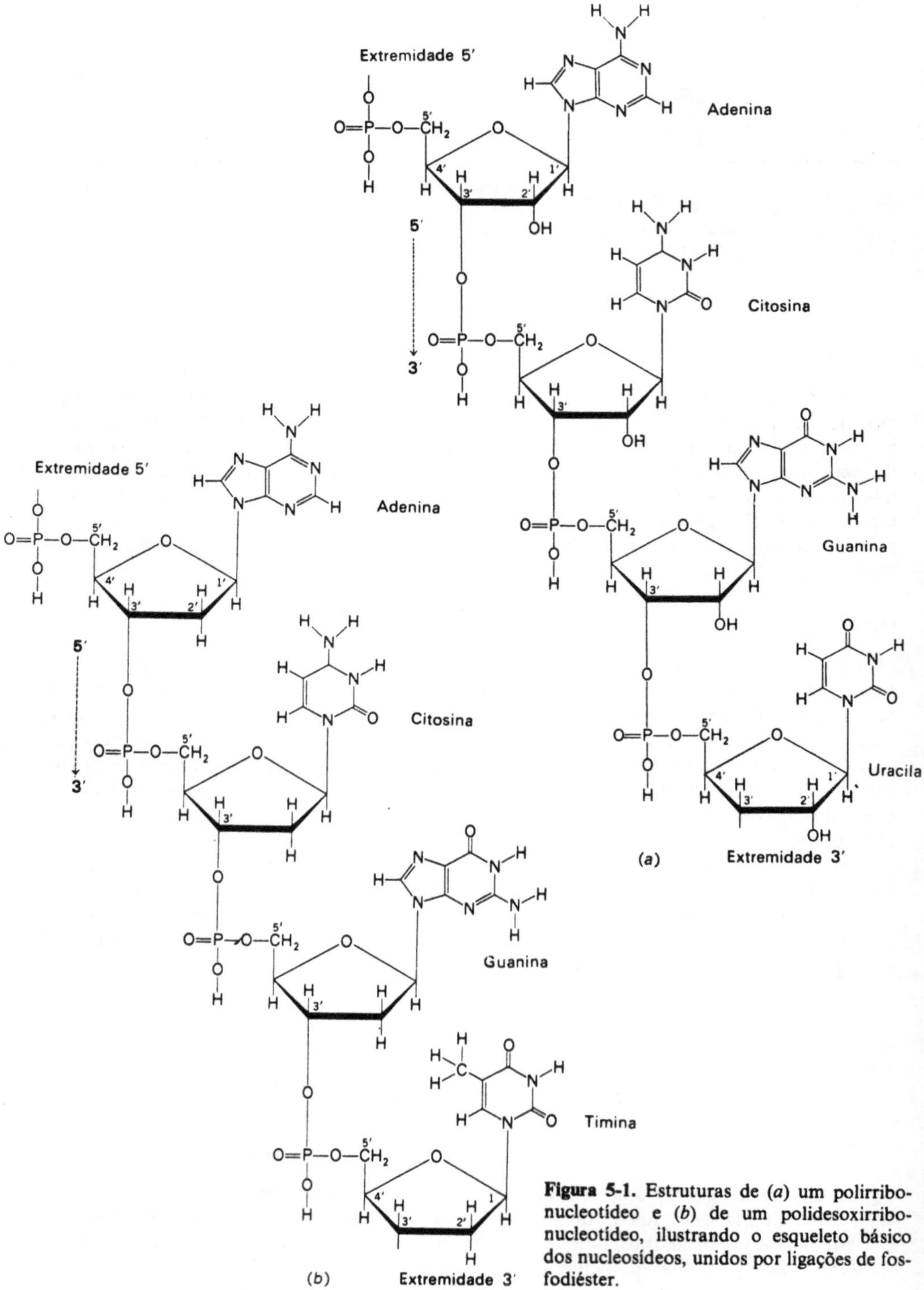

Extremidade 5'

Adenina

Citosina

Guanina

Uracila

(a) Extremidade 3'

Extremidade 5'

Adenina

Citosina

Guanina

Timina

(b) Extremidade 3'

Figura 5-1. Estruturas de (*a*) um polirribonucleotídeo e (*b*) de um polidesoxirribonucleotídeo, ilustrando o esqueleto básico dos nucleosídeos, unidos por ligações de fosfodiéster.

PURINAS E PIRIMIDINAS

Tanto o RNA como o DNA contêm as duas purinas, adenina e guanina. A estrutura geral de uma purina com seus átomos numerados e a estrutura específica da adenina e da guanina estão aqui representadas. Várias bases menos comuns foram encontradas nos RNA de transferência (RNA transportadores, tRNA). Entre elas, estão a hipoxantina, a 1-metil-hipoxantina, a N^2-dimetilguanina, a 1-metilguanina, a N^6-(Δ^2-isopentinil)

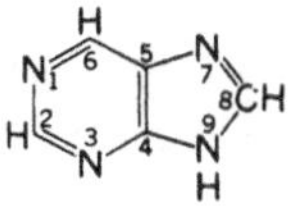

Purina 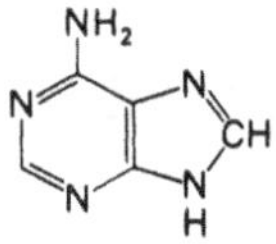 — Adenina (6-Aminopurina) 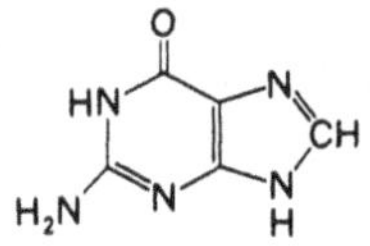 — Guanina (2-Amino-6-oxipurina)

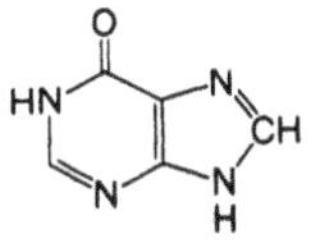

Hipoxantina 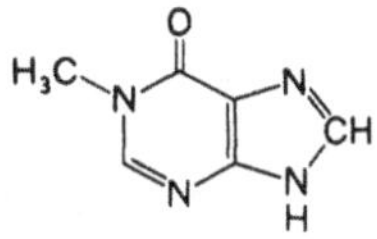 — 1-Metil-hipoxantina 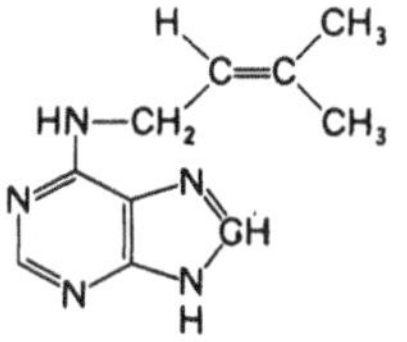 — N^6-(Δ^2-Isopentenil) adenina

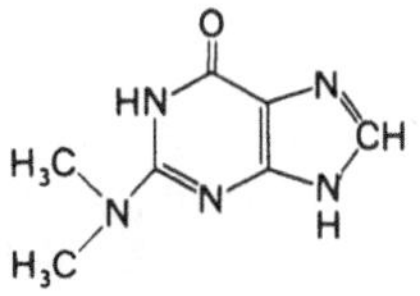

N^2-Dimetilguanina 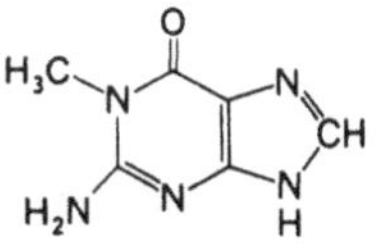 — 1-Metilguanina 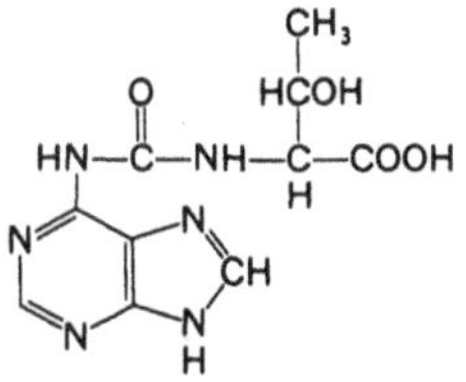 — Treonilcarbamoiladenina

adenina e treonilcarbamoiladenina. Também a pirimidina citosina é comum ao RNA e DNA, mas os dois tipos de ácidos nucleicos diferem na quarta base nitrogenada; o RNA contém uracila enquanto o DNA contém timina.

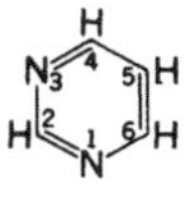

Pirimidina 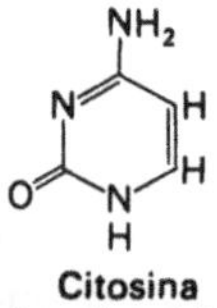 — Citosina (2-Oxi-4-aminopirimidina) 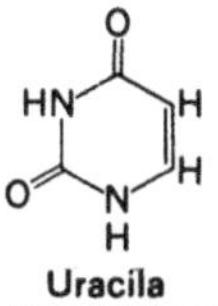 — Uracila (2,4-Dioxipirimidina) 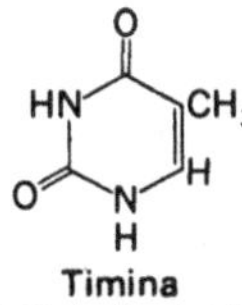 — Timina (5-Metil-2,4-dioxipirimidina)

A estrutura das bases que contêm oxigênio foi escrita na forma cetônica (ou lactâmica). É necessário salientar que há um equilíbrio entre as formas cetônicas e enólicas (ou lactímicas) o qual depende do pH do meio. É a forma lactâmica que predomina no pH fisiológico.

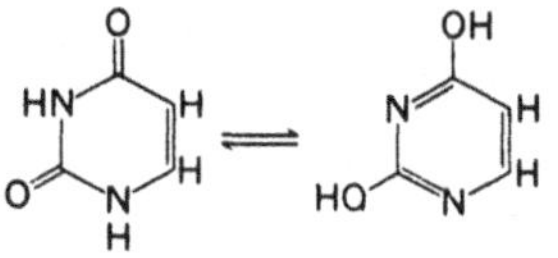

Lactama ⇌ Lactima

Nos últimos anos, outras primidinas têm sido detectadas em amostras purificadas de DNA; 5-metilcitosina ocorre em DNA isolado do germe do trigo e outras fontes vegetais. Também têm aparecido traços dessa base no DNA do timo e em outras fontes, nos mamíferos. A citosina é substituída pela 5-hidroximetilcitosina no DNA de certos vírus bacterianos, principalmente os bacteriófagos T que infectam *E. coli*. Em tRNA, foram encontrados os derivados de pirimidina-diidrouracila, pseudouridina e 4-tiouracila.

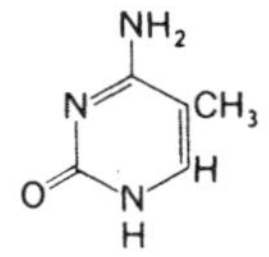

5-Metilcitosina 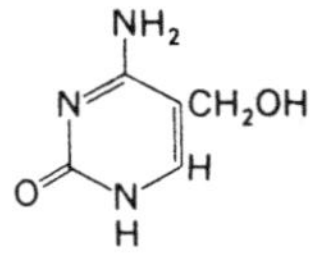 5-Hidroximetilcitosina 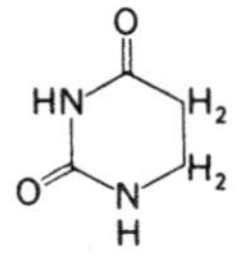 Diidrouracila 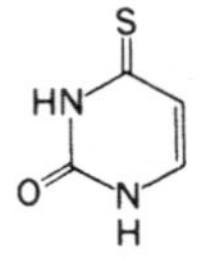 4-Tiouracila

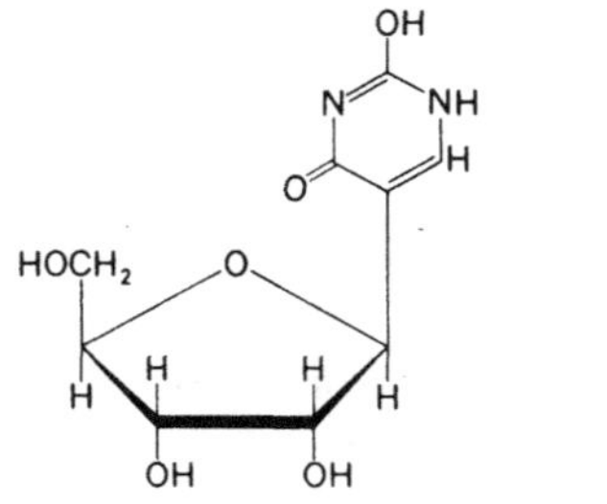

Pseudouridina

NUCLEOSÍDEOS

Os nucleosídeos são compostos nos quais purinas e pirimidinas estão ligadas à D-ribofuranose ou 2-desoxi-D-ribofuranose, através de uma ligação *N*-β-glicosídica, configuração esta que aparece nos ácidos nucleicos poliméricos. O ponto de ligação da base ao açúcar é a hidroxila hemiacetálica do átomo de carbono C-1′ do açúcar. Nas purinas, é o nitrogênio N-9 que participa da ligação N-glicosídica. Nas pirimidinas, o átomo de nitrogênio N-1 é o local da ligação. Note-se que os átomos de carbono do açúcar estão assinalados com "plica" (′) (por exemplo, C-1′, C-5′), enquanto que nos átomos que se referem às bases, falta esse sinal.

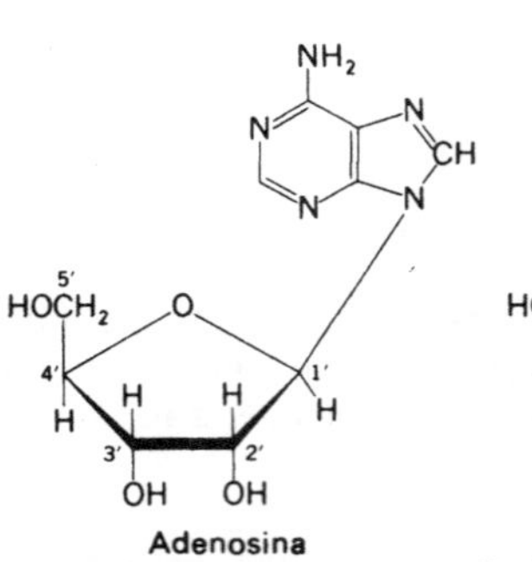

Adenosina (9-β-D-Ribofuranosiladenina) 2′-Desoxicitidina (9-β-2′-Desoxi-D-ribofuranosilcitosina)

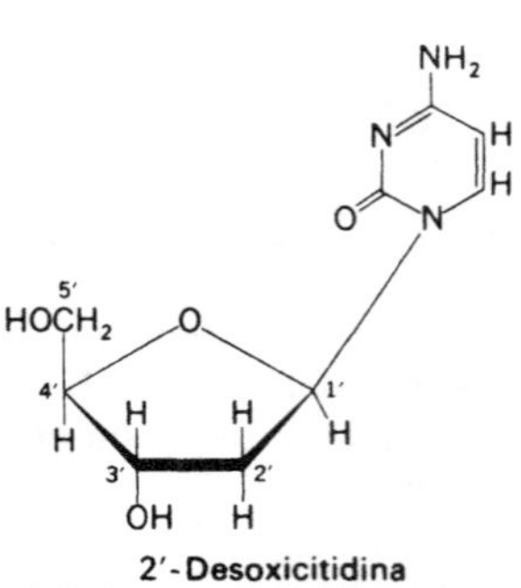

A Tab. 5-1 relaciona os nomes comuns dos nucleosídeos de purina e pirimidina que estão relacionados com as bases que ocorrem no RNA e DNA.

Tabela 5-1. Nomes dos nucleosídeos

Base	Ribonucleosídeo	Desoxirribonucleosídeo
Adenina	Adenosina	2'-Desoxiadenosina
Guanina	Guanosina	2'-Desoxiguanosina
Uracila	Uridina	2'-Desoxiuridina
Citosina	Citidina	2'-Desoxicitidina
Timina	Timina ribonucleosídeo	2'-Desoxitimidina

NUCLEOTÍDEOS

Nucleotídeos são ésteres de ácido fosfórico dos nucleosídeos descritos no item anterior. O resíduo de ribose de um ribonucleotídeo tem três posições (as hidroxilas dos carbonos 2', 3' e 5'), onde o fosfato pode ser esterificado, enquanto que o 2'-desoxirribonucleosídeo tem somente as posições 3' e 5' disponíveis. Como se verá mais tarde, todas essas possibilidades podem ser obtidas pela hidrólise parcial de ácidos nucleicos por vários métodos. Além disso, vários componentes celulares são ésteres 5'-fosfato.

Um dos mais importantes nucleotídeos que ocorre naturalmente é a adenosina-5'-monofosfato (também chamada ácido 5'-adenílico). Esse composto (AMP) – juntamente com dois de seus derivados, adenosina 5'-difosfato (ADP) e adenosina 5'-trifosfato (ATP) – exerce um papel extremamente importante na conservação e utilização da energia liberada durante o metabolismo celular. Como veremos, o significado fisiológico desses componentes consiste na sua capacidade de doar e aceitar grupos de fosfatos em reações bioquímicas.

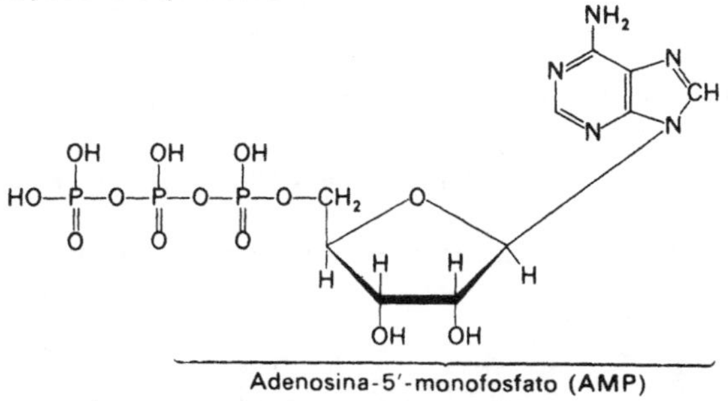

Adenosina-5'-monofosfato (AMP)

Adenosina-5'-difosfato (ADP)

Adenosina-5'-trifosfato (ATP)

O AMP ocorre também sob forma cíclica (3'-5'-fosfato) assumindo, nesse caso, função reguladora (259, 291 e 478). Hidrólise ácida branda do DNA produz derivados 3'-5'-difosfato de desoxitimidina e desoxicitidina.

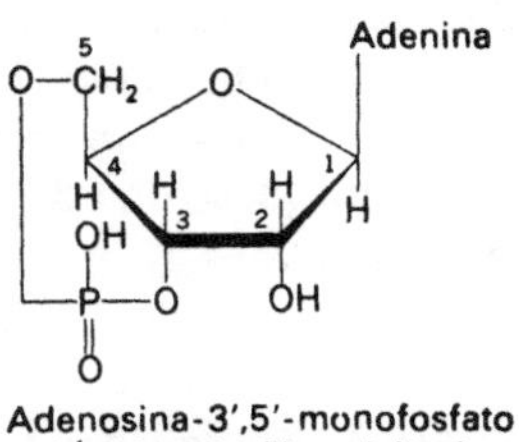

Adenosina-3',5'-monofosfato
(Ácido adenílico cíclico)

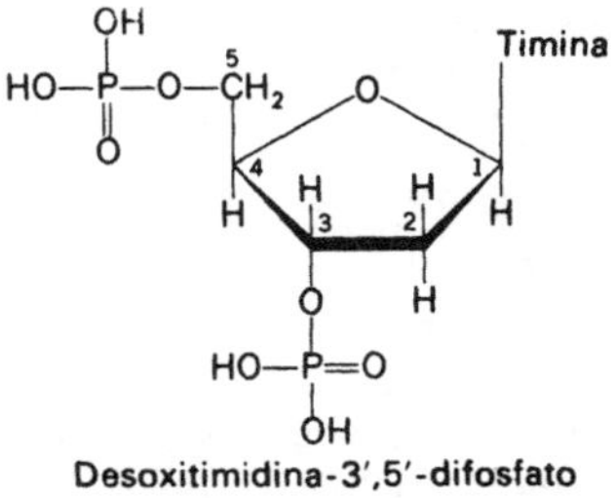

Desoxitimidina-3',5'-difosfato

Nucleosídeos 5′-difosfato e 5′-trifosfato. Os mono, di e trifosfatos de adenosina já foram descritos. Existem derivados correspondentes de guanosina, citidina e uridina, assim como de desoxiadenosina, desoxiguanosina, desoxicitidina e desoxitimidina que exercem funções importantes no metabolismo celular (Tab. 5-2). Por exemplo, os nucleosídeos 5′-trifosfato servem como precursores da síntese de RNA e DNA (Cap. 18). Derivados de certos nucleosídeos 5′-difosfato agem como coenzimas, fornecendo resíduos de açúcares em certas reações; outros derivados de adenosina-5′-difosfato participam de reações de óxido-redução. Assim, uridina 5′-difosfato, ligada à glucose, serve como doador de glucose (p. 256). Adenosina-5′-difosfato, ligada à nicotinamida, forma uma coenzima de óxido-redução extremamente importante, a nicotinamida--adenina-dinucleotídeo, NAD^+ (p. 164).

DNA E RNA

Em células procarióticas, o DNA normalmente ocorre sob forma de um anel composto de uma fita dupla extremamente torcida, parcialmente associado com a porção

Uridina difosfato glucose
(UDPG)

interna da membrana plasmática, mas livre de complexos protéicos. Ao contrário, cerca de 98% do DNA (ou ADN) total numa célula diferenciada típica, eucariótica, é encontrado no núcleo, como um polímero composto de uma fita dupla extremamente

Tabela 5-2. Os ribonucleotídeos e 2′-desoxirribonucleotídeos usuais[1]

Ribonucleotídeos	2′-Desoxirribonucleotídeos
Adenosina-5′-monofosfato (Ácido adenílico; AMP)	Desoxiadenosina-5′-monofosfato (Ácido desoxiadenílico; *d*AMP)
Guanosina-5′-monofosfato (Ácido guanílico; GMP)	Desoxiguanosina-5′-monofosfato (Ácido desoxiguanílico; *d*GMP)
Citidina-5′-monofosfato (Ácido citidílico; CMP)	Desoxicitidina-5′-monofosfato (Ácido desoxicitidílico; *d*CMP)
Uridina-5′-monofosfato (Ácido uridílico; UMP)	Desoxitimidina-5′-monofosfato (Ácido desoxitimidílico; *d*TMP)

[1] Cada um dos 5′-monofosfatos existe também como o 5′-difosfato e o 5′-trifosfato. Assim, por exemplo, existem GMP, GDP, GTP, *d*GMP, *d*GDP, e *d*GTP

torcida, ligado a proteínas básicas chamadas histonas (p. 111) o complexo é conhecido como cromatina. Quantidades muito menores de DNA são sempre encontradas na matriz mitocondrial de células eucarióticas e em cloroplastos, sob forma de pequenos anéis formados de fitas duplas, livres de complexos protéicos.

O segundo ácido nucleico componente da célula, o RNA (ou ARN), ocorre em múltiplas formas, todas elas servindo como elos informacionais extremamente importantes entre DNA, o veículo fundamental da informação, e as proteínas. O menor desses polímeros é chamado RNA de transferência ou transportador (tRNA) e tem um peso molecular de cerca de 25 000. O RNA de transferência corresponde a cerca de 60 diferentes espécies moleculares. Os tRNA exercem uma série de funções, sendo a mais importante delas agir como transportadores específicos de aminoácidos ativados para locais determinados nos moldes sintetizadores de proteínas. Os tRNA compreendem cerca de 10-15% do RNA total da célula. Um segundo grupo de RNA inclui os RNA ribosômicos (rRNA). Esses ácidos nucleicos estão sempre associados com um grande número de proteínas num complexo altamente ordenado chamado ribosoma. Eles perfazem cerca de 75-80% do RNA total da célula. O terceiro grupo importante de RNA é formado pelos RNA mensageiros (mRNA) que compreendem cerca de 5-10% do RNA total da célula. Em células bacterianas, os mRNA são extremamente instáveis, no sentido de serem constantemente degradados e ressintetizados. Em células eucarióticas, a velocidade de renovação é muito menor. Esses ácidos nucleicos, com uma composição básica muito semelhante àquela do DNA, estão intimamente envolvidos na transcrição e tradução da informação programada pelo DNA para a síntese das proteínas (veja o Cap. 18, sobre a biossíntese de proteínas).

QUÍMICA DOS ÁCIDOS NUCLEICOS

Isolamento. Na presença de fenol concentrado e um detergente, um homogenato de célula formará duas fases líquidas. As proteínas são desnaturadas e tornam-se insolúveis na fase aquosa, enquanto que os ácidos nucleicos permanecem solúveis nessa fase. A fase aquosa pode ser facilmente separada da fase rica em fenol na qual as proteínas se dissolveram. A adição de etanol à fase aquosa precipita os ácidos nucleicos e muitos polissacarídeos, enquanto que o fenol residual permanece em solução. A mistura de DNA e RNA assim obtida pode ser então tratada com uma ribonuclease para degradar o RNA em fragmentos solúveis, deixando o DNA intato, ou, outra alternativa, a mistura pode ser tratada com desoxirribonuclease para decompor o DNA, deixando o RNA incólume. Depois da digestão de uma dos ácidos nucleicos, fenol aquoso pode ser novamente adicionado para desnaturar e remover qualquer proteína remanescente e o ácido nucleico intato é então precipitado com etanol. Como o DNA natural consiste numa espiral extremamente longa, a adição de etanol à solução de DNA, resulta na formação de um precipitado fibrilar, longo, que pode ser facilmente removido, enrolando-se o material fibroso num bastão em movimento. A massa pode ser secada com solventes apropriados como acetona e o DNA seco, removido do bastão de vidro. Posterior purificação do DNA pode ser levada a termo por cromatografia em hidroxiapatita (fosfato de cálcio), que dará origem a duas frações, uma contendo DNA de fita única e outra, DNA de fita dupla.

Quando o procedimento é usado para isolar RNA, obtém-se uma mistura heterogênea de tRNA, mRNA, rRNA e RNA degradado. Tanto a cromatografia dessa mistura, em colunas de albumina metilada revestidas com Kieselguhr (colunas MAK), como a centrifugação em gradiente de sacarose, usualmente darão origem a três frações, a 4S (tRNA), as correspondentes aos picos 16S e 23S de RNA de *E. coli*, que são por sua vez derivadas de ribosomas 30S e 50S; ou as dos picos 18-22S e 28-34S de RNA de mamífero (veja as Tabs. 5.3 e 9.3).

PROPRIEDADES ÓPTICAS DOS ÁCIDOS NUCLEICOS

As bases purínicas e pirimidínicas encontradas nos ácidos nucleicos absorvem intensamente radiação ultravioleta de comprimento de onda 260 nm. Essa propriedade é largamente empregada nas determinações quantitativas das bases, de seus nucleotídeos ou dos próprios ácidos nucleicos (Fig. 5-2). Entretanto DNA de alto peso molecular tem uma densidade óptica 35-40% inferior à esperada pelo somatório das absorbâncias individuais das bases do DNA. Esse fenômeno é chamado *efeito hipocrômico* e é explicado pelo fato de, numa estrutura helicoidal (como mostra a Fig. 5-7), as bases estarem empilhadas umas sobre as outras. A interação entre os elétrons π das bases resulta, então, numa diminuição da absorbância. Quando essa interação não é possível — por exemplo, num arranjo ao acaso da cadeia açúcar-fosfato — a absorbância, a 260 nm, aproxima-se do valor esperado. Essa propriedade óptica, portanto, é extremamente útil no cálculo da porcentagem de estrutura helicoidal do DNA.

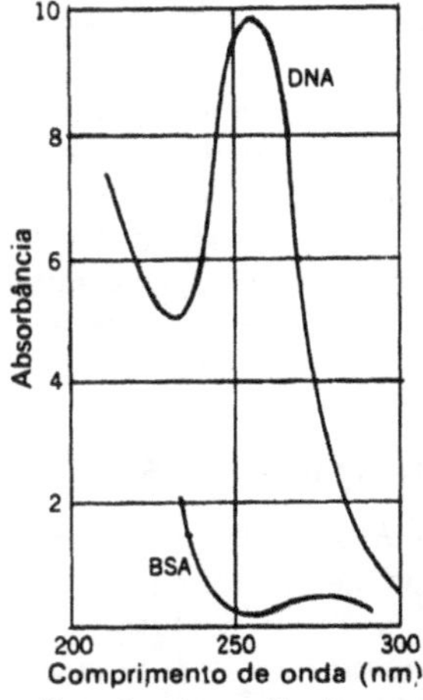

Figura 5-2. Espectro de absorção no ultravioleta de concentrações iguais de sal sódico do DNA e da albumina sérica bovina (BSA), mostrando as diferenças marcantes de absorbância dos dois polímeros

Quando polímeros de DNA de hélice dupla, altamente polimerizados, são lentamente aquecidos ela se "funde"; a transição de uma fita dupla para uma configuração enovelada ao acaso ocorre numa faixa de alguns graus de temperatura. Essa transição de hélice para uma espiral inespecífica ocasiona um aumento de absorbância. O ponto médio de temperatura, T_m, desse processo é a temperatura de fusão da hélice de um polímero específico de DNA (Fig. 5-3). Sob resfriamento lento, ocorre uma regeneração

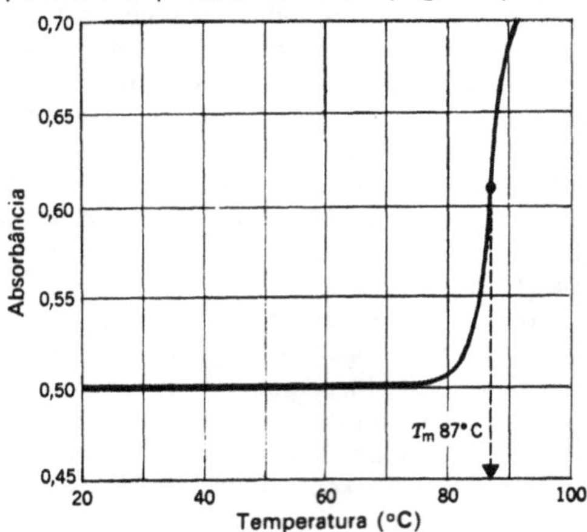

Figura 5-3. Curva típica de dessaturação térmica de DNA de timo bovino, mostrando o desaparecimento do efeito hipocrômico com a elevação de temperatura e a determinação do T_m do ácido nucleico

com, pelo menos, retorno parcial da espiral à configuração helicoidal. Condições de regeneração, sob as quais as hélices reestruturadas assemelham-se às hélices originais, em detalhe, já foram estabelecidas. Por exemplo, as duas fitas têm uma posição antiparalela uma em relação à outra e as bases estão pareadas. A com T e G com C (Esquema 5-2). Essa especificidade de pareamento depende do correto alinhamento das pontes de hidrogênio entre as bases, três pontes de hidrogênio por par G —C e duas por par A-T (Esquema 5-2). Como na maioria dos casos, as seqüências de nucleotídeos nas diferentes regiões do DNA de um organismo são únicas, as hélices regeneradas deveriam ter suas fitas representando as mesmas (e únicas) regiões do DNA original. Isso realmente ocorre e tem sido usado para avaliar o parentesco de diferentes organismos pela observação da extensão com que certas moléculas "híbridas" podem ser formadas. A mera existência da capacidade de regeneração das hélices de DNA (chamada renaturação do DNA) tem importantes implicações na biologia moderna. Com o processo de renaturação é espontâneo *in vitro*, o produto da reação de renaturação – DNA de fita dupla – deve ser inerentemente estável, não requerendo nenhuma energia ou estrutura adicional para manter-se na célula. Os pares de bases G —C contribuem mais para a estabilidade do DNA que os pares A—T e os T_m dos diferentes DNA aumentam linearmente em função da porcentagem de pares de bases G —C (Fig. 5-4). O RNA de fita dupla (com as bases G —C e A —U em pareamento) é o material genético de alguns vírus, mas a maioria dos RNA é de fita simples, com pequenas porções de fita dupla, formadas por dobramento da cadeia açúcar-fosfato sobre si mesma (veja a seguir a discussão da estrutura do tRNA). O perfil de desnaturação do RNA de fita dupla tem uma ascenção pronunciada, como o do DNA de fita dupla. Entretanto, o RNA típico, de "cadeia simples", mostra um menor aumento de absorbância com a elevação da temperatura e a transição de fusão não é pronunciada. DNA de "fita simples" é também material genético de alguns vírus e assemelha-se ao RNA de "fita simples", nas suas propriedades.

A "fusão" do DNA pode também ser obtida pelo emprego de pH extremos. Os ácidos nucleicos são polieletrólitos com uma carga negativa por resíduo de nucleotídeo (devida à ionização do diéster fosfato), na faixa de pH entre 4 e 11. Entretanto a titulação de uma solução de DNA em valores de pH abaixo de 4 ou acima de 11 gradualmente

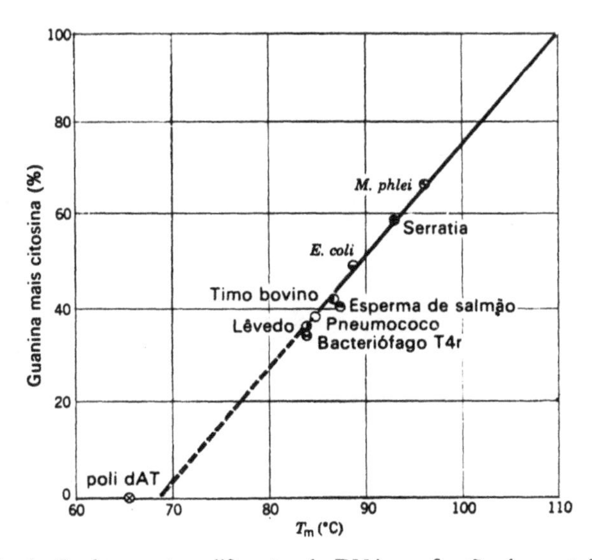

Figura 5-4. Variação de T_m de amostras diferentes de DNA em função do conteúdo do par G-C

enfraquece a estrutura dupla e depois a destrói abruptamente. Esse comportamento é explicado da seguinte forma: em valores baixos de pH, os aminogrupos da adenina, guanina e citosina estão protonados, com conseqüente rompimento do sistema de pontes de hidrogênio; acima de pH 11, os prótons dos grupos hidroxílicos de guanina, citosina e timina (tautômeros cetoenólicos) dissociam-se também, com rompimento das pontes de hidrogênio.

DETERMINAÇÃO DAS RELAÇÕES MOLARES ENTRE AS BASES NOS ÁCIDOS NUCLEICOS

Uma característica fundamental de um ácido nucleico é a composição e seqüência de bases purínicas e pirimidínicas. Dados de composição são usados para calcular a equivalência entre A e U e entre C e G, no RNA; e entre A e T, e C e G, no DNA. Da mesma forma, a composição de bases e a equivalência entre as bases podem ser relacionadas com a porcentagem de estrutura helicoidal de um ácido nucleico, assim como outras propriedades físicas dos polímeros. Por essa razão, têm sido estudado intensamente os processos de degradação química e enzimática do ácido nucleico. Álcali diluído rapidamente hidrolisa RNA; por exemplo, NaOH 0,1 a 1 *N*, à temperatura ambiente, por 24 horas. Sob essas condições, o RNA é degradado a uma mistura de nucleosídeos 2′ e 3′-monofosfato. Essa importante reação é facilmente explicada pela participação do ânion 2′-alcóxido num ataque nucleofílico sobre o átomo de fósforo da ligação de fosfodiéster, carregado positivamente, deslocando, desse modo, o éster 5′-ribose e quebrando a molécula de RNA (Esquema 5-1). O éster cíclico 2′,3′-fosfato é hidrolisado a uma mistura de monoésteres 2′ e 3′ por ação alcalina posterior. Esses ésteres podem, então, ser separados quantitativamente por cromatografia de troca

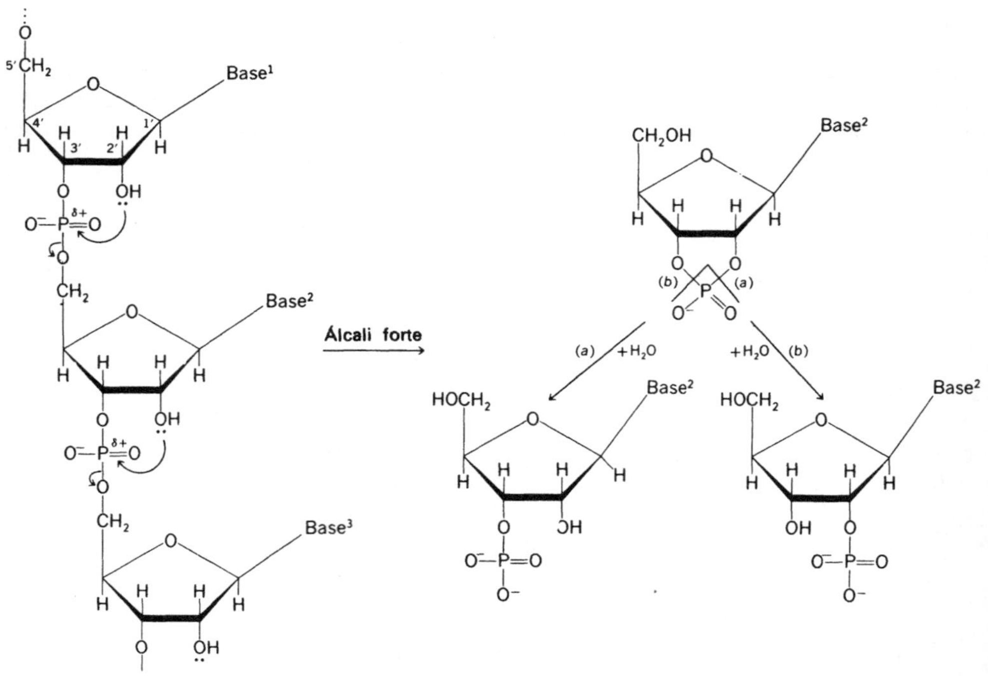

Álcali forte

Esquema 5-1

iônica ou de papel e as frações separadas e analisadas espectrofotometricamente quanto a seu conteúdo em nucleotídeos. Condições de hidrólise branda são necessárias, uma vez que, a temperaturas mais altas, o ácido citidílico é parcialmente convertido em ácido uridílico, por desaminação. Hidrólise ácida resulta na clivagem das ligações *N*-glicosídicas e, por isso, não é freqüentemente empregada.

A ausência no DNA, do grupo hidroxílico no C-2' impede a formação do éster-fosfato cíclico e, conseqüentemente, o DNA não é hidrolisado por álcali. Sob condições de acidez, as ligações *N*-glicosídicas entre as bases purínicas e a desoxirribose são quebradas, por serem as ligações mais lábeis da molécula, sendo formado o ácido apurínico. Esse polímero de alto peso molecular retém a estrutura básica de açúcar-fosfato do DNA, mas é destituído de adenina e guanina. A reação é de alguma utilidade, uma vez que pela determinação da relação A/G, a relação entre todas as quatro bases comuns do DNA pode ser determinada. Todavia para obter uma evidência direta da composição em bases, é empregada a ação combinada da desoxirribonuclease pancreática (uma endonuclease) e da fosfodiesterase de veneno (uma diesterase geral) que rompe pontes de fosfodiéster, começando na extremidade 3'-OH da cadeia. Formam-se desoxirribonucleosídeos 5'-monofosfato que podem então ser isolados pelas mesmas técnicas empregadas na separação dos produtos de hidrólise do RNA. A Fig. 5-5(*a*) resume a ação de uma série de nucleases sobre o DNA.

A ação de uma ribonuclease pura, isolada do pâncreas, sobre o RNA, é semelhante àquela do álcali, na qual um 2'-3'-diéster é transitoriamente formado. Na presença da enzima, contudo somente a ligação C-2'-fosfato (ligação C-2'-P) do diéster cíclico é rompida, originando nucleosídeos 3'-fosfato. Porém, nem todas as ligações C-5'-P do RNA são atacadas pela ribonuclease; somente aquelas ligações de diésteres com C-3' ligado a um nucleosídeo de pirimidina. A ribonuclease T_1 do fundo *Aspergillus oryzae* ataca a cadeia de ácido ribonucleico somente nos resíduos de guanosina, libertando o grupo 5'-hidroxila da ribose. Empregando essas duas ribonucleases e exonucleases apropriadas, como indica a Fig. 5-5(*b*), o bioquímico pode degradar o ácido ribonucleico sob condições controladas e elucidar sua seqüência de bases.

ESTRUTURA DO RNA

Como foi indicado na p. 99, há três tipos gerais de RNA; o conhecimento atual de cada tipo será descrito sumariamente.

RNA de transferência. O RNA transportador ou de transferência (tRNA) desempenha um papel-chave na síntese proteica. Cada molécula de tRNA transporta um amino-ácido para os ribossomos e decifra a informação contida no RNA mensageiro em termos de aminoácidos (correspondentes ao código), dispondo-os na seqüência correta.

Uma vez que as propriedades hidrodinâmicas de todos os tRNA são muito similares, conclui-se que os pesos moleculares de todos estão por volta de 25 000, com um valor correspondente de 4,3S (veja a p. 502, para a definição de *S*). Evidência adicional sugere que 60-70% da molécula dos tRNA apresenta uma estrutura helicoidal. Essa e outra evidência indicam uma estrutura postulada em folha de trevo para todos os tRNA, com o anticódon (isto é, a trinca de nucleotídeos necessários para o ajuste do tRNA específico ao molde de mRNA, durante a síntese de proteínas) localizado na pétala central do trevo [Fig. 5-6(*a*)]. Diversos pesquisadores, utilizando análise de raios X de alta resolução de cristais de tRNA, propuseram uma estrutura terciária para o tRNA que, provavelmente, está mais próxima à realidade do que a estrutura postulada de folha de trevo [Fig. 5-6(*b*)]. A Fig. 5-7 mostra a estrutura tridimensional. A estrutura e a função do tRNA serão discutidas em maior detalhe na p. 441-443.

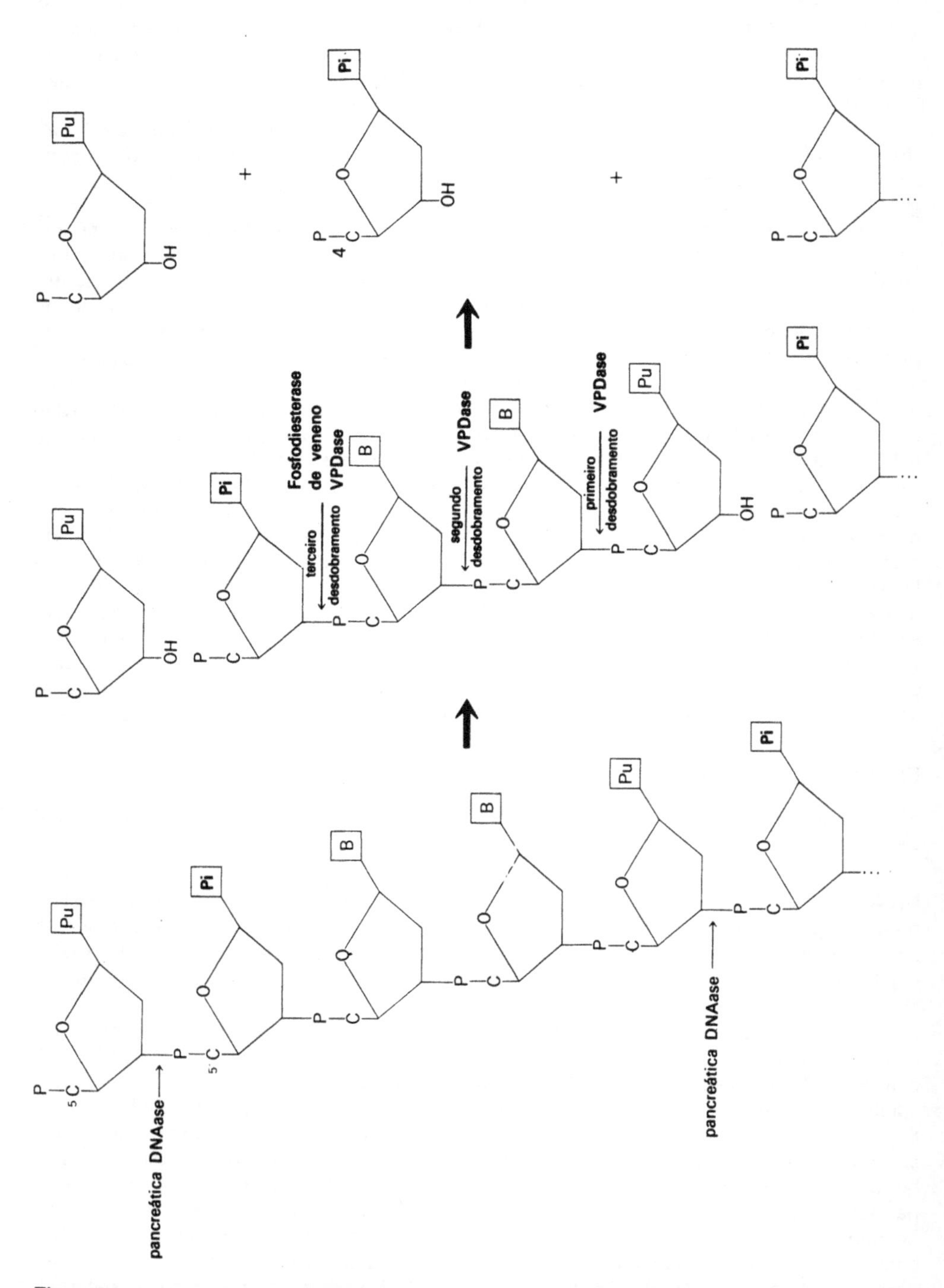

Figura 5-5(*a*). Esquema mostrando a hidrólise enzimática de um segmento do DNA pela combinação de DNAase pancreática e fosfodiesterase de veneno

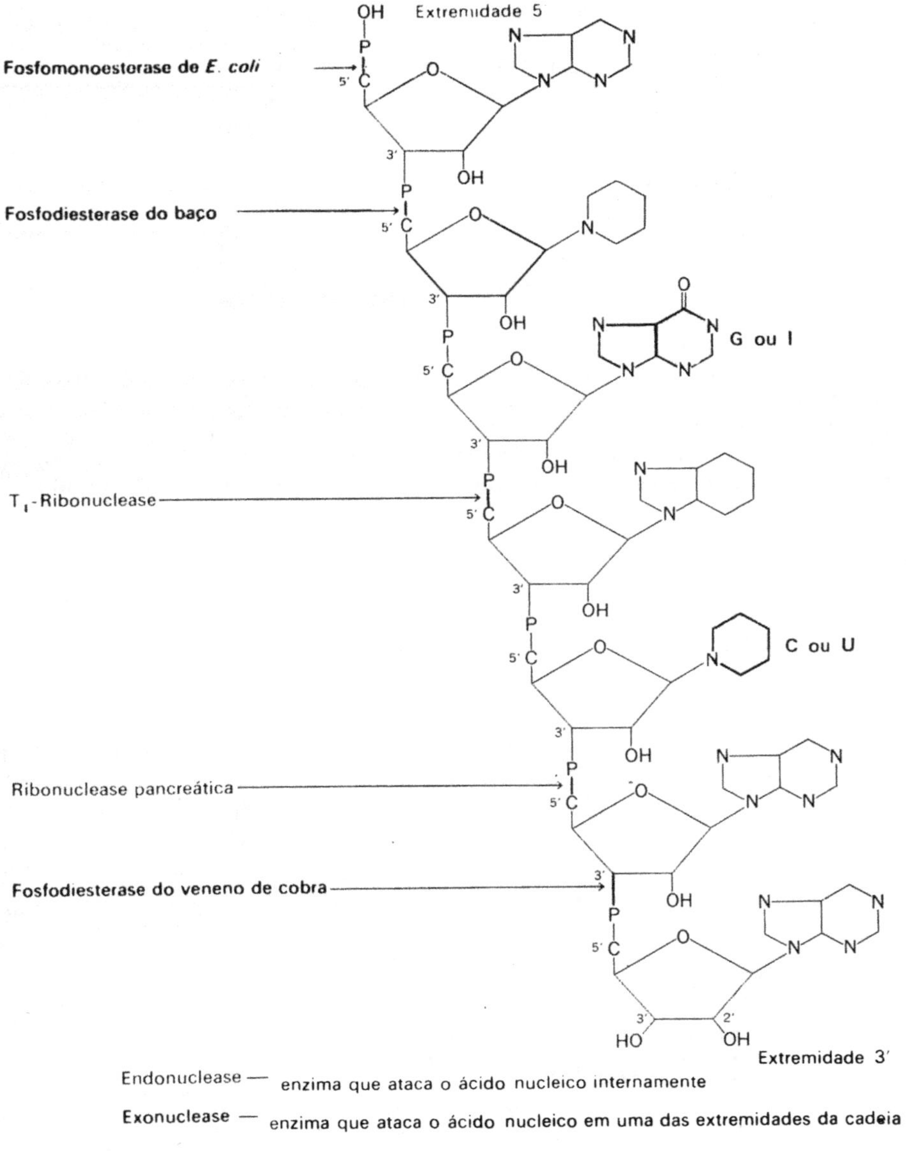

Extremidade 5'

Fosfomonoesterase de *E. coli*

Fosfodiesterase do baço

G ou I

T_1-Ribonuclease

C ou U

Ribonuclease pancreática

Fosfodiesterase do veneno de cobra

Extremidade 3'

Endonuclease — enzima que ataca o ácido nucleico internamente

Exonuclease — enzima que ataca o ácido nucleico em uma das extremidades da cadeia

Figura 5-5(*b*). Esquema mostrando a hidrólise enzimática de um segmento do RNA pelas endonucleases T_1-ribonuclease e ribonuclease pancreática, e também pelas exonucleases fosfomonoesterase de *E. coli*, fosfodiesterase do baço e fosfodiesterase do veneno de cobra

RNA ribosômico. Várias espécies de RNA ocorrem em ribosomas procarióticos e eucarióticos, o que está resumido na Tab. 5-3. RNA ribosômico (rRNA) tem uma estrutura helicoidal resultante do dobramento de um polímero de fita simples sobre si mesmo, em áreas onde são possíveis ligações por pontes de hidrogênio, devido a pequenas extensões em que há estrutura complementar. Porém, o rRNA não ocorre como um polímero de fita dupla. Além do mais, uma vez que rRNA não tem a

Tabela 5-3. Ribosomas e seus RNAs

Ribosomas procarióticos	rRNA
30S[a]	16S
50S	5S, 23S
Ribosomas eucarióticos	
40S	18S
60S	5S, 28S

[a]O termo *S*, ou unidade Suedberg, está definido no Apêndice.

estrutura helicoidal dupla do DNA, estável e extremamente rígida, ele pode existir em várias conformações. Assim, na ausência de eletrólitos ou em altas temperaturas, pode ocorrer uma conformação de fita simples. Em forças iônicas baixas, pode aparecer em bastão compacto com regiões helicoidais regularmente arranjadas e, em forças iônicas altas, aparece uma espiral compacta. Principalmente a concentração de Mg^{++}

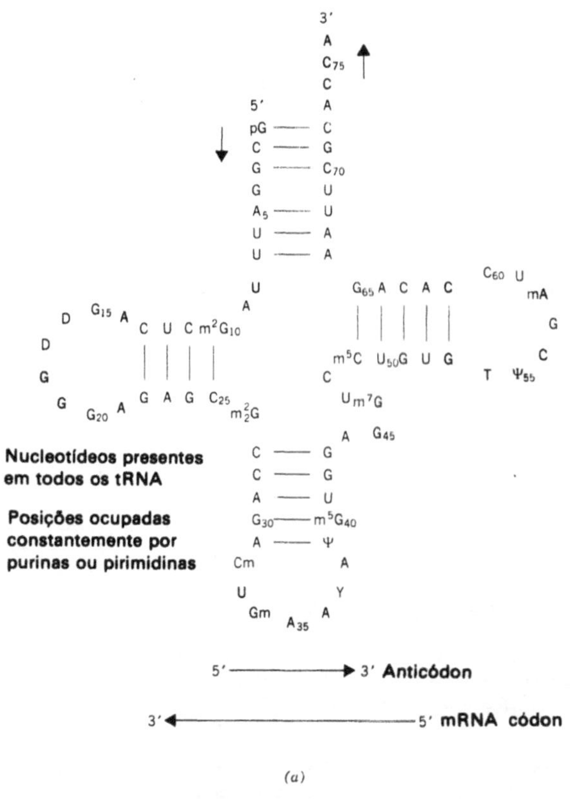

Figura 5-6(*a*). A seqüência de nucleotídeos do fenilalanil-tRNA de levedo, mostrada na configuração de folhas de trevo. Os círculos sombreados são constantes em todos os tRNAs e os círculos claros indicam posições ocupadas constantemente ou por purinas ou por pirimidinas. Abreviações: A, adenosina; T, timidina; G, guanosina; C, citidina; U, uridina; D, diidrouridina; ψ, pseudo-uridina; Y, um nucleosídeo de purina; *m*, metil; m_2, dimetil. As linhas indicam ligações de hidrogênio

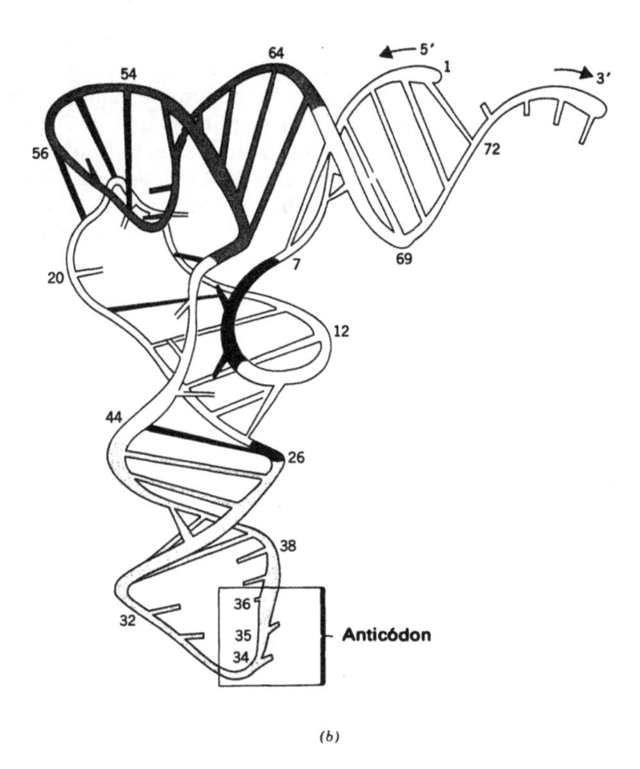

(b)

Figura 5-6(*b*). Modelo esquemático do fenilalanil-tRNA de levedo, obtido de mapa de densidade eletrônica de 3 Å do tRNA cristalino. [De "Three-Dimensional Tertiary Structure of Yeast Phenylalanine Transfer RNA", Kim, S. H. *et al*, *Science*, Vol. 185, p. 435-440, Fig. 3 (2 de agosto de 1974)]

tem um papel importante nas estruturas macromoleculares do RNA, possivelmente porque o Mg^{++} forma ligações de coordenação com os grupos fosfatos do ácido nucleico. Em concentrações baixas de Mg^{++}, ocorre dissociação dos complexos de RNA, enquanto que em altas concentrações de Mg^{++} a associação dos complexos é favorecida.

RNA mensageiro. Por causa da heterogeneidade e instabilidade metabólica dessas espécies de RNA, só recentemente foi possível uma caracterização cuidadosa. O RNA mensageiro parece ser principalmente de fita única, e sua complementariedade em relação à seqüência de bases do DNA foi demonstrada através da formação de moléculas híbridas artificiais de DNA-RNA de fita dupla. A função do mRNA será discutida em maior detalhe no Cap. 19.

ESTRUTURA DO DNA

A observação de Chargaff de que as relações entre adenina e timina e aquela entre citosina e guanina são muito próximas de 1, foi de grande importância na elucidação da estrutura do DNA. Foi então demonstrado que nucleotídeos de adenina e de timina podem estar de tal forma pareados estruturalmente que um máximo de duas pontes de hidrogênio pode ser obtido entre essas bases, enquanto que os de citosina e guanina pode ser arranjados espacialmente de maneira a permitir a formação de três pontes de hidrogênio.

Uma conquista na investigação sobre a estrutura do DNA foi obtida quando Wilkins, na Inglaterra, observou que DNA de diferentes fontes tinham padrões de difração de raio X marcadamente semelhantes. Isso sugeriu um padrão molecular uniforme para todos os DNA. Os dados também sugeriram que o DNA consistia de duas ou mais cadeias polinucletídicas arranjadas numa estrutura helicoidal. Com evidências baseadas em a) dados disponíveis de raio X, b) dados de Chargaff e outros com base no pareamento e equivalência e c) dados de titulação que sugeriam que as longas cadeias de nucleotídeos são mantidas unidas por meio de pontes de hidrogênio entre os resíduos de bases, Watson e Crick construíram seu modelo de DNA, em 1953 (veja Fig. 5-7).

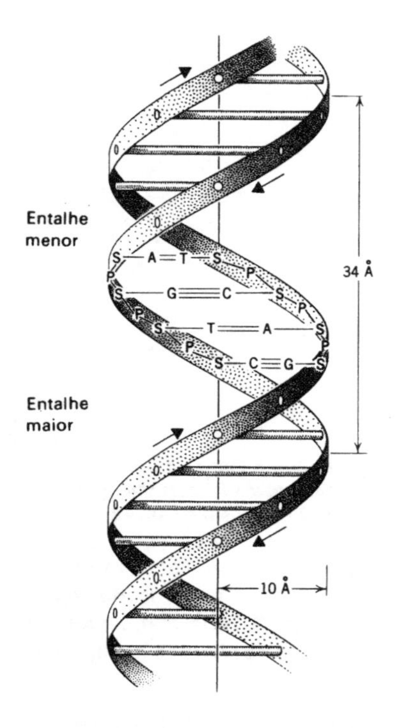

Figura 5-7. Hélice dupla de DNA. P, significa ligação diéster fosfato, S, significa desoxirribose, A = T é o pareamento adenina-timina, e G≡C é o pareamento guanosina-citosina

No modelo de DNA de Watson e Crick, duas cadeias polinucleotídicas estão enroladas numa dupla hélice de passo direito. As cadeias consistem de fosfatos de desoxirribotídeos unidos por diésteres-fosfatos com as bases projetando-se perpendicularmente da cadeia para um eixo central. Para cada adenina que se projeta em direção ao eixo central, uma timina da cadeia paralela precisa projetar-se, prendendo-se à adenina por pontes de hidrogênio. Citosina ou guanina não se encaixam nessa área e são rejeitadas. Da mesma forma, a especificidade de formação de pontes de hidrogênio entre citosina e guanina determina a associação de uma com a outra, exclusivamente. Assim, temos uma estrutura espacial formada de duas cadeias enroladas em torno de um eixo comum e mantidas unidas pelas ligações específicas de adenina com timina e citosina com guanina. Note-se, entretanto, que as cadeias não são idênticas, mas, por causa do pareamento de bases, uma é exatamente o complemento da outra. Também, as cadeias não correm na mesma direção com relação às suas ligações internucleotídicas, mas são, isto sim, antiparalelas. Isto é, se duas desoxirriboses adjacentes, T e C, na mesma cadeia, são ligadas na posição 5'-3', as desoxirriboses complementares, A e G, na outra cadeia, estão ligadas nas posições 3'-5' (Esquema 5-2).

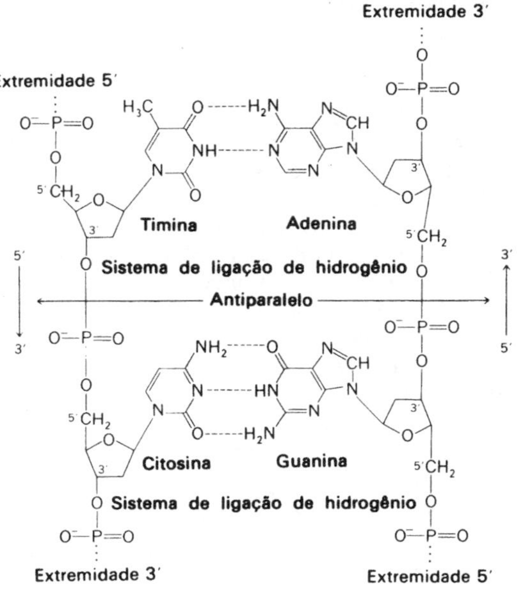

Extremidade 3'

Extremidade 5'

Timina Adenina

Sistema de ligação de hidrogênio

Antiparalelo

Citosina Guanina

Sistema de ligação de hidrogênio

Extremidade 3' Extremidade 5'

Esquema 5-2

O poder do DNA de formar uma hélice duplas é de grande importância quando se considera sua função na célula. A estrutura helicoidal dupla imediatamente sugere um mecanismo para a replicação perfeita da informação genética. Por causa da complementaridade da estrutura helicoidal, cada fita serve de molde para especificar a seqüência de bases na síntese de uma nova fita complementar. Em conseqüência, na síntese de duas moléculas-filhas de DNA, cada uma será perfeitamente idêntica à do DNA-mãe.

Uma técnica importante, que analisa a complementariedade entre regiões de dois diferentes ácidos nucleicos, é chamada hibridização. Uma mistura de dois DNA naturais diferentes, um marcado intensamente com ^{15}N e deutério, é cuidadosamente aquecida até que ocorra fusão ou separação da fita dupla em duas simples. Essa mistura é, então, resfriada com muito cuidado — isto é chamado processo de regeneração — para permitir uma reconstrução da estrutura dupla onde quer que exista complementariedade. A extensão da complementariedade é medida digerindo-se inicialmente toda estrutura simples por adição de uma nuclease, que hidrolisará moléculas de fita simples, mas não as de fita dupla. Esse tratamento é seguido por centifugação em gradiente de densidade que separa o DNA pesado de dupla fita, (^{15}N-^{15}N) e DNA leve (^{14}N-^{14}N) do DNA híbrido (^{15}N-^{14}N), formado durante o processo de regeneração. A densidade do DNA híbrido está entre as densidades dos DNA pesado e leve. A quantidade de híbrido é uma medida, então, da complementariedade entre as duas preparações de DNA.

Da mesma forma, a complementariedade entre moléculas de DNA e RNA pode ser analisada. DNA de fita única é cuidadosamente aquecido com RNA marcado com radioisótopo e a mistura é lentamente resfriada para permitir a formação de híbridos DNA-RNA. A mistura regenerada é tratada com ribonuclease que digere todo RNA não-hibridizado com DNA. Segue-se a isso a filtração da mistura em filtro de nitrocelulose que retém o híbrido DNA-RNA, mas deixa passar todo o RNA livre ou fragmentado. A quantidade de híbrido DNA-RNA formado é medido, contando-se a radioatividade retida no filtro. Discutiremos a função do DNA no Cap. 18.

ESTRUTURAS TERCIÁRIAS DO DNA

É muito difícil obter informações precisas sobre a estrutura do DNA cromosômico de eucariotes, pois, sendo muito grande, o DNA torna-se, durante o processo de isolamento, extremamente sensível a quebras e degradação enzimática.

Entretanto DNAs de mitocôndrias, de cloroplastos e de diversos vírus podem ser isolados sem sofrer degradação e observados ao microscópio eletrônico. Estudos com esses DNAs revelaram diversas estruturas terciárias. As principais são: (a) DNA linear de fita dupla (DNA cromosômico eucariótico e de diversos vírus); (b) DNA circular de fita dupla (DNA mitocondrial, cloroplástico e também viral); (c) DNA circular, fechado covalentemente (diversos DNAs pequenos de vírus); (d) DNA linear de fita simples, obtido geralmente por desnaturação de DNA linear de fita dupla. A Fig. 5-8 ilustra algumas dessas formas.

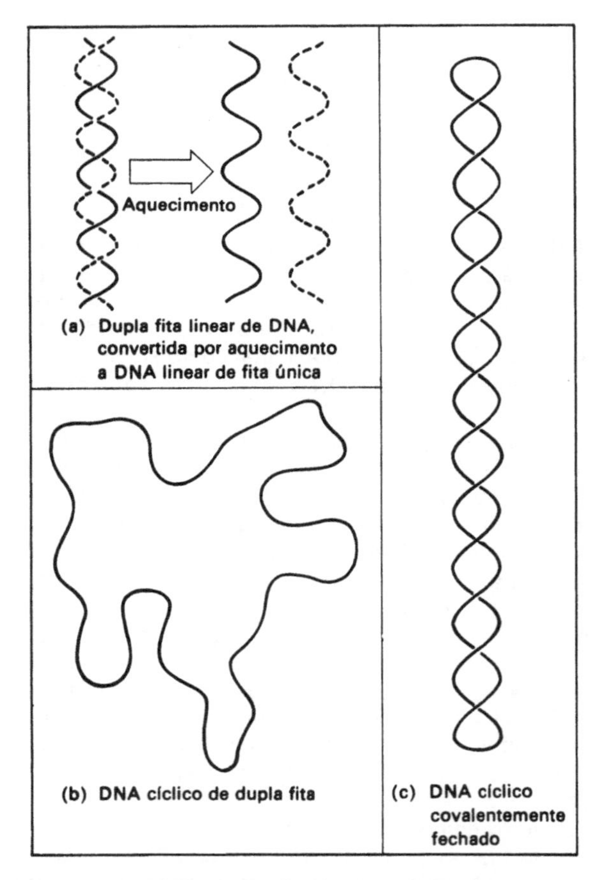

Figura 5-8. Diversas estruturas secundárias possíveis de DNA. (*a*) DNA linear de fita dupla convertido, por aquecimento, a DNA linear de fita simples. (*b*) DNA circular de fita dupla. (*c*) DNA circular fechado covalentemente

VÍRUS

Além dos ácidos nucleicos normalmente encontrados na célula, um grupo inusitado está associado a um tipo especial de macromoléculas, os *vírus*.

Por causa da grande variação na estrutura dos vírus, faremos apenas um breve comentário a respeito de sua estrutura. Todos os vírus, qualquer que seja seu tamanho, contêm DNA ou RNA mais uma carapaça protéica específica que serve como capa protetora, envolvendo o cerne de ácido nucleico. Os vírus mais complexos contêm ainda lipídeos, carboidratos e proteínas funcionais, isto é enzimas. Os vírus até agora examinados ou contêm DNA ou RNA, isto é, não possuem DNA e RNA ao mesmo tempo nas suas estruturas. O ácido nucleico específico, que cada vírus contêm, serve exclusivamente para transportar a informação genética necessária para uma replicação perfeita do vírus completo no interior da célula hospedeira. As proteínas da capa de todos os vírus não são infestantes, uma vez que a introdução da proteína na célula hospedeira não leva à formação de partículas de vírus ou destruição da célula. Entretanto a introdução de ácidos nucleicos altamente purificados de qualquer dos vários tipos de vírus em células hospedeiras específicas induz a rápida replicação da partícula completa do vírus. Isso indica que realmente o ácido nucléico está codificando tanto a replicação do ácido nucleico do vírus como a síntese da sua capa específica ou de outras proteínas, etc., essenciais para o acabamento da estrutura da partícula do vírus.

Embora os vírus mais complexos como o da varíola e os bacteriófagos T_2, T_4 e T_6 tenham DNA de fita dupla como o ácido nucleico componente, outros vírus, como o do mosaico do tabaco, da gripe, da poliomielite e alguns bacteriófagos, têm RNA de fita simples. A natureza sempre proporciona exceções a essas regras, uma vez que alguns bacteriófagos muito simples têm DNA de fita simples e o reovírus tem RNA helicoidal de fita dupla.

Quando um vírus penetra numa célula hospedeira, a maquinaria de replicação, transcrição e tradução da mesma pode ser parcial ou totalmente desviada para a síntese de novas partículas completas do vírus, com o DNA ou RNA viral servindo como unidade informacional necessária para sua replicação e para a síntese da proteína viral associada. Além disso, o ácido nucleico viral codificará a síntese de enzimas específicas necessárias para a formação de estruturas particulares do vírus. Por exemplo, em *E. coli*, 5-hidroximetilcitosina não está normalmente presente, mas é necessária para a perfeita replicação do DNA do vírus T_4. O DNA do vírus T_4 codificará a síntese das enzimas específicas que são responsáveis pela formação desse derivado de citosina nas células de *E. coli*.

A bioquímica do vírus é um campo extremamente ativo e os estudantes devem recorrer a livros-textos comuns sobre o assunto.

NUCLEOPROTEÍNAS

Em todas as células eucarióticas, existem proteínas ricas em lisina e em arginina, chamadas histonas, ligadas ao DNA cromosômico, formando nucleoproteínas. Essas proteínas básicas são mantidas através de ligações iônicas com os resíduos de fosfato internucleotídicos dos ácidos nucleicos e, portanto, funcionam provavelmente como proteínas estruturais cromosômicas na estabilização da estrutura do cromosoma.

Cinco classes principais de histonas foram associadas, em quantidades grosseiramente equimolares, com DNA obtido de uma variedade de células eucarióticas. As classes de histonas são definidas por meio de uma relação lisina/arginina característica, como indicado na Tab. 5-4. De considerável interesse é o fato de as seqüências completas da histona IV, obtida de semente de ervilha e de timo bovino, mostrarem que, dos 102 resíduos de aminoácidos encontrados em ambas as fontes, apenas dois são

Tabela 5-4. Algumas propriedades das histonas de timo bovino

Classe	Aminoácido predominante	Lisina/ arginina	Peso molecular	Porcentagem molar	
				Lisina	Arginina
I	Rica em lisina	22	~ 20 000	28	1,4
IIb_1	Pobre em lisina	2,5	~ 15 000	16	6
IIb_2	Pobre em lisina	2,5	~ 14 000	16	6
III	Rica em arginina	0,8	~ 15 000	10	14
IV	Rica em arginina	0,7	~ 12 000	10	14

geneticamente diferentes, sendo os 100 restantes idênticos nas seqüências. Esses resultados sugerem fortemente que, de todas as proteínas observadas comparativamente até o momento, a histona IV é a mais estável geneticamente, significando que não poderia ser tolerada qualquer alteração marcante na estrutura dessa proteína, que teve de ser conservada durante o processo evolutivo. Há boa evidência de que as histonas ligam-se ou estão densamente empacotadas nas entalhes maiores da α-hélice da molécula de DNA (Fig. 5-7).

Em células procarióticas, não existem histonas. Contudo as cargas aniônicas dos fosfatos internucleotídicos do DNA podem estar neutralizadas pela ligação de cátions, como Mg^{2+}, ou poliaminas, como cadaverina, putrescina ou espermina. A função exata dessas moléculas "anuladoras" de carga não está ainda claramente entendida.

REFERÊNCIAS

1. J. D. Watson – *Molecular Biology of the Gene*, 2.ª edição. New York, EUA, Benjamin, 1970. Um livro soberbo com uma boa discussão da estrutura do DNA e RNA.

2. J. N. Davidson – *The Biochemistry of the Nucleic Acids*, 7.ª edição, New York, EUA, Academic Press, 1972. Um livro pequeno, muito bem escrito, sobre muitos aspectos da bioquímica de ácidos nucleicos.

3. H. Fraenkel-Conrat – *The Chemistry and Biology of Viruses*. New York, EUA, Academic Press, 1969. Uma monografia perfeita cobrindo importantes aspectos da virologia.

PROBLEMAS

1. Uma amostra de DNA contendo 30 % de adenina e 20 % de guanina provavelmente conterá ______ % de timina e ______ % de citosina.
2. *a*) Compare e contraste RNA e DNA, relativamente a:
   composição química;
   estrutura secundária;
   localização nas células vivas;
   número dos diferentes "tipos" ou "espécies";
   funções biológicas.

   b) Desenhe a fórmula estrutural e dê o nome de:
   um ribosídeo de purina;
   um desoxirribosídeo-5'-difosfato de purina;
   um ribosídeo-3',5'-difosfato de pirimidina;
   um ribosídeo-2',3'-difosfato de purina;
   um desoxirribosídeo-3',5'-monofosfato cíclico de purina.

c) Desenhe a unidade repetitiva da molécula de DNA. Indique as posições de quebra que são:
predominantemente nucleosídeo-3'-fosfato;
predominantemente nucleosídeo-5'-fosfato.

3. Descreva dois tipos bem diferentes de forças (ou ligações) que estão envolvidas na estabilização da estrutura de dupla hélice do DNA.
4. Como a composição de bases de um dado DNA influencia o seu T_m ("ponto de fusão")?
5. Desenhe a estrutura de ApGp. Indique com flechas os grupos ionizáveis da molécula. Desenhe esses grupos na forma em que estariam a pH 10.

ENERGÉTICA BIOQUÍMICA

OBJETIVO

Uma das principais razões para se estudar bioquímica é para se poder entender como os organismos vivos utilizam a energia química de seu meio ambiente para efetuar suas atividades bioquímicas. Isso exige um conhecimento dos princípios mais simples da físico-química e da termodinâmica, aplicados aos organismos vivos. Neste capítulo esses princípios serão descritos, assim como os compostos que funcionam no intercâmbio da energia. Será discutida a natureza dos compostos "ricos em energia" e descritos os meios pelos quais tais compostos são utilizados pela célula viva.

INTRODUÇÃO

O *metabolismo intermediário* constitui a soma das reações químicas entre os constituintes celulares. Na célula intata tanto os processos degradativos (catabólicos) como os sintéticos (anabólicos) ocorrem simultaneamente e a energia liberada na degradação de certos compostos pode ser utilizada na síntese de outros componentes celulares. Desenvolveu-se, em conseqüência, o conceito de *ciclo energético*, em que certas moléculas combustíveis, representando uma fonte potencial de energia química, são degradadas através de reações enzimáticas conhecidas para produzir alguns compostos ricos em energia.

O ponto central nesse ciclo energético é o sistema ATP-ADP. O ADP (adenosina-difosfato) é capaz de aceitar um grupo de fosfato de outros compostos ricos em energia, formados durante o metabolismo e se transformar em ATP (adenosina-trifosfato). O ATP pode ser utilizado para uma série de reações biossintéticas e também servir como fonte energética primária para uma série de atividades fisiológicas específicas, como movimento, trabalho, secreção, absorção e condução de estímulos. Em geral, nesses processos o ATP é convertido em ADP.

Para compreender as mudanças energéticas do sistema ATP-ADP e também de outras reações energéticas em bioquímica, é preciso definir e entender alguns conceitos fundamentais de *termodinâmica*, uma ciência que estuda as mudanças energéticas que ocorrem nos processos químicos e físicos.

CONCEITO DE ENERGIA LIVRE

Um conceito termodinâmico particularmente útil aos bioquímicos é o conceito de *energia livre* (*G*). Podemos falar de *conteúdo de energia livre* de uma substância A, porém essa quantidade não pode ser medida experimentalmente. Entretanto se numa reação química A é convertido em B,

$$A \rightleftharpoons B \qquad (6\text{-}1)$$

é possível falar de uma *variação* de *energia livre* (ΔG). Essa é a *quantidade máxima de energia que pode ser utilizada* com a conversão de A em B. Se o conteúdo de energia livre do produto B (G_B) é menor que o conteúdo de energia livre do reagente A (G_A), o ΔG será negativo. Isto é,

$$\begin{aligned} \Delta G &= G_B - G_A \\ &= \text{quantidade negativa quando } G_A > G_B. \end{aligned}$$

Quando ΔG é negativo, a reação ocorre com um decréscimo de energia livre. Do mesmo modo, se B é transformado novamente em A, a reação ocorrerá com um aumento de energia livre, isto é, ΔG será positivo. Mostrou-se experimentalmente que reações espontâneas ocorrem com diminuição de energia livre ($-\Delta G$). Por outro lado, se o ΔG de uma reação for positivo, a reação só ocorrerá se o sistema receber energia. Reações com ΔG negativo são chamadas *exergônicas* e aquelas que têm ΔG positivo são chamadas *endergônicas*.

Experimentalmente se mostrou que embora o ΔG de um dado processo seja negativo, esse fato não tem qualquer relação com a velocidade em que se dá a reação. Por exemplo, a glucose pode ser oxidada por O_2 a CO_2 e H_2O, segundo a Eq. (6-2),

$$C_6H_{12}O_6 + 6\,O_2 \longrightarrow 6\,CO_2 + 6\,H_2O. \tag{6-2}$$

O ΔG dessa reação é bastante negativo, aproximadamente $-686\,000$ cal/mol de glucose. Entretanto esse $-\Delta G$ grande não tem qualquer relação com a velocidade da reação. A oxidação da glucose pode se dar em alguns segundos num calorímetro na presença de um catalisador. Na maioria dos organismos a Reação (6-2) se dá em velocidades que variam de minutos a algumas horas. Entretanto a glucose poderá ser mantida numa prateleira durante anos, em presença de oxigênio, sem que sofra oxidação.

O fator que determina a velocidade na qual uma reação se processa é a *energia de ativação* desse processo. A teoria química postula que a Reação (6-1) se processará através de um complexo intermediário ou ativado (por exemplo, A*). Para A dar B, A deve passar pelo complexo A* e alguma energia deve ser gasta para transformar A em A*. Se pouca energia for necessária, diz-se que a reação tem uma pequena energia de ativação e se dará facilmente. Se a energia exigida for grande, pouca conversão de A em B será perceptível, e será necessário fornecer ao sistema energia suficiente para que a barreira da reação seja transposta. O papel dos catalisadores, incluindo as enzimas, é diminuir a energia de ativação e permitir que a reação se efetue (veja as pp. **140 e 142**).

A variação de energia livre de uma reação pode ser relacionada com outras propriedades termodinâmicas de A e B, pela expressão

$$\Delta G = \Delta H - T\,\Delta S. \tag{6-3}$$

Nessa expressão, ΔH é a *variação do conteúdo de calor* que se verifica na Reação (6-1) quando esta ocorre sob pressão constante; T é temperatura absoluta em que se dá a reação; e ΔS é a variação de *entropia*, um termo que expressa o grau de desordem do sistema. Os valores absolutos de conteúdo de calor, H, e entropia, S, das substâncias A e B, são difíceis de medir, mas é possível medir as variações dessas quantidades, já que são interconvertidas pela Eq. (6-1). O ΔH de uma reação pode ser medido num calorímetro, utilizado para medir o calor produzido, sob pressão constante. As medidas de ΔS e da entropia absoluta numa reação química estão fora dos objetivos deste livro. Entretanto, pela Eq. (6-3), pode-se verificar que à medida que a entropia dos produtos aumenta, em relação aos reagentes, o termo $T\,\Delta S$ se torna mais positivo e o ΔG mais negativo.

DETERMINAÇÃO DE ΔG

É possível derivar, para a Eq. (6-1), a expressão

$$\Delta G = \Delta G^{\circ} + RT \ln \frac{[B]}{[A]} \tag{6-4}$$

onde ΔG° é a *variação de energia livre padrão*, que será definida em breve; R é a constante universal dos gases; T é a temperatura absoluta; e [A] e [B] são as concentrações em moles por litro de A e B. Para maior precisão, [B] e [A] devem ser substituídas pelas atividades de A e B, respectivamente a_A e a_B. Entretanto, assim como no pH essa correção não é feita normalmente, já que raramente se conhecem os coeficientes de atividade para a concentração dos compostos existente nas células.

Da Eq. (6-4) se verifica que o ΔG da reação é uma função das concentrações de reagentes e produtos, assim como da variação de energia livre padrão ΔG°. É possível calcular ΔG° se considerarmos o ΔG no equilíbrio, onde não há conversão efetiva de A e B, e portanto, a variação de energia livre ΔG é zero. Do mesmo modo, a relação de [B] para [A] é a relação no equilíbrio ou a constante de equilíbrio K_{eq}. Substituindo essas quantidades na Eq. (6-4),

$$\begin{aligned} 0 &= \Delta G^{\circ} + RT \ln K_{eq}, \\ \Delta G^{\circ} &= -RT \ln K_{eq} \end{aligned} \tag{6-5}$$

e substituindo os valores das constantes ($R = 1{,}987$ cal/mol/grau; 25°C = 290° T; e $\ln x = 2{,}303 \log_{10} x$), temos a equação (a 25 °C)

$$\begin{aligned} \Delta G^{\circ} &= -(1{,}987)\,(298)\,(2{,}303) \log_{10} K_{eq}, \\ &= -1\,363 \log_{10} K_{eq}. \end{aligned} \tag{6-6}$$

Essa equação, relacionando o ΔG° com a K_{eq} é muito útil para determinar o ΔG° de uma reação específica. [Pode-se também determinar ΔG° relacionando-o a uma diferença de potencial de oxidorredução ($\Delta E'_0$), como será visto na p. 126.] Se é possível medir a concentração dos reagentes e dos produtos no equilíbrio, pode-se calcular a K_{eq} e conseqüentemente o ΔG° da reação. Naturalmente, se a K_{eq} for muito grande ou extremamente pequena, esse método se torna de pouco valor, porque no equilíbrio, a concentração dos reagentes e produtos, respectivamente, será muito pequena para se medir. Na Tab. 6-1 se encontram os valores de ΔG° para uma série de K_{eq} variando de 0,001 a 10^3.

Observando a Tab. 6-1 fica claro que as reações que têm K_{eq} maior que 1, se processam com uma diminuição de energia livre. Portanto se a K_{eq} para a Reação (6-1) for $K_{eq} = 1\,000$ (isto é, se [B]/[A] é 1 000), a tendência da reação será no sentido da formação de B. Se começarmos com 1 001 partes de A, só atingiremos o equilíbrio

Tabela 6-1. Relação entre K_{eq} e ΔG°

K_{eq}	$\log_{10} K_{eq}$	$\Delta G^{\circ} = -1\,363 \log_{10} K_{eq}$ (cal)
0,001	−3	4 089
0,01	−2	2 726
0,1	−1	1 363
1,0	0	0
10	1	−1 363
100	2	−2 726
1 000	3	−4 089

quando 1 000 partes (ou 99,9%) de A forem convertidas em B. Se a Reação (6-1) tem uma $K_{eq} = 10^{-3}$ (isto é, se [B]/[A] = 0,001), o equilíbrio será atingido quando somente uma parte ou 0,1% de A for convertido em B.

Também é possível avaliar o $\Delta G°$ quando ambos, reagentes e produtos estão em concentrações unitárias. Quando [A] = [B] = 1 *M*, podemos escrever a Eq. (6-4) da seguinte maneira:

$$\Delta G = \Delta G° + RT \ln \frac{1}{1},$$
$$= \Delta G°.$$

Portanto, $\Delta G°$ pode ser definido como sendo a mudança de energia livre quando os reagentes e os produtos estão em concentração unitária, ou mais amplamente, em seu estado padrão". O estado padrão para os solutos em solução é a unidade molar; para os gases, 1 atm; para os solventes como a água, a unidade de atividade. Se a água é um reagente ou um produto da reação, considera-se sua concentração no estado padrão como unidade na expressão para o ΔG [Eq. (6-4)]. Do mesmo modo, se um gás é utilizado ou produzido, no estado padrão sua concentração será considerada como 1 atm. Se um íon de hidrogênio for produzido ou utilizado na reação, sua concentração será considerada como 1 *M* ou pH = 0.

Uma vez que na célula poucas ou nenhuma reação ocorre a pH = 0, mas a pH = 7,0, a variação de energia livre padrão $\Delta G°$ é freqüentemente corrigida para essa diferença de pH. Contrariamente, o equilíbrio de uma reação pode ser medido em qualquer pH que não 0. A variação de energia livre padrão $\Delta G°$ em qualquer pH que não 0 é chamada $\Delta G'$, e o pH para um dado $\Delta G'$ deve ser indicado. Naturalmente, se nenhum próton for utilizado ou produzido na reação $\Delta G'$ será independente do pH e $\Delta G'$ coincidirá com $\Delta G°$. Um exemplo demonstrará o uso desses termos. Em presença da enzima fosfoglucomutase, a glucose-1-fosfato é convertida em glucose-6-fosfato. Iniciando a reação com 0,020 *M* de glucose-1-fosfato, a 25 °C, se observa que a concentração desse composto decresce a 0,001 *M*, enquanto que a concentração de glucose-6-fosfato aumenta para 0,019 *M*. A K_{eq} dessa reação é 0,019 dividido por 0,001, ou 19. Portanto

$$\Delta G° = RT \ln K_{eq},$$
$$= -1\,363 \log_{10} K_{eq},$$
$$= -1\,363 \log_{10} 19,$$
$$= (-1\,363)\,(1{,}28),$$
$$= -1\,745 \text{ cal}.$$

O $\Delta G°$ dessa reação independe do pH, uma vez que não se produziu nem se consumiu ácido. A diminuição da quantidade de energia livre (− 1 745 cal) ocorre quando 1 mol de glucose-1-fosfato é convertido em 1 mol de glucose-6-fosfato, sob condições em que a *concentração de cada componente é mantida em* 1 *M*, uma situação bem diferente daquela descrita para a medida da K_{eq}. Entretanto essas condições de molaridade unitária são difíceis de serem mantidas, tanto no tubo de ensaio como na célula. Deve-se ressaltar, entretanto, que a concentração de uma certa substância (por exemplo, glucose-6-fosfato) pode freqüentemente ser mantida relativamente constante num certo intervalo de tempo, uma vez que pode estar sendo produzida numa reação e utilizada numa outra. Essa condição de *estado estacionário* sem dúvida existe em muitos sistemas biológicos e requer que a termodinâmica seja aplicada mais a uma condição de estado estacionário do que às condições de equilíbrio para as quais a termodinâmica foi inicialmente desenvolvida. Uma segunda complicação advém do fato de que as variáveis termodinâmicas discutidas neste capítulo são aplicadas somente a sistemas homogêneos, enquanto que muitas reações do metabolismo ocorrem em sistemas heterogêneos, envolvendo mais do que uma fase. Como resultado, a maioria dos valores encontrados na literatura não podem ser considerados mais que 10% corretos. Todavia o conceito de variação de energia livre padrão tem produzido muitos resultados úteis quando aplicado ao metabolismo intermediário.

COMPOSTOS RICOS EM ENERGIA

Em todos os organismos vivos, um composto repetidamente funciona como reagente comum ligando processos endergônicos a outros que são exergônicos. Esse composto, adenosina-trifosfato (ATP), é um dos componentes do grupo de compostos "ricos em energia" ou de "alta energia", cuja estrutura será considerada agora. Eles são chamados de compostos "ricos em energia" ou de "alta energia" porque suas reações de hidrólise ocorrem com grande queda de energia livre. Em geral são instáveis à ação dos ácidos, álcalis e calor. Nos capítulos subseqüentes descreveremos em detalhe sua biossíntese e sua utilização.

Compostos pirofosfatados. Consideraremos agora, mais detalhadamente, a estrutura do ATP e do ADP. A pH 7,0, em solução aquosa, o ATP e o ADP são ânions com carga negativa de -4 e -3, respectivamente. Isso é resultante do fato dos dois prótons dissociáveis dos fosfatos interiores do ATP (e de um fosfato interior do ADP) serem hidrogênios primários com pK_a no intervalo 2-3. O fosfato terminal do ATP (e do ADP) tem o hidrogênio primário com pK_a de 2-3 e o hidrogênio secundário com pK_a de 6,5. Portanto a pH 7,0, o hidrogênio primário estará completamente ionizado e o secundário somente 75% dissociado. No entanto como existe uma concentração relativamente alta de Mg^{2+} na célula, tanto o ATP como o ADP se complexarão com

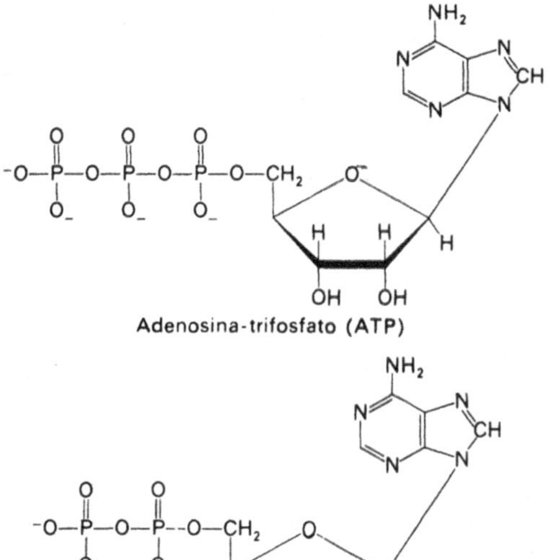

Adenosina-trifosfato (ATP)

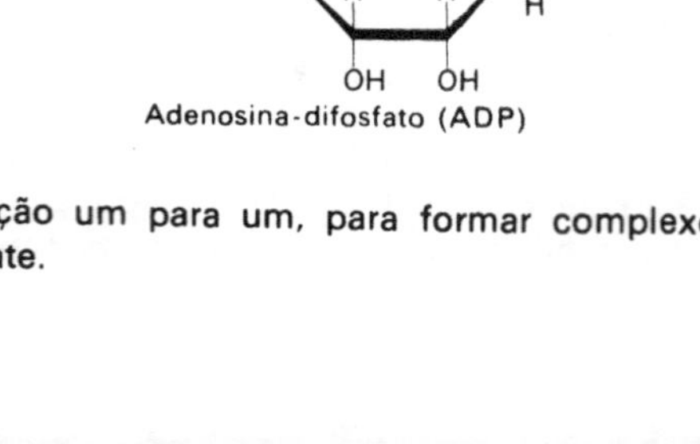

Adenosina-difosfato (ADP)

esse cátion, numa relação um para um, para formar complexos divalentes e monovalentes, respectivamente.

$$\text{Adenina-ribose}-O-\underset{\overset{\|}{O}}{\overset{O^-}{\overset{|}{P}}}-O-\underset{\overset{\|}{O}}{\overset{O^-}{\overset{|}{P}}}-O-\underset{\overset{\|}{O}}{\overset{O^-}{\overset{|}{P}}}-O^- \cdots Mg^{2+}$$

$[ATP\text{-}Mg]^{2-}$ complexo

$$\text{Adenina-ribose}-O-\underset{\overset{\|}{O}}{\overset{O^-}{\overset{|}{P}}}-O-\underset{\overset{\|}{O}}{\overset{O^-}{\overset{|}{P}}}-O^- \cdots Mg^{2+}$$

$[ADP\text{-}Mg]^{-}$ complexo

É esclarecedor comparar-se o $\Delta G'$ de hidrólise do ATP com outros compostos fosfatados. A hidrólise do fosfato terminal do ATP pode ser escrita como na Reação (6-7):

$$\underset{\text{ATP}}{\text{Adenina-ribose}-O-\underset{\overset{\|}{O}}{\overset{O}{\overset{|}{P}}}-O-\underset{\overset{\|}{O}}{\overset{O^-}{\overset{|}{P}}}-O-\underset{\overset{\|}{O}}{\overset{O^-}{\overset{|}{P}}}-O^-} + H_2O \longrightarrow$$

$$\underset{\text{ADP}}{\text{Adenina-ribose}-O-\underset{\overset{\|}{O}}{\overset{O^-}{\overset{|}{P}}}-O-\underset{\overset{\|}{O}}{\overset{O^-}{\overset{|}{P}}}-O^-} + HO-\underset{\overset{\|}{O}}{\overset{O^-}{\overset{|}{P}}}-O^- + H^+ \qquad \text{(6-7)}$$

$$\Delta G' = -7300 \text{ cal (pH 7,0)}$$

O $\Delta G'$, em pH 7,0, foi estimado como sendo $-7\,300$ cal/mol. Isso contrasta com a hidrólise da glucose-6-fosfato, que fornece uma quantidade bem menor de energia livre.

$$\text{glucose-6-fosfato} + H_2O \longrightarrow \text{glucose} + HO-\underset{\overset{|}{O^-}}{\overset{O}{\overset{\|}{P}}}-O^- \qquad \text{(6-8)}$$

$$\Delta G' = -3300 \text{ cal (pH 7,0)}$$

Podemos, acertadamente, perguntar por que existe uma diferença tão grande de energia livre na hidrólise. Examinando os diversos tipos de compostos ricos em energia encontrados no metabolismo intermediário, notamos diversos fatores importantes, mas nem todos são aplicáveis à totalidade dos compostos ricos em energia. A não ser por fatores específicos envolvidos, ver-se-á que a grande queda de energia livre durante a hidrólise ocorre porque os produtos são significativamente *mais estáveis* que os reagentes. Os fatores importantes que contribuem para essa estabilidade são:

1) tensão de ligação no reagente, causada por repulsão eletrostática (p. 120)
2) estabilização dos produtos por ionização, (p. 122)
3) estabilização dos produtos por isomerização, (p. 122)
4) estabilização dos produtos por ressonância, (p. 123)

No caso do ATP, a estrutura responsável pelo caráter de composto rico em energia é a região do pirofosfato, que em pH 7,0 se encontra totalmente ionizado.

$$R-O-\underset{\underset{O^-}{|}}{\overset{O}{\overset{\|}{P}}}-O-\underset{\underset{O^-}{|}}{\overset{O}{\overset{\|}{P}}}-O-\underset{\underset{O^-}{|}}{\overset{O}{\overset{\|}{P}}}-O^-$$

Na ligação P = O dos fosfatos haverá tendência de os elétrons ficarem mais próximos do átomo de oxigênio *eletronegativo*, produzindo, conseqüentemente, uma *carga parcial negativa* (δ^-) naquele átomo. Isso é compensado por uma *carga parcial positiva* (δ^+) no átomo de fósforo, resultando uma *polarização* da ligação fósforo-oxigênio, que pode ser indicada como

$$R-O-\overset{O^{\delta-}}{\underset{O}{P^{\delta+}}}-O-\overset{O^{\delta-}}{\underset{O^-}{P^{\delta+}}}-O-\overset{O^{\delta-}}{\underset{O^-}{P^{\delta+}}}-O$$

A existência de cargas residuais positivas dessa natureza em átomos de fósforo adjacentes nas estruturas do pirofosfato do ATP (e ADP), significa que essas moléculas precisam conter suficiente energia interna para vencer a repulsão eletrostática entre as cargas adjacentes iguais. Quando a estrutura do pirofosfato é quebrada, como na hidrólise, essa energia será libertada e contribuirá para o ΔG negativo global da reação. Embora a ligação P = O no caso da glucose-6-fosfato possa ser considerada como tendo caráter polar, não há nenhum átomo de fósforo adjacente com carga δ^+

$$^-O-\overset{O^{\delta-}}{\underset{O^-}{P^{\delta+}}}-O-CH_2 \; (\text{glucose-6-fosfato})$$

Para esse composto não existe o argumento de instabilidade devida à repulsão de carga e portanto o ΔG de hidrólise será menor.

$$\underset{\text{ADP}}{\text{Adenina-ribose}-O-\overset{O^-}{\underset{O^{\delta-}}{P^{\delta+}}}-O-\overset{O^-}{\underset{O^{\delta-}}{P^{\delta+}}}-O^-} + H_2O \longrightarrow$$

$$\underset{\text{AMP}}{\text{Adenina-ribose}-O-\overset{O^-}{\underset{O^{\delta-}}{P^{\delta+}}}-O^-} + HO-\overset{O}{\underset{O^{\delta-}}{P^{\delta+}}}-O^- + H^+, \qquad (6\text{-}9)$$

$$\Delta G' = -6500 \text{ cal (pH 7,0)}$$

Obviamente, o mesmo fator é aplicado para a hidrólise do ADP em AMP e fosfato inorgânico, onde o $\Delta G'$ observado em pH 7,0 é $-6\,500$ cal/mol. Por outro lado, a hidrólise do AMP em adenosina e H_3PO_4 menor ($\Delta G' = -2\,200$, pH 7,0), tem um $\Delta G'$ por não existir essa razão.

$$\underset{\text{AMP}}{\text{Adenina-ribose}-O-\overset{O^-}{\underset{O^{\delta-}}{P^{\delta+}}}-O} + H_2O \longrightarrow \underset{\text{Adenosina}}{\text{Adenina-ribose}-OH} + HO\overset{O}{\underset{O^{\delta}}{P^{\delta-}}}O \qquad (6\text{-}10)$$

$$\Delta G' = -2200 \text{ cal (pH 7,0)}.$$

Embora em muitas reações do metabolismo intermediário o ATP seja convertido em ADP, há outras importantes reações em que é rompida a ligação interna do pirofosfato do ATP, fornecendo AMP e pirofosfato inorgânico,

$$\text{Adenina-ribose}-O-\overset{O^-}{\underset{O}{\overset{|}{\underset{||}{P}}}}-O-\overset{O^-}{\underset{O}{\overset{|}{\underset{||}{P}}}}-O-\overset{O^-}{\underset{O}{\overset{|}{\underset{||}{P}}}}-O^- + H_2O \longrightarrow$$

ATP

$$\text{Adenina-ribose}-O-\overset{O^-}{\underset{O}{\overset{|}{\underset{||}{P}}}}-O^- + {}^-O-\overset{O^-}{\underset{O}{\overset{|}{\underset{||}{P}}}}-O-\overset{O^-}{\underset{O}{\overset{|}{\underset{||}{P}}}}-O^- + 2\,H^+ \qquad (6\text{-}11)$$

AMP

$\Delta G' = -8600$ cal (pH 7,0).

Esse tipo de quebra é conhecido como *clivagem do pirofosfato* em contraste com *clivagem do ortofosfato* onde se forma ADP [Reação (6-7)].

O sistema ATP-ADP é funcional na natureza uma vez que o ADP, que foi formado do ATP, pode ser refosforilado em reações que fornecem energia e ser reconvertido em ATP novamente. É crítico, portanto, que o AMP e o pirofosfato formados na clivagem do pirofosfato sejam convertidos novamente em ATP. Isso é feito por duas reações catalisadas por enzimas largamente distribuídas na natureza. A primeira dessas reações, catalisada pela pirofosfatase, consiste na hidrólise do pirofosfato dando 2 moles de fosfato inorgânico

$${}^-O-\overset{O^-}{\underset{O}{\overset{|}{\underset{||}{P}}}}-O-\overset{O^-}{\underset{O}{\overset{|}{\underset{||}{P}}}}-O^- + H_2O \longrightarrow 2\,HO-\overset{O^-}{\underset{O}{\overset{|}{\underset{||}{P}}}}-O^- \qquad (6\text{-}12)$$

Pirofosfato

$\Delta G = -8000$ cal (pH 7,0).

Na segunda reação ATP e AMP reagem para formar 2 moles de ADP, que por sua vez pode ser fosforilado posteriormente em diversas reações que fornecem energia para regenerar ATP

$$\text{Adenosina-ribose}-O-\overset{O^-}{\underset{O}{\overset{|}{\underset{||}{P}}}}-O-\overset{O^-}{\underset{O}{\overset{|}{\underset{||}{P}}}}-O-\overset{O^-}{\underset{O}{\overset{|}{\underset{||}{P}}}}-O^- + \text{Adenosina-ribose}-O-\overset{O^-}{\underset{O}{\overset{|}{\underset{||}{P}}}}-O^- \rightleftharpoons$$

ATP AMP

$$\text{Adenosina-ribose}-O-\overset{O^-}{\underset{O}{\overset{|}{\underset{||}{P}}}}-O-\overset{O^-}{\underset{O}{\overset{|}{\underset{||}{P}}}}-O^- + \text{Adenosina-ribose}-O-\overset{O^-}{\underset{O}{\overset{|}{\underset{||}{P}}}}-O-\overset{O^-}{\underset{O}{\overset{|}{\underset{||}{P}}}}-O^- \qquad (6\text{-}13)$$

ADP ADP

O $\Delta G'$ para essa reação é aproximadamente 0, porque a K_{eq} é aproximadamente 1,0. Ao analisar como o ADP pode ser convertido em ATP, encontramos dois outros compostos fosfatados ricos em energia, o ácido 1,3-difosfoglicérico e o ácido fosfoenolpirúvico. Ambos são encontrados durante a conversão de glucose a ácido pirúvico (veja o Cap. 10) e ambos têm, na hidrólise, energia livre padrão mais negativa que o ATP.

Fosfatos de acila (ou *acilfosfatos*). O ácido 1,3-difosfoglicérico é um exemplo de um fosfato de acila; sua energia livre padrão de hidrólise é $-11{,}8$ kcal/mol

$$\begin{array}{l} \overset{O}{\overset{||}{C}}-O-\overset{OH}{\underset{O}{\overset{|}{\underset{||}{P}}}}-OH \\ | \\ HCOH \\ | \\ CH_2OPO_3H_2 \end{array} + H_2O \longrightarrow \begin{array}{l} \overset{O}{\overset{||}{C}}-OH \\ | \\ HCOH \\ | \\ CH_2OPO_3H_2 \end{array} + HO-\overset{OH}{\underset{O}{\overset{|}{\underset{||}{P}}}}-OH \qquad (6\text{-}14)$$

Ácido 1,3-difosfoglicérico Ácido 3-fosfoglicérico

$\Delta G' = -11\,800$ cal (pH 7,0).

A tensão de ligação no fosfato de acila é um fator significante que contribui para a grande energia livre padrão negativa liberada na hidrólise dessa classe de compostos. A ligação C = O do grupo de fosfato da acila pode ser considerado também como tendo acentuado caráter polar, devido à tendência de os elétrons ficarem mais próximos do oxigênio eletronegativo. Há necessidade de energia para neutralizar a repulsão entre as cargas parciais positivas dos átomos de carbono e fósforo, sendo essa energia liberada na hidrólise do fosfato de acila.

A tendência relativa dos reagentes e produtos se ionizarem num certo pH tem grande influência no ΔG da reação. Esse fator também pode ser observado no caso do ácido 1,3-difosfoglicérico. Na Reação (6-14), a ionização dos reagentes e dos produtos não foi indicada nas fórmulas. Mais corretamente, a pH 7,0 a equação é representada como

$$\underset{\text{Ácido 1,3-difosfoglicérico}}{\overset{\overset{O\quad O^-}{\|\quad\;|}}{C{-}O{-}P{-}O} \atop {HCOH\;\; \underset{\|}{} O \atop CH_2OPO_3H_2}} + H_2O \longrightarrow \underset{\text{Ácido 3-fosfoglicérico}}{\overset{O}{\overset{\|}{C}}{-}O^- \atop {HCOH \atop CH_2OPO_3H_2}} + HO{-}\overset{O^-}{\overset{|}{\underset{\underset{O}{\|}}{P}}}{-}O^- + H^+ \qquad (6\text{-}15)$$

onde os íons de hidrogênio primário e secundário são ionizados, enquanto que o hidrogênio terciário (no fosfato inorgânico) não o é. O grupo carboxílico ($pK = 3{,}7$) formado na hidrólise também estará grandemente ionizado. O efeito dessa ionização é reduzir a concentração dos produtos reais de hidrólise (ácido não-ionizado) a um nível mais baixo.

É necessário salientar que o grau de ionização como um fator do $\Delta G'$ da reação (isto é, a extensão de como os produtos são estabilizados numa reação) será dependente da *diferença* entre o pK_a do grupo ionizável recém-formado e o pH no qual a reação ocorre. Pode-se demonstrar que a contribuição de um novo grupo, com pK_a uma unidade menor que o pH do meio, é de − 1 363 cal/mol. Se a Reação (6-15) ocorresse em pH ácido (menor que 3), onde o ácido 3-fosfoglicérico formado não é significativamente ionizado, o fator de ionização contribuiria muito pouco para o $\Delta G'$ da hidrólise do ácido 1,3-difosfoglicérico.

Fosfato enólico. O segundo composto encontrado durante a conversão de glucose em piruvato e que é capaz de regenerar ATP a partir de ADP é o ácido fosfoenolpirúvico (PEP). A variação de energia livre da hidrólise desse *fosfato enólico* rico em energia é de − 14 800 cal a pH 7,0.

$$\underset{\text{Fosfoenolpiruvato}}{\overset{CO_2\quad O}{C{-}O{-}P{-}O} \atop {CH_2 \quad O}} + H_2O \xrightarrow[\Delta G\, =\, -6800]{} HO{-}\overset{O}{\overset{\|}{P}}{-}O \atop {\quad O} + \underset{\substack{\text{Piruvato}\\\text{(forma enólica}\\\text{instável)}}}{\overset{CO_2}{C{-}OH} \atop CH_2} \xrightarrow[\Delta G\, =\, -8000]{\text{Tautomerização}} \underset{\substack{\text{Piruvato}\\\text{(ceto, estável)}}}{\overset{CO_2}{C{-}O} \atop CH_3} \qquad (6\text{-}16)$$

Pode-se compreender o grande ΔG negativo observado na hidrólise desse composto se observarmos que a forma enólica instável do ácido pirúvico é estabilizada no caso do PEP por um grupo de fosfato esterificado. Na hidrólise o grupo de enol, instável, pode ser considerado como tendo se formado, mas instantaneamente ele se isomeriza para a estrutura cetônica, muito mais estável. Estima-se que a tautomerização ocorra com uma diminuição do $\Delta G'$ de aproximadamente 8 000 cal/mol, dando, portanto, um $\Delta G'$ total de − 14 800 cal/mol. Essa Tautomerização é de grande importância, fazendo com que o PEP seja um dos compostos fosfatados de importância biológica mais rico em energia.

Tioésteres. Um terceiro tipo de compostos ricos em energia e que pode ser utilizado para regenerar ATP a partir de ADP (p. 277) é o tioéster acetilcoenzima A. O $\Delta G'$ de hidrólise desse composto é aproximadamente − 7 500 cal:

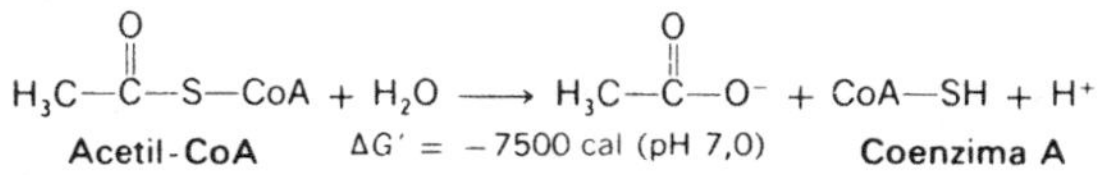

$$\underset{\text{Acetil-CoA}}{H_3C{-}\overset{\overset{\large O}{\|}}{C}{-}S{-}CoA} + H_2O \xrightarrow{} H_3C{-}\overset{\overset{\large O}{\|}}{C}{-}O^- + \underset{\text{Coenzima A}}{CoA{-}SH} + H^+ \qquad \Delta G' = -7500 \text{ cal (pH 7,0)}$$

A explicação para esse grande $\Delta G'$ de hidrólise é dada na p. 189, onde as propriedades únicas dos tioésteres são discutidas em detalhe.

Fosfatos de guanidina. Um quarto tipo de compostos ricos em energia e que têm um papel importante na transferência e armazenamento de energia são os fosfatos de guanidina. Esse tipo de estrutura é encontrado como fosfocreatina e como fosfoarginina, respectivamente em músculos de vertebrados e de invertebrados. Esses compostos

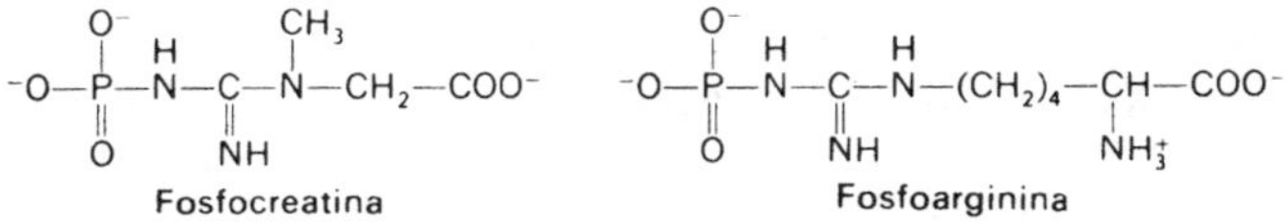

$$\underset{\text{Fosfocreatina}}{{}^-O{-}\overset{O^-}{\underset{O}{P}}{-}\overset{H}{N}{-}\underset{NH}{\overset{\|}{C}}{-}\overset{CH_3}{N}{-}CH_2{-}COO^-} \qquad \underset{\text{Fosfoarginina}}{{}^-O{-}\overset{O^-}{\underset{O}{P}}{-}\overset{H}{N}{-}\underset{NH}{\overset{\|}{C}}{-}\overset{H}{N}{-}(CH_2)_4{-}\underset{NH_3^+}{CH}{-}COO^-}$$

são também chamados de fosfágenos. Os fosfágenos são formados pela fosforilação da creatina ou arginina pelo ATP, em presença da enzima apropriada.

$$\text{Fosfocreatina} + \text{ADP} \rightleftharpoons \text{Creatina} + \text{ATP} \qquad \Delta G' = -3000 \text{ cal (pH 7,0)} \tag{6-17}$$

Contudo, uma vez que a variação da energia livre padrão de hidrólise desses compostos é mais negativa que a do ATP (diferença = − 3 000), o equilíbrio favorece a formação do ATP. Os fosfágenos desempenham seu papel fisiológico servindo como locais de armazenamento de fosfatos ricos em energia. Quando a concentração de ATP é alta, a Reação (6.-17) se dá da direita para a esquerda e o fosfato é armazenado na fosfocreatina, composto altamente energético. Quando o nível de ATP é reduzido, a Reação (6-17) se processa da esquerda para a direita, aumentando a concentração de ATP.

Os fosfatos de guanidina, representados pela fosfocreatina, são mais estáveis pela ausência da tensão de ligação, observada no ATP e no ADP. Não há nenhuma ionização ou tautomerização que contribua para uma maior estabilização dos produtos em relação aos reagentes, como no caso dos fosfatos dê acila ou enólicos:

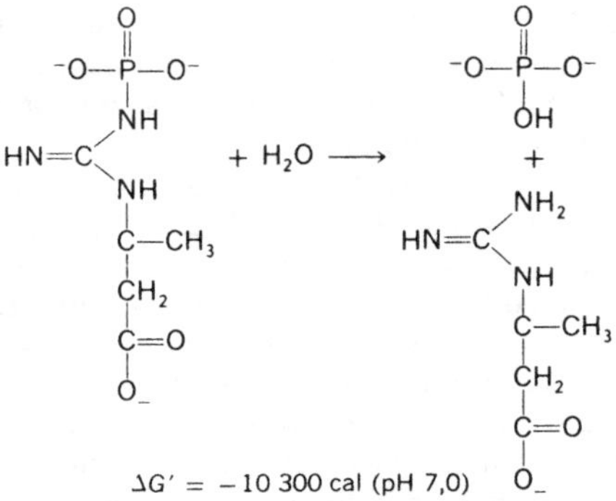

$$\begin{array}{c} O \\ \| \\ {}^-O{-}P{-}O^- \\ | \\ NH \\ / \\ HN{=}C \\ \backslash \\ NH \\ | \\ C{-}CH_3 \\ | \\ CH_2 \\ | \\ C{=}O \\ | \\ O^- \end{array} + H_2O \longrightarrow \begin{array}{c} O \\ \| \\ {}^-O{-}P{-}O^- \\ | \\ OH \\ + \\ NH_2 \\ / \\ HN{=}C \\ \backslash \\ NH \\ | \\ C{-}CH_3 \\ | \\ CH_2 \\ | \\ C{=}O \\ | \\ O^- \end{array} \qquad \Delta G' = -10\,300 \text{ cal (pH 7,0)} \tag{6-18}$$

Apesar disso, os produtos de hidrólise são significativamente mais estáveis que o fosfato de guanidina, já que podemos escrever maior número de *formas de ressonância* para os produtos do que para os reagentes. O fosfato de creatina possui doze formas de ressonância possíveis, três das quais estão mostradas nas Estrs. I-III.

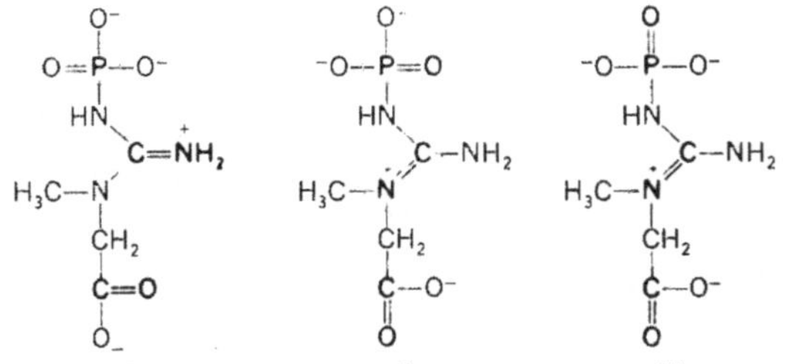

I II III

Quando, entretanto, a creatina perde seu grupo de fosfato, podemos escrever um número maior de isômeros de ressonância, que inclui a Estr. IV, na qual a carga positiva é colocada no átomo de nitrogênio, ligado anteriormente ao grupo de fosfato. Uma vez que na fosfocreatina não há átomo de oxigênio entre o átomo de fósforo do grupo de fosfato e o nitrogênio ureído, a carga parcial positiva no fósforo impedirá uma carga semelhante no átomo adjacente.

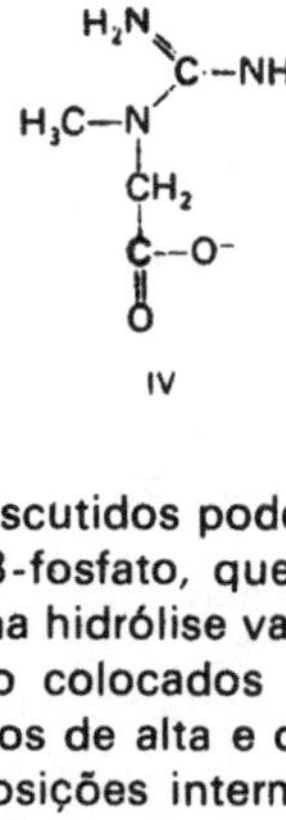

IV

Os cinco tipos de compostos discutidos podem ser comparados com outros como a glucose-6-fosfato ou *sn*-glicerol-3-fosfato, que são ésteres do ácido fosfórico com álcoois orgânicos e que apresentam na hidrólise valores de $\Delta G'$ relativamente pequenos. Quando todos esses compostos são colocados na Tab. 6-2, podemos ver que não há uma divisão nítida entre compostos de alta e de baixa energia e que diversos compostos, incluindo o ATP, ocupam posições intermediárias na tabela. A capacidade do ATP de participar de reações tão diferentes de transferência de energia deve-se, na verdade, a essa posição intermediária entre os fosfatos de acila e enólicos — que produzidos na quebra de moléculas combustíveis — e as numerosas moléculas aceptoras que são fosforiladas no curso do metabolismo.

Embora a discussão sobre compostos de pirofosfato tenha se referido apenas a ATP e ADP, deve ser salientado que GTP, GDP, CTP, CDP, UTP, UDP, assim como *d*ATP, *d*GTP, *d*CTP e *d*TTP, também são compostos ricos em energia. Mais ainda, existe especificidade nos papéis biológicos exercidos por esses compostos. Assim, UTP é usado primariamente na biossíntese de polissacarídeos, GTP é empregado na síntese proteica e CTP é utilizado na síntese de lipídeos. Esses três nucleotídeos, juntamente com ATP, estão envolvidos na síntese de RNA, ao passo que *d*ATP, *d*GTP, *d*CTP e *d*TTP são usados na síntese de DNA. O AMP cíclico, embora apresente um grande decréscimo de energia livre na hidrólise, devido a seu anel de anidrido instável, o que o torna um composto rico em energia, é melhor conhecido como efetor alostérico e segundo mensageiro (pp. 259, 291 e 478).

Tabela 6-2. Energia livre-padrão de hidrólise de alguns metabolitos importantes

	$\Delta G'$ a pH 7,0 (cal/mole)
Fosfoenolpiruvato	– 14 800
AMP cíclico	– 12 000
1,3-Difosfoglicerato	– 11 800
Fosfocreatina	– 10 300
Acetil-fosfato	– 10 100
S-adenosil-metionina	– 10 000
Pirofosfato	– 8 000
Acetil-CoA	– 7 500
ATP para ADP e Pi	– 7 300
ATP para AMP e pirofosfato	– 8 600
UDP-glucose para UDP e glucose	– 8 000
ADP	– 6 500
Glucose-1-fosfato	– 5 000
Frutose-6-fosfato	– 3 800
Glucose-6-fosfato	– 3 300
sn-Glicerol-3-fosfato	– 2 200

No passado era prática comum na bioquímica falar-se de ligações de fosfato de alta e baixa energia. Lipmann introduziu o símbolo ~ ph para indicar uma estrutura de fosfato rica em energia. Essa prática resultou na tendência de se pensar que a energia estava concentrada numa única ligação química. Esse é um conceito errado, já que na discussão anterior se salientou que a variação de energia livre ΔG depende da estrutura do composto hidrolisado e dos produtos da hidrólise. Portanto o ΔG se refere especificamente à reação química envolvida, isto é, a *hidrólise* do composto.

ACOPLAMENTO DE REAÇÕES

A energia produzida na célula por uma reação exergônica é freqüentemente utilizada para efetuar uma reação endergônica relacionada e, portanto, para produzir trabalho. Isto é feito por reações acopladas que têm *intermediários comuns*. Um exemplo específico pode ilustrar melhor esse importante princípio.

Durante a conversão de glucose para ácido láctico (ou álcool) a triose fosforilada, D-gliceraldeído-3-fosfato é oxidada para ácido 3-fosfoglicérico (p. 237). Essa reação pode ser representada como sendo a remoção de dois átomos de hidrogênio da forma hidratada do aldeído:

$$\underset{\text{D-gliceraldeído-3-fosfato}}{\begin{matrix} H\diagdown C \diagup\!\!\!\!=O \\ | \\ HCOH \\ | \\ CH_2OPO_3H_2 \end{matrix}} + H_2O \longrightarrow \left[\begin{matrix} OH \\ | \\ H-C-OH \\ | \\ HCOH \\ | \\ CH_2OPO_3H_2 \end{matrix}\right] \longrightarrow \underset{\text{3-fosfoglicerato}}{\begin{matrix} O \\ \| \\ C-OH \\ | \\ HCOH \\ | \\ CH_2OPO_3H_2 \end{matrix}} + 2\,H \qquad \Delta G' = -12\,000 \text{ cal} \qquad (6\text{-}19)$$

O grupo carboxila do ácido recém-formado (assim como os grupos fosfato) estaria ionizado a pH 7,0. Contudo, intencionalmente, essa ionização não é representada nas Reações (6-19) a (6-23), para evitar confusão com a liberação de 1 próton que ocorre pela oxidação do grupo aldeído nas Reações (6-21) e (6-23). O $\Delta G'$ para a Reação (6-19) é aproximadamente – 12 000 cal, indicando que a reação não é facilmente reversível. Entretanto, as células desenvolveram um excelente mecanismo para acoplar a Reação (6-19) com a formação de ATP, um processo que, como vimos, tem um $\Delta G'$ de cerca de 7 300 cal/mol a 37 °C

$$ADP + H_3PO_4 \longrightarrow ATP + H_2O \qquad (6\text{-}20)$$
$$\Delta G' = +7300 \text{ cal (pH 7,0)}.$$

Isso é feito através da participação de um intermediário comum, o ácido 1,3-difosfoglicérico, um fosfato de acila, cuja formação representa um consumo de 11 800 cal [veja a Reação (6-14)].

A reação na qual se forma o ácido 1,3-difosfoglicérico é uma combinação de óxido-redução e fosforilação

$$\underset{\text{Gliceraldeído-3-fosfato}}{\begin{array}{c} H\diagdown C \diagup\!\!\!\!/ O \\ | \\ HCOH \\ | \\ CH_2OPO_3H_2 \end{array}} + NAD^+ + H_3PO_4 \longrightarrow \underset{\text{Ácido 1,3-difosfoglicérico}}{\begin{array}{c} O \\ \| \\ C{-}OPO_3H_2 \\ | \\ HCOH \\ | \\ CH_2OPO_3H_2 \end{array}} + NADH + H^+ \qquad (6\text{-}21)$$
$$\Delta G' = 1500 \text{ cal}.$$

O fosfato de acila é utilizado, numa reação subseqüente, para converter o ADP em ATP

$$\begin{array}{c} O \\ \| \\ C{-}OPO_3H_2 \\ | \\ HCOH \\ | \\ CH_2OPO_3H_2 \end{array} + ADP \longrightarrow \begin{array}{c} O \\ \| \\ C{-}OH \\ | \\ HCOH \\ | \\ CH_2OPO_3H_2 \end{array} + ATP \qquad (6\text{-}22)$$
$$\Delta G' = -4500 \text{ cal}.$$

A soma das duas reações pode ser escrita

$$\underset{\text{D-gliceraldeído-3-fosfato}}{\begin{array}{c} H\diagdown C \diagup\!\!\!\!/ O \\ | \\ HCOH \\ | \\ CH_2OPO_3H_2 \end{array}} + NAD^+ + H_3PO_4 + ADP \longrightarrow \underset{\text{Ácido 3-fosfoglicérico}}{\begin{array}{c} O \\ \| \\ C{-}OH \\ | \\ HCOH \\ | \\ CH_2OPO_3H_2 \end{array}} + NADH + H^+ + ATP \qquad (6\text{-}23)$$
$$\Delta G' = -3000 \text{ cal}.$$

Além disso, o $\Delta G'$ para a Reação (6-23) pode ser calculado somando-se o $\Delta G'$ da Reação (6-21) com o da Reação (6-22); resultando $-$ 3 000 cal. Note que a Reação (6-23) estabelece que, com efeito, uma significante quantidade de energia, obtida na oxidação do aldeído para ácido carboxílico, foi utilizada para a formação do ATP ao invés de ser simplesmente perdida para o ambiente na forma de calor. Mais ainda, ao fazer isso, a célula desenvolveu um processo global, através do qual pôde converter novamente o ácido 3-fosfoglicérico em 3-fosfogliceraldeído, uma vez que o processo geral possui um $\Delta G'$ não tão grande quanto o da Reação (6-19) realizado da direita para a esquerda.

Os capítulos posteriores contêm uma série de exemplos de reações acopladas nas quais um intermediário comum desempenha um papel chave na conservação de energia total do sistema.

ΔG E ÓXIDO-REDUÇÃO

O ΔG de uma reação que envolve um processo de óxido-redução pode ser relacionado com a diferença nos potenciais de óxido-redução (ΔE_0) dos reagentes. Uma discussão detalhada da força eletromotriz foge às finalidades deste livro, mas é necessário uma análise superficial da energética das reações de óxido-redução e do termo *potencial de redução*.

Um agente redutor pode ser definido como uma substância que tende a doar elétrons e a oxidar-se:

$$Fe^{2+} \xrightarrow{\text{Oxidado}} Fe^{3+} + 1 \text{ elétron.}$$

Do mesmo modo, Fe^{3+} é um agente oxidante, porque pode aceitar elétrons e se reduzir,

$$Fe^{3+} + 1 \text{ elétron} \longrightarrow Fe^{2+}.$$

Outras substâncias como H^+ e compostos orgânicos como o acetaldeído podem servir como agentes oxidantes e se reduzir,

$$H^+ + 1 \text{ elétron} \longrightarrow \tfrac{1}{2} H_2,$$

$$H_3C-C(H)=O + 2\,H^+ + 2 \text{ elétrons} \longrightarrow H_3C-CH_2-OH.$$

Essas reações, em que são indicados os elétrons que estão sendo consumidos (ou produzidos) mas não se indica o doador (ou aceptor), são chamadas *hemi-reações* (meia-reação, semi-reação). Obviamente, a tendência ou potencialidade de cada um desses agentes para aceitar ou fornecer elétrons dependerá das propriedades específicas desse composto e portanto para termos de comparação, há necessidade de um padrão. Esse padrão é o H_2, para o qual se deu, arbitrariamente, o potencial de redução, E_0, de 0,000 V, a pH 0 para a hemi-reação.

$$H^+ + 1\,e^- \longrightarrow \tfrac{1}{2} H_2. \qquad (6\text{-}24)$$

Uma vez que na Reação (6-24) se consome um próton, o potencial dessa hemi-reação irá variar com o pH, e a pH 7,0 o potencial de redução E'_0 pode ser calculado como sendo $-0{,}420$ V. Com isso, é possível calcular o potencial de redução de qualquer composto capaz de óxido-redução, com referência ao hidrogênio padrão. Na Tab. 6-3 se encontra uma lista desses potenciais, incluindo diversas coenzimas e substratos que serão discutidos nos capítulos posteriores. Note que esses potenciais são para as reações escritas como reduções. Quando duas hemi-reações quaisquer da Tab. 6-3 são acopladas, a de potencial de redução *mais* positivo reagirá como está apresentado na tabela, isto é, como uma redução, e a hemi-reação com potencial menos positivo funcionará ao contrário, ou seja, como uma oxidação. Qualitativamente podemos observar que os compostos com potencial de redução mais positivo (por exemplo, O_2 ou Fe^{3+}) são bons *agentes oxidantes*, enquanto que aqueles com potenciais de redução mais negativos são agentes redutores (por exemplo, H_2 ou NADH).

É possível deduzir a expressão $\Delta G' = -n\,\mathscr{F}\,\Delta E'_0$, onde o n é o número de elétrons transferidos na reação de óxido-redução, $\mathscr{F}$ é a constante de Faraday (23 063 cal/V equiv.) e $\Delta E'_0$ é a diferença entre os potenciais de redução dos agentes oxidantes e redutores. Isto é,

$$\Delta E'_0 = [E'_0 \text{ da hemi-reação contendo o agente oxidante}] - [E'_0 \text{ da hemi-reação contendo o agente redutor}].$$

Por exemplo, considere a reação total, resultante do acoplamento de duas hemi-reações, envolvendo o acetaldeído e NAD^+

$$\text{Acetaldeído} + 2\,H^+ + 2\,e^- \longrightarrow \text{Etanol} \qquad (6\text{-}25)$$

$$NADH + H^+ \longrightarrow NAD^+ + 2\,H^+ + 2\,e^-. \qquad (6\text{-}26)$$

Tabela 6-3. Potenciais de redução de algumas hemi-reações redox de importância biológica

Hemi-reação (escrita como uma redução)	E'_0 em pH 7,0 (V)
$\frac{1}{2}O_2 + 2H^+ + 2e^- \longrightarrow H_2O$	0,82
$Fe^{3+} + 1e \longrightarrow Fe^{2+}$	0,77
Citocromo a-$Fe^{3+} + 1e^- \longrightarrow$ Citocromo a-Fe^{2+}	0,29
Citocromo c-$Fe^{3+} + 1e^- \longrightarrow$ Citocromo c-Fe^{2+}	0,25
Ubiquinona $+ 2H^+ + 2e^- \longrightarrow$ Ubiidroquinona	0,10
Ácido deidroascórbico $+ 2H^+ + 2e^- \longrightarrow$ Ácido ascórbico	0,06
Glutation oxidado $+ 2H^+ + 2e^- \longrightarrow$ 2 Glutation reduzido	0,04
Fumarato $+ 2H^+ + 2e^- \longrightarrow$ Succinato	0,03
Citocromo b-$Fe^{3+} + 1e^- \longrightarrow$ Citocromo b-Fe^{2+}	−0,04
Oxalacetato $+ 2H^+ + 2e^- \longrightarrow$ Malato	−0,10
Enzima amarela $+ 2H^+ + 2e^- \longrightarrow$ Enzima amarela reduzida	−0,12
Acetaldeído $+ 2H^+ + 2e^- \longrightarrow$ Etanol	−0,16
Piruvato $+ 2H^+ + 2e^- \longrightarrow$ Lactato	−0,19
Riboflavina $+ 2H^+ + 2e^- \longrightarrow$ Riboflavina-H_2	−0,20
Ácido 1,3-difosfoglicérico $+ 2H^+ + 2e^- \longrightarrow$ Gliceraldeído-3-fosfato + Pi	−0,29
$NAD^+ + 2H^+ + 2e^- \longrightarrow NADH + H^+$	−0,32
Acetil-CoA $+ 2H^+ + 2e^- \longrightarrow$ Acetaldeído + CoA-SH	−0,41
$H^+ + 1e^- \longrightarrow \frac{1}{2}H_2$	−0,42
Ferredoxina-$Fe^{3+} + 1e^- \longrightarrow$ Ferredoxina-Fe^{2+}	−0,43
Acetato $+ 2H^+ + 2e^- \longrightarrow$ Acetaldeído $+ H_2O$	−0,47

A semi-reação (6-25) sofrerá redução porque tem o potencial de redução mais alto. A hemi-reação (6-26) irá então sofrer oxidação *na direção oposta* daquilo que é dado na Tab. 6-3. A reação total é

$$\text{Acetaldeído} + NADH + H^+ \longrightarrow NAD^+ + \text{Etanol}. \quad (6\text{-}27)$$

O $\Delta E'_0$ para a Reação (6-27) será $-0{,}16 - (-0{,}32)$ ou 0,16 V e o $\Delta G'$ para a Reação (6-27) será

$$\Delta G' = (-2)\ (23\,063)\ (0{,}16),$$
$$= -7\,400 \text{ cal}.$$

Uma vez que essa é uma quantidade altamente negativa, termodinamicamente a reação é possível. Com os dados que temos não podemos, entretanto, dizer se a reação ocorrerá numa velocidade detectável.

De maneira semelhante pode-se calcular o $\Delta G'$ para a oxidação do NADH pelo O_2 molecular, uma reação comum nos tecidos vivos

$$NADH + H^+ + \tfrac{1}{2}O_2 \longrightarrow NAD^+ + H_2O. \quad (6\text{-}28)$$

Nessa reação, $n = 2$, e $\Delta E'_0 = 0{,}82 - (-0{,}32)$ ou 1,14 V, e

$$\Delta G' = -n\,\mathcal{F}\,\Delta E'_0,$$
$$= (-2)\ (23\,063)\ (1{,}14),$$
$$= -52\,600 \text{ cal}.$$

Embora o $\Delta G'$ seja uma quantidade acentuadamente negativa, não há nenhuma informação se o NADH é rapidamente oxidado. De fato, o NADH é estável na presença de O_2 e só reagirá na presença de enzimas apropriadas.

O potencial de redução *padrão* (E_0), em analogia com a variação de energia padrão ($\Delta G°$), implica em algumas condições específicas ou estados dos reagentes numa reação de óxido-redução. Assim como ΔG° especifica que numa reação hidrolítica os reagentes, por exemplo, estejam todos presentes no seu estado padrão (1 *M* para solutos), o termo E_0 especifica que numa reação de óxido-redução, a relação entre oxidantes e redutores seja unitária. Portanto assim como o ΔG para uma reação em que os reagentes não estão presentes na concentração de 1 *M*, pode ser relacionado com o ΔG° [Eq. (6-4)], o E para uma reação de óxido-redução, na qual a forma oxidada (oxidante) e a forma reduzida (redutor) não estão presentes na proporção 1 : 1, pode ser relacionado com E_0 pela equação de Nernst,

$$E = E_0 + \frac{2{,}303\,RT}{n\,\mathcal{F}} \log \frac{[\text{Oxidante}]}{[\text{Redutor}]}$$

Pode-se, portanto, calcular que E será 0,030 V mais positivo que E_0 (portanto mais oxidável), se a relação de oxidante para redutor for de 10 : 1 e 0,060 V mais positivo se a relação for 100 : 1. Uma vez que não há qualquer razão para que nos sistemas biológicos a relação seja 1 : 1, é claro que o potencial de redução (E) pode variar consideravelmente em relação ao potencial de redução padrão (E'_0).

Esta foi apenas uma breve discussão de algumas relações energéticas encontradas em bioquímica. Seguem-se diversas referências que podem ser consultadas para a obtenção de maiores detalhes.

REFERÊNCIAS

1. I. H. Segel – *Biochemical Calculations*, 2.ª edição. New York, EUA: Wiley, 1976. Muitos problemas típicos envolvendo energética bioquímica são encontrados nesse livro, juntamente com as soluções.

2. L. L. Ingraham e A. H. Pardee – "Free Energy and Entropy in Metabolism", in *Metabolic Pathways*, D. M. Greeberg (ed), 3.ª edição, Vol. 1. New York, EUA: Academic Press, 1967. Esse artigo discute de maneira rigorosa, porém acessível, as inter-relações termodinâmicas no metabolismo.

3. A. L. Leninger – *Bioenergetics*, 2.ª edição. Menlo Park, EUA, Benjamin, 1971.

4. E. Racker – *Mechanisms in Bioenergetics*. New York, EUA, Academic Press, 1965. Dois livros, por autoridades no assunto, que salientam os aspectos bioquímicos.

5. H. M. Kalckar, *Biological Phosphorylations, Development of Concepts*. Englewood Cliffs, N. J., EUA: Prentice-Hall, 1969. O autor reuniu os trabalhos clássicos no assunto, e apresenta sua própria narrativa do tema.

PROBLEMAS

1. Baseado em seu conhecimento sobre compostos fosforilados ricos em energia, atribua valores aproximados para os $\Delta G'$ das seguintes reações:

$$CH_3-\underset{\underset{O}{\|}}{C}-O-CH_3 + C_2H_5OH = CH_3-\underset{\underset{O}{\|}}{C}-O-C_2H_5 + CH_3OH$$

$$CH_3-\underset{\underset{O}{\|}}{C}-O-PO_3H_2 + ADP = CH_3COOH + ATP$$

$$CH_3-\underset{\underset{O}{\|}}{C}-O-PO_3H_2 + C_2H_5OH = CH_3-\underset{\underset{O}{\|}}{C}-O-C_2H_5 + H_3PO_4$$

$$CH_3-\underset{\underset{O}{\|}}{C}-O-PO_3H_2 + H_2O = CH_3-\underset{\underset{O}{\|}}{C}-OH + H_3PO_4$$

2. O $\Delta G'$ da Eq. (6-21), a pH 7,0, é dado como + 1 500 cal/mol. *In vivo*, as seguintes concentrações são observadas: (D-gliceraldeído-3-fosfato) = 10^{-4} *M*; (1,3-difosfoglicerato) = 10^{-5} *M*; e (fosfato inorgânico, P_i) = 0,01 *M*. Qual deve ser a relação $NAD^+/NADH$ para que a reação se processe espontaneamente da esquerda para a direita?
3. A enzima nucleosídeo-difosfato-quinase catalisa a reação

$$\text{GDP} + \text{ATP} \rightleftharpoons \text{GTP} + \text{ADP}$$

Supondo que as variações de energia livre de hidrólise de ATP (a ADP e H_3PO_4) e de GTP (a GDP e H_3PO_4) sejam iguais, calcule as concentrações de reagentes e produtos no equilíbrio, a partir de GDP 4 m*M* e ATP 4m*M*.
4. O $\Delta G'$ da hidrólise de acetilfosfato a acetato e H_3PO_4 é − 10 000 cal/mol (a pH 7,0). O $\Delta G'$ da hidrólise de ATP a ADP e H_3PO_4 é − 7 300 cal/mol (a pH 7,0). Calcule o $\Delta G'$ e a K_{eq} da seguinte reação, a pH 7,0 (suponha a temperatura a 25 °C):

$$H_3C\underset{\underset{\displaystyle O}{\|}}{C}—OPO_3H_2 + \text{ADP} \rightleftharpoons H_3CCOOH + \text{ATP}$$

capítulo 7

ENZIMAS

OBJETIVO

Este capítulo apresenta ao estudante as propriedades básicas das enzimas. Uma vez que todas as reações metabólicas são catalisadas por enzimas, este capítulo deve ser estudado com especial atenção. Aqui são definidos termos como K_m, V_{max}, inibições competitiva, não-competitiva e incompetitiva, enzimas alostéricas, enzimas reguladoras, enzimas oligoméricas, centros ativos, etc., termos esses que serão usados nos capítulos seguintes.

INTRODUÇÃO

Uma das características essenciais da célula viva é sua capacidade de permitir que reações complexas se processem rapidamente, à temperatura do meio circundante. Na ausência da célula, essas reações se processariam muito lentamente. A complexa maquinaria metabólica tão fundamental a uma célula não poderia existir sob tais condições de vagarosidade. Os principais agentes que participam nas notáveis transformações na célula pertencem a um grupo de proteínas chamadas enzimas.

Uma enzima é uma proteína que é sintetizada numa célula viva e catalisa ou acelera uma reação termodinamicamente possível de modo que a velocidade da reação é compatível com o processo bioquímico essencial para a manutenção de uma célula. A enzima de nenhuma forma modifica a constante de equilíbrio ou o ΔG da reação. Sendo uma proteína, uma enzima perde suas propriedades catalíticas se submetida a agentes como o calor, ácidos ou bases fortes, solventes orgânicos ou outro material que desnature a proteína.

A alta especificidade da função catalítica de uma enzima se deve à sua natureza proteica; isto é, a estrutura altamente complexa da proteína enzimática propicia tanto o ambiente para um mecanismo particular de reação como a capacidade de reconhecer um grupo limitado de substratos. Essa região da proteína, que participa diretamente na conversão do substrato em produto, é chamada de sítio ativo. Nos últimos anos têm sido grande o progresso alcançado na definição e na identificação dos sítios ativos de numerosas proteínas. Muito, porém, permanece ainda desconhecido no que se refere às propriedades especiais dessa região capaz de fazer com que uma reação química se realize efetivamente e com eficiência a uma temperatura compatível com a célula. O fato de que cada enzima catalisa apenas uma reação ou um grupo de reações estreitamente correlacionadas, como, por exemplo, a quinase, faz com que, literalmente, milhares de enzimas sejam necessárias para compensar essa especificidade. Assim, o estudo da química das enzimas é um requisito essencial para a compreensão da regulação da atividade enzimática e, por sua vez, dos mecanismos de crescimento celular e reprodução.

Deixe-nos agora descrever as propriedades das enzimas.

EFEITO DA CONCENTRAÇÃO DA ENZIMA E DA CONCENTRAÇÃO DO SUBSTRATO

Como é verdade para qualquer catalisador, a velocidade de uma reação catalisada por enzima depende diretamente da concentração da enzima. A Fig. 7-1 representa a relação entre a velocidade da reação e concentrações crescentes da enzima, na presença de um excesso do composto que está sendo transformado (também chamado substrato).

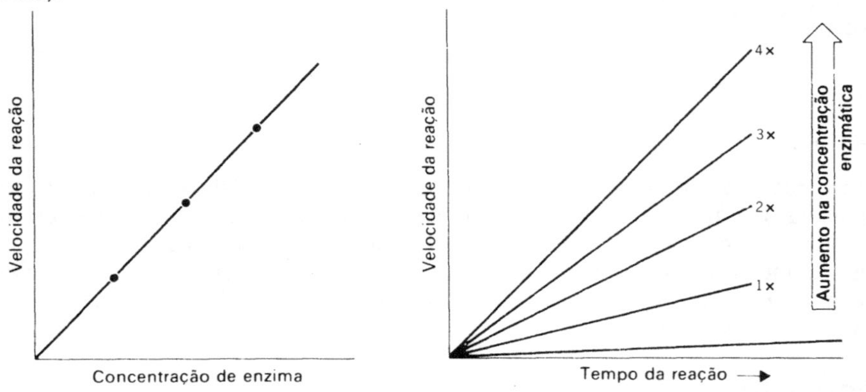

Figura 7-1. Efeito da concentração em enzimática na velocidade da reação, considerando-se a concentração de substrato suficiente para saturar a enzima presente

Com uma concentração fixa de enzima e com concentrações crescentes de substrato, uma segunda relação importante é observada. Uma curva típica é vista na Fig. 7-2. Vejamos as implicações da curva com maior detalhe.

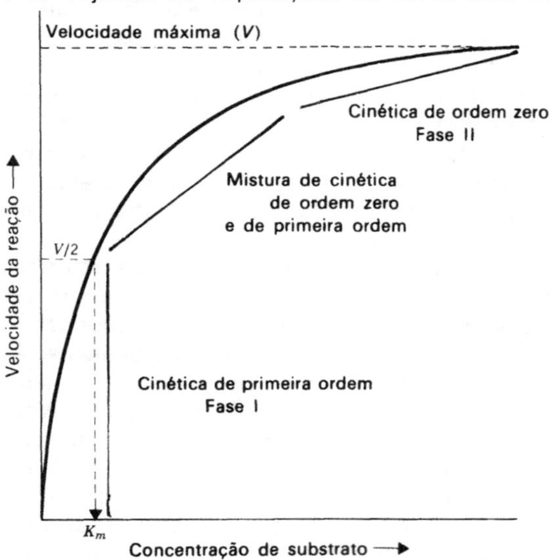

Figura 7-2. Efeito da concentração de substrato na velocidade da reação, considerando-se a concentração enzimática constante

Com concentração fixa de enzima, um aumento do substrato resultará, de início, numa rápida ascenção da velocidade da reação. À medida que a concentração do substrato continua a crescer, entretanto, o aumento na velocidade de reação começa a diminuir até que, com uma grande concentração de substrato, nenhuma mudança posterior na velocidade é observada.

Michaelis e outros, na primeira parte do século, raciocinaram corretamente que uma reação catalisada por enzimas em concentrações variáveis de substrato é difásica; isto é, em baixas concentrações de substrato, o sítio ativo das moléculas da enzima não está saturado pelo substrato e, assim, a velocidade enzimática varia com a concentração do substrato (fase I). À medida que o número de moléculas do substrato aumenta, os sítios são cobertos em maior grau, até que, na saturação, nenhum sítio mais está disponível, e a enzima está trabalhando com sua capacidade máxima e a velocidade é independente da concentração do substrato (fase II). Essa relação é indicada na Fig. 7-3.

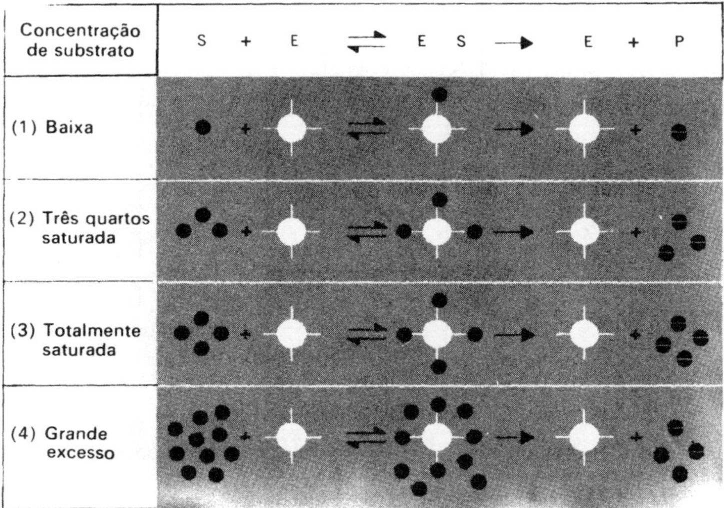

Figura 7-3. Representação esquemática do efeito da concentração do substrato na saturação dos sítios ativos da superfície enzimática. Observe que na unidade de tempo, as condições 3 e 4 originam a mesma quantidade de P (produto) apesar do grande excesso de substrato no caso 4

A equação matemática que define a relação quantitativa entre a velocidade de uma reação enzimática e a concentração do substrato — e assim preenche os requisitos de uma curva hiperbólica (Fig. 7-2) — é a equação de Michaelis-Menten,

$$v = \frac{V_{max}[S]}{K_m + [S]} \tag{7-1}$$

Nessa equação, v é a velocidade observada a dada concentração de substrato [S]; K_m é a constante de Michaelis, expressa em unidades de concentração (moles/litro); e V_{max} é a velocidade máxima na concentração de saturação do substrato.

A Eq. (7-1) é facilmente deduzida utilizando-se a hipótese de Briggs-Haldane sobre a cinética de estado estacionário (*steady-state*), considerando-se os seguintes passos:

1. Uma reação típica catalisada por enzima envolve a formação reversível de um complexo enzima-substrato, ES, que finalmente se quebra para formar a enzima, E, novamente e o produto, P. Isso é representado na Eq. (7-2),

$$E + S \underset{k_2}{\overset{k_1}{\rightleftharpoons}} ES \underset{k_4}{\overset{k_3}{\rightleftharpoons}} E + P, \tag{7-2}$$

onde k_1, k_2, k_3 e k_4 são as constantes de velocidade de cada reação dada.

2. Poucos milissegundos depois que a enzima e o substrato foram misturados, uma concentração de ES é obtida e não muda enquanto S está em grande excesso e $k_1 \gg k_3$. Essa condição é chamada *estado estacionário* da reação, uma vez que a velocidade de decomposição de ES apenas contrabalança a velocidade de formação. Reconhecendo que a velocidade de formação de ES é igual à de decomposição de ES, podemos estabelecer que

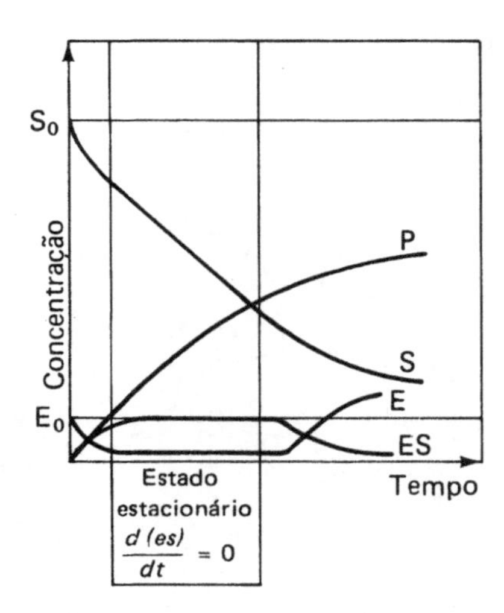

Velocidade de formação de [ES] = Velocidade de decomposição de [ES],

$$k_1 [E] [S] + k_4 [E] [P] = k_2 [ES] + k_3 [ES] \tag{7-3}$$

e, assim,

$$[E] (k_1 [S] + k_4 [P]) = [ES] (k_2 + k_3), \tag{7-4}$$

$$\frac{[ES]}{[E]} = \frac{k_1 [S] + k_4 [P]}{k_2 + k_3},$$

$$\frac{[ES]}{[E]} = \frac{k_1 [S]}{k_2 + k_3} + \frac{k_4 [P]}{k_2 + k_3}. \tag{7-5}$$

3. Podemos simplificar essa reação considerando que estamos examinando a Eq. (7-2) num estágio inicial da reação catalisada por enzima, P será muito pequeno e, portanto, a velocidade de formação de ES pela reação

$$E + P \xrightarrow{k_4} ES$$

será extremamente baixa. Assim, o termo $k_4 [P]/(k_2 + k_3)$ pode ser ignorado e a Eq. (7-5) simplificada para

$$\frac{[ES]}{[E]} = \frac{k_1 [S]}{k_2 + k_3}. \tag{7-6}$$

As três constantes k_1, k_2 e k_3 podem ser combinadas numa única constante, K_m, pela relação

$$\frac{k_2 + k_3}{k_1} = K_m \tag{7-7}$$

e assim a Eq. (7-6) pode ser posteriormente simplificada a

$$\frac{[E]}{[ES]} = \frac{K_m}{[S]} . \tag{7-8}$$

4. Estamos agora face ao problema de converter [E] e [ES] em valores mais facilmente mensuráveis. Podemos resolvê-lo se considerarmos que a concentração total da enzima $[E]_t$, na reação, consiste da enzima [E] que está livre, mais aquela que está combinada com o substrato, [ES]. A concentração de enzima livre [E] portanto é $[E]_t - [ES]$ e

$$\frac{[E]}{[ES]} = \frac{[E]_t - [ES]}{[ES]} = \frac{[E]_t}{[ES]} - 1,$$

$$\frac{[E]_t}{[ES]} - 1 = \frac{K_m}{[S]},$$

$$\frac{[E]_t}{[ES]} = \frac{K_m}{[S]} + 1. \tag{7-9}$$

Já que esses termos ainda não podem ser rapidamente determinados pelas técnicas usuais disponíveis, temos de utilizar as seguintes relações: a velocidade máxima inicial (V_{max}) é atingida quando a enzima total $[E]_t$ é completamente complexada com quantidades saturantes de S ou

$$V_{max} = k\,[E]_t \tag{7-10}$$

Além disso, a velocidade inicial (v) é proporcional à concentração de enzima presente, assim como ao complexo ES numa dada concentração de S ou

$$v = k\,[ES] \text{ e, assim, } \frac{V_{max}}{v} = \frac{[E]_t}{[ES]} . \tag{7-11}$$

Finalmente, a relação V_{max}/v pode agora ser substituída por $[E]_t/[ES]$ para obter

$$\frac{V_{max}}{v} = \frac{K_m}{[S]} + 1 . \tag{7-12}$$

Invertendo e rearranjando, obteremos

$$v = \frac{V_{max}\,[S]}{K_m + [S]} . \tag{7-13}$$

A constante K_m é importante, desde que fornece um valioso indício do modo de ação de uma reação catalisada por enzima.

Assim, permitindo uma [S] muito grande, K_m torna-se insignificante e a Eq. (8-1) reduz-se a

$$v = V_{max},$$

ou uma reação de ordem zero na qual v é independente da concentração do substrato. Se selecionarmos $v = 1/2\ V_{max}$, a Eq. (7-1) pode ser escrita como

$$\frac{V_{max}}{2} = \frac{V_{max}\,[S]}{K_m + [S]},$$

$$K_m + [S] = 2\,[S],$$

$$K_m = [S].$$

De acordo com a curva experimental representada na Fig. 7-2, as dimensões de K_m são expressas em moles/litro, uma expressão de concentração.

Se, entretanto, K_m é grande, comparado a [S], a Eq. (7-1) fica

$$v = \frac{V_{max}[S]}{K_m}$$

Isto é, v depende de S e a reação é de primeira ordem. Essas condições de cinética de primeira ordem e ordem zero são indicadas na Fig. 7-2 e, assim, a equação de Michaelis-Menten preenche os requisitos de uma reação enzimática simples. Veremos brevemente, entretanto, que a cinética enzimática pode ser mais complexa, quando discutirmos mais tarde a cinética de enzimas reguladoras, na p. 151.

Freqüentemente, K_m tem sido definido, frouxamente, como a constante de dissociação de uma reação enzimática. Desde que a reação simples

$$ES \underset{k_1}{\overset{k_2}{\rightleftharpoons}} E + S$$

é definida por

$$K_s = \frac{[E]\,[S]}{[ES]} = \frac{k_2}{k_1}$$

e desde que K_m é definido como $(k_2 + k_3)/k_1$, K_m será sempre igual a ou maior que K_s, a constante de dissociação. Desde que $1/K_s$ é a constante de afinidade ou k_1/k_2, $1/K_m$ será também igual ou menor que a constante de afinidade da reação.

Uma outra consideração importante e bastante prática é a conclusão de que a velocidade observada (v) é igual à velocidade máxima (V_{max}) quando $[S] \geq 100\,K_m$, ou cinética de ordem zero e que $v = k\,[S]$ ou cinética de primeira ordem, quando $[S] \leq 0{,}01\,K_m$. No estabelecimento de condições experimentais para testar a atividade enzimática, tenta-se operar na cinética de saturação ou de ordem zero, uma vez que, sob essas condições, a atividade enzimática é diretamente proporcional à concentração da enzima e independente da concentração do substrato.

Os valores de K_m têm alguma utilização na previsão dos trechos limitantes da velocidade, em um caminho bioquímico, tais como:

$$\begin{array}{ccccccc} A & \longrightarrow & B & \longrightarrow & C & \longrightarrow & D \\ & E_A & & E_B & & E_C & \\ K_m: & 10^{-2}M & & 10^{-4}M & & 10^{-4}M & \end{array}$$

Na conversão de A para D, são envolvidos E_A, E_B e E_C. Parece claro que, se a concentração de A é $10^{-4}\,M$ na célula, E_A estará catalisando a reação A ⟶ B a uma velocidade menor, e este seria, assim, o trecho que regularia a conversão A ⟶ D. Deve-se destacar, entretanto, que os valores de K_m dependem do pH, da temperatura e da força iônica do meio. Se esses parâmetros não podem ser determinados na célula, os valores de K_m obtidos com uma enzima altamente purificada, e sob condições cuidadosamente definidas, podem não ter qualquer relação com os valores reais de K_m para enzimas funcionando na célula. Entretanto a relação entre os valores de K_m em uma seqüência metabólica podem informar onde estão, nessa seqüência, os trechos limitativos da velocidade, mesmo quando medidos *in vitro*. Assim, esse parâmetro cinético é uma constante importante para uma enzima e, por isso, alguns valores relativos a algumas enzimas são enumerados na Tab. 7-1.

Termos importantes, como unidade de enzima, atividade específica e atividade do centro catalítico (número de substituição) são definidos na Tab. 7-2.

Tabela 7-1. Parâmetros cinéticos de algumas enzimas

Enzima	Substrato	K_m	K_i	Inibidor	Tipo
Triose-fosfato-desidrogenase (músculo de coelho)	D-gliceraldeído-3-fosfato	9×10^{-5}	3×10^{-6}	1,3-difosfoglicerato	*C*
			2×10^{-7}	D-Treose-2,4-difosfato	*NC*
Succínico-desidrogenase (coração bovino)	Succinato	$1{,}3 \times 10^{-3}$	$4{,}1 \times 10^{-5}$	Malonato	*C*
Álcool-desidrogenase (levedo)	Etanol	$1{,}3 \times 10^{-2}$	$6{,}7 \times 10^{-4}$	Acetaldeído	*NC*
Glucose-6-fosfatase (fígado de rato)	Glucose-6-fosfato	$4{,}2 \times 10^{-4}$	6×10^{-3}	Citrato	*C*
Ribulose-difosfato-carboxilase (espinafre)	Ribulose-difosfato	$1{,}2 \times 10^{-4}$	$4{,}2 \times 10^{-3}$	P_i	*C*
	HCO_3^-	$2{,}2 \times 10^{-2}$	$9{,}5 \times 10^{-3}$	Ácido 3-fosfoglicérico	*C*
Frutose-1,6-difosfato-aldolase (levedo)	Frutose-1,6-difosfato	3×10^{-4}	2×10^{-4}	L-Sorbose 1 – PO_4	
Succinil-CoA-sintetase (coração suíno)	Succinato	5×10^{-4}	2×10^{-5}	Succinil-CoA	*NC*
	CoA	5×10^{-6}	7×10^{-3}	P_i	*IC*

C, competitivo; *NC*, não-competitivo; *IC*, incompetitivo

Tabela 7-2. Termos importantes em enzimologia

1. Unidade de enzima – Quantidade de enzima que irá catalisar a transformação de 1 μmol de substrato por minuto em condições definidas
2. Atividade específica – Unidades da enzima por miligrama de proteína
3. Atividade do centro catalítico – Número de moléculas do substrato transformadas por minuto por centro (ou sítio) catalítico (um termo novo para número de *turnover* – ou conversão)

Os termos K_m e V_{max} são valores importantes que devem ser cuidadosamente determinados. Enquanto a curva mostrada na Fig. 7-2 oferece um processo bastante simples para a obtenção de aproximações *grosso modo* desses valores, numerosos outros métodos são descritos na literatura. O mais empregado deles talvez seja a chamada equação recíproca de Lineweaver-Burk, que trabalha com os valores recíprocos de ambos os lados da Eq. (7-1).

$$\frac{1}{v} = \frac{K_m}{V_{max}} \left(\frac{1}{[S]}\right) + \frac{1}{V_{max}}, \tag{7-13}$$

a qual é equivalente à equação de uma reta

$$y = ax + b$$

Traçando-se então um gráfico, com os valores $1/v$ como ordenadas e os valores $1/[S]$ como abscissas, obtém-se uma linha reta, com a qual K_m pode ser facilmente avaliado.

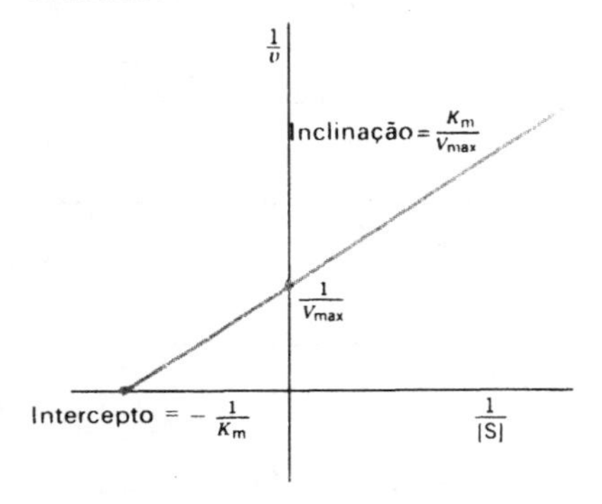

Figura 7-4. Um gráfico típico de Lineweaver-Burk para a Eq. (7-13). As linhas são estendidas até $1/v = 0$ para obter maior exatidão na determinação das constantes

REAÇÕES DE MULTISSUBSTRATO

Na secção anterior, chegou-se a uma equação cinética capaz de descrever a conversão por enzimas de um substrato em um ou mais produtos. A maioria das enzimas, entretanto, catalisa reações que envolvem dois ou mais substratos. O problema que surge é a determinação da seqüência precisa com que os substratos se ligam à enzima e com que os produtos dela se liberam.

Os cineticistas admitem três mecanismos gerais que descrevem os sistemas de enzimas com multissubstratos. Dois deles, denominados *ordenado* e *aleatório* (ou *ao acaso*), estabelecem que todos os substratos devem estar adicionados à enzima antes que qualquer produto possa vir a ser liberado. O terceiro mecanismo, chamado *pingue-pongue*, admite que um ou mais produtos podem ser liberados da enzima antes que todos os substratos tenham sido a ela adicionados.

Apresentaremos a seguir uma sucinta descrição dessas reações de multissubstrato. Exceto quando especificamente definido, todos os substratos são designados pelas letras A, B, C e D, e os produtos pelas letras P, Q, R, etc. As diferentes formas de enzimas são chamadas de E, F, G, etc., sendo sempre E a primeira enzima. O uso de tais notações ficará claro nas discussões que seguem.

Mecanismo ordenado. Nesse mecanismo, há uma ordem precisa segundo a qual os substratos se associam aos sítios ativos de uma enzima e uma seqüência na liberação dos produtos.

A reação:

$$E + A \rightleftharpoons EA \xrightarrow{B} EAB \rightleftharpoons EPQ \xrightarrow{P} EQ \rightleftharpoons E + Q \tag{7-14}$$

estabelece que primeiramente A se complexa com a enzima E, e só então B pode formar o complexo EAB. Ocorrida a catálise, primeiro P e depois Q são liberados, nessa ordem. A notação sucinta dessa reação seria

$$E \xrightarrow[EA \quad EAB \rightleftharpoons EPQ \quad EQ]{A\downarrow \quad B\downarrow \quad P\uparrow \quad Q\uparrow} E \qquad (7\text{-}15)$$

e essa reação seria um mecanismo ordenado Bi, Bi. O termo Bi indica dois substratos ou produtos, Uni indica um único substrato ou produto e Ter, três substratos ou produtos. Um bom exemplo seria a reação

$$CH_3CH_2OH + NAD^+ \xrightleftharpoons{\text{Álcool-desidrogenase}} CH_3CHO + NADH + H^+$$

A análise cinética revelou o seguinte mecanismo:

$$E \xrightarrow[E\cdot NAD^+ \quad (E\cdot NAD^+\cdot CH_3CH_2OH \rightleftharpoons ENADH\cdot CH_3CHO)]{NAD^+\downarrow \quad CH_3CH_2OH\downarrow \quad CH_3CHO\uparrow \quad NADH + H^+\uparrow} E \qquad (7\text{-}16)$$

Mecanismo aleatório. Quando os substratos A e B se adicionam a uma enzima e os produtos P e Q são liberados ao acaso, tal seqüência é chamada de mecanismo aleatório.

Assim, uma reação geral seria:

$$\begin{array}{l} E + A \rightleftharpoons EA \xrightarrow{B} EAB \rightleftharpoons EPQ \xrightarrow{-Q} EP \rightleftharpoons E + P \\ E + B \rightleftharpoons EB \xrightarrow{A} EAB \rightleftharpoons EPQ \xrightarrow{-P} EQ \rightleftharpoons E + Q \end{array} \qquad (7\text{-}17)$$

A notação sucinta seria:

$$E \begin{cases} \xrightarrow{A\downarrow} EA \xrightarrow{B\downarrow} \\ \xrightarrow{B\uparrow} EB \xrightarrow{A\uparrow} \end{cases} (EAB \rightleftharpoons EPQ) \begin{cases} \xrightarrow{Q\uparrow} EP \xrightarrow{P\uparrow} \\ \xrightarrow{P\downarrow} EQ \xrightarrow{Q\downarrow} \end{cases} E \qquad (7\text{-}18)$$

e a reação seria um mecanismo aleatório Bi, Bi. Eis um bom exemplo:

$$\textbf{Glicogênio} + P_i \xrightleftharpoons{\text{Fosforilase}} \textbf{glicose-1-fosfato} + \textbf{glicogênio}$$

$$E \begin{cases} \xrightarrow{P_i\downarrow \quad \text{Glicogênio}\downarrow} \\ \xrightarrow{\text{Glicogênio}\uparrow \quad P_i\uparrow} \end{cases} \begin{array}{c} E\text{-(glicogênio) } (P_i) \rightleftharpoons \\ E\text{-(glucose-1-PO4 (glicogênio)} \end{array} \begin{cases} \xrightarrow{\text{Glicogênio}\uparrow \quad \text{Glucose-1-PO4}\uparrow} \\ \xrightarrow{\text{Glucose-1-PO4}\downarrow \quad \text{Glicogênio}\downarrow} \end{cases} E \qquad (7\text{-}19)$$

Mecanismo pingue-pongue. Uma seqüência típica de reações é

$$E + A \rightleftharpoons EA \rightleftharpoons EP \xrightarrow{P} F \xrightarrow{B} FB \rightleftharpoons EQ \rightleftharpoons EQ + Q \qquad (7\text{-}20)$$

Nessa seqüência, os complexos enzimáticos formados são EA, FP, FB e EQ, sendo primeiramente A convertido em P e depois B em Q. F designa uma enzima modificada (isto é, X-enzima, onde X pode ser um grupo funcional fosforilado, carboxilado ou outro ligado temporariamente à enzima). F combina-se com B com uma subseqüente transferência de X para B, a fim de formar o produto Q, com uma simultânea regeneração de E. Essa seqüência pode ser assim representada:

$$E \xrightarrow[EA \rightleftharpoons FP \quad F \quad FB \rightleftharpoons EQ]{A\downarrow \quad P\uparrow \quad B\downarrow \quad Q\uparrow} E \qquad (7\text{-}21)$$

ou um mecanismo pingue-pongue Bi, Bi.

Um exemplo, é a acetil CoA-carboxilase do fígado do rato, que catalisa a reação global

$$\text{acetil CoA} + \text{ATP} + HCO_3^- \longrightarrow \text{malonil-CoA} + \text{ADP} + P_i$$

por um mecanismo pingue-pongue Bi, Bi, uni, uni

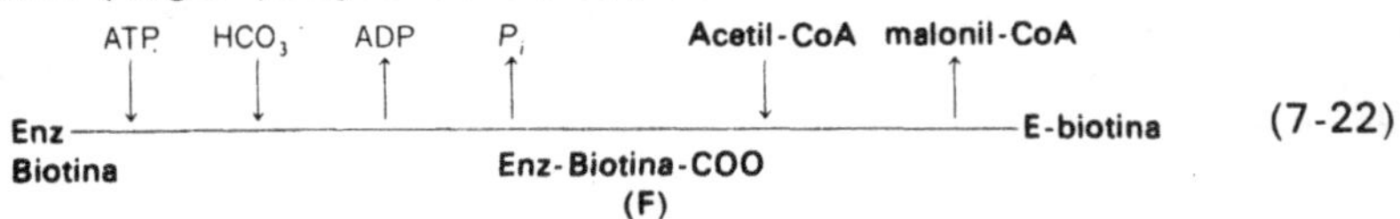

(7-22)

Os processos empregados pelo químico de enzimas para determinar de maneira precisa a ordem de adições nos sistemas multissubstrato inclui uma detalhada análise cinética da reação em termos de constantes de equilíbrio entre substratos e cofatores, V_{max} da cinética de inibição de produtos, determinações das ligações para os substratos, etc. No final deste capítulo encontram-se referências aos processos para a realização desses estudos.

EFEITO DA TEMPERATURA

Uma transformação química como

$$\underset{\text{Estado inicial}}{A - B} \longrightarrow \underset{\text{Estado de transição}}{A \cdots B} \longrightarrow \underset{\text{Estado final}}{A + B}$$

envolve a ativação de uma população de moléculas A — B para um estado rico em energia, denominado estado de transição. Quando atingido, a ligação entre A e B estará tão enfraquecida que se quebrará, levando à formação de produtos A e B. A velocidade da reação será, assim, proporcional à concentração da espécie molecular do estado de transição. A concentração da espécie molecular do estado de transição, por sua vez, depende da energia cinética térmica crítica requerida para produzir espécies moleculares de transição, das moléculas reagentes. O aspecto importante da reação catalisada por enzimas é que uma enzima reduz a energia de ativação. Pela interação com o substrato A — B, de maneira a requerer menor quantidade de energia, o nível de transição é mais facilmente atingido, resultando em número maior de moléculas reagindo. Esse conceito está representado graficamente na Fig. 7-5. Observe que, independente do percurso da reação, tanto a reação catalisada como a não-catalisada, têm o mesmo ΔG de reação. Assim, vemos que uma enzima não altera o ΔG ou a constante de equilíbrio da reação, mas, sim, reduz a energia de ativação que a molécula A deve atingir antes que possa sofrer a transformação química.

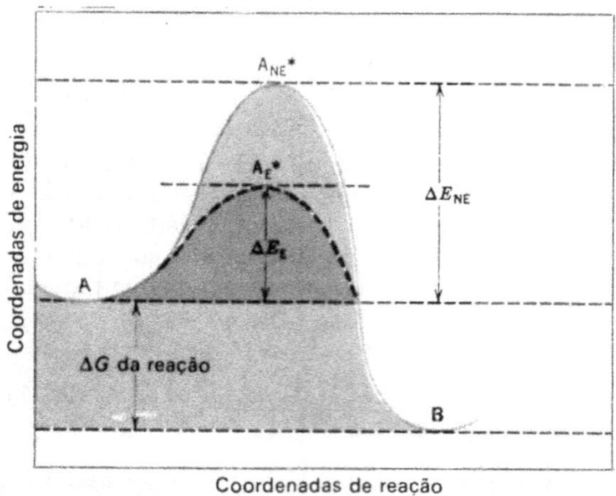

Figura 7-5. Diagrama mostrando as barreiras energéticas de uma reação A → B: A^*_{NE} mostra o complexo ativado em uma reação não-enzimática; A^*_E indica o complexo ativado em uma reação catalisada por enzimas; A é o substrato inicial; B é o produto; ΔE_{NE} é a energia de ativação para a reação não-enzimática; ΔE_E é a energia de ativação para a reação enzimática; ΔG é a diferença de energia livre em A → B

A conhecida equação de Arrhenius relaciona a constante de velocidade específica da reação (k) com a temperatura,

$$\log k = \log A^{-}E_A/2{,}3\,RT, \qquad (7\text{-}23)$$

em que A é uma constante de proporcionalidade, E_A a energia de ativação, R a constante dos gases e T a temperatura absoluta. Observou-se que a maioria das reações químicas a 37 °C tem valores de E_A entre 15 000 e 20 000 calorias por mol, enquanto que muitas reações catalisadas por enzimas têm valores de E_A variando de 2 000 a 8 000 calorias por mol. Podemos, portanto, calcular as diferenças nas constantes de velocidade das reações químicas a 37 °C, na ausência e na presença de uma enzima apropriada para a reação. Assim,

$$\text{Reação química:} \quad \log k_c = \log A - \frac{20\,000}{1\,354}$$

$$\text{Reação enzimática:} \quad \log k_e = \log A - \frac{6\,000}{1\,354}$$

$$\log \frac{k_e}{k_c} = \frac{+20\,000 - 6\,000}{1\,354} = \frac{14\,000}{\sim 1\,400} = 10 \qquad \frac{k_e}{k_c} = 10^{10}$$

Dessa forma, uma reação, quando catalisada por uma enzima, ocorre a uma velocidade muito maior do que quando não-catalisada.

Evidentemente, uma reação não-catalisada pode ser acentuadamente aumentada pela elevação da temperatura ambiental. O estudante pode facilmente compreender que tal condição será altamente desfavorável em uma célula viva. Na verdade, as enzimas são muito sensíveis a temperaturas elevadas.

Devido à natureza proteica de uma enzima, entretanto, a desnaturação térmica da proteína enzimática em temperaturas crescentes diminuirá a concentração efetiva de uma enzima e, conseqüentemente, diminuirá a velocidade da reação. Até talvez 45 °C, o efeito predominante será o aumento da velocidade de reação, como prevê a teoria da cinética química. Acima de 45 °C, um fator oposto, isto é, a desnaturação térmica, tornar-se-á cada vez mais importante, até que, a 55 °C, a rápida desnaturação destruirá a função catalítica da proteína enzimática. O duplo efeito da relação temperatura-reação enzimática é descrito na Fig. 7-6.

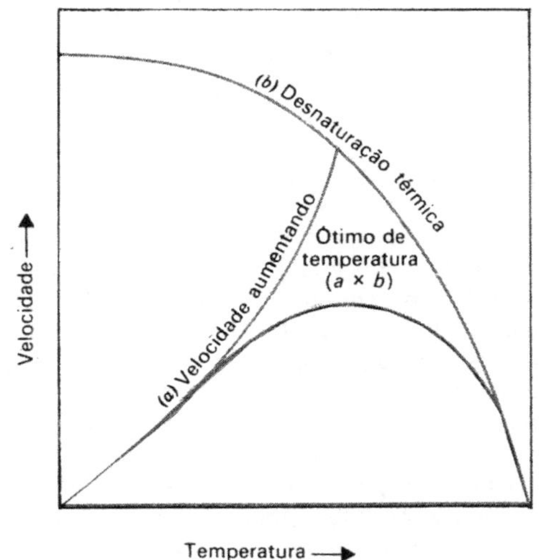

Figura 7-6. Efeito da temperatura na velocidade de reação de uma reação catalisada por enzima: (a) representa a velocidade crescente da reação em função da temperatura; (b) representa a velocidade decrescente em função da desnaturação térmica da enzima. As áreas sombreadas representam a combinação de ($a \times b$)

EFEITO DO pH

Uma vez que as enzimas são proteínas, mudanças de pH afetarão profundamente o caráter iônico dos aminogrupos e dos grupos carboxílicos da proteína e afetarão marcadamente, portanto, o sítio catalítico e a conformação de uma enzima. Além dos efeitos puramente iônicos, valores baixos ou altos de pH podem causar desnaturação considerável e conseqüentemente inativação da proteína enzimática. Ademais, uma vez que muitos substratos têm caracter iônico (por exemplo, ATP, NAD^+, aminoácidos e CoASH), o sítio ativo de uma enzima pode requerer espécies iônicas determinadas para atingir uma atividade ótima.

Esses efeitos são provavelmente os principais determinantes de uma típica relação atividade enzimática-pH. Assim, obtém-se uma curva em forma de sino, com um platô relativamente pequeno e velocidades de decréscimo acentuadas em qualquer dos lados, como indica a Fig. 7-7. O platô é usualmente chamado de faixa de *pH ótimo*.

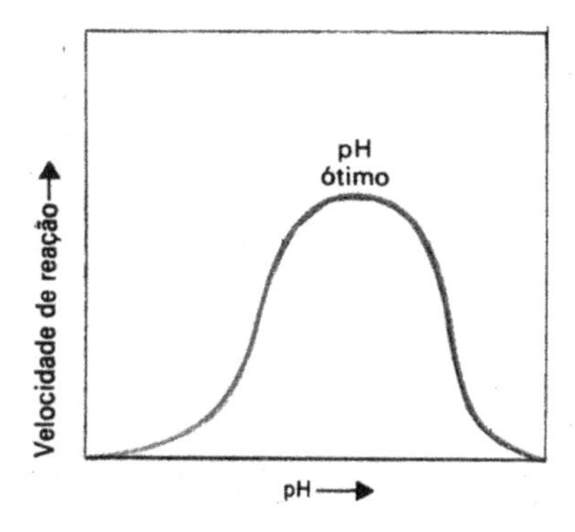

Figura 7-7. Efeito do pH em uma reação catalisada por enzima

No estudo das enzimas, torna-se extremamente importante determinar, no início da investigação, o pH ótimo e a extensão de seu platô. A mistura de reação pode então ser cuidadosamente controlada com tampões de capacidade tamponante adequada.

No meio celular, o controle de pH nas várias partes da célula torna-se importante, uma vez que ocorrerá uma acentuada mudança nas velocidades enzimáticas se a estabilidade do pH não for mantida. Isso causaria acentuados distúrbios nos sistemas catabólicos e anabólicos estreitamente inter-relacionados da célula. Obviamente, então, seria de grande valor na compreensão da regulação do metabolismo celular, se tivéssemos melhor conhecimento de como o pH é controlado ou modificado na geografia celular.

POR QUE AS ENZIMAS SÃO CATALISADORES?

Embora muito se conheça sobre os aspectos físicos, químicos e estruturais das enzimas, o mistério do enorme poder catalítico de uma enzima permanece insolúvel. A princípio acreditou-se que a identificação e localização de resíduos de aminoácidos associados com o sítio catalítico de uma enzima explicariam sua atividade catalítica. Agora os bioquímicos perceberam que essa simplificação, embora ainda válida, é um pouco ingênua. Nos últimos anos, químicos enzimologistas obtiveram reagentes bem planejados para testar e identificar o sítio ativo da enzima e, na realidade, atualmente, técnicas físicas altamente sofisticadas como espectrometria de ressonância magnética nuclear e espectrometria de ressonância do *spin* eletrônico, assim como cristalografia de raio X de alta resolução, forneceram ao químico enzimologista dados úteis para o desenvolvimento de respostas ao mistério do poder catalítico de uma proteína. Como resultado, o estudante pode facilmente ter à mão uma vasta literatura, por meio da qual, pelo uso hábil de princípios físicos orgânicos, um químico enzimologista pode "explicar" os acontecimentos que convertem um substrato, via complexo de Michaelis [ES], a um produto. Se tais eventos realmente ocorrem é parte do problema de explicação do poder catalítico de uma enzima. Não há dúvida que, à medida que um substrato aproxima-se e associa-se com o sítio ativo de uma enzima, um número de mudanças ocorre, tanto no substrato como na proteína, com uma redução na barreira da energia de ativação, para permitir a conversão do substrato no produto. Estruturalmente, o sítio ativo pode ser uma fenda, como na papaína, ribonuclease ou lisozima; ou uma cova profunda, como na anidrase carbônica, com um átomo de zinco cataliticamente essencial em seu fundo. Qualquer que seja a forma do sítio catalítico, considera-se que o substrato correto liga-se somente na orientação requerida, com a formação concomitante de intermediários covalentes com uma energia de ativação mais baixa do que a encontrada na reação não-catalisada. O termo *ligação produtiva* é empregado aqui para descrever a associação peculiar entre substrato e sítio ativo. Uma outra especulação válida envolve a ligação de um substrato preferido ao sítio ativo de tal modo que o substrato é mecanicamente distorcido numa conformação energeticamente desfavorável. A enzima pode também estar numa conformação forçada, que é afrouxada ao ligar o substrato, de forma que a energia da tensão é diretamente dirigida para reduzir a energia do estado de transição do substrato. Esses efeitos, assim como outros, podem todos participar na catálise de transformação de um substrato num produto, num sítio ativo altamente específico de uma proteína peculiar chamada enzima.

ESPECIFICIDADE

Como já mencionamos, uma importante característica da enzima é sua especificidade pelo substrato; isto é, por causa da conformação da complexa molécula proteica, da singularidade de seu sítio ativo e da configuração estrutural da molécula do substrato, uma enzima selecionará somente um número limitado de compostos para atacar.

Uma enzima normalmente exibirá uma *especificidade* de grupo; isto é, um grupo geral de compostos pode servir como substrato. Assim, uma série de aldoexoses pode ser fosforilada por uma quinase e ATP. Se a enzima atacar apenas um único substrato, por exemplo, glucose e não outro monossacarídeo, diz-se ter uma *especificidade de grupo absoluta*. Ela pode ter uma *especificidade de grupo relativa* se ataca uma série homóloga de aldoexoses.

Um outro importante aspecto da especificidade enzimática é a estereoespecificidade da enzima em relação ao substrato. Como foi mencionado nos Caps. 2 e 4, uma enzima pode ter especificidade óptica por um isômero óptico D ou L. Assim, as L-aminoácido-oxidases atacam somente os L-aminoácidos, enquanto que as D-aminoácido-oxidases somente reagem com os D-isômeros dos aminoácidos,

$$\text{L-Aminoácidos} \xrightarrow[\text{L-Aminoácido-oxidase}]{O_2} \alpha\text{-Cetoácidos} + NH_3 + H_2O_2$$

$$\text{D-Aminoácidos} \xrightarrow[\text{D-Aminoácido-oxidase}]{O_2} \alpha\text{-Cetoácidos} + NH_3 + H_2O_2$$

Embora as enzimas exibam especificidade óptica, um pequeno grupo de enzimas, as racemases, catalisa um equilíbrio entre os L e D-isômeros e funciona através de um complexo intermediário com piridoxal-fosfato. Assim, a alanina-racemase catalisa a reação

$$\text{L-Alanina} \rightleftharpoons \text{D-Alanina.}$$

Ainda outras enzimas têm especificidades para isômeros geométricos ou *cis*-*trans*. A fumarase adicionará água facilmente ao sistema de dupla ligação do isômero *trans* do ácido fumárico, mas é completamente inativa para o isômero *cis*, o ácido maleico.

Uma inspeção da Tab. 7-3, que classifica as enzimas em seis grupos principais, demonstra a grande versatilidade das enzimas em relação à especificidade para o substrato.

Tabela 7-3. Classificação das enzimas

1. **Oxidorredutases.** Enzimas relacionadas com a oxidação e a redução biológicas e, portanto, com os processos respiratórios e fermentativos. Essa classe inclui não somente as desidrogenases e as oxidases, mas também as peroxidases (que usam H_2O_2 como oxidante), as hidroxilases (que introduzem grupos hidroxílicos no substrato) e as oxigenases (que introduzem no substrato o O_2 molecular, ao invés de uma dupla ligação).
2. **Transferases.** Enzimas que catalisam a transferência de grupos de um carbono (metil-, formil-, carboxil-), resíduos aldeídicos ou cetônicos, grupamentos alcoílicos, nitrogenados e contendo fósforo ou enxofre.
3. **Hidrolases.** Esterases, fosfatases, glicosidases, peptidases, etc.
4. **Liases.** Enzimas que removem grupos a partir de seus substratos (sem ser por hidrólise), deixando, em conseqüência, duplas ligações, ou que, ao contrário, incorporam grupos às duplas ligações do substrato. A classe inclui também descarboxilases, aldolases, desidratases, etc.
5. **Isomerases.** Racemases, epimerases, *cis*-*trans*-isomerases, oxidorredutases intramoleculares e transferases intramoleculares.
6. **Ligases.** Enzimas que catalisam a união de duas moléculas, acoplada ao desdobramento de uma ligação de pirofosfato do ATP ou de outro trifosfato similar (também conhecidas como sintetases).

Em algumas reações enzimáticas, o substrato é simétrico do ponto de vista da química orgânica. O glicerol, o álcool e o ácido cítrico podem ser considerados nessa categoria, uma vez que eles têm um plano de simetria (Fig. 7-8).

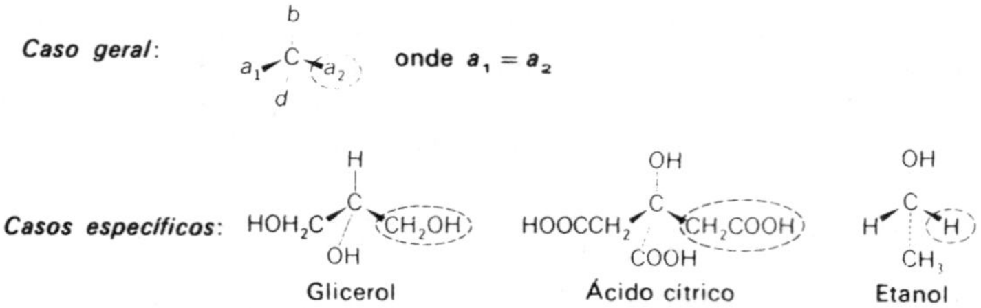

Caso geral: a_1–C(b)(d)–a_2 onde $a_1 = a_2$

Casos específicos:

HOH_2C–C(H)(OH)–CH_2OH — Glicerol

$HOOCCH_2$–C(OH)(COOH)–CH_2COOH — Ácido cítrico

H–C(OH)(CH_3)–H — Etanol

Figura 7-8. Substrato aparentemente simétricos que são atacados somente na área sombreada e não nas áreas pontilhadas

Demonstrou-se, todavia, que esses compostos comportam-se assimetricamente quando servem como substratos para enzimas; isto é, $C_{a_1a_2ad}$, embora simétrico, é preferencialmente atacado no a_1 mas não no a_2, embora ambos os grupos sejam idênticos. A área sombreada no glicerol, etanol e ácido cítrico é preferencialmente atacada, enquanto que a área tracejada permanece intocada pelas enzimas específicas. Essa observação surpreendente foi solucionada quando Ogston na Inglaterra, em 1948, fez a importante dedução de que embora um substrato possa parecer *simétrico*, a relação enzima-substrato é *assimétrica*. O substrato terá uma relação espacial definida com a enzima, havendo, pelo menos, três pontos de interação específica entre enzima e substrato. Os seguintes requisitos básicos devem ser preenchidos:

1) a molécula do substrato deve estar associada à enzima numa orientação específica. A associação entre o substrato e a enzima precisa ser pelo menos de três pontos;

2) as associações dos três sítios enzimáticos devem ser diferentes ou assimétricas;

3) o composto pode ter dois, mas não mais, grupos idênticos (a_1 e a_2) afetados pela enzima e dois grupos diferentes (b e d), todos associados com um átomo de carbono central C.

Na realidade, a_1 e a_2 não são bioquimicamente equivalentes, uma vez que a_1 é tipicamente adicionado ou formado, em relação a a_2, proveniente de uma reação enzimática altamente específica. Assim, na síntese do citrato a partir de acetil-CoA e ácido oxalacético, somente a_1 é derivado da acetil-CoA e a_2, b e d a partir de oxalacetato:

$$CH_3C(=O){-}SCoA + O{=}C(COOH){-}CH_2{-}COOH \longrightarrow (b)HO{-}C(CH_2COOH(a_1))(CH_2COOH(a_2)){-}COOH(d) + CoA$$

Contudo o citrato é opticamente inativo em solução, uma vez que satisfaz os requisitos de uma molécula simétrica Ca, a, b e d com um plano de simetria. Na reação da aconitase, a superfície da enzima tem três sítios de ligação diferentes, um dos quais é o sítio ativo a_1, específico para a_2, que se relaciona a b e a d, e os outros sítios específicos de ligação são b' e d' (Fig. 7-9).

$$\underset{\text{Citrato}}{(b)HOC(CH_2COOH(a_1))(CH_2COOH(a_2))COOH(d)} \underset{}{\overset{\text{Aconitase}}{\rightleftharpoons}} \underset{\text{Isocitrato}}{(b)HC(CH_2COOH(a_1))(COOH(d)){-}HOC(H){-}COOH(a_2)}$$

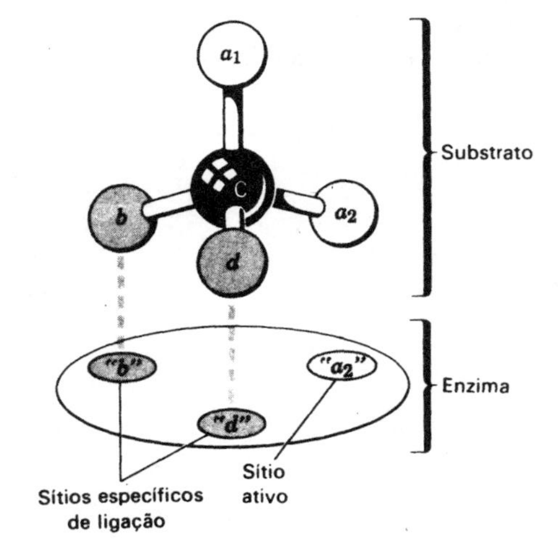

Figura 7-9. Representação esquemática do posicionamento de um substrato em seu sítio ativo na superfície da enzima: b, az e d são grupos funcionais do substrato que combinam com sítios específicos sobre a superfície enzimática. Independente de sua natureza, existe somente um ajuste ao sítio ativo da superfície enzimática

INIBIDORES DAS ENZIMAS

Um número considerável de compostos tem a capacidade de se combinar com determinadas enzimas, tanto de maneira reversível como irreversível, bloqueando dessa forma a catálise enzimática. Tais compostos são denominados inibidores, e incluem medicamentos, antibióticos, venenos, antimetabolitos, bem como os produtos de reações enzimáticas.

Duas classes gerais de inibidores são reconhecidas, e suas ações envolvem inibição reversível ou irreversível.

Inibidores irreversíveis. Um inibidor irreversível forma uma ligação covalente com uma função específica, usualmente um resíduo de aminoácido, que pode, de alguma maneira, estar associado à atividade catalítica da enzima. Além disso, existem muitos exemplos de inibidores enzimáticos que se ligam covalentemente, não ao sítio ativo, mas que o bloqueiam fisicamente. O inibidor não pode ser liberado por diluição ou diálise; cineticamente, a concentração e, em conseqüência, a velocidade de uma enzima ativa é reduzida proporcionalmente à concentração do inibidor e, assim, o efeito é o de inibição não-competitiva:

$$\begin{array}{l} E + S \rightleftharpoons ES \rightleftharpoons E + P \\ + \\ I \\ \downarrow \\ EI \end{array}$$

Exemplos de inibidores irreversíveis incluem o diisopropil-fluorofosfato, que reage irreversivelmente com as proteases de serina, como a quimotripsina, (p. 155), e o iodoacetato, que reage com o grupo sulfidrila essencial de uma enzima, como a triose-fosfato--desidrogenase:

$$E-SH + ICH_2COOH \longrightarrow E-S-CH_2COOH + HI$$

Um tipo peculiar de inibição irreversível foi descrito recentemente como inibição k_{cat}, em que um inibidor latente é ativado a inibidor ativo pela ligação ao sítio ativo da enzima. O inibidor gerado reage então quimicamente com a enzima, levando à sua inibição irreversível. A enzima, literalmente, comete suicídio! Esses inibidores têm grande potencial como drogas para a detecção de sítios ativos altamente específicos, uma vez que eles não são convertidos da forma latente à forma ativa, a não ser pelas enzimas-alvo, específicas. Um exemplo excelente é a inibição da D-3-hidroxildecanoil-ACP-desidratase (de *E. coli*) pelo inibidor latente D-3-decenoil-*N*-acetil-cistamina, de acordo com a seguinte seqüência de eventos:

$$CH_3(CH_2)_5C{\equiv}CCH_2\overset{O}{\overset{\|}{C}}-S-NAC \xrightarrow[\text{Decanoil-ACP-desidrase}]{3\ OH} CH_3(CH_2)_5CH{=}C{=}CH\overset{O}{\overset{\|}{C}}-S-NAC$$

Inibidor latente — Inibidor ativo (H^+)

Resíduo de histidil (Enz) — Sítio enzimático ativo

$$CH_3(CH_2)_5CH{=}\underset{\text{N-imidazol-Enz}}{C}-CH_2\overset{O}{\overset{\|}{C}}-S-NAC$$

Inibição irreversível

Inibição reversível. Como o termo indica, esse tipo de inibição envolve o equilíbrio entre a enzima e o inibidor, sendo a constante de equilíbrio (K_i), uma medida da afinidade do inibidor pela enzima. Três tipos diferentes de inibição reversível são conhecidos, e eles serão descritos a seguir.

INIBIÇÃO COMPETITIVA. Os compostos que podem ou não ser relacionados estruturalmente com o substrato natural, combinam-se reversivelmente com a enzima no (ou próximo do) sítio ativo. O inibidor e o substrato, portanto, competem pelo mesmo sítio, de acordo com a reação:

$$\begin{array}{l} E + S \underset{K_m}{\rightleftharpoons} ES \longrightarrow E + P \\ + \\ I \\ \uparrow\downarrow K_i \\ EI \end{array} \quad (7\text{-}24)$$

Os complexos ES e EI são formados, porém os complexos EIS nunca são produzidos. Pode-se concluir que concentrações elevadas do substrato irão superar a inibição, fazendo com que a seqüência de reações se desloque da esquerda para a direita, na Eq. (7-24). A Tab. 7-4 resume os parâmetros cinéticos da inibição, e a Fig. 7-10(*a*) e 7-10(*b*) indicam as curvas típicas observadas nesse tipo de inibição. A Tab. 7-1 relaciona algumas das enzimas que podem sofrer inibição competitiva. Um exemplo clássico é a succínico-desidrogenase, que oxida prontamente o ácido succínico a ácido fumárico. Todavia, se adicionarmos concentrações crescentes de ácido malônico, que se assemelha estreitamente ao ácido succínico quanto à estrutura, a atividade da succínico-desidrogenase se reduzirá acentuadamente. Essa inibição pode ser agora revertida pelo aumento da concentração do substrato ácido succínico.

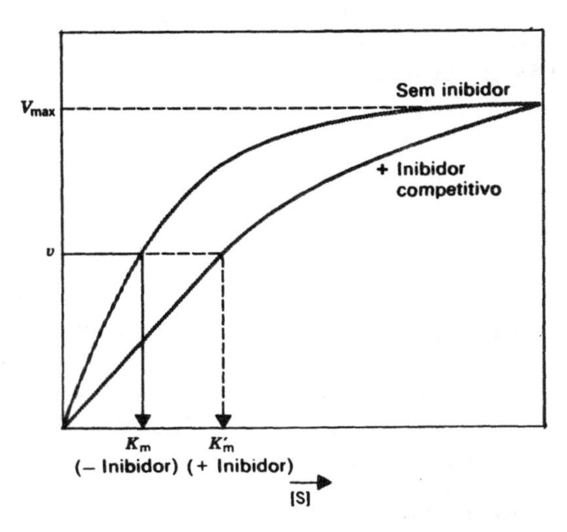

Figura 7-10(*a*). Relação entre v, a velocidade de reação, e a concentração de substrato com e sem a adição de inibidor competitivo. Observe que há modificação do K_m em presença do inibidor, sem modificação da V_{max}

$$\begin{array}{c} COOH \\ | \\ CH_2 \\ | \\ CH_2 \\ | \\ COOH \end{array} \xrightarrow{-2H} \begin{array}{c} COOH \\ | \\ CH \\ \| \\ HC \\ | \\ COOH \end{array} \qquad \begin{array}{c} COOH \\ | \\ CH_2 \\ | \\ CH_2 \\ | \\ COOH \end{array} \qquad \begin{array}{c} COOH \\ | \\ CH_2 \\ | \\ COOH \end{array}$$

Ácido succínico — Ácido malônico

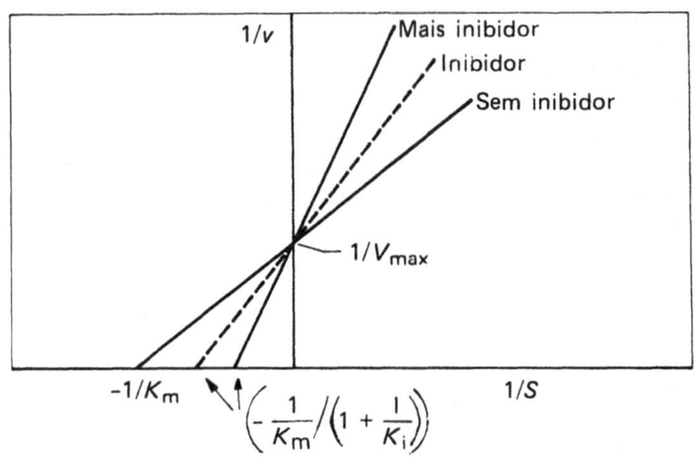

Figura 7-10(*b*). Gráficos duplo-recíprocos de v e S com concentrações diferentes de um inibidor competitivo. Veja a Tab. 7-4, para a equação que descreve a inibição competitiva

INIBIÇÃO NÃO-COMPETITIVA. Os compostos que se ligam reversivelmente seja com a enzima ou com os complexos enzima-substrato, são designados como inibidores não-competitivos. As reações abaixo descrevem esses eventos:

$$\begin{array}{ccccc} E + S & \underset{K_m}{\rightleftharpoons} & ES & \longrightarrow & P \\ + & & + & & \\ I & & I & & \\ \Vert K_i & & \Vert K_i & & \\ EI & \underset{K_m}{\overset{\pm S}{\rightleftharpoons}} & EIS & & \end{array} \qquad (7\text{-}25)$$

Tabela 7-4. Resumo das expressões cinéticas na conversão do substrato a produto durante vários tipos de inibição

Tipo de inibição	Equação	V_{max}	K_m
Nenhuma	$v = \dfrac{V_{max}[S]}{K_m + [S]}$	—	—
Competitiva	$v = \dfrac{V_{max}[S]}{K_m\left(1 + \dfrac{I}{K_i}\right) + [S]}$	Não altera	Aumenta
Não-competitiva	$v = \dfrac{\dfrac{V_{max}[S]}{1 + I/K_i}}{K_m + S}$	Diminui	Não altera
Incompetitiva	$v = \dfrac{V_{max}[S]}{K_m + S\left(1 + \dfrac{I}{K_i}\right)}$	Diminui	Diminui

A inibição não-competitiva difere, portanto, da inibição competitiva quanto ao fato de o inibidor poder se combinar com ES, e de S poder se combinar com EI para formar, em ambos os casos, EIS. Esse tipo de inibição não é revertido completamente por concentrações elevadas de substrato, uma vez que a seqüência fechada ocorrerá independente da concentração de substrato. Uma vez que o sítio de ligação do inibidor não é idêntico, nem se modifica diretamente o sítio ativo, também não se altera o K_m. Veja a Tab. 7-4 para a equação que define a inibição não-competitiva e a Tab. 7-1 para alguns exemplos. As Figs. 7-11(*a*) e 7-11(*b*) são gráficos recíprocos típicos de uma reação de inibição não-competitiva.

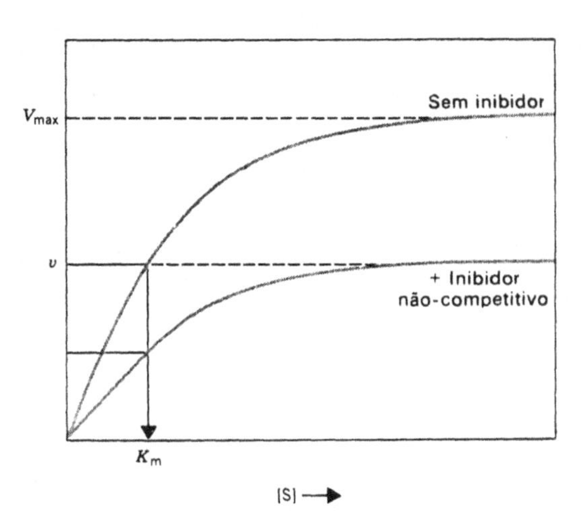

Figura 7-11(*a*). Relação entre *v* e a concentração de substrato, com e sem inibidor não-competitivo. Observe o deslocamento de V_{max}, sem modificação do K_m

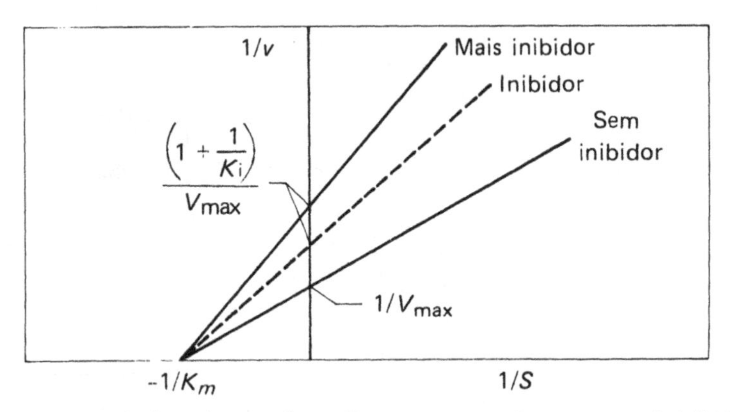

Figura 7-11(*b*). Gráficos duplo-recíprocos de *v* e *S* com concentrações crescentes de inibidor não-competitivo. Veja a Tab. 7-4, para a equação descritiva desse tipo de inibição

INIBIÇÃO INCOMPETITIVA. Os compostos que se combinam somente com o complexo ES, mas não com a enzima livre, são denominados inibidores incompetitivos. A inibição não é superada por concentrações elevadas de substrato. É interessante salientar que o valor de K'_m é consistentemente menor do que os valores de K_m da reação não-inibida, o que significa ser S mais efetivamente ligado à enzima na presença do inibidor. A seqüência de uma reação típica é:

$$\begin{array}{c} E + S \overset{K_m}{\rightleftharpoons} ES \longrightarrow P \\ + \\ I \\ \upharpoonleft\downharpoonright K_i \\ EIS \end{array} \qquad (7\text{-}26)$$

A comparação entre essa reação e a reação 7-25 sugere que um elemento de inibição incompetitiva está sempre presente na inibição não-competitiva, uma vez que, em ambos os casos forma-se EIS. As Figs 7-12(*a*) e 7-12(*b*) apresentam curvas típicas para a inibição incompetitiva. As Tabs. 7-1 e 7-4 fornecem, respectivamente, exemplos e equações cinéticas para a inibição incompetitiva.

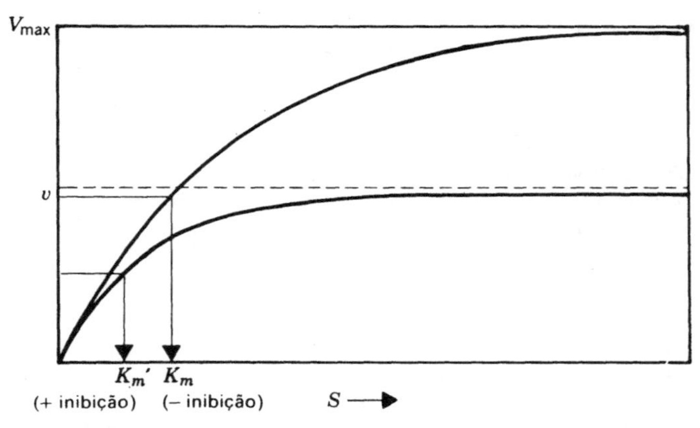

Figura 7-12(*a*). Relação entre as concentrações de v e S na presença e na ausência de inibição incompetitiva. Observe que há redução de K'_m e de V_{max}

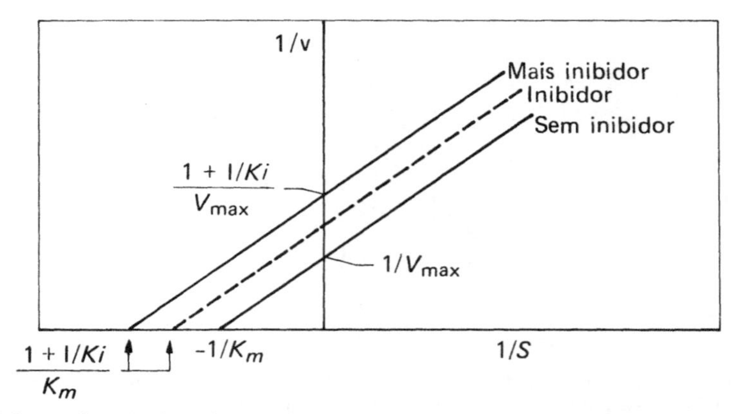

Figura 7-12(*b*). Gráficos duplo-recíprocos das concentrações de v e S na presença e na ausência de inibidor incompetitivo. Veja na Tab. 7-4, para a equação descritiva

As Figs. 7-10 e 7-12 ilustram também, claramente, como se determina o tipo de inibição que está ocorrendo em uma reação enzimática. Os dados são obtidos para reações na ausência e na presença de diferentes concentrações de inibidor e, então, os gráficos de $1/v$ *versus* $1/S$ são construídos. A inspecção dos gráficos lineares assim obtidas identifica a natureza da inibição. Os valores de K_i são deduzidos prontamente.

Outras inibições. Usaremos mais tarde o termo, *inibição por retroalimentação (feedback) negativa*, ou *retroinibição negativa*. Essa inibição é causada pela interação de um produto com uma enzima, precocemente, na seqüência de sua formação. Esse tipo de inibidor é encontrado com grande freqüência na inibição por retroação, e será do tipo competitivo. Na retroinibição, a enzima inibida pode ser, muitas vezes, uma enzima alostérica. Outra observação freqüente é que, à medida que aumenta a concentração de substrato, a velocidade da reação atinge um máximo, e começa então a declinar, à medida que a concentração de substrato se reduz. Quando as velocidades iniciais são tomadas e os produtos não aumentarem de concentração, a inibição é denominada de inibição pelo substrato, sendo do tipo competitivo. Finalmente, embora tenhamos discutido três tipos distintos de inibição, dados cinéticos freqüentemente revelam um tipo de inibição mista, indicativo de uma combinação de competitivo e não-competitivo, ou de inibição não-competitiva e incompetitiva.

ENZIMAS ALOSTÉRICAS

Inúmeras enzimas, extremamente importantes, denominadas enzimas alostéricas ou regulatórias, foram investigadas intensamente nos anos recentes. Essas enzimas são sempre oligoméricas, com sítios, *regulatórios* e *catalíticos* topologicamente distintos. Elas apresentam cinética sigmóide e usualmente se pode prever que elas catalisem a reação em um ponto de ramificação de um percurso metabólico.

Aspectos cinéticos de enzimas alostéricas. A característica cinética da maioria das enzimas alostéricas é a relação atípica entre a atividade e a concentração do substrato. Até aqui, consideramos enzimas que possuem sítios independentes de ligação do substrato, isto é, a ligação de uma molécula de substrato não tem efeito nas constantes de dissociação intrínsecas dos sítios vagos. Tais enzimas originam curvas hiperbólicas normais de velocidade. Entretanto, se a ligação de uma molécula de substrato (ou efetor) induz modificação estrutural ou eletrônica que resulta em afinidades alteradas dos sítios vagos, a curva de velocidade não seguirá mais a cinética de Michaelis-Menten e a enzima será classificada como uma enzima "alostérica". Com toda probabilidade, os múltiplos sítios de ligação do substrato (ou efetor) das enzimas alostéricas situam-se em diferentes subunidades da proteína. Geralmente enzimas alostéricas originam curvas sigmóides de velocidade. A ligação de uma molécula de substrato (ou efetor) facilita a ligação da próxima molécula de substrato (ou efetor), pelo aumento das afinidades dos sítios ligantes vagos. O fenômeno foi chamado de *ligação cooperativa* ou *cooperatividade positiva*, com respeito à ligação do substrato ou de *resposta homotrópica positiva*. Uma *resposta heterotrópica positiva* significa que um efetor, que não o substrato, está se ligando ao sítio regulador específico, o que aumenta as afinidades dos sítios ligantes vagos.

As vantagens potenciais de uma resposta sigmóide em função da concentração do substrato é ilustrada na Fig. 7-13. Para comparação, uma velocidade hiperbólica normal, com o mesmo $[S]_{0,9}$ é indicada. Entre $[S] = 0$ e $[S] = 3$, a curva de resposta hiperbólica desacelera, mas ainda atinge 0,75 de V_{max}. A curva sigmóide acelera exponencialmente, mas só atinge 0,10 de V_{max} entre os mesmos limites de [S]. Entretanto, a curva sigmóide cresce de V_{max} 0,10 a V_{max} 0,75 com somente um aumento adicional de [S] de 2,3 vezes. Para cobrir a mesma extensão de velocidade específica, a curva hiperbólica requer um aumento de [S] de 27 vezes. Assim, a resposta sigmóide age, em certo sentido, como um "interruptor". Dessa forma, em velocidades específicas moderadas, a resposta sigmóide fornece um controle muito mais sensível da velocidade de reação pelas variações da concentração do substrato.

Dois modelos importantes de ligação cooperativa foram propostos. São o modelo de interação "progressivo" ou "seqüencial" e o modelo "combinado" ou "simé-

is experimentais, é muito difícil produzir deficiências de á
stinais proporcionam as pequenas quantidades necessá
vados do ácido fólico exercem uma função importante,
formação de eritrócitos normais.

ÍMICA. Embora o ácido fólico seja a vitamina, seus de
verdadeiras formas coenzimáticas. Uma enzima, a *fólic*
ico a ácido diidrofólico (DHF); este composto é reduzi(

V_{max}

0,5

Ácido diidrofólico (FH_2)

Ácido tetraidrofólico (FH_4)

ico-redutase a ácido tetraidrofólico (THF). O agente reduto
NADPH:

0 1 2 3 4 5 6 7 8 9

[S]

Figura 7-13. O efeito das concentrações do substrato na velocidade de uma reação catalisada por [1] uma enzima do tipo Michaelis-Menten e [2] uma enzima alostérica com cinética sigmoidal. A relação $[S]_{0,9}/[S]_{0,1}$ para a resposta sigmoidal é 9 e para a curva hiperbólica é exatamente 81. [S] representa a concentração de substrato; o índice indica a V_{max} a uma determinada [S]. (Reproduzido com a permissão de Irwin H. Segel)

trico". Ambos os modelos são baseados na observação de que todas as enzimas alostéricas são compostas de subunidades, isto é, são oligômeros. O modelo "seqüencial" de Koshland, Nemethy e Filmer (baseado nas sugestões anteriores de Adair e Pauling, e no modelo do "encaixe induzido" de Koshland) estabelece que a afinidade dos sítios vagos para um dado ligante muda de uma maneira progressiva, à medida que os sítios são preenchidos (introduzindo assim a possibilidade de respostas homotrópicas negativas e positivas). O modelo "seqüencial" pode ser assim visualizado. Um ligante (substrato ou efetor) une-se a um sítio desocupado em uma subunidade de uma enzima oligomérica. Em conseqüência a subunidade sofre uma alteração conformacional induzida. Novas interações são estabelecidas entre as subunidades e isso resulta numa mudança nas constantes de ligação dos sítios desocupados. Por exemplo, se a constante de ligação para a primeira molécula de substrato é K_B, a constante de ligação para a segunda molécula de substrato pode ser alterada para iK_B. A segunda molécula de substrato ligada muda a constante de ligação dos sítios vagos por um outro fator, j (para ijK_B), e assim por diante. A mudança seqüencial em K_B requer que as subuni-

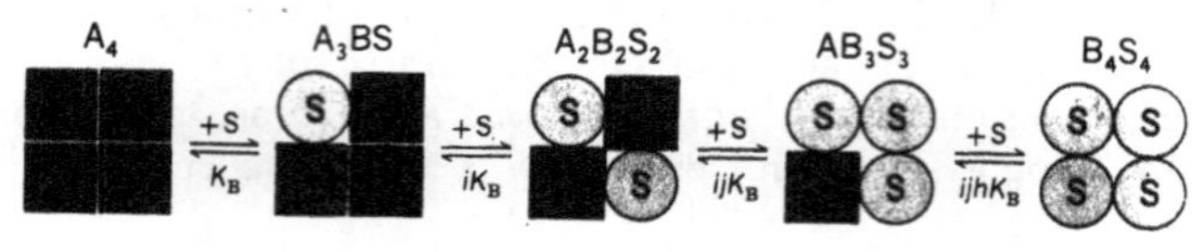

dades sofram mudanças conformacionais induzidas pelo ligante, de uma maneira seqüencial.

O modelo seqüencial pode ser tornado muito geral e aplicável à maioria das enzimas alostéricas, desde que se leve em consideração a possibilidade de interação restrita entre as subunidades, em conseqüência da geometria dos oligômeros.

O modelo "combinado-simétrico" de Monod, Wyman e Changeux, assume que a enzima oligomérica preexista como uma mistura em equilíbrio de formas de maior e menor afinidade. Quando um substrato liga-se preferencialmente ao estado de maior afinidade, R ("relaxado"), o equilíbrio é deslocado em favor deste estado. A transição

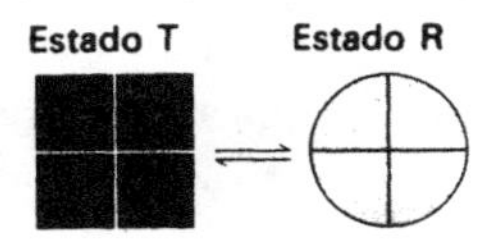

entre os estados é combinada, isto é, todas as subunidades dos oligômeros mudam a conformação simultaneamente. Uma vez que mais sítios são produzidos na transição do que usados pela união do ligante, **a curva de saturação do substrato é sigmóide.** O modelo combinado-simétrico não permite respostas homotrópicas negativas. Compostos que se ligam preferencialmente ao estado T ("compacto" ou "tenso") agem

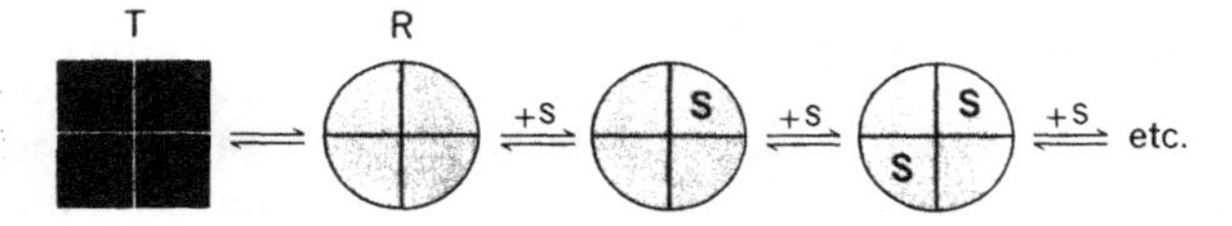

como inibidores; compostos que se ligam preferencialmente ao estado R, agem como ativadores (isto é, eles mimetizam o substrato pela promoção do aparecimento de mais sítios de alta afinidade pelo substrato).

Algumas enzimas alostéricas exibem cinética do tipo competitivo, uma vez que elas envolvem mudanças no K_m aparente do substrato (isto é, $[S]_{0,5}$), mas não mudam a V_{max}. Elas são chamadas sistemas K. Ao contrário, sistemas não competitivos são referidos como sistemas V, porque envolvem mudanças na V_{max}, mas não no K_m.

Uma vez mais o estudante deveria notar a amplificação da estimulação ou inibição num sistema enzimático alostérico, em contraste com o observado num sistema não-alostérico.

COFATORES

Um grande número de enzimas requer um componente adicional antes que a proteína enzimática possa exercer suas funções catalíticas. O termo geral *cofator* inclui esse componente. Cofatores podem ser divididos mais livremente em três grupos que incluem (a) grupos prostéticos, (b) coenzimas e (c) ativadores metálicos.

Um grupo prostético é usualmente considerado como um cofator *firmemente ligado* à proteína enzimática. Assim por exemplo o núcleo porfirínico da hemoproteína peroxidase e a flavina-adenina-dinucleotídeo firmemente associada à succínico-desidrogenase são grupos prostéticos.

Esta idéia pode ser apresentada como:

AH_2 — E–(F) — BH_2

A — E–(FH_2) — B

Uma coenzima é uma molécula orgânica pequena, termoestável, que *facilmente dissocia-se* da proteína enzimática e de fato pode ser dialisada, separando-se da proteína. Assim, o NAD^+, o $NADP^+$, o ácido tetraidrofólico e o pirofosfato de tiamina são exemplos de coenzimas.

O grupo de ativadores metálicos é representado por cátions metálicos mono ou divalentes como K^+, Mn^{2+}, Mg^{2+}, Ca^{2+} ou Zn^{2+}, indispensáveis para a atividade de um grande número de enzimas. Esses íons podem estar frouxa ou firmemente ligados a uma proteína enzimática, presumivelmente por quelação com grupos fenólicos, amínicos, ou carboxílicos. Por outro lado, o Fe^{2+}, ligado a um núcleo de porfirina e o Co^{2+}, ligado ao complexo vitamínico B_{12}, seriam incluídos no grupo ao qual pertencem a porfirina e a vitamina B_{12}.

A função de uma coenzima, ou seja, interagir com diferentes enzimas pode ser esquematizada como:

$$AH_2 \xrightarrow{E_1} A \quad NAD^+ \rightleftarrows NADH + H^+ \quad B \xrightarrow{E_2} BH_2$$

com $NAD^+/NADH$ oscilando entre E_1 e E_2

Teremos muito mais a dizer sobre cofatores no Cap. 8, onde trataremos das funções das vitaminas e metais.

ENZIMAS COMO PROTEÍNAS

Mais de mil enzimas foram até agora descritas e cerca de cem têm sido estudadas com maiores detalhes. Dessas, cerca de quinze tiveram sua estrutura tridimensional analisada por técnicas de difração de raios X de alta resolução.

Três grandes grupos de proteínas enzimáticas aparecem.

1. As enzimas monoméricas, isto é, enzimas com apenas uma cadeia polipeptídica na qual se situa o sítio ativo.

2. As enzimas oligoméricas, isto é, enzimas que contêm, no mínimo 2 e até 60 ou mais subunidades firmemente associadas para formar a proteína enzimática cataliticamente ativa.

3. Os complexos multienzimáticos, nos quais diversas enzimas, combinadas numa série seqüencial de reações para a transformação do(s) substrato(s) em produto, estão firmemente associados. Todas as tentativas de dissociar essas enzimas levam à inativação completa.

Examinaremos brevemente aqui essas três categorias e nos referiremos a elas em outras partes deste livro.

Enzimas monoméricas. Esse grupo de enzimas é relativamente pequeno, e todas elas participam de reações hidrolíticas. Como está anotado na Tab. 7-5, seus pesos

Tabela 7-5. Enzimas monoméricas

Enzimas	Peso molecular	Resíduos de aminoácidos
Lisozima (clara de ovo de galinha)	14 600	129
Ribonuclease	13 700	124
Papaína	23 000	203
Tripsina	23 800	223
Carboxipeptidase A	34 600	307

moleculares variam de 13 000 a cerca de 35 000, e elas não podem ser dissociadas em unidades menores. Várias dessas proteínas são proteases altamente reativas e podem ser extremamente prejudiciais à célula se biossintetizadas na forma ativa. Elas são portanto sintetizadas como *zimogênios* inativos pelos sistemas ribosômicos usuais (veja Caps. 18 e 19 para detalhes) e posteriormente são transportadas para fora da célula para dentro do trato digestivo, onde são rapidamente convertidas à sua forma ativa (Tab. 7-6).

Tabela 7-6. Conversão de zimogênios em enzimas ativas

Zimogênio	Agente ativador	Enzima ativa		Peptídeo inativo
Pepsinogênio	$\xrightarrow[\text{Pepsina}]{H^+ \text{ ou}}$	Pepsina	+	Fragmentos
Tripsinogênio	$\xrightarrow[\text{Tripsina}]{\text{Enteroquinase ou}}$	Tripsina	+	Hexapeptídeo
Quimotripsinogênio A	$\xrightarrow[+\text{ Quimotripsina}]{\text{Tripsina}}$	α-Quimotripsina	+	Resíduos de aminoácidos
Procarboxipeptidase A	$\xrightarrow{\text{Tripsina}}$	Carboxipeptidase A	+	Fragmentos
Proelastase	$\xrightarrow{\text{Tripsina}}$	Elastase	+	Fragmentos

Quimotripsina, tripsina e elastase são chamadas proteases serínicas, uma vez que seus sítios catalíticos contêm um resíduo de serina altamente reativo. Evidência em apoio a essa conclusão é derivada em parte da observação de que o gás altamente reativo sobre o nervo, diisopropilfluorofosfato, reage específica e irreversivelmente com a função hidroxílica do resíduo de serina, dessa forma inativando a enzima (Esquema 7-1).

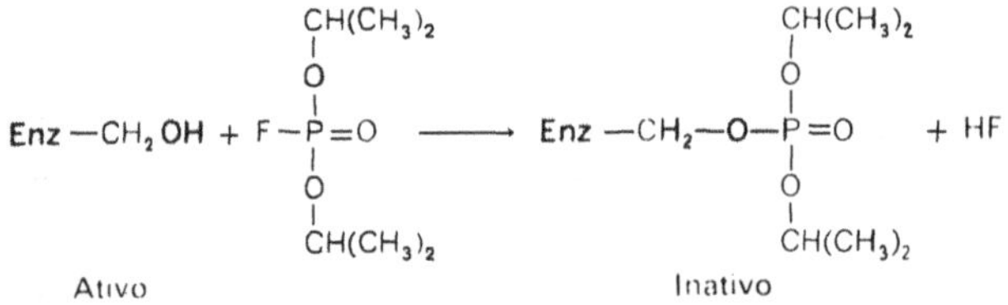

$$\underset{\text{Ativo}}{\text{Enz}-CH_2OH + F-\overset{\overset{CH(CH_3)_2}{|}\atop{\overset{O}{|}}}{\underset{\underset{CH(CH_3)_2}{|}}{\underset{O}{|}}{P}}=O} \longrightarrow \underset{\text{Inativo}}{\text{Enz}-CH_2-O-\overset{\overset{CH(CH_3)_2}{|}\atop{\overset{O}{|}}}{\underset{\underset{CH(CH_3)_2}{|}}{\underset{O}{|}}{P}}=O} + HF$$

Esquema 7-1

Diversas enzimas proteolíticas tendem a quebrar ligações peptídicas, dependendo da natureza do grupo R do C_α adjacente à ligação peptídica. Essa importante especificidade, tão útil na determinação da complexa estrutura de proteínas, é ilustrada no Esquema 7-2.

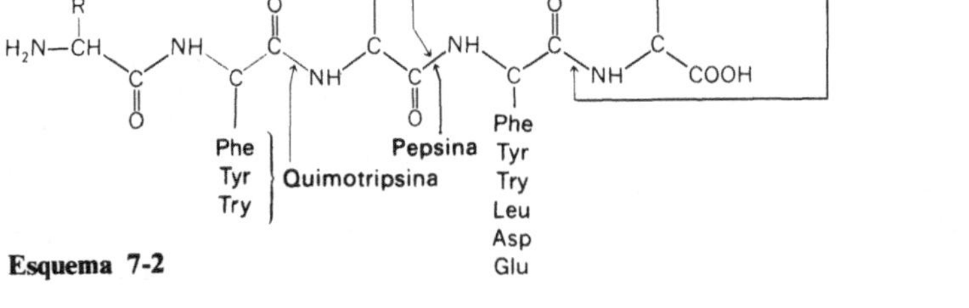

$$H_2N-\overset{R}{\overset{|}{CH}}-\overset{O}{\overset{\|}{C}}-NH-\overset{|}{C}-\overset{O}{\overset{\|}{C}}-NH-\overset{|}{C}-\overset{O}{\overset{\|}{C}}-NH-\overset{|}{C}-\overset{O}{\overset{\|}{C}}-NH-\overset{|}{C}-COOH$$

Tripsina: Lys ou Arg
Quimotripsina: Phe, Tyr, Try
Pepsina: Phe, Tyr, Try, Leu, Asp, Glu
Carboxipeptidase A: Tyr, Trp, Phe
Carboxipeptidase B: ARG or Lys

Esquema 7-2

Enzimas oligoméricas. Essas enzimas incluem proteínas com pesos moleculares de 35 000 a mais de vários milhões e constituem um número de fascinantes combinações de unidades de polipeptídeos para formar enzimas cataliticamente ativas. Para entender completamente essa classe de enzimas, precisamos definir alguns termos como,

Subunidade — toda cadeia polipeptídica da proteína funcionante completa, que não é ligada covalentemente, por ligação amídica, a outras unidades peptídicas, e pode, assim, facilmente se separar de outras subunidades.
Protômero — a unidade idêntica que se repete numa proteína contendo um número finito de subunidades idênticas.
Oligômero — uma combinação de protômeros similares ou diferentes para formar a proteína enzimática totalmente funcionante.

Se examinarmos as enzimas da seqüência glicolítica (Tab. 7-7), ficaremos imediatamente impressionados pelo fato de que todas as suas enzimas não são simples proteínas do tipo monomérico, mas sim oligomérico, consistindo de números variados de subunidades. Essas indicações apoiariam o ponto de vista de que as enzimas monoméricas são exceções, sendo as enzimas oligoméricas a regra. Algumas delas serão agora discutidas brevemente para indicar simplesmente a grande variação e diversidade das enzimas oligoméricas e suas possíveis funções (veja também o Cap. 20).

Tabela 7-7. Enzimas glicolíticas

Enzimas	Subunidades		Peso molecular
	Número	Peso molecular	
Fosforilase *a*	4	92 500	370 000
Hexoquinase	4	27 500	102 000
Fosfofrutoquinase	2	78 000	190 000
Frutose-difosfatase	2	29 000	130 000
	2	37 000	
Aldolase muscular	4	40 000	160 000
Gliceraldeído-3-fosfato-desidrogenase	2	72 000	140 000
Enolase	2	41 000	82 000
Creatina-quinase	2	40 000	80 000
Lactato-desidrogenase	4	35 000	150 000
Piruvato-quinase	4	57 200	237 000

Isozimas. Uma enzima que tem múltiplas formas moleculares no mesmo organismo, catalisando a mesma reação é conhecida como uma *isozima*. A isozima mais exaustivamente estudada é a láctico-desidrogenase (LDH) e pode ocorrer em cinco formas possíveis em órgãos da maioria dos vertebrados, como se observa por cuidadosa separação eletroforética em gel de amido. Dois tipos basicamente diferentes da LDH ocorrem. Um tipo, que predomina no coração, é chamado LDH cardíaca. O outro tipo, característico de muitos músculos esqueléticos, é chamado LDH muscular. A enzima cardíaca consiste de quatro monômeros idênticos que são chamados subunidades H. A enzima muscular consiste em quatro subunidades M idênticas, sendo cada subunidade enzimaticamente inativa. Os dois tipos de subunidades, H e M, têm o mesmo peso molecular (35 000), mas composições de aminoácidos diferentes e diferentes propriedades imunológicas. Há evidência genética de que as duas subunidades são produzidas por dois genes separados. A láctico-desidrogenase pode ser formada de subunidades H e M para obter um tetrâmero H puro e um tetrâmero M puro. Combinações de subunidades H e M produzirão três tipos adicionais de enzimas híbridas. As possíveis combinações das subunidades M e H são, portanto.

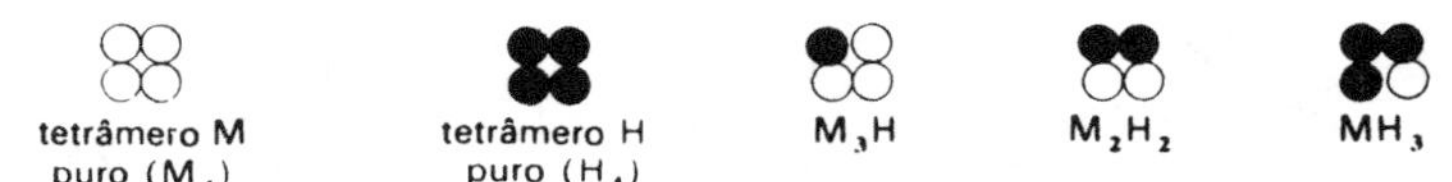

Essas várias combinações têm diferentes propriedades cinéticas, dependendo dos papéis fisiológicos que exercem (veja a p. **241**).

Isozimas são largamente distribuídas na natureza, havendo cerca de uma centena de enzimas já conhecidas como ocorrendo em duas ou mais formas moleculares.

Enzimas oligoméricas difuncionais. A enzima típica nessa categoria é a triptofano-sintetase de *E. coli*. Essa enzima consiste de duas proteínas designadas por A e B. A proteína A tem um peso molecular de 29 500 e consiste de uma subunidade α. A proteína B tem um peso molecular de 90 000 e tem dois sítios de ligação com piridoxalfosfato por molécula de B. Na presença de uréia 4 *M*, a proteína B dissocia-se em duas subunidades β, cada uma contendo um sítio de ligação para o piridoxalfosfato e tendo um peso molecular de 45 000. A triptofano-sintetase completa consiste de duas proteínas A e uma proteína B, sendo designada como $\alpha_2\beta_2$. A associação de subunidades para formar a sintetase completamente ativa e associada é grandemente aumentada tanto pela presença de piridoxalfosfato como do substrato L-serina. A sintetase nativa $\alpha_2\beta_2$ catalisa a reação

1. Indolglicerofosfato + L-Serina $\xrightarrow[\text{Piridoxalfosfato}]{\alpha_2\beta_2}$ L-Triptofano + Gliceraldeído-3-fosfato,

mas a subunidade α e a β_2 catalisam as reações seguintes:

2. Indolglicerofosfato $\overset{\alpha}{\rightleftharpoons}$ Indol + Gliceraldeído-3-fosfato;
3. Indol + L-Serina $\xrightarrow[\text{Piridoxalfosfato}]{\beta_2}$ L-Triptofano.

Com o complexo $\alpha_2\beta_2$ reconstituído, a velocidade das reações parciais é de 30 a 100 vezes maior do que com as subunidades individuais e, curiosamente, o indol não é liberado do complexo enzimático. O acoplamento das reações 2 e 3 para dar a reação 1 ocorre somente quando $\alpha_2\beta_2$ é adicionado. Essa enzima exerce assim uma atividade bifuncional baseada na presença, no complexo, de duas subunidades catalíticas separadas, as quais, em associação, originam a reação 1 funcionalmente significante.

Complexos multienzimáticos. Atualmente tem sido descrito um número de complexos que consiste de um mosaico organizado de enzimas no qual cada uma das enzimas componentes está localizada de forma a permitir acoplamento efetivo das reações individuais catalisadas por essas enzimas. Excelentes exemplos desse tipo de complexo incluem os complexos α-cetoácido-desidrogenase de bactérias e tecido animal, e ácido graxo-sintetase de células animais e de levedura. L. Reed no Texas, e U. Henning, na Alemanha, estudaram extensivamente os complexos α-ceto-desidrogenase. O complexo ácido pirúvico desidrogenase de *E. coli*, por exemplo, catalisa a oxidação do ácido pirúvico a acetil-CoA e CO_2. O mecanismo da reação é descrito em detalhe nos Caps. 8 e 12, mas a seqüência pode ser resumida como mostra o Esquema 7-3. O complexo total tem um peso molecular de cerca de 4 milhões e consiste de três atividades catalíticas, E_I, E_{II} e E_{III}, ou pirúvico-desidrogenase, diidrolipoiltransacetilase, e uma diidrolipoildesidrogenase, respectivamente. O complexo

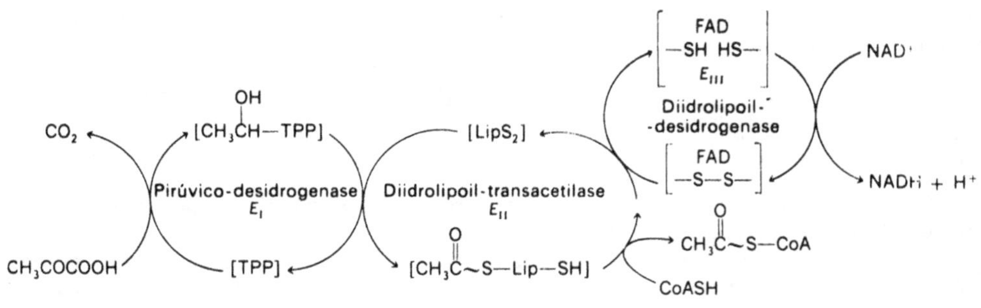

Esquema 7-3

é desdobrado pelo seguinte tratamento:

$$(E_I)(E_{II})(E_{III}) \xrightarrow{\text{pH alcalino}} (E_I) + (E_{II})(E_{III}) \xrightarrow{\text{Uréia}} (E_{II}) + (E_{III})$$

Uma vez que, em estudos de recombinação, E_I e E_{III} não se reassociarão a não ser que E_{II} seja adicionado, E_{II} serve como o núcleo para o processo de reassociação com E_I e E_{III}, complexando com o núcleo E_{II} de uma maneira estequiométrica definida. Excelentes micrografias eletrônicas têm sido obtidas do complexo, mostrando claramente os arranjos das subunidades em torno do núcleo central (Fig. 7-14).

Um sistema multienzimático ainda mais complexo é o complexo ácido graxo-sintetase, que ocorre como um grupo de enzimas firmemente ligadas entre si, responsável pela conversão de acetil-CoA e malonil-CoA a ácido palmítico. Esses complexos são encontrados em células animais e de levedura. Nas bactérias e plantas, essas mesmas enzimas são completamente separáveis e facilmente purificadas. Nos complexos firmes das células animais e de levedura, o complexo todo é uma maquinaria extremamente eficiente e efetiva para a síntese de ácido graxo. Entretanto tem sido impossível desagregar o complexo ativo em unidades individuais ativas. Assim, parece haver importantes interações não-covalentes das subunidades entre si, de forma que juntas são ativas, mas separadas são inativas. Diremos mais a respeito desse complexo no Cap. 13.

Modificação da especificidade de uma enzima oligomérica por uma proteína não-enzimática específica. Na glândula mamária a enzima lactose-sintetase catalisa a síntese de lactose, pela reação

$$\text{UDP-Galactose} + \text{Glucose} \rightleftharpoons \text{UDP} + \text{Lactose}. \qquad (7\text{-}27)$$

A enzima solúvel, isolada do leite cru, é facilmente separável em proteínas A e B. Nenhum dos componentes catalisa a reação acima. Entretanto, a proteína A catalisa a reação

$$\text{UDP-Galactose} + N\text{-Acetilglucosamina} \rightleftharpoons N\text{-Acetilactosamina} + \text{UDP}. \qquad (7\text{-}28)$$

A adição de proteína B inibe a Reação 7-28 e, na presença da glucose, permite a catálise da Reação 7-27. Assim a proteína B é uma proteína específica que modifica a especificidade da proteína A pelo substrato por meio de associação física que forma o complexo lactose-sintetase. O aspecto inusitado desse interessante sistema é que

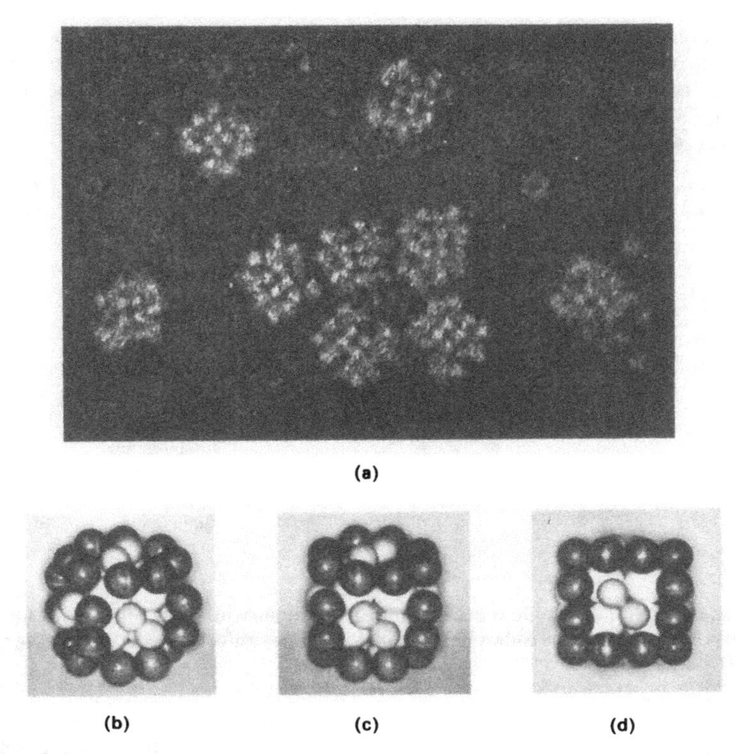

Figura 7-14. Micrografia eletrônica (300 000 ×) (a), e modelos interpretativos (b-d) do complexo piruvato-desidrogenase de *E. coli*. O complexo tem um peso de partícula de aproximadamente 4,6 milhões. Ele consiste em 24 cadeias de piruvato-desidrogenase (isto é, 12 dímeros de PM 192 000), 24 cadeias de diidrolipoil-transacetilase (PM 70 000) e 12 cadeias de diidrolipoil-desidrogenase (isto é, 6 dímeros, PM 112 000). A transacetilase tem a aparência de um cubo e compreende o cerne do complexo. No modelo, os 12 dímeros de piruvato-desidrogenase (esferas pretas) estão localizados nas 12 posições duplas (isto é, nas bordas) do cubo da transacetilase, e os 6 dímeros de diidrolipoil-desidrogenase (pequenas esferas cinza-claras) estão localizadas nas 6 posições quádruplas (isto é, nas faces). [Fotografias fornecidas por L. J. Reed e R. M. Oliver, University of Texas, Austin]

a proteína B é uma α-lactalbumina, uma proteína encontrada somente na glândula mamária, mas não em outro lugar, enquanto que a proteína A é largamente distribuída nos tecidos animais. Portanto a lactose é sintetizada somente na glândula mamária, uma vez que é somente nesse tecido que a α-lactalbumina ocorre.

O papel de uma proteína não-enzimática especificando a atividade catalítica de uma enzima abre a possibilidade de que, em enzimas oligoméricas, essa especificação possa ser mais geral do que se imaginou até agora.

Significado das enzimas oligoméricas. Por causa de suas estruturas multipolipeptídicas, as enzimas oligoméricas podem exibir propriedades de grande importância para o adequado funcionamento das atividades metabólicas. Embora de natureza especulativa, é conveniente explorar essa possibilidade em mais detalhes.

1. A agregação de cadeias polipeptídicas específicas para formar uma enzima oligomérica pode manter uma conformação específica que, de outro modo, não seria termodinamicamente possível. Na realidade, a dissociação de muitas enzimas oligoméricas em suas subunidades leva à completa perda da atividade que somente é readquirida pela associação (quando possível).

2. A associação de várias subunidades pode dar origem a um sítio ativo, envolvendo resíduos de aminoácidos fornecidos por componentes separados. Assim, sabemos a respeito da estrutura de enzimas monoméricas, que resíduos de aminoácidos muito separados em ribonuclease (his 12, his 119 e lys 41) compõem o sítio ativo dessa enzima (Figura 7-15).

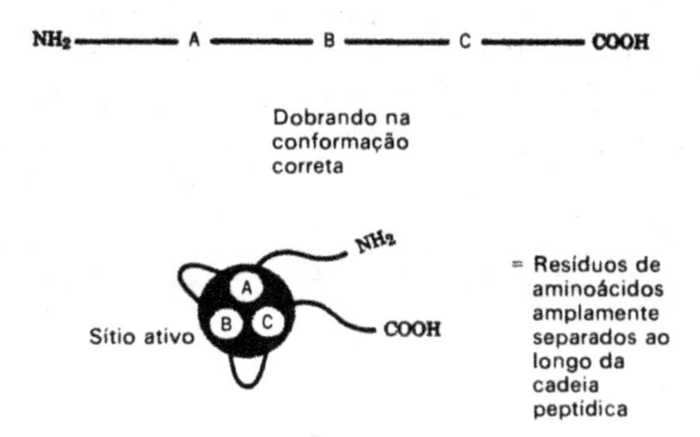

Figura 7-15. Esquema geral ilustrando o posicionamento de aminoácidos específicos separados (A, B, C) localizados em pontos afastados da cadeia polipeptídica, em uma conformação na qual eles se aproximam para formar o centro ativo

3. A associação de duas subunidades com atividades enzimáticas diferentes originará a atividade enzimática integrada típica, como foi visto no caso do sistema triptofano-sintetase, discutido anteriormente.

4. A associação de uma proteína não-enzimática com uma proteína catalítica, tal como a α-lactalbumina com a proteína A, é um exemplo fascinante da possível importância dessas interações proteicas.

5. Em alguns sistemas enzimáticos, uma subunidade serve como transportador específico de um substrato. Por exemplo, na acetil-CoA-carboxilase de *E. coli*, as seguintes subunidades englobam a atividade enzimática total.

I. Proteína transportadora de biotinil-carboxil (BCCP) $\xrightleftharpoons[\text{Biotina-Carboxilase}]{\text{ATP + CO}_2}$ $CO_2 \sim$ BCCP + + ADP + Pi.

II. $CO_2 \sim$ BCCP + RH $\xrightleftharpoons{\text{Transcarboxilase}}$ BCCP + RCO_2H.

Assim, a acetil-CoA-carboxilase consiste de duas proteínas cataliticamente ativas, biotina-carboxilase e transcarboxilase, e uma proteína biotinil-carboxil transportadora, com um peso molecular de 20 000.

6. A reunião de uma série de enzimas que operam seqüencialmente para formar um produto, como um ácido graxo, propiciaria um movimento altamente eficiente de intermediários — dos reagentes aos produtos — com um mínimo de reações de competição que desviariam os intermediários da formação do produto desejado, por exemplo, a síntese de ácido graxo vérsus β-oxidação dos mesmos substratos.

7. Inúmeras enzimas oligoméricas são enzimas reguladoras, contendo sítios reguladores e sítios catalíticos situados em subunidades separadas. Falaremos mais sobre esses processos extremamente importantes no Cap. 20.

Em resumo, enzimas oligoméricas podem, por sua própria natureza, ter uma série de propriedades de grande valor para a célula. O futuro revelará ainda mais o significado da natureza oligomérica dessas importantes enzimas.

REFERÊNCIAS

1. P. D. Boyer, *The Enzymes*, 3.ª edição, vários volumes. New York, EUA, Academic Press, 1970. Excelente fonte de informação tanto para o bioquímico praticante como para o estudante adiantado, sob todos os aspectos da química de enzima.

2. I. H. Segel, *Biochemical Calculations*, 2.ª edição. New York, EUA, Wiley, 1976. Uma excelente seção sobre a cinética enzimática e os procedimentos matemáticos para calcular dados de cinética.

3. John R. Whitaker, *Principles of Enzymology for the Food Sciences*. New York, Marcel Dekker, Inc. 1972. Moderno livro-texto de química das enzimas, escrito com clareza.

4. I. H. Segel, *Enzyme Kinetics*, New York, Wiley, 1975. Novo tratamento, cobrindo todos os aspectos da cinética enzimática, escrito para o estudante principiante, bem como para o bioquímico já formado.

PROBLEMAS

1. Por que quase todas as reações catalisadas por enzimas apresentam um pH ótimo?
2. Uma enzima, com valor de K_m de 10^{-3} *M* para um determinado substrato, foi ensaiada em uma concentração inicial de substrato de 10^{-6} *M*. Após 1,5 min, 2% do substrato havia sido utilizado. Calcule a concentração *exata do produto* após 6 min de reação. [*Dica*: examine a Fig. 7-2 para solucionar corretamente.]
3. Uma enzima que obedece à cinética de Michaelis-Menten, tem um $K_m = 10^{-3}$ *M*. Se ela for testada a $[S] = 10^{-6}$ *M*, $v = 1$ μmole/ml-min. Qual será a velocidade quando a enzima for testada a uma $[S] = 2 \times 10^{-6}$ *M*?
4. Como você poderia determinar se um inibidor específico de uma reação catalisada por enzima tem um inibidor competitivo ou não-competitivo?
5. Qual é o valor fisiológico ou bioquímico de uma enzima que obedece à cinética sigmoidal ao invés da hiperbólica (Michaelis-Menten)?
6. Esquematize as seguintes curvas, para uma enzima que obedece à cinética de Michaelis-Menten (denomine com clareza os eixos):

   a) v ***versus*** (S)
   b) v ***versus*** (E)
   c) v ***versus*** pH
   d) v ***versus*** temperatura
   e) v ***versus*** (coenzima)
   f) v ***versus*** tempo para $S \gg K_m$
   g) (P) ***versus*** tempo para $S \gg K_m$
   h) (P) ***versus*** tempo para $S \gg K_m$
   i) $1/v$ ***versus*** $1/(S)$ para uma enzima que mostra "inibição pelo substrato" em presença de concentrações elevadas de substrato.

capítulo 8

VITAMINAS E COENZIMAS

OBJETIVO

Este capítulo descreve as relações que existem entre diversas vitaminas e certas coenzimas às quais elas estão relacionadas. Além disso aquelas vitaminas para as quais nenhuma função determinada de coenzima é conhecida são também discutidas, juntamente com algumas descrições de suas ações fisiológicas. Finalmente, discute-se também o papel geral dos íons metálicos como cofatores para certas enzimas.

INTRODUÇÃO

O termo *vitamina* refere-se a um fator dietético essencial requerido por um organismo em pequenas quantidades, e cuja ausência resulta em doenças carenciais. As vitaminas são essenciais porque o organismo não pode sintetizar esses compostos, que são necessários à manutenção de uma vida normal. A descrição detalhada dos sintomas de deficiência e das quantidades requeridas para a cura dos sintomas estão mais adequadamente incluídas no estudo da nutrição. Lá são apresentadas muitas estórias fascinantes sobre a maneira pela qual o homem descobriu que necessitava mais do que os três grupos principais de alimentos — carboidratos, lipídeos e proteínas. Ademais, as grandes diferenças nas necessidades vitamínicas dos diferentes organismos podem ser descritas juntamente com o significado que apresentam para a nutrição dos humanos e de outros animais.

Neste livro, a ênfase será na importante relação entre diversas vitaminas (especialmente as hidrossolúveis) e as coenzimas, uma vez que, como será mostrado, muitas coenzimas contêm uma vitamina como parte de sua estrutura. Na verdade, essa é a razão pela qual muitas vitaminas têm um papel "essencial". Porém, será visto também que os sintomas principais associados às deficiências da maioria das vitaminas não são explicados simplesmente pelo conhecimento das funções bioquímicas que as coenzimas relacionadas executam no organismo.

A pesquisa que estabeleceu a primeira inter-relação entre uma vitamina e sua coenzima correspondente serviu como modelo para quase todas as outras relações entre vitamina e coenzima, e será descrita de forma resumida.

A RELAÇÃO VITAMINA-COENZIMA

Em 1932, o bioquímico alemão Otto Warbung publicou o primeiro de uma série de trabalhos clássicos a respeito de duas importantes coenzimas. Warburg estava investigando um sistema enzimático em levedura que catalisava a oxidação da glucose-6-fosfato a ácido 6-fosfoglucônico.

A reação exigia a presença de duas proteínas diferentes, obtidas a partir da levedura e uma coenzima (ou cofermento, como foi inicialmente chamado) que podia ser isolada de eritrócitos. Duas reações independentes estavam envolvidas; a primeira era a oxidação do açúcar-fosfato e a redução simultânea da coenzima das células vermelhas do sangue. A enzima (uma desidrogenase) necessária como catalisadora para essa reação foi chamada *Zwischenferment*. A coenzima foi posteriormente conhecida como coenzima II, por causa de sua semelhança com outra coenzima, a coenzima I, que muitos anos antes havia sido demonstrada por Harden e Young como participante da fermentação anaeróbica dos carboidratos. A coenzima I foi reconhecida como sendo estreitamente relacionada com o ácido adenílico do músculo, o AMP, desde que esse último composto era formado pela hidrólise enzimática da coenzima I.

Trabalhos do laboratório de Warburg, em 1935, revelaram que a coenzima II continha uma outra base nitrogenada, nicotinamida, além da adenina.

Em pouco tempo, foi possível, com esse conhecimento, escrever as estruturas tanto da coenzima I como da coenzima II (veja Estr. 8-1).

$H_2O_3PO—CH_2$ (anel piranose: H, H, O, H, OH, H, OH, OH, H, OH)
Glucose-6-fosfato + **(NADP$^+$; TPN)** [**Coenzima II**] + *Zwischenferment* [**Apoenzima**] ⟶
(Coenzima dos eritrócitos) **("Proteína do levedo")**

$H_2O_3PO—CH_2$ (anel lactona: H, H, O, =O, OH, H, OH, H, OH)
Lactona do ácido 6-fosfoglucônico + **(NADPH, H$^+$; TPNH)** [**Coenzima II – H_2**] + [**Apoenzima**] (8-1)

Warburg descobriu que a coenzima II-H_2 reduzida podia ser reoxidada pelo oxigênio molecular, desde que segunda proteína do levedo estivesse presente. Como essa proteína era de cor amarela, quando extensivamente purificada a partir da levedura, Warburg chamou-a enzima amarela. Ela fornecia o elo para a oxidação dos substratos orgânicos pelo oxigênio molecular, o último agente oxidante nos organismos aeróbicos. Por tratamento com sulfato de amônio em meio ácido, no gelo, o componente proteico da enzima amarela precipitava-se como um sólido branco, deixando a cor amarela em solução. Em Estocolmo, em 1934, Theorell também conseguiu a separação da coenzima amarela do componente proteico por diálise, em meio ácido, com perda simultânea da atividade enzimática. Quando a coenzima era adicionada novamente ao componente proteico, a atividade enzimática era restabelecida. Essa foi a primeira demonstração da separação reversível de uma enzima em seu grupo prostético (coenzima) e um componente proteico puro (apoenzima).

Examinando a ação dessa "velha enzima amarela", como subseqüentemente ela passou a ser conhecida, Warburg demonstrou que o catalisador tornava-se incolor na presença de glucose-6-fosfato, *Zwischenferment* e coenzima II. O bioquímico alemão

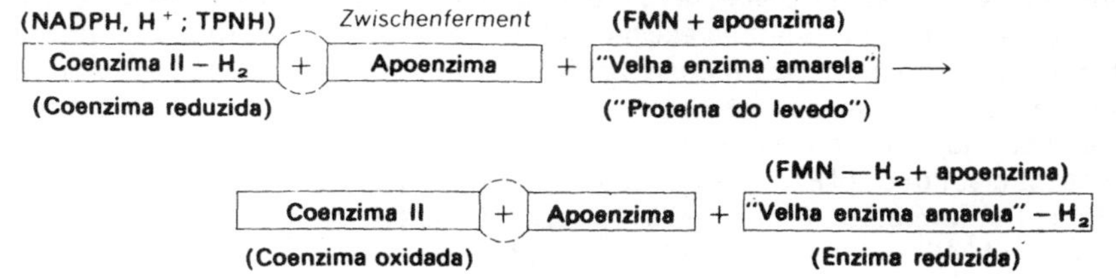

posteriormente estabeleceu que essa perda de cor era causada pela redução do componente coenzimático da velha enzima amarela pela coenzima II-H_2. Essa reação ocorria numa velocidade significante somente quando a coenzima estava firmemente associada ao componente proteico da velha enzima amarela.

Quando exposto ao ar, o complexo enzima-coenzima reduzido era reoxidado e o O_2, por sua vez, era reduzido a H_2O_2.

(FMN — H_2 + apoenzima) **(FMN + apoenzima)**

"Velha enzima amarela" – H_2 + O_2 ⟶ **"Velha enzima amarela"** + H_2O_2

(Enzima reduzida) **(Enzima oxidada)**

R. Kuhn e P. Karrer determinaram, simultaneamente, com esses estudos enzimáticos, a estrutura química da vitamina riboflavina, que ocorre como um pigmento amarelo na gema do ovo e no leite. A vitamina (p. 169) tornava-se incolor por redução com zinco, em meio ácido, e readquiria sua cor amarela, por reoxidação. Com essa informação disponível, outras propriedades da coenzima e vitamina foram comparadas e rapidamente foi estabelecido que a coenzima da velha enzima amarela era o monofosfato da vitamina (veja Estr. 8-2). Assim, o papel coenzimático da riboflavina foi estabelecido simultaneamente com sua descrição como um nutriente essencial e essa foi a primeira demonstração da relação vitamina-coenzima.

A reação global, portanto, que é responsável pela oxidação da glucose-6-fosfato a ácido fosfoglucônico pelo O_2, era

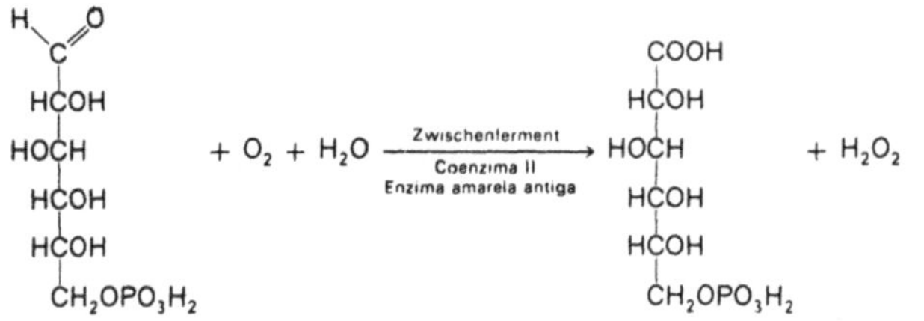

$$\begin{array}{c} H\diagdown\!\!C\!\!=\!O \\ | \\ HCOH \\ | \\ HOCH \\ | \\ HCOH \\ | \\ HCOH \\ | \\ CH_2OPO_3H_2 \end{array} + O_2 + H_2O \xrightarrow[\text{Coenzima II; Enzima amarela antiga}]{\text{Zwischenferment}} \begin{array}{c} COOH \\ | \\ HCOH \\ | \\ HOCH \\ | \\ HCOH \\ | \\ HCOH \\ | \\ CH_2OPO_3H_2 \end{array} + H_2O_2 \qquad (8\text{-}2)$$

Glucose-6-fosfato Ácido 6-fosfoglucônico

Nesse sistema, a coenzima II funciona cataliticamente, sendo alternativamente reduzida e oxidada. O componente flavínico da velha enzima amarela funciona cataliticamente da mesma forma. A reação aqui descrita é um exemplo de reação acoplada (p. 169).

NICOTINAMIDA; ÁCIDO NICOTÍNICO

ESTRUTURA. O termo *niacina* é o nome oficial da vitamina que é o ácido nicotínico ou nicotinamida. A forma bioquimicamente ativa da vitamina é a amida, nicotinamida ou niacinamida.

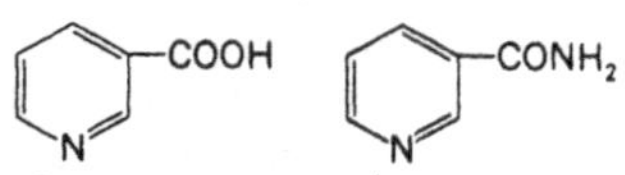

[Piridina]–COOH [Piridina]–$CONH_2$

Ácido nicotínico **Nicotinamida**

OCORRÊNCIA. A niacina é amplamente distribuída em tecidos animais e vegetais; produtos a base de carne são uma excelente fonte da vitamina. As formas coenzimáticas da vitamina são as coenzimas *nicotinamida-nucleotídeos* (Estr. 8-1). A literatura bioquímica refere-se à coenzima I como difosfopiridina-nucleotídeo (DPN^+) ou como nicotinamida-adenina-dinucleotídeo (NAD^+). A coenzima II é referida como trifosfopiridina-nucleotídeo (TPN^+) ou como nicotinamida-adenina-dinucleotídeo-fosfato ($NADP^+$). Conforme se vê na Estr. 8-1, esses dinucleotídeos são constituídos de um nucleotídeo (AMP) e de um pseudonucleotídeo, uma vez que a niacinamida não é derivado purínico nem pirimidínico. Os nomes DPN^+ e TPN^+ foram originalmente propostos por Warburg e, em conjunto, as duas coenzimas são conhecidas como coenzimas *piridina-nucleotídeos*, por ser a nicotinamida um derivado da piridina. Em 1964, a comissão de enzimas da União Internacional de Bioquímica propôs os nomes e as abreviações NAD^+ e $NADP^+$, e devido à sua ampla aceitação, esses serão usados neste texto. Por analogia, portanto, NAD^+ e $NADP^+$ serão referidos como coenzimas *nicotinamida-nucleotídeos*.

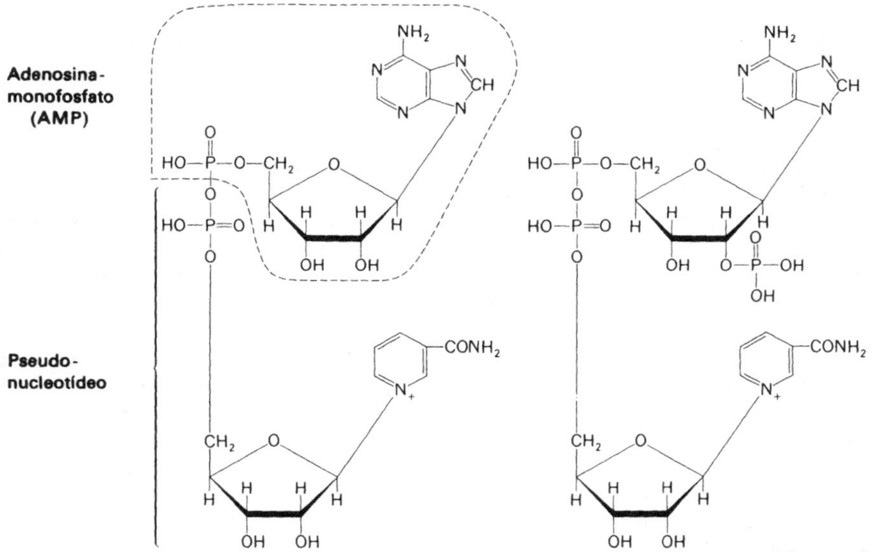

Adenosina-monofosfato (AMP)

Pseudo-nucleotídeo

Nicotinamida-adenina-dinucleotídeo (NAD^+) Difosfopiridino-nucleotídeo (DPN^+) ou Coenzima I

Nicotinamida-adenina-dinucleotídeo-fosfato ($NADP^+$) Trifosfopiridina-nucleotídeo (TPN^+) ou Coenzima II

Estrutura 8-1

Embora a estrutura e papel fisiológico dessas coenzimas fossem bem evidentes por volta de 1935, o ácido nicotínico não foi reconhecido como uma vitamina até 1937, quando Elvehjem, na Universidade de Wisconsin, estabeleceu sua natureza essencial. Uma deficiência de niacina causa pelagra no homem e *língua-negra* em cães. Os sintomas da pelagra são dermatite, especialmente das áreas cutâneas expostas à luz, língua ferida, de cor escura, incapacidade de digerir e de assimilar alimentos, e hemorragia intestinal. Uma vez que a niacina origina NAD^+ e $NADP^+$, pode-se esperar que certas reações redox essenciais devem ser afetadas durante a carência de niacina. Todavia nenhuma inibição séria de tais processos jamais foi observada.

Embora sendo uma vitamina, o ácido nicotínico é peculiar pelo fato de poder ser sintetizado pelo homem em pequenas quantidades, a partir do aminoácido triptofano. Assim, se a fonte dietética de triptofano por adequada, uma parte das necessidades diárias de niacina poderá ser atendida por esse caminho. Uma vez que as necessidades diárias de niacina de um adulto masculino situam-se em 20 mg e como 60 mg de triptofano originam apenas cerca de 1 mg de ácido nicotínico, é óbvio que deve haver um suprimento externo da própria vitamina.

Função bioquímica. Os nucleotídeos de nicotinamida são coenzimas para enzimas conhecidas como desidrogenases, que catalisam reações redox. Na realidade, os nucleotídeos de nicotinamida seriam melhor chamados de co-substratos do que de coenzimas, uma vez que as apoenzimas NAD^+- e $NADP^+$-desidrogenase, são específicas não somente para seus substratos, mas também para suas coenzimas. Assim, na reação catalisada pelo *Zwischenferment* (8-1) a glucose-6-fosfato é oxidada e o $NADP^+$ (coenzima II) é simultaneamente reduzido.

Do mesmo modo, a álcool-desidrogenase, uma enzima amplamente distribuída na natureza, catalisa a oxidação do etanol, com redução simultânea do NAD^+,

$$CH_3CH_2OH + NAD^+ \rightleftharpoons CH_3CHO + NADH + H^+ \qquad (8\text{-}3)$$

A constante de equilíbrio aparente dessa reação pode ser escrita

$$K_{ap} = \frac{[CH_3CHO]\,[NADH]}{[CH_3CH_2OH]\,[NAD^+]}$$

Quando determinada experimentalmente, K_{ap} era aproximadamente 10^{-4}, em pH 7,0 e 10^{-2}, em pH 9,0. A constante de equilíbrio é portanto, obviamente relacionada ao pH, isso porque o H^+ é um produto da reação quando o álcool é oxidado. Evidentemente, a reação da esquerda para a direita será favorecida por um abaixamento das concentrações de H^+ ou pH alto, enquanto que, pela lei da ação das massas, o equilíbrio deveria ser deslocado para a esquerda em alta concentração de H^+ ou pH baixo.

Para se entender a produção de um equivalente de íon de H^+ nessa reação, nós consideraremos a redução do NAD^+ (ou $NADP^+$) em detalhe. Um exame das reações catalisadas por nicotinamida nucleotídeo desidrogenases mostra que a reação envolve a remoção de equivalentes de dois átomos de hidrogênio a partir do substrato. Isso ocorre quando etanol é oxidado a acetaldeído. O processo todo poderia ocorrer pela remoção de dois átomos de hidrogênio (com seus elétrons), dois elétrons e dois prótons H^+ em etapas separadas ou um íon de hidreto (um átomo de hidrogênio com um elétron adicional, H^-) e um próton H^+.

As formas oxidadas e reduzida do NAD^+ ($NADP^+$) estão indicadas por fórmulas onde R representa o resto da molécula da coenzima. A estrutura reduzida se forma quando o equivalente de um próton e dois elétrons ligam-se ao núcleo da nicotinamida.

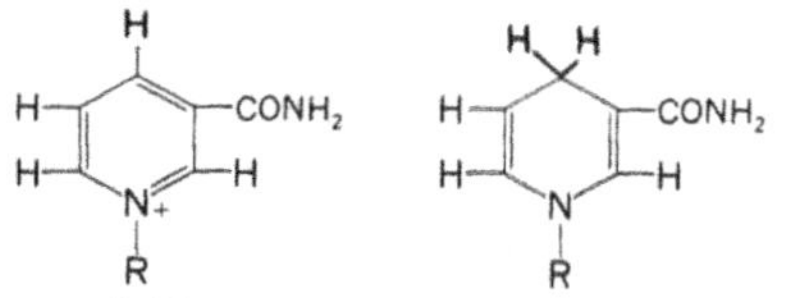

Oxidado NAD^+ ou $NADP^+$ — Reduzido NADH ou NADPH

Isso pode ocorrer, num único passo, pela adição de um íon de hidreto ao nucleotídeo oxidado, na posição 4, onde se sabe que o hidrogênio entra no anel. Isso pode ser melhor representado se escrevermos uma forma de ressonância do NAD^+ oxidado, na qual o carbono da posição 4 contém a carga positiva, geralmente colocada no átomo de nitrogênio. O próton necessário para balancear a reação, quando o íon de hidreto é removido do substrato, é liberado na solução.

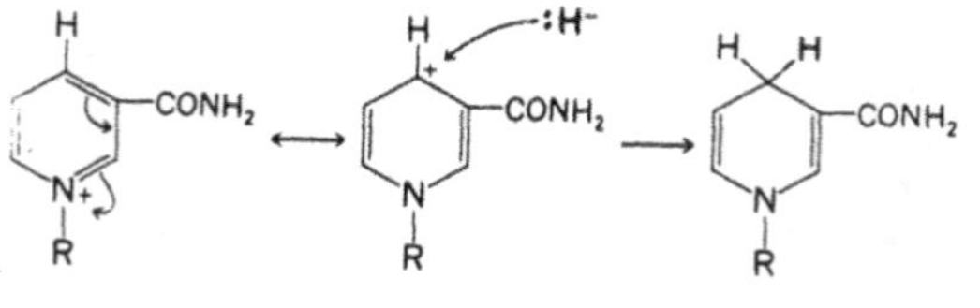

Observe que os dois hidrogênios na posição 4 no NAD$^+$ e no NADP$^+$, reduzidos, projetam-se para fora do anel planar de piridina. O íon de hidreto que se adiciona à coenzima oxidada pode ser adicionado conforme mostrado acima, de modo que ele se projeta para a frente do anel. Ele pode também ser adicionado por trás, para formar a estrutura

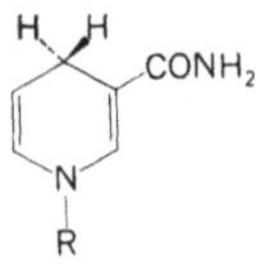

As desidrogenases que utilizam NAD$^+$ e NADP$^+$ mostram grande especificidade com relação ao lado do anel de piridina em que o íon hidreto é adicionado. Aquelas em o hidrogênio adicionado se projeta no sentido do leitor, quando o anel está mostrado como acima, são denominadas de desidrogenases do tipo A. Elas incluem a álcool-desidrogenase do levedo e a láctico-desidrogenase do músculo cardíaco. Exemplos de desidrogenases do tipo B são a glucose-desidrogenase do fígado (NAD$^+$) e a glucose-6--fosfato-desidrogenase (NADP$^+$) do levedo.

As enzimas dependentes de nicotinamida-nucleotídeos possuem vários modos de ação. As desidrogenases que requerem NAD$^+$ e NADP$^+$ catalisam a oxidação de álcoois (primários e secundários), aldeídos, ácidos α- e β-hidroxicarboxílicos e α-aminoácidos (Tab. 8-1.) Essas reações são, em geral, facilmente reversíveis. Em outros

Tabela 8-1. Algumas reações catalisadas pelas enzimas que têm coenzimas nicotinamida-nucleotídeo

Enzima	Substrato	Produto	Coenzima
Álcool-desidrogenase	Etanol	Acetaldeído	NAD$^+$
Isocitrato-desidrogenase	Isocitrato	α-Cetoglutarato + CO_2	NAD$^+$, NADP$^+$
Glicerolfosfato--desidrogenase	*sn*-Glicerol-3-fosfato	Diidroxiacetona--fosfato	NAD$^+$
Lactato-desidrogenase	Lactato	Piruvato	NAD$^+$
Enzima málica	L-Malato	Piruvato + CO_2	NADP$^+$
Gliceraldeído-3-fosfato--desidrogenase	Gliceraldeído-3--fosfato + H_3PO_4	Ácido 1,3-difosfoglicérico	NAD$^+$
Glucose-6-fosfato--desidrogenase	Glucose-6-fosfato	Ácido 6-fosfoglucônico	NADP$^+$
Glutamato-desidrogenase	Ácido L-glutâmico	α-Cetoglutarato + NH_3	NAD$^+$, NADP$^+$
Glutation-redutase	Glutation oxidado	Glutation reduzido	NADPH
Quinona-redutase	*p*-Benzoquinona	Hidroquinona	NADH, NADPH
Nitrato-redutase	Nitrato	Nitrito	NADH

casos, o valor da constante de equilíbrio pode determinar que, sob condições fisiológicas, a reação ocorra somente em uma direção. A reação entretanto, pode resultar tanto em redução como em oxidação de nicotinamida-nucleotídeos. Por causa disso, os nicotinamida-nucleotídeos podem rapidamente aceitar elétrons, diretamente do substrato reduzido, e doá-los diretamente para um substrato oxidado, numa reação acoplada. Assim, a redução do acetaldeído e etanol (na presença da álcool-desidrogenase) está ligada à oxidação do gliceraldeído-3-fosfato (na presença da triosefosfato-desidrogenase). Uma reação acoplada similar ocorre com piruvato e lactato nos tecidos animais.

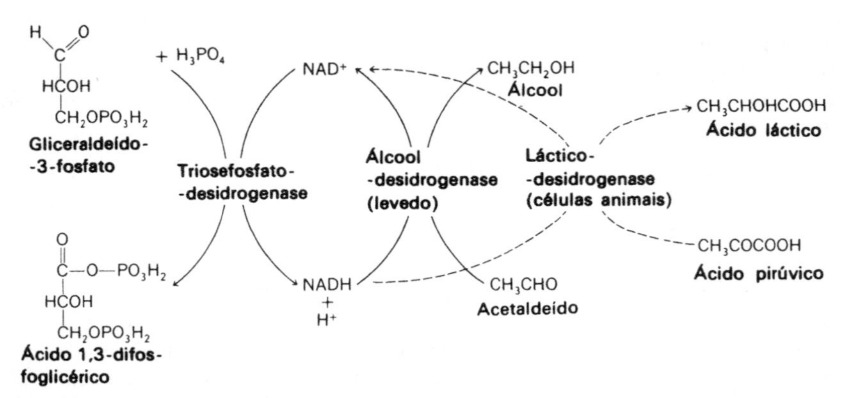

Uma segunda maneira pela qual agem os nicotinamida-nucleotídeos é na redução de coenzimas flavínicas. Como as coenzimas flavínicas são grupos prostéticos de enzimas que realizam a oxidação ou redução de substratos orgânicos, a redução estabelece uma conexão entre os nicotinamida-nucleotídeos e esses substratos. Como exemplo, podemos citar a redução do composto que contém um dissulfeto — glutation oxidado — pela glutation-redutase.

A reação total pode ser escrita como

$$\underset{\text{Glutation oxidado}}{NADH + H^+ + GSSG} \xrightarrow{\text{Glutation-redutase}} \underset{\text{Glutation reduzido}}{NAD^+ + 2\,GSH}$$

onde G refere-se ao resíduo tripeptídico da molécula do glutation (p. 76). As glutations-redutases são enzimas que contêm flavina-adenina-dinucleotídeo (FAD) como grupo prostético. Na presença do NADH a flavina é inicialmente reduzida, resultando $FAD\text{-}H_2$, que, então, realiza a redução do GSSG,

$$NADH + H^+ + FAD \longrightarrow NAD^+ + FAD\text{-}H_2$$
$$FAD\text{-}H_2 + GSSG \longrightarrow FAD + 2\,GSH.$$

A vantagem de ter um intermediário flavínico é que a reação global, que freqüentemente tem um grande $\Delta G'$, é dividida em duas reações de menor $\Delta G'$, ambas com maior possibilidade de serem reversíveis. A coenzima flavínica, embora escrita como um componente separado, está firmemente associada com a proteína da redutase. Outros compostos são reduzidos pelos nicotinamida-nucleotídeos reduzidos, na presença de enzimas que contêm FAD e flavina-mononucleotídeos (FMN) como grupos prostéticos; esses incluem íon de nitrato (nitrato-redutase) e citocromo c (citocromo c-redutase).

Uma terceira função que os nicotinamida-nucleotídeos assumem é a de fonte de elétrons para a hidroxilação e dessaturação de compostos aromáticos e alifáticos. Essas importantes reações são mais amplamente discutidas na p. 332. Finalmente, o NAD^+ preenche uma função singular na importante reação catalisada pela DNA-ligase, o que será discutido no Cap. 18.

Os nicotinamida-nucleotídeos e suas desidrogenases têm sido o objeto favorito do estudo da cinética e mecanismos de ação enzimática. Várias desidrogenases são disponíveis sob forma de proteínas cristalinas, altamente purificadas. Além disso, há um método adequado para distinguir a forma reduzida da forma oxidada dos nicotinamida-nucleotídeos. O método é baseado na observação feita por Warburg de que as formas livres das coenzimas reduzidas absorvem intensamente luz a 340 nm e que as coenzimas oxidadas não o fazem. (Quando o NADH ou o NADPH estão ligados ao componente proteico da desidrogenase, o máximo de absorção é em 335 nm.)

O espectro de absorção dos nicotinamida-nucleotídeos oxidados e reduzidos é mostrado na Fig. 8-1; a absorbância molar a_m para as duas coenzimas é idêntica. Medindo-se a variação da absorção da luz a 340 nm durante o curso da reação, é possível seguir a redução ou oxidação da coenzima. Um exemplo de tais medidas é dado na Fig. 8-2, onde é mostrada a redução do NAD^+ na presença de etanol e álcool-desidrogenase.

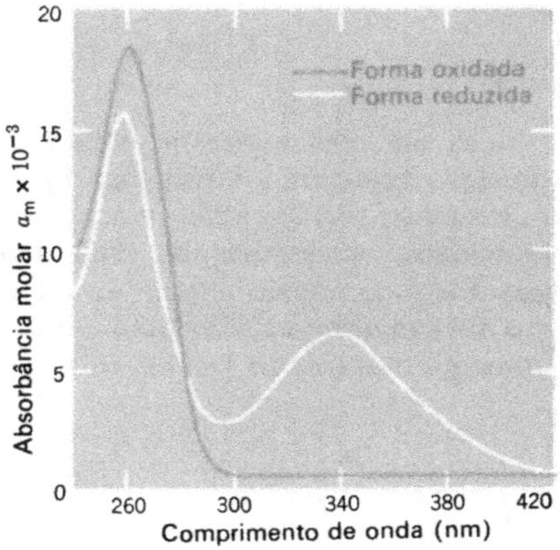

Figura 8-1. Espectro de absorção dos nicotinamida-nucleotídeos oxidados e reduzidos

Na Fig. 8-2, a absorbância a 340 nm é colocada em função do tempo. Depois que o equilíbrio é obtido e não há mais redução do NAD^+, é adicionado acetaldeído. Adicionando-se o produto da reação, o equilíbrio da Reação (8-3) é deslocado para a esquerda e parte do NADH reduzido é reoxidado, como é indicado pela diminuição de absorção da luz a 340 nm.

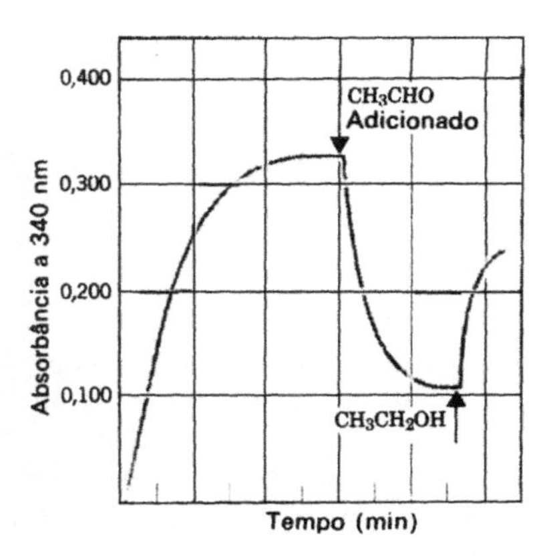

Figura 8-2. Redução e reoxidação do NAD^+ em presença de etanol, acetaldeído, e álcool-desidrogenase

Se mais álcool é agora adicionado o equilíbrio é novamente ajustado, dessa vez da esquerda para a direita, resultando em redução do NAD^+, como é indicado pelo aumento na absorção da luz a 340 nm (veja também Apêndice 2).

RIBOFLAVINA

ESTRUTURA. A riboflavina (vitamina B_2) consiste num açúcar, álcool D-ribitol, ligado à 7,8-dimetil-isoaloxazina.

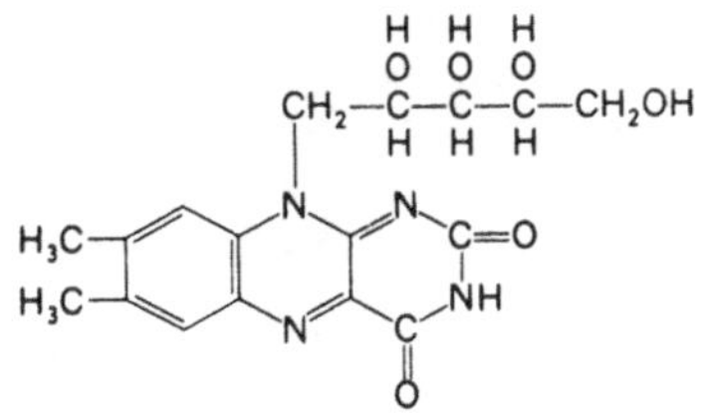

Riboflavina

A vitamina ocorre na natureza quase que exclusivamente como um constituinte de duas coenzimas flavínicas, flavina-mononucleotídeo (FMN) e flavina adenina-dinucleotídeo (FAD). Embora as coenzimas flavínicas sejam chamadas de mono- e dinucleotídeos, os nomes não estão rigorosamente corretos na linguagem química, uma vez que o composto ligado ao núcleo flavínico é o álcool ribitol, e não a aldose ribose e o anel de isoaloxazina não é um derivado de purina nem de pirimidina; assim, no FMN, somente o grupo de fosfato se ajusta à definição de um nucleotídeo (Estr. 8-2).

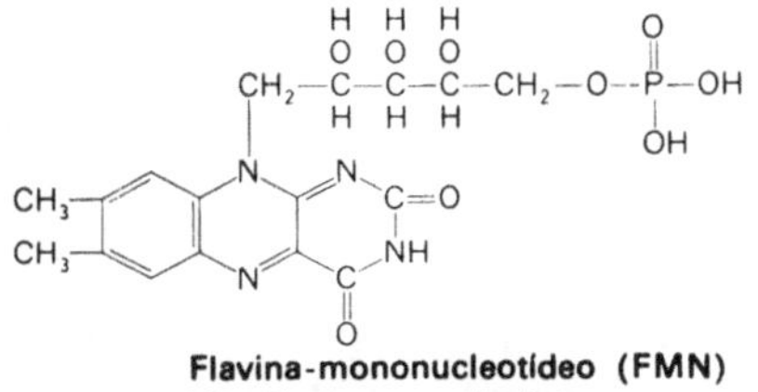

Flavina-mononucleotídeo (FMN)
Riboflavina-monofosfato

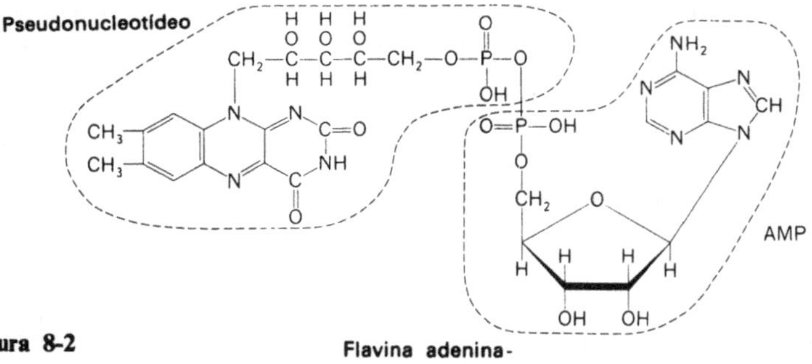

Pseudonucleotídeo

AMP

Estrutura 8-2

Flavina adenina-dinucleotídeo (FAD)

OCORRÊNCIA. A riboflavina é sintetizada pelas plantas verdes, por muitas bactérias e cogumelos, mas não pelos animais. Uma vez que ela existe em tecidos animais na forma de coenzimas da flavina (veja a seguir), um animal pode obtê-la alimentando-se desses tecidos (por exemplo, o fígado, que contém concentrações elevadas). A fonte primária, todavia, é o material vegetal, embora a produção comercial pelos levedos e determinados microrganismos seja praticada.

Os sintomas da carência de riboflavina são de difícil observação no homem. Os sinais como língua vermelho-escura, dermatite, e queilose, similares aos sinais de deficiência de niacina, foram observados no ser humano. Em ratos, nos quais uma deficiência experimental pode ser produzida, o crescimento é retardado, ocorrendo modificações nas lentes do olho (que ocasionam cegueira, em conseqüência de catarata), degeneração de nervos, além do comprometimento da reprodução. Novamente, conforme já mencionamos na deficiência de niacina, não existe uma evidência clara de comprometimento da atividade redox, conforme se esperaria, considerando-se o papel conhecido das coenzimas da flavina.

FUNÇÃO BIOQUÍMICA. A riboflavina funciona como coenzima devido a sua capacidade de sofrer reações de oxirredução. Pela redução, desaparece a cor amarela, uma vez que a substância reduzida é incolor. Quando exposta ao ar, a cor amarela da forma oxidada reaparece. Como indica o diagrama, a redução consiste na adição de dois átomos de

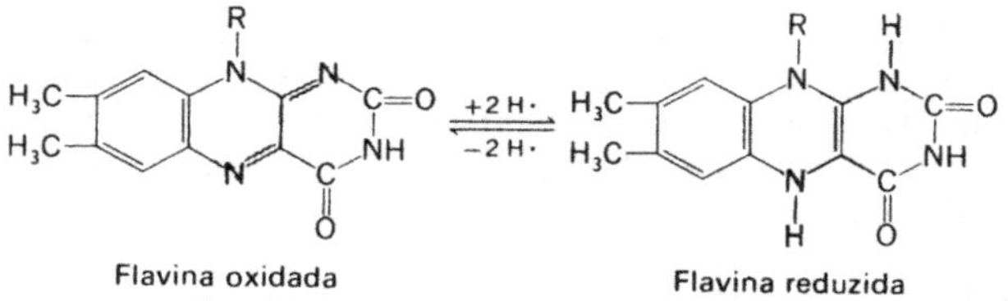

Flavina oxidada $\underset{-2H\cdot}{\overset{+2H\cdot}{\rightleftharpoons}}$ Flavina reduzida

R = Restante da molécula do FMN ou FAD

hidrogênio (dois elétrons + dois prótons), numa reação de adição 1,4, para formar a riboflavina reduzida ou leuco-riboflavina.

O papel do FMN como um grupo prostético da velha enzima amarela de Warburg já foi mencionado na p. 163; o FAD foi pela primeira vez demonstrado como uma coenzima para a D-aminoácido-oxidase. Essas enzimas pertencem a um grupo de proteínas, chamadas *flavoproteínas*, que catalisam reações de óxido-redução (Tab. 8-2). Em contraste com as nicotinamida-nucleotídeo-desidrogenases, os grupos prostéticos FAD e FMN estão firmemente associados com o componente proteico e assim

Tabela 8-2. Algumas reações catalisadas por flavoproteínas e metaloproteínas

Enzima	Doador de elétrons	Produto	Coenzima e outros componentes	Aceptor de elétrons
Acil-CoA (C_6-C_{12})-desidrogenase	Acil-CoA	Enoil-CoA	FAD	Flavoproteínas transportadoras de elétrons
Aldeído-oxidase (fígado)	Aldeídos	Ácidos carboxílicos	FAD; Fe, Mo	Cadeia respiratória
D-Aminoácido-oxidase	D-Aminoácidos	α-Cetoácidos + NH_3	2 FAD	$O_2 \longrightarrow H_2O_2$
L-Aminoácido-oxidase (fígado)	L-Aminoácidos	α-Cetoácidos + NH_3	2 FAD	$O_2 \longrightarrow H_2O_2$
L-Aminoácido-oxidase (rim)	L-Aminoácidos	α-Cetoácidos + NH_3	2 FMN	$O_2 \longrightarrow H_2O_2$
Diidrorotato-desidrogenase	Ácido diidrorótico	Ácido orótico	2 FMN; 2 FAD, 4 Fe	
α-Glicerol-fosfato-desidrogenase	*sn*-Glicerol-3-fosfato	Diidroxiacetona-fosfato	FAD; Fe	Cadeia respiratória
Glicólico-oxidase	Glicolato	Glioxilato	FMN	$O_2 \longrightarrow H_2O_2$
L(+)-Lactato-desidrogenase (levedo)	Lactato	Piruvato	1 FMN; 1 heme (cit b_2)	Cadeia respiratória
Lipoil-desidrogenase	Ácido lipóico reduzido	Ácido lipóico oxidado	2 FAD	NAD^+
NAD^+-citocromo *c*-redutase	NADH	NAD^+	2 FAD, 2 Mo, NHI	Citocromo c_{ox}; cadeia respiratória
NAD^+-citocromo b_5-redutase	NADH	NAD^+	FAD; Fe	Citocromo b_5
Nitrato-redutase	NADPH	$NADP^+$	FAD; Mo, Fe	Nitrato
Nitrito-redutase	NADPH	$NADP^+$	FAD; Mo, Fe	Nitrito
Succínico-desidrogenase	Succinato	Fumarato	FAD; Fe, NHI	Cadeia respiratória
Xantina-oxidase	Xantina	Ácido úrico	FAD; Mo, Fe	O_2

permanecem durante a purificação da enzima. De fato, os grupos flavínicos são, geralmente, apenas separados da apoenzima, por tratamento ácido, a frio, ou, talvez, por ebulição. A última técnica desnatura a proteína da apoenzima e a separação é, portanto, irreversível. A separação por acidificação no gelo é reversível, e a mistura da flavina com a apoenzima restaura a atividade.

É difícil generalizar os tipos de reações químicas nas quais as flavoproteínas participam. Elas aceitam íons hidreto (a partir do NADH), juntamente com um próton do meio ambiente e/ou pares de átomos de hidrogênio de uma grande variedade de metabolitos orgânicos, como os aminoácidos (p. 385), tioésteres dos ácidos graxos (p. 293), pirimidinas (p. 410), aldeídos, α-hidroxiácidos e ácido succínico (p. 278). Várias dessas reações envolvem a remoção de dois átomos de hidrogênio de átomos de carbono adjacentes, para formar uma dupla ligação.

Assim, a enzima succínico-desidrogenase, que catalisa a oxidação do succinato a fumarato, contém FAD como um grupo prostético. Todavia essa enzima é consideravelmente complexa, uma vez que também contém ferro na forma de ferro não-hêmico (NHI). Esquematicamente, a reação pode ser ilustrada como:

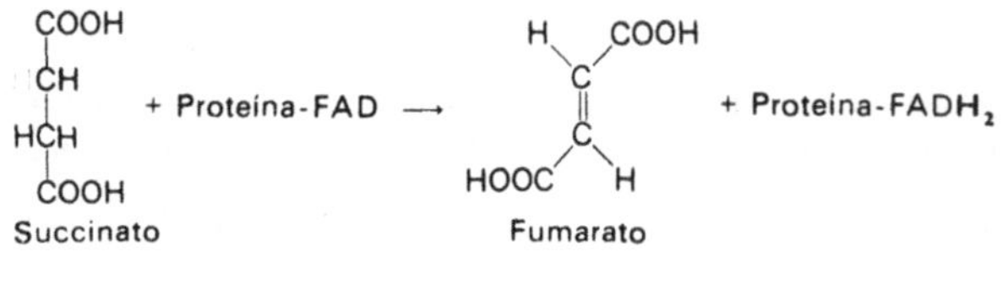

$$\underset{\text{Succinato}}{HOOC{-}CH_2{-}CH_2{-}COOH} + \text{Proteína-FAD} \longrightarrow \underset{\text{Fumarato}}{HOOC{-}CH{=}CH{-}COOH} + \text{Proteína-}FADH_2$$

Várias linhas de evidências indicaram que a redução do grupo flavínico ocorre em duas etapas separadas, cada uma envolvendo a adição de um único elétron. Se a reação ocorrer pela adição de um elétron (com seu próton) na primeira etapa, um

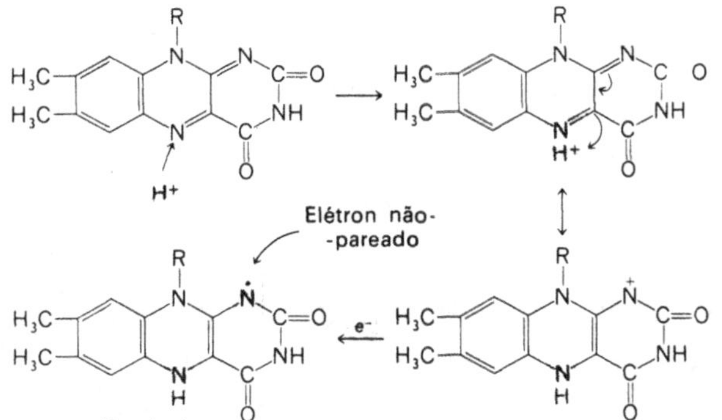

H^+

Elétron não-pareado

e^-

Semiquinona

composto intermediário semi-reduzido, conhecido como semiquinona, será formado. A reação pode ser representada como no diagrama. Pode-se esperar que a forma semiquinônica das coenzimas riboflavínicas seja razoavelmente estável, por causa da possível existência de diferentes formas de ressonância. Além disso, presume-se que a ocorrência de um metal como o molibdênio ou ferro em algumas flavoproteínas, estabilize a semiquinona; tais estruturas possuem um elétron não-pareado que pode parear com os elétrons não-pareados comumente encontrados em íons metálicos.

Muitas flavoproteínas reagem diretamente com o oxigênio molecular para produzir H_2O_2; se a flavoproteína tiver um único grupo prostético de flavina, o resíduo de flavina será completamente reduzido pelo substrato, e, então, reoxidado pelo O_2.

$$SH_2 + \text{Enz-FAD} \longrightarrow S + \text{Enz-FADH}_2$$
$$\text{Enz-FADH}_2 + O_2 \longrightarrow \text{Enz-FAD} + H_2O_2$$

Se a enzima é uma flavoproteína com dois grupos prostéticos por molécula enzimática, cada uma pode receber somente um elétron e produzir, pela reoxidação, H_2O_2.

$$SH_2 + \text{Enz-2 FAD} \longrightarrow S + \text{Enz-2 FADH}\cdot$$
$$\text{Enz-2 FADH}\cdot + O_2 \longrightarrow \text{E-2 FAD} + H_2O_2$$

Algumas flavoproteínas podem, ainda, reagir com O_2 de uma outra maneira, ou seja, o O_2 é reduzido a H_2O ao invés de H_2O_2. Estas são as monoxigenases que contêm flavina, nas quais um átomo da molécula de O_2 é introduzido em um substrato que está sofrendo hidroxilação, enquanto o outro átomo de oxigênio é liberado como H_2O.

$$\underset{\text{Substrato}}{R-H} + O_2 + FADH_2 \longrightarrow \underset{\text{Substrato hidroxilado}}{ROH} + H_2O + FAD$$

Várias das flavoproteínas listadas na Tab. 8-2 são mais complexas pelo fato de conterem metais como parte integrante de sua estrutura. Estas incluem enzimas que reagem com O_2 ou com outros transportadores da cadeia de transporte de elétrons (Cap. 14).

METALOFLAVOPROTEÍNAS. Essas enzimas são caracterizadas por sua estrutura de multicomponentes, que se aproxima, em complexidade, à dos complexos multienzimáticos (p. 157). Ademais, elas podem transferir elétrons do substrato para o oxigênio, e também a outros oxidantes como o NO_3^-, o NO_2^- (p. 373), o ferricitocromo *c* e mesmo o NAD^+. A diferença essencial é que uma metaloflavoproteína é um enzima insolúvel *única*. Assim, a diidroorotato-desidrogenase (PM 120 000), contém 4 flavinas (2 FMN e 2 FAD) e 4 átomos de ferro por molécula. Ela é, portanto, uma ferro-flavoproteína que, aparentemente, transfere elétrons do substrato para a FMN, para o ferro, para a FAD e para NAD^+, nessa ordem.

Algumas flavoproteínas contêm o metal molibdênio, além do ferro (Tab. 8-2); ademais, estudos de ressonância nuclear paramagnética mostram que ambos os metais sofrem oxirredução alternada, à medida que a enzima realiza sua atividade catalítica.

$$Mo^{+6} + e^- \longrightarrow Mo^{+5}$$
$$Fe^{+3} + e^- \longrightarrow Fe^{+2}$$

Em tais enzimas, a capacidade do resíduo de flavina de aceitar ou de doar um elétron de cada vez permite que ela funcione efetivamente como um componente do processo de oxirredução.

O ferro nas metaloflavoproteínas está freqüentemente na forma não-heme (NHI), encontrada nas proteínas ferro-enxofre, conhecidas como *ferredoxinas* (p. 349). Nessas moléculas, os átomos de ferro estão ligados aos átomos de enxofre da cisteína, e unidos mutuamente por pontes de enxofre. Uma vez que os átomos de ferro sofrem oxirredução alternada, eles aceitam usualmente elétrons de um doador flavínico, e passam seus elétrons ou para um outro componente flavínico ou para um citrocromo na cadeia mitocondrial de transporte de elétrons (p. 319). Em uma ferro-metaloproteína (láctico--desidrogenase do levedo), o ferro está presente como heme-proteína, o citocromo b_2 do levedo (veja a Tab. 8-2).

ÁCIDO LIPÓICO

ESTRUTURA

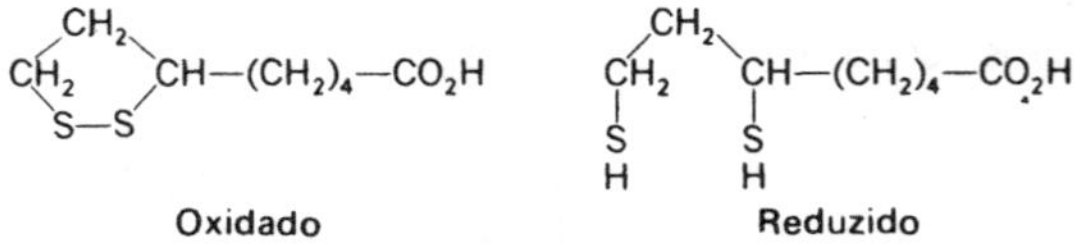

$$\underset{\text{Oxidado}}{\text{(CH}_2\text{—CH}_2\text{—S—S—)CH—(CH}_2)_4\text{—CO}_2\text{H}} \qquad \underset{\text{Reduzido}}{\text{HS—CH}_2\text{—CH}_2\text{—CH(SH)—(CH}_2)_4\text{—CO}_2\text{H}}$$

Ácido lipóico

OCORRÊNCIA. O ácido lipóico foi descoberto quando constatado como fator de crescimento para certas bactérias e protozoários. Ele pode, portanto, ser denominado de vitamina, um nutriente essencial, para tais organismos. Não existem evidências de que seja necessário ao homem, o qual provavelmente pode sintetizá-lo em quantidades suficientes. O fígado e o levedo são as fontes mais ricas de ácido lipóico, mas, considerando o papel desempenhado por ele como cofator, o composto deve ocorrer de maneira muito generalizada. A vitamina existe nas formas reduzida e oxidada, devido à capacidade de sofrer redução da ligação de dissulfeto. Ligado à proteína, o ácido lipóico é libertado por hidrólise ácida, básica ou proteolítica. Hidrólise cuidadosa de complexos lipoil-proteína revela que o lipoato se liga covalentemente à lisina como ε-*N*-lipoil-L-lisina. Essa estrutura tem uma grande semelhança com a biocitina (ε-*N*--biotinil-L-lisina), que é isolada como um produto de hidrólise de complexos biotina--proteína e indica que, em enzimas lipoílicas, o ácido lipóico é ligado aos resíduos de lisina da proteína.

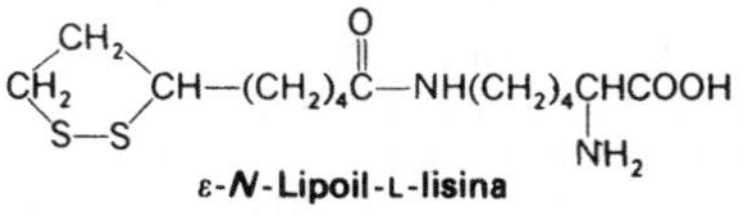

$$\text{(CH}_2\text{—CH}_2\text{—S—S—)CH—(CH}_2)_4\text{—C(=O)—NH(CH}_2)_4\text{CH(NH}_2\text{)COOH}$$

ε-*N*-Lipoil-L-lisina

FUNÇÃO BIOQUÍMICA. O ácido lipóico é um cofator dos complexos multienzimáticos *piruvato-desidrogenase* e *α-cetoglutarato-desidrogenase* (Cap. 12). Nesses complexos, as enzimas que contêm lipoil catalisam a formação e a transferência de grupos de acilas e, no processo, sofrem uma redução seguida de reoxidação. No passo inicial, que envolve o resíduo de ácido lipóico, um complexo acilol-tiamina (p. 178) reage com o resíduo lipóico reduzido para formar um complexo adicional que, posteriormente, rearranja-se para formar um resíduo de tiamina livre e o complexo acil-ácido lipóico. É nessa reação que o resíduo de acilol é oxidado a um grupo de acil e o ácido lipóico oxidado é reduzido;

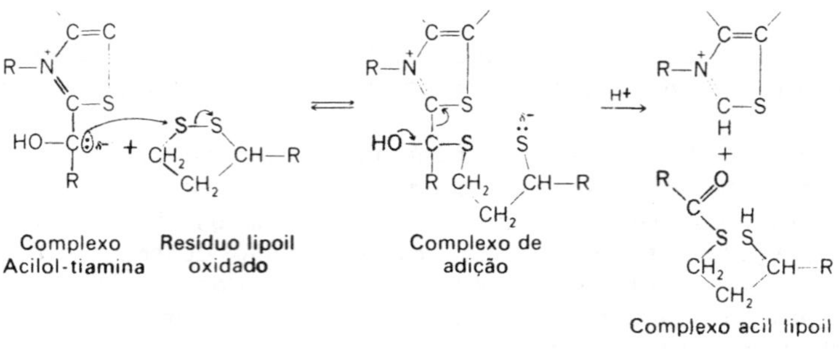

Complexo Acilol-tiamina + Resíduo lipoil oxidado ⇌ Complexo de adição $\xrightarrow{H^+}$ (tiamina) + Complexo acil lipoil

Em seguida, o grupo de acil é transferido do ácido acil-lipóico à coenzima. A (Esquema 13-2), para formar a acil-CoA

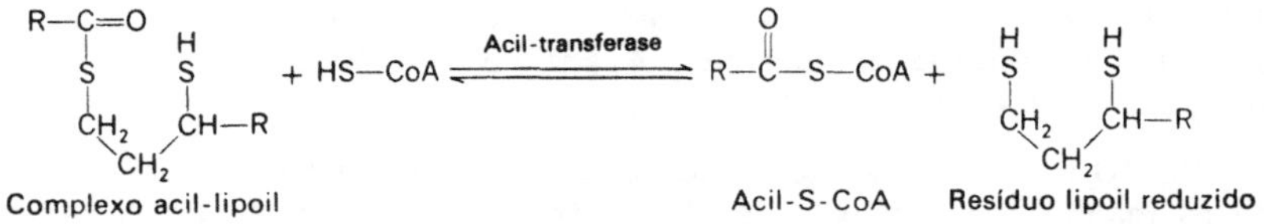

$$\text{Complexo acil-lipoil} + HS\text{—}CoA \xrightleftharpoons{\text{Acil-transferase}} R\text{—}\overset{O}{\overset{\|}{C}}\text{—}S\text{—}CoA + \text{Resíduo lipoil reduzido}$$

Complexo acil-lipoil — Acil-S-CoA — Resíduo lipoil reduzido

Finalmente, o ácido lipóico reduzido é oxidado pela enzima que contém FAD para regenerar o resíduo lipoílico oxidado, o que permite a repetição do processo:

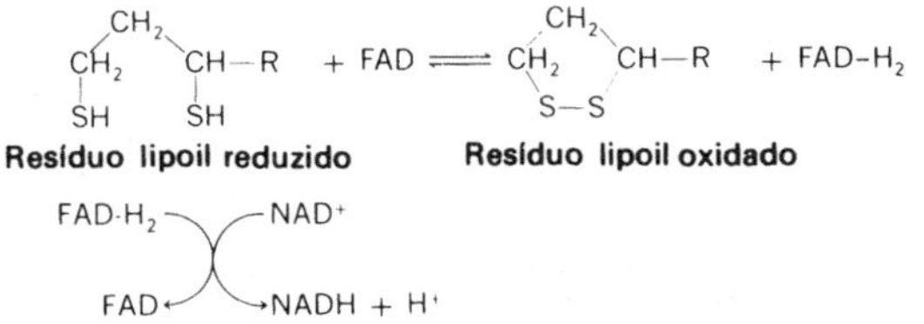

$$\text{Resíduo lipoil reduzido} + FAD \rightleftharpoons \text{Resíduo lipoil oxidado} + FAD\text{-}H_2$$

Resíduo lipoil reduzido — Resíduo lipoil oxidado

$$FAD\text{·}H_2 + NAD^+ \rightarrow FAD + NADH + H^+$$

Essas enzimas serão consideradas com maior profundidade, no Cap. 13.

BIOTINA

ESTRUTURA

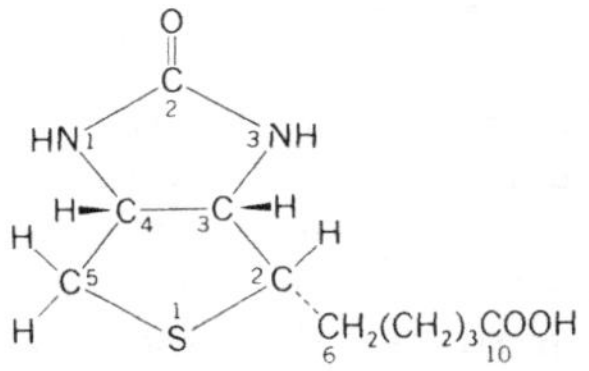

$CH_2(CH_2)_3COOH$

OCORRÊNCIA. A natureza essencial da biotina foi estabelecida pela sua capacidade de servir como um fator de crescimento em levedura e certas bactérias, assim como o reconhecimento de que era o fator anti-"carência provocada pela clara do ovo". O último termo refere-se à observação de que uma deficiência nutricional pode ser induzida em animais alimentando-os com grandes quantidades de clara de ovo. A clara do ovo contém uma proteína básica, conhecida como avidina, que tem uma grande afinidade pela biotina ou por seus derivados simples. A 25 °C, a constante de ligação é cerca de 10^{15}. A avidina é, portanto, um inibidor extremamente eficiente dos sistemas que requerem biotina, e é empregada pelos bioquímicos para testar possíveis reações nas quais a biotina possa participar.

A biotina é amplamente distribuída na natureza, sendo fontes excelentes a levedura e o fígado. A vitamina ocorre principalmente na forma combinada, ligada à proteína através dos resíduos de ε-*N*-lisina. A biocitina, ε-*N*-biotinil-L-lisina, tem sido isolada como produto de hidrólise de proteínas que contêm biotina.

Por causa da sua ligação com proteínas através de ligações peptídicas covalentes nem a biotina, nem o ácido lipóico são dissociados por diálise, uma técnica comumente usada para remover grupos facilmente dissociáveis como nicotinamida nucleotídeos.

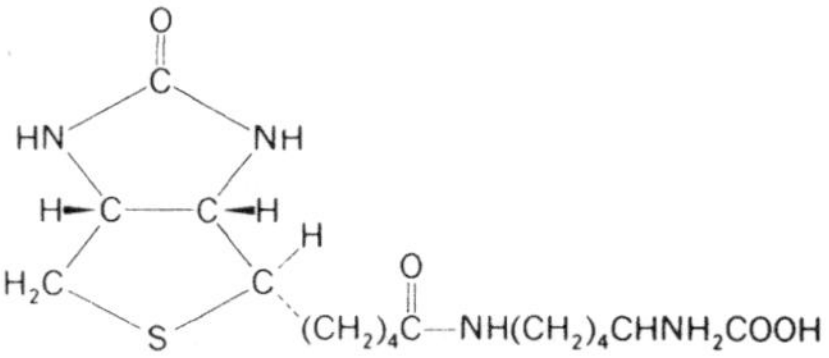

$(CH_2)_4\overset{O}{\overset{\|}{C}}\text{—}NH(CH_2)_4CHNH_2COOH$

Biocitina

Como resultado, nenhuma enzima, que possa ser reativada pelo simples fato de adicionar biotina à apoenzima, foi descrita. A enzima que contém biotina, entretanto, será inibida pela adição de avidina à reação.

FUNÇÃO BIOQUÍMICA. A biotina, ligada a sua enzima específica, está intimamente associada às reações de carboxilação. A reação global catalisada pelas carboxilases biotina-dependentes pode ser dividida em duas etapas discretas. O termo geral, carboxilase, inclui as duas atividades: a carboxilação de uma proteína transportadora de biotinil, e a transferência subseqüente para um aceptor por uma transcarboxilase.

Fase I:

$$\text{Proteína-Biotina} + ATP + HOCO_2^- \underset{\text{Carboxilase}}{\overset{M^{2+}}{\rightleftharpoons}} \text{Proteína-Biotina}\,CO_2^- + ADP + Pi$$

Fase II:

$$\text{Proteína-Biotina}\,CO_2^- + RCH_2C(=O){-}SCoA \xrightarrow{\text{Transcarboxilase}} RCH(COO^-){-}C(=O){-}SCoA$$

$$\text{Proteína-Biotina}\,CO_2^- + RCH_2COCOO^- \xrightarrow{\text{Transcarboxilase}} RCH(CO_2^-){-}C(=O){-}C(=O){-}O^-$$

A primeira etapa envolve a formação da carboxilbiotinil-enzima; a segunda corresponde à transferência do carboxil para um substrato aceptor apropriado, dependendo da transcarboxilase específica que está envolvida. A pirúvico-carboxilase é um exemplo de enzima que utiliza α-cetoácido como aceptor (p. **244**), enquanto que a acetil-CoA-carboxilase (veja a seguir), e a propionil-CoA-carboxilase (p. **299**) são exemplos de uma acil-CoA servindo como o aceptor específico.

O mecanismo de conversão da acetil-CoA a malonil-CoA, na *E. coli*, foi estudado intensamente; os resultados mostram claramente a seguinte seqüência, em que três proteínas participam: (a) biotina-carboxilase, (b) proteína transportadora de biotinil-carboxil (BCCP) e (c) acetil-CoA: malonil-CoA-transcarboxilase:

$$(1)\ ATP + HCO_3^- + BCCP \underset{\text{Biotina carboxilase}}{\overset{Mn^{2+}}{\rightleftharpoons}} CO_2^-\text{-BCCP} + ADP + Pi$$

$$(2)\ CO_2^-\text{-BCCP} + \text{Acetil-CoA} \overset{\text{Transcarboxilase}}{\rightleftharpoons} BCCP + \text{Malonil-CoA.}$$

Acredita-se que as reações químicas envolvidas nessas etapas sejam:

(a)

ATP: Adenosina—O—P(=O)(OH)—O—P(=O)(OH)—O—$P^{\delta+}$(=$O^{\delta-}$)(OH)—OH + HCO_3^-: $^{-}O{-}C^{\delta+}(=O^{\delta-}){-}OH$ + Proteína transportadora de biotinil-carboxil (biotina ligada: ...$CH(CH_2)_4C(=O){-}NH{-}$ Lisil-BCCP)

$\downarrow$ Mg^{++}, Biotina carboxilase

$H^+ + ADP + H_2PO_4^-$ + Proteína transportadora de biotinil-carboxil, na forma carboxilada ($^{-}O_2C{-}N$-biotinil—$CH(CH_2)_4C(=O){-}NH{-}$ Lisil-BCCP)

(b) Acil-CoA — Transcarboxilase → Acil-CoA carboxilada +

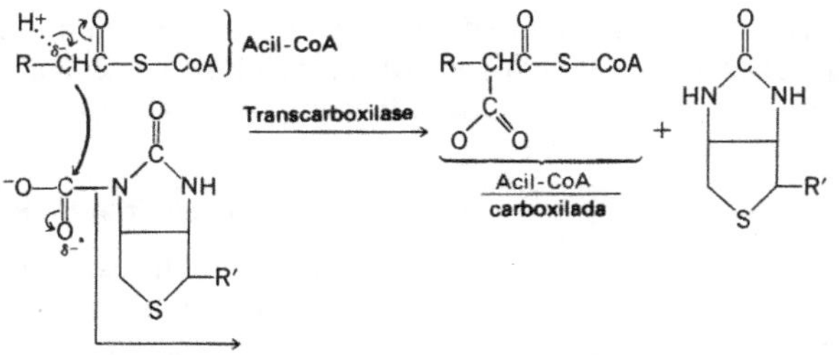

A BCCP desempenha importante papel nessas etapas. Ela é um dímero, com peso molecular de 44 000, contendo 2 moles de biotina/molécula de dímero, ligada à cadeia polipeptídica por intermédio de duas pontes de lisil. A biotina-carboxilase é um dímero com peso molecular de 98 000 e duas subunidades similares de 51 000 cada uma, enquanto que a transcarboxilase é um tetrâmero de peso molecular 130 000, com subunidades de 30 000 e 35 000 cada. As funções detalhadas e as interações das estruturas das subunidades não são conhecidas ainda.

TIAMINA

ESTRUTURA. A tiamina, ou vitamina B_1, tem a seguinte estrutura:

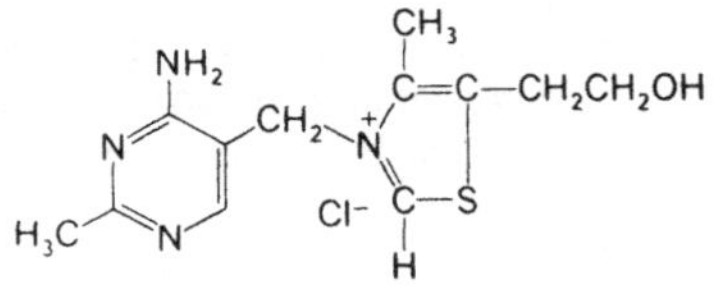

OCORRÊNCIA. A tiamina ocorre nas camadas externas das sementes de muitas plantas, incluindo os cereais. Assim, o arroz não-polido e os alimentos feitos com trigo integral são boas fontes da vitamina. Nos tecidos animais e no levedo, ela ocorre primeiramente como a coenzima tiamina-pirofosfato, ou cocarboxilase.

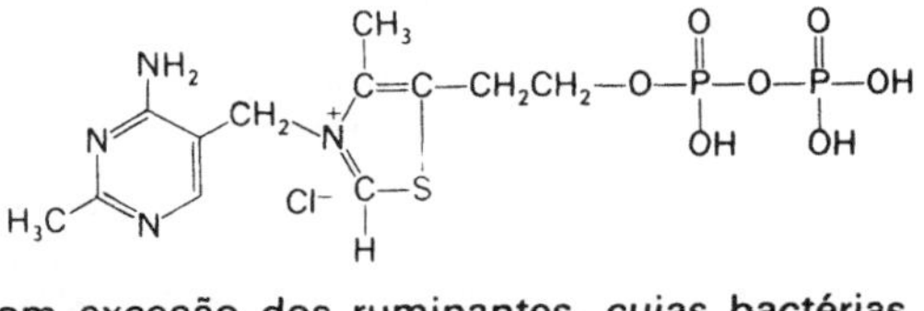

Estrutura 8-3

Os animais, com exceção dos ruminantes, cujas bactérias intestinais podem suprir a vitamina, requerem a tiamina em sua dieta. Uma deficiência da vitamina no homem produz a doença conhecida classicamente como beribéri. No beribéri seco, há fraqueza muscular e perda de peso, neurite e evidências de envolvimento do sistema nervoso central. O beribéri úmido leva a edema e comprometimento da função cardíaca. Nos animais experimentais, a deficiência de tiamina leva a sinais precoces de comprometimento da função cerebral.

Embora o beribéri já seja conhecido há muito tempo nas áreas do mundo em que o arroz polido é a principal fonte de calorias, a tiamina pode ser uma das vitaminas que estão sendo supridas inadequadamente aos norte-americanos. A dose recomendada é de 0,5 mg/dia por 1 000 calorias, mas muitos adultos ingerem menos. Uma vez que a vitamina é hidrossolúvel e não pode ser armazenada no organismo, um suprimento adequado pode e deve ser obtido pela ingestão de sementes (feijão, ervilhas, milho) ou produtos fabricados com farinha de trigo integral. Da mesma forma que as outras vitaminas hidrossolúveis, o cozimento excessivo pode reduzir, por extração, e/ou destruir a tiamina originalmente presente na fonte de alimento.

FUNÇÃO BIOQUÍMICA. A tiamina-pirofosfato participa como uma coenzima das α-cetoácidos-desidrogenases (p. 274), pirúvico-descarboxilase (p. 242), transcetolase (p. 266) e fosfocetolase, uma enzima relacionada com o metabolismo das pentoses em certas bactérias, por exemplo,

$$\text{D-Xilulose-5-P} + P_i \xrightarrow[\text{Cocarboxilase}]{\text{Fosfocetolase}} \text{acetil-P} + \text{gliceraldeído-P}$$

Deve-se salientar que o levedo pode descarboxilar o ácido pirúvico porque contém tiamina-pirofosfato (cocarboxilase) *e também* a apoenzima (descarboxilase). As células animais contêm tiamina-pirofosfato quando o suprimento de tiamina é adequado, mas não existe a apoenzima, a descarboxilase. Por essa razão, a descarboxilação é realizada, nessas células, por um processo de descarboxilação oxidativa, conforme ilustrado na p. 266.

Em todas essas reações, o sítio comum de ação é o C-2 do anel de tiazol. O átomo de hidrogênio nessa posição tende a se dissociar como um próton para formar um carbânion.

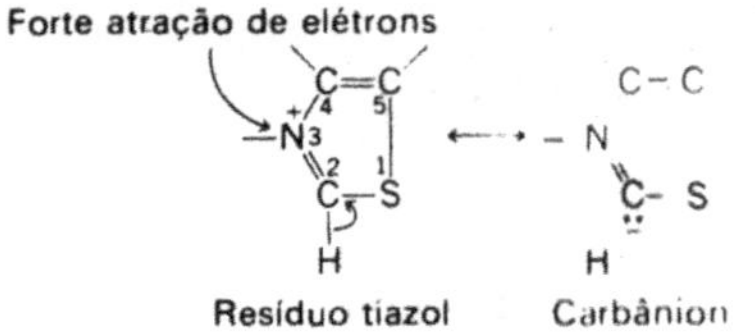

Forte atração de elétrons

Resíduo tiazol Carbânion

O carbânion participa na descarboxilação do ácido pirúvico conforme indicado no esquema subseqüente. O composto resultante sofre descarboxilação após o rearranjo apropriado dos elétrons, e o acetaldeído se dissocia com a regeneração do carbânion.

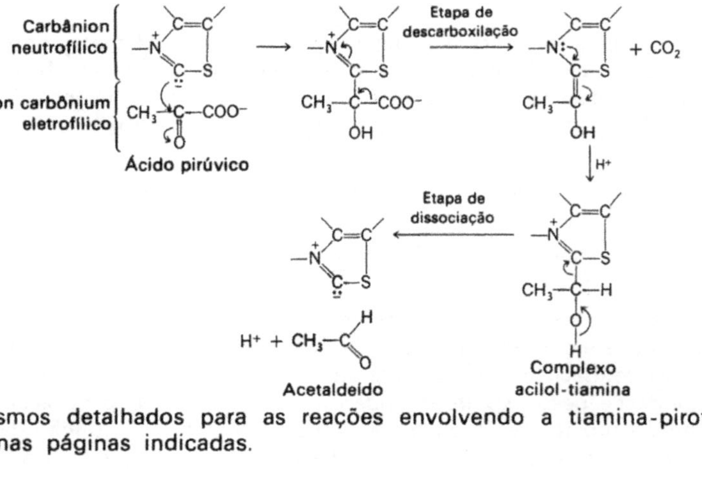

Carbânion neutrofílico

Íon carbônium eletrofílico

Ácido pirúvico

Etapa de descarboxilação

$+ CO_2$

H^+

Etapa de dissociação

$H^+ + CH_3CHO$

Acetaldeído

Complexo acilol-tiamina

Os mecanismos detalhados para as reações envolvendo a tiamina-pirofosfato são discutidas nas páginas indicadas.

VITAMINA B_6

ESTRUTURA. Três compostos pertencem ao grupo de vitaminas conhecido como B_6. São eles, *piridoxal*, *piridoxina* e *piridoxamina*.

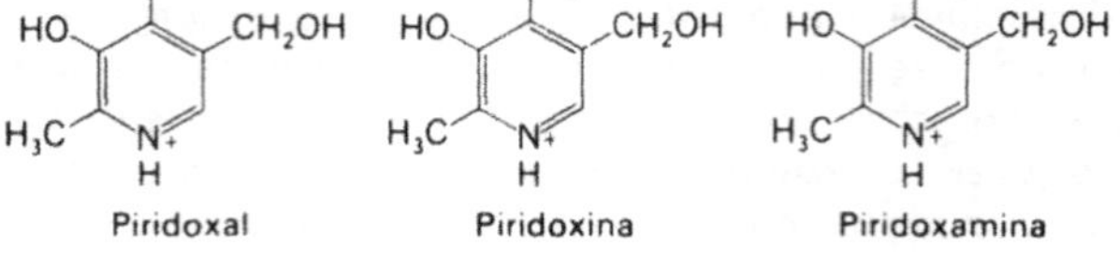

Piridoxal Piridoxina Piridoxamina

OCORRÊNCIA. As três formas de vitamina B_6 estão amplamente distribuídas em fontes animais e vegetais; grãos de cereais são fontes especialmente ricas da vitamina. Piridoxal e piridoxamina também ocorrem na natureza como derivados fosfatados que são as formas coenzimáticas da vitamina.

O piridoxol ingerido é convertido, no fígado, a piridoxolfosfato pelas reações

Piridoxol (Dieta) $\xrightarrow[\text{ATP} \rightarrow \text{ADP}]{\text{Piridoxina-quinase}}$ Piridoxol-fosfato

Piridoxol-fosfato $\xrightarrow[\text{FAD} \rightarrow \text{FADH}_2]{\text{Piridoxol-fosfato-desidrogenase (FAD)}}$ Piridoxal-fosfato

Piridoxal-fosfato $\xrightarrow[\rightarrow P_i]{\text{Fosfatase}}$ Piridoxal

Piridoxal $\xrightarrow[NAD^+ \rightarrow H^+ + NADH]{\text{Piridoxal-desidrogenase } (NAD^+)}$ Ácido 4-piridóxico (excretado nesta forma)

Piridoxal-fosfato $\xrightleftharpoons[\text{Aspártico} \rightarrow \text{OAA}]{\text{Transaminase}}$ Piridoxamina-fosfato

Piridoxal-fosfato e Piridoxamina-fosfato: cofatores

Aproximadamente 90 % da piridoxina administrada ao homem é rapidamente convertida a ácido 4-piridóxico e assim excretada.

Todas as três formas da vitamina são eficazes na prevenção dos sintomas de deficiência de vitamina B_6 que, em ratos, ocorre inicialmente como uma dermatite severa. Deficiências extremas em animais causam convulsões similares àquelas da epilepsia e indicam um distúrbio profundo no sistema nervoso central. As diferentes formas de vitamina B_6 também servem como fator de crescimento para muitas bactérias.

FUNÇÃO BIOQUÍMICA. O piridoxal-fosfato é um derivado vitamínico versátil que participa na catálise de várias reações importantes do metabolismo de aminoácidos, como transaminação, descarboxilação e racemização.

Transaminação:

$$HOOC-CH_2-CH_2-CH(NH_2)-COOH + HOOC-CH_2-C(=O)-COOH \xrightleftharpoons{\text{Transaminase glutâmico-aspártico}} HOOC-CH_2-CH_2-C(=O)-COOH + HOOC-CH_2-CH(NH_2)-COOH$$

Ácido glutâmico (Aminoácido doador) + Ácido oxalacético (Cetoácido aceptor) ⇌ Ácido α-cetoglutárico (Cetoácido produzido) + Ácido aspártico (Aminoácido produzido)

Descarboxilação:

$$HO_2C-CH_2-CH_2-CH(NH_2)-CO_2H \xrightarrow{\text{Glutâmico descarboxilase}} HO_2C-CH_2-CH_2-CH_2(NH_2) + CO_2$$

Racemização:

$$\underset{\text{Ácido L-glutâmico}}{HO_2C-CH_2-CH_2-C(H)(NH_2)-CO_2H} \underset{}{\overset{\text{Ácido glutâmico racemase}}{\rightleftharpoons}} \underset{\text{Ácido D-glutâmico}}{HO_2C-CH_2-CH_2-C(NH_2)(H)-CO_2H}$$

Cada reação é catalisada por uma enzima específica diferente mas, em cada caso, o piridoxal-fosfato funciona como coenzima. Há agora boa evidência que apóia o conceito desenvolvido por Jenkins que o piridoxal-fosfato está frouxamente ligado como uma base de Schiff ao aminogrupo de um resíduo de lisina em todas as enzimas que envolvem piridoxal-fosfato. Entretanto, a redução química com boridrato de sódio reduz a base de Schiff a uma amina secundária e liga o piridoxal-fosfato irreversivelmente à proteína.

Quando um substrato disponível, como um aminoácido, aproxima-se da base de Schiff, ocorre uma reação de transaldimação, deslocando o aminogrupo da lisina e formando uma nova base de Schiff com o resíduo de piridoxal-fosfato. Na presença de transaminases, a seqüência (a) na Fig. 8-3 ocorrerá; na presença de α-descarboxilases específicas, a seqüência (b) tomará lugar; com racemases específicas, a seqüência (c) ocorrerá.

Aproximadamente 20 outras reações específicas de aminoácidos envolvendo piridoxal-fosfato foram descobertas, uma das quais é a interconversão de serina e glicina. De extraordinário interesse é o fato do piridoxal-fosfato ser encontrado ligado à lisina em fosforilases animais e vegetais. Se a coenzima é removida da proteína, a atividade da fosforilase desaparece, mas pode ser restabelecida pela adição do piridoxal-fosfato. O papel exato do piridoxal-fosfato nesse sistema é desconhecido.

ÁCIDO FÓLICO

ESTRUTURA

$$\underbrace{\text{H}_2\text{N-pteridina(4-OH)-6-CH}_2}_{\text{2-Amino-4-hidroxi-6-metil-pteridina}}-\underbrace{\text{NH}-C_6H_4-\text{C(=O)}}_{\text{Resíduo de ácido } \rho\text{-Aminobenzóico (PABA)}}-\underbrace{\text{NH}-CH(COOH)-CH_2-CH_2-COOH}_{\text{Ácido glutâmico}}$$

Ácido fólico (Ácido pteroil-L-glutâmico, [F])

OCORRÊNCIA. O ácido fólico e seus derivados, que são principalmente o tri e o hepta-glutamil peptídeos, são largamente distribuídos na natureza. A vitamina cura a anemia nutricional em frangos e serve como um fator de crescimento específico em um grande

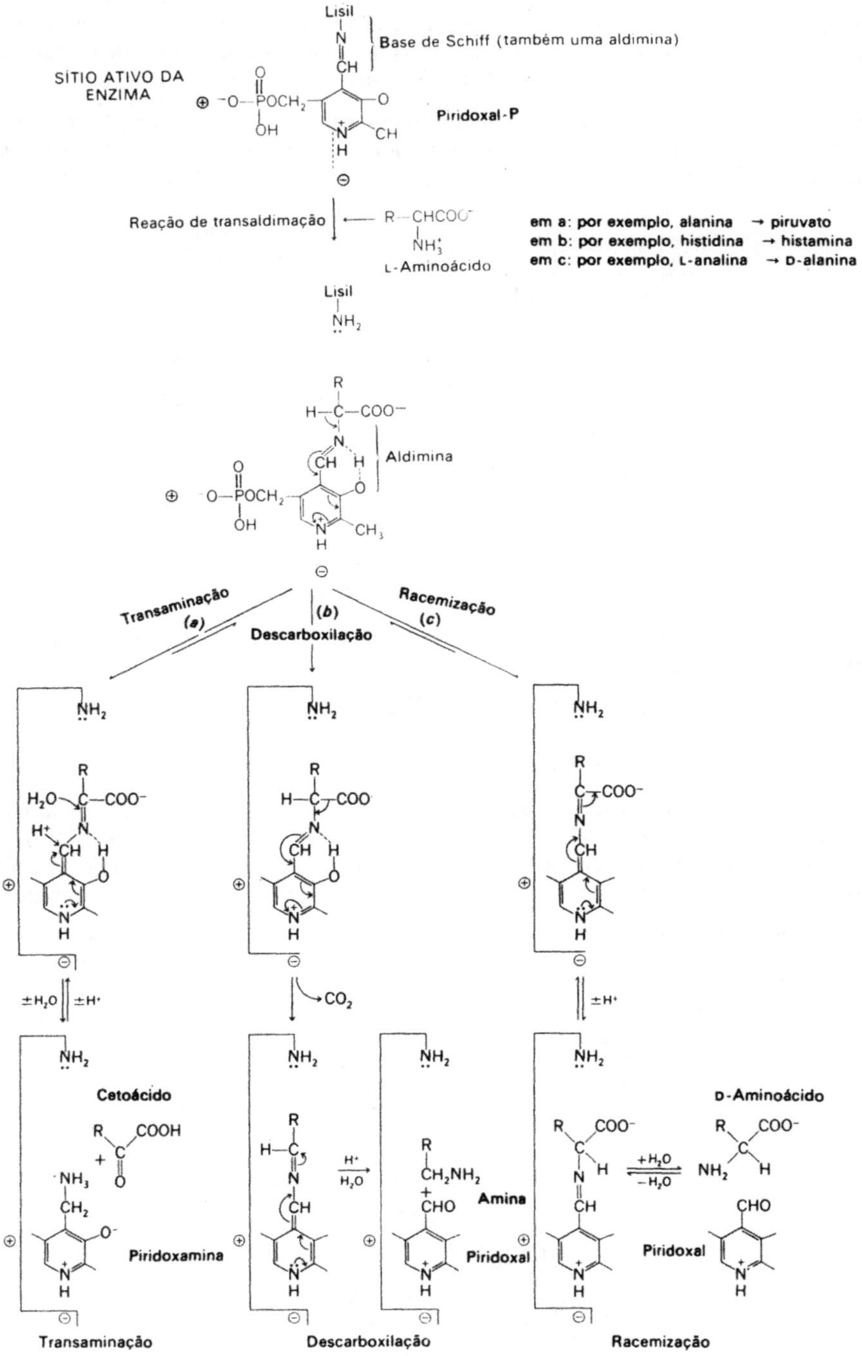

SÍTIO ATIVO DA ENZIMA

Lisil

Base de Schiff (também uma aldimina)

Piridoxal-P

Reação de transaldimação ← $R-CHCOO^-$ NH_3^+

L-Aminoácido

em a: por exemplo, alanina → piruvato
em b: por exemplo, histidina → histamina
em c: por exemplo, L-analina → D-alanina

Lisil
NH_2

Aldimina

Transaminação (a)

(b) Descarboxilação

Racemização (c)

$\pm H_2O$ $\pm H^+$

CO_2

$\pm H^+$

Cetoácido

Piridoxamina

H^+ H_2O

Amina

Piridoxal

$+H_2O$ $-H_2O$

D-Aminoácido

Piridoxal

Transaminação

Descarboxilação

Racemização

Figura 8-3

número de microrganismos. Como quantidades extremamente pequenas são necessárias para animais experimentais, é muito difícil produzir deficiências de ácido fólico. As bactérias intestinais proporcionam as pequenas quantidades necessárias para o crescimento. Derivados do ácido fólico exercem uma função importante, mas ainda desconhecida, na formação de eritrócitos normais.

FUNÇÃO BIOQUÍMICA. Embora o ácido fólico seja a vitamina, seus derivados reduzidos são as verdadeiras formas coenzimáticas. Uma enzima, a *fólico-redutase*, reduz o ácido fólico a ácido diidrofólico (DHF); este composto é reduzido, por sua

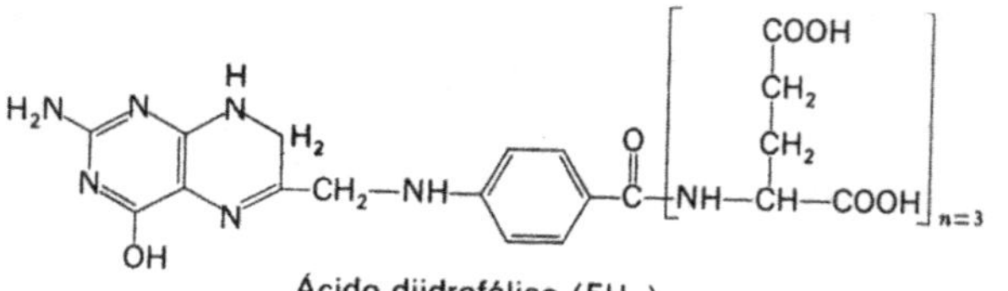

Ácido diidrofólico (FH_2)

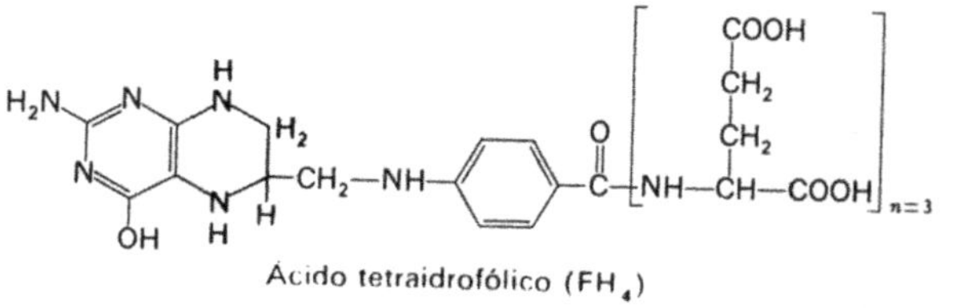

Ácido tetraidrofólico (FH_4)

vez, pela *diidrofólico-redutase* a ácido tetraidrofólico (THF). O agente redutor em ambas as reações é o NADPH:

$$\text{Folato} + \text{NADPH} + \text{H}^+ \xrightarrow{\text{Folato-redutase}} \text{DHF} + \text{NADP}^+$$

$$\text{DHF} + \text{NADPH} + \text{H}^+ \xrightarrow{\text{diidrofolato-redutase}} \text{THF} + \text{NADP}^+$$

O papel central do ácido tetraidrofólico (THF) é o de transportador de uma unidade de um carbono no nível da oxidação do formiato (ou formaldeído). A unidade de formiato é usada na biossíntese de purinas, serina e glicina. A química dessa unidade de formiato é complexa, mas envolve inicialmente a ativação do ácido fórmico,

$$\text{THF} + \text{ATP} + \text{HCOOH} \xrightarrow{\text{10-Formil-THF-sintetase}} \text{Formil-N}^{10}\text{THF} + \text{ADP} + \text{Pi}.$$

O formil N^{10}THF sofre fechamento do anel, formando metenil N^{5-10}THF (como

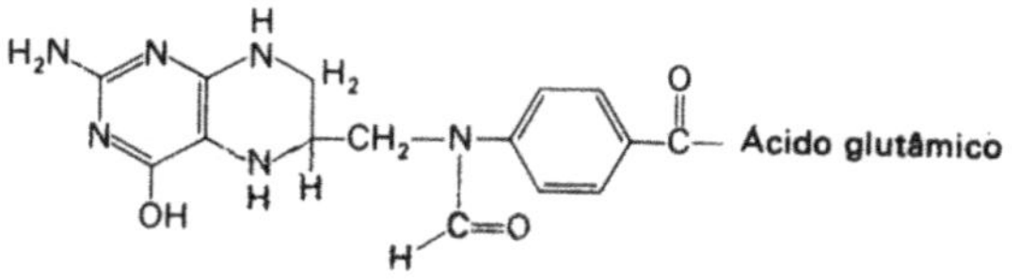

Ácido glutâmico

Formil N^{10}THF

H^+ || $N^{5/10}$-Metilenil-THF-ciclo-hidrolase

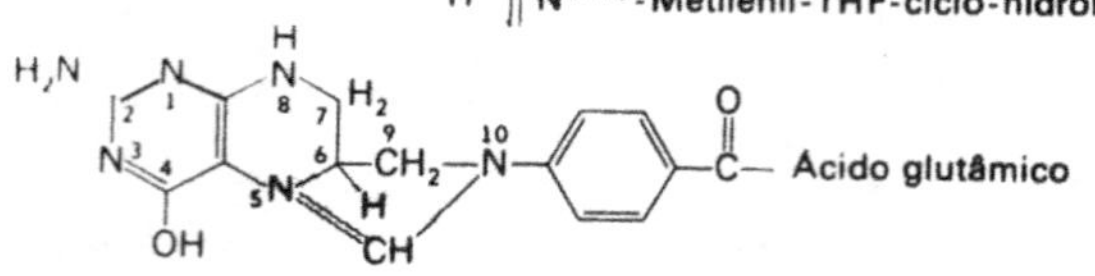

Ácido glutâmico

Metenil N^{5-10}THF

mostra o diagrama), que então é reduzido pelo NADPH na presença de uma desidrogenase específica:

$N^{5,10}$-Metenil-THF

$NADPH + H^+$

$N^{5,10}$-Metileno-THF-desidrogenase

$N^{5,10}$-Metileno-THF

$NADH + H^+$

$N^{5,10}$-Metileno-THF-redutase

N^5-Metil-THF

Apesar de o ácido tetraidrofólico e seus derivados C_1 participarem em um número considerável de reações, consideraremos somente aquelas resumidas no esquema a seguir. O derivado do THF que funciona como coenzima é o N^{5-10}-metenil-THF.

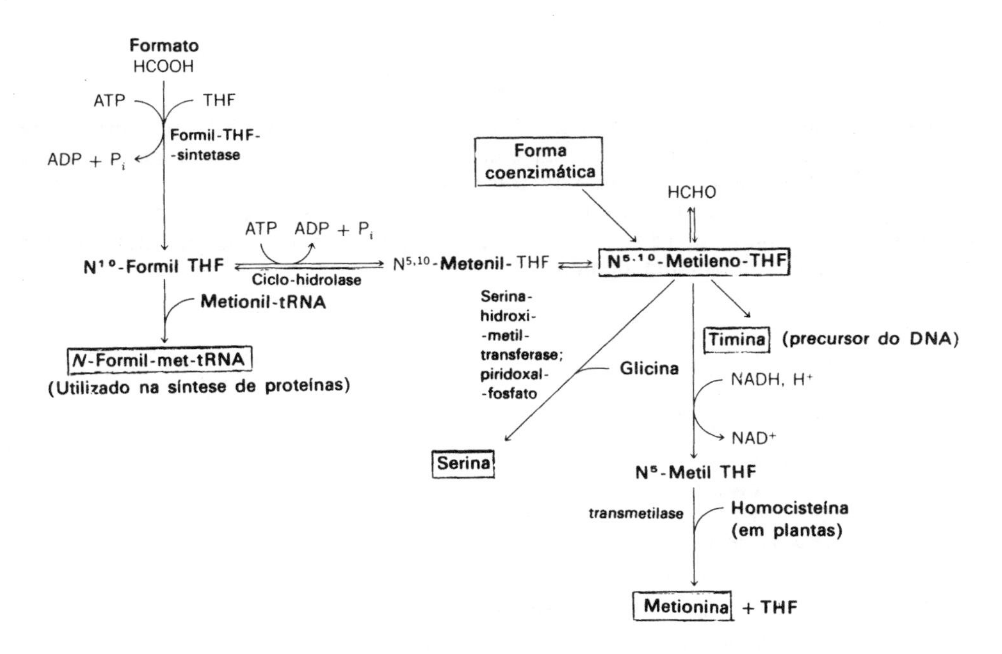

Interconversão serina-glicina. O metileno N^{5-10}THF, na presença de piridoxal-fosfato, serina hidroxilmetilase e glicina, forma serina. Assim, a redução do formiato a $-CH_2OH$ é complexa. É de interesse a observação de que, não apenas um, mas dois derivados de importantes vitaminas, ácido fólico e piridoxal-fosfato, são cofatores necessários para a utilização do formiato para formar serina; esse é um excelente exemplo de entrosamento de vitaminas na economia dos tecidos.

H_2NCH_2COOH Glicina + Piridoxal-fosfato $\xrightleftharpoons{+H_2O}$

Metileno N^{5-10} THF

THF

Serina-hidroximetil-transferase

Base de Schiff

Intermediário $\xrightleftharpoons{\pm H_2O}$ $^-OOC{-}CHCH_2OH(NH_2)$ + Piridoxalfosfato

Biossíntese da timidina-5′-fosfato. Essa seqüência é de importância crítica, uma vez que a timina, uma base da pirimidina, é uma das quatro bases encontradas em todos os DNAs. As séries de reações giram em torno da regeneração do $N^{5,10}$-metileno-THF, e a transferência do grupo C_1 da desoxiuridina-5′-PO_4 pela enzima timidilato-sintetase. A coenzima cobamida (p. 186) é necessária para essas reações, porém suas funções não estão ainda inteiramente compreendidas (p. 185).

Desoxiuridina-5′-fosfato

Transf. de $-CH_3$

Timidina-5′-fosfato

Metileno N^{5-10} THF

DHF

NADPH

formação do grupo CH_3

NADPH + H^+

Metenil N^{5-10} THF

THF

ADP + Pi

Cicloidrolase

Formato-THF-ligase

ATP

N^{10}-Formil-THF

ATP + HCOOH

Biossíntese da metionina. Dois importantes sistemas que sintetizam metionina são conhecidos:

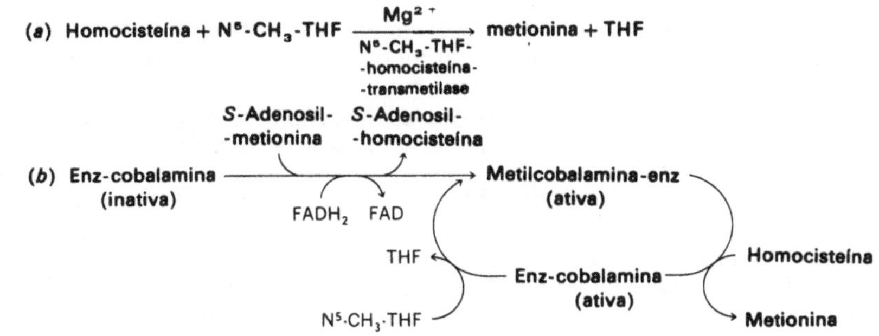

(*a*) Homocisteína + N^5-CH_3-THF $\xrightarrow[N^5\text{-}CH_3\text{-THF-homocisteína-transmetilase}]{Mg^{2+}}$ metionina + THF

(*b*) Enz-cobalamina (inativa) → Metilcobalamina-enz (ativa)
S-Adenosil-metionina → *S*-Adenosil-homocisteína
$FADH_2$ → FAD
Metilcobalamina-enz (ativa) + Homocisteína → Enz-cobalamina (ativa) + Metionina
Enz-cobalamina (ativa) + N^5-CH_3-THF → Metilcobalamina-enz (ativa) + THF

Muitas bactérias e todas as plantas sintetizam a metionina pela seqüência (*a*); essa seqüência não ocorre nos tecidos de mamíferos. Uma vez que as enzimas cobalamina não ocorrem em plantas, a seqüência (*a*) é o único percurso para a síntese de grupos metílicos nas plantas.

A seqüência (*b*) está presente em muitas bactérias e ocorre exclusivamente nos tecidos dos mamíferos. Conforme ilustrado, a primeira etapa envolve redução e metilação da enzima-cobalamina inativa, cobalamina-N^5-metil-THF: homocisteína metiltransferase, na forma ativa por meio da *S*-adenosil-metionina (p. 399), como reagente de metilação. A enzima ativa metilada transfere agora seu grupamento metílico para a homocisteína, o aceptor, para formar metionina e regenerar a enzima cobalamina ativa, que agora está metilada pelo N^5-CH_3-THF. Assim, a *S*-adenosil-metionina inicia a reação pela qual o N^5-CH_3-THF serve como o doador de CH_3 para a síntese da metionina

VITAMINA B_{12}

ESTRUTURA. A vitamina B_{12}, da forma como é isolada do fígado, é uma cianocobalamina, cuja estrutura está indicada aqui.

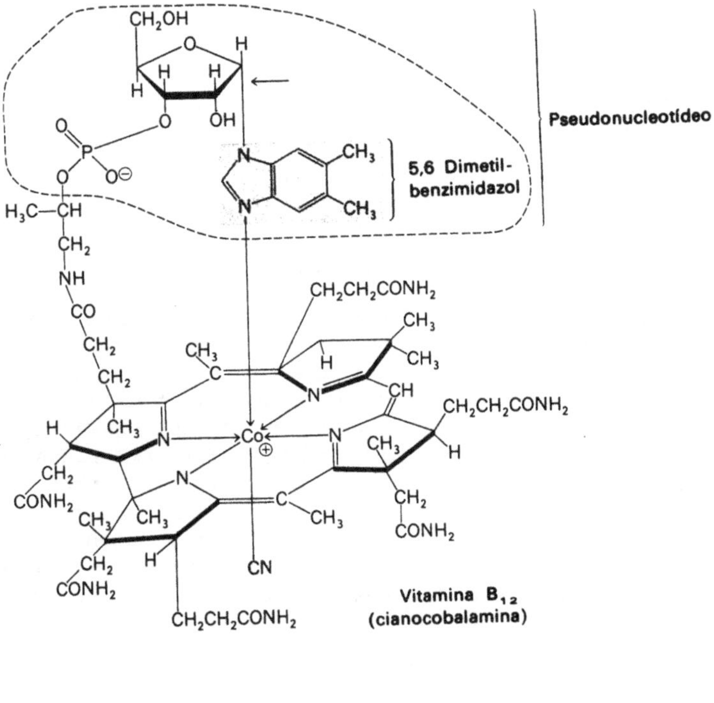

Pseudonucleotídeo

5,6 Dimetil-benzimidazol

Vitamina B_{12}
(cianocobalamina)

A vitamina B_{12} pode ser isolada contendo também outros íons ao invés do cianeto, por exemplo, hidroxila, nitrito, cloreto ou sulfato. Ainda outros compostos semelhantes à vitamina B_{12}, nos quais o núcleo de dimetilbenzimidazol é substituído por outras bases nitrogenadas, têm sido isolados de bactérias. Na pseudovitamina B_{12}, a base nitrogenada é a adenina, numa outra forma da vitamina, a base é benzimidazol.

OCORRÊNCIA. A vitamina B_{12}, que tem sido encontrada somente em animais e microrganismos, e não em plantas, faz parte da coenzima conhecida como coenzima B_{12}, que tem a estrutura indicada. Na coenzima, a posição ocupada na vitamina por um íon de cianeto ou de hidroxila está diretamente ligada ao átomo de carbono 5′ da ribose da adenosina. Essa ligação organometálica peculiar é interessante, uma vez que o grupo metileno é o centro reativo da enzima.

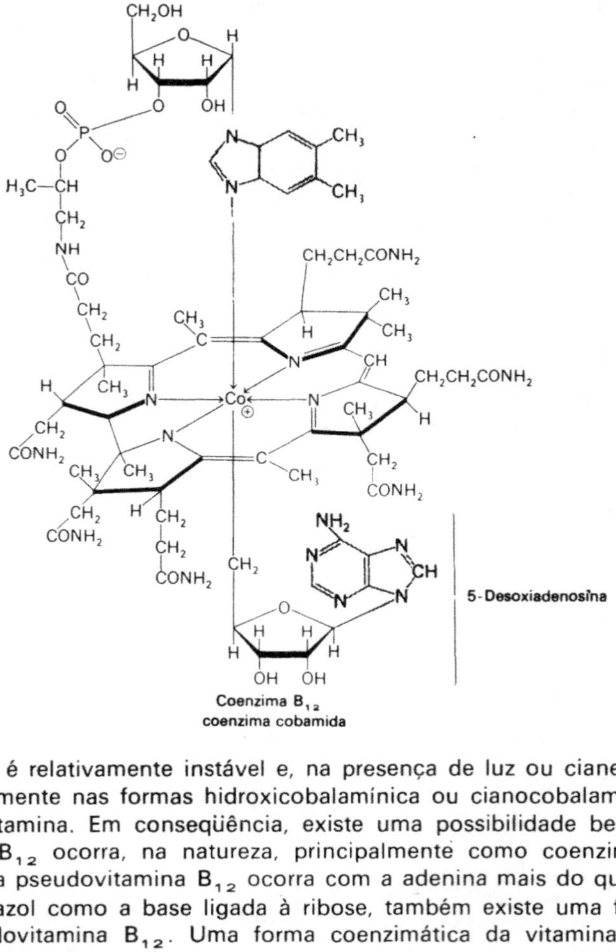

5-Desoxiadenosina

Coenzima B_{12}
coenzima cobamida

A coenzima é relativamente instável e, na presença de luz ou cianeto, é decomposta, respectivamente nas formas hidroxicobalamínica ou cianocobalamínica, conhecidas como a vitamina. Em conseqüência, existe uma possibilidade bem distinta de que a vitamina B_{12} ocorra, na natureza, principalmente como coenzima B_{12}.

Desde que a pseudovitamina B_{12} ocorra com a adenina mais do que com o 5,6-dimetilbenzimidazol como a base ligada à ribose, também existe uma forma coenzimática de pseudovitamina B_{12}. Uma forma coenzimática da vitamina que contém benzimidazol também ocorre.

A vitamina B_{12} foi primeiramente reconhecida como um agente útil (fator extrínseco) na prevenção e tratamento da anemia perniciosa. O fator intrínseco, um mucopolissacarídeo das células da mucosa gástrica, forma um complexo com o fator extrínseco, que é absorvido do íleo. Se o fator intrínseco não está presente, a vitamina

B_{12} não é absorvida; a vitamina B_{12} é também um fator de crescimento para diversas bactérias e um protozoário, a *Euglena*.

FUNÇÃO BIOQUÍMICA. A coenzima é sintetizada a partir da vitamina B_{12} por uma coenzima-B_{12}-sintetase específica

NADH + H⁺ / NAD⁺ ⇄ Fp / FpH_2 ⇄ Proteína-SH SH / Proteína S—S ⇄ Vitamina B_{12}, Co^{2+} / Vitamina B_{12}, Co^{1+} → (ATP) Vitamina B_{12}, Co^{1+}-*N*-5-desoxiadenosina + $3P_i$

Coenzima vitamina B_{12} sintetase

O sistema redutor é complexo, pois envolve um sistema NADH-flavoproteína-(S — S)-proteína. O redutor, NADH, transfere seus elétrons, via flavoproteína, a uma proteína (S — S) específica, para formar uma proteína ditiólica (SH-SH) que converte a vitamina B_{12} (CO^{2+}) a vitamina B_{12} (Co^{+}). Essa forma reduzida torna-se o substrato para a reação de alquilação com ATP.

A coenzima B_{12} participa de aproximadamente onze reações bioquímicas diferentes, assim como em reações nas quais o complexo CH_3-vitamina B_{12}-enzima é reduzido a metano ou carboxilado por CO_2, para formar acetato. De todas essas reações, somente aquela catalisada pela metilmalonil-CoA-mutase ocorre no tecido animal; todas as onze reações foram descobertas e descritas em sistemas bacterianos. Nenhuma reação ligada à coenzima vitamina B_{12} tem sido observada em plantas superiores.

As reações da coenzima vitamina B_{12} podem ser agrupadas em quatro reações gerais. Exemplos específicos dessas quatro reações gerais são

1. *Geral*: quebra de ligação carbono-carbono.
Específico: metilmalonil-CoA-mutase, que usa 5′-desoxiadenosil-cobalamina como coenzima (p. 299):

$$^{3}CH_3-{}^{2}C(H)({}^{4}COO^-)-{}^{1}CO\sim SCoA \rightleftharpoons {}^{4}COO-{}^{3}CH_2-{}^{2}CH_2-{}^{1}CO\sim SCoA$$

L-Metilmalomil-CoA **Succinil-CoA**

2. *Geral*: quebra da ligação carbono-oxigênio.
Específico: (a) diol-desidrase ocorre em bactérias. O mecanismo enzimático é muito complicado:

$$CH_3CH(OH)CH_2OH \longrightarrow CH_3CH_2CHO + H_2O$$

b. ribonucleotídeo-redutase,

HO—P(O)(OH)—O—P(O)(OH)—O—P(O)(OH)—O—CH_2—[ribose: H, H, OH, OH; Base] + $R(SH)_2$ ⟶

HO—P(O)(OH)—O—P(O)(OH)—O—P(O)(OH)—O—CH_2—[desoxirribose: H, H, OH, H; Base] + R—S—S—R + H_2O.

3. *Geral*: quebra de ligação carbono-nitrogênio.
Específico: D-α-lisina mutase,

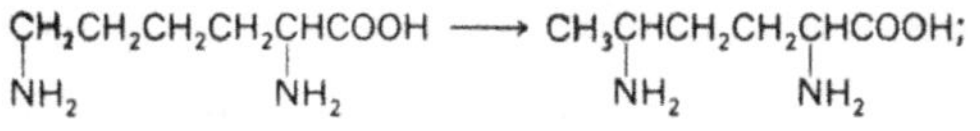

4. Ativação metílica,

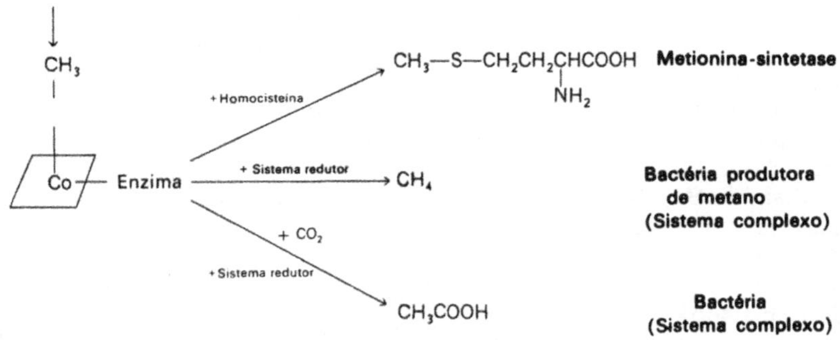

ÁCIDO PANTOTÊNICO

ESTRUTURA. O ácido pantotênico é necessário aos animais assim como aos microrganismos. Entretanto ele foi pela primeira vez detectado por causa de suas propriedades de estimular crescimento em levedura.

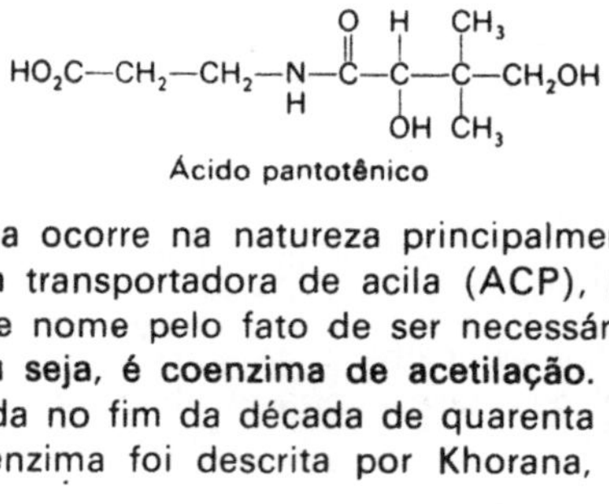

Ácido pantotênico

OCORRÊNCIA. A vitamina ocorre na natureza principalmente como componente da coenzima A e da proteína transportadora de acila (ACP), **p. 190**. A coenzima A foi descoberta e recebeu esse nome pelo fato de ser necessária à acetilação enzimática de aminais aromáticas, ou seja, é coenzima de acetilação. A coenzima A foi isolada e sua estrutura determinada no fim da década de quarenta por F. Lipmann. A síntese química completa da coenzima foi descrita por Khorana, em 1959.

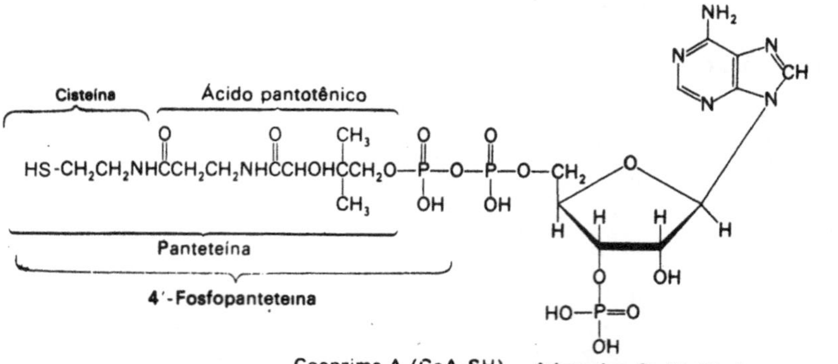

Coenzima A (CoA-SH) **Adenosina-3', 5'-difosfato**

FUNÇÃO BIOQUÍMICA. Os tioésteres formados a partir de coenzima A e ácidos carboxílicos têm propriedades singulares que são responsáveis pelo papel que a coenzima exerce na bioquímica. Essas propriedades são melhor entendidas quando comparadas com certas propriedades dos ésteres em geral. É possível escrever uma forma de res-

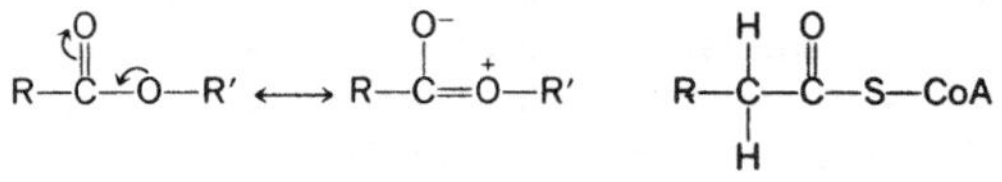

$$R-\overset{O}{\overset{\|}{C}}-O-R' \longleftrightarrow R-\overset{O^-}{\overset{|}{C}}=\overset{+}{O}-R' \qquad R-\underset{H}{\overset{H}{C}}-\overset{O}{\overset{\|}{C}}-S-CoA$$

Tioéster

sonância de um éster, na qual o átomo de oxigênio do éster contém uma carga positiva e está ligado por dupla ligação ao carbono do ácido carboxílico. O enxofre, entretanto, não cede facilmente seus elétrons para a formação da dupla ligação e os tioésteres, por isso, não possuem as formas de ressonância escritas para os ésteres em geral. Por outro lado, os tioésteres apresentam um considerável caráter carbonílico, no qual uma carga fracionária positiva pode ser representada no carbono carboxílico, e, por isso, o oxigênio carboxílico, apresenta uma carga parcial negativa. Com a carga fracionária positiva no carbono carboxílico, o átomo de hidrogênio no carbono α adjacente tenderá a dissociar-se como um próton, deixando uma carga fracionária negativa

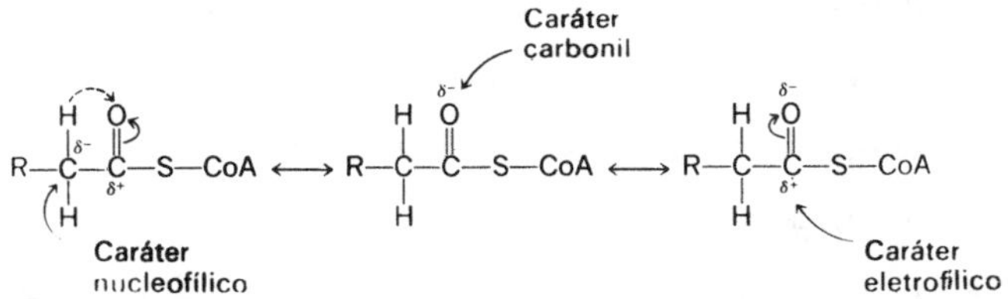

$$R-\underset{H}{\overset{H}{C^{\delta-}}}-\overset{O}{\overset{\|}{C^{\delta+}}}-S-CoA \longleftrightarrow R-\underset{H}{\overset{H}{C}}-\overset{O^{\delta-}}{\overset{\|}{C}}-S-CoA \longleftrightarrow R-\underset{H}{\overset{H}{C}}-\overset{O^{\delta-}}{\overset{\|}{C^{\delta+}}}-S-CoA$$

Caráter carbonil

Caráter nucleofílico

Caráter eletrofílico

neste carbono α. Essas duas possibilidades são responsáveis pelo caráter eletrofílico do átomo de carbono carboxílico nos tioésteres, assim como pelo caráter nucleofílico do átomo de carbono α. Além do mais, a incapacidade dos tioésteres de apresentarem formas de ressonância explica sua instabilidade significativamente maior e seu $\Delta G'$ de hidrólise mais alto.

Nucleófilos como aminas, amônia, água, compostos tiólicos e ácido fosfórico podem, por sua vez, atacar o sítio eletrofílico e deslocar o grupo S-CoA. Eletrófilos, tais como CO_2, acil-CoA ou complexo CO_2-BCCP (p. 176) podem, por sua vez, atacar o sítio nucleofílico.

Através dos numerosos exemplos do texto, são indicadas as reatividades dos tioésteres de coenzima A. A maioria, se não todas, dessas reações pode ser explicada na base da dupla reatividade desses compostos. O estudante deveria, no estudo deste livro, tentar reunir as muitas reações da CoA-SH e explicar os mecanismos, para sua própria satisfação. Vários exemplos e posterior discussão serão encontrados nos Caps. 12 e 13.

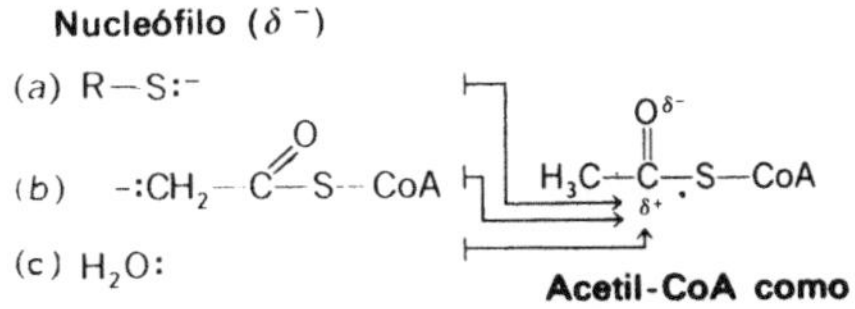

Nucleófilo (δ^-)

(*a*) $R-S:^-$

(*b*) $^-:CH_2-\overset{O}{\overset{\|}{C}}-S-CoA$

(*c*) $H_2O:$

$$H_3C-\overset{O^{\delta-}}{\overset{\|}{C^{\delta+}}}-S-CoA$$

Acetil-CoA como um eletrófilo

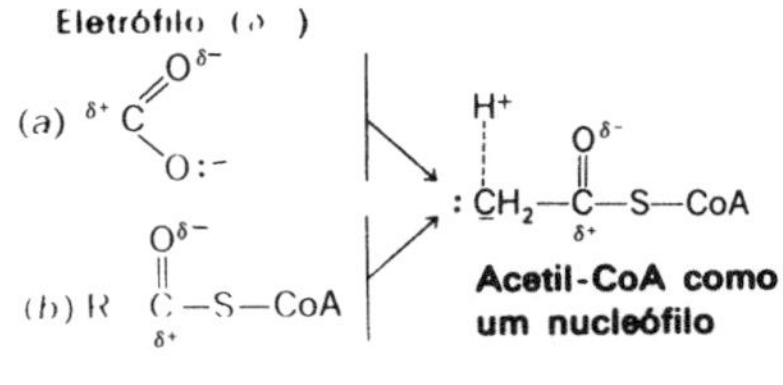

Eletrófilo (δ^+)

(*a*) $^{\delta+}C(=O^{\delta-})-O:^-$

(*b*) $R-\overset{O^{\delta-}}{\overset{\|}{C^{\delta+}}}-S-CoA$

$$H^+ \; :\!CH_2-\overset{O^{\delta-}}{\overset{\|}{C^{\delta+}}}-S-CoA$$

Acetil-CoA como um nucleófilo

Uma interessante proteína termoestável de baixo peso molecular e chamada *proteína transportadora de acila* (ACP), exerce um papel importante na biossíntese de ácidos graxos. Uma propriedade característica dessa proteína é o núcleo 4'-fosforil--panteteína que é ligado covalentemente à hidroxila de um resíduo de serina da proteína. Contendo a estrutura da panteteína, a molécula pode servir como transportadora de acila, de forma análoga à coenzima A, através de formação de tioéster com seu grupo sulfidrílico. ACP solúveis ocorrem em tecidos vegetais e em bactérias, mas, em tecidos animais, parte da molécula de ACP está ligada covalentemente ao complexo ácido graxo-sintetase (Fig. 13-12).

A ACP de *E. coli* foi estudada detalhadamente. Seu peso molecular é de 8 700 e ela possui 77 resíduos de aminoácidos. Sua seqüência completa, com a Ser* como o sítio para a 4'-fosfopauteteína, é:

NH_2-Ser(1)-Thr-Ile-Glu-Glu-Arg-Val-Lys-Lys-Ile(10)-Ile-Gly-Glu-
Gln-Leu-Gly-Val-Lys-Gln-Glu(20)-Glu-Val-Thr-Asp-Asn-Ala-Ser-
Phe-Val-Glu(30)-Asp-Leu-Gly-Ala-Asp-Ser*(36)-Leu-Asp-Thr-Val(40)-Glu-
Leu-Val-Met-Ala-Leu-Glu-Glu-Glu-Phe(50)-Asp-Thr-Glu-Ile-Pro-
Asp-Glu-Glu-Ala-Glu(60)-Lys-Ile-Thr-Thr-Val-Gin-Ala-Ala-Ile-
Asp(70)-Tyr-Ile-Asn-Glv-His-Gln-Ala(77)-COOH

A ligação da 4'-fosfopanteteína ao componente proteico da ACP é mostrada a seguir.

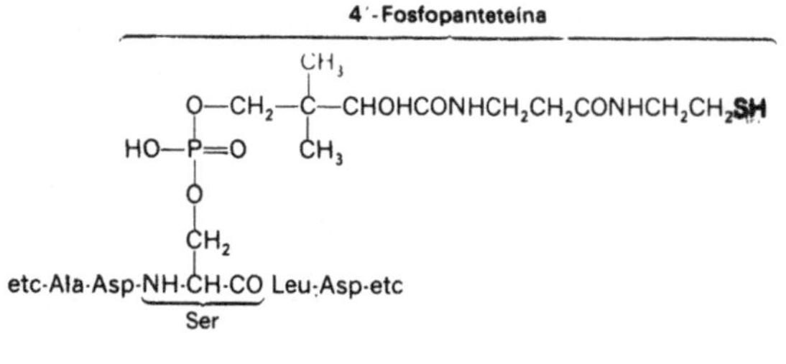

4'-Fosfopanteteína

$$
\begin{array}{l}
\qquad\qquad\qquad\quad CH_3 \\
\qquad\quad O-CH_2-C-CHOHCONHCH_2CH_2CONHCH_2CH_2\mathbf{SH} \\
HO-P=O \qquad CH_3 \\
\qquad\quad O \\
\qquad\quad CH_2 \\
\text{etc-Ala-Asp-}\underbrace{NH-CH-CO}_{Ser}\text{ Leu-Asp-etc}
\end{array}
$$

A ACP de *E. coli* foi sintetizada quimicamente pelo método de Merrifield (p.). A função da ACP será discutida em detalhe no Cap. 13.

ÁCIDO ASCÓRBICO (VITAMINA C)

ESTRUTURA

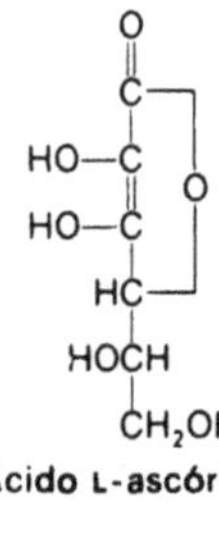

$$
\begin{array}{l}
\qquad O \\
\qquad \| \\
\qquad C \text{---}\, \\
HO-C \quad\;\; O \\
HO-C \\
\quad\; HC \text{---} \\
\quad HOCH \\
\qquad CH_2OH
\end{array}
$$

Ácido L-ascórbico

As relações vitamina-coenzima que foram descritas são aquelas das vitaminas solúveis em água. As vitaminas sem uma função coenzimática conhecida, a serem descritas agora, incluem somente uma vitamina hidrossolúvel adicional, chamada ácido ascórbico. Os demais compostos dessa categoria são solúveis em certos solventes orgânicos e constituem as vitaminas lipossolúveis. Embora nenhuma relação com coenzimas esteja estabelecida, existe, na maioria dos casos, uma significante massa de informação a respeito do papel fisiológico desses compostos.

OCORRÊNCIA. Plantas e animais — exceto cobaias e primatas (incluindo o homem), — podem sintetizar o ácido ascórbico a partir da D-glucose. A enzima que falta nas espécies que são incapazes de produzir a vitamina é a L-gulono-oxidase, que converte a L-gulonolactose a 3-ceto-L-gulonolactona.

H–C=O | HCOH | HOCH | HCOH | HCOH | COOH
Ácido D-glucurônico

$\xrightarrow[H^+]{NADH}$

CH_2OH | HCOH | HOCH | HCOH | HCOH | COOH ⟲ COOH | HOCH | HOCH | HCOH | HOCH | CH_2OH
Ácido L-gulônico

$\xrightarrow[\text{Lactonase}]{-H_2O}$

O=C | HOCH | HOCH | HC | HOCH | CH_2OH (anel: C–O–HC)
L-Gulonolactona

$\xrightarrow[\text{L-Gulono-oxidase}]{-2H}$

O=C | HOCH | O=C | HC | HOCH | CH_2OH (anel: C–O–HC)
3-Ceto-L-gulonolactona

⇌

O=C | HO–C | HO–C | HC | HOCH | CH_2OH (anel: C–O–HC)
Ácido L-ascórbico

FUNÇÃO BIOQUÍMICA. A ausência de ácido ascórbico na dieta dá origem ao escorbuto, uma doença caracterizada por edema, anemia, hemorragias subcutâneas e mudanças patológicas nos dentes e nas gengivas. A doença era conhecida pelos antigos, especialmente entre os marinheiros que freqüentemente viajavam por longos períodos de tempo, sem frutas e legumes frescos, que eram usados para prevenir escorbuto.

Uma característica primária do escorbuto é uma alteração do tecido conjuntivo. Na deficiência de ácido ascórbico, os mucopolissacarídeos da substância basal da célula têm caráter anormal e há mudanças significantes na natureza das fibrilas do colágeno que são formadas. A presença de ácido ascórbico é necessária para a formação do colágeno normal em animais experimentais. No nível enzimático, há uma indicação de que o ácido ascórbico está envolvido na conversão de prolina a hidroxiprolina, um aminoácido encontrado em concentrações relativamente altas no colágeno.

O papel bioquímico que exerce o ácido ascórbico está indubitavelmente relacionado ao fato de ser ele um bom agente redutor. Sua forma oxidada, ácido diidroascórbico, é capaz de ser reduzido novamente por vários redutores, incluindo glutation, e as duas formas de ascorbato constituem um sistema reversível de óxido-redução. No caso da formação do colágeno, o ácido ascórbico pode funcionar como um redutor externo, necessário na conversão da prolina a hidroxiprolina. O ácido ascórbico pode funcionar como um redutor externo na hidroxilação do ácido *p*-hidroxifenilpirúvico a ácido homogentísico, no fígado, e na conversão da dopamina a noradrenalina, que

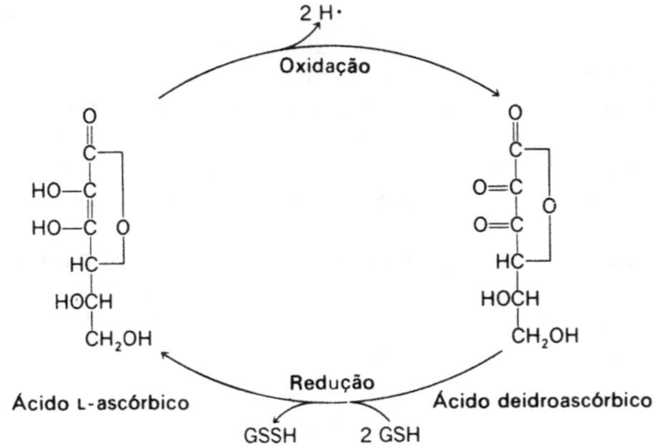

2 H·

Oxidação

Ácido L-ascórbico ⇌ Ácido deidroascórbico

Redução

GSSH 2 GSH

ocorre na adrenal. Ademais, as cobaias mantidas sob dieta deficiente em ácido ascórbico excretam ácido *p*-hidroxifenilpirúvo na urina. Assim, parece que o papel bioquímico do ácido ascórbico está relacionado a seu envolvimento nas reações de hidroxilação na célula. É interessante, nesse aspecto, que as concentrações mais elevadas de ascorbato nos tecidos animais são encontradas nas adrenais.

GRUPO DA VITAMINA A

ESTRUTURA. A vitamina A_1, ou *retinol*, e seu derivado aldeídico, o *retinal*, têm as seguintes estruturas:

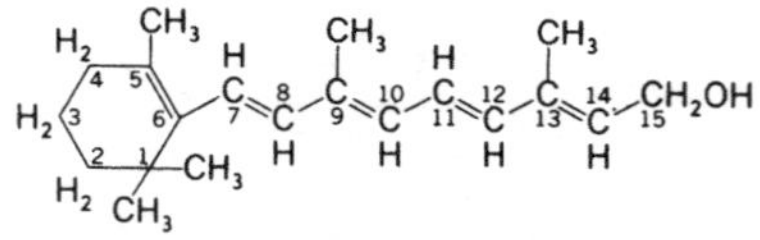

Retinol
(Vitamina A_1)

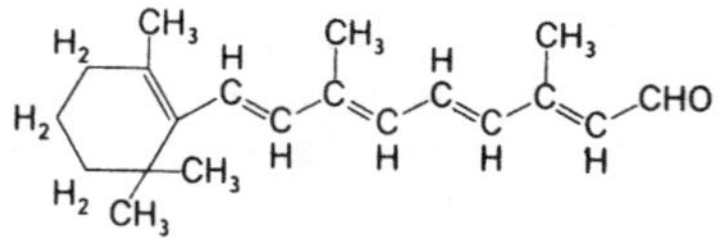

Retinal
(Vitamina A_1-aldeído)

Esses compostos são formados a partir da substância relacionada, o *β-caroteno*, denominada de provitamina A.

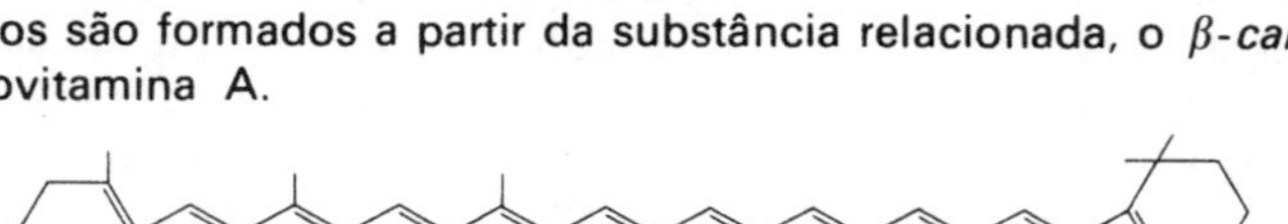

β-Caroteno

Uma oxigenase localizada na mucosa intestinal desdobra o β-caroteno, formando 2 moles de vitamina A_1, na forma aldeídica, ou *retinal*, o qual é então reduzido a retinol pela álcool-desidrogenase.

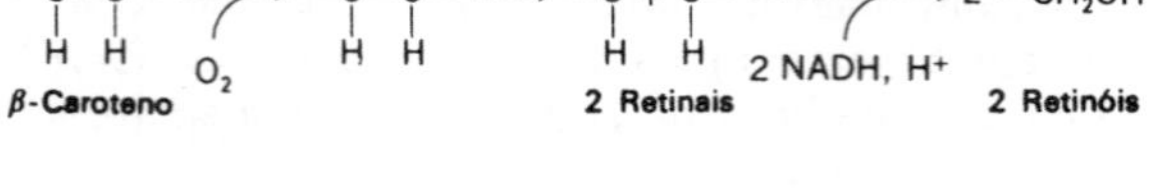

O_2 → 2 NADH, H^+ → 2 $-CH_2OH$

β-Caroteno **2 Retinais** **2 Retinóis**

A configuração toda-*trans* das duplas ligações no caroteno é mantida no retinal e no retinol formados.

OCORRÊNCIA. O β-caroteno, juntamente com o α-, o γ-caroteno e a criptoxantina, são sintetizados pelas plantas superiores, mas não pelos animais. Assim, os vegetais folhosos verdes são boas fontes das provitaminas do retinol. Devido a sua característica hidrofóbica, os carotenos são também encontrados no leite, nos depósitos de gordura dos animais e no fígado, onde a vitamina é armazenada nos animais. O óleo de fígado de peixe contém 3-desidroretinol (vitamina A_2).

Os sintomas clássicos de deficiência grave de retinol são os processos de queratinização que ocorrem nas células epiteliais; nos olhos, esses processos originam a *xeroftalmia*. Um sinal precoce da deficiência de retinol no homem e nos animais experimentais é a cegueira noturna (redução na capacidade de discriminar a intensidade da luz). O retardo do crescimento e as anomalias do esqueleto são também observadas quando os animais imaturos recebem um suprimento inadequado de vitamina.

Ainda que um suprimento adequado de retinol seja indispensável para a boa saúde dos animais, o excesso de retinol pode ser prejudicial. Isso acontece porque os animais são incapazes de excretar o excesso de retinol (e de outras vitaminas lipossolúveis), e, ao invés, armazenam a vitamina nos tecidos gordurosos e nos órgãos. O excesso é lesivo. A toxicidade do retinol foi observada em casos extremos, onde quantidades exageradas (por exemplo, 500 000 unidades ao dia) foram ingeridas por um considerável período. Alguns sintomas do excesso de retinol são fragilidade óssea, náusea, fraqueza e dermatite.

O papel (a ser descrito abaixo) da vitamina A_1 no processo visual está claramente relacionado com a cegueira noturna associada com um suprimento inadequado de vitamina. Contudo não existe uma explicação satisfatória quanto à maneira pela qual o retinol exerce os outros efeitos fisiológicos descritos.

FUNÇÃO BIOQUÍMICA. O retinol (vitamina A_1) e seu aldeído, o retinal, são reagentes nas transformações químicas que ocorrem, durante os processos visuais, nos bastonetes da retina. A retina dos olhos humanos, bem como, da maioria dos olhos dos animais, contém dois tipos de células receptoras de luz, os cones e os bastonetes. Os bastonetes são usados para enxergar em luz de baixa intensidade (visão escotópica; sombras do cinza), enquanto que a visão das cores (visão fotóbica) está localizada nos cones. Somente a visão dos bastonetes será discutida resumidamente aqui. O retinol é transportado do fígado para a retina como uma lipoproteína:

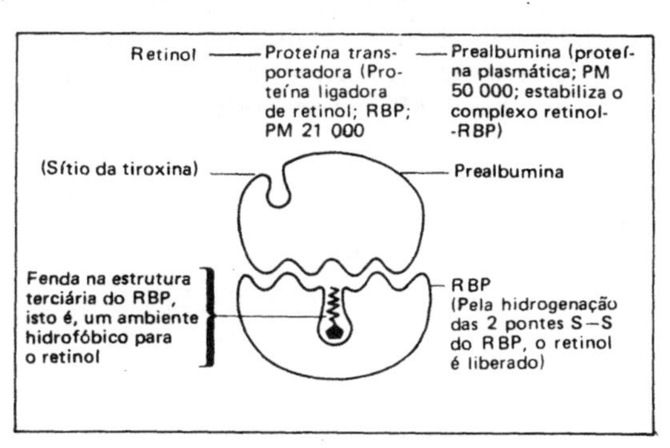

O retinol está depositado nos bastonetes da retina como ésteres, e é oxidado, nos mesmos, por um retinol-desidrogenase específica (Esquema 8-1), a retinal todo-*trans*, o qual é convertido por uma retinal-isomerase a 11-*cis*-retinal. No escuro, esse aldeído se acopla a uma lipoproteína, um complexo opsina-fosfolipídeo, formando, assim, a ro-

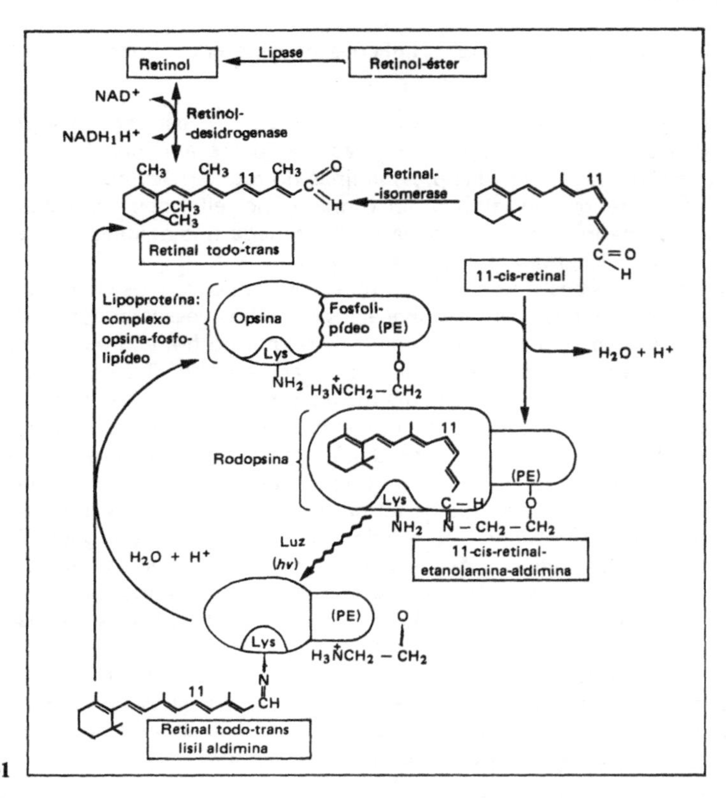

Esquema 8-1

dopsina sensível à luz. O 11-*cis*-retinal forma uma base de Schiff com a fosfatidiletanolamina (PE) e ligações hidrofóbicas com a opsina, respectivamente. Quando a luz incide na rodopsina, o 11-*cis*-retinal é isomerizado a retinal todo-*trans*, que não forma ligações hidrofóbicas com o complexo opsina-fosfolipídeo. O retinal todo-*trans* forma então uma base de Schiff com um grupo da lisina, na opsina, sendo, finalmente, hidrolisado a retinal todo-*trans* e complexo opsina-fosfolipídeo. Essas reações estão ilustradas a seguir.

O problema de como a ação da luz sobre a rodopsina resulta em uma excitação nervosa tem o máximo interesse. Esse mecanismo é ainda obscuro. Informações têm sido acumuladas no sentido de indicar quais modificações na conformação da rodopsina, na permeabilidade aos íons e no AMP cíclico podem ser fatores de importância nesse contexto.

GRUPO DA VITAMINA D

ESTRUTURA

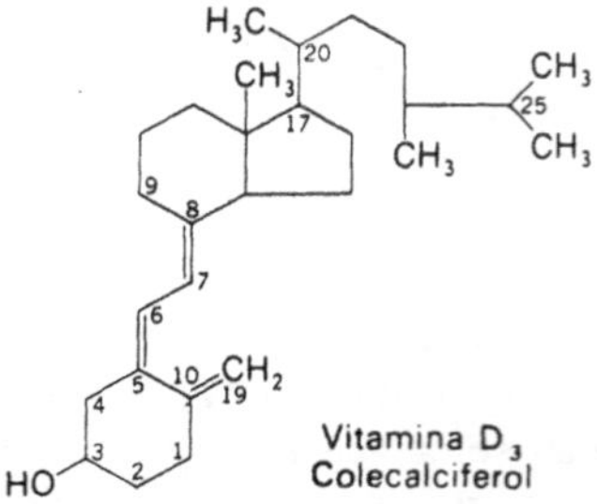

Vitamina D_3
Colecalciferol

OCORRÊNCIA. Vários compostos são conhecidos como sendo eficientes na prevenção de raquitismo; todos são resultantes da irradiação de diferentes formas de provitamina D; assim, a vitamina D_2 (calciferol) é produzida comercialmente pela irradiação do esteróide vegetal, ergosterol. Nos tecidos animais, o 7-desidrocolesterol, que ocorre naturalmente nas camadas epidérmicas, pode ser convertido em vitamina D_3 pela irradiação ultravioleta. A última vitamina também está presente no óleo de peixe.

FUNÇÃO BIOQUÍMICA. A vitamina D_3, quando administrada a animais raquíticos, aumenta a permeabilidade das células da mucosa intestinal ao íon de cálcio. Recentemente foi demonstrado que a vitamina D_3 induz o aparecimento de uma proteína cálcio-ligante específica (CaBP) na mucosa intestinal de alguns animais. Essa proteína foi isolada e purificada; tem um peso molecular de 24 000 e liga um átomo de cálcio por molécula de proteína.

A vitamina D comporta-se mais como hormônio do que como um cofator enzimático. Isto é, seu efeito é mais controlar a produção de uma proteína cálcio-ligante específica do que influenciar diretamente a atividade de uma enzima específica.

A vitamina D_3 não é a forma ativa da vitamina. Em vez disso, a vitamina D_3 sofre duas modificações químicas, a primeira na fração microsomal do fígado, mucosa intestinal e rim, e a segunda no rim, antes de ser transportada ao tecido visado, em sua forma modificada. Essas reações estão resumidas no Esquema 8-2. A estrutura do 1,25-diidroxicolecalciferol, o composto ativo finalmente formado a partir da vitamina D_3, também é dada.

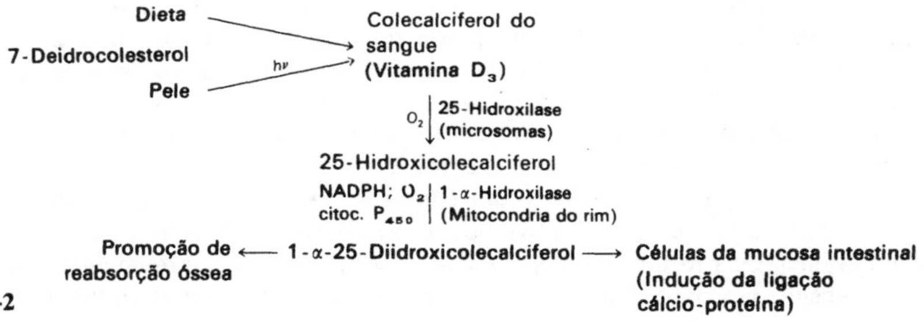

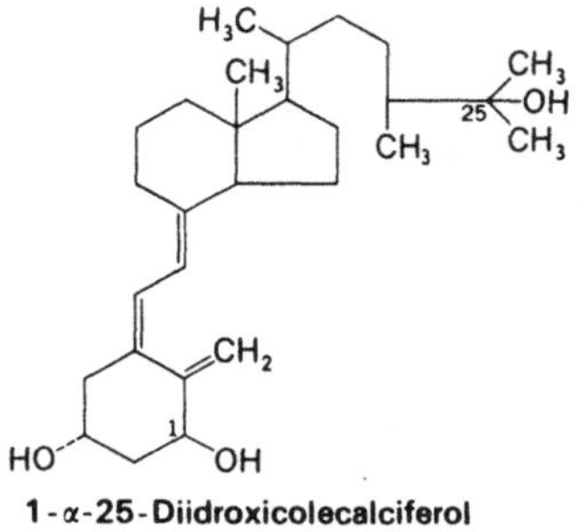

Dieta → Colecalciferol do sangue (Vitamina D_3)
7-Deidrocolesterol — Pele —($h\nu$)→ Colecalciferol do sangue (Vitamina D_3)

↓ O_2 | 25-Hidroxilase (microsomas)

25-Hidroxicolecalciferol

↓ NADPH; O_2; citoc. P_{450} | 1-α-Hidroxilase (Mitocondria do rim)

Promoção de reabsorção óssea ← 1-α-25-Diidroxicolecalciferol → Células da mucosa intestinal (Indução da ligação cálcio-proteína)

Esquema 8-2

1-α-25-Diidroxicolecalciferol

Nas células-alvo, por exemplo, as células da mucosa intestinal, o 1-α-25-$(OH)_2$-D_3 é acoplado, no citossol, a uma proteína receptora especial. Esse complexo é transportado ao núcleo, onde ele se liga ao DNA e estimula a RNA-polimerase II. O resultado é a síntese (transcrição) da mensagem do mRNA para uma proteína ligadora de cálcio, CaBP. O mRNA é transportado aos ribosomas para síntese (tradução) da CaBP.

GRUPO DA VITAMINA E

ESTRUTURA

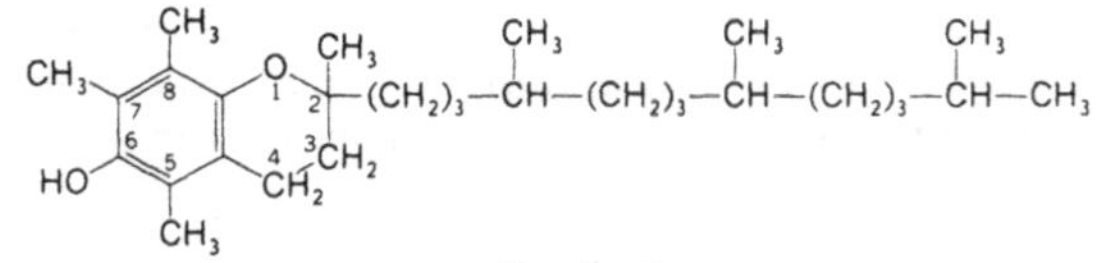

α-Tocoferol

OCORRÊNCIA. Os tocoferóis ocorrem nos óleos vegetais em quantidades variáveis. Aparentemente a forma mais difundida e biologicamente mais ativa dos tocoferóis é o α-tocoferol, 5,7,8-trimetiltocol. Outros tocoferóis são: β-(5,8-dimetil), γ-(7,8-dimetil), e δ-(8-metil)-tocol. Além da série tocol, outra série, os tocotrienóis, também ocorre na natureza, embora de maneira menos generalizada. A única diferença entre as duas séries de vitaminas é que os trienóis têm uma cadeia lateral longa, composta de três unidades isopreno, ao invés da cadeia lateral inteiramente hidrogenada da série tocol. Grandes quantidades são encontradas no óleo do germe de trigo e no óleo de milho, por exemplo. Os tocoferóis são também encontrados em gordura animal. Há alguma evidência de que todo α-tocoferol, no músculo de coração, está localizado na mitocôndria.

FUNÇÃO BIOQUÍMICA. Sintomas característicos da avitaminose E variam com a espécie animal. Em ratas adultas, há queda na taxa de reprodução. Elas podem ficar prenhas, mas os fetos morrem durante a gestação, e são absorvidos pelo útero. No rato macho, o tecido germinativo degenera. Em coelhos e cobaias, ocorre distrofia muscular aguda; em frangos, ocorrem anormalidades vasculares. No homem, nenhuma síndrome de deficiência de vitamina E foi detectada.

O maior efeito que o tocoferol tem em sistemas *in vitro* é uma forte atividade antioxidante. Foi sugerido que a atividade bioquímica do tocoferol é sua capacidade de proteger sistemas mitocondriais sensíveis, contra inibição irreversível por peróxidos lipídicos. Assim, em mitocôndrias preparadas a partir de animais deficientes em tocoferol, há uma profunda deterioração de atividade mitocondrial devido à peroxidação, catalisada pela hematina, de ácidos graxos altamente insaturados, normalmente presentes nessas partículas:

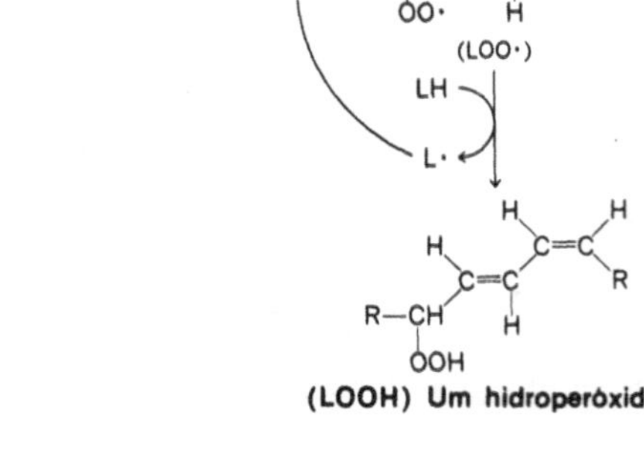

(LH) $\xrightarrow{-H\cdot}$ (L·) $\xrightarrow{O_2}$ (LOO·) $\xrightarrow{LH \rightarrow L\cdot}$ (LOOH)

Seqüência da peroxidação

(LOOH) Um hidroperóxido

O α-tocoferol funciona como quebrador de cadeia, em sua participação nas seguintes reações:

$$LOO\cdot + \alpha TH \longrightarrow LOOH + \alpha T\cdot$$
$$L\cdot + \alpha TH \longrightarrow LH + \alpha T\cdot$$

Quimicamente o α-tocoferol pode sofrer a seguinte seqüência de reações, levando à formação de sua quinona:

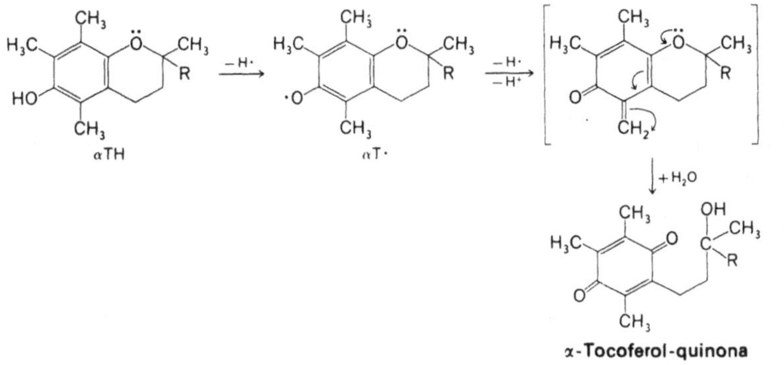

αTH —(−H·)→ αT· —(−H·, −H⁺)→ [ ] —(+H_2O)→

α-Tocoferol-quinona

Assim, o α-tocoferol atua como um radical quebrador de cadeia, inibindo, assim, a peroxidação destrutiva de, por exemplo, ácidos graxos poliinsaturados, que estão sempre associados com os lipídeos da membrana. Entretanto, durante muitos anos, os nutricionistas observaram uma grande semelhança entre os efeitos nutricionais do α-tocoferol e o de pequenas quantidades de selênio (0,05 partes por milhão ao dia).

Sabe-se que o selênio é um componente essencial da enzima glutation-peroxidase, que inativa compostos tóxicos hidroperóxidos, nos tecidos, pela reação:

$$\underset{\text{Glutation}}{2\,GSH} + \underset{\text{Alquil-hidroperóxido}}{ROOH} \xrightarrow[\text{-peroxidase}]{\text{Glutation-}} \underset{\text{Glutation oxidado}}{G{-}S{-}S{-}G} + ROH + H_2O$$

O corpo tem, assim, duas linhas de defesa contra os hidroperóxidos tóxicos: (a) o α-tocoferol, que evita em parte a formação desses compostos, e (b) a glutation-peroxidase, que converte os hidroperóxidos tóxicos (ingeridos ou formados endogenamente) a álcoois primários ou secundários inócuos.

GRUPO DA VITAMINA K

ESTRUTURA

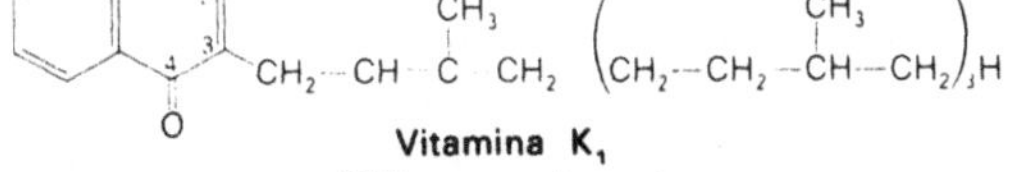

Vitamina K_1
(fitil-menaquinona)

A vitamina K_1 foi isolada pela primeira vez da alfafa, e tem a cadeia fitil lateral formada por quatro unidades de isopreno, três das quais hidrogenadas. Na série da vitamina K_2, de seis a nove unidades de isopreno ocorrem na cadeia lateral. Pode-se assim escrever uma fórmula geral para a série da vitamina K_2.

As vitaminas K_2 são isoladas das bactérias e purificadas da carne de peixe. Todavia são conhecidas vitaminas K_2 em que uma das unidades de isopreno está hidrogenada, obtidas por exemplo, a partir de *Mycobacterium phlei*.

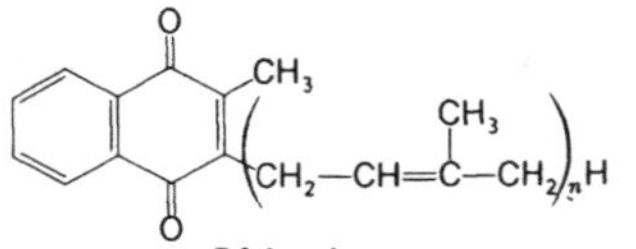

$n = 6\text{–}9$

Série da Vitamina K_2

A menadiona, a menaquinona, ou a 2-metil-1,4-naftoquinona, têm a mesma quinona ou resíduo de anel, e exibem a mesma atividade vitamínica que a vitamina K_1, em uma base molar, possivelmente por ser rapidamente convertida em vitamina K_1.

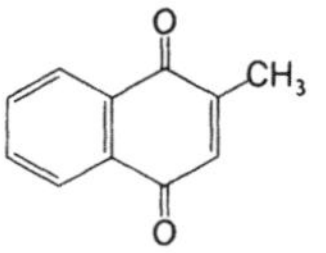

Menadiona; menaquinona (2-metil-1,4-naftoquinona)

OCORRÊNCIA. A vitamina K_1 foi isolada primeiramente de fontes vegetais, que continuam sendo a melhor fonte dessa vitamina. As vitaminas da série K_2 são formadas por bactérias, especialmente as do intestino. Assim, torna-se difícil demonstrar uma deficiência de vitamina K em animais saudáveis. Uma deficiência pode ocorrer no homem em condições sob as quais as bactérias intestinais são destruídas ou têm seu crescimento inibido. Assim, quando se administram antibióticos, particularmente durante um período prolongado, os níveis de vitamina K podem se reduzir a um ponto tal que o tempo de coagulação sangüínea (veja a seguir) torna-se perigosamente prolongado. A obstrução biliar, ou outras condições em que a redução da absorção intestinal de lipídeos exista, também origina uma deficiência de vitamina K.

FUNÇÃO BIOQUÍMICA. Nenhum papel claro foi encontrado para a vitamina K em qualquer sistema enzimático. Por outro lado, a importância fundamental da vitamina K nos processos de coagulação do sangue está bem estabelecida. Esse processo, que é altamente complexo (veja a seguir), é afetado de maneira tal que uma deficiência de vitamina K resulta em uma diminuição do nível de protrombina no sangue. A vitamina pode influenciar também o processo global ao nível de outro fator (a proconvertina), uma vez que essa proteína encontra-se também reduzida nos estados de deficiência de vitamina K.

As últimas etapas do processo de coagulação do sangue já são conhecidas há muitos anos, e podem ser descritas assim: a protrombina, uma proenzima plasmática ou zimogênio, é convertida em trombina, uma enzima proteolítica, pela combinação de vários fatores (veja a seguir). A trombina, por sua vez, converte o fibrinogênio em fibrina, a proteína que forma o coágulo. Estudos químicos recentes mostram que o fibrinogênio é um dímero (PM = 330 000), consistindo em três cadeias polipeptídicas, designadas como α, β, e γ. Quando a trombina atua sobre o fibrinogênio, um total de quatro laços peptídicos são rompidos e dois pequenos polipeptídeos (PM = 9 000) são liberados. Essa molécula de fibrinogênio modificada é hoje conhecida como monômero da fibrina, sendo transferida da forma de um coágulo "mole" para o coágulo "duro" pela ação de íons Ca^{2+} e de uma outra proteína.

As pesquisas demonstram que a coagulação do sangue é um processo muito mais complicado do que descrevemos no parágrafo anterior. O processo envolve, em particular, um fenômeno "em cascata", no qual um fator ativo é produzido a partir de uma forma inativa e que, por sua vez, ativa a conversão de uma forma subseqüente inativa em ativa. O processo pode ser representado simplificadamente como segue:

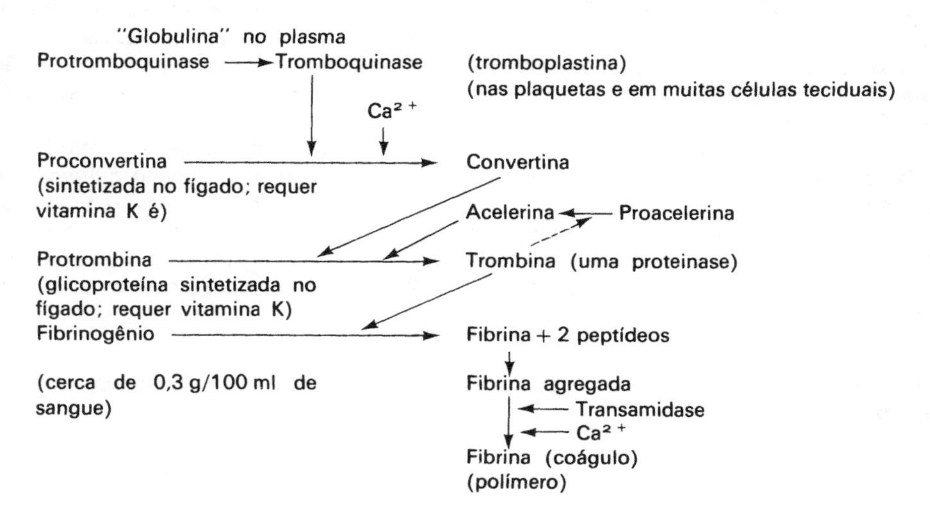

METAIS NA BIOQUÍMICA

Como vimos, os compostos que formam a célula viva são constituídos primariamente de seis elementos, C, H, O, N, P e S. Muitos organismos também contêm quantidades relativamente grandes de Na, K, Ca, Mg, Fe e Cl. Assim, um homem de 70 kg pode conter mais de 1 kg de Ca e 600 g de P em seu esqueleto. Seus tecidos moles devem conter cerca de 200 g de K, 40 g de Na e 250 g de Cl, e seu sangue aproximadamente 20 g de Na, 24 g de K e 20 g de Cl. Seu corpo também deve conter aproximadamente 20 g de Mg e 4 g de Fe, do qual cerca de metade é transportada pelo sangue.

No caso dos animais, esses elementos devem ser obtidos, em sua dieta, em quantidades suficientes para atender às necessidades, devendo incluir as porções excretadas. Assim, um adulto necessita ingerir 10 a 20 g de NaCl ao dia, primariamente para substituir o NaCl que é excretado na urina e no suor.

Os vegetais superiores também devem obter esses elementos. A absorção é quase-exclusivamente (exceto o CO2 e o O_2) através do seu sistema de raízes. As quantidades requeridas estão, em grande parte, relacionadas a outros minerais e, por essa razão, são denominadas de macronutrientes.

A maioria dos organismos necessita também de Mn, Co, Mo, Cu e Zn (eles contêm muitos outros), todos conhecidos como componentes de determinadas enzimas. Esses elementos, juntamente com o boro e o ferro (mas não o Co), foram denominados de micronutrientes, pois são requeridos em quantidades relativamente baixas pelos vegetais superiores.

Os animais devem adquirir também esses micronutrientes em sua dieta, o que é feito primariamente pela ingestão de alimentos vegetais. O Ni, o Al, o Sn, o Se, o V, o F e o Br foram também detectados, mas, com exceção do Se (p. 197), pouco se sabe quanto ao papel desses elementos nos organismos, se é que eles possuem algum. Faremos a seguir algumas observações gerais referentes ao papel dos micronutrientes, bem como do Mg, do Ca e do Fe na catálise enzimática.

Metais nas enzimas. Aproximadamente um terço das enzimas conhecidas possui metais como parte de sua estrutura, requer a adição de metais para sua atividade, ou são mais ativadas pelos metais. No primeiro caso, os metais fazem parte da estrutura molecular da enzima, e não podem ser removidos sem destruir a estrutura. Tais enzimas incluem as metaloflavoproteínas (p. 173), os citocromos (p. 320) e as ferro-proteínas não-hêmicas, as ferredoxinas (p. 319). Em outras situações, os metais reagem reversivelmente com proteínas, para formar complexos metal-proteína, que constituem o catalisador ativo. Em muitas oportunidades, o complexo representa uma conformação específica, cataliticamente ativa, da proteína, na qual o papel do metal parece ser o de estabilizar a conformação.

Os metais se assemelham aos prótons (H^+) quanto ao fato de serem eletrofílicos, pois são capazes de aceitar um par de elétrons para formar uma ligação química. Ao fazerem isso, os metais atuam como ácidos gerais, para reagir com ligantes aniônicos e neutros. Seu tamanho relativamente grande, em relação aos prótons, constitui uma desvantagem, mas isso é compensado pela sua capacidade de reagir com mais de um ligante. Em geral os íons metálicos reagem com 2, 4 ou 6 ligantes. Se com dois, o complexo é linear:

$$X - M - X$$

Se com quatro ligantes, o metal pode se localizar no centro de um quadrado (planar) ou de um tetraedro (tetraédrico).

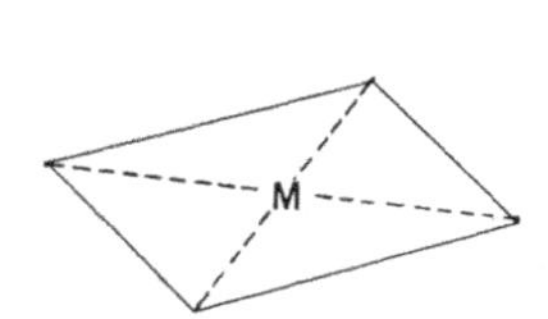

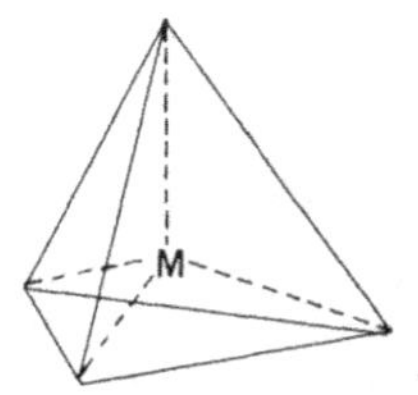

Quando os seis ligantes reagem, o metal se localiza no centro de um octaedro:

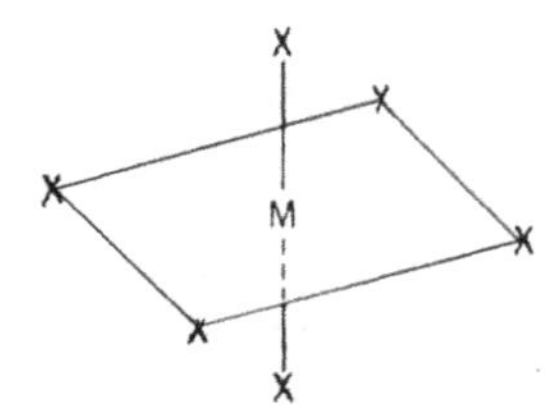

Os aminoácidos, sejam livres ou em suas ligações peptídicas nas proteínas, possuem vários grupos capazes de formação de complexos com os íons metálicos. Os grupos carboxílicos e amínicos dos aminoácidos ligam-se ao metal, conforme indicado:

```
        O ———— C=O
       /       |
  +M           |
       \       |
        N ———— C—H
        H2     |
               R
```

Evidentemente os grupos $—NH_2$ e —COOH livres na proteína podem fazer o mesmo, talvez dobrando a proteína em uma conformação ativa específica. O grupo —SH da cisteína e o anel imidazólico da histidina são outros ligantes importantes dos complexos metal-proteína. No caso da histidina, seu resíduo é conhecido como estando no sítio que liga o átomo de Fe nos citocromos. O grupo carboxílico ($>C=O$) na ligação peptídica pode também estar ligado a íons metálicos. Na maioria desses exemplos, o metal está atuando como um poço de elétrons para o par de elétrons, e pode formar um complexo relativamente estável.

Outro exemplo importante de um excelente ligante de metais é o éster de fosfato, encontrado no ATP, ADP e nos açúcar-fosfatos, os ácidos nucleicos e os substratos fosforilados. Os metais, especialmente o Mg^{2+}, podem reagir com o átomo de oxigênio dos ésteres de fosfato, para neutralizar sua carga e catalisar, subseqüentemente, reações pela ação como catalisadores ácidos gerais. Na verdade, quase todas as enzimas que catalisam reações envolvendo grupos de fosfato requerem Mg^{2+} (ou Mn^{2+}) como cofatores. Exemplos específicos de envolvimento de íons metálicos na ação das enzimas serão discutidos à medida que forem ocorrendo nos capítulos subseqüentes.

REFERÊNCIAS

1. P. D. Boyer – *The Enzymes*, New York Academic Press, 1970. Essa série contém uma revisão sistemática sobre coenzimas.

2. A. F. Wagner e K. Folkers – *Vitamins and Coenzymes*. New York, EUA, Interscience, 1964. Um único volume que discute a química e bioquímica das vitaminas e seus derivados.

3. D. M. Greenberg (ed.) – *Pathways*, 3.ª edição, Vol. 4. New York, EUA, Academic Press, 1970. Esse volume contém capítulos sobre biossíntese e metabolismo de várias vitaminas hidrossolúveis.

4. R. S. Harris (ed.) – *Vitamins and Hormones*. New York Academic Press, F. F. Nord, (ed.), *Advances in Enzymology*. New York, EUA, Wiley-Interscience. Essa série, de vários volumes, contém muitos artigos gerais sobre coenzimas e vitaminas.

PROBLEMAS

1. Descreva as funções biológicas das seguintes vitaminas lipossolúveis: vitamina A; vitamina D; vitamina E; vitamina K.
2. Explique como a vitamina K pode agir como um intermediário em um sistema de transporte de elétrons. Use fórmulas estruturais.
3. Desenhe as estruturas das seguintes vitaminas hidrossolúveis, e as coenzimas em que são convertidas *in vivo*:
   niacina; tianina; riboflavina; piridoxal
4. Identifique a "extremidade operante" das moléculas das coenzimas (isto é, a parte da estrutura que mais se envolve na reação catalisada por enzimas) apresentadas no Prob. 3. Escreva uma reação parcial mostrando claramente como funcionam as coenzimas.
5. Descreva resumidamente os métodos experimentais que você seguirá para determinar se um animal experimental requer ou não ácido ascórbico (vitamina C) como vitamina.

PARTE II
METABOLISMO DOS COMPOSTOS PRODUTORES DE ENERGIA

capítulo 9

A CÉLULA — SUA ORGANIZAÇÃO BIOQUÍMICA

OBJETIVO

Em nossa discussão sobre a célula, examinaremos primeiramente as estruturas da parede celular, e continuaremos, para dentro, com a membrana plasmática e, daí, para o citossol e suas diversas organelas. Concluiremos com uma descrição dos processos de transporte que estão intimamente associados com as organelas plasmáticas e membranas.

INTRODUÇÃO

Em 1957, Dougherty propôs pela primeira vez os adjetivos procariótico e eucariótico para descrever as células. Esses termos atualmente são de uso corrente. Por definição, as células procarióticas têm um mínimo de organização interna. Não possuem nenhuma organela ligada à membrana, seu material genético não está envolvido por uma membrana nuclear, nem seu DNA está complexado com histonas. Portanto não se encontram histonas nessas células. Sua reprodução sexuada não envolve mitose ou meiose. Seu sistema respiratório está intimamente relacionado com a membrana plasmática. Células procarióticas típicas incluem todas as bactérias e as algas azuis. Todas as demais células são do tipo eucariótico.

Uma célula eucariótica tem um grau considerável de estrutura interna, com um grande número de organelas distintas envoltas por membranas. O núcleo é o local onde estão os componentes informacionais, coletivamente chamados de cromatina. Sua reprodução envolve tanto a mitose como a meiose. A respiração ocorre na mitocôndria e a conversão de energia radiante em energia química, nas células vegetais, se dá no cloroplasto, altamente estruturado.

Neste capítulo tentaremos, portanto, definir os componentes da célula em termos de sua estrutura e função. Apressamo-nos a acrescentar que as descrições se referirão às células em geral; tentar definir as muitas células especializadas encontradas nos reinos animal e vegetal, seria obscurecer as semelhanças e diversidades básicas que estamos tentando salientar. A Fig. 9-1 compara as células procarióticas e eucarióticas em geral, ilustrando, num diagrama, as diferenças e as semelhanças existentes entre elas. As Figs. 9.3(*a*), (*b*) e (*c*) mostra micrografias eletrônicas de células procarióticas Gram-positivas (G+) e Gram-negativas (G−), e de células eucarióticas de levedo. A Fig. 9-4 mostra o procedimento geral para o isolamento de organelas de células eucarióticas.

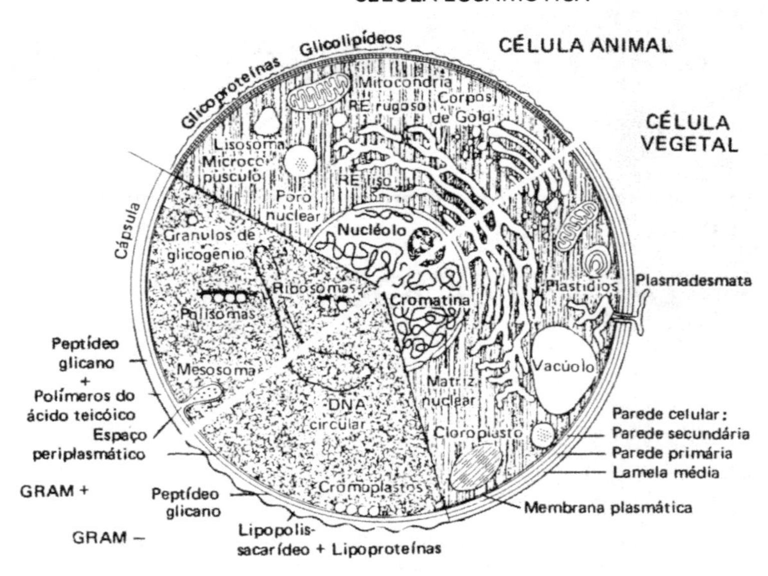

Figura 9-1. Comparação esquemática entre células procarióticas e eucarióticas

PAREDES CELULARES

As paredes, nas células procarióticas e muitas células eucarióticas como algas, fungos, e plantas, conferem forma e rigidez à própria célula. Sem a parede, a célula seria aproximadamente uma esfera, e extremamente frágil a pequenas variações osmóticas do meio externo. Essa conclusão pode ser demonstrada pela conversão de uma bactéria $G(+)$, com sua espessa parede celular, em um protoplasto desprovido de parede celular, mas possuindo sua membrana plasmática e seus componentes do citossol. Os protoplastos podem ser prontamente preparados pela exposição de uma supensão de bactérias $G(+)$ à enzima lisozima em um meio osmótico estabilizado. A lisozima hidrolisa os peptidoglicanos componentes da parede, enfraquecendo-a, e permitindo que o protoplasto circunscrito pela membrana plasmática escape para o meio isotônico. Aí o protoplasto pode sofrer replicação e crescimento normais. Todavia, se o meio for alterado pela adição de água para formar um meio hipotônico, ocorre lise imediata. Nas bactérias $G(-)$, a lisozima quebra o esqueleto de peptidoglicano da parede, formando um esferoplasto que geralmente ainda tem material da parede conectado à célula.

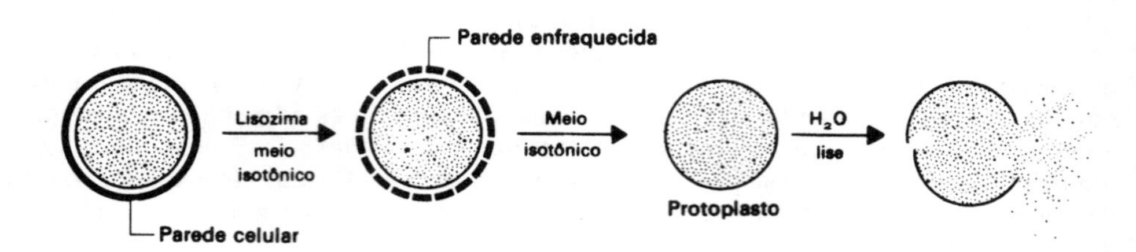

Uma exceção para esses requisitos de paredes celulares é o gênero procariótico *Mycoplasma*, cujos membros são desprovidos de parede celular. Esses organismos se ajustaram à sobrevivência em um meio osmoticamente hostil, tornando-se parasitos, isto é, vivendo em plantas e animais hospedeiros, onde o ambiente osmótico é cuidadosamente regulado. Esses organismos apresentam também esteróides, incluídos em suas membranas plasmáticas. Uma vez que os esteróides (p. 57) são sistemas planares de anéis complexos que permitem o empilhamento e a interação com outros lipídeos componentes da membrana plasmática, obtém-se uma considerável estabilidade em suas membranas. Situações similares ocorrem no animal, isto é, na hemácia, que não apresenta parede celular rígida. Ela permanece estruturalmente estável no plasma circulante, mas lisa instantaneamente quando transferida para a água.

Paredes celulares procarióticas. Como se observa na Fig. 9-1, as paredes celulares das células procarióticas são mais complicadas e marcadamente diferentes das células eucarióticas. As bactérias são divididas grosseiramente em Gram-positivas e Gram-negativas, com base na coloração diferencial com um reagente iodado de cristal violeta. Em geral as células Gram-positivas têm parede celular espessa, sendo mais de 80% compostas de uma malha com um macropolímero chamado peptideoglicano. A natureza química desse macropolímero já foi descrita (p. 46). Numa série de bactérias ocorrem variações na estrutura e na composição desse peptideoglicano.

Sobrepondo-se ao peptideoglicano há os polímeros de ácidos teicóico, constituídos de unidades de glicerol ou ribitol conectados por ligações diéster internas de fosfato. Usualmente se encontra D-alanina ligada ao álcool poliidroxílico por ligações de éster. Os polímeros de ácidos teicóico estão provavelmente envolvidos com a antigenicidade e a susceptibilidade à infecção por fago, na célula. Eles conferem sem dúvida, uma grande carga negativa à superfície da parede celular, devido ao alto conteúdo de grupos de fosfatos ionizáveis. Aparentemente os ácidos teicóicos estão localizados na região que se estende do exterior da membrana plasmática para as regiões externas dos peptideoglicanos. As paredes celulares das células Gram-positivas também se caracterizam pela ausência de qualquer quantidade significante de lipídeo.

É de considerável interesse o fato de que a enzima lisozima encontrada nas lágrimas, saliva, em bactérias e em plantas, hidrolisa os peptideoglicanos nas ligações

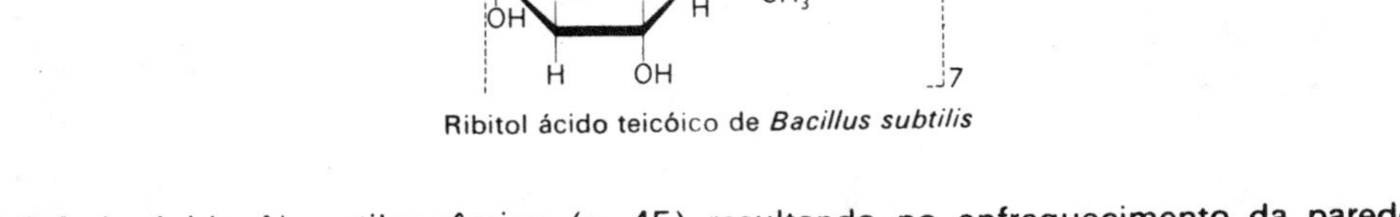

Ribitol ácido teicóico de *Bacillus subtilis*

β-1,4 do ácido *N*-acetilmurâmico (p. 45) resultando no enfraquecimento da parede celular e na subseqüente ruptura da célula. Certos antibióticos, como a penicilina, inibem especificamente a síntese de novas paredes celulares nas células em crescimento, levando à lise da célula. Uma vez que as células eucarióticas têm paredes celulares ou membranas inteiramente diferentes quando comparadas com as células procarióticas, a penicilina não tem qualquer efeito sobre as células animais. Portanto essa especificidade tem grande valor no tratamento de doenças infecciosas causadas por células procarióticas em particular por organismos Gram-positivos.

Como sugere a Fig. 9-1, os organismos Gram-negativos têm uma parede celular mais complexa. Embora pouco ou nenhum ácido teicóico seja encontrado nesses organismos, e uma pequena camada de peptideoglicano, semelhante em estrutura à das células Gram-positivas se encontre entre a membrana celular e o envelope externo, o maior componente desses organismos é um macropolímero gigante chamado lipopolissacarídeo. Ele é muito complexo e apenas parte de sua estrutura é conhecida, especialmente o lipopolissacarídeo da Enterobacteriacea. Uma estrutura generalizada está apresentada na Fig. 9-2. Entretanto não discutiremos aqui, devido à sua complexidade, nem sua estrutura nem sua biossíntese. Os lipopolissacarídeos liberados na cor-

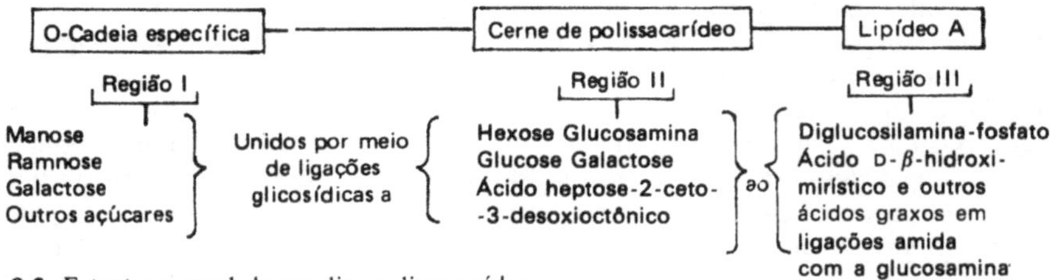

Figura 9-2. Estrutura geral de um lipopolissacarídeo

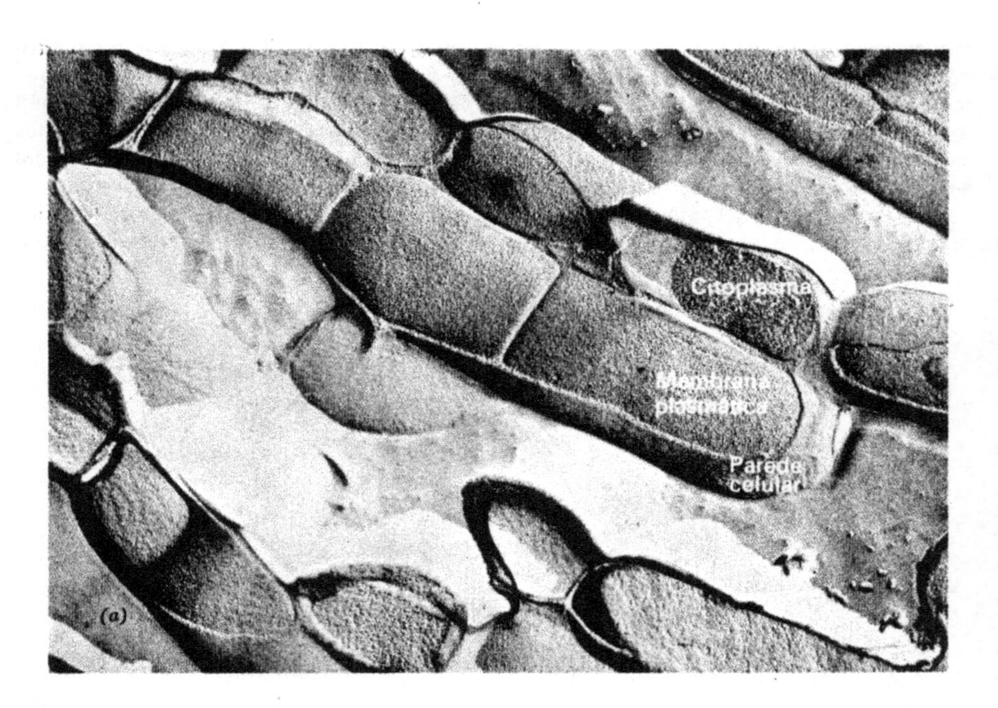

Figura 9-3(*a*). Micrografia eletrônica (método de criodecapagem — *freeze-etch*) de uma célula procariótica, gram-positiva, o *Bacillus lichenformis*, ampliado de 51 000 × . (De Charles C. Remsen, Woods Hole Oceanographic Institution, reprodução autorizada)

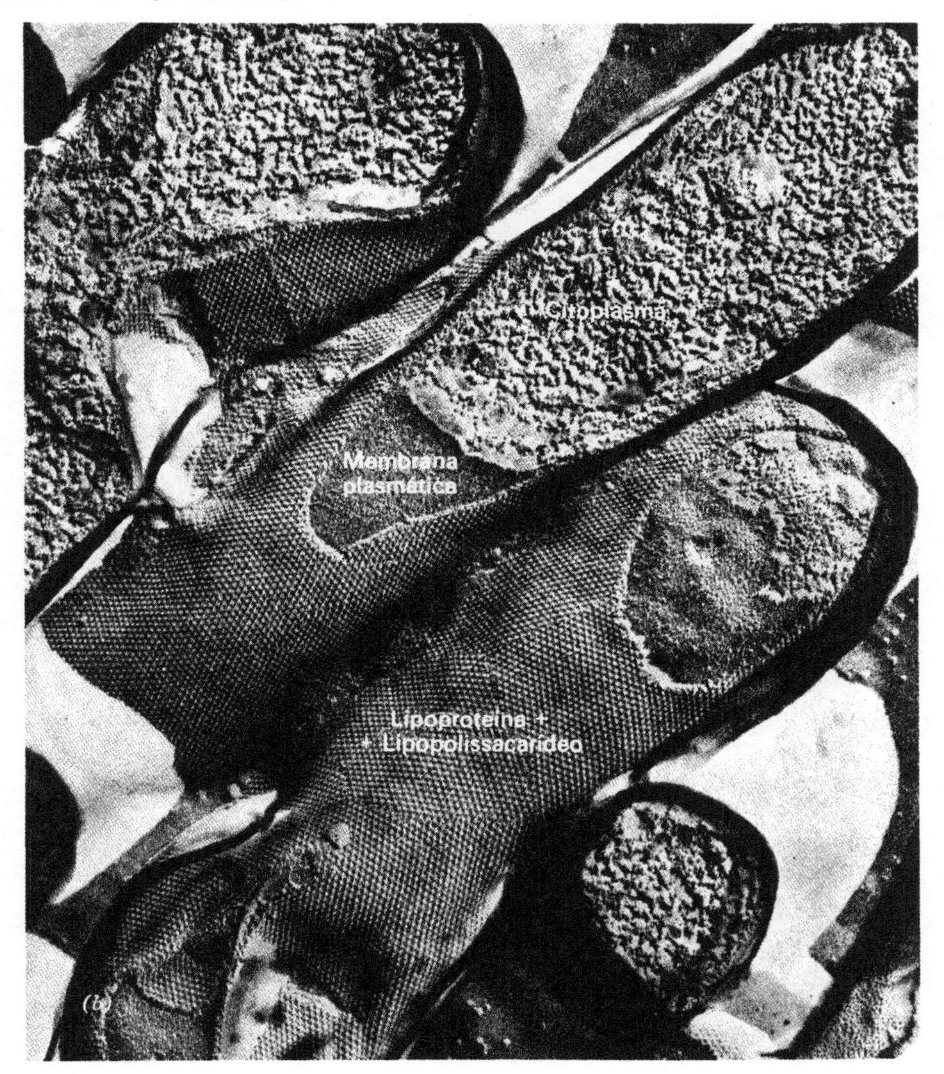

Figura 9-3(*b*). Micrografia eletrônica (método de criodecapagem — *freeze-etch*) de uma célula procariótica, gram-negativa, uma espécie do gênero *Nitrosomonas*, ampliada 237 000 ×. (De Charles C Remsen, Woods Hole Oceanographic Institution, reprodução autorizada)

rente sangüínea de um animal são muito tóxicos, causando febre, choque hemorrágico, e outros danos aos tecidos. São, por essa razão, chamados de endotoxinas. Um conhecimento considerável a respeito desse heteropolissacarídeo pode ser encontrado nas referências apresentadas no final deste capítulo.

O estudante não deve considerar que a parede celular da bactéria seja uma rede constituída por camadas de macromoléculas complexas; se assim fosse, o organismo teria dificuldade em obter metabolitos para crescer. A superfície celular é atravessada por um grande número de poros através dos quais passam os componentes bioquímicos, mas que impedem a entrada no interior das células de moléculas muito grandes,

Figura 9-3(*c*). Micrografia eletrônica (método de criodecapagem — *freeze-etch*) de uma célula eucariótica, o *Schizosaccharomyces pombe*, ampliado de 24 000 × : PC, parede celular; RE, retículo endoplasmático; G, complexo de Golgi; L, corpo lipídico; Mi, mitocôndria; N, núcleo; PL, plasmalema; V, vacúolo. (De F. Kopp e K. Mühlethaler, Swiss Federal Institute of Technology, reprodução autorizada)

como proteínas ou ácidos nucleicos. Podemos pensar na parede celular de uma bactéria como uma peneira molecular gigante que permite a entrada de compostos de baixo peso molecular até a membrana plasmática, mas retém as macromoléculas. Ao nível da membrana plasmática, operam os mecanismos de transporte (p. 229).

PAREDE CELULAR DE VEGETAIS

Numa célula adulta de vegetal, a parede celular é composta de 3 partes distintas, a substância intercelular ou lamela média, a parede primária e a parede secundária.

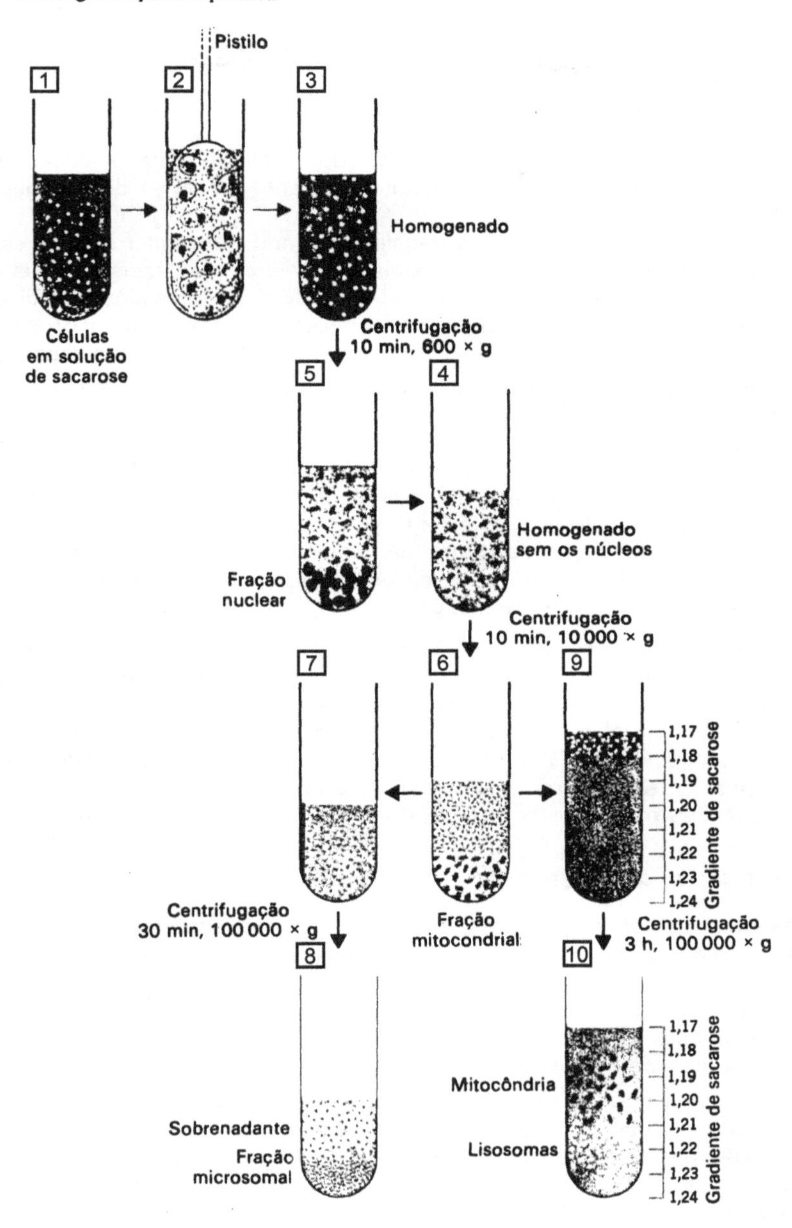

Figura 9-4. Processo geral de obtenção das organelas celulares de organismos eucarióticos, por desagregação suave das células (2), centrifugação diferencial (4-7), seguida por centrifugação em gradiente apropriado (9 e 10). De "The Lysosome" por Christian de Duve.

A lamela média é composta primariamente de polímeros de pectina e também pode ser lignificada. A parede primária consiste de celulose, hemicelulose (xilanos, mananos, galactanos, glicanos, etc.) e pectinas, assim como ligninas. A parede secundária que é colocada depois, contém praticamente só celulose com pequenas quantidades de hemicelulose e lignina (p. 44).

Um grande número de orifícios ocorrem na parede secundária em várias disposições e tamanhos. Conectando as células adjacentes há estruturas como fios, chamados plasmodesmata, que penetram através dos orifícios e da parede primária e lamela média para a célula vizinha, permitindo portanto um fluxo de material e hormônios de uma célula para a outra.

Têm sido realizados uma série de trabalhos visando a entender o papel estrutural da celulose nas paredes celulares de vegetais. Há uma concordância razoável de que a celulose forma microfibrilas de cerca de 2 000 moléculas de celulose em disposição cruzada. Elas estão arranjadas em redes tridimensionais ordenadas ao redor da célula, particularmente na parede celular secundária, dando grande força e plasticidade à parede.

Há atualmente boas evidências de que o complexo (aparelho) de Golgi participa na formação da lamela média e da parede celular primária adjacente quando a célula se divide durante a mitose. Essa organela, rica em enzimas para a síntese de fosfolipídeos e celulose, libera pequenas vesículas que se ordenam e se fundem linearmente para formar uma matriz como um gel, que então se desenvolve na lamela média, com a deposição de hemiceluloses e pectinas.

Deve-se notar que a parede celular de vegetais tem um número significante de hidrolases associadas, incluindo invertase, fosfatases, nucleases e peroxidases. O significado dessas hidrolases na parede celular não está esclarecido.

Superfície das células animais. A célula animal generalizada não apresenta parede celular rígida. Todavia ela apresenta um "revestimento celular" (Fig. 9-1) e, externamente à membrana plasmática de muitas células, existe um sistema de multicomponentes formado por proteínas ligadoras, glicolipídeos, enzimas, sítios receptores de hormônios e antígenos, que conferem à superfície celular as propriedades peculiares de cada célula (p. 89). Assim, a membrana plasmática de uma célula animal não é lisa em aparência, mas, sim, com uma superfície "irregular e confusa".

MEMBRANAS PLASMÁTICAS

A barreira semipermeável entre o ambiente interno e externo da célula é a membrana plasmática. Devido à membrana, a célula pode organizar seu ambiente interno para fins específicos e gasta energia para manter esse ambiente, a despeito das mudanças constantes que ocorrem externamente. Uma vez que a célula também pode ser um componente de uma grande unidade nos organismos multicelulares, são necessárias coordenações e interações intercelulares.

Antes de passarmos à discussão sobre a estrutura das membranas plasmáticas, devemos esclarecer que uma grande variedade de modelos estruturais foi proposta nas últimas décadas. Em lugar de descrevermos os prós e os contras de cada modelo, consideraremos que, em muitas membranas, a maior parte dos lipídeos, primariamente como fosfolipídeos, está na forma de uma bicamada fluida, e que as proteínas da membrana e as glicoproteínas (p. 89) estão ambas frouxamente ligadas, e profunda ou transversalmente embebidas na matriz de bicamada. Essas considerações, apoiadas agora por consideráveis evidências experimentais, estão incorporadas no modelo de "mosaico fluido" de Singer (Fig. 9-6).

A análise química de uma série de membranas revelou, consistentemente, a presença de proteínas e um arranjo de lipídeos polares complexos. De fato, mais de 95% do fosfolipídeo total da célula de bactéria está associado à membrana plasmática. A maior parte, se não todos os componentes que são carboidratos, está associada covalentemente às glicoproteínas e glicolipídeos.

Tabela 9-1. Composição química da membrana plasmática e das organelas

Membrana	Proteínas (%)	Lipídeos (%)	Carboidratos (%)	Razão $\frac{\text{proteína}}{\text{lipídeos}}$
Membranas plasmáticas				
Hepatócito, camundongo	44	53	3	0,85
Hemácia humana	49	43	8	1,1
Ameba	54	42	4	1,3
Bactéria Gram-positiva	70	20	10	3,0
Micoplasma	59	40	1	1,6
Membranas de organelas				
Membrana externa mitocontrial (fígado)	51	47	2	1,1
Membrana interna mitocondrial (fígado)	76	23	1	3,2
Lamelas do cloroplasto (espinafre)	67	28	5	2,3
Membranas nucleares (fígado de rato)	61	36	3	1,6

Lipídeos da membrana. Os lipídeos da membrana compreendem a matriz, que dá forma e estrutura às membranas e na qual as proteínas da membrana estão embebidas. Todas as membranas contêm lipídeos anfipáticos (p. 56), que incluem fosfolipídeos e glicolipídeos (Tab. 9-2). Esses lipídeos são caracterizados pelo fato de terem, simultaneamente, funções hidrofóbicas (lipofílicas) e hidrofílicas (lipofóbicas). Embora os fosfolipídeos sejam insolúveis em água, uma suspensão de agregados de fosfolipídeos pode facilmente se rearranjar em micelas altamente solúveis em água, por exposição da suspensão e uma breve sonicação (Fig. 9-1).

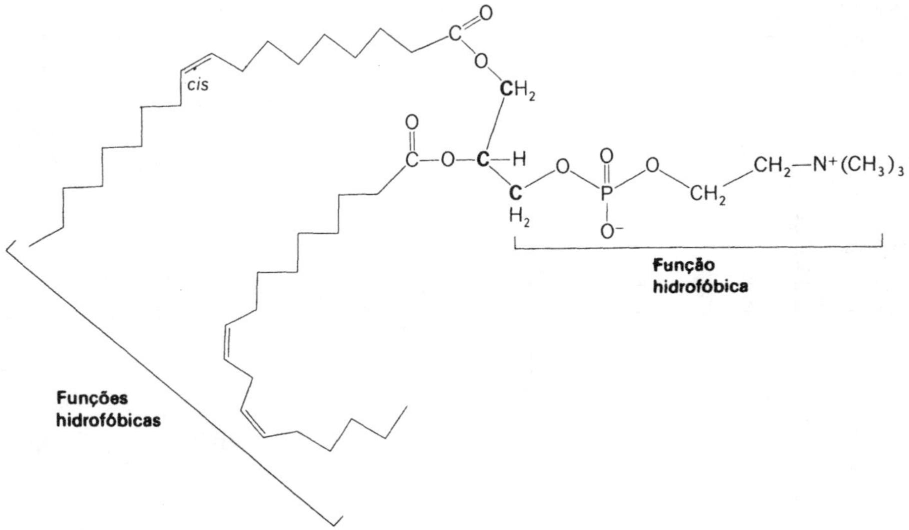

Função hidrofóbica

Funções hidrofóbicas

Tabela 9-2. Lipídeos das membranas plasmáticas e das organelas em eucariotes e procariotes

Membrana	Lipídeo	Composição lipídica (porcentagem dos lipídeos totais)				
	Porcentagem dos componentes da membrana	Fosfoglicerídeos	Glicosil-di-glicerídeos	Esfingolipídeos	Esteróides	Outros[1]
Membranas plasmáticas						
B. subtilis	18	74	16	0	0	10
Hemácias (humanas)	29	37	0	21	23	19
Hepatócito (rato)	40	45	0	10	20	25
Membranas de organelas						
Lamela do cloroplasto do espinafre	52	10	74	0	1	15[2]
Retículo endoplasmático	25	72	0	14	9	5
Mitocôndria (hepática)	26	–	–	–	–	–
Membrana externa	–	96[3]	0	1	3	–
Membrana interna	–	97[4]	0	2	1	–

[1] Pigmentos ou lipídeos especializados
[2] Carotenóides, clorofila e quinonas
[3] 3% correspondem à cardiolipina
[4] 21% correspondem à cardiolipina

Ocorrendo em todas as formas, as micelas podem se agregar formando estruturas que vão desde pesos moleculares de alguns milhares a muitos milhões. Elas são muito estáveis e solúveis em água. Em seu novo arranjo ordenado, as funções hidrofóbicas dos compostos anfipáticos, isto é, as cadeias de hidrocarboneto, são ordenadas internamente para excluir a água e portanto são mantidas juntas por forças de interação hidrofóbicas. As funções hidrofílicas, isto é, as bases fosforiladas, por outro lado, estão interagindo com o ambiente aquoso. Membranas artificiais de fosfolipídeos são facilmente formadas pela técnica de sonicação ou por outras técnicas, e estão sendo estudadas intensivamente como sistemas de modelo de membranas.

As membranas sofrem uma transição de fase física de um estado flexível e fluido de um líquido cristalino, para uma estrutura sólida de gel, em função da temperatura.

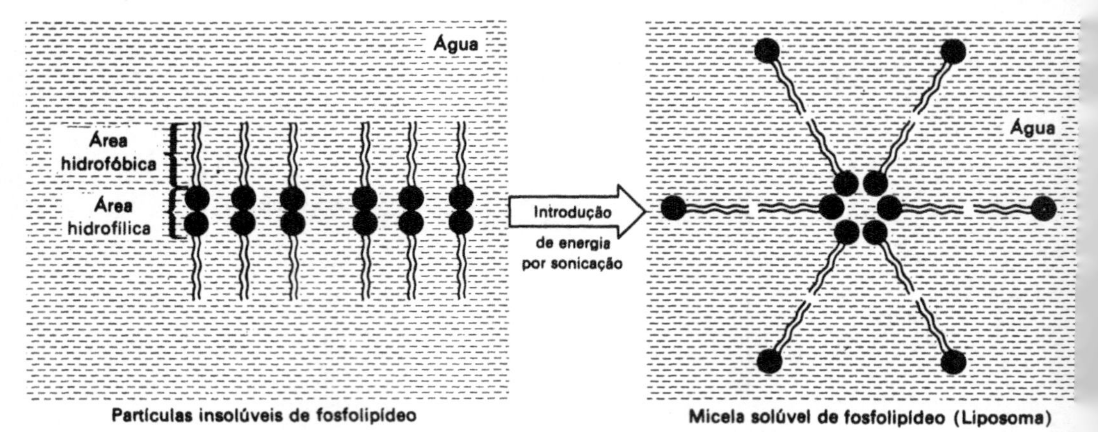

Figura 9-5. Conversão de partículas insolúveis de fosfolipídeos a micelas hidrossolúveis

As temperaturas em que a transição de fase ocorre são dependentes da composição dos lipídeos anfipáticos. Assim, os lipídeos com predominância de ácidos graxos insaturados apresentam temperaturas mais baixas de transição do que aqueles com ácidos graxos mais saturados; cadeias de comprimento maior possuem temperaturas de transição mais elevadas do que cadeias mais curtas; ácidos graxos insaturados *cis* têm temperaturas de transição mais baixas do que ácidos graxos insaturados *trans*.

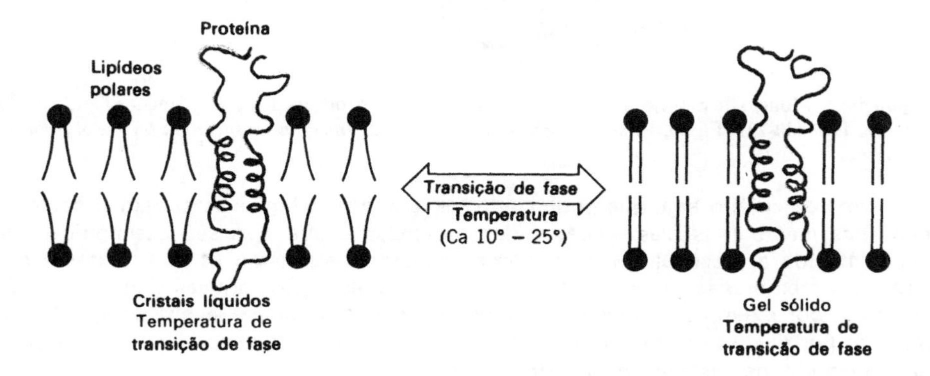

Qual é o significado de uma fase de transição térmica nas membranas? Obviamente, os animais homeotérmicos, pelo controle de sua temperatura interna, não estão expondo seus sistemas de membrana a grandes variações de temperatura. Todavia os organismos pecilotérmicos – que incluem um grande número de vertebrados de sangue frio como os peixes, bem como as plantas e organismos inferiores – estão expostos a variações acentuadas na temperatura. Sem dúvida, todas as enzimas ligadas à membrana; os processos de transporte, os sítios receptores, etc., associados às membranas, estão circundados por um meio lipídico; portanto suas atividades serão acentuadamente alteradas pelo estado físico dos lipídeos da membrana, o que, por sua vez, é em parte um reflexo da temperatura circundante. Assim, pode-se demonstrar que os lipídeos das mitocôndrias hepáticas de animais homeotérmicos têm uma proporção mais elevada de ácidos graxos saturados do que a obtida de animais pecilotérmicos. Esses resultados se correlacionam bem com a presença ou ausência de alterações de fase térmica nos lipídeos da membrana desses animais, respectivamente.

Proteínas da membrana. Em geral, duas classes de proteínas aparecem associadas às membranas plasmáticas. Um grupo, denominado de proteínas periféricas, está fracamente ligado, podendo ser deslocado por exposição a meio hipotônico, ou fortemente salino, detergentes leves ou sonicação. Os exemplos incluem o citocromo c, que está frouxamente associado à superfície externa da membrana interna da mitocôndria, e a α-lactalbumina, que está frouxamente associada à membrana plasmática das células das glândulas mamárias. Além disso, as proteínas periplasmáticas de ligação estão classificadas como proteínas periféricas da membrana plasmática da bactéria. A segunda classe de proteínas, denominada de proteínas integrais, está firmemente ligada à camada dupla de lipídeos, e pode incluir um grande número de proteínas funcionais que participam como carreadores de transporte, sítios receptores de drogas e hormônios, antígenos e um grande número de enzimas ligadas à membrana. Por exemplo, o citocromo b_5 é classificado como uma proteína integral do retículo endoplasmático das células eucarióticas, da mesma forma que a NAD-citocromo-b_5--redutase, que está firmemente acoplada à heme-proteína, e a citocromo-oxidase, que está embebida na membrana interna da mitocôndria. Outros exemplos serão mencionados em outros locais do texto.

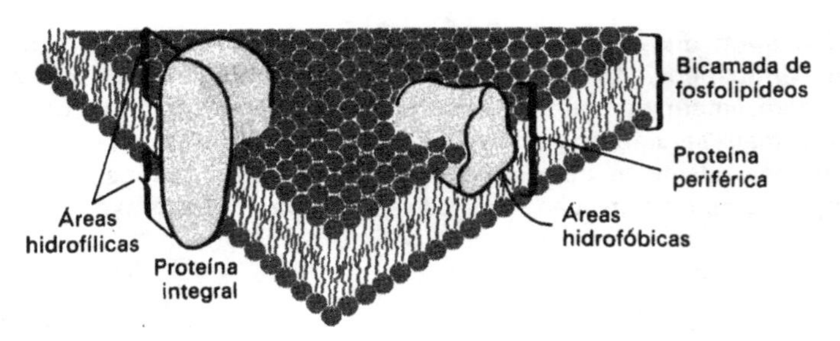

Figura 9-6. Modelo do mosaico fluido de Singer e Nicolson. (Modificado de S. J. Singer e G. L. Nicolson, Science, **175**, 720-731, Fig. 3, 18-2-72. Copyright© 1972 pela *American Association for the Advancement of Science*

Um comentário final que pode ainda ser feito com relação à visão atual das estruturas das membranas plasmáticas e das organelas é que elas são assimétricas. Isso ocorre devido à presença de duas classes de proteínas, tendo as faces externa e interna das membranas propriedades físicas, estruturais e bioquímicas diferentes. Como veremos, por exemplo, a membrana interna da mitocôndria é acentuadamente assimétrica, por diversas razões importantes que envolvem o transporte de íons, a cadeia de transporte de elétrons e a fosforilação oxidativa.

NUCLEO

Embora nas células procarióticas não se observe um núcleo propriamente, pode-se detectar uma área fibrilar no lado interno da membrana plasmática. Essa estrutura chamada mesosoma está associada com uma dupla fita de DNA circular extremamente enrolada. Estimou-se que uma única célula de bactéria de 2 μm de comprimento, seu DNA se esticado como uma fibra simples, teria mais de 1 000 μm de comprimento, 500 vezes o próprio comprimento celular. Uma vez que essas células não contêm histonas, não há complexos DNA-histonas. Entretanto foram encontradas, nas células de bactéria, altas concentrações de poliaminas, como espermidina, espermina cadaverina e putrescina, e esses compostos podem participar na neutralização das cargas negativas do DNA (p. 112).

$$\overset{+}{N}H_3{-}(CH_2)_3{-}NH_2{-}(CH_2)_4{-}\overset{+}{N}H_3$$
Espermidina

$$\overset{+}{N}H_3{-}(CH_2)_3{-}NH_2{-}(CH_2)_4{-}NH_2(CH_2)_3{-}\overset{+}{N}H_3$$
Espermina

Nas células eucarióticas, o núcleo é um corpo bastante denso, circundado por membrana dupla, com numerosos poros que permitem a passagem de produtos provenientes da biossíntese nuclear para o citoplasma circundante. Internamente o núcleo contém cromatina ou cromosomas expandidos compostos de fibras de DNA associadas com histonas (p. 111). Durante a divisão celular, os cromosomas se contraem e ficam perfeitamente visíveis ao microscópio óptico, à medida que o DNA executa suas mudanças programadas. O núcleo contém também enzimas como DNA-polimerases, RNA-polimerase(s) (p. 430) para a síntese de mRNA; surpreendentemente, as enzimas da seqüência glicolítica, do ciclo do ácido cítrico e da via da hexose-monofosfato (Cap. 11), foram encontradas no nucleoplasma. De uma a três estruturas esféricas, os nucléolos, estão intimamente associadas ao envoltório nuclear interno, e são, provavelmente, os sítios da biossíntese do rRNA (p. 433). Essa suborganela densa não é membranosa, e contém RNA-polimerase, RNAase, NADP-pirofosforilase, ATPase e S-adenosilmetionina-RNA-metiltransferase (p. 441). Não contém DNA-polimerase. O RNA ribosômico é sintetizado separadamente no nucléolo e então transportado para o citoplasma como unidades discretas para serem reunidas no citoplasma e formar os polisomas. O RNA de transferência pode também ser sintetizado nessa organela e, posteriormente, metilado pela metiltransferase antes de ser transferido para o citoplasma. Discutiremos a função desses ácidos nucleicos nos Caps. 18 e 19.

RETÍCULO ENDOPLASMÁTICO

Embora essa combinação de filamentos de canais e vesículas ligadas à membrana, chamada retículo endoplasmático não ocorra nas células procarióticas, esse sistema está presente em todas as células eucarióticas (Figs. 9-3*c* e 9-7).

Variando em tamanho, formato e número, o retículo endoplasmático se estende da membrana celular, forma uma camada ao redor do núcleo, circunda as mitocôndrias e parece se ligar diretamente com o complexo de Golgi. Há dois tipos, o rugoso, conhecido como ergastoplasma, com ribosomas associados externamente, e o tipo liso, que não contêm ribosomas. Quando as células são quebradas por homogeneização e fracionadas por centrifugação diferencial, o precipitado que sedimenta na centrifugação (100 000 × g, 30 min) (Fig.9-4), chamado de fração microsomal (microsomas), consiste em pequenas vesículas e fragmentos derivados do retículo endoplasmático.

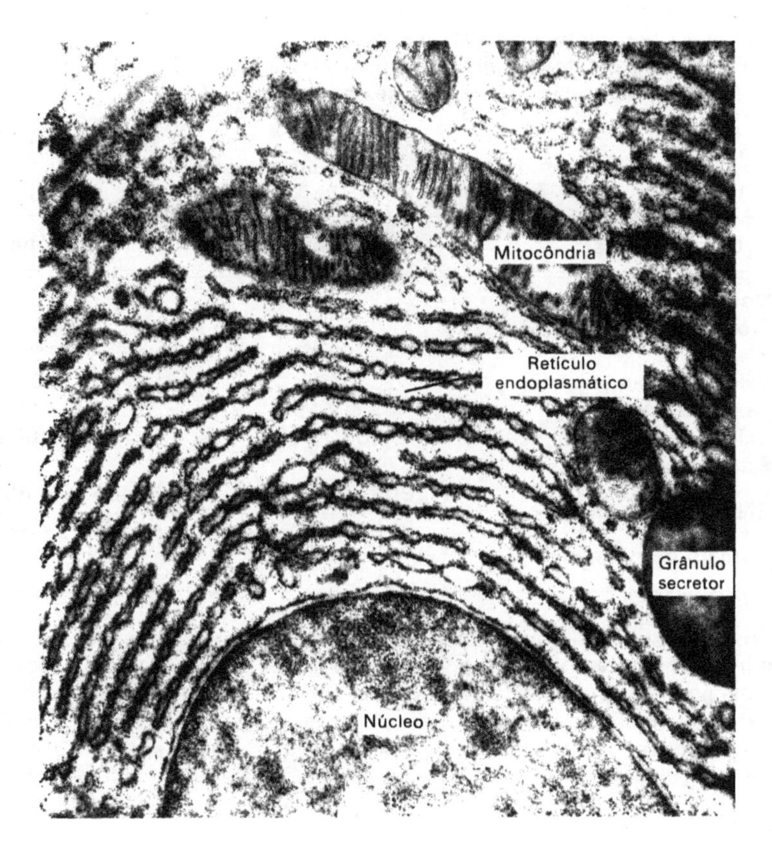

Figura 9-7. Micrografia eletrônica de uma secção de uma célula exócrina de pâncreas de cobaia, mostrando as estruturas usuais dessa célula eucariótica (De G. E. Palade, Rockefeller University, reprodução autorizada)

Há uma série de enzimas importantes associadas com o retículo endoplasmático de células de fígado nos mamíferos. Essas incluem as enzimas responsáveis pela síntese de esteróis, triacilgliceróis e fosfolipídeos, a detoxificação de drogas, através de sua modificação por metilação, hidroxilação, etc., a dessaturação e alongamento de ácidos graxos e a hidrólise de glucose-6-fosfato. Entretanto como advertência é bom notar que muitas dessas atividades estão associadas somente com os microsomas das células de fígado, estando ausentes nos microsomas de outros tecidos de mamíferos. Embora estejam ausentes os citocromos característicos da mitocôndria, tanto o citocromo b_5, que serve como um sistema carregador de elétrons limitado na dessaturação de ácidos graxos, como o citocromo P-450, que participa nas reações de hidroxilação nas células animais, são encontrados no microsoma. Uma vez que os ribosomas estão intimamente relacionados com o retículo endoplasmático rugoso, a síntese proteica ocorre no retículo endoplasmático. Provavelmente as proteínas recém-sintetizadas são secretadas no sistema vesicular e então transferidas para o complexo de Golgi para serem utilizadas na formação de lisosomas e outros microcorpos (veja o Cap. 19 para a descrição do papel desse sistema na biossíntese de insulina).

Ribosomas. Serão feitos aqui alguns comentários relacionados com as partículas ribosomais. Os ribosomas nas células procarióticas são reunidos em grupos de 10-20 nm de diâmetro, provavelmente mantidos juntos por mRNA para formar os polisomas. Devido à síntese intensa de proteínas por uma célula bacteriana em crescimento, sua matriz celular (citossol) contém muitos desses aglomerados.

Tabela 9-3. Propriedades dos ribosomas procarióticos e eucarióticos

Componentes	Procarióticos		Eucarióticos	
A. Unidade ribosômica				
Proteína	35%		50%	
RNA	65%		50%	
Valor de sedimentação	70*S*		80*S*	
Peso molecular	$2{,}5 \times 10^6$		$4{,}5 \times 10^6$	
Subunidades ribosômicas	30*S*; 50*S*		40*S*; 60*S*	
B Estrutura subunitária				
	30*S*	50*S*	40*S*	60*S*
RNA	16*S*	23*S*; 5*S*	18*S*	28*S*; 5*S*
Número de proteínas	21	33	34	50

A Tab. 9-3 resume a informação referente tanto aos ribosomas procarióticos como aos eucarióticos (veja também as pp. 105 e 447). Nos organismos eucarióticos, a síntese de proteínas ocorre no retículo endoplasmático, uma vez que os ribosomas estão associados estreitamente ao retículo endoplasmático, formando assim o retículo endoplasmático rugoso. Provavelmente proteínas recém-formadas sejam secretadas no sistema de vesículas e transferidas então para os corpúsculos de Golgi, para serem usadas na formação de lisosomas e outros microcorpúsculos (veja a p. 456), para uma ilustração do papel desse sistema na biossíntese da insulina.

Os ribosomas encontrados na mitocôndria e nos cloroplastos assemelham-se em tamanho aos ribosomas bacterianos bem como na sensibilidade a inibidores do tipo da cloromicetina. No Cap. 19, discutiremos em considerável detalhe as funções dos ribosomas na síntese proteica.

MITOCÔNDRIA

Desde o século dezenove, os microscopistas observaram, em todas as células eucarióticas, pequenas partículas, com formato de bastão, de 2-3 μm de comprimento, a que chamaram mitocôndria. Em 1948, A. L. Lehninger mostrou que, nas células animais, a mitocôndria era o único sítio onde ocorria a fosforilação oxidativa, o ciclo dos ácidos tricarboxílicos e a oxidação de ácidos graxos. Devido à importância desse sistema para a economia total da célula, têm sido realizados inúmeros trabalhos na tentativa de definir a estrutura e a função desses corpos distribuídos universalmente nas células eucarióticas, mas ausentes nas células procarióticas.

Embora as células procarióticas não tenham corpos mitocondriais, sua membrana plasmática parece ter locais de transporte de elétrons e de fosforilação oxidativa. Assim, todos os pigmentos citocrômicos e inúmeras desidrogenases associadas ao ciclo do ácido tricarboxílico, tais como as desidrogenases málica, succínica e α-cetoglutárica, localizam-se na membrana plasmática bacteriana. Além disso, as enzimas envolvidas na biossíntese de fosfolipídeos e na biossíntese da parede celular são também encontradas na ou sobre a estrutura da membrana.

Todas as mitocôndrias consistem num sistema de membranas duplas. Uma membrana externa separada da (mas envolvendo a) membrana interna, a qual, por invaginação, estende-se, na matriz da organela, na forma de cristas (Fig. 9-8). Evidências consideráveis sugerem que todas as enzimas do sistema de transporte eletrônico, ou seja, as flavoproteínas succínico-desidrogenase, os citocromos b, c, c_1 a e a_3, estão enterradas na membrana interna. Além disso, a superfície interna da membrana interna projeta na matriz um aglomerado de talos e botões, denominados de partículas da

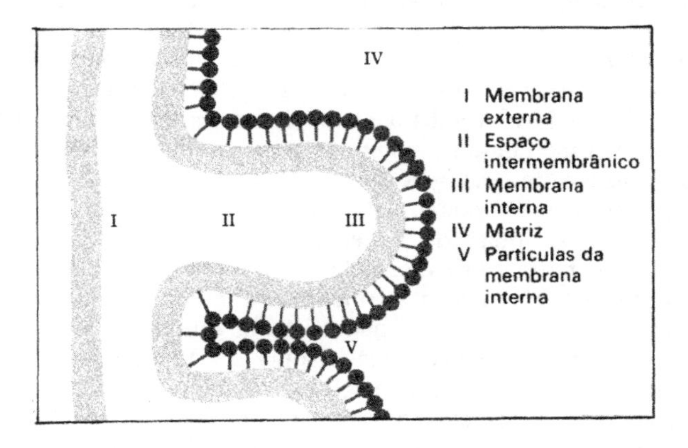

Figura 9-8. Seção de uma mitocôndria indicando seus constituintes

membrana interna. Essas estruturas (85 Å de diâmetro) possuem o fator de acoplamento F_1, que possui atividade ATPásica e um peso molecular de 280 000. Acredita-se que essa ATPase participe na fase final da fosforilação oxidativa, catalisando a reação

$$ADP + P_i \rightleftharpoons ATP + H_2O$$

A membrana interna da mitocôndria possui uma permeabilidade limitada, enquanto que a membrana externa é totalmente permeável a uma série de compostos com peso molecular até 10 000. A membrana externa tem uma densidade de 1,13, enquanto que a interna tem uma densidade de 1,21. A membrana externa tem aproximadamente

3 vezes mais fosfolipídeo que a interna e cerca de seis vezes mais colesterol do que o encontrado na membrana interna; disso resulta sua densidade menor. Só se encontra fosfatidilinositol na membrana externa, enquanto que a membrana interna contém praticamente toda a cardiolipina. Da proteína total da mitocôndria, 4% está associada com a membrana externa, 21% com a interna e 67% com a matriz. A ubiquinona está presente somente na membrana interna.

Embora os resultados ainda sejam controvertidos, têm sido despendidos muitos esforços na tentativa de localizar um grande número de enzimas associadas à mitocôndria. A Tab. 9-4 apresenta a localização de uma série de enzimas na mitocôndria de fígado e também identifica os chamados marcadores enzimáticos, isto é, enzimas que, em conseqüência de sua localização em um determinado local na organela, são empregadas pelos bioquímicos para identificar uma fração obtida experimentalmente como contendo aquela porção da célula. Assim, por exemplo, uma fração celular com atividade elevada de succínico-desidrogenase, porém sem atividade de monoamino--oxidase, permite concluir que a fração foi enriquecida com fragmentos de membrana interna sem contaminação de fragmentos da membrana externa.

Além de grande número de enzimas solúveis, a matriz mitocondrial contém DNA mitocondrial, uma molécula circular, em dupla fita, um pouco menor, mas semelhante ao DNA de bactérias, na forma. Nas bactérias, nas mitocôndrias e nos cloroplastos, o DNA é desprovido de histonas e está ligado às membranas. Cada mitocôndria tem de 2 a 6 círculos de DNA, num total aproximado de 0,2-1 μg de DNA/mg de proteína mitocondrial. Essa quantidade de DNA pode codificar para 70 cadeias de poliptídeos de peso molecular de 17 000. Uma vez que se encontra DNA-polimerase na matriz, presume-se que o DNA mitocondrial seja sintetizado independentemente na mitocôndria. A replicação parece ser semiconservativa (veja a p. 420, para definição). É de grande interesse o fato de se encontrarem, na matriz mitocondrial, partículas de ribosomas 70S, tRNA, mRNA e enzimas sintetizadoras de proteínas que catalisam um tipo limitado de sínteses proteicas. Também se detectou na matriz uma RNA-polimerase dependente de DNA. Esse conjunto completo para a síntese proteica deve estar relacionado com a formação de uma série de proteínas mitocondriais desconhecidas. Até o momento se conhece muito pouco sobre a função precisa dessa maquinaria mitocondrial responsável pela síntese de proteínas. Há evidências sugerindo que as proteínas da membrana externa são sintetizadas no sistema de síntese proteica núcleo--citoplasma e as proteínas da matriz e da membrana interna são sintetizadas tanto pelo sistema citoplasmático nuclear, como pelo sistema mitocondrial.

Os bioquímicos têm feito especulações sobre o fato de que mitocôndrias e cloroplastos se assemelham bastante com as células procarióticas no tamanho, distribuição das enzimas respiratórias e semelhança marcante dos seus componentes de DNA e RNA. Talvez ambos, mitocôndria e cloroplastos, se originem de endossimbiontes procarióticos que, num período evolucionário longo, foram gradualmente integrados no próprio hospedeiro.

CLOROPLASTOS

Todos os organismos eucarióticos com a capacidade fotossintética possuem organelas chamadas cloroplastos, que contêm clorofila. Só consideraremos aqui a estrutura dos cloroplastos das plantas superiores, embora as plantas inferiores possuam essas organelas em número, formato e tamanho variados. Numa folha verde uma única célula paliçádica contém aproximadamente 40 cloroplastos. Cada cloroplasto tem cerca de 5-10 μm de diâmetro e 2-3 μm de espessura. Aproximadamente 50% de peso seco de cloroplasto é proteína, 40% é lipídeo e o restante moléculas pequenas solúveis em água. A fração lipídica é composta de cerca de 23% de clorofila (a + b), 5% de carotenóides,

Tabela 9-4. Localização de algumas enzimas mitocondriais do fígado

Membrana externa	Espaço intermembrânico	Membrana interna	Matriz
NADH-Cit b_5-redutase insensível à rotenona	**Adenilato-quinase**	Citocromos b, c, c_1, a, a_3	Malato-desidrogenase
	Nucleosídeo-difosfoquinase	β-Hidroxibutirato-desidrogenase	Isocitrato-desidrogenase
Monoamino-oxidase		Ferroquelatase	Glutamato-desidrogenase
Quinurenina-hidroxilase		δ-Amino levulinato-sintetase	Glutâmico-aspartato-transaminase
Acilgraxo-CoA-sintetase ATP dependente		Carnitina-palmitil transferase	**Citrato-sintase**
Glicerofosfato-aciltransferase		—	Aconitase
			Fumarase
Lisofosfatidato-aciltransferase		Enzimas de alongamento dos ácidos graxos (10)	Piruvato-carboxilase
Lisolecitina-aciltransferase		Enzimas da fosforilação ligada à cadeia respiratória	Enzimas da síntese proteica
Fosfocolina-transferase		**Succinato-desidrogenase**	Acilatograxo-CoA-desidrogenase
Fosfatidato-fosfatase		**Citocromo a_3-oxidase**	Ácido nucleico-polimerases
Nucleosídeo-difosfoquinase		DNA-polimerase mitocondrial	Acilgraxo-CoA-sintetase ATP-dependente
Sistema de alongamento de ácidos graxos C_{14}-C_{16}		—	Acilgraxo-CoA-sintetase GTP-dependente

Em destaque, os marcadores enzimáticos

5% de plastoquinona, 11% de fosfolipídeo, 15% de digalactosil diglicerídeo, 36% de monogalactosil diglicerídeo e 5% de sulfolipídeo.

Os cloroplastos têm uma membrana de duas camadas revestindo o envoltório externo. Internamente se encontra um grande número de estruturas membranosas bastante empacotadas, chamadas lamelas, que contêm a clorofila da organela. Num tipo de cloroplastos, as lamelas estão arranjadas como discos ou bastões fortemente empacotados, chamados grana [Fig. 9-9(*a*)] interconectados por intergrana ou estroma lamelar. Os bastões de grana são os sítios da liberação do oxigênio e da fosforilação fotossintética. Em outros cloroplastos as lamelas que contêm clorofila não estão arranjadas em bastões, mas distribuídas ao longo da organela [Fig. 9-9(*b*)]. Como mostram as figuras, a mesma espécie de planta pode ter os dois tipos de cloroplastos. A matriz onde estão as lamelas é chamada de estroma e é o local das enzimas fotossintéticas do carbono, relacionadas com a fixação de CO_2, ribosomas, enzimas sintetizadoras de ácidos nucleicos e enzimas responsáveis pela síntese de ácidos graxos.

Os cloroplastos são osmômetros extremamente frágeis, uma vez que uma breve exposição à água destilada resulta na quebra do envoltório externo, perda das proteínas do estroma e mudanças marcantes na aparência do sistema lamelar.

Os cloroplastos contém DNA circular. Os ribosomas são do tipo 70S e muito semelhantes aos encontrados na mitocôndria e nas bactérias. Também se encontra nos cloroplastos intatos uma RNA-polimerase dependente de DNA.

Em células procarióticas fotossintéticas, como o *Rhodospirillum rubrum*, pequenas partículas de aproximadamente 60 mμ de diâmetro estão ligadas à superfície interna da membrana celular. Essas partículas são chamadas cromatóforos; não possuem

Figura 9-9(*a*). Cloroplasto da célula do mesófilo da cana-de-açúcar mostrando os aglomerados de grana e as lamelas de estroma (ampliação de 45 900 ×). (De W. M. Laetsch, University of California, Berkeley, reprodução autorizada)

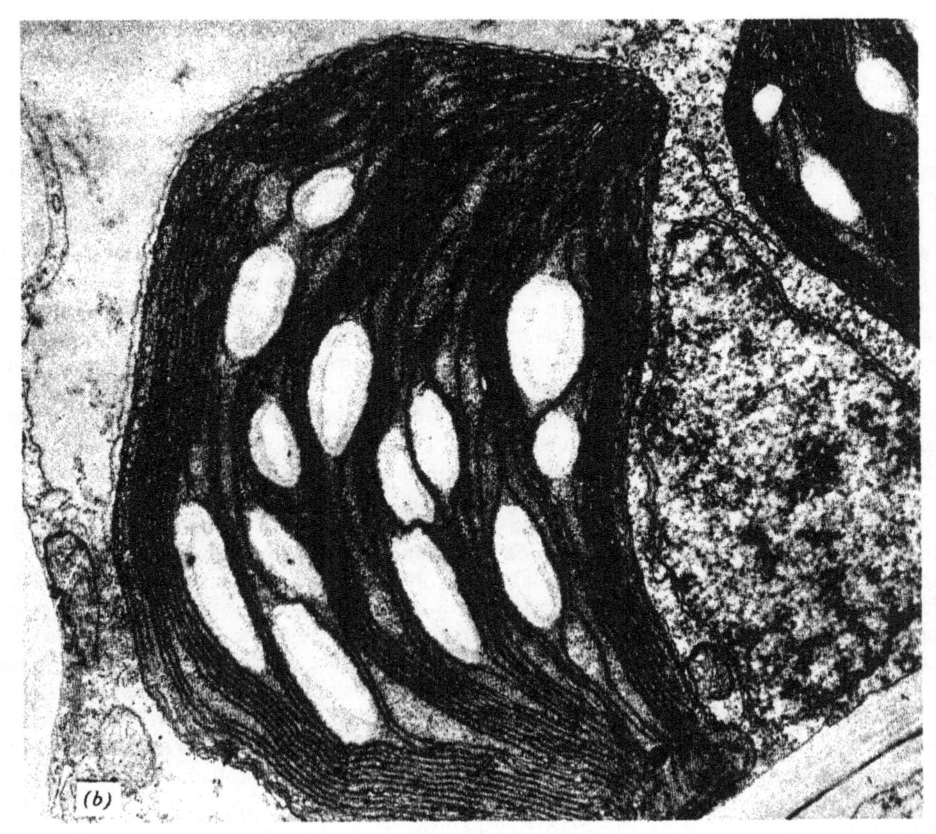

Figura 9-9(*b*). Cloroplastos das células de revestimento da cana-de-açúcar, mostrando o sistema lamelar extenso com ausência de aglomerados de grana (ampliação de 35 000 ×). Os corpúsculos brancos são grânulos de amido. (De W. M. Laetsch, University of California, Berkeley, reprodução autorizada)

membrana limitante e contém toda a bacterioclorofila. São portanto sítios da fotossíntese bacteriana. Nas algas azuis procarióticas não existem cloroplastos, mas as membranas lamelares fotossintéticas ocupam a maior parte da célula. Essas células procarióticas portanto parecem ser mais evoluídas que as bactérias que possuem cromatóforos mas menos desenvolvidas que as eucarióticas como as algas verdes, que têm uma membrana limitando os cloroplastos.

LISOSOMAS

Em 1955, o bioquímico belga de Duve descobriu e descreveu pela primeira vez uma organela nova, o lisosoma. Encontrado em todas as células animais, exceto nas hemácias, em número e tipos variados, o lisosoma é em geral uma organela volumosa,

Grupos de enzimas nos lisosomas

Ribonucleases	Catepsinas (proteinases)
Desoxirribonucleases	Glicosidases ácidas
Fosfatases ácidas	Sulfatases
Lipases	Fosfolipases

consistindo numa única membrana envolvendo uma matriz que contém um grande número de enzimas hidrolíticas, que são caracterizadas por terem um pH ácido ótimo. A fosfatase ácida é usada como marcador para essa organela.

Coletivamente, as enzimas do lisosoma agem sobre diversos biopolímeros. Assim as proteases têm ampla capacidade de hidrólise de proteínas, as nucleases ácidas para RNA e DNA e as glicosidases ácidas para polissacarídeos. Também está presente uma família de fosfatases. O valor médio para o pH ótimo dessas enzimas está em torno de pH 5. Portanto a matriz do lisosoma precisa ser ácida para as enzimas serem reativas. É interessante considerar a membrana do lisosoma que tem grande atividade específica para NADH-desidrogenase servindo como bomba de íons de hidrogênio. Todas as enzimas, que não as esterases e a NADH-desidrogenase, apresentam-se solúveis na matriz do lisosoma. Nos processos autofágicos, as organelas celulares, como a mitocôndria e o retículo endoplasmático sofrem digestão dentro do lisosoma.

Na Fig. 9-10 mostram-se a biogênese e o modo de ação de quatro tipos de lisosomas. A biogênese do lisosoma primário ocorre na periferia do complexo de Golgi com as enzimas do lisosoma, provavelmente sintetizadas nos ribosomas, sendo coletadas nas vesículas de Golgi e então organizadas como lisosomas primários. Os biopolímeros podem se mover dentro da célula por endocitose (envolvidos pela membrana celular que sofre constrição para formar o fagosoma). Acredita-se que os lisosomas primários são fundidos com os fagosomas para formar um segundo tipo de lisosoma, o vacúolo digestivo, no qual sob condições de pH baixo se quebram os biopolímeros nas unidades básicas que se difundem do vacúolo para o citoplasma, para serem novamente incorporados nos componentes celulares. Os fragmentos residuais, não digeridos no vacúolo, são então expelidos pela célula no fluido circundante por um terceiro tipo de lisosoma, o chamado corpo residual. As vezes o lisosoma primário engloba organelas celulares como a mitocôndria, para formar vacúolos autofágicos, o quarto tipo geral. Com a morte celular, os corpos lisosômicos se desintegram, liberando as enzimas hidrolíticas no citoplasma, resultando a autólise celular. Há boas evidências de que na metamorfose de girinos para sapos, a regressão da cauda do girino é acompanhada pela digestão das células da cauda pelos lisosomas. As bactérias são digeridas pelos glóbulos brancos pelo englobamento e fagocitose pelo lisosoma. O acrosoma localizado na cabeça do espermatozóide, é um lisosoma especializado e participando provavelmente, de alguma maneira, na penetração do espermatozóide no óvulo. Finalmente, um grande número de doenças hereditárias devidas ao acúmulo de lipídeos complexos ou polissacarídeos nas células dos indivíduos atingidos, estão sendo relacionadas com a ausência de hidrolases ácidas importantes nos lisosomas desses indivíduos.

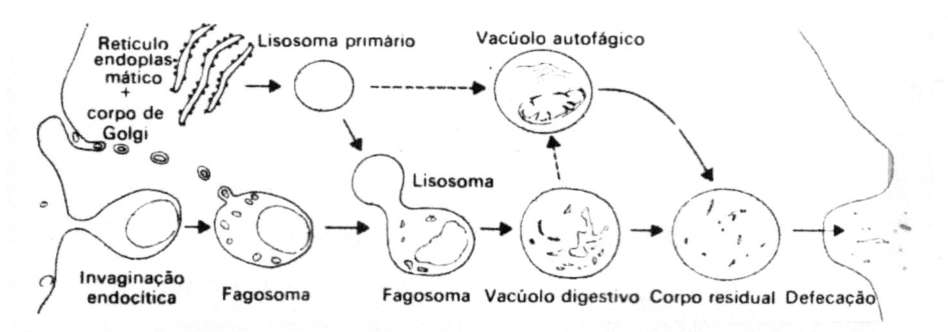

Figura 9-10. A biogênese dos lisosomas. (*De The Lysosome*, por Christian de Duve)

COMPLEXOS DE GOLGI (DICTIOSOMAS)

É uma organização complexa como uma rede de túbulos ou vesículas, circundadas por pequenas vesículas esféricas, presentes tanto nas células animais como nas vegetais. A função dessa estrutura ainda não está bem definida, embora tenham sido estabelecidas técnicas recentes para o seu isolamento. Há uma série de evidências sugerindo fortemente que o complexo de Golgi participa nos estágios iniciais de síntese da parede celular nas plantas superiores, assim como na organização da estrutura do lisosoma. O aparelho de Golgi desempenha um papel na secreção de proteínas e polissacarídeos, e no acoplamento desses dois componentes para formar glicoproteínas. Também foi observado nessas organelas intensa biossíntese de fosfolipídeos. Posteriormente discutiremos o papel do complexo de Golgi nas células das ilhotas de Langerhans na síntese de insulina (p. **456**).

MICROCORPUSCULOS

Esse termo geral engloba um número de organelas citoplasmáticas envoltas por uma membrana única, encontradas nas células animais e vegetais que contêm oxidases produtoras de H_2O_2 e catalase. Essas partículas têm aproximadamente 0,5 mμ de diâmetro.

Em geral, tecidos de plantas possuem peroxisomas que possivelmente servem como locais de fotorrespiração na célula das folhas. Esse processo envolve a oxidação de ácido glicólico (um produto da fixação fotossintética de CO_2) para CO_2 e H_2O_2. Possuem membrana simples e matriz granular sem lamelas que contêm a catalase, oxidase glicolítica, isoenzimas de malato-desidrogenase, NADP-isocitrato-desidrogenase, e as transaminases-glioxilato: glutamato, hidroxipiruvato: serina, e oxaloacetato: glutamato. Tem aproximadamente 1 μm de largura e seu número varia de pequenos valores, até um sétimo do número de mitocôndrias nas células das folhas.

Nas sementes ricas em lipídeos, microcorpúsculos chamados de glioxisomas são os locais das seguintes enzimas: citrato-sintetase, aconitase, as enzimas da via do glioxalato-isocitrato-liase e malato-sintetase-ácido graxo-CoA-sintetase, a acrotonase, β-hidroxil-CoA-desidrogenase, tiolase, catalase, glutamato:oxaloacetato-transaminase, glicólico-oxidase e uricase. Essa organela, que está presente somente num período curto da germinação das sementes ricas em lipídeos e ausente nas sementes pobres em lipídeos, como a ervilha, é um exemplo de organela altamente especializada, responsável pela conversão de ácidos graxos em ácidos C_4 que podem então ser convertidos em sacarose, etc. Uma vez que as sementes ricas em carboidratos não precisam estocar lipídeos para formar os esqueletos de carbono, ou para energia, essa organela não se encontra presente. Uma vez que o glioxisoma contém, além das enzimas da via do glioxalato, catalase e uma oxidase glicólica produtora de H_2O_2, ele pode ser considerado como um peroxisoma altamente especializado.

Em fígado de rato esses corpos são conhecidos como peroxisomas. A urato-oxidase, a D-aminoácido-oxidase e a L-aminoácido-oxidase estão sempre localizadas nessa organela, além da catalase. Em fígado de rato, encontramos de 2-5 vezes mais mitocôndrias que peroxisomas, sendo os lisosomas aproximadamente 1,5 vezes menos numerosos que os peroxisomas.

Resumindo, os microcorpúsculos discutidos nesta seção têm em comum uma atividade catalásica alta, uma ou mais atividades de oxidases geradoras de H_2O_2, separados espacialmente de outros locais importantes do metabolismo. Não possuem sistema de cadeia respiratória sofisticado nem um sistema conservador de energia, como outras organelas. Embora possa se fazer uma série de hipóteses a respeito de sua função, somente a experimentação futura poderá dizer de sua importância na economia celular total.

PROCESSOS DE TRANSPORTE

Um papel essencial das biomembranas é permitir o movimento de todos os compostos necessários para a função normal da célula através das barreiras das membranas. Esses compostos incluem uma grande quantidade de açúcares, aminoácidos, esteróides, ácidos graxos, ânions e cátions, mencionando somente alguns deles; esses compostos devem entrar ou deixar a célula de maneira ordenada. Somente na ultima década é que se fez um progresso considerável na compreensão da bioquímica dos processos de transporte. Tentaremos introduzir ao estudante apenas alguns avanços recentes nesse fértil campo.

Existem pelo menos quatro mecanismo gerais pelos quais os metabolitos (solutos) podem passar através das biomembranas.

Difusão passiva. Alguns poucos metabolitos de baixo peso molecular movem-se ou difundem-se através da membrana. A velocidade de fluxo é diretamente proporcional ao gradiente de concentração através da membrana. Quando o gradiente de concentração cessa de existir, não há mais fluxo. O transporte ativo pode ser inibido por substâncias como cianeto ou azidas, que não afetam, porém, esse processo passivo. Embora a difusão passiva seja considerada um processo importante de transporte celular, a informação disponível sugere que esse processo é muito limitado. A água pode ser um exemplo de um composto simples que atravessa a membrana por difusão passiva, porém, essencialmente, todos os metabolitos se deslocam através da membrana por meio de mecanismos mais sofisticados e, por essa razão, melhor regulados.

Difusão facilitada. Esse tipo de difusão é, até certo ponto, semelhante à simples difusão, no que concerne à necessidade de um gradiente de concentração e devido ao processo não envolver energia. Entretanto difere em vários aspectos da simples difusão passiva. Primeiro, a membrana contém um componente chamado carregador, ou permease, que catalisa esse processo, isto é, aumenta a velocidade de difusão em relação à simples difusão. Segundo, a difusão é estereoespecífica. E terceiro, a velocidade de penetração do metabolito atinge um valor-limite com o aumento da concentração de um dos lados da membrana. A cinética mimetiza a cinética enzimática simples de Michaelis-Menten (Cap. 7), isto é, o sistema pode ser saturado. Portanto os valores de K_m e os de V_{max} são facilmente medidos e caracterizam o sistema transportador.

Pode-se explicar o mecanismo através de uma molécula transportadora específica presente na membrana que forma, de maneira específica, um complexo com o metabolito na face externa da membrana. O complexo, então, por difusão, rotação, oscilação, ou qualquer outro movimento, se move para a área interna da membrana, onde se dá a dissociação, liberando o metabolito. Todavia nenhum desses mecanismos sugeridos foi ainda demonstrado.

Evidências recentes revelaram mais de 100 proteínas de baixo peso molecular na superfície externa da membrana plasmática de organismos Gram-negativos, que promovem a difusão facilitada. Estudando o transporte de sulfato na *Salmonella typhimurium*, Arthur Pardee isolou uma proteína de peso molecular 34 000, que não contém lipídeo, carboidrato, fósforo ou grupos de SH. Cada molécula de proteína, liga-se especificamente a uma molécula de sulfato, sendo a ligação bastante forte. A ligação no entanto é reversível e não requer ATP. A proteína não tem atividade enzimática. Sob condições de baixo suprimento de sulfato, o organismo produz cerca de 10^4 moléculas da proteína transportadora por bactéria. Tratamento da célula por choque osmótico provoca uma perda considerável da proteína transportadora, sugerindo que ela está perto ou na superfície da membrana celular (espaço periplasmático). Atualmente estão se isolando e cristalizando um número crescente de proteínas transportadoras específicas. Essas incluem proteínas transportadoras de glucose, galactose, arabinose, leucina, fenilalanina, arginina, histidina, tirosina, fosfato, Ca^{2+}, Na^{+}, e K^{+}. Todas têm peso molecular pequeno variando de 9 000 à 40 000.

Foi proposto, em conseqüência, o mecanismo mostrado na Fig. 9-11. Uma versão comparativa é também mostrada na Fig. 9-14.

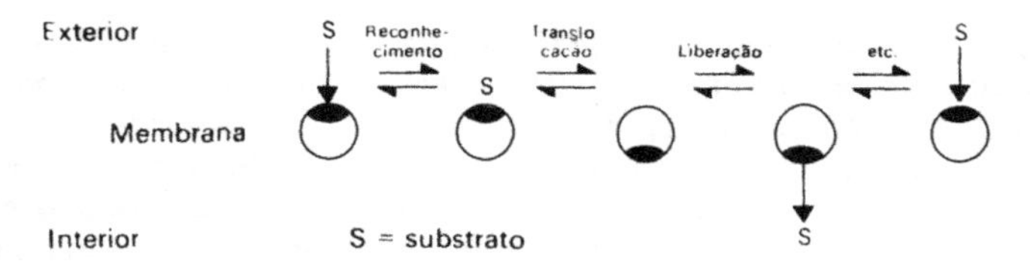

Figura 9-11. Modelo de difusão facilitada

Translocação de grupo. Foi proposto um mecanismo para o transporte de açúcares através da membrana bacteriana; de acordo com esse mecanismo, cada açúcar é liberado no interior da célula como um derivado fosforilado. Existe o transporte ativo (p. 226) uma vez que o açúcar fosforilado não pode voltar através da membrana.

Essencialmente, o mecanismo de transporte envolve as seguintes reações:

$$\text{Fosfoenol piruvato} + \text{HPr} \xrightarrow{\text{Enz I, } Mg^{2+}} \text{Piruvato} + \text{P—HPr}$$

$$\text{P—HPr} + \text{Açúcar} \xrightarrow[\text{Enz III}]{\text{Enz II}} \text{Açúcar-6-fosfato} + \text{HPr}$$

A reação total é designada como sistema PEP: glucose-fosfotransferase, mas o sistema é, na realidade, composto por diversas partes (veja a Fig. 9-13).

A proteína que contém histidina, HPr, é uma proteína de baixo peso molecular (9 600) que foi obtida sob forma homogênea de muitas espécies de bactérias. É estável ao calor, não tem carboidratos ou fosfato, mas tem duas histidinas por mol. A formação do fosforil-HPr, com o fosfato ligado ao N-1 do anel imidazólico da histidina, é mostrado na Fig. 9-12.

Tanto a enzima I como a HPr são proteínas constitutivas; são totalmente solúveis, e provavelmente estão no citossol das células bacterianas. Não aumentam de concentração quando a célula está crescendo num meio contendo o açúcar apropriado. Nem a enzima I, nem a HPr se ligam a açúcares e portanto não servem como transportadores. A segunda reação catalisada por um complexo de proteínas chamado enzima II é altamente responsável pela especificidade para com o açúcar. Há evidências sugerindo que a célula sintetiza a enzima II específica como resposta ao açúcar existente no meio de crescimento. Portanto essa enzima é específica para cada açúcar, altamente indutível e ligada à membrana (provavelmente na região periplasmática ou na região externa

```
~~~NH—CH—CO~~~ Proteína            ~~~NH—CH—CO~~~ Proteína
       |                                   |
       CH2                                 CH2
   H   |                               H   |
    C4=C5                               C==C
   /    |       PEP + Mg2+             /    |
  N3    |      ----------->           N     |
   \\2  1|          Enz I              \\    |
    C—NH                                C—N~PO3 2-
    H                                   H
```

Figura 9-12. A fosforilação da histidil-proteína

da membrana). Se o organismo está crescendo em meio contendo glucose, ele pode sintetizar a enzima II que catalisa a transferência do grupo fosforil do P — HPr para a glucose, para formar glucose-6-fosfato (ou manose, para formar manose-6-fosfato). Se está crescendo em meio com manitol, o organismo pode formar a enzima II para a conversão de manitol em manitol-5-fosfato, etc. A enzima III é um componente adicional do citossol.

Além disso, mutantes que não possuem transporte, não têm, presumivelmente, uma dessas proteínas do sistema de transferase; isto é, esses mutantes podem possuir HPr e a enzima II, mas não a enzima I; alguns têm a enzima I e a enzima II e não têm o HPr. Essa evidência reforça consideravelmente o conceito de que o sistema PEP: glicose-fosfotransferase é o responsável pelo transporte da glucose, manose, frutose e lactose em diversas eubactérias e bactérias fotossintéticas. O sistema pode não estar presente em organismos aeróbicos estritos. Mostrou-se que há necessidade de um PEP para o transporte de uma molécula de açúcar, contra gradiente. A vantagem desse sistema sobre outros (isto é, o transporte ativo, onde o açúcar entra por si na célula graças à utilização de energia metabólica) é que o produto final do mecanismo de transporte é açúcar-6-fosfato, pronto para as atividades metabólicas. Portanto a energia usada para o transporte não é despendida, mas eficientemente conservada.

Como podemos representar o mecanismo quando a enzima I e HPr estão no citossol da célula? Roseman observou que a enzima II, que é ligada à membrana, consiste num complexo de enzima Ia e enzima IIb, que têm especificidade para açúcar, um cátion metálico, como Mg^{2+}, e um fosfatidilglicerol específico (Fig. 9-13).

A enzima II deve sofrer uma mudança conformacional quando o açúcar se associa a ela, resultando na colocação do açúcar no interior da célula, mas ainda associado com o sítio de ligação, até que as demais reações, fosforilação e liberação de hexose--fosfato ocorram.

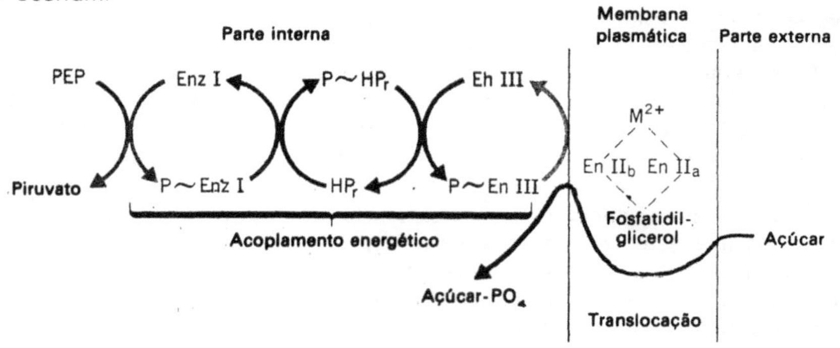

Figura 9-13. Modelo para a translocação de grupo

Transporte ativo. Nesse processo o transporte do *metabolito é muito semelhante ao da difusão facilitada*, com a importante diferença de que o metabolito se move através da membrana contra um gradiente de concentração que requer gasto de energia; isto é, o metabolito se move de uma área de baixa concentração para uma de concentração maior. Por exemplo, em algumas células mais de 50% do ATP celular é utilizado para o acúmulo de glicina na célula. Portanto, o uso de um inibidor que diminua acentuadamente a produção de energia na célula, como azida ou iodoacetato, inibirá grandemente o transporte ativo. Nem a passiva difusão nem a difusão facilitada terão seus mecanismos afetados.

A maioria dos modelos para esse mecanismo postula que o soluto externo se combina com um transportador e, então, o complexo soluto-transportador é modificado, na membrana lipofílica, pela captação de energia, de tal maneira que a afinidade do transportador para o soluto se reduz, o soluto é liberado no interior da célula, a forma de alta afinidade do transportador é regenerada e o ciclo se repete. Essas idéias estão apresentadas na Fig. 9-14.

Evidências recentes indicam claramente que a captação de energia necessária para o transporte ativo envolve dois sistemas nitidamente diversos: (a) processo que não utiliza ATP e ligado à respiração (Fig. 9-15), e (b) utilização direta do ATP.

Transporte ativo ligado à respiração. Esses sistemas estão acoplados à oxidação de um substrato adequado como o D-lactato, o L-malato, ou NADH, que é catalisada por uma desidrogenase flavina-ligada, constituinte da membrana. Os elétrons derivados do substrato são transferidos para o oxigênio por meio de uma cadeia respiratória ligada à membrana, que está acoplada ao transporte ativo dentro de um segmento da cadeia respiratória entre a desidrogenase primária e o citocromo b_1 (veja a Fig. 9-15). A geração ou a hidrólise do ATP *não* estão envolvidas. O papel das proteínas específicas de ligação nesse processo ainda não está claro. Em condições anaeróbicas, um substrato reduzível pode servir, em lugar do oxigênio, como aceptor terminal de elétrons. Um grande número de metabolitos é hoje conhecido como sendo transportado nas bactérias por este tipo de sistema. Assim, na *E. coli*, com o D-lactato como fonte de elétrons, os seguintes metabolitos se deslocam para o interior da célula: α-galactosídeos, galactose, arabinose, ácido glucurônico, hexose-fosfatos, aminoácidos, ácidos hidroxi-, ceto- e dicarboxílico e nucleosídeos.

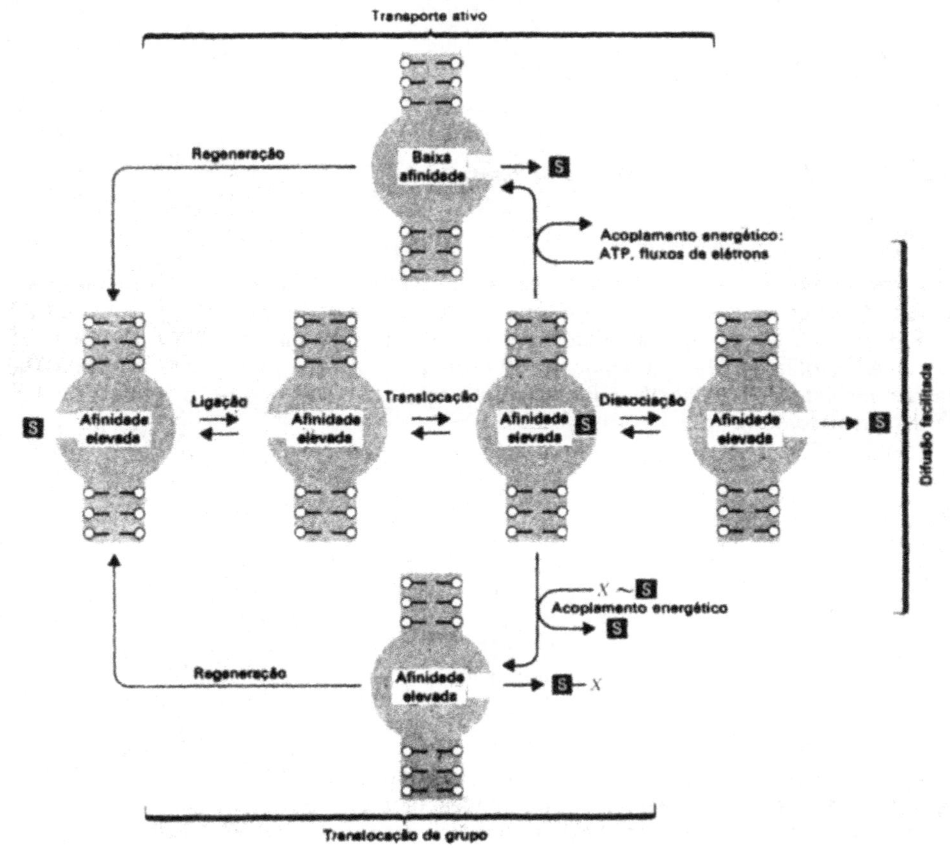

Figura 9-14. Modelos gerais diversos para a difusão facilitada, translocação de grupo e transporte ativo

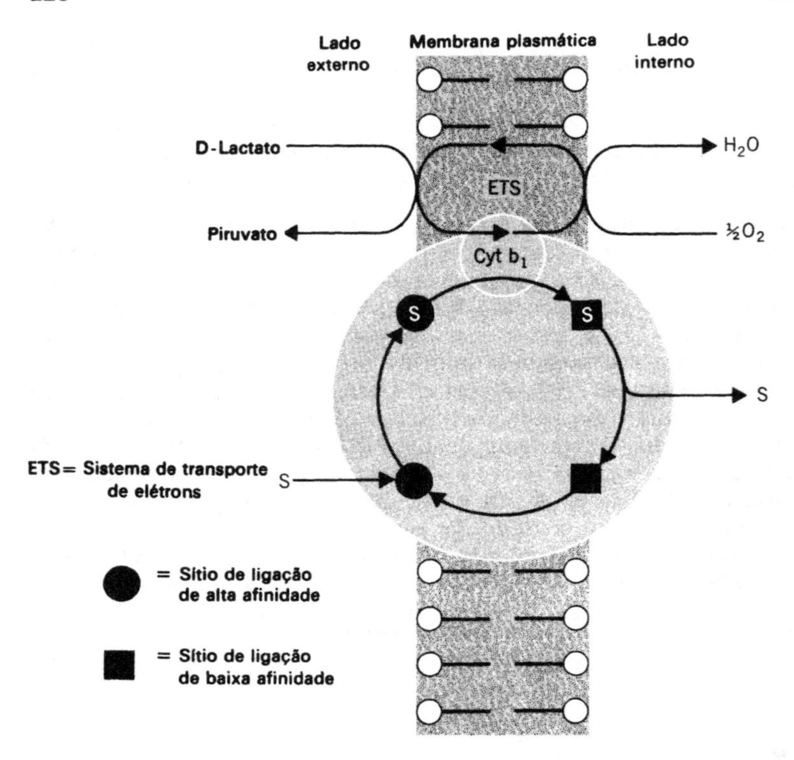

Figura 9-15. Transporte ativo dependente da respiração

Transporte dependente do ATP. Todas as membranas plasmáticas têm uma atividade enzimática em comum, ou seja, uma ATPase que é ativada pelo Mg^{2+}, K^+ e Na^+ (Fig. 9-16). A reação global hidrolisa ATP de uma maneira gradativa, envolvendo (a) uma fosforilação Na^+-dependente da enzima e (b) uma hidrólise K^+-dependente da fosfoenzima. A ligação de enzima-fosfato foi identificada como o resíduo de aspartil-β-fosfato:

$$
\begin{array}{c}
\beta\,\overset{O}{\overset{\|}{C}}\sim O-P(=O)(O^-)_2 \\
| \\
CH_2 \\
| \\
-\text{Pro}-\text{NH}-\text{CH}-\text{CO}-\text{Lys}-
\end{array}
$$

aspartil-β-fosfato

Essa ATPase peculiar ligada à membrana foi agora solubilizada, e tem um peso molecular de cerca de 250 000 e duas subunidades, uma com peso molecular entre 84 000 e 100 000 e a outra, uma glicoproteína, com um peso molecular de 55 000. A unidade maior é fosforilada pelo ATP.

A seguinte seqüência de reações parece estar envolvida:

$$E_1 + Na_d^+ \rightleftharpoons E_1 - Na_d^+$$
$$E_1 - Na_d^+ + MgATP \rightleftharpoons P \sim E_2 - Na_d^+ + MgADP$$
$$P \sim E_2 - Na_d^+ \rightarrow P \sim E_2 - Na_f^+$$
$$P \sim E_2 - Na_f^+ \rightleftharpoons P \sim E_2 - K_d^+ + Na_f^+$$
$$P \sim E_2 - K_d + H_2O \rightarrow P + E_2 - K_d^+$$
$$E_2 - K_d^+ \rightleftharpoons E_2 + K_d^+$$
$$E_2 \rightleftharpoons E_1$$

onde E_1 e E_2 são conformantes diferentes de E, que é a Na^+K^+-ATPase. E_1 tem uma afinidade maior pelo Na^+ e E_2 uma afinidade maior por K^+. Essas reações podem agora ser inter-relacionadas para descrever a função da Na^+K^+-ATPase. As letras *d* e *f* referem-se a uma orientação dentro ou fora, respectivamente.

A enzima existe em duas conformações principais (os dois conformantes). A primeira representa a enzima desfosforilada, E_1, em que os sítios específicos para o Na^+ da enzima da membrana se localizam do lado interno. A ligação do Na^+ a esses sítios permite a fosforilação de E_1 pelo MgATP; E_1 converte-se agora em $E_2 - P$. A conversão de $E_1 \longrightarrow E_2P$ faz com que os sítios de ligação do Na^+ fiquem localizados na parte externa da membrana, com perda de Na^+, e ligação de K^+. Com a ligação de K^+ a $E_2 - P$, o sítio do K^+ se desloca novamente para dentro; $E_2 - P$ reverte a $E_2 + P_i$; o K^+ é liberado para dentro; e o ciclo está pronto para começar novamente. O sistema ATPase é acentuadamente inibido pelos glicosídios cardiotônicos, assim chamados porque estimulam o músculo cardíaco. Essas idéias estão esquematizadas na Fig. 9-16.

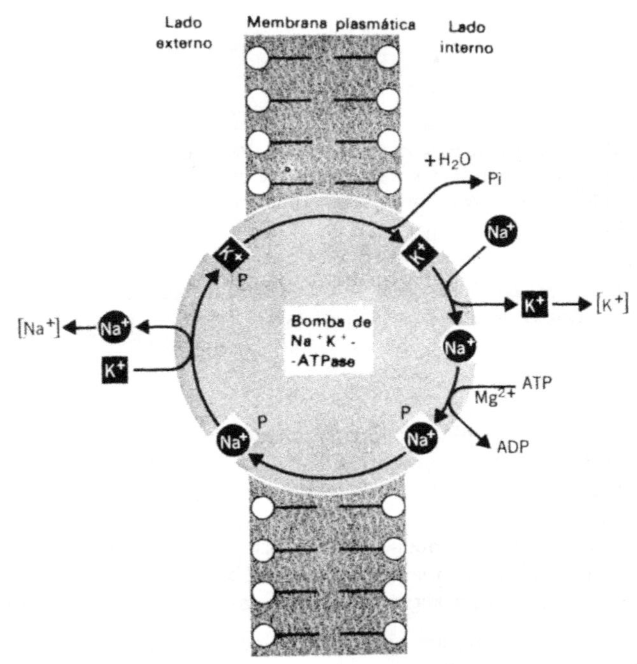

Figura 9-16. Bomba sódio-potássio-ATPase. ∩ = primeira conformação, para o sítio de ligação do cátion, com alta afinidade para o NA^+ e baixa afinidade para o K^+ ; = segunda conformação, para o sítio de ligação do cátion, com afinidade elevada para o K^+ e baixa afinidade para o Na^+

Por que esse sistema NaK-ATPase é tão importante para a célula? Praticamente todas as células aeróbicas têm uma concentração elevada de K^+ intraceluar, relativamente constante, ao lado de uma concentração baixa de Na^+, independente da concentração externa de ambos os íons. Ademais, uma elevada concentração interna de K^+ é necessária para manter a atividade da pirúvico-quinase na glicólise, e para uma síntese ótima de proteínas. Os gradientes de ambos esses íons através das membranas plasmáticas devem ser mantidos para permitir diferenças transmembrânicas de potencial e impulsos nervosos nos neurônios. De considerável importância é o transporte de aminoácidos e açúcares nas células animais, por intermédio de um sistema co-transportador de Na^+, isto é, a glucose ou os aminoácidos se deslocam para dentro da célula somente com um movimento simultâneo do Na^+. A difusão facilitada desses metabolitos para dentro da célula só será bem-sucedida se o sódio acumulado internamente for deslocado para fora. A atividade da NaK-ATPase atende a esses requisitos. Apoio para esse conceito vem também da observação de que os glicosídeos cardiotônicos que inibem a NaK-ATPase *in vitro* inibem, também, acentuadamente, o transporte de K^+, glucose e aminoácidos nas células animais intactas. Assim, vemos que os açúcares e os aminoácidos podem ser levados para dentro de uma célula animal, juntamente com o Na^+, por meio da difusão facilitada. Todavia o sucesso desse transporte depende da utilização do ATP para operar a "bomba" da NaK-ATPase, pela qual o Na^+ é bombeado para fora da célula.

Em resumo, a célula tem disponibilidade de vários sistemas de transporte, e alguns destes requerem energia ou uma entrada de energia, que pode ser direta ou indireta, ou pode estar relacionada ao fluxo de elétrons. Um conhecimento completo desses e de outros sistemas de transporte é essencial para uma compreensão completa dos processos vitais.

REFERÊNCIAS

Geral

E. E. Snell (ed.) – *Annual Review of Biochemistry*. Palo Alto, California, revisões anuais. Essa série, a cada ano, apresenta importantes trabalhos sobre membranas, organelas e sistemas de transporte. O estudante interessado deve examinar esses volumes para obter informações recentes sobre as seções deste capítulo.

Sistemas de transporte

L. E. Hokin (ed.) – *Metabolic Pathways*, Vol. 6, New York: Academic Press, 1972. Uma discussão detalhada de vários sistemas de transporte importantes.

PROBLEMAS

1. Qual é a composição química mais comum em todas as membranas plasmáticas? Relacione esse fato com o modelo do masaico fluido para as membranas plasmáticas. Que previsão você faria com relação às características físicas e químicas desses componentes?
2. Escreva a estrutura de um triacilglicerol e da fosfatidiletanolamina e compare as estruturas em termos de propriedades hidrofóbicas e hidrofílicas (se houver).
3. a) Considere os papéis das seguintes organelas em uma célula eucariótica:

   núcleo; retículo endoplasmático; mitocôndria; citossol.

   b) Na célula procariótica, onde ocorrem essas funções?
4. Discuta o papel do sistema NaK-ATPase nas membranas plasmáticas. Por que essa enzima é de importância fundamental para a vida de uma célula eucariótica?

capítulo **10**

METABOLISMO ANAERÓBICO DOS CARBOIDRATOS

OBJETIVO

Neste capítulo introduzimos ao leitor o estudo do metabolismo intermediário referente aos carboidratos. As reações da fermentação alcoólica (ou glicólise) são descritas juntamente com as inter-relações de troca de energia. De maneira similar, o processo pelo qual os organismos vivos podem reverter a seqüência glicolítica e sintetizar carboidratos a partir de moléculas simples, como a do ácido láctico, é também descrito. O desdobramento do glicogênio e a entrada na seqüência glicolítica são apresentados juntamente com a biossíntese dos polissacarídeos. São ainda discutidos os mecanismos de regulação desses processos conforme eles se realizam na célula intacta.

INTRODUÇÃO

Os carboidratos são a principal fonte de energia para os organismos vivos. Na dieta humana, a principal fonte de carboidratos é o amido, o polissacarídeo produzido pelas plantas, especialmente os cereais, durante a fotossíntese. As plantas podem armazenar quantidades relativamente grandes de amido, dentro de suas próprias células, na vigência de um suprimento abundante, para ser usado mais tarde pelo própria planta, quando há uma demanda para produção de energia ou quando o vegetal é consumido pelos animais como alimento.

Nos animais, os carboidratos são armazenados como glicogênio, principalmente no fígado (2-8%) e no músculo (0,5-1%). No último, o glicogênio serve como uma fonte importante de energia para a contração, durante tempo limitado. No fígado, o papel primário do glicogênio é a manutenção da concentração de glucose sangüínea. Açúcares simples como sacarose, glucose, frutose, manose e galactose são também encontrados na natureza e utilizados pelos seres vivos como alimento. Uma vez que a glucose é o composto formado tanto do amido como do glicogênio, durante os processos metabólicos, nossa discussão do metabolismo dos carboidratos se inicia com esse monossacarídeo.

A glucose é usada tanto pelos organismos aeróbicos como pelos anaeróbicos. Nas fases iniciais, o percurso (fermentação) é o mesmo nos dois tipos de organismos. A fermentação supre energia para os organismos anaeróbicos pelo desdobramento da glucose em moléculas menores sem uma redução efetiva do oxigênio e os produtos são excretas para o organismo, uma vez que ele não pode mais metabolizá-los. Os organismos aeróbicos são provenientes dos organismos anaeróbicos e retiveram o percurso de fermentação; porém, sendo capazes de utilizar o oxigênio, os organismos aeróbicos desenvolveram mecanismos que podem completar o catabolismo dos produtos finais do percurso de fermentação levando-os até CO_2 e H_2O. Assim, o percurso anaeróbico leva a um desdobramento incompleto da glucose, e fornece quantidades relativamente pequenas de energia à célula, enquanto que os organismos aeróbicos, através do catabolismo completo da glucose, obtêm muito mais energia. Pode-se argumentar, todavia, que a combustão incompleta da glucose foi, na realidade, vantajosa para as formas de vida em evolução, uma vez que, dessa maneira, elas puderam selecionar as moléculas necessárias a suas estruturas celulares e para as diversas funções da célula.

GLICÓLISE: UMA DEFINIÇÃO

A seqüência de reações pelas quais a glucose é desdobrada anaerobicamente, denomina-se de *seqüência glicolítica*. Estritamente falando, refere-se à produção de dois moles de ácido láctico a partir de um mole de glucose:

$$C_6H_{12}O_6 \xrightarrow{\text{Glicólise}} 2\ CH_3CHOHCOOH$$

Outros monossacarídeos além da glucose podem ser desdobrados pela glicólise, desde que possam ser convertidos a um intermediário daquela seqüência. A energia é liberada na forma de ATP à medida que o monossacarídeo se desdobra e diversos metabolitos importantes são produzidos para utilização em outros locais do metabolismo intermediário. Todos os organismos, com exceção das algas cianofíceas (azul-verdes), possuem a capacidade de desdobrar a glucose, pela via glicolítica, até ácido pirúvico. As células e os tecidos que efetivamente convertem ácido pirúvico a ácido láctico como principal produto terminal são muito mais limitados. Exemplos notáveis são os músculos esqueléticos (brancos) dos animais, as bactérias lácticas (que produzem o leite azedo e o chucrute), e alguns tecidos vegetais (os tubérculos de batata). Os músculos esqueléticos, com um suprimento reduzido de oxigênio e relativamente poucas mitocôndrias, porém com elevada concentração de enzimas glicolíticas, são estruturados de maneira ideal para efetuar a glicólise; o músculo cardíaco, bem-suprido com oxigênio e mitocôndrias, irá converter somente pequenas quantidades de ácido pirúvico a ácido lácitico. Como veremos, muitos tecidos que possuem um suprimento adequado de oxigênio utilizam o ácido pirúvico diretamente, pela sua oxidação, via acetil-CoA, na fase aeróbica do metabolismo dos carboidratos (Cap. 12).

FERMENTAÇÃO ALCOÓLICA

Na fermentação alcoólica, dois moles de CO_2 e de etanol são produzidos a partir de um mole de glucose

$$C_6H_{12}O_6 \xrightarrow[\text{Alcoólica}]{\text{Fermentação}} 2\ CH_3CH_2OH + 2\ CO$$

Esse processo, que ocorre principalmente nos levedos e em alguns outros microrganismos, é idêntico à glicólise, exceto por duas reações no final da seqüência glicolítica. Deve-se observar que tanto a glicólise como a fermentação alcoólica transcorre sem a participação do oxigênio molecular, ainda que a oxidação ocorra em ambos os processos. Como evidência de que ocorreu oxidação, observe-se que alguns dos átomos de carbono (o —COOH do ácido láctico e o CO_2) estão mais oxidados do que eles se encontram na molécula de glucose, enquanto que outros (os grupos CH_3 do ácido láctico e do etanol) estão mais reduzidos.

A seqüência de reações da glicólise e fermentação alcoólica, tal como a conhecemos hoje, foi desenvolvida pelos pioneiros da enzimologia. Em 1897 os irmãos Buchner, na Alemanha, obtiveram um extrato de levedo livre de células, o qual fermentava açúcares a CO_2 e etanol Pouco tempo depois, o trabalho de Harden e Young na Inglaterra, relacionava derivados fosforilados dos açúcares com a fermentação alcoólica. Atualmente a seqüência glicolítica é considerada como o conjunto das reações esquematizadas no final deste livro. Uma relação dos precursores dessa área, e que foram os arquitetos desse esquema, inclui Embden, Meyerhof, Robison, Neuberg, os Coris, Lipmann, Parnas e Warburg. Seus estudos dos aspectos enzimáticos da glicólise serviram como modelo para outros pesquisadores examinarem o metabolismo de lipídeos, aminoácidos, ácidos nucleicos e proteínas, bem como a respiração e a fotossíntese. Muitos dos princípios bioquímicos estabelecidos pelos investigadores no campo da glicólise aplicam-se igualmente bem em outras áreas do metabolismo intermediário; muito empenho será feito para a caracterização desses princípios comuns.

REAÇÕES DA SEQÜÊNCIA GLICOLÍTICA

Dez reações estão envolvidas na conversão de glucose a ácido láctico, as quais podem ser convenientemente divididas em dois grupos. As quatro primeiras reações referem-se à conversão da glucose em um composto, D-gliceraldeído-3-fosfato, cuja oxidação subseqüente liberta energia para o meio ambiente. Em contraste, as quatro reações da fase preparativa requerem gasto de energia, à medida que a molécula é fosforilada antes da formação do gliceraldeído-3-fosfato.

Hexoquinase. O passo inicial na utilização de glucose na glicólise é sua fosforilação por ATP para fornecer glucose-6-fosfato

$$\text{Glucose } (CH_2OH) + ATP \xrightarrow{Mg^{2+}} \text{Glucose-6-fosfato } (CH_2OPO_3H_2) + ADP \qquad (10\text{-}1)$$

$\Delta G' = -4000$ cal (pH 7,0)

A enzima hexoquinase que catalisa essa reação foi descoberta primeiramente em levedura por Meyerhof em 1927. A enzima foi cristalizada a partir de levedura e tem um peso molecular de 111 000. A enzima de levedura pode ser dissociada em subunidades, duas cadeias de polipeptídeos com peso molecular de 55 000, contendo um centro ativo cada uma. A enzima de levedura é pouco específica, uma vez que catalisa a transferência do fosfato do ATP não só para a glucose, mas também para a frutose, manose, glucosamina e 2-desoxiglucose. As velocidades relativas de reação dependem da concentração dos açúcares na mistura da reação; frutose é fosforilada mais rapidamente em altas concentrações. Hexoquinase com múltiplos substratos também é encontrada em cérebro, músculo e fígado. Além disso, são conhecidas outras quinases específicas, que catalisam a fosforilação da glucose (glucoquinase), frutose (frutoquinase), manose (manoquinase) e outros açúcares; essas enzimas transferem um fosfato para o grupo de álcool do açúcar. O fígado contém uma frutoquinase que produz frutose-1-fosfato em lugar do éster-6, bem como uma galactoquinase que produz galactose-1-fosfato (p. 250).

É interessante assinalar as mudanças de energia que ocorrem nessa reação. Quando a glucose é fosforilada para produzir glucose-6-fosfato, forma-se um composto que tem um grupo éster-fosfato de baixa energia. A energia livre da hidrólise desse composto é cerca de $-3\,300$ cal:

$$\text{Glucose-6-fosfato} + H_2O \longrightarrow \text{Glucose} + H_3PO_4$$

$\Delta G' = -3300$ cal (pH 7,0)

O grupo de fosfato ligado ao açúcar foi obtido do grupo de fosfato terminal do ATP. Como já vimos, a energia livre de hidrólise desse último composto é cerca de −7 300 cal:

$$ATP + H_2O \longrightarrow ADP + H_3PO_4$$
$$\Delta G' = -7\,300 \text{ cal (pH 7,0)}$$

A análise revela que a reação da hexoquinase utiliza uma ligação do ATP de alto poder energético e se forma um composto de baixo poder energético (glucose-6--fosfato). Na terminologia bioquímica, se diz que a reação catalisada pela hexoquinase implica na formação de um composto fosforilado de baixa energia, gastando uma ligação de alta energia. Normalmente, a perda de uma ligação de alta energia por hidrólise resultaria na liberação de −7 300 cal em forma de calor, se não consideramos as mudanças de entropia. Na reação da hexoquinase, parte da energia (−3 300 cal), é conservada na formação de uma estrutura de baixo poder energético, e o resto (−4 000 cal) é liberado como calor, desprezando-se de novo as mudanças de entropia. Portanto, podemos avaliar que a mudança de energia livre para a reação da hexoquinase é de −4 000 cal; ou seja, a reação é fortemente exergônica. Foi determinada experimentalmente, uma constante de equilíbrio de 2×10^3 em pH 7,0, correspondente a um $\Delta G'$ de −4 500 cal. O equilíbrio dessa reação está nitidamente desviado para a direita.

Também é interessante considerar a possibilidade de reversão da reação da hexoquinase (10-1). Sendo a K_{eq} de 2 000, podemos calcular através da Eq. (6-4), que é necessário apenas uma razão de 200:1 de ADP para ATP para sintetizar ATP e glucose, se a razão de glucose-6-fosfato para glucose for 10:1. Além disso, está, demonstrado que a reação da hexoquinase é reversível no tubo de ensaio, enquanto que na célula a reação jamais vai da direita para a esquerda. Outros fatores determinam claramente que a fosforilação da glucose por ATP é um processo unidirecional no organismo intato.

Um desses fatores é a diferença de velocidades máximas (V_{max}) nos dois sentidos da reação; a reação reversa (síntese de ATP) tem uma velocidade máxima que é somente 1/50 da velocidade de reação da esquerda para a direita (síntese de glucose--6-fosfato). Um outro fator é a afinidade da enzima pelos quatro compostos. Os K_m, que são as medidas dessas afinidades, são 10^{-4} M para ambos glucose e ATP. O K_m para a glucose-6-fosfato é 0,80 M e para o ADP é 3×10^{-3} M. Desde que a enzima exibe a metade de sua velocidade máxima para uma concentração de substrato igual ao K_m, a reação da hexoquinase será mais rápida da esquerda para a direita quando os quatro componentes estão presentes em concentrações iguais, devido à maior afinidade dessa enzima por ATP e glucose. Finalmente, no caso da hexoquinase do fígado, a glucose-6-fosfato produzida, é forte inibidora dessa enzima. Isto é, a enzima exibe uma *inibição pelo produto*. Obviamente, a enzima pararia de funcionar logo que uma quantidade significativa de glucose-6-fosfato fosse produzida e permaneceria inativa até que o nível dessa quantidade diminuísse como resultado de seu uso por outras reações.

Fosfoexoisomerases. A reação que se segue na glicólise é a isomerização da glucose-6-fosfato, catalisada pela fosfoglucoisomerase:

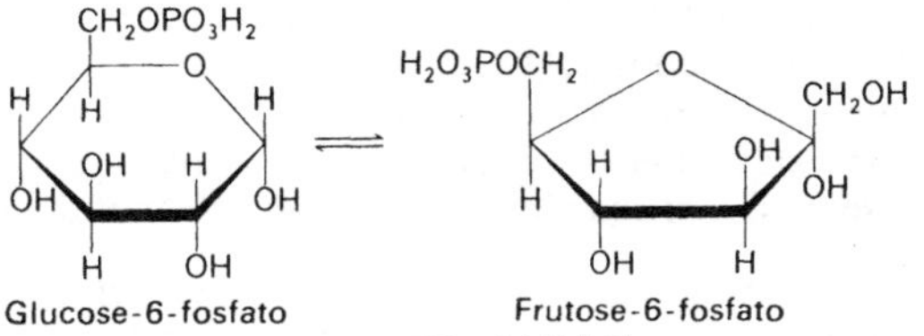

Glucose-6-fosfato ⇌ Frutose-6-fosfato (10-2)

$\Delta G' = +400$ cal (pH 7,0)

A enzima, que foi obtida com grande pureza a partir de músculo esquelético e cristalizada a partir de levedo, não requer cofator; a K_{eq} para a reação da esquerda para a direita é de aproximadamente 0,5. A enzima de músculo esquelético humano tem um peso molecular de 130 000; e pode ser dissociada em subunidades de 61 000. Uma isomerase que catalisa a conversão de manose-6-fosfato para frutose-6-fosfato foi isolada de músculo de coelho. Embora os três açúcares glucose, frutose e manose sejam facilmente interconvertidos em solução alcalina diluída (transformação de Lobry de Bruyn-von Ekenstein), é interessante notar que as duas isomerases são altamente específicas para frutose-6-fosfato e hexose-6-fosfato correspondente, em função das quais são denominadas. Apesar da Reação 10-2 ter sido escrita com as estruturas de piranose e furanose, a isomerização real envolve a forma de cadeia aberta dos açúcares, e acredita-se que um enediol (p. 35) seja um intermediário.

Fosfofrutoquinase. A quinase que catalisa a fosforilação da frutose-6-fosfato pelo ATP foi purificada a partir de levedura e músculo. A enzima requer Mg^{2+} e é específica para frutose-6-fosfato (Reação 10-3). Da mesma forma que a hexoquinase, a ligação de alta energia do ATP é utilizada para sintetizar a ligação éster-fosfato de baixa energia da frutose-1-6-difosfato. Usando os mesmos argumentos apresentados naquele caso, poderíamos esperar que essa reação, também, procedesse com uma grande diminuição de energia livre e portanto, não seria livremente reversível. O $\Delta G'$ é de $-4\,000$ cal/mol.

A fosfofrutoquinase é um importante sítio de regulação metabólica porque a atividade da enzima pode ser aumentada ou diminuída por certo número de metabolitos comuns. Tais efeitos são do *tipo alostérico* (Cap. 7), pois são o resultado de uma interação entre o metabolito e o catalisador proteico em um sítio diferente daquele onde ocorre a catálise. Dessa maneira, excesso de ATP e ácido cítrico inibe a fosfofrutoquinase; isto é, eles são efetores alostéricos negativos. Por outro lado, o AMP, ADP e frutose-6-fosfato estimulam a enzima e são efetores positivos.

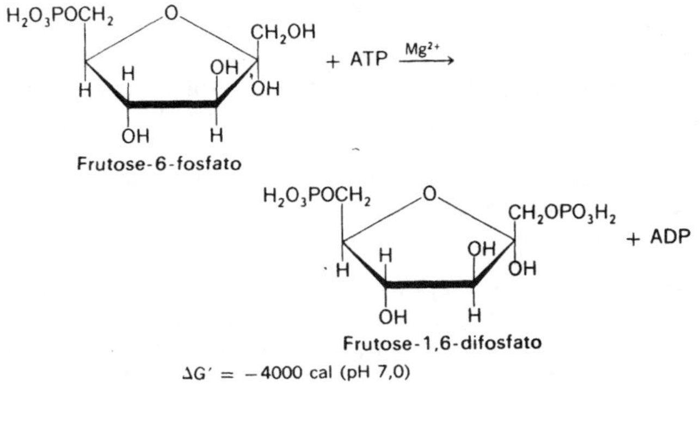

Frutose-6-fosfato + ATP $\xrightarrow{Mg^{2+}}$ Frutose-1,6-difosfato + ADP (10-3)

$\Delta G' = -4000$ cal (pH 7,0)

Como uma enzima alostérica, a fosfofrutoquinase possui um alto peso molecular (~ 360 000) e é dissociável em quatro subunidades. Ela também mostra o comportamento cinético de *tipo sigma* (forma de S) de muitos catalisadores alostéricos (p. 151). Além disso, como uma enzima que regula a glicólise, a reação que ela catalisa é irreversível. Isso resultará não somente do $\Delta G'$ da reação e dos K_m dos reagentes e produtos, mas também da natureza dos efetores alostéricos. A função dessa enzima e de sua companheira, frutosedifosfatase (Reação 10-16), será discutida mais tarde.

Aldolase. A reação que se segue na seqüência glicolítica envolve a ruptura da frutose-1-6-difosfato para formar os dois açúcares triose-fosfato, o gliceraldeído-3-fosfato e a diidroxiacetona-fosfato. A enzima aldolase que catalisa essa reação foi grandemente purificada a partir de levedura, e estudada primeiramente por Warburg. Atualmente já foi cristalizada a partir de numerosos animais, plantas e microrganismos e está largamente distribuída na natureza. Realmente, quando essa enzima é encontrada em altas concentrações em um determinado tecido, é indicativo da presença de uma via glicolítica funcionante.

$$\begin{array}{c} CH_2OPO_3H_2 \\ | \\ C{=}O \\ | \\ HOCH \\ | \\ HCOH \\ | \\ HCOH \\ | \\ CH_2OPO_3H_2 \\ \text{Frutose-1,6-difosfato} \end{array} \rightleftharpoons \begin{array}{cl} CH_2OPO_3H_2 & \\ | & \\ C{=}O & \text{Diidroxiacetona-fosfato} \\ | & \\ CH_2OH & \\ + & \\ H\diagdown\ \ \diagup O & \\ C & \text{Gliceraldeído-3-fosfato} \\ | & \\ HCOH & \\ | & \\ CH_2OPO_3H_2 & \end{array} \qquad (10\text{-}4)$$

$$\Delta G' = +5500 \text{ cal (pH 7,0)}$$

A K_{eq} para a Reação 10-4 da esquerda para a direita é 10^{-4}; isso corresponde a um $\Delta G'$ de $+ 5\,500$ cal. Tais valores para a K_{eq} ou $\Delta G'$ pareceriam indicar que a reação não procede da esquerda para a direita. Contudo, uma reação desse tipo, em que um reagente se transforma em dois produtos, é fortemente influenciada pela concentração dos compostos envolvidos. Pode-se mostrar facilmente através de um cálculo simples que, à medida que a concentração inicial de frutose-1-6-difosfato é diminuída, uma proporção, progressivamente maior será transformada em triose. Assim, para uma concentração inicial de 0,1 *M*, ainda teríamos, ao atingir o equilíbrio, cerca de 97% da hexose; entretanto, para uma concentração inicial de 10^{-4} *M*, teríamos, no equilíbrio, apenas 40% da hexose.

A aldolase catalisa a quebra de várias cetoses mono e difosfatos, por exemplo, frutose-1-6-difosfato, sedoeptulose-1-7-difosfato, frutose-1-fosfato, eritrulose-1-fosfato. Porém, em todos os casos um dos produtos é a diidroxiacetona-fosfato. Note que, como a Reação 10-4 procede da direita para a esquerda, a condensação aldólica resulta na formação de dois novos átomos de carbono assimétricos e teoricamente quatro diferentes isômeros da molécula de hexose-difosfato poderiam ser formados. Contudo, a enzima catalisa especificamente a formação de apenas um composto, a frutose-1-6-difosfato.

O mecanismo de ação da aldolase tem sido extensivamente estudado como também as propriedades da enzima de muitos tecidos diferentes. Do ponto de vista da bioquímica comparativa, portanto, a aldolase é uma das enzimas melhor caracterizadas.

Triose-fosfato-isomerase. A produção de gliceraldeído-3-fosfato na reação da aldolase, completa tecnicamente a fase preparativa da glicólise. A segunda, ou a fase de produção de energia, envolve a oxidação do gliceraldeído-3-fosfato, uma reação que será detalhadamente examinada na próxima seção. Note, todavia, que somente metade da molécula de glucose foi convertida a D-gliceraldeído-3-fosfato pelas Reações de 10-1 a 10-4. Se as células não pudessem converter fosfato de diidroxiacetona em gliceraldeído-3-fosfato, metade da molécula de glucose se acumularia na célula como cetose-fosfato ou seria utilizada por outras reações. Durante a evolução, esse problema foi solucionado pela célula adquirindo a enzima triose-fosfato-isomerase, que catalisa a interconversão das duas trioses e permite o metabolismo subseqüente de toda a molécula de glucose.

$$\underset{\text{Gliceraldeído-3-fosfato}}{\begin{array}{c} H\diagdown\ \diagup O \\ C \\ | \\ HCOH \\ | \\ CH_2OPO_3H_2 \end{array}} \rightleftharpoons \underset{\text{Diidroxiacetona-fosfato}}{\begin{array}{c} CH_2OH \\ | \\ C{=}O \\ | \\ CH_2OPO_3H_2 \end{array}} \qquad (10\text{-}4a)$$

$\Delta G' = -1800$ cal (pH 7,0)

Meyerhof foi o primeiro a descrever o equilíbrio entre as trioses-fosfatos. A reação é análoga à isomerização das hexoses-fosfatos (Reação 10-2) em que se realiza a interconversão de uma cetose e uma aldose. A triose-fosfato-isomerase é uma enzima extremamente ativa; se admitirmos seu peso molecular como sendo de 100 000, pode-se demonstrar que 1 mol catalisará a isomerização de 945 000 moles do substrato por minuto. Portanto, embora a constante de equilíbrio ($K_{eq} = 22$) favoreça o derivado cetose, a presença de pequena quantidade de isomerase assegurará uma conversão imediata da acetona-fosfato ao isômero aldeído para a degradação subseqüente.

Gliceraldeído-3-fosfato-desidrogenase. Essa reação, que é a primeira na fase de armazenamento de energia, ou segunda fase da glicólise, é também a primeira reação da seqüência glicolítica a envolver oxi-redução. Como pode ser visto a partir da Eq. (10-5), é também a primeira reação em que um fosfato de alta energia é formado onde previamente nenhum existia.

$$\underset{\text{Gliceraldeído-3-fosfato}}{\begin{array}{c} H\diagdown\ \diagup O \\ C \\ | \\ HCOH \\ | \\ CH_2OPO_3H_2 \end{array}} + NAD^+ + H_3PO_4 \rightleftharpoons \underset{\text{Ácido 1,3-difosfoglicérico}}{\begin{array}{c} O \\ \| \\ C{-}OPO_3H_2 \\ | \\ HCOH \\ | \\ CH_2OPO_3H_2 \end{array}} + NADH + H^+ \qquad (10\text{-}5)$$

$\Delta G' = +1500$ cal (pH 7,0)

Como resultado da oxidação de um grupo aldeído ao nível de ácido carboxílico, parte da energia que presumivelmente deveria ser liberada em forma de calor é conservada na formação do grupo acil-fosfato do ácido 1,3-difosfoglicérico. O agente oxidante envolvido é o NAD^+. A energética dessa reação juntamente com a Reação 10-6 (veja a seguir), que resulta na formação de ATP, foi descrita com maior detalhe na p. 126.

O $\Delta G'$ para a Eq. 10-5 é cerca de + 1 500 cal. Isso corresponde a uma K_{eq} de 0,08 e significa que a reação é facilmente reversível. Isso é esperado, uma vez que a célula transformou uma oxidação fortemente exergônica, de um aldeído a ácido carboxílico, em uma reação em que grande parte daquela energia é conservada como um acil-fosfato.

Para considerar o mecanismo pelo qual a enzima promove essa notável reação, algumas propriedades da proteína devem ser consideradas. A enzima foi cristalizada a partir de músculo de coelho e levedura e tem um peso molecular de 145 000. Parece que a enzima é um tetrâmero com quatro subunidades idênticas com um peso molecular aproximado de 35 000. Cada subunidade liga-se fortemente a uma molécula de NAD^+, perfazendo um total de quatro NAD^+ para o oligômero intato. Além disso, essas moléculas de NAD^+ estão intimamente envolvidas na ação catalítica da enzima. Por essa razão a gliceraldeído-3-fosfato-desidrogenase (triose-fosfato-desidrogenase) constitui uma exceção importante para a generalização de que as nicotinamidas-nucleotídeos-desidrogenases são facilmente separadas de suas moléculas de coenzima.

A triose-fosfato-desidrogenase possui grupos sulfidrilas (—SH) que devem estar livres (reduzidos) para a atividade catalítica. A bem-conhecida capacidade da iodoacetamida para inibir a glicólise é devido à ligação covalente e irreversível desse reagente com os grupos —SH da desidrogenase, bloqueando sua ação catalítica.

$$R—SH + ICH_2CONH_2 \rightarrow R—S—CH_2CONH_2 + HI$$

Um mecanismo que exija a participação do grupo de —SH pode ser escrito como abaixo. Na reação inicial, o aldeído é oxidado a um tioéster na presença da desidrogenase-NAD^+; o átomo de enxofre participando da ligação tioéster é representado como um grupo sulfidrila da enzima:

$$R—C(=O)H + HS—Enz—NAD^+ \rightleftharpoons R—C(=O)—S—Enz—NADH + H^+$$

O composto acil-enzima troca então seu NADH por NAD^+:

$$R—C(=O)—S—Enz—NADH + NAD^+ \rightleftharpoons R—C(=O)—S—Enz—NAD^+ + NADH$$

Finalmente, o grupo acil da enzima é transferido para o fosfato inorgânico:

$$R—C(=O)—S—Enz—NAD^+ + H_3PO_4 \rightleftharpoons R—C(=O)—OPO_3H_2 + HS—Enz—NAD^+$$

A soma dessas três reações está representada pela Reação 10-5.

Fosfoglicerilquinase. Essa reação envolve a transferência do fosfato do acilfosfato formado na reação precedente para o ADP para formar ATP. O nome da enzima é derivado do reverso da reação, em que um fosfato de alta energia é transferido do ATP para o ácido-3-fosfoglicérico:

$$\underset{\text{Ácido 1,3-difosfoglicérico}}{\begin{matrix} C(=O)—OPO_3H_2 \\ | \\ HCOH \\ | \\ CH_2OPO_3H_2 \end{matrix}} + ADP \xrightleftharpoons{Mg^{2+}} \underset{\text{Ácido 3-fosfoglicérico}}{\begin{matrix} CO_2H \\ | \\ HCOH \\ | \\ CH_2OPO_3H_2 \end{matrix}} + ATP \quad (10\text{-}6)$$

$$\Delta G' = -4500 \text{ cal (pH 7,0)}$$

Nessa reação, o grupo acilfosfato ($\Delta G'$ de hidrólise é de $-11\,800$ cal) foi utilizado para realizar a fosforilação do ADP e formar ATP ($\Delta G'$ de hidrólise de $-7\,300$ cal). Partindo-se dessa única consideração, podia-se prever que o $\Delta G'$ para a Reação 10-6 seria $-4\,500$ cal, correspondendo a uma K_{eq} de 2×10^3. O valor de $3{,}1 \times 10^3$ foi já referido na literatura. Embora, como na Reação 10-1 ou 10-3, a termodinâmica favoreça a formação de ATP, a Reação 10-6 será revertida se a razão de ATP/ADP for 10:1 e a razão de 3-fosfoglicerato para 1,3-difosfoglicerato exceder 200:1. Em contraste com as Reações 10-1 e 10-3, onde outros fatores (inibição por produto, efetores alostéricos) determinam que essas reações procedem em uma direção única, a Reação 10-6 catalisada pela fosfoglicerilquinase procede da direita para a esquerda quando a glicólise é revertida na célula. Dessa forma, a reversão da Reação 10-6 é sem dúvida auxiliada pelo $\Delta G'$ positivo para a Reação 10-5 descrita na seção anterior. Combinando-se as Reações 10-5 e 10-6 podemos escrever

$$\underset{\text{D-Gliceraldeído-3-fosfato}}{\begin{array}{c} H\diagdown C \diagup\!\!\!\!=O \\ | \\ HCOH \\ | \\ CH_2OPO_3H_2 \end{array}} + NAD^+ + ADP + H_3PO_4 \underset{\Delta G' = -3\,000 \text{ cal}}{\overset{Mg^{2+}}{\rightleftharpoons}} \underset{\text{Ácido 3-fosfoglicérico}}{\begin{array}{c} CO_2H \\ | \\ HCOH \\ | \\ CH_2OPO_3H_2 \end{array}} + ATP + NADH + H^+$$

e pela adição de $\Delta G'$ para as Reações 10-5 e 10-6, obteremos o $\Delta G'$ geral de $-3\,000$ cal para o processo combinado. Outra vez o estudante notará que a Reação 10-5 + 10-6 mostra a formação de 1 mol de ATP a partir de ADP e fosfato inorgânico como resultado da oxidação de um aldeído a ácido carboxílico. Esse é um dos exemplos mais bem conhecidos, em que a formação de um composto fosfato rico em energia está acoplado a uma oxidação química que normalmente libera energia em forma de calor. No caso presente parte da energia foi conservada na forma de ATP e pode ser subseqüentemente usada pela célula para efetuar outro processo endergônico.

Antecipando o interesse em determinar quanto ATP está disponível durante a conversão da glucose a ácido láctico, o leitor pode notar que quando 1 mol de glucose foi convertido a 2 moles de 3-fosfoglicerato por meio das Reações 10-1 a 10-6, os 2 moles de ATP utilizados nas Reações 10-1 e 10-3 foram recuperados na Reação 10-6. Uma produção adicional de ATP a partir desse ponto representará um saldo positivo desse composto; contudo, antes do ATP adicional pode ser produzido, o 3-fosfoglicerato deve ser convertido em seu isômero, 2-fosfoglicerato.

Fosfoglicerilmutase. Catalisa a interconversão dos dois ácidos fosfoglicéricos. A constante de equilíbrio para a reação da esquerda para a direita é de 0,17,

$$\underset{\text{Ácido 3-fosfoglicérico}}{\begin{array}{c} CO_2H \\ | \\ HCOH \\ | \\ CH_2OPO_3H_2 \end{array}} \underset{\Delta G' = +1050 \text{ cal (pH 7,0)}}{\rightleftharpoons} \underset{\text{Ácido 2-fosfoglicérico}}{\begin{array}{c} CO_2H \\ | \\ HCOPO_3H_2 \\ | \\ CH_2OH \end{array}} \qquad (10\text{-}7)$$

Essa enzima faz parte do grupo dos catalisadores, chamados fosfomutases, que catalisam a transferência de um grupo de fosfato de um átomo de carbono para um segundo átomo de carbono de um mesmo composto orgânico. O mecanismo de ação desse grupo de enzimas está sendo estudado ativamente, e é volumosa a informação sobre a fosfoglucomutase (a ser dicutida posteriormente). No caso das fosfoglicerilmutases, cristalizadas a partir de músculo de coelho (P.M. 64 000) e levedo (P.M. 112 000), ambas as enzimas requerem ácido 2-3-difosfoglicérico como cofator para suas atividades. Esse fato e recentes estudos, mostrando que a fosfoglicerilmutase é uma fosfoenzima, sugerem o mecanismo

$$\text{3-PGA} + \text{P—ENZ} \rightleftharpoons \underset{\begin{array}{c}\upharpoonleft\!\downharpoonright \\ \text{ENZ} \\ + \\ \text{2,3-diPGA}\end{array}}{(\text{2,3-diPGA—ENZ})} \rightleftharpoons \text{P—ENZ} + \text{2-PGA}$$

A enzima reage com 2-3-difosfoglicerato (2,3-diPGA) para produzir a forma fosforilada da enzima, que pode então se dissociar para produzir formas monofosforiladas (P-ENZ) e ácido 3-fosfoglicérico (3-PGA) ou o 2-isômero (2-PGA). Lendo-se o diagrama da esquerda para a direita, acompanha-se a conversão de 3-PGA em 2-PGA.

Enolase. A reação seguinte da degradação da glucose envolve a desidratação do ácido 2-fosfoglicérico para formar o ácido fosfoenolpirúvico, um composto com um grupo de fosfato enólico de alta energia:

$$\underset{\text{Ácido 2-fosfoglicérico}}{\begin{matrix} CO_2H \\ | \\ HCOPO_3H_2 \\ | \\ CH_2OH \end{matrix}} \xrightleftharpoons{Mg^{2+}} \underset{\text{Ácido fosfoenolpirúvico}}{\begin{matrix} CO_2H \\ | \\ C{-}OPO_3H_2 \\ \| \\ CH_2 \end{matrix}} + H_2O \qquad (10\text{-}8)$$

$$\Delta G' = -650 \text{ cal (pH 7,0)}$$

A constante de equilíbrio para essa reação é 3; a variação de energia livre padrão é, portanto, pequena ($\Delta G' = -650$ cal) e a reação é francamente reversível. É interessante notar, que, por esse simples processo de desidratação, é formado um fosfato enólico de alta energia ($\Delta G'$ de hidrólise é $-14\,800$ cal).

Neste mesmo capítulo (Reação 10-5), vimos que a produção de um acil-fosfato de alta energia estava acoplado a uma reação de óxido-redução, e foi possível explicar a síntese da estrutura de alta energia como uma conseqüência daquela oxidação. Na Reação 10-8, uma reação química diferente, denominada desidratação, está envolvida e é mais difícil compreender a síntese do fosfato enólico, especialmente quando é formado em uma reação envolvendo um $\Delta G'$ mínimo. Primariamente, a dificuldade reside na definição de "alta energia" dada pelos bioquímicos, e é necessário considerar de uma outra maneira o ácido 2-fosfoglicérico e o ácido fosfoenolpirúvico. Embora um composto seja "pobre em energia" e o outro "rico em energia", quando consideramos o $\Delta G'$ de hidrólise desses compostos, aproximadamente a mesma quantidade de energia será produzida se eles forem oxidados a CO_2, H_2O e H_3PO_4 A chave desse enigma é encontrada no fato de que a desidratação catalisada pela enolase provoca rearranjo dos elétrons nas duas moléculas, de modo que uma quantidade significativamente maior da energia potencial total do composto é libertada na hidrólise. A explicação de por que o ácido fosfoenolpirúvico liberta uma quantidade de energia tão grande na hidrólise, foi discutida anteriormente (Cap. 6).

A enolase necessita de Mg^{2+} para sua atividade. Na presença de Mg^{2+} e fosfato, íons de fluoreto inibem fortemente a enzima. Esse efeito está relacionado com a formação de um complexo fluorfosfato de magnésio, que é apenas fracamente dissociado e por isso remove Mg^{2+} de maneira efetiva da mistura de reação.

Piruvato-quinase. Catalisa a transferência do fosfato do ácido fosfoenolpirúvico para o ADP, produzindo ATP e ácido pirúvico:

$$\underset{\text{Ácido fosfoenolpirúvico}}{\begin{matrix} CO_2H \\ | \\ C{-}OPO_3H_2 \\ \| \\ CH_2 \end{matrix}} + ADP \xrightleftharpoons{Mg^{2+},\ K^+} \underset{\text{Ácido pirúvico}}{\begin{matrix} CO_2H \\ | \\ C{=}O \\ | \\ CH_3 \end{matrix}} + ATP \qquad (10\text{-}9)$$

$$\Delta G' = -6100 \text{ cal}$$

A enzima foi cristalizada a partir de várias fontes animais e de levedo. A última é um tetrâmero com um peso molecular de 165 000 que é dissociável em quatro subunidades (P.M. de 42 000). Ela necessita de íons Mg^{2+} e K^+ para sua atividade.

Devido ao grande $\Delta G'$ de hidrólise do fosfoenolpiruvato ($-14\,800$ cal), esperar-se-ia que o $\Delta G'$ para a Reação 10-9 fosse aproximadamente $-7\,500$ cal. A literatura apresenta valores superiores a 3×10^4 para a K_{eq}, correspondendo a um $\Delta G'$ de $-6\,100$ cal. Naturalmente, o equilíbrio está deslocado para a direita, o que torna difícil obter um valor preciso para a K_{eq} (e portanto para o $\Delta G'$) da reação.

Dois outros fatores, ao lado da elevada K_{eq}, contribuem para que a Reação 10-9 seja irreversível sob condições fisiológicas. Uma delas é a velocidade máxima da reação dos dois sentidos; a velocidade máxima de conversão do fosfoenolpiruvato a piruvato é 200 vezes maior que a reação reversa. O segundo fator é a afinidade da enzima por seus quatro substratos. Os K_m da pirúvico-quinase para esses compostos são: fosfoenolpiruvato, 7×10^{-5} *M*; ADP, 3×10^{-4} *M*; ATP, 8×10^{-4} *M*; e piruvato, 1×10^{-2} *M*. Dessa forma, enquanto a enzima poderia operar com metade de sua velocidade catalítica máxima ou mais rápido, quando as concentrações de fosfoenolpiruvato, ADP e ATP alcançam 0,001 *M*, a enzima necessita uma concentração dez vezes maior de piruvato para atingir a metade de sua velocidade máxima. Como será visto, o ácido pirúvico é um composto extremamente ativo, metabolicamente falando, e na célula pode sofrer numerosas reações alternativas. Portanto, as possibilidades dele alcançar uma tal concentração (0,01 *M*) para permitir o reverso da Reação 10-9 são reduzidas.

Lactato-desidrogenase. A última reação da glicólise resulta na produção de ácido L(+) láctico, quando o ácido pirúvico é reduzido por NADH. Note que, devido à produção de NADH na Reação 10-5 e sua utilização nessa reação, não há acúmulo de NADH em um tecido em fase de glicólise ativa. A enzima foi cristalizada a partir de

$$\underset{\text{Ácido pirúvico}}{CO_2H-C(=O)-CH_3} + NADH + H^+ \rightleftharpoons \underset{\text{Ácido L(+)-láctico}}{CO_2H-HOCH-CH_3} + NAD^+ \qquad (10\text{-}10)$$

$$\Delta G' = -6000 \text{ cal (pH 7,0)}$$

numerosas fontes animais. Ela tem grande preferência por NADH, operando 170 vezes mais rápido com essa coenzima que com NADPH. A enzima não é específica para ácido pirúvico, mas catalisa a redução de um certo número de outros cetoácidos, inclusive o ácido fenilpirúvico. O equilíbrio está muito deslocado para a direita a pH 7,0 ($K_{ea} = 2,5 \times 10^4$), todavia como foi apontado no Cap. 8, a K_{eq} de reações que envolvem as coenzimas nicotinamídicas depende grandemente do pH, e pode-se medir a formação de piruvato sob certas condições; isto é, pode-se reverter a Reação 10-10, operando-se em pH de 8 a 9.

A natureza isoenzímica da lactato-desidrogenase foi mencionada previamente (Cap. 7). As formas que ocorrem no coração (H_4) e no músculo esquelético (M_4) têm propriedades cinéticas bastante diferentes. A enzima de coração (H_4) é ativa em baixos níveis de piruvato (e ácido láctico) e é inibida por concentrações de piruvato que excedem 10^{-3} *M*. A enzima de músculo (M_4) só atinge a velocidade máxima quando a concentração de piruvato for 3×10^{-3} *M*, mas mantém sua atividade em concentrações muito maiores do que essa. Kaplan salientou que essas propriedades estão de acordo com as funções que os dois diferentes tipos de tecido têm a desempenhar. O coração necessita de um suprimento constante de energia, que pode ser melhor atingido pela conversão de glucose em piruvato, para então oxidar o piruvato a CO_2 e H_2O via ciclo de Krebs (Cap. 12). Esse processo fornece a quantidade máxima de energia a partir da molécula de glucose e exige um suprimento adequado de oxigênio. No músculo esquelético, pode ocorrer uma demanda repentina de energia na ausência de oxigênio, relativamente falando. Essa energia pode ser suprida pelas reações da glicólise em que ATP é gerado (Reações 10-6 e 10-9) mas em que o O_2 não está envolvido. Tal demanda, obviamente, exige que quantidades relativamente grandes de piruvato sejam formadas e reduzidas a ácido láctico.

Em apoio a essa tese, em tecidos tais como o do coração, que estão se contraindo continuamente, encontra-se H_4-lactato-desidrogenase, enquanto que o músculo da asa da galinha e da perdiz, que fazem vôos curtos esporádicos, tem predominantemente

M_4-lactato-desidrogenase. Por outro lado, o albatroz, que é capaz de sustentar vôos longos, tem predominantemente o tipo de enzima H_4 nos músculos de suas asas. Esses exemplos representam as características extremas de processos altamente aeróbicos (H_4) e anaeróbicos (M_4); muitos outros tecidos são intermediários entre esses dois extremos e contêm as isoenzimas HM_3, MH_3 e M_2H_2.

Piruvato-descarboxilase. Ao mesmo tempo em que a série de reações que constituem a seqüência glicolítica estava sendo estudada no músculo, a fermentação alcoólica estava sendo examinada em extratos de levedo. Felizmente para os estudantes de ciências biológicas as seqüências de reações são idênticas, exceto pela maneira como o ácido pirúvico é metabolizado.

$$\underset{\text{Ácido pirúvico}}{CO_2H-C(=O)-CH_3} \xrightarrow[TPP]{Mg^{2+}} \underset{\text{Acetaldeído}}{H-C(=O)-CH_3} + CO_2 \qquad (10\text{-}11)$$

Organismos tais como o levedo, que realizam a fermentação alcoólica, possuem a enzima piruvato-descarboxilase que catalisa a descarboxilação do piruvato a acetaldeído e CO_2 por meio de uma reação irreversível. A enzima, ausente nos tecidos animais, necessita pirofosfato de tiamina (TPP ou cocarboxilase) e Mg^{2+} como cofatores. O mecanismo para essa reação foi discutido no Cap. 8. A reação é marcadamente exergônica, o que significa que, em contraste com a glicólise, os produtos finais da fermentação alcoólica, C_2H_5OH e CO_2, não podem ser convertidos em glucose novamente.

Álcool-desidrogenase. Na reação final da fermentação alcoólica, o acetaldeído é reduzido a etanol pelo NADH na presença de álcool-desidrogenase, como segue:

$$\underset{\text{Acetaldeído}}{H-C(=O)-CH_3} + NADH + H^+ \rightleftharpoons \underset{\text{Etanol}}{CH_2OH-CH_3} + NAD^+ \qquad (10\text{-}12)$$

A K_{eq} para essa reação (p. 166) favorece muito a redução do acetaldeído a pH 7,0. Outra vez, sendo uma reação que envolve uma coenzima nucleotídeo-nicotinamida, o processo é altamente dependente do pH, e pode-se converter álcool a acetaldeído quantitativamente, isto é, reverter a Reação 10-12, a pH 9,5 em presença de um excesso de NAD^+. Note que a reoxidação do NADH na Reação 10-12 é compensada pela produção de NADH na Reação 10-5 e significa que não se acumularia NADH em tecidos que estão realizando fermentação alcoólica. A álcool-desidrogenase está largamente distribuída, tendo sido encontrada em fígado, retina e soro de animais, nas sementes e folhas de plantas superiores e muitos microrganismos, inclusive no levedo. Claramente, a enzima não está restrita aos tecidos que produzem grandes quantidades de etanol.

PRODUÇÃO DO ATP

Neste ponto, é adequado considerar a quantidade de energia disponível à célula quando ela desdobra a glucose anaerobicamente. Existe um saldo positivo de formação de fosfato de alta energia na forma de ATP, tanto na glicólise como na fermentação alcoólica. Em ambos os processos, uma ligação de alta energia é produzida (Reação 10-5) quando a triose-fosfato é oxidada e torna-se utilizável pela célula na forma de ATP, na reação subseqüente (Reação 10-6). Entretanto duas trioses são produzidas a partir de cada molécula de hexose metabolizada e ambas as trioses são oxidadas a ácido 1-3-difosfo-glicérico na presença das enzimas triose-fosfato-isomerase (Reação 10-4a) e triose-fosfato-desidrogenase (Reação 10-5). Na ausência da isomérase metade da molécula de hexose permaneceria como fosfato de diidroxiacetona e não seria convertida em piruvato. Como, entretanto, a triose-fosfato-isomerase está largamente distribuída na natureza, ambas as trioses podem ser oxidadas e dois fosfatos de alta energia serão produzidos, por mol de hexose, no passo oxidativo.

Da mesma maneira, na Reação 10-8, uma ligação de fosfato de alta energia é produzida a partir de 1 mol de triose, onde anteriormente nenhuma existia. Este fosfato é, outra vez, transferido para o ADP, no passo subseqüente (Reação 10-9), para formar ATP. Dessa forma, para cada mol de hexose serão formados 2 moles de ATP nesse estágio da via. Dessa maneira, o total é quatro, mas este não é um saldo final; a glucose deve ser primeiro fosforilada a glucose-6-fosfato, e a frutose-6-fosfato deve, por sua vez ser fosforilada a frutose difosfato antes que a quebra em trioses-fosfato e a subseqüente degradação possam ocorrer. Dessa forma, duas ligações de fosfato de alta energia são utilizadas no passo inicial (Reações 10-1 e 10-3) da fase preparativa. O saldo final de fosfato de alta energia é, portanto, 2 ATP por mol de glucose catalizada a piruvato ou fermentada seja o ácido láctico seja a etanol e CO_2.

Relações energéticas globais. O $\Delta G'$ para a conversão de glucose a 2 moles de ácido láctico, como ocorreria em um tubo de ensaio, pode agora ser calculado a partir de vários dados termodinâmicos:

$$\underset{\text{Glucose}}{C_6H_{12}O_6} \xrightarrow{\text{No tubo de ensaio}} \underset{\text{Ácido láctico}}{2\ CH_3CHOHCOOH}$$
$$\Delta G' = -47\,000 \text{ cal}$$

Desprezando-se as variações de entropia, essa quantidade de energia será libertada como calor (ΔH). Em um organismo biológico realizando a glicólise, a reação deve ser, todavia, corrigida para mostrar precisamente o que ocorre, considerando que, como a glucose é convertida a 2 moles de ácido láctico, 2 moles de ATP são produzidos a partir de ADP e fosfato inorgânico; isto é,

$$C_6H_{12}O_6 + 2\ ADP + 2\ H_3PO_4 \xrightarrow{\text{Na célula}} 2\ CH_3CHOHCOOH + 2\ ATP + 2\ H_2O$$
$$\Delta G' = -32\,400 \text{ cal.}$$

Desde que 2 ATP representam uma conversão de 14 600 cal (2 × 7 300), o $\Delta G'$ para a segunda equação é igual ao $\Delta G'$ da primeira menos a quantidade de energia conservada [−47 000 − (−14 600) ou −32 400]. Portanto pode-se falar da eficiência com que o ATP foi produzido na glicólise. Desde que −47 000 cal são utilizáveis e 2 ATP são produzidos, a eficiência corresponde a −14 600/−47 000 ou 31%.

Neste ponto, note que o ΔG para a hidrólise de ATP sob as condições existentes na célula pode ser mais negativo, pelo menos em 4 000 cal, do que a variação de energia padrão ($\Delta G' = -7\,300$ cal). Isto se deve, obviamente, ao fato de que as concentrações dos reagentes na formação de ATP não são os valores padrões (veja Cap. 6). Se o ΔG para a formação de ATP for realmente +12 000 cal, a eficiência de conservação de energia será de 24 000/47 000 ou 51%.

Os valores de $\Delta G'$ para a conversão de glucose a etanol e CO_2, e a reação correspondente que ocorre no levedo, podem ser escritos como

$$\underset{\text{Glucose}}{C_6H_{12}O_6} \xrightarrow{\text{No tubo de ensaio}} \underset{\text{Etanol}}{2\ CH_3CH_2OH} + 2\ CO_2$$
$$\Delta G' = -40\,000 \text{ cal}$$

$$C_6H_{12}O_6 + 2\,ADP + 2\,H_3PO_4 \xrightarrow{\text{Na célula de levedo}} 2\,CH_3CH_2OH + 2\,CO_2 + 2\,ATP + 2\,H_2O$$

$$\Delta G' = -25\,400 \text{ cal.}$$

REVERSÃO DA SEQÜÊNCIA GLICOLÍTICA

Reversão na fotossíntese. Alguns organismos são capazes de sintetizar os carboidratos, a partir de precursores simples, pela reversão da seqüência glicolítica. Para realizar isso, todavia, eles devem contornar as etapas que foram descritas como irreversíveis (Reações 10.1, 10.3 e 10.9).

Talvez o exemplo mais importante de reversão seja a porção do percurso da fotossíntese em que o CO_2 é utilizado para produzir os carboidratos de armazenamento da planta. Aprenderemos (Cap. 15) que as reações da *fase de redução* e várias reações da *fase regenerativa* do ciclo de redução do CO_2 são idênticas a algumas reações reversíveis da glicólise.

Gluconeogênese. Outro exemplo importante de reversão é a regeneração da glucose (e do glicogênio) – denominada *gluconeogênese* – a partir do ácido láctico produzido pelos animais superiores durante o exercício. Os músculos esqueléticos, com seu suprimento pobre de O_2, porém rico de enzimas glicolíticas, utiliza a glicólise para atender suas necessidades de ATP a curto prazo. Ao fazer isso, o músculo produz, em quantidades relativamente grandes, ácido láctico, que é secretado no sangue e transportado ao fígado. Nesse órgão, primariamente, cerca de 80% do ácido láctico é ressintetizado ao nível de hexose (glucose) e retorna ao músculo para a síntese de glicogênio. A oxidação dos 20% restantes pela via do ácido tricarboxílico (Cap. 12) propicia a energia necessária para reverter a seqüência glicolítica e converter a maior parte de ácido láctico de volta a glicogênio.

A gluconeogênese pode também ocorrer a partir de outros compostos além do ácido láctico. O ácido pirúvico e o oxalacetato, um intermediário do ciclo do ácido tricarboxílico, podem ser convertidos a glucose. Uma vez que diversos aminoácidos (alanina, cisteína, serina, ácido aspártico) podem originar piruvato e oxalacetato, esses compostos também podem produzir glucose. Isso ocorre, todavia, em animais somente sob condições de inanição, ou sob outras condições de desgaste, quando o organismo necessita urgentemente de glucose e não tem outra fonte de carbono além das proteínas. Independente do precursor, todos esses compostos devem "contornar" as Reações 10.9, 10.3 e 10.1 para formar a glucose.

O percurso de contorno da Reação 10-9 envolve a participação de duas novas enzimas, que catalisam reações conhecidas como reações de fixação de CO_2; são reações que possuem uma função importante no funcionamento do ciclo de Krebs, (Cap. 12). A primeira dessas enzimas, piruvato-carboxilase, está localizada na mitocôndria; assim, o ácido pirúvico produzido no citossol a partir do lactato ou fosfoenolpiruvato deve entrar na mitocôndria como um primeiro passo. A reação catalisada é

$$\underset{\text{Ácido pirúvico}}{\begin{array}{c} CO_2H \\ | \\ C{=}O \\ | \\ CH_3 \end{array}} + CO_2 + ATP \underset{Mg^{2+}}{\overset{\text{Acetil-CoA}}{\rightleftharpoons}} \underset{\text{Ácido oxalacético}}{\begin{array}{c} CO_2H \\ | \\ C{=}O \\ | \\ CH_2 \\ | \\ CO_2H \end{array}} + ADP + H_3PO_4 \qquad (10\text{-}13)$$

$$\Delta G' = -500 \text{ cal (pH 7,0)}$$

O seu $\Delta G'$ é bastante pequeno e por essa razão a reação é facilmente reversível. A piruvato-carboxilase de fígado de galinha é uma proteína alostérica muito grande (P.M. 660 000), que tem uma estrutura tetramérica. Ela possui uma necessidade absoluta de acetil-CoA como ativador; o significado disso será mencionado posteriormente neste capítulo e no Cap. 12. A enzima também é uma proteína ligada à biotina, cada unidade monomérica (P.M. 150 000) contém 1 mol da vitamina.

A segunda enzima envolvida na reversão dessa etapa da seqüência glicolítica é conhecida como fosfoenolpiruvato (PEP)-carboxiquinase:

$$\begin{array}{c} CO_2H \\ | \\ C{=}O \\ | \\ CH_2 \\ | \\ CO_2H \end{array} + GTP \xrightleftharpoons{Mg^{2+}} \begin{array}{c} CO_2H \\ | \\ C{-}OPO_3H_2 \\ \| \\ CH_2 \end{array} + CO_2 + GDP \qquad (10\text{-}14)$$

Ácido oxalacético — Ácido fosfoenolpirúvico

$\Delta G' = +700$ cal (pH 7,0)

Nessa reação o oxalacetato produzido na Reação 10-13 é convertido a PEP por uma reação que envolve pouca mudança na energia livre, porém é a única reação em que o CO_2 é produzido, o que é uma "fixação de CO_2" reversa. A distribuição dessa enzima varia grandemente em diferentes espécies. Nos tecidos (o fígado de porco, cobaia e coelho) onde é mitocondrial, o PEP produzido se difunde subseqüentemente para fora e então pode ser transformado em frutose-1,6-difosfato, desde que sejam fornecidos o ATP e o NADH necessários para reverter as Reações 10-6 e 10-5, respectivamente.

A reação completa para converter piruvato a PEP pode ser obtida somando-se as Reações 10-13 e 10-14:

$$\begin{array}{c} CO_2H \\ | \\ C{=}O \\ | \\ CH_3 \end{array} + ATP + GTP \rightleftharpoons \begin{array}{c} CO_2H \\ | \\ C{-}OPO_3H_2 \\ \| \\ CH_2 \end{array} + ADP + GDP + H_3PO_4 \qquad (10\text{-}15)$$

$\Delta G' = +200$ cal

Observe que o grande $\Delta G'$ da Reação 10-9 agora foi vencido, porém 2 moles de nucleosídeo-trifosfato foram gastos, de modo a se obter a reação global (Reação 10-15) com um $\Delta G'$ desprezível de $+200$ cal.

Em muitas espécies, a PEP-carboxiquinase está localizada principalmente no citoplasma, ocasionando complicações posteriores, uma vez que o oxalacetato produzido na Reação 10-13 não é capaz de atravessar a membrana mitocondrial (p. 333). Em geral, concorda-se que, para que o oxalacetato se torne disponível para a PEP-carboxiquinase, primeiro ele é reduzido a ácido málico, pela malato-desidrogenase, na mitocôndria (Cap. 12). A membrana mitocondrial interna é permeável ao malato, que se difunde para o citoplasma, é reoxidado a oxalacetato por uma malato-desidrogenase, e convertido a PEP pela PEP-carboxiquinase,

$$\text{Oxalacetato} + NADH + H^+ \xrightarrow[\text{Mitocondrial}]{\text{Málico-desidrogenase}} \text{malato} + NAD^+$$

$$\text{Malato (mitocondrial)} \xrightarrow[\text{interna}]{\text{Membrana mitocondrial}} \text{malato (citoplasmático)}$$

$$\text{Malato} + NAD^+ \xrightarrow[\text{citoplasmática}]{\text{Málico-desidrogenase}} \text{oxalacetato} + NADH + H^+.$$

Na gluconeogênese, Reações como 10-3 e 10-1 envolvendo ATP e ADP também devem ser contornadas. No primeiro caso, isso se faz por uma *fosfatase* que catalisa a *hidrólise* da frutose-1,6-difosfato para formar frutose-6-fosfato.

$$H_2O_3POCH_2\text{-frutose-}CH_2OPO_3H_2 + H_2O \longrightarrow H_2O_3POCH_2\text{-frutose-}CH_2OH + H_3PO_4 \quad (10\text{-}16)$$

Frutose-1,6-difosfato — Frutose-6-fosfato

$\Delta G' = -4000$ cal (pH 7,0)

A presença da fosfatase em uma grande variedade de tecidos permite a formação de frutose-6-fosfato a partir de hexose-difosfato e dessa maneira provê um meio pelo qual o glicogênio ou glucose podem subseqüentemente ser formados a partir de hexose-difosfato.

A frutose difosfato-fosfatase é uma enzima reguladora que, juntamente com a fosfofrutoquinase (Reação 10-3), desempenha um papel chave na regulação do fluxo de compostos nos dois sentidos da seqüência glicolítica. Nessa proteína oligomérica, o número de monômeros depende da célula de origem. Todavia a fosfatase é fortemente inibida pelo AMP, qualquer que seja sua origem.

A produção de glucose a partir de glucose-6-fosfato depende de uma segunda fosfatase que catalisa a seguinte reação exergônica:

$$\text{Glucose-6-fosfato }(CH_2OPO_3H_2) + H_2O \longrightarrow \text{Glucose }(CH_2OH) + H_3PO_4 \quad (10\text{-}17)$$

Glucose-6-fosfato — Glucose

$\Delta G' = 3\,300$ cal (pH 7,0)

A glucose-6-fosfatase está tipicamente associada com o retículo endoplasmático e está contida na fração (*pellet*) obtida como "microsomas" na ultracentrifugação do homogenado celular. Está presente, primariamente, nos tecidos (por exemplo, fígado de mamíferos) que podem produzir glucose livre.

Começando com 2 moles de lactato e passando pelas Reações 10-13 a 10-14, Reações 10-8 a 10-4, e Reações 10-16, 10-2 e 10-17, podemos escrever a equação final para o reverso da glicólise,

$$2\ \text{Lactato} + 4\ \text{ATP} + 2\ \text{GTP} + 6\ H_2O \longrightarrow \text{Glucose} + 4\ \text{ADP} + 2\ \text{GDP} + 6\ H_3PO_4 .$$

É evidente, assim, que um total de seis fosfatos ricos em energia é necessário para produzir glucose. Observa-se claramente que essa equação não é o reverso daquela da p. 243 em que a glucose era convertida a 2 moles de lactato, e serve novamente para salientar as inter-relações energéticas da seqüência glicolítica.

ASPECTOS IMPORTANTES DO METABOLISMO ANAERÓBICO DOS CARBOIDRATOS

O conhecimento satisfatório da seqüência glicolítica será alcançado pelo estudante se ele adquirir uma visão global dos vários aspectos desta série de reações: suas duas fases distintas; o balanço das coenzimas nicotinamídicas e a resultante natureza anaeróbica do processo; as relações da glicólise com outros percursos biossintéticos, as relações gerais de energia e o ATP produzido; a utilização de outros carboidratos além da glucose; o reverso da glicólise; e, finalmente, sua regulação.

As duas fases da glicólise. Considerando os aspectos globais da glicólise, dividimos as reações em dois grupos ou fases. Na fase preparativa (Reações 10-1 a 10-4; ou 10-23 e 10-24) a glucose (ou unidade glicosil de um polissacarídeo) é convertida em uma triose-fosfato por reações de fosforilação.

A fosforilação preliminar é realizada às expensas de ligações de fosfato ricas em energia do ATP (Reações 10-1 e 10-3) ou por ação da fosforilase (Reação 10-24). O segundo estágio se inicia com a oxidação da triose-fosfato (Reação 10-5) e resulta no armazenamento de parte da energia da molécula de hexose em uma forma facilmente utilizada pelo organismo. A modificação ulterior do ácido 3-fosfoglicérico resulta na formação de um outro composto rico em energia e leva, finalmente, à produção de ácido pirúvico, um intermediário chave na glicólise. O destino do piruvato, por sua vez, depende do organismo em consideração ou, mais propriamente, das enzimas presentes naquele organismo.

As enzimas que catalisam a seqüência glicolítica, com exceção da enolase e descarboxilase pirúvica, podem ser classificadas nos quatro grupos seguintes: quinases, mutases, isomerases e desidrogenases. As quinases catalisam a transferência de um grupo de fosfato do ATP para alguma molécula aceptora. As mutases catalisam a transferência de grupos fosfatos de baixo nível energético de uma determinada posição em uma molécula de carboidrato para outra posição na mesma molécula. Ambas as classes de enzimas, envolvendo compostos fosforilados, usualmente, necessitam de Mg^{2+}. Por outro lado, as isomerases catalisam a isomerização de aldoses a cetoses; essas enzimas, ao contrário das quinases e mutases, não necessitam de Mg^{2+}. Finalmente, as desidrogenases constituem a quarta classe geral de enzimas encontradas no metabolismo anaeróbico dos carboidratos.

Ao longo desta discussão, temos usado primariamente os nomes comuns das enzimas glicolíticas. Na Tab. 10-1 encontram-se essas designações juntamente com os nomes sistemáticos propostos pela Comissão de Enzimas da União Internacional de Bioquímica.

Balanço de coenzimas. O metabolismo anaeróbico de carboidratos ocorre na ausência de oxigênio. Como ocorre então a oxidação de D-gliceraldeído-3-fosfato ininterruptamente na célula durante a glicólise? A inspeção da Reação 10-5 mostra que o NAD^+ é o agente oxidante primordial que capta os elétrons na oxidação da triose-fosfato. Desde que a quantidade de NAD^+ em qualquer célula é limitada, a reação cessaria logo que todo NAD^+ estivesse reduzido, a não ser que haja um mecanismo para reoxidação do nicotinamida-nucleotídeo reduzido. Na fermentação alcoólica, a reoxidação é realizada quando o acetaldeído é reduzido a etanol na presença de álcool-desidrogenase (Reação 10-12). No tecido muscular, a reoxidação ocorre quando o piruvato é reduzido a lactato (Reação 10-10). Dessa forma, o NAD^+ serve como um trans-

Gliceraldeído-3-fosfato: $HC(=O)-HCOH-CH_2OPO_3H_2$ + H_3PO_4

Gliceraldeído-3-fosfato-desidrogenase

Ácido 1,3-difosfoglicérico: $O=C(-OPO_3H_2)-HCOH-CH_2OPO_3H_2$

NAD^+ ⇄ NADH + H^+

Lactato-desidrogenase

Ácido láctico: $COOH-HOCH-CH_3$

Ácido pirúvico: $COOH-C(=O)-CH_3$

Esquema 10-1

portador de elétrons, os quais são transferidos da triose-fosfato para o aceltaldeído ou piruvato, dependendo da célula envolvida. Isso pode ser representado para o piruvato, como no Esquema 10-1.

Tabela 10-1. Nomes comuns e sistemáticos das enzimas da via glicolítica

Reação	Nome comum	Nome sistemático
10-1	Hexoquinase	ATP: D-Hexose-6-fosfotransferase (EC 2.7.1.1)
	Glucoquinase	ATP: D-Glucose-6-fosfotransferase (EC 2.7.1.2)
10-2	Fosfoglucoisomerase	D-Glucose-6-fosfato-cetol-isomerase (EC 5.3.1.9)
10-3	Fosfofrutoquinase	ATP: D-Frutose-6-fosfato-1-fosfotransferase (EC 2.7.1.11)
10-4	Aldolase	Frutose-1,6-difosfato D-gliceraldeído-3-fosfato-liase (EC 4.1.2.13)
10-4a	Triose fosfato-isomerase	D-Gliceraldeído-3-fosfato-cetol-isomerase (EC 5.3.1.1)
10-5	D-Gliceraldeído-3-fosfato-desidrogenase (triose-fosfato-desidrogenase)	D-Gliceraldeído-3-fosfato: NAD-óxido-redutase (fosforilante) (EC 1.2.1.12)
10-6	Fosfoglicerilquinase	ATP: 3-Fosfo-D-glicerato-1-fosfotransferase (EC 2.7.2.3)
10-7	Fosfoglicerilmutase	D-Fosfoglicerato-2,3-fosfomutase (EC 5.4.2.1)
10-8	Enolase	2-Fosfo-D-glicerato-hidroliase (EC 4.2.1.11)
10-9	Piruvato-quinase	ATP: Piruvato 2-O-fosfotransferase (EC 2.7.1.40)
10-10	Lactato-desidrogenase	L-Lactato: NAD-óxido-redutase (EC 1.1.1.27)
10-11	Piruvato-descarboxilase	2-Oxoácido-carboxilase (EC 4.1.1.1)
10-12	Álcool-desidrogenase	Álcool: NAD-óxido-redutase (EC 1.1.1.1)
	Algumas enzimas complementares	
10-16	Frutose-1,6-difosfato-fosfatase ou hexose difosfatase	D-Fructose-1,6-bisfosfato-1-fosfoidrolase (EC 3.1.3.11)
10-17	Glucose-6-fosfato-fosfatase ou glucose-6-fosfatase	D-Glucose-6-fosfato-fosfoidrolase (EC 3.1.3.9)
10-23	Fosfoglucomutase	D-Glucose-1,6-difosfato: D-Glucose-1-fosfato fosfotransferase (EC 2.7.5.1)
10-24	Fosforilase *a*	1,4-α-D-Glucan: ortofosfato-α-glucosil-transferase

GLICÓLISE E INTERMEDIÁRIOS BIOSSINTÉTICOS

Alguns dos intermediários encontrados na glicólise podem ser utilizados na biossíntese de outros componentes celulares. Um exemplo importante é a diidroxiacetona-fosfato, que é passível de ser transformada (p. 251) em *sn*-glicerol-3-fosfato, na presença de glicerol-fosfato-desidrogenase e NADH. O glicerol-fosfato assim formado é o ponto de partida para a síntese de triacilgliceróis ou de gorduras neutras; a conversão de carboidrato a gordura sendo facilmente observada em animais que tenham uma dieta rica em carboidratos.

O ácido 3-fosfoglicérico (p. 238) é convertido, tanto pelas plantas como pelos animais, no aminoácido serina, o qual pode, por sua vez, ser convertido a glicina e a cisteína. Assim, os esqueletos carbonados desses aminoácidos podem ser provenientes de carboidratos, podendo ser, por sua vez, convertidos a glicina e cisteína. Dessa forma, os esqueletos carbonados desses aminoácidos podem derivar dos carboidratos, e não necessitam ser fornecidos na dieta dos animais. Isso contrasta com os chamados aminoácidos "essenciais", ou indispensáveis (p. 382), que devem ser obtidos pelo animal a partir de sua dieta.

O ácido fosfoenolpirúvico, quando condensado com a eritrose-4-PO_4 obtida no percurso das pentoses-fosfato (Cap. 11), produz o primeiro intermediário, um ácido carboxílico, no *percurso do ácido shiquímico*. O último é um percurso biossintético, de plantas e microrganismos, que leva aos aminoácidos fenilalanina, tirosina e triptofano. Os animais são incapazes de realizar essa síntese do intermediário de sete carbonos, e, por essa razão, os aminoácidos mencionados são essenciais, e devem ser supridos na dieta.

Um exemplo final dos intermediários biossintéticos obtidos na glicólise é o ácido pirúvico. Esse composto, que pode participar em numerosas reações, pode também apresentar reações de fixação do CO_2 (p. 244), para produzir oxalacetato, um intermediário do ciclo do ácido tricarboxílico de Krebs. O significado de um suprimento facilmente disponível de intermediários desse ciclo será discutido no Cap. 12.

A UTILIZAÇÃO DE OUTROS CARBOIDRATOS

Outros açúcares além da glucose são metabolizados na seqüência glicolítica, depois de serem convertidos através de enzimas auxiliares em intermediários da seqüência. Dessa forma, a frutose e a manose podem ser fosforiladas por ATP na presença de hexoquinase e serem convertidas em frutose-6-fosfato e manose-6-fosfato. O primeiro é um intermediário na glicólise; a manose-6-fosfato é convertida em frutose-6-fosfato pela enzima fosfomanose-isomerase em uma reação análoga àquela catalisada pela fosfoglucose-isomerase (Reação 10-2). Dissacarídeos tais como a lactose e sacarose são fontes extremamente comuns de carboidratos na dieta de animais. Os passos iniciais da sua utilização envolvem a hidrólise por glicosidases específicas, lactase e sacarase (invertase) encontradas no trato digestivo nos animais, promovendo a formação de monossacarídeos. O metabolismo subseqüente da glucose e frutose obtidas na hidrólise da sacarose foi discutido anteriormente. O metabolismo da galactose formada (juntamente com a glucose) na hidrólise da lactose é uma estória interessante.

Utilização da galactose. A reação inicial da galactose envolve a fosforilação por ATP na presença de uma galactoquinase específica que produz galactose-1-fosfato. Essa enzima está presente tanto em levedo como em células de fígado de animal. O metabolismo ulterior da galactose-1-fosfato envolve a uridina-trifosfato (UTP) e um derivado uracílico do açúcar, conhecido como uridina-difosfato-galactose (UDP-galactose),

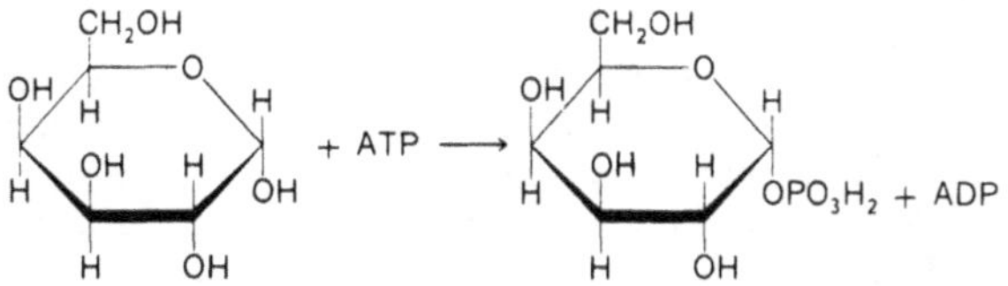

CH_2OH, O, OH, H, OH, H, H, OH, H, OH — Galactose + ATP ⟶ CH_2OH, O, OH, H, OH, H, H, OPO_3H_2, H, OH — Galactose-1-fosfato + ADP (10-18)

Galactose — Galactose-1-fosfato

CH_2OH, O, OH, H, OH, H, H, H, OH — O—P(=O)(OH)—O—P(=O)(OH)—O—CH_2 — O, H, H, H, H, OH, OH — HN, O, O, N, H, H

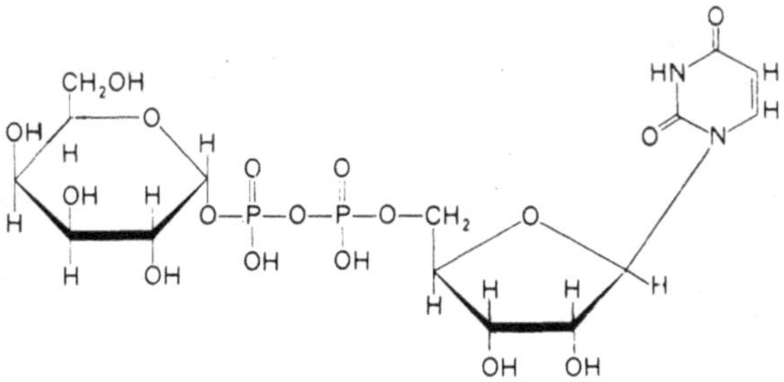

Uridina difosfato-galactose
(UDP-galactose)

A galactose-1-fosfato formada na Reação 10-13 é convertida a UDP-galactose pela enzima *UDP-galactose-pirofosforilase*, que está presente no fígado de adultos humanos.

Gal P	+ U R P P P ⇌	U R P P Gal +	P—P	(10-19)
Galactose-1-fosfato	UTP	UDP-galactose	Pirofosfato	

Os varios componentes do UTP e moléculas de açúcar-fosfato estão identificados (R = ribose; P = fosfato) para indicar a natureza da reação. A reação é facilmente reversível, como poderia ser antecipado, uma vez que a ligação de pirofosfato (interior) é utilizada para formar o pirofosfato no açúcar nucleotídeo; o número de estruturas ricas em energia nos reagentes e produtos é conseqüentemente a mesma. Essa reação é um modelo para a formação desses açúcares *nucleosídeos-difosfatos* ou açúcares nucleotídeos. Como um outro exemplo, ADP-glucose seria formada a partir de ATP e glucose-1-fosfato na presença de uma pirofosforilase específica.

No próximo passo, a galactose da UDP-galactose é isomerizada a glucose e, dessa maneira, forma UDP-glucose. A enzima que catalisa essa reação é conhecida como UDP-glucose-epimerase.

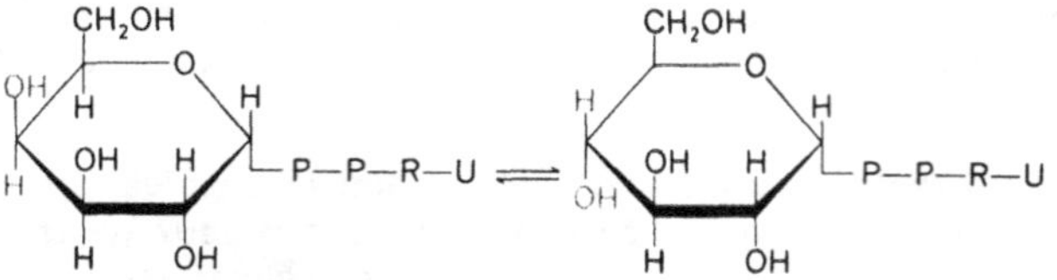

CH_2OH, O, OH, H, H, OH, H, H, H, OH — P—P—R—U ⇌ CH_2OH, O, H, H, OH, H, OH, H, H, OH — P—P—R—U (10-20)

UDP-galactose **UDP-glucose**

Finalmente a ação de uma terceira enzima *UDP-glucose-pirofosforilase* liberta e glucose (que era antes galactose) a partir de UDP-glucose como glucose-1-fosfato.

$$\underset{\text{UDP-glucose}}{U{-}R{-}P{-}P{-}Glu} + P{-}P \rightleftharpoons \underset{\text{UTP}}{U{-}R{-}P{-}P{-}P} + \underset{\text{Glucose-1-fosfato}}{Glu{-}P} \qquad (10\text{-}21)$$

Observe que essa reação é igual à Reação 10-19 exceto que a glucose é o açúcar envolvido. A soma das Reações 10-19 a 10-21 é a conversão de galactose-1-fosfato a glucose-1-fosfato. A utilização ulterior desse último composto (veja a seguir), pela glicólise, é responsável pelo metabolismo da galactose em humanos adultos.

Como se observou anteriormente, a enzima que catalisa a formação de UDP-galactose a partir de galactose-1-fosfato é encontrada somente no fígado de *adultos*. De que maneira então uma criança metaboliza galactose? Essa é uma questão pertinente, porque uma das maiores fontes de energia que uma criança tem é a lactose, o açúcar do leite que ela consome.

Pesquisas demonstraram que o tecido hepático de fetos e crianças contém a enzima *fosfogalactose-uridiltransferase*

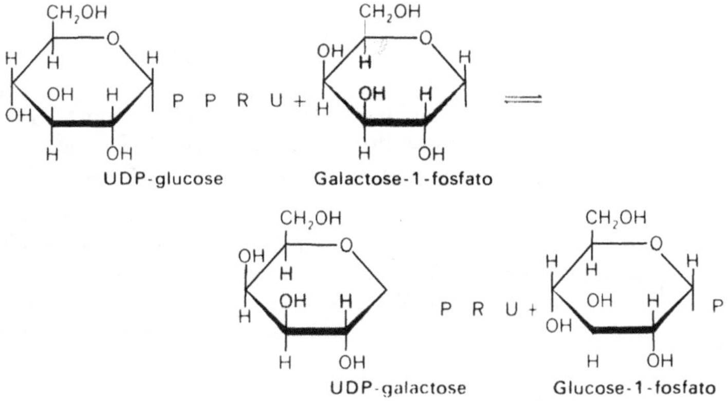

UDP-glucose + Galactose-1-fosfato ⇌ UDP-galactose + Glucose-1-fosfato (10-22)

O acoplamento dessa reação com a 10-20 é responsável pela conversão efetiva de galactose-1-fosfato em glucose-1-fosfato sendo a via normal de metabolismo da galactose em lactentes. Essa série de reações atraiu muita atenção por causa de um distúrbio hereditário conhecido como *galactosemia*. Os lactentes que apresentam esse defeito não conseguem metabolizar a galactose e exibem um alto nível da mesma no sangue. O açúcar é excretado na urina e, se o distúrbio não for tratado, o lactente poderá desenvolver catarata e tornar-se mentalmente retardado. O mais simples, uma vez identificada essa condição, é a remoção da fonte de galactose, que é normalmente o leite da dieta da criança, fornecendo uma dieta livre desse açúcar.

Os indivíduos galactosêmicos não possuem a uridiltransferase (Reação 10-22) e isso determina sua incapacidade de metabolizar galactose e, somente após atingirem a puberdade é que aparece uma quantidade adequada de UDP-galactose-pirofosforilase no fígado, fornecendo-lhes, dessa maneira, a capacidade de metabolizar a lactose.

Deve-se salientar que açúcares-nucleotídeos (por exemplo, UDP-glucose, UDP-galactose) são precursores de importantes constituintes celulares, tais como, glicogênio, componentes de parede celular e ácidos hialurônicos. Visto que a criança galactosêmica necessita de uma fonte de UDP-galactose para produzir esses componentes celulares, ela converterá glucose-1-fosfato a UDP-galactose revertendo as Reações 10-21 e 10-20. O homem adulto, por outro lado, utilizará a pirofosforilase (Reação 10-19) para a síntese de UDP-galactose.

Utilização de glicerol. Um outro exemplo de um metabolito comum que é metabolizado através da seqüência glicolítica é o composto glicerol. O glicerol é produzido durante a quebra de triacilgliceróis (Cap. 13) e fosforilado por ATP na presença de glicerolquinase:

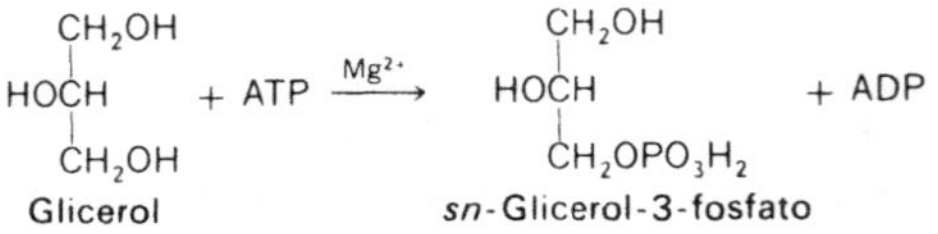

$$\begin{matrix} CH_2OH \\ HOCH \\ CH_2OH \end{matrix} + ATP \xrightarrow{Mg^{2+}} \begin{matrix} CH_2OH \\ HOCH \\ CH_2OPO_3H_2 \end{matrix} + ADP$$

Glicerol → *sn*-Glicerol-3-fosfato

O glicerol-fosfato produzido nessa reação (também aquele produzido durante a quebra de fosfoglicerídeos, Cap. 13) pode então ser oxidado a diidroxiacetona-fosfato pela enzima glicerilfosfato-desidrogenase. Essa enzima do citoplasma utiliza NAD^+ como oxidante. A diidroxiacetona-fosfato pode entrar diretamente no segundo estágio da glicólise.

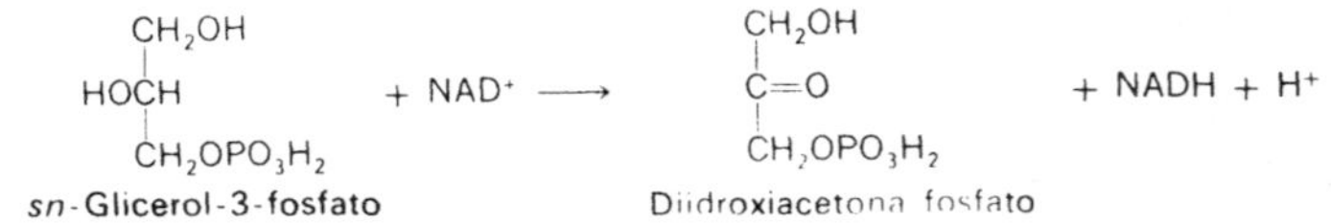

$$\begin{matrix} CH_2OH \\ HOCH \\ CH_2OPO_3H_2 \end{matrix} + NAD^+ \longrightarrow \begin{matrix} CH_2OH \\ C{=}O \\ CH_2OPO_3H_2 \end{matrix} + NADH + H^+$$

sn-Glicerol-3-fosfato → Diidroxiacetona fosfato

Uma outra glicerilfosfato-desidrogenase intramitocondrial, uma flavoproteína, utiliza FAD como oxidante primário. Essas duas enzimas exercem um papel importante no transporte do NADH citoplasmático para o interior da mitocôndria (veja a p. 355).

A utilização da glucose-1-fosfato. Um intermediário importante na utilização dos polissacarídeos, a ser discutido na próxima seção é a glucose-1-fosfato. Esse composto, produzido pela ação das fosforilases sobre o amido, glicogênio e outros α-1,4-glucanos, é convertido a um intermediário, na glicólise, pela ação da enzima fosfoglucomutase. Essa enzima catalisa a interconversão entre glucose-1-fosfato a glucose-6-fosfato:

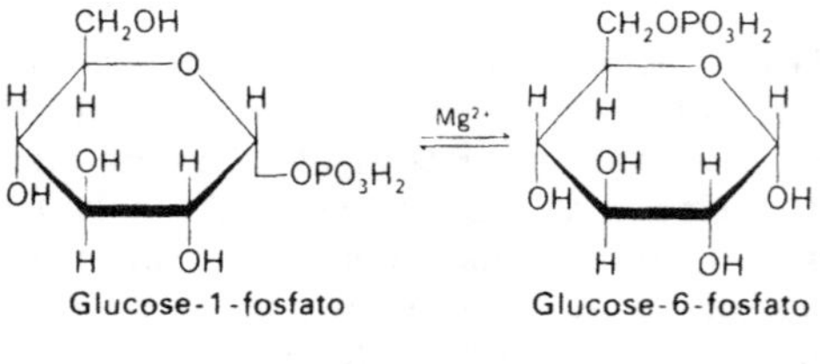

$$\text{Glucose-1-fosfato} \underset{}{\overset{Mg^{2+}}{\rightleftharpoons}} \text{Glucose-6-fosfato} \qquad (10\text{-}23)$$

O K_{eq} da reação da esquerda para a direita é de 19 a pH 7, e favorece a formação de glucose-6-fosfato. Isso está de acordo com a observação de que o ΔG de hidrólise da glucose-1-fosfato é intermediário entre o dos pirofosfatos ricos em energia e dos ésteres simples de fosfato.

A fosfoglucomutase foi cristalisada (PM 74 000) a partir do músculo esquelético de coelho, onde constitui cerca de 2% das proteínas solúveis em água. Os estudos do bioquímico argentino Leloir e seus colegas sobre o mecanismo da reação levou-os à descoberta da glucose-1,6-difosfato. Esses pesquisadores propuseram inicialmente que o papel da glucose-difosfato era doar fosfato reversivelmente à glucose-1-fosfato ou glucose-6-fosfato. Estudos posteriores de Najjar e Milstein levaram a uma revisão do mecanismo proposto e do papel do difosfato. Um mecanismo similar ao proposto para a fosfogliceril-mutase (Reação 10-7) pode atualmente ser considerado como válido.

Utilização de polissacarídeos. Os polissacarídeos amido e glicogênio encontrados respéctivamente, em plantas e animais, são moléculas importantes como combustível.

Esses polímeros de glucose são degradados em duas diferentes vias, ajustando-se todavia, em ambos os casos, na seqüência glicolítica. Em um dos casos, o polissacarídeo é hidrolisado para produzir finalmente D-glucose que pode ser fosforilada e metabolizada na seqüência glicolítica. Esse percurso é usado no trato digestivo, onde os polissacarídeos dos alimentos são desdobrados, via dextrinas, até maltose, isomaltose e glucose. Esses fragmentos podem penetrar nas células da mucosa onde os dissacarídeos são desdobrados, pela maltase e isomaltase, até glucose. O monossacarídeo pode ser absorvido para o sangue da veia porta e, assim, ser admitido às células do organismo. Na célula, a glucose é fosforilada, e pode ser catabolizada na seqüência glicolítica. O outro processo é um desdobramento fosforolítico a ser descrito adiante.

As enzimas que catalisam as reações hidrolíticas são conhecidas como *amilases*. Uma destas, a α-1,4-glucan-4-glucan-hidrolase (α-amilase), é uma endoamilase que hidrolisa ao acaso as ligações interiores do polissacarídeo linear amilose, produzindo uma mistura de glucose e maltose. Quando o substrato é o polissacarídeo ramificado amilopectina, os produtos de hidrólise consistem numa mistura de oligossacarídeos ramificados e não-ramificados, nos quais encontramos ligações α-1,6. A outra enzima hidrolítica, conhecida como α-1,4-glucan-malto-hidrolase (β-amilase), é uma exoamilase que forma unidades de maltose a partir da extremidade não-redutora (linear) do polissacarídeo. Assim, a β-amilase age sobre a amilose para produzir maltose quantitativamente. Quando a amilopectina, ramificada (ou o glicogênio), é o substrato, a maltose e uma dextrina altamente ramificada são os produtos, uma vez que a enzima só pode agir sobre as ligações α-1,4 até 2 ou 3 resíduos da ligação α-1,6. As amilases são encontradas em animais, plantas e microrganismos; nos animais, especificamente, as amilases ocorrem nos sucos digestivos (saliva e secreção pancreática).

A outra via de degradação de polissacarídeos de reserva é através da ação de fosforilases, enzimas que estão largamente distribuídas na natureza. O processo fosforolítico é utilizado por organismos que têm polissacarídeos de reserva (por exemplo, glicogênio), que são usados como fonte de energia. Embora as fosforilases de diferentes origens variem em certos aspectos, todas elas catalisam a clivagem fosforolítica da ligação α-1,4-glicosídica na extremidade não-redutora da cadeia de amido e glicogênio. A reação, reversível, é representada como:

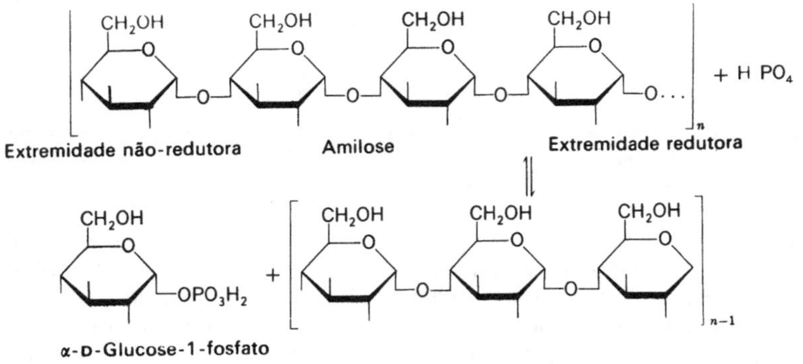

CH_2OH CH_2OH CH_2OH CH_2OH … $]_n$ + H PO_4

Extremidade não-redutora Amilose Extremidade redutora

(10-24)

CH_2OH — OPO_3H_2 + [CH_2OH CH_2OH CH_2OH $]_{n-1}$

α-D-Glucose-1-fosfato

A reação (escrita da esquerda para a direita) é uma *fosforólise* (em contraste com a *hidrólise*), resultando na formação de α-D-glucose-1-fosfato e perda de uma unidade de glucose da extremidade não-redutora da cadeia de polissacarídeo. Na reação reversa, fosfato inorgânico é libertado a partir da α-D-glucose-1-fosfato à medida que o resíduo de açúcar é transferido para uma cadeia pré-existente de oligo- ou polissacarídeo.

A fosforilase catalisará a remoção de unidades de glucose, passo a passo, a partir de um segmento linear de uma molécula de amido ou glicogênio, até se aproximar 4 a 6 unidades de um ponto de ramificação α-1-6. Esse ponto de ramificação constitui uma área em que a enzima é inativa. Polissacarídeos altamente ramificados, tal como a amilopectina, serão degradados somente até cerca de 55%, permanecendo um resíduo altamente ramificado conhecido como *dextrina-limite* (Fig. 10-1). A dextrina altamente ramificada pode ser degradada posteriormente por ação de duas enzimas adicionais que têm sido encontradas em animais, plantas e levedo. Primeiro, uma enzima desramificadora (uma oligo-1,4 → 1,4-glucano-transferase) catalisa a transferência de uma parte das cadeias curtas que a fosforilase não poderia degradar, para outra parte da molécula, deixando um resíduo de glucose (Esquema 10-2). Em seguida, uma α-1,6-*glicosidase* catalisa a remoção dessa unidade de hexose simples do ponto de ramificação α-1-6, expondo dessa forma um novo segmento linear, em que a fosforilase pode outra vez começar a trabalhar.

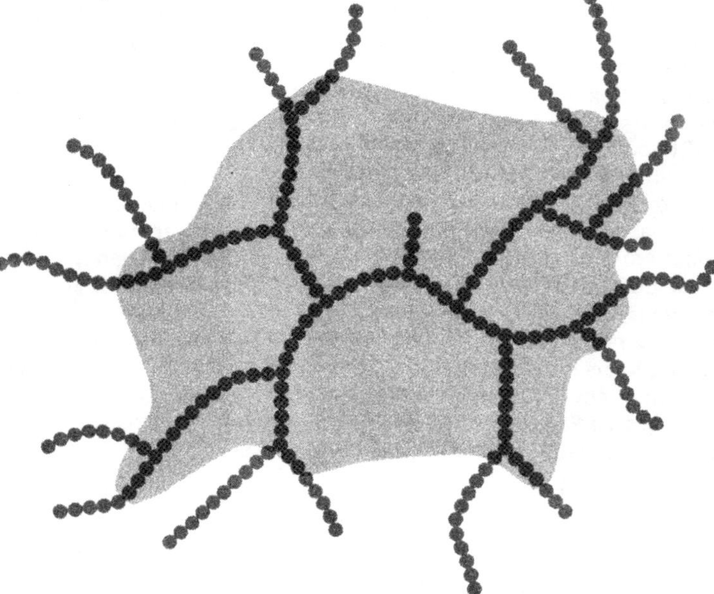

Figura 10-1. Ação da fosforilase sobre o polissacarídeo de cadeia ramificada, amilopectina. A fosforilase degrada até as vizinhanças de um ponto de ramificação. Dentro da área limitada pelo sombreado encontra-se esquematizada a dextrina, sobre a qual a fosforilase não age

O equilíbrio da reação catalisada pela fosforilase, que é totalmente reversível, é independente da concentração de polissacarídeo, desde que uma certa concentração mínima seja superada. Dessa forma, na expressão que se segue, para K_{eq}, as concentrações de polissacarídeos representam o número de extremidades não-redutoras, *um número que não varia*. Segue-se então que, em qualquer pH, a K_{eq} é determinada pelas concentrações relativas de glucose-1-fosfato e fosfato inorgânico. Em pH 7,0,

$$K_{eq} = \frac{[C_6H_{10}O_5]_{n-1}\,[\text{Glucose-1-fosfato}]}{[C_6H_{10}O_5]_n\,[H_3PO_4]}$$
$$= \frac{[\text{Glucose-1-fosfato}]}{[H_3PO_4]}$$
$$= 0{,}3.$$

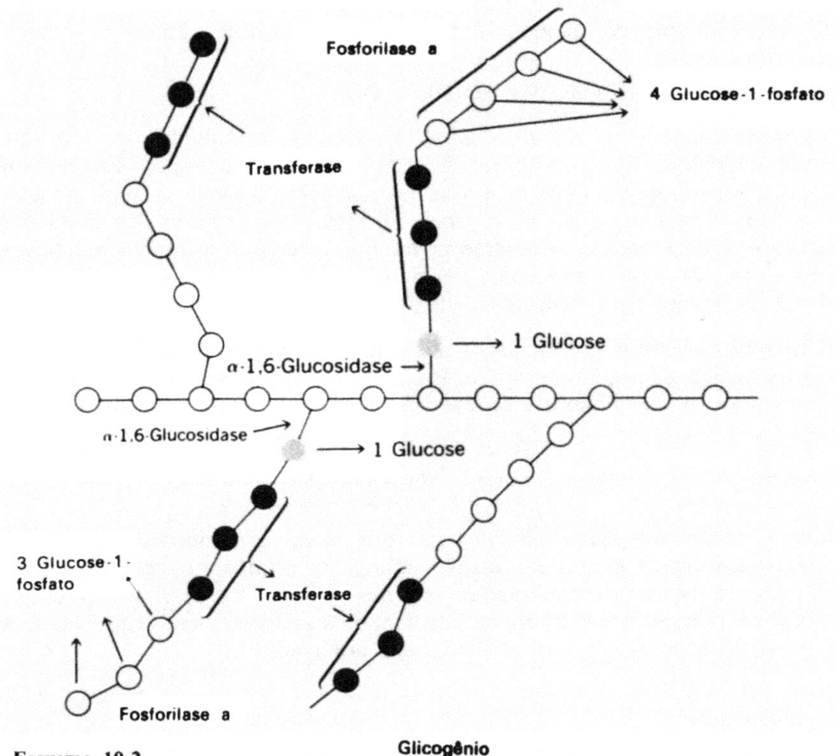

Esquema 10-2

Embora a reação catalisada pela fosforilase seja reversível, a função da enzima é largamente degradativa na natureza. Como será discutido na p. 257, uma enzima diferente e uma seqüência diferente de reações são responsáveis pela síntese de glicogênio.

As fosforilases de músculo existem em duas formas, *a* e *b*. As relações entre essas duas formas e seus significados no metabolismo dos carboidratos foram detalhadamente investigados. Ainda que ambas as formas possam ser ativadas em certo grau pelo AMP, a relação fisiológica importante é a interconversão dessas duas formas, sendo a forma *a*, a enzima ativa. A fosforilase *a* do músculo do coelho tem um peso molecular de 400 000, e consiste em quatro cadeias polipeptídicas idênticas. Cada cadeia possui um resíduo de serina, cujo grupo OH é esterificado com fosfato, e um resíduo de lisina, cujo aminogrupo (ε) livre está ligado, em uma base de Schiff, com piridoxal-fosfato. Embora as funções desses grupos não estejam esclarecidas, sua remoção resulta na inativação da fosforilase *a*.

Os grupos de fosfato podem ser removidos por hidrólise, na presença da enzima *fosforilase-fosfatase*, encontrada no músculo:

$$\text{Fosforilase } a \xrightarrow[\text{-fosfatase}]{\text{Fosforilase-}} 2 \text{ Fosforilase } b + 4\ H_3PO_4.$$

Isso envolve a liberação de 4 moles de fosfato inorgânico e a formação de 2 moles de fosforilase *b*, um dímero com peso molecular de 200 000. A fosforilase *b* é convertida outra vez em fosforilase *a*, pelo ATP, em presença da enzima *fosforilase b-quinase*:

$$2 \text{ Fosforilase } b + 4 \text{ ATP} \xrightarrow[\text{-quinase} + Mg^{2+}]{\text{Fosforilase b-}} \text{Fosforilase } a + 4 \text{ ADP}.$$

As interconversões das formas *a* e *b* das fosforilases animais são de real importância na regulação da quebra do glicogênio em tecidos intatos (p. 259).

BIOSSÍNTESE DE ALGUNS CARBOIDRATOS

Um número limitado de homopolissacarídeos, como a inulina, um frutosano encontrado na alcachofra, são produzidos por transglicosidases específicas que transferem unidades frutosil diretamente de um doador, tal como a sacarose, para um aceptor, tal como a cadeia de inulina em crescimento. Entretanto a maioria dos dissacarídeos e polissacarídeos importantes encontrados na natureza, como sacarose, glicogênio, amido e celulose, são sintetizados pela transferência de unidades glicosil de açúcares nucleosídeos-difosfatos para aceptores adequados.

O papel dos nucleotídeo-açúcares. Duas equações gerais importantes constituem o mecanismo básico para o processo sintético. A primeira destas envolve a formação do açúcar difosfato-nucleosídeo (ou açúcar-nucleotídeo ou, ainda, nucleotídeo-açúcar):

$$\underset{\substack{\text{(XTP)}\\ \text{Nucleosídeo-trifosfato}}}{X—R—P—P—P} + \underset{\text{Glicosil-1-fosfato}}{P—Gli} \rightleftharpoons \underset{\substack{\text{Nucleosídeo-difosfato-açúcar}\\ \text{(nucleotídeo-açúcar)}}}{X—R—P—P—Gli} + \underset{\text{Pirofosfato}}{P—P} \qquad (10\text{-}25)$$

Essa reação é facilmente reversível, uma vez que envolve a formação de uma nova ligação de pirofosfato às custas da ligação interna de pirofosfato do XTP. Todavia o equilíbrio pode ser deslocado acentuadamente para a direita na presença de uma pirofosfatase que pode hidrolisar o pirofosfato formado. A segunda reação envolve a transferência do açúcar do resíduo glicosílico para um aceptor:

$$\underset{\text{Nucleotídeo-açúcar}}{X—R—P—P—Gli} + \text{aceptor} \longrightarrow \underset{\text{Nucleotídeo-difosfato}}{X—R—P—P} + \text{Gli-aceptor} \qquad (10\text{-}26)$$

O equilíbrio para a Reação 10-26 é muito deslocado para a direita, uma vez que a ligação entre o átomo de carbono-1 do monossacarídeo e o fosfato na molécula de nucleotídeo-açúcar é uma estrutura rica em energia (o $\Delta G'$ de hidrólise da UDP-glucose a UDP e glucose é $-8\,000$ cal/mole). No caso da sacarose (Reação 10-27) e do glicogênio ou amido (Reação 10-28), onde a nova estrutura tem um elevado $\Delta G'$ de hidrólise, a reação é reversível.

Um suprimento de glicosil-1-fosfatos e nucleosídeo-trifosfatos, para a Reação 10-25, é evidentemente necessário para a síntese de polissacarídeos. Já descrevemos a formação da glucose-1-fosfato pela glucoquinase acoplada com a fosfoglucomutase (Reações 10-1 e 10-23):

$$\text{Glucose} + \text{ATP} \xrightarrow{\text{glucoquinase}} \text{Glucose-6-fosfato} \xrightarrow{\text{fosfoglucomutase}} \text{Glucose-1-fosfato}$$

A glucose-1-fosfato pode também ser formada a partir do glicogênio ou do amido pela ação da fosforilase *a*:

$$(\text{Glucose})_n + H_3PO_4 \rightleftharpoons (\text{Glucose})_{n-1} + \text{Glucose-1-fosfato.}$$

Os nucleosídeo-trifosfatos são gerados por uma enzima largamente distribuída, chamada *nucleosídeo-difosfato-quinase*

$$\text{NDP} + \text{ATP} \rightleftharpoons \text{NTP} + \text{ADP.}$$

As enzimas responsáveis pela formação de açúcar nucleotídeos doadores (Reação 10-25) são conhecidas como *açúcar nucleosídeo-difosfato-pirofosforilases*. A síntese de UDP glucose por uma UDP-glucose-pirofosforilase específica foi descrita como,

$$\underset{\text{Glucose-1-fosfato}}{\text{Glu—P}} + \underset{\text{UTP}}{U—R—P—P—P} \rightleftharpoons \underset{\text{UDP-glucose}}{U—R—P—P—Glu} + \underset{\text{Pirofosfato}}{P—P} \qquad (10\text{-}21)$$

Da mesma maneira, a GDP-manose é sintetizada por uma GDP-manose-pirofosforilase específica:

$$\underset{\text{Manose-1-fosfato}}{\text{Man—P}} + \underset{\text{GTP}}{\text{G—R—P—P—P}} \rightleftharpoons \underset{\text{GDP-manose}}{\text{G—R—P—P—Man}} + \underset{\text{Pirofosfato}}{\text{P—P}}$$

Uma vez que o açúcar-nucleosídeo-difosfato correto tenha sido sintetizado, o radical açúcar é transferido em presença do açúcar nucleosídeo-difosfato-transferase apropriada para o aceptor adequado, pela reação geral 10-26.

Alguns exemplos bastarão para ilustrar o esquema geral de síntese.

Duas enzimas relacionadas com a síntese de sacarose em plantas foram descobertas por Leloir, conforme segue. A *UDP-glucose-frutose-transglicosilase*, que catalisa a reação:

$$\underset{\text{UDP-glucose}}{\text{U—R—P—P—Glu}} + \text{frutose} \rightleftharpoons \underset{\text{sacarose}}{\text{Glu-frutose}} + \underset{\text{UDP}}{\text{U—R—P—P}} \quad (10\text{-}27)$$

Existem evidências de que essa enzima, embora sintetize sacarose por causa de sua K_{eq} favorável, está realmente envolvida na degradação da sacarose, com a formação de UDP-glucose (reação indo para a esquerda), havendo preservação da ligação glicosídica energética. Isso fornece um mecanismo pelo qual a sacarose pode ser quebrada em UDP-glucose, podendo esta, em seguida, participar de outras vias sintéticas.

Uma segunda enzima relacionada com a síntese da sacarose, a *UDP-glucose--frutose-6-fosfato-transglicosilase*, catalisa a reação:

$$\underset{\text{UDP-glucose}}{\text{U—R—P—P—Glu}} + \text{frutose-6-fosfato} \rightleftharpoons \underset{\text{Sacarose-fosfato}}{\text{Glu-frutose-6-fosfato}} + \underset{\text{UDP}}{\text{U—R—P—P}}$$

Na presença de uma fosfatase específica, a sacarose-6-fosfato é desfosforilada para formar sacarose.

$$\underset{\text{Sacarose-fosfato}}{\text{Glu-frutose-6-fosfato}} + H_2O \longrightarrow \underset{\text{Sacarose}}{\text{Glu-frutose}} + H_3PO_4$$

Esta enzima é responsável pela síntese de sacarose em plantas, uma vez que ela envolve a reação da fosfatase, que é irreversível.

Biossíntese de polissacarídeos. As enzimas que catalisam a síntese de polissacarídeos ramificados estão amplamente distribuídas na natureza. As enzimas (glicogênio--sintase) dos músculos dos mamíferos e bactérias podem ser consideradas como modelos. Essas enzimas catalisam a transferência de resíduos de glucose da UDP-glucose, em tecidos animais, para o terminal não-redutor de um α-1,4-glucano para formar nova ligação α-1,4-glucosil-glucano:

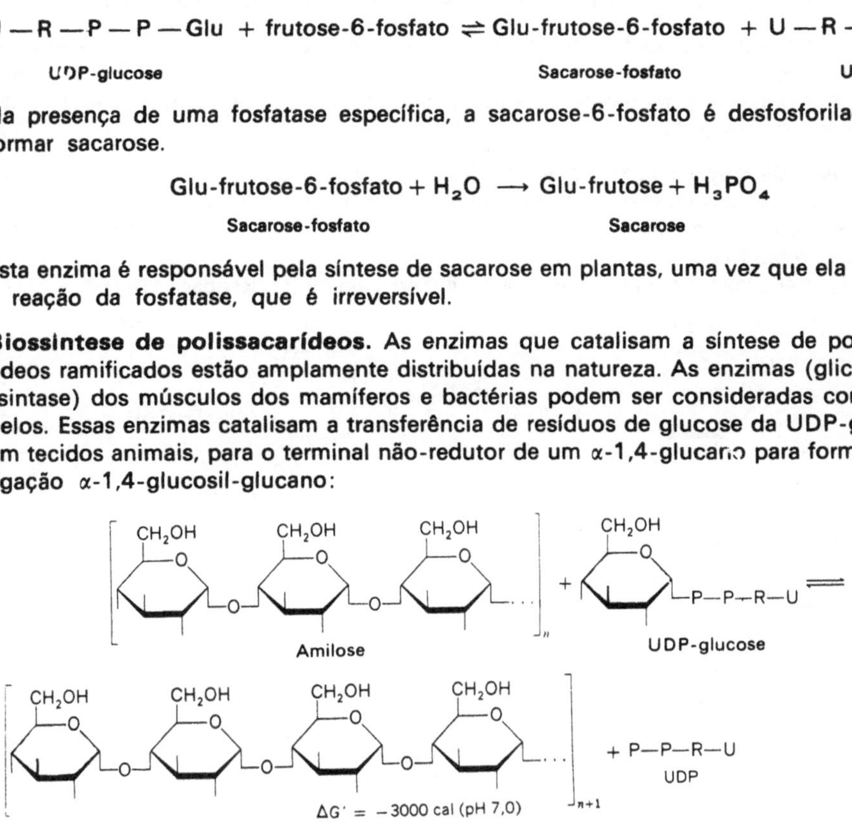

$$[\text{Amilose}]_n + \text{UDP-glucose} \rightleftharpoons [\ldots]_{n+1} + \underset{\text{UDP}}{\text{P—P—R—U}} \quad (10\text{-}28)$$

$\Delta G' = -3000$ cal (pH 7,0)

O $\Delta G'$ para essa reação é um pouco menor, uma vez que a ligação entre as unidades de glucose na molécula do glicogênio tem um valor intermediário para o $\Delta G'$ de hidrólise ($\Delta G' = -5\,000$ cal). A glicogênio-sintase necessita de uma molécula iniciadora para aceitar as unidades de glucose; uma outra enzima é necessária para formar a ligação α-1,6 encontrada no glicogênio. Essa enzima, conhecida como uma *amilotransglicosilase*, catalisa a transferência de uma unidade de oligossacarídeos de seis ou sete resíduos de comprimento, para outro ponto na cadeia da amilose, para formar o ponto de ramificação α-1,6:

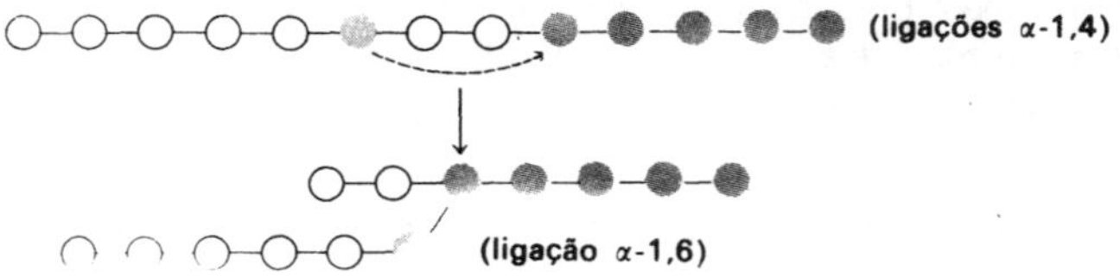

(ligações α-1,4)

(ligação α-1,6)

As glicogênio-sintases dos tecidos animais também existem em duas formas, fosforilada e não-fosforilada. A forma não-fosforilada (I) é ativa, enquanto que a fosforilada (D) é inativa na síntese de glicogênio, embora ela possa ser ativada alostericamente pela glucose-6-fosfato. Essas duas formas podem ser interconvertidas pela ação, respectivamente, de uma enzima de fosforilação e uma fosfatase.

$$\text{Glicogênio-sintase I} + n\text{ATP} \xrightarrow[\text{AMPc-ativada}]{\text{Proteína-quinase}} \text{glicogênio-sintase D} + n\text{ADP}$$

$$\text{Glicogênio-sintase D} + nH_2O \xrightarrow{\text{fosfatase}} \text{glicogênio-sintase I} + nP_i$$

A enzima que catalisa a fosforilação da glicogênio-sintase I é a proteína-quinase AMPc-ativada, que está também envolvida no controle da fosforólise do glicogênio (p. 253) nos animais. A regulação da síntese de glicogênio por meio da interconversão destas duas formas, está discutida na (p. 260)

Biossíntese de outros carboidratos. Os nucleotídeo-açúcares funcionam também como substratos para inúmeras enzimas que transformam os açúcares em importantes derivados encontrados como componentes dos polissacarídeos. Três tipos de reações podem ser referidos.

1. Epimerização de um radical glicosil (por exemplo, Reação 10-15),

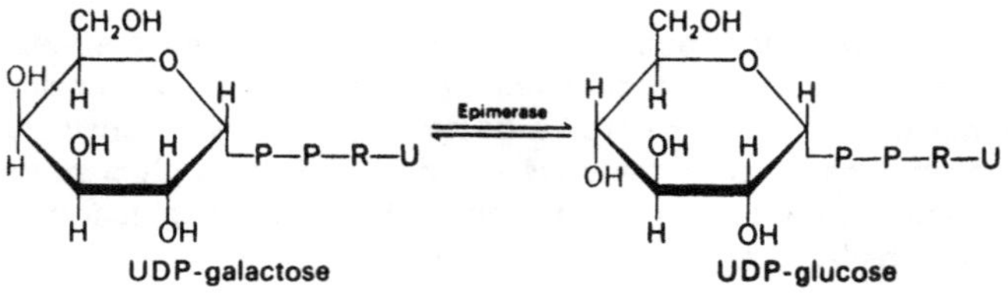

UDP-galactose $\xrightleftharpoons{\text{Epimerase}}$ UDP-glucose

2. Desidrogenação,

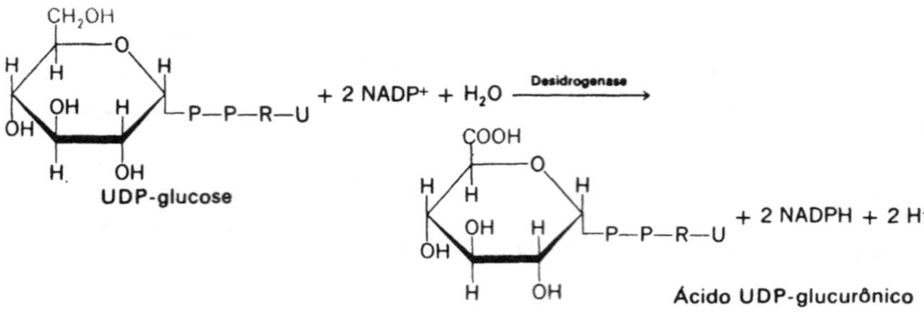

UDP-glucose + 2 $NADP^+$ + H_2O $\xrightarrow{\text{Desidrogenase}}$ Ácido UDP-glucurônico + 2 NADPH + 2 H^+

3. Descarboxilação,

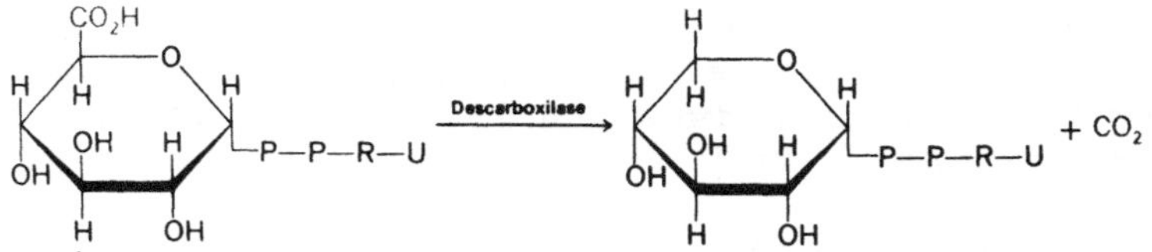

Ácido UDP-glucurônico —Descarboxilase→ UDP-xilose + CO_2

A REGULAÇÃO DA GLICÓLISE

A glicólise é provavelmente regulada cuidadosamente em todas as células, de modo que anergia é liberada a partir dos carboidratos somente na medida em que é necessária para as células. Isso é confirmado pelo efeito do O_2 – observado primeiramente por Pasteur – em tecidos que possuem não só a capacidade de converter glucose a lactato pela glicólise, mas que também podem oxidar completamente ácido pirúvico a CO_2 e H_2O, através do ciclo de Krebs (Cap. 12). Tais tecidos utilizam glucose muito mais rapidamente na ausência de O_2 do que na sua presença. O significado funcional dessa inibição do consumo de glucose pelo oxigênio – fato conhecido como efeito-Pasteur – é avaliado quando reconhecemos que muito mais energia se torna utilizável, como ATP, quando a glucose é oxidada aerobicamente a CO_2 e H_2O, do que quando é convertida anaerobicamente até ácido láctico ou álcool e CO_2. Uma vez que mais ATP é produzido sob condições aeróbicas, necessita-se de menos glucose para realizar a mesma quantidade de trabalho celular.

A glicólise é regulada no músculo nas reações catalisadas pelas seguintes enzimas: fosforilase (para o glicogênio) e hexoquinase (para o substrato glucose), fosfofrutoquinase e pirúvico-quinase. De maneira recíproca, a gluconeogênese, em que o carbono flui de volta para os carboidratos, a partir do lactato ou piruvato, é regulada nas etapas catalisadas pela pirúvico-carboxilase, frutose-1,6-difosfatase, glucose-6-fosfatase (para a formação da glucose) e glicogênio-sintase (para a síntese de glicogênio). Assim, pode-se ver que a regulação ocorre naquelas reações na glicólise e na gluconeogênese que são unidirecionais (isto é, operam em somente uma direção). As vantagens do *controle* de uma etapa que é unidirecional é bastante evidente, uma vez que a passagem do carbono através da etapa unidirecional pode ser "ligada" ou "desligada". A vantagem de poderem ser utilizadas outras enzimas que catalisam reações livremente reversíveis, seja na síntese ou na degradação, é considerada em termos da economia celular. Ademais, pode-se ver a vantagem de controlar a etapa inicial (algumas vezes conhecida como a etapa comprometida), em um percurso metabólico, o que permite conservar os metabolitos celulares (p. 464).

Controle do metabolismo do glicogênio. O controle do metabolismo do glicogênio pelas enzimas fosforilase e glicogênio-sintase é efetuada, nos tecidos animais, principalmente através das interconversões das formas ativa e inativa dessas enzimas. Todavia o mecanismo é mais elaborado pelo fato de operar no *princípio da cascata*, que propicia uma amplificação do sinal primário (p. 472). A fosforilação da fosforilase *b* para fosforilase *a*, catalisada pela fosforilase-*b*-quinase já foi descrita (p. 255). A fosforilase-*b*-quinase, por sua vez, também existe em uma forma ativa (fosforilada) e uma inativa (não-fosforilada); a última é convertida na primeira, na presença de ATP e de outra enzima denominada *proteína-quinase*.

Fosforilase-*b*-quinase (inativa) + *n*ATP —Proteína-quinase AMPc-ativada→ fosforilase *b*-quinase (ativa) + *n*ADP

A proteína-quinase existe em uma forma inativa, que, por sua vez, é ativada pelo AMP cíclico (p. 98). A proteína-quinase do músculo esquelético tem 4 subunidades, 2 unidades regulatórias (R) e 2 unidades catalíticas (C), que, quando presentes como tetrâmero, estão representadas como R_2C_2. O AMP cíclico liga-se diretamente às subunidades R, liberando as unidades C, que podem agora catalisar a fosforilação da fosforilase-*b*-quinase.

$$\underset{\text{Quinase inativa}}{R_2C_2 + 2\,AMPc} \xrightarrow{Mg^{2+}} \underset{\text{Quinase ativa}}{R_2\ (AMPc)_2} + 2C$$

Os íons Mg^{2+} são também essenciais ao processo.

Um fenômeno similar de cascata existe para a regulação da glicogênio-sintetase D. Essas inter-relações estão indicadas no Esquema 10-3. Observe que o estímulo único, a liberação de adrenalina, resulta não somente em aumento do desdobramento do glicogênio pela fosforilase, mas, igualmente importante, em diminuição da síntese de glicogênio pela formação de glicogênio-sintase D.

Outros hormônios, além da adrenalina, também atuam sobre o metabolismo dos carboidratos em geral e do glicogênio em particular. Um exemplo é o glucagônio, um polipeptídeo produzido pelas células α das ilhotas de Langerhans do pâncreas. A ação do glucagônio é idêntica à da adrenalina; sua ligação aos sitios receptores do hormônio inicia um fenômeno de cascata similar. Ele é ativo em concentrações muito baixas, agindo sem produzir o aumento de pressão arterial observado com a adrenalina.

A insulina, hormônio secretado pelas células β das ilhotas de Langerhans, também atua influenciando o nível de AMP cíclico dentro das células. Nesse caso, o nível de AMP cíclico se reduz, e os resultados imediatos são o oposto do que se observa com a adrenalina e o glucagônio. Contudo uma explanação bioquímica de todos os efeitos da insulina sobre o metabolismo dos carboidratos ainda aguarda desenvolvimento das pesquisas no assunto.

Enquanto a síntese e o desdobramento do glicogênio no músculo dos mamíferos está claramente sob controle hormonal, conforme descrito, o mesmo controle não é possível nas bactérias e nas plantas. Nesses organismos, o glicogênio (no caso, o amido) tem sua síntese regulada pela reação que produz o doador de glicosila, a ADP-glucose, para a síntese do polissacarídeo. Ademais, o controle é mediado através de efetores alostéricos, ao invés do mecanismo de enzima ativa-inativa da fosforilase muscular. Assim, pela regulação do suprimento de ADP-glucose, a produção de glicogênio bacteriano é, por sua vez, controlada. Um mecanismo similar de controle da produção de UDP-glucose não é possível nos tecidos animais, uma vez que a UDP-glucose é usada não somente para a síntese de glicogênio, mas também para a síntese da galactose e do ácido glucurônico. Ao contrário, o sítio de controle é uma etapa mais próxima da produção de glicogênio, isto é, a reação na qual a UDP-glucose é usada para produzir o polímero (Reação 10-28).

Carga energética. O controle da glicólise (e da gluconeogênese) é também exercido pela *carga energética* da célula, através dos efeitos alostéricos do ATP e do AMP sobre algumas das enzimas regulatórias anteriormente citadas. Na glicólise, observamos a interconversão de ATP e ADP, por reações que produzem e consomem esses compostos. Todavia existem numerosas reações do metabolismo de lipídeos e ácidos nucleicos, bem como na síntese de proteínas, em que o ATP é convertido a AMP em lugar de ADP, ao fornecer a força determinante para uma reação particular. Isto é, nessas reações, o ATP sofre clivagem (Reação 6-11) do pirofosfato. Esses três derivados de adenosina são interconversíveis devido à presença da enzima *adenilato-quinase*, que está largamente distribuída na natureza

$$2\,ADP \xrightarrow{\text{Adenilato-quinase}} ATP + AMP \qquad (10\text{-}29)$$

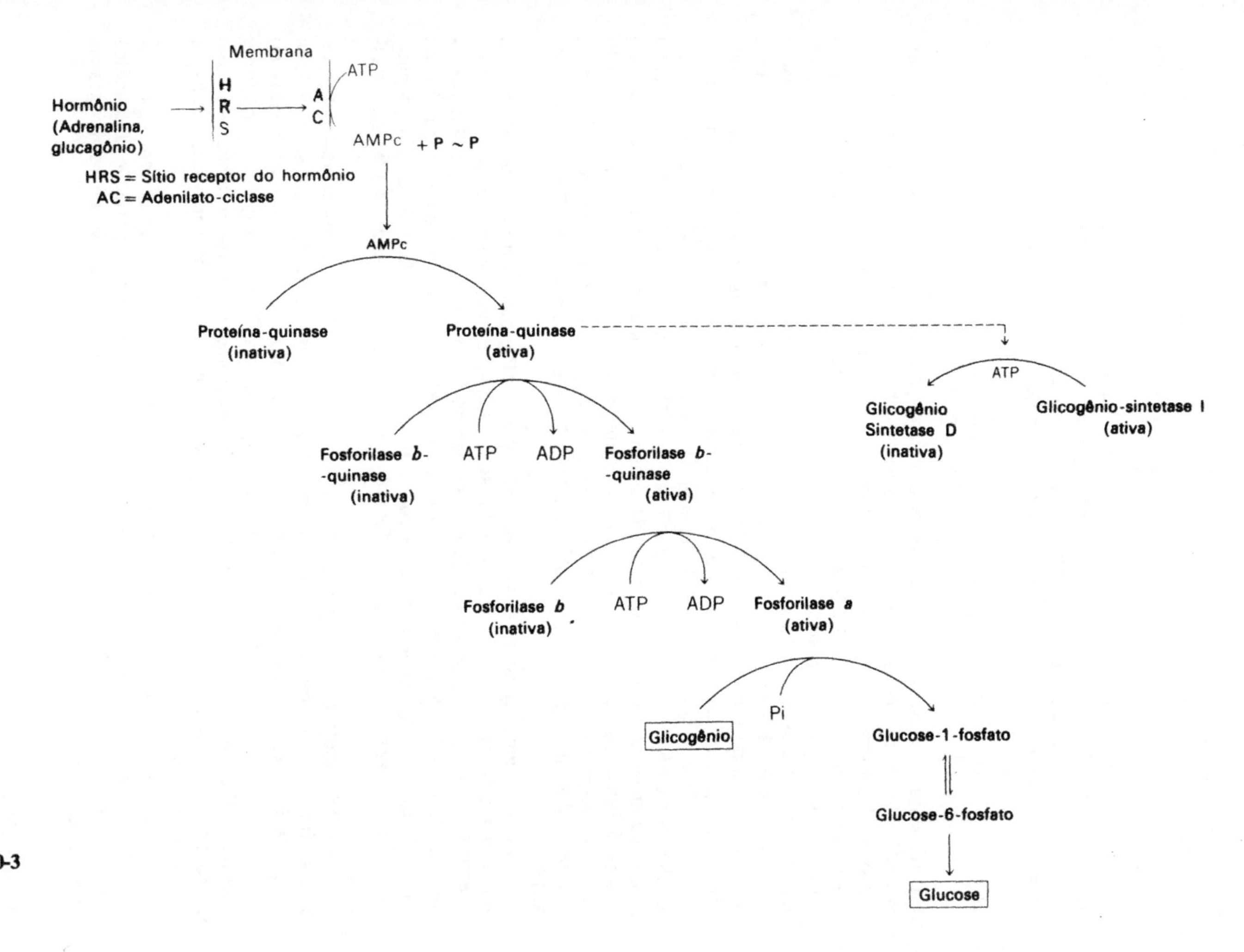
Membrana
ATP
H
R
S
A
C
Hormônio
(Adrenalina,
glucagônio)
AMPc + P ~ P
HRS = Sítio receptor do hormônio
AC = Adenilato-ciclase
AMPc
Proteína-quinase
(inativa)
Proteína-quinase
(ativa)
ATP
Glicogênio
Sintetase D
(inativa)
Glicogênio-sintetase I
(ativa)
Fosforilase b-
-quinase
(inativa)
ATP
ADP
Fosforilase b-
-quinase
(ativa)
Fosforilase b
(inativa)
ATP
ADP
Fosforilase a
(ativa)
Pi
Glicogênio
Glucose-1-fosfato
Glucose-6-fosfato
Glucose

Esquema 10-3

Essa enzima, operando da esquerda para a direita, fornece um mecanismo para converter metade do ADP da célula novamente em ATP. Obviamente, na célula, as quantidades relativas de ATP, ADP e AMP dependerão das atividades metabólicas que predominam em um determinado momento.

Atkinson propôs o termo *carga energética* para definir o estado de energia do sistema ATP-ADP-AMP, fazendo uma analogia com a carga de uma célula eletromotriz. Em termos matemáticos, ele define a carga energética como aquela fração do sistema adenílico (ATP + ADP + AMP) que é composta de ATP.

$$\text{Carga energética} = \frac{[\text{ADP}] + 0{,}5\,[\text{ATP}]}{[\text{AMP}] + [\text{ADP}] + [\text{ATP}]}$$

A partir dessa equação, podemos ver que a carga energética será 1,0 quando todos os AMP e ADP da célula estiverem convertidos a ATP. Essa condição será alcançada, por exemplo, quando a célula estiver realizando fosforilação oxidativa a uma velocidade alta e poucas reações biossintéticas estiverem ocorrendo. Nessas condições, o número máximo de ligações de fosfato ricas em energia estaria disponível no sistema adenílico. Quando todos os compostos da adenosina estão presentes como ADP, a carga energética será 0,5 e metade das ligações ricas em energia estarão contidas no sistema adenílico. Quando todos os ATP e ADP estiverem convertidos em AMP, a carga energética será 0 e o sistema adenílico estará desprovido de estruturas ricas em energia.

A carga energética da célula exerce seu controle no metabolismo através da regulação alostérica de enzimas específicas por ATP, ADP e AMP. O local principal para o controle da glicólise por meio do sistema ATP-AMP está na interconversão de frutose-6-fosfato e frutose-1,6-difosfato. A enzima alostérica fosfofrutoquinase (Reação 10-3) é fortemente inibida por ATP mas estimulada por AMP e ADP. Por outro lado, a frutose-1,6-difosfato-fosfatase (Reação 10-16), é estimulada por ATP e inibida por AMP.

Outras enzimas glicolíticas são reguladas pelo ATP e pelo AMP; outros compostos encontrados no metabolismo dos carboidratos e dos lipídeos podem regular a glicólise. O ATP é um efetor negativo da pirúvico-quinase do fígado, enquanto que a glucose-6-fosfato, frutose-1,6-bisfosfato e gliceraldeído-3-fosfato ativam aquela enzima. Assim, à medida que a carga energética se reduz, o fluxo de carbono da glucose para o piruvato é incentivado. Porém, quando ATP suficiente se forma, o fluxo é novamente desligado.

O ADP inibe a pirúvico-carboxilase, bem como a frutose-1,6-bisfosfato-fosfatase; esse efeito é consistente com a inibição da gluconeogênese quando a carga energética da célula é baixa ou intermediária em seu valor. O citrato e o NADH, produzidos no ciclo do ácido tricarboxílico, inibirão a fosfofrutoquinase. Os ácidos graxos, uma fonte alternativa de acetil-CoA para o ciclo do ácido tricarboxílico, inibirão também o fluxo de carbono no sentido da seqüência glicolítica, pela inibição da fosfofrutoquinase e da pirúvico-quinase.

Embora esses múltiplos efeitos possam parecer confusos, eles podem estar eficientemente integrados com eventos similares que ocorrem na degradação dos ácidos graxos e nas reações do ciclo do ácido tricarboxílico. Nossa discussão desses processos será adiada até o Cap. 14.

REFERÊNCIAS

1. B. Axelrod – "Glycolysis", in *Metabolic Pathways*. D. M. Greenberg (ed.), 3.ª edição, Vol. I. New York, EUA, Academic Press, 1967.

2. M. Florkin e E. H. Stotz (eds.) – *Comprehensive Biochemistry*, Vol. 17. New York, EUA, American Elsevier, 1967. Em dois trabalhos de vários volumes, é feita uma revisão detalhada da glicólise.

3. H. A. Krebs e H. L. Kornberg – *Energy Transformations in Living Matter*. Berlim, Alemanha, Springer, 1957. Levantamento magistral das transformações energéticas encontradas na glicólise e outras vias metabólicas. Leitura indispensável para o estudante adiantado de bioquímica.

4. D. E. Atkinson – "Enzymes as Control Elements in Metabolic Regulation", in *The Enzymes*. P. D. Boyer, (ed.), 3.ª edição, Vol. I. New York, EUA, Academic Press, 1970. Discussão minuciosa do conceito de troca de energia, juntamente com outros aspectos da regulação metabólica.

5. E. A. Newsholme e C. Start – *Regulation in Metabolism*. Londres, John Wiley, 1973.

PROBLEMAS

1. Escreva reações químicas balanceadas para as seguintes reações, catalisadas por enzimas (ou seqüências de reações). Use estruturas para todos os substratos e produtos, exceto para os muito complicados (nucleotídeos, coenzimas, etc.), para os quais use as abreviaturas padronizadas. Dê o nome das enzimas envolvidas.
   a) A conversão do piruvato a PEP durante a reversão da glicólise.
   b) As *duas* reações iniciais na utilização do glicerol como fonte de energia carbonada.
   c) A primeira reação da glicólise em que um composto "rico em energia" é formado a partir de precursores "pobres em energia".
2. Compare a eficiência (isto é, moles efetivos de ATP produzido por mole de glucose utilizada) do percurso glicolítico com a do percurso de Entner-Doudoroff. Considere, em ambos os percursos, a glucose convertida completamente a lactato.
3. Qual é a prova de que a fosforilase está envolvida somente na degradação do polissacarídeo e não em sua biossíntese *in vivo*?
4. Descreva o tipo de reação catalisada por:

   uma mutase; uma isomerase; uma epimerase; uma quinase; uma fosfatase; uma pirofosforilase; e uma lactonase.
5. Escreva todas as reações envolvidas na conversão do ácido láctico a glucose que *não* são reversões simples das reações envolvidas na conversão da glucose a ácido láctico. Use fórmulas estruturais e designe as enzimas envolvidas.

capítulo 11

VIA DAS PENTOSES-FOSFATO

OBJETIVO

Aqui são descritas as reações da via das pentoses-fosfato (via do ácido fosfoglucônico). São identificadas as duas partes da via, reversível e irreversível, e discutido o papel dessa seqüência metabólica na biossíntese.

INTRODUÇÃO

O esquema de Embden-Meyerhof, descrito no capítulo anterior, é um mecanismo para a degradação parcial da glucose e para a obtenção de energia, sob a forma de ATP, para a célula. Essa seqüência foi, indubitavelmente, o primeiro processo metabólico a aparecer e a preencher os requisitos das formas vivas em evolução. À medida que os organismos tornaram-se mais complexos, desenvolveram uma necessidade de capacidade biossintética maior do que a representada pelos intermediários da seqüência glicolítica e, principalmente, a necessidade de uma fonte de poder redutor para a biossíntese. Como o agente redutor NADH produzido em uma das partes da seqüência glicolítica é consumido em outra parte, presumivelmente foram selecionadas as reações que eram capazes de produzir um outro redutor. A via das pentoses-fosfato, a ser descrita agora, contém duas reações capazes de produzir o agente redutor NADPH. Além disso, essa via produz também uma série de diferentes açúcares-fosfato.

A existência de uma via alternativa para o metabolismo da glucose é indicada pelo fato de que, em alguns tecidos, os inibidores clássicos da glicólise, iodoacetato e fluoreto, não afetavam a utilização de glucose. Além disso, os experimentos de Warburg, que resultaram na descoberta do $NADP^+$ e da oxidação de glucose-6-fosfato a ácido 6-fosfoglucônico, relacionaram a molécula de glucose a uma área ainda não familiar do metabolismo. Além disso, com o carbono-14, pode-se mostrar que a glucose marcada no átomo de carbono C-1, é em certos casos, mais rapidamente oxidada a $^{14}CO_2$ do que a glucose marcada na posição C-6. Se a seqüência glicolítica fosse o único meio para a glucose ser convertida a piruvato-3-^{14}C, e subseqüentemente quebrada a CO_2, então $^{14}CO_2$ teria de ser produzido a uma mesma velocidade a partir de glucose-1-C^{14} e glucose-6-C^{14}. Essas observações estimularam a investigação que resultou no estabelecimento da via das pentoses-fosfato. A via, que é mostrada na parte final do livro, consiste numa parte oxidativa, que é irreversível, e de uma não-oxidativa, que é reversível.

ENZIMAS DA VIA DAS PENTOSES-FOSFATO

Glucose-6-fosfato-desidrogenase. A parte oxidativa irreversível da via começa com a reação catalisada pela enzima glucose-6-fosfato-desidrogenase. A descoberta dessa enzima e de sua coenzima, o $NADP^+$, por Warburg, já foi mencionada (p. 162). A enzima catalisa a seguinte reação:

$$\beta\text{-D-Glucose-6-fosfato} + NADP^+ \rightleftharpoons \text{6-Fosfoglucono-}\delta\text{-lactona} + NADPH + H^+ \qquad (11\text{-}1)$$

Embora se acreditasse inicialmente que o produto era o ácido fosfoglucônico, sabe-se agora que a δ-lactona desse ácido é o primeiro produto. A reação, conforme escrita acima, é reversível porque a oxidação do NADPH ocorre na presença da enzima e da lactona. É fácil notar que a oxidação da forma piranósica do substrato envolve a remoção de dois átomos de hidrogênio para formar a lactona, que é instável e hidrolisa espontaneamente a ácido 6-fosfoglucônico.

Essa reação está sujeita a controle metabólico, o que não é de surpreender; o $NADP^+$ necessário à reação para a direita é competitivamente substituído por NADPH, inibindo a reação. A enzima é também inibida por ácidos graxos. Ambos os tipos de inibição são significativos, em termos de uma das funções da via das pentoses-fosfato.

6-Fosfogluconolactonase. A hidrólise da 6-fosfoglucono-δ-lactona produzida na Reação 11-1 ocorre facilmente em ausência de qualquer enzima. Entretanto existe uma *lactonase* que assegura a rápida hidrólise da lactona.

$$\text{6-Fosfoglucono-}\delta\text{-lactona} + H_2O \xrightarrow{Mg^{2+}} \text{Ácido 6-fosfoglucônico} \qquad (11\text{-}2)$$

O $\Delta G'$ para a hidrólise da lactona é grande; em conseqüência a oxidação final de glucose-6-fosfato a ácido fosfoglucônico é irreversível. Além disso, a reação seguinte também é irreversível e, junto com as Reações 11-1 e 11-2, constitui a *fase irreversível* da via das pentoses-fosfato.

Ácido-6-fosfoglucônico-desidrogenase. Essa desidrogenase também foi incluída no trabalho precursor de Warburg, que mostrou que o CO_2 era um dos produtos obtidos do extrato de levedo que continha glucose-6-fosfato-desidrogenase.

$$\underset{\text{Ácido 6-fosfoglucônico}}{COOH{-}HCOH{-}HOCH{-}HCOH{-}HCOH{-}CH_2OPO_3H_2} + NADP^+ \xrightarrow{Mn^{2+}} \underset{\text{Ácido 3-ceto-6-fosfoglucônico (postulado como intermediário)}}{[COOH{-}HCOH{-}C{=}O{-}HCOH{-}HCOH{-}CH_2OPO_3H_2]} \longrightarrow CO_2 + \underset{\text{D-Ribulose-5-fosfato}}{CH_2OH{-}C{=}O{-}HCOH{-}HCOH{-}CH_2OPO_3H_2} + NADPH + H^+ \qquad (11\text{-}3)$$

Como a reação envolve uma oxidação e uma descarboxilação, foi sugerido que um ácido 3-ceto-6-fosfoglucônico podia ser um produto intermediário, anterior à descarboxilação. Nenhuma evidência direta foi apresentada, apoiando um tal composto, e a reação, é por essa razão, considerada como uma descarboxilação oxidativa de uma só etapa, resultando na formação de ribulose-5-fosfato. A $NADP^{+}_{-}$ desidrogenase, largamente distribuída na natureza, necessita Mn^{2+} ou outros cátions divalentes para sua atividade. A reação é irreversível.

Fosforriboisomerase. A partir da ribulose-5-fosfato, os átomos de carbono da glucose entram na segunda parte, a parte *reversível* da via das pentoses-fosfato; todas as reações subseqüentes são completamente reversíveis.

Inicialmente a ribulose-5-fosfato sofre duas reações de isomerização para formar produtos utilizados subseqüentemente na via. A fosforriboisomerase catalisa a interconversão do cetoaçúcar e da aldopentose-fosfato, ribose-5-fosfato. Essa reação é análoga em sua ação à da fosfoexoseisomerase (p. 235) encontrada na glicólise. A K_{eq} para a reação da esquerda para a direita é aproximadamente 3,

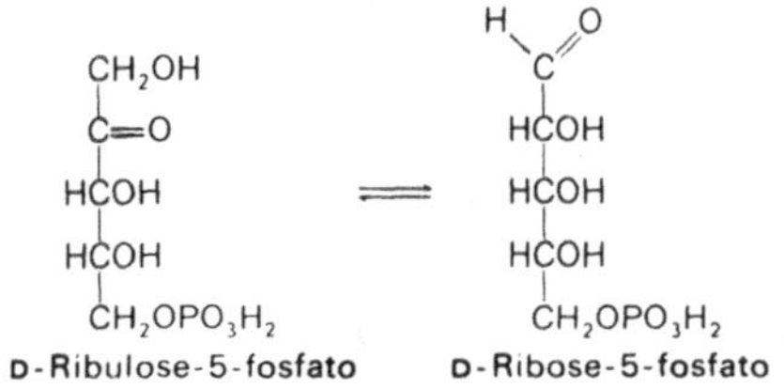

$$\begin{array}{c} CH_2OH \\ | \\ C{=}O \\ | \\ HCOH \\ | \\ HCOH \\ | \\ CH_2OPO_3H_2 \\ \text{D-Ribulose-5-fosfato} \end{array} \quad \rightleftharpoons \quad \begin{array}{c} H\diagdown\ \diagup\!\!\!{}^{O} \\ C \\ | \\ HCOH \\ | \\ HCOH \\ | \\ HCOH \\ | \\ CH_2OPO_3H_2 \\ \text{D-Ribose-5-fosfato} \end{array} \qquad (11\text{-}4)$$

Fosfocetopentose-epimerase. A segunda isomerização envolvendo a ribulose-5-fosfato é catalisada pela enzima fosfocetopentose-epimerase. A K_{eq} é 0,8:

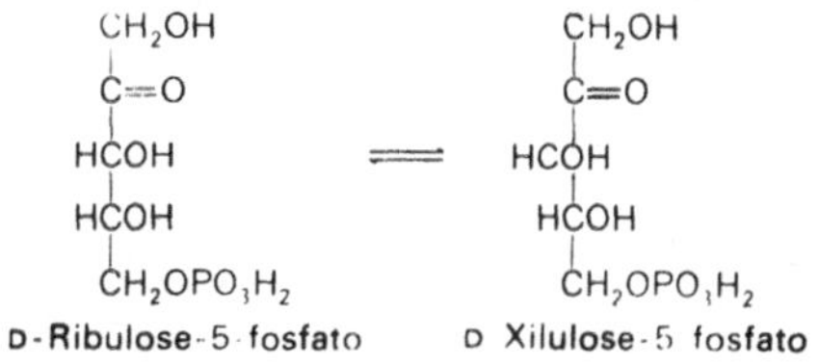

$$\begin{array}{c} CH_2OH \\ | \\ C{=}O \\ | \\ HCOH \\ | \\ HCOH \\ | \\ CH_2OPO_3H_2 \\ \text{D-Ribulose-5-fosfato} \end{array} \quad \rightleftharpoons \quad \begin{array}{c} CH_2OH \\ | \\ C{=}O \\ | \\ HOCH \\ | \\ HCOH \\ | \\ CH_2OPO_3H_2 \\ \text{D-Xilulose-5-fosfato} \end{array} \qquad (11\text{-}5)$$

O mecanismo dessa reação não é conhecido, embora envolva provavelmente o enediol como um intermediário.

Transcetolase. Até este ponto estudamos as enzimas relacionadas com a degradação oxidativa da cadeia de glucose-6-fosfato e as subseqüentes inter-relações das pentoses-fosfato produzidas. Enquanto essas reações estavam sendo investigadas tornou-se evidente que outros açúcares, incluindo heptoses, tetroses e trioses, também eram formados. Um melhor conhecimento das relações entre as pentoses e esses outros açúcares foi obtido quando a enzima *transcetolase* foi descoberta e descrita. Essa enzima catalisa a transferência do grupo cetol de uma molécula doadora para um aldeído aceptor. A reação generalizada pode ser escrita como

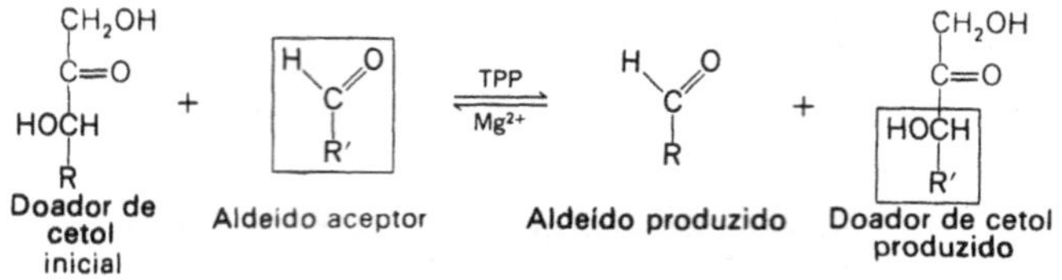

$$\begin{array}{c} CH_2OH \\ | \\ C{=}O \\ | \\ HOCH \\ | \\ R \\ \text{Doador de cetol inicial} \end{array} + \begin{array}{c} \boxed{\begin{array}{c} H\diagdown\ \diagup\!\!\!{}^{O} \\ C \\ | \\ R' \end{array}} \\ \text{Aldeído aceptor} \end{array} \underset{Mg^{2+}}{\overset{TPP}{\rightleftharpoons}} \begin{array}{c} H\diagdown\ \diagup\!\!\!{}^{O} \\ C \\ | \\ R \\ \text{Aldeído produzido} \end{array} + \begin{array}{c} CH_2OH \\ | \\ C{=}O \\ | \\ \boxed{\begin{array}{c} HOCH \\ | \\ R' \end{array}} \\ \text{Doador de cetol produzido} \end{array} \qquad (11\text{-}6)$$

No caso específico, a transcetolase catalisa a transferência de um grupo cetol da xilulose-5-fosfato para a ribose-5-fosfato produzindo sedoeptulose-7-fosfato e gliceraldeído-3-fosfato.

$$\underset{\text{D-Xilulose-5-fosfato}}{\begin{array}{c}CH_2OH\\ |\\ C{=}O\\ |\\ HOCH\\ |\\ HCOH\\ |\\ CH_2OPO_3H_2\end{array}} + \underset{\text{D-Ribose-5-fosfato}}{\begin{array}{c}H\diagdown\ \diagup O\\ C\\ |\\ HCOH\\ |\\ HCOH\\ |\\ HCOH\\ |\\ CH_2OPO_3H_2\end{array}} \underset{Mg^{2+}}{\overset{TPP}{\rightleftharpoons}} \underset{\text{D-Sedoeptulose-7-fosfato}}{\begin{array}{c}CH_2OH\\ |\\ C{=}O\\ |\\ HOCH\\ |\\ HCOH\\ |\\ HCOH\\ |\\ HCOH\\ |\\ CH_2OPO_3H_2\end{array}} + \underset{\text{D-Gliceraldeído-3-fosfato}}{\begin{array}{c}H\diagdown\ \diagup O\\ C\\ |\\ HCOH\\ |\\ CH_2OPO_3H_2\end{array}} \qquad (11\text{-}7)$$

A transcetolase consiste em duas subunidades idênticas e utiliza tiamina-pirofosfato (TPP) e Mg^{2+} como cofatores. O tiamina-pirofosfato age graças à sua capacidade de formar um carbânion por dissociação de um próton no átomo de carbono C-2 do anel tiazólico.

O carbânion resultante pode, por seu turno, reagir com o cetol doador para formar um produto de adição (I) que, por rearranjo adequado de elétrons, pode se dissociar de uma outra maneira para formar aldeído e deixar o grupo cetol no TPP, originando assim, α, β-diidroxietil-tiamina-pirofosfato (II),

Carbânion (anel tiazólico: CH_3, R^1, $R-\overset{+}{N}$, S, C-2 $\ominus$) + Doador de cetol ($CH_2OH-\overset{\delta+}{C}{=}O^{\delta-}-HOCH-R^2$) $\underset{-H^+}{\overset{+H^+}{\rightleftharpoons}}$ Produto de adição (I) ($HOCH_2-C(OH)(HOCH-R^2)$ ligado ao C-2 do anel) $\underset{+H^+}{\overset{-H^+}{\rightleftharpoons}}$ α, β-diidroxietil-TPP (II) ($R-N{:}$, $HOCH_2-C-OH$ ligado ao C-2) + Aldeído produzido ($H-C(=O)-R^2$)

O produto de adição cetol – TPP (II), pode então reagir com um aldeído aceptor para formar o doador de cetol e regenerar o carbânion:

Cetol-TPP produzido ($R-N{:}$, $HOCH_2-C-OH$) $\longleftrightarrow$ ($R-\overset{+}{N}$, $HOCH_2-\overset{\ominus}{C}-OH$) + Aldeído aceptor ($H-\overset{\delta+}{C}{=}O^{\delta-}-R^3$) $\underset{-H^+}{\overset{+H^+}{\rightleftharpoons}}$ ($R-\overset{+}{N}$, $HOCH_2-C(OH)-HOCH-R^3$) $\underset{+H^+}{\overset{-H^+}{\rightleftharpoons}}$ Carbânion + Doador de cetol produzido ($CH_2OH-C{=}O-HO-C-H-R^3$)

A transcetolase também pode catalisar a transferência de um grupo cetol da xilulose-5-fosfato para a eritrose-4-fosfato para formar frutose-6-fosfato e gliceraldeído-3-fosfato (veja esquema no final do livro). Uma vez que essa reação e a Reação 11-7 são facilmente reversíveis, podemos relacionar os seguintes compostos, que servirão como moléculas doadoras e aldeídos aceptores para a enzima:

Doadores de cetol (cetoses)	Aldeídos aceptores (aldoses)
D-Xilulose-5-fosfato	D-Ribose-5-fosfato
D-Frutose-6-fosfato	D-Gliceraldeído-3-fosfato
D-Sedoeptulose-7-fosfato	D-Eritrose-4-fosfato

É conveniente notar que todas as cetoses doadoras tem configuração L na posição C-3:

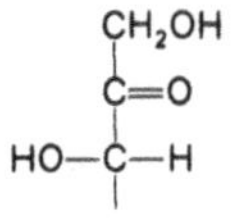

$$\begin{array}{c} CH_2OH \\ | \\ C{=}O \\ | \\ HO{-}C{-}H \\ | \end{array}$$

Transaldolase. Essa enzima, como a transcetolase, funciona como uma enzima transferidora, catalisando a transferência do resíduo de hidroxiacetona da frutose-6-fosfato ou sedoeptulose-7-fosfato, para uma aldose adequada. Como representado no esquema do metabolismo das pentoses-fosfato, o aceptor aldose pode ser o gliceraldeído-3--fosfato ou, na direção reversa, a eritrose-4-fosfato:

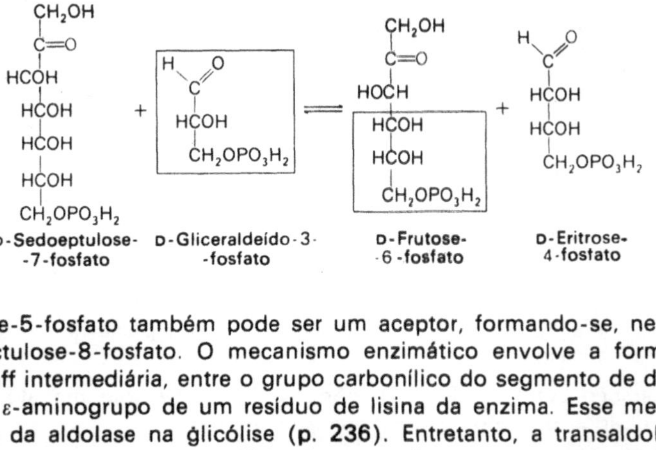

$$\begin{array}{c} CH_2OH \\ | \\ C{=}O \\ | \\ HCOH \\ | \\ HCOH \\ | \\ HCOH \\ | \\ HCOH \\ | \\ CH_2OPO_3H_2 \end{array} + \boxed{\begin{array}{c} H\diagdown\ \diagup O \\ C \\ | \\ HCOH \\ | \\ CH_2OPO_3H_2 \end{array}} \rightleftharpoons \begin{array}{c} CH_2OH \\ | \\ C{=}O \\ | \\ HOCH \\ \boxed{\begin{array}{c} | \\ HCOH \\ | \\ HCOH \\ | \\ CH_2OPO_3H_2 \end{array}} \end{array} + \begin{array}{c} H\diagdown\ \diagup O \\ C \\ | \\ HCOH \\ | \\ HCOH \\ | \\ CH_2OPO_3H_2 \end{array} \qquad (11\text{-}8)$$

D-Sedoeptulose--7-fosfato; D-Gliceraldeído-3--fosfato; D-Frutose--6-fosfato; D-Eritrose-4-fosfato

A ribose-5-fosfato também pode ser um aceptor, formando-se, nesse caso, uma octose, a octulose-8-fosfato. O mecanismo enzimático envolve a formação de uma base de Schiff intermediária, entre o grupo carbonílico do segmento de diidroxila transferido e um ε-aminogrupo de um resíduo de lisina da enzima. Esse mecanismo é semelhante ao da aldolase na glicólise (p. 236). Entretanto, a transaldolase não pode utilizar como substratos nem a diidroxiacetona livre nem seus fosfatos.

Finalmente, para completar a via das pentoses-fosfato, a eritrose-4-fosfato produzida na Reação 11-8 pode aceitar uma unidade C_2 da xilulose-5-fosfato, numa reação também catalisada pela transcetolase, para formar frutose-6-fosfato e gliceraldeído-3-fosfato.

$$\begin{array}{c} H\diagdown\ \diagup O \\ C \\ | \\ HCOH \\ | \\ HCOH \\ | \\ CH_2OPO_3H_2 \end{array} + \begin{array}{c} CH_2OH \\ | \\ C{=}O \\ | \\ HOCH \\ | \\ HCOH \\ | \\ CH_2OPO_3H_2 \end{array} \rightleftharpoons \begin{array}{c} CH_2OH \\ | \\ C{=}O \\ | \\ HOCH \\ | \\ HCOH \\ | \\ HCOH \\ | \\ CH_2OPO_3H_2 \end{array} + \begin{array}{c} H\diagdown\ \diagup O \\ C \\ | \\ HCOH \\ | \\ CH_2OPO_3H \end{array} \qquad (11\text{-}9)$$

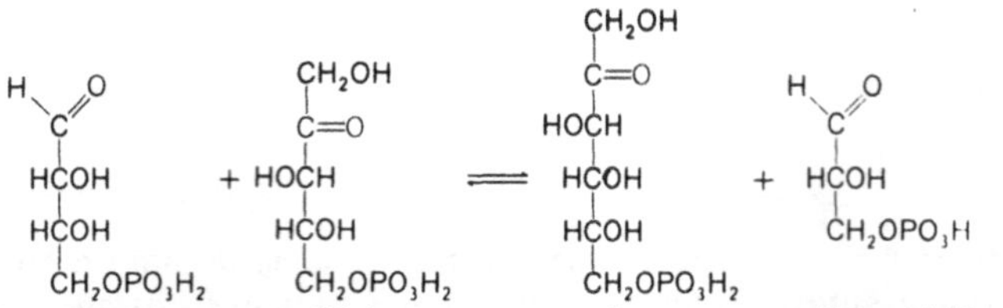

D-Eritrose--4-fosfato; D-Xilulose--5-fosfato; D-Frutose--6-fosfato; D-Gliceraldeido-3-fosfato

Sumário da fase não-oxidativa

As interconversões de ésteres de fosfato das trioses, tetroses, pentoses, hexoses e heptoses observadas nas Reações 11-7, 11-8 e 11-9, pode parecer confusa. Uma outra forma de representar as reações envolvendo esses compostos é

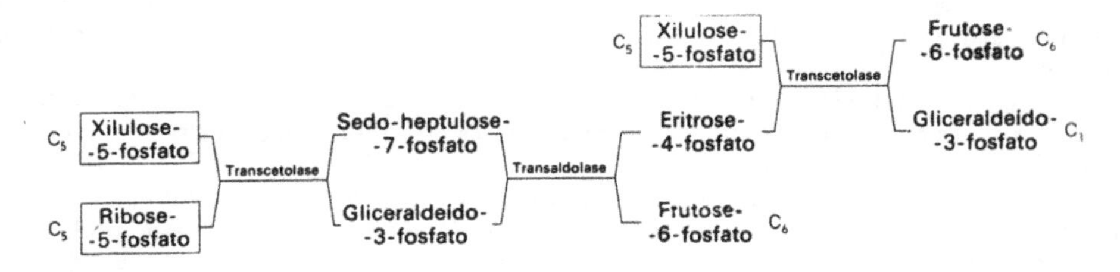

Traçando-se retângulos em torno das três moléculas de pentose que podem ser consideradas como reagentes nesse esquema, e sombreando-se as três moléculas produzidas em conseqüência, vemos que esse esquema constitui um mecanismo completamente reversível formando como intermediários, hexoses e trioses, a partir de pentoses derivadas da oxidação de glicose-6-fosfato. Isto é, a partir da esquerda para a direita, 15 átomos de carbono em 3 moléculas de pentose dão 15 átomos de carbono em 2 moléculas de hexose e 1 de triose. Na direção reversa, o esquema pode levar à formação de pentoses a partir de intermediários da glicólise. Como veremos, essas relações tornam-se importantes quando consideramos o papel da via das pentoses-fosfato.

SIGNIFICADO DA VIA DAS PENTOSES-FOSFATO

Quando os detalhes da via das pentoses-fosfato estavam sendo esclarecidos, julgava-se freqüentemente que ela fosse uma via *alternativa* para o metabolismo da glucose. Para que essa via funcionasse, em qualquer extensão, era necessário um mecanismo para reoxidação do NADPH reduzido nas Reações 11-1 e 11-3. Como não havia reações acopladas que reoxidassem o NADPH (análogas às da glicólise, onde ocorre a reoxidação do NADH), presumiu-se que a reoxidação era efetuada pela cadeia de transporte eletrônico da mitocôndria (Cap. 14). Quando, subseqüentemente, demonstrou-se que o NADPH, em contraste com o NADH, não era facilmente oxidado pela cadeia respiratória, outros papéis para o NADPH produzido e para sua reoxidação foram investigados.

Está agora estabelecido que o NADPH, em contraste com o NADH, desempenha um papel importante como redutor em diversas reações biossintéticas. Sempre que uma etapa biossintética envolve uma redução por um nucleotídeo de nicotinamida, a coenzima é, com poucas exceções, o NADPH. Por sua vez, a via das pentoses-fosfato é um dos principais mecanismos para a produção de NADPH.

Assim, como exemplos dessa função, o NADPH é especificamente utilizado na biossíntese de ácidos graxos de cadeia longa e de esteróides; é o agente redutor empregado na redução de glucose a sorbitol, de ácido diidrofólico e tetraidrofólico, de ácido glucurônico a ácido L-gulônico. Além disso, o NADPH é usado na carboxilação redutiva de ácido pirúvico a ácido málico pela enzima málica. Finalmente, o NADPH tem um papel especial nas reações de hidroxilação envolvidas na formação de ácidos graxos insaturados, na conversão de fenilalanina e tirosina e na formação de certos esteróides.

É concebível que um organismo possa ter maior necessidade do NADPH produzido na fase oxidativa da via das pentoses-fosfato do que das pentoses que são simultaneamente formadas. A fácil conversão das pentoses assim formadas a hexose e triose (veja a seção precedente) evita quaisquer dificuldades provenientes de um excesso de pentoses. Contudo deve-se assinalar que uma das pentoses, a ribose, é exigida por todas as células para a síntese de ácidos nucleicos. Observe que a via das pentoses-fosfato não exige qualquer ATP extra, não depende de metabolitos do ciclo de Krebs, e pode ser regulada principalmente pela demanda de NADPH pela biossíntese, uma vez que este provavelmente não é oxidado, em qualquer extensão, pela cadeia respiratória.

A eritrose-4-fosfato (Reação 11-8) também é necessária na primeira etapa de uma via biossintética de plantas e de microrganismos que forma ácido shiquímico e, em seguida, vários aminoácidos.

Embora a ribose-5-fosfato e a eritrose-4-fosfato possam ser formadas a partir da glucose-6-fosfato, através da fase oxidativa irreversível, elas também podem ser formadas a partir de frutose-6-fosfato e gliceraldeído-3-fosfato, pela reversão das Reações 11-9, 11-8 e 11-7; portanto a célula pode usar um processo oxidativo ou um não-oxidativo para formar esses importantes intermediários. Veremos ainda que este último processo é utilizado também por organismos fotossintetizantes na produção de intermediários essenciais do ciclo de redução de CO_2 da fotossíntese (Cap. 15).

VIA DE ENTNER-DOUDOROFF

Algumas bactérias (por exemplo, *Pseudomonas, Azotobacter sp.*) não possuem fosfofrutoquinase e em conseqüência não podem degradar glucose pela seqüência glicolítica. Esses organismos, em lugar disso, iniciam o catabolismo da glucose produzindo ácido-6-fosfoglucônico pelas Reações 11-1 e 11-2. O ácido sofre então uma desidratação e um rearranjo para formar o açúcar 2-cetodesoxifosfato que, por sua vez é clivado por uma enzima do tipo da aldolase a piruvato e gliceraldeído-3-fosfato:

$$
\begin{array}{c} COOH \\ | \\ HCOH \\ | \\ HOCH \\ | \\ HCOH \\ | \\ HCOH \\ | \\ CH_2OPO_3H_2 \end{array}
\xrightarrow[\text{Desidrase}]{-H_2O}
\begin{array}{c} COOH \\ | \\ C=O \\ | \\ CH_2 \\ | \\ HCOH \\ | \\ HCOH \\ | \\ CH_2OPO_3H_2 \end{array}
\xrightarrow{\text{aldolase}}
\begin{array}{c} COOH \\ | \\ C=O \\ | \\ CH_3 \\ + \\ CHO \\ | \\ HCOH \\ | \\ CH_2OPO_3H_2 \end{array}
\begin{array}{l} \text{Piruvato} \\ \\ \\ \\ \\ \text{Gliceraldeído-3-fosfato} \end{array}
$$

A modificação desse esquema permite que outros açúcares (galactose) e ácidos de açúcares (ácido D-glucurônico; ácido D-galacturônico) sejam metabolizados, mas o aspecto essencial é a produção de um intermediário 2-ceto-3-desoxi que pode ser quebrado após fosforilação.

Outras vias são conhecidas para o metabolismo da glucose e outros açúcares, mas elas estão fora do propósito deste livro.

REFERÊNCIAS

1. B. Axelrod – "Other Pathways of Carbohydrate Metabolism", in *Metabolic Pathways*. D. M. Greenberg, (ed.), 3.ª edição, New York, EUA: Academic Press, 1967. Revisão bem escrita sobre a via das pentoses-fosfato, bem como outros percursos metabólicos da glucose e açúcares relacionados.

2. R. Y. Stanier, M. Doudoroff, e E. A. Adelberg – *The Microbial World*, 4.ª edição, Englewood Cliffs, N. J., EUA: Prentice-Hall, 1975. Esse texto de referência para a microbiologia tem vários capítulos dedicados ao metabolismo, incluindo os vários esquemas metabólicos utilizados pelos micorganismos.

3. B. L. Horecker – *Pentose Metabolism in Bacteria*. New York, EUA: Wiley, 1962. Um resumo do ciclo das pentoses, feito por uma autoridade no campo.

PROBLEMAS

1. Quais serão os produtos da reação catalisada pela transcetolase, se os reagentes utilizados forem frutose-6-fosfato e eritrose-4-fosfato?
2. Esquematize experimentos para determinar se um dado tecido utiliza a glicólise, a via pentoses-fosfato, ou ambos, na degradação da glucose para a obtenção de energia (inclua pelo menos quatro tipos diferentes de experimentos).

capítulo 12

O CICLO DO ÁCIDO TRICARBOXÍLICO

OBJETIVO

Neste capítulo são descritas em detalhe as reações individuais responsáveis pela oxidação de piruvato a acetil-CoA e a posterior oxidação desse tioéster a CO_2 e água, através do ciclo de Krebs. Segue-se uma discussão da estequiometria do ciclo e de outras características relevantes para seu funcionamento. Discutem-se a natureza e o papel das reações anapleróticas, e, por fim, descreve-se o ciclo do ácido glioxílico, uma forma modificada do ciclo do ácido tricarboxílico.

INTRODUÇÃO

O ciclo do ácido tricarboxílico, ou ciclo do ácido cítrico, é o processo pelo qual acetato (sob a forma de acetil-CoA) é completamente oxidado a CO_2 e água. Como o acetil-CoA é facilmente produzido a partir de piruvato, o ciclo é também o processo pelo qual se completa a oxidação de glucose a CO_2 e H_2O. Os elétrons removidos dos substratos, à medida que estes se oxidam, são finalmente transferidos para o oxigênio molecular; portanto o processo é aeróbico. A evolução dessa seqüência metabólica só se deu depois do aparecimento da fotossíntese pelas plantas verdes, quando o conteúdo de oxigênio da atmosfera aumentou suficientemente para poder comportar a respiração. Os processos que foram selecionados (e que agora constituem as reações da respiração aeróbica) são altamente eficazes na liberação de energia química de substratos orgânicos, uma vez que eles são capazes de oxidar o átomo de carbono até CO_2.

HISTÓRICO

O fato de não ocorrer acúmulo de ácido láctico em um músculo estimulado, exposto ao ar, indica uma degradação metabólica subseqüente de ácido láctico nesse tecido. Sabia-se também que outros ácidos orgânicos eram metabolizados no músculo; em 1920 Thunberg havia demonstrado a oxidação de uns quarenta compostos pelo ar, na presença de homogenados de tecido. Alguns dos ácidos mais rapidamente oxidados eram succínico, fumárico, málico e cítrico. Uma relação mais complexa estava implícita nos estudos de Szent-Gyorgyi, o qual descobriu que alguns desses ácidos pareciam catalisar a oxidação de substratos desconhecidos nos homogenados. Por exemplo, uma quantidade de fumarato adicionada ao homogenado de músculo peitoral de pomba, que deveria consumir 20 μl de O_2, na realidade utilizava sete vezes essa quantidade.

Com a elaboração da seqüência glicolítica em levedura e músculo, parecia evidente que os compostos que estavam sendo oxidados até CO_2 e H_2O pelos tecidos animais eram piruvato e lactato. Posteriormente, Szent-Gyorgyi mostrou que músculo peitoral de pombo, moído, oxidava completamente o ácido pirúvico, desde que quantidades catalíticas de ácidos dicarboxílicos, tais como succinato, malato e fumarato, fossem adicionadas. Também contribuíram para o estudo desse processo metabólico os bioquímicos Keilin, Martius, Knoop, Baumann, Ochoa e Lipmann.

A mais importante contribuição nessa área foi dada pelo bioquímico inglês Sir Hans Krebs. Seus minuciosos estudos levaram-no a postular em 1937 o ciclo de reações que realizava a oxidação do ácido pirúvico a CO_2 e H_2O. Embora algumas modificações tenham sido feitas desde então, o esquema que mostramos no final do livro é essencialmente aquele proposto por Krebs em 1937. Suas contribuições para o problema foram de tal importância, que o ciclo é freqüentemente denominado ciclo de Krebs embora seu descobridor prefira chamá-lo de *ciclo do ácido tricarboxílico*. Em 1953 o Prêmio Nobel de Medicina foi outorgado a Krebs, por suas importantes descobertas.

Outra descoberta de extrema importância foi feita em 1948 por E. P. Kennedy e A. L. Lehninger, quando constataram que mitocôndrias de fígado de rato poderiam catalisar a oxidação de piruvato e de todos os intermediários do ciclo do ácido tricarboxílico por oxigênio molecular. Uma vez que somente Mg^{2+} e um ácido adenílico (ATP, ADP ou AMP) tinham que ser adicionados, isso significava que a mitocôndria contém não só todas as enzimas do ciclo do ácido tricarboxílico, mas também aquelas necessárias para o transporte de elétrons do substrato para o oxigênio molecular. Trabalho posterior mostrou que algumas enzimas (por exemplo, malato-desidrogenase, fumarase e aconitase) necessárias ao ciclo também eram encontradas no citoplasma, mas as reações que elas catalisam são independentes do processo de oxidação mitocondrial (Cap. 9).

Antes de analisar o ciclo em detalhe, é necessário assinalar que em um organismo vivo, a oxidação do lactato ou piruvato é de suma importância, do ponto de vista energético. A variação de energia livre para a oxidação completa de glucose a CO_2 e H_2O foi calculada como −686 kcal:

$$C_6H_{12}O_6 + 6\ O_2 \longrightarrow 6\ CO_2 + 6\ H_2O,$$
$$\Delta G' = -686\ 000\ \text{cal (pH 7,0)}.$$

Na p. 243 indicamos que o $\Delta G'$ para a formação de ácido láctico a partir de glucose era de cerca de −47 kcal:

$$C_6H_{12}O_6 \rightarrow 2\ CH_3CHOHCOOH,$$
$$\Delta G' = -47\ 000\ \text{cal (pH 7,0)}.$$

Isso significa que somente cerca de 7% da energia potencial da molécula de glucose foi libertada quando se formou ácido láctico na glicólise e que cerca de −639 000 cal permanecem para ser libertadas pela oxidação por completo dos 2 moles de lactato resultantes da molécula de glucose. Portanto, o $\Delta G'$ por mol de lactato oxidado pode ser calculado como −319 500 cal,

$$CH_3CHOHCOOH + 3\ O_2 \longrightarrow 3\ CO_2 + 3\ H_2O,$$
$$\Delta G' = -319\ 500\ \text{cal (pH 7,0)}.$$

O estudante também notará que a oxidação aeróbica de glucose a CO_2 e H_2O pelos organismos vivos normalmente não envolve a formação de ácido láctico como um passo intermediário. Em lugar disso, o composto-chave produzido na glicólise, que pode ser reduzido a ácido láctico ou ser completamente oxidado a CO_2 e H_2O, é o ácido pirúvico. As reações individuais da seqüência que realiza essa oxidação serão agora consideradas.

OXIDAÇÃO DE PIRUVATO A ACETIL-CoA

Rigorosamente, o ácido pirúvico não é um intermediário do ciclo do ácido tricarboxílico. O α-cetoácido é, antes de entrar no ciclo, convertido a acetil-CoA pelo complexo multienzimático conhecido como *complexo piruvato-desidrogenase*. Essa conversão, que é uma descarboxilação α-oxidativa, é efetuada na mitocôndria, em seguida à formação de ácido pirúvico no citossol, durante a glicólise. A reação, envolve seis cofatores: coenzima A, NAD^+, ácido lipóico, FAD, Mg^{2+} e tiamina-pirofosfato (TPP),

$$H_3C-\overset{O}{\overset{\|}{C}}-CO_2H + CoA\text{-}SH + NAD^+ \xrightarrow[\text{TPP, FAD}]{\text{Ácido lipóico, } Mg^{2+}} H_3C-\overset{O}{\overset{\|}{C}}-S-CoA + NADH + H^+ + CO_2 \qquad (12\text{-}1)$$

$$\Delta G' = -8000 \text{ cal (pH 7,0)}.$$

A reação geral pode ser dividida em reações parciais catalisadas por três enzimas diferentes que constituem o complexo multienzimático. Na reação inicial, o ácido pirúvico é descarboxilado para formar CO_2 e um complexo acetol-TPP, que é fortemente ligado a uma dessas enzimas, a *piruvato-desidrogenase*,

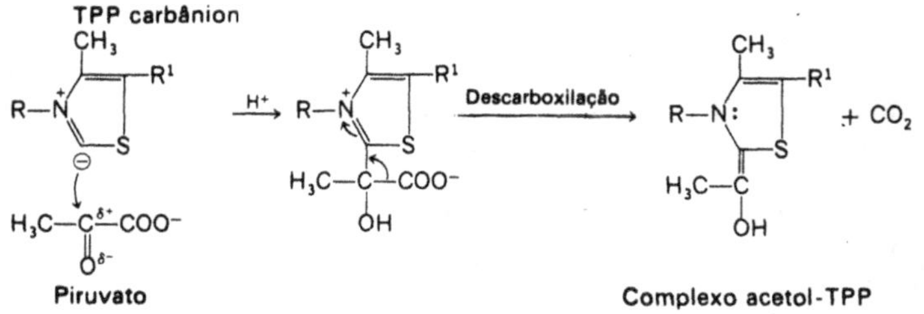

TPP carbânion + Piruvato $\xrightarrow{H^+}$ $\xrightarrow{\text{Descarboxilação}}$ Complexo acetol-TPP + CO_2 (12-1a)

O grupo acetol — de dois carbonos — é em seguida transferido para um ácido lipóico oxidado que está covalentemente ligado à segunda enzima do complexo, a *diidrolipoil-transacetilase* (Esquema 12-1).

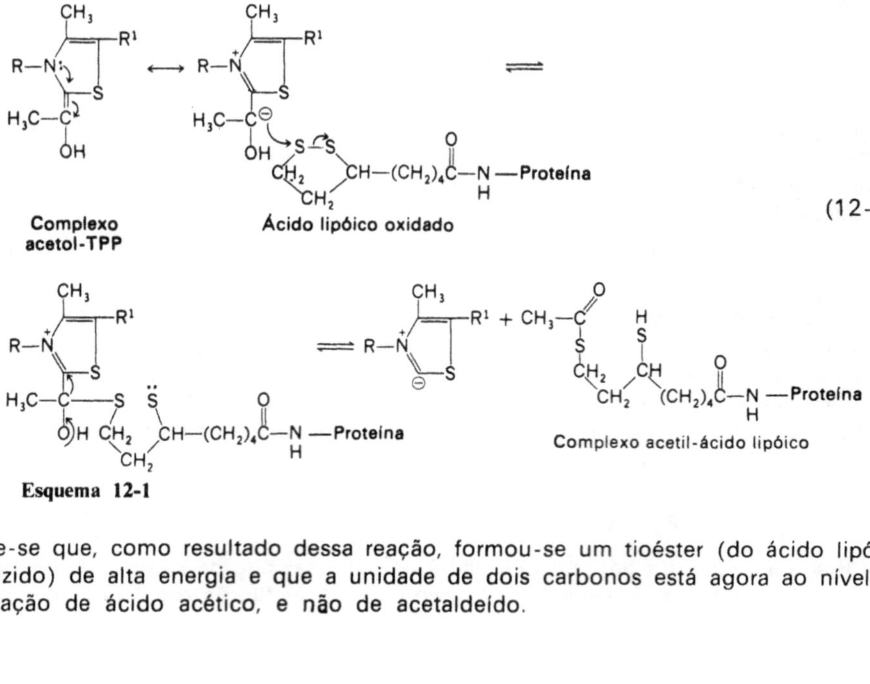

Complexo acetol-TPP $\longleftrightarrow$ + Ácido lipóico oxidado (—CH—$(CH_2)_4$C(=O)—NH—Proteína) $\rightleftharpoons$ (12-1b)

$\rightleftharpoons$ TPP carbânion + Complexo acetil-ácido lipóico (CH_3—C(=O)—S—CH_2—CH_2—CH(SH)—$(CH_2)_4$C(=O)—NH—Proteína)

Esquema 12-1

Note-se que, como resultado dessa reação, formou-se um tioéster (do ácido lipóico reduzido) de alta energia e que a unidade de dois carbonos está agora ao nível de oxidação de ácido acético, e não de acetaldeído.

Em uma terceira reação (Esquema 12-2), o grupo acetila é transferido para a coenzima A formando acetil-CoA, que se dissocia da enzima em uma forma livre, sendo um dos produtos da reação global (Reação 12-1):

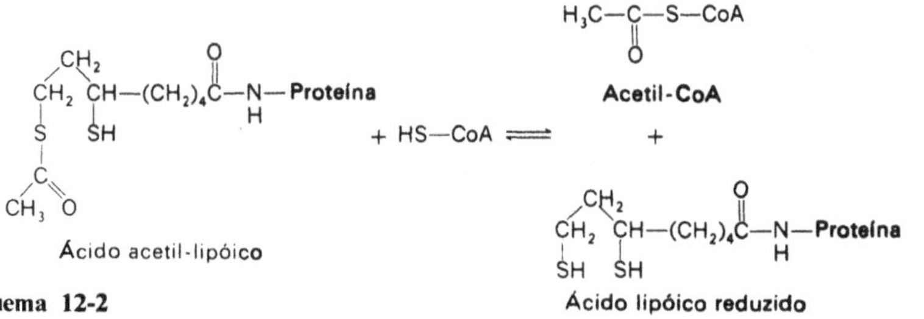

$$\text{Ácido acetil-lipóico} + HS\text{—}CoA \rightleftharpoons \underset{\text{Acetil-CoA}}{H_3C\text{—}\overset{O}{\overset{\|}{C}}\text{—}S\text{—}CoA} + \text{Ácido lipóico reduzido} \qquad (12\text{-}1c)$$

Ácido acetil-lipóico: $CH_2(S\text{—}CO\text{—}CH_3)\text{—}CH_2\text{—}CH(SH)\text{—}(CH_2)_4\text{—}CO\text{—}NH\text{—}$Proteína

Ácido lipóico reduzido: $CH_2(SH)\text{—}CH_2\text{—}CH(SH)\text{—}(CH_2)_4\text{—}CO\text{—}NH\text{—}$Proteína

Esquema 12-2

O ácido lipóico reduzido ligado à diidrolipoiltransacetilase é então reoxidado à forma de lipoil cíclico pela terceira enzima do complexo, a *diidrolipoildesidrogenase*, uma flavoproteína que contém FAD:

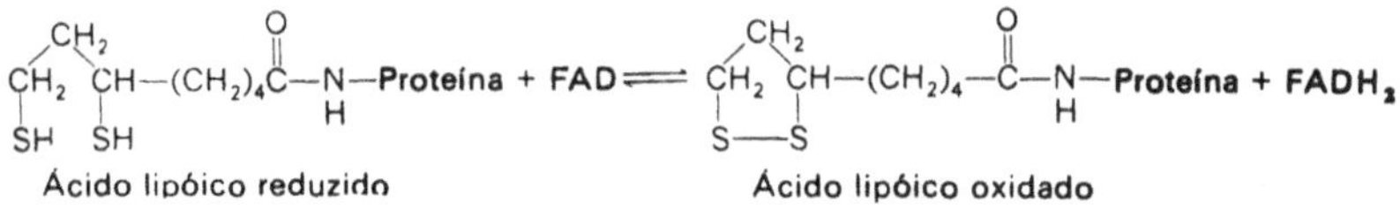

$$\underset{\text{Ácido lipóico reduzido}}{CH_2(SH)CH_2CH(SH)\text{—}(CH_2)_4\text{—}\overset{O}{\overset{\|}{C}}\text{—}\underset{H}{N}\text{—Proteína}} + FAD \rightleftharpoons \underset{\text{Ácido lipóico oxidado}}{\overset{CH_2}{CH_2\ \ CH}\text{—}(CH_2)_4\text{—}\overset{O}{\overset{\|}{C}}\text{—}\underset{H}{N}\text{—Proteína}\ (S\text{—}S)} + FADH_2 \qquad (12\text{-}1d)$$

Finalmente a coenzima flavínica reduzida é reoxidada pelo NAD^+, um dos reagentes no processo global (Reação 12-1) e é produzido NADH,

$$FADH_2 + NAD^+ \rightleftharpoons FAD + NADH + H^+$$

Notar que todas as reações parciais catalisadas pelo complexo piruvato-desidrogenase são reversíveis, exceto a descarboxilação inicial. A natureza irreversível desse processo torna a reação global (Reação 12-1) irreversível, tendo o $\Delta G'$ sido estimado como aproximadamente $-8\,000$ cal.

O complexo piruvato-desidrogenase foi isolado de mitocôndria de coração de porco e de *E. coli*, onde tem um peso molecular de $4{,}8 \times 10^6$. Algumas das propriedades desse complexo enzimático são discutidas na p. 157.

REAÇÕES DO CICLO DO ÁCIDO TRICARBOXÍLICO

Citrato-sintase. A enzima que catalisa a entrada de acetil-CoA no ciclo do ácido tricarboxílico é conhecida como citrato-sintase (primitivamente enzima condensante) e é encontrada na matriz da mitocôndria. Os dois átomos de carbono que se originam da acetil-CoA estão sombreados na reação mostrada abaixo e nas reações subseqüentes. A constante de equilíbrio para reação é 3×10^5 e, portanto, o equilíbrio está fortemente deslocado na direção da síntese de citrato. (Notar na Reação 12-2 que existe formação de uma ligação carbono-carbono e de coenzima A livre, às expensas do tioéster). Evidências indiretas indicam que a citril-CoA é formada como intermediário na enzima, mas não se dissocia como tal, até ser clivada em citrato livre e coenzima A.

A síntese do ácido cítrico é a primeira reação do ciclo de Krebs propriamente dito; portanto ela é a "etapa comprometida" (*committed step*) e está sujeita a regulação. A citrato-sintase é inibida por altas concentrações de NADH e succinil-CoA; esses compostos ligam-se à enzima de mamíferos, diminuindo a afinidade da enzima por um de seus substratos, o acetil-CoA, e portanto retardam a reação. O ATP é inibitório, aparentemente porque atua acumulando succinil-CoA, na reação da succinato-tioquinase; a altas concentrações de ATP, a formacão de GDP a partir de GTP e ADP (p. 277) é revertida. O produto formado pela citrato-sintase, o ácido cítrico, por sua vez, é um regulador de enzimas da seqüência glicolítica.

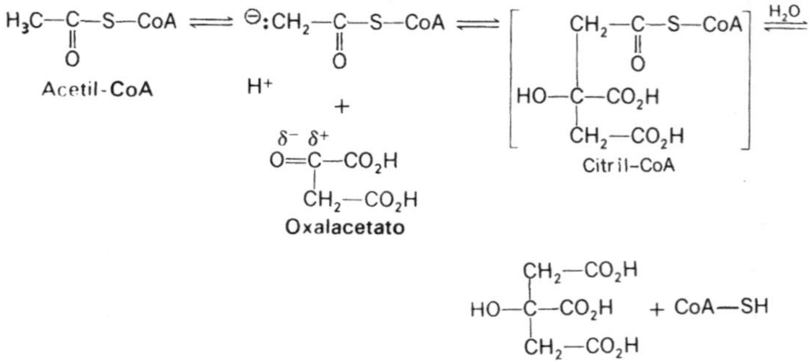

$$\underset{\text{Acetil-CoA}}{H_3C-\overset{O}{\overset{\|}{C}}-S-CoA} \rightleftharpoons \ominus{:}CH_2-\overset{O}{\overset{\|}{C}}-S-CoA \;\; H^+ + \underset{\text{Oxalacetato}}{\overset{\delta^-\;\delta^+}{O=C}(-CO_2H)-CH_2-CO_2H} \rightleftharpoons \underset{\text{Citril-CoA}}{\left[HO-C(-CO_2H)(-CH_2-\overset{O}{\overset{\|}{C}}-S-CoA)(-CH_2-CO_2H)\right]} \overset{H_2O}{\rightleftharpoons}$$

$$HO-C(-CO_2H)(-CH_2-CO_2H)(-CH_2-CO_2H) + CoA-SH \qquad (12\text{-}2)$$

Aconitase. A reação importante catalisada pela aconitase é a interconversão de ácido cítrico em isocítrico,

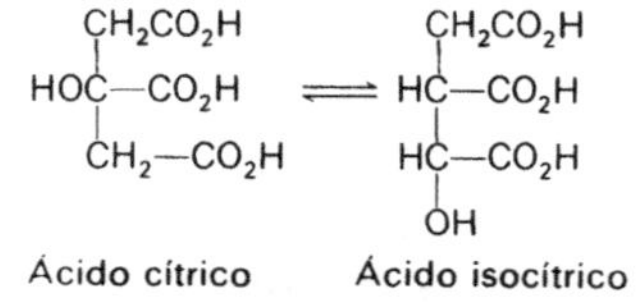

$$\underset{\text{Ácido cítrico}}{CH_2CO_2H-HOC(-CO_2H)-CH_2-CO_2H} \rightleftharpoons \underset{\text{Ácido isocítrico}}{CH_2CO_2H-HC(-CO_2H)-HC(OH)-CO_2H} \qquad (12\text{-}3)$$

No equilíbrio, a razão de ácido cítrico para ácido isocítrico é cerca de 15.

A aconitase necessita de Fe^{2+} e catalisa também uma isomerização entre ácido cítrico, ácido isocítrico e um terceiro ácido, o *cis*-aconítico. Por essa razão o ácido *cis*-aconítico é freqüentemente indicado como intermediário na conversão de ácido cítrico e isocítrico. Speyer e Dickman propuseram, entretanto, que o íon de carbônio de um ácido tricarboxílico é o intermediário verdadeiro e que esse íon entra facilmente em equilíbrio com todos os três ácidos tricarboxílicos interconvertidos pela aconitase. A necessidade de Fe^{2+} pela enzima sugere que seu papel seja a formação do íon de carbônio, promovendo a dissociação do grupo hidroxílico.

Notar que quando o ácido isocítrico é formado a partir do ácido cítrico (Reação 12-3), a enzima aconitase age de maneira assimétrica sobre a molécula simétrica do ácido cítrico; isto é, o grupo hidroxílico do ácido isocítrico está sempre localizado em um átomo de carbono derivado inicialmente do oxalacetato e não do grupo metílico da acetil-CoA. Ogston, da Austrália, explica essa assimetria de ação pela sua teoria de três pontos de contato; essa teoria foi discutida em detalhe na p. 143.

Isocitrato-desidrogenase. A isocitrato-desidrogenase catalisa a β-descarboxilação oxidativa de ácido isocítrico em ácido α-cetoglutárico e CO_2, na presença de um cátion divalente (Mg^{2+} ou Mn^{2+}); um nicotinamida-nucleotídeo é o oxidante. Seria lógico considerar essa reação como o resultado de uma oxidação inicial que produz ácido oxalossuccínico e, então, uma reação de descarboxilação desse β-cetoácido para formar CO_2 e α-cetoglutarato.

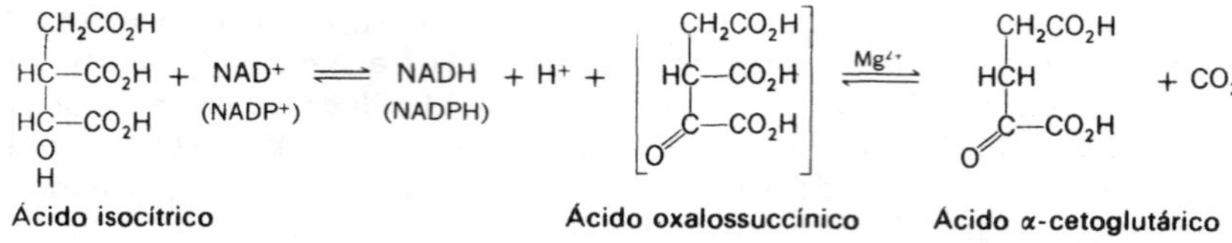

$$\underset{\text{Ácido isocítrico}}{CH_2CO_2H-HC(-CO_2H)-HC(OH)-CO_2H} + \underset{(NADP^+)}{NAD^+} \rightleftharpoons \underset{(NADPH)}{NADH} + H^+ + \underset{\text{Ácido oxalossuccínico}}{\left[CH_2CO_2H-HC(-CO_2H)-C(=O)-CO_2H\right]} \overset{Mg^{2+}}{\rightleftharpoons} \underset{\text{Ácido }\alpha\text{-cetoglutárico}}{CH_2CO_2H-HCH-C(=O)-CO_2H} + CO_2 \qquad (12\text{-}4)$$

A evidência, todavia, indica que o oxalossuccinato, se formado, está firmemente ligado à superfície da enzima e não é libertado como um intermediário livre na descarboxilação oxidativa do isocitrato, ou na reação reversa, a carboxilação redutiva de α-cetoglutarato. Por essa razão, o nome *enzima isocítrica* tem sido proposto em analogia com a enzima málica (p. 283).

Muitos tecidos contêm duas espécies de isocitrato-desidrogenase. Uma delas requer NAD^+ e Mg^{2+}, sendo encontrada somente na mitocôndria; a outra requer $NADP^+$ e ocorre em ambos, mitocôndria e citoplasma. A enzima NAD^+-específica está envolvida no funcionamento do ciclo do ácido tricarboxílico; a enzima mitocondrial, que requer $NADP^+$, está associada com outras atividades anabólicas do ciclo, que serão descritas posteriormente.

A enzima NAD^+-específica está sujeita a um fino controle por efetores alostéricos, sendo que tanto ácido isocítrico como AMP são efetores positivos. A ligação desses compostos a seus sítios efetores aumenta a capacidade de ligação dos substratos da enzima, o ácido isocítrico e o NAD^+, a seus sítios catalíticos. A enzima tambem possui sítios efetores para ATP e NADH, sendo que a ligação desses compostos diminui a ligação dos substratos da enzima; portanto ATP e NADH são efetores negativos, e a enzima está claramente sujeita a regulação pela carga energética da mitocôndria.

Esse mecanismo de controle pode ser ainda mais intensificado pelo fato de que a concentração de ácido cítrico, bem como a de ácido isocítrico, aumentam quando a atividade da isocitrato-desidrogenase é diminuída, o que está relacionado com a constante de equilíbrio para a reação da aconitase (Reação 12-3), que favorece grandemente o acúmulo de citrato. Este, por sua vez, atua de forma alostérica para estimular a atividade da frutose-1,6-difosfato-fosfatase e da acetil-CoA-carboxilase, diminuindo, assim, o fluxo de substrato para o ciclo do ácido tricarboxílico.

α-Cetoglutarato-desidrogenase. O próximo passo do ciclo do ácido tricarboxílico envolve a formação de succinil-CoA pela α-descarboxilação oxidativa do ácido α-cetoglutárico. Essa reação é catalisada pelo complexo *α-cetoglutarato-desidrogenase*, o qual requer TPP, Mg^{2+}, NAD^+, FAD, ácido lipóico e coenzima A como cofatores. O mecanismo é análogo àquele do complexo piruvato-desidrogenase (veja também pp. 274 e 157). O processo geral pode ser descrito como a soma de reações individuais de uma maneira inteiramente análoga às reações parciais escritas para a Reação 12-1.

$$\underset{\text{Ácido α-cetoglutárico}}{\begin{array}{l} CH_2CO_2H \\ | \\ CH_2 \\ | \\ C{-}CO_2H \\ /\!\!/ \\ O \end{array}} + NAD^+ + CoA{-}SH \xrightarrow[\text{Ácido lipóico, FAD}]{TPP,\ Mg^{2+}} \underset{\text{Succinil-CoA}}{\begin{array}{l} CH_2CO_2H \\ | \\ CH_2 \\ | \\ C{-}S{-}CoA \\ /\!\!/ \\ O \end{array}} + NADH + H^+ + CO_2 \qquad (12\text{-}5)$$

$$\Delta G' = -8000 \text{ cal}$$

A reação, como um todo, não é facilmente reversível, devido ao passo de descarboxilação. Tanto succinil-CoA como NADH, produzidos na reação, são inibitórios para a enzima que os produz. O peso molecular do complexo enzimático de *E. coli* é 2×10^6. Novamente a transferase serve como a proteína-cerne.

Tioquinase succínica. Na reação precedente, a ligação de alta energia de um tioéster formou-se como resultado de uma descarboxilação oxidativa. A enzima *tioquinase succínica* catalisa a formação de uma estrutura de fosfato de alta energia às custas do tioéster (Reação 12-6).

Uma vez que a Reação 12-6 envolve a formação de uma nova estrutura de fosfato de alta energia e a utilização de um tioéster, o número total de estruturas de alta energia em cada lado da reação é igual. Por essa razão, a reação é facilmente reversível; a K_{eq}

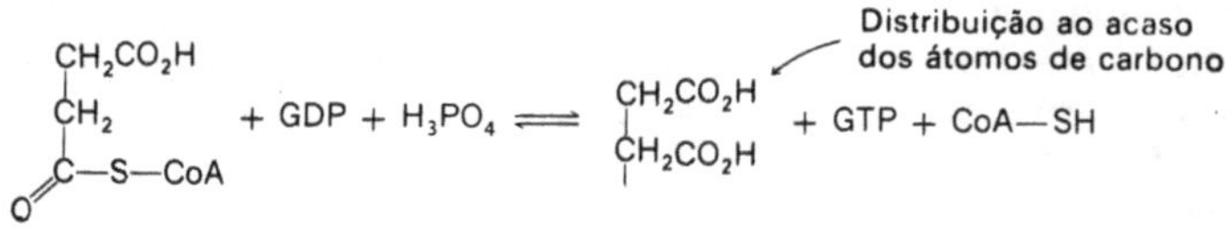

$$\begin{array}{l} CH_2CO_2H \\ | \\ CH_2 \\ | \\ O{=}C{-}S{-}CoA \end{array} + GDP + H_3PO_4 \rightleftharpoons \begin{array}{l} CH_2CO_2H \\ | \\ CH_2CO_2H \end{array} + GTP + CoA{-}SH \qquad (12\text{-}6)$$

Succinil-CoA — Ácido succínico (Distribuição ao acaso dos átomos de carbono)

é 3,7. O GTP formado na Reação 12-6 pode, por sua vez, reagir com ADP para formar ATP e GDP em uma reação catalisada por uma nucleosídeo-difosfoquinase. Uma vez que as ligações de pirofosfato no GTP e no ATP têm aproximadamente o mesmo $\Delta G'$ de hidrólise, a reação é facilmente reversível, com uma K_{eq} de cerca de 1:

$$GTP + ADP \rightleftharpoons GDP + ATP.$$

Succinato-desidrogenase. Essa enzima catalisa a remoção de dois átomos de hidrogênio do ácido succínico para formar ácido fumárico:

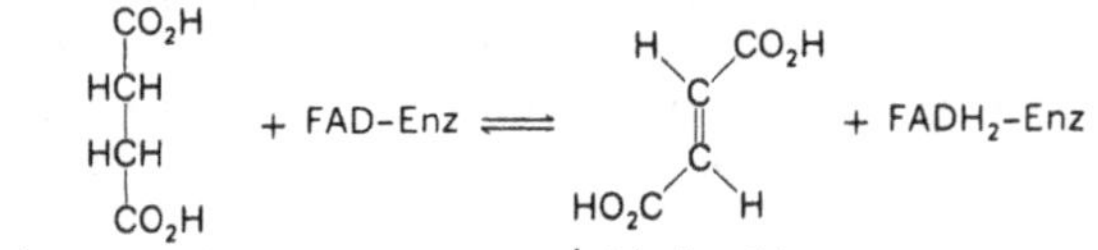

$$\begin{array}{c} CO_2H \\ | \\ HCH \\ | \\ HCH \\ | \\ CO_2H \end{array} + \text{FAD-Enz} \rightleftharpoons \begin{array}{c} H \quad CO_2H \\ \diagdown \diagup \\ C \\ \| \\ C \\ \diagup \diagdown \\ HO_2C \quad H \end{array} + \text{FADH}_2\text{-Enz} \qquad (12\text{-}7)$$

Ácido succínico — Ácido fumárico

O aceptor imediato (agente oxidante) dos elétrons é uma coenzima flavínica (FAD) que, em contraste com outras enzimas flavínicas, está ligada a uma desidrogenase flavínica através de uma ligação covalente. A succinato-desidrogenase está firmemente associada com a membrana mitocondrial interna, sendo difícil sua solubilização. As preparações "solubilizadas" a partir de coração de boi e levedura contêm 1 mol de flavina por mol de enzima (P. M. 200 000) e quatro átomos de ferro, descritos como ferro não-hemínico (veja também pp. 319 e 173). Quando o ferro não está associado com um heme, como nos citocromos, ele é chamado ferro "não-hemínico". Várias proteínas desse tipo são conhecidas atualmente, e sabe-se que elas funcionam em reações de óxido-redução, sendo o átomo de ferro oxidado e reduzido alternadamente. A succinato-desidrogenase é inibida competitivamente pelo ácido malônico, um fato que foi dos mais úteis para o esclarecimento de certos detalhes concernentes ao ciclo do ácido tricarboxílico.

Fumarase. A próxima reação é a adição de H_2O ao ácido fumárico para formar ácido L-málico

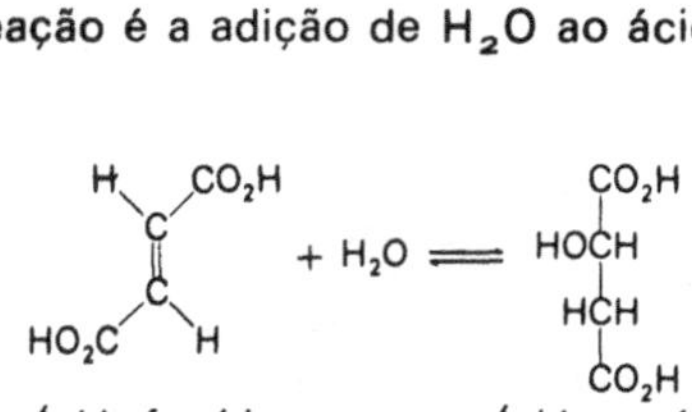

$$\begin{array}{c} H \quad CO_2H \\ \diagdown \diagup \\ C \\ \| \\ C \\ \diagup \diagdown \\ HO_2C \quad H \end{array} + H_2O \rightleftharpoons \begin{array}{c} CO_2H \\ | \\ HOCH \\ | \\ HCH \\ | \\ CO_2H \end{array} \qquad (12\text{-}8)$$

Ácido fumárico — Ácido L-málico

O equilíbrio para essa reação é cerca de 4,5. A enzima que catalisa a reação, a *fumarase*, foi cristalizada (P. M. 200 000) a partir de coração de porco, e é um tetrâmero formado de quatro cadeias peptídicas idênticas. Sua cinética e seu mecanismo de ação foram estudados detalhadamente.

Malato-desidrogenase. O ciclo do ácido tricarboxílico completa-se pela oxidação de ácido L-málico a ácido oxalacético, realizada pela enzima *malato-desidrogenase*. A reação é o quarto processo de óxido-redução encontrado no ciclo; o agente oxidante para a enzima de coração de porco é o NAD^+.

$$\underset{\text{Ácido L-málico}}{\begin{array}{c} CO_2H \\ | \\ HOCH \\ | \\ HCH \\ | \\ CO_2H \end{array}} + NAD^+ \rightleftharpoons \underset{\text{Ácido oxalacético}}{\begin{array}{c} CO_2H \\ | \\ C{=}O \\ | \\ HCH \\ | \\ CO_2H \end{array}} + NADH + H^+ \qquad (12\text{-}9)$$

A pH 7,0, a constante de equilíbrio é $1{,}3 \times 10^{-5}$; por essa razão, o equilíbrio está muito desviado para a esquerda. Por outro lado, a reação de oxalacetato com acetil-CoA na reação de condensação (Reação 12-2) é fortemente exergônica na direção da síntese de citrato, o que tende a converter malato a oxalacetato, pelo deslocamento do equilíbrio através da contínua remoção de oxalacetato.

A malato-desidrogenase da matriz mitocondrial, acima descrita, difere da isozima correspondente do citossol. A malato-desidrogenase do citossol desempenha um papel importante na produção de NADPH a partir de NADH no citossol (pp. 303 e 334).

CARACTERÍSTICAS DO CICLO DO ÁCIDO TRICARBOXÍLICO

Estequiometria. A equação balanceada para a oxidação completa de piruvato a CO_2 e H_2O pode ser escrita como

$$CH_3\underset{\underset{O}{\|}}{C}CO_2H + 2\tfrac{1}{2}\,O_2 \longrightarrow 3\,CO_2 + 2\,H_2O. \qquad (12\text{-}10)$$

Uma vez que é realizado passo a passo pelas reações do ciclo do ácido tricarboxílico (Reações 12-1 a 12-9), é útil examinarmos a estequiometria do ciclo em detalhe.

1. Existem cinco passos de oxidação: Reações 12-1, 12-4, 12-5, 12-7 e 12-9. Em cada um deles, um par de átomos de hidrogênio é removido a partir do substrato e transferido para uma coenzima nicotinamida ou uma coenzima flavínica. Como veremos no Cap. 14, a reoxidação dessas coenzimas reduzidas — cinco no total — por meio do sistema citocrômico de transporte de elétrons resulta na redução de cinco átomos ou 2,5 moles de oxigênio.

2. Quando os cinco pares de elétrons são usados para reduzir o O_2, 5 moles de H_2O são formados:

$$\tfrac{1}{2}\,O_2 + 2\,H^+ + 2\,e^- \longrightarrow H_2O.$$

Pela análise global do ciclo, pode-se ver que 2 moles de H_2O foram consumidos diretamente nas Reações 12-2 e 12-8. Para explicar a produção final de somente 2 moles de H_2O na oxidação do piruvato (Reação 12-10), um terceiro mol de H_2O deve ser levado em conta. Isso é feito notando-se que o GTP é produzido a partir de GDP e H_3PO_4 na Reação 12-6 do ciclo, e que, para escrever a Reação 12-10 como correspondente à soma das Reações 12-1 a 12-9, o GTP produzido em 12-6 deve ser balanceado — ele não aparece na Reação 12-10 — pelo consumo de um terceiro mol de H_2O, para converter o GTP novamente a GDP e H_3PO_4.

3. Finalmente, 3 moles de CO_2 são produzidos no ciclo do ácido tricarboxílico. Eles são equivalentes a três átomos de carbono do ácido pirúvico, mas note-se que somente o CO_2 produzido na Reação 12-1 procede diretamente do ácido pirúvico. Os outros dois CO_2 (Reações 12-4 e 12-5) têm como origem os dois grupos carboxílicos do oxalacetato (notar o sombreamento).

Todas as reações do ciclo do ácido tricarboxílico são reversíveis, exceto a α-descarboxilação oxidativa do α-cetoglutarato (Reação 12-5). Como foi observado, essa reação é inteiramente análoga a α-descarboxilação oxidativa irreversível do ácido pirúvico; portanto, embora secções individuais sejam reversíveis (por exemplo, do oxalacetato para succinato ou do α-cetoglutarato para o citrato), o ciclo não pode reverter seu percurso. Da mesma maneira, acetil-CoA e CO_2 não podem ser convertidos a piruvato pelo reverso da Reação 12-1.

Efeito de inibidores. São conhecidos vários compostos que servem como inibidores de reações específicas do ciclo do ácido tricarboxílico. Um deles, o ácido malônico, foi usado como instrumento experimental no estabelecimento da natureza cíclica da seqüência de reações. Na presença de malonato 0,01 *M*, a oxidação de succinato pela succinato-desidrogenase é fortemente inibida (sobre inibição competitiva, veja a **p. 147**). Dessa forma, em um homogenado de músculo que pode oxidar ácidos do ciclo, mas ao qual foi adicionado malonato 0,01 *M*, as reações prosseguirão somente até o succinato ser formado, e esse ácido se acumulará.

É importante compreender o efeito do malonato na oxidação de piruvato. Como se descreveu há pouco, a adição de certos ácidos dicarboxílicos e tricarboxílicos a homogenados de músculo estimulam a respiração desse tecido. Subseqüentemente foi mostrado que a oxidação do ácido pirúvico por um homogenado de músculo era catalisada pela adição ao sistema de ácidos di- e tricarboxílicos intermediários do ciclo. A oxidação desses ácidos aumenta o nível de oxalacetato, que, por sua vez, se condensa com acetil-CoA formada a partir de piruvato. Todavia, somente uma quantidade catalítica de um dos intermediários do ciclo é necessária; uma vez presente, ele pode percorrer o ciclo muitas vezes, e em cada passagem utilizará uma molécula de acetil--CoA. Esse é o modo pelo qual o ciclo normalmente opera no tecido intato.

Está claro que, na presença de malonato, a succinato-desidrogenase não pode oxidar succinato a fumarato; conseqüentemente, o succinato se acumulará. Sob tais condições, a utilização de acetil-CoA pode ocorrer somente se houver um suprimento de oxalacetato, com o qual ela possa se condensar. Obviamente, então, fumarato, malato e oxalacetato são os únicos compostos que podem permitir a utilização de acetil-CoA, uma vez que, estando localizados após a succinato-desidrogenase, são os intermediários do ciclo que podem ser convertidos a oxalacetato. Além disso, devem ser adicionados em quantidades estequiométricas equivalentes à acetil-CoA que é utilizada. A adição de ácidos tricarboxílicos ou ácido α-cetoglutárico, a um sistema inibido por malonato, de nada serve, uma vez que eles só podem ser convertidos a oxalacetato através da succinato-desidrogenase.

Um outro inibidor de uma das enzimas do ciclo do ácido tricarboxílico é o fluorcitrato, que inibe a aconitase. O fluorcitrato é um inibidor interessante, pois ele pode ser *sintetizado* dentro da célula viva, onde realiza sua ação inibitória. Certas plantas da África do Sul são tóxicas, porque contêm ácido monofluoracético (FCH_2COOH). Esse composto, que tem sido usado como rodenticida, é utilizado pela enzima condensante para formar fluorcitrato, porque a enzima condensante é capaz de utilizar fluoracetil-CoA como substrato, em lugar de acetil-CoA. Assim que o fluorcitrato é formado, ele inibe fortemente a aconitase, e grandes quantidades de ácido cítrico se acumulam nos tecidos dos animais envenenados.

Demonstração do ciclo do ácido tricarboxílico. Para provar a ocorrência do ciclo em um tecido não-estudado, as seguintes características deveriam ser demonstradas: (a) os intermediários do ciclo seriam oxidados pelas partículas do homogenado tissular; (b) a oxidação de ácido pirúvico seria fortemente estimulada pela adição de quantidades catalíticas de ácidos di e tricarboxílicos; (c) a oxidação do succinato seria inibida pelo malonato; e (d) a oxidação de piruvato num sistema assim inibido necessitaria de quantidades estequiométricas de ácidos dicarboxílicos. Seria possível detectar as enzimas na mitocôndria e, se as partículas não fossem isoladas com considerável cuidado, poderia ser necessário adicionar alguns dos cofatores requeridos novamente (por exemplo: NAD^+ ou Mg^{2+}). Embora todas essas observações possam ser feitas com mitocôndrias, é importante assinalar que as observações iniciais em animais foram feitas com homogenados de tecidos.

Oxidação de intermediários do ciclo de Krebs. Salientamos até agora a natureza catabólica do ciclo de Krebs, isto é, a sua capacidade de completar a oxidação do ácido pirúvico, ou, mais precisamente, da acetil-CoA derivada do piruvato (Reação 12-1), a CO_2 e H_2O. Deve ser apontado que a acetil-CoA pode derivar de outras fontes, por exemplo, da quebra de ácidos graxos (Cap. 13) ou de certos aminoácidos (Cap. 17).

Obviamente, o ciclo de Krebs pode servir como um mecanismo de oxidação dos sete ácidos tri e dicarboxílicos intermediários do próprio ciclo. Como exemplo, considere a seqüência de reações pela qual o succinato, produzido na quebra de isoleucina, seria completamente oxidado a CO_2 e H_2O. Inicialmente, o succinato pode ser convertido a oxalacetato pelas Reações 12-7 a 12-9. Nesse ponto, o oxalacetato poderia se condensar com um mol de acetil-CoA, mas isso, na realidade, representaria simplesmente a oxidação acelerada de acetato pelo ciclo, devido aos níveis aumentados de oxalacetato formado a partir do succinato. Para efetuar a oxidação completa do oxalacetato, esse composto poderia ser convertido a fosfoenolpiruvato, como acontece na gluconeogênese (p. 244). Isto é, o oxalacetato seria reduzido a malato pela malato-desidrogenase mitocondrial (p. 278), o malato difundiria para o citossol e seria reconvertido a oxalacetato (p. 279) pela malato-desidrogenase do citossol; o oxalacetato seria então convertido a fosfoenolpiruvato pela PEP-carboxiquinase (p. 245). Neste ponto, o fosfoenolpiruvato poderia formar glucose ou, como proposto acima, ser convertido em piruvato pela piruvato-quinase (p. 240).

O último composto tornaria a entrar na mitocôndria e seria oxidado a CO_2 e H_2O pelo ciclo de reações já discutido. Note-se que, nesse processo, a Reação 10-14 transforma um dos quatro átomos de carbono do oxalacetato a CO_2; os outros três serão convertidos a CO_2 durante a oxidação do piruvato propriamente dito. A oxidação do oxalacetato, por essa combinação de enzimas de fixação de CO_2, glicolíticas (Reação 10-7) e do ciclo de Krebs, exige obviamente uma coordenação entre o citoplasma e a mitocôndria. Isso foi discutido na p. 245.

REGULAÇÃO DO CICLO DO ÁCIDO TRICARBOXÍLICO

Para que o ciclo de Krebs funcione, é necessário um fornecimento contínuo de NAD^+ oxidado. As enzimas da cadeia de transporte eletrônico (Cap. 14) efetuam essa atividade vital e o processo concomitante da fosforilação oxidativa. De maneira geral, quando esses processos são inibidos, o ciclo de Krebs não pode funcionar. No entanto a velocidade na qual o ciclo funciona está sujeita a um controle muito mais fino.

A piruvato-desidrogenase, que fornece acetil-CoA para ser oxidada pelo ciclo de Krebs, é inibida quando o nível de NADH ou de acetil-CoA aumenta. Um controle adicional pode ser exercido pelo AMP cíclico produzido quando a concentração de ATP se eleva, pois existem evidências de que a piruvato-desidrogenase de mamíferos pode ser fosforilada por uma proteína-quinase ativada por AMP cíclico; a fosforilação de um resíduo de serina, em uma das cadeias peptídicas não-idênticas da piruvato-desidrogenase, inativa todo o complexo enzimático. A reativação ocorre quando a concentração de ATP, e, portanto, de AMP cíclico, diminui, o que resulta na desfosforilação da enzima por uma fosfatase. O mecanismo de controle seria análogo ao da glicogênio-sintetase, onde a forma fosforilada da enzima (fosfopiruvato-desidrogenase) é a forma inativa da enzima.

A citrato-sintase encontra-se sob refinado controle; ambos, ATP e NADH, podem inibir essa reação inicial do ciclo de Krebs. A inibição de ATP e de NADH sobre a isocítrico-desidrogenase também foi observada (p. 276). Assim, a carga energética da célula pode, de fato, afetar a seqüência na qual o ciclo do ácido tricarboxílico opera.

A NATUREZA ANABÓLICA DO CICLO DE KREBS

Como será visto no Cap. 17, o ciclo de Krebs é a fonte primária de certos intermediários biossintéticos fundamentais da célula. Um exemplo típico é o α-cetoglutarato formado na Reação 12-4, que fornece o esqueleto carbônico para a biossíntese de ácido glutâmico, glutamina, prolina, hidroxiprolina e ornitina (e, portanto, 5/6 dos carbonos de citrulina e arginina). Outro intermediário essencial é a succinil-CoA, utilizada na síntese de porfirinas encontradas em hemoglobina, mioglobina e citocromos. Outros exemplos mais especializados podem ser citados: assim, o ácido cítrico, que se acumula nos vacúolos das espécies cítricas, ou os ácidos isocítrico e málico, encontrados em altas concentrações em certas espécies de Sedums e maçãs, teriam suas origens no ciclo.

A fim de que o α-cetoglutarato, ou qualquer um dos intermediários do ciclo de Krebs já mencionados, possa exercer uma função anabólica, uma simples exigência deve ser preenchida. Ambas as unidades, C_2 (acetil-CoA) e C_4 (oxalacetato), que se combinam e produzem no ciclo de Krebs o α-cetoglutarato (ou outro intermediário), devem ser fornecidas em quantidades estequiométricas equivalentes ao α-cetoglutarato (ou outro intermediário) que está sendo removido para propósitos anabólicos. Dessa forma, se uma célula, por um certo período de tempo, precisar produzir 5,76 μmoles de ácido glutâmico a partir de α-cetoglutarato, ela deverá receber 5,76 μmoles de acetil-CoA e 5,76 μmoles de oxalacetato, para restabelecer o nível inicial.

Essa consideração introduz imediatamente a questão da fonte "normal" de unidades C_2 e C_4, questões que já consideramos. Como foi assinalado neste capítulo, a acetil-CoA pode ser derivada do piruvato (Reação 12-1) e, dessa maneira, ter sua origem em carboidratos que dão piruvato através da glicólise. A unidade C_2 pode também ser derivada de ácidos graxos durante a β-oxidação (Cap. 13). A unidade C_4 do oxalacetato pode ser derivada de várias fontes; já consideramos sua produção a partir de piruvato através da ação da piruvico-carboxilase (Reações 10-13 e 12-11). Ela poderia também ser produzida por ação da PEP-carboxiquinase (Reações 10-14 e 12-12), embora fisiologicamente essa reação pareça retirar átomos de carbono do ciclo de Krebs e não introduzi-los. Outras fontes importantes de oxalacetato são os intermediários do próprio ciclo de Krebs. Assim, o succinato produzido no ciclo do ácido glioxílico, que logo será descrito, poderia prover oxalacetato pela sua conversão em unidades C_4 via Reações 12-7, 12-8 e 12-9. Finalmente, o oxalacetato pode ser produzido pela transaminação de ácido aspártico (p. 383).

Reações anapleróticas. A seção anterior sobre a natureza anabólica do ciclo de Krebs levantou a questão de como o nível de intermediários pode ser *restabelecido* quando, por exemplo, alguns desses intermediários são removidos para propósitos anabólicos. H. L. Kornberg propôs o termo *anapleróticas* para essas reações de reposição ou "de suplementação". Uma recordação de reações que já consideramos, e de outras ainda não-descritas, é apropriada neste momento.

1. Piruvato-carboxilase: a reação anaplerótica individual mais importante em tecidos animais é a reação catalisada pela piruvato-carboxilase, uma enzima mitocondrial.

$$CO_2 + \underset{\text{Ácido pirúvico}}{\begin{matrix} CO_2H \\ | \\ C{=}O \\ | \\ CH_3 \end{matrix}} + ATP + H_2O \underset{}{\overset{Mg^{2+}}{\underset{\text{Acetil-CoA}}{\rightleftharpoons}}} \underset{\text{Ácido oxalacético}}{\begin{matrix} CO_2H \\ | \\ C{=}O \\ | \\ CH_2 \\ | \\ CO_2H \end{matrix}} + ADP + H_3PO_4 \qquad (12\text{-}11)$$

As propriedades dessa enzima foram descritas em detalhe p. 244. A reação que ela catalisa liga intermediários da seqüência glicolítica e do ciclo do ácido tricarboxílico.

2. A enzima fosfoenolpiruvato-carboxilase (PEP-carboxilase) catalisa a Reação 12-12:

$$CO_2 + \underset{\text{Ácido fosfoenolpirúvico}}{\begin{array}{c} CO_2H \\ | \\ C{-}OPO_3H_2 \\ \| \\ CH_2 \end{array}} + H_2O \longrightarrow \underset{\text{Ácido oxalacético}}{\begin{array}{c} CO_2H \\ | \\ C{=}O \\ | \\ CH_2 \\ | \\ CO_2H \end{array}} + H_3PO_4 \qquad (12\text{-}12)$$

A enzima requer Mg^{2+} para sua atividade e a reação é irreversível. A fosfoenolpiruvato-carboxilase ocorre em plantas superiores, leveduras e bactérias (exceto pseudomonas), mas não aparece em animais. Presumivelmente, ela tem a mesma função da piruvato-carboxilase, isto é, faz com que o ciclo de Krebs tenha um suprimento adequado de oxalacetato. Em algumas espécies, a enzima é ativada por frutose-1-6--difosfato, o que é comprensível pois permite que o ciclo de Krebs possa adequadamente oxidar o piruvato que está sendo formado a partir da glucose. A fosfoenolpiruvato-carboxilase é inibida por aspartato; esse fato é compreensível, tendo em conta que o oxalacetato é o precursor direto do ácido aspártico (pela transaminação). Por essa razão a seqüência biossintética

$$\text{Fosfoenolpiruvato} \longrightarrow \text{Oxalacetato} \longrightarrow \text{Asparato}$$

é um meio simples para sintetizar aspartato a partir de PEP, e o aspartato pode controlar sua própria produção, inibindo o primeiro passo da seqüência.

3. Fosfoenolpiruvato-carboxiquinase (descrita na p. 245) em teoria poderia catalisar a reposição de oxalacetato a partir de fosfoenolpiruvato. Entretanto a afinidade da enzima por oxalacetato é muito grande ($K_m = 2 \times 10^{-6}$), ao passo que, por CO_2, é pequena. Assim, a enzima favorece a formação de fosfoenolpiruvato.

$$CO_2 + \underset{\text{Ácido fosfoenolpirúvico}}{\begin{array}{c} COOH \\ | \\ C{-}OPO_3H_2 \\ \| \\ CH_2 \end{array}} + GDP \rightleftharpoons \underset{\text{Ácido oxalacético}}{\begin{array}{c} COOH \\ | \\ C{=}O \\ | \\ CH_2 \\ | \\ CO_2H \end{array}} + GTP \qquad (12\text{-}13)$$

4. A enzima málica catalisa a formação reversível de L-malato a partir de piruvato e CO_2; a K_{eq} para a reação, pH 7,0, é 1,6. A enzima málica é encontrada em plantas,

$$CO_2 + \underset{\text{Ácido pirúvico}}{\begin{array}{c} CO_2H \\ | \\ C{=}O \\ | \\ CH_3 \end{array}} + NADPH + H^+ \rightleftharpoons \underset{\text{Acido L-málico}}{\begin{array}{c} CO_2H \\ | \\ HOCH \\ | \\ CH_2 \\ | \\ CO_2H \end{array}} + NADP^+ \qquad (12\text{-}14)$$

em diversos tecidos animais e em algumas bactérias crescidas em presença de ácido málico (isto é, em tais organismos ela é uma enzima adaptativa). Acredita-se que a enzima tenha papel fisiológico significativo, devido à sua capacidade de produzir o NADPH necessário para propósitos biossintéticos. Juntamente com duas desidrogenases da via das pentoses-fosfato (Cap. 11) e a isocitrato-desidrogenase $NADP^+$-específica essa enzima fornece um meio para a produção da coenzima reduzida a partir de intermediários da glicólise ou do ciclo de Krebs. Em certas plantas, a enzima málica desempenha um importante papel na fotossíntese.

REAÇÕES DE FIXAÇÃO DO CO_2

As Reações 12-11 a 12-14 são exemplos de "reações de fixação de CO_2". As observações iniciais que estimularam a investigação dessas reações foram feitas por Wood e Werkman, em 1936. Eles observaram que, quando bactérias de ácido propiônico fermentavam glicerol a ácidos propiônico e succínico, era encontrado mais carbono nos produtos do que havia no glicerol adicionado. Provou-se que o dióxido de carbono era a fonte dos átomos "extras" de carbono ou seja, do carbono que estava sendo "fixado". Hoje, o significado fisiológico da "fixação de CO_2" vai além do metabolismo em bactérias do ácido propiônico e inclui não só as reações anapleróticas acima relacionadas, mas também aquelas catalisadas por enzimas, como a *acetil-CoA-carboxilase* (p. 176) a *propionil-CoA-carboxilase* (p. 300) e a *ribulose*-1,5-*difosfato-carboxilase* (p. 354).

O CICLO DO ÁCIDO GLIOXÍLICO

As duas funções mais importantes do ciclo do ácido tricarboxílico já foram descritas: a oxidação completa da acetil-CoA (e dos compostos conversíveis a acetil-CoA) e múltiplas atividades anabólicas — por exemplo, a síntese do ácido glutâmico, succinil-CoA, ácido aspártico. Uma vez que as reações do ciclo (Reações 12-2 a 12-9) só podem degradar o acetato, permanece a questão básica de como alguns organismos (muitas bactérias, algas e certas plantas superiores, em um certo estágio de seu ciclo de vida) podem utilizar acetato como a única fonte de carbono para todos os compostos de carbono da célula. Ou seja, como o acetato, que pelo ciclo de Krebs só pode ser oxidado a CO_2 e H_2O é capaz de, em alguns organismos produzir tanto carboidratos como aminoácidos derivados do ciclo do ácido tricarboxílico?

Esse intrigante problema foi muito bem solucionado pelo trabalho perseverante de H. L. Kornberg que, juntamente com outros cientistas, mostrou que, nos organismos que convertiam acetato a carboidratos, o acetato entrava para uma seqüência *anabólica* chamada de *ciclo do glioxilato* (Fig. 12-1). De fato, o ciclo do glioxilato contorna as Reações 12-4 a 12-8 do ciclo de Krebs, evitando dessa forma as duas reações em que o CO_2 é produzido (Reações 12-4 e 12-5). O desvio consiste em duas reações, nas quais (1) o isocitrato é cindido em succinato e glioxilato, e (2) o glioxilato reage com outro acetil-CoA para formar malato.

Consideremos primeiro as duas reações. Em lugar de o isocitrato ser oxidado, ele é quebrado pela enzima isocitratase (isocitrato-liase), para formar ácidos succínico e glioxílico:

$$\underset{\text{Isocitrato}}{\begin{matrix} CH_2-COOH \\ | \\ HC-COOH \\ | \\ HOC-COOH \\ H \end{matrix}} \rightleftharpoons \underset{\text{Succinato}}{\begin{matrix} CH_2-COOH \\ | \\ CH_2-COOH \end{matrix}} + \underset{\text{Glioxilato}}{\begin{matrix} O=C-COOH \\ H \end{matrix}} \qquad (12\text{-}15)$$

O ácido glioxílico formado é então condensado com um mol de acetil-CoA para produzir ácido L-málico, em uma reação análoga àquela da citrato-sintase (Reação 12-2), discutida anteriormente. A enzima envolvida é chamada malato-sintase:

$$\underset{\text{Acetil-CoA}}{H_3C-\overset{\displaystyle O}{\overset{\|}{C}}-S-CoA} + \underset{\text{Glioxilato}}{O=\underset{H}{C}-COOH} + H_2O \longrightarrow \underset{\text{L-Malato}}{HO\underset{H}{C}(-COOH)-CH_2-COOH} + CoA-SH \qquad (12\text{-}16)$$

Embora essas duas reações contornem os passos descarboxilativos do ciclo de Krebs, não constituem um ciclo, se não forem escritas em conjunto com as reações catalisadas pela malato-desidrogenase (Reação 12-9), citrato-sintase (12-2), e aconitase (12-3). Essas cinco enzimas reunidas constituem o ciclo do glioxilato, e realizam a conversão de 2 moles de acetato (como acetil-CoA) em ácido succínico (Fig. 12-1).

O amplo significado do ciclo do glioxilato pode agora ser apreciado, imaginando que o succinato, como um produto do ciclo, pode sofrer várias reações, previamente descritas. Por exemplo, o succinato pode ser convertido a succinil-CoA (Reação 12-6) e servir como precursor de porfirinas. O succinato pode ser oxidado a oxalacetato via Reações 12-7 a 12-9 e ser utilizado para a síntese de ácido aspártico (p. 383) e outros compostos (por exemplo, pirimidinas), derivados do ácido aspártico. O oxalacetato pode ser convertido a PEP e sofrer as reações da gluconeogênese. Finalmente, o oxalacetato poderia se condensar com acetil-CoA (Reação 12-2), preenchendo os requisitos especificados anteriormente (p. 282), para o ciclo de Krebs operar de forma anabólica.

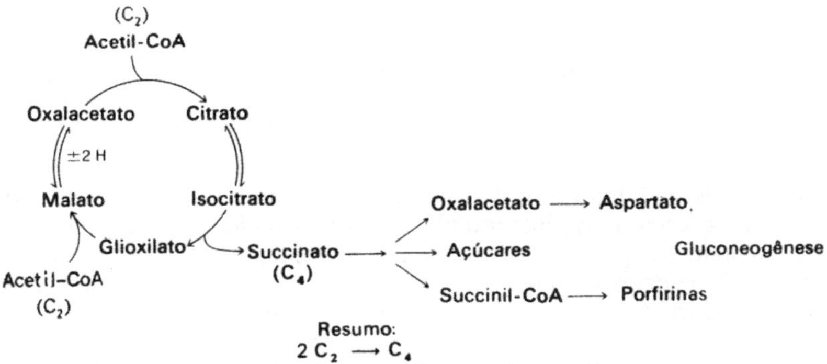

Figura 12-1. O ciclo do glioxilato, mostrando a formação de um mol de succinato a partir de dois moles de acetato (como acetil-CoA)

Os tecidos de plantas superiores que possuem um ciclo do glioxilato funcionante possuem organelas (glioxisomas) que contêm as cinco enzimas necessárias para o ciclo operar (p. 223). É interessante notar que os glioxisomas aparecem nos cotilédones de sementes de alto conteúdo lipídico, logo após o início da germinação, quando os lipídeos estão sendo utilizados como principal fonte de carbono para a síntese de carboidratos. Assim, as sementes de alto teor lipídico (por exemplo, amendoim, mamona) podem converter lipídeos em carboidratos, uma síntese que os animais são incapazes de realizar, uma vez que não possuem o ciclo do glioxilato.

COMPARTIMENTAÇÃO MITOCONDRIAL

No Cap. 9, foi mencionado que as enzimas do ciclo do ácido tricarboxílico localizam-se ou na membrana interna ou na matriz interna da mitocôndria. As numerosas coenzimas (NAD^+, FAD, TPP, ácido lipóico, CoA-SH) e os cofatores (Mg^{2+}, ADP,

GDP) associados com o ciclo também estão localizados na membrana ou matriz, separados dos estoques desses compostos no citoplasma. A oxidação do ácido pirúvico só ocorre após a penetração do α-cetoácido na mitocôndria, o qual passa livremente através da membrana interna até a matriz, onde as enzimas necessárias estão localizadas.

A entrada dos ácidos do ciclo de Krebs na matriz mitocondrial é realizada por um mecanismo de troca. Assim, para que malato e succinato entrem, uma quantidade equivalente de fosfato inorgânico deve deixar a mitocôndria. O mesmo mecanismo de troca se aplica a citrato e isocitrato. Em contraste, fumarato e oxalacetato não podem atravessar membranas mitocondriais, em qualquer direção.

O α-cetoglutarato pode mover-se para dentro e para fora da organela, mas uma quantidade equivalente de malato deve passar na direção oposta (veja a p. 336 para maior discussão).

Uma importante fonte de unidades de acetato para síntese de ácidos graxos é a acetil-CoA produzida pela descarboxilação oxidativa do piruvato no interior da mitocôndria. Entretanto, para participar da síntese de ácidos graxos, a acetil-CoA deve ser transferida para o citoplasma, onde o processo ocorre. A incapacidade da acetil-CoA em transpor a membrana interna será referida no Cap. 13, bem como o papel da carnitina no transporte de ácidos graxos através daquela barreira. Embora as unidades de acetil possam ser transportadas para fora da mitocôndria na forma de acetil-carnitina, o citrato também pode exercer a mesma função.

O citrato produzido pela Reação 12-2 pode deixar a mitocôndria e, no citoplasma, ser clivado pela enzima de clivagem de citrato dependente de ATP para produzir acetil-CoA,

$$\underset{\textbf{Citrato}}{\begin{array}{c} CH_2-CO_2H \\ | \\ HO-C-CO_2H \\ | \\ CH_2-CO_2H \end{array}} + ATP + CoASH \longrightarrow \underset{\textbf{Acetil-CoA}}{\begin{array}{c} C_3H-C-S-CoA \\ \| \\ O \end{array}} + \underset{\text{Oxalacetato}}{\begin{array}{c} COOH \\ | \\ C=O \\ | \\ CH_2 \\ | \\ COOH \end{array}} \quad ADP + H_3PO_4 \qquad (12\text{-}17)$$

Os átomos de carbono do oxalacetato produzido nessa reação podem fazer a trajetória inversa, para dentro da mitocôndria, após a redução do oxalacetato a malato pela NAD^+-malato-desidrogenase que ocorre no citoplasma. Na matriz mitocondrial, o malato será oxidado a oxalacetato, que pode então se combinar com outro mol de acetil-CoA para formar citrato e repetir o processo (veja a p. 336).

REFERÊNCIAS

1. T. W. Goodwin (ed.) – *The Metabolic Roles of Citrate*. Londres, Inglaterra, Academic Press, 1968. O livro contém oito artigos cobrindo numerosos aspectos do ciclo do ácido tricarboxílico. Os artigos foram apresentados em um simpósio da Biochemical Society em honra de Sir Hans Krebs, o principal responsável pelo estabelecimento do ciclo metabólico que freqüentemente recebe seu nome.

2. J. M. Lowenstein – "The Tricarboxylic Acid Cycle", in *Metabolic Pathways*. D. M. Greenberg (ed.), 3.ª edição, Vol. 1. New York, EUA, Academic Press, 1967. Uma revisão atual do ciclo do ácido tricarboxílico, incluindo aspectos estereoquímicos.

3. H. L. Kornberg – "Anaplerotic Sequences and Their Role in Metabolism", in *Essays in Biochemistry*, Vol. 2. Londres, Inglaterra, Academic Press, 1966. O funcionamento do ciclo do glioxalato e seu papel anaplerótico são revistos pela autoridade no assunto.

4. H. Beevers – *Ann. N. Y. Acad. Sci.* **168**, 313 (1969). O ciclo do glioxalato observado em certos tecidos vegetais é descrito em suas particularidades.

5. H. G. Wood e M. F. Utter – "The Role of CO_2 Fixation in Metabolism", in *Essays in Biochemistry*, Vol. 1. Londres, Inglaterra, Academic Press, 1965. Uma revisão lúcida da fixação do CO_2 e do papel que desempenha na manutenção do ciclo do ácido tricarboxílico.

6. E. A. Newsholme e C. Start. *Regulation in Metabolism*. Londres, Inglaterra. John Wiley, 1973.

PROBLEMAS

1. Considerando-se apenas a seqüência de degradação de ácidos graxos, o ciclo de Krebs, e a glicólise, é claro que uma conversão *efetiva* de ácidos graxos a carboidratos (glucose) não pode ocorrer. Portanto explique por que glicogênio e glucose do sangue tornam-se radioativos quando se administra acetato radioativo ($^{14}CH_3COOH$) a ratos. Mostre os átomos da unidade de hexose que se tornam marcados.
2. Piruvato radioativo marcado com ^{14}C no carbono 2

$$(H_3C-\overset{\overset{\displaystyle O}{\|}}{C^*}-COOH)$$

foi injetado em um animal. Após alguns minutos, o dióxido de carbono expirado pelo animal foi captado, mostrando-se altamente radioativo. Use equações para esquematizar a série de reações, catalisadas por enzimas, que explicariam o aparecimento de ^{14}C no CO_2 expirado.
3. Sugira uma seqüência de reações enzimáticas pela qual o ácido α-cetoadípico (um α-cetoácido dicarboxílico, com seis carbonos) seria sintetizado a partir de acetil-CoA e ácido α-cetoglutárico. Use fórmulas estruturais e mostre todos os cofatores envolvidos.

$$HO_2C-\underset{\underset{\displaystyle O}{\|}}{C}-(CH_2)_3-CO_2H$$

Ácido α-cetoadípico

4. A bactéria *E. coli* obtém seu ácido glutâmico (e outros aminoácidos de cinco carbonos) a partir de α-cetoglutarato; este, por sua vez, pode ser sintetizado a partir de ácido pirúvico ou de ácido acético, como única fonte de carbono. Escreva as vias metabólicas, pelas quais o microrganismo pode efetuar a síntese de α-cetoglutarato *a partir de cada uma das duas fontes de carbono*.
5. Uma das reações do ciclo do glioxilato é formalmente análoga à reação catalisada pela enzima condensante (citrato-sintase) do ciclo de Krebs. Escreva essa reação do ciclo do glioxilato usando fórmulas estruturais para os ácidos orgânicos e abreviações para os fatores (por exemplo, NAD^+).

capítulo **13**

METABOLISMO DOS LIPÍDEOS

OBJETIVO

A primeira parte deste capítulo trata do transporte e da mobilização dos lipídeos no organismo, e a segunda parte estuda a utilização dos mesmos em termos de degradação, biossíntese e formação de corpos cetônicos em vários tecidos. Esperamos, desse modo, cobrir os principais aspectos do metabolismo dos lipídeos de uma maneira mais lógica do que por meio de uma apresentação tradicional dos sistemas metabólicos isoladamente.

INTRODUÇÃO

Os lipídeos são armazenados em grandes quantidades como triglicerídeos neutros altamente insolúveis, tanto nos vegetais como nos animais; eles podem ser rapidamente mobilizados e degradados para suprir demandas energéticas celulares. Na combustão completa de um ácido graxo típico, o ácido palmítico, existe uma grande variação negativa de energia livre,

$$C_{16}H_{32}O_2 + 23\ O_2 \longrightarrow 16\ CO_2 + 16\ H_2O$$
$$\Delta G' = -2\ 340\ \text{kcal/mol.}$$

Essa variação negativa se deve à oxidação do radical de hidrocarboneto altamente reduzido, unido ao grupo carboxílico do ácido graxo. De todos os alimentos comuns, somente os ácidos graxos de cadeias longas possuem essa importante propriedade química. Por essa razão, os lipídeos têm quantitativamente o maior valor calórico entre todos os alimentos, ou seja, 9,3 kcal/g, em contraste com 4,1 kcal/g provenientes de carboidratos e proteínas.

Os lipídeos também funcionam como importantes isolantes de órgãos internos delicados. Existem lipídeos complexos como componentes essenciais de tecido nervoso, membranas plasmáticas, e membranas de partículas subcelulares tais como mitocôndrias, retículo endoplasmático e núcleo. Além disso, encontramos derivados lipídicos na arquitetura básica do sistema de transporte de elétrons na mitocôndria e das complicadas estruturas encontradas nos cloroplastos, o local da fotossíntese.

Como já dissemos, a principal forma de armazenamento de energia na célula animal é a molécula lipídica. Quando o fornecimento calórico excede as necessidades, o excesso de alimento é invariavelmente armazenado como gordura; o corpo não pode armazenar nenhuma outra forma de alimento em tão grandes quantidades. Os carboidratos, por exemplo, são convertidos a glicogênio, mas a capacidade do corpo em estocar esse polissacarídeo como fonte potencial de energia é estritamente limitada. Em um fígado normal, a quantidade média de glicogênio é 5-6% do peso total e, no músculo esquelético, o conteúdo médio de glicogênio é somente 0,4-0,6%. A glucose sangüínea, que pode ser depositada sob forma de glicogênio, está presente ao nível de 60-100 mg por 100 ml de sangue total. Somente sob condições patológicas esses valores são alterados drasticamente. No animal normal, a concentração de carboidratos nos diversos tecidos é cuidadosamente regulada por controles hormonais e metabólicos e esses compostos funcionam apenas limitadamente como reservas de energia.

As proteínas, a terceira principal classe de alimentos, diferem consideravelmente dos carboidratos e das gorduras em suas funções biológicas; elas servem como fonte de vinte diferentes aminoácidos necessários para a síntese *de novo* de proteínas e como fonte de esqueletos de carbono essenciais para a síntese de purinas, pirimidinas e outros compostos nitrogenados. Além disso, em um organismo adulto, em que o crescimento ativo já cessou, as perdas de nitrogênio são aproximadamente iguais às entradas, e o organismo não mostra tendência em armazenar as proteínas em excesso da dieta.

O DESTINO DOS LIPÍDEOS DA DIETA

A Fig. 13-1 apresenta, de uma maneira esquemática, o fluxo de lipídeos no organismo. Três compartimentos são importantes, quais sejam, o fígado, o sangue e o tecido adiposo: o fígado e o tecido adiposo são os principais sítios de atividade metabólica, enquanto que o sangue serve como sistema de transporte. Outros compartimentos, tais como os músculos esqueléticos e cardíaco, são importantes consumidores de ácidos graxos e corpos cetônicos.

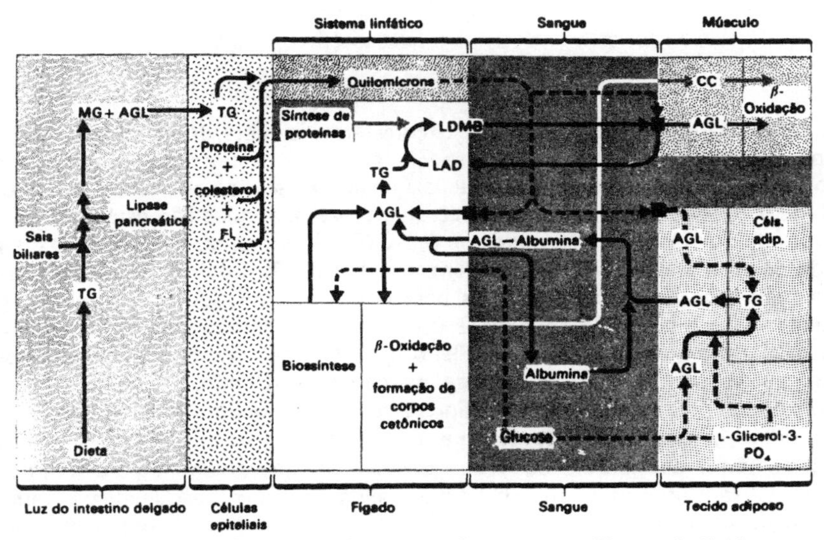

Figura 13-1. Esquema mostrando o papel dos compartimentos na utilização de lipídeos em animais. TG, triacilglicerol; MG, monoacilglicerol; AGL, ácido graxo livre; FL, fosfolipídeos; CC, corpos cetônicos; LDMB, lipoproteína de densidade muito baixa; ■, lipoproteína-lipase; LAD, lipoproteína de alta densidade

LÚMEN

No lúmen (ou luz) do intestino delgado, os triacilgliceróis são degradados a ácidos graxos livres (AGL) e a monoacilgliceróis, na presença de ácidos biliares conjugados e lipase pancreática. Os ácidos biliares conjugados são detergentes que consistem numa parte lipossolúvel (esteróide) e numa parte polar (taurina, glicina).

Os ácidos biliares, os ácidos graxos e os monoglicerídeos formam micelas, nas quais a fração não-polar está localizada na parte central e a fração polar na superfície. As micelas são também o veículo de absorção de vitaminas lipossolúveis e colesterol. Os ácidos biliares, entretanto, não são absorvidos pela via linfática, mas sim através do sangue portal, para o fígado, e são reciclados para o lúmen através da vesícula biliar.

CÉLULAS EPITELIAIS E QUILOMÍCRONS

Os ácidos graxos livres, os monoacilgliceróis e os triacilgliceróis restantes são absorvidos como micelas para as células epiteliais do intestino delgado, onde ocorrem as seguintes reações, catalisadas por enzimas do retículo endoplasmático:

(a) *Acil-CoA-sintetase*

$$RCH_2COOH + ATP + CoASH \xrightarrow{Mg^{2+}} RCH_2CO{-}SCoA + AMP + PPi$$

(b) *Monoacilglicerol-acil-transferase*

$$R^1CH_2CO{-}SCoA + \underset{\textbf{Monoacilglicerol}}{\begin{array}{l} \quad\;\; CH_2OH \\ R\overset{O}{\overset{\|}{C}}OCH \\ \quad\;\; CH_2OH \end{array}} \longrightarrow \underset{\textbf{Diacilglicerol}}{\begin{array}{l} \quad\;\; CH_2OCOR^1 \\ R\overset{O}{\overset{\|}{C}}OCH \\ \quad\;\; CH_2OH \end{array}} + CoASH$$

(c) *Diacilglicerol-acil-transferase*

$$R^2CH_2CO{-}SCoA + \begin{array}{l} \quad\;\; CH_2OCOR^1 \\ R\overset{O}{\overset{\|}{C}}OCH \\ \quad\;\; CH_2OH \end{array} \longrightarrow \underset{\textbf{Triacilglicerol}}{\begin{array}{l} \quad\;\; CH_2OCOR^1 \\ R\overset{O}{\overset{\|}{C}}OCH \\ \quad\;\; CH_2OCOR^2 \end{array}} + CoASH$$

O triacilglicerol recém-sintetizado, o colesterol da dieta, fosfolipídeos recém-sintetizados, assim como as proteínas específicas recém-sintetizadas combinam-se no retículo endoplasmático das células epiteliais e são excretados nos vasos quilíferos (vasos linfáticos do intestino) como quilomícrons. Essas partículas são estáveis, com cerca de 200 nm de diâmetro, contêm cerca de 0,2-0,5% de proteína, 6-10% de fosfolipídeo, 2-3% de colesterol + ésteres de colesterol e cerca de 80-90% de triacilgliceróis. Elas passam dos vasos linfáticos intestinais para o sistema linfático e, finalmente, para o duto torácico para serem descarregadas no sistema sangüíneo pela veia subclavia esquerda, sob a forma de uma suspensão leitosa. A remoção dos quilomícrons do sangue é muito rápida, sendo a sua meia-vida de cerca de 10 min.

Sob condições isocalóricas, a maior parte dos quilomícrons é transportada para o tecido adiposo para reserva de gordura. Entretanto, em condições de jejum, quando o armazenamento de gordura seria de considerável desvantagem para o animal, os quilomícrons são utilizados principalmente pelos músculos esqueléticos vermelhos, pelo músculo cardíaco e pelo fígado para suprir as demandas energéticas. Como os quilomícrons devem primeiramente ter seus componentes triacilglicerídicos degradados a ácidos graxos livres antes que o tecido-alvo possa utilizá-los, há nesse processo degradativo a participação de um importante fator regulatório, a lipoproteína-lipase:

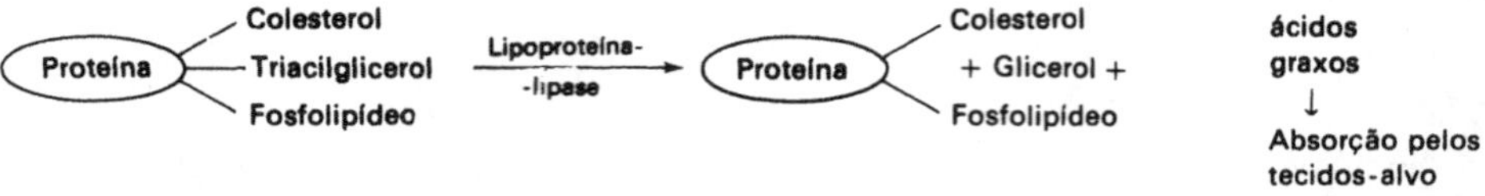

Sob condições isocalóricas, essa enzima, localizada nas paredes dos leitos capilares dos tecidos-alvo, apresenta altos níveis de atividade no tecido adiposo. Então os ácidos graxos livres provenientes dos quilomícrons são transportados para o tecido adiposo para armazenamento. Em agudo contraste, em condições de jejum, a atividade da enzima cai drasticamente no sistema vascular do tecido adiposo, mas aumenta nos tecidos muscular, cardíaco, e no fígado, que necessitam suprimento para suas demandas energéticas. Nesse caso, os quilomícrons do sangue não serão utilizados pelo tecido adiposo para reserva, e irão para importantes tecidos-alvo, tais como músculo, sendo usados para fins energéticos.

TECIDO ADIPOSO

À medida que os ácidos graxos livres entram nas células adiposas do tecido adiposo, pela ação da liproteína-lipase das paredes dos capilares adjacentes, são rapidamente convertidos a triacilgliceróis, como mostra a Fig. 13-2. A célula adiposa adulta consiste num fino envoltório de citoplasma esticado sobre uma grande gota de triacilglicerol, que ocupa até 99% do volume total da célula. Um conjunto completo de todas as organelas eucarióticas é encontrado no citoplasma da célula. As células adiposas em mamíferos e pássaros exercem o importante papel de local de reserva de energia para todo o organismo. Os principais depósitos de gordura do homem são os tecidos subcutâneo, muscular e mesentérico. Ao contrário, alguns peixes, como, por exemplo, o bacalhau, utilizam o fígado como depósito de lipídeos. Os lipídeos armazenados, nas células adiposas, como triacilgliceróis, são suficientes para permitir a sobrevivência de um indivíduo durante cerca de 40 dias de jejum.

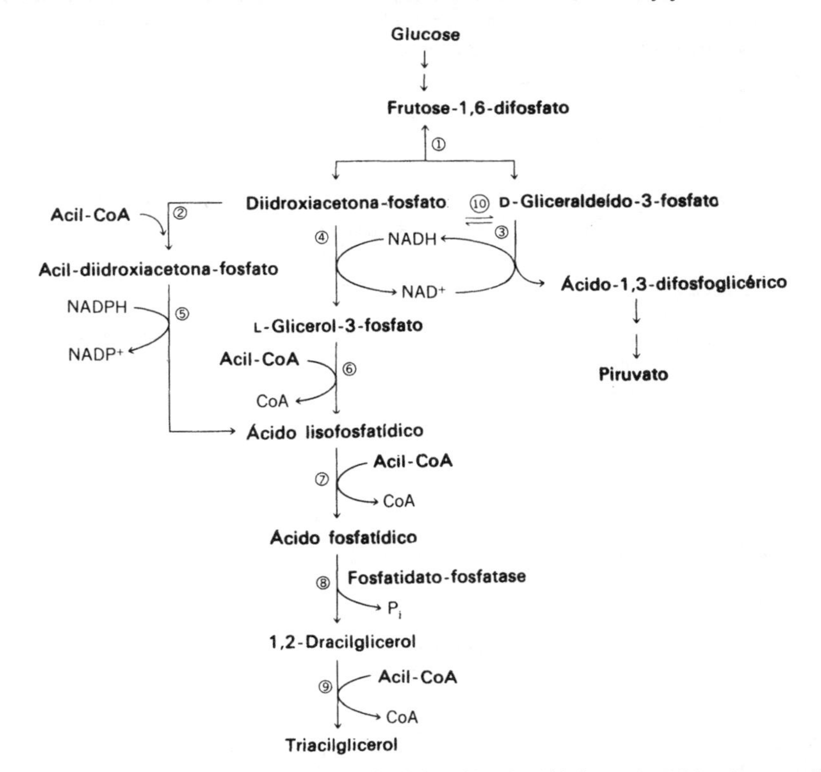

Figura 13-2. Enzimas envolvidas na síntese de triacilgliceróis: (1) Aldolase; (2) Diidroxiacetona-fosfato-desidrogenase; (3) Triose-fosfato-desidrogenase; (4) Glicerol-3-fosfato-desidrogenase; (5) Acildesidroxiacetona-fosfato-redutase; (6) Glicerol-fosfato-aciltransferase; (7) Liso-fosfatidato-aciltransferase; (8) Fosfatidado-fosfatase; (9) Diacilglicerol-aciltransferase; (10) Triose-fosfato-isomerase

Os depósitos de gordura não são fixos, isto é, os lipídeos são continuamente mobilizados e depositados. Normalmente, a quantidade de lipídeos do corpo é mantida constante por longos períodos de tempo, possivelmente através da regulação do apetite por um mecanismo desconhecido. Quando condições de tensão (*stress*) desenvolvem-se no animal, tais como jejum, exercício prolongado ou resposta a medo repentino – sob a forma de exercício violento – a adrenalina da corrente sangüínea liga-se a um receptor específico da superfície da célula gordurosa e provoca uma resposta, como esquematizado na Fig. 13-3. Uma lipase a hormônio-sensível é ativada, convertendo rapidamente os triacilgliceróis a diacilgliceróis e ácidos graxos livres (AGL). Os AGL são transferidos para o sangue, onde se combinam com a albumina do soro, formando complexos, solúveis e estáveis, de AGL-albumina. A albumina constitui cerca de 50% do total de proteínas do plasma, tem um peso molecular de 69 000 e está envolvida principalmente na regulação osmótica do sangue. Devido a sua alta solubilidade e seus sítios de ligação característicos para ácidos graxos (7-8 sítios por molécula de albumina), exerce também um importante papel no transporte de ácidos graxos, os quais, se não estivessem complexados, seriam altamente insolúveis e tóxicos (lisariam glóbulos vermelhos). Uma vez ligado à albumina, formam complexos AGL-albumina, altamente solúveis e não-tóxicos, que são rapidamente transportados para o fígado, para posterior utilização. Embora apenas cerca de 2% dos lipídeos totais do plasma estejam associados com a soroalbumina como complexo AGL-albumina, a renovação dos AGL no plasma é muito alto. Quando o complexo entra no fígado, ocorre uma rápida transferência dos AGL para as células do fígado, e um retorno simultâneo da albumina livre para a corrente sangüínea. Deve-se salientar que a concentração real de AGL como tal, é muito baixa no plasma sangüíneo.

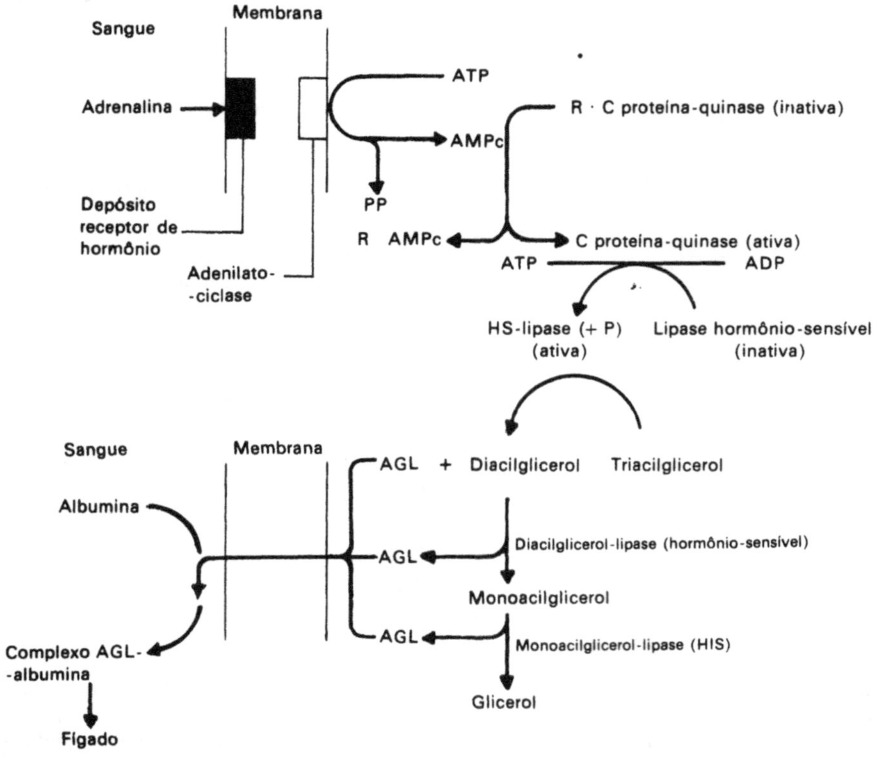

Figura 13-3. Eventos que ocorrem nas células do tecido adiposo

FÍGADO

Nesse órgão podem ocorrer diversas vias metabólicas, as quais serão descritas a seguir.

β-oxidação. Todas as enzimas associadas com o sistema da β-oxidação estão localizadas nas membranas internas e na matriz da mitocôndria. Uma vez que a membrana interna também é o local dos sistemas de transporte de elétrons e fosforilação oxidativa, essa disposição é de fundamental importância para a eficiência de aproveitamento e conservação do potencial energético armazenado nos ácidos graxos de longa cadeia. Quando acetil-CoA é produzida na quebra de ácidos graxos, ela pode ser subseqüentemente oxidada a CO_2 e H_2O através das enzimas do ciclo do ácido tricarboxílico que estão localizadas como enzimas solúveis na matriz. Uma propriedade peculiar da mitocôndria de fígado e de outros tecidos é sua incapacidade para oxidar ácidos graxos ou acil-CoA de cadeia longa, a menos que a (–)-carnitina (3-hidroxi-4--trimetilamônio-butirato) seja adicionada em quantidades catalíticas. Evidentemente, os ácidos graxos livres ou acil-CoA de cadeias longas não podem penetrar as membranas internas da mitocôndria de fígado e de outros tecidos, enquanto que a palmitilcarnitina atravessa rapidamente a membrana, sendo então convertida a acil-CoA na matriz. A Fig. 13-4 esquematiza a translocação do acil-CoA de fora da mitocôndria para o local interno do sistema de β-oxidação. A enzima-chave nesse processo é a carnitina-acil-CoA-transferase.

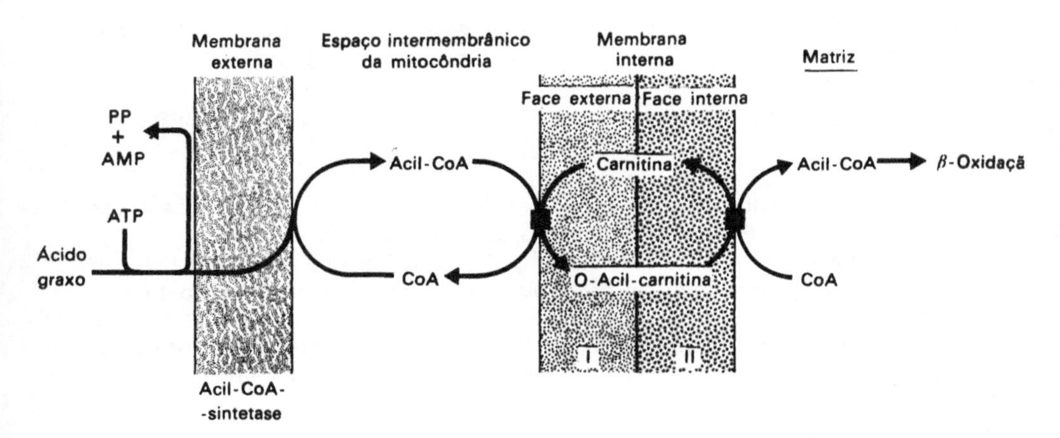

Figura 13-4. Mecanismo de transporte de ácidos graxos do citossol para o local da β-oxidação na mitocôndria. ■, Carnitina: acil-CoA-transferase I (face externa) e carnitina: acil-CoA-transferase II (face interna); duas enzimas distintas que catalisam a mesma reação

O esquema completo da β-oxidação está representado na Fig. 13-5. Observar que apenas uma molécula de ATP é necessária para ativar um ácido graxo à sua total degradação em acetil-CoA, qualquer que seja o número de átomos de carbono da cadeia de hidrocarboneto. Em outras palavras, quer seja oxidado um ácido C_4, quer um ácido C_{16}, apenas um ATP é necessário para a ativação. Daí a grande economia e eficácia da oxidação dos ácidos graxos.

Quatro enzimas catalisam as reações mostradas na Fig. 13-5. A quinta enzima, a acil-CoA-sintetase, está envolvida no passo inicial de ativação. Essas enzimas serão agora brevemente descritas.

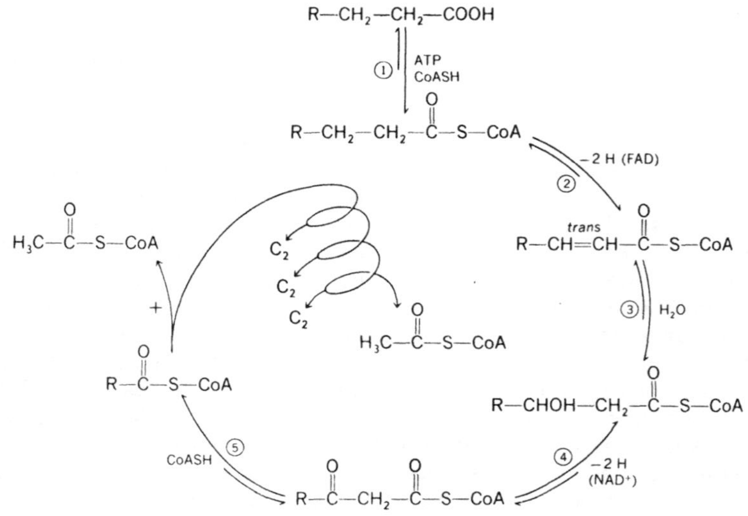

Figura 13-5. Esquema helicoidal da β-oxidação: (1) ácido graxo-CoA-sintetase; (2) acil-graxo-CoA--desidrogenase; (3) enoil-CoA-hidrase; (4) β-hidroxiacil-CoA-desidrogenase; (5) β-cetoacil-CoA-tiolase

A. Formação de acil-S-CoAs pela acil-CoA-sintetase. A reação geral total é representada como:

$$\text{RCOOH} + \text{ATP} + \text{CoASH} \underset{\Delta G' = \sim 0\ \text{kcal/mol}}{\overset{Mg^{2+}}{\rightleftharpoons}} \text{RCO-SCoA} + \text{AMP} + \text{PP}_i$$

Existem boas evidências de que a reação se dá realmente em duas etapas:

a) RCOOH + ATP + enzima $\rightleftharpoons$ enzima-aciladenilato + PP_i

b) Enzima-aciladenilato + CoASH $\rightleftharpoons$ enzima + acil-S-Coa + AMP.

Três sintetases diferentes ocorrem na célula: uma ativa acetato e propionato aos correspondentes tioésteres; outra ativa ácidos graxos de cadeia média (de C_4 a C_{11}); e a terceira ativa ácidos graxos de C_{10} a C_{20}. As duas primeiras estão localizadas na membrana externa da mitocôndria e a terceira está associada a membranas do retículo endoplasmático (microssomos).

B. α, β-desidrogenação de acil-CoA

$$\text{RCH}_2\text{CH}_2\overset{O}{\overset{\|}{C}}\text{—S—CoA} + \text{FAD} \xrightarrow{\Delta G' = -4{,}8\ \text{kcal/mol}} \underset{\beta}{\text{RCH}} = \underset{\alpha}{\text{CH}}\text{—}\overset{O}{\overset{\|}{C}}\text{—SCoA} + \text{FADH}_2 \quad (trans)$$

Três acildesidrogenases são encontradas na matriz da mitocôndria, tendo todas elas FAD como grupo prostético. A primeira apresenta especificidade para acil-CoAs de C_4 a C_6, a segunda para C_6 a C_{14}, e a terceira de C_6 a C_{18}. O $FADH_2$ não é diretamente oxidado por oxigênio, mas segue a via:

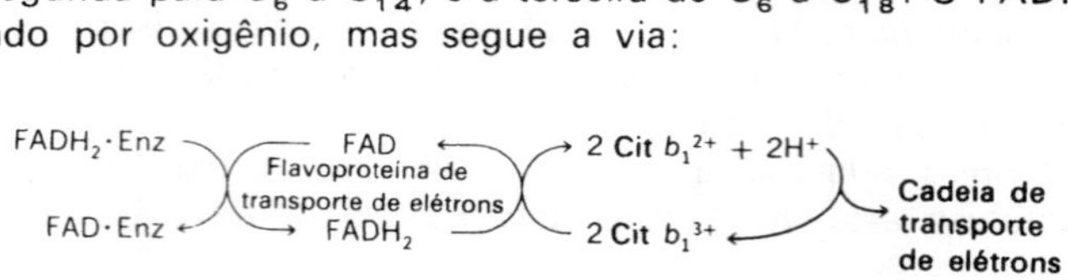

$FADH_2$·Enz → FAD·Enz; FAD → $FADH_2$ (Flavoproteína de transporte de elétrons); 2 Cit b_1^{2+} + 2H$^+$ ⇄ 2 Cit b_1^{3+} → **Cadeia de transporte de elétrons**

C. Hidratação dos acil-CoA α, β-insaturados

$$\text{RCH} = \overset{trans}{\text{CH}}\overset{\overset{\text{O}}{\|}}{\text{C}}\text{—SCoA} + H_2O \underset{\Delta G' = -0.75 \text{ kcal/mol}}{\overset{\pm H_2O}{\rightleftharpoons}} \underset{\text{OH}}{\underset{|}{\text{RCH}}}\text{—CH}_2\underset{\text{O}}{\underset{\|}{\text{C}}}\text{—SCoA}$$

L(+)-β-Hidroxi-acil CoA

A enzima que catalisa essa reação, a enoil-CoA-hidrase, possui ampla especificidade. Deve-se observar que a hidratação do *trans*-α, β-acil-CoA leva à formação do L(+) β-hidroxiacil-CoA. A enzima também hidratará acil-CoAs, α, β-*cis*-insaturados, mas, nesse caso, haverá formação de D(−) β-hidroxiacil-CoAs.

D. Oxidação de β-hidroxiacil-CoA

$$\text{L(+) RCHOHCH}_2\text{CO—SCoA} + \text{NAD}^+ \underset{\Delta G' = +3{,}75 \text{ kcal/mol}}{\rightleftharpoons} \text{R}\underset{\text{O}}{\underset{\|}{\text{C}}}\text{CH}_2\overset{\text{O}}{\overset{\|}{\text{C}}}\text{—S—CoA} + \text{NADH} + \text{H}^+$$

β-Cetoacil CoA

Uma L-β-hidroxiacil-CoA-desidrogenase, de especificidade ampla, catalisa essa reação, sendo específica para a forma L.

E. Tiólise

A enzima, a tiolase, efetua uma clivagem tiolítica da β-cetoacil-CoA, tendo especificidade ampla.

$$\text{R}\underset{\text{O}}{\underset{\|}{\text{C}}}\text{CH}_2\overset{\text{O}}{\overset{\|}{\text{C}}}\text{—SCoA} + \text{CoASH} \underset{\Delta G' = -6{,}65 \text{ kcal/mol}}{\rightleftharpoons} \text{RCOSCoA} + \text{CH}_3\text{COCoA}$$

A proteína da enzima tem um grupo SH reativo de um resíduo de cisteinil, e que está envolvido na seguinte série de reações:

$$\underset{\beta\text{-Cetoacil CoA}}{\text{RCOCH}_2\text{CO—SCoA}} + \underset{\text{Tiolase}}{\text{Enz—SH}} \rightleftharpoons \underset{\text{Acil—S—Enz}}{\text{RCO—S—Enz}} + \underset{\text{Acetil-CoA}}{\text{CH}_3\text{CO—SCoA}}$$

$$\text{RCO—S—Enz} + \text{CoA—SH} \rightleftharpoons \underset{\text{Acil-CoA}}{\text{RCO—SCoA}} + \text{Enz—SH}$$

O estudante deve observar que o $\Delta G'$ total para o encurtamento de um acil-CoA, pela saída de dois átomos de carbono (acetil-CoA), é de −8,45 kcal/mol, e, portanto, termodinamicamente, a retirada de uma unidade C_2 é altamente favorecida. O sistema β-oxidativo é encontrado em todos os organismos. Entretanto, em bactérias crescidas em meio sem ácidos graxos, o sistema β-oxidativo praticamente inexiste, sendo porém, facilmente induzido, pela adição de ácidos graxos ao meio de crescimento. O sistema de β-oxidação bacteriano é totalmente solúvel, não estando, portanto, ligado à membrana. Curiosamente, em sementes em germinação que possuem um alto conteúdo lipídico, o sistema β-oxidativo está localizado exclusivamente em microcorpúsculos chamados glioxisomas (veja o Cap. 9), mas, em sementes com baixo conteúdo lipídico, as enzimas estão associadas à mitocôndria. A importante função dos glioxisomas foi considerada em detalhe no Cap. 9.

A universalidade do sistema de β-oxidação expressa a importância primordial dessa seqüência como um meio de degradar ácidos graxos.

ENERGÉTICA DA β-OXIDAÇÃO

Na combustão total do ácido palmítico, uma considerável quantidade de energia é libertada:

$$C_{16}H_{32}O_2 + 23\ O_2 \rightarrow 16\ CO_2 + 16\ H_2O$$
$$\Delta G' + -2\ 340\ \text{kcal/mol.}$$

Ácido palmítico

$$\underset{\beta\text{-cetoacil-CoA}}{RCOCH_2CO-SCoA} + Enz-SH \underset{\text{Tiolase}}{\rightleftharpoons} \underset{\text{Acil-S-Enz}}{RCO-S-Enz} + \underset{\text{Acetil-CoA}}{CH_3CO-SCoA}$$

$$RCO-S-Enz + CoA-SH \rightleftharpoons \underset{\text{Acil-CoA}}{RCO-SCoA} + Enz-SH$$

$$C_{15}H_{31}COOH + 8\ CoASH + ATP + 7\ FAD + 7\ NAD^+ + 7\ H_2O \rightarrow$$
$$\underset{\text{Acetil-CoA}}{8\ CH_3CO \sim SCoA} + AMP + PPi + 7\ FADH_2 + 7\ NADH + H^+$$

$$8\ CH_3CO \sim SCoA + 16\ O_2 \xrightarrow{\text{Ciclo do ATC}} 16\ CO_2 + 16\ H_2O + 8\ CoASH$$

Quanto desse potencial energético torna-se realmente disponível para a célula? Quando o ácido palmítico é degradado enzimaticamente, é necessário um ATP para a ativação inicial, sendo formadas oito ligações tioésteres ricas em energia. Para cada volta do ciclo helicoidal (Fig. 13-5) que é percorrida, são formados 1 mol de FAD-H_2 e 1 mol de NADH. Eles podem ser reoxidados pela cadeia de transporte de elétrons. Como na última volta da hélice são produzidos 2 moles de acetil-CoA, o esquema helicoidal deve ser percorrido apenas sete vezes para degradar completamente o ácido palmítico. Nesse processo são formados 7 moles de flavina-nucleotídeo e 7 moles de piridina-nucleotídeo reduzidos. A seqüência pode ser dividida em dois passos:

Passo 1:

Ácido palmítico ⟶ 8 acetil-S-CoA + 14 pares de elétrons
7 pares de elétrons via sistema flavina, a 2 ∼ P/par de elétrons = 14 ∼ P
7 pares de elétrons via sistema NAD^+, a 3 ∼ P/par de elétrons = 21 ∼ P
Total = 35 ∼ P
Líquido = 35 ∼ P − 1 ∼ P
= 34 ∼ P

Passo 2:

$$8\ \text{Acetil-CoA} + 16\ O_2 \xrightarrow{\text{Ciclo do ATC}} 16\ CO_2 + 16\ H_2O + 8\ \text{CoA-SH}$$

Se admitirmos que, para cada átomo de oxigênio consumido, são formadas 3 ∼ P durante a fosforilação oxidativa, então

$$32 \times 3 = 96 \sim P$$

Daí, passo 1 (34 ∼ P) e passo 2 (96 ∼ P) = 130 ∼ P e

$$\frac{130 \times 8\ 000 \times 100}{2\ 338\ 000} = 48\%.$$

Na oxidação completa de ácido palmítico a CO_2 e H_2O, 48% da energia útil pode, teoricamente, ser conservada na forma (ATP), que é utilizada para trabalho celular. A energia restante se perde, provavelmente como calor. Conseqüentemente, torna-se óbvio por que, como alimento, a gordura é uma fonte eficaz de energia disponível. Nesses cálculos, desprezamos a combustão do glicerol, o outro componente de um triacilglicerol.

Apesar de o sistema β-oxidativo ser indubitavelmente o mecanismo principal para a degradação de ácidos graxos, o estudante deve estar atento para a existência de outros sistemas que atacam a cadeia de hidrocarboneto oxidativamente. Uma rápida explicação desses mecanismos e das possíveis funções será dada agora.

α-oxidação. Esse sistema, observado inicialmente em sementes e tecidos verdes de plantas, é também encontrado em células do cérebro e do fígado. O mecanismo dessa reação é mostrado no esquema seguinte:

NADH NAD$^+$

$R'CH_2COOH$ ← ← ← $R'COOH$

$XH \cdot$

XH_2 O_2

XH_2O_2

$R'CHCOOH$

$R'CHO + CO_2$

OH^-

$R'CHOHCOOH$

H_2O D-α-Hidroxi-ácido

$2H^+ + 2e^-$

[$R'CHCOOH$ / OOH]

D-α-Hidroperoxil-ácido graxo

Observe que, nesse sistema, apenas ácidos graxos livres funcionam como substratos e que o oxigênio molecular está envolvido indiretamente. Os produtos podem ser um D-α-hidroxil-ácido graxo ou um ácido graxo com um átomo de carbono a menos. Esse mecanismo explica a ocorrência de α-hidroxi-ácidos graxos e de ácidos graxos de número ímpar de átomos de carbono. Este último também pode, na natureza, ser sintetizado *de novo* a partir de ácido propiônico.

Foi demonstrado que o sistema de α-oxidação desempenha um papel-chave na capacidade, dos tecidos de mamíferos, de oxidar o ácido fitânico, o produto de oxidação do fitol a CO_2 e H_2O. Normalmente devido à capacidade dos tecidos normais em degradar o ácido fitânico muito rapidamente, esse ácido raramente é encontrado entre os lipídeos do soro. Atualmente foi observado que pacientes com a doença de Refsum, uma enfermidade hereditária rara, não possuem o sistema de α-oxidação e, por essa razão, seu sistema de β-oxidação, normalmente funcionante, não pode efetuar a degradação do ácido fitânico. Acredita-se que a seqüência mostrada na Fig. 13-6 explica a doença num nível molecular. Dessa forma, a α-oxidação torna possível contornar os grupos bloqueadores, em uma cadeia de hidrocarboneto, que, de outra forma, poderiam impedir a participação do sistema da β-oxidação.

ω-oxidação. Microsomas de células hepáticas catalisam rapidamente a oxidação de ácidos hexanóico, octanóico, decanóico e láurico aos correspondentes ácidos dicarboxílicos, através de um sistema de ω-oxidação que usa o citocromo P_{450}. Além disso, algumas bactérias aeróbicas isoladas a partir de solos petrolíferos são capazes de degradar hidrocarbonetos e ácidos graxos a produtos hidrossolúveis. As reações envolvem uma hidroxilação inicial de um grupo de metil terminal a álcool primário e subseqüente oxidação a ácido carboxílico (Fig. 13-7). Dessa maneira, hidrocarbonetos de cadeias retas são oxidados a ácidos graxos, e estes, por sua vez, são β-oxidados a acetil-CoA. Essas séries de reações, que à primeira vista pareciam de pouco interesse, assumiram agora um papel extremamente importante, de limpeza, pela biodegradação bacteriana, de detergentes derivados de ácidos graxos e, mais importante ainda, das grandes quantidades de óleo expelidas nas superfícies dos oceanos. Avaliou-se que a velocidade de oxidação bacteriana do óleo flutuante, sob condições aeróbicas, pode ser tão alta como 0,5 g/dia por metro quadrado de superfície oleosa. O mecanismo de oxidação dos óleos é feito principalmente pelo sistema da ω-oxidação.

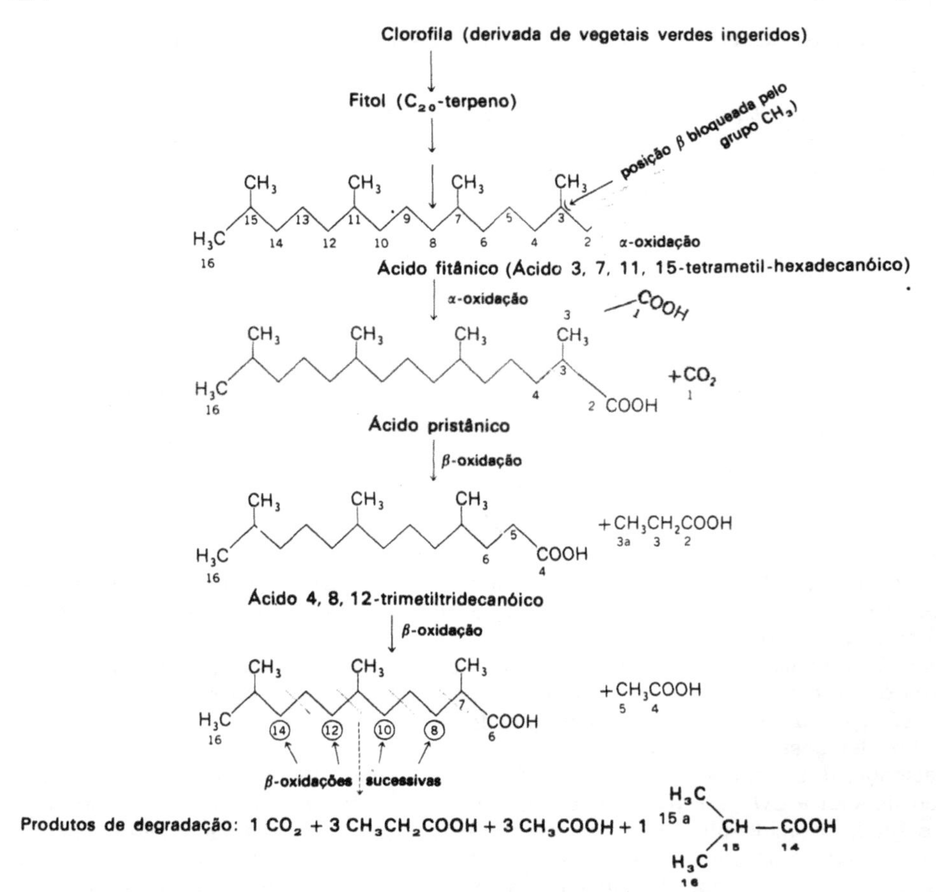

Figura 13-6. O metabolismo do ácido fitânico pela célula animal normal

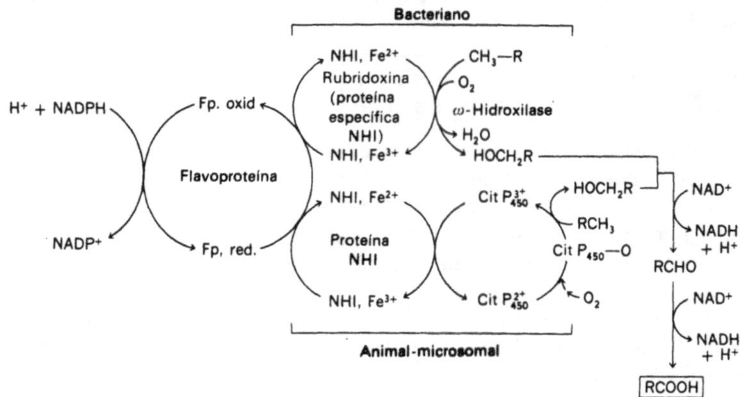

Figura 13-7. O sistema de ω-oxidação responsável pela oxidação de alcanos em bactérias e em sistemas animais. Em bactérias, a rubridoxina é o carregador de elétrons intermediario que fornece elétrons para o sistema da ω-hidroxilase. Em animais, o sistema do citocromo P_{450} é a hidroxilase responsável pela hidroxilação de alcanos. O produto imediato, RCH_2OH, é oxidado a aldeído por uma álcool-desidrogenase, e o aldeído é oxidado a ácido carboxílico por uma aldeído-desidrogenase, em ambos os sistemas. (NHI, proteína contendo ferro não-hêmico)

Oxidação de ácidos graxos insaturados. Embora o sistema da β-oxidação explique facilmente a degradação de ácidos graxos saturados, ele não oferece qualquer esclarecimento para a oxidação dos ácidos graxos mono ou poliinsaturados. Duas importantes enzimas adicionais, $\Delta 3$*cis*, $\Delta 2$*trans*-enoil-CoA-isomerase e D(–) 3-OH-acil-CoA-epimerase, tornam possível a β-oxidação desses ácidos (Fig. 13-8).

Com essas enzimas incorporadas em uma extensão do esquema da β-oxidação, o estudante pode facilmente construir séries de reações para as β-oxidações dos ácidos oleico, linoleico e α-linolênico. Por exemplo, tendo o ácido linoleico como substrato, empregaríamos três enzimas da β-oxidação normal para três ciclos ($3\,C_2$), e usaríamos então a reação A; outra vez, mais dois ciclos de β-oxidação ($2\,C_2$), e então as reações B_1 e B_2, e concluiríamos com quatro ciclos do esquema de β-oxidação ($4\,C_2$).

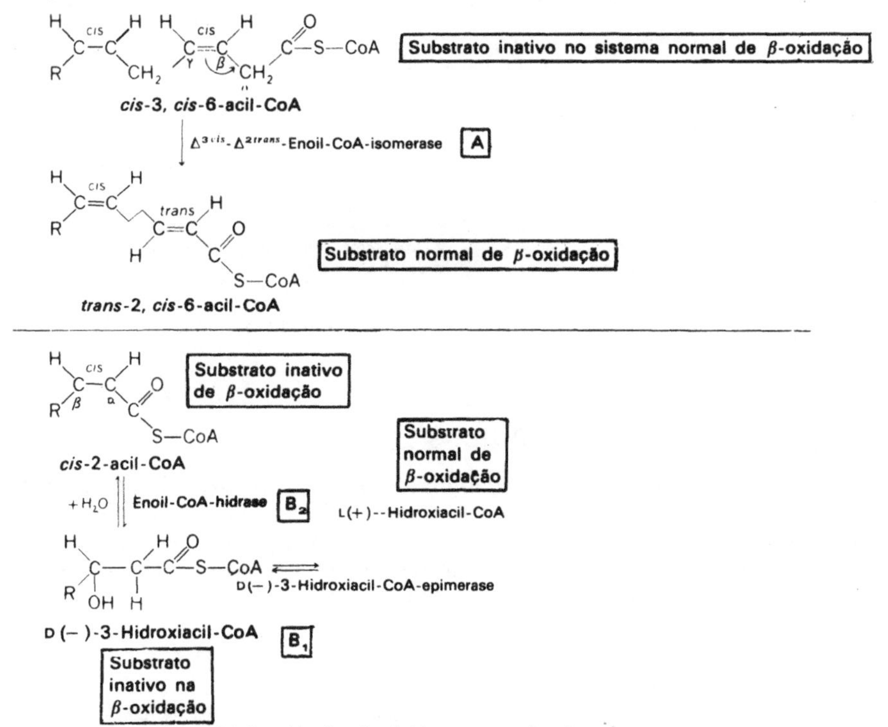

Figura 13-8. Mecanismo da β-oxidação de ácidos graxos insaturados

Oxidação do ácido propiônico. A oxidação do ácido propiônico apresenta um problema interessante, uma vez que, à primeira vista, parece ser um substrato inadequado para a β-oxidação. Todavia o substrato é utilizado por duas vias completamente diferentes. A primeira via é encontrada somente em tecidos animais e em algumas bactérias, e envolve biotina e vitamina B_{12}, enquanto que a segunda via, encontrada largamente distribuída nos vegetais, é uma via modificada da β-oxidação (Fig. 13-9).

A via encontrada nos vegetais é ubiqüitária e resolve satisfatoriamente o problema de como as plantas podem metabolizar o ácido propiônico, o produto de degradação oxidativa da valina e da isoleucina, com um sistema que não envolve vitamina B_{12} (como enzima cobalamídica). Uma vez que as plantas não têm enzimas funcionantes com vitamina B_{12}, o sistema que ocorre nos animais está ausente. O sistema da β-oxidação modificada dos tecidos vegetais contorna assim a barreira da vitamina B_{12} de uma forma eficaz.

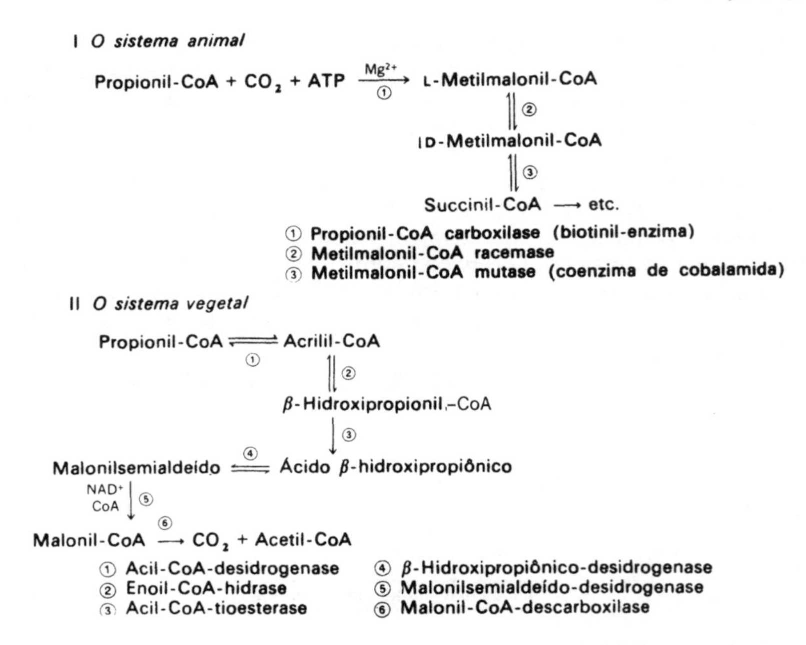

Figura 13-9. Sistemas animal e vegetal para a degradação do ácido propiônico

FORMAÇÃO DE CORPOS CETÔNICOS

Tendo examinado os diversos caminhos de degradação oxidativa disponíveis na célula, continuaremos agora seguindo a rota de um ácido graxo nos animais. Ácidos graxos livres entram nas células hepáticas por meio dos quilomícrons e dos complexos AGL-albumina, originários das células adiposas. Ácidos graxos formados *de novo* a partir da glucose, no fígado, são também importantes contribuintes para esse reservatório dinâmico:

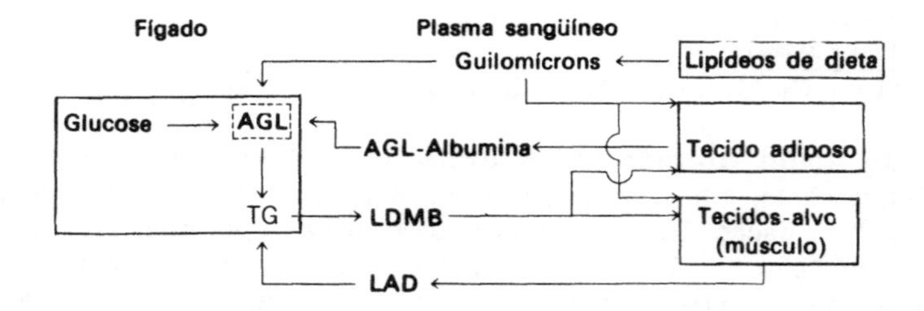

Esses ácidos graxos, sob condições nutricionais normais, podem ter vários destinos (Fig. 13-1).

a) Os ácidos são esterificados a triacilgliceróis. Entretanto o fígado tem uma capacidade de reserva de triacilgliceróis limitada, e qualquer excesso combina-se com LAD (lipoproteína de alta densidade), ésteres de colesterol e fosfolipídeos para formar partículas de LDMB (lipoproteínas de densidade muito baixa) (p. 59). Estas são excretadas no sistema sangüíneo e transportadas através do sistema vascular para os tecidos-alvo, tais como músculo e tecido adiposo. Aí, a lipoproteína,lipase remove e converte os triacilgliceróis a ácidos graxos livres, que são então absorvidos e utilizados pelos tecidos. As partículas de LDMB residuais, nesse meio tempo, são convertidas a partículas de LAD, que provavelmente retornam ao fígado, via sistema sangüíneo, para receber novo excesso de triacilgliceróis e repetir o ciclo.

b) Os ácidos graxos livres entram na mitocôndria para serem β-oxidados e convertidos pelo ciclo do ácido tricarboxílico a CO_2 e H_2O.

c) Os ácidos graxos livres são convertidos a corpos cetônicos na mitocôndria e, então, transportados do fígado para os tecidos-alvo – músculo vermelho, cérebro e músculo cardíaco – para serem queimados a CO_2 e H_2O. Evidência recente sugere fortemente que os corpos cetônicos sejam importantes combustíveis dos músculos periféricos e tornam-se fontes primordiais de energia para músculos envolvidos em exercícios musculares prolongados, tais como corridas de resistência, etc.

No jejum prolongado, depois que o nível de glucose do sangue cai ao limite fisiologicamente permissível de 70% do nível normal de jejum, que é de cerca de 90 mg/100 ml de sangue, ocorre uma maciça mobilização das reservas de gordura, com o subseqüente acúmulo de ácidos graxos no fígado e nos rins. A mitocôndria desses tecidos estará com uma capacidade limitada de conversão dos ácidos graxos a CO_2 e H_2O, pois sua quantidade de ácido oxalacético estará reduzida. Conseqüentemente, serão produzidas quantidades maciças de corpos cetônicos. Normalmente, o β-hidroxibutirato constitui menos de 3 mg/100 ml de sangue, com uma excreção diária de cerca de 20 mg. Durante o jejum, ocorrerá *um aumento de* 50 *a* 500 *vezes de corpos cetônicos* no sangue. Pacientes diabéticos, que não podem utilizar glucose como fonte de energia, dependem da utilização catabólica dos ácidos graxos para suprir a demanda de energia. Aqui também haverá acúmulo característico de corpos cetônicos no sangue desses pacientes. Exercícios prolongados feitos por pessoas sedentárias leva também a uma elevada taxa de corpos cetônicos no sangue. Curiosamente, os atletas raramente apresentam cetose, pois têm elevados níveis das enzimas que utilizam corpos cetônicos em seus tecidos musculares periféricos.

Os corpos cetônicos compreendem o ácido D-β hidroxibutírico, o ácido acetoacético e a acetona. Eles são formados por uma série de reações especiais, que se dão principalmente nas mitocôndrias do fígado e dos rins. Sua biossíntese está esquematizada na Fig. 13-10. As enzimas envolvidas localizam-se nas mitocôndrias do fígado e dos rins. Os corpos cetônicos não podem ser utilizados pelo fígado, pois a enzima-chave para sua utilização, a 3-oxiácido: CoA-transferase, não existe nesse órgão, estando, entretanto, presente em todos os tecidos que metabolizam corpos cetônicos, ou seja, músculos vermelho e cardíaco, no cérebro e nos rins.

Em resumo, os corpos cetônicos são substratos que substituem a glucose como fonte de energia para os músculos e o cérebro. Os precursores dos corpos cetônicos, ou seja, os ácidos graxos livres, são tóxicos em altas concentrações, têm solubilidade limitada e saturam facilmente a capacidade transportadora da albumina do plasma. Por outro lado, os corpos cetônicos são muito solúveis, pouco tóxicos e tolerados em elevadas concentrações, difundindo rapidamente através de membranas, e sendo rapidamente metabolizados a CO_2 e H_2O.

BIOSSÍNTESE DE ÁCIDOS GRAXOS

Nesta seção, mostramos o percurso dos lipídeos da dieta, desde a luz do intestino delgado até as massas teciduais do corpo. Embora a maior parte das necessidades por lipídeos seja suprida pela dieta, todos nós sabemos que os carboidratos são facilmente convertidos a ácidos graxos, que são levados ao tecido adiposo para reserva. Vamos agora estudar os eventos bioquímicos envolvidos nessa seqüência.

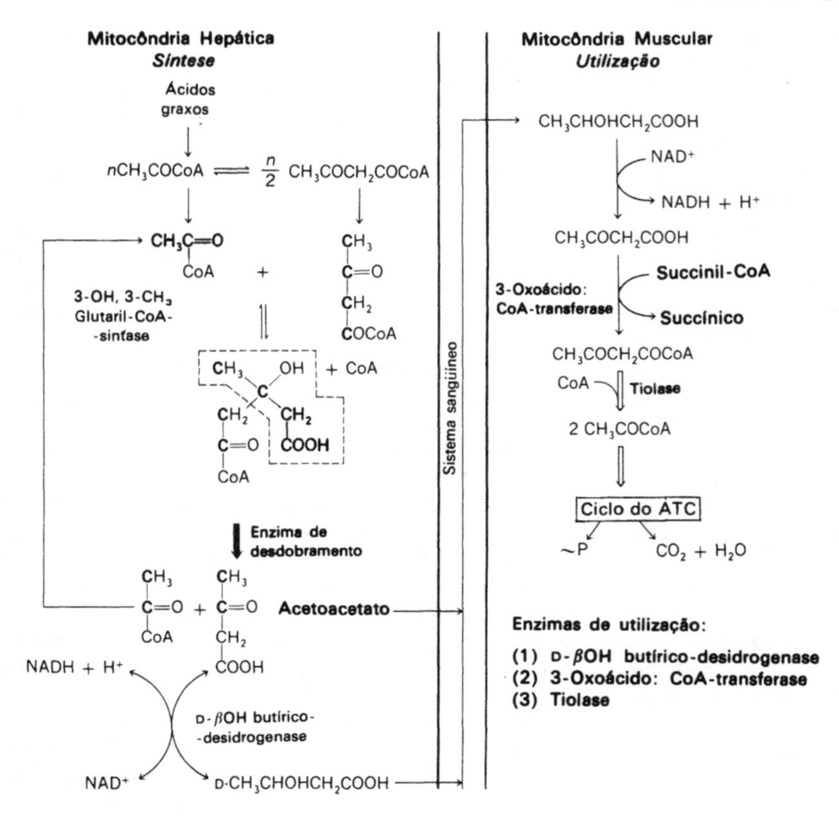

Figura 13-10. A biossíntese dos corpos cetônicos e sua utilização

A reação global da síntese *de novo* de ácido palmítico, a partir de acetil-CoA, pode ser escrita como:

$$8 \text{ Acetil-CoA} + 7 \text{ ATP} + 14 \text{ NADPH} + 14 \text{ H}^+ \longrightarrow$$
$$\longrightarrow \text{palmitato} + \text{ADP} + 7 \text{ P}_i + 14 \text{ NADP} + 8 \text{ CoA} + \text{H}_2\text{O} \qquad (13\text{-}1)$$

Antes de considerar o mecanismo real da biossíntese de ácidos graxos, examinemos as fontes de ATP, NADPH e acetil-CoA.

A glucose do sangue entra facilmente nas células do fígado, onde pode seguir dois importantes caminhos degradativos: (a) glicólise e (b) via das pentoses-fosfato.

A glicólise é de maior importância, pois permite a formação de (a) 2 ATP por dois moles de piruvato formado, (b) 2 NADH por glucose convertida a 2 piruvatos, e (c) 2 moles de piruvato por glucose utilizada. A via das pentoses-fosfato fornece 2 NADPH por glucose utilizada. Para a formação de palmitato, necessitamos de 8 acetil-CoA,

$$\underbrace{4\ \text{Glucose} \longrightarrow 8\ \text{Piruvato}}_{\text{Citosol}} \quad \underbrace{8\ \text{Piruvato} \longrightarrow 8\ \text{Acetil CoA} + 8\ CO_2}_{\text{Mitocondrial}}$$

Citosol: 4 Glucose → 8 Piruvato, com formação de 8 ATP (8 ~ P) + 8 NADH + 8 H^+

Mitocondrial: 8 Piruvato → 8 Acetil CoA + 8 CO_2, com formação de 8 NADH + 8 H^+; $\xrightarrow{2\ O_2}$ 8 NAD^+ + 4 H_2O + 24 ~ P

7 ATP e 14 NADPH. Portanto, na formação de 8 acetil-CoA, geramos um total de 32 ATP, mais do que o suficiente para preencher as demandas de energia para a síntese. Contudo ainda são necessários 14 NADPH. Resultados experimentais relatam que até 60% do total dos NADPH necessários são fornecidos pelo sistema das pentoses-fosfato, enquanto que o restante do poder redutor é fornecido pela conversão de NADH (da glicólise) indiretamente a NADPH por enzimas do citossol.

a) $NADH + H^+ + \text{oxalacetato} \xrightarrow[\text{málica}]{\text{Desidrogenase}} \text{málico} + NAD^+$

b) $\text{málico} + NADP^+ \xrightarrow[\text{málica}]{\text{Enzima}} \text{piruvato} + CO_2 + NADPH + H^+$

Soma (a) + (b):

$$NADH + NADP^+ + \text{oxalacetato} \longrightarrow \text{piruvato} + CO_2 + NADPH + H^+ NAD^+$$

Entretanto permanece ainda a pergunta final de como a acetil-CoA formada na mitocôndria fica disponível ao citossol. O piruvato move-se, por difusão passiva, do citossol para a matriz da mitocôndria, onde é (a) oxidado a acetil-CoA, pela piruvato-desidrogenase, e (b) carboxilado a oxalacetato, pela piruvato-carboxilase. Acetil-CoA e oxalacetato são condensados, pela citrato-sintase, a citrato, e este é transportado da mitocôndria para o citossol, onde é clivado:

$$\text{Citrato} + ATP + CoA \xrightarrow[\text{-liase}]{\text{Citrato-}} \text{acetil-CoA} + \text{oxalacetato} + ADP + P_i$$

$$\Delta G' = 3\,400 \text{ cal/mol}$$

A acetil-CoA está agora pronta para servir de substrato, juntamente com as quantidades necessárias de ATP e NADPH, na formação de palmitato. A seqüência completa dos eventos é dada na Fig. 13-11.

No citossol do hepatócito, a acetil-CoA deve ser convertida a malonil-CoA pela acetil-CoA-carboxilase. O mecanismo da carboxilação da acetil-CoA foi descrito na p. 176.

$$\text{Acetil-CoA} + HCO_3^- + ATP \longrightarrow \text{malonil-CoA} + ADP + P_i$$

Podemos agora refinar a Reação 13-1 escrevendo uma reação muito mais precisa:

$$\text{Acetil-CoA} + 7\ \text{malonil-CoA} + 14\ NADPH + 14\ H^+ \longrightarrow$$
$$\longrightarrow \text{palmitato} + 8\ CoA + 7\ CoA + 14\ NADP^+ + 6\ H_2O \qquad (13\text{-}2)$$

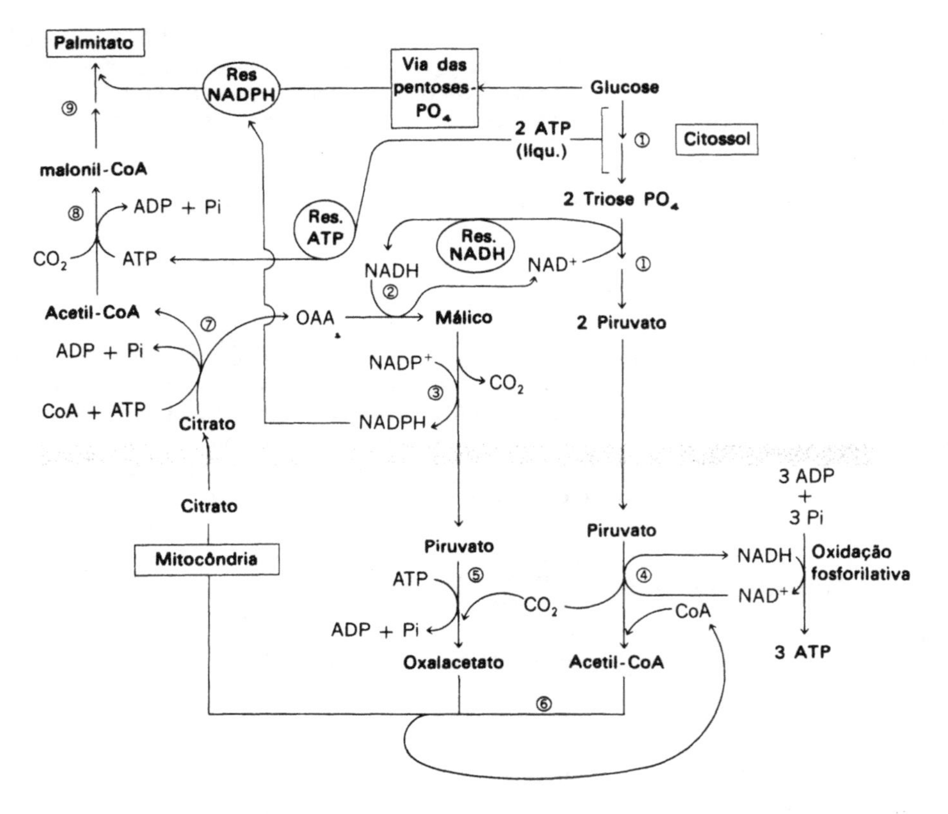

Figura 13-11. Origem do ATP, do NADPH e da acetil-CoA para a biossíntese de ácidos graxos em células de fígado. (**Res.** = reservatório)

1. Glicólise
2. Malato-desidrogenase (do citossol)
3. Enzima málica
4. Piruvato-desidrogenase
5. Piruvato-carboxilase
6. Citrato-sintase
7. Citrato-liase
8. Acetil-CoA-carboxilase
9. Ácido graxo-sintetase

Portanto a origem dos átomos de carbono do ácido palmítico é a seguinte:

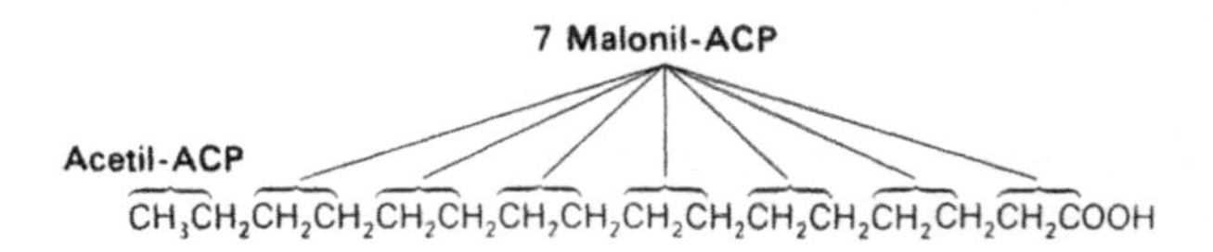

A Reação 13-12 é uma importante reação catalisada por um raro complexo de enzimas chamado complexo da ácido graxo-sintetase. No fígado, esse complexo tem um peso molecular de 540 000, e consiste em oito proteínas mantidas unidas por forças covalentes e hidrofóbicas. Cada molécula desse complexo contém uma molécula de 4'-fosfopanteteína ligada a uma proteína "semelhante a ACP" (p. 187). O produto da reação é ácido palmítico livre. Os eventos da síntese estão mostrados na Fig. 13-12.

Embora os eventos químicos da síntese de ácidos graxos a partir de acetil-CoA e malonil-CoA sejam idênticos em todos os organismos, duas formas gerais de sintetases são agora reconhecidas. A primeira consiste em complexos multienzimáticos, firmemente associados, que se comportam como unidades funcionais unitárias (complexo da sintetase de fígado) e a segunda consiste em enzimas individuais, que são separáveis e não apresentam qualquer tendência a se associarem, em condições *in vitro*. Já descrevemos o primeiro tipo. O segundo tipo é encontrado na maioria dos organismos procarióticos e em todas as células de plantas superiores. As enzimas individuais (de *E. coli*) foram isoladas, purificadas e cristalizadas. Neste tipo de sintetase, a proteína carregadora de acila (p. 187) é totalmente solúvel, enquanto que, no primeiro tipo, está fortemente complexada ao sistema multienzimático total, como mostra a Fig. 13-12.

A seqüência de reações que ocorre no sistema de sintetase solúvel (em plantas e bactérias) é a seguinte:

$$\text{Acetil-CoA} + \text{ACP-SH} \xrightarrow{①} \text{Acetil-S-ACP} + \text{CoA}$$

$$\text{Acetil-S-ACP} + \text{Enz ③} \longrightarrow \text{Acetil-S-Enz ③} + \text{ACP}$$

$$\text{Malonil-CoA} + \text{ACP-SH} \xrightarrow{②} \text{Malonil-S-ACP} + \text{CoA}$$

$$\text{Acetil-S-Enz ③} + \text{Malonil-S-ACP} \longrightarrow \text{Acetoacetil-S-ACP} + \text{Enz ③} + CO_2$$

$$\text{Acetoacetil-S-ACP} + \text{NADPH} + H^+ \xrightarrow{④} \text{D}(-)\text{-}\beta\text{-Hidroxibutiril-S-ACP} + \text{NADP}^+$$

$$\text{D}(-)\text{-}\beta\text{-Hidroxibutiril-S-ACP} \xrightarrow{⑤} \Delta^2\text{-}trans\text{-Crotonil-S-ACP} + H_2O$$

$$\Delta^2\text{-}trans\text{-Crotonil-S-ACP} + \text{NADPH} + H^+ \xrightarrow{⑥} \text{Butiril-S-ACP} + \text{NADP}$$

$$\text{Butiril-S-ACP} + \text{Enz ③} \longrightarrow \text{Butiril-S-Enz ③} + \text{ACP}$$

$$\text{Butiril-S-Enz ③} + \text{Malonil-S-ACP} \longrightarrow \beta\text{-Cetoexanoil-S-ACP} + \text{Enz ③} + CO_2$$

① Acetiltransacilase,
② Maloniltransacilase,
③ β-Cetoacil-ACP-sintetase,
④ β-Cetoacil-ACP-redutase,
⑤ Enoil-ACP-hidrase,
⑥ Enoil-ACP-redutase.

O butiril-S-ACP recém-formado reage agora com outra molécula de malonil-S-ACP e β-cetoacil-ACP-sintetase, e a seqüência acima apresentada se repete até o comprimento final do ácido graxo ser alcançado. O mecanismo para o término da cadeia ainda é desconhecido. Em células animais, o produto é ácido palmítico livre. O aspecto importante a ser observado é que o tioésteres-acil-CoA não são os substratos verdadeiros para a síntese de ácidos graxos. Esse fato explica as primeiras constatações de que o tioésteres de CoA de cadeia intermediária não eram eficazes como substratos para a síntese de ácidos graxos.

O estudante deve primeiro aprender bem as reações aqui relacionadas e, então, aplicar seu conhecimento à Fig. 13-12. Ele vai observar que, embora as reações sejam idênticas, o tratamento das mesmas é bem diferente em um complexo e em um sistema com enzimas separadas.

Além disso, o mecanismo descrito explica a síntese *de novo* de ácidos graxos saturados. Explica também a síntese *de novo* de ácidos graxos saturados de cadeia ímpar, desde que o composto inicial seja propionil-CoA. Entretanto a afinidade da acetil-transacilase é muito maior por tioésteres de acetil-CoA do que pelos de propionil- ou outras acil-CoA. Tanto em sistemas vegetais como em animais, o produto

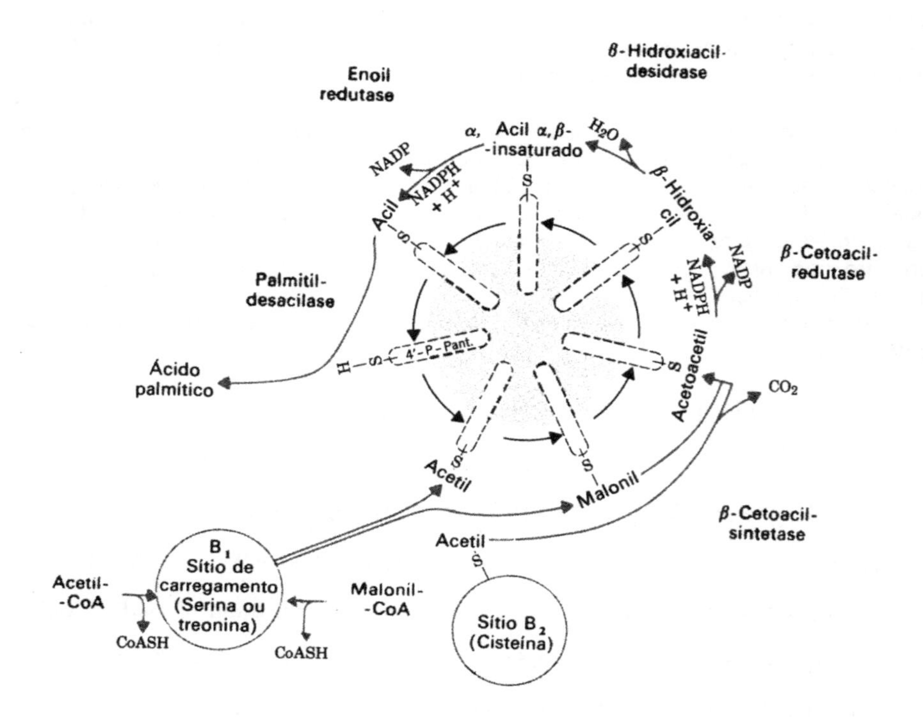

Figura 13-12. Mecanismo para síntese de ácidos graxos por um sistema de fígado de mamífero. Observe o fluxo de acetil-CoA e de malonil-CoA para o sítio de carregamento, e o movimento subseqüente das unidades C_2 e C_3 ligadas à proteína central semelhante à ACP, a qual opera como se fosse parte do substrato para os sistemas enzimáticos orientados perifericamente

imediato da síntese *de novo* é ácido palmítico. Esse ácido é então alongado a ácido esteárico, como descrito na p. 307. Em bactérias, a evidência atual apóia a existência de um sistema semelhante.

COMPARAÇÃO DAS SÍNTESES DE GLUCOSE E DE ÁCIDOS GRAXOS

É interessante a comparação entre a biossíntese da glucose e a de ácidos graxos. Esses compostos, embora tendo estruturas completamente diferentes, apresentam semelhanças impressionantes em sua síntese.

Sabemos que, na gluconeogênese, o piruvato deve ser primeiramente convertido a fosfoenolpiruvato, não através de reversibilidade da reação da piruvato-quinase, mas pela utilização das enzimas gluconeogênicas piruvato-carboxilase e PEP-carboxiquinase, sendo fundamental o envolvimento de ATP e CO_2 nessa conversão (p. 244).

Na síntese de ácidos graxos, a acetil-CoA não é convertida a acetoacetil-CoA pela reversão da reação da tiolase, devido ao $\Delta G'$ desfavorável. Entretanto, também aqui, o envolvimento de ATP e CO_2 permite a ultrapassagem dessa barreira, formando a malonil-CoA.

Assim, de um certo modo, piruvato e acetil-CoA são os substratos iniciais, respectivamente, de glucose e de ácidos graxos; fosfoenolpiruvato e malonil-CoA são os substratos "ativados"; e a força que impulsiona as sínteses de glucose e de ácidos graxos é dada por ATP e CO_2, os quais não são incorporados aos produtos finais, mas reciclados todas as vezes. Essas idéias estão resumidas na Fig. 13-13.

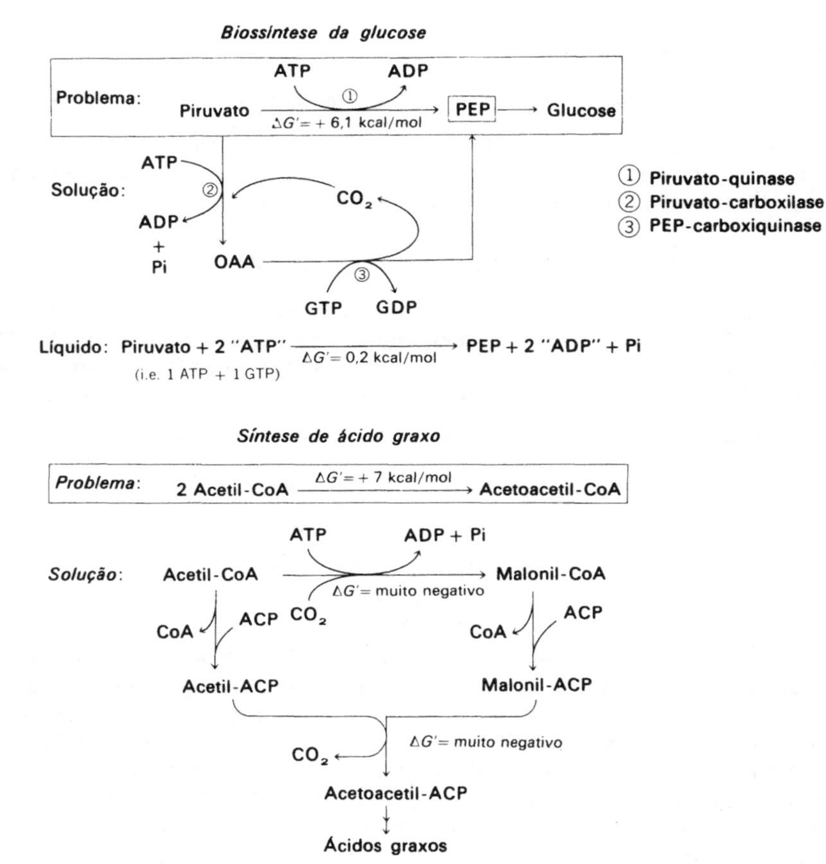

Figura 13-13. Comparação dos passos iniciais das sínteses de glucose e de ácidos graxos. Observe o envolvimento de ATP em ambos os sistemas e a reciclagem de CO_2

ALONGAMENTO DE ÁCIDO PALMÍTICO A ÁCIDO ESTEÁRICO

Os mais importantes ácidos graxos de plantas e animais são os de C_{18}, ou seja, esteárico (18:0), oleico [18:1(9)], linoleico [18:2(9, 12)], e α-linolênico [18:3(9, 12, 15)]. Os sistemas descritos na p.302 são chamados de sistemas *de novo*, nos quais o ácido palmítico é construído a partir de acetil-CoA (ACP) e malonil-CoA (ACP). As séries C_{18} são sintetizadas por sistemas de alongamento, que diferem totalmente do sistema *de novo*.

Em animais:

Membrana do retículo endoplasmático

$$\text{Palmitil-CoA} \xrightarrow[\text{NADPH}]{\text{Malonil-CoA}} \text{estearil-CoA}$$

Membranas externa e interna da mitocôndria

$$\text{Palmitil-CoA} \xrightarrow[\text{NADPH}]{\text{Acetil-CoA}} \text{estearil-CoA}$$

Em plantas:

Sistema solúvel do citossol

$$\text{Palmitil-ACP} \xrightarrow[\text{NADPH}]{\text{Malonil-ACP}} \text{estearil-ACP}$$

O estudante deve entender que a flecha simples (⟶) representa um completo complemento de enzimas, que catalisa a condensação do palmitil-tioéster com a unidade C_2, e redução, desidratação e redução ao produto final, o estearil-tioéster.

BIOSSÍNTESE DE ÁCIDOS GRAXOS INSATURADOS

Introdução da primeira dupla ligação: via aeróbica. Uma vez sintetizado o estearil-CoA no fígado, esse substrato pode ser facilmente dessaturado a oleil-CoA, em presença de oxigênio molecular, NADPH e um sistema enzimático ligado à membrana (associada ao retículo endoplasmático), de acordo com o seguinte esquema:

$$\text{Estearil-CoA} + O_2 + \text{NADPH} \longrightarrow \text{Oleil-CoA} + \text{NADP}^+ + H^+ + 2\,H_2O$$

NADPH + H^+ / $NADP^+$
$2\,Fe^{3+}$ / 2 citocromo b_5 / $2\,Fe^{2+}$
Oleil-CoA / $2\,H_2O$ / Dessaturase / O_2 / Estearil-CoA
Fator sensível ao cianeto

Essa seqüência é chamada de mecanismo aeróbico, e é totalmente responsável pela síntese de ácido oleico em todas as células animais. Nas plantas, ocorre um sistema muito semelhante, exceto que a ferredoxina substitui o citocromo b_5, a dessaturase é solúvel e o substrato é o estearil-ACP. Embora o mecanismo químico exato da dessaturação não seja conhecido, experimentos evidenciam uma eliminação *cis* dos dois átomos de H_D dos átomos de carbono C_9-C_{10} do estearil-tioéster, em ambos os sistemas, vegetal e animal. A maioria das saturases é inibida por cianeto, provavelmente porque o cianeto liga-se a um fator sensível a cianeto, que acopla o redutor ferro-proteico à saturase.

Via anaeróbica. Uma vez qüe um grande número de eubactérias pode sintetizar ácidos monoenóicos sob condições anaeróbicas, o mecanismo de dessaturação direta pelo oxigênio molecular é inoperante nesses organismos. O trabalho de Bloch e seu grupo mostrou claramente que uma única dupla ligação *cis* é introduzida ao nível do carbono C_{10} e posicionada na cadeia por alongamento. Especialmente na síntese de ácidos graxos C_{18}, o ponto de ramificação está ao nível do D(−)-β-hidroxidecanoil-S-ACP. Embora esse tioéster possa servir como substrato para várias desidrases, é um substrato altamente específico para a β-hidroxidecanoil-S-ACP-desidrase, que introduz uma única dupla ligação *cis*-β, γ para formar a *cis*-3,4-decanoil-S-ACP, que é então alongada, como é indicado a seguir, para formar um ácido monoenóico. Outras desidrases formarão o sistema de dupla ligação *trans*-α, β, que é, entretanto, facilmente reduzida para formar ácidos graxos saturados.

A Fig. 13-14 resume essas observações. Cada seta (•⟶) representa em seqüência os eventos de redução, desidratação, redução e condensação subseqüente, como sumariado na p. 305. Como já foi dito, três outras desidrases operam nas bactérias, além da D(−)-β-hidroxidecanoil-ACP-desidrase. São elas

1. β-Hidroxibutiril-ACP-desidrase, cujos substratos são os derivados C_4, C_6 e C_8 acil-ACP, sendo o C_4 e o C_8 respectivamente, os substratos mais e menos ativos.
2. β-Hidroxioctanoil-ACP-desidrase, cujos substratos incluem (em atividade decrescente) $C_8 < C_{10} < C_{12} < C_6 < C_4$.
3. β-Hidroxipalmitil-ACP-desidrase, cujos substratos incluem (em atividades decrescente) $C_{16} < C_{12} < C_{14} < C_{10}$.

Essas desidrases removem água, formando exclusivamente o derivado α, β-*trans*-monoenoil-ACP.

Existe, dessa forma, em organismos bacterianos, um balanço de quatro desidrases que devem ser mantidas pelos organismos para realizar a síntese de ácidos graxos necessários. A enzima-chave, a D(–)-β-hidroxidecanoil-ACP-desidrase, modifica a direção do processo de alongamento da cadeia de alquila, que passa de ácido graxo saturado para monoinsaturado.

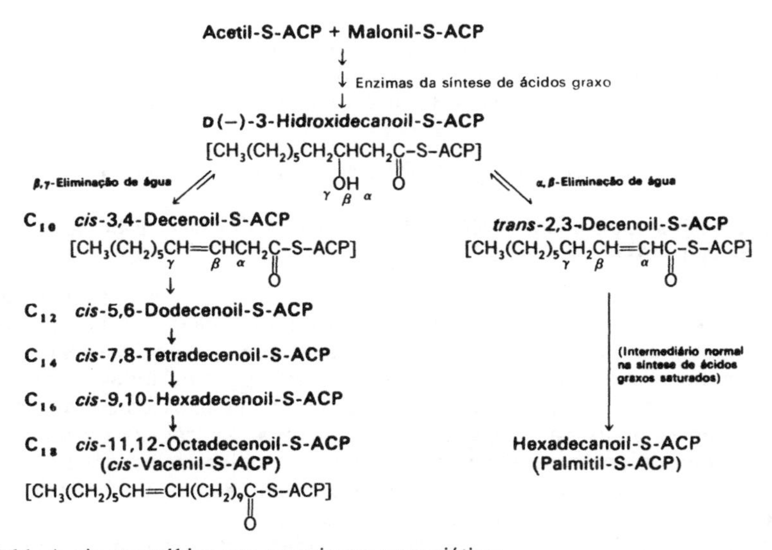

Figura 13-14. A via anaeróbica nos organismos procarióticos

Introdução de duplas ligações adicionais. Um dos notáveis bloqueios metabólicos dos tecidos animais é sua incapacidade de dessaturar um ácido monoenóico, o ácido oleico, na direção da extremidade metílica do ácido graxo, enquanto que o reino vegetal realiza facilmente essa reação. Dessa forma, o ácido linoleico, 18:2(9, 12), que é necessário para os animais, deve ser obtido de uma fonte vegetal.

Na célula hepática, uma enzima microsomal dessatura linoleil-CoA a γ-linolenil-CoA, que é então alongado a homolinolenil-CoA, e, por fim, novamente dessaturado a araquidonil-CoA. Esse aciltioester é agora transferido aos aceptores apropriados para formar fosfolipídeos, etc. Podemos colocar esses eventos no seguinte diagrama:

$$18{:}2(9,12) \xrightarrow{-2H} 18{:}3(6,9,12) \xrightarrow{+C_2} 20{:}3(8,11,14)$$

(dieta) Linoleico — γ-Linolênico — Homo-γ-linolênico

$$20{:}3(8,11,14) \xrightarrow{-2H} 20{:}4(5,8,10,14)$$

Araquidônico

Em todos os passos de dessaturação em sistemas de mamíferos, as dessaturases são microsomais, os substratos são acil-CoAs, e NADPH ou NADH e O_2 são componentes essenciais. Observe também que os passos de dessaturação vão na direção do grupo carboxílico.

A função dos ácidos graxos poliinsaturados está provavelmente relacionada à sua ocorrência nas lipoproteínas e lipídeos polares de membranas eucarióticas. Uma outra função muito importante no reino animal é o papel de certos ácidos graxos poliinsaturados como precursores da síntese de prostaglandinas. Dessa forma,

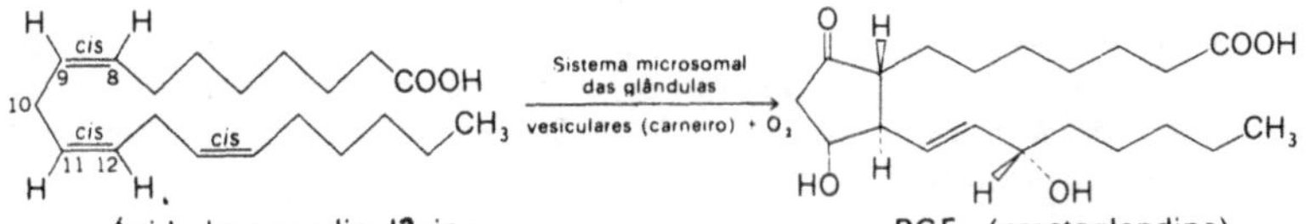

Ácido homo-γ-linolênico $\xrightarrow{\text{Sistema microsomal das glândulas vesiculares (carneiro)} + O_2}$ PGE_1 (prostaglandina)

As prostaglandinas compreendem um grupo de compostos que exercem efeitos fisiológicos e famacológicos em vários diferentes tecidos.

Em plantas superiores, a síntese do ácido linoleico efetua-se por duas vias diferentes:

a) Oleil-CoA + NADH + H^+ + O_2 $\xrightarrow{\text{Microsomal}}$ linoleil-CoA + NAD^+ + $2H_2O$

b) β-Oleil-fosfatidil-colina + NADPH + H^+ + O_2 $\xrightarrow{\text{Microsomal}}$ β-linoleil-fosfatidil-colina + $NADP^+$ + $2H_2O$

A importância relativa das duas vias para a célula ainda não foi estabelecida.

Alguns comentários devem ser feitos sobre a importância dos ácidos graxos insaturados. Reconhece-se, hoje em dia, que os ácidos graxos insaturados exercem papéis importantes na estrutura dos sistemas de membranas de todas as células vivas. Todos os sistemas de membranas possuem lipídeos complexos contendo ácidos graxos com diferentes graus de insaturação. Por exemplo, em células procarióticas, embora não existam ácidos graxos poliinsaturados, os ácidos monoenóicos são importantes componentes dos lipídeos de membranas e, em células eucarióticas, os ácidos graxos poliinsaturados são resíduos de acila fundamentais. Em tecidos fotossintéticos, nos quais se libera oxigênio molecular pela fotoxidação da água, ácidos graxos altamente insaturados são encontrados, com raras exceções, associados a lipídeos da membrana lamelar. O ácido linoleico é classificado como "ácido graxo essencial", pois sua retirada da dieta normal leva a alterações patológicas, que podem ser revertidas pela reintrodução do ácido na dieta. Organismos procarióticos são incapazes de sintetizar ácidos graxos poliinsaturados. É tentador correlacionar essa observação com a ausência de organelas, tais como mitocôndria, cloroplastos, núcleo, etc., nos organismos procarióticos.

BIOSSÍNTESE DE FOSFOLIPÍDEOS

Como foi indicado no Cap. 9, os fosfolipídeos são os componentes lipídicos fundamentais de todas as membranas. Assim sendo, é conveniente apresentarmos aqui uma breve consideração sobre sua biossíntese.

As enzimas biossintéticas relacionadas estão associadas ao retículo endoplasmático de todas as células eucarióticas. Nas células procarióticas, todas as enzimas da biossíntese da fosfatidil-etanolamina, o principal fosfolipídeo das membranas plasmáticas procarióticas, estão associadas à membrana plasmática.

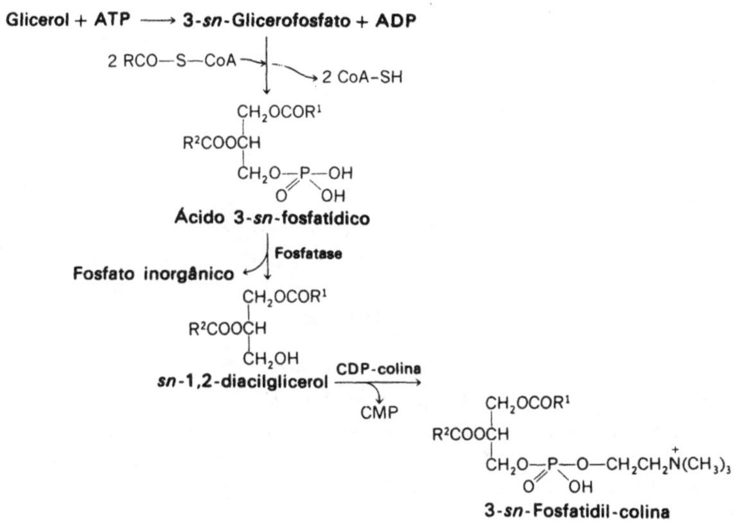

Glicerol + ATP $\longrightarrow$ 3-*sn*-Glicerofosfato + ADP

2 RCO—S—CoA → 2 CoA-SH

$$\begin{array}{l} CH_2OCOR^1 \\ R^2COOCH \\ CH_2O-P(=O)(OH)-OH \end{array}$$

Ácido 3-*sn*-fosfatídico

Fosfatase → Fosfato inorgânico

$$\begin{array}{l} CH_2OCOR^1 \\ R^2COOCH \\ CH_2OH \end{array}$$

***sn*-1,2-diacilglicerol** $\xrightarrow{\text{CDP-colina}}$ CMP

$$\begin{array}{l} CH_2OCOR^1 \\ R^2COOCH \\ CH_2O-P(=O)(OH)-O-CH_2CH_2\overset{+}{N}(CH_3)_3 \end{array}$$

3-*sn*-Fosfatidil-colina

Figura 13-15. Biossíntese da fosfatidil-colina

Ao examinar a estrutura da fosfatidil-colina (lecitina), notamos que suas unidades básicas são ácidos graxos de cadeias longas (—OCOR¹ e —OCOR²; o último é quase sempre poliinsaturado), glicerol, fosfato e colina. Como são eles reunidos?

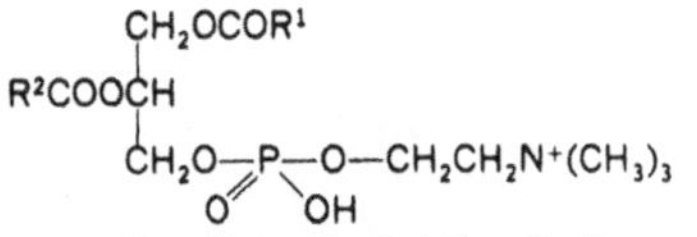

$$\begin{array}{l} CH_2OCOR^1 \\ R^2COOCH \\ CH_2O-P(=O)(OH)-O-CH_2CH_2N^+(CH_3)_3 \end{array}$$

Lecitina (3-*sn*-Fosfatidil-colina)

Na célula eucariótica, uma seqüência ordenada de eventos, todos catalisados por enzimas específicas, realiza a união das unidades separadas. A primeira reação é a fosforilação da colina:

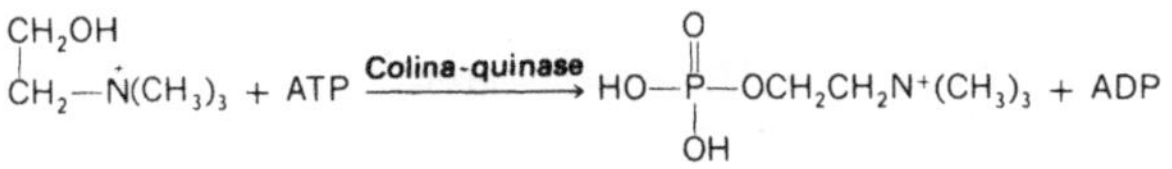

$$\begin{array}{l} CH_2OH \\ CH_2-\overset{+}{N}(CH_3)_3 \end{array} + ATP \xrightarrow{\text{Colina-quinase}} HO-\overset{O}{\overset{\|}{\underset{OH}{\underset{|}{P}}}}-OCH_2CH_2N^+(CH_3)_3 + ADP$$

Colina — Fosforil-colina

A fosforil-colina reage então com CTP para formar citidina-difosfato-colina (CDP--colina).

$$CTP + \text{fosforil-colina} \xrightarrow{\text{Fosforil-colina-citidil-transferase}} \text{CDP-colina} + \text{pirofosfato.}$$

A estrutura completa da CDP-colina é

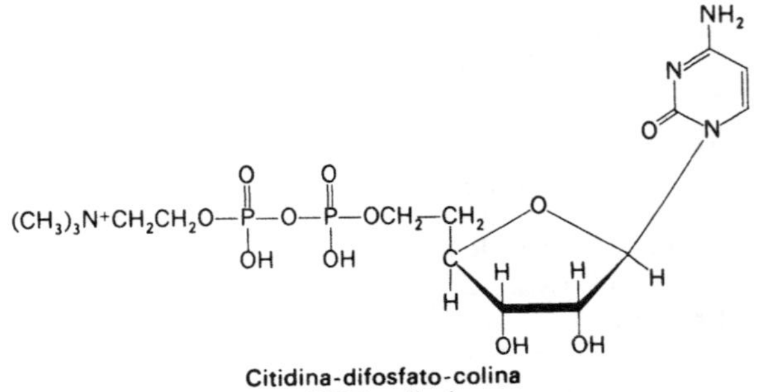

$(CH_3)_3N^+CH_2CH_2O-P(=O)(OH)-O-P(=O)(OH)-OCH_2-$ (ribose–citosina)

Citidina-difosfato-colina
(CDP-colina)

A etapa final está representada, na Fig. 13-15, pela transferência do resíduo da fosforil-colina para o diacilglicerol para formar fosfatil-colina. A fosfatidil-etanolamina e fosfatil-serina também são formadas por mecanismos similares. A fosfatidil-colina pode também ser formada pela metilação da fosfatidil-etanolamina, por meio da 3-*S*-adenosil-metionina:

Fosfatidil-etanolamina + 3-*S*-adenosil-metionina ⟶ fosfatidil-colina +
+ 3-*S*-adenosil-homocisteína

Note-se, todavia, que, embora esses mecanismos sejam importantes, outros mecanismos alternativos para a síntese de fosfolipídeos já foram descritos, e podem ser encontrados em referências apresentadas no final deste capítulo.

Uma via de diidroxiacetona-fosfato foi descrita para a biossíntese de ácido fosfatídico:

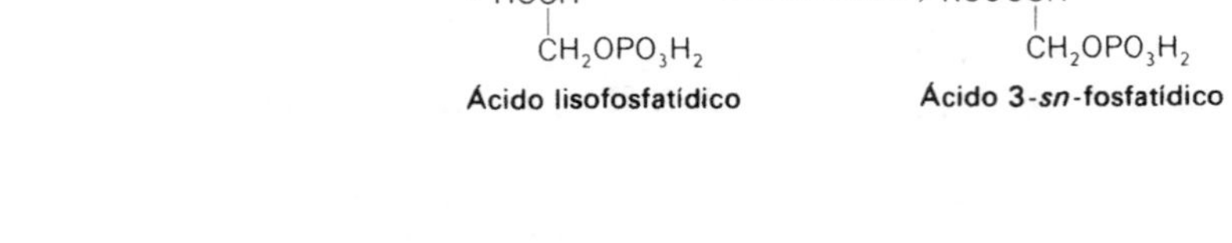

$CH_2OH-C(=O)-CH_2OPO_3H_2$ (Diidroxiacetona-fosfato) $\xrightarrow{RCO\text{-}CoA \; \to \; CoA}$ $CH_2OCOR-C(=O)-CH_2OPO_3H_2$ (1-Acil-diidroxiacetona-fosfato)

1-Acil-diidroxiacetona-fosfato $\xrightarrow{NADPH \; \to \; NADP^+}$ $CH_2OCOR-HOCH-CH_2OPO_3H_2$ (Ácido lisofosfatídico)

Ácido lisofosfatídico $\xrightarrow{RCOCoA \; \to \; CoA}$ $CH_2OCOR-RCOOCH-CH_2OPO_3H_2$ (Ácido 3-*sn*-fosfatídico)

BIOSSÍNTESE DE ESFINGOLIPÍDEOS

Os detalhes para a biossíntese da esfingomielina mostrarão como a formação de um grupo lipídeo complexo pode ter lugar por uma série de eventos muito diferentes dos que vimos para triacilgliceróis e fosfolipídeos.

Fase I:

Conversão da serina mais palmitoil-CoA a 3-cetoesfinganina:

$$CH_2OHCHNH_2COOH + CH_3(CH_2)_{14}C(=O){-}S{-}CoA \xrightarrow[\text{3-Desidroesfinganina-sintetase}]{\text{Piridoxalfosfato}} CH_3(CH_2)_{14}C(=O){-}CHNH_2CH_2OH + CO_2$$

Fase II:

Conversão a 4t-esfingenina

3-Desidroesfinganina-redutase ↓ NADPH

$$CH_3(CH_2)_{12}CH_2CH_2{-}CH(OH){-}CHNH_2CH_2OH$$

D-Esfinganina

3-Hidroxiesfinganina-desidrogenase ↓ −2 H

$$CH_3(CH_2)_{12}CH\overset{t}{=}CHCHOHCHNH_2CH_2OH$$

***trans*-D-Esfingenina**

Fase III:

Conversão final a esfingomielina

↓ R-Co-SCoA → CoASH

$$CH_3(CH_2)_{12}CH\overset{t}{=}CHCHOHCH(NHCOR)CH_2OH$$

Ceramida

↓ CMP-colina → CMP

$$CH_3(CH_2)_{12}CH{=}CHCHOHCH(NHCOR)CH_2OP(O^-)(=O){-}OCH_2CH_2\overset{+}{N}(CH_3)_3$$

Esfingomielina

BIOSSÍNTESE DO COLESTEROL

Desde o início da década de 30, quando a estrutura química do colesterol já estava determinada, a biogênese desse complexo sistema de anel era uma questão intrigante. A solução foi encontrada quase quarenta anos depois, através dos esforços de muitos investigadores.

A estrutura do anel da molécula é plana, e pode ser escrita como

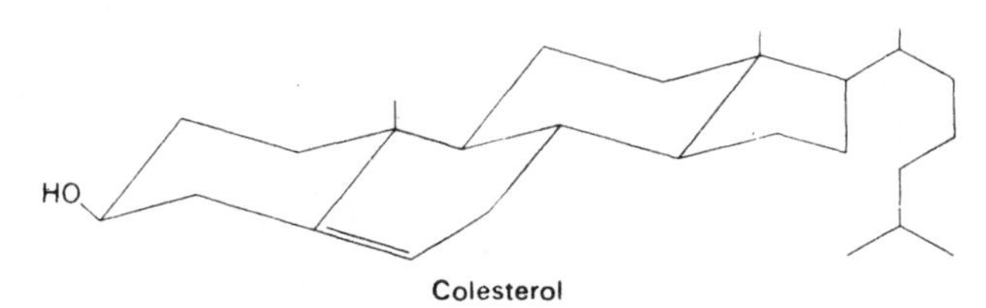

Colesterol

Todos os átomos de carbono do colesterol derivam diretamente do acetato. Reações muito diferentes das da síntese de ácido graxo de cadeia reta foram encontradas em sua biossíntese, que pode ser dividida em três grupos de reações:

1) formação de ácido mevalônico,
2) conversão de ácido mevalônico em esqueleno,
3) conversão de esqualeno em lanosterol e daí em colesterol.

1. Acetato ⟶ mevalonato (enzimas microsomais):

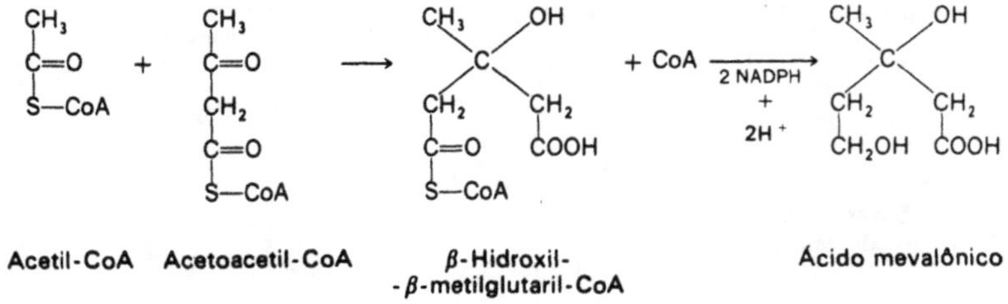

$CH_3-CO-S-CoA$ + $CH_3-CO-CH_2-CO-S-CoA$ ⟶ β-Hidroxil-β-metilglutaril-CoA + CoA $\xrightarrow{2\,NADPH\ +\ 2H^+}$ Ácido mevalônico

Acetil-CoA   Acetoacetil-CoA β-Hidroxil-β-metilglutaril-CoA   Ácido mevalônico

2. Mevalonato em esqualeno (enzimas solúveis):

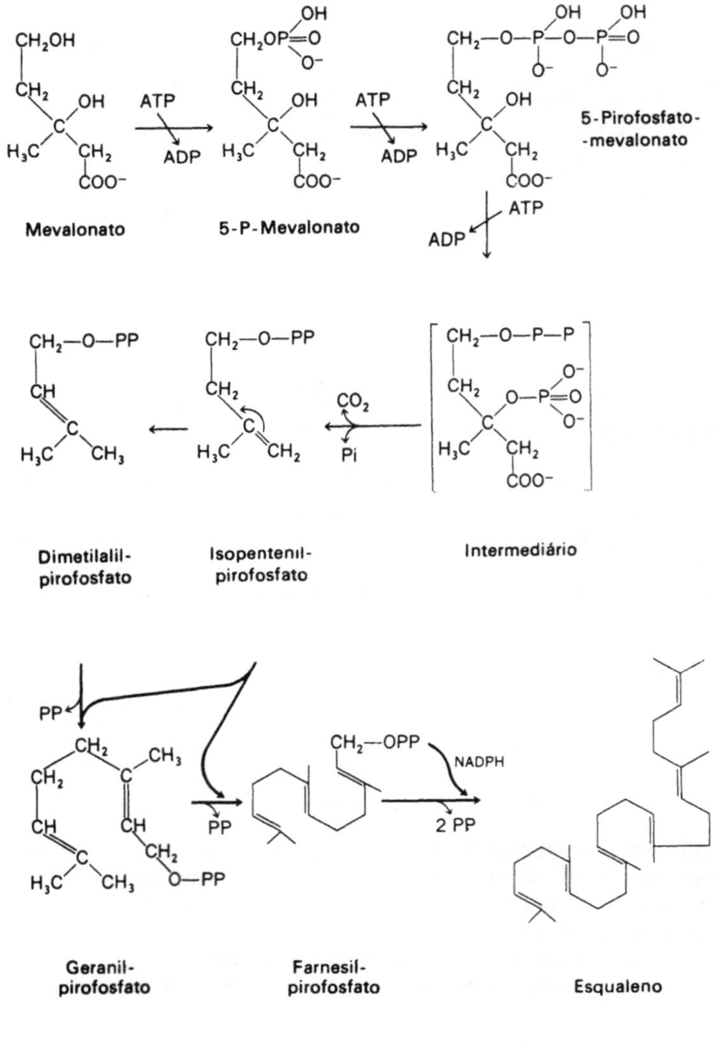

Mevalonato $\xrightarrow{ATP \to ADP}$ 5-P-Mevalonato $\xrightarrow{ATP \to ADP}$ 5-Pirofosfato-mevalonato $\xrightarrow{ATP \to ADP}$ Intermediário $\xrightarrow{-CO_2,\ -Pi}$ Isopentenil-pirofosfato ⟶ Dimetilalil-pirofosfato

Dimetilalil-pirofosfato   Isopentenil-pirofosfato   Intermediário

Geranil-pirofosfato $\xrightarrow{-PP}$ Farnesil-pirofosfato $\xrightarrow{NADPH,\ -2\,PP}$ Esqualeno

Geranil-pirofosfato   Farnesil-pirofosfato   Esqualeno

3. Esqualeno ⟶ lanosterol ⟶ colesterol (aeróbico e microsomal):

Esqualeno $\xrightarrow{O_2}$ Esqualeno-epoxidase

Esqualeno-2,3-epóxido

Esqualeno óxido ciclase

Lanosterol

↓ $-3\,CH_3$

Zimosterol

↓ Δ8-9 → Δ5-6

Demosterol

↓ +2H

Colesterol

REGULAÇÃO DA SÍNTESE DO COLESTEROL

O colesterol é sintetizado em todos os tecidos animais. Além disso, uma quantidade variável do colesterol da dieta contribui para a concentração total no homem. Quando a dieta é rica em colesterol, a síntese *de novo* é notavelmente inibida; quando deficiente, ocorre a síntese *de novo*. Como não existe evidência de que o próprio colesterol iniba a enzima responsável pela conversão da β-hidroxi-β-metilglutaril-CoA a ácido mevalônico, os resultados nutricionais não podem, presentemente, ser explicados em termos bioquímicos.

$$\beta\text{-Hidroxi-}\beta\text{-metilglutaril-CoA} \xrightarrow[\text{-redutase}]{\text{NADPH-}} \text{mevalonato} + \text{CoA}.$$

O jejum também inibirá a síntese de colesterol, embora os detalhes dessa inibição não sejam conhecidos. Embora o anel esteróide seja sintetizado facilmente em plantas e animais, organismos procarióticos não podem sintetizar o sistema de anel, ainda que formem facilmente pigmentos poliisoprenóides. Os insetos perderam a capacidade de sintetizar esteróis e, portanto, utilizam fontes exógenas na conversão posterior em importantes hormônios, tal como a ecdisona, um derivado oxigenado do colesterol. Nos vertebrados, o colesterol é o substrato para um sistema complexo de modificações das cadeias laterais e do sistema de anel para formar progesterona, androgênios, estrogênios e corticosteróides, todos hormônios extremamente importantes dos mamíferos.

REFERÊNCIAS

1. N. M. Packter – *Biosyntesis of Acetate-Derived Compounds*. New York, John Wiley, 1973. Pequeno, mas excelente, relato de vários tópicos importantes sobre lipídeos.

2. S. Wakil (ed.) – *Lipid Metabolism*. New York, EUA, Academic Press, 1971. Discussão detalhada sobre os vários tópicos do metabolismo de lipídeos para o aluno adiantado.

3. T. W. Goodwin (ed.) – *Biochemistry of Lipids*. MTP International Review of Science Series One, Vol. 4. Baltimore, University Park Press, 1974. Um moderno tratamento dos principais tópicos da bioquímica dos lipídeos.

PROBLEMAS

1. Na oxidação de ácidos graxos de cadeia longa a CO_2 e H_2O, por meio da β-oxidação e do ciclo de Krebs, vários tipos de reação, relacionadas abaixo, são encontrados. Dê um exemplo de cada reação, usando $R—CH_2—CH_2—COOH$ para o ácido graxo, fórmulas estruturais para os outros compostos e abreviações para fatores complicados, tais como NAD^+, CoASH, etc. Equilibre as equações e indique todos os cofatores necessários. Nomes de enzimas não são necessários.
   a) Uma reação que envolva a quebra de uma ligação carbono-carbono.
   b) Uma reação que exija FAD como cofator.
   c) Outra reação que exija FAD como cofator.
   d) Uma reação em que se forma uma ligação carbono-enxofre.
   e) Uma reação em que água seja consumida.
   f) Outra reação em que água seja consumida.
   g) Uma reação inibida por ácido malônico.
   h) Uma descarboxilação oxidativa reversível.
   i) Uma reação na qual ocorra uma isomerização.
2. Escreva a série de reações enzimáticas pela qual o ácido pirúvico pode ser convertido em ácido capróico (hexanóico). Use fórmulas estruturais, exceto para as coenzimas envolvidas.
3. Explique *em detalhe* por que um animal não pode efetuar a conversão *real* de lipídeo em carboidrato, ao contrário de plantas e microrganismos. Ilustre sua resposta com as reações enzimáticas fundamentais envolvidas.
4. Com seis ou oito afirmações concisas e completas explique por que os corpos cetônicos podem acumular-se em um animal alimentado apenas por uma dieta puramente lipídica, mas não em uma planta ou em um microrganismo que utilizam lipídeos como única fonte de carbono e energia.
5. a) Glucose e ácido capróico (hexanóico) são compostos que contêm seis átomos de carbono. Qual deles fornecerá mais ATP (por mol) na oxidação completa a CO_2 e H_2O, por uma célula viva? Por que? (Em termos químicos bem gerais.)
   b) Calcule o número de moles de ATP produzidos, na oxidação completa de um mol de ácido capróico, por um organismo aeróbico. Explique claramente como chegou a seu resultado.
   c) Relacione brevemente as principais diferenças entre as vias de oxidação e de biossíntese de ácidos graxos.
   d) Defina "cetose".
   e) Descreva o defeito bioquímico que produz cetose.
6. a) Descreva detalhadamente a biossíntese de ácido linoleico em plantas superiores, a partir de ácido oleico livre.
   b) Embora os animais não possam sintetizar ácido linoleico *de novo*, que ácido graxo monoinsaturado (que não o oleico) será convertido a ácido linoleico no animal?

capítulo **14**

TRANSPORTE DE ELÉTRONS E FOSFORILAÇÃO OXIDATIVA

OBJETIVO

Neste capítulo, descreve-se a natureza da cadeia de transporte de elétrons da mitocôndria e discute-se o processo da fosforilação oxidativa. São apresentadas as teorias da fosforilação oxidativa, e o problema geral da permeabilidade seletiva da membrana interna mitocondrial é discutido. São vistas também as relações entre a oxidação de metabolitos celulares e a produção de ATP. São ainda descritas enzimas (oxigenases) que catalisam a introdução de átomos de oxigênio diretamente a substratos orgânicos.

INTRODUÇÃO

A oxidação de piruvato e acetil-CoA que ocorre na mitocôndria é freqüentemente chamada de fase *aeróbica* do metabolismo de carboidratos. Entretanto essa denominação é inadequada, uma vez que tanto piruvato como acetil-CoA podem também ser obtidos de outras fontes além dos carboidratos. Além disso, o termo aeróbico não é estritamente preciso quando as reações são escritas como no ciclo dado no final do livro, uma vez que os agentes oxidantes imediatos são nicotinamida- e flavina-nucleotídeos e não oxigênio. A quantidade de nicotinamida- e flavina-nucleotídeos é limitada na célula, e as reações param quando o suprimento de nucleotídeos oxidados se esgota, como na seqüência glicolítica. Conseqüentemente, para que a oxidação de substratos orgânicos seja contínua, os nicotinamida- e flavina-nucleotídeos devem ser reoxidados.

Em células procarióticas, a reoxidação é realizada pelas enzimas localizadas na membrana plasmática; em eucariotes, os catalisadores necessários estão na membrana interna da mitocôndria adjacente à matriz, onde os nucleotídeos são reduzidos **(p. 217)**. Em todos os organismos aeróbicos, o agente oxidante final é o oxigênio molecular e, para o caso de NADH, pode-se escrever a reação global:

$$NADH + H^+ + \tfrac{1}{2}O_2 \longrightarrow NAD^+ + H_2O, \qquad \Delta G' = -52\,500 \text{ cal (pH 7,0)}. \tag{14-1}$$

As enzimas que realizam essa oxidação constituem a *cadeia de transporte de elétrons*, em que uma série de transportadores de elétrons é, alternadamente, reduzida e oxidada.

Essa reoxidação do NADH pelo O_2 é acompanhada por uma elevada redução de energia livre **(p. 326)**. A quantidade é suficiente para produzir vários moles de ATP por mol de NADH oxidado. As enzimas que catalisam a produção de ATP quando o NADH é oxidado também estão localizadas na membrana mitocondrial interna. Embora o processo seja conhecido como *fosforilação oxidativa*, talvez seja melhor denominá-lo *fosforilação ligada à cadeia respiratória*. Esse processo será descrito após a discussão sobre a cadeia de transporte de elétrons.

COMPONENTES ENVOLVIDOS NO TRANSPORTE DE ELÉTRONS

Existem cinco diferentes tipos de carregadores participantes do transporte de elétrons dos substratos que são oxidados pela mitocôndria. Antes de descrever a cadeia de transporte, daremos uma breve descricão de cada um desses tipos.

Nicotinamida-nucleotídeos. As propriedades gerais dessas coenzimas (co-substratos) e de suas desidrogenases (apoenzimas) já foram descritas com certo detalhe (p. 164). Duas oxidações do ciclo do ácido tricarboxílico envolvem a remoção do equivalente de dois átomos de hidrogênio dos substratos malato e isocitrato. Em duas outras, as de piruvato-desidrogenase e α-cetoglutarato-desidrogenase, os elétrons são transferidos primeiro ao ácido lipóico e, então, ao NAD^+, através de uma enzima ligada à FAD.

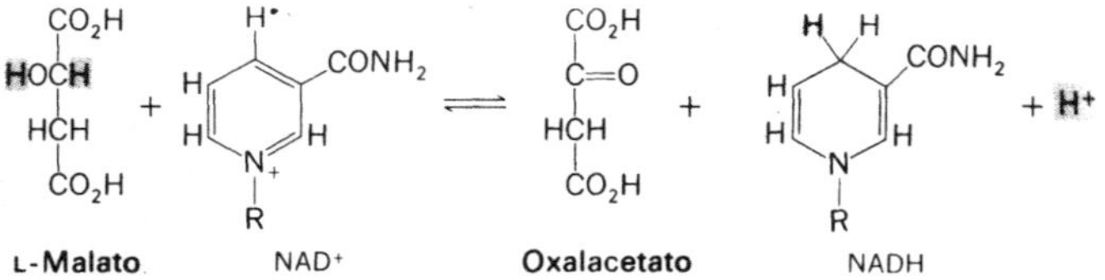

$$\text{L-Malato} + NAD^+ \rightleftharpoons \text{Oxalacetato} + NADH + H^+ \qquad (14\text{-}2)$$

Flavoproteínas. Os grupos prostéticos das flavoproteínas são as coenzimas flavínicas FAD e FMN. Esses cofatores estão muito mais firmemente associados ao resíduo de proteína do que as coenzimas de nicotinamida-nucleotídeos, estando em alguns exemplos, covalentemente ligados à proteína.

Em sua forma mais simples, os cofatores flavínicos aceitam dois elétrons e um próton do NADH, ou dois elétrons e dois prótons de um substrato orgânico tal como succinato. A reação com NADH pode ser representada como:

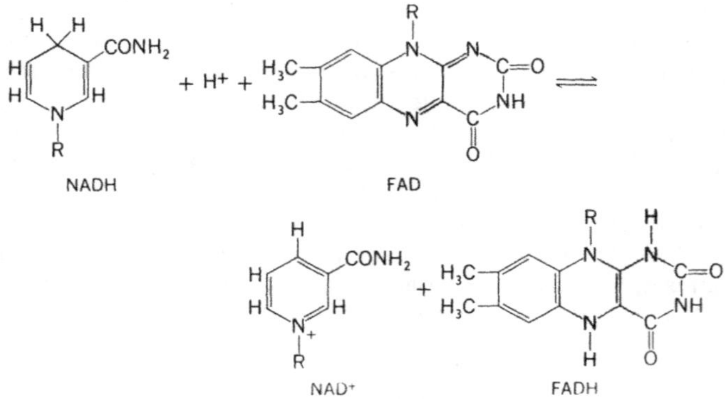

$$NADH + H^+ + FAD \rightleftharpoons NAD^+ + FADH \qquad (14\text{-}3)$$

As flavoproteínas da cadeia respiratória mitocondrial são mais complexas, uma vez que contêm — ou estão estreitamente associadas com — proteínas não hêmicas (NHI). Assim a NADH-desidrogenase da mitocôndria do coração bovino contém 1 FMN e 8 átomos de Fe por partícula de peso 200 000. O ferro está presente como ferro-não-hêmico e está associação com átomos de enxofre ácido-labil (veja abaixo e na p. 348). Os cofatores flavínicos podem aceitar *um* elétron de cada vez, formando uma semiquinona, o que faz com que as flavoproteínas representem um ponto da cadeia respiratória em que os elétrons podem ser transferidos um de cada vez ao invés de em pares.

Proteínas que contêm ferro não-hêmico. Esse tipo de proteína foi encontrado como ferredoxina em plantas, na fixação de nitrogênio e na fotossíntese, antes do reconhecimento de que também funcionava no transporte de elétrons da mitocôndria. sua propriedade química mais característica é a liberação de H_2S pela acidificação (enxofre ácido-lábil), um tratamento que também remove o ferro. Os átomos de ferro, geralmente dois ou mais, estão arranjados em uma ponte de ferro-sulfeto, que, por sua vez, está ligada a resíduos de cisteína da proteína. Todas as proteínas-S-Fe são caracterizadas por baixos valores de E'_0, o que indica seu papel como carregadores de elétrons.

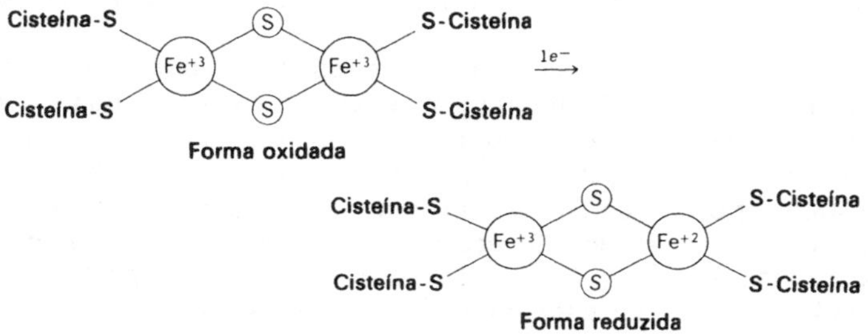

Cisteína-S, S-Cisteína, Fe^{+3}, S, Fe^{+3}, Cisteína-S, S-Cisteína $\xrightarrow{1e^-}$

Forma oxidada

Cisteína-S, S-Cisteína, Fe^{+3}, S, Fe^{+2}, Cisteína-S, S-Cisteína

Forma reduzida

No estado oxidado, ambos os átomos de ferro do modelo estão no estado férrico. Quando reduzido, um ferro torna-se Fe^{2+} e é detectado por um sinal de REP (ressonância eletrônica paramagnética) característico.

Quinonas. A mitocôndria contém uma quinona chamada ubiquinona, cuja estrutura geral é

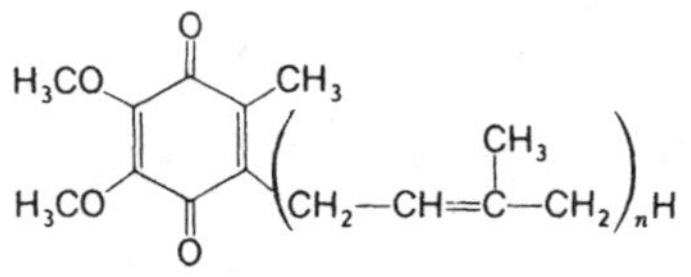

H_3CO, H_3CO, O, O, CH_3, $(CH_2—CH=C(CH_3)—CH_2)_nH$

Ubiquinona

O comprimento da cadeia lateral varia com a fonte da mitocôndria; em tecidos animais, a quinona possui dez unidades isoprenóides em sua cadeia lateral, e é chamada de coenzima Q_{10} (CoQ_{10}). Devido à sua grande cadeia lateral alifática, a ubiquinona é solúvel em lipídeos e, juntamente com o citocromo *c*, é facilmente solubilizada da membrana interna mitocondrial, em contraste com todas as outras enzimas da cadeia respiratória. Quando a quinona for extraída da mitocôndria, o transporte de elétrons dos substratos para o oxigênio será inibido; a atividade é recuperada quando a quinona é novamente adicionada. Devido a sua fácil redução e oxidação, a quinona pode servir como um transportador adicional entre as coenzimas flavínicas e os citocromos.

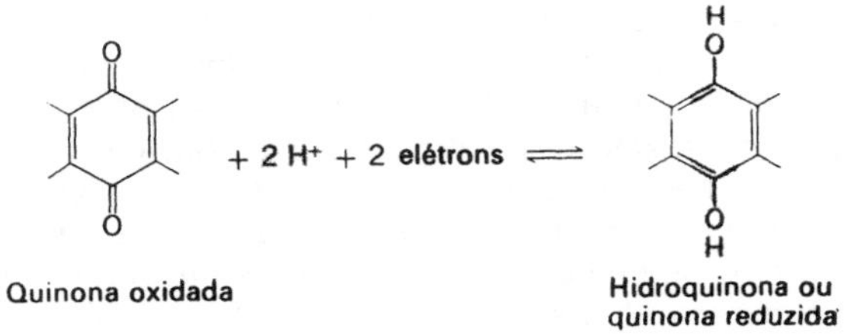

$$\text{Quinona} + 2\,H^+ + 2 \text{ elétrons} \rightleftharpoons \text{Hidroquinona}$$

Quinona oxidada

Hidroquinona ou quinona reduzida

A coenzima Q_{10} serve provavelmente como aceptor de elétrons, não só da NADH-desidrogenase, mas também dos componentes flavínicos da succinato-desidrogenase, glicero fosfato-desidrogenase e acil-CoA-desidrogenase, como ilustra a Fig. 14-2.

Os citocromos. Esses transportadores respiratórios foram descobertos em células animais por McMunn, em 1886. Ele chamou os compostos de mio- e histo-hematinas, e considerou-os importantes para os processos respiratórios. Seus resultados foram severamente criticados e, finalmente, esquecidos até a redescoberta dos mesmos componentes por Keilin. Os clássicos experimentos de D. Keilin, na Inglaterra, em 1926-1927, demonstraram que esses pigmentos celulares (citocromos) estavam presentes em quase todos os tecidos vivos, o que indicava um papel essencial dessas substâncias na respiração celular.

Os estudos de Keilin mostraram que em todos os tecidos existem geralmente três tipos de citocromo, que ele designou pelas letras *a*, *b* e *c* e cuja quantidade parecia ser proporcional à atividade respiratória do tecido, sendo que coração e outros músculos ativos continham as maiores quantidades desses pigmentos. A pesquisa sobre os citocromos foi facilitada pelo fato de eles absorverem luz, em diferentes comprimentos de onda, de uma maneira característica. Os espectros de absorção do citocromo *c* oxidado e reduzido são mostrados na Fig. 14-1; observe as posições dos picos das bandas α, β e γ do carregador reduzido. Os citocromos *b* e *a* têm os seus máximos de absorção α, respectivamente a 563 e 605 nm.

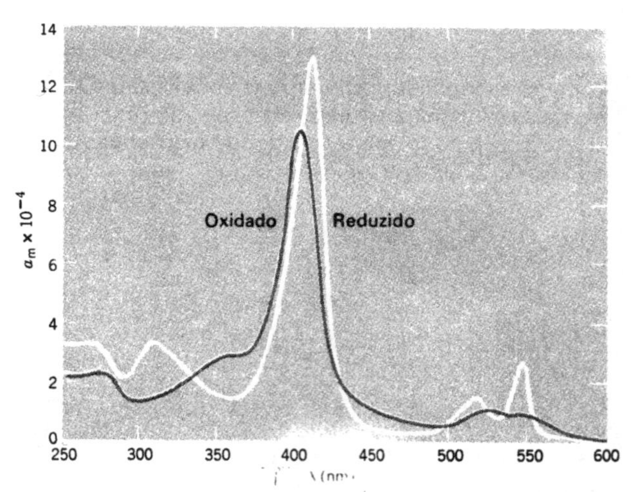

Figura 14-1. Espectro de absorção do citocromo *c* oxidado e reduzido [Dados de E. Margoliash, reproduzidos de D. Keilin e E. C. Slater, "Cytochrome", *British Medical Bulletin* 9,89 (1953), The British Council, Londres, Inglaterra]

O citocromo *c* é o único facilmente solubilizado a partir da membrana mitocondrial, e sua estrutura foi amplamente estudada. (p. 86). À medida que citocromos adicionais foram sendo descobertos, especialmente em bactérias, foram classificados de acordo com o citocromo original a que mais se parecessem. Em células de animais, plantas, leveduras e fungos, todos os quais possuem mitocôndria, os citocromos são encontrados quase que exclusivamente nessa organela. Nas bactérias, os citocromos estão localizados na membrana plasmática. A mitocôndria dos mamíferos contém, além dos citocromos *a*, *b* e *c*, outro citocromo, chamado c_1, com uma banda de absorção α a 554 nm, que também funciona na cadeia de transporte de elétrons. Os microsomas de mamíferos contêm citocromo b_5, cuja banda α absorve a 557 nm.

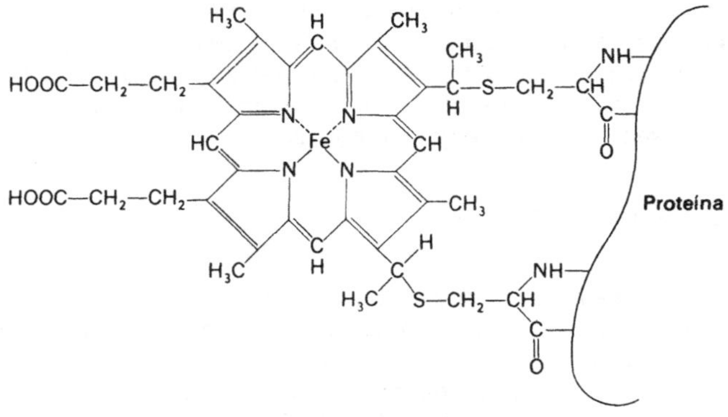

Citocromo c

Os espectros de absorção, juntamente com outras propriedades dos citocromos, indicam que esses compostos são proteínas conjugadas, tendo porfirina ligada a ferro como grupo prostético. A estrutura do grupo prostético do citocromo *c* está mostrada acima; ele é um derivado de ferro-protoporfirina IX (p. 401) e está ligado através de ligações tioéter com resíduos de cisteína do componente proteico. Sabe-se que as ferroporfirinas associadas dos citocromos *a* e *b* são diferentes por apresentarem diferenças em seus espectros de absorção; isso foi confirmado posteriormente por estudos químicos da estrutura das porfirinas. O grupo prostético do citocromo *b* é a própria ferroprotoporfirina IX. A porfirina do citocromo *a* é a porfirina *A*, caracterizada principalmente por uma longa cadeia hidrofóbica de unidades isoprenóides hidrogenadas. Nesse aspecto, a porfirina *A* lembra a porfirina da clorofila.

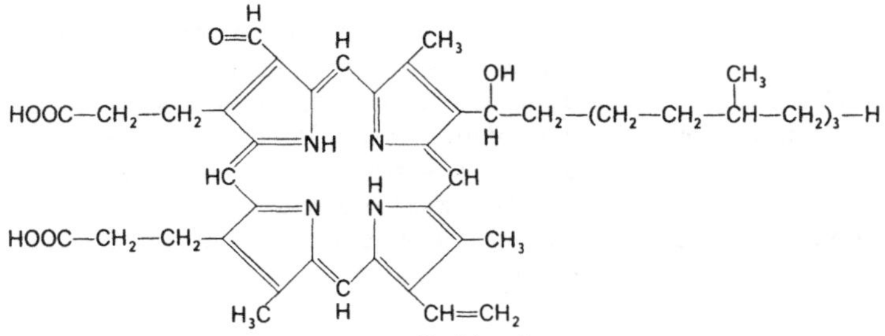

Porfirina A

Vários citocromos tendem facilmente a formar complexos com HCN, CO e H_2S; esses complexos podem ser detectados por seu espectro de absorção característico. Esses reagentes agem em virtude de sua capacidade de ocupar uma ou duas das posições de coordenação do átomo de ferro que não estão ocupadas pelos átomos de nitrogênio dos anéis pirrólicos da porfirina. No citocromo *c*, onde ambas as posições estão ocupadas por outras estruturas, não há formação de complexos com HCN, CO ou H_2S, a pH neutro. No citocromo *a*, em que uma das posições é normalmente ocupada pelo oxigênio quando este está sendo reduzido, é possível a formação de complexos. A alta afinidade de HCN por citocromo *a* é, de fato, responsável pela extrema toxidez dessa substância para organismos aeróbicos.

Estudos com citocromo *c* solúvel confirmaram o que Keilin havia observado em tecidos intatos, ou seja, que os citocromos são capazes de se oxidar e se reduzir alternadamente. O ferro dos citocromos oxidados é ferro III ou férrico; ele é reduzido a ferro II ou ferroso pela incorporação de um elétron na camada de valência do átomo de ferro.

De fato, é essa propriedade que permite que os citocromos funcionem como transportadores no processo de transporte de elétrons. Como se indicou anteriormente, os citocromos são reduzidos quando a CoQ_{10}-H_2 é reoxidada. Uma vez que cada quinona reduzida pode fornecer dois elétrons para a redução do ferro do pigmento, duas moléculas de citocromo são necessárias para reagir com uma molécula de quinona reduzida:

$$CoQ_{10}—H_2 + 2\ \text{citocromo-}(Fe^{3+}) \longrightarrow$$
$$\longrightarrow CoQ_{10} + 2\ \text{citocromo-}(Fe^{2+}) + 2\ H^+. \quad (14\text{-}4)$$

A reação é balanceada pela liberação de dois prótons no meio.

A ordem na qual os citocromos são reduzidos na cadeia de transporte eletrônico é facilmente determinada. Se um substrato oxidável do ciclo de ácido tricarboxílico (por exemplo, malato) é adicionado a uma suspensão mitocondrial e a mistura é observada em um espectrofotômetro, sob condições anaeróbicas, a banda de absorção do citocromo *b* reduzido aparece primeiro, seguida pelas bandas dos citocromos c_1, *c* e *a*, nessa ordem. Se se introduzir O_2 na suspensão, a banda correspondente ao citocromo *a* desaparecerá primeiro, seguida pelas bandas de *c*, c_1 e *b*. Essa abordagem experimental foi estendida aos outros componentes da cadeia, que têm espectros característicos, para posicioná-los na cadeia. Quando se faz isso, essa posição está em concordância quase perfeita com o potencial de redução dos componentes, começando com NADH ($E'_0 = -0{,}32$ V) e terminando com citocromo *a* ($E'_0 = +0{,}29$ V) (Tab. 6-3).

Na discussão sobre citocromos, uma atenção especial deve ser dada aos citocromos *a* e a_3. Juntos eles constituem a *citocromo-oxidase*, termo usado durante muitos anos para denominar o último transportador, ou a *oxidase terminal* da cadeia de transporte de elétrons nos aeróbios. A forma reduzida da citocromo-oxidase é capaz de reduzir oxigênio molecular a H_2O, um processo que requer um total de quatro elétrons para cada mol de O_2 reduzido.

A firme associação da citocromo-oxidase com a membrana interna da mitocôndria dificultou muito o seu estudo. Evidências atuais indicam que a enzima é um complexo (PM 240 000) que consiste em seis subunidades, cada qual contendo um grupo heme *A* e um átomo de cobre. Duas unidades do hexâmero, chamadas de citocromo *a*, diferem das restantes pelo seu espectro de absorção e por não reagirem diretamente com O_2. As outras quatro unidades do hexâmero são chamadas de citocromo a_3, e as formas reduzidas desses citocromos, na presença de citocromo *c*, podem reagir com O_2. Sem qualquer implicação com o mecanismo da reação, esta pode ser escrita como:

$$4\ \text{citocromo}\ a_3—Fe^{2+} + O_2 + 4\ H^+ \longrightarrow \text{citocromo}\ a_3—Fe^{3+} + 2\ H_2O.$$

O citocromo a_3 reduzido combina-se com monóxido de carbono para formar um complexo que é dissociável pela luz. Em um experimento clássico da bioquímica, Warburg determinou o espectro de ação desse complexo para estabelecer a natureza ferro-porfirínica dessa enzima. A forma oxidada (férrica) da citocromo-oxidase tem uma altíssima afinidade por cianeto, e não pode ser reduzida. Isso explica a extrema toxidez do cianeto.

A CADEIA RESPIRATÓRIA

Os carregadores descritos podem ser dispostos na ordem em que são reduzidos na membrana interna [Fig. 14-2(a)]. Na etapa inicial, dois átomos de hidrogênio removidos de diferentes substratos passam para o NAD^+. Em alguns casos, os elétrons entram na cadeia no ponto onde está colocada a CoQ. Os últimos carregadores são os citocromos.

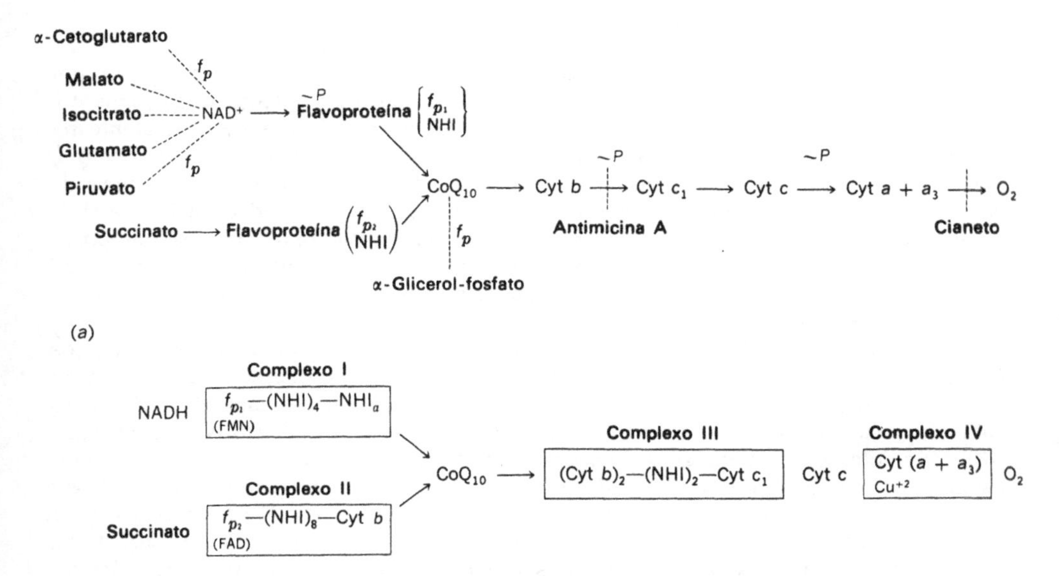

Figura 14-2. (a) A seqüência dos carregadores; (b) os complexos submitocondriais

A seqüência de carregadores mostrada foi provada por meio de uma série de evidências: com espectrofotômetros sensíveis, é possível medir as quantidades relativas de carregadores oxidados e reduzidos, tanto em tecido intacto como em suspensões de mitocôndrias. Se um substrato oxidável é adicionado a uma suspensão de mitocôndria, observar-se-á que o NAD^+ é o carregador mais completamente reduzido, enquanto que a citocromo-oxidase (citocromos $a + a_3$) é o mais completamente oxidado. Se se torna a suspensão anaeróbica, o NAD^+ é o primeiro a ficar *completamente* reduzido, seguido, em ordem, pela flavoproteína, ubiquinona, e citocromos. Se um inibidor, como a antimicina *A*, que inibe a reação entre os citocromos *b* e c_1, for adicionado, todos os carregadores à esquerda do ponto de inibição ficarão totalmente reduzidos, à medida que os elétrons forem entrando na cadeia bloqueada; todos os carregadores à direita tornar-se-ão totalmente oxidados, pois não estarão mais recebendo elétrons do reservatório de substratos.

Recentemente, evidências para essa disposição da cadeia foram fornecidas pelo isolamento de fragmentos submitocondriais, os quais representam partes diferentes da cadeia de transporte de elétrons. Esses fragmentos são complexos estruturalmente organizados que, por si mesmos, podem funcionar apenas como parte da cadeia, mas que, quando recombinados com os outros complexos e com coenzima Q e citocromo *c*, podem funcionar como cadeia original. Assim, os complexos I, III e IV transferirão elétrons de NAD^+ para O_2, enquanto que os complexos II, III e IV serão necessários para a oxidação do succinato [Fig. 14-2(b)]. A colocação de CoQ e citocromo *c* externamente a qualquer um dos complexos indica a capacidade especial que têm esses carregadores de serem extraídos sem destruir os complexos. O estudo desses complexos revelou o quanto é verdadeiramente complicada a disposição dos carregadores na cadeia de transporte de elétrons.

O esclarecimento da seqüência de transportadores na cadeia de transporte de elétrons auxiliou o estudo das reações de fosforilação que acompanham o transporte de elétrons do substrato ao O_2. Esse processo de fosforilação ligado à cadeia respiratória pode agora ser discutido.

FOSFORILAÇÃO OXIDATIVA

Um dos objetivos principais da degradação de substratos de carbono por um organismo vivo é a produção de energia para seu desenvolvimento e crescimento. Na degradação anaeróbica de açúcares a ácido láctico, parte da energia existente na molécula do açúcar é conservada na formação de compostos de fosfato ricos em energia, que se tornam então utilizáveis pelo organismo. Como foi referido no Cap. 12, mais de 90% da energia útil da glucose é libertada quando o piruvato é oxidado a CO_2 e H_2O através das reações do ciclo do ácido tricarboxílico. Nesse processo, há um só composto rico em energia, succinil-CoA, sintetizado por reações que envolvem substratos do próprio ciclo; na presença de tioquinase-succínica, esse tioéster é utilizado para converter GDP a GTP.

Quando a produção de compostos ricos em energia em organismos biológicos foi investigada com mais detalhe, dois tipos diferentes de processos de fosforilação foram reconhecidos. Em um desses processos, derivados fosforilados de tioéster do substrato eram inicialmente produzidos e, subseqüentemente, utilizados para produzir ATP. Exemplos desse tipo são as reações da glicólise, onde os ácidos 1,3-difosfoglicérico e fosfoenolpirúvico são formados e reagem com ADP para formar ATP (pp. 238 e 240), bem como a reação catalisada pela tioquinase-succínica no ciclo de Krebs (p. 277). Esses processos de fosforilação foram chamados de *fosforilações ao nível de substrato*, para serem distinguidos das fosforilações associadas com o transporte de elétrons, que são usualmente denominados *fosforilações oxidativas*.

Em 1937, Belitzer na Rússia e Kalckar nos Estados Unidos observaram que ocorria fosforilação durante a oxidação do ácido pirúvico por homogenados de músculo. Embora o destino metabólico subseqüente do piruvato não estivesse claro na época, sabia-se que oxigênio era consumido pelo homogenado e fosfato inorgânico esterificado como hexose-fosfatos. Se as reações eram inibidas por cianeto ou pela remoção de O_2, tanto a fosforilação como a oxidação cessavam. Portanto a síntese de uma ligação açúcar-fosfato era dependente de uma oxidação biológica, na qual oxigênio molecular era consumido.

Houve vários progressos importantes que simplificaram o estudo desse importante processo.

1. Em 1948, Kennedy e Lehninger mostraram que mitocôndrias isoladas de fígado de rato catalisavam a fosforilação oxidativa acoplada à oxidação de intermediários do ciclo de Krebs. Hoje se reconhece que a membrana mitocondrial interna é o local desse tipo de enzimas de fosforilação. Em bactérias, pequenas unidades da membrana celular contêm os complexos da fosforilação.

2. Foi observado que a única reação de fosforilação que podia ser identificada era a incorporação de fosfato inorgânico ao ADP para formar ATP:

$$ADP + H_3PO_4 \longrightarrow ATP + H_2O.$$

Essa é claramente uma reação que requer energia; se todos os reagentes estão no estado-padrão, o ΔG ($\Delta G'$, por definição) é $+7\,300$ cal/mol. Uma vez que os reagentes não estão em concentração 1 *M*, o ΔG será consideravelmente maior, talvez $+12\,000$ cal/mol.

3. A composição da cadeia de transporte de elétrons da mitocôndria foi investigada com algum detalhe.

4. Demonstrou-se que a oxidação de NADH por O_2, em presença de mitocôndria, leva à formação de ATP pela incorporação de fosfato inorgânico a ADP. A importância dessa observação extremamente significante de Friedkin e Lehninger deve ser salientada.

Se se adiciona NADH a uma mistura de reação contendo ADP, fosfato inorgânico, Mg^{2+} e mitocôndria, de animal ou de planta, especialmente preparada (veja a discussão de permeabilidade mitocondrial adiante), o NADH será oxidado a NAD^+, e um átomo do O_2 será reduzido. Isso ocorre porque, como se descreveu anteriormente, a mitocôndria contém a cadeia de transporte de elétrons intata. Simultaneamente, o fosfato inorgânico reagirá com ADP para formar ATP. Sob condições ideais, 2 a 3 moles de ATP serão formados por átomo de oxigênio consumido. Uma vez que a mitocôndria contém ATPase e também pode catalisar reações colaterais que utilizam ATP, acredita-se que 3 moles de ATP são formados por mol de NADH oxidado ou átomo de oxigênio consumido. Isso pode ser representado esquematicamente como:

$$NADH + H^+ + \tfrac{1}{2}O_2 + 3\,ADP + 3\,H_3PO_4 \longrightarrow NAD^+ + 3\,ATP + 4\,H_2O.$$

Pode-se dizer também que essa reação tem uma relação P : O = 3,0, um termo usado para descrever a razão de resíduos de *fosfato esterificado* para átomos de *oxigênio consumido* na oxidação. Como a oxidação de malato e isocitrato dava origem a uma relação P : O = 3,0, presumiu-se que as fosforilações associadas a esses substratos ocorriam após o NAD^+ que serve como oxidante ter sido reduzido. Uma relação P : O = 2,0 para o succinato indica, de maneira semelhante, que um passo fosforilativo a menos é envolvido quando esse composto é oxidado.

Muita evidência experimental apóia a conclusão de que as fosforilações ocorrem quando um par de elétrons caminha ao longo da cadeia de transporte de elétrons representada na Fig. 14-2. Como só ocorre uma fosforilação, quando o citocromo *c* reduzido é oxidado pelo oxigênio molecular (reação catalisada pelo complexo IV) só um sítio de fosforilação é mostrado à direita do citocromo *c* na Fig. 14-2. Quando o NADH é oxidado pelo citocromo *c* (complexo II + III) ocorrem duas fosforilações (dois ATP são formados por mol de NADH oxidado), e são mostrados na cadeia os locais postulados de sua formação.

Um desses sítios foi colocado na região entre NAD^+ e CoQ devido à seguinte observação: a relação P/O para a oxidação do succinato é 2. Como os elétrons provenientes do succinato seguem a via de transporte eletrônico apenas a partir da CoQ para o O_2, e como, nesse esquema, uma fosforilação ocorre entre citocromo *c* e O_2, o segundo lugar de fosforilação deve ocorrer entre CoQ e citocromo *c*; o terceiro, desde NADH até o O_2, deve ocorrer entre NAD^+ e CoQ. Essas conclusões foram apoiadas pela observação de que os complexos I, III e IV podem, separadamente, catalisar reações de fosforilação, embora a velocidades reduzidas.

Evidência adicional para a localização das etapas de fosforilação ao longo da cadeia pode ser obtida a partir de diferenças entre os valores de E'_0 dos diferentes carregadores (p. 126):

$$\begin{array}{ccccccc} (-0{,}32\ V) & (-0{,}03\ V) & (0{,}1\ V) & (0{,}04\ V) & (0{,}25\ V) & (0{,}29\ V) & (0{,}8\ V) \\ NADH \longrightarrow & f_p{:}NHI \longrightarrow & CoQ \longrightarrow & \text{cit } b \longrightarrow & \text{cit } c_1 \longrightarrow & \text{cit } c \longrightarrow & a + a_3 \longrightarrow O_2 \end{array}$$

Existem obviamente três "saltos" maiores nos valores de E'_0: de NAD para f_p: NHI; de cit *b* para cit *c*; e de cit *a* para O_2. Nesses três casos, a diferença, $\Delta E'_0$, garante um ΔG suficientemente grande para explicar a fosforilação de 3 ADP a 3 ATP durante a oxidação de NADH através da cadeia respiratória (v. também p. 126).

Evidências experimentais baseadas no uso de inibidores e agentes *desacopladores* apóiam as posições indicadas na Fig. 14-2(b). Agentes desacopladores são compostos que desacoplam a síntese de ATP do transporte de elétrons pelo sistema de citocromos. Em mitocôndrias intactas, esses dois processos estão intimamente associados. Quando são desacoplados, o transporte de elétrons pode, na realidade, acelerar, indicando, conseqüentemente, que a fosforilação de ADP é o passo limitante de velocidade. O 2,4-dinitrofenol é um dos agentes mais eficazes para desacoplar a fosforilação da cadeia respiratória, não tendo efeito algum nas fosforilações ao nível do substrato que ocorrem na glicólise. Outros exemplos de desacopladores são: salicilanilidas, gramicidina e valinomicina. Oligomicina e rutamicina inibem tanto a fosforilação oxidativa como o transporte eletrônico.

OH
NO_2
NO_2
2,4-Dinitrofenol

Os agentes desacopladores também têm sido utilizados no estudo do mecanismo da fosforilação oxidativa. As três teorias atuais desse mecanismo serão apresentadas depois de um breve estudo sobre as relações energéticas desse processo.

ENERGÉTICA DA FOSFORILAÇÃO OXIDATIVA

No Cap. 6, o $\Delta G'$ para a oxidação de 1 mol de NADH por O_2 molecular foi calculado como sendo aproximadamente −52 000 cal, a partir dos potenciais de redução de NAD^+/NADH e O_2/H_2O. Como a oxidação do NADH pelo O_2 através do sistema citocrômico de transporte de elétrons leva à formação de três ligações de fosfato de alta energia, a eficiência do processo de conservação de energia pode ser calculada como −21 900 ou (3 × 7 300) dividido por −52 000, ou 42%.

Agora é possível esquematizar a esterificação do fosfato inorgânico que acompanha a oxidação do ácido pirúvico a CO_2 e H_2O por meio do ciclo do ácido tricarboxílico. Os passos oxidativos do processo levam à produção de coenzimas reduzidas de nicotinamida e flavina; quando essas coenzimas são reoxidadas por meio do sistema de transporte de elétrons da mitocôndria, o processo de fosforilação oxidativa leva à produção de ATP a partir de ADP e fosfato inorgânico.

A Tab. 14-1 relaciona as diferentes reações que resultam na formação de compostos de fosfatos ricos em energia; o número total de ligações de fosfato ricas em

Tabela 14-1. Formação de fosfato rico em energia durante a oxidação do piruvato no ciclo do ácido tricarboxílico

Enzima ou processo	Reação	Fosfato rico em energia produzido
Piruvato-desidrogenase	Piruvato + NAD^+ + CoASH ⟶ ⟶ Acetil-CoA + NADH + H^+ + CO_2	0
Transporte de elétrons	NADH + H^+ + $\frac{1}{2}O_2$ ⟶ NAD^+ + H_2O	3
Isocitrato-desidrogenase	Isocitrato + NAD^+ ⟶ ⟶ α-Cetoglutarato + CO_2 + NADH + H^+	0
Transporte de elétrons	NADH + H^+ + $\frac{1}{2}O_2$ ⟶ NAD^+ + H_2O	3
α-Cetoglutarato-desidrogenase	α-Cetoglutarato + NAD^+ + CoASH ⟶ ⟶ Succinil-CoA + NADH + H^+ + CO_2	0
Transporte de elétrons	NADH + H^+ + $\frac{1}{2}O_2$ ⟶ NAD^+ + H_2O	3
Tioquinase succínica	Succinil-CoA + GDP + H_3PO_4 ⟶ ⟶ Succinato + GTP + CoASH	1
Succinato-desidrogenase	Succinato + FAD ⟶ Fumarato + $FADH_2$	0
Transporte de elétrons	$FADH_2$ + $\frac{1}{2}O_2$ ⟶ FAD + H_2O	2
Malato-desidrogenase	Malato + NAD^+ ⟶ Oxalacetato + NADH + H^+	0
Transporte de elétrons	NADH + H^+ + $\frac{1}{2}O_2$ ⟶ NAD^+ + H_2O	3
	Soma	15

energia sintetizadas por mol de piruvato oxidado é 15. Como a oxidação de piruvato a CO_2 e H_2O resulta em uma variação de energia livre de −273 000 cal (Cap. 12), a eficiência de conservação de energia nesse processo é de −109 000 ou (−7 300 × 15) dividido por −273 000, ou 40%.

De acordo com esses cálculos, é possível avaliar o número total de ligações de fosfato de alta energia que podem ser sintetizadas quando a glucose é oxidada a CO_2 e H_2O, aerobicamente, como ilustrado na Fig. 14-3. A conversão de 1 mol de glucose em 2 moles de ácido pirúvico forma dois fosfatos de alta energia, como resultado de fosforilações ao nível de substrato na seqüência glicolítica. A seguir, a oxidação de 2 moles de ácido pirúvico no ciclo do ácido tricarboxílico forma 30 fosfatos de alta energia. Além disso, existem mais quatro ou seis fosfatos de alta energia para serem acrescentados aos 32 já relacionados. Quando a glucose é convertida a duas moléculas de piruvato, na glicólise, e este não é reduzido a ácido láctico, duas moléculas de NADH permanecem no citoplasma para serem computadas no total. Embora o NADH possa ser reoxidado por outras desidrogenases citoplasmáticas, em um tecido que está oxidando glucose ativamente até CO_2 e H_2O, essas duas moléculas de NADH serão oxidadas pela cadeia de transporte de elétrons do organismo como o NADH produzido pela oxidação de intermediários do ciclo de Krebs.

Em organismos procarióticos, não haveria qualquer problema particular, já que o NADH presumivelmente teria livre acesso à membrana plasmática como as unidades respiratórias contendo a cadeia de transporte de elétrons e enzimas fosforilativas. Um total de 38 ATP seria formado na oxidação completa de glucose a CO_2 e H_2O.

A membrana interna da mitocôndria de organismos eucarióticos não é permeável ao NADH, e um processo de *lançadeira* (*shuttle*) envolvendo o *sn*-glicerol-3-fosfato é utilizado. Nesse processo, o NADH produzido na glicólise (ou em qualquer outra reação de óxido-redução citoplasmática) é primeiro reoxidado pelo fosfato de diidroxiacetona na presença da *sn*-glicerol-3-fosfato-desidrogenase citoplasmática.

$$\underset{\text{Diidroxiacetona-fosfato}}{\begin{matrix} CH_2OH \\ | \\ C{=}O \\ | \\ CH_2OPO_3H_2 \end{matrix}} + NADH + H^+ \longrightarrow \underset{sn\text{-Glicerol-3-fosfato}}{\begin{matrix} CH_2OH \\ | \\ HOCH \\ | \\ CH_2OPO_3H_2 \end{matrix}} + NAD^+ \qquad (14\text{-}5)$$

As membranas mitocondriais são completamente permeáveis ao *sn*-glicerol-3-fosfato formado e ele entra na matriz através da membrana interna, onde é oxidado, por uma desidrogenase que utiliza a coenzima FAD em lugar de NAD^+ desta vez:

$$\underset{sn\text{-Glicerol-3-fosfato}}{\begin{matrix} CH_2OH \\ | \\ HOCH \\ | \\ CH_2OPO_3H_2 \end{matrix}} + FAD \longrightarrow \underset{\text{Diidroxiacetona-fosfato}}{\begin{matrix} CH_2OH \\ | \\ C{=}O \\ | \\ CH_2OPO_3H_2 \end{matrix}} + FADH_2 \qquad (14\text{-}6)$$

O $FADH_2$ produzido por essa flavoproteína, fornece então elétrons para a cadeia de transporte ao nível da CoQ (veja a Fig. 14-2) e, da mesma forma que para o succinato, são formados 2 moles de ATP quando a CoQ-H_2 é oxidada. Para manter a lançadeira em funcionamento, a diidroxiacetona-fosfato produzida na Reação 14-6 passa então da mitocôndria para o interior do citoplasma, onde pode repetir o processo (Fig. 14-7b). Essa lançadeira só opera da maneira descrita transferindo equivalentes redutores *para o* interior da mitocôndria, provavelmente devido ao grande movimento unidirecional de elétrons ao longo da cadeia de transporte de elétrons. A transferência de equivalentes redutores a partir dos dois NADH citoplasmáticos produzidos quando 1 mol de glucose

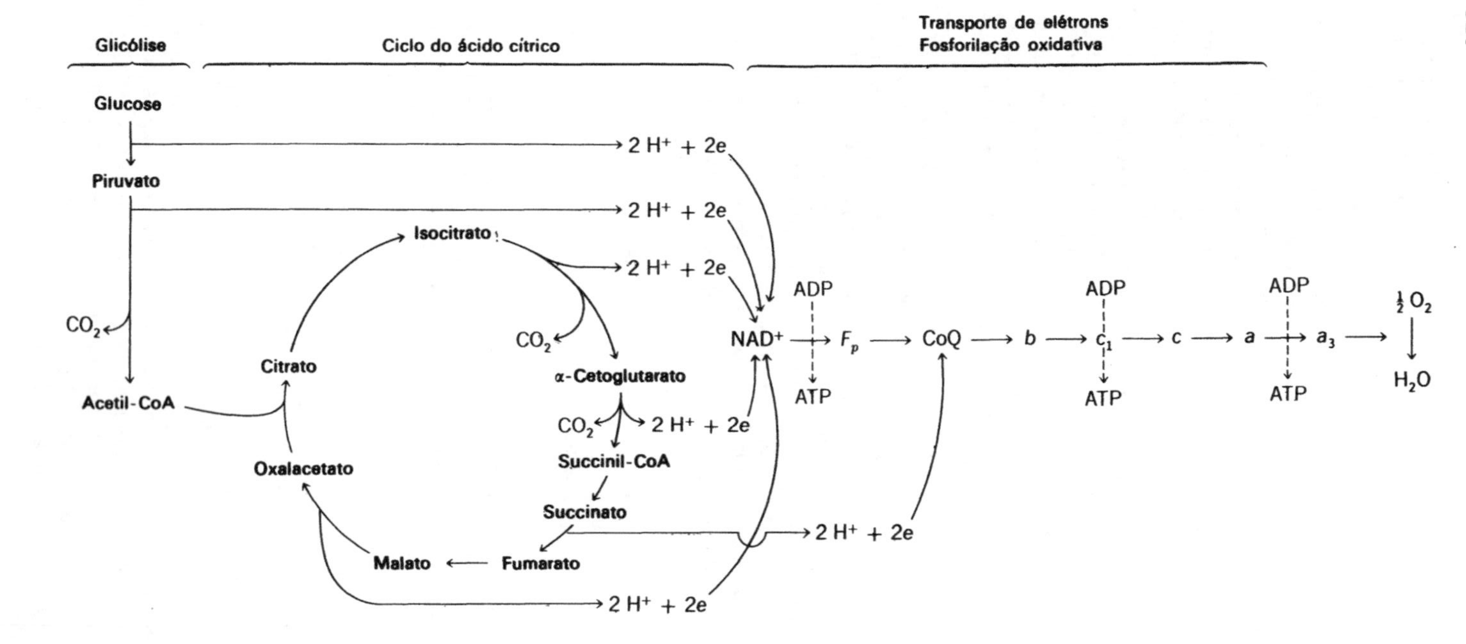

Figura 14-3. Catabolismo de carboidratos; transporte de elétrons; fosforilação oxidativa

Glicólise	2 fosforilações ao nível do substrato − 2 ATP	= 2 ATP
	2 × [$2H^+ + 2e$] NAD fosforilação oxidativa	= 6 ATP
Piruvato ⟶ acetil-CoA	2 × [$2H^+ + 2e$] NAD ″	= 6 ATP
Ciclo do ácido cítrico	3 × 2 [$2H^+ + 2e$] NAD ″	= 18 ATP
	2 × 1 [$3H^+ + 2e$] FAD ″	= 4 ATP
	2 fosforilações ao nível do substrato	= 2 ATP
	SOMA	38 ATP

é convertido a piruvato, resultaria, na mitocôndria animal, na formação de quatro fosfatos de alta energia, dando, portanto, um total de 36 ATP pela oxidação completa de glucose a CO_2 e H_2O em um eucariote.

Como se discutiu anteriormente, o $\Delta G'$, para a oxidação da glucose por O_2 a CO_2 e H_2O, foi avaliado a partir de dados calorimétricos:

$$C_6H_{12}O_6 + 6\,O_2 \longrightarrow 6\,CO_2 + 6\,H_2O, \qquad (14\text{-}7)$$
$$\Delta G' = -686\,000 \text{ cal (pH 7,0)}.$$

Se não houvesse um mecanismo de captação de parte dessa energia, ela seria libertada no meio como calor, já que o termo de entropia (Cap. 6) é desprezível. A célula, entretanto, pode conservar uma grande parte dessa energia, acoplando a energia libertada à síntese de ATP, rico em energia, a partir de ADP e H_3PO_4. Se 38 moles de ATP são formados durante a oxidação da glucose, isso representa um total de 38 × × −7 300 ou −277 000 cal. A quantidade de energia que seria libertada como calor na Reação 14-7 é, assim, diminuída dessa quantidade, e oxidação e fosforilação podem agora ser escritas globalmente como

$$C_6H_{12}O_6 + 6\,O_2 + 38\,\text{ADP} + 38\,H_3PO_4 \longrightarrow 6\,CO_2 + 38\,\text{ATP} + 44\,H_2O, \qquad (14\text{-}8)$$
$$\Delta G' = -409\,000 \text{ cal (pH 7,0)}.$$

A conservação de 277 000 cal como fosfato rico em energia representa uma eficiência de conservação de 277 000 dividido por 686 000, ou 40%. A captação dessa quantidade de energia é um fato notável para a célula viva.

O PROCESSO DE CONVERSÃO DE ENERGIA

Os mecanismos de fosforilação associada ao transporte de elétrons são fundamentalmente diferentes da fosforilação na glicólise, pelo fato de que substratos, em formas fosforiladas ricas em energia (por exemplo, ácido 1,3-difosfoglicérico ou fosfoenolpirúvico), não foram identificados na fosforilação oxidativa. Apesar dos esforços realizados em vários laboratórios bioquímicos produtivos (como os de Boyer, Chance, Green, Lardy, Lehninger, Mitchell, Racker, Slater, para mencionar somente alguns deles, alfabeticamente), o problema não foi resolvido.

A difícil natureza desse problema provém do fato de a fosforilação oxidativa ser um processo intimamente ligado à estrutura da membrana mitocondrial interna. É dentro dessa membrana que ocorrem os processos de transferência de elétrons e os processos iniciais de fosforilação. A membrana também está envolvida no transporte de íons para dentro e para fora da matriz. À medida que um equivalente redutor move-se do NADH para o O_2 no transporte eletrônico, 6 equivalentes ácidos ($6H^+$) são transportados para fora da matriz. Simultaneamente o K^+ pode ser transportado para a matriz, para manter a neutralidade elétrica. O Ca^{2+} e outros íons divalentes também podem ser acumulados na matriz durante a respiração, em processos que são sensíveis a diferentes inibidores. Mais ainda, se se puder estabelecer um gradiente de K^+ através da membrana mitocondrial, ele poderá ser usado para dirigir a fosforilação do ADP.

Outro fenômeno da membrana interna é o fluxo reverso de elétrons, no qual o succinato pode ser usado para reduzir NAD^+. A partir dos valores de E'_0 (Tab. 6-3), pode-se facilmente calcular que esse é um processo altamente endergonico, que absolutamente não ocorrerá, a menos que uma energia adicional seja fornecida. Em presença de ATP, pode-se observar a redução de NAD^+ por succinato. Provavelmente os elétrons fluem do succinato para a CoQ, via complexo II e, então, na direção reversa, através do complexo I, para o NAD^+, desde que ATP esteja presente como uma fonte adicional de energia.

Assim, os estudos para elucidar o mecanismo da fosforilação oxidativa têm sido os mais diversos: uso de inibidores e de agentes desacopladores; isolamento de complexos submitocondriais e outros fatores proteicos. Em um extensivo trabalho desta última espécie, Racker obteve fatores proteicos, chamados *fatores de acoplamento*, que, quando adicionados ao complexo I não-fosforilante, são capazes de restaurar a sua atividade fosforilante. Um desses fatores, o F_1, é uma ATPase que tem um peso molecular de 280 000 (p. 217). Esse fator foi amplamente purificado e não contém qualquer dos componentes da cadeia de transporte. O nome ATPase para o fator F_1 talvez seja infeliz, pois essa enzima funciona como uma transfosforilase especial, que catalisa a reação:

$$ADP + \sim P \longrightarrow ATP + H_2O$$

MECANISMOS DA FOSFORILAÇÃO OXIDATIVA

Hipótese do acoplamento químico. Dado o grande esforço despendido nas três últimas décadas na tentativa de resolver esse problema, não é de surpreender que existam três hipóteses conduzindo a continuação dos trabalhos. A mais antiga delas, a *hipótese do acoplamento químico*, é semelhante ao conceito, que existe para a glicólise, de que o ATP produzido na fosforilação oxidativa resulta de um intermediário rico em energia encontrado no transporte eletrônico. Especificamente, quando uma reação de oxirredução ocorre entre A_{red} e B_{ox}, o fator I é incorporado à formação de uma estrutura rica em energia $A_{ox} \sim I$, onde o $\sim$ indica uma ligação de natureza rica em energia:

$$A_{red} + I + B_{ox} \rightleftharpoons A_{ox} \sim I + B_{red} \qquad (14\text{-}9)$$

Em reações subseqüentes, A_{ox} é substituído por E (uma enzima) para formar um complexo $E \sim I$ rico em energia; em seguida, o fosfato inorgânico reage para formar um complexo fosfoenzima $E \sim P$, contendo uma ligação fosfato-enzima rica em energia

$$A_{ox} \sim I + E \rightleftharpoons A_{ox} + E \sim I, \qquad (14\text{-}10)$$

$$E \sim I + Pi \rightleftharpoons E \sim P + I. \qquad (14\text{-}11)$$

Esse componente fosfato-enzima, finalmente, reage com ADP para formar ATP:

$$E \sim P + ADP \rightleftharpoons E + ATP \qquad (14\text{-}12)$$

Essas reações parciais (de 14.10 a 14.12) explicam a troca de fosfato inorgânico marcado com ^{32}P com o grupo de fosfato terminal do ATP. Embora tenha havido algumas sugestões sobre a natureza de $E \sim P$ e $E \sim I$, tais compostos até agora não foram identificados na mitocôndria.

Hipótese quimiosmótica de acoplamento. Os insucessos dos pesquisadores da fosforilação oxidativa na identificação de alguns dos intermediários das Reações 14-9 a 14-12 estimularam a formulação de outras teorias para explicar esse processo. P. Mitchell, da Inglaterra, é o principal defensor da *hipótese quimiosmótica*, a qual apresenta, como sua principal observação experimental, o fato de que seis íons H^+ são transportados para fora da mitocôndria quando um par de elétrons move-se do NADH para o O_2. A hipótese de Mitchell postula que a membrana interna da mitocôndria é impermeável a prótons (H^+). Além disso, à medida que transcorrem os passos que produzem ou consomem H^+ na cadeia de transporte de elétrons, o arranjo espacial dessas enzimas na membrana interna é tal que o próton (H^+) consumido vem da matriz, e o próton (H^+) produzido é liberado no espaço intermembranar (Fig. 14-4). Ou, colocando de outro modo, a oxidação do NADH provoca o estabelecimento de um gradiente de prótons através de uma membrana impermeável. Assim, Mitchell propõe que, na fos-

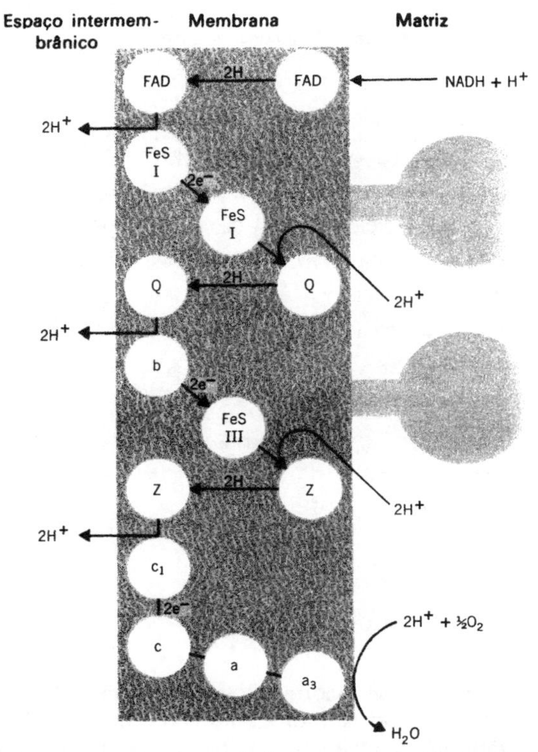

Figura 14-4. Disposição dos componentes da cadeia de transporte de elétrons na membrana mitocondrial. Observe que três carregadores [FMN, coenzima Q(Q), e um carregador hipotético] são apresentados como aceitando prótons (H^+) da matriz e liberando-os no espaço intermembrânico. [Segundo F. M. Harold, *Bactériological Reviews*, **36**, 172 (1972)]

forilação do ADP, a água formada seja removida por meio de sua dissociação, de tal modo que o H^+ e o OH^- formados reajam com o OH^- e o H^+ presentes em excesso de cada um dos lados da membrana. Dessa maneira, a formação de ATP e H_2O (a partir de ADP e H_3PO_4) podem ser dirigidas pelo gradiente de H^+ através da membrana (Fig. 14-5).

Acoplamento conformacional. A terceira hipótese para explicar a fosforilação repousa na observação de que a membrana interna mitocondrial sofre certas mudanças estruturais durante o transporte de elétrons e que essas mudanças podem ser inibidas por 2,4-dinitrofenol e oligomicina. Em mitocôndrias que estão em ativa fosforilação na presença de ADP em excesso, a membrana interna se distancia da membrana externa e assume um estado "condensado". Na ausência de ADP, a mitocôndria tem o aspecto estrutural normal, ou "estado intumescido", em que as cristas se projetam para o interior da matriz. Os defensores dessa hipótese sugerem que a energia libertada no transporte de elétrons é transferida para as alterações conformacionais descritas, e que essa estrutura condensada rica em energia, por seu turno, pode ser utilizada para síntese de ATP, quando reverte à forma intumescida, conformação pobre em energia. Como precisamente essas mudanças na forma de uma membrana podem estar acopladas com a interconversão de ADP em ATP ainda não está claro.

As três hipóteses já descritas fornecem numerosas sugestões para a experimentação. Resta saber se alguma delas conseguirá explicar, de modo preciso e totalmente satisfatório, a fosforilação oxidativa.

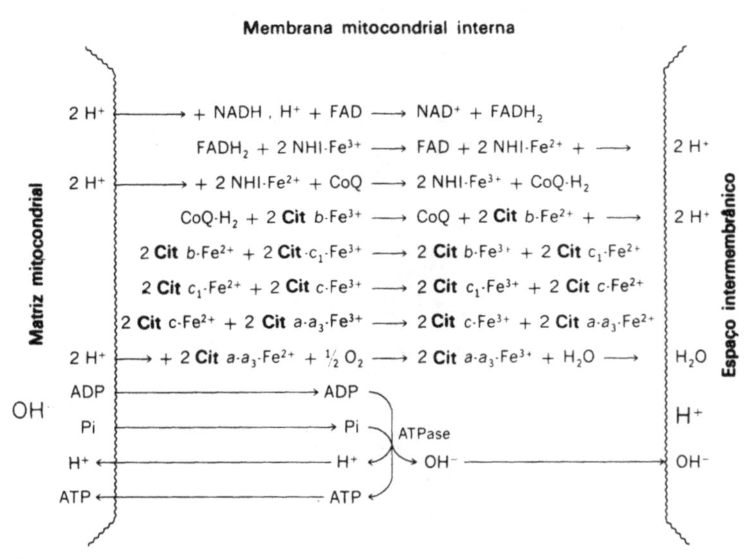

Figura 14-5

OXIGENASES

As oxidações celulares podem ocorrer de três maneiras diferentes; vimos até agora apenas duas delas: (1.) a remoção de hidrogênio como um íon hidreto mais um próton (ou dois prótons mais dois elétrons), e (2) a remoção de elétrons (como nos citocromos). A terceira e importante maneira é pela captação de átomos de oxigênio. As oxigenases constituem um grupo de enzimas que catalisam a inserção de um ou dois átomos da molécula de O_2 no substrato. As primeiras são chamadas *monoxigenases* (hidroxilases ou oxigenases de função mista) e as últimas são as *dioxigenases*. Os substratos que são oxidados tendem a ser metabolitos mais reduzidos, tais como esteróides, ácidos graxos, carotenos e aminoácidos, e não metabolitos mais oxidados, tais como carboidratos e ácidos orgânicos. As enzimas, por sua vez, contêm ferro ou outros metais; o ferro pode estar presente como ferro inorgânico, como heme, ou como proteína contendo enxofre e ferro não-hêmico. Como exemplos típicos, podemos citar a dioxigenase que catalisa o primeiro passo do catabolismo do triptofano. Nessa reação, o anel heterocíclico abre-se:

$$\text{L-Triptofano} \xrightarrow[\text{Triptofano oxigenase}]{O_2} N\text{-Formil quinurenina} \qquad (14\text{-}13)$$

Um exemplo igualmente importante é o da monoxigenase responsável pela formação de tirosina a partir de fenilalanina (Fig. 14-6). Nessa reação, um agente redutor deve contribuir com dois elétrons para a redução do átomo de oxigênio que não entra no substrato. Esse agente redutor é a tetraidrobiopterina, que, quando oxidada à forma diidro-, é, por sua vez, reduzida por NADPH. Como pode ser visto pelos dois exemplos citados, as dioxigenases incorporam ambos os átomos de oxigênio ao substrato oxidado, enquanto que as monoxigenases (hidroxilases) incorporam apenas um dos átomos de oxigênio ao composto oxidado, sendo o segundo átomo reduzido a água.

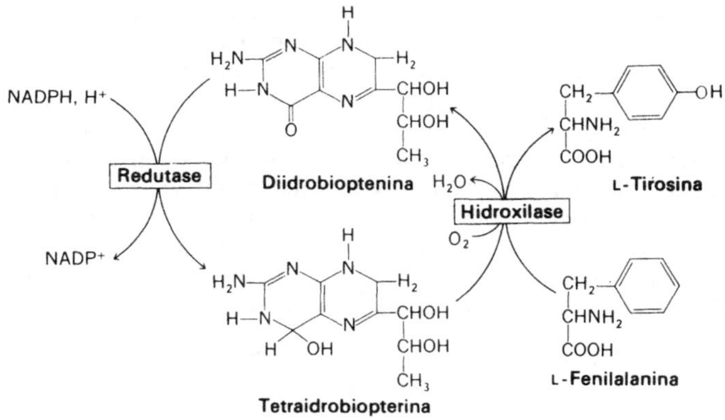

Figura 14-6. Seqüência de reações da hidroxilação de L-fenilalanina a L-tirosina

É de especial interesse o fato de as oxigenases (oxidases) ativarem a molécula de O_2 e reduzirem seus dois átomos a H_2O, um processo que requer um total de quatro elétrons. A natureza dos intermediários e o mecanismo envolvido ainda não estão estabelecidos, mas as seguintes reações podem estar envolvidas:

$$O_2 \xrightarrow{1e^-} \underset{\text{Ânion superóxido}}{O_2^-} \xrightarrow[2H^+]{1e^-} \underset{\text{Peróxido de hidrogênio}}{H_2O_2} \xrightarrow{1e^-} \underset{\text{Radical hidroxila}}{HO\cdot} \xrightarrow[H^+]{1e^-} H_2O \qquad (14\text{-}14)$$

A enzima, a superóxido-dismutase, que catalisa o desproporcionamento do ânion superóxido, encontra-se amplamente distribuída em todos os organismos aeróbicos,

$$O_2^- + O_2^- + 2H^+ \longrightarrow H_2O_2 + O_2 \qquad (14\text{-}15)$$

sendo idêntica a proteínas previamente isoladas, cuja função não era conhecida, e que foram chamadas de hemocupreína e eritrocupreína. Foi sugerido que, à medida que o oxigênio se tornou disponível na Terra primitiva, sendo usado como oxidante, os intermediários muito reativos relacionados na Reação 14-14 mostraram-se tóxicos às formas de vida em desenvolvimento. Essas formas de vida, então, desenvolveram alguns meios de destruir tais intermediários, e adquiriram a capacidade de formar a superóxido-dismutase e enzimas relacionadas, conhecidas como catalases e peroxidases, que utilizam a H_2O_2 como substrato. A catalase existe em quase todas as células animais, e catalisa a decomposição de 2 moles de H_2O_2 a $2\,H_2O + O_2$ e, assim, protege a célula contra a nociva H_2O_2. As peroxidases são relativamente raras em células animais (com exceção de leucócitos, eritrócitos, fígado e rins), mas são comuns em todas as plantas superiores. Elas oxidam diidroxifenóis, na presença de H_2O_2, formando a quinona correspondente e H_2O:

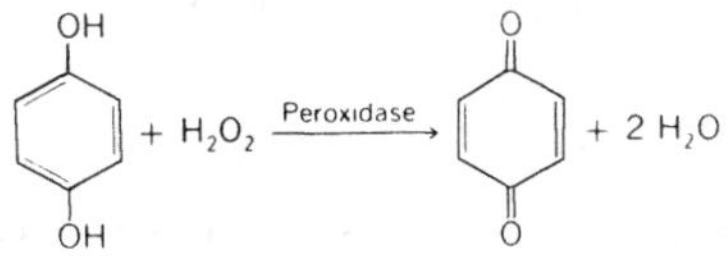

$$\text{hidroquinona} + H_2O_2 \xrightarrow{\text{Peroxidase}} \text{quinona} + 2\,H_2O$$

A PERMEABILIDADE DA MITOCÔNDRIA

Como se indicou no Cap. 9, a permeabilidade das membranas externa e interna da mitocôndria é completamente diversa. A membrana externa é totalmente permeável a moléculas de peso molecular da ordem de até 10 000, enquanto que a membrana interna exibe grande seletividade. Já foi dito que o ácido pirúvico pode penetrar livremente na membrana interna para oxidação, mas o oxalacetato não. A conseqüência dessa seletividade no processo, pelo qual o piruvato (ou lactato) é reversivelmente convertido novamente glucose, na gluconeogênese, já foi discutida (p. 244). Assim, embora o oxalacetato produzido a partir da piruvato-carboxilase, na mitocôndria, não possa deixar a partícula rapidamente, o malato pode, e ambas as malato-desidrogenases, citoplasmática e mitocondrial, são utilizadas para reverter a glicólise [Fig. 14-7(a)].

A membrana interna também é impermeável ao fumarato, mas o citrato e o isocitrato podem penetrar na matriz. Como já visto no Cap. 9, os sistemas de carregadores são os responsáveis pelo transporte dos ácidos di- e tri-carboxílicos que penetram na

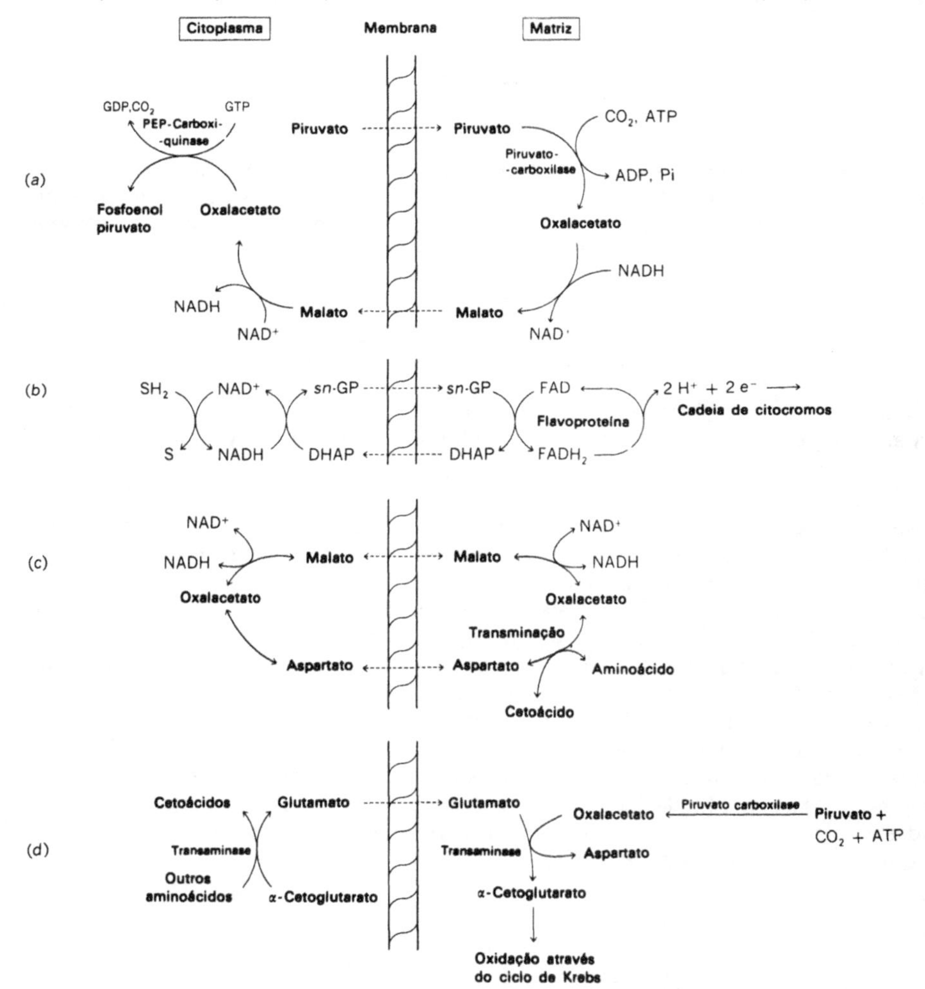

Figura 14-7. Quatro sistemas de lançadeira (*shuttle*), ou vai-vem, operando através da membrana mitocondrial interna. (*a*) Sistema requerido para converter piruvato (ou lactato) a fosfoenolpiruvato na gluconeogênese. (*b*) Sistema de lançadeira unidirecional do *sn*-glicerolfosfato (*sn*-GP) e diidroxiacetona-fosfato (DHAP), que transporta equivalentes de redução somente *para* a matriz mitocondrial. (*c*) Sistema reversível de lançadeira malato-oxalato-aspartato, para o transporte de equivalentes de redução. (*d*) Sistema de lançadeira do glutamato para o transporte de nitrogênio amínico

matriz. O papel do citrato no transporte da acetil-CoA da mitocôndria, onde é formada pela β-oxidação, para o citoplasma, onde é utilizada na síntese de ácidos graxos, já foi discutido (p. 301).

A incapacidade NAD^+ e do NADH em passar da matriz para o citoplasma já foi discutida neste capítulo. O uso da lançadeira de *sn*-glicerol-3-fosfato [Fig. 14-17(b)] na transferência de equivalentes redutores do NADH citoplasmático para a membrana interna, onde podem participar no transporte de elétrons, foi descrito. O malato, o oxalacetato e o aspartato, juntamente com as malato-desidrogenases e transaminases aspartato-oxalacetato mitocondriais e citoplasmáticas, constituem outro sistema de lançadeira para equivalentes redutores. Essa lançadeira, em contraste com a de *sn*-glicerolfosfato, pode operar em ambas as direções, e pode transferir equivalentes redutores para dentro ou para fora da mitocôndria [Fig. 14-7(c)].

A questão do transporte de ADP e ATP através da membrana interna é fundamental, em vista da localização, na matriz ou na membrana interna, de enzimas do ciclo de Krebs, transportadores de elétrons e enzimas da fosforilação. Estudos têm mostrado que o ADP e o ATP podem passar através da membrana desde que haja troca das duas moléculas. Assim, uma molécula de ADP pode entrar na matriz, desde que uma molécula de ATP deixe a mitocôndria simultaneamente. Essa necessidade estabelece então um reservatório metabólico de adenina-nucleotídeos na matriz, diferente daquele do citoplasma. Todavia os dois reservatórios estão interconectados, através do processo de troca que ocorre na membrana interna.

Quando o metabolismo de aminoácidos for descrito, veremos que transaminases citoplasmáticas parecem ser responsáveis pela transferência de nitrogênio amínico para α-cetoglutarato para formar ácido glutâmico. Esse aminoácido pode então penetrar na matriz mitocondrial, onde pode transaminar com oxalacetato (formado pela piruvato--carboxilase), regenerando α-cetoglutarato e sendo oxidado [Fig. 14-7(d)]. Assim, os cinco átomos de carbono do α-cetoglutarato não podem entrar diretamente na mitocôndria, como tal, mas devem primeiro ser "disfarçados" em glutamato, que pode penetrar livremente. Essa e outras restrições metabólicas criadas devido à seletividade das membranas mitocondriais ainda estão sendo determinadas e avaliadas, mas parece que tais dispositivos têm fundamental significado na regulação do metabolismo.

INTEGRAÇÃO DO METABOLISMO DE CARBOIDRATOS, LIPÍDEOS E AMINOÁCIDOS

A esta altura, será útil integrar algumas das informações sobre a produção de energia a partir de carboidratos e lipídeos que foram discutidas. Além disso, anteciparemos alguns aspectos gerais do metabolismo de aminoácidos, embora esse assunto seja tratado no Cap. 17.

Krebs e Kornberg salientaram que muitos compostos diferentes, que podem grosseiramente ser classificados como carboidratos, lipídeos ou proteínas, podem servir como fontes de energia para os organismos vivos. Esses mesmos autores chamaram a atenção para o fato de que o número de reações envolvidas na obtenção de energia a partir desses compostos é surpreendentemente pequeno, seja o organismo envolvido animal, planta superior ou microrganismo. A natureza atingiu, assim, uma grande economia no processo desenvolvido para a manipulação catabólica desses compostos. Esses autores dividiram a degradação do substrato em três fases, como indica a Fig. 14-8.

Na fase 1, os polissacarídeos, que servem como fonte de energia para muitos organismos, são hidrolisados em monossacarídeos, usualmente hexoses. De modo semelhante, as proteínas podem ser hidrolisadas em aminoácidos componentes, e os triacilgliceróis, que contribuem com a maior parcela das fontes alimentares lipídicas, são hidrolisados em glicerol e ácidos graxos. Esses processos são, em sua maioria,

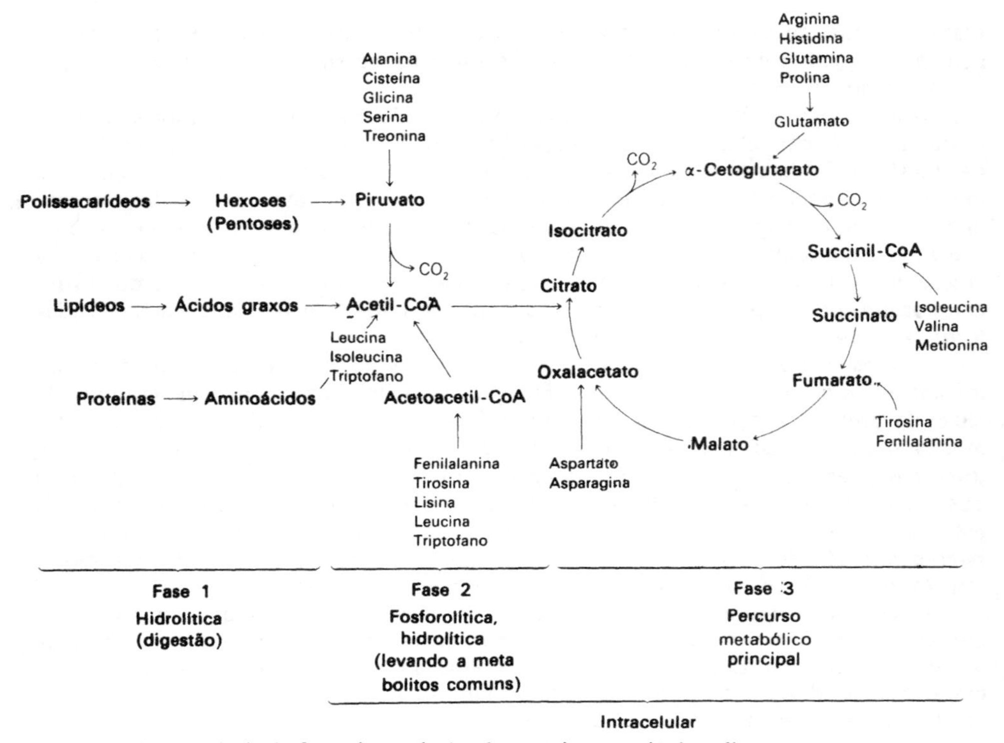

Figura 14-8. As principais fases de produção de energia a partir dos alimentos

hidrolíticos, e a energia libertada quando as reações ocorrem é utilizada pelo organismo como calor.

Na fase 2, monossacarídeos, glicerol e ácidos graxos são ulteriormente degradados a acetil-CoA por processos que podem resultar na formação de alguns compostos fosforilados ricos em energia. Isto é, na glicólise, as hexoses são convertidas a piruvato e, depois, a acetil-CoA, por reações que envolvem a formação de um número limitado de ligações de fosfato ricas em energia, como descrito no Cap. 10 Igualmente, na fase 2, as longas cadeias de ácidos graxos são oxidadas a acetil-CoA (Cap. 12), enquanto que o glicerol, obtido na hidrólise dos triacilgliceróis, é convertido a piruvato e acetil-CoA através da seqüência glicolítica.

Para os aminoácidos, a situação é um pouco diferente; na fase 2, alguns aminoácidos (alanina, serina, cisteína) são convertidos a piruvato na degradação, e a formação de acetil-CoA é prevista, se esses aminoácidos são utilizados por um organismo para produção de energia. Outros aminoácidos (as prolinas, a histidina e a arginina) são convertidos em ácido glutâmico na degradação; esse aminoácido, por seu turno, sofre transaminação para fornecer α-cetoglutarato, um membro do ciclo do ácido tricarboxílico. O ácido aspártico facilmente transamina para formar oxalacetato, outro intermediário do ciclo Os aminoácidos de cadeia ramificada e da família da lisina fornecem acetil-CoA ou succinil-CoA, na degradação, e a fenilalanina e a tirosina, por degradação oxidativa, produzem tanto acetil-CoA como ácido fumárico.

Dessa forma, os esqueletos de carbono de todos os aminoácidos fornecem ou um intermediário do ciclo tricarboxílico ou acetil-CoA, o mesmo produto obtido a partir de carboidratos ou lipídeos. Durante a oxidação desses compostos na fase 3, por meio do ciclo, ATP, rico em energia, é produzido por fosforilação oxidativa. Especificamente, doze ligações ricas em energia são produzidas para cada mol de acetil-CoA oxidada. Conseqüentemente, centenas de compostos orgânicos, que podem servir hipoteticamente como alimento para os organismos biológicos, são utilizados por suas conversões a acetil-CoA ou um intermediário do ciclo do ácido tricarboxílico, com subseqüente oxidação pelo ciclo.

Considerando os passos efetivamente envolvidos para tornar a energia útil para os organismos, as reações de fosforilação oxidativa, que ocorrem durante o transporte de elétrons através do sistema citocrômico, são quantitativamente as mais significantes. Mesmo aqui, constata-se economia no número de reações. Como se discutiu no Cap. 12, a oxidação de substratos no ciclo do ácido tricarboxílico é acompanhada pela redução de um nucleotídeo de nicotinamida ou flavínico. É a oxidação do nucleotídeo reduzido pelo oxigênio molecular em presença de mitocôndria que resulta na formação de ATP rico em energia. Como foi dito, ocorrem três fosforilações durante a transferência de um par de elétrons do NADH para O_2. Foram discutidas apenas três outras reações que levam à produção de compostos ricos em energia, onde anteriormente não existiam. São elas (*a*) a formação de acilfosfato na oxidação de triose-fosfato (Cap. 10), (*b*) a formação de fosfoenolpiruvato (Cap. 10), e (*c*) a formação de tioésteres (Cap. 12) É realmente um processamento metabólico maravilhoso, que permite que a energia das incontáveis fontes de alimento seja captada em somente seis processos diferentes Contudo um único composto, o ATP, é a substância rica em energia formada como produto final para o intercâmbio energético.

Interconversão de carboidrato, lipídeo e proteína. As interconversões entre as três principais fontes de alimento podem ser resumidas, com o auxílio da Fig. 14-9 da seguinte forma: nessa figura, duas reações que são efetivamente irreversíveis são indicadas por setas unidirecionais grossas. *(a)* Os carboidratos são conversíveis em gorduras através da formação de acetil-CoA. (b) Os carboidratos também podem ser convertidos em certos aminoácidos (alanina, ácidos aspártico e glutâmico), desde que haja suprimento satisfatório de ácido dicarboxílico para formação dos cetoácidos análogos àqueles aminoácidos. Especificamente, um suprimento de ambos, oxala-

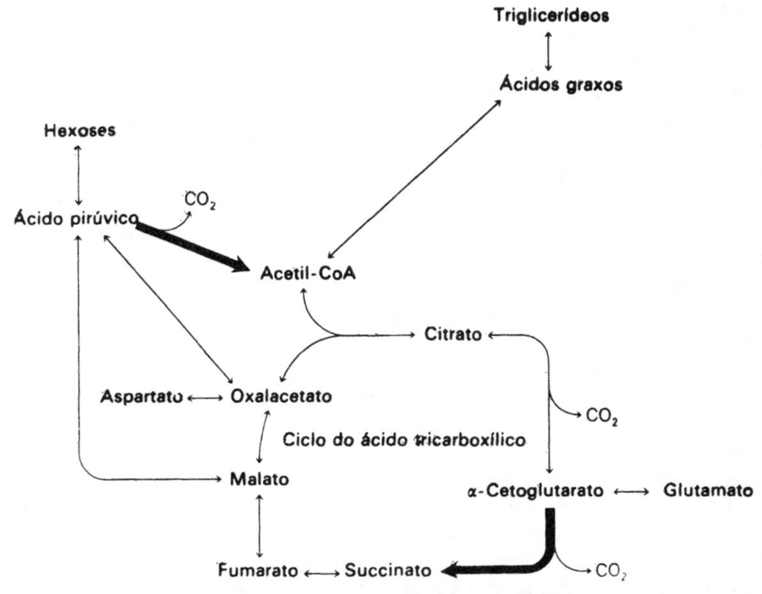

Figura 14-9. As interconversões possíveis entre carboidratos, lipídeos e certos aminoácidos

cetato (ou outro ácido dicarboxílico C_4) e acetil-CoA, são necessários em uma quantidade estequiometricamente equivalente ao aminoácido que está sendo sintetizado. Existem várias reações para formar ácidos dicarboxílicos-C_4; uma das principais é a formação de ácido oxalacético a partir de ácido pirúvico, reação catalisada pela piruvato-carboxilase. Uma outra é a formação de ácido málico a partir de ácido pirúvico, reação catalisada pela enzima málica. Essas reações foram descritas em detalhe nos Caps. 10 e 12. (*c*) Os ácidos graxos podem ser convertidos de modo semelhante em certos aminoácidos, desde que haja uma considerável fonte de ácido dicarboxílico. (*d*) Os ácidos graxos não podem ser convertidos em carboidratos pelas reações mostradas na Fig. 14-9. Essa incapacidade é devida ao fato de que o equivalente de dois átomos de carbono adquiridos na acetil-CoA são perdidos como CO_2 antes da produção de ácidos dicarboxílicos. Note entretanto que o ciclo do glioxilato (discutido no Cap. 12) pode capacitar um organismo a formar carboidrato a partir de gordura, como é feito, por exemplo, em plantas, algumas bactérias e alguns fungos. (*e*) Os aminoácidos que ocorrem na natureza são conversíveis em carboidratos e lipídeos. Cada um dos vinte aminoácidos pode ser classificado como *glucogênico*, *cetogênico*, ou *ambos glucogênico* e *cetogênico*, dependendo do metabolismo específico do aminoácido. Como um exemplo, o ácido aspártico é glucogênico através da formação de ácido oxalacético e sua subseqüente conversão a ácido fosfoenolpirúvico. Da mesma forma, o ácido glutâmico é glucogênico em virtude de sua conversão a ácido oxalacético no ciclo do ácido tricarboxílico e da conversão de oxalacetato a ácido fosfoenolpirúvico. O esqueleto de carbono da leucina é degradado a acetoacetil-CoA e acetil-CoA. Portanto a leucina é um aminoácido cetogênico. Exemplos de aminoácidos que são tanto glucogênicos como cetogênicos são tirosina, fenilalanina, isoleucina e lisina.

Inter-relações no controle metabólico. As interconversões de lipídeos, carboidratos e aminoácidos, já descritas, parecem razoáveis quando discutidas em termos de reações enzimáticas conhecidas. É agora evidente que essas inter-relações existem também na área de regulação metabólica. Apesar de alguns dos processos de controle já terem sido discutidos anteriormente, eles serão repetidos aqui para salientar a inter-relação da regulação.

Considere-se uma célula ou um tecido em que o valor da carga energética é aproximadamente 1,0. A alta concentração de ATP e baixo nível de AMP resultantes diminuirão a atividade do ciclo do ácido tricarboxílico pela diminuição da atividade da citrato sintase e da isocitrato-desidrogenase. Como assinalado na p. 277, ocorrerá uma imediata diminuição na produção de ATP pela fosforilação oxidativa. Ao mesmo tempo, pode-se esperar um acúmulo de ácido cítrico. Como se sabe que esse ácido aumenta a atividade da acetil-CoA-carboxilase, que catalisa o primeiro passo na conversão de acetil-CoA a ácidos graxos (Cap. 13), a célula pode desviar a acetil-CoA, produzida a partir de glucose, da produção de energia para o armazenamento de gordura. Quando a utilização de ATP for reiniciada, como ocorre na síntese de ácidos graxos, o aumento correspondente da produção de AMP diminui a concentração de ácido cítrico e reduz a utilização da acetil-CoA pela síntese de ácidos graxos.

As inter-relações possíveis no controle, podem também ser estendidas para as reações da glicólise. Dessa maneira, na célula "saturada de energia" sob discussão, o baixo nível de AMP (e alto nível de ATP) diminuirá a degradação glicolítica de glucose devido à ação desses nucleotídeos sobre a fosfofrutoquinase e frutose-1,6-difosfato-fosfatase.

Pode-se esperar um controle secundário devido ao efeito dos baixos níveis de ADP e de fosfato inorgânico sobre as enzimas gliceraldeído-3-fosfato-desidrogenase, fosfoglicerato-quinase e piruvato-quinase. Como essas enzimas necessitam de fosfato inorgânico ou ADP, devem competir pelas limitadas quantidades disponíveis dessas duas substâncias e provavelmente não estarão funcionando a máximas velocidades.

Finalmente, a baixa concentração de AMP tenderá a retardar a ação da glicogênio-fosforilase, pois o AMP é um efetor positivo dessa enzima. A frutose-6-fosfato e seu precursor, a glucose-6-fosfato acumulam-se, e a ação desse último éster como um efetor positivo da UDPG-glicogênio-glicosiltransferase seria a de estimular a síntese do polissacarídeo. Da mesma maneira, quando o nível de ATP diminui (e a concentração de AMP é aumentada) a degradação glicolítica de glucose aumentará, e a oxidação de piruvato através do ciclo do ácido tricarboxílico fornecerá um suprimento renovado de ATP.

Devemos salientar que nem todos os mecanismos de controle, citados aqui e em outros pontos deste texto, já foram demonstrados, conjuntamente, em um único tipo de tecido. Estão faltando, assim, provas inequívocas de que esses mecanismos de controle funcionam realmente como um todo em um só tecido. Todavia existem provas cabais de que o organismo intato possui uma surpreendente capacidade de regular seu metabolismo. O conhecimento de como ele realiza essa regulação só será obtido após muita experimentação.

REFERÊNCIAS

1. E. Racker – "The Two Faces of the Inner Mitochondrial Membrane". Essais in Brochemistry, **6**, 1-22 (1970). Artigo muito claro sobre as inter-relações estrutura-função das membranas mitocondriais.

2. A. L. Lehninger – *The Mitochondrion: Molecular Basis of Structure and Function*. New York, EUA, Benjamin, 1964.

P. M. Mitchell – *Chemiosmotic Coupling and Energy Transduction*. Glynn Res. Ltd., Bodmin, U. K., 1968.

E. Racker – *Mechanisms in Bionergetics*. New York, EUA, Academic Press, 1965. Três monografias que tratam de mitocôndria e de fosforilação oxidativa, escritas por autoridades reconhecidas no assunto.

3. F. M. Harold – "Conservation and Transformation of Energy by "Bacterial Membranes". *Bacteriological Reviews*, **36**, 172 (1972). Uma clara revisão dos recentes progressos no campo.

4. H. A. Krebs e H. L. Kornberg – *Energy Transformation in Living Matter, A Survey*. Berlim, Alemanha, Springer, 1957. Um excelente resumo das inter-relações entre carboidratos, lipídeos e proteínas, com ênfase nas transformações energéticas envolvidas.

5. E. Racker – "Oxidative fosforilation", in *Molecular Oxigen in Biology*. O. Hayaishi (ed.), New York, American Elsevier, 1974.

PROBLEMAS

1. As energias livres das seguintes reações são conhecidas como sendo aproximadamente iguais a:

$$C_6H_{12}O_6 + 6\,O_2 \longrightarrow 6\,H_2O + 6\,CO_2 \qquad \Delta G' = -686{,}000 \text{ cal/mol glucose}$$
$$ATP + H_2O \longrightarrow ADP + H_3PO_4 \qquad \Delta G' = -8\,000 \text{ cal/mol ATP}$$

Suponha que 15 ligações de fosfato ricas em energia sejam formadas por mol de ácido pirúvico ($CH_3COCOOH$) oxidado a CO_2 e H_2O pelo ciclo de Krebs, e que isso ocorra com uma eficiência de 40%. Calcule o $\Delta G'$ para as duas seguintes reações:

(a) $C_6H_{12}O_6 + O_2 \longrightarrow 2\,CH_3COCOOH + 2\,H_2O \qquad \Delta G' = ?$

(b) $C_6H_{12}O_6 + 6\,O_2 + 38\,ADP + 38\,H_3PO_4 \longrightarrow 6\,CO_2 + 44\,H_2O + 38\,ATP \qquad \Delta G' = ?$

2. O hidroxiácido graxo mostrado abaixo é oxidado totalmente a CO_2 e H_2O pela seqüência da β-oxidação e pelo ciclo de Krebs. Calcule o número *final* de moles de ATP produzidos.

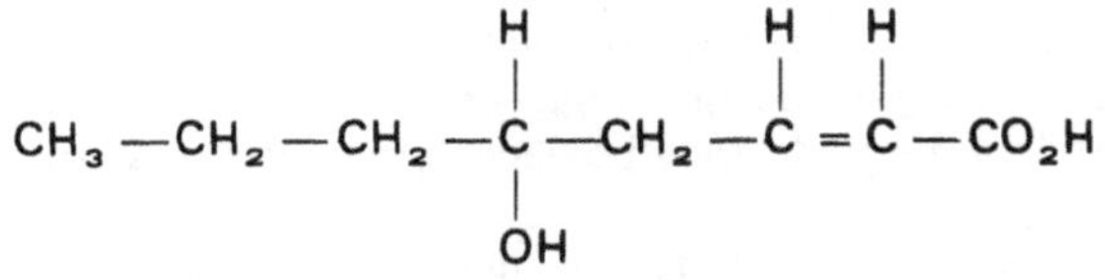

$$CH_3-CH_2-CH_2-\underset{OH}{\overset{H}{C}}-CH_2-\overset{H}{C}=\overset{H}{C}-CO_2H$$

3. A produção de ATP em um animal que utiliza glucose como sua principal fonte de energia e queima-a, através de glicólise e do ciclo de Krebs, sofre um cuidadoso controle.

   a) Identifique 4 enzimas (ou 4 reações enzimáticas) que são afetadas quando a relação ATP: AMP aumenta, mostrando *como são afetadas*.

   b) Que enzima (ou reação enzimática) é particularmente afetada quando a relação NADH : NAD^+ é alta?

   c) Qual é o significado fisiológico da ativação da piruvato-carboxilase por acetil--CoA?

4. Calcule o número final de moles de fosfato rico em energia que seriam obtidos pela oxidação total de tricaproína a CO_2 e H_2O,

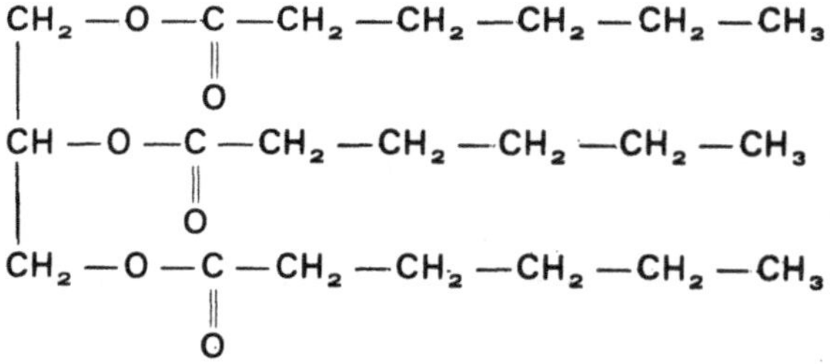

$$\begin{array}{l} CH_2-O-\underset{\|}{C}-CH_2-CH_2-CH_2-CH_2-CH_3 \\ |\qquad\quad O \\ CH-O-\underset{\|}{C}-CH_2-CH_2-CH_2-CH_2-CH_3 \\ |\qquad\quad O \\ CH_2-O-\underset{\|}{C}-CH_2-CH_2-CH_2-CH_2-CH_3 \\ \qquad\quad\;\; O \end{array}$$

5. Os seguintes compostos são *totalmente* oxidados a CO_2 e H_2O por meio de reações conhecidas. Calcule o número de ligações de fosfato ricas em energia obtidas quando cada um dos compostos é oxidado, levando em conta o consumo de ligações ricas em energia (quando for o caso).

   a) Ácido láctico:

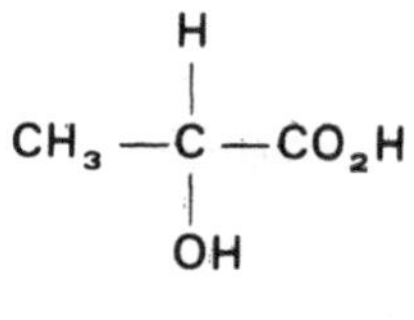

$$CH_3-\underset{OH}{\overset{H}{C}}-CO_2H$$

   b) Ácido aspártico:

$$HO_2C-CH_2-CHNH_2-CO_2H$$

capítulo 15

FOTOSSÍNTESE

OBJETIVO

Neste capítulo, são discutidas as características bioquímicas da fotossíntese, o processo primordial do qual depende toda a vida terrestre, sendo descrita a maneira pela qual a energia solar é convertida em energia química. Também são dadas as reações pelas quais a energia química é utilizada para assimilar o dióxido de carbono em compostos orgânicos. Destaca-se o fato de que a maioria das reações envolvidas já foram estudadas nos Caps. 10 e 11, aparecendo apenas duas reações novas. São também apresentadas as variações dos processos de assimilação exibidos por plantas de cultura e o ciclo de carboxilação redutiva efetuada por algumas bactérias fotossintetizantes. Finalmente, descreve-se o fenômeno da fotorrespiração.

INTRODUÇÃO

Toda a vida na Terra depende da fotossíntese, o processo pelo qual CO_2 é convertido nos compostos orgânicos encontrados não apenas em organismos fotossintetizantes, mas em todas as células vivas. A conversão de CO_2 e H_2O a glucose, por exemplo, pode ser apresentada como a reversão da Reação 14-7, e requererá, no mínimo, a absorção da mesma quantidade de energia liberada quando a glucose é oxidada a CO_2 e H_2O, isto é:

$$6\,CO_2 + 6\,H_2O \longrightarrow C_6H_{12}O_6 + 6\,O_2, \quad \Delta G' = +\,686\,000 \text{ cal.} \tag{15-1}$$

Como o termo fotossíntese indica, a energia para esse processo é fornecida pela luz.

A evolução da fotossíntese ocorreu após a evolução da glicólise e do metabolismo das pentoses-fosfato. Entretanto não poderia ter ocorrido antes da formação de pigmentos, tais como a clorofila. Esses pigmentos possuíam a capacidade de absorver a radiação solar, transferindo parte dessa energia para formas químicas (ATP). Desenvolveu-se então o processo de fotofosforilação.

Quando o CO_2 acumulou-se em quantidades significantes, e as reações da fotofosforilação e do metabolismo das pentoses-fosfato combinaram-se para fornecer uma redução de CO_2 dependente da luz, esse composto tornou-se o substrato para a fotossíntese. Os elétrons para a redução do CO_2 eram fornecidos por H_2S e H_2, componentes presentes na atmosfera primitiva; certas bactérias fotossintetizantes permanecem ainda hoje como uma evidência das primitivas formas de fotossíntese. À medida que os organismos fotossintetizantes foram evoluindo, adquiriram a capacidade de usar a água como fonte de elétrons. Quando isso aconteceu, começou a produção de O_2 e, assim, um novo oxidante foi fornecido às formas em evolução, surgindo uma nova forma de respiração, a respiração aeróbica, anteriormente desconhecida.

OS PRIMEIROS ESTUDOS SOBRE FOTOSSÍNTESE

Reações luminosa e não-luminosa. Em estudos iniciados em 1905, Blackman mostrou que a fotossíntese consiste em dois processos, uma *etapa luminosa*, ou dependente da luz, que tem sua velocidade·limitada por reações não-luminosas ou *reações independentes da luz*. O processo fotodependente não sofre, como é usual, influência da temperatura, o que é característico de reações fotoquímicas, enquanto que as reações não-luminosas são sensíveis às variações de temperatura. Atualmente, os processos fotodependentes são reconhecidos como aqueles onde a energia luminosa é convertida em energia química, na realidade, síntese de ATP e NADPH. As reações não-luminosas, por outro lado, referem-se às reações enzimáticas, nas quais o CO_2 é incorporado em compostos orgânicos reduzidos, já vistos no metabolismo de carboidratos.

Evidências de que a etapa fotodependente da fotossíntese consistia em, pelo menos, duas reações luminosas foram fornecidas por Robert Emerson, na década de 1930. Quando Emerson mediu a quantidade de fotossíntese efetuada pela alga verde *Scenedesmus*, em função do comprimento de onda da luz, observou que a fotossíntese não ocorria em comprimentos de onda maiores que 700 nm. Isso era surpreendente, uma vez que essa luz de comprimento de onda, da faixa do vermelho-escuro (no extremo do espectro visível), estava sendo absorvida pelas células das algas. Emerson posteriormente mostrou que esse decréscimo na região do vermelho-escuro (a chamada "queda do vermelho-escuro") poderia ser revertida, em graus variáveis, se se suplementasse a luz de 700 nm com uma segunda fonte de luz de comprimento de onda de 650 nm. Esse aumento da quantidade de fotossíntese levou Emerson a postular que, no caso de *Scenedesmus*, a assimilação de CO_2, na fotossíntese, requeria luz de dois comprimentos de onda diferentes. Atualmente, esse fato é compreendido, postulando-se que cada unidade fotossintética tem dois fotossistemas (PS I e PS II), os quais são ativados, respectivamente, pela luz de comprimento de onda do vermelho-escuro (680-700 nm) e de comprimento de onda menor (650 nm).

Fotossíntese bacteriana. Os estudos feitos em bactérias fotossintetizantes forneceram muita informação útil e foram a base de uma importante hipótese que estimulou a pesquisa em fotossíntese durante muitos anos. As duas classes de bactérias púrpuras, sulfurosas e não-sulfurosas, têm sido muito usadas. Para comparar o processo de fotossíntese nesses organismos, considere a reação geral da fotossíntese como ocorre nas plantas verdes na base de 1 mol de CO_2. Isso pode ser feito, dividindo-se a Reação 15-1 por seis, para dar

Oxidado

$$CO_2 + H_2O \xrightarrow{h\nu} C(H_2O) + O_2 \qquad (15\text{-}2)$$

Reduzido

$\Delta G' = +118\,000$ cal.

Note agora que essa é uma reação de óxido-redução, na qual o agente oxidante, CO_2, é reduzido ao nível de carboidrato, representado por $C(H_2O)$. O agente redutor nessa reação é a H_2O, a qual, por sua vez, é oxidada a O_2. Como a reação é altamente endergônica, ela só se processará quando a energia necessária for fornecida pela luz ($h\nu$).

A bactéria sulfurosa púrpura *Chromatium* utiliza H_2S no lugar de H_2O, como agente redutor da fotossíntese. Enxofre elementar, S, é produzido, mas não se forma oxigênio:

$$CO_2 + S\,H_2S \xrightarrow{h\nu} C(H_2O) + 2\,S + H_2O \qquad (15\text{-}3)$$

Note que 2 moles de H_2S são necessários para balancear a equação, os íons S^{2-} do H_2S, fornecendo o total de 4 elétrons necessários para reduzir o CO_2 a $C(H_2O)$. Tiossulfato pode também servir de redutor para a fotossíntese em bactérias sulfurosas púrpuras:

$$2\ CO_2 + Na_2S_2O_3 + 5\ H_2O \xrightarrow{h\nu} 2\ C(H_2O) + 2\ H_2O + 2\ NaHSO_4$$

Essa reação demonstra que o agente redutor não precisa conter hidrogênio especificamente, mas simplesmente ser capaz de fornecer elétrons.

As bactérias não-sulfurosas púrpuras (p. ex., *Rhodospirillum rubrum*) necessitam de compostos orgânicos como etanol, isopropanol ou succinato como doadores de elétrons. A equação balanceada, com etanol como exemplo, pode ser escrita como:

$$CO_2 + 2\ CH_3CH_2OH \xrightarrow{h\nu} C(H_2O) + 2\ CH_3CHO + H_2O \qquad (15\text{-}4)$$

sendo os 4 elétrons necessários para a redução do CO_2 fornecidos pela oxidação de 2 moles de etanol a acetaldeído. C. B. van Niel estabeleceu a semelhança dessa reação com aquela que ocorre em plantas verdes, e sugeriu que uma reação geral para a fotossíntese poderia ser representada por

$$CO_2 + 2\ H_2A \xrightarrow{h\nu} C(H_2O) + 2\ A + H_2O \qquad (15\text{-}5)$$

onde H_2A é uma expressão geral para indicar um agente redutor que, como vimos, pode ser representado por uma variedade de compostos.

Como H_2S é um agente redutor muito mais forte que $Na_2S_2O_3$ ou H_2O, esperar-se-ia que uma quantidade menor de energia luminosa fosse necessária para a fotossíntese com H_2S como agente redutor, do que com $Na_2S_2O_3$ ou H_2O. Experimentalmente, entretanto, a mesma quantidade de energia luminosa é necessária, independentemente da natureza do agente redutor externo. Isso levou van Niel a postular que a reação primária é a mesma em todos os organismos e que ela consiste na quebra da molécula de H_2O para dar origem tanto ao agente redutor [H], como ao agente oxidante [OH].

$$H_2O \xrightarrow{h\nu} [H] + [OH] \qquad (15\text{-}6)$$

Essa hipótese estimulou muito a atividade experimental, o que levou a uma melhor compreensão do processo da fotossíntese. O fato de serem necessários quatro elétrons para reduzir CO_2 a $C(H_2O)$ significa que a Eq. 15-2 deve ser escrita de forma a envolver 2 moles de H_2O como redutor, cada átomo de oxigênio fornecendo dois elétrons:

$$CO_2 + 2\ H_2{}^{18}O \xrightarrow{h\nu} C(H_2O) + H_2O + {}^{18}O_2. \qquad (15\text{-}7)$$

Ainda mais, essa equação reformulada indicaria que os dois átomos de oxigênio produzidos na fotossíntese das plantas verdes deveriam provir somente da H_2O. Isso foi confirmado experimentalmente por Ruben e Kamen com um experimento clássico, no qual H_2O marcada com o isótopo ^{18}O foi utilizada na fotossíntese de algas. O oxigênio produzido nessas condições continha a mesma concentração de ^{18}O da $H_2{}^{18}O$. Avanços recentes, relacionados com o papel da H_2O na fotossíntese, tornaram necessário o abandono da hipótese de van Niel da quebra fotolítica da H_2O. Entretanto sua proposição de que o passo inicial da fotossíntese envolve a produção de um oxidante e um redutor mantém-se nas descrições correntes do processo de conversão de energia.

A reação de Hill. Em 1937, Robin Hill, da Cambridge University, iniciou estudos sobre fotossíntese em sistemas acelulares, trabalhando com cloroplastos isolados em vez de plantas intatas. Ele raciocinou que maior quantidade de informação poderia ser obtida se a grana ou os cloroplastos, que contêm a clorofila, fossem estudados separadamente da célula. Seria ideal se os cloroplastos pudessem realizar tanto a oxidação da H_2O como a redução do CO_2 a compostos orgânicos. Isso não foi obtido naquela época; apesar disso, cloroplastos foram capazes de produzir O_2 fotoquimicamente, em presença de um agente oxidante adequado, o oxalato de ferro III e potássio. Nessa reação, o íon férrico substitui o CO_2 como agente redutor durante a fotoxidação da H_2O:

$$4\,Fe^{3+} + 2\,H_2O \xrightarrow[\text{Cloroplastos}]{h\nu} 4\,Fe^{2+} + 4\,H^+ + O_2.$$

Oxigênio molecular é obtido em quantidade estequiometricamente equivalente ao agente oxidante adicionado. Essa observação foi de fundamental importância, pois permite o estudo do papel da H_2O como agente redutor na fotossíntese. A reação é conhecida como *reação de Hill* e o oxalato de ferro III e potássio, como *reagente de Hill*. Posteriormente foi demonstrado que outros compostos servem como reagentes de Hill, em estudos com cloroplastos isolados; assim, Warburg demonstrou que a benzoquinona poderia funcionar como tal:

$$2\ \text{Benzoquinona} + 2\,H_2O \xrightarrow[\text{Cloroplastos}]{h\nu} 2\ \text{Hidroquinona} + O_2$$

Benzoquinona Hidroquinona

Mais tarde demonstrou-se que corantes oxidados funcionavam como reagentes de Hill, sofrendo redução. Embora essa abordagem tenha sido criticada, porque as substâncias que podiam servir como reagentes de Hill não eram compostos fisiologicamente importantes, as propriedades dessas reações foram amplamente estudadas.

Em 1952, três laboratórios americanos relataram que $NADP^+$ (e NAD^+) poderiam servir como reagentes de Hill, na presença de grana de espinafre e luz. Com cloroplastos intatos, o $NADP^+$ era preferencialmente reduzido. Assim, mostrou-se que pela primeira vez, um composto fisiologicamente importante podia funcionar como reagente de Hill. Essa observação foi de grande importância; ela estabelecia um mecanismo pelo qual nicotinamida-nucleotídeos reduzidos eram produzidos como resultado de uma reação dependente da luz.

$$2\,NADP^+ + 2\,H_2O \xrightarrow[\text{Cloroplastos}]{h\nu} 2\,NADPH + 2\,H^+ + O_2 \qquad (15\text{-}8)$$

Já foram dados, neste texto, numerosos exemplos da capacidade de NADPH e NADH para reduzir substratos na presença da enzima apropriada. Fotofosforilação. Em 1952, sabia-se que tanto o NADPH como o ATP eram necessários na conversão do CO_2 a carboidratos, na fotossíntese. Tendo-se obtido o NADPH, via reação de Hill, julgou-se que a reoxidação do nicotinamida-nucleotídeo, reduzido pelo oxigênio através do sistema citocrômico de transporte de elétrons do mitocôndria da planta, produziria ATP Acreditava-se que, na célula vegetal intata contendo cloroplastos e mitocôndrias, essas duas organelas estariam envolvidas na produção das duas coenzimas, NADPH e ATP, necessárias para impulsionar o ciclo de redução fotossintética do carbono (Fig. 15-4). Em 1954, Arnon e seus colaboradores questionaram se ATP é produzido dessa forma, quando descobriram que os cloroplastos sozinhos, quando isolados por técnicas especiais, eram capazes de converter CO_2 a carboidratos, sob o efeito da luz. Estudos posteriores no laboratório de Arnon mostraram que os cloroplastos poderiam sintetizar ATP na ausência de mitocôndrias, por meio de dois tipos de reações de fosforilação fotodependentes. O primeiro tipo, *fotofosforilação cíclica*, origina somente ATP e não produz modificação em qualquer doador ou receptor de elétrons externo:

$$ADP + H_3PO_4 \xrightarrow{h\nu} ATP + H_2O. \qquad (15\text{-}9)$$

O segundo tipo, *fotofosforilação não-cíclica*, envolve um processo no qual a formação de ATP está acoplada a uma transferência de elétrons, impulsionada pela luz, da água para um aceptor terminal de elétrons, tal como $NADP^+$, resultando na produção de oxigênio

$$2\,NADP^+ + 2\,H_2O + 2\,ADP + 2\,H_3PO_4 \xrightarrow{h\nu} 2\,NADPH + 2\,H^+ + O_2 + 2\,ATP + 2\,H_2O. \qquad (15.10)$$

Essa reação merece comentários adicionais por duas razões. Note, primeiro, que o movimento de elétrons seria o oposto daquele encontrado no sistema de transporte de elétrons da mitocôndria. Neste último, os elétrons fluem do NADH ($E'_0 = -0{,}32$) para o O_2 ($E'_0 = 0{,}82$), através de um gradiente de potencial que liberta energia, parte da qual é captada sob forma de ATP. De acordo com a Reação 15-10, os elétrons provenientes do átomo de oxigênio da H_2O dirigem-se para o $NADP^+$ e o reduzem a NADPH. Esse movimento de elétrons *contra* gradiente de potencial claramente requer energia; essa é a função da luz na fotossíntese. Em segundo lugar, a Reação 15-10 é ainda mais interessante pelo fato de que, à medida que os elétrons fluem da H_2O para o $NADP^+$, a energia também se torna utilizável na forma de ATP. Essas observações serão explicadas após a descrição do aparelho fotossintetizante e da fotoquímica de fotossíntese.

O APARELHO FOTOSSINTETIZANTE

A fotossíntese ocorre tanto em células procarióticas como eucarióticas. As procarióticas incluem as algas azuis e as bactérias verdes e púrpuras: nesses organismos, o processo da captação de luz ocorre em pequenas estruturas chamadas *cromatóforos*. Nos organismos eucarióticos fotossintetizantes, (plantas verdes superiores, algas multicelulares vermelhas, verdes e pardas, dinoflagelados e diatomáceas), o cloroplasto é o local do processo.

Os cloroplastos, cujas estrutura e composição foram descritas na Sec. 9.7, contêm os pigmentos fotossintetizantes, que são as clorofilas *a* e *b* nas plantas verdes superiores e alguns carotenóides, entre eles, o β-caroteno (Sec. 3.10)

A clorofila é uma magnésio-porfirina, que contém um álcool alifático, o fitol, esterificado com um resíduo de ácido propiônico no anel IV de um tetrapirrol. As estruturas das clorofilas *a* e *b* estão representadas. As algas vermelhas e azuis contêm, além da clorofila *a*, pigmentos azuis ou vermelhos, conhecidos como ficobilinas, tetropirróis relacionados com as clorofilas, mas que não contêm Mg^{2+} nem a estrutura *cíclica* desses compostos.

Embora os organismos fotossintetizantes contenham uma variedade de pigmentos fotossintetizadores, pode-se fazer uma distinção entre aqueles que exercem um papel *primário* no processo da fotossíntese e aqueles que assumem uma função *secundária*. Somente a clorofila *a* (ou a bacterioclorofila do tipo *a*, que é encontrada nas bactérias fotossintetizadoras) sofre a excitação e subseqüente fluorescência característica do processo, no qual a energia luminosa é convertida em compostos químicos ricos em energia. Os outros pigmentos não participam diretamente nesse processo de conversão de energia, mas captam luz (de comprimento de onda menor e de conteúdo energético mais alto) e transferem-na para a clorofila *a* por um processo ainda não muito bem compreendido.

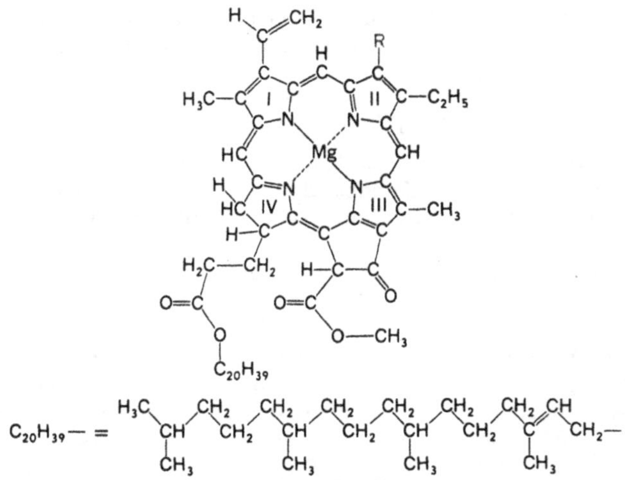

Clorofila *a*, R = CH_3
Clorofila *b*, R = CHO

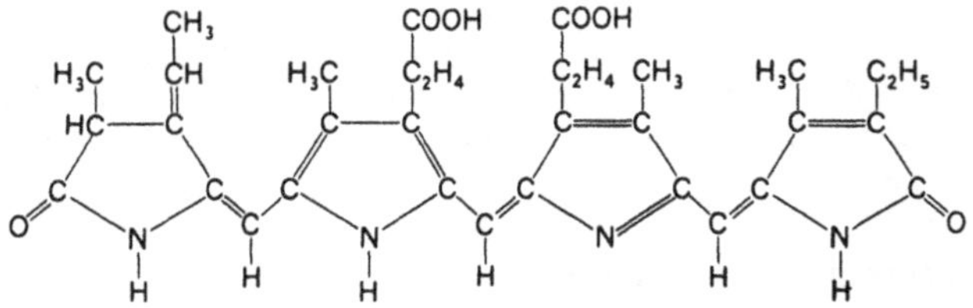

Ficobilina

Os pigmentos fotossintetizadores, juntamente com as enzimas necessárias e os componentes estruturais, estão organizados em unidades fotossintetizadoras, nas lamelas dos cloroplastos. Essas unidades contêm os diferentes componentes do sistema conversor de energia, em proporções definidas. Uma única unidade contém 400 moléculas de clorofila *a*, uma molécula de cada uma das formas especiais de clorofila *a*, conhecida, respectivamente como P-700 e clorofila *a*-682, uma molécula de citocromo *f* e uma de plastocianina, duas moléculas de citocromo b_6 e duas de citocromo b_3. Os papéis exercidos por esses diferentes componentes se tornarão claros quando forem descritos os detalhes do processo de conversão de energia.

PROPRIEDADES DA LUZ

O estudo da energia radiante revelou que a luz pode ser tratada como uma onda de partículas conhecidas como *fótons*. A energia desses fótons pode ser calculada pela equação

$$E = Nh\nu = \frac{Nhc}{\lambda}$$

onde E é a energia (em calorias) de 1 mol, ou Einstein, de fótons, N é o número de Avogadro ($6{,}023 \times 10^{23}$), h é a constante de Planck ($1{,}58 \times 10^{-34}$ cal/s), c é a velocidade da luz (3×10^{10} cm/s), e λ é o comprimento de onda (em nanômetros). Como a equação indica, a energia dos fótons é inversamente proporcional ao comprimento de onda da onda de partículas. Assim a energia da luz azul, de pequeno comprimento de onda, é maior do que a quantidade correspondente de luz vermelha, de comprimento de onda maior. A Tab. 15-1 relaciona o conteúdo em energia de Einsteins ($6,023 \times 10^{23}$ de fótons) de diferentes tipos de luz.

Tabela 15-1. Conteúdo de energia da luz de diferentes comprimentos de onda

Cor da luz	Comprimento de onda (nm)	Energia (cal/Einstein)
Vermelho-escuro	7,50	38 000
Vermelho	6,50	43 000
Amarelo	5,90	48 000
Azul	4,90	58 000
Ultravioleta	3,95	72 000

Uma das propriedades importantes da matéria é sua capacidade de absorver luz, capacidade essa que depende da estrutura atômica da matéria. Num átomo estável, o número de elétrons que rodeiam o núcleo é igual às cargas positivas (o número atômico) do núcleo. Esses elétrons estão arranjados em diferentes orbitais em torno do núcleo, e os de orbitais mais externos são menos fortemente atraídos para o núcleo. Outros ainda orbitais mais distantes do núcleo podem ser ocupados por estes elétrons, mas é necessário energia para colocar um elétron nesses orbitais vazios mais externos, porque a colocação envolve o deslocamento de uma carga negativa para mais longe do núcleo carregado positivamente.

Uma forma pela qual o elétron pode adquirir essa energia e ser deslocado para um orbital mais externo ou mais alto é absorvendo um fóton de luz. Quando isso ocorre, diz-se que o átomo está em estado excitado. Existem diversos estados excitados passíveis de serem atingidos por uma dada molécula; aquele que ela atingirá depende do comprimento de onda (e, portanto, da energia) do quantum de luz absorvida.

Um átomo excitado não é estável; a tendência é o retorno do elétron do orbital mais externo para aquele de nível energético mais baixo. Esse retorno se faz em etapas e é acompanhado da liberação de parte da energia adquirida durante a excitação. O primeiro passo é o retorno a nível energético ligeiramente mais baixo que o do estado de excitação (nível de transição), processo esse acompanhado de produção de calor. Quando o elétron retorna ao seu estado original ou básico, o que resta da energia de excitação é liberado sob uma forma de luz conhecida como fluorescência e fosforescência. [A fluorescência é a emissão imediata ($\sim 10^{-8}$ s), enquanto que a fosforescência é a liberação retardada da radiação absorvida.]

ABSORÇÃO DA LUZ PELA CLOROFILA

A clorofila *a* absorve luz tanto da região azul como da vermelha do espectro visível com igual eficiência. Como o conteúdo de energia da luz azul (Tab. 15-1) é cerca de 50% maior do que o da luz vermelha, poder-se-ia esperar que a primeira fosse mais eficaz na fotossíntese. O fato de tal não acontecer é explicado pelos níveis de energia alcançados durante a excitação de uma molécula de clorofila *a*.

A luz azul é suficientemente energética para excitar o segundo estado *singlet* (60 kcal) da molécula de clorofila *a* (Fig. 15-1). O tempo de vida desse estado é calculado como de apenas 10^{-11} s, curto demais, portanto, para ser utilizado na fotossíntese. Portanto, a molécula perde calor e atinge o primeiro estado *singlet*, o qual, com um nível de energia de 40 kcal, também pode ser atingido por absorção de luz ver-

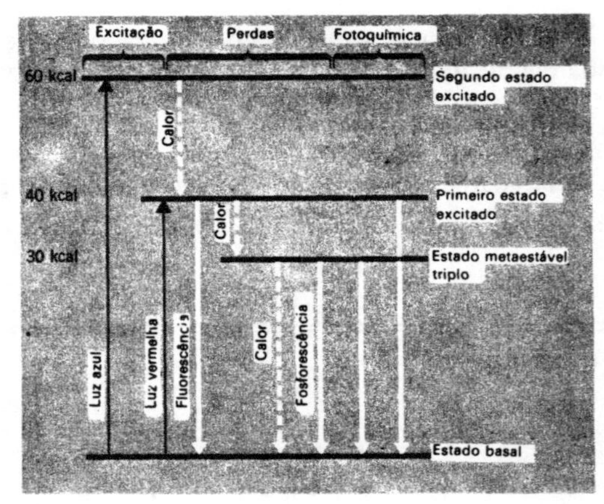

Figura 15-1. Estados de energia da molécula de clorofila. Cada linha horizontal representa um diferente estado de energia. Os estados acima do basal são instáveis e perdem energia por dissipação de calor, fluorescência, fosforescência, ou transferem essa energia para o sistema de captação de energia dos organismos fotossintetizantes. [Ilustração baseada na Fig. 3-2 de *Photosynthesis, Photorespiration and Plant Productivity*, I. Zelitch, Academic Press, N. Y., EUA (1971)]

melha. O tempo de vida desse estado é também muito curto (10^{-9} s) e ocorre perda de calor, formando-se o estado *triplet* meta-estável. O tempo de vida desse estado transicional é suficientemente longo (10^{-2} s) para permitir que a molécula de clorofila excitada transfira parte de sua energia para outra molécula. Essa transferência é o primeiro passo para a conversão de energia luminosa em energia química, pela fotossíntese. De isso não acontece, o estado *triplet* decai para o estado basal, através de perda de calor ou fosforescência, e nenhuma energia é captada.

O PROCESSO DE CONVERSÃO DE ENERGIA

Neste ponto, é útil introduzir o esquema de conversão de energia,ou "esquema Z" (Fig. 15-2), proposto inicialmente por Hill e Bendall e, posteriormente, modificado por outros pesquisadores.

Nas plantas verdes (e em qualquer outro organismo que utiliza H_2O como agente redutor), a unidade fotossintetizante contém os dois fotossistemas, PS I e PS II, que são ativados respectivamente por vermelho-escuro (680-700 nm) e luz vermelha (650 nm). As 400 moléculas de clorofila da unidade básica são divididas mais ou menos igualmente entre os dois sistemas. A energia luminosa, absorvida pelas clorofilas ou por pigmentos acessórios que a transferem a essas clorofilas no PS I, é agora transferida para uma forma especial de clorofila *a* conhecida como P-700. O P-700, sob excitação, doa um elétron para um aceptor Z, produzindo um redutor forte (Z^-), capaz de reduzir ferredoxina e $NADP^+$. O P-700 deficiente em elétrons ($P\text{-}700^+$), recebendo um elétron da plastocianina, reverte a seu estado reduzido. Um processo de captação semelhante ocorre em PS II, onde outra molécula especializada de clorofila *a* ($Cl\ a_{682}$) sofre excitação. Nessa excitação, um elétron é transferido para *Q*, para formar Q^-. A clorofila $Clo a_{682}$ excitada recebe um elétron de Y, formando um oxidante forte, o Y^+.

Uma característica essencial do esquema de Hill-Bendall é o fluxo de elétrons de PS II para PS I, através de um esquema de transporte de elétrons composto de carregadores de oxirredução que, sabe-se, existem nos cloroplastos. Mais ainda, Hill e Bendall postularam que, à medida que os elétrons fluem ao longo dessa cadeia, de PS II para PS I, pelo menos um fosfato rico em energia é gerado, sob a forma de

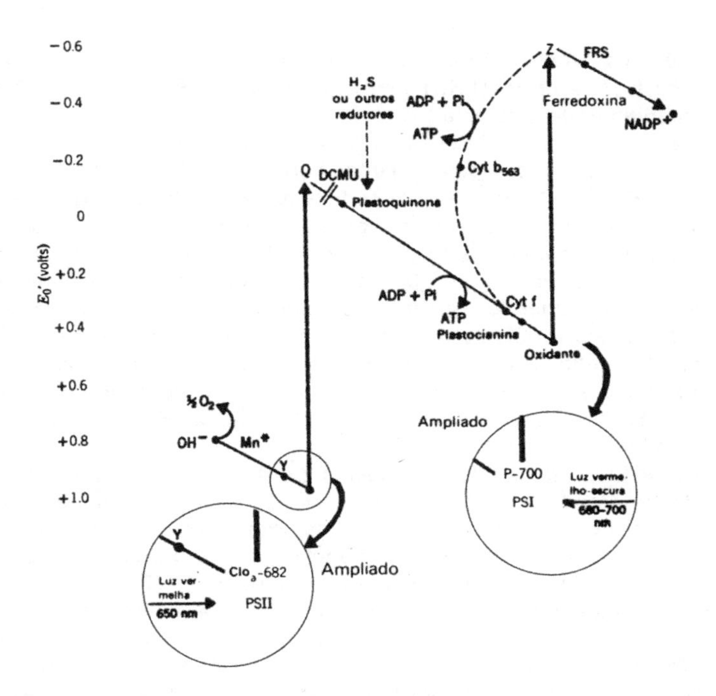

Figura 15-2. Processo de conversão de energia da fotossíntese, baseado no esquema originalmente proposto por R. Hill e F. Bendall

ATP. Os vários carregadores foram ordenados na cadeia, de acordo com seus potenciais de oxirredução, quando conhecidos, assim como pelas variações de espectro sofridas sob luz vermelha (para a ativação de PS II) e luz vermelho-escura (para a ativação de PS I).

Podem-se obter informações úteis, observando os transportadores dessa cadeia. O citocromo *f* (do latim, *frons*, folha) é um citocromo do tipo *c*; seu E'_0 é +0,36 V e tem um máximo de absorção a 553 nm. A plastocianina é uma cupro-proteína de cor azul, que sofre redução por um elétron; seu E'_0 é de cerca de 0,37. A plastoquinona, de estrutura semelhante à da ubiquinona, tem um E'_0 de aproximadamente 0,00 V. A natureza de *Q*, o redutor fraco produzido quando o PS II é ativado, ainda precisa ser estabelecida. Ele é conhecido principalmente pela sua propriedade de reduzir a fluorescência produzida quando o PS II é iluminado. Trabalhos recentes sugerem a presença de ainda um outro componente (C-550) nesse fenômeno de diminuição ou de eliminação da fluorescência. A natureza de Z, o redutor forte ($E'_0 = -0{,}60$) produzido por PS I ainda não está clara; talvez seja uma forma de ferredoxina ligada à membrana. O oxidante fraco produzido por PS I na iluminação é provavelmente o P-700 deficiente em elétrons ($E'_0 = 0{,}42$ V).

A natureza do oxidante forte Y^+ produzido pelo PS II, não é conhecida e os detalhes do mecanismo pelo qual esse oxidante oxida H_2O (mais provavelmente o íon hidroxila, OH^-) permanecem obscuros. Sabe-se, entretanto, que Mn^{2+} é essencial para o processo. Conhece-se melhor o processo pelo qual o redutor Z promove a redução do $NADP^+$. Quando PS I é ativado, uma substância – *substância redutora de ferredoxina* (FRS) – é reduzida. Esse composto transfere seus elétrons para uma ferroproteína não-hemínica, conhecida como ferredoxina ($E'_0 = -0{,}42$ V). Quando reduzida, essa proteína pode, por sua vez, na presença de ferredoxina-$NADP^+$-redutase (uma enzima flavínica), reduzir $NADP^+$. Novamente, o fluxo de elétrons vai de compostos de potencial mais baixo (FRS) para aqueles de potencial mais alto ($NADP^+$) ao longo do gradiente de potencial.

A proteína ferredoxina (p. 319) foi isolada de um grande número de organismos fotossintetizantes — bactérias, algas e plantas superiores, tendo, entretanto, sido descoberta por Carnahan e Mortenson, quando estudavam fixação de nitrogênio em *Clostridium pasteurianum*. A ferredoxina desse organismo contém sete átomos de ferro por molécula de proteína e sete grupos de sulfeto por mol de proteína. A ferredoxina tem um peso molecular de 6 000 e um potencial redox extremamente baixo de − 0,42 V, a pH 7,55. Quando isolada de cloroplastos de espinafre, ela contém dois átomos de ferro ligados a dois átomos de enxofre específicos que são liberados sob forma de H_2S, por acidificação. No espinafre, seu peso molecular é de 11 600 e seu potencial redox é − 0,43 V. A ferredoxina oxidada tem bandas de absorção características a 420 a 463 nm; quando acidificadas, estas bandas desaparecem e a proteína perde sua atividade bioquímica.

Há muita evidência a favor desse esquema Z e da cadeia de transporte de elétrons que liga os dois fotossistemas. Além disso, o esquema Z explica numerosos aspectos do processo de conversão de energia, tanto na fotossíntese bacteriana como na de plantas verdes. Boardman, na Austrália, fragmentou cloroplastos e obteve frações enriquecidas na capacidade de efetuar a oxidação da H_2O (PS II) ou a redução do $NADP^+$ (PS I), quando convenientemente suplementadas com aceptores ou doares de elétrons apropriados. Também quando os cloroplastos são iluminados por luz de comprimento de onda mais longo (o tipo que ativa PS I), o oxidante produzido aceita elétrons do citocromo *f* e da plastocianina e as formas oxidadas desses pigmentos predominam no plastídeo. Quando uma luz de comprimento de onda mais baixa ativa o PS II, o redutor Q fornece elétrons a PS I através da cadeia, e todos os transportadores, incluindo o citocromo *f*, ficam reduzidos.

O herbicida diclorofenildimetil-uréia (DCMU) exerce sua função de exterminar ervas daninhas, bloqueando o fluxo de elétrons ao longo da cadeia eletrônica, no ponto indicado na Fig. 15-2. Na presença de DCMU, os cloroplastos oxidarão os transportadores dessa cadeia na presença da luz vermelho-escura (PS I), mas, quando luz de comprimento de onda mais curto é usada (PS II), os transportadores não são reduzidos.

FOSFORILAÇÃO NÃO-CÍCLICA

O fluxo de elétrons na fosforilação não-cíclica pode agora ser delineado em termos do processo de conversão de energia descrito inicialmente. De acordo com a Reação 15-10, tanto ATP como NADPH são produzidos quando H_2O é oxidada a O_2. Iniciando então no PS II, um elétron de OH^- pode reduzir o oxidante Y^+ aí produzido, enquanto outro elétron reduz Q e passa ao longo da cadeia até o oxidante, no PS I. Para completar o processo, os elétrons fluem de Z^- para $NADP^+$, promovendo a redução desse composto.

A fosforilação de ADP ocorre à medida que os elétrons fluem de PS II para PS I; pelo menos uma etapa de fosforilação ocorre quando um par de elétrons flui de Q a P-700. Não se sabe se os mecanismos da fosforilação são idênticos aos mecanismos associados à cadeia respiratória. O isolamento de fragmentos lamelares de cloroplasto enriquecidos em ATPase e fatores de acoplamento parece favorecer a hipótese do acoplamento químico (p. 330). Os movimentos de íons durante a iluminação dos cloroplastos apóiam a hipótese quimiosmótica (p. 330). Nesse sentido, é possível arranjar os componentes do esquema Z em uma membrana, de maneira a explicar o gradiente de pH que existe através da membrana interna do cloroplasto (Fig. 15-3).

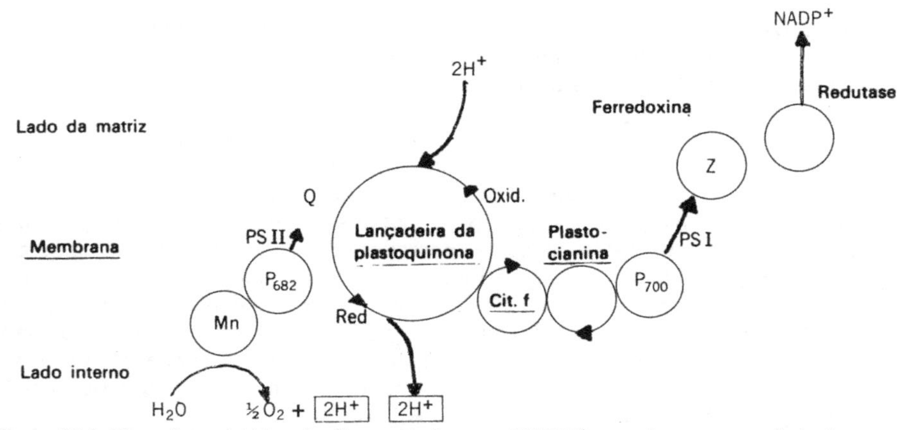

Figura 15-3. Fluxo fotossintético de elétrons da água ao $NADP^+$, em zigue zague através de uma membrana. A lançadeira da plastoquinona representa redução e oxidação alternadas de plastoquinona. [Ilustração baseada na Fig. 5 de A. Trebst, *Ann. Rev. Plant Physiology* 25, 423 (1974)]

FOSFORILAÇÃO CÍCLICA

A característica essencial da fosforilação cíclica é a produção de ATP no processo sem haver transferência efetiva de elétrons ao $NADP^+$. Esse processo, estudado detalhadamente por Arnon e seus colaboradores, é realizado por luz de comprimentos de onda mais longos, que ativa o PS I. Como nem NADPH nem qualquer outro com posto reduzido são acumulados nesse processo, postula-se que os elétrons, tornados utilizáveis pela ação da luz sobre PS I, retornam ao oxidante (P-700) produzido, quando PS I é ativado. Assim, ocorre um fluxo *cíclico* de elétrons, envolvendo ainda um outro tipo de citocromo-citocromo b_{563} ($E'_0 = -0{,}18$ V). Durante o fluxo de elétrons através desse ciclo, pelo menos um ATP é produzido a partir de ADP e H_3PO_4, presumivelmente por mecanismos também análogos àqueles que ocorrem na fosforilação oxidativa.

FLUXO DE ELÉTRONS EM FOTOSSÍNTESE BACTERIANA

As bactérias fotossintetizantes que utilizam agentes redutores inorgânicos (H_2S, $Na_2S_2O_3$) e orgânicos (succinato, acetato) não requerem o PS II, necessário em organismos que utilizam H_2O. O caminho dos elétrons utilizado por esses organismos é representado na Fig. 15-2, onde os elétrons entram na cadeia de transporte ao nível da plastoquinona. Assim, esses organismos requerem luz (para PS I) para reduzir a ferredoxina. O oxidante (P-700) produzido pela luz aceitará os elétrons originalmente fornecidos pelo redutor primário.

Esses processos, então, descrevem como NADPH e ATP são gerados pela luz durante a fotossíntese. A secção seguinte discute as reações não-luminosas, responsáveis pela incorporação de CO_2 em compostos orgânicos de organismos fotossintetizantes.

PERCURSO DO CARBONO

Metodologia. A série de reações pelas quais o CO_2 é finalmente convertido a carboidratos e outros compostos orgânicos foi amplamente estudada nos laboratórios de Calvin, Horecker e Racker. O problema não foi, entretanto, solucionado até que o primeiro produto, no qual CO_2 é incorporado na fotossíntese, foi identificado por Calvin e seus colaboradores. Essa pesquisa é um exemplo que ressalta a aplicação de novas técnicas à solução de um problema extremamente complexo.

A abordagem experimental básica foi a seguinte: numa planta que está fotossintetizando a uma velocidade constante, o CO_2 está sendo convertido em glucose, através de uma série de intermediários, do seguinte modo:

$$CO_2 \longrightarrow \underset{A}{\text{Composto}} \longrightarrow \underset{B}{\text{Composto}} \longrightarrow \underset{C}{\text{Composto}} \longrightarrow \text{Glucose.}$$

Se, no tempo zero, CO_2 radioativo ($^{14}CO_2$) é introduzido no sistema, parte do carbono marcado será convertido em glucose e, durante o tempo necessário para que isso ocorra, todos os intermediários serão marcados. Se após um período de tempo relativamente curto, a planta que está fotossintetizando for imersa em álcool quente, para inativar suas enzimas e parar todas as reações, o carbono marcado terá tempo de percorrer somente os primeiros intermediários. Se, o intervalo de tempo for suficientemente pequeno, os átomos de carbono marcados terão chegado apenas até o primeiro intermediário estável, composto A, e somente o primeiro produto de fixação de CO_2 será marcado.

Em 1946, o carbono-14, fornecido pela Comissão de Energia Atômica, tornou-se acessível em quantidades apreciáveis. Além do mais, a técnica de cromatografia em papel (veja Apêndice 2 para descrição) estava em pleno desenvolvimento e forneceu um método para a separação dos inúmeros constituintes celulares que ocorrem numa planta. Com essas ferramentas de trabalho, o grupo de Calvin pôde identificar os primeiros intermediários estáveis no percurso do carbono, do CO_2 à glucose. Eles usaram suspensões de algas, *Scenedesmus* ou *Chlorella*, que estavam crescendo a velocidade constante, na presença de luz e CO_2. O CO_2 radioativo foi introduzido na mistura de reação no tempo zero e um certo período de tempo transcorreu. As células foram então extraídas com álcool em ebulição e os constituintes solúveis da solução alcoólica foram examinados por cromatografia em papel. Quando as algas eram expostas a $^{14}CO_2$, por 30 segundos, hexose-fosfatos, triose-fosfatos e ácido fosfoglicérico eram marcados. Por períodos mais longos, esses compostos, assim como aminoácidos e ácidos orgânicos eram marcados. Com 5 segundos de exposição, a maior parte do carbono radioativo estava localizada no ácido 3-fosfoglicérico e, nesse composto, o grupo carboxílico continha a maior parte da radioatividade.

$$\begin{array}{l} {}^{14}COOH \\ \,|\\ HCOH \\ \,| \\ CH_2OPO_3H_2 \end{array}$$

Ácido 3-fosfoglicérico

Esse resultado sugeriu que o ácido 3-fosfoglicérico era formado por carboxilação de algum composto desconhecido de dois átomos de carbono. Entretanto as tentativas no sentido de demonstrar qualquer molécula aceptora desse tipo falharam. Um exame mais cuidadoso dos produtos iniciais da fotossíntese revelaram que sedoeptulose-7--fosfato e ribulose-1,5-difosfato estavam também presentes como compostos marcados, o que por sua vez, sugeriu que os açúcares deveriam estar envolvidos na formação da molécula aceptora de CO_2.

O ciclo da redução de CO_2 (ciclo de Calvin). Durante esse período, as reações da via das pentoses-fosfato (Cap. 11) estavam sendo elucidadas em outros laboratórios, e as relações entre trioses, tetroses, pentoses, hexoses e heptoses estavam sendo estabelecidas. Estudos mais cuidadosos da marcação por ^{14}C dos açúcares produzidos durante certos períodos de fotossíntese permitiram que o laboratório de Calvin postulasse um ciclo de redução do dióxido de carbono (Fig. 15-4) durante a fotossíntese. Essencialmente, esse ciclo envolve apenas uma reação nova, a carboxilação da ribulose--1,5-difosfato, discutida a seguir; as demais são idênticas ou similares às reações

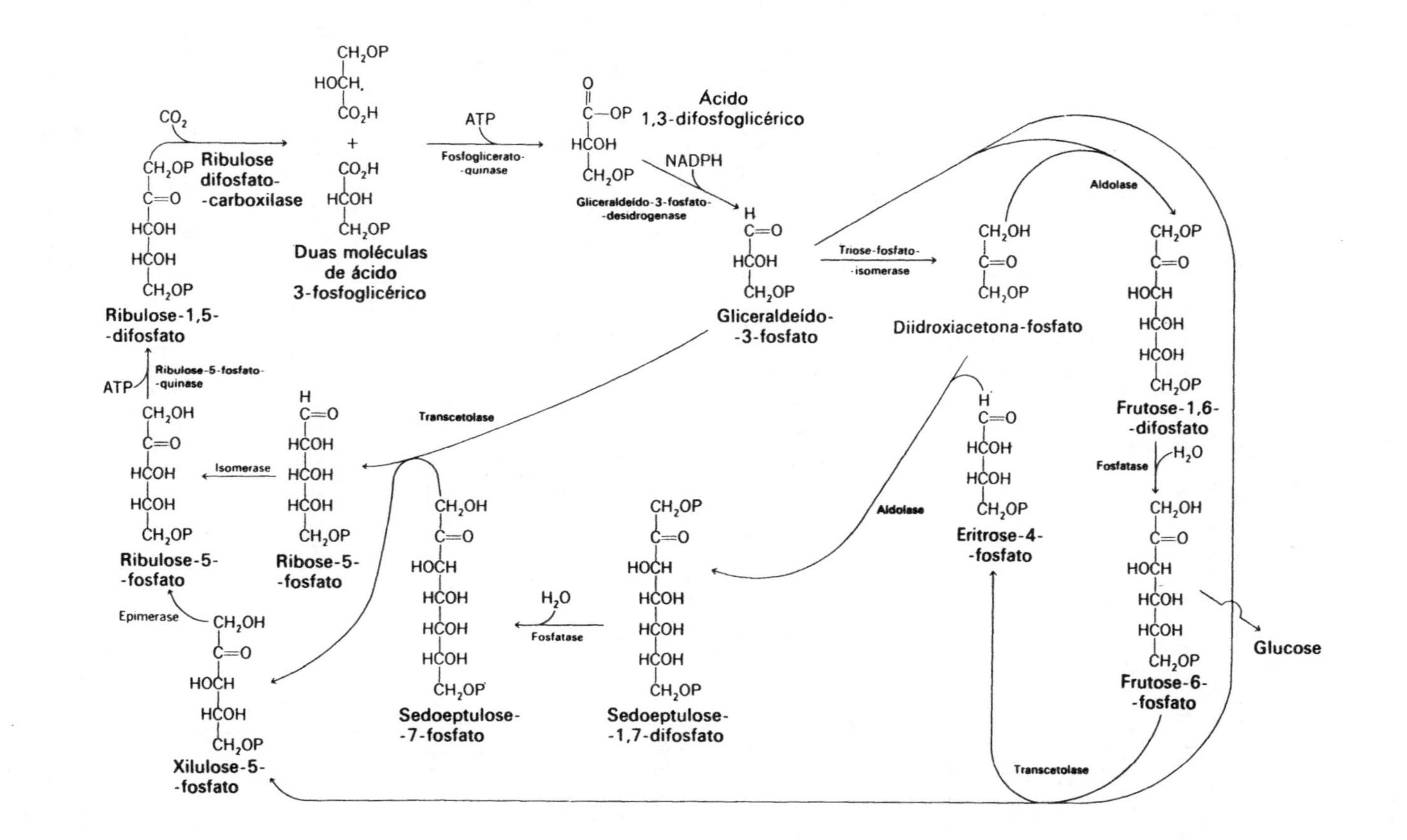

Figura 15-4. O ciclo de redução do carbono na fotossíntese. [De J. A. Bassham e M. Calvin, *The Path of Carbon in Photosynthesis*, Englewood Cliffs, N. J., EUA: Prentice-Hall, 1957. Reimpresso com autorização]

encontradas anteriormente na glicólise e no metabolismo das pentoses-fosfato. Todas as enzimas necessárias para catalisar as reações postuladas no ciclo de Calvin ocorrem em cloroplastos.

A fase de carboxilação. Esse esquema um pouco confuso pode ser melhor compreendido quando as reações são agrupadas em três etapas. A primeira delas, a *etapa de carboxilação*, envolve uma única reação, catalisada por ribulose-1,5-difosfato-carboxilase (também chamada carboxidismutase). Essa reação-chave envolve a carboxilação não de *um composto de dois carbonos*, mas de um *composto de cinco carbonos*, ribulose-1,5-difosfato, para obter dois moles de ácido 3-fosfoglicérico.

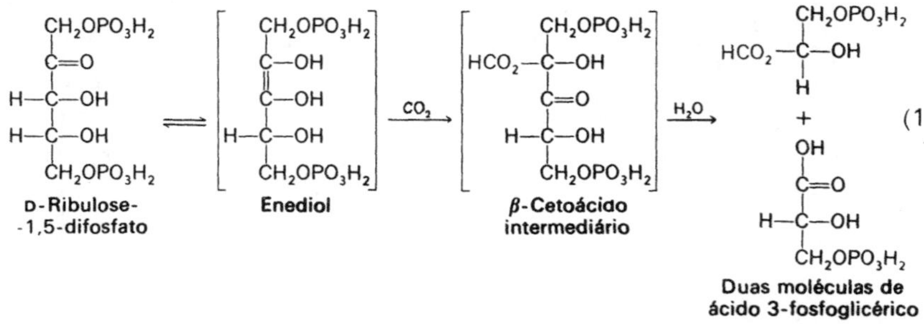

$$
\begin{array}{c}
CH_2OPO_3H_2 \\
| \\
C{=}O \\
| \\
H{-}C{-}OH \\
| \\
H{-}C{-}OH \\
| \\
CH_2OPO_3H_2 \\
\text{D-Ribulose-} \\
\text{-1,5-difosfato}
\end{array}
\rightleftharpoons
\left[\begin{array}{c}
CH_2OPO_3H_2 \\
| \\
C{-}OH \\
\| \\
C{-}OH \\
| \\
H{-}C{-}OH \\
| \\
CH_2OPO_3H_2
\end{array}\right]
\xrightarrow{CO_2}
\left[\begin{array}{c}
CH_2OPO_3H_2 \\
| \\
HCO_2{-}C{-}OH \\
| \\
C{=}O \\
| \\
H{-}C{-}OH \\
| \\
CH_2OPO_3H_2
\end{array}\right]
\xrightarrow{H_2O}
\begin{array}{c}
CH_2OPO_3H_2 \\
| \\
HCO_2{-}C{-}OH \\
| \\
H \\
+ \\
OH \\
| \\
C{=}O \\
| \\
H{-}C{-}OH \\
| \\
CH_2OPO_3H_2
\end{array}
\qquad (15\text{-}11)
$$

D-Ribulose-1,5-difosfato; Enediol; β-Cetoácido intermediário; Duas moléculas de ácido 3-fosfoglicérico

Na presença da enzima ribulose-1,5-difosfato-carboxilase, o CO_2 incorpora-se à forma enediólica da ribulose difosfato para formar um β-cetoácido instável que sofre clivagem hidrolítica, dando duas moléculas de ácido fosfoglicérico. O equilíbrio da reação está muito deslocado para a direita. A carboxilase foi purificada pela primeira vez como proteína homogênea por Horecker, a partir de folhas de espinafre, onde constitui 5-10% da proteína solúvel. Tem um peso molecular de 550 000 e é um oligômero composto de 8 pequenos monômeros (PM 12-16 000) e unidades grandes (PM 54-60 000).

A fase de redução. A segunda etapa do ciclo de redução do carbono, chamada fase *de redução*, consiste em duas reações previamente encontradas na glicólise. Nessas reações, ATP e um nicotinamida-nucleotídeo reduzido são consumidos. A primeira envolve a fosforilação do 3-fosfoglicerato pelo ATP para formar 1,3-difosfoglicerato:

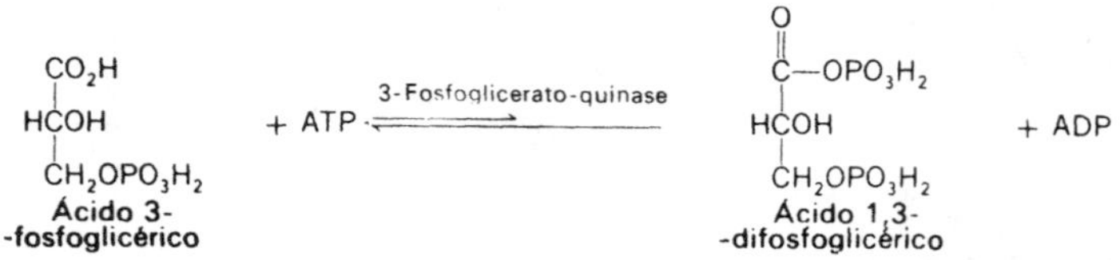

$$
\begin{array}{c}
CO_2H \\
| \\
HCOH \\
| \\
CH_2OPO_3H_2
\end{array}
+ ATP \xrightleftharpoons{\text{3-Fosfoglicerato-quinase}}
\begin{array}{c}
O \\
\| \\
C{-}OPO_3H_2 \\
| \\
HCOH \\
| \\
CH_2OPO_3H_2
\end{array}
+ ADP \qquad (15\text{-}12)
$$

Ácido 3-fosfoglicérico; Ácido 1,3-difosfoglicérico

A segunda reação envolve a redução do ácido 1,3-difosfoglicérico pelo NADPH na presença de uma gliceraldeído-3-fosfato-desidrogenase, $NADP^+$-específica,

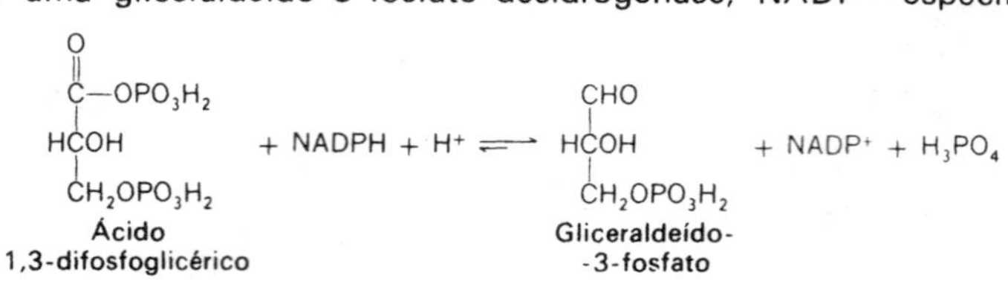

$$
\begin{array}{c}
O \\
\| \\
C{-}OPO_3H_2 \\
| \\
HCOH \\
| \\
CH_2OPO_3H_2
\end{array}
+ NADPH + H^+ \rightleftharpoons
\begin{array}{c}
CHO \\
| \\
HCOH \\
| \\
CH_2OPO_3H_2
\end{array}
+ NADP^+ + H_3PO_4 \qquad (15\text{-}13)
$$

Ácido 1,3-difosfoglicérico; Gliceraldeído-3-fosfato

A enzima de cloroplastos é ativada por ATP e NADPH. Nessas duas reações, são utilizados NADPH e metade do ATP necessário para impulsionar o ciclo de redução do carbono.

Tabela 15-2. Estequiometria do ciclo de redução do carbono

Fase de carboxilação

6 Ribulose-1,5-difosfato + **6** CO_2 + **6** H_2O ⟶ **12** 3-Fosfoglicerato

Fase de redução

12 3-Fosfoglicerato + **12** ATP ⟶ **12** 1,3-Difosfoglicerato + **12** ATP

12 1,3-Difosfoglicerato + **12** NADPH + **12** H^+ ⟶
⟶ **12** Gliceraldeído-3-fosfato + **12** $NADP^+$ + **12** H_3PO_4

Fase de regeneração

5 Gliceraldeído-3-fosfato → **5** Diidroxiacetona-fosfato

3 Gliceraldeído-3-fosfato + **3** Diidroxiacetona-fosfato ⟶ **3** Frutose-1,6-difosfato

3 Frutose-1,6-difosfato + **3** H_2O ⟶ **3** Frutose-6-fosfato + **3** H_3PO_4

2 Frutose-6-fosfato + **2** Gliceraldeído-3-fosfato ⟶
⟶ **2** Xilulose-5-fosfato + **2** Eritrose-4-fosfato

2 Eritrose-4-fosfato + **2** Diidroxiacetona-fosfato ⟶ **2** Sedoeptulose-1,7-difosfato

2 Sedoeptulose-1,7-difosfato + **2** H_2O ⟶ **2** Sedoeptulose-7-fosfato + **2** H_3PO_4

2 Sedoeptulose-7-fosfato + **2** Gliceraldeído-3-fosfato ⟶
⟶ **2** Ribose-5-fosfato + **2** Xilulose-5-fosfato

2 Ribose-5-fosfato ⟶ **2** Ribulose-5-fosfato

4 Xilulose-5-fosfato ⟶ **4** Ribulose-5-fosfato

6 Ribulose-5-fosfato + **6** ATP ⟶ **6** Ribulose-1,5-difosfato + **6** ADP

SOMA

6 CO_2 + **18** ATP + **12** NADPH + **12** H^+ + **11** H_2O ⟶
⟶ Frutose-6-fosfato + **18** ADP + **12** $NADP^+$ + **17** H_3PO_4

A fase de regeneração. O restante das reações do ciclo constitui a terceira etapa ou *fase de regeneração*, que efetua a regeneração da ribulose-1,5-difosfato necessária para manter o ciclo em funcionamento. Na Tab. 15-2 estão relacionadas as reações dessa fase com a estequiometria necessária. Note-se que trinta e seis átomos de carbono, presentes no fim da etapa de redução em doze moléculas de gliceraldeído-3--fosfato, são convertidos, pelas reações da etapa de regeneração, em uma molécula de frutose-6-fosfato (seis átomos de carbono) e seis moléculas de ribulose-1,5-difosfato (trinta átomos de carbono), no fim da etapa de regeneração. A última reação da etapa de regeneração também requer ATP. As seis moléculas de ribulose-difosfato, produzidas nessa etapa são aproveitadas para o processo de carboxilação, e podem manter o ciclo em funcionamento.

A estequiometria total do ciclo de redução do carbono é dada pela soma da Tab. 15-2. A frutose-6-fosfato produzida pode, por sua vez, ser convertida em glucose pela reversão das reações encontradas nos primeiros estágios da glicólise (p. 244):

$$\text{Frutose-6-fosfato} \longrightarrow \text{Glucose-6-fosfato} \xrightarrow{H_2O} \text{Glucose} + H_3PO_4$$

Quando isso ocorre, o ciclo global de redução do carbono torna-se

$$6\,CO_2 + 18\,ATP + 12\,NADPH + 12\,H^+ + 12\,H_2O \longrightarrow \text{Glucose} + 18\,ADP + 18\,H_3PO_4 + 12\,NADP^+ \quad (15\text{-}14)$$

A divisão dessa equação por seis ilustra um fato importante relacionado com a energética da fotossíntese:

$$CO_2 + 3\,ATP + 2\,NADPH + 2\,H^+ + 2\,H_2O \longrightarrow C(H_2O) + 3\,ADP + 3\,H_3PO_4 + 2\,NADP^+ \quad (15\text{-}15)$$

A Reação 15-15 mostra que a fotossíntese requer 3 moles de ATP e 2 moles de NADPH para converter 1 mol de CO_2 ao nível de carboidrato.

Consumo de quanta na fotossíntese. Retornando ao processo de conversão de energia da Fig. 15-2, podemos agora estabelecer um limite mínimo para o número de quanta de luz necessário para obter as duas moléculas de NADPH indispensáveis para a Eq. 15-15. Nas plantas verdes que utilizam H_2O, tanto PS I como PS II devem ser ativados, quatro vezes cada um, para produzir os quatro elétrons necessários para reduzir 2 $NADP^+$ Portanto um total de no mínimo oito quanta de luz seria necessário, uma vez que geralmente se considera que pelo menos um quantum é necessário para cada processo de fotoativação que torna um elétron disponível em Q e Z, no esquema de conversão de energia. Parece também evidente que a fotofosforilação não-cíclica pode produzir apenas dois terços do ATP necessário, se somente uma fosforilação ocorre quando um par de elétrons atravessa a via de conexão entre PS II e PS I. Nessas condições, a fosforilação cíclica presumivelmente pode fornecer o ATP adicional, desde que haja posterior fornecimento de luz. Se, entretanto, existirem dois pontos de fosforilação na cadeia que liga PS I a PS II, suficiente ATP estaria disponível.

Um último aspecto das necessidades energéticas da fotossíntese merece comentário. Na Tab. 15-1, admite-se que luz de 650 nm tenha um conteúdo energético de 44 000 cal/Einstein. Geralmente, considera-se que cerca de 75% dessa energia (aproximadamente 30 000 cal/Einstein) é disponível para a fotossíntese, dissipando-se o restante como calor, à medida que os elétrons passam do estado *triplet* para os níveis de transição. Se entretanto oito quanta por duas moléculas de NADPH (8 Einsteins por 2 moles de NADPH) são o mínimo necessário para impulsionar o processo de conversão de energia, teremos 8 × 30 000 ou 240 000 cal disponíveis para converter 1 mol de CO_2 em carboidrato. A partir da Eq. 15-2, vimos que 118 000 cal são necessárias, no mínimo, para efetuar essa conversão. A eficiência global da fotossíntese, com base nesse cálculo, seria, portanto, 118 000/240 000 ou 49%.

CARBOXILAÇÃO REDUTIVA EM BACTÉRIA

Existem evidências que certas bactérias fotossintetizadoras (*Chorobium thiosulfatophillum* e *Chromatium*) não utilizam o esquema proposto por Calvin e seus colaboradores para a assimilação do CO_2. Em vez disso, esses organismos utilizam o ciclo do ácido tricarboxílico funcionando no sentido inverso. Observando o sentido desse ciclo (Cap. 12), o leitor perceberá que a única reação irreversível, a catalisada pela α-cetoglutarato-desidrogenase, deve ser modificada para que haja reversão do ciclo.

Arnon e Buchanan observaram que esses organismos contêm uma enzima, chamada *α-cetoglutarato-sintase*, que realmente reverte a descarboxilação oxidativa do α-cetoglutarato pela utilização da ferredoxina como oxidante, em vez de NAD^+.

$$\begin{array}{l} CO_2H \\ | \\ C{=}O \\ | \\ CH_2 \\ | \\ CH_2 \\ | \\ CO_2H \end{array} + 2\ \text{Ferredoxina-}Fe^{3+} + CoASH \rightleftharpoons \begin{array}{l} O \\ \| \\ C{-}S{-}CoA \\ | \\ CH_2 \\ | \\ CH_2 \\ | \\ CO_2H \end{array} + 2\ \text{Ferredoxina-}Fe^{2+} + CO_2 + 2H^+$$

$$\Delta G' = -3400 \text{ cal (pH 7,0)}$$

Na p. 277, o $\Delta G'$ para a reação catalisada pela α-cetoglutarato-desidrogenase foi calculada como −8 000 kcal. O E'_0 da ferredoxina no pH 7,0 é dado como −0,42 V, enquanto que para o $NAD^+/NADH$ é −0,32. A diferença entre os E'_0 dos dois oxidantes (−0,10 V) pode ser calculado (p. 126) como sendo equivalente a −4 600 cal.

Entretanto o $\Delta G'$ da reação catalisada pela α-cetoglutarato-sintase na bactéria fotossintetizadora pode ser estimado como $-8\,000-(-4\,600)$ ou $-3\,400$ cal. Esse valor está na faixa de outras reações que, como vimos, são reversíveis e, assim, a reação pode ocorrer da direita para a esquerda. Como todas as outras reações do ciclo de Krebs são reversíveis e como esses organismos contêm uma *piruvato-sintase* que requer ferredoxina no lugar de NAD^+, a síntese efetiva de piruvato a partir de 3 moles de CO_2 pode ocorrer, como mostra a Fig. 15-5. Esses organismos presumivelmente utilizam a enzima de clivagem do citrato (p. 286) no lugar da citrato-sintase para quebrar o ácido cítrico e regenerar o oxalacetato necessário para a próxima volta do ciclo. Uma vez formado o ácido pirúvico, ele pode ser convertido a carboidrato e lipídeo, por reações previamente consideradas. Alternativamente, ele pode ser convertido a oxalacetato pela piruvato-carboxilase (p. 282), em um processo anaplerótico, e o ciclo de Krebs pode, então, ser utilizado (p. 282) para finalidades anabólicas.

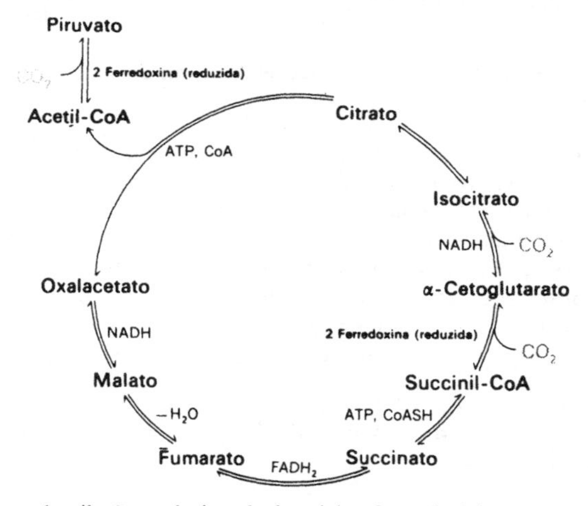

Figura 15-5. Ciclo de carboxilação redutiva de bactérias fotossintéticas

As necessidades energéticas desse ciclo de carboxilação redutiva são muito elevadas e consideravelmente maiores que as do ciclo de Calvin das plantas verdes. Um total de 2 moles de ATP e cinco equivalentes redutores de dois elétrons cada (como $FADH_2$, 2 NADH e 4 ferredoxina-Fe^{2+}) é necessário para produzir 1 mol de ácido pirúvico a partir de 3 moles de CO_2.

A VIA DO C_4

Muitas plantas, incluindo as plantas de cultura de origem tropical (cana-de-açúcar, milho e soja), apresentam uma interessante variante para a assimilação de CO_2. Os primeiros estudos com essas plantas mostraram que o CO_2 era incorporado inicialmente a certos ácidos dicarboxílicos, malato, ou aspartato, e não a ácido fosfoblicérico. O grupo australiano de pesquisas de M. D. Hatch e C. R. Slack iniciou, em 1966, uma série de estudos que estimularam o trabalho em vários outros laboratórios, o que resultou no nosso conhecimento atual da via do C_4 (ou de Hatch-Slack) para a assimilação do CO_2.

As plantas que utilizam a via do C_4 possuem em comum uma característica da anatomia das folhas, nas quais os elementos vasculares (floema e xilema) são rodeados por uma camada de células do feixe vascular, e depois por uma ou mais camadas de células mesófilas (Fig. 15-6). Essa anatomia característica (do tipo Kranz) já há muito

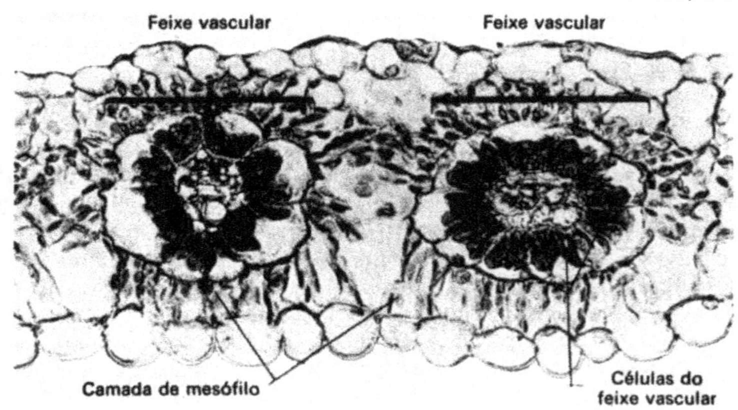

Figura 15-6. Fotomicrografia do feixe vascular, suas células e camadas mesofílica de *Amaranthus edulis*. [Cortesia de W. M. Laetsch]

tempo foi citada como um mecanismo pelo qual plantas que vivem em regiões quentes ou secas podem minimizar as perdas de água tecidual por transpiração, uma vez que os elementos condutores são separados do estômato da superfície da folha por uma ou mais camadas de células mesofílicas, assim como pela camada do feixe vascular. Essa característica estrutural obviamente também restringe a quantidade de CO_2 disponível para a fotossíntese; argumenta-se, pois, que a via do C_4 representa a adaptação das plantas tropicais e de deserto a essa restrição. A via de C_4 será descrita em termos das reações que ocorrem nas células do mesófilo e do feixe vascular.

Células mesofílicas. O CO_2, entrando na folha de uma planta C_4 durante a abertura estomatal, difundir-se-á para o mesófilo, onde irá servir como substrato para a fosfoenol-piruvato-carboxilase.

$$\underset{\text{Ácido fosfoenol-pirúvico}}{\begin{array}{l}CO_2H\\ |\\ C{-}O{-}PO_3H_2\\ \|\\ CH_2\end{array}} + CO_2 + H_2O \longrightarrow \underset{\text{Oxalacetato}}{\begin{array}{l}CO_2H\\ |\\ C{=}O\\ |\\ CH_2\\ |\\ CO_2H\end{array}} + H_3PO_4 \qquad (15\text{-}16)$$

Essa enzima, que tem muito maior afinidade por CO_2 do que a ribulose-1,5-difosfato--carboxilase, localiza-se nos cloroplastos das células mesofílicas, e serve, portanto, como um captador muito mais eficiente de CO_2 nos baixos níveis disponíveis, produzindo oxalacetato.

As plantas C_4 podem ser divididas em plantas que têm uma alta concentração de malato-desidrogenase nas células mesofílicas e plantas que têm uma alanina-aspartato-transaminase ativa. Nas primeiras (Reação 15-17), o oxalacetato é reduzido a malato, e nas últimas (Reação 15-18), forma-se ácido aspártico. Acredita-se que esses dois ácidos dicarboxílicos agem como carregadores de CO_2, penetrando nas células do feixe vascular.

$$\underset{\text{Oxalacetato}}{\begin{array}{l}CO_2H\\ |\\ C{=}O\\ |\\ CH_2\\ |\\ CO_2H\end{array}} + NADH + H^+ \xrightarrow[\text{-desidrogenase}]{\text{Málico-}} \underset{\text{L-Malato}}{\begin{array}{l}CO_2H\\ |\\ HOCH\\ |\\ CH_2\\ |\\ CO_2H\end{array}} + NAD^+ \qquad (15\text{-}17)$$

$$\begin{array}{c} CO_2H \\ | \\ C{=}O \\ | \\ CH_2 \\ | \\ CO_2H \\ \textbf{Oxalacetato} \end{array} + \begin{array}{c} CO_2H \\ | \\ NH_2CH \\ | \\ CH_3 \\ \textbf{Alanina} \end{array} \underset{\text{minase}}{\overset{\text{Transa-}}{\rightleftharpoons}} \begin{array}{c} CO_2H \\ | \\ NH_2CH \\ | \\ CH_2 \\ | \\ CO_2H \\ \textbf{Ácido} \\ \text{aspártico} \end{array} + \begin{array}{c} CO_2H \\ | \\ C{=}O \\ | \\ CH_3 \\ \textbf{Piruvato} \end{array} \qquad (15\text{-}18)$$

A outra reação característica do mesófilo é aquela na qual o agente captador de CO_2, o ácido fosfoenolpirúvico, forma-se a partir de piruvato (o qual retorna das células do feixe vascular). A enzima que catalisa a reação é a *piruvato-fosfato-diquinase* (Reação 15-19).

$$\begin{array}{c} CO_2H \\ | \\ C{=}O \\ | \\ CH_3 \\ \textbf{Piruvato} \end{array} + ATP + H_3PO_4 \longrightarrow \begin{array}{c} CO_2H \\ | \\ C{-}OPO_3H_2 \\ \| \\ CH_2 \\ \textbf{Fosfoenolpiruvato} \end{array} + AMP + P{\sim}P \qquad (15\text{-}19)$$

Também essa enzima é encontrada unicamente em células mesofílicas.

Células do feixe vascular. As plantas que utilizam malato como carregador de CO_2 apresentam um alto nível de enzima málica específica para NADP (p. 282) nos cloroplastos do feixe vascular. Essa enzima catalisa a formação (ou seja, a liberação) de CO_2 a partir de malato, e esse CO_2 é então incorporado por meio do ciclo de Calvin. As enzimas do ciclo de Calvin são encontradas apenas em cloroplastos de feixe vascular, juntamente com a enzima málica específica para NADP. O piruvato formado na reação retorna ao mesófilo

$$\begin{array}{c} CO_2H \\ | \\ HOCH \\ | \\ CH_2 \\ | \\ CO_2H \\ \textbf{L-Malato} \end{array} + NADP^+ \longrightarrow \begin{array}{c} CO_2H \\ | \\ C{=}O \\ | \\ CH_3 \\ \textbf{Piruvato} \end{array} + NADPH + H^+ + CO_2 \qquad (15\text{-}20)$$

As plantas que utilizam ácido aspártico como carregador de CO_2 apresentam nas células do feixe vascular uma transaminase, que converte novamente o ácido áspartico a ácido oxalacético.

$$\text{Ácido aspártico} \xrightarrow{\text{Transaminase}} \text{ácido oxalacético}$$

O destino do oxalacetato depende da planta considerada. Um grupo importante de formadores de aspartato contém uma malato-desidrogenase específica para NAD^+ (p. 278) e uma enzima málica específica para NAD^+ (p. 282). Assim, essas duas enzimas convertem o ácido oxalacético primeiro a ácido málico e, então, a CO_2 e ácido pirúvico.

$$\text{Oxalacetato} + NADH + H^+ \longrightarrow \text{L-malato} + NAD^+ \qquad (15\text{-}21)$$

$$\text{L-Malato} + NAD^+ \longrightarrow \text{piruvato} + NADH + H + CO_2 \qquad (15\text{-}22)$$

Outro grupo menor de carregadores de aspartato aparentemente converte o oxalacetato a PEP e CO_2, pois contém PEP-carboxiquinase (p. 245).

$$\text{Oxalacetato} + ATP \longrightarrow \text{fosfoenolpiruvato} + CO_2 + ADP$$

Tanto nas plantas carregadoras de aspartato como nas de malato, o CO_2 é liberado nas células do feixe vascular, onde é provavelmente concentrado para, finalmente, servir como substrato para a ribulose-1,5-difosfato-carboxilase do ciclo de Calvin. Nas plantas carregadoras de aspartato, é ainda necessária uma etapa adicional, pois, ao passar do mesófilo para o feixe vascular, o aminoácido carrega não apenas CO_2, mas também um amino grupo ($-NH_2$). Acredita-se que o piruvato formado na Reação 15-22 sofre transaminação, dando alanina, a qual, então, move-se para o mesófilo, equilibrando os amino grupos e evitando uma transferência destes para as células do feixe vascular. No mesófilo, a alanina pode transaminar com o oxalacetato formado inicialmente. Essas inter-relações são mostradas na Fig. 15-7.

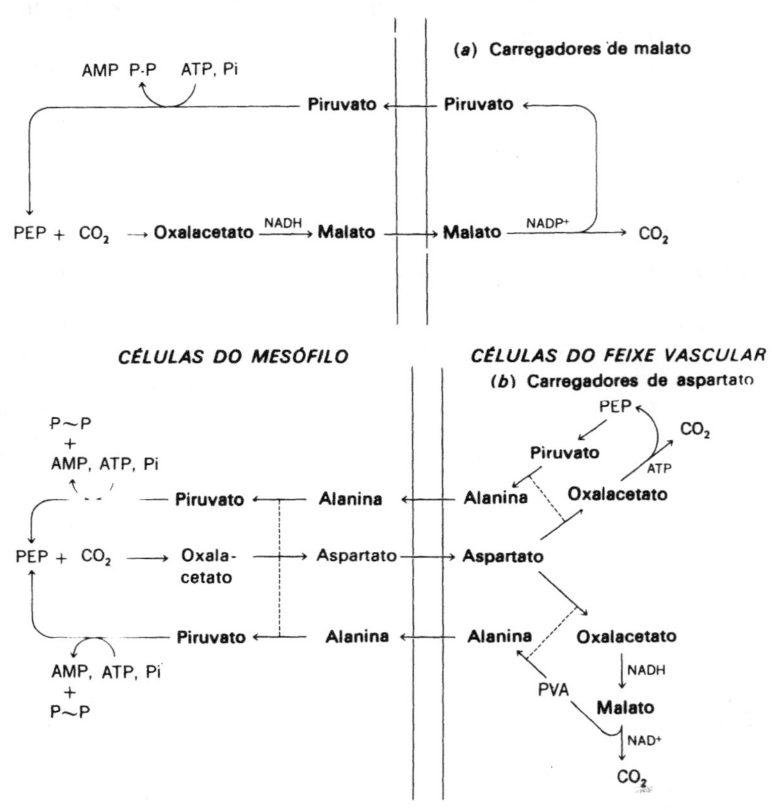

Figura 15-7. O papel do malato e do aspartato como carregadores de CO_2, na fotossíntese de C_4. As linhas tracejadas representam transferência de aminogrupos

Em resumo, a fixação de CO_2 pelos ácidos C_4-dicarboxílicos pode ser encarada como um eficiente mecanismo para a captação de CO_2 e sua concentração, no feixe vascular, para posterior assimilação pelo ciclo de Calvin. A via do C_4 provavelmente evoluiu em resposta a situações ecológicas caracterizadas pela combinação de alta radiação, temperaturas elevadas e suprimento deficiente de H_2O. A capacidade das espécies C_4 de sobreviver e de crescer sob tais condições se deve à capacidade da PEP-carboxilase de operar a baixas concentrações de CO_2.

A TRANSFERÊNCIA DE ATP E NADPH DO CLOROPLASTO AO CITOSSOL

Durante a fotossíntese, ATP e NADPH se formam no cloroplasto, mas não podem ser utilizados para reações fora do cloroplasto, pois nenhum dos nucleotídeos pode entrar ou sair através do envelope externo dessa organela. Foi então proposto um mecanismo de lançadeira para sua utilização, o qual envolve o gliceraldeído-3-fosfato (GAP) e o ácido 3-fosfoglicérico (3-PGA), que são totalmente permeáveis. Assim, o 3-PAG é sintetizado no estroma do cloroplasto pela carboxilação de ribulose-difosfato, e é reduzido a GAP por NADPH e NADP$^+$: GAP-desidrogenase, na presença de ATP. Tanto NADPH como ATP são formados na fosforilação não-cíclica. O GAP move-se facilmente do cloroplasto para o citossol, onde reage com a NADP$^+$: GAP-desidrogenase citossólica reversível formando 3-PGA, NADPH e ATP. Assim, um ATP e um NADPH são transportados eficazmente para fora do cloroplasto, na conversão de um GAP a um 3-PGA, que pode voltar para o cloroplasto e ser reciclado, se necessário. Um sistema de lançadeira adicional pode operar na transferência indireta de NADPH do cloroplasto para o citossol, pelo uso de uma NADP$^+$: GAP-desidrogenase irreversível que não exige fosfato inorgânico. Esses conceitos são apresentados no esquema seguinte:

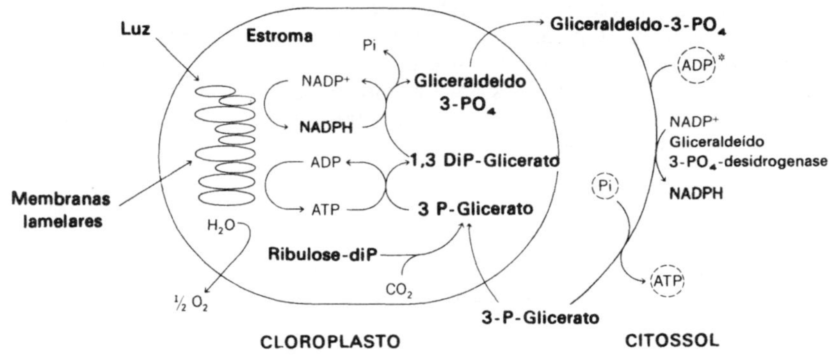

Figura 15-8. (Os círculos tracejados indicam que, para a desidrogenase irreversível, P_i + ADP não estão envolvidos e ATP não é formado)

REGULAÇÃO DA FOTOSSÍNTESE

Diversas enzimas do ciclo de Calvin estão sujeitas à regulação metabólica: ribulose-1,5-difosfato-carboxilase; 3-fosfoglicerato-quinase; gliceraldeído-3-fosfato-desidrogenase; frutose-1,6-difosfato-fosfatase; e ribulose-5-fosfato-quinase. (Observe que as três primeiras enzimas relacionadas catalisam as reações das fases de carboxilação e redução do ciclo de Calvin.) Por sua vez, os mecanismos de regulação caem em dois tipos de efeitos: a atividade de todas essas enzimas é aumentada por exposição da planta intacta à luz; em parte esses efeitos podem ser devidos à ativação da enzima pré-formada; além disso, a quantidade *absoluta* de algumas dessas enzimas aumenta durante a iluminação; no escuro, pelo contrário, as quantidades dessas enzimas diminuem.

Além dos efeitos da luz, existem certos compostos específicos que agem como ativadores das enzimas. Assim, a enzima de carboxilação é ativada por frutose-6-fosfato e inibida por frutose-1,6-difosfato. O efeito desses compostos sobre a velocidade da fotossíntese é, por sua vez, influenciado pela ação da luz sobre a frutose-1,6-difosfato-fosfatase. A luz pode produzir ferredoxina reduzida, que, por sua vez, ativa a frutose-1,6-difosfato-fosfatase; essa enzima converte o difosfato a frutose-6-fosfato, que, então, ativa a carboxilase.

ATP e NADPH, que podem ser ambos produzidos por cloroplastos iluminados, ativarão a gliceraldeído-3-fosfato-desidrogenase; além disso, é necessário ATP para que a 3-fosfoglicerato-quinase aja. Finalmente, a ribulose-5-fosfato-quinase é ativada por ATP. Todos esses efeitos combinam-se, sob a luz, para produzir um rápido fluxo de átomos de carbono através do ciclo de Calvin.

FOTORRESPIRAÇÃO

As plantas, é claro, têm os mesmos processos respiratórios gerais dos animais e dos microrganismos, e degradam carboidratos por meio de glicólise e ciclo de Krebs. Elas também possum β-oxidação e catalisam as reações gerais do catabolismo de proteínas e aminoácidos. Além do mais, essas reações ocorrem, na célula vegetal, nos mesmos locais da célula animal (mitocôndria, citoplasma, microsomas, etc.). Muitas plantas, porém, também possuem uma atividade metabólica adicional chamada fotorrespiração que ocorre somente quando essas plantas são iluminadas. Como a fotorrespiração resulta na formação de CO_2 e consumo de O_2, tem o efeito global de diminuir a fotossíntese e, portanto, de reduzir o crescimento das plantas e o rendimento das colheitas. Por essa razão, o fenômeno tem sido cuidadosamente estudado.

O ácido glicólico é um dos principais produtos fotossintéticos formados por certas plantas sob as condições experimentais – alto CO_2 e baixo O_2 – que favorecem a fotorrespiração. Outras evidências indicam que o ácido glicólico é a fonte do CO_2 produzido na fotorrespiração, e propôs-se que o equivalente de dois moles de ácido glicólico são transformados em um mol de CO_2 e um mol de ácido 3-fosfoglicérico, por enzimas existentes nos peroxisomas (microcorpos que ocorrem em folhas verdes) e nas mitocôndrias.

$$2\begin{array}{c} CO_2H \\ | \\ CH_2OH \end{array} \longrightarrow \begin{array}{c} CO_2H \\ | \\ HCOH \\ | \\ CH_2OPO_3H_2 \end{array} + CO_2$$

Glicolato **Ácido 3-fosfoglicérico**

A reação-chave nesse processo é a formação de ácido glicólico (sob a forma de ácido fosfoglicólico), e a enzima envolvida é a ribulose-1,5-difosfato-carboxilase (Reação 15-11), a enzima de carboxilação do ciclo de Calvin. Quando essa enzima é exposta a altas concentrações de O_2 (20% ou mais) e nenhum CO_2, cliva a ribulose-1,5-difosfato da seguinte maneira:

$$\begin{array}{c} CH_2OPO_3H_2 \\ | \\ C{=}O \\ | \\ HCOH \\ | \\ HCOH \\ | \\ CH_2OPO_3H_2 \end{array} \longrightarrow \left[\begin{array}{c} CH_2OPO_3H_2 \\ | \\ C{-}OH \\ \| \\ C{-}OH \\ | \\ HCOH \\ | \\ CH_2OPO_3H_2 \end{array}\right] \xrightarrow{O_2}$$

Ribulose-1,5-difosfato

$$\left[\begin{array}{c} CH_2OPO_3H_2 \\ | \\ H{-}O{-}O{-}C{-}OH \\ | \\ C{=}O \\ | \\ HCOH \\ | \\ CH_2OPO_3H_2 \end{array}\right] \xrightarrow[OH^-]{} \begin{array}{c} CH_2OPO_3H_2 \\ | \\ O{=}C{-}OH \\ \text{Ácido fosfoglicocólico} \\ \\ HO{-}C{=}O \\ | \\ HCOH \\ | \\ CH_2OPO_3H_2 \\ \text{Ácido 3-fosfoglicérico} \end{array} + OH^- \qquad (15\text{-}23)$$

O fosfoglicolato produzido sofre então uma série de reações (Fig. 15-8), que resultam na liberação de 25% do carbono do ácido glicólico como CO_2, e na regeneração de 3-fosfoglicerato, que entra novamente no ciclo de Calvin, para continuar o processo.

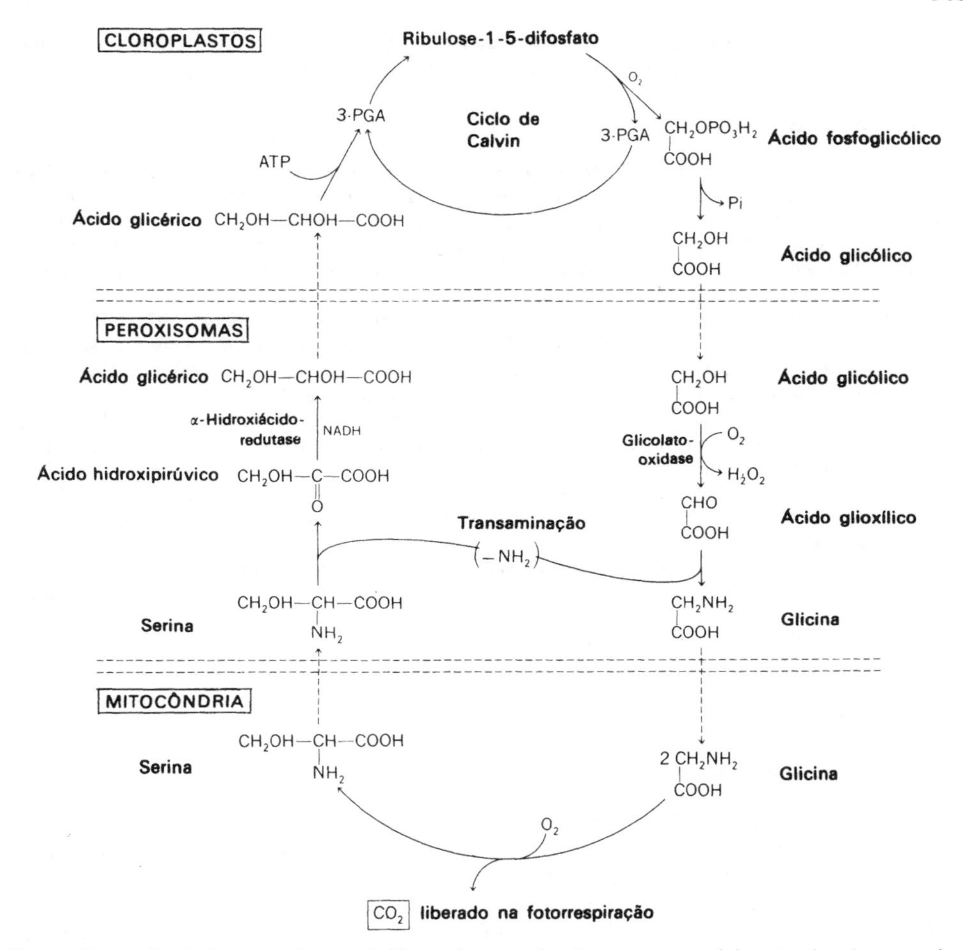

Figura 15-9. Metabolismo do ácido glicólico e fotorrespiração, com o envolvimento de três organelas

A lista de plantas que possuem fotorrespiração inclui os cereais arroz e trigo, muitos legumes e beterraba — culturas que são importantes sob o ponto de vista de suprimento alimentar mundial. Em algumas delas, foi estimado que a verdadeira assimilação de CO_2 pela fotossíntese pode ser reduzida a mais ou menos 50% pela fotorrespiração. Alguns pesquisadores propuseram que seria possível aumentar o rendimento de tais plantas, encontrando meios de inibir sua fotorrespiração. Outras culturas igualmente importantes — milho, sorgo, cana-de-açúcar — não possuem o fenômeno de fotorrespiração. Todavia como as folhas de tais plantas contêm peroxisomas e, presumivelmente, podem realizar reações individuais da fotorrespiração, algumas explicações tornam-se necessárias. Alguma evidência sugere que essas plantas podem contar com o processo C_4 de fixação, o qual, devido à maior eficiência de fixação de CO_2, pode utilizar o CO_2 produzido na fotorrespiração e reter efetivamente todo o CO_2.

Essa breve discussão a respeito do processo fundamental dos seres vivos, a fotossíntese, pode somente servir para revelar quão limitado é o conhecimento do assunto. Espera-se que outras pesquisas possam esclarecer os detalhes do processo de conversão de energia e fornecer informações básicas que permitirão ao homem controlar a fotossíntese para uma produção ideal de seus alimentos.

REFERÊNCIAS

1. R. Hill – "The Biochemists' Green Mansions: the Photosynthetic Electron Transport Chain in Plants" – *Essays in Biochemistry*. Vol. I. Londres, Ingl.: Academic Press, 1965. Uma excelente revisão dos processos de conversão de energia na fotossíntese por uma importante figura desse campo.

2. A. Trebst – "Energy Conservation in Photosynthetic Electron Transport of Cloroplasts". *Ann. Rev. Plant Physiol.*, **25**, 423 (1974). Uma revisão recente do processo de conservação de energia, e uma discussão dos fenômenos de membrana envolvidos.

3. M. D. Hatch e N. K. Boardman – "Biochemistry of Photosyntesis", *in Biochemistry of Herbage*, Vol. II. G. W. Butler e R. D. Bailey (eds.). New York, Academic Press (1973). Duas autoridades na área escreveram esse artigo, de leitura muito fácil, reunindo diversos aspectos da fotossíntese: metabolismo do carbono, conservação da energia, fotorrespiração e biologia vegetal.

4. J. A. Bassham e M. Calvin – *The Path of Carbon in Photosynthesis*. Englewood Cliffs, N. J., EUA, Prentice-Hall, 1957. Um relato das tentativas experimentais e resultado obtidos nos estudos sobre o caminho do carbono na fotossíntese.

5. M. D. Hatch e C. R. Slack – *Progress in Phytochemistry*, L. Reinhold e Y. Liwschitz, (eds.), Vol. 2. Londres, Ingl.: Interscience, 1970. O papel dos ácidos dicarboxílicos na assimilação do CO_2 pela cana-de-açúcar, milho e outras gramíneas tropicais.

6. Zelitch – *Photosynthesis, Photorespiration and Plant Productivity*. New York, EUA, Academic Press, 1971. Esse novo e excelente livro é uma fonte rica de informações sobre os três tópicos encontrados no seu título.

7. N. E. Tolbert – "Glicolate Biosyntesis". *Current Topics in Cellular Regulation*, **7**, 2, 1973. Uma recente revisão do metabolismo do ácido glicólico.

PROBLEMAS

1. Um pé de trigo foi colocado numa atmosfera de dióxido de carbono radioativo ($14\ CO_2$). Após 30 s de fotossíntese, a planta foi sacrificada, isolando-se o monossacarídeo glucose. Degradando-se a glucose, encontrou-se carbono radioativo (^{14}C) predominantemente em dois dos seis átomos de carbono. Indique quais os átomos de carbono da glucose estavam marcados, e mostre a seqüência de reações que melhor explicaria essa marcação.
2. No mesmo experimento do Prob. 1, isolou-se o aminoácido alanina. Na degradação do aminoácido, encontrou-se carbono radioativo (^{14}C), principalmente em um dos três átomos de carbono do composto. Indique esse átomo e mostre qual a seqüência mais provável de reações que explicaria a marcação.
3. O ciclo de Calvin da via de carbono da fotossíntese é composto de três fases. Identifique-as e escreva uma equação balanceada de uma das suas reações enzimáticas, dando o nome da enzima envolvida.
4. Explique por que o esquema de Hill-Bendall, ou "esquema Z", da transferência de energia na fotossíntese prediz uma necessidade de oito quanta por mol de CO_2 consumido.
5. Descreva as modificações do ciclo do ácido tricarboxílico (oxidativo) que permitem que ele funcione ao contrário, como um ciclo redutivo de ácido carboxílico, na fixação de CO_2 por certas bactérias fotossintéticas anaeróbicas.
6. Escreva as equações de duas reações enzimáticas de fixação de CO_2, uma reversível e uma irreversível. Dê os nomes das enzimas e dos cofatores envolvidos.
7. Em células de *Chlorella* que estão fotossintetizando em presença de CO_2 radioativo ($^{14}CO_2$) pelo ciclo de Calvin, o oxalacetato torna-se marcado, em um intervalo de tempo muito curto. Na cana-de-açúcar (que utiliza a via de Hatch-Slack), o oxalacetato também é rapidamente marcado pela administração de $^{14}CO_2$ à planta. Mostre como as moléculas de oxalacetato serão marcadas, nos dois casos.

capítulo 16

O CICLO DO NITROGÊNIO E DO ENXOFRE

OBJETIVO

Neste capítulo, o aluno estudará o processo extremamente importante da fixação de nitrogênio, um processo que converte um gás inerte, o nitrogênio molecular ou dinitrogênio, a uma substância altamente reativa, NH_3, a qual é então convertida, por meio de uma série de reações, a ácido glutâmico. De igual importância é a conversão de nitrato inorgânico a NH_3 e de sulfato inorgânico a enxofre orgânico, através de diversas reações bioquímicas complicadas, mas bem definidas.

INTRODUÇÃO

Além da fotossíntese e da respiração, um outro processo fundamental é o da *fixação do nitrogênio*. Esse processo, por sua vez, faz parte do ciclo de reações conhecido como *ciclo do nitrogênio*. Muitos constituintes da célula viva, como proteínas, aminoácidos, ácidos nucleicos, purinas, pirimidinas, porfirinas, alcalóides e vitaminas, contêm nitrogênio. Os átomos de nitrogênio desses compostos passam eventualmente pelo ciclo do nitrogênio, para o qual o nitrogênio da atmosfera serve como um reservatório. O nitrogênio é removido do reservatório pelo processo de fixação, e retorna pelo processo de desnitrificação.

Para dar uma estimativa da amplitude dos processos químicos que ocorrem, foi recentemente calculado que 25×10^6 t de nitrogênio são removidas anualmente dos solos dos Estados Unidos, principalmente pela colheita das culturas e, em pequena extensão, pela lixiviação dos solos. Para restabelecer a fertilidade do solo, estima-se que 3×10^6 t de nitrogênio retornam sob forma de fertilizantes (estrume, urina e fertilizantes comerciais). A restauração de igual quantidade é feita pela chuva, com a hidratação dos óxidos de nitrogênio produzidos na atmosfera pelas tempestades de relâmpagos. A quantidade mais significante (10×10^6 t de nitrogênio) retorna pela fixação do nitrogênio por organismos biológicos. Mesmo assim, é evidente que um déficit de nitrogênio está se desenvolvendo e deve ser reposto, para que a fertilidade do solo seja mantida.

Vários compostos nitrogenados inorgânicos, assim como um grande número de compostos nitrogenados orgânicos, podem ser considerados como componentes do ciclo do nitrogênio. Os primeiros incluem nitrogênio gasoso (N_2), amônia (NH_3), íon de nitrato (NO_3^-), íon de nitrito (NO_2^-) e hidroxilamina (NH_2OH). À primeira vista, torna-se evidente que o átomo de nitrogênio pode possuir uma variedade de números de oxidação. Alguns deles são os seguintes:

	Íon de nitrato	Íon de nitrito	Íon de hiponitrito	Nitrogênio gasoso	Hidroxilamina	Amônia
	NO_3^-	NO_2^-	$N_2O_2^{2-}$	N_2	NH_2OH	NH_3
Número de oxidação	+5	+3	+1	0	−1	−3

Assim, o nitrogênio pode existir na natureza numa forma altamente oxidada (NO_3^-) ou num estado altamente reduzido (NH_3).

FIXAÇÃO NÃO-BIOLÓGICA DO NITROGÊNIO

O termo *fixação* é definido como a conversão do N_2 molecular numa das formas inorgânicas acima relacionadas. A característica peculiar desse processo é a separação dos dois átomos de nitrogênio que estão unidos por tripla ligação ($N \equiv N$) sendo o N_2 uma molécula extremamente estável. Uma indicação da difícil natureza dessa reação é vista nas condições de fixação de nitrogênio pelo processo Haber, desenvolvido na Alemanha durante a 1.ª Guerra Mundial. O bloqueio naval inglês à Alemanha impediu o acesso dos alemães aos campos de nitrato chilenos, e foi-lhes necessário descobrir outra fonte de nitrato para seus explosivos. O processo Haber envolve a reação entre N_2 e H_2 para formar NH_3, a elevadas pressões e temperaturas. O NH_3 assim obtido pode, então, ser oxidado a HNO_3. O processo Haber é usado hoje pela indústria química na fixação de N_2 para a produção de fertilizantes comerciais.

$$N_2 + 3\,H_2 \xrightarrow[200\text{ atm}]{450\text{ °C}} 2\,NH_3,$$

$$\Delta H = -24 \text{ kcal.}$$

Uma segunda maneira pela qual o nitrogênio pode ser fixado é pelas descargas elétricas que ocorrem durante as tempestades de relâmpagos. Durante a descarga, são formados óxidos de nitrogênios que são subseqüentemente hidratados pelo vapor de água e carregados para a terra como nitritos e nitratos:

$$N_2 + O_2 \longrightarrow 2\,NO \xrightarrow{O_2} 2\,NO_2.$$

Embora esses processos sejam significantes na economia do nitrogênio, a maior quantidade de N_2 é fixada pelos organismos vivos.

FIXAÇÃO BIOLÓGICA DO NITROGÊNIO

As condições vigentes durante a fixação química do nitrogênio contrastam marcadamente com as da fixação biológica, que ocorre a baixas temperaturas e pressões, graças à atividade enzimática.

$$N_2 + 3\,H_2 \xrightarrow[1\text{ atm}]{25\text{ °C}} 2\,NH_3.$$

A fixação biológica do nitrogênio é feita tanto por micorganismos não simbióticos, que podem viver independentemente, como por certas bactérias que vivem em *simbiose* com plantas superiores. O primeiro grupo inclui organismos aeróbicos do solo (por exemplo, *Azotobacter*), anaeróbicos do solo (por exemplo, *Clostridium* sp.), bactérias fotossintetizantes (por exemplo, *Rhodospirillum rubrum*) e algas (por exemplo, *Myxophyceae*). O sistema simbiótico consiste de bactérias (*Rhizobia*) vivendo em simbiose com membros das *Leguminoseae*, como trevo, alfafa e soja. As leguminosas não são as únicas plantas superiores que podem fixar nitrogênio simbioticamente, muitas dezenas de espécies de arbustos e árvores são fixadoras de nitrogênio. Na realidade, a fertilidade dos lagos de altas montanhas pode ser determinada pelo número de álamos que crescem perto de suas margens.

Um caráter essencial da fixação simbiótica são os nódulos, que se formam nas raízes da planta. Os nódulos são formados pela ação conjunta da planta hospedeira, uma leguminosa, e da bactéria, sempre uma linhagem específica de *Rhizobia*. Nem a planta nem em geral, as bactérias podem fixar nitrogênio quando crescem separadamente. Entretanto, em condições especiais de crescimento, algumas cepas de *Rhizobia* podem fixar nitrogênio. Quando as plantas crescem em solo inoculado com a bactéria, ocorre nodulação da raiz, e torna-se possível a fixação do nitrogênio. Há muita especulação sobre a simbiose de uma leguminosa específica com uma espécie determinada de *Rhizobium*. Uma teoria sugere que, durante a evolução da relação simbiótica, a síntese da nitrogenase passou à planta hospedeira, para cujo genoma a informação foi transferida. Depois da infecção, essa informação é passada à bactéria por um mRNA específico do hospedeiro que, então, permite ao bacterióide (p. 369) sintetizar a nitrogenase completa.

Organismos de vida livre. Até 1960, os pesquisadores não haviam tido sucesso na obtenção de preparações livres de células que pudessem fixar nitrogênio. Nesse ano, J. E. Carnahan e seu grupo fizeram a comunicação histórica da primeira redução bem sucedida, de nitrogênio gasoso a amônia, *in vitro*, por um extrato hidrossolúvel de *Clostridium pasteurianum*. Eles descobriram que, para ocorrer a fixação, grandes quantidades de ácido pirúvico deviam ser adicionadas aos extratos; o cetoácido sofria degradação fosforilítica a acetilfosfato, CO_2 e H_2. Logo em seguida, descobriu-se que o extrato poderia ser fracionado em dois sistemas (Fig. 16-1); um, o DH, ou componente

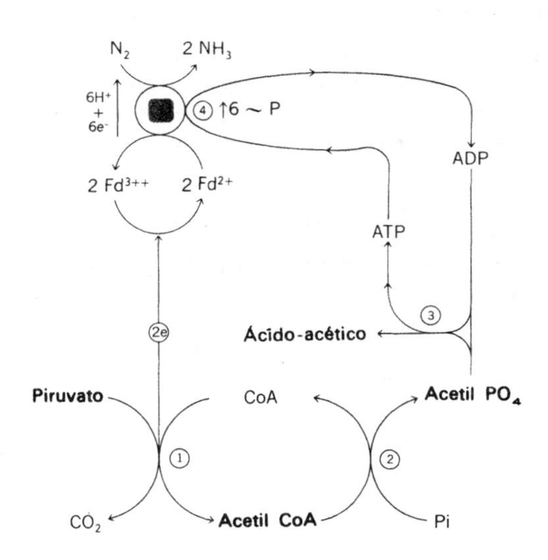

(1) Piruvato-desidrogenase
(2) Fosfotransacetilase
(3) Acetato-quinase
} Sistema doador de hidrogênio que inclui também um sistema de regeneração de ATP

(4) ATPase dependente de redutor
(5) Nitrogenase
} Sistema da nitrogenase

Figura 16-1. Redução do dinitrogênio a amônia pelos sistemas enzimáticos da *Clostridium pasteurianum*. As enzimas de 1 a 3 perfazem o sistema doador de hidrogênio, e as 4 e 5, o sistema da nitrogenase

doador de hidrogênio, era responsável pelo fluxo de elétrons provenientes da clivagem do ácido pirúvico, via ferredoxina, até o segundo componente, chamado o *sistema da nitrogenase*, que participava da conversão do nitrogênio em amônia.

Assim, o piruvato não participava diretamente da fixação do nitrogênio, mas funcionava como fonte de elétrons e de ATP. Outra observação importante feita foi que extratos de *Clostridia* crescida na presença de NH_3 como única fonte de nitrogênio não continham o sistema da nitrogenase, embora o sistema doador de hidrogênio estivesse ainda presente em quantidades normais.

As pesquisas de Carnahan e seus colaboradores estimularam vários investigadores a iniciar uma análise detalhada dessa importante série de reações. Como resultado, o conhecimento atual da fixação do nitrogênio revelou que, quer sejam os extratos preparados de anaeróbios, aeróbios, aeróbios facultativos, algas azuis ou nódulos de leguminosas, os participantes essenciais da reação são (a) um doador de elétrons, (b) um aceptor de elétrons (isto é, o gás nitrogênio), (c) ATP, junto com um cátion divalente, como Mg^{2+} e (d) dois componentes protéicos, o primeiro sendo uma molibdeno-ferroproteína não-hemínica, com peso molecular de cerca de 270 000 (molibdeno-ferredoxina), e o outro, um componente ferroprotéico-não-hemínico, com peso molecular de 55 000 (azo-ferredoxina) (Fig. 16-2). Cada componente sozinho é incapaz de catalisar a fixação do nitrogênio, mas combinados formam o complexo da nitrogenase. Outro resultado curioso é a necessidade específica de ATP. Na ausência de nitrogênio como aceptor de elétrons, o ATP pode facilmente sofrer hidrólise a ADP e fosfato inorgânico (atividade ATPásica), com o desprendimento de gás hidrogênio, pela reação:

$$2\,ATP + 2\,e^- + 2\,H^+ \longrightarrow 2\,ADP + 2\,Pi + H_2.$$

Essa reação está de certa forma envolvida na reação da nitrogenase, uma vez que a atividade ATPásica não existe em células crescidas em NH_3, aparecendo somente em células crescidas em N_2. Tanto a molibdeno-ferredoxina como a azo-ferredoxina são necessárias. Uma vez que seis elétrons são requeridos para a redução do N_2 a amônia, podemos escrever a reação:

$$6\,ATP + 6\,e^- + 6\,H^+ + N_2 \longrightarrow 2\,NH_3 + 6\,ADP + 6\,Pi$$

e esse resultado explicaria a necessidade de alta concentração de piruvato, descrita por Carnahan em seus primeiros estudos sobre fixação de nitrogênio.

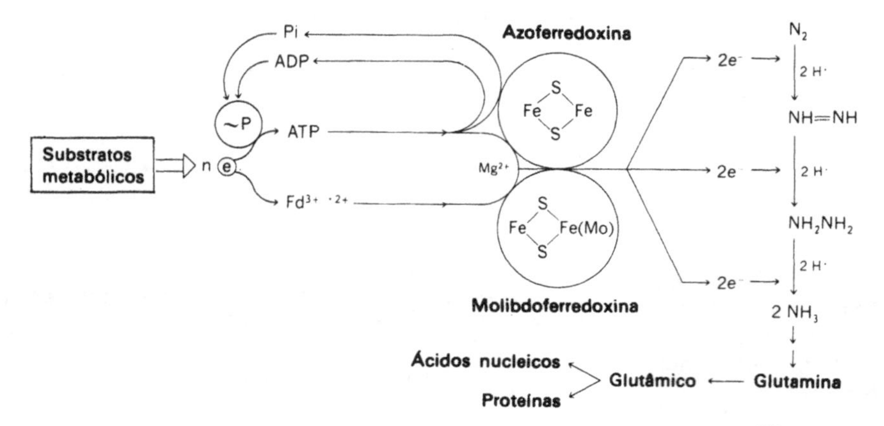

Figura 16-2. Esquema da fixação de dinitrogênio (o complexo da nitrogenase); (~P) representa um sistema regenerador de ATP

Podemos agora escrever um esquema geral da fixação do nitrogênio, que é comum a todos os sistemas fixadores de nitrogênio, tanto os de vida livre como os sistemas simbióticos (nódulos de raiz) (Fig. 16-2).

Assim, o complexo da nitrogenase é reduzido e ativado (a um potencial redox extremamente abaixo) por uma cascata de elétrons e ATP. O complexo ativado de azoferredoxina e molibdeno-ferredoxina pode transferir seus elétrons para um aceptor apropriado, normalmente o nitrogênio. Se o nitrogênio está ausente, libera-se hidrogênio gasoso, isto é, os prótons são reduzidos. Além disso, a nitrogenase é relativamente inespecífica, como indicada abaixo:

Reação	Velocidade relativa
$N_2 \xrightarrow{6e^-} 2\,NH_3$	1,0
$C_2H_2 \xrightarrow{2e^-} C_2H_4$ Acetileno — Etileno	3,4
$HCN \xrightarrow{6e^-} CH_4 + NH_3$	0,6
$N_2O \xrightarrow{2e^-} N_2 + H_2O$	3,9

Essas observações levaram à elaboração de um engenhoso microensaio para fixação de nitrogênio. Pela medida da velocidade da redução de acetileno a etileno, por uma amostra de solo ou de água, sob condições-padrão, uma análise de campo pode ser rapidamente feita para revelar a capacidade de fixar nitrogênio da amostra. Essa informação pode fornecer uma base para a avaliação do efeito de diferentes fatores ambientais (bacteriano e vegetal) na fixação de N_2. Essa informação, por sua vez, pode ser de grande valor quando aplicada à agricultura.

Fixação simbiótica de N_2. Os conceitos da fixação de nitrogênio, em sua maioria, foram obtidos através de pesquisas com organismos de vida livre, tais como *Clostridium pasteurianum*, um anaeróbio, ou *Azotobacter vinlandeii*, um aeróbio. Entretanto a fixação simbiótica de N_2, envolvendo legumes e bactérias *Rhizobia*, é o principal (e ecologicamente é o mais importante) contribuinte para a fixação biológica de nitrogênio. O sistema radicular de legumes, tais como trevos, ervilhas e feijões, é infectado por cepas específicas de bactérias Gram-negativas, de vida livre, as *Rhizobia*. Nem a planta nem a bactéria podem, sozinhas, fixar nitrogênio. Quando a *Rhizobia* penetra nos capilares das raízes do sistema radicular do legume, ocorre uma série de eventos que leva à formação, nas raízes, de tecidos especializados, semelhantes a tumores, chamados nódulos, nos quais se encontram células imóveis, entumescidas e não-viáveis, derivadas da *Rhizobia* infectante original, e que são chamadas de *bacteróides*. Os bacteróides possuem um sistema de nitrogenase completo, muito semelhante em suas propriedades bioquímicas aos sistemas descritos na p. 367. Além do complexo da nitrogenase, os bacteróides possuem um pigmento, chamado leg-hemoglobina, que se combina reversivelmente com oxigênio, de modo semelhante à interação de hemoglobina com oxigênio. A leg-hemoglobina oxigenada transporta o oxigênio, sob baixa tensão de oxigênio livre, para os sítios de fosforilação oxidativa do bacteróide, onde é usado na regeneração do ATP. Os eventos bioquímicos que se acredita ocorrerem no bacteróide estão esquematizados na Fig. 16-3.

ASSIMILAÇÃO DA AMÔNIA.

Três reações podem catalisar a incorporação de nitrogênio como NH_3 em compostos orgânicos. Essas reações são: a catalisada pela glutamato-desidrogenase (Rea-

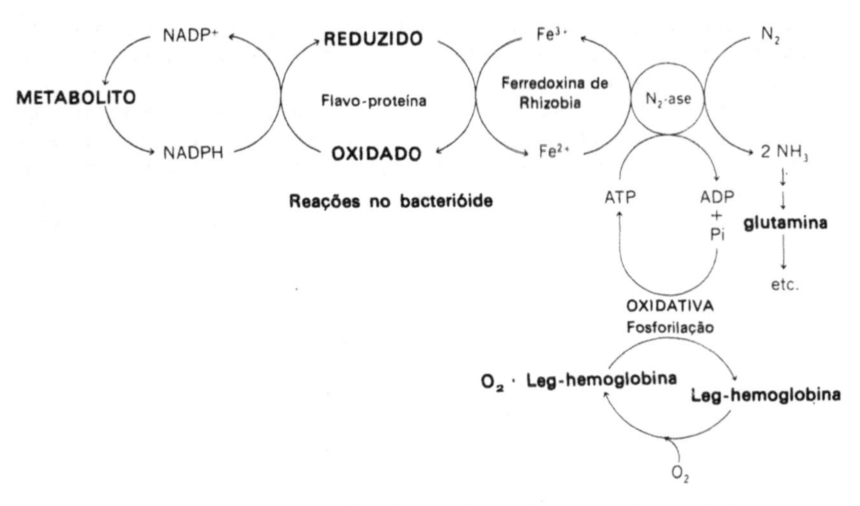

Figura 16-3. Possível esquema para a fixação de dinitrogênio em nódulos de legumes

ção 16-1), a catalisada pela glutamina-sintetase (Reação 16-2) e a pela carbamil-quinase (Reação 16-3). Os detalhes dessas reações serão discutidos na p. 389, onde as enzimas são descritas no contexto do metabolismo dos aminoácidos. As reações são:

Glutamato-desidrogenase

$$\underset{\text{Ácido }\alpha\text{-cetoglutárico}}{HOOC{-}CO{-}CH_2{-}CH_2{-}COOH} + NH_3 + NADH + H^+ \rightleftharpoons \underset{\text{Ácido L-glutâmico}}{HOOC{-}CH(NH_2){-}CH_2{-}CH_2{-}COOH} + NAD^+ + H_2O \quad (16\text{-}1)$$

Glutamina-sintetase

$$\underset{\text{Ácido glutâmico}}{HOOC{-}CH(NH_2){-}CH_2{-}CH_2{-}COOH} + NH_3 + ATP \xrightleftharpoons{Mg^{2+}} \underset{\text{Glutamina}}{HOOC{-}CH(NH_2){-}CH_2{-}CH_2{-}CONH_2} + ADP + H_3PO_4 \quad (16\text{-}2)$$

Carbamil-quinase

$$NH_3 + CO_2 + ATP \xrightleftharpoons{Mg^{2+}} \underset{\textbf{Carbamil-fosfato}}{H_2N{-}C({=}O){-}OPO_3H_2} + ADP \quad (16\text{-}3)$$

A reação catalisada pela glutamato-desidrogenase foi considerada o principal mecanismo para a conversão de NH_3 ao α-aminogrupo do ácido glutâmico e, a partir daí, no de outros aminoácidos (p. 383). Entretanto o K_m para o NH_4^+ de diversas glutamato-desidrogenases de diferentes fontes varia de 5 a 40 mM, uma concentração que pode aproximar-se dos níveis tóxicos para a célula.

Recentemente se descreveu, na *E. coli* e em outras células procarióticas, uma nova enzima, chamada glutamato-sintase (Reação 16-4), que utiliza a L-glutamina como uma fonte indireta de NH_3.

$$\underset{\alpha\text{-Cetoglutarato}}{\begin{matrix} CO_2H \\ | \\ C{=}O \\ | \\ CH_2 \\ | \\ CH_2 \\ | \\ CO_2H \end{matrix}} + NADPH + H^+ + \underset{\text{Glutamina}}{\begin{matrix} CO_2H \\ | \\ NH_2CH \\ | \\ CH_2 \\ | \\ CH_2 \\ | \\ NH_2{-}C{=}O \end{matrix}} \longrightarrow \underset{\text{Glutamato}}{\begin{matrix} CO_2H \\ | \\ NH_2CH \\ | \\ CH_2 \\ | \\ CH_2 \\ | \\ CO_2H \end{matrix}} + NADP^+ + H_2O + \underset{\text{Glutamato}}{\begin{matrix} CO_2H \\ | \\ NH_2CH \\ | \\ CH_2 \\ | \\ CH_2 \\ | \\ CO_2H \end{matrix}} \quad (16\text{-}4)$$

Nessa reação, a glutamina serve como um transportador de átomo de nitrogênio amínico. Acoplando-se as Reações 16-2 e 16-4, nota-se que o organismo deve gastar um ATP e um NADPH na formação de um mol de glutamato, e que o sistema é essencialmente irreversível. Mais ainda, como o valor do K_m da glutamina-sintetase para NH_4^+ é de menos de 0,5 m*M* e o valor para a glutamina é de cerca de 0,3 m*M*, o organismo que possui glutamina-sintase pode agora utilizar níveis mais baixos e não-tóxicos de amônia para a síntese de compostos orgânicos nitrogenados.

$$NH_3 + \text{Glutamato} + ATP \xrightarrow{Mg^{2+}} \text{Glutamina} + ADP + Pi \quad (16\text{-}2)$$

$$\text{Glutamina} + \alpha\text{-cetoglutarato} + NADPH + H^+ \longrightarrow 2\ \text{Glutamato} + NADP^+ + H_2O \quad (16\text{-}4)$$

$$\text{SOMA: } NH_3 + ATP + \alpha\text{-cetoglutarato} + NADPH + H^+ \longrightarrow \text{glutamato} + ADP + P_i + NADP^+ + H_2O$$

As plantas superiores parecem possuir uma glutamato-sintase que utiliza glutamina e ferredoxina como redutor, em lugar de NADPH. A ocorrência de glutamato-sintase em tecidos animais ainda não foi demonstrada.

CONTROLE DE ATIVIDADE DA NITROGENASE

O controle é exercido em dois níveis. O primeiro, ou controle grosseiro, envolve a repressão da síntese da nitrogenase pela amônia. Sabe-se que, em presença de amônia, a fixação de nitrogênio cessa abruptamente. A amônia em si não tem qualquer efeito inibitório sobre a nitrogenase, *in vitro*. Assim, à medida que a amônia em excesso acumula-se no organismo, a repressão da síntese de mais nitrogenase ocorrerá; quando a amônia é utilizada pela célula em crescimento, caindo para um nível baixo, ocorrerá a desrepressão, e a síntese da enzima recomeça.

O segundo controle, ou controle fino, envolve o ADP como inibidor competitivo da nitrogenase. A inibição ocorrerá em condições *in vitro* a uma relação ADP/ATP de 0,2; a uma relação de 2,0, observa-se inibição total da nitrogenase. Assim, quando os níveis de ATP caem e os de ADP sobem na célula, a célula dá o aviso para a completa parada da atividade da nitrogenase, que exige grandes quantidades de ATP, e dirige o limitado suprimento de ATP para funções celulares mais críticas.

Ecologia da fixação biológica de nitrogênio. Os organismos que apresentam fixação de nitrogênio utilizam o NH_3 para produzir os componentes nitrogenados (proteínas, ácidos nucleicos, pigmentos) de seus tecidos. O excesso de nitrogênio fixado pode ser excretado para o solo ou para outros meios nos quais o fixador de nitrogênio esteja crescendo. Por exemplo, há evidências de que as leguminosas e álamos crescendo em areia, excretam NH_3 e alguns aminoácidos na areia que circunda suas raízes. As algas azuis também excretam NH_3, assim como aminoácidos e peptídeos. Se o NH_3 é excretado no solo, ele pode ser submetido ao processo de nitrificação, descrito a seguir ou pode ser utilizado por outras formas vivas (bactérias do solo e plantas superiores) incapazes de fixar nitrogênio. Se o organismo fixador é uma planta superior, o excesso de nitrogênio fixado pode ser incorporado na asparagina ou glutamina e nessa forma ser armazenado.

Quando os organismos fixadores de nitrogênio perecem, as proteínas de suas células serão hidrolizadas a aminoácidos, e esses, subseqüentemente, desaminados por bactérias de decomposição, através da ação de aminoácido-oxidases ou transaminases e glutamato-desidrogenase. As reações de interesse, que resultam na formação de NH_3, são descritas no Cap. 17. Obviamente, os componentes nitrogenados dos organismos não-fixadores encontram o mesmo destino com a morte do organismo. Assim a fertilidade do solo é conseguida pela aquisição de NH_3 diretamente dos sistemas fixadores de nitrogênio e indiretamente depois que o átomo de nitrogênio percorreu um ciclo que inclui aminoácidos e proteínas dos fixadores de nitrogênio.

NITRIFICAÇÃO

Apesar do fato de ser o NH_3 a forma na qual o nitrogênio é normalmente adicionado ao solo, pouco NH_3 é aí encontrado. Estudos demonstraram que ele é rapidamente oxidado a nitrato; o último representa a principal fonte de nitrogênio para os organismos não-fixadores. A oxidação do NH_3 é feita por dois grupos de bactérias, chamadas nitrificantes. Um grupo, *Nitrosomonas*, converte NH_3 a nitrito com O_2 como agente oxidante:

$$NH_3 + \tfrac{3}{2}O_2 \longrightarrow NO_2^- + H_2O + H^+$$
$$\Delta G' = -66\,500 \text{ cal}$$

o outro grupo, *Nitrobacter*, oxida nitrito a nitrato:

$$NO_2^- + \tfrac{1}{2}O_2 \longrightarrow NO_3^-$$
$$\Delta G' = -17\,500 \text{ cal}$$

Ambas as reações são exergônicas; a primeira envolve a oxidação do nitrogênio de -3 para $+3$; a segunda é uma oxidação de dois elétrons de $+3$ para $+5$. Ambos os grupos de organismos são autótrofos, isto é, eles fabricam todos os compostos de carbono da célula (proteínas, lipídeos, carboidratos) a partir do CO_2. Como foi indicado no Cap. 15, a conversão de CO_2 a carboidrato requer energia. Na fotossíntese, essa energia é fornecida pela luz; nos casos de *Nitrosomonas* e *Nitrobacter*, a energia para a redução de CO_2 a carboidrato e outros compostos de carbono é fornecida, respectivamente, pela oxidação de NH_3 e íon NO_2^-. Como esses organismos obtêm a energia para o crescimento pela oxidação de compostos orgânicos simples, eles são chamados de *quimioautótrofos*.

Pouco se conhece sobre os intermediários da oxidação de NH_3 a NO_2^- pelas *Nitrosomonas* nem há muita informação sobre o metabolismo intermediário dos compostos de carbono encontrados nessas bactérias. A falta de conhecimento é devida principalmente a dificuldades encontradas no cultivo de quantidades adequadas de bactéria, para experimentação. Do ponto de vista da bioquímica comparada, pode ser previsto que os compostos de carbono sofrem reações semelhantes àquelas descritas para animais, plantas e outros microrganismos. Pode-se esperar que as reações peculiares, se alguma houver, envolvam NH_3 e NO_2^-, os compostos que fornecem a energia para o crescimento dessas bactérias.

UTILIZAÇÃO DO NITRATO

Sendo o NO_3^- a forma mais abundante de nitrogênio no solo, as plantas e os organismos do solo desenvolveram a capacidade de utilizar o ânion como a fonte de nitrogênio necessária para seu crescimento e desenvolvimento. No Cap. 17, entretanto, será mostrado que a via mais importante para a incorporação do nitrogênio inorgânico em nitrogênio orgânico é a reação catalisada pela glutamato-desidrogenase. Portanto não é surpresa constatar-se que as plantas superiores e os microrganismos que utilizam NO_3^- precisam primeiro reduzi-lo ao nível de oxidação do NH_3. Há informação considerável sobre os intermediários desse processo: por exemplo, o primeiro passo é a redução do NO_3^- a NO_2^-, catalisada pela enzima *nitrato-redutase*. A reação balanceada é

$$NO_3^- + NADPH + H^+ \longrightarrow NO_2^- + NADP^+ + H_2O.$$

Nitrato-redutases foram purificadas a partir de bactérias, plantas superiores (soja) e fungo do pão, *Neurospora*. Em cada caso, um dos nicotinamida-nucleotídeos reduzidos (NADPH ou NADH) serve como fonte de elétrons para a redução. As enzimas são flavoproteínas que contêm FAD e exigem o metal molibdênio como cofator. Ambos os cofatores sofrem oxirredução durante a reação.

O processo é aparentemente repetido na redução posterior do nitrito, através de intermediários, o hiponitrito e a hidroxilamina, a NH_3. As enzimas envolvidas estão indicadas na seqüência completa:

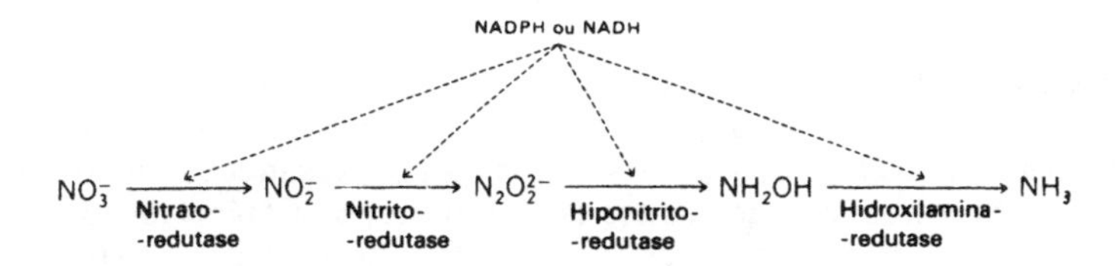

Cada reação envolve a adição de dois elétrons ao átomo de nitrogênio, os quais são fornecidos pelo nicotinamida-nucleotídeo reduzido. Assim, as reações se processam como a maioria das reduções biológicas. Há evidência de que as enzimas são flavoproteínas e utilizam metais como cofatores.

Essa utilização de nitrogênio, pela qual microrganismos aeróbicos e plantas superiores reduzem nitrato a NH_3, para incorporá-la à proteína celular, é conhecida como *assimilação do nitrato*. Talvez seja difícil entender porque, na natureza, o NH_3 é facilmente oxidado a NO_3^- que, por sua vez, deve ser novamente reduzido a NH_3, antes da incorporação em aminoácidos. Uma vantagem, obviamente, é que o NO_3^- representa uma forma mais estável de armazenamento do que o NH_3, que é bastante volátil, embora a existência do último como NH_4^+ seja mais provável em solos neutros e ácidos: Uma segunda vantagem é que a molécula de amônia é tóxica e, por isso, não pode ser armazenada no tecido, enquanto que o nitrato é relativamente menos tóxico e pode acumular-se em grandes quantidades na seiva da planta.

Muitos microrganismos, incluindo *E. coli* e *B. subtilis*, reduzem NO_3^- a NH_3 com outro propósito; eles utilizam NO_3^- como aceptor terminal de elétrons no lugar de O_2. O NO_3^-, com seu alto potencial de oxirredução de 0,96 V a pH 7,0, pode aceitar elétrons liberados durante a oxidação de substratos orgânicos. Os intermediários são NO_2^-, $N_2O_2^{2-}$ e NH_2OH, como na assimilação do nitrato, mas esse processo é conhecido como *respiração de nitrato*. Além do mais, as enzimas envolvidas estão firmemente associadas com a matéria insolúvel da célula (parede celular, retículo endoplasmático) No caso de *Achromobacter fischeri*, a redução do NO_3^- foi acoplada à oxidação do citocromo c reduzido; portanto há indicação da presença de uma cadeia citocrômica de transporte de elétrons, que pode reagir melhor com NO_3^- do que com O_2.

Algumas bactérias (*Pseudomonas denitrificans, Denitrobacillus*) que possuem respiração de nitrato produzem N_2 no lugar de NH_3. Nesse caso, completa-se o retorno do átomo de nitrogênio ao nitrogênio da atmosfera. Essa seqüência é conhecida como *desnitrificação*. Há pouca informação detalhada sobre os sistemas enzimáticos envolvidos.

Os diferentes processos que constituem o ciclo do nitrogênio estão representados na Fig. 16-4.

O CICLO DO ENXOFRE

Há muita semelhança entre a bioquímica do átomo de enxofre e a do átomo de nitrogênio. Devido à ocorrência de enxofre em muitos compostos bioquímicos essenciais, o metabolismo desse elemento será discutido rapidamente.

O átomo de enxofre existe em várias formas inorgânicas, como sulfato (SO_4^{2-}), sulfito (SO_3^{2-}), tiossulfato ($S_2O_3^{2-}$), enxofre elementar (S) e sulfeto (S^{2-}). O estado de oxidação para esses compostos varia de $+6$, para o sulfato, a -2, para o sulfeto. Antes que o átomo de enxofre possa entrar em compostos orgânicos, deve ser reduzido ao nível de sulfeto (H_2S). Quando o átomo de enxofre é liberado do composto orgânico, ele pode ser oxidado, por organismos do solo, ao seu estado de oxidação mais alto (SO_4^{2-}). Na verdade, pode-se falar de um *ciclo do enxofre* na natureza e identificar certos aspectos desse ciclo.

Ativação do sulfato. O ânion sulfato pode ser utilizado por plantas e animais para a formação dos inúmeros ésteres de sulfato encontrados na natureza – os sulfatos de esteróides e de fenóis, o sulfato de colina, os sulfatos de polissacarídeos de animais (a condroitina-sulfato, a heparina, o ágar). Antes de ser utilizado, o ânion de sulfato deve ser ativado, em analogia com a ativação de fosfato. Essa ativação ocorre em duas etapas, a formação da adenosina-5'-fosfossulfato (APS) e a da 3'-fosfoadenosina-5'-fosfossulfato (PAPS).

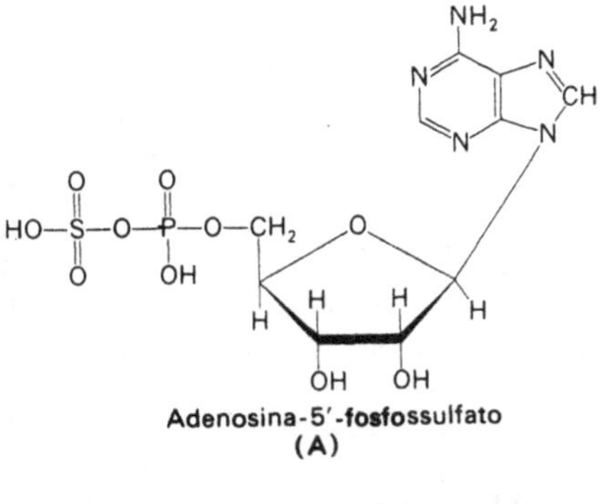

Adenosina-5'-fosfossulfato (A)

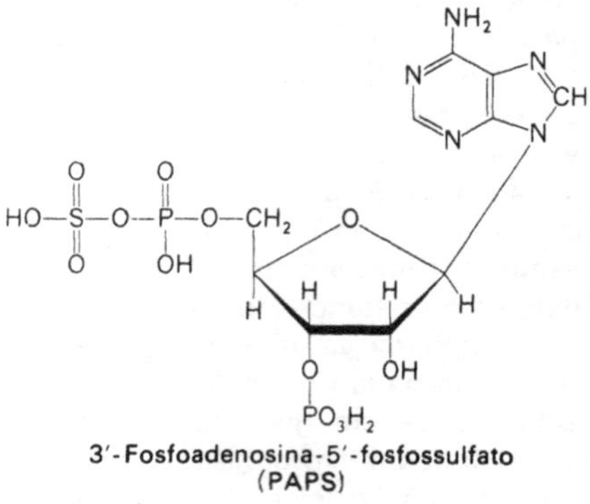

3'-Fosfoadenosina-5'-fosfossulfato (PAPS)

A reação inicial catalisada pela *ATP-sulfurilase* é análoga à ativação do grupo carboxílico de ácidos graxos ou aminoácidos, pois aqui também o resíduo de ácido adenílico do ATP é transferido ao sulfato e pirofosfato inorgânico é liberado:

$$\underset{}{SO_4^{2-}} + \underset{\text{ATP}}{A{-}R{-}P{-}P{-}P} \rightleftharpoons \underset{\text{APS}}{A{-}R{-}P{-}S} + P{-}P. \qquad (16\text{-}5)$$

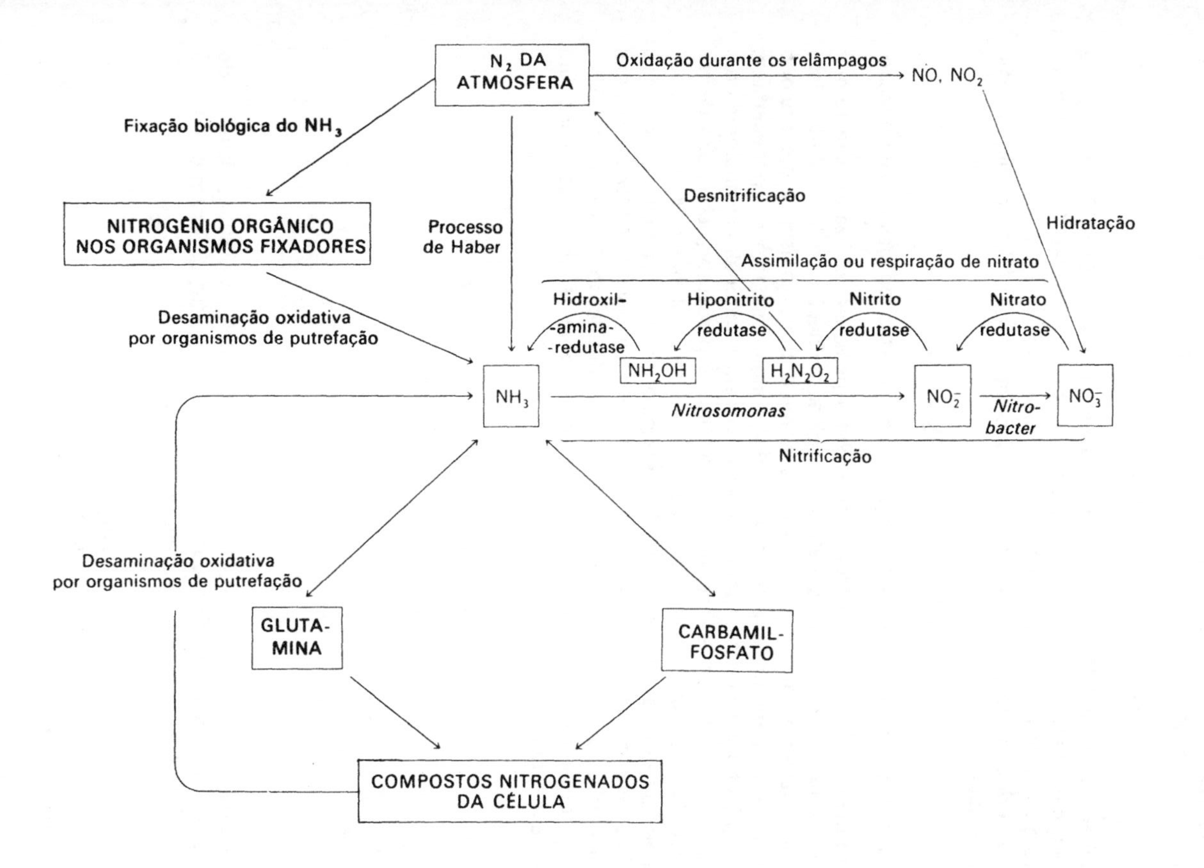

Figura 16-4. O ciclo do nitrogênio

O equilíbrio dessa reação é altamente desfavorável para a formação de APS porque o $\Delta G'$ de hidrólise do anidrido de fosfato-sulfato é muito mais negativo (calculado como −19 000 cal/mol) do que o da ligação de anidrido de fosfato do ATP. A ligação **fosfato-sulfato do APS é estabilizada por uma posterior reação de** ativação envolvendo ATP e **formação de PAPS.**

$$\text{APS} + \text{ATP} \rightleftharpoons \text{PAPS} + \text{ADP} \qquad (16\text{-}6)$$

A quinase aqui envolvida, a APS-quinase, tem uma alta afinidade por APS, e isso, junto com a presença das ubiqüitas pirofosfatases, tende a forçar a Reação 16-5 para a direita e a favorecer a formação de PAPS na Reação 16-6.

O PAPS é o doador de sulfato na formação dos ésteres de sulfato acima citados. A reação geral pode ser representada como:

$$\text{ROH} + \text{PAPS} \longrightarrow \text{R—OS} + \text{PAP}$$

Pouco se sabe, entretanto, sobre as enzimas envolvidas nessas reações de sulfurilação.

Redução do sulfato. Antes que o átomo de enxofre possa ser utilizado para formar cisteína, deve ocorrer a redução do sulfato ao nível de oxidação do íon sulfeto. Esse processo de assimilação é limitado a plantas superiores e microrganismos, e é análogo à assimilação do nitrato para formar amônia. Além disso, algumas bactérias (por exemplo, *Desulfovibrio* s.p.) utilizam sulfato como o agente oxidante terminal, em analogia com os microrganismos que utilizam a respiração de nitrato. O processo é chamado de redução dissimilatória de sulfato, e a forma reduzida de enxofre obtida é o H_2S.

Os detalhes da redução assimilatória de sulfato, onde o íon sulfeto é produzido para a síntese de cisteína, está sendo ativamente estudado em levedo, *Chlorella*, plantas superiores e bactérias. Como fase inicial, o sulfato é transferido do APS (ou do PAPS, dependendo do organismo) para uma molécula carregadora (CAR–), contendo um ou mais grupos de tiol.

a) Um tiol

$$\text{CAR—SH} + \underset{\text{(APS)}}{\text{AMP—O—}\overset{\text{O}}{\underset{\text{O}}{\overset{\|}{\underset{\|}{\text{S}}}}}\text{—OH}} \longrightarrow \text{CAR—S—}\overset{\text{O}}{\underset{\text{O}}{\overset{\|}{\underset{\|}{\text{S}}}}}\text{—OH} + \text{AMP}$$

b) Dois tióis

$$\text{CAR}\begin{smallmatrix}\diagup\text{SH}\\ \diagdown\text{SH}\end{smallmatrix} + \text{APS} \longrightarrow \text{CAR}\begin{smallmatrix}\diagup\text{SH}\\ \diagdown\text{S—}\overset{\text{O}}{\underset{\text{O}}{\overset{\|}{\underset{\|}{\text{S}}}}}\text{—OH}\end{smallmatrix} + \text{AMP}$$

No caso de *Chlorella* e plantas superiores, o carregador proteína-tiossulfato é reduzido por ferredoxina a um carregador ditiólico, o qual doa seu átomo de enxofre reduzido externo para a *O*-acetil-serina para formar a cisteína.

$$\left[\text{CAR—S—}\overset{\text{O}}{\underset{\text{O}}{\overset{\|}{\underset{\|}{\text{S}}}}}\text{—OH}\right] \xrightarrow[\textbf{redutase}]{\textbf{Ferredoxina reduzida} \;\rightarrow\; \textbf{Ferredoxina oxidada}} [\text{CAR—S—SH}]$$

$$[\text{CAR—S—SH}] + \underset{\textbf{O-Acetil-serina}}{\text{NH}_2\overset{\text{CO}_2\text{H}}{\underset{\text{CH}_2\text{O} - \textbf{Acetil}}{\text{CH}}}} \longrightarrow [\text{CAR—SH}] + \underset{\textbf{Cisteína}}{\text{NH}_2\overset{\text{CO}_2\text{H}}{\underset{\text{CH}_2\text{—SH}}{\text{CH}}}} + \textbf{Acetato}$$

O estudo dos detalhes desse processo não estão muito adiantados, pelo fato de estarem envolvidos intermediários, ligados à enzima, de natureza desconhecida.

No caso do carregador ditiólico, o carregador intermediário sofre uma reação de óxirredução interna que libera bissulfito, no qual o estado de oxidação do enxofre é +4:

$$CAR\langle^{S-SO_2-OH}_{SH} \longrightarrow CAR\langle^{S}_{S}| + HO-\underset{O}{\underset{\|}{S}}-OH.$$

Bissulfito

A forma de dissulfeto da proteína é, então, reduzida à forma ditiólica por NADPH e, agora, outra molécula de PAPS pode reagir e ser reduzida:

$$CAR\langle^{S}_{S}| + NADPH + H^+ \longrightarrow CAR\langle^{SH}_{SH} + NADP^+$$

O sulfito (ou bissulfito) produzido pode, então, ser ainda mais reduzido, a H_2S, por um complexo enzimático conhecido como *sulfito-redutase*. O total de 6 elétrons, necessários para essa redução, é fornecido por 3 moles de NADPH. Entretanto os detalhes desse processo global ainda necessitam ser esclarecidos.

$$H_2SO_3 + 3\,NADPH + 3\,H^+ \longrightarrow H_2S + 3\,NADP^+ + 3\,H_2O.$$

Incorporação de H_2S em compostos orgânicos. Em presença de uma fonte de H_2S, microrganismos e plantas superiores podem utilizar esse composto para fazer cisteína. A enzima responsável é chamada *cisteína-sintase*, que exige, para seu funcionamento, uma forma "ativada" da serina, a qual é produzida pela acetilação de serina por acetil-CoA. O grupo acetílico é um bom grupo para substituição, e pode ser facilmente deslocado por H_2S para formar a cisteína.

$$\underset{\text{O-Acetil-serina}}{CH_2(-O-CO-CH_3)-CHNH_2-CO_2H} + H_2S \xrightarrow[\text{-fosfato}]{\text{Piridoxal-}} \underset{\text{Cisteína}}{CH_2(-SH)-CHNH_2-CO_2H} + \underset{\text{Ácido acético}}{CH_3COOH}$$

Uma reação análoga, envolvendo homosserina (como *O*-succinil-homosserina) e H_2S para formar homocisteína, é catalisada por uma outra enzima, encontrada em plantas superiores e algumas bactérias.

$$\underset{\textit{O}\text{-Succinil-homoserina}}{H_2N-CH(CO_2H)-CH_2-CH_2-O-CO-CH_2-CH_2-CO_2H} + H_2S \longrightarrow \underset{\text{Homocisteína}}{H_2N-CH(CO_2H)-CH_2-CH_2-SH} + \underset{\text{Ácido succínico}}{CH_2(COOH)-CH_2-CO_2H}$$

Cisteína como fonte primária de enxofre. A cisteína serve como fonte primária de enxofre para a formação de metionina em plantas e microrganismos. Os intermediários desse processo, descrito na p. 398 são cistationina e homocisteína e as duas enzimas, a *cistationina-sintase I* e a *cistationase*, são necessárias. A síntese de cisteína a partir de metionina, em animais, também será discutida (Cap. 17).

Respiração de sulfato. Em estrita analogia com a respiração de nitrato, o sulfato pode servir como oxidante terminal para certas bactérias anaeróbicas (por exemplo, *Desulfovibrio desulfuricans*). Quando isso acontece, o átomo de enxofre é reduzido gradativamente de SO_4^{2-} a S^{2-}, por elétrons que têm sua origem em substratos orgânicos oxidados pela bactéria. Provavelmente uma cadeia de transporte de elétrons, semelhante à das células aeróbicas, esteja envolvida, e ATP se forma à medida que os elétrons fluem ao longo da cadeia.

A liberação de enxofre de compostos orgânicos. Animais, plantas e muitos microrganismos contêm a enzima *cisteína-dessulfurilase*, que catalisa a seguinte reação:

$$\underset{\text{Cisteína}}{HS{-}CH_2{-}CH(NH_2){-}CO_2H} + H_2O \xrightarrow[\text{-fosfato}]{\text{Pirodoxal-}} H_2S + \underset{\text{Ácido pirúvico}}{H_3C{-}C(=O){-}CO_2H} + NH_3$$

O H_2S assim produzido pode, então, ser oxidado pelo complexo *sulfeto-oxidase*, encontrado em organismos do solo:

$$2\,H_2S + 2\,O_2 \longrightarrow \underset{\text{Tiossulfato}}{S_2O_3^{2-}} + H_2O + 2\,H^+$$

O átomo de enxofre pode também ser oxidado no composto orgânico; a enzima responsável é a *cisteína-oxidase* e ácido cisteíno-sulfínico é o produto formado:

$$\underset{\text{Cisteína}}{HS{-}CH_2{-}CH(NH_2){-}CO_2H} + O_2 \longrightarrow \underset{\text{Ácido cisteíno-sulfínico}}{HO{-}S(=O){-}CH_2{-}CH(NH_2){-}CO_2H}$$

Essa reação, que não possui analogia no metabolismo de aminoácidos, pode ser seguida de transaminação para produzir ácido pirúvico, SO_2, e um aminoácido como produto:

$$\underset{\text{Ácido cisteíno-sulfínico}}{HO{-}S(=O){-}CH_2{-}CH(NH_2){-}CO_2H} + \underset{\text{Cetoácido}}{R{-}C(=O){-}CO_2H} \longrightarrow \underset{\text{Ácido pirúvico}}{CH_3{-}C(=O){-}CO_2H} + SO_2 + \underset{\text{Aminoácido}}{R{-}CH(NH_2){-}CO_2H}$$

O SO_2 produzido é facilmente oxidado pelo ar a trióxido de enxofre, completando, dessa forma, o ciclo do enxofre na natureza.

Como o enxofre está incluído entre os seis elementos mais abundantes encontrados nas formas vivas, não é de surpreender que essas formas tenham desenvolvido mecanismos para conservar esse elemento dentro da biosfera.

REFERÊNCIAS

1. J. R. Postgate (ed.) – *Chemistry and Biochemistry of Nitrogen Fixation*. New York, EUA, Plenum Press, 1971. Uma excelente compilação de artigos, sobre todos os aspectos do assunto, por especialistas.

2. A. B. Roy e P. A. Trudinger – *The Biochemistry of Inorganic Compunds of Sulphur*. Cambridge, EUA, Cambridge University Press, 1970. Um tratamento recente do assunto.

3. J. A. Schiff e R. C. Hodson – "The Metabolism of Sulfate". *Ann. Rev. Plant Physiol.*, **24**, 381 (1973).

4. H. Dalton e L. E. Mortenson – "Dinitrogen (N_2) Fixation". *Bacterial Rev.*, **36**, 231 (1972).

PROBLEMAS

1. Explique o papel do piruvato na fixação biológica do nitrogênio.
2. Defina os seguintes termos: a) nitrificação; b) desnitrificação; c) fixação de nitrogênio.
3. Faça uma distinção entre "assimilação de nitrato" e "respiração de nitrato".
4. Compare a assimilação de nitrato e a assimilação de sulfato, em relação à necessidade de ATP e poder redutor, e a participação de proteínas de baixo peso molecular que ajam como "coenzimas gigantes".
5. Dê duas funções fisiológicas da redução de nitrato em microrganismos.
6. Compare e contraste a interconversão de cisteína e metionina em animais e plantas.
7. Escreva reações balanceadas e catalisadas por enzimas, da biossíntese da cisteína, por uma via que utilize H_2S como a fonte de enxofre (como ocorre em uma planta ou em um microrganismo).
8. Que papel a acetilação da serina exerce na via biossintética da cisteína? Dê duas razões ou funções.

capítulo 17

METABOLISMO DA AMÔNIA E MONÔMEROS NITROGENADOS

OBJETIVO

Após uma discussão da natureza dos aminoácidos dispensáveis e indispensáveis, apresentamos as reações gerais dos aminoácidos — transaminação, desaminação e descarboxilação. O destino dos esqueletos carbonatos derivados da desaminação é descrito. A incorporação da amônia a compostos orgânicos nitrogenados é então discutida, e o metabolismo dos aminoácidos contendo enxofre é apresentado. O ciclo da uréia é descrito juntamente com uma discussão da bioquímica comparada da excreção do nitrogênio. Esse material é essencial para a compreensão do metabolismo elementar dos aminoácidos e, por sua vez, das proteínas. O capítulo conclui com uma descrição dos percursos biossintéticos para as pirimidinas e as purinas, constituintes dos ácidos nucleicos.

INTRODUÇÃO

Os aminoácidos compartilham com os nucleotídeos de purinas e pirimidinas o fato de conterem nitrogênio, e de serem os blocos construtivos das grandes moléculas informacionais, as proteínas e os ácidos nucleicos. Plantas superiores e muitos microrganismos normalmente obtêm o nitrogênio necessário para a biossíntese desses compostos na forma de íon de nitrato. As plantas e a maior parte dos microrganismos também utilizarão NH_3, quando disponível, como fonte de nitrogênio para a síntese de aminoácidos, proteínas e ácidos nucleicos. Embora os animais superiores também possam utilizar NH_3 para a síntese de seus compostos nitrogenados, a principal fonte de nitrogênio do animal é a proteína que ele consome na dieta. A proteína é hidrolisada por enzimas do trato gastrintestinal a aminoácidos e estes são absorvidos, passando ao sangue e sendo transportados para o fígado. Este órgão mobilizará uma parte dos aminoácidos para funções biossintéticas específicas, enquanto que o restante prossegue para os tecidos extra-hepáticos, onde podem ser unidos na formação de proteínas. O fígado é o local de síntese de várias proteínas sangüíneas (albuminas, globulinas, fibrinogênio e protrombina do plasma). Ele também metaboliza qualquer aminoácido em excesso em relação às necessidades hepáticas de síntese de proteína, convertendo os átomos de nitrogênio em uréia e o esqueleto carbônico em intermediários previamente encontrados no metabolismo de carboidratos e lipídeos. Embora muito se conheça sobre o metabolismo detalhado dos vinte aminoácidos encontrados na maioria das proteínas, iremos discutir apenas aquelas reações que, em geral, se aplicam a todos os aminoácidos, e o papel do NH_3 na formação da uréia e das purinas e pirimidinas.

ESTUDO DO BALANÇO NITROGENADO

Nosso conhecimento do metabolismo intermediário de aminoácidos e proteínas tem sua origem nas primeiras investigações nutricionais. Osborne e Mendel demonstraram, em 1914, que ratos em crescimento necessitavam triptofano e lisina na sua dieta. Posteriormente, W. C. Rose demonstrou que oito outros aminoácidos eram necessários ao rato para o crescimento e desenvolvimento. A Segunda Guerra Mundial forneceu o estímulo e os fundos de pesquisa para identificar os aminoácidos requeridos pelo homem, em experimentos que envolviam a alimentação de voluntários masculinos com quantidades mínimas de aminoácidos altamente purificados. Esses experimentos, que eram realizados mantendo os indivíduos em *equilíbrio nitrogenado*, demonstraram que lisina, triptofano, fenilalanina, treonina, valina, metionina, leucina e isoleucina são *indispensáveis*.

Diz-se que um indivíduo (homem ou outro animal) está em equilíbrio nitrogenado quando o nitrogênio consumido diariamente na dieta, é igual à quantidade de nitrogênio excretado. O primeiro é facilmente medido, especialmente se a dieta é sintética, consistindo numa mistura de aminoácidos; o nitrogênio excretado é aquele encontrado na urina e nas fezes. Um animal *adulto* pode ser mantido em equilíbrio nitrogenado desde que lhe seja fornecida uma quantidade de nitrogênio adequada às suas necessidades metabólicas mínimas. Esse nitrogênio, entretanto, não pode ser fornecido simplesmente como NH_3, mas sim sob forma de aminoácidos indispensáveis. Se um desses aminoácidos for omitido da dieta, o animal degradará proteínas dos tecidos para satisfazer suas necessidades e entrará em balanço nitrogenado negativo. Isto é, o nitrogênio excretado na urina e fezes ultrapassa o recebido na dieta. Quando o aminoácido omitido é reposto na dieta, o indivíduo atinge o equilíbrio novamente.

Febres e doenças consumptivas levam o indivíduo a um balanço nitrogenado negativo, como o faz uma dieta inadequada em nitrogênio. Por outro lado, um animal em crescimento, que está continuamente aumentando a quantidade de proteína de seu corpo, estará em balanço nitrogenado positivo; isto é, ele ingere mais nitrogênio do que excreta.

Há duas conseqüências importantes do trabalho nutricional sobre aminoácidos indispensáveis; primeiro, é claro que o animal não pode fabricar esses aminoácidos — pelo menos nas quantidades que necessita. Devemos perguntar, então, se falta ao animal a capacidade de fabricar o esqueleto carbônico do aminoácido indispensável. A resposta é sim, uma vez que, se um animal ao qual está sendo fornecida uma dieta deficiente em fenilalanina for suprido com ácido fenilpirúvico, o cetoanálogo da fenilalanina, e nitrogênio extra na forma de outros aminoácidos indispensáveis, ele entrará em equilíbrio. Esses resultados são interpretados como significando que o problema não é o de suprimento de nitrogênio, mas principalmente o de síntese do esqueleto carbônico; no caso da fenilalanina a dificuldade está na síntese do anel aromático que o aminoácido possui. Assim, deve-se concluir que certos tipos de esqueleto carbônico não são facilmente sintetizados por animais superiores.

Desde que somente cerca da metade dos aminoácidos que ocorrem naturalmente é indispensável aos animais, é claro que eles podem sintetizar os demais aminoácidos. Esses aminoácidos que podem ser sintetizados são conhecidos como aminoácidos *dispensáveis*. Sua síntese envolve não somente a formação do esqueleto carbônico, mas também a transferência de átomos de nitrogênio de algum doador de nitrogênio, geralmente ácido glutâmico ou aspártico, para completar o aminoácido dispensável. Essa transferência do átomo de nitrogênio é feita por *transaminação*, uma reação geral dos aminoácidos, envolvida tanto na degradação como na síntese de muitos aminoácidos.

O METABOLISMO DINÂMICO DOS COMPOSTOS NITROGENADOS

Até o início da década de 1930, as proteínas do corpo, em contraste com carboidratos e lipídeos, eram consideradas relativamente inertes, do ponto de vista metabólico. Acreditava-se que, uma vez sintetizadas na célula, permaneceriam intatas até que ocorresse a morte do animal ou da planta e o processo de degradação fosse iniciado. É fácil entender por que esse conceito prevaleceu no caso das proteínas, em contraste com os lipídeos (e carboidratos) do corpo, cuja quantidade, no animal, varia diretamente com seu estado nutricional. Deposição de gordura ocorre durante a ingestão calórica excessiva e depósitos de gordura são esgotados numa dieta deficiente em calorias. Por outro lado, as proteínas do corpo não são utilizadas pelo animal para produção de energia, até que todas as outras reservas sejam gastas e a inanição seja extrema.

R. Schoenheimer e seus associados realizaram uma série de experimentos, na década de trinta, que modificaram drasticamente esse conceito. Eles alimentaram ratos e camundongos adultos com aminoácidos marcados com nitrogênio isotópico (nitrogênio ^{15}N) e esperaram que os animais, que estavam em equilíbrio nitrogenado, oxidassem os aminoácidos da dieta e excretassem o nitrogênio marcado. Em vez disso, o isótopo foi incorporado em proteínas do fígado (um órgão extremamente ativo na síntese de proteínas) e de outros tecidos. Além do mais, a marcação foi encontrada não somente nos aminoácidos originalmente administrados, mas também em muitos outros aminoácidos. A transferência da marcação de um aminoácido para vários pode ser esperada, em vista da ocorrência generalizada de transaminases que poderiam catalisar essa troca. A descoberta do isótopo em proteínas de animais que não estavam aumentando em tamanho foi inesperada, e levou Schoenheimer a concluir que as proteínas de animais, da mesma maneira que lipídeos e carboidratos, estavam num estado *dinâmico* e não estático. Ele propôs que, num animal adulto, já em fase de não-crescimento, uma taxa relativamente alta de síntese proteica é contrabalançada por igual taxa de degradação e que ambas promovem uma renovação metabólica ativa dessas moléculas no animal. O trabalho de Schoenheimer introduziu o conceito de reservatório (*pool*) metabólico de aminoácidos e moléculas de NH_3 no caso de proteínas, cuja origem não podia ser especificada. Os componentes desse reservatório poderiam ser utilizados para a síntese das proteínas do corpo.

Deve ser salientado que as velocidades de renovação das moléculas de proteínas animais são diferentes. Proteínas do sangue, fígado, rim e outros órgãos vitais têm meias-vidas (isto é, o tempo requerido para que metade da proteína entre no reservatório metabólico), que variam de 2 a 10 dias. A hemoglobina dos glóbulos vermelhos do sangue tem meia-vida de cerca de 30 dias; as proteínas musculares, 180 dias e o colágeno, 1 000 dias. Para o homem adulto, a velocidade foi estimada em 1,2 g de proteína por quilograma de peso do corpo, por dia. Cerca de um quarto dos aminoácidos dessas proteínas sofrem degradação oxidativa e devem ser repostos por proteínas da dieta. Uma vez que cerca de metade dos aminoácidos que são degradados são indispensáveis, podemos entender a necessidade de uma dieta que contenha aminoácidos indispensáveis em quantidades adequadas (veja o Cap. 19, para comparação do conceito de Schoenheimer entre células procarióticas e eucarióticas).

Um dos principais problemas com que se depara o mundo na atualidade é o fornecimento de uma dieta proteica adequada (no sentido de conter aminoácidos essenciais) para a população humana. Carboidrato, na forma de amido vegetal, é facilmente obtido através das principais culturas de alimento — arroz, milho, trigo e mandioca — mas um suprimento proteico é muito mais difícil de se obter. Em países onde muita carne é consumida, o problema é insignificante, porque as proteínas da carne contêm os aminoácidos essenciais. Entretanto a maior parte da população do mundo subsiste por alimentação vegetal e, se a quantidade de proteína é baixa ou inadequada em qualidade (como no milho que é pobre em lisina), a dieta é inferior. É trágico o fato de crianças em crescimento serem particularmente suscetíveis à deficiência proteica, talvez porque, como estão crescendo, exijam uma condição de balanço nitrogenado positivo. Enquanto o bebê é nutrido por sua mãe, sua ingestão de proteínas será adequada em quantidade e qualidade. Quando, porém, o bebê mais velho é substituído por um novo bebê, perdendo assim direito à amamentação, os efeitos de uma dieta vegetal inadequada aparecem e desenvolve-se a doença *Kwashiorkor*, caracterizada por estômago dilatado, cabelo e pele descoloridos e indisposição generalizada. Tais crianças têm enfraquecida sua resistência contra doenças e infecções comuns em seu meio ambiente e geralmente morrem em seus primeiros anos de vida.

REAÇÕES GERAIS DOS AMINOÁCIDOS

Transaminação. A reação de transaminação envolve a transferência do aminogrupo de um aminoácido a um cetoácido (o esqueleto carbônico) para formar o aminoácido análogo a este, e produzir o cetoácido (esqueleto carbônico) correspondente ao doador de amino original.

$$\underset{\substack{\text{Aminoácido}_1\\\text{(doador)}}}{R^1-CH(NH_2)-CO_2H} + \underset{\substack{\text{Cetoácido}_2\\\text{(aceptor)}}}{R^2-C(=O)-CO_2H} \rightleftharpoons \underset{\text{Cetoácido}_1}{R^1-C(=O)-CO_2H} + \underset{\text{Aminoácido}_2}{R^2-CH(NH_2)-CO_2H}$$

Transaminases capazes de reagir com quase todos os aminoácidos foram descritas, sendo especialmente importantes a *glutamato-transaminase* e a *alanina-transaminase*. A glutamato-transaminase é específica para ácido glutâmico e α-cetoglutárico como um de seus dois pares complementares de substrato, mas reagirá, em diferentes velocidades, com aproximadamente todos os outros aminoácidos proteicos.

$$\underset{\substack{\text{Aminoácido}\\\text{doador}}}{R^1-CH(NH_2)-CO_2H} + \underset{\substack{\text{Ácido}\\\alpha\text{-cetoglutárico}}}{HO_2C-C(=O)-CH_2-CH_2-CO_2H} \xrightleftharpoons{\text{Glutamato-transaminase}} \underset{\text{Cetoácido}}{R^1-C(=O)-CO_2H} + \underset{\text{Ácido glutâmico}}{H_2N-CH(CO_2H)-CH_2-CH_2-CO_2H} \quad (17\text{-}1)$$

Da mesma forma, *alanina-transaminase* é específica para alanina e ácido pirúvico, como um dos seus dois pares complementares de substrato, mas reage com quase todos os outros aminoácidos. Finalmente, uma glutamato-alanina-transaminase altamente específica, encontrada em muitos organismos, catalisa a transaminação entre esses dois aminoácidos (Reação 17-2) da seguinte forma:

$$\underset{\text{Alanina}}{H_2N-CH(CO_2H)-CH_3} + \underset{\substack{\text{Ácido}\\\alpha\text{-cetoglutárico}}}{HO_2C-C(=O)-CH_2-CH_2-CO_2H} \xrightleftharpoons{\text{Glutamato-alanina-transaminase}} \underset{\substack{\text{Ácido}\\\text{pirúvico}}}{HO_2C-C(=O)-CH_3} + \underset{\text{Ácido glutâmico}}{H_2N-CH(CO_2H)-CH_2-CH_2-CO_2H} \quad (17\text{-}2)$$

As reações catalisadas pelas transaminases têm, como era de se esperar, uma constante de equilíbrio de aproximadamente 1,0; portanto, as reações são facilmente reversíveis. As transaminases requerem piridoxal-fosfato como cofator e, na presença da enzima, a coenzima forma uma base de Schiff com o aminoácido. Por rearranjos eletrônicos subseqüentes (p. 180), o aminogrupo é transferido para a coenzima para formar piridoxamina-fosfato. O último composto pode então reagir com o cetoácido aceptor para regenerar o piridoxal-fosfato e produzir o aminoácido.

O significado do processo de transaminação é melhor avaliado se se compreende que a Reação 17.1 (ou alanina-transaminase juntamente com a Reação 17-2) serve para coletar aminogrupos de muitos outros aminoácidos, sob forma de ácido glutâmico. Essas reações ocorrem sobretudo no citoplasma e o ácido glutâmico, ao qual a membrana mitocondrial interna é especificamente permeável, entra na matriz. (Fig. 14-7). Na mitocôndria, pode transaminar novamente por meio de uma aspartato-transaminase mitocondrial ou, alternativamente, ser desaminado oxidativamente pela glutamato-desidrogenase mitocondrial (na próxima seção, a desaminação do ácido glutâmico é descrita e o significado dos processos combinados de transaminação e desaminação é discutido). As transaminases são, portanto, encontradas tanto no ci-citoplasma como na mitocôndria de células eucarióticas, tendo, em cada uma dessas regiões da célula, propriedades características.

DESAMINAÇÃO

Pela glutâmico-desidrogenase. O ácido L-glutâmico exerce um papel-chave no metabolismo dos aminoácidos, por causa da ampla distribuição da enzima *glutamato-desidrogenase*. Essa enzima catalisa a *desaminação oxidativa* reversível do L-glutamato pelo NAD^+ para formar ácido α-cetoglutárico, NH_3 e NADH:

$$\begin{array}{c}COOH\\|\\H_2NCH\\|\\HCH\\|\\HCH\\|\\COOH\end{array} + NAD^+ + H_2O \rightleftharpoons \begin{array}{c}COOH\\|\\C{=}O\\|\\CH_2\\|\\CH_2\\|\\COOH\end{array} + NADH + H^+ + NH_3 \qquad (17\text{-}3)$$

Ácido L-glutâmico — Ácido α-cetoglutárico

A enzima hipática funciona tanto com o NAD^+ como com o $NADP^+$, e está presente na mitocôndria.

A Reação 17-3 é facilmente reversível e, em concentrações iguais de NAD^+ de NADH, o equilíbrio favorece a síntese de glutamato. Todavia o K_m relativamente alto para o NH_3 (1-5 m*M*), requerido para a reversão, juntamente com a reoxidação rápida do NADH por meio do sistema de transporte de elétrons mitocondrial, sugere que a glutâmico-desidrogenase funcionará principalmente na direção da oxidação do glutamato e da produção de NH_3.

O acoplamento da Reação 17-3 com a transaminação do ácido glutâmico (Reação 17-1) estabelece um mecanismo para a desaminação de todos os outros aminoácidos (Esquema 17-1).

Aminoácido	$RCHNH_2CO_2H$	**α-Cetoglutarato**	**$NADH + H^+ + NH_3$**
Cetoácido	$RCOCO_2H$	**L-Glutamato**	**$NAD^+ + H_2O$**
	Transaminases		Glutâmico-desidrogenase

Esquema 17-1

O NH_3 produzido dessa maneira é tóxico, e deve ser eliminado. Nos animais, desenvolveram-se mecanismos elaborados para a detoxificação (p. 392). Nas plantas, que são desprovidas dos órgãos excretores encontrados nos animais, o NH_3 é convertido a amidas não-tóxicas, glutamina e asparagina (p. 389), e concentrações extremamente elevadas desses compostos podem se acumular. Durante a germinação, as sementes de tremoço ricas em proteína, podem acumular a asparagina até o nível de 20% de seu peso seco.

Devido a sua importância no metabolismo de outros aminoácidos, assim como ao fato de que o ácido glutâmico é um precursor de prolina e ornitina – e indiretamente, portanto, de hidroxiprolina, citrulina e arginina (p. 394) –, não surpreende a constatação de que a glutamato-desidrogenase é uma enzima alostérica. A enzima de fígado de boi, por exemplo, é inibida por ATP e NADH e é estimulada por ADP e AMP.

Pela aminoácido-oxidase. As reações de desaminação oxidativa são também catalisadas pelo grupo de enzimas flavínicas, conhecidas como *aminoácido-oxidases*. Em 1935, Krebs demonstrou que fatias de rim e fígado catalisavam a formação de NH_3 a partir de diferentes aminoácidos e que, simultaneamente, oxigênio era consumido. Posteriormente, demonstrou-se que as fatias agiam sobre ambos os enantiômeros de uma mistura racêmica de aminoácidos e que a enzima que catalisava a desaminação oxidativa do isômero D era solúvel. Os detalhes da reação foram elucidados com uma D-amino-oxidase parcialmente purificada, preparada de carneiro. A reação global é

$$R-\underset{H}{\overset{NH_3^+}{C}}-COO^- + O_2 + H_2O \longrightarrow R-\overset{O}{\overset{\|}{C}}-COO^- + NH_4^+ + H_2O_2. \qquad (17\text{-}4)$$

A maior parte dos aminoácidos protéicos serve como substrato, a enzima requer FAD como grupo prostético e a reação não é facilmente reversível. A reação global pode ser dividida em etapas individuais, para as quais existe evidência experimental. Na primeira etapa, a oxidação do aminoácido leva ao iminoácido correspondente:

$$R-\underset{H}{\overset{NH_3^+}{C}}-COO^- + FAD \rightleftharpoons R-\overset{\overset{H}{N}}{\overset{\|}{C}}-COO^- + FADH_2 + H^+ \qquad (17\text{-}5)$$

O iminoácido, por sua vez, é espontaneamente hidrolisado na presença de H_2O:

$$R-\overset{\overset{H}{N}}{\overset{\|}{C}}-COO^- + H_2O + H^+ \rightleftharpoons R-\overset{O}{\overset{\|}{C}}-COO^- + NH_4^+ \qquad (17\text{-}6)$$

A flavina reduzida formada irá, por sua vez, ser reoxidada pelo oxigênio molecular para formar H_2O_2, isto é,

$$FADH_2 + O_2 \longrightarrow FAD + H_2O_2. \qquad (17\text{-}7)$$

Esta última reação, a oxidação do $FADH_2$ pelo O_2, não é reversível. Portanto a Reação 17-4, que é a soma das Reações de 17-5 a 17-7, também não é. Na presença da enzima altamente purificada, que não contém impurezas para destruir o H_2O_2, a reação prossegue posteriormente. Nesse caso, o H_2O_2 formado na Reação 17-7 reage não-enzimaticamente com o cetoácido:

$$R-\underset{\underset{O}{\|}}{C}-COO^- + H_2O_2 \longrightarrow R-COO^- + CO_2 + H_2O.$$

Estudos recentes demonstraram que a D-aminoácido-oxidase do fígado está localizada no microcorpo conhecido como peroxisoma (p. 223), juntamente com algumas outras enzimas oxidativas que utilizam O_2 como oxidante. A função da D-aminoácido-oxidase permanece obscura, embora os D-aminoácidos ocorram – limitadamente – na natureza, como componentes de peptideoglicanos e peptídeos cíclicos.

Os tecidos animais também contêm uma L-amino-oxidase que pode oxidar uma variedade de L-aminoácidos. Em fígado e rim, essa enzima está firmemente associada com o retículo endoplasmático da célula. A atividade é tão baixa, entretanto, que seu significado fisiológico é duvidoso. D-aminoácido-oxidases foram encontradas em *Neurospora crassa* e L-aminoácido-oxidase foi purificada de veneno de cobra, *Proteus vulgaris* e *Neurospora*. Essa enzima, ao contrário das de tecidos animais, fornece claramente um meio para a desaminação oxidativa de um grande número de aminoácidos e talvez sirva como um primeiro passo na degradação de aminoácidos a NH_3, CO_2 e H_2O, em bactérias e fungos. Uma vez que a reação não é facilmente reversível, a enzima não é de importância na biossíntese de aminoácidos.

Pelas amônia-liases. Além das reações de desaminação oxidativa ocorre um processo de *desaminação não-oxidativa*. Um tipo de desaminação não-oxidativa é a reação catalisada pelas α-desaminases (nome sistemático, aminoácido-amônia-liases). A aspartase, que pertence a esse grupo de enzimas, catalisa a seguinte reação:

$$HO_2C{-}CH_2{-}CH(NH_2){-}CO_2H \rightleftharpoons HO_2C{-}CH{=}CH{-}CO_2H + NH_3 \qquad (17\text{-}8)$$

Ácido L-aspártico — Ácido fumárico

A enzima, que é específica para ácido L-aspártico e ácido fumárico, foi encontrada em *E. coli* e em alguns outros microrganismos. Uma vez que a reação catalisada é facilmente reversível, essa reação, assim como a catalisada pela glutamato-desidrogenase, constitui um mecanismo para incorporar nitrogênio inorgânico na forma de NH_3, na posição α-amino de aminoácidos dos organismos citados. Outras amônia-liases catalisam a desaminação de histidina, fenilanina e tirosina em tecidos animais e vegetais. Essas reações, porém, em contraste com a Reação 16-8, não são reversíveis e, portanto, não têm significado na biossíntese dos aminoácidos cuja desaminação catalisam.

Por desaminases específicas. Uma reação de desaminação ligeiramente diferente é catalisada por uma enzima hepática chamada serina-desidratase [nome sistemático, L-serina-hidroliase (desaminante)]. A reação, que é específica para L-serina, envolve a perda de NH_3 e rearranjo dos átomos restantes para libertar piruvato:

$$HOCH_2{-}CH(NH_2){-}CO_2H \longrightarrow CH_3{-}C({=}O){-}CO_2H + NH_3$$

L-Serina — Ácido pirúvico

Primeiramente se considerou que o ácido aminoacrílico e seu isômero, um iminoácido [CH_3 —C(= NH)COOH], eram intermediários nesse processo. Demonstrou-se, subseqüentemente, que essa enzima necessita de piridoxal-fosfato como coenzima e que uma base de Schiff da coenzima com o aminoácido (p. 180) é o verdadeiro intermediário. Uma desaminação similar da treonina é catalisada pela enzima *treonina-desidratase* e o ácido α-cetobutírico é o produto formado.

A desaminação da cisteína é catalisada por uma enzima encontrada em animais, plantas e microrganismos:

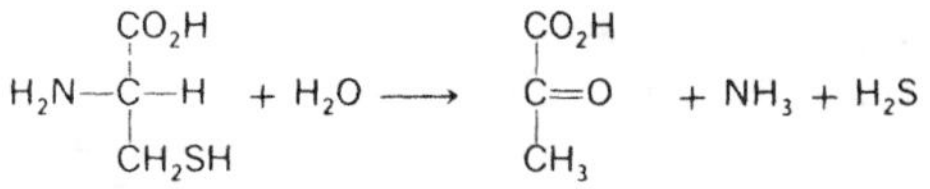

$$\underset{\text{L-Cisteína}}{H_2N-\overset{\overset{\displaystyle CO_2H}{|}}{\underset{\underset{\displaystyle CH_2SH}{|}}{C}}-H} + H_2O \longrightarrow \underset{\text{Ácido pirúvico}}{\overset{\overset{\displaystyle CO_2H}{|}}{\underset{\underset{\displaystyle CH_3}{|}}{C}}=O} + NH_3 + H_2S$$

Essa enzima, *cisteína-dessulfidrase*, também requer piridoxal-fosfato como coenzima e presumivelmente opera por um mecanismo semelhante ao da serina-desidratase.

Pelas desamidases. Além dessas reações, nas quais os α-aminogrupos dos aminoácidos são libertados como NH_3, devem-se mencionar as reações nas quais o nitrogênio amídico da glutamina e asparagina são liberados como amônia. Enzimas hidrolíticas específicas catalisam a hidrólise dessas duas amidas e produzem NH_3. O papel que essas enzimas hidrolíticas exercem no metabolismo das amidas não está inteiramente esclarecido.

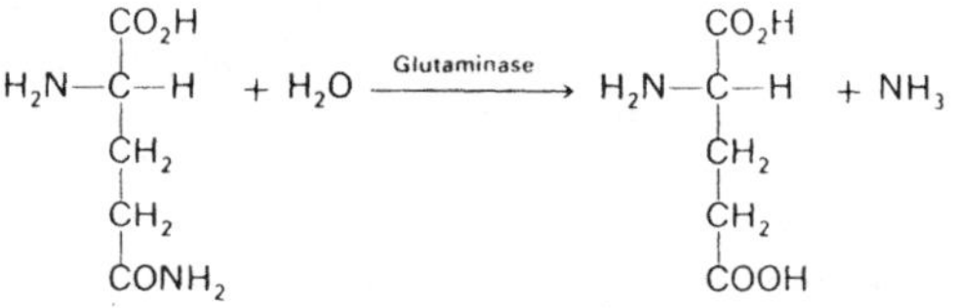

$$\underset{\text{L-Glutamina}}{H_2N-\overset{\overset{\displaystyle CO_2H}{|}}{\underset{\underset{\displaystyle CH_2-CH_2-CONH_2}{|}}{C}}-H} + H_2O \xrightarrow{\text{Glutaminase}} \underset{\text{Ácido L-glutâmico}}{H_2N-\overset{\overset{\displaystyle CO_2H}{|}}{\underset{\underset{\displaystyle CH_2-CH_2-COOH}{|}}{C}}-H} + NH_3$$

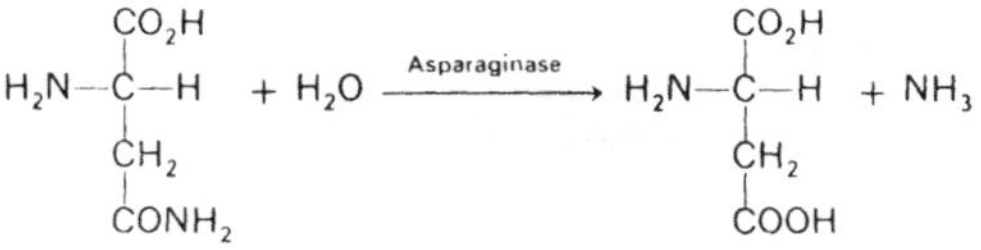

$$\underset{\text{L-Asparagina}}{H_2N-\overset{\overset{\displaystyle CO_2H}{|}}{\underset{\underset{\displaystyle CH_2-CONH_2}{|}}{C}}-H} + H_2O \xrightarrow{\text{Asparaginase}} \underset{\text{Ácido L-aspártico}}{H_2N-\overset{\overset{\displaystyle CO_2H}{|}}{\underset{\underset{\displaystyle CH_2-COOH}{|}}{C}}-H} + NH_3$$

A glutamina desempenha um papel central no metabolismo do nitrogênio como um percursor de aminogrupos (p. 469). Ela é também usada para transportar e armazenar NH_3 em uma forma não-tóxica antes de ser excretado. Assim, os organismos têm os meios de sintetizar, bem como de degradar esse composto. A asparagina, por outro lado, não parece servir como uma fonte de nitrogênio nas reações biossintéticas, sendo metabolicamente inerte nas plantas, exceto quanto a sua incorporação nas proteínas.

Descarboxilação. Um terceiro tipo de reação enzimática sofrida por muitos aminoácidos é a descarboxilação:

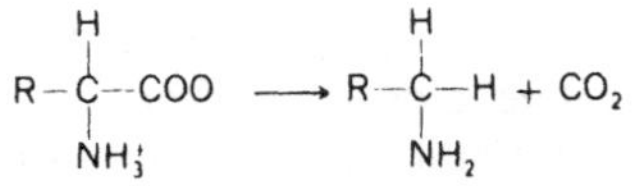

$$R-\overset{\overset{\displaystyle H}{|}}{\underset{\underset{\displaystyle NH_3^+}{|}}{C}}-COO \longrightarrow R-\overset{\overset{\displaystyle H}{|}}{\underset{\underset{\displaystyle NH_2}{|}}{C}}-H + CO_2$$

Em contraste com o envolvimento das reações de desaminação e transaminação no catabolismo de aminoácidos, devem ser assinalados os aspectos anabólicos das reações de descarboxilação. Muitas das aminas formadas como resultado da descarboxilação têm importantes efeitos fisiológicos. Assim, uma histidina-descarboxilase, encontrada em tecidos animais, pode produzir histamina, uma substância que, entre outros efeitos, estimula a secreção gástrica. A reação catalisada é

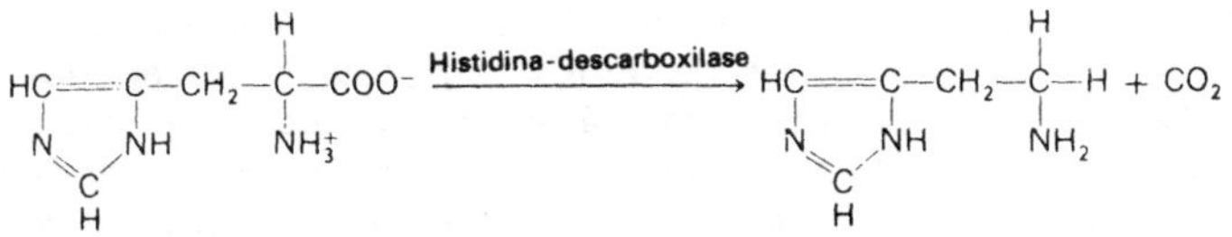

$$\underset{\text{L-Histidina}}{\text{(imidazol)}-CH_2-\overset{\overset{\displaystyle H}{|}}{\underset{\underset{\displaystyle NH_3^+}{|}}{C}}-COO^-} \xrightarrow{\text{Histidina-descarboxilase}} \underset{\text{Histamina}}{\text{(imidazol)}-CH_2-\overset{\overset{\displaystyle H}{|}}{\underset{\underset{\displaystyle NH_2}{|}}{C}}-H} + CO_2$$

Uma outra descarboxilase age sobre a 3,4-diidroxifenilalanina para formar dopamina. Essa substância, por sua vez, é um intermediário da formação da adrenalina, um vasoconstritor que é liberado na corrente sangüínea, quando um indivíduo está assustado ou amedrontado. Embora a liberação de adrenalina tenha outros mecanismos de controle, a descarboxilase deve funcionar na formação da amina precursora.

$$\text{HO(HO)C}_6\text{H}_3\text{—CH}_2\text{—CH(NH}_3^+\text{)—COO}^- \xrightarrow{\text{Dopa-descarboxilase}} \text{HO(HO)C}_6\text{H}_3\text{—CH}_2\text{—CH(NH}_2\text{)—H} + CO_2$$

3,4-Diidroxifenilalanina (Dopa) → 3,4-Diidroxifeniletilamina (Dopamina)

A serotonina (5-hidroxitriptamina) é formada pela ação de uma descarboxilase específica que age sobre o 5-hidroxitriptofano. A enzima está presente no cérebro e nos rins. A ser o tonina é um vasoconstritor, um agente neuro-humoral, e ocorre nos venenos, por exemplo, de abelhas e sapos.

Outros exemplos de aminas que podem ser formadas a partir de aminoácidos pela atividade da descarboxilase incluem o ácido γ-aminobutírico. Esse aminoácido não-proteico, abundante nos tubérculos da batata e encontrado em outras plantas, pode ser formado pela descarboxilação enzimática do grupo α-COOPH do ácido glutâmico:

$$^+H_3N\text{—CH(COO}^-\text{)—CH}_2\text{—CH}_2\text{—COO}^- \xrightarrow[\text{-descarboxilase}]{\text{Glutâmico-}} H_2N\text{—CH}_2\text{—CH}_2\text{—CH}_2\text{—COO}^- + CO_2$$

L-Glutamato → γ-Aminobutirato

O γ-aminobutirato (GABA) é um composto altamente importante no sistema nervoso dos animais. Ele é um inibidor da transmissão das sinapses no cérebro dos mamíferos. A transaminação do GABA a α-cetoglutarato resulta na formação do glutamato e do semialdeído succínico, propiciando assim um percurso para a reentrada do GABA no ciclo do ácido cítrico. Esse "desvio do GABA" pode desviar 10 a 20% do α-cetoglutarato.

As aminoácido-descarboxilases requerem piridoxal-fosfato como cofator. Aqui também uma base de Schiff é um intermediário, e é possível escrever um mecanismo detalhado que resulta na descarboxilação. (Veja a p. 180, para um mecanismo detalhado.) Fontes comuns de aminoácido-descarboxilases são as bactérias, embora essas enzimas sejam amplamente distribuídas na natureza. Nas bactérias, as enzimas, que são induzíveis, formam-se quando as bactérias crescem em meio de cultura com aminoácidos.

Destino metabólico dos aminoácidos. Conforme salientado anteriormente, as proteínas (e os aminoácidos) não serão usualmente desdobradas para a produção de energia se os carboidratos ou os lipídeos estiverem disponíveis ao organismo. Caso contrário, os aminoácidos são usados (1) na síntese de peptídeos e de proteínas, (2) como uma fonte de átomos de nitrogênio (por transaminação) para a síntese de outros aminoácidos; e (3) na síntese de outros compostos nitrogenados e não-nitrogenados (pp. 387 e 400). Qualquer aminoácido em excesso em relação às quantidades requeridas para essas três atividades será desdobrado por desaminação, e o esqueleto carbonado resultante será metabolizado. O NH_3 produzido, se em excesso, será eliminado como um excreta nitrogenado. Todavia o estado dinâmico dos compostos de nitrogênio requer que boa parte do NH_3 seja assimilada pela célula na síntese de novos compostos nitrogenados.

Também foram feitas investigações quanto ao destino do esqueleto carbônico durante o metabolismo. Assim, embora seja possível escrever as seqüências catabólicas detalhadas para cada aminoácido proteico, sua descrição está além do propósito deste texto. Em vez disso, a Tab. 17-1 mostra o produto catabólico final dos vinte aminoácidos proteicos. Pode-se ver que, na degradação, quase todos os aminoácidos fornecem um intermediário do ciclo do ácido tricarboxílico (ou piruvato) e acetil-CoA. As exceções são cinco aminoácidos que dão origem a ácido acetoacético. Entretanto, como esse composto também forma acetil-CoA, todos os aminoácidos são, no final, oxidados, via ciclo do ácido tricarboxílico. Os aminoácidos que dão origem a um intermediário do ciclo (ou a ácido pirúvico) podem, por sua vez, ser convertidos em glucose (p. 244). Por essa razão, tais aminoácidos foram descritos como aminoácidos *glucogênicos*. Por outro lado, aqueles que, por degradação, produzem acetil-CoA ou ácido acetoacético, sob certas condições, darão origem a corpos cetônicos, no animal, e foram, por isso, descritos como aminoácidos *cetogênicos*. Alguns, como fenilalanina e tirosina, são tanto glucogênicos como cetogênicos, pois parte de seus átomos de carbono é convertida a fumarato, enquanto que os restantes são convertidos em acetoacetato.

Tabela 17-1. Produtos finais do metabolismo dos aminoácidos

Aminoácidos*	Produto final
Alanina, serina, cisteína (cistina), glicina e treonina (2)	Ácido pirúvico
Leucina (2)	Acetil-CoA
Fenilalanina (4), tirosina (4), leucina (4), lisina (4) e triptofano (4)	Ácido acetoacético (ou éster-CoA)
Arginina (5), prolina, histidina (5), glutamina e ácido glutâmico	Ácido α-cetoglutárico
Metionina, isoleucina (4) e valina (4)	Succinil-CoA
Fenilalanina (4) e tirosina (4)	Fumarato
Asparagina e ácido aspártico	Ácido oxalacético

* Os números entre parênteses especificam o número de átomos de carbono do aminoácido que são realmente convertidos no produto final indicado

INCORPORAÇÃO DE AMÔNIA AOS COMPOSTOS ORGÂNICOS

Glutamina-sintetase. Uma das reações principais na incorporação do NH_3 é a catalisada pela *glutamina-sintetase*, uma enzima de distribuição ubíqua na natureza.

$$\underset{\text{L-Glutamato}}{HO_2C{-}CH(NH_2){-}CH_2{-}CH_2{-}CO_2H} + ATP + NH_3 \longrightarrow \underset{\text{L-Glutamina}}{HO_2C{-}CH(NH_2){-}CH_2{-}CH_2{-}CONH_2} + ADP + PO_4 \qquad (17\text{-}9)$$

Considera-se que a primeira etapa da reação seja a formação do complexo γ-glutamil-fosfato-enzima. Na segunda etapa, a amônia, um bom nucleófilo, ataca o complexo e desloca o grupo de fosfato para formar glutamina e fosfato inorgânico. Observe que somente a γ-amida se forma. A isoglutamina, o composto com o grupamento α-carboxílico amidado, nunca se forma. A enzima é também altamente específica, uma vez que o ácido aspártico não pode substituir o ácido glutâmico como substrato (Esquema 17-2).

O significado da glutamina no metabolismo do nitrogênio resulta do fato de que os átomos de nitrogênio amídico servem como precursores dos seguintes compostos nitrogenados: ácido glutâmico, asparagina, triptofano, histidina, glucosamina-6-fosfato, NAD^+, ácido *p*-aminobenzóico e carbamil-fosfato (e, portanto, uréia, arginina, CTP, AMP e GMP).

Como a glutamina é um precursor multifuncional, não é surpresa que a enzima que catalisa sua síntese seja uma enzima alostérica sob controle de uma variedade de diferentes compostos. (p. 469). Demonstrou-se que nada menos que oito produtos do metabolismo da glutamina — triptofano, histidina, glicina, alanina, glucosamina-6-fosfato, carbamil-fosfato, AMP, CTP — servem como inibidores negativos independentes de retroalimentação (*feedback*) da enzima, em *E. coli*.

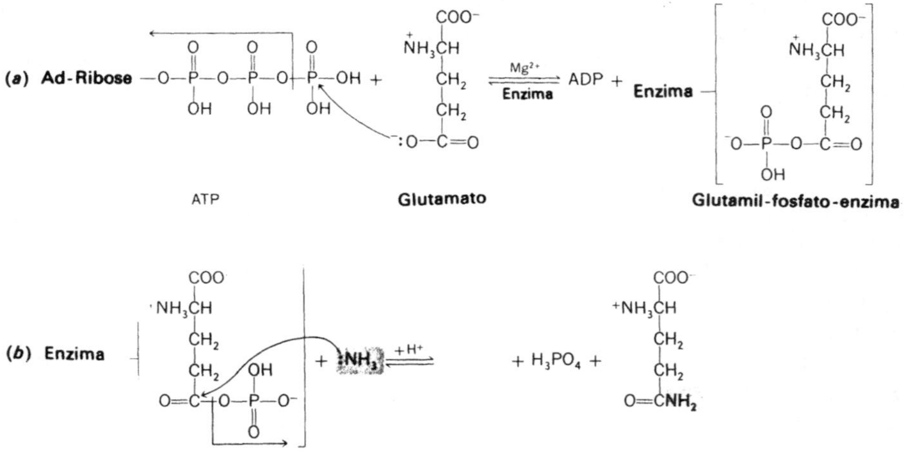

(*a*) Ad-Ribose —O—P(=O)(OH)—O—P(=O)(OH)—O—P(=O)(OH)—OH + $^-OOC—CH(\overset{+}{N}H_3)—CH_2—CH_2—C(=O)—O:^-$ $\underset{\text{Enzima}}{\overset{Mg^{2+}}{\rightleftharpoons}}$ ADP + Enzima —[$^-OOC—CH(\overset{+}{N}H_3)—CH_2—CH_2—C(=O)—O—P(=O)(OH)—O^-$]

ATP — Glutamato — Glutamil-fosfato-enzima

(*b*) Enzima —[$^-OOC—CH(\overset{+}{N}H_3)—CH_2—CH_2—C(=O)—O—P(=O)(OH)—O^-$] + $:NH_3$ $\overset{+H^+}{\rightleftharpoons}$ + H_3PO_4 + $^-OOC—CH(^+NH_3)—CH_2—CH_2—C(=O)NH_2$

Reação global:

$$\text{Glutamato} + \text{ATP} + NH_3 \xrightarrow[\text{-sintetase}]{\text{Glutamina-}} \text{Glutamina} + \text{ADP} + H_3PO_4$$

Esquema 17-2

Glutamato-sintase. Por muitos anos, a glutâmico-desidrogenase (Reação 17-3) foi citada como um percurso principal para a assimilação do NH_3: sua participação na transaminação resultaria na formação de qualquer aminoácido cujo cetoácido análogo fosse disponível como um metabolito (o reverso do Esquema 17-1). Entretanto, na mitocôndria, a glutâmico-desidrogenase não parece funcionar na direção da síntese por motivos apresentados anteriormente (p. 390). A recente descoberta da enzima *glutamato-sintase* parece ser a resposta a esse problema. Essa enzima, amplamente distribuída nas espécies bacterianas, catalisa a seguinte reação:

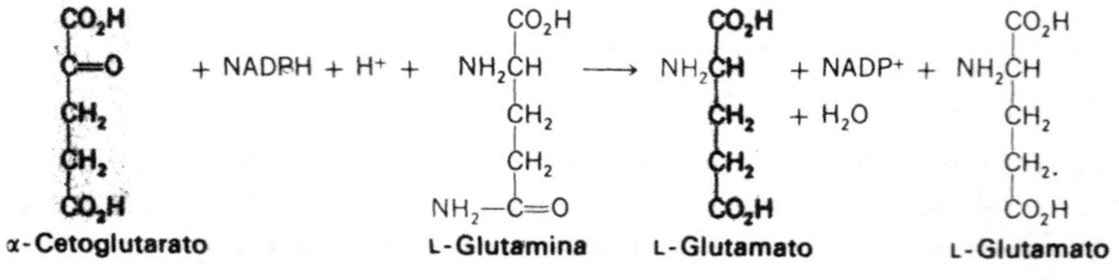

$$\underset{\alpha\text{-Cetoglutarato}}{HO_2C—C(=O)—CH_2—CH_2—CO_2H} + NADPH + H^+ + \underset{\text{L-Glutamina}}{HO_2C—CH(NH_2)—CH_2—CH_2—C(=O)—NH_2} \longrightarrow \underset{\text{L-Glutamato}}{HO_2C—CH(NH_2)—CH_2—CH_2—CO_2H} + NADP^+ + H_2O + \underset{\text{L-Glutamato}}{HO_2C—CH(NH_2)—CH_2—CH_2—CO_2H} \quad (17\text{-}10)$$

A analogia com a reação catalisada pela glutâmico-desidrogenase (Reação 17-3), na qual a glutamina é substituída pelo NH_3 deve ser notada. Tal como com a enzima para a reação biossintética básica, não surpreende que a catálise seja altamente específica para o NADPH, e o NADH seja inativo. Recentemente, a glutamato-sintase foi também encontrada nas plantas; a enzima é encontrada nos cloroplastos e utiliza a ferredoxina reduzida como um redutor ao invés do NADPH.

A reação catalisada pela glutamato-sintase pode ser acoplada com a da glutamina-sintetase (Reação 17-9) e a transaminação (Reação 17-1), para efetuar a síntese de aminoácidos ($RCHNH_2COOH$), a partir de cetoácidos (RCOCOOH), por um processo que é unidirecional e movido pela hidrólise do ATP.

$$\alpha\text{-Cetoglutarato} + \text{L-glutamina} + \text{NADPH} + H^+ \longrightarrow \text{2-ácido L-glutâmico} + \text{NADP}^+ + H_2O \quad (17\text{-}10)$$

$$\text{Ácido L-glutâmico} + \text{ATP} + NH_3 \longrightarrow \text{L-glutamina} + \text{ADP} + H_3PO_4 \quad (17\text{-}9)$$

$$\text{Ácido L-glutamico} + \text{RCOCOOH} \longrightarrow RCHNH_2COOH + \alpha\text{-cetoglutarato} \quad (17\text{-}1)$$

$$\text{RCOCOOH} + \text{ATP} + NH_3 + \text{NADPH} + H^+ \longrightarrow RCHNH_2COOH + \text{ADP} + H_3PO_4 + \text{NADP}^+ + H_2O$$

Esse conjunto de reações acopladas é responsável, sem dúvida, pela síntese dos aminoácidos cujos α-cetoácidos análogos podem ser sintetizados pelo organismo. Esse sistema é também muito importante na assimilação do NH_3 na fixação biológica do nitrogênio (p. 370).

Síntese do carbamoil-fosfato. Uma outra via de importância fundamental para a assimilação do NH_3 envolve a formação do *carbamoil-fosfato*. Esse composto foi primeiramente relacionado ao metabolismo do nitrogênio quando Lipmann e Jones descreveram a presença de uma enzima no *Streptococcus faecalis* que catalisava sua formação a partir de um sal de amônio do ácido carbâmico. A química do ácido carbâmico é complexa; a reação é endergônica ($\Delta G' = +\,2\,000$ cal/mole).

$$\underset{\textbf{Carbamato de amônio}}{[NH_4]^+\left[O\text{—}\overset{\overset{\displaystyle O}{\|}}{C}\text{—}NH_2\right]} + \text{ATP} \xrightarrow[\text{Carbamoil-quinase}]{Mg^{2+}} \underset{\textbf{Carbamoil-fosfato}}{H_2O_3P\text{—}\overset{\overset{\displaystyle O}{\|}}{C}\text{—}NH_2} + \text{ADP} + NH_3 \quad (17\text{-}11)$$

Na mitocôndria do fígado de animais que formam uréia, a enzima *carbamil-fosfato-sintetase* catalisa a formação do carbamil-fosfato a partir de NH_3 e CO_2; nessa reação, 2 moles de ATP e um cofator, o *N*-acetilglutamato, são requeridos. Os detalhes da reação ainda são desconhecidos, mas a estequiometria já foi estabelecida:

$$NH_3 + CO_2 + 2\,\text{ATP} \xrightarrow[\text{Carbamil-fosfato-sintetase}]{\text{Cofator}} H_2O_3PO\text{—}\overset{\overset{\displaystyle O}{\|}}{C}\text{—}NH_2 + 2\,\text{ADP} + H_3PO_4 \quad (17\text{-}12)$$

A reação não é facilmente reversível porque há redução de uma ligação rica em energia à medida que a reação transcorre da esquerda para a direita.

Uma carbamoil-fosfato-sintetase glutamina-dependente é encontrada na *E. coli*, sendo análoga à descrita, exceto que o amino-grupo deriva da glutamina. Novamente, 2 ATP são requeridos, e existem evidências de que o carboxil-fosfato ligado à enzima seja um intermediário que aceita o aminogrupo da glutamina para formar um produto que reage então com o segundo ATP.

$$ATP + ENZ + CO_2 \longrightarrow ENZ-[HOC(=O)-OPO_3H_2] + ADP$$

Glutamina

$$NH_2-C(=O)-OPO_3H_2 + ENZ \xleftarrow{ADP \quad ATP} ENZ-[HO-C(=O)-NH_2] + \text{ácido glutâmico} + Pi \qquad (17\text{-}13)$$

SOMA: $\text{L-Glutamina} + CO_2 + 2\,ATP \longrightarrow$

$$NH_2-C(=O)-OPO_3H_2 + 2\,ADP + H_3PO_4 + \text{L-Glutamato}$$

O carbamoil-fosfato formado pela Reação 17-12 ou pela reação 17-13 é um precursor importante da uréia, bem como das pirimidinas, pela seqüência de reações discutidas mais adiante, ainda neste capítulo.

O CICLO DA URÉIA

A amônia em excesso (em relação à necessária para a síntese de compostos orgânicos nitrogenados) é excretada pelos animais por diferentes meios (p. 394). Os mamíferos convertem os átomos de nitrogênio do NH_3 em uréia, que é excretada na urina. O ciclo de reações que realizam a síntese da uréia é também, com exceção de uma reação, a via para a formação de arginina.

Sir Hans Krebs, então na Alemanha, e K. Henseleit foram dos primeiros a estudar a formação da uréia em tecidos animais. Eles observaram que fatias de fígado de rato podiam converter CO_2 e NH_3 (2 moles/mol de CO_2) a uréia, desde que houvesse uma fonte de energia disponível. Como a formação de uréia a partir de NH_3 e CO_2 requeria energia, a necessidade de alguma substância oxidável, como ácido láctico ou glucose era compreensível.

O aminoácido arginina também estava implicado no processo, pois se sabia que a enzima arginase — que catalisa a Reação 17-17 — formava uréia e ornitina, pela hidrólise da arginina. A relação exata foi estabelecida, porém, quando Krebs mostrou que quantidades catalíticas de arginina e ornitina, ou de citrulina, estimulavam a formação de quantidades apreciáveis de uréia a partir da amônia. Em 1932, Krebs propôs um ciclo de reações que explicavam a produção de uréia a partir de NH_3 e CO_2 e a ação catalítica de arginina, ornitina e citrulina. Esse ciclo, conhecido como ciclo da uréia ou da ornitina, é indicado no Esquema 17-3. Embora as características essenciais desse ciclo permaneçam inalteradas, é possível descrever-se algumas das reações com maior detalhe.

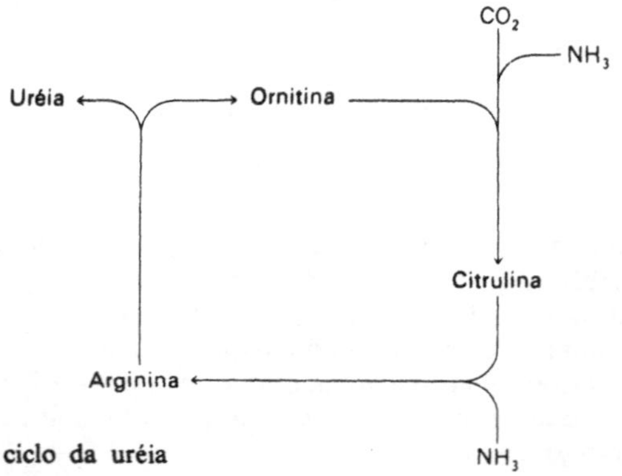

CO_2
NH_3
Uréia ← → Ornitina
Citrulina
Arginina ←
NH_3

Esquema 17-3. O ciclo da uréia

Na etapa inicial, o carbamoil-fosfato reage com a ornitina para formar citrulina na presença da enzima *ornitina-transcarbamoilase*. Essa enzima, purificada a partir do fígado do boi, não necessita de cofatores, e apresenta uma extrema especificidade para o substrato. O equilíbrio está na direção da síntese da citrulina.

$$\underset{\text{L-Ornitina}}{NH_2\text{—}CH_2\text{—}CH_2\text{—}CH_2\text{—}HCNH_2\text{—}COOH} + \underset{\text{Carbamoil-fosfato}}{H_2N\text{—}\overset{O}{\overset{\|}{C}}\text{—}OPO_3H_2} \longrightarrow \underset{\text{L-Citrulina}}{H_2N\text{—}C(=O)\text{—}HN\text{—}CH_2\text{—}CH_2\text{—}CH_2\text{—}HCNH_2\text{—}COOH} + H_3PO_4 \qquad (17\text{-}14)$$

O próximo passo do ciclo, a formação de arginina a partir de citrulina foi detalhadamente estudada por Sarah Ratner, que primeiro mostrou que duas enzimas estavam envolvidas. A primeira delas, a *arginino-succínico-sintetase*, catalisa a formação do ácido arginino-succínico a partir de citrulina e ácido aspártico, sendo que a reação se dá entre a forma enólica da citrulina e o ácido aspártico. A Reação 17-15 requer ATP e

$$\underset{\text{L-Citrulina}}{H_2N\text{—}C(=O)\text{—}HN\text{—}CH_2\text{—}CH_2\text{—}CH_2\text{—}HCNH_2\text{—}COOH} \rightleftharpoons \underset{\text{L-Citrulina enólica}}{HN{=}C(\text{—}OH)\text{—}HN\text{—}CH_2\text{—}CH_2\text{—}CH_2\text{—}HCNH_2\text{—}COOH} + \underset{\text{Ácido L-aspártico}}{COOH\text{—}H_2NCH\text{—}CH_2\text{—}COOH} + ATP \overset{Mg^{2+}}{\rightleftharpoons} \underset{\text{Ácido arginino-succínico}}{HN{=}C(\text{—}\overset{H}{N}\text{—}C(COOH)\text{—}CH_2\text{—}COOH)\text{—}HN\text{—}CH_2\text{—}CH_2\text{—}CH_2\text{—}HCNH_2\text{—}COOH} + AMP + PP \qquad (17\text{-}15)$$

Mg^{2+}. A K_{ee} para essa reação é aproximadamente 9, a pH 7,5; portanto a reação é facilmente reversível. Note-se que o átomo de nitrogênio, que se torna, no final, um dos dois átomos de N da uréia, é fornecido pelo ácido aspártico, nessa reação, e não pelo NH_3. Outros exemplos de reações em que o ácido aspártico contribui com seu átomo de nitrogênio para a biossíntese de um novo composto nitrogenado serão vistos posteriormente neste capítulo.

A quebra subseqüente do ácido arginino-succínico é catalisada pela *enzima de clivagem do ácido arginino-succínico*, que foi purificada de fígado do boi, e é também encontrada em tecidos vegetais e microrganismos. A Reação 17-16 é essencialmente análoga à reação da aspartato-amônia-liase (p. 386, na qual o NH_3 ou uma amina

$$\underset{\text{Ácido arginino-succínico}}{HN{=}C(\text{—}\overset{H}{N}\text{—}CH(COOH)\text{—}HCH\text{—}COOH)\text{—}HN\text{—}CH_2\text{—}CH_2\text{—}CH_2\text{—}HCNH_2\text{—}COOH} \rightleftharpoons \underset{\text{L-Arginina}}{HN{=}C(\text{—}NH_2)\text{—}HN\text{—}CH_2\text{—}CH_2\text{—}CH_2\text{—}HCNH_2\text{—}COOH} + \underset{\text{Ácido fumárico}}{H(COOH)C{=}C(H)COOH} \qquad (17\text{-}16)$$

substituída são eliminadas para formar ácido fumárico. A K_{eq} para a reação é $11{,}4 \times 10^{-3}$ a pH 7,5. Como a reação escrita da esquerda para a direita resulta na formação de dois produtos a partir de um único reagente, esse valor de K_{eq} determina a predominância do ácido arginino-succínico em soluções concentradas, e da arginina e do ácido fumárico em soluções diluídas.

A *arginase*, que catalisa a hidrólise irreversível de L-arginina em ornitina e uréia, é a enzima que converte a seqüência unidirecional da biossíntese da arginina em um processo cíclico para produzir uréia:

$$\underset{\text{L-Arginina}}{HN{=}C(NH_2){-}NH{-}CH_2{-}CH_2{-}CH_2{-}CH(NH_2){-}COOH} + H_2O \longrightarrow \underset{\text{Uréia}}{H_2N{-}C({=}O){-}NH_2} + \underset{\text{L-Ornitina}}{NH_2{-}CH_2{-}CH_2{-}CH_2{-}CH(NH_2){-}COOH} \qquad (17\text{-}17)$$

Assim, as reações de 17-14 a 17-16 levam à formação da arginina, um aminoácido de ocorrência ampla, a partir de ornitina, NH_3 e CO_2. As enzimas que catalisam essas reações presumivelmente ocorrem em um grande número de tecidos, em animais, plantas e micorganismos. Todavia, a velocidade de síntese é muito baixa, na maioria dos tecidos de mamíferos (exceto no fígado) para que se considere a arginina como um aminoácido dispensável. Por outro lado, no fígado, onde é mais rapidamente sintetizada, ela é também mais rapidamente hidrolisada pela argininase, e não é usada na síntese de proteínas. A arginase, cuja atividade torna possível a formação de uréia, é encontrada no fígado de animais que reconhecidamente excretam uréia, juntamente com as outras enzimas da biossíntese da arginina. O fígado é o principal local de formação de uréia nos mamíferos, embora alguma síntese de uréia possa ocorrer no cérebro e nos rins.

A seqüência dessas reações, é indicada na Fig. 17.1. O ciclo é responsável pela formação da uréia a partir de NH_3, CO_2 e do aminogrupo do ácido aspártico. A necessidade de substratos oxidáveis, relatada por Krebs, é explicada pela participação de ATP na formação de carbamoil-fosfato e ácido arginino-succínico. Pela conversão de ácido fumárico novamente a ácido aspártico, outro mol de nitrogênio amínico pode ser introduzido no ciclo.

BIOQUÍMICA COMPARADA DA EXCREÇÃO DO NITROGÊNIO

Se observarmos o reino animal, notaremos que três produtos de excreção do nitrogênio são comuns: NH_3, uréia e ácido úrico. A escolha de uma das três formas pelo organismo depende, em parte, de certas propriedades dos compostos: NH_3 é muito tóxico, mas é também extremamente solúvel em H_2O; o ácido úrico é bastante insolúvel e, assim, praticamente não é tóxico. Há evidência suficiente para sugerir que a forma pela qual o nitrogênio é excretado por um organismo é largamente determinada pela acessibilidade de H_2O a esse organismo.

Animais marinhos, vivendo na H_2O, dispõem de grandes quantidades de H_2O dentro da qual seus produtos de excreção podem *ser lançados*. Embora NH_3 seja tóxico, pode ser excretado e será instantaneamente diluído na água do meio ambiente. Como resultado, muitas formas marinhas excretam NH_3 como principal produto final nitrogenado, embora haja importantes exceções entre os *peixes ósseos*.

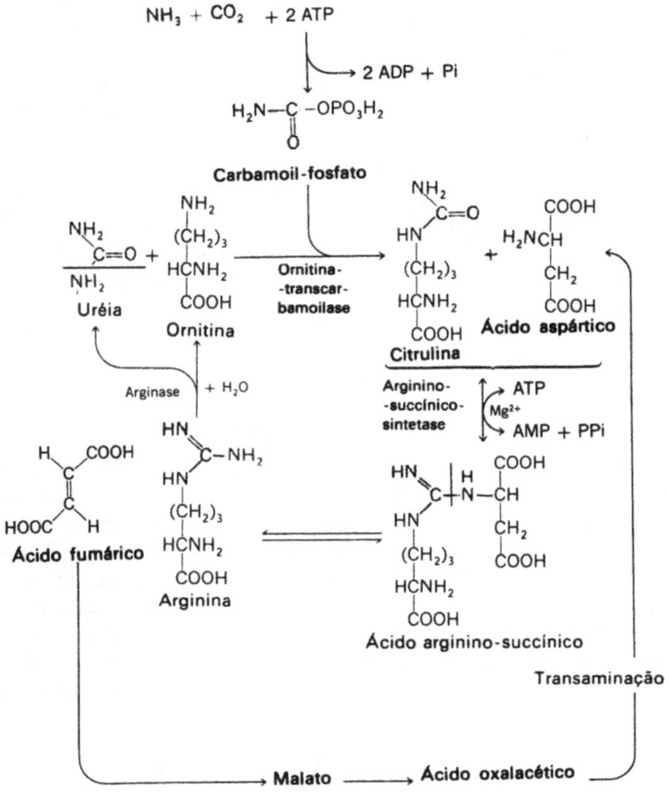

Figura 17-1. O ciclo da uréia

Animais terrestres não dispõem de um suprimento ilimitado de H_2O em íntimo contato com seus tecidos. Uma vez que o NH_3 é tóxico, não pode ser armazenado. Como resultado, a maioria dos animais terrestres desenvolveu procedimentos para converter NH_3 em uréia ou ácido úrico.

De acordo com Needham, o bioquímico inglês, a escolha entre uréia e ácido úrico é determinada pelas condições sob as quais o embrião se desenvolve. O embrião do mamífero desenvolve-se em íntimo contato com o sistema circulatório da mãe. Assim a uréia, que é completamente solúvel, pode ser removida do embrião e excretada. Por outro lado, os embriões de pássaros e répteis desenvolvem-se em um ovo com casca resistente, em ambiente externo. Os ovos dispõem de água suficiente para atendê-los ao longo do período de incubação. Produção de NH_3 ou mesmo uréia em tal sistema fechado seria fatal porque são muito tóxicos. Em vez disso, o ácido úrico é produzido por esses embriões e precipitado em forma sólida em um pequeno saco (*amnio*) na superfície interior da casca. Essas características, tão necessárias ao desenvolvimento do embrião, são então mantidas no organismo adulto.

Existem exemplos interessantes apoiando os princípios que citamos. O girino, que é aquático, excreta principalmente NH_3. Quando sofre metamorfose em sapo, entretanto, torna-se um verdadeiro anfíbio e passa muito tempo fora da água. Durante a metamorfose, o animal começa a excretar uréia, em vez de NH_3, e, no momento que a mudança é completa, a uréia é o produto de excreção nitrogenado predominante.

Os peixes pulmonados são outro exemplo interessante. Enquanto estão na água, excretam principalmente NH_3, mas à medida que o rio, ou lago, seca, o peixe pulmonado fixa-se na lama, começa a estivar e acumular uréia como o produto final nitrogenado. Quando as chuvas retornam, o peixe pulmonado excreta uma quantidade maciça de uréia e começa novamente a excretar NH_3.

Em um grupo de animais, os quelônios (jabotis e tartarugas), há espécies totalmente aquáticas, espécies semiterrestres e um terceiro grupo (os jabotis) completamente terrestre. As formas aquáticas excretam uma mistura de uréia e amônia; as espécies semiterrestres, por outro lado, excretam uréia e os jabotis excretam quase todo seu nitrogênio como ácido úrico.

O tópico da excreção do nitrogênio é um dos melhores exemplos da bioquímica comparada já desenvolvidos.

FORMAÇÃO DO ÁCIDO ÚRICO

O ácido úrico, referido na seção precedente, é a forma sob a qual os pássaros e répteis terrestres excretam o NH_3 produzido no metabolismo de proteínas. É também o principal produto final do metabolismo de purinas no homem e outros primatas, no cão de caça, nos pássaros e em alguns répteis. Assim, pássaros e répteis, que têm ácido úrico como principal produto de excreção de nitrogênio, primeiro precisam converter NH_3 em purina através de reações que serão considerados resumidamente.

As bases purínicas livres são convertidas a ácido úrico da maneira vista na Fig. 17-2. A xantina-oxidase, que catalisa a formação do ácido úrico, é encontrada nos peroxisomas do rim, juntamente com outras oxidases (p. 389). Outros mamíferos que não

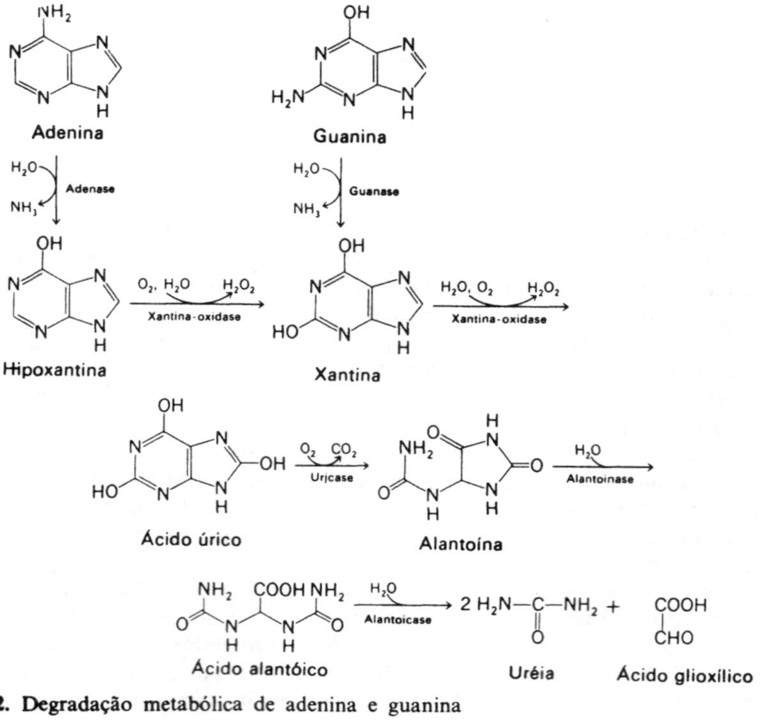

Adenina — (H_2O → NH_3; Adenase) → Hipoxantina

Guanina — (H_2O → NH_3; Guanase) → Xantina

Hipoxantina — (O_2, H_2O → H_2O_2; Xantina-oxidase) → Xantina — (H_2O, O_2 → H_2O_2; Xantina-oxidase) →

Ácido úrico — (O_2 → CO_2; Uricase) → Alantoína — (H_2O; Alantoinase) →

Ácido alantóico — (H_2O; Alantoicase) → 2 $H_2N{-}CO{-}NH_2$ (Uréia) + $COOH{-}CHO$ (Ácido glioxílico)

Figura 17-2. Degradação metabólica de adenina e guanina

os primatas, e a maior parte dos répteis produzem alantoína como produto final do metabolismo de purina. Tais organismos contêm a enzima uricase que converte o ácido úrico a alantoína. O peixe teleósteo converte alantoína a ácido alantóico, enquanto que a maioria dos peixes e dos anfíbios degrada posteriormente o ácido alantóico a uréia e ácido glioxílico. As bases pirimidínicas são quebradas, por reações que não serão discutidas aqui, em NH_3, CO_2 e ácidos propiônico e succínico.

ASPECTOS ANABÓLICOS DO METABOLISMO DOS AMINOÁCIDOS

Nas seções precedentes vimos de que maneira o NH_3 pode ser assimilado nos dois metabolitos primários, glutamina e carbamoil-fosfato, passando então o aminogrupo para outros compostos nitrogenados. A importância do glutamato na transaminação foi discutida, e vamos considerar agora, em termos gerais, somente a origem dos esqueletos carbonados dos aminoácidos. Novamente a descrição da seqüência biossintética detalhada para cada aminoácido proteico está fora do propósito do livro, mas certas fontes óbvias desses esqueletos carbônicos podem ser mencionadas.

Os cetoácidos pirúvico, oxalacético e α-cetoglutárico foram mencionados previamente; por transaminação, esses compostos são convertidos, respectivamente, a alanina, ácido aspártico e ácido glutâmico. Uma vez que esses cetoácidos podem ser produzidos a partir de carboidratos precursores (veja a p. 282 para condições especiais de formação de α-cetoglutarato e oxalacetato), não é surpreendente que a alanina e os ácidos aspártico e glutâmico sejam aminoácidos dispensáveis. Uma vez que os ácidos aspártico e glutâmico podem ser convertidos a suas amidas (p. 389) as amidas são também dispensáveis. Além disso, o ácido glutâmico pode ser convertido a prolina e ornitina [e indiretamente, portanto, a hidroxiprolina, citrulina e arginina (p. 393)], e esses aminoácidos são classificados como dispensáveis. Essa capacidade que tem o esqueleto carbonado do ácido glutâmico de originar esses aminoácidos conduziu ao conceito de uma "família do glutamato" de aminoácidos (Tab. 17-2).

Tabela 17-2. Famílias de aminoácidos relacionados pela biossíntese

Glutamato	Aspartato	Piruvato	Fosfoenolpiruvato	3-Fosfoglicerato
Glutamato	Aspartato	Alanina	Fenilalanina	Serina
Glutamina	Asparagina	Leucina	Tirosina	Glicina
Prolina	Lisina	Valina	Triptofano	Cisteína
Arginina	Metionina			
	Treonina			

Quatro outras famílias são reconhecidas a partir de estudos biossintéticos, principalmente com microrganismos que podem produzir todos os aminoácidos proteicos a partir de glucose e de outros precursores simples como o ácido acético. Provavelmente essas relações de família existem nos vegetais superiores que sintetizam todos esses compostos a partir, em última análise, do CO_2. Observe que o piruvato, o fosfoenolpiruvato e o 3-fosfoglicerato, intermediários na glicólise, são os precursores de alguns dos aminoácidos. Nesses casos, o composto aparentado não apresenta o átomo de nitrogênio amino, o qual em geral é suprido por transaminação.

As enzimas ausentes nos animais, que não podem sintetizar os aminoácidos indispensáveis, são bem conhecidas. O estudante deverá, por si mesmo, explorar essa área clássica do metabolismo intermediário.

METABOLISMO DOS AMINOÁCIDOS QUE CONTÊM ENXOFRE

Biossíntese. O metabolismo dos aminoácidos que contêm enxofre será considerado resumidamente, devido a sua natureza inusitada.

As inter-relações entre cisteína, homocisteína e metionina poderão ser melhor apreciadas se recordarmos que a reação primária para a incorporação do enxofre em compostos orgânicos é a formação da cisteína pela cisteína-sintase (p. 377), uma reação que ocorre nas bactérias e nas plantas superiores, porém não nos animais.

$$\underset{O\text{-Acetilserina}}{CH_2{-}O{-}\overset{O}{\overset{\|}{C}}{-}CH_3(CHNH_2)(CO_2H)} + H_2S \xrightarrow{PALP} \underset{\text{Cisteína}}{CH_2{-}SH(CHNH_2)(CO_2H)} + \underset{\text{Ácido acético}}{CH_3COOH} \quad (17\text{-}18)$$

As bactérias e as plantas superiores podem agora utilizar a cisteína como fonte de enxofre para formar metionina; o processo, conhecido como transulfurilação é análogo à maneira pela qual o átomo de nitrogênio do ácido aspártico entra no grupo guanidínico, na arginina. Na presença da enzima *cistationina-sintase I*, um produto de adição contendo enxofre, conhecido como cistationina, é formado:

$$\underset{\text{Cisteína}}{CH_2{-}SH(CHNH_2)(CO_2H)} + \underset{\text{Homosserina}}{HO{-}CH_2{-}CH_2{-}CHNH_2{-}CO_2H} \xrightarrow[\text{-sintase I (Bactéria; plantas)}]{\text{Cistationina-}} \underset{\text{Cistationina}}{CH_2{-}S{-}CH_2{-}CH_2{-}CHNH_2{-}CO_2H \;(CHNH_2)(CO_2H)} + H_2O$$

Note-se que a unidade de 3 carbonos é fornecida pela cisteína, e a de 4 carbonos, pela homosserina (derivado do ácido aspártico). Na presença de cistationase, a cistationina é quebrada hidroliticamente na ligação de enxofre, para produzir *homocisteína*, ácido pirúvico e NH_3:

$$\underset{\text{Cistationina}}{CH_2{-}S{-}CH_2{-}CH_2{-}CHNH_2{-}CO_2H \;(CHNH_2)(CO_2H)} + H_2O \xrightarrow[\text{(Bactérias; plantas)}]{\text{Cistationase}} \underset{\text{Piruvato}}{CH_3{-}C{=}O{-}CO_2H} + NH_3 + \underset{\text{Homocisteína}}{HS{-}CH_2{-}CH_2{-}CHNH_2{-}CO_2H}$$

A homocisteína é subseqüentemente metilada (pelo ácido tetraidrofólico ou vitamina B_{12}) para formar metionina (p. 184).

As reações e relações que acabaram de ser descritas para bactérias e plantas são quase revertidas nos animais, que não podem fazer cisteína (ou homocisteína) a partir de H_2S e SO_4^{2-}. Em vez disso, os animais sintetizam sua cisteína a partir da metionina que é um aminoácido indispensável. Na realidade, a metionina é essencial devido a essa incapacidade dos animais. Uma vez que o enxofre da metionina pode ser utilizado para fazer cisteína, esta não é um aminoácido essencial. A cistationina mencionada acima é novamente um intermediário do processo. Na presença da cistationina-sintase II dos mamíferos, homocisteína (obtida pela desmetilação da metionina) reage com serina para produzir cistationina:

$$\underset{\text{Homocisteína}}{CH_2{-}SH{-}CH_2{-}CHNH_2{-}CO_2H} + \underset{\text{Serina}}{HO{-}CH_2{-}CHNH_2{-}CO_2H} \xrightarrow[\text{-sintase II (Mamíferos)}]{\text{Cistationina-}} \underset{\text{Cistationina}}{CH_2{-}S{-}CH_2{-}CHNH_2{-}CO_2H \;(CH_2)(CHNH_2)(CO_2H)} + H_2O$$

Este composto é então hidrolisado, dando cisteína, ácido α-cetobutírico e NH_3:

$$\underset{\text{Cistationina}}{CO_2H{-}CH(NH_2){-}CH_2{-}CH_2{-}S{-}CH_2{-}CH(NH_2){-}CO_2H} + H_2O \xrightarrow[\text{(Mamíferos)}]{\text{Cistationase}} \underset{\alpha\text{-Cetobutirato}}{CH_3{-}CH_2{-}C(=O){-}CO_2H} + NH_3 + \underset{\text{Cisteína}}{HS{-}CH_2{-}CH(NH_2){-}CO_2H}$$

Note-se que os três átomos da cisteína originam-se da serina, enquanto que o átomo de enxofre vem da homocisteína e, indiretamente, da metionina. As quatro enzimas descritas, que estão envolvidas na formação e hidrólise da cistationina, contêm piridoxal-fosfato como cofator.

Metionina ativa. Duas reações adicionais completarão as relações entre os aminoácidos que contêm enxofre e, além disso, ilustrarão uma maneira diferente pela qual o ATP pode servir para ativar um substrato. Existe forte evidência indicando que os grupos metílicos da metionina são transferidos para moléculas aceptoras, para formar derivados metilados. Na presença de uma enzima ativadora, o ATP reage com a metionina para formar a metionina ativa, *S*-adenosilmetionina, a doadora de metilas:

$$\underset{\text{Metionina}}{CH_3{-}S{-}CH_2{-}CH_2{-}CH(NH_2){-}CO_2H} + \underset{\text{ATP}}{HO{-}P(O)(OH){-}O{-}P(O)(OH){-}O{-}P(O)(OH){-}O{-}CH_2{-}\text{ribose(OH)}_2{-}\text{Adenina}} \xrightarrow{\text{Enzima ativadora}}$$

$$\underset{S\text{-Adenosilmetionina}}{CH_3{-}S^{+}(CH_2{-}\text{ribose(OH)}_2{-}\text{Adenina}){-}CH_2{-}CH_2{-}CH(NH_2){-}CO_2H} + HO{-}P(O)(OH){-}O{-}P(O)(OH){-}OH + H_3PO_4$$

Nesta reação, os três grupos de fosfato do ATP são removidos, como fosfato inorgânico e pirofosfato, e o resíduo de adenosina liga-se ao átomo de enxofre para formar um derivado de sulfônio. Esse composto é um composto rico em energia que facilmente transfere seu grupo metílico para moléculas aceptoras (por exemplo, ácido guanidoacético); no processo, forma-se *S*-adenosil-homocisteína:

$$\underset{S\text{-Adenosilmetionina}}{CH_3{-}S^{+}(CH_2{-}\text{ribose(OH)}_2{-}\text{Adenina}){-}CH_2{-}CH_2{-}CH(NH_2){-}CO_2H} + \underset{\text{Ácido guanidoacético}}{NH_2{-}C(=NH){-}NH{-}CH_2{-}CO_2H} \longrightarrow \underset{S\text{-Adenosil-homocisteína}}{S(CH_2{-}\text{ribose(OH)}_2{-}\text{Adenina}){-}CH_2{-}CH_2{-}CH(NH_2){-}CO_2H} + \underset{\text{Creatina}}{NH_2{-}C(=NH){-}N(CH_3){-}CH_2{-}CO_2H}$$

A *S*-adenosil-homocisteína pode ser hidrolisada para formar adenosina e homocisteína, que pode, por sua vez, ser utilizada na síntese de cisteína:

$$\text{S-Adenosil-homocisteína} + H_2O \longrightarrow \text{Homocisteína} + \text{Adenosina}$$

S-Adenosil-homocisteína — Homocisteína — Adenosina

AMINOÁCIDOS COMO PRECURSORES DE OUTROS COMPOSTOS

Foi salientado anteriormente a função dos aminoácidos como precursores de importantes componentes não-proteicos. Já nos referimos à síntese das aminas ativas fisiologicamente, por descarboxilação (p. 387).

Os aminoácidos servem como precursores primários de um grande número de produtos vegetais naturais. Assim, os alcalóides vegetais são derivados de lisina, triptofano, fenilalanina, tirosina e lisina. Os glicosídios nitrogenados cianogênicos e os glucosídios do óleo de mostarda (glucosinolatos) são derivados dos aminoácidos. A lignina, o segundo composto mais abundante da natureza (o primeiro é a celulose), é produzida a partir do ácido *trans*-cinâmico, bem como um variado número de flavonóides, ácidos fenólicos e cumarinas. O ácido *trans*-cinâmico, por sua vez, é produ-

$$C_6H_5{-}CH_2{-}CH(NH_2){-}CO_2H \xrightarrow{PAL} C_6H_5{-}CH{=}CH{-}CO_2H + NH_3 \qquad (17\text{-}19)$$

L-Fenilalanina — Ácido trans-cinâmico

zido pela ação da *fenilalanina-amônia-liase* (PAL) ou L-fenilalanina. A enzima que catalisa essa primeira etapa na conversão da fenilalanina em uma grande variedade de produtos naturais, é regulada, em muitas plantas, pelo fitocromo ou por outros processos dependentes da luz.

SÍNTESE DAS PORFIRINAS

O papel da glicina na biossíntese da molécula de porfirina é outro exemplo da importância dos aminoácidos como precursores de compostos não-proteicos.

Química. Os compostos bioquimicamente importantes, clorofila, hemoglobina e citocromos, têm em comum uma estrutura tetrapirrólica cíclica chamada *porfirina*. O composto de origem, a porfina, contém quatro anéis pirrólicos ligados por pontes metínicas (—CH =). Antes de considerar sua química, delinearemos um método útil de escrever um anel porfínico. A Fig. 17-3 ilustra a seqüência, onde os anéis, I, II, III e IV estão ligados por pontes metínicas, α, β, γ e δ. Note-se que o sistema de duplas ligações é altamente conjugado. Na realidade, as duplas ligações não são estabelecidas de forma definida, pois a estrutura é um sistema de ressonância, com várias estruturas possíveis. A protoporfirina IX é um dos quinze isômeros possíveis e é a mais comum na natureza. O anel porfirínico é espacialmente uma estrutura plana com um metal específico firmemente quelado por pares de elétrons dos átomos de nitrogênio dos quatro núcleos pirrólicos. Os únicos metais encontrados nos tetrapirróis bioquimicamente funcionais são magnésio (na clorofila), ferro (no heme, citocromas, peroxidases e catalases) e cobalto (nas cobalaminas, tetrapirróis modificados).

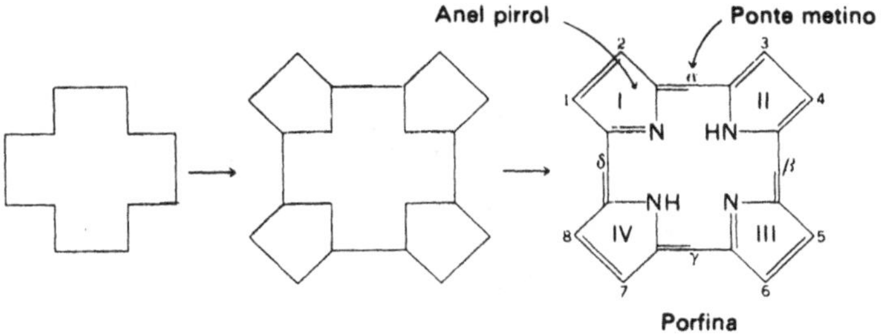

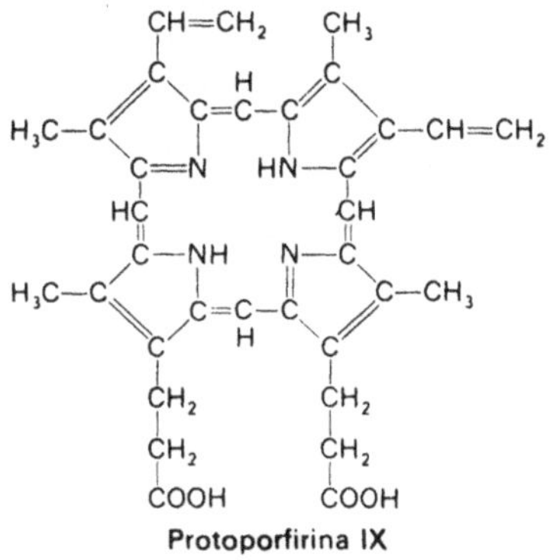

Figura 17-3. Na parte superior está indicado um processo simples para desenhar um anel de porfina. Primeiro desenhe uma cruz simétrica. Acrescente os anéis. Complete então a estrutura para obter o composto porfina. Abaixo está indicada a protoporfirina IX

Biossíntese. David Shemin e S. Granick muito contribuíram para a solução do problema da biossíntese dessas importantes estruturas pirrólicas cíclicas. Dados com isótopos mostraram que todos os átomos de carbono e nitrogênio do anel porfirínico são derivados da glicina e do ácido succínico. A seqüência biossintética pode ser dividida em quatro etapas.

ETAPA 1. A glicina e a succinil-CoA (a forma ativada do ácido succínico) condensam-se na presença da enzima ácido δ-aminolevulínico (ALA)-sintase, para formar ALA. A enzima, que é a enzima controladora de velocidade na biossíntese do heme e que está sujeita a inibição pelo produto final pelo heme e hemina, requer piridoxal-fosfato como coenzima.

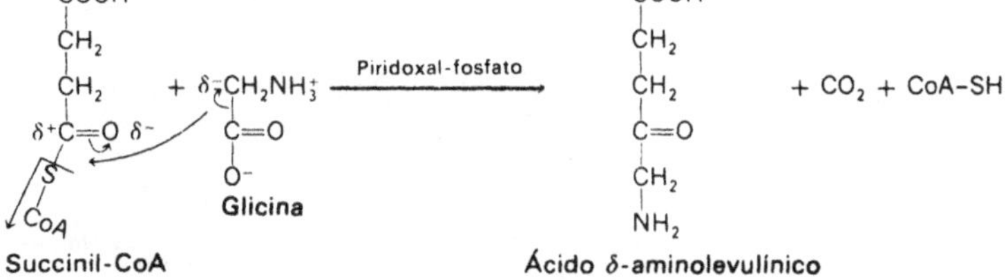

Succinil-CoA + Glicina →(Piridoxal-fosfato) Ácido δ-aminolevulínico + CO_2 + CoA-SH

ETAPA 2. A segunda etapa envolve a condensação de duas moléculas do ácido δ-aminolevulínico pela ALA-desidrase para dar origem ao derivado pirrólico *porfobilinogênio*. Note-se a distribuição dos resíduos de glicina (simples) e succinato (sombreados) no anel. A enzima é inibida por baixas concentrações de heme.

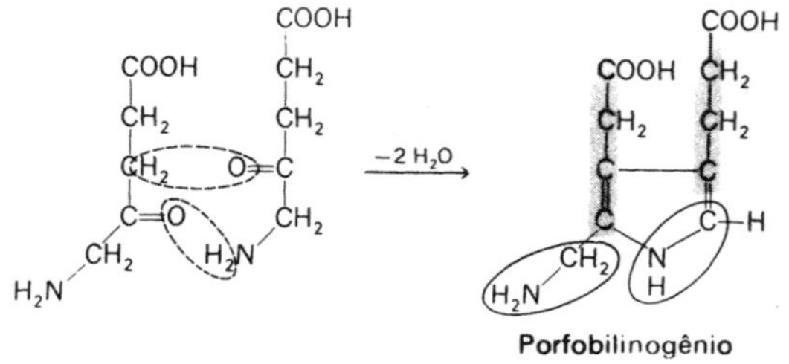

$\xrightarrow{-2\ H_2O}$

Porfobilinogênio

ETAPA 3. Embora essa reação não seja muito bem entendida, ela é importante, uma vez que, nessa seqüência, dos quatro isômeros possíveis de uroporfirinogênio, somente é sintetizado o isômero certo, o uroporfirinogênio III.

3 Porfobilinogênio $\xrightarrow[\text{Urogênio I sintetase}]{-2\ NH_3}$ Tripirrol linear

Urogênio III cossintetase | + Porfobilinogênio $-2\ NH_3$

A = $-CH_2CO_2H$
P = $-CH_2CH_2CO_2H$

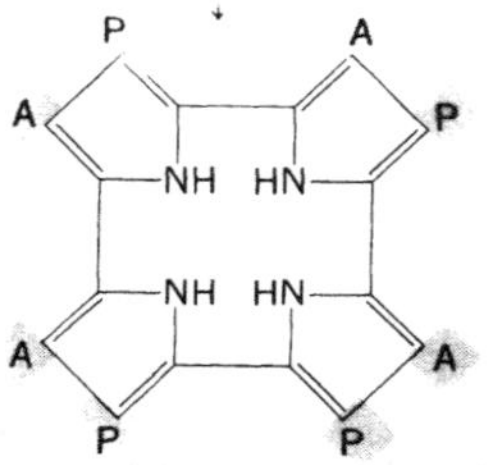

Uroporfirinogênio III

ETAPA 4. Nessa série de reações, as cadeias laterais de acetil dos anéis I, II, III e IV são descarboxiladas a grupos metílicos, por uma descarboxilase largamente distribuída, dando coproporfirinogênio III. Em seguida, os resíduos propionílicos dos anéis I e II e as pontes de metano das posições α, β, γ e δ são oxidadas por um sistema particulado, a protoporfirina IX. Finalmente, na mitocôndria, uma ferroquelatase específica insere o íon ferroso no anel tetrapirrólico, para formar o heme. Acredita-se que, nas plantas

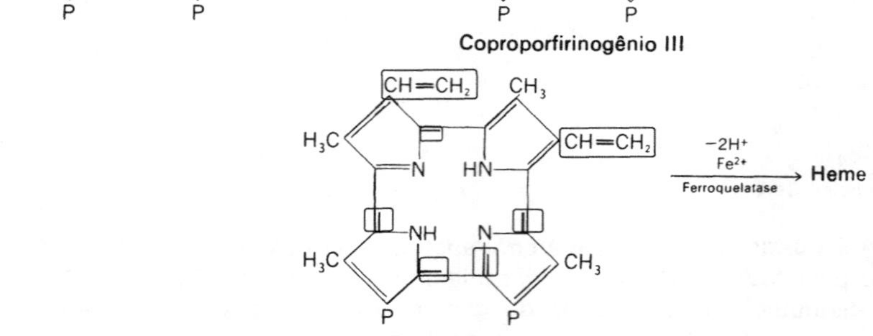

$\xrightarrow[-4\ CO_2]{\text{Urogênio III descarboxilase}}$

Coproporfirinogênio III

$\xrightarrow[\text{Descarboxilação oxidativa}]{-2\ CO_2,\ -6\ H}$

Protoporfirina IX

$\xrightarrow[\text{Ferroquelatase}]{-2H^+,\ Fe^{2+}}$ Heme

verdes, outras modificações catalisadas por enzimas específicas convertem protoporfirina IX a clorofila.

O núcleo heme do citocromo c está unido à sua proteína específica por ligações tioésteres com o resíduo de cisteína e por resíduos de metionina e histidina, como descrito à p. 86.

O papel das porfirinas é extremamente importante na economia da célula. Toda vez que o aluno estuda fotossíntese, transporte de oxigênio (pela hemoglobina e mioglobina), transporte de elétrons até oxigênio (pelos sistemas citocrômicos) ou atividade catalítica da catalase e peroxidase, deveria ter em mente que o sistema porfirínico é a estrutura-chave de todas essas funções.

REGULAÇÃO DA SÍNTESE TETRAPIRRÓLICA

Vários fatores estão envolvidos na regulação da síntese de porfirinas. Para uma descrição completa, a compartimentação das várias enzimas envolvidas na biossíntese da porfirina deve ser considerada. Assim, enquanto ALA-sintase e coproporfirinogênio-oxidase estão na mitocôndria, as outras enzimas estão localizadas no citoplasma.

Duas enzimas que ocorrem no começo da seqüência biossintética parecem ser os pontos de controle da síntese do heme, a ALA-sintase e a ALA-desidrase. A desidrase é 50% inibida por 40 μM de heme, enquanto que a sintase é 50% inibida por 1 μM de heme, por um mecanismo de *feedback* (retroalimentação). Como a ALA-sintase está presente em baixas concentrações, é provavelmente a enzima que limita a velocidade de síntese da porfirina. Entretanto a ALA-desidrase parece ser um segundo ponto de controle.

Além do controle descrito, a formação da ALA-sintase é reprimida por baixas concentrações de heme, em culturas em crescimento de várias bactérias e tecidos embrionários. Outro exemplo de controle é o notável efeito do oxigênio na síntese de hemoproteína em levedura. Quando levedura cresce anaerobicamente, as células são desprovidas de mitocôndria e não contêm quantidades significantes de citocromos. Quando as células são expostas ao oxigênio, há um rápido aparecimento de mitocôndria e o complexo citocrômico completo é formado. O conteúdo de citocromo c aumenta 50 vezes durante essa adaptação de condições anaeróbicas a aeróbicas.

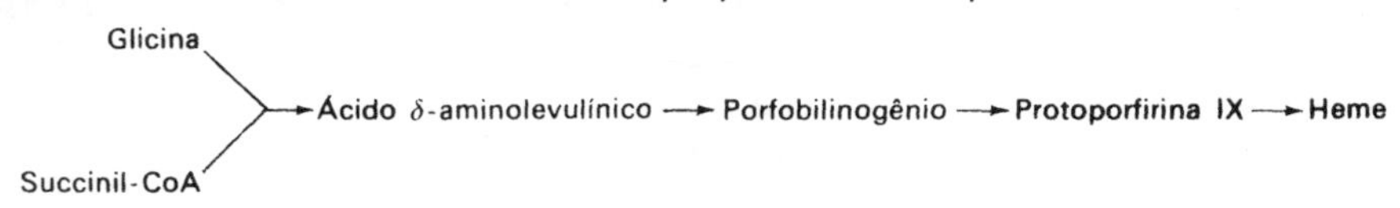

Esquema 17-4

Em resumo, o heme exerce controle sobre a ALA-sintase tanto por retroalimentação (*feedback*) como por repressão. Além disso, a ALA-desidrase é inibida pelo heme. Finalmente, o oxigênio e uma série de produtos químicos afetam marcadamente o nível de heme e hemoproteína, tanto em células procarióticas como eucarióticas.

BIOSSÍNTESE DE PURINAS

Nossa discussão sobre o metabolismo dos manômeros nitrogenados será concluída com as purinas e as pirimidinas. Em contraste com os aminoácidos essenciais ou indispensáveis, as purinas (e pirimidinas) podem ser formadas a partir de precursores simples, tanto por plantas como por animais. Experimentos com radioisótopos mostraram que os nove átomos do núcleo de purina derivam de cinco precursores diferentes, contribuindo cada precursor com os átomos indicados no Esquema 17-5. O trabalho feito por inúmeros pesquisadores independentes com mamíferos, pássaros e bactérias mostrou que, essencialmente, a mesma via biossintética é seguida nesses diferentes seres vivos. Como será visto, a via consiste numa adição, passo a passo, de átomos individuais ao carbono 1 da ribose-5-fosfato para produzir o intermediário-chave, *ácido inosínico*. É possível descrever em detalhe a maior parte das reações, e isso será feito não para confundir o estudante, mas para demonstrar que certos princípios das reações bioquímicas já encontrados no metabolismo de carboidratos, lípideos e aminoácidos, podem ser aplicados à síntese de ácidos nucleicos e seus derivados.

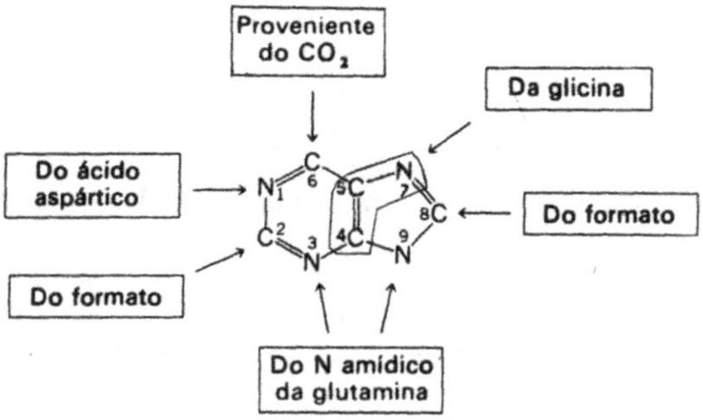

Proveniente do CO_2

Da glicina

Do ácido aspártico

Do formato

Do formato

Do N amídico da glutamina

Esquema 17-5

O ponto inicial para a biossíntese de purinas é o composto α-5-fosforribosil-1-pirofosfato (PRPP), que é obtido a partir de ATP e ribose-5-fosfato.

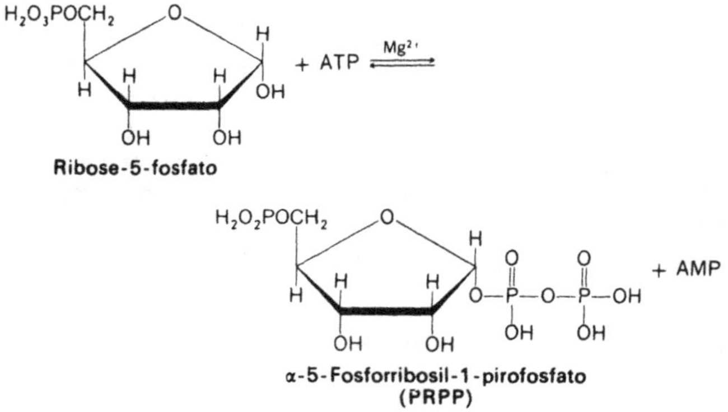

$$\text{Ribose-5-fosfato} + \text{ATP} \xrightarrow{Mg^{2+}} \alpha\text{-5-Fosforribosil-1-pirofosfato (PRPP)} + \text{AMP} \qquad (17\text{-}19)$$

Ribose-5-fosfato

α-5-Fosforribosil-1-pirofosfato (PRPP)

A enzima (quinase) envolvida nessa reação é interessante porque catalisa a transferência do grupo de pirofosfato do ATP — em vez do grupo de fosfato terminal — à molécula aceptora, ribose-5-fosfato.

O α-5-fosforribosil-1-pirofosfato participa então do passo inicial da biossíntese da purina, reagindo com glutamina para formar 5-fosforribosil-1-amina, ácido glutâmico e pirofosfato. Essa é uma reação na qual a glutamina doa seu átomo de nitrogênio amídico a um composto orgânico. A enzima (glutamina-fosforribosil-pirofosfato-amidotransferase) que catalisa a Reação 17-20 é inibida pelos nucleotídeos de purina produzidos em etapas posteriores da via biossintética. Por essa razão, a Reação 17-20 é o local de *inibição por feedback* (ou retroinibição) por produtos posteriores da via (veja a p. 465 para definições). Note-se que a configuração do carbono hemiacetálico da ribose é invertida durante a reação: a ligação do grupo de pirofosfato no PRPP é α, enquanto que o aminogrupo tem a configuração β. Essa, logicamente, é a configuração da ligação *N*-ribosil nos nucleotídeos de purina finalmente formados nessa via. A Reação 17-20 é inibida pelo antibiótico *azasserina*, um análogo estrutural da gluta-

$$N{=}\overset{+}{N}{-}CH_2{-}\underset{\underset{O}{\|}}{C}{-}O{-}CH_2{-}\underset{\underset{NH_2}{|}}{CH}{-}COOH$$

mina, um dos substratos da reação. Reações subseqüentes que envolvem a glutamina são também inibidas pela azasserina.

PRPP + Glutamina + H_2O $\xrightarrow{Mg^{2+}}$ 5-Fosforribosil-1-amina + $HO{-}P(O)(OH){-}O{-}P(O)(OH){-}OH$ + Ácido glutâmico (17-20)

No passo seguinte o aminoácido glicina é ligado à ribosilamina por uma ligação amídica. Não é surpreendente, portanto, que a reação necessite de uma fonte de energia, que é o ATP.

5-Fosforribosil-1-amina + $COOH{-}CH_2{-}NH_2$ + ATP $\overset{Mg^{2+}}{\rightleftharpoons}$ Glicinamida-ribonucleotídeo + ADP + H_3PO_4 (17-21)

O glicinamida-ribonucleotídeo formado na Reação 17-21 reage então, para produzir formilglicinamida-ribonucleotídeo, na presença da *transformilase*, que catalisa a transferência do grupo *formil* da coenzima transferidora de formil, o ácido metenil-N^{5-10}-tetraidrofólico (p. 180). Essa reação e a Reação 17-29, que requerem coen-

Glicinamida-ribonucleotídeo + **Metenil** $-N^{5\text{-}10}-FH_4 + H_2O \longrightarrow$ α-*N*-Formilglicinamida-ribonucleotídeo + FH_4 + H^+ (17-22)

(**Ribose** $-PO_3H_2$)

zimas do ácido fólico, são inibidas pelo amino-pterina e outros inibidores da vitamina. Nesse ponto, todos os átomos do anel imidazólico do núcleo da purina foram ligados ao resíduo de fosforribose, que será representado, nas reações subseqüentes, por ribose $—PO_3H_2$.

Embora fosse razoável haver fechamento do anel nesse ponto, a reação seguinte envolve a adição do átomo de nitrogênio localizado na posição 3 da estrutura purínica. Como se poderia prever, o nitrogênio é fornecido pelo grupo amídico da glutamina na presença de uma fonte de energia, o ATP. O mecanismo da Reação 17-23 e várias outras, nas quais o átomo de nitrogênio é transferido ao núcleo pirimidínico da purina, não é bem compreendido. Ele deve ser semelhante à síntese da glutamina (p. 389) na qual um intermediário fosforilado pode estar envolvido.

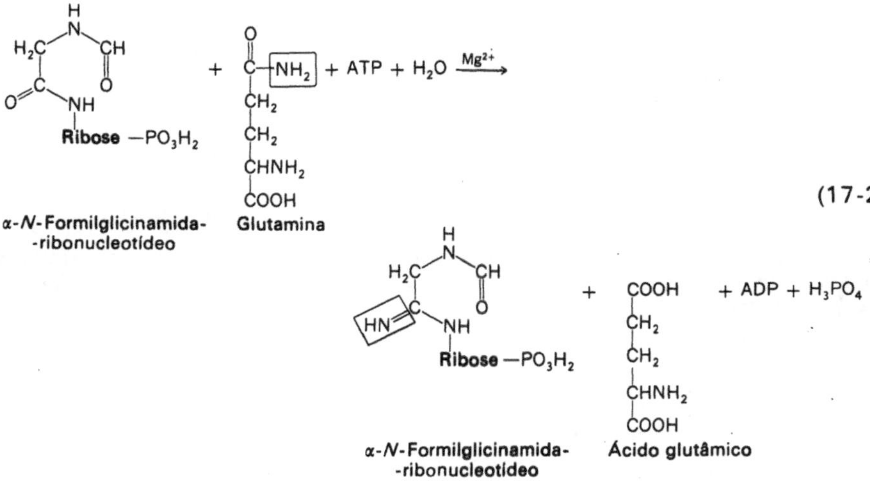

α-*N*-Formilglicinamida-ribonucleotídeo + Glutamina + ATP + H_2O $\xrightarrow{Mg^{2+}}$ α-*N*-Formilglicinamida-ribonucleotídeo + Ácido glutâmico + ADP + H_3PO_4 (17-23)

O α-*N*-formilglicinamida-ribonucleotídeo agora sofre fechamento do anel por uma reação de desidratação pouco compreendida, que requer ATP. Nessa etapa, o anel imidazólico do núcleo da purina é formado e ATP é hidrolizado a ADP e H_3PO_4. Como os três átomos restantes do esqueleto purínico têm que ser ainda obtidos, o átomo de carbono da posição 6 é formado em seguida por carboxilação do núcleo

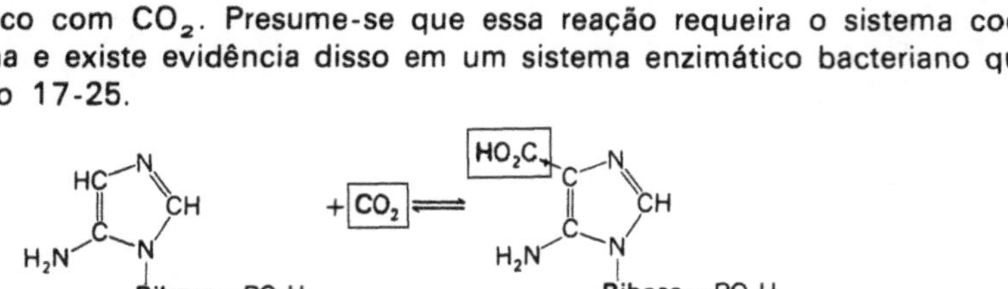

α-*N*-Formilglicinamidina-ribonucleotídeo + ATP $\xrightarrow{Mg^{2+}}$ 5-Aminoimidazol-ribonucleotídeo + ADP + H_3PO_4 (17-24)

imidazólico com CO_2. Presume-se que essa reação requeira o sistema coenzimático da biotina e existe evidência disso em um sistema enzimático bacteriano que catalisa a Reação 17-25.

5-Aminoimidazol ribonucleotídeo + CO_2 $\rightleftharpoons$ 5-Aminoimidazol-4-carboxirribonucleotídeo (17-25)

O próximo passo na via é uma das várias reações do metabolismo intermediário, onde um átomo de nitrogênio é fornecido pelo ácido aspártico. O processo é bastante análogo à síntese do ácido arginino-succínico no ciclo da uréia (p. 393), onde o ATP é necessário como fonte de energia. Aqui, entretanto, o ATP é quebrado a ADP e H_3PO_4. Posteriormente, o derivado de succinocarboxamida é quebrado, numa reação do

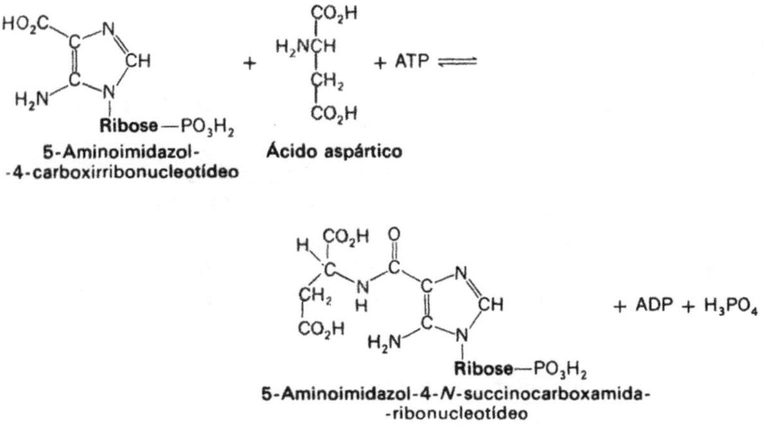

5-Aminoimidazol-4-carboxirribonucleotídeo + **Ácido aspártico** + ATP ⇌ **5-Aminoimidazol-4-*N*-succinocarboxamida-ribonucleotídeo** + ADP + H_3PO_4 (17-26)

tipo da *aspartase* (reação 17-16) para formar ácido fumárico, de uma forma bastante análoga à quebra do ácido arginino-succínico.

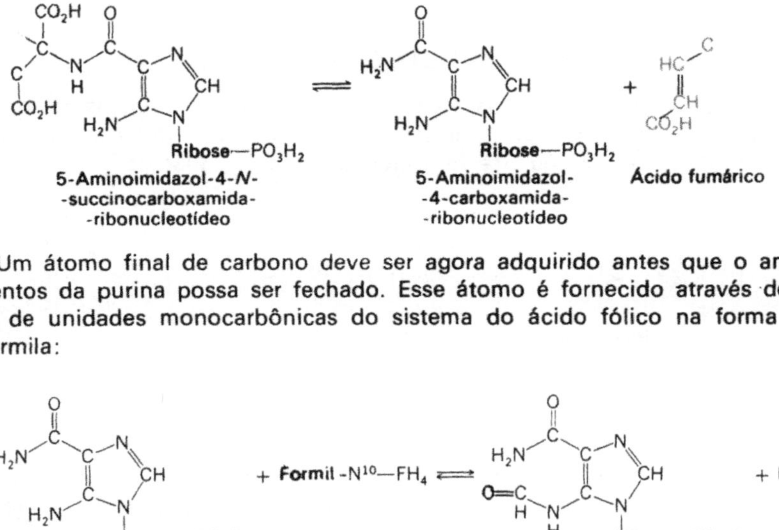

5-Aminoimidazol-4-*N*-succinocarboxamida-ribonucleotídeo ⇌ **5-Aminoimidazol-4-carboxamida-ribonucleotídeo** + **Ácido fumárico** (17-27)

Um átomo final de carbono deve ser agora adquirido antes que o anel de seis elementos da purina possa ser fechado. Esse átomo é fornecido através do metabolismo de unidades monocarbônicas do sistema do ácido fólico na forma de grupo de formila:

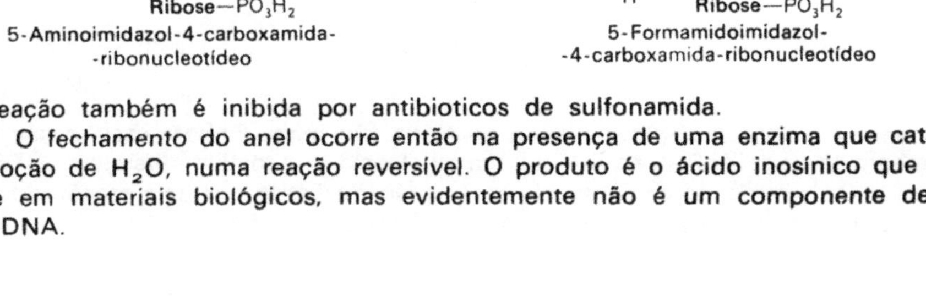

5-Aminoimidazol-4-carboxamida-ribonucleotídeo + **Formil-N^{10}—FH_4** ⇌ 5-Formamidoimidazol-4-carboxamida-ribonucleotídeo + FH_4 (17-28)

A reação também é inibida por antibioticos de sulfonamida.

O fechamento do anel ocorre então na presença de uma enzima que catalisa a remoção de H_2O, numa reação reversível. O produto é o ácido inosínico que ocorre livre em materiais biológicos, mas evidentemente não é um componente de RNA ou DNA.

5-Formamidoimidazol-4-carboxamida-ribonucleotídeo ⇌ Ácido inosínico (IMP) + H_2O (17-29)

Se expressarmos as Reações de 17-20 a 17-29 como uma reação global podemos escrever:

$$2\,NH_3 + 2\,HCOOH + CO_2 + \text{GLICINA} + \text{Ácido aspártico} + \text{Ribose-5-fosfato} \longrightarrow \text{Ácido inosínico} + \text{Ácido fumárico} + 9\,H_2O$$

A energia necessária para efetuar esse processo é, logicamente, fornecida por moléculas de ATP, das quais todas menos uma são clivadas, produzindo ADP e H_3PO_4. Assim, temos um outro exemplo dos meios pelos quais a grande energia do ATP pode

$$9\,ATP + 9\,H_2O \longrightarrow 8\,ADP + 8\,H_3PO_4 + AMP + HO{-}P(=O)(OH){-}O{-}P(=O)(OH){-}OH$$

ser utilizada em reações parceladas para realizar uma seqüência biossintética que requeira energia.

INTERCONVERSÕES DE NUCLEOTÍDEOS DE PURINA

Os dois nucleotídeos de purinas AMP e GMP, são subseqüentemente formados a partir do ácido inosínico, o produto inicial da via das purinas. No caso do AMP, o átomo de nitrogênio da posição 6 é fornecido pelo ácido aspártico em uma reação

IMP + Ácido aspártico ($HO_2C{-}CH_2{-}CH(NH_2){-}CO_2H$) + GTP $\xrightarrow{Mg^{2+}}$ Ácido adenilo succínico ($HO_2C{-}CH_2{-}CH(CO_2H){-}NH{-}$purina$-$Ribose$-PO_3H_2$) + GDP + H_3PO_4 (17-30)

que envolve a formação de um derivado do ácido succínico. Embora essa reação seja estritamente análoga à Reação 17-26, um nucleosídeo-trifosfato diferente (GTP) é necessário. O derivado do ácido succínico é então quebrado por uma reação do tipo da reação da aspartase para originar o ácido fumárico e AMP:

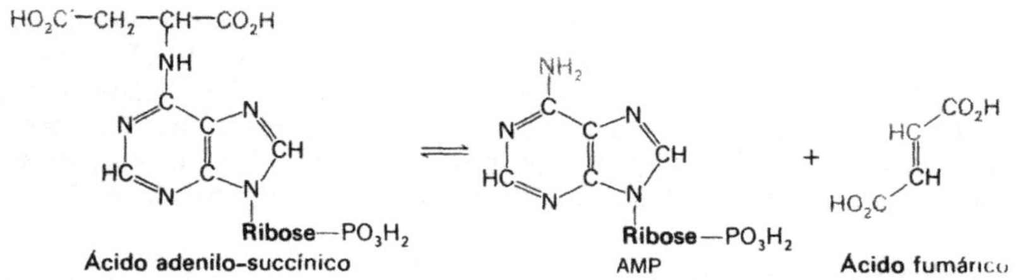

$$\text{Ácido adenilo-succínico} \rightleftharpoons \text{AMP} + \text{Ácido fumárico} \qquad (17\text{-}31)$$

Essa reação é semelhante à Reação 17-27, e as enzimas que catalisam as duas reações são provavelmente idêndicas.

No caso da síntese do GMP, o átomo de nitrogênio deve ser introduzido na posição 2 do núcleo da purina. Para isso, o átomo de carbono que está nessa posição no ácido inosínico deve primeiro ser oxidado ao estado mais alto de oxidação para poder adquirir o aminogrupo que já está nesse nível de oxidação. A oxidação é realizada por uma desidrogenase que requer o nicotinamida-nucleotídeo, NAD^+

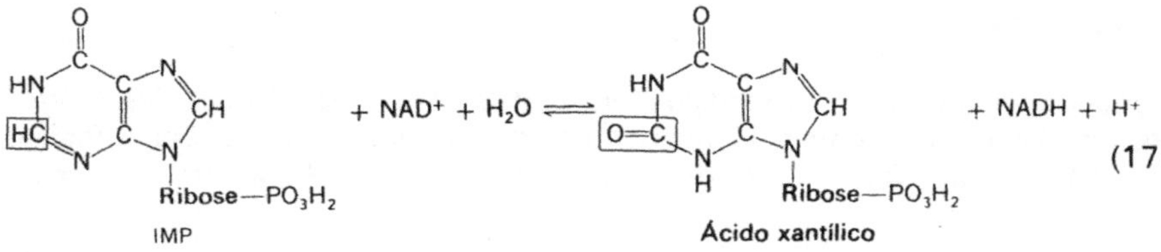

$$\text{IMP} + NAD^+ + H_2O \rightleftharpoons \text{Ácido xantílico} + NADH + H^+ \qquad (17\text{-}32)$$

Uma vez obtido o ácido xantílico, o átomo de nitrogênio é adquirido da glutamina, numa reação que utiliza ATP:

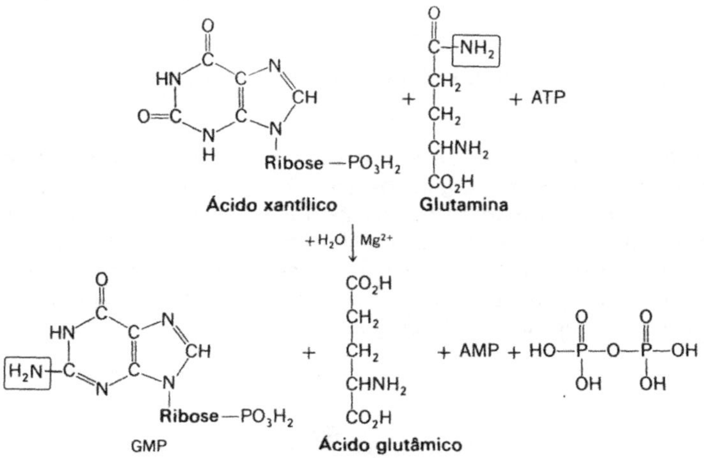

$$\text{Ácido xantílico} + \text{Glutamina} + ATP \xrightarrow[Mg^{2+}]{+H_2O} \text{GMP} + \text{Ácido glutâmico} + AMP + HO{-}P(O)(OH){-}O{-}P(O)(OH){-}OH \qquad (17\text{-}33)$$

Embora o mecanismo dessa reação que produz GMP não tenha sido completamente elucidado, AMP e pirofosfato são os produtos formados a partir do ATP.

REGULAÇÃO DA BIOSSÍNTESE DOS NUCLEOTÍDEOS DE PURINAS

A regulação da biossíntese dos nucleotídeos de purinas ocorre em dois níveis diferentes da seqüência biossintética. O primeiro é na síntese da 5-fosforribosilamina (Reação 17-20), que pode ser considerado o passo inicial da via biossintética. A enzima que catalisa essa reação é inibida em um sítio regulatório por AMP, ADP e ATP, e, em outro, por GMP, GPD e GTP.

O outro controle é no composto de ramificação da seqüência, o ácido inosínico. Pode ser visto que a Reação 17-30, que dá origem ao AMP, requer GTP, enquanto que as Reações 17-32 e 17-33, que levam ao GMP, requerem ATP na última reação. Assim, quando o ATP está em excesso, sua concentração mais alta simplesmente leva a um aumento na produção de GMP (e eventualmente GTP). Inversamente, um excesso de GTP leva a uma produção maior de AMP e, portanto, de ATP.

BIOSSÍNTESE DE PIRIMIDINAS

Os átomos do núcleo de pirimidina são derivados de três precursores simples, CO_2, NH_3 e ácido aspártico (Esquema 17-6).

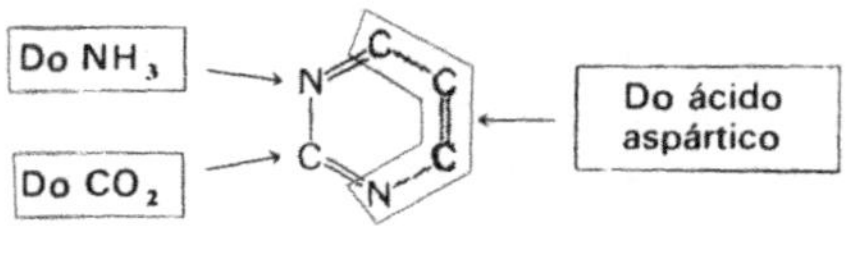

Do NH_3 → N; Do CO_2 → C; Do ácido aspártico → C—C—C—N

Esquema 17-6

Quando os passos biossintéticos individuais foram estudados, demonstrou-se que o primeiro envolve a transferência de um grupo carbamil do carbamil-fosfato ao ácido aspártico para formar o ácido *N*-carbamil-aspártico (ácido ureido-succínico):

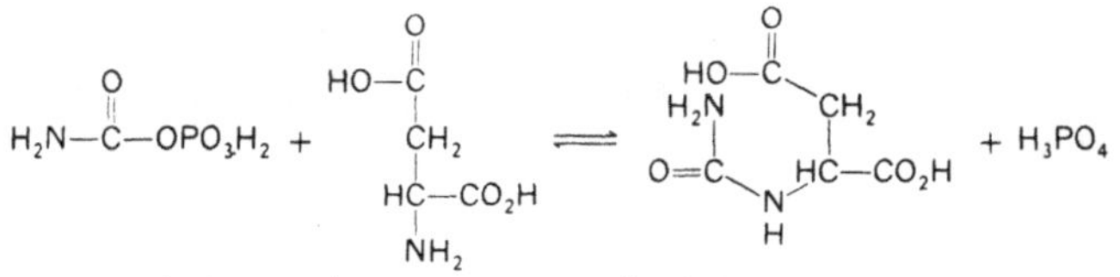

$$H_2N{-}C({=}O){-}OPO_3H_2 + HO{-}C({=}O){-}CH_2{-}CH(NH_2){-}CO_2H \rightleftharpoons HO{-}C({=}O){-}CH_2{-}CH(CO_2H){-}NH{-}C({=}O){-}NH_2 + H_3PO_4 \qquad (17\text{-}34)$$

Carbamil-fosfato — Ácido aspártico — Ácido *N*-carbamil-aspártico (Ácido ureido-succínico)

O carbamil-fosfato é um dos três compostos através dos quais os átomos de nitrogênio são introduzidos em compostos orgânicos (p. 391). A enzima que catalisa a Reação 17-34 é conhecida como *aspartato-transcarbamoilase*: é o local da retroinibição pelo CTP, um produto da via em consideração. Uma discussão detalhada dessa enzima no que se relaciona à inibição por *feedback* será apresentada mais tarde (p. 465).

O fechamento do anel do ácido *N*-carbamilaspártico, catalisado pela enzima *diidrorotase*, leva à formação do ácido diidrorótico:

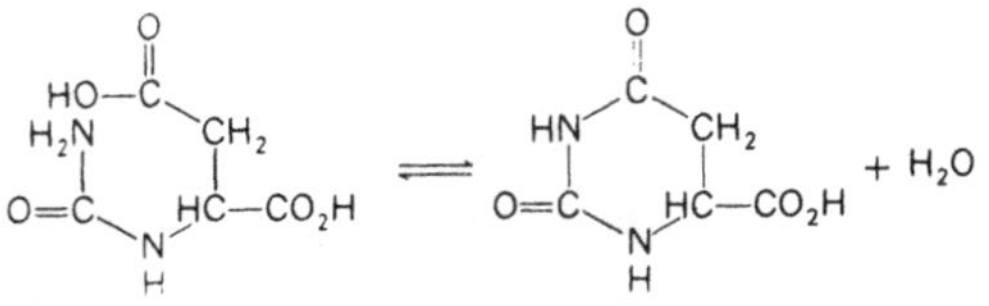

$$\text{Ácido } N\text{-carbamil-aspártico} \rightleftharpoons \text{Ácido diidrorótico} + H_2O \qquad (17\text{-}35)$$

Ácido *N*-carbamil-aspártico — Ácido diidrorótico

Essa desidratação é totalmente reversível, predominando, no equilíbrio, o composto de cadeia aberta, na razão de 2:1.

No passo seguinte, uma enzima flavínica, a *ácido diidrorótico-desidrogenase*, catalisa a formação de ácido orótico pela remoção de dois átomos de hidrogênio de átomos de carbono adjacentes, para formar uma dupla ligação carbono-carbono. A flavina reduzida é, por sua vez, reoxidada por uma desidrogenase NAD-dependente.

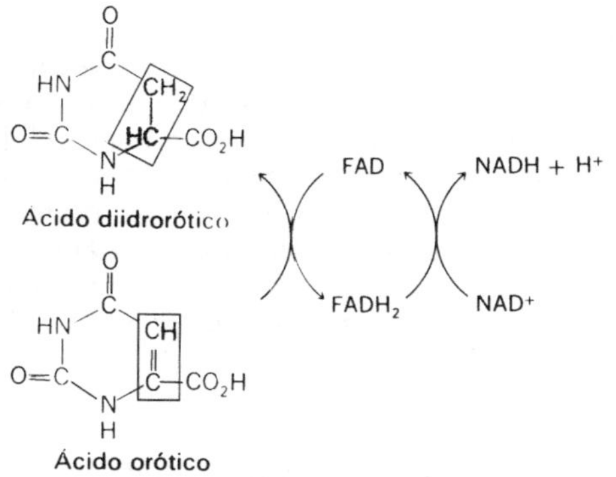

Ácido diidrorótico

FAD, NADH + H⁺, FADH₂, NAD⁺

(17-36)

Ácido orótico

O ácido orótico reage com o PRPP para adquirir o resíduo de 5-fosforribosil (— Ribose —PO_3H_2) e tornar-se o nucleotídeo orotidina-5′-fosfato. Nesse processo, o nitrogênio do anel do ácido orótico reage como um nucleófilo para deslocar o pirofosfato do PRPP e formar a ligação *β-N*-glicosil.

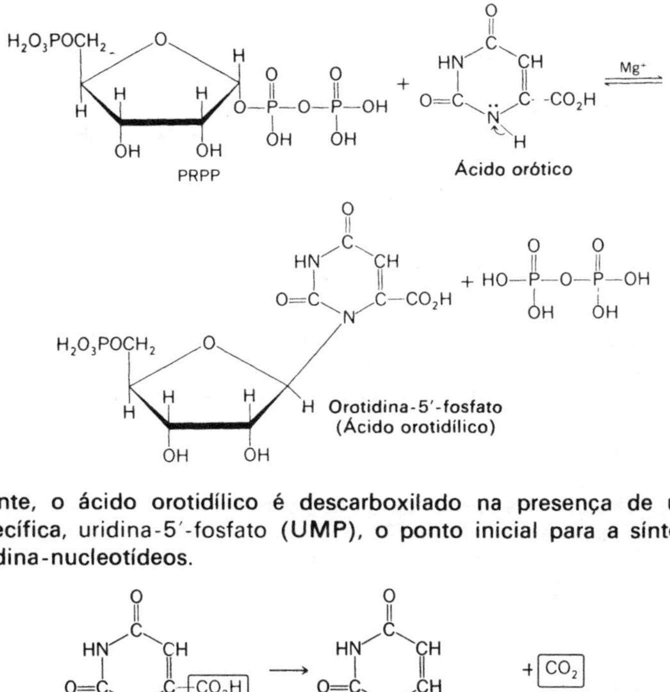

PRPP + Ácido orótico $\xrightleftharpoons{Mg^+}$

Orotidina-5′-fosfato (Ácido orotidílico) + $HO-PO(OH)-O-PO(OH)-OH$ (17-37)

Finalmente, o ácido orotidílico é descarboxilado na presença de uma descarboxilase específica, uridina-5′-fosfato (UMP), o ponto inicial para a síntese dos citidina- e timidina-nucleotídeos.

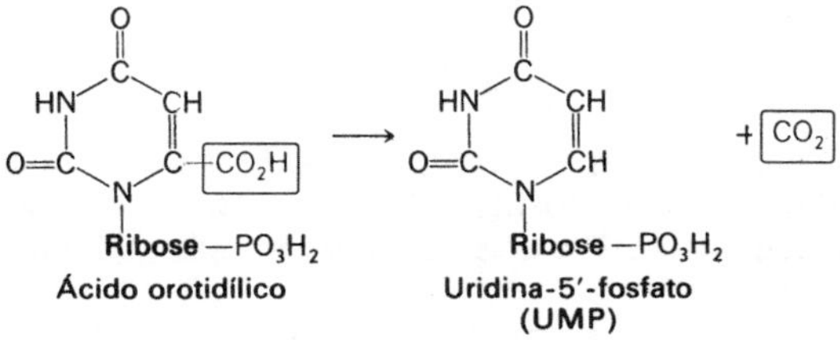

Ácido orotidílico ⟶ Uridina-5′-fosfato (UMP) + CO_2 (17-38)

Por um raciocínio lógico, deveríamos esperar que existisse algum mecanismo de aminação do UMP para formar CMP, e que esses monofosfatos fossem, em seguida, fosforilados para produzir os di- e trifosfatos. Entretanto a formação dos derivados de citidina parte da forma trifosfatada de uridina. Em bactéria, uma enzima pode, então, catalisar a aminação direta do UTP pela amônia, para formar CTP, sendo a energia para o processo fornecida pelo ATP. Embora se pudesse também esperar intermediários em tal reação, nenhum foi detectado; em tecidos animais, o átomo de nitrogênio é obtido a partir da glutamina. Essa diferença entre bactérias e animais ilustra o fato, freqüentemente observado, de que as bactérias podem utilizar amônia diretamente nas mesmas reações onde sistemas animais requererão glutamina. Isso pode estar relacionado à observação de que os animais prontamente se desfazem da molécula de amônia, consideravelmente tóxica, pela seqüência biossintética elaborada do ciclo da uréia, enquanto que bactérias e outras formas inferiores podem tolerar e utilizar NH_3. A síntese em bactérias está mostrada na Reação 17-39:

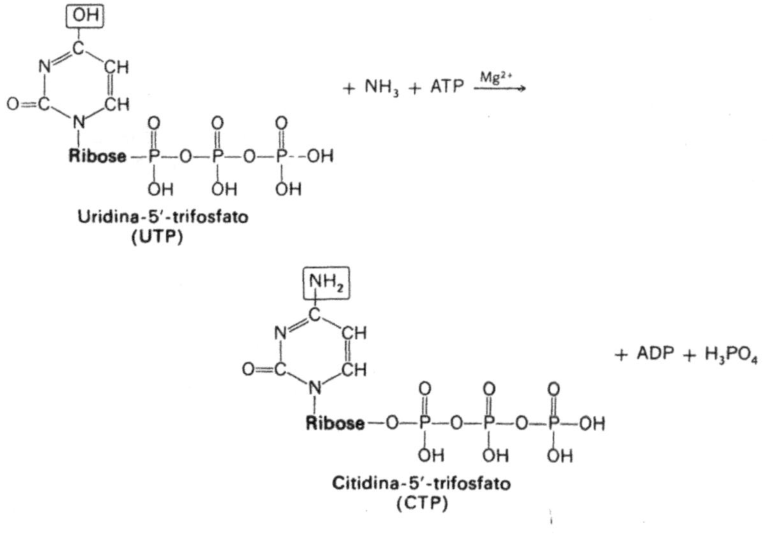

$$\text{Uridina-5'-trifosfato (UTP)} + NH_3 + ATP \xrightarrow{Mg^{2+}} \text{Citidina-5'-trifosfato (CTP)} + ADP + H_3PO_4 \quad (17\text{-}39)$$

Como já salientamos, a biossíntese dos nucleotídeos de pirimidina é regulada primariamente através da ação do CTP sobre a enzima aspartato-transcarbamoilase, que catalisa a primeira reação da seqüência biossintética (Reação 17-34).

SÍNTESE DE DI- E TRIFOSFATOS

Uma vez realizada a síntese dos monofosfatos dos purina- e pirimidina-nucleosídeos, segue-se facilmente a formação dos di- e trifosfatos. Existem quinases específicas que catalisarão a transferência do fosfato do ATP para o nucleosídeo-monofosfato específico, NMP:

$$NMP + ATP \overset{Mg^{2+}}{\rightleftharpoons} NDP + ADP \quad (17\text{-}40)$$

Essas quinases são altamente específicas para as bases individuais, porém utilizam tanto o ribosídeo como o desoxirribosídeo. A síntese do nucleosídeo-difosfato é favorecida devido à remoção do ADP e sua fosforilação subseqüente a ATP pela fosforilação oxidativa.

Os trifosfatos podem, por sua vez, formar-se pela fosforilação dos nucleosídeos--difosfato na presença da nucleosídeo-difosfato-quinase.

$$NDP + XTP \rightleftharpoons NTP + XDP$$
$$dNDP + XTP \rightleftharpoons dNTP + XDP$$

Essa enzima é ubíqua na natureza, e bastante inespecífica, não apresentando preferência seja por uma base particular seja pela ribose, ao invés da desoxirribose. Novamente o doador (XTP) é usualmente o ATP e a síntese de outro trifosfato (NTP) é movida pela capacidade da célula em reformar ATP, a partir de ADP, pelos processos de fosforilação produtores de energia.

FORMAÇÃO DOS DESOXIRRIBOTÍDEOS

A síntese do DNA requer a disponibilidade de quatro desoxirribonucleosídeos-trifosfato que servem como os precursores daquele biopolímero. A unidade (e simplicidade) da bioquímica é facilmente constatada nesse processo, onde somente uma reação adicional é requerida para produzir esses compostos, ao invés de um grupo de reações análogas às das duas seções precedentes. A(s) reação(ões) é (são) notavelmente simples, embora os detalhes somente agora estejam se tornando claros.

Na *E. coli*, a enzima *ribonucleosídeo-difosfato-redutase* catalisa a seguinte reação:

$^{-}O-P(O^{-})(O)-O-P(O^{-})(O)-OCH_2$ (ribose: H, H, OH, OH; Base) $\xrightarrow{\text{NDP redutase}}$ $^{-}O-P(O^{-})(O)-O-P(O)(O)-OCH_2$ (desoxirribose: H, H, OH, H; Base) $+ H_2O$ (17-41)

Tiorredoxina(SH)(SH) → Tiorredoxina(S–S)

Tiorredoxina-redutase

NADPH + H^+ → $NADP^+$

O agente redutor (tiorredoxina reduzida) é um polipeptídeo pequeno (108 aminoácidos), relativamente simples, que serve como um transportador redox. Os grupos ativos são dois resíduos de cisteína que podem ser oxidados para formar um resíduo de cistina (S—S—). A tiorredoxina oxidada é reduzida pelo NADPH na presença da tiorredoxina-redutase, uma flavoproteína.

A ribonucleosídeo-difosfato-redutase da *E. coli* é um heteropolímero contendo ferro não-hemínico. Ela reduz os quatro ribonucleotídeos naturais, ADP, GDP, CDP e UDP.

As redutases encontradas nos tecidos animais, nas células tumorais e nos vegetais superiores assemelham-se às da *E. coli* no fato de ser a tiorredoxina o agente redutor e de os substratos serem os difosfatos. Outra redutase em diversos procariotes (*Lactobacillus*, *Clostridium*, *Pseudomonas* e *Bacillus*) diferem quanto ao fato de os substratos para a redução serem os nucleosídeos-trifosfato e o agente redutor ser uma forma coenzimática da vitamina B_{12}, a 5,6-dimetilbenzimidazol-cobamida. Essa coenzima efetua reduções pela catálise do deslocamento de hidrogênio envolvendo o grupo 5′-metileno do resíduo adenosílico (p. 184).

A conversão de um ribosídeo a um desoxirribosídeo é, com efeito, uma *desoxigenação* que ocorre apenas em raras circunstâncias na bioquímica. Conquanto essas reações possam ocorrer, por exemplo, por desidratação, seguida de hidrogenação, ou por fosforilação e deslocamento (com o íon hidreto), nenhum desses mecanismos está envolvido na formação do desoxirribosídeo. O grupo —OH parece ser reduzido diretamente sem a presença de qualquer intermediário.

BIOSSÍNTESE DA TIMINA

O ácido desoxitimidílico (dTMP) é produzido a partir do ácido desoxiuridílico (dUMP), pela enzima *timidilato-sintetase* e ácido tetraidrofólico (THF), conforme previamente descrito (p. 184). O THF serve como um doador de carbono e de hidrogênio. Além disso, a coenzima cobamida está também envolvida nessa reação. O processo ácido fólico-dependente é inibido pela aminopterina e pela ametopterina.

PERCURSO DE POUPANÇA PARA OS NUCLEOTÍDEOS DA PURINA E DA PIRIMIDINA

A síntese dos nucleotídeos da purina e da pirimidina descrita acima requer quantidades significantes de energia devido a sua síntese *de novo*, isto é, a síntese a partir de monômeros simples: NH_3, CO_2, ácido fórmico, glicina e ácido aspártico. Não surpreende, portanto, que os organismos tenham desenvolvido um meio de *poupar* essas complexas bases nitrogenadas, quando resultantes do desdobramento de DNA e RNA. Existem diversas reações que servem para poupar essas bases contra um desdobramento posterior. Uma é a reação catalisada pela *nucleotídeo-pirofosforilase*:

α-5-Fosforribosil-1-pirofosfato (PRPP) + Base ⇌ Nucleotídeo + PPi (17-42)

A reação é facilmente reversível, mas, na prática, opera da esquerda para a direita devido à ação da pirofosfatase que hidrolisa o pirofosfato formado. A enzima utiliza as bases da purina, adenosina e guanina e, em algumas bactérias, a uracila.

Uma segunda reação de poupança é catalisada pela *nucleosídeo-fosforilase*:

Ribose-1-fosfato + Base ⇌ Nucleosídeo + H_3PO_4 (17-43)

Essa enzima operará seja com a ribose-1-fosfato seja com a 2-desoxirribose-1-fosfato. Foram descritas fosforilases que operam tanto com purinas (hipoxantina e guanina) como com pirimidinas (uridina e timidina).

Uma terceira reação de poupança é catalisada por uma *nucleosídeo-quinase* que é relativamente específica para a timidina e ATP. Nesse processo, que é formalmente análogo ao da hexoquinase (p. 233), um fosfato rico em energia é usado para produzir um éster de fosfato de baixa energia.

Timidina + ATP ⟶ Timidina-monofosfato (*d*TMP) + ADP (17-44)

Enquanto outras reações desse tipo podem ser relacionadas, as descritas aqui dão alguma idéia dos meios que os organismos desenvolveram para conservar os monômeros de bases nitrogenadas dos ácidos nucleicos. Naquelas instâncias, em que uma célula é temporariamente incapaz de efetuar a formação *de novo* das purinas e das pirimidinas, essas reações de poupança são essenciais para manter um suprimento dos monômeros de DNA e de RNA para a síntase.

Resumo. A Fig. 17-4 resume as numerosas reações, para a síntese de nucleosídeos--trifosfato, requeridas na síntese do RNA e do DNA.

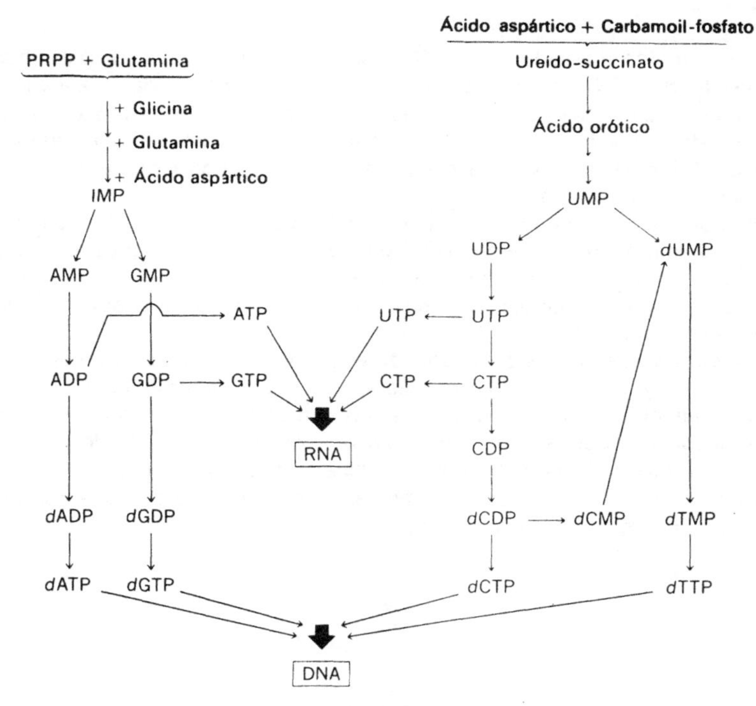

Figura 17-4. Inter-relações das sínteses de nucleotídeos e ácidos nucleicos. O prefixo *d* significa desoxi-; assim, o AMP contém o resíduo ribosil, mas o *d*AMP contém o resíduo desoxirribosil. Ainda que em alguns organismos os nucleosídeos-trifosfatos sejam diretamente reduzidos a seus desoxiderivados, essas reações não foram incluídas aqui

REFERÊNCIAS

1. A. Meister – *Biochemistry of the Amino Acids*. 2.ª edição, New York, EUA, Academic Press, 1965. Esse trabalho de dois volumes é uma referência-padrão nessa área de pesquisa bioquímica.

2. D. M. Greenberg – *Metabolic Pathways*. Vol. 3, New York, EUA, Academic Press, 1969. Os vários capítulos, nesse volume da série de Greenberg, sobre metabolismo referem-se ao metabolismo de aminoácidos específicos. O volume cobre tanto o catabolismo como a biossíntese.

3. J. O. Stanbury, J. B. Wyngaarden, e D. S. Fredrickson (eds.) – *The Metabolic Basis of Inherited Diseases*. 2.ª edição. New York, EUA: McGraw-Hill, 1972. Esse volume fornece uma verdadeira cobertura às doenças metabólicas tão freqüentemente associadas ao metabolismo de aminoácido.

4. P. P. Cohen e G. W. Brown, Jr. – "Ammonia Metabolism and Urea Biosynthesis", in *Comparative Biochemistry*, M. Florkin e H. S. Mason (eds.). Vol. 2, New York, EUA: Academic Press, 1960. E. Baldwin – *An Introduction to Comparative Biochemistry*. 4.ª edição, Cambridge, EUA: Cambridge

University Press, 1964. Os aspectos comparativos e do desenvolvimento da excreção do nitrogênio são discutidos.

5. S. Prusiner e E. R. Stadtman – *The Enzymes of Glutamine Metabolism*. New York, Academic Press, 1973. Uma coleção de trabalhos na estória multifacetada do metabolismo da glutamina.

6. A. Kornberg – *DNA Synthesis*. San Francisco: W. H. Freeman, 1974. Esse volume é uma referência importante sobre a síntese de DNA; seu autor é um pesquisador que fez contribuições fundamentais ao assunto.

PROBLEMAS

1. Quando a alanina marcada com ^{15}N foi administrada a um rato, o animal excretou uréia contendo ^{15}N em ambos os átomos de nitrogênio da molécula. Por meio de reações enzimáticas conhecidas, explique como ocorreu essa conversão.
2. Descreva duas reações diferentes, catalisadas por enzimas, pelas quais o aminogrupo do ácido aspártico pode ser perdido (isto é, pelas quais o ácido aspártico pode ser "desaminado").
3. Que composto é o precursor imediato mais provável do resíduo de etanolamina da fosfatidiletanolamina (cefalina)? Escreva a reação enzimática pela qual a etanolamina é produzida. Indique a enzima.
4. Explique por que as plantas, que não têm necessidade de produzir uréia, contêm quase todas as enzimas do ciclo da uréia.
5. Escreva quatro reações enzimáticas diversas pelas quais o nitrogênio inorgânico (como amônia) pode ser incorporado em compostos orgânicos.
6. O ácido α-aminoadípico é um ácido de seis carbonos, α-aminodicarboxílico. Escreva uma série de reações enzimáticas prováveis pelas quais o ácido α-aminoadípico pode ser sintetizado dos intermediários usuais encontrados nas células (por exemplo, intermediários glicolíticos, intermediários do ciclo de Krebs, intermediários da β-oxidação e aminoácidos comuns).

PARTE III
METABOLISMO DAS MOLÉCULAS INFORMACIONAIS

capítulo 18

BIOSSÍNTESE DOS ÁCIDOS NUCLEICOS

OBJETIVO

O estudante deve primeiro rever o Cap. 5 para recordar os fatos básicos. Este capítulo apresentará, então, o conhecimento atual (nessa área de expansão muito rápida) referente à replicação do DNA, à bioquímica das mutações, os importantes mecanismos (presentes em todas as células) para o reparo do DNA lesado por processos físicos (UV e raios X), e concluirá com uma discussão dos processos de transcrição do RNA. Este capítulo serve também como importante fundamento para a compreensão do conteúdo dos Caps. 19 e 20.

INTRODUÇÃO

Nos Caps. 18 a 20 são consideradas as várias etapas envolvidas na síntese de biopolímeros informacionais, o mecanismo que as células empregam para o fluxo de informação do DNA (o transportador primário) para as proteínas (os produtos finais de tais informações) e os meios pelos quais as células podem regular seu metabolismo através do controle de proteínas específicas, as enzimas.

Essas idéias são apresentadas, em parte, como:

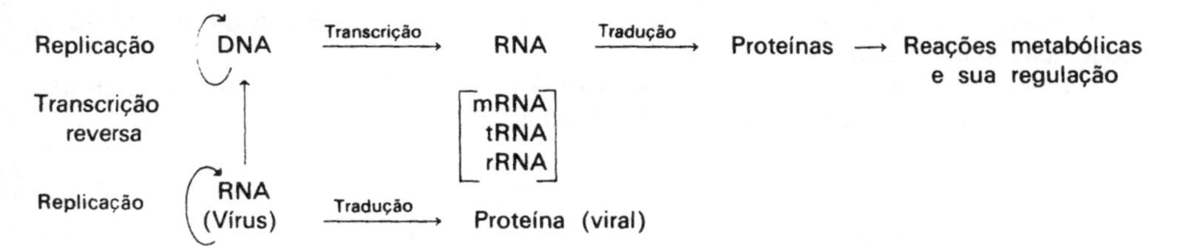

Antes de mais nada, vamos definir os termos que descrevem as reações apresentadas nesse esquema.

DEFINIÇÕES

Replicação é o processo pelo qual cada fita do DNA duplex genitor é copiado precisamente pelo pareamento de bases entre nucleotídeos complementares. O produto são dois duplexes idênticos ao duplex genitor:

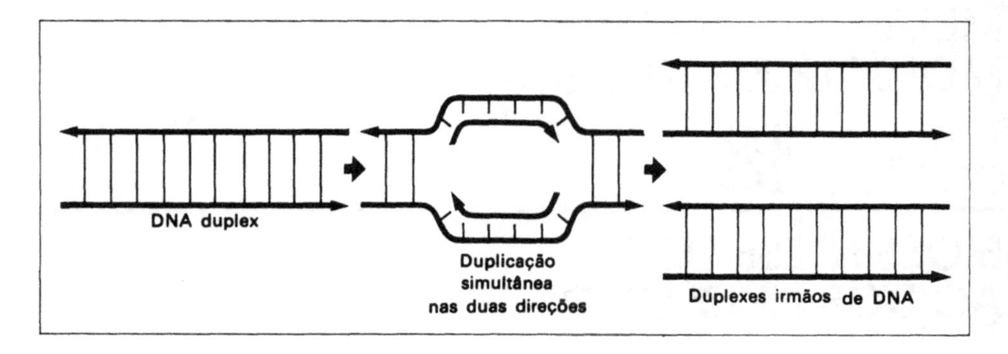

Transcrição é o processo pelo qual a informação contida no DNA é copiada, por pareamento de bases, para formar uma cadeia de RNA, que é uma seqüência complementar de *ribo*nucleotídeos:

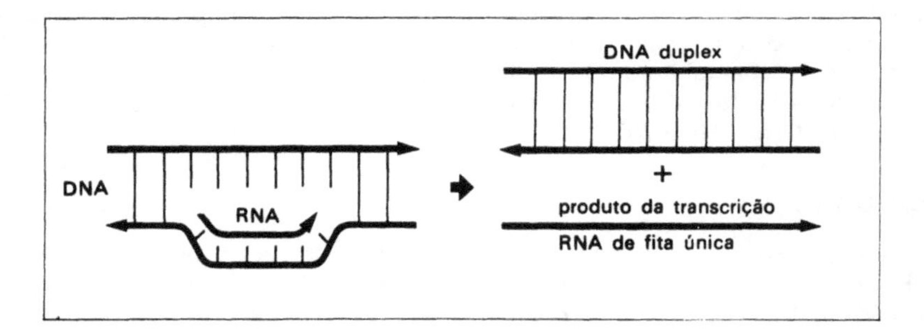

Tradução é um processo complexo pelo qual a informação transcrita do DNA em um tipo especial de RNA, o mRNA, dirige a polimerização ordenada de aminoácidos específicos para a síntese de proteínas.

A *transcrição reversa* envolve o uso do RNA como a informação genética, no lugar do DNA, para a síntese de novo DNA duplex:

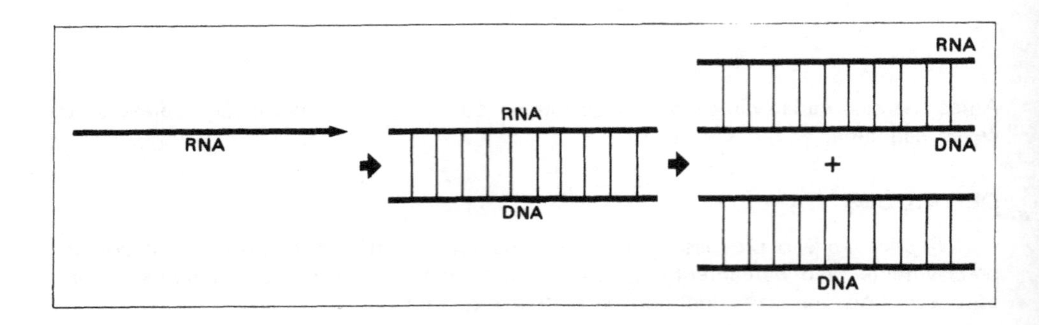

O *molde* (ou *matriz*) corresponde à cadeia de DNA (ou de RNA) que fornece informação precisa para a síntese de uma fita complementar de ácido nucleico. A síntese de RNA requer um molde de DNA; para a replicação de DNA, o molde de DNA é somente metade do requisito necessário, como veremos quando discutirmos a replicação, na próxima seção.

A *escorva* (*"primer"*), em bioquímica, corresponde ao segmento inicial de uma molécula sobre a qual são adicionadas novas unidades para produzir o composto final. Assim, na biossíntese do glicogênio, a escorva é um pequeno polissacarídeo ao qual são acrescentadas unidades glucosila (p. 253); na biossíntese de ácidos graxos, o acetil-ACP é a escorva e o malonil-ACP fornece as unidades que são adicionadas (p. 302); na replicação de DNA, pequenos polirribonucleotídeos são formados primeiramente, com o DNA como um molde, servindo então como escorva para a adição de desoxirribonucleotídeos para a síntese de fitas-irmãs de DNA.

Essas idéias estão ilustradas a seguir.

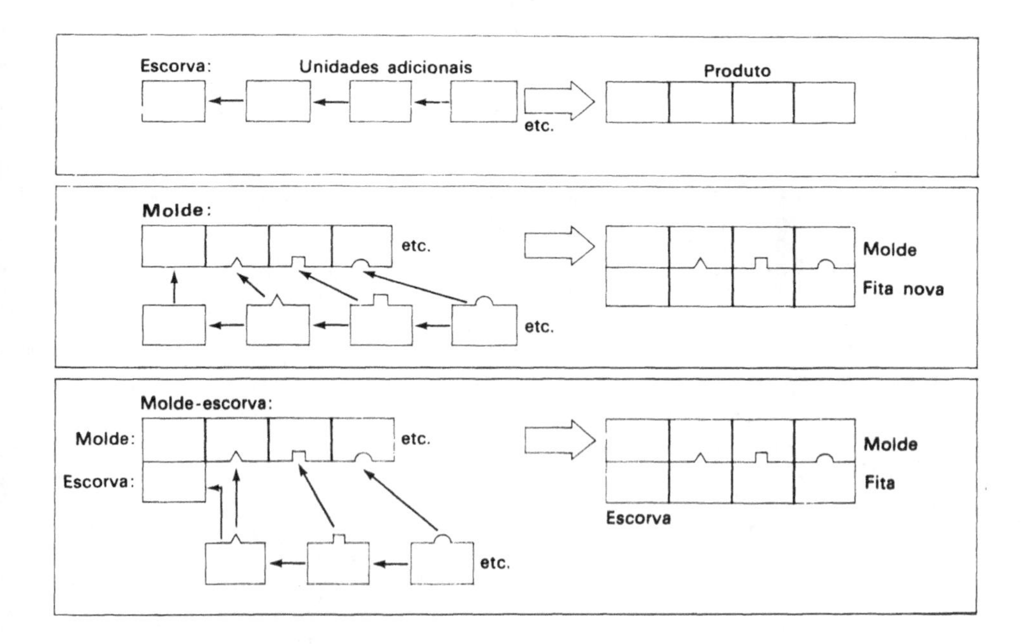

REPLICAÇÃO

Até muito recentemente existiam poucas informações detalhadas para descrever esse processo fundamental em biologia, ou seja, a produção de cópias fiéis de uma molécula de DNA. Desde 1972, contudo, tem havido uma verdadeira explosão de novos conhecimentos no campo. O processo que será descrito baseia-se em experimentos realizados com moléculas circulares pequenas de DNA, de fita única, e com enzimas bacterianas. Pouco se sabe atualmente, em termos bioquímicos, sobre a replicação nos organismos eucarióticos. Entretanto, o mecanismo a ser descrito é inteiramente plausível, e pode, na realidade, representar as etapas básicas tanto nos organismos eucarióticos como nos procarióticos

As linhas principais de orientação podem ser obtidas na discussão que se segue.

A replicação é semiconservativa. Na replicação, as fitas de DNA irão se separar, e fitas complementares novas de DNA serão montadas a partir dos quatro tipos de desoxirribonucleotídeos-trifosfato, sobre cada uma das duas fitas genitoras separadas. Considerando-se que o pareamento de bases é preciso, as duas moléculas novas de DNA devem ser idênticas à molécula genitora. Essa replicação foi denominada *semiconservativa* e está ilustrada nas Figs. 18-1 e 18-2. Outra possibilidade é de que o produto final da duplicação consista em uma hélice dupla das duas fitas originais e mais uma segunda hélice dupla formada pelas cadeias recém-sintetizadas. Essa replicação recebe o nome de *conservativa*. Uma terceira possibilidade, chamada *dispersiva*, poderá ocorrer se os nucleotídeos do DNA genitor forem distribuídos ao acaso entre os componentes do DNA formado, de modo que o novo DNA se constitua numa mistura de nucleotídeos velhos e novos espalhados ao longo das cadeias.

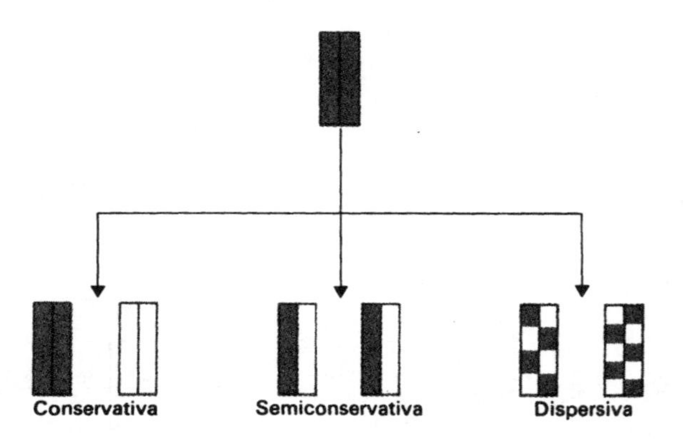

Figura 18-1. Tipos de replicação

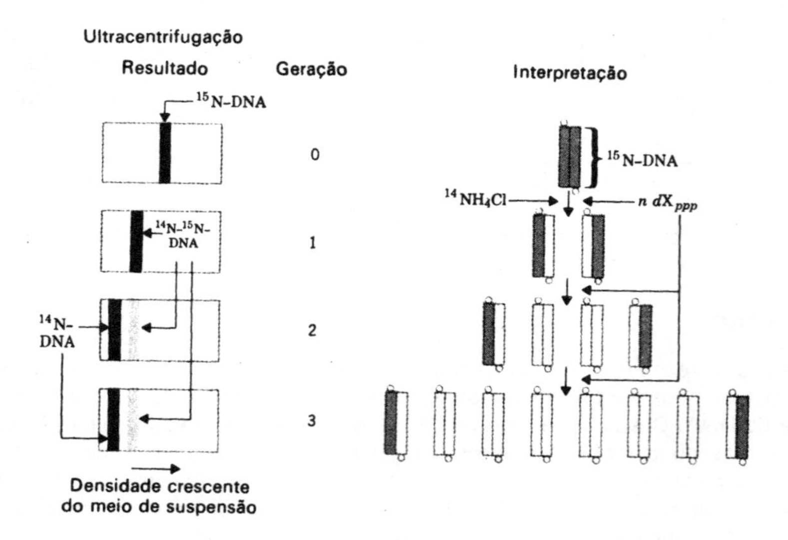

Figura 18-2. Experiência de Meselson-Stahl para demonstrar a replicação semiconservativa do DNA. Pequenos círculos em cada extremidade do DNA diagramático indicam a natureza antiparalela do DNA

Para testar esses mecanismos possíveis, Meselson e Stahl, em 1958, cultivaram *E. coli* em um meio em que a única fonte de nitrogênio era $^{15}NH_4Cl$. Após diversas gerações, $^{14}NH_4Cl$ foi adicionado e, a intervalos curtos, as células foram removidas; o DNA foi então extraído cuidadosamente e analisado para o conteúdo relativo nos dois tipos, com ^{14}N e ^{15}N, por centrifugação de equilíbrio em gradiente de densidade. Os resultados apresentados na Fig. 18-2 eliminam definitivamente o mecanismo dispersivo. Juntamente com outras evidências, esses resultados dão grande apoio ao mecanismo semiconservativo de replicação.

Iniciação da replicação. A replicação é descontínua e ocorre sempre em uma direção 5′ ⟶ 3′ em ambas as fitas do DNA duplex. O processo tem início em vários pontos ao longo do duplex; todavia, para que a iniciação comece, a fita duplex deve ser primeiramente separada em fitas únicas para que as polimerases possam funcionar. Provavelmente, proteínas peculiares, de baixo peso molecular (~ 35 000), liguem-se especificamente em vários pontos, de uma ou de ambas as fitas, tanto nos seres procariotes como nos eucariotes. A ligação parece estar relacionada às regiões do duplex ricas em pareamentos do tipo A-T. Uma vez que os pares de bases A-T têm uma energia de ligação de pontes de hidrogênio mais baixa do que os pares de bases G-C (pp. 100 e 107), essas regiões parecem ser mais susceptíveis a "fusão", ou conversão do duplex em DNA de fita única. Essas proteínas, denominadas proteínas desenroladoras, são essenciais para a iniciação, bem como para a continuação da replicação. O processo está apresentado na p. 422.

A rifampicina é uma poderosa droga que impede a transcrição através da inibição acentuada da RNA-polimerase. Existem boas evidências de que a droga bloqueia também a replicação do DNA *in vivo* e *in vitro*. Mutantes produtores de RNA-polimerase resistente à rifampicina, entretanto, não apresentam este último efeito.

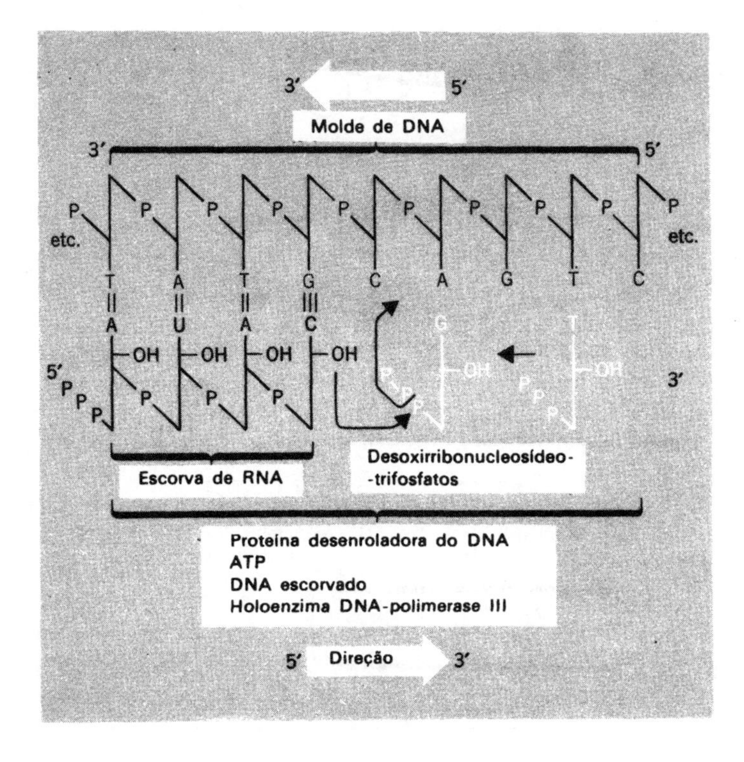

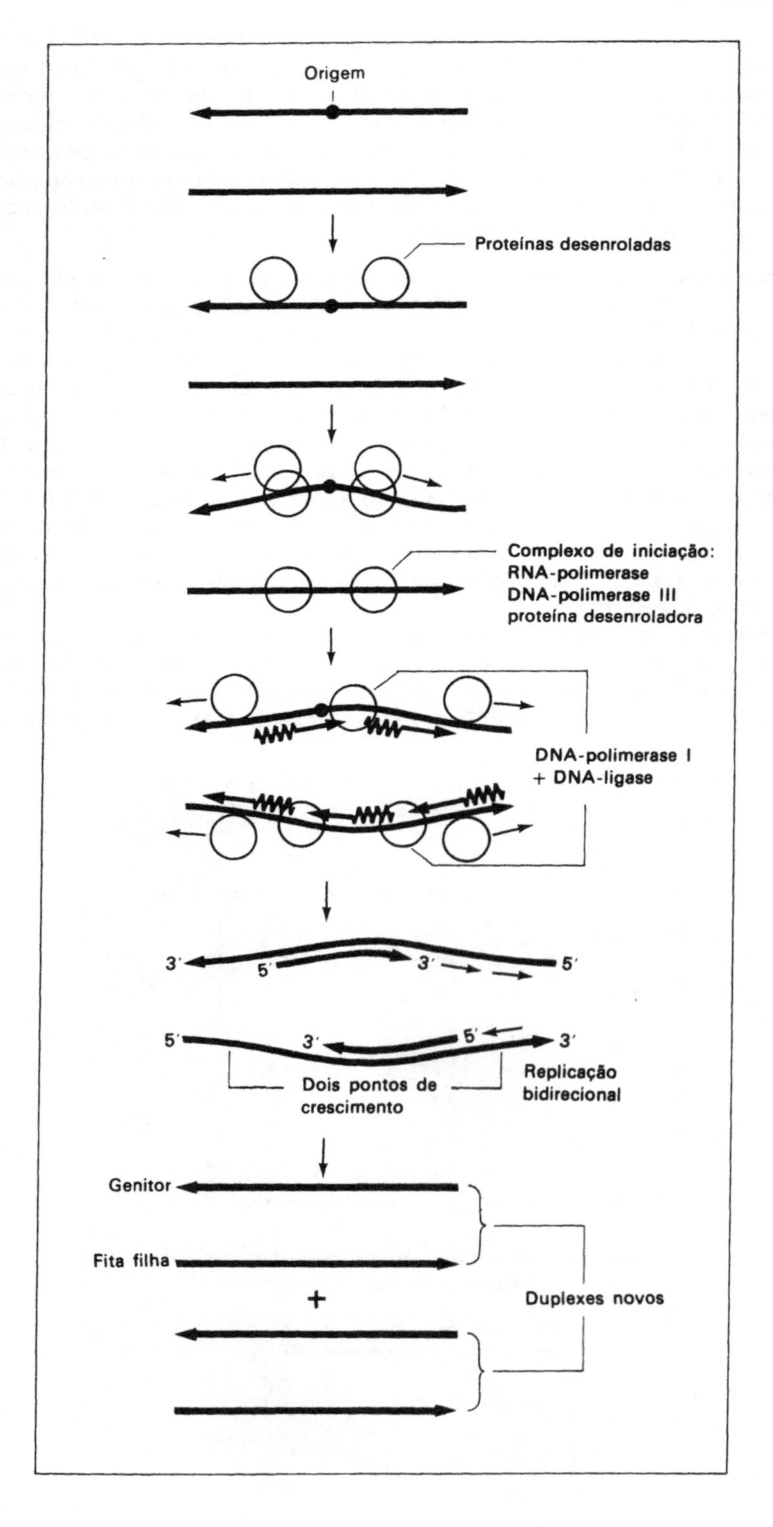
Origem
Proteínas desenroladas
Complexo de iniciação:
RNA-polimerase
DNA-polimerase III
proteína desenroladora
DNA-polimerase I
+ DNA-ligase
3′
5′
3′
5′
5′
3′
5′
3′
Dois pontos de crescimento
Replicação bidirecional
Genitor
Fita filha
+
Duplexes novos

Esses resultados podem ser agora facilmente explicados. Existem excelentes demonstrações *in vitro* de que o processo de iniciação envolve a síntese descontínua pela RNA-polimerase de pequenos segmentos de duplexes híbridos: a fita-molde de DNA com a escorva de RNA transcrito. As proteínas desenroladoras estão provavelmente presentes. A unidade de RNA transcrito, que varia de 50 a 100 resíduos, torna-se agora a escorva para a replicação do DNA. A escorva tem um resíduo de trifosfato para sua posição 5′ e um terminal livre 3′. O duplex DNA-RNA pode ser visualizado conforme apresentado na p. 423.

O alongamento ocorre agora na presença da holoenzima DNA-polimerase III, uma proteína de multissubunidades. Um componente dessa enzima, a copolimerase III*, e o ATP, são requeridos para formar o complexo ativo com o molde de escorva. As proteínas desenroladoras devem também estar presentes. O alongamento começa então; o ATP é desdobrado em ADP + P_i (papel desconhecido), e os desoxirribonucleotídeos são corretamente posicionados para um ataque nucleofílico pela extremidade 3′OH da cadeia de RNA-DNA em crescimento. Uma vez iniciado o processo, a copolimerase III* não é mais necessária e se dissocia; a DNA-polimerase irá então catalisar o alongamento posterior, em uma direção 5′ ⟶ 3′ até que tenham sido adicionados 500 a 1 000 resíduos de desoxirribonucleotídeos. A formação das fitas filhas é descontínua, e os fragmentos de RNA-DNA são anexados de maneira seqüencial:

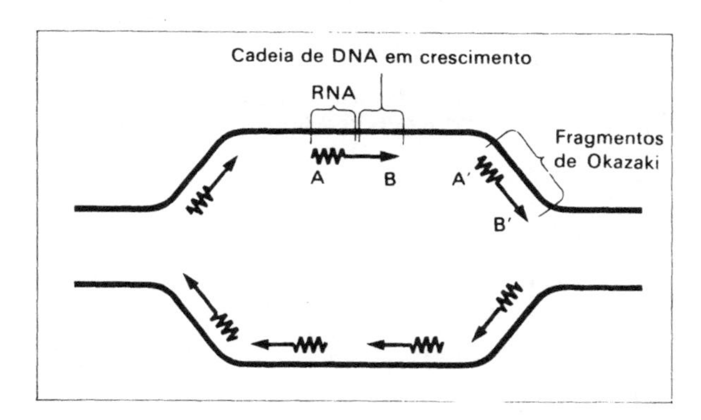

Os fragmentos de RNA-DNA são denominados "fragmentos de Okazaki", em homenagem ao bioquímico japonês que os isolou pela primeira vez a partir de células de *E. coli* em multiplicação e propôs em 1968 o mecanismo de replicação descontínua do DNA para explicar suas observações.

Terminação. À medida que as cadeias de DNA crescem e se aproximam uma da outra, isto é, à medida que a extremidade 3′OH se aproxima da extremidade 5′ppp (A′) (p. **421**), três eventos devem ocorrer; (a) a excisão do fragmento-escorva de RNA; (b) preenchimento da falha com resíduos desoxirribonucleotídeos; e (c) a fusão dos fragmentos de DNA por uma ligação de fosfato diéster para formar uma fita-filha contínua de DNA. A DNA-polimerase I (a enzima que Kornberg descobriu em 1955 em *E. coli*, e cuja função permaneceu indefinida nos anos subseqüentes) é, na realidade, a enzima peculiar que, pelo fato de possuir as atividades de polimerases e de 5′ ⟶ 3′ exonuclease, preenche os requisitos (a) (b).

Essas duas atividades-chave da DNA-polimerase I, ou seja, (a) remoção do fragmento de RNA (a escorva-molde original duplex) pela atividade 5′ ⟶ 3′ de exonuclease, e (b) o preenchimento da falha pela sua atividade de polimerase, prepara, quase completamente, a seqüência replicativa para a etapa final, a fusão da extremidade 3′OH com a extremidade 5′ppp por uma enzima especial, a DNA-ligase.

Essa enzima está amplamente distribuída tanto nos organismos procarióticos como nos eucarióticos. Na *E. coli*, a enzima requer NAD^+, sendo os produtos o 5'-adenilato e nicotinamida-nucleotídeo, enquanto que, na célula animal, o ATP é requerido e o 5'-adenilato e o pirofosfato são os produtos. O mecanismo comum a ambos os tipos de ligase está esquematizado na Fig. 18-3.

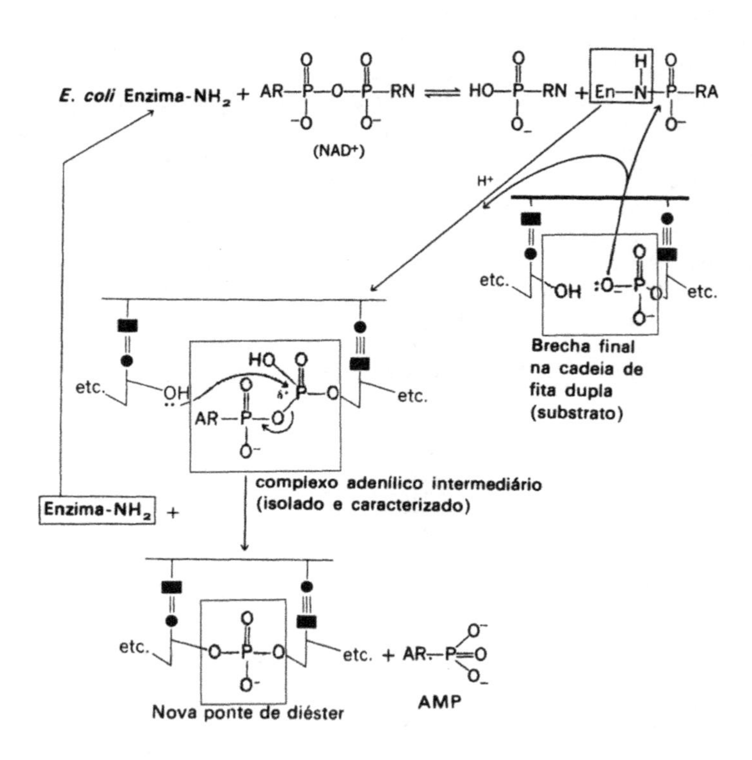

Figura 18-3. Mecanismo de fechamento da brecha final pela DNA-ligase, na replicação do DNA

Vamos examinar agora as propriedades peculiares da DNA-polimerase I. A polimerase de *E. coli* tem um peso molecular de 109 000 e é monomérica. A proteína contém um sítio de ligação para todos os quatro desoxirribonucleotídeos, um sítio de ligação para o DNA-molde, um sítio para a escorva em crescimento, um sítio para o grupo 3'OH do resíduo terminal de nucleotídeo, um sítio para a atividade de exonuclease 3' ⟶ 5' e um sítio para a atividade exonuclease 5' ⟶ 3'. Além disso, a polimerase liga-se fortemente a brechas ou cortes sobre o DNA duplex, em cujos pontos ela pode catalisar uma seqüência de tradução do corte (Fig. 18-4).

A atividade exonucleásica 3' ⟶ 5' da enzima é muito específica, uma vez que somente uma configuração 3'OH é reconhecida. Os produtos são apenas 5-mononucleotídeos. A atividade exonucleásica 5' ⟶ 3' é muito menos específica, uma vez que as extremidades 5'-hidroxílicas, mono-, di- e trifosfato do DNA ou do RNA podem ser reconhecidas. Os produtos são predominantemente 5-mononucleotídeos, embora se acumule até 20% também de oligonucleotídeos. Essas atividades podem ser resumidas conforme indicado na ilustração a seguir.

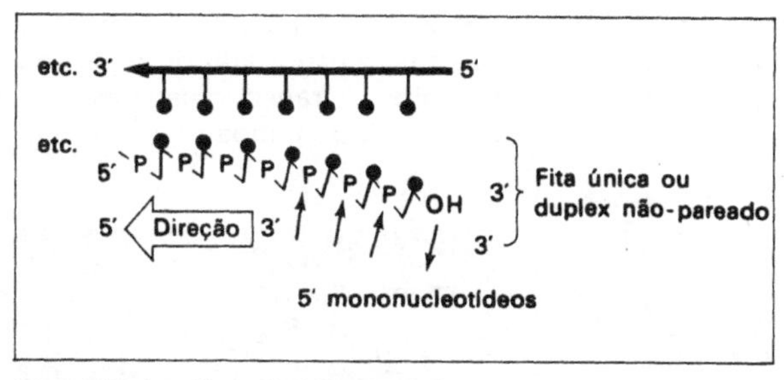

(*a*) atividade 3' → 5' da exonuclease

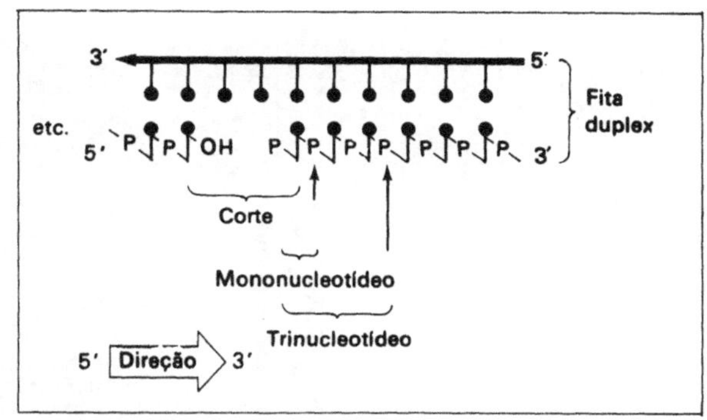

(*b*) atividade 5' → 3' da exonuclease

O mecanismo de replicação discutido foi demonstrado experimentalmente por Kornberg, em 1974, com DNA circular de fita única e multienzimas isoladas de *E. coli*. Embora nem todas as etapas tenham sido completamente definidas, o modelo resolve diversos problemas relacionados à replicação. A universalidade desse modelo deve, evidentemente, aguardar investigações posteriores.

Nos vertebrados, pelo menos cinco DNA-polimerases diversas foram descritas. São elas: (a) a DNA-polimerase α, a mais importante polimerase encontrada principalmente no citoplasma, mas também no núcleo; (b) a DNA-polimerase β, encontrada principalmente no núcleo; (c) a DNA-polimerase γ, correspondente a apenas 1-2% da DNA-polimerase total da célula e presente tanto no núcleo como no citoplasma, (d) a DNA-polimerase mitocondrial e (e) a DNA-polimerase induzida por vírus, que resulta da infecção por inúmeros vírus. Não se definiu ainda a maneira pela qual todas essas polimerases estão integradas no esquema de replicação das células dos vertebrados.

TRANSCRIÇÃO REVERSA

Os vírus tumorais de RNA têm seus RNAs virais transcritos em DNA por uma polimerase denominada transcriptase reversa. A DNA-polimerase RNA-dirigida catalisa as seguintes reações:

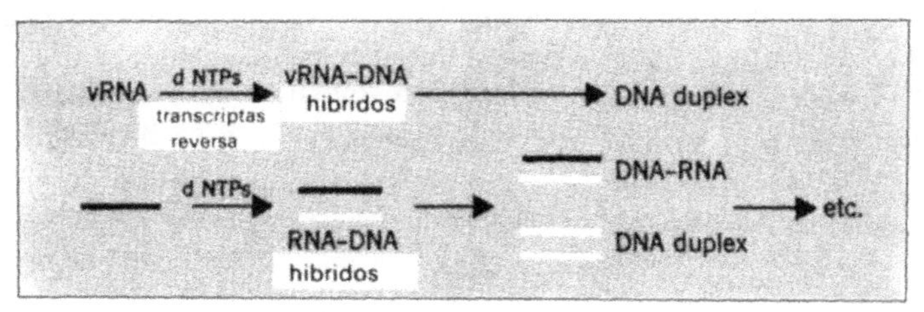

O produto da transcrição do DNA duplex do vRNA é incorporado a DNA celular e, dessa forma, a informação do vírus pode ser transportada de uma geração celular para a seguinte. Sabe-se atualmente, ainda, que a transcriptase reversa, que se pensou inicialmente existir apenas nas partículas de vírus, também ocorre nas células normais.

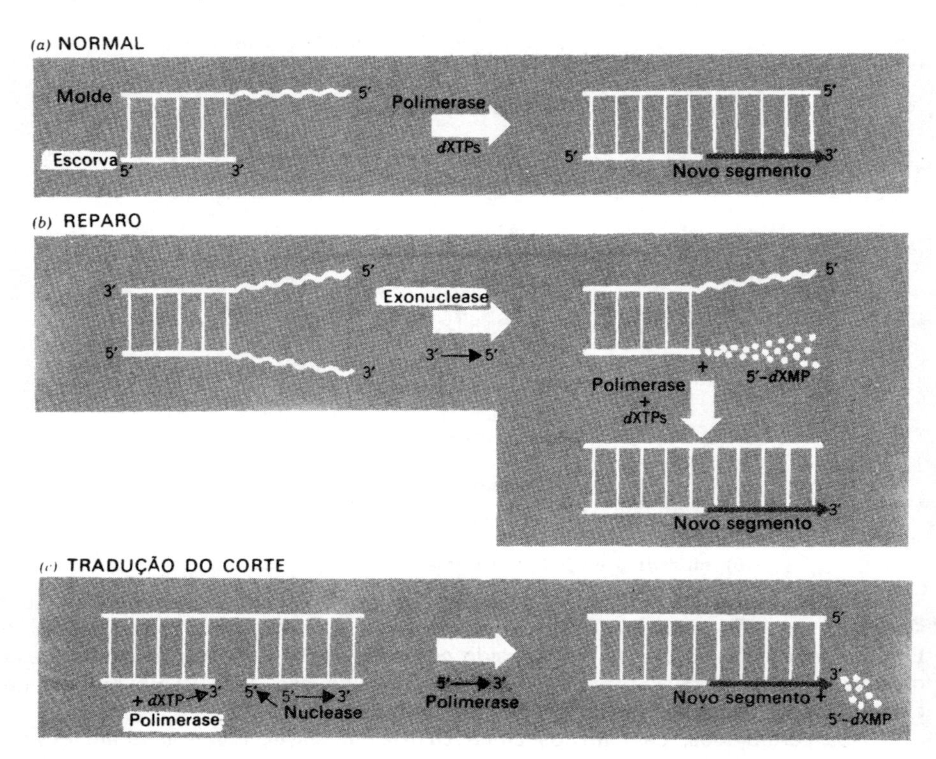

Figura 18-4. A atividade trifuncional da DNA-polimerase de *E. coli*
(a) A ação polimerásica
(b) A atividade nucleásica 3′ → 5′, bem como a atividade de polimerase ocorre por um mecanismo de reparo em que um segmento não-pareado 3′ é digerido de volta, até o primeiro par de bases pareado, pela atividade nucleásica 3′ → 5′ da polimerase, com uma ressíntese subseqüente pela polimerase.
(c) A tradução do corte envolve uma síntese muito interessante e degradação a velocidades equivalentes, com um DNA cortado envolvendo ambas, a polimerase e a atividade nucleásica 5′ → 3′, resultando num processo em que não há síntese efetiva, mas reparo da região defeituosa.

MUTAÇÃO

Um processo de grande importância, a *mutação* é definida como a alteração abrupta, estável, de um gene que se expressa em algum caráter fenotípico inusitado, freqüentemente como uma modificação bioquímica. Em uma mutação pode haver uma perda da capacidade de efetuar alguma função bioquímica específica.

Existem, em geral, três classes de mutação (mostradas a seguir), que resultam da introdução de defeitos ou de alterações na seqüência de bases A, T, G, C na molécula de DNA.

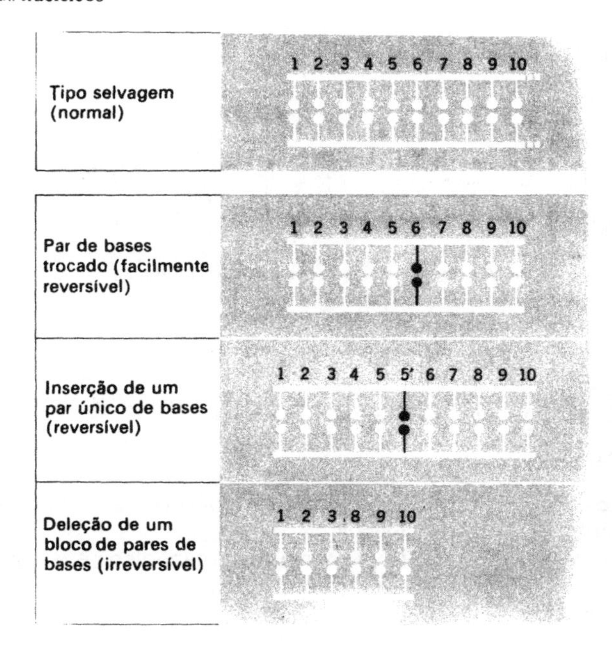

Mutagêneses física e química. Mutações podem ocorrer na natureza por acidente, seja por alterações físicas ou químicas das bases do DNA, ou por deslocamento da moldura de leitura do códon, por deleção, adição ou modificação da base do DNA. Exemplos de mutagênese química incluem os casos especificados a seguir.

1. HNO_2 como agente de desaminação:

Adenina ⟶ Hipoxantina

Guanina ⟶ Xantina
Citosina ⟶ Uracila

A conversão de adenina a hipoxantina resultará em pareamento incorreto com citosina; troca de citosina por uracila leva a pareamento com adenina, enquanto que a troca de guanina por xantina resulta no pareamento com citosina, o que é normal.

2. A hidroxilamina é um mutagênio muito potente, mas somente em sistemas isolados, uma vez que os componentes normais de uma célula destroem rapidamente o reagente. Ele reage especificamente com a citosina.

3. Os agentes de alcoilação [o dimetil-sulfato (DMS) e o etil-metano-sulfonato (EMS)], são específicos para a guanina:

$(CH_3O)_2SO_2$ — DMS; $CH_3SO_2OC_2H_5$ — EMS

A reação que acompanha a metilação, leva à formação de um nitrogênio quaternário, que desestabiliza a ligação do desoxirribosídeo e o libera. A perda da base pode levar à substituição por qualquer uma das quatro bases ou mesmo à ruptura da cadeia de DNA:

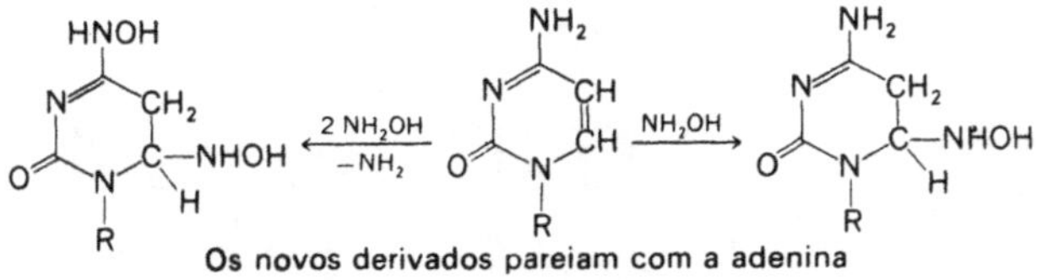

Os novos derivados pareiam com a adenina

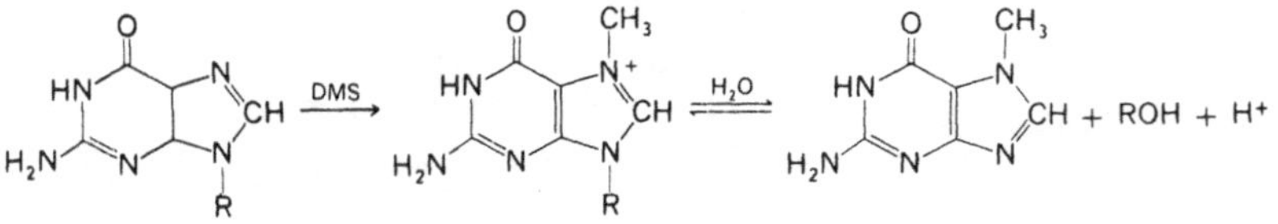

Guanina

Esses compostos, bem como outro agente de alcoilação, a β-cloretilamina, uma mostarda nitrogenada, são muitos tóxicos.

4. Os agentes de metilação (extremamente mutagênicos e, assim, muito perigosos para usar, a não ser que se tomem cuidadosas precauções) incluem o *N*-metil-*N'*-nitro-*N*-nitrosoguanidina:

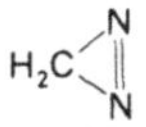

Esse reagente provavelmente se converte em diazometano, que é um agente de metilação extremamente eficiente. Esse composto, usado comumente para a metilação de ácidos carboxílicos e de aminogrupos, deve ser manipulado com grande cautela! Esse reagente metila os ácidos nucleicos.

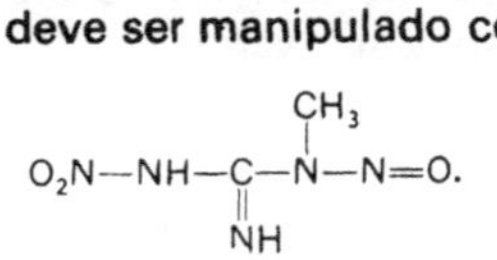

5. Os raios X e a irradiação ultravioleta são também muito eficientes para induzir mutagênese. Os raios X provavelmente reagem com o DNA, por um mecanismo de produção de radical livre, ocasionando a quebra de uma cadeia de fita única na cadeia do DNA. A irradiação ultravioleta com comprimento de onda de 260 nm, leva freqüentemente à dimerização de duas timinas adjacentes, ou do conjunto timina-citosina, ou de duas citosinas. Os resíduos de timina são particularmente susceptíveis à reação seguinte:

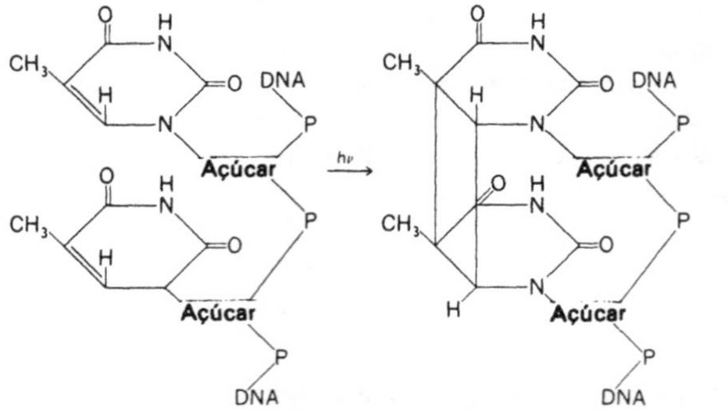

Resíduos empilhados de timina

Dímeros de timina na cadeia do DNA

MECANISMOS DE REPARO

Todas as células possuem um dispositivo por meio da qual as lesões do DNA podem ser corrigidas, e a forma original da hélice dupla de DNA restabelecida. Os raios X e a irradiação ultravioleta produzem lesões consideráveis ao DNA celular. Os raios X causam cortes ou quebras do DNA, e a radiação ultravioleta produz a dimerização da timina (Fig. 18-5). Essas alterações na estrutura do DNA podem ser rapidamente reparadas pelos mecanismos que serão descritos a seguir.

Uma vez que os mutantes de *E. coli* carentes em DNA-polimerase I têm uma sensibilidade aumentada as radiações ultravioleta e X, a conclusão correta obtida é de que essa polimerase está diretamente envolvida nos mecanismos de reparo. Assim, após a lesão produzida por ultravioleta, a fita do DNA é cortada no lado 5' do dímero de timina por uma endonuclease (Fig. 18-5). Os oligonucleotídeos contendo o dímero de timina são removidos pela atividade exonucleásica 5' ⟶ 3' da DNA-polimerase I, e as falhas resultantes são preenchidas pela ação sintética da DNA-polimerase I, usando a fita complementar como um molde. A falha final é fechada exatamente pelo mesmo mecanismo descrito na replicação, ou seja, pela DNA-ligase. A lesão pelos raios X é prontamente reparada pelo uso de DNA-polimerase I para remover a fita lesada, preenchendo a falha e, então, "soldando" a brecha por ação da DNA-ligase.

O reparo do DNA no homem sofre um processo muito similar de incisão pela endonuclease, remoção pela exonuclease da fita lesada, fechamento da falha e soldadura por ação da ligase. Essas conclusões derivam do estudo de uma doença hereditária rara, *Xeroderma pigmentosum*. Os pacientes que apresentam essa doença são inusitadamente sensíveis à luz solar, resultando em reações cutâneas severas, além de tumores da pele. Quando os fibroblastos da pele desses pacientes (células em cultura de tecido),

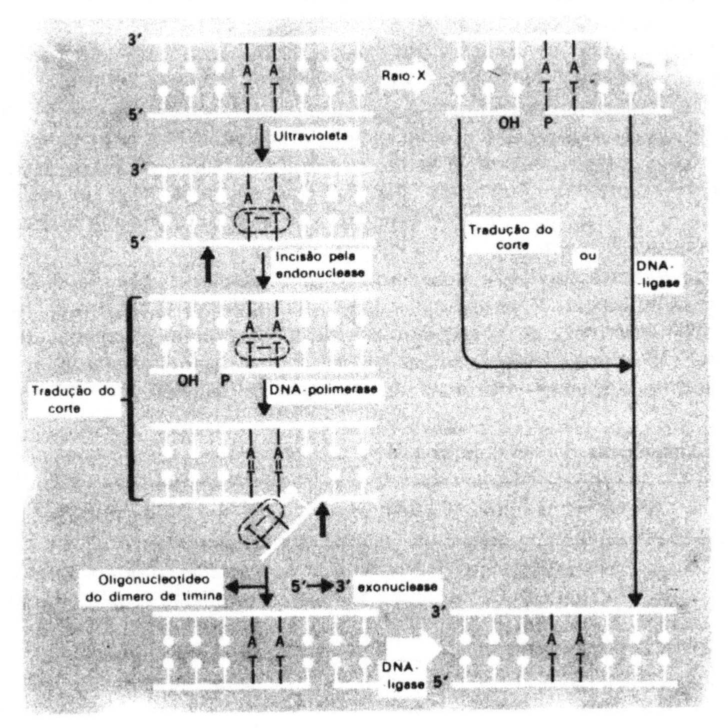

Figura 18-5. Mecanismos de reparo do DNA

são irradiados com luz ultravioleta, os dímeros de timina rapidamente se formam, sem haver reparo subseqüente. Se, entretanto, os fibroblastos forem primeiro irradiados com raios X e, então, com luz ultravioleta para formar os dímeros, o reparo do DNA ocorrerá rapidamente. Evidentemente, os raios X ocasionam quebras na cadeia e, então, as atividades endógenas de exonuclease, polimerase e ligase reparam a lesão. Esses experimentos demonstram, assim, claramente, que (1) a lesão molecular nessa rara doença é a ausência de uma endonuclease para a incisão, que impossibilita a continuação do mecanismo de reparo e (2) o reparo do DNA demonstrado em bactérias tem um mecanismo essencialmente similar no homem.

BIOSSÍNTESE NO PROCESSO DE TRANSCRIÇÃO DO RNA

Com exceção da biossíntese do RNA em organelas como as mitocôndrias e os cloroplastos, nas células eucarióticas o sítio da biossíntese de RNA-DNA-dependente (transcrição) ocorre no núcleo. Enquanto o nucléolo parece conter as enzimas e os os genes para a biossíntese do RNA ribosomal, as enzimas responsáveis pela síntese dos RNA mensageiros e transportadores estão localizadas no nucleoplasma **(p. 214)**. Nos organismos procarióticos, a RNA-polimerase ocorre no citoplasma.

Uma vez que a RNA-polimerase de *E. coli* foi a mais exaustivamente examinada, descreveremos sua estrutura e propriedades em algum detalhe. A RNA-polimerase da *E. coli*, bem como de outros organismos, catalisa a síntese efetiva de RNA com seqüências de bases complementares à fita de DNA que serve como molde, conforme indicado na Fig. 18-6.

A síntese de todos os tipos de RNA nos organismos procarióticos é mediada provavelmente por um tipo único de polimerase, de considerável complexidade. Uma acentuada purificação da polimerase de *E. coli* revelou que a enzima consiste em cinco subunidades separáveis, nas proporções indicadas na Tab. 18-1. Embora as funções de todas as subunidades não estejam completamente compreendidas, é evidente que as subunidades β' são requeridas para a ligação da RNA-polimerase ao molde de DNA, enquanto que a subunidade β é o sítio catalítico e liga a rifampicina, um antibiótico que inibe a iniciação da síntese de RNA *in vivo* e *in vitro*. O fator sigma (σ) é requerido para a iniciação correta da síntese de RNA em um sítio específico do molde de DNA. Sem a proteína σ, a enzima ($\alpha_2\beta\beta'$) é denominada de polimerase-cerne; com o fator σ, ela é chamada de holoenzima ($\alpha_2\beta\beta'\sigma$).

Somente uma fita de DNA é copiada *in vivo*. Assim é que deve ser realmente, uma vez que, se ambas as duas fitas de DNA servirem como RNA-molde, seriam transcritos dois RNA-produtos, com seqüências complementares, os quais iriam codificar para proteínas diferentes! Uma vez que as evidências genéticas demonstram que um gene codifica para somente uma proteína, só uma fita de DNA funciona como molde,

Tabela 18-1. Componentes da RNA-polimerase de *E. coli*

Subunidade	Peso molecular	Número	Função
β'	165 000	1	Ligação com o DNA
β	155 000	1	Iniciação e sítio catalítico
σ	95 000	1	Iniciação
α	39 000	2	Desconhecida
ω	9 000	1	Desconhecida
ρ	200 000		Fator de terminação

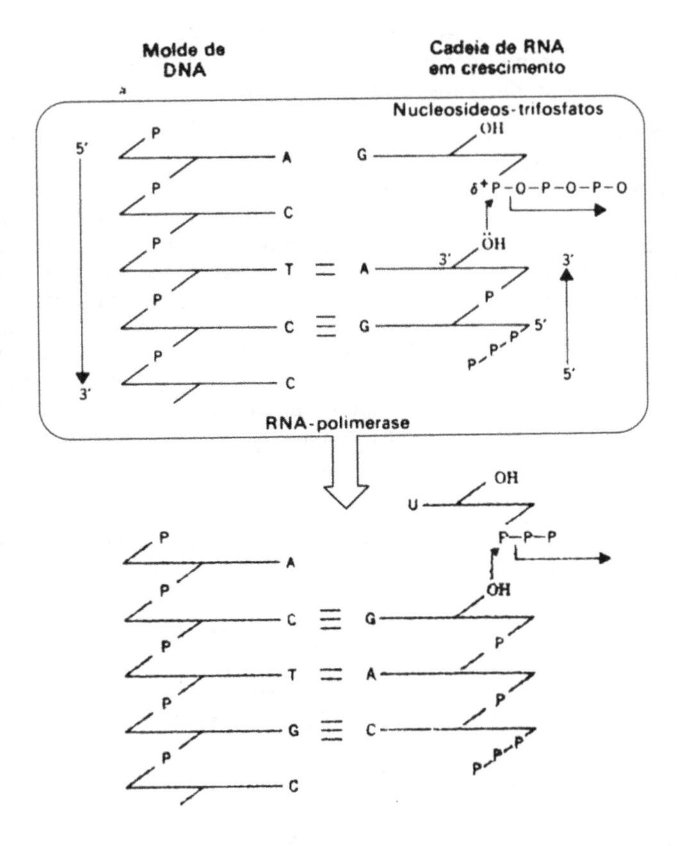

Figura 18-6. Mecanismo de adição de nucleosídeos-trifosfato a uma cadeia de RNA em crescimento, em relação com o molde de DNA (fita "com sentido"). A fita "sem sentido" não está incluída no diagrama, para simplificar a figura

enquanto que a outra fita não. O termo *transcrição assimétrica* é empregado para a cópia de uma fita de DNA, e *transcrição simétrica* para a cópia de ambas as fitas-molde. A enzima-cerne, transcreverá simetricamente um molde de DNA; isto é, ambas as fitas

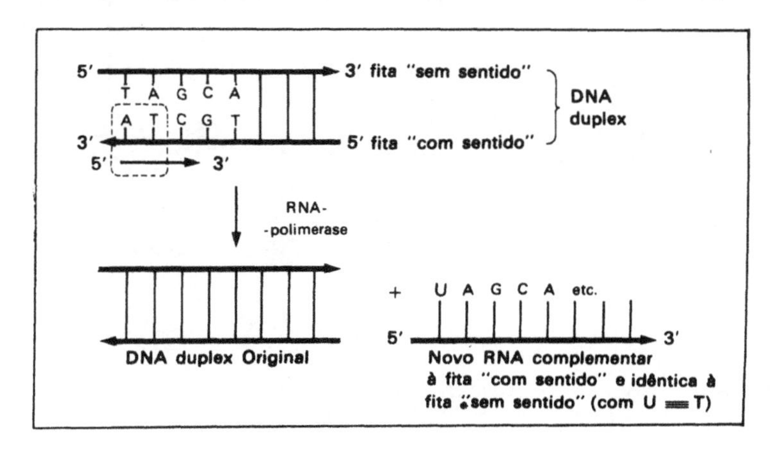

de DNA podem servir como moldes. Todavia a reação de transcrição é lenta e não-específica. Com o fator σ, a holoenzima transcreve o DNA assimetricamente, iniciando cadeias de RNA a partir de sítios promotores específicos.

a) **Associação com o molde de DNA.** Em marcante contraste com as DNA-polimerases que requerem uma interação com o molde-escorva, todas as RNA-polimerases necessitam somente um molde duplex sem escorva. Com a DNA-polimerase, uma vez que a replicação começou no sítio do molde-escorva, ela continua até o final do molde de DNA; com as RNA-polimerases, a transcrição tem início em sítios promotores específicos no molde de DNA e termina no final de uma seqüência genética definida. Provavelmente, a RNA-polimerase é associada e dissociada, repetidamente, com o DNA até que o sítio promotor seja encontrado; os sítios promotores devem apresentar seqüências específicas de bases que são reconhecidas pela holo-RNA-polimerase como adequadas para ligação. No processo de ligação ao sítio promotor, cerca de 6 a 10 pares de bases convertem para um complexo aberto pela fusão localizada do duplex, permitindo assim à polimerase selecionar a fita apropriada de DNA como molde. Um componente essencial da ligação ao sítio promotor é o fator sigma (σ) (Fig. 18-7). O fator sigma provavelmente é envolvido na abertura do DNA duplex em seu sítio promotor ou em sua região imediata. Sem o fator σ, a polimerase-cerne, "lerá" indiscrimadamente ambas as fitas de DNA; com o fator σ, somente a fita "com sentido" será reconhecida e "lida" corretamente.

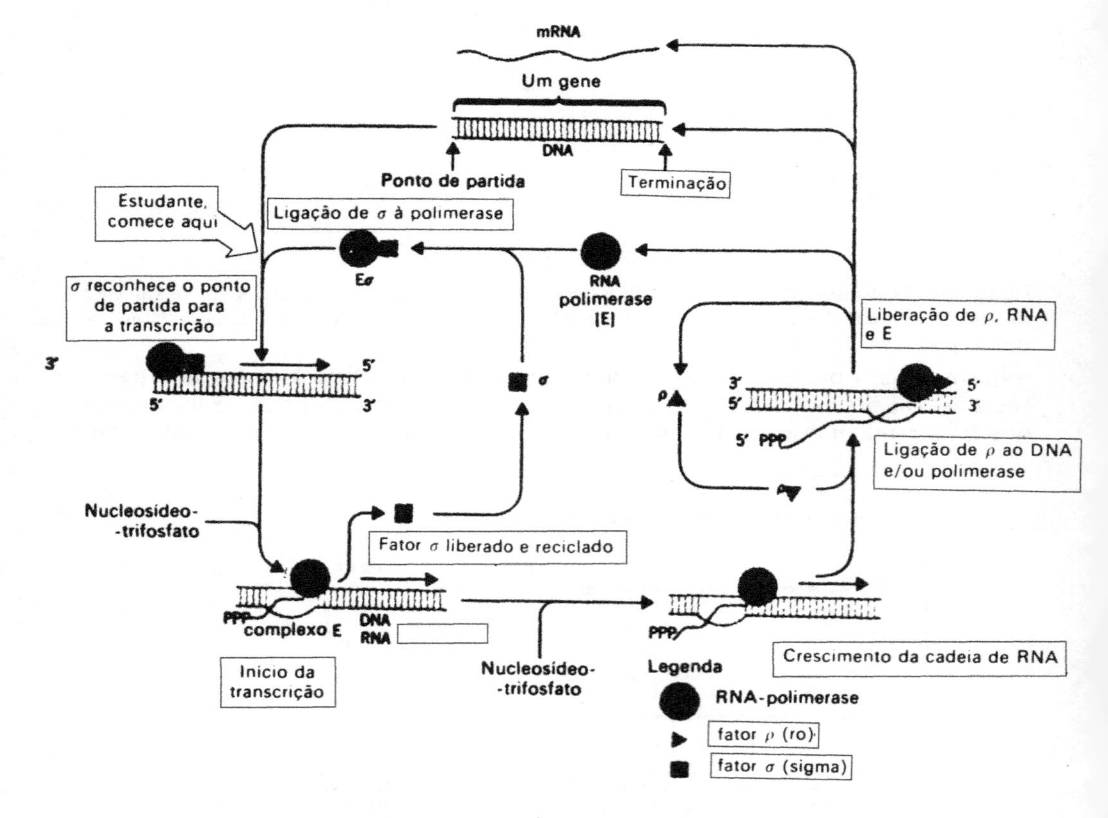

Figura 18-7. Síntese do RNA pela RNA-polimerase de *E. coli.* (James D. Watson, *Molecular Biology of the Gene*, 2.ª ed., W. A. Benjamin, Inc., Menlo Park, California, EUA)

b) **Iniciação e alongamento.** Uma vez que a extremidade 5′ de muitos RNA tem seja o pppA seja o pppG, ou o ATP ou o GTP devem estar ligados inicialmente à enzima no sítio promotor, tornando-se o resíduo inicial de nucleotídeo da extremidade 5′. É na fase inicial de ligação, ou do ATP ou do GTP, no sítio promotor, que a rifampicina bloqueia o processo. O complexo aberto ou fundido na presença de nucleosídeo-trifosfato, inicia agora a transcrição no sítio de iniciação, que é adjacente ao sítio promotor. Uma vez que a transcrição se inicia, o fator se dissocia, e a polimerase-cerne completa a transcrição. A velocidade de síntese de RNA é, aparentemente, controlada pela velocidade de iniciação e não pela velocidade de alongamento. Logo que a polimerase for removida no sítio de iniciação, para continuar e completar a transcrição, uma segunda molécula de polimerase pode se ligar ao mesmo sítio promotor, deslocando-se então para o sítio de iniciação aberto para iniciar uma segunda transcrição, e assim sucessivamente.

c) **Terminação.** No final de um gene, uma seqüência de bases deve dar o sinal de que a transcrição se completou. Um fator de liberação, rô (ρ), uma proteína oligomérica, com um peso molecular de 200 000, liga-se provavelmente à RNA-polimerase, bloqueando a transcrição posterior, sendo liberado o RNA-produto.

Transcrição nos eucariotes. Nas células eucarióticas, a transcrição nuclear é um processo de grande complexidade. A massa de DNA nuclear é extremamente grande, e contém uma considerável complexidade de seqüências de nucleotídeos. Ao contrário dos sistemas bacterianos, como uma única variedade de RNA-polimerase DNA-dependente, as células eucarióticas contêm pelo menos três RNA-polimerases diferentes. A RNA-polimerase I está associada ao nucléolo, requer tanto Mn^{2+} como Mg^{2+}, tem um peso molecular de 500 000-700 000, e parece ser oligomérica. Ela é, presumivelmente, responsável pela síntese de RNA ribosomais. As RNA-polimerases II e III estão no nucleoplasma. A enzima II, que foi consideravelmente purificada, requer Mn^{2+}, tem um peso molecular de cerca de 700 000 e, ao contrário da enzima I, é altamente sensível à α-amanitina, uma toxina peptídica bicíclica de um cogumelo. Ela parece ser também oligomérica, e é responsável pela síntese de mRNA. A enzima III parece estar envolvida na síntese de tRNA e de 5S-RNA. A polimerase IV localiza-se na membrana mitocondrial interna, e está relacionada à transcrição assimétrica do DNA mitocondrial. O produto parece associar-se aos ribosomas mitocondriais. Finalmente, nas plantas que contêm cloroplastos, uma RNA-polimerase DNA-dependente foi também caracterizada. Todas essas polimerases podem ter fatores de iniciação do tipo σ associados a elas, embora o fator σ de *E. coli*, altamente purificado, seja completamente inativo em reação cruzada com as RNA-polimerases eucarióticas. A seqüência para a terminação do DNA não está ainda bem compreendida.

MODIFICAÇÃO

Embora até 40% do RNA sintetizado por células de *E. coli* em crescimento rápido seja de RNA ribosomal, em condições *in vitro*, com o DNA de *E. coli* como molde, menos de 0,2% do RNA sintetizado pelas holoenzimas é rRNA. Recentemente, um novo fator de transcrição, psi (ψ), uma proteína obtida do citossol de *E. coli*, quando adicionada à holoenzima, resulta em um estímulo de muitas centenas de vezes na síntese de rRNA, isto é, 30 ou 40% do RNA total é agora rRNA.

O RNA de fita única recém sintetizado, pode agora apresentar inúmeras modificações. Na célula procariótica, as enzimas modificadoras ocorrem provavelmente no citoplasma e reduzem o comprimento dos RNAs para a conversão final em ribosomal, mensageiro e de transferência. A metilação de bases do tRNA e do mRNA por enzimas específicas, envolvendo a *S*-adenosil-metionina, modifica ainda mais as fitas de ácido nucleico em preparação para suas estruturas finais. Ademais, bases contendo enxofre, ainda que sejam componentes menores dos tRNAs de bactérias e de mamíferos, são formadas por tiolases especiais. O doador de enxofre usual é a cisteína.

POLINUCLEOTIDEO-FOSFORILASE

Embora as RNA-polimerases sejam as enzimas corretas para a transcrição do RNA a partir de um molde de DNA, outra enzima, denominada polinucleotídeo-fosforilase, catalisa a reação reversível:

$$nppX \underset{Mg^{2+}}{\overset{\text{RNA-escorva}}{\rightleftharpoons}} (pX)_p + nP_i$$

Homopolímeros são formados a partir do ADP, IDP, GDP, CDP, UDP para produzir, respectivamente, poli-A, poli-I, poli-G, poli-C e poli-U. Com misturas de nucleosídeos-difosfato, são formados copolímeros ao acaso. Não é necessário um molde de ácido nucleico, embora a presença de uma escorva estimule muito a reação.

A enzima é de importância histórica, uma vez que foi a primeira enzima promotora da síntese efetiva de RNA, a partir de nucleosídeos-difosfato, a ser observada em células bacterianas. Essa enzima parece funcionar primariamente como uma enzima de degradação que desdobra rapidamente o RNA através de uma reação fosforolítica para formar nucleosídeos-difosfato.

REFERÊNCIAS

1. J. D. Watson – *Molecular Biology of the Gene*. 2.ª ed., New York, Benjamin, 1970. Um excelente resumo das sínteses do RNA e do DNA.

2. E. E. Snell (ed.) – *Annual Review of Biochemistry*, **42** (1973); **43** (1974); **44** (1975). Palo Alto, Ca. Revisões anuais. O Estudante mais adiantado deve consultar esses livros de referência para se informar com relação aos progressos recentes na área.

3. J. N. Davidson – *Biochemistry of Nucleic Acids*. 7.ª ed., Londres, Methuen, Wiley, 1972. Um ótimo relato dos aspectos gerais da química dos ácidos nucleicos e de seu metabolismo.

4. Arthur Kornberg – *DNA Synthesis*. San Francisco, W. H. Freeman, 1974. Relato excelente, escrito com clareza, sobre a biossíntese do DNA pelo descobridor da DNA-polimerase I.

PROBLEMAS

1. Compare os seguintes sistemas biossintéticos em termos das variáveis apresentadas:

	Molde	Escorva	Molde-escorva
Glicogênio			
Ácido esteárico			
DNA			
RNA			

2. As seguintes enzimas estão envolvidas no metabolismo dos ácidos nucleicos. Complete o diagrama, preenchendo os espaços vazios com uma resposta sintética adequada. Use as seguintes abreviações: DNA, RNA, XTP (para uma mistura de quatro

ribosídeos-trifosfato) *d*XTP (para uma mistura de quatro desoxirribosídeos-trifosfato); XDP (para uma mistura de quatro ribosídeos-difosfato); P_i (para o fosfato inorgânico), e P ~ P (para o pirofosfato inorgânico).

	Substrato	Produto orgânico	Produto inorgânico	Natureza do molde (se houver)	Natureza da escorva (se houver)
DNA-polimerase I					
RNA-polimerase (transcriptase)					
RNA-replicase					
(RNA-polimerase DNA-dependente)					
Transcriptase reversa					
Polinucleotídeo-fosfórilase					

3. Quais foram as importantes contribuições realizadas pelos seguintes bioquímicos, no campo da biossíntese de ácidos nucleicos?

   (a) Meselson (b) Kornberg (c) Okazaki

4. Descreva o papel do fator sigma (σ) na síntese do RNA.
5. O que significa fitas de DNA "com sentido" e "sem sentido"?

capítulo **19**

BIOSSÍNTESE DE PROTEÍNAS

OBJETIVO

A elucidação do mecanismo da síntese de proteínas, tanto em células procarióticas como em eucarióticas, ocorreu nos últimos 15 anos, e classifica-se como um dos maiores triunfos da bioquímica moderna. A síntese da ligação peptídica é o principal evento químico da síntese de proteínas e, como veremos, está acoplada a uma maquinaria sofisticada para a tradução exata das seqüências específicas programadas nos ácidos nucleicos informacionais. Todavia, inúmeros compostos são sintetizados na célula, apresentando uma ligação "do tipo peptídico"

$$R-\overset{\overset{\displaystyle O}{\|}}{C}-NH-R$$

Ligação peptídica
(uma amida *N*-substituída)

$$R-\overset{\overset{\displaystyle O}{\|}}{C}-NH_2$$

Amida
(uma amida não-substituída)

e uma discussão de sua síntese será instrutiva. Ademais, diversos dipeptídeos, tripeptídeos, bem como polipeptídeos são formados na célula por sistemas que não envolvem os mecanismos de tradução; estes, que incluem a glutamina, o ácido hipúrico e o glutation, serão também examinados.

Historicamente, os bioquímicos selecionaram esses compostos como modelos simples para estudar a síntese de proteínas; em breve tornou-se evidente que esses modelos não refletiam a complexidade da síntese de proteínas, e não mais foram empregados para esses estudos.

GLUTAMINA

A glutamina é sintetizada pela *glutamina-sintetase*, uma enzima encontrada em plantas, animais e bactérias (p. **469**). Acredita-se que o primeiro passo seja a formação do complexo γ-glutamil-fosfato-enzima. No segundo passo, a amônia, um bom nucleófilo, ataca o complexo e desloca o fosfato para formar glutamina e fosfato inorgânico; esse mecanismo está resumido na p. **390**. Note-se que somente a γ-amida é formada. A isoglutamina, o composto com o grupo α-carboxil amidado, nunca é formada. A enzima é altamente específica, uma vez que o ácido aspártico não pode substituir o ácido glutâmico como substrato, e é uma proteína extremamente complexa, cuja atividade catalítica é regulada por diversos mecanismos interessantes, que discutiremos em detalhe na p. pp. 469-471.

ÁCIDO HIPÚRICO

A síntese enzimática do ácido hipúrico, um composto da urina comum em mamíferos, envolve a seqüência mostrada a seguir.

Ácido benzóico + ATP + CoA-SH $\xrightarrow{Mn^{2+}}$ Benzoil-CoA + AMP + PP

$:NH_2CH_2COO^-$ (Glicina) + Benzoil-CoA $\longrightarrow$ Ácido hipúrico (C_6H_5—CO—$NHCH_2COO^-$; Ligação peptídica) + CoA-SH

GLUTATION

O glutation, um tripeptídeo que ocorre em levedura, plantas e tecidos animais, requer dois sistemas enzimáticos distintos para formar suas duas ligações peptídicas. A primeira enzima, *γ-glutamilcisteína-sintetase* (*a*), catalisa a condensação de ácido glutâmico e cisteína, na formação da primeira ligação peptídica. Uma segunda enzima, a *glutation-sintetase* (*b*), adiciona, então, glicina ao dipeptídeo previamente sintetizado, para formar a segunda ligação peptídica. Em cada passo, o grupo carboxílico é presumivelmente ativado por ATP, como já descrito para a síntese da glutamina. A cisteína não ataca diretamente a γ-carboxila do ácido glutâmico porque o $—O^-$ do grupo carboxílico é um fraco grupo de substituição; se, porém, um fosfato é colocado no carbono carboxílico às custas de ATP, então, como na síntese da glutamina, passamos a ter um excelente grupo de substituição.

(*a*) Glutâmico + Cisteína + ATP $\xrightarrow[(a)]{Mn^{2+}}$ H_3PO_4 + ADP + γ-Glutamilcisteína

(Primeiramente ativado pelo ATP)

(*b*) γ-Glutamilcisteína + $:NH_2CH_2COO^-$ (Glicina) + ATP $\xrightarrow[(b)]{Mn^{2+}}$ H_3PO_4 + ADP + Glutamilcisteínaglicina ou glutation

(Primeiramente ativado pelo ATP)

Note-se que a CoASH é necessária à síntese do ácido hipúrico, e que os produtos de reação incluem AMP e pirofosfato: na síntese de glutamina e glutation, ADP e fosfato inorgânico são os produtos de reação e a CoASH não é requerida. Isso indica fortemente que a ligação peptídica no ácido hipúrico é sintetizada por um mecanismo diferente do encontrado nos dois últimos exemplos. Note-se, sobretudo, que a seqüência desses passos simples é controlada pela especificidade das enzimas envolvidas. Isto é, na síntese de glutation, o peptídeo inverso, a glicilglutamilcisteína, não é produzido, porque as especificidades dos dois sistemas enzimáticos controlam a ordem de adição. Assim, a enzima *a* catalisa *somente* a reação (*a*), e a enzima *b* catalisa somente a reação (*b*). Portanto a ordem de reação é glutâmico com cisteína, e não glutâmico com glicina.

POLIPEPTÍDEOS CÍCLICOS

A biossíntese de polipeptídeos cíclicos antibióticos ocorre, como a biossíntese do glutation, na ausência completa de polinucleotídeos, o que sugere determinação de seqüência pela especificidade da enzima.

Como exemplo, examinaremos a biossíntese da gramicidina-S, um decapeptídeo cíclico com a estrutura:

$$\begin{array}{ccccccccc} \text{D-Phe} & \longrightarrow & \text{Pro} & \longrightarrow & \text{Val} & \longrightarrow & \text{Orn} & \longrightarrow & \text{Leu} \\ \uparrow & & & & & & & & \downarrow \\ \text{Leu} & \longleftarrow & \text{Orn} & \longleftarrow & \text{Val} & \longleftarrow & \text{Pro} & \longleftarrow & \text{D-Phe} \end{array}$$

Extratos de linhagens de *Bacillus brevis*, que sintetizam gramicidina-S, contêm duas frações proteicas que, pela adição de ATP e Mg^{2+} e dos aminoácidos apropriados, facilmente catalisam a síntese do polipeptídeo cíclico. A proteína I tem um peso molecular de 280 000 e a proteína II, de 100 000. A proteína II ativa e recemiza D ou L-fenilalanina, e também fica carregada com D-fenilalanina através de uma ligação tioéster. A proteína I ativa os outros quatro aminoácidos, ou seja, prolina, ornitina, valina e leucina, através da seqüência:

$$\text{Aminoácido} + \text{ATP} \rightleftharpoons \text{aminoaciladenilato} + \text{PP} \qquad (19\text{-}1)$$

$$\text{Aminoaciladenilato} + \text{HS-proteína} \rightleftharpoons \text{aminoacil-}S\text{-proteína} \qquad (19\text{-}2)$$

Existem agora evidências de que a proteína I é, na realidade, uma polienzima constituída de quatro enzimas ativando aminoácidos específicos, cada uma com um peso molecular de 65 000 a 70 000. Cada enzima ativa seu aminoácido específico de acordo com as Reações 19-1 e 19-2. Cada aminoácido, sendo ligado covalentemente como um tioéster à proteína. Uma quinta proteína é um componente adicional da polienzima, e contém um grupo funcional de 4'-fosfopanteteína por proteína (PM 17 000).

O seguinte quadro torna-se agora aparente: a L-fenilalanina é primeiramente racemizada para D-fenilalanina pela proteína II e é, então, ativada ao complexo D-fenilalaniltioéster-proteína II. Esse complexo reage agora com o componente da proteína I, que ativa enzimaticamente o L-prolil-*S*, para formar um complexo D-fenilalanil-L-prolil-*S*:

$$(19\text{-}3)$$

$$R^1\text{—}\underset{\substack{|\\ H}}{\overset{\substack{NH_2\\ |}}{C}}\text{—}\overset{\substack{O\\ \|}}{C}\text{—S—Prot II} + R^2\text{—}\underset{\substack{|\\ H}}{\overset{\substack{NH_2\\ |}}{C}}\text{—}\underset{\substack{\|\\ O}}{C}\text{—S—Prot I} \xrightarrow{\text{Transpeptidação}}$$

$$R^1\text{—}\underset{\substack{|\\ H}}{\overset{\substack{NH_2\\ |}}{C}}\text{—}\overset{\substack{O\\ \|}}{C}\text{—NH—}\underset{\substack{|\\ H}}{\overset{\substack{R^2\\ |}}{C}}\text{—}\underset{\substack{\|\\ O}}{C}\text{—S—Prot I} + \underset{\substack{|\\ SH}}{\text{Prot II}}$$

O complexo dipeptidil-*S* é agora transferido para o grupo SH livre da 4′-fosfopanteteína-proteína I:

(19-4)

$$R^1{-}\underset{H}{\overset{NH_2}{C}}{-}\overset{O}{\overset{\|}{C}}{-}NH{-}\underset{H}{\overset{R^2}{C}}{-}\underset{O}{\underset{\|}{C}}{-}S{-}\text{Prot I} + HS{-}\ \textbf{4' fosfopanteteil-prot I} \xrightarrow[\text{tiolação}]{\text{Trans-}}$$

$$R^1{-}\underset{H}{\overset{NH_2}{C}}{-}\overset{O}{\overset{\|}{C}}{-}NH{-}\underset{H}{\overset{R_2}{C}}{-}\underset{O}{\underset{\|}{C}}{-}S{-}\ \textbf{4' fosfopanteteil-prot I} \quad + \underset{SH}{\text{Prot I}}$$

O grupo 4′-fosfopanteteína carregado é agora translocado para o sítio da ornitil-*S*-proteína, enquanto ocorre uma segunda transpeptidação para formar o complexo tripeptídeo-*S*, o qual retorna ao braço 4′-fosfopanteteil que transloca o tripeptídeo para o sítio leucil-*S*, etc., até que o pentapeptídeo final é construído. Simultaneamente, o segundo complexo pentapeptidil é sintetizado. Logo que os dois complexos pentapeptidil estão completos, eles interagem para formar o decapeptídeo cíclico completo:

$$NH_2{-}\text{D-Phe} \longrightarrow \text{Pro} \longrightarrow \text{Val} \longrightarrow \text{Orn} \longrightarrow \text{Leu}{-}\overset{O^{\delta-}}{\overset{\|}{C^{\delta+}}}{-}S{-}\text{Enz I}$$

$$\text{Enz I}{-}S{-}\underset{O^{\delta-}}{\underset{\|}{C^{\delta+}}}{-}\text{Leu} \longleftarrow \text{Orn} \longleftarrow \text{Val} \longleftarrow \text{Pro} \longleftarrow \text{D-Phe}{-}NH_2$$

$$\Downarrow$$

$$\begin{array}{ccccccccc} \text{D-Phe} & \longrightarrow & \text{Pro} & \longrightarrow & \text{Val} & \longrightarrow & \text{Orn} & \longrightarrow & \text{Leu} \\ \uparrow & & & & & & & & \downarrow \\ \text{Leu} & \longleftarrow & \text{Orn} & \longleftarrow & \text{Val} & \longleftarrow & \text{Pro} & \longleftarrow & \text{D-Phe} \end{array}$$

Gramicidina-S

Embora mais primitivo do que o sistema ribosômico de síntese proteica dirigido por ácido nucleico, esse sistema é extremamente restritivo, fazendo com que somente os estereoisômeros corretos, isto é, D-fenilalanina, L-prolina, L-valina, e L-leucina, sejam utilizados; todos os outros aminoácidos e os isômeros ópticos incorretos são rejeitados. Além do mais, em vez de formar um complexo éster de aminoacil-tRNA, altamente reativo, o que se utiliza é um complexo tioéster de aminoacilproteína, igualmente ativo, para a ativação dos grupos carboxílicos necessários para a formação da ligação peptídica. O estudante deve observar a semelhança surpreendente entre a síntese desse peptídeo cíclico e a síntese de ácidos graxos (Cap. 13).

COMPONENTES DA SÍNTESE DE PROTEÍNAS

Ao examinar o problema da síntese de proteínas imediatamente nos defrontamos com a enorme tarefa de sintetizar, todas as vezes que uma proteína é produzida, essa molécula tão complexa – contendo centenas de L-aminoácidos – sempre em uma mesma seqüência determinada. Em outras palavras, o mecanismo de síntese deve ter um sistema codificador preciso que programe automaticamente a inserção de um resíduo de um único aminoácido específico numa posição determinada, na cadeia da proteína. O sistema codificador, ao determinar precisamente a estrutura primária de uma dada proteína, por sua vez estabelece as suas estruturas secundária e terciária. Obviamente, esse problema não existe na área da síntese de peptídeos simples ou de amidas.

De interesse primordial é o mecanismo pelo qual a informação que vem do DNA, que é o carregador genético do sistema codificador, é usada de maneira precisa na biossíntese de proteínas. Já discutimos as sínteses de DNA e RNA (Cap. 19) e tentaremos agora resumir, em ordem, os processos pelos quais as proteínas são formadas.

A informação genética proveniente do DNA é programada no RNA para a síntese ordenada de novas proteínas, como indicado:

$$\text{DNA} \xrightarrow{\text{Transcrição}} \text{RNA} \xrightarrow{\text{Tradução}} \text{Proteína}$$

A *transcrição* é definida como o processo pelo qual a informação genética do DNA é empregada para ordenar uma seqüência complementar de bases numa nova cadeia de RNA, cujo mecanismo já discutimos em detalhe (Cap. 18).

Nesse processo, três RNAs-chave são sintetizados: (1) RNA mensageiro, que transporta a mensagem genética do DNA para determinar a seqüência específica de aminoácidos de uma proteína; (2) RNA ribosômico, que serve como componente estrutural importante, e (3) RNAs de transferência, que transportam aminoácidos ativados para os sítios específicos de reconhecimento do molde de mRNA.

A maquinaria da síntese de proteína consiste, assim, num grande número de componentes, sendo os mais importantes o mRNA, os ribosomas, que são o verdadeiro local da síntese de proteínas, os aminoacil-tRNA e diversas enzimas e cofatores. Toda a maquinaria opera no citoplasma de organismos procarióticos e eucarióticos. Ela está estreitamente relacionada ao retículo endoplasmático. Exceções são mitocôndrias e cloroplastos, que possuem a maquinaria para síntese de proteínas bastante completa, embora um pouco limitada.

Ativação de aminoácidos. Os vinte aminoácidos comumente encontrados nas estruturas das proteínas sofrem uma etapa de ativação inicial, que também envolve uma seleção e discriminação preliminar dos aminoácidos. Assim, D-isômeros de certos aminoácidos, como ornitina, citrulina, β-alanina e ácido diaminopimélico, que são usados para outros fins na célula, são rejeitados nesse estágio. Cada um dos vinte aminoácidos normalmente encontrados nas proteínas tem seu próprio sistema enzimático específico de ativação, chamado aminoacil-tRNA-sintetase. A etapa envolvida é a seguinte:

$$\underset{\text{(aa)}}{\text{ATP + Aminoácido}} \underset{Mn^{2+}}{\overset{\text{Enzima}}{\rightleftharpoons}} \underset{\substack{\text{Complexo}\\ \text{aminoácido-adenilato-}\\ \text{-enzima}}}{\text{aa-AMP-Enz}} + \underset{\text{Pirofosfato}}{PP_i} \qquad (19\text{-}5)$$

$$\text{Adenina-ribose—O—}\overset{\overset{\large O}{\|}}{\underset{\underset{\large OH}{|}}{P}}\text{—O—}\overset{\overset{\large O}{\|}}{\underset{\underset{\large OH}{|}}{P}}\text{—O—}\overset{\overset{\large O}{\|}}{\underset{\underset{\large OH}{|}}{P}}\text{—OH} + {}^{-}\!:\!\text{O—}\overset{\overset{\large O}{\|}}{C}\text{—}\overset{\overset{\large NH_3}{|}}{C}\text{HR} \xrightarrow{\text{Enzima}}$$

$$\text{Adenina-ribose—O—}\overset{\overset{\large O^{\delta-}}{\|}}{\underset{\underset{\large OH}{|}}{P^{\delta+}}}\boxed{\sim\text{O—}}\overset{\overset{\large O^{\delta-}}{\|}}{C^{\delta+}}\text{—}\overset{\overset{\large NH_3}{|}}{C}\text{HR} \quad \text{Enzima} + PP_i$$

Ligação muito lábil

Os aminoaciladenilatos são extremamente reativos, mas são estabilizados pela associação com a enzima formadora. Essa labilidade está relacionada com a forte carga positiva do aminogrupo adjacente ao átomo de fósforo positivo, o que causa uma forte repulsão eletrostática e uma subseqüente labilização da ligação P—O—C. Embora a etapa de ativação, ou seja, a formação do complexo aminoacil-adenilato-enzima, tenha uma especificidade inerente considerável, algumas enzimas de ativação apresentam capacidade, se bem que limitada, para ativar mais de um aminoácido. Assim a L-isoleucina-tRNA-sintetase também ativará L-valina e a valina-tRNA-sintetase também reagirá com treonina, conforme provado em experimentos usando pirofosfato-^{32}P, como ilustrado na Reação 19-5. Entretanto, embora essas enzimas não tenham especificidade absoluta pelo substrato, elas reconhecem respectivamente apenas $tRNA^{ileu}$ e $tRNA^{val}$. Assim, a especificidade é exercida em dois níveis, (*a*) o passo de ativação e (*b*) o passo de transferência ao tRNA, sugerindo que a proteína da sintetase deva ter pelo menos dois sítios de reconhecimento, um para seu aminoácido específico e o outro para seu tRNA específico.

Um grande número de aminoacil-tRNA-sintetases tem sido purificado a partir de diversos tecidos. Seus pesos moleculares variam de 50 000 a 200 000, e elas podem ser proteínas oligoméricas.

O mecanismo de transferência do complexo aminoacil-adenilato-enzima ao seu tRNA específico está mostrado na Fig. 19-1.

RNA de transferência. Como já indicamos, os aceptores especiais dos aminoácidos ativados são os RNA de transferência específicos (tRNA). Cada célula bacteriana contém cerca de sessenta diferentes espécies de tRNA, enquanto as células eucarióticas podem ter de 100 a 200 tRNAs diferentes. Desses, cerca de vinte tRNA já tiveram suas seqüências de bases determinadas e alguns foram cristalizados. Os comprimentos das cadeias de espécies de tRNA conhecidos variam entre 73 a 88 resíduos de nucleosídeos, sendo que cerca de 10-20% das bases são modificadas (p. 95). A média de peso molecular varia entre 25 000 e 30 000. A nomenclatura $tRNA^{ala}_{levedura}$ indica um RNA de transferência (ou transportador) específico para alanina, obtido de levedura. Uma discussão da estrutura do tRNA será encontrada na p. 103.

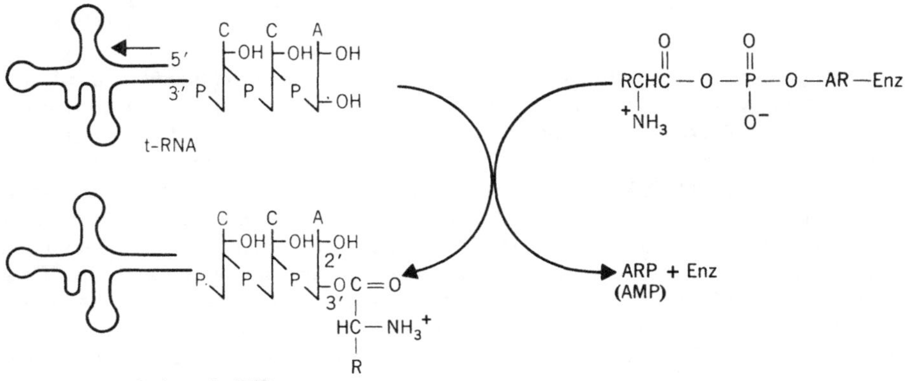

$$\text{t-RNA}\;(5'\ldots 3'\text{-P-C-P-C-P-A(2'-OH, 3'-OH)}) + \text{RCH}(\text{NH}_3^+)\text{C}(=\text{O})-\text{O}-\text{P}(=\text{O})(\text{O}^-)-\text{O}-\text{AR}-\text{Enz} \longrightarrow \text{Aminoacil-tRNA}\;(\ldots\text{A}-3'\text{-O-C}(=\text{O})-\text{HC}(\text{R})-\text{NH}_3^+) + \text{ARP (AMP)} + \text{Enz}$$

Figura 19-1. A aminoacilação do tRNA

Mais de 85% dos tRNA têm a base guanina na extremidade 5', enquanto os demais têm citosina como base terminal. Todos os tRNA que são capazes de serem carregados com aminoácidos têm a seqüência citosina-citosina-adenina como a seqüência terminal da extremidade 3'.

As evidências atuais apóiam a conclusão de que o grupo aminoacil está ligado ao 3'-OH do resíduo ribosil do grupo adenosil 3'-terminal, por meio de uma ligação de éster altamente reativa.

Aparentemente, a presença do grupo vicinal *cis*-2-hidroxila (Fig. 19-1) juntamente com o α-aminogrupo protonado torna a ligação aminoacil-éster muito reativa. A acilação do α-aminogrupo em derivado *N*-acílico, reduz de maneira acentuada a reatividade da ligação éster.

Os RNA de transferência têm três funções específicas, destacadas a seguir.

a) Reconhecimento de uma aminoacil-tRNA-sintetase específica, para aceitar o aminoácido ativado correto.

b) Tornar possível o reconhecimento do códon correto na seqüência do mRNA para um aminoácido específico com seu próprio anticódon específico, garantindo assim que determinado aminoácido seja colocado em seqüência correta na cadeia peptídica em crescimento (Fig. 19-2).

c) Ligar a cadeia peptídica em crescimento ao ribosoma que está participando do processo de tradução.

Atualmente, a seqüência da biossíntese eucariótica das espécies de tRNA pode ser representada por

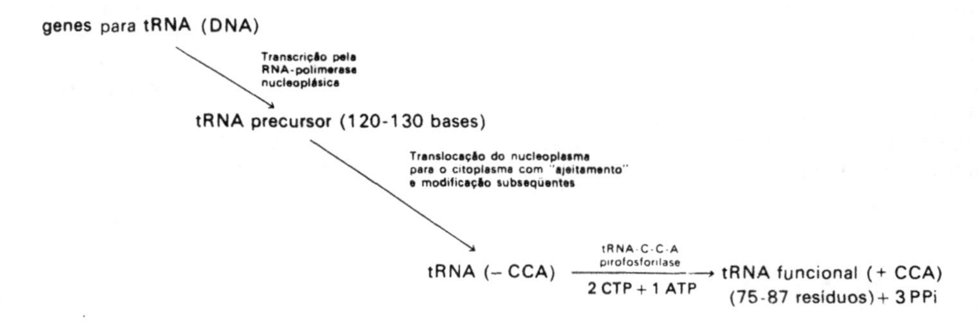

Em organismos eucarióticos, um tRNA precursor não-modificado é presumivelmente formado pela RNA-polimerase localizada no nucleoplasma e transcrito a partir de um cístron do DNA nuclear específico para tRNA. Uma vez transferido para o citoplasma, o tRNA precursor presumivelmente tem poucas, se alguma, bases modificadas mas, no citoplasma, as tRNA-metilases específicas transferem o grupo metil da *S*-adenosilmetionina a bases adequadas, que são alteradas por alquilação dos átomos de carbono, nitrogênio ou oxigênio, para formar as bases modificadas tão características das espécies de tRNA. Algumas dessas estruturas são representadas na p. 95. Parece haver uma correlação interessante entre o número de nucleosídeos modificados contidos num tRNA de um organismo particular e o desenvolvimento evolutivo desse organismo. Assim, tRNAs de *Mycoplasma*, os menores organismos de vida livre conhecidos, contêm somente uma pequena quantidade de nucleosídeos modificados. Entretanto, *E. coli*, levedura, germe de trigo, fígado de rato e células tumorais contêm um número crescente de bases modificadas em suas espécies de tRNA. Os tRNAs de mamíferos chegam a ter até 20% de suas bases modificadas. Um interessante nucleosídeo modificado contém isopenteniladenosina (iA):

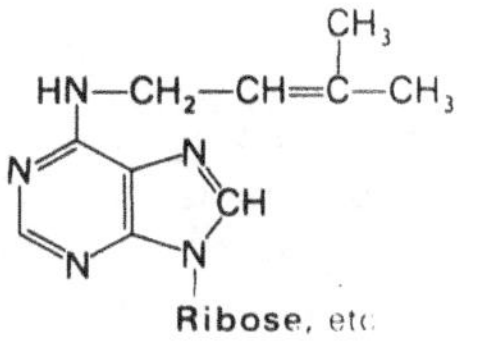

CH_3
$HN-CH_2-CH{=}C-CH_3$
N N CH N N
Ribose, etc

A própria isopenteniladenosina pertence à classe das citocininas, que são potentes fatores de crescimento vegetal, promovendo divisão celular, crescimento e formação de órgãos em plantas. Embora a relação de iA com essas atividades não esteja clara, iA sempre ocorre adjacente à base adenina na região do anticódon, quando a adenina é a tereeira base da seqüência tríplice do anticódon. A isopenteniladenosina é facilmente sintetizada por uma enzima citoplasmática, a isopentenilpirofosfato: tRNA--isopentenil-transferase:

$$\text{Isopentenilpirofosfato} + \text{Adenina-tRNA} \longrightarrow \text{P} - \text{P} + \text{Isopenteniladenina-tRNA}$$

Já foi mencionada a existência de cerca de sessenta diferentes espécies de tRNA bacteriano que podem ser separadas e purificadas. A existência de vários tRNA para os mesmos aminoácidos é chamada de multiplicidade. Por exemplo, um tipo de multiplicidade é causado por uma degeneração do código genético, isto é, três espécies diferentes de tRNA são necessárias para os seis códons de serina (veja o código genético, Tab. 19-1). Um segundo tipo envolve a espécie de tRNA mitocondrial em células animais e vegetais e tRNA de cloroplastos em plantas.

Um terceiro tipo é observado quando uma espécie de tRNA específico é empregado pela célula para uma função altamente especializada. Por exemplo, organismos procarióticos Gram-positivos sintetizam grandes quantidades de um componente de parede celular chamado peptideoglicano (veja a p. 44, para estrutura, e a p. 204, para função). A ponte interpeptídica que une as fitas separadas de peptideoglicanos em alguns organismos, é um pentaglicilpeptídeo. O *Staphylococcus epidermidis* é um organismo típico que possui um único $tRNA^{gly}$ em concentrações relativamente altas, com cerca de 85 resíduos, mas contendo somente um nucleosídeo modificado, a 4-tiouridina. Embora três espécies isoaceptoras adicionais de $tRNA^{gly}$ tenham sido isoladas desse organismo, as quais, juntamente com o $tRNA^{ser}$ específico, eram carregadas com glicina e podiam participar da formação da ponte interpeptídica, o $tRNA_I^{gly}$ específico não participava da síntese de proteínas e não possuia um anticódon de glicina, enquanto que as três outras espécies de $tRNA^{gly}$ facilmente participavam da síntese de proteínas. Pode-se, pois, especular que esse organismo, sintetizando um tRNA altamente específico, poderia depender dessa espécie de tRNA para a importante tarefa de produzir as pontes interpeptídicas tão essenciais para a síntese de um peptideoglicano completo, sem que houvesse competição da maquinaria de síntese de proteínas da célula.

Em resumo, os RNA de transferência servem como adaptadores que dirigem a colocação adequada dos aminoácidos, de acordo com a seqüência de nucleotídeos do mRNA. O RNA de transferência deve ter vários sítios de reconhecimento em sua estrutura, a saber (*a*) o sítio do anticódon, isto é, os sítios das três bases responsáveis pelo reconhecimento da trinca complementar codificada no mRNA; (*b*) o sítio da sintetase pelo qual a aminoacil-tRNA-sintetase específica reconhece e carrega o tRNA específico com o aminoácido; (*c*) o sítio de ligação do aminoácido, que em todos os tRNA é a seqüência de nucleosídeos-CCA do terminal 3′ e (*d*) o sítio de reconhecimento do ribosoma.

CÓDIGO GENÉTICO

Discutimos códons, anticódons e códigos em diversos capítulos. É oportuno definir agora estes termos com maior precisão.

Até recentemente, um dos mais intrigantes enigmas da biologia moderna era como codificar vinte aminoácidos, de uma maneira inequívoca, com somente quatro resíduos de nucleotídeos. Obviamente, uma seqüência de nucleotídeos definida poderia servir como um código. Quão longa deveria ser essa seqüência? Se cada seqüência fosse formada de apenas dois resíduos, somente 4^2 ou 16 combinações binárias possíveis seriam disponíveis, o que é menos que os vinte aminoácidos a serem codificados. Se cada seqüência tivesse três resíduos de comprimento, um total de 4^3 ou 64 diferentes combinações seria disponível, o que seria mais que o necessário. A solução para esse enigma é um dos capítulos mais interessantes da bioquímica moderna.

Como veremos, a seqüência de bases do mRNA dirige a síntese precisa da seqüência de aminoácidos de uma proteína. O códon, a unidade que codifica para um dado aminoácido, consiste de um grupo de três resíduos adjacentes de nucleotídeos do mRNA; os três resíduos seguintes do mRNA codificam o próximo aminoácido, etc. A evidência para essa conclusão baseia-se em dados consideráveis. Em 1961, M. Nirenberg realizou um experimento clássico, empregando um sistema de *E. coli* que consistia numa solução do sobrenadante de centrifugação e de ribosomas suplementados com tRNA. A esse sistema, ele adicionou uma mistura de aminoácidos radioativos e ácido poliuridílico (poli-U), que fora preparado pela ação de polinucleotídeo-fosforilase sobre UDP. Dessa complexa mistura de aminoácidos, o único aminoácido incorporado numa fração ácida insolúvel, constituída de proteína recém-sintetizada, foi a fenilalanina; o produto provou ser a polifenilalanina. Nirenberg concluiu corretamente que a poli-U sintética estava, na verdade, servindo como mRNA e fornecendo a informação que especificava que somente unidades de fenilalanil-tRNA poderiam associar-se ao complexo ribosômico de poli-U-nucleoproteína. Polinucleotídeos, misturados ao acaso, foram então preparados pela adição de várias quantidades de CDP, ADP ou GDP, juntamente com UDP, à polinucleotídeo-fosforilase. Quando os polímeros sintéticos de RNA de diferentes composições de bases eram adicionados ao sistema de ensaio que descrevemos, diferentes aminoácidos eram incorporados nas proteínas. Uma relação mínima de codificação, de três bases de nucleotídeo para cada aminoácido, foi então determinada, embora a ordem precisa das bases em cada código triplet ainda não fosse conhecida.

Em 1964, Nirenberg desenvolveu um método simples, no qual trinucleotídeos de seqüência conhecida eram empregados para decifrar o código. Um trinucleotídeo de seqüência conhecida era misturado com um aminoácido tRNA marcado e ribosomas. Depois de um dado período de incubação, a suspensão era filtrada através de um filtro de porosidade fina. A ligação do aminoacil-tRNA aos ribosomas dependia da presença de um trinucleotídeo específico. Se nenhuma ligação ocorresse, o aminoacil-tRNA passaria através do filtro; entretanto se a reação ocorresse, o complexo aminoacil-tRNA ribosômico permaneceria no filtro e poderia ser facilmente medido quanto à radioatividade. Com efeito, os trinucleotídeos sintéticos serviam como códons modelos. Empregando esse efeito de ligação dos trinucleotídeos, Nirenberg examinou 64 trinucleotídeos com 20 aminoacil-tRNAs separados.

Durante esse mesmo período, K. Khorana, empregando técnicas de síntese de compostos orgânicos assim como técnicas enzimáticas, preparou polirribonucleotídeos sintéticos com seqüências repetitivas claramente definidas. Assim, a seqüência repetitiva de CUC UCU CUC. . . , quando adicionada ao sistema de síntese de proteínas, em presença de aminoácidos radioativos, induzia a formação de um polipeptídeo que continha somente resíduos alternados de leucina e serina.

Em conseqüência desses e de outros experimentos, os bioquímicos foram finalmente capazes de indicar os aminoácidos específicos para 61 dos 64 códons possíveis, sendo os três remanescentes recentemente designados como códons de terminação da cadeia peptídica. A Tab. 19-1 sumaria esses resultados, ou seja, o código genético.

Tabela 19-1. O código genético

Primeira posição (extremidade 5′)	Segunda posição				Terceira posição (extremidade 3′)
	U	C	A	G	
U	Phe	Ser	Tyr	Cys	U
	Phe	Ser	Tyr	Cys	C
	Leu	Ser	Term*	Term	A
	Leu	Ser	Term	Trp	G
C	Leu	Pro	His	Arg	U
	Leu	Pro	His	Arg	C
	Leu	Pro	GluN	Arg	A
	Leu	Pro	GluN	Arg	G
A	Ileu	Thr	AspN	Ser	U
	Ileu	Thr	AspN	Ser	C
	Ileu	Thr	Lys	Arg	A
	Met (iniciação)	Thr	Lys	Arg	G
G	Val	Ala	Asp	Gly	U
	Val	Ala	Asp	Gly	C
	Val	Ala	Glu	Gly	A
	Val	Ala	Glu	Gly	G

* Terminação de cadeia

Agora analisaremos resumidamente algumas generalizações referentes ao código:

1. O código é *universal*, isto é, todos os organismos, procarióticos e eucarióticos, usam os mesmos códons para especificar cada aminoácido.

2. O código é *degenerado*, isto é, mais de um arranjo de trinca de nucleotídeos especifica o mesmo aminoácido. Assim UUA, UUG, CUU, CUC, CUA e CUG são códons para leucina. Notamos imediatamente que as duas primeiras bases são específicas, mas a terceira base é flexível. Isso sugere que uma mudança na terceira base por mutação pode ainda permitir a tradução correta de um dado aminoácido numa proteína. A degeneração geralmente só envolve a terceira base do códon. Por exemplo, os códons para fenilalanina são UUU ou UUC. A terceira base necessita simplesmente ser uma pirimidina. Dois dos códons para a leucina também começam com UU, mas, neste caso, a terceira base precisa ser uma purina. O padrão geral de estabelecimento do códon sugere que o nucleotídeo pode ter, no seu final 3′, uma das duas bases — purina ou pirimidina. Esse encaixe de bases na terceira posição é chamado *oscilante*. Portanto, praticamente todos os códons podem ser representados por xy_G^A ou xy_C. Além das quatro bases usuais, A, U, G e C, uma quinta base I (inosina), é freqüentemente encontrada formando parte do anticódon; I nunca ocorre em sistema de códons

entretanto, ocorre como uma base do anticódon triplo do tRNA e invariavelmente complementa a terceira base, ou base flexível, do códon. Assim o códon CUU pode ser lido pelo anticódon, AAG ou IAG (lido na direção 5′ ⟶ 3′). A razão para essa flexibilidade de I é que ela pode se ligar por pontes de hidrogênio com U, A ou C (Fig. 19-2).

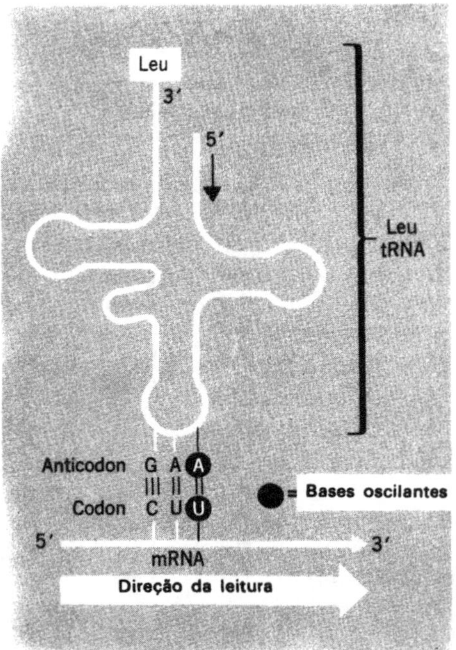

Figura 19-2. Associação dos aminoacil-tRNAs ao mRNA

3. O código é *não-sobreposto*; isto é, códons adjacentes não se sobrepõem.

4. O código é *sem vírgula*; isto é, não há sinais especiais, ou vírgulas, entre os códons.

5. Dos 64 códons triplos possíveis, 61 são empregados para codificar aminoácidos. Três, UAA, UAG e UGA foram originalmente chamados códons sem sentido, mas agora são reconhecidos como códons específicos de terminação para a extremidade COOH de uma cadeia peptídica.

6. O códon AUG é de considerável interesse, uma vez que é o único códon para metionina, independentemente se fMET-$tRNA_f^{met}$ ou MET-$tRNA_m^{met}$ são empregados como transportadores de metionina. Ele serve como o códon iniciador, extremamente importante, assim como para a inserção de uma metionina interna; presumivelmente, os fatores iniciadores FI1, FI2 e FI3 ou a estrutura secundária do mRNA discriminam o uso correto do AUG. Os papéis dos códons iniciadores e terminadores são representados na Fig. 19-3.

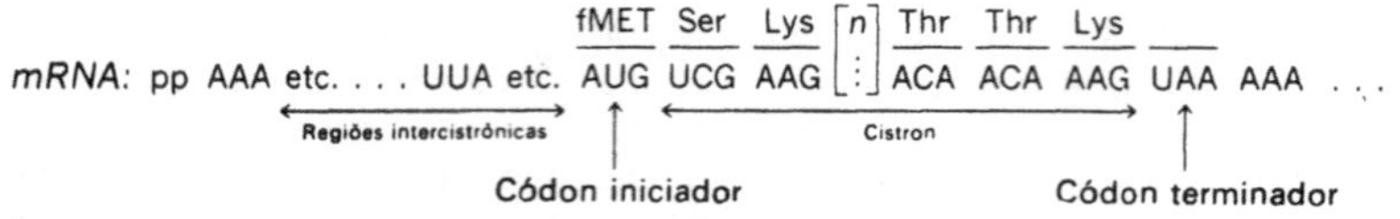

Figura 19-3. O sinal AUG não está na extremidade 5′ nem segue diretamente um sinal terminador (UGA, UAA, ou UAG). Existem regiões ao longo de um mRNA policistrônico que não são traduzidas. A função de tais regiões intercistrônicas ainda não está conhecida

7. Em geral, os aminoácidos com resíduo de hidrocarbonetos têm U ou C como a segunda base; aqueles com grupos metil ramificados têm U como a segunda base. Aminoácidos básicos e ácidos têm A ou G como a segunda base.

RNA mensageiro. Como foi mencionado diversas vezes (p. 107), um componente chave do processo de tradução é o mRNA (veja Cap. 5), que perfaz somente pequena porcentagem do RNA total de uma célula. Ele transporta a mensagem genética do DNA ao local da síntese de proteínas, os ribosomas, e é, por isso, chamado RNA mensageiro (mRNA). O mRNA é metabolicamente instável, com elevada taxa de renovação nas células procarióticas; nas eucarióticas, contudo, ele é bastante estável. Ele é sintetizado pela RNA-polimerase DNA-dependente (p. 433).

O RNA mensageiro varia muito no comprimento da cadeia e, portanto, em peso molecular. Essa grande variação deve estar relacionada com a heterogeneidade dos comprimentos das cadeias de proteína. Uma vez que poucas proteínas contêm menos de 100 aminoácidos, o mRNA que codifica para essas proteínas deve ter pelo menos 100 × 3 ou 300 resíduos de nucleotídeos. Em *E. coli*, o tamanho médio do mRNA é 900-1 500 unidades de nucleotídeos e codifica para mais de uma cadeia polipeptídica, isto é, um mRNA policistrânico. A instabilidade do mRNA é característica dos sistemas bacterianos, tendo uma vida média de alguns segundos a cerca de 2 minutos. Em sistemas alguns segundos a de mamíferos, entretanto, moléculas de mRNA são consideravelmente mais estáveis com vida média variando de poucas horas a mais de um dia. Isso tem sido interpretado como significando que a bactéria deve ter maior flexibilidade no ajuste a um ambiente em contínua mudança; deve ser capaz de sintetizar enzimas diferentes para adaptar-se ao meio e, portanto, requer mRNA de vida curta.

Nas células eucarióticas, um precursor, o RNA nuclear heterogêneo (HnRNA), é primeiramente sintetizado, no nucleoplasma, por uma RNA-polimerase DNA-dependente, sendo então degradado, por uma nuclease do núcleo, a mRNA, que é então translocado para o citoplasma, onde se torna associado ao sistema ribosomal. A maioria dos mRNAs eucarióticos são monocistrônicos, isto é, codificam para somente um polipeptídeo. Falaremos mais sobre as funções do mRNA ainda neste capítulo, e também quando discutirmos a regulação metabólica no Cap. 20.

Ribosomas. No início da década de 50 começou a acumular-se evidência de que os ribosomas eram o local da síntese de proteínas. Por exemplo, Zamecnik injetou aminoácidos radioativos num rato e, após um pequeno intervalo de tempo, homogeneizou o fígado e fracionou o homogenato, por centrifugação diferencial, em núcleos, mitocôndrias, microsomas e proteínas sobrenadantes. A fração microsomal tinha a atividade específica mais alta. Quando esses microsomas eram tratados com detergente para libertar os ribosomas da matriz vesicular e a radioatividade novamente medida, os ribosomas continham cerca de sete vezes mais radioatividade por miligrama de proteína do que o resto da fração microsomal.

Não há dúvida, então, que os ribosomas atuavam, em certo grau, como o local de síntese de proteínas. Inicialmente, os bioquímicos concluíram que, devido ao alto conteúdo de RNA dos ribosomas, eles poderiam servir admiravelmente como transportadores do RNA-molde. Em 1956, com a descoberta do tRNA, essa opinião foi um pouco modificada. Com a descoberta do mRNA em 1957-58, diversas modificações dessas primeiras idéias tornaram-se necessárias. Que papel exercem os ribosomas? Examinemos primeiro, com alguns detalhes, a química dessas partículas.

Os ribosomas são grandes partículas de ribonucleoproteínas nas quais ocorre o verdadeiro processo de tradução. Em células procarióticas, ocorrem em forma livre como monosomas, ou associados ao mRNA como polisomas. Uma célula bacteriana média contém cerca de 10^4 ribosomas. Em células eucarióticas, ocorrem em formas similares àquelas das células procarióticas e estão também associados com as membranas do retículo endoplasmático rugoso (p. 214). Cerca de 10^6-10^7 ribosomas ocorrem nessas células. Mitocôndrias e cloroplastos também possuem essas partículas. A Tab. 19-2 resume as propriedades físicas dos ribosomas procarióticos, citoplasmáticos vegetais e citoplasmáticos animais. Dados complementares são encontradas nas pp. 105 e 216.

Tabela 19-2. Valores de sedimentação para os ribosomas

Ribosomas	Subunidades	rRNA (P.M.)	Número de proteínas distintas
Procarióticos			
Bactéria, actinomicetos, algas azuis, mitocôndrias dos eucariotes			
70S	30S	16S (550 000)	21
	50S	5S (40 000)	
		23S (1 100 000)	ca. 33
Eucarióticos			
Reino vegetal*			
~ 80S	40S	16-18S (~ 700 000)	34
	60S	5S (40 000)	
		25S (~ 1 300 000)	ca. 50
Reino animal*			
~ 80S	40S	18S (~ 700 000)	34
	60S	5S (40 000)	ca. 50
		28-29S (1 400 000-1 800 000)	

* Em geral os ribosomas de organelas (mitocondriais ou dos cloroplastos), pertencem à categoria 70S.

Facilmente isolado por centrifugação prolongada de extratos de tecidos a altas velocidades de centrifugação (100 000 × g por várias horas), todos os ribosomas consistem de uma subunidade maior e uma subunidade menor, que se associam em unidades 70S a uma concentração de $MgCl_2$ de 10 m*M* e se dissociam completamente em $MgCl_2$ 0,1 m*M*. A subunidade 30S das células procarióticas contém 21 proteínas diferentes, sendo a maioria de natureza básica, e uma molécula de RNA, o componente 16S na (Tab. 19-2). São encontradas 34 proteínas nas subunidades 40S das células eucarióticas e uma molécula de RNA de 18S. As subunidades maiores, a saber, as 50S de células procarióticas, contêm cerca de 33 proteínas distintas. A 60S de células eucarióticas contêm cerca de 50 proteínas e duas moléculas de RNA, 5S e 25S nas plantas, e 5S e 28-29S nas células animais (Tab. 19-2). Evidências sugerem que todas essas proteínas estão envolvidas, funcional ou estruturalmente, no processo da tradução. Nenhuma proteína é comum a ambas as subunidades, pequenas e grandes.

As proteínas ribosomais específicas estão diretamente envolvidas na ligação de mRNA e tRNA. O rRNA aparentemente não participa de um modo direto nesses sítios de ligação, mas servem, ao que parece, como um polímero estrutural que mantém a partícula multiproteica numa configuração compacta.

As duas unidades ribosômicas têm diferentes propriedades de ligação. Assim, a subunidade 30S de *E. coli* liga-se ao mRNA na ausência da subunidade 50S e o complexo 30S-mRNA liga-se aos tRNA específicos. A subunidade 50S não se associa com mRNA na ausência da subunidade 30S, mas ligará inespecificamente tRNA. Cada ribosoma 70S contém dois diferentes pontos de ligação para moléculas de tRNA. O sítio A (sítio aminoacil) está envolvido no posicionamento do aminoacil-tRNA que se aproxima em relação ao códon correspondente do mRNA. O sítio P (sítio peptidil) se liga ao polipeptidil-tRNA em crescimento. A peptidil-transferase, que é responsável pela formação da ligação peptídica, está localizada na partícula ribosômica 50S, presumivelmente perto do sítio P. A subunidade 50S também tem um sítio que hidrolisa GTP a GDP durante o processo de translocação.

Alguns comentários devem ser feitos com relação à biossíntese dos ribosomas. Em células eucarióticas, o local da síntese do RNA ribosômico é o nucléolo (p. 210). No nucléolo, uma RNA-polimerase transcreve um grande rRNA precursor a partir da região do cistron de RNA do DNA nuclear. O rRNA precursor tem um valor de sedimentação de 45S (pelo molecular de $4{,}1 \times 10^6$) e é rapidamente quebrado em dois RNA menores, a saber, um componente 32S e um 20S. O componente 32S é posteriormente modificado para originar um rRNA 28S, enquanto que o componente 20S é clivado, dando o rRNA 18S. Ao mesmo tempo, proteínas ribosômicas específicas são transferidas para o nucléolo e tornam-se associadas a cada rRNA para formar as subunidades ribosômicas 40S e 60S completas. Nesse ponto, a unidade 40S é transferida ao citoplasma, onde se associa com o mRNA; pouco depois, a subunidade 60S é transferida ao citoplasma e associa-se ao complexo 40S-mRNA para formar o complexo 80S-mRNA completo. O RNA 5S pode estar envolvido na união de duas subunidades ribosomais. Os fragmentos residuais do rRNA precursor são presumivelmente reconvertidos a nucleotídeos e reciclados pela maquinaria nucleolar. Os rRNA precursores das subunidades 16 e 23S em células procarióticas são apenas ligeiramente maiores que os produtos finais e requerem aparentemente um mínimo de podas ou modificações pós-transcricionais para atingir as estruturas corretas.

SÍNTESE DE PROTEÍNAS

A tradução da informação codificada, do DNA, via mRNA, nas seqüências de aminoácidos das proteínas, envolve as interações ordenadas de cerca de 100 diferentes macromoléculas. Descreveremos agora o estágio atual dessa seqüência altamente complexa de reações nas quais tRNA, mRNA, ribosomas e muitas enzimas e proteínas auxiliares estão envolvidas. Uma vez que o mecanismo da síntese de proteínas foi investigado com grande profundidade em extratos de *E. coli*, usaremos esse organismo como modelo para a nossa descrição, introduzindo entretanto, onde for necessário, comentários referentes a sistemas eucarióticos.

Há quatro grandes etapas na síntese de uma proteína: (a) ativação dos aminoácidos, (b) iniciação da síntese da cadeia de polipeptídeo, (c) seu alongamento e (d) terminação. A Tab. 19-3 resume os componentes importantes dessas reações. Já descrevemos a etapa *a* com algum detalhe. As etapas (a), (b), (c) e (d) estão ilustradas nas Figs. 19-4 a 19-7. O estudante deve consultar a Tab. 19-3 e essas figuras à medida que descrevemos o processo da síntese proteica.

Iniciação. A primeira reação no sistema da *E. coli* é a ligação do mRNA à subunidade 30S, na presença de FI3 para produzir um complexo mRNA 30S-FI3 com uma razão de 1 : 1 : 1 entre os componentes. O FI1 e o FI2 participam agora na ligação da fMET--tRNA e GTP ao complexo 30S-mRNA-FI3 para formar o complexo de iniciação do 30S-mRNA-fMET-tRNA GTP com a liberação de FI3 Agora a subunidade ribosomal 50S entra no processo; o GTP é hidrolisado a GDP + P_i e ambos FI1 e FI2 são liberados. O produto final é um complexo 70S contendo fMET-tRNA-mRNA, com fMET-

-tRNA ocupando o sítio peptidílico do ribosoma 70S. Esses eventos estão resumidos na Fig. 19-4.

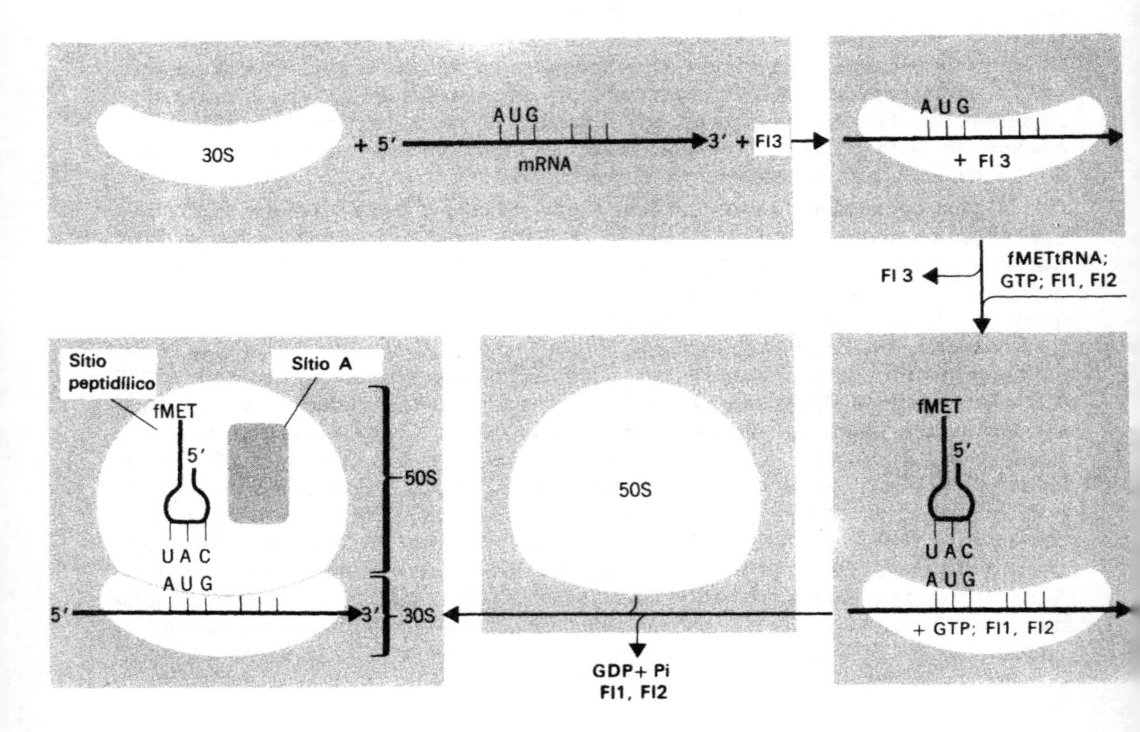

Figura 19-4. Etapas na formação do complexo 70S de iniciação em *E. coli*

Alguns comentários serão agora feitos a respeito do papel do fMET-tRNA$_f$. Alguns anos atrás, foi observado que o aminoácido NH_2-terminal das proteínas totais de *E. coli* era, na maioria das vezes, metionina. Mais tarde foi notado que a adição de metionina e, em particular, de *N*-formilmetionina, a extratos brutos de *E. coli* acelerava muito a síntese de proteínas. Foi finalmente descoberto que o aminoácido inicial da síntese de todas as proteínas em organismos procarióticos é *N*-formilmetionina, que, por sua vez, está associada a um tRNA$_f^{met}$ específico. Assim, a reação

$$\text{Formiltetraidrofolato} + NH_2\text{-MET-tRNA}_f \xrightarrow{\text{Formilase}} \text{N-Formil-MET-tRNA}_f$$

é uma reação extremamente importante, na qual o grupo α-NH_2 da metionina é formilado:

$$\underbrace{O{=}C(H)}_{\text{Formil}}{-}\underbrace{NH{-}C(CH_2{-}CH_2{-}S{-}CH_3){-}C({=}O)}_{\text{Resíduo de metionina}}{-}O{-}tRNA$$

Tabela 19-3. Componentes importantes do sistema de síntese de proteínas de *E. coli*

Fase	Componentes
Ativação	tRNAs
	ATP
	Mg^{2+}
	L-Aminoácidos
	Aminoacil-tRNA-sintetases
Iniciação	Unidade ribosomal 30S
	Unidade ribosomal 50S
	mRNA com o códon iniciador AUG
	Proteínas FI1 (P.M. 9 400), FI2 (P.M. 80 000), FI3 (P.M. 21 000)
	tRNA iniciador = fMET-$tRNA_f$
	Ácido formiltetraidrofólico
	MET-$tRNA_f$-formilase
	GTP, Mg^{2+}
Alongamento	Fator EFTs (19 000)
	Fator EFTu (40 000)
	Fator EFG (80 000)
	Aminoacil-tRNAs
Término	Códons terminadores UAA, UAG, UGA
	Fator R1 (44 000)
	Fator R2 (47 000)
	Fator S (40 000)
	Fator TR
Deformilmetionilação	Desformilase
	Aminopeptidase

Nem todos os MET-tRNA são formilados. O segundo tipo de tRNA, com uma seqüência de bases ligeiramente modificada, MET-$tRNA^{met}$, é inativo na etapa de iniciação, sendo, todavia, o transportador específico de metionina para resíduos de metionina situados no interior da cadeia polipeptídica em crescimento. É de considerável interesse o fato de que, em organismos eucarióticos, um MET-$tRNA^{met}$ não-bloqueado serve como o tRNA específico de iniciação.

O sítio P é agora ocupado por fMET-$tRNA_f$ e o sítio A está pronto para receber o primeiro aminoacil-tRNA, que é especificado pelo códon adjacente ao códon iniciador AUG.

Fase de alongamento. Essa etapa envolve três estágios: (a) a ligação de um novo aminoacil-tRNA, dirigido pelo códon, ao sítio A do ribosoma 70S; (b) a transferência do peptidil do resíduo peptidílico do tRNA, ligado ao sítio P, para o novo aminoacil-tRNA ligado ao sítio A, formando, dessa maneira, um novo peptídeo; e (c) a translocação do $peptidil_{(n+1)}$-tRNA-récem-formado do sítio A para o sítio P, no ribosoma 70S, por um movimento do ribosoma 70S em uma direção 5′ ⟶ 3′ sobre o mRNA, com o tRNA carregado ainda ligado a seu códon específico sobre o mRNA.

ESTÁGIO 1. Um novo aminoacil-tRNA específico é ligado ao sítio A do ribosoma 70S, conforme determinado pelo códon sobre o mRNA, no sítio A. O GTP e dois fatores de alongamento, FATu e FATs, estão envolvidos. O FATu forma um complexo com o

GTP denominado FATu · GTP, interagindo com um aminoacil-tRNA para formar um complexo ternário. Os seguintes acontecimentos ocorrem então:

$$\rightarrow \text{FATu} - \text{GTP} + \text{Aminoacil-tRNA} \longrightarrow \text{Aminoacil-(tRNA)-FATu GTP}$$

$$\text{Aminoacil-(tRNA} \cdot \text{FATu} \cdot \text{GTP} + \text{mRNA} \cdot \text{Ribosoma} \cdot \text{fMETtRNA} \longrightarrow \underset{\text{(sítio A)}}{\text{Aminoacil-tRNA} \cdot \text{mRNA}} \cdot \underset{\text{(sítio P)}}{\text{fMET} \cdot \text{tRNA}} + \text{FATu} \cdot \text{GDP} + P_i$$

$$\text{FATu} \cdot \text{GDP} + \text{FATs} \rightleftharpoons \text{FATu} \cdot \text{FATs} + \text{GDP}$$

$$\text{FATu} \cdot \text{FATs} + \text{GTP} \rightleftharpoons \text{FATu} \cdot \text{GTP} + \text{FATs}$$

É importante salientar que todos os aminoacil-tRNAs devem reagir com FATu · GTP para se ligar ao sítio A do ribosoma 70S. A exceção de importância é fMET-tRNA. Uma vez que esse aminoacil-tRNA iniciador não reage com o FATu · GTP, sua inserção numa posição interna no peptídeo em alongamento é evitada.

ESTÁGIO 2. A formação da nova ligação peptídica é catalisada por proteínas específicas associadas à subunidade ribosomal 50S. O resíduo peptidílico associado a seu tRNA no sítio P é transferido para o aminogrupo do aminoacil-tRNA no sítio A, para formar uma nova ligação peptídica, deixando um tRNA desacilado no sítio P. Concentrações relativamente altas de cátions K^+ são requeridas para essa reação. O estudante deve recordar a discussão da bomba de NaK-ATPase, em relação à síntese de proteínas (p. 228). É de interesse lembrar que o antibiótico puromicina inibe a síntese de proteínas nessa etapa. A peptidil-transferase pode transferir o resíduo de peptidil do tRNA carregado, ligado ao sítio P, à puromicina para formar uma peptidil-puromicina, que é liberada do ribosoma, sendo, evidentemente, inativa (Fig. 19-5).

ESTÁGIO 3. O processo de translocação envolve o deslocamento do novo peptidil-tRNA do sítio A para o sítio P, sendo o tRNA, desacilado no sítio P, liberado do ribosoma. Observe cuidadosamente nesse deslocamento, que o peptidil-tRNA permanece ligado a seu códon-mRNA, porém o ribosoma se desloca relativamente ao peptidil-tRNA em uma direção 5′ ⟶ 3′, posicionando assim seu sítio A sobre o próximo códon no mRNA. Para ocorrer essa translocação, um novo fator, FAG, é também requerido, além do GTP, que é hidrolisado a GDP + P_i.

O papel do GTP ainda não está claro. Ele é hidrolisado a GDP + P_i, em seu envolvimento com o FI2 (ligação do tRNA iniciador), o FATu (ligação dos aminoacil-tRNAs), e FAG (translocação). Inicialmente se acreditava que a energia de hidrólise do GTP era direta ou indiretamente utilizada na formação da ligação peptídica. As evidências sugerem, atualmente, que a hidrólise do GTP está, de alguma maneira, relacionada à dissociação dos três fatores referidos, do ribosoma, com a finalidade de reciclar esses fatores para síntese proteica posterior.

Em células eucarióticas, foram encontrados fatores de translocação similares. De considerável interesse, o fator FA2 de células eucarióticas, que é idêntico, em função, ao FAG de células procarióticas, é rapidamente inativado pela toxina diftérica. Aparentemente, na presença do NAD^+, ocorre a seguinte reação com FA2 livre:

$$\underset{\text{(Ativo)}}{\text{FA2}} + \underset{NAD^+}{\text{ARPPR-Nicotinamida}} \xrightarrow{\text{Toxina diftérica}} \underset{\text{(Inativo)}}{\text{FA2-RPPRA}} + \text{Nicotinamida}$$

Na célula eucariótica intata, a toxina está ligada à membrana da célula. Entretanto o FA2 ligado ao sistema ribosômico, quando libertado no citoplasma, difunde-se

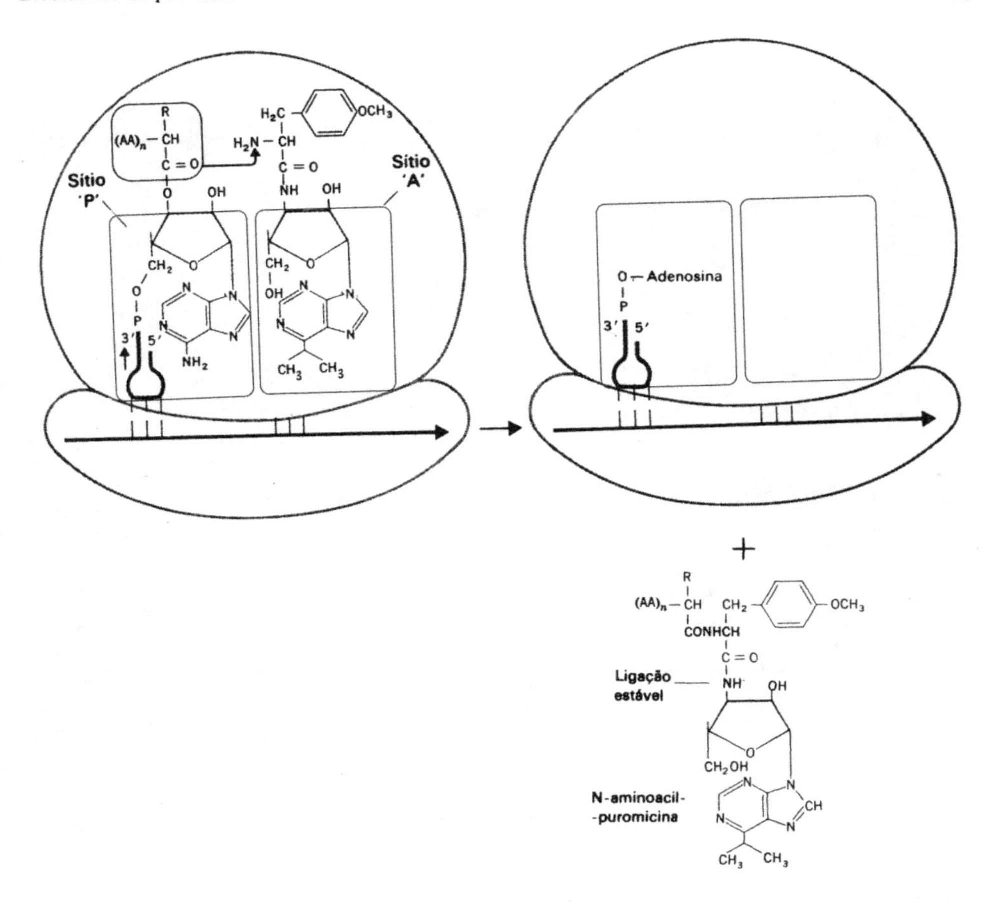

Figura 19-5. Mecanismo da inibição da síntese de proteínas pela puromicina

rapidamente para a periferia da célula e torna-se inativado pelo mecanismo descrito acima. Assim, os efeitos da difteria, uma doença grave, podem ser explicados ao nível molecular. Incidentalmente, todas as células eucarióticas, incluindo levedura, são sensíveis à toxina diftérica na presença de NAD^+ mas células procarióticas são completamente insensíveis.

A Fig. 19-6 resume as etapas envolvidas no processo de alongamento.

Terminação. A reação de terminação consiste de dois eventos: (a) o reconhecimento de um sinal de terminação no mRNA e (b) a hidrólise da ligação de éster final do peptidil-tRNA para libertar a proteína nascente. Os códons de terminação são UAA, UAG e UGA. Três fatores proteicos são requeridos — R1, R2 e um fator S. O fator R1 é requerido para o reconhecimento dos códons UAA e UAG e o R2 para o reconhecimento de UAA e UGA. A terceira proteína, S, não tem atividade de liberação, mas pa-

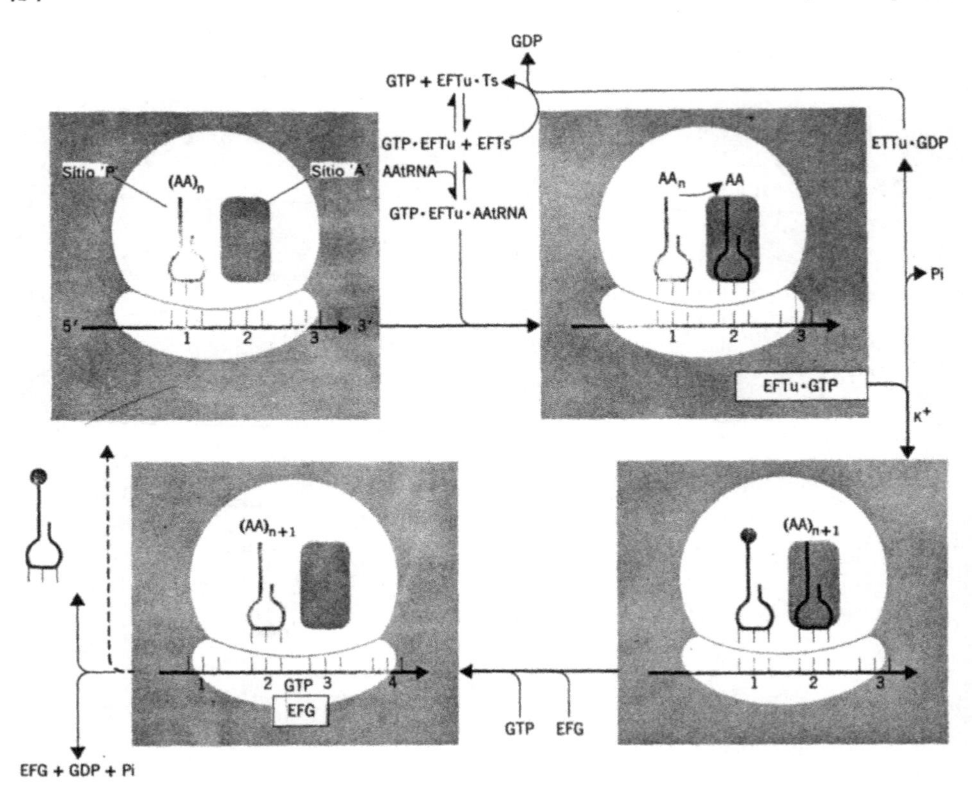

Figura 19-6. Processo de alongamento. O símbolo $(AA)_{n+1}$ indica um polipeptídeo formil-metionil

rece auxiliar no reconhecimento do códon de terminação. O quadro que está se delineando sugere que a etapa de terminação pode ser dividida em uma reação de ligação do fator R1 ou R2, dependente do códon de terminação, e uma reação hidrolítica, na qual tanto R1 como R2 convertem a atividade de peptidiltransferase do sítio P numa reação hidrolítica, com a transferência do peptidil-tRNA para a água, e não para um outro aminoacil-tRNA. Um fator final, TR, pode estar envolvido na descarga do tRNA residual do sítio P. Uma vez removido o tRNA, o ribosoma 70S dissocia-se do mRNA em uma subunidade 30S e uma 50S, e está pronto a reentrar no ciclo ribosômico para a síntese de uma outra molécula de proteína. O FI3 combina-se com a subunidade 30S, impedindo assim a reassociação das unidades 50S e 30S, além de preparar as unidades 30S para reciclagem.

A proteína nascente tem provavelmente um terminal de formilmetionil-NH_2, que deve ser removido antes da proteína completar sua seqüência de dobramento. Duas enzimas devem participar desse estágio final:

1) uma desformilase específica:

$$\text{Formilmetionilpeptídeo} \longrightarrow \text{Ácido fórmico} + \text{Metionilpeptídeo;}$$

2) uma aminopeptidase específica:

$$\text{Metionilpeptídeo} \longrightarrow \text{Metionina} + \text{peptídeo.}$$

A Fig. 19-7 sumaria as etapas do processo de terminação.

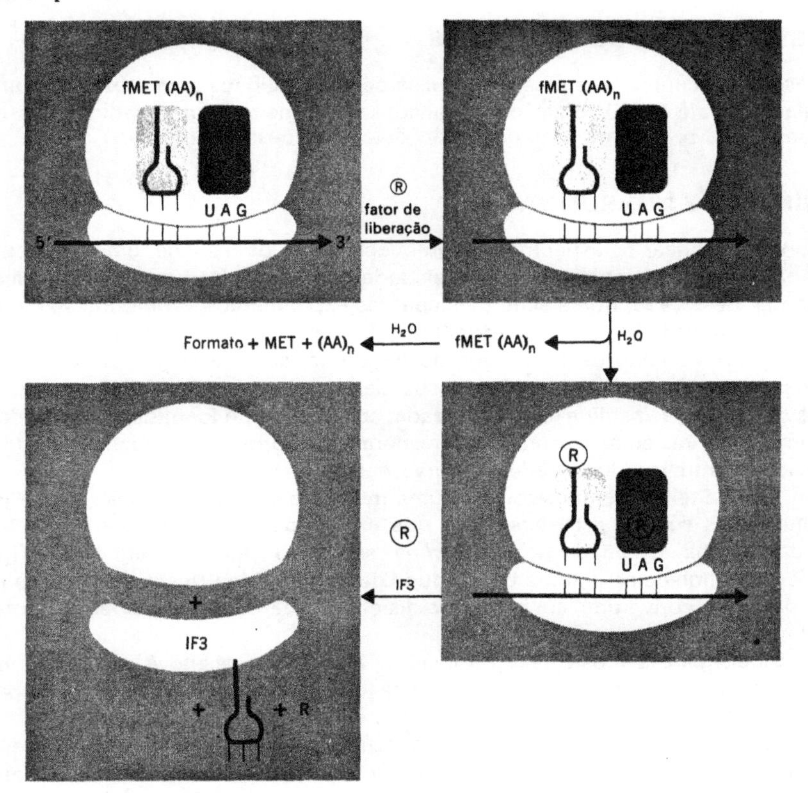

Figura 19-7. A etapa de terminação R (fator de liberação) indica a ação combinada dos fatores R_1 (ou R_2), S e TR mencionados na p. 454.

SÍNTESE DE PROTEÍNAS COMPLETAS *IN VITRO*

Delineamos o complexo conjunto de etapas para a síntese completa de uma proteína. Até alguns anos atrás, a síntese de proteínas era observada, medindo-se a incorporação de aminoácidos marcados com ^{14}C num precipitado pouco definido de proteínas desnaturadas em ácido tricloroacético. Entretanto, com a elucidação dos passos detalhados envolvidos na biossíntese de polipeptídeos, é agora possível sintetizar enzimas específicas empregando o RNA-molde apropriado. Por exemplo, o gene para β-glicosiltransferase compreende 0,3-1,0% do DNA do fago T4. Assim, o investigador pode estabelecer o seguinte esquema:

$$\text{DNA de fago de T4} \xrightarrow[\text{-polimerase}]{\text{RNA-}} \text{mRNA} \xrightarrow[\substack{\text{Conjunto completo de componentes} \\ \text{de síntese proteica (Tab. 19-3)}}]{\text{fMET-tRNA}_f^{met}} \beta\text{-Glucosiltransferase + outras proteínas}$$

Foram isolados inúmeros mRNAs eucarióticos e utilizados em sistemas adequados de síntese de proteínas, para programar a tradução da mensagem cistrônica em proteínas identificáveis. Esses mRNAs incluem o RNA da globina, o RNA da ovalbumina, o RNA da imunoglobina para a histona, o RNA para lente de cristalino, o RNA para a miosina, o RNA para a seda, o RNA para a avidina e o RNA para a protamina. Esses experimentos confirmam completamente os conceitos desenvolvidos para descrever o mecanismo da síntese de proteínas.

SÍNTESE QUÍMICA DE PROTEÍNAS

Nos anos recentes, as sínteses químicas de polipeptídeos e de proteínas com pesos moleculares de até 9 000 foram desenvolvidas de maneira bem-sucedida. O estudante deve consultar a p. 73 para uma descrição detalhada dessas sínteses.

BIOSSÍNTESE DA INSULINA

Convém delinear os aspectos biossintéticos gerais da insulina, um importante hormônio, para ilustrar as intrigantes complexidades da síntese de proteínas em eucariotes. D. F. Steiner descreveu, numa série de elegantes experimentos, a biossíntese da insulina pelas células β das ilhotas de Langerhans do pâncreas, em diversas espécies.

O clássico trabalho de F. Sanger, da Inglaterra, sobre a seqüência exata de aminoácidos da insulina tornou possível a sua descrição molecular detalhada. Até 1965, acreditava-se que a insulina era sintetizada como dois polipeptídeos separados que, de alguma maneira, eram orientados para permitir a formação específica das ligações de dissulfeto entre as duas cadeias, para se obter a insulina.

Em 1967, Steiner demonstrou que uma molécula de proteína maior que a insulina era formada nas células β pancreáticas, que exibia todas as propriedades de um precursor da insulina. Chamada de *proinsulina*, seu peso molecular era 9 000 (insulina: 6 500 de peso molecular) e tinha 81 resíduos de aminoácidos (insulina: 51). Ela poderia ser rapidamente convertida ao hormônio fisiologicamente ativo por ação proteolítica da tripsina.

O modelo para a biossíntese da insulina atualmente aceito é ilustrado, nos seus caracteres gerais, na Fig. 19-8. Na presença das enzimas sintetizadoras de proteína, dos fatores descritos, e do mRNA apropriado, os ribosomas aglomerados em torno do retículo endoplasmático rugoso (RER) sintetizam a proinsulina. O polipeptídeo único rapidamente se dobra e as pontes de dissulfeto formam-se à medida que a proinsulina é translocada para os espaços das cisternas, o interior do RER, e transportada através dos túbulos vesiculares de RER ao aparelho de Golgi, contíguo. O intervalo de tempo para esses acontecimentos é aproximadamente 10 minutos. Uma hora mais tarde,

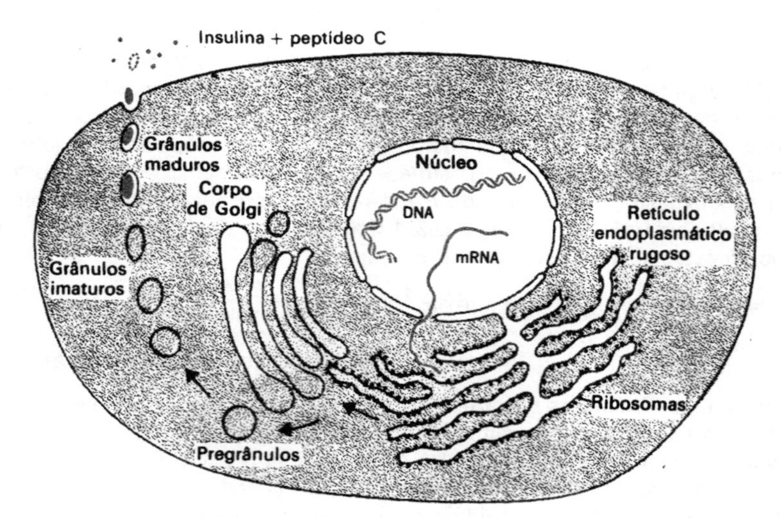

Figura 19-8. Representação esquemática da biossíntese da insulina em uma célula β das ilhotas de Langerhans do tecido pancreático. (Modificado de um diagrama, com permissão de D. F. Steiner)

grânulos secretores imaturos são formados por vesiculação da periferia do aparelho de Golgi. Tendo uma membrana limitante única, eles contêm proinsulina, enzimas proteolíticas e íons de zinco. Uma rápida conversão a granulos maduros ocorre na periferia das células β, com completa transformação da proinsulina para zinco-insulina e peptídeo C (veja Fig. 19-9). Ao sinal apropriado, os grânulos maturos são secretados, por pinocitose reversa, na corrente sanguínea, onde a insulina é libertada. Não somente insulina, mas α-amilase, ribonuclease, etc., são sintetizadas nas células pancreáticas exócrinas por esse mecanismo.

Surge daí a seguinte questão: por que á célula forma primeiro proinsulina? Alguns anos atrás, mostrou-se claramente que a seqüência de aminoácidos de muitas proteínas é decisiva para dirigir o dobramento de cadeias polipeptídeas na sua conformação nativa. Isso pode ser facilmente demonstrado pelo desenrolamento dessas proteínas por redução em uréia 8 *M*, e nova formação das pontes de dissulfeto por oxidação

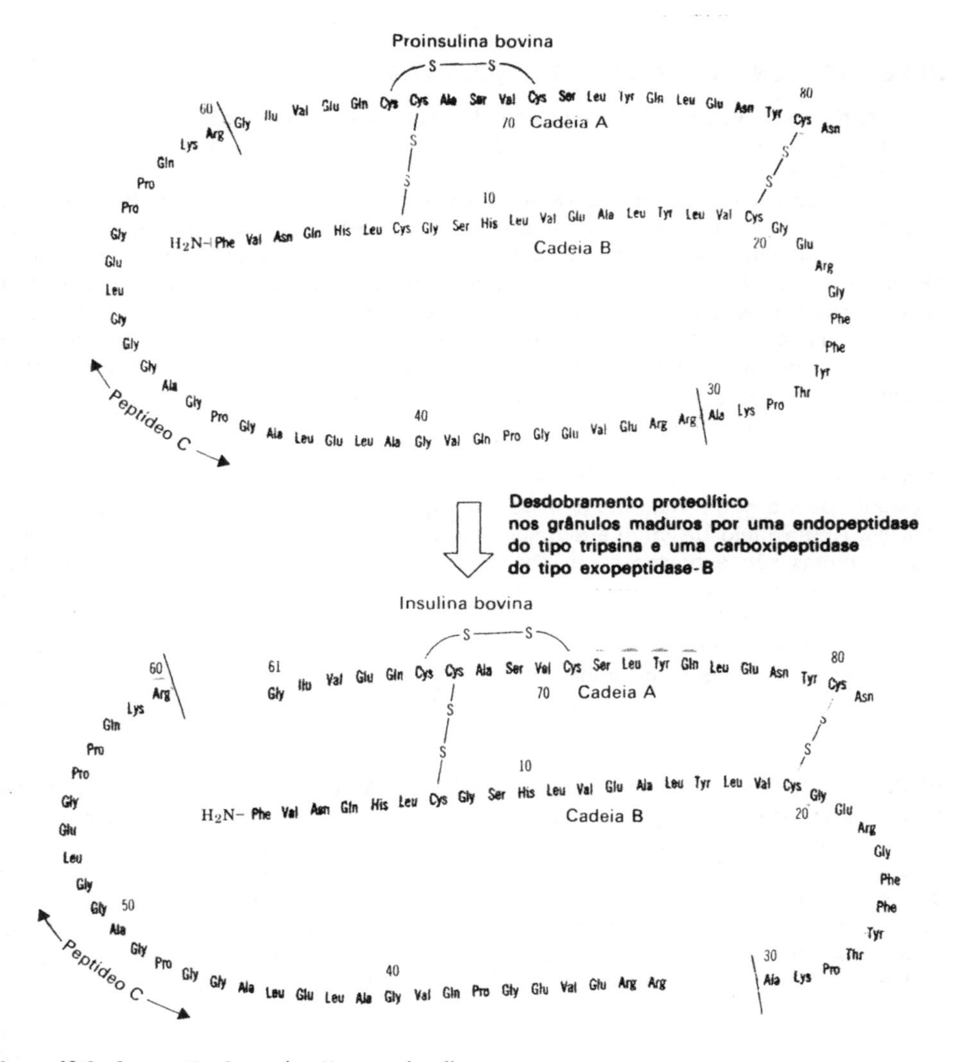

Figura 19-9. Conversão da proinsulina em insulina

subseqüente por exposição ao ar, observando-se então que as proteínas reoxidadas são idênticas às originais, nativas. Esse tipo de experimento, entretanto, somente é possível com proteínas simples, de cadeia polipeptídica única. A insulina, com suas duas cadeias polipeptídicas, não se recombina facilmente para formar a estrutura nativa típica, mas se polimeriza ao acaso. Essa observação sugeriria que a conformação da insulina não é termodinamicamente favorecida e é dependente da integridade das pontes de dissulfeto.

Em profundo contraste, a cadeia polipeptídica reduzida da proinsulina, quando exposta ao ar em solução alcalina diluída, é rapidamente restaurada à reatividade imunológica nativa, até a 80% dos valores iniciais. Sob as mesmas condições, a insulina é reconstituída em somente cerca de 1%. Assim, podemos concluir que a maior função da proinsulina na biossíntese é a facilitação da formação adequada das pontes de disdissulfeto, sob condições termodinamicamente bastante favorecidas.

DEFEITOS GENÉTICOS DO METABOLISMO

Tendo examinado os mecanismos da replicação, transcrição e tradução, apliquemos agora brevemente nosso conhecimento a uma área da bioquímica extremamente interessante.

Nos organismos normais ou de tipo selvagem, o metabolismo total do organismo é de tal forma engrenado por seu conjunto de enzimas que nenhum intermediário metabólico é acumulado. Entretanto, por uma mutação genética, na qual uma enzima chave não é mais sintetizada em forma ativa, os intermediários podem ser ou acumulados em níveis significantes ou excretados. Esses defeitos genéticos são extremamente úteis na determinação das etapas intermediárias de uma via metabólica, sob condições *in vivo* e têm sido explorados numa grande variedade de organismos. No homem, esses defeitos levam aos chamados *erros inatos* do metabolismo, doenças trágicas que em muitos casos são incuráveis.

Organismos inferiores. O bolor do pão, *Neurospora crassa*, tem fornecido material excelente para o geneticista bioquímico. Linhagens selvagens de *N. crassa* usualmente crescerão num meio de cultura simples, composto de açúcar, sais e biotina. Quando essas culturas são expostas a um agente mutagênico como raios X, podemos obter mutantes que só crescem quando feitas adições nutricionais adequadas ao meio inicial. Uma análise sistemática das necessidades nutricionais do mutante indicará freqüentemente uma única necessidade nutricional nova. Não discutiremos aqui os detalhes da análise genética que relaciona a nova necessidade nutricional a uma posição ou *locus* nos cromosomas, mas indicaremos, ao invés, através de vários exemplos, o grande valor desse método geral para os estudos metabólicos.

BIOSSÍNTESE DA ARGININA. Três mutantes de *N. crassa*, geneticamente distintos, foram observados e amplamente documentados com relação ao metabolismo da arginina; esses mutantes crescerão quando um ou mais de três aminoácidos, arginina, citrulina e ornitina, forem adicionados ao meio mínimo. O mutante 1 cresce somente quando suprido com arginina, mas não com ornitina ou citrulina. O mutante 2 pode usar tanto citrulina como arginina, mas não ornitina. O mutante 3 crescerá com qualquer desses três aminoácidos. Esses resultados podem ser sumariados em nosso diagrama, onde as barras verticais indicam um bloqueio metabólico num mutante.

$$\text{Cadeia de síntese} \xrightarrow[\|]{\text{Mutante 3}} \text{Ornitina} \xrightarrow[\|]{\text{Mutante 2}} \text{Citrulina} \xrightarrow[\|]{\text{Mutante 1}} \text{Arginina}$$

O mutante nutricional crescerá em geral, em substratos que se localizem depois do bloqueio metabólico, mas não naqueles que vêm antes do bloqueio. Pode haver, em certas ocasiões, um verdadeiro acúmulo de um intermediário, porque ele não é posteriormente metabólizado. Assim, no mutante 1, a citrulina pode se acumular, uma vez que seu metabolismo posterior é bloqueado pela ausência da enzima requerida para sua conversão em arginina. Por essa análise, o bioquímico pode estabelecer que a seqüência da síntese da arginina deve seguir a ordem ⟶ ornitina ⟶ citrulina ⟶ arginina.

BIOSSÍNTESE DA LISINA. Esse método pode ser aplicado a outros organismos, que não *N. crassa*, para revelar uma via de biossíntese diferente ou alternativa. Mutantes que necessitam lisina para o crescimento foram encontrados em *N. crassa* e *E. coli*; ambos normalmente sintetizam lisina a partir de açúcar e compostos nitrogenados inorgânicos como nitrato e amônia. Em *N. crassa*, o ácido α-aminoadípico é convertido a lisina por alguns mutantes, mas eles não usarão ácido diaminopimélico. Alguns mutantes de *E. coli* crescerão nesse ácido com facilidade, entretanto, o ácido diaminopimélico e seus precursores também se acumularão em outros mutantes de *E. coli*. Os mutantes que acumulam precursores são deficientes numa enzima normalmente presente que permite a utilização de um dado precursor. Esses resultados estão representados no nosso diagrama.

O valor desse tipo de estudo é evidente; ele revela novas vias assim como confirma as já estabelecidas numa variedade de organismos. Estudos similares têm sido feitos, com mutantes de um grande número de organismos, no metabolismo de aminoácidos, ácidos nucleicos, vitaminas, porfirinas, pigmentos e ácidos graxos. Além de contribuir imensamente para o nosso conhecimento do metabolismo, esses estudos também indicaram uma relação direta entre o potencial enzimático de um organismo e sua hereditariedade e levaram à hipótese de *um gene — uma cadeia polipeptídica*, que estabelece que um único gene controla a síntese de um único polipeptídeo. Cadeias separadas agregam-se para originar a enzima ativa. Assim o mutante 2 da via da arginina não tem mais a capacidade de sintetizar a proteína enzimática crítica ativa, necessária para produzir arginina, por causa da destruição de um *locus* genético específico.

Embora a hipótese de um gene — um polipeptídeo seja simples à primeira vista, há, pelo menos, três maneiras pelas quais uma modificação genética poderia afetar a

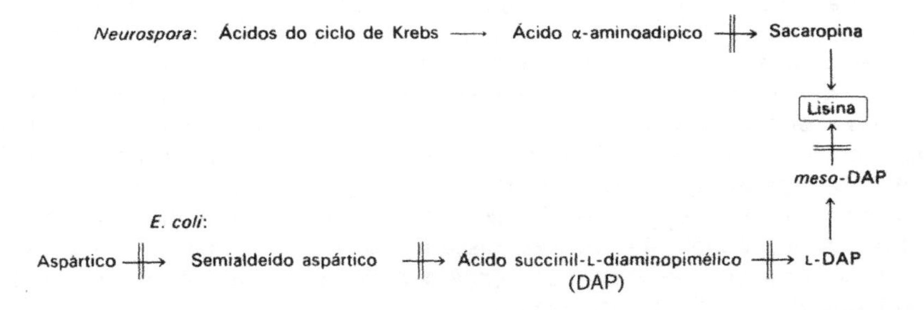

atividade enzimática. Ela poderia (a) causar uma alteração na estrutura molecular da enzima, (b) diminuir a concentração da enzima e assim modificar a velocidade da reação, ou (c) exercer um efeito indireto, que não envolve mudança alguma na enzima em si. Alguns aspectos desses problemas são discutidos no Cap. 20.

Erros inatos do metabolismo em mamíferos. No homem, várias doenças estão relacionadas a um bloqueio genético. Elas incluem *alcaptonúria*, na qual há um bloqueio genético na utilização do ácido homogentísico, um intermediário na oxidação da tirosina; *fenilcetonúria*, na qual a fenilalanina não pode ser convertida em tirosina; e *galactosemia*, na qual a galactose não pode ser diretamente utilizada. A explicação bioquímica para a galactosemia já foi discutida no Cap. 10.

Uma doença hereditária digna de nota é a chamada *anemia falciforme*. A hemoglobina humana consiste principalmente de hemoglobina A, que é feita de 2 cadeias peptídicas α e 2 cadeias peptídicas β, $\alpha_2\beta_2$. A anemia falciforme tem herança mendeliana. O indivíduo heterozigoto, portador de um alelo normal e um anormal, produz quantidades aproximadamente iguais de hemoglobina A e S (S de *Sickle* = falciforme). O indivíduo homozigoto, entretanto, produz somente hemoglobina anormal S. A hemoglobina S tem uma solubilidade mais baixa e é responsável pela forma anormal ou em foice do eritrócito. Uma vez que essas células tendem a ser destruídas pelo baço, geralmente resultará uma severa anemia nesses pacientes. A diferença entre a hemoglobina A e S é a substituição de um resíduo de ácido glutâmico por um resíduo de valina no sexto aminoácido a partir do NH_2 terminal da cadeia β-peptídica:

Normal:

Cadeia β NH_3^+-Val-His-Leu-Thr-Pro-[Glu]-Glu-Lys . . .

Anormal:

Cadeia β NH_3^+-Val-His-Leu-Thr-Pro-[Val]-Glu-Lys . . .

As cadeias peptídicas α, tanto na hemoglobina A quanto na S, são as mesmas. Assim uma diferença de um único aminoácido entre mais de 300 resíduos causará uma mudança drástica e séria nas propriedades físicas do pigmento, principalmente no que se refere ao transporte de oxigênio. Uma mutação como essa, onde há a substituição de um único aminoácido, é chamada uma *mutação puntiforme*. Presumivelmente, uma mudança de uma única base ocorreu na parte do DNA que está envolvida com a codificação da hemoglobina A. É de interesse notar que um exame dos códons do RNA mensageiro para ácido glutâmico mostra as seguintes trincas de base: GAA e GAG; e para valina, GUA e GUG.

Um último exemplo de um erro congênito do metabolismo é a *doença de Tay-Sachs*, uma enfermidade cerebral degenerativa fatal, transmitida de uma maneira recessiva autosômica. O defeito primário é a ausência total da enzima hidrolítica β-D-*N*-acetilexosamidase A, que normalmente quebra o resíduo de *N*-acetilgalactosamina terminal do gangliosídeo cerebral armazenado. Na sua ausência, quantidades maciças desse polissacarídeo se acumulam no cérebro, levando a uma profunda deterioração mental e motora e à morte na idade de 2-4 anos. Felizmente, um ensaio pré-natal preciso dessa enzima pode ser realizado em mulheres grávidas com risco de serem portadoras heterozigotas, por análise da hidrolase no líquido amniótico ou em células amnióticas. A alta correlação entre baixas quantidades da enzima em portadores de *Tay-Sachs* e fetos que apresentam a doença permite recomendar o aborto terapêutico, uma vez que a moléstia é incurável.

REFERÊNCIAS

1. Os estudantes devem consultar os números recentes do *Annual Review of Biochemistry*, para acompanhar os recentes desenvolvimentos no campo da síntese de proteínas, que progride rapidamente.

2. P. D. Boyer (ed.) – *The Enzyme*, Vol. X. 3.ª ed., New York, Academic Press, 1974. Contém excelentes revisões sobre todos os tópicos abordados neste capítulo, com referência à síntese de proteínas.

PROBLEMAS

1. Qual o número mínimo de enzimas específicas que você julga necessário para sintetizar um peptídeo cíclico como a gramicidina-S?
2. Por que existe uma diferença tão acentuada entre a complexidade da síntese de uma proteína e a de um tripeptídeo?
3. Examine a primeira etapa na ativação das unidades construtivas na síntese de (a) um carboidrato, (b) um ácido graxo e (c) uma proteína. Compare os vários mecanismos.
4. Um segmento de DNA, cuja seqüência de bases está indicada abaixo, foi incubado com ATP, UTP, GTP, CTP, GSH, ribosomas, todos os 20 aminoácidos e uma preparação livre de células que continha todos os 20 tRNAs, RNA-polimerase e todas as enzimas de ativação dos aminoácidos. Qual será a estrutura primária do polipeptídeo sintetizado?

   DNA: GAUAAGGGATTACCTTTATTATTGTATCTCGGTTCG

5. Compare a síntese de uma proteína eucariótica, a insulina, com a de uma proteína procariótica como a β-galactosidase (p. 476).

capítulo 20

REGULAÇÃO METABÓLICA

OBJETIVO

Vamos correlacionar neste capítulo vários fatores, discutidos nos capítulos anteriores, que participam na regulação metabólica. Examinaremos primeiramente diversos fatores cinéticos, incluindo os tipos de inibição, bem como as modificações químicas de enzimas que diretamente afetam as *atividades enzimáticas*. Definiremos então as seqüências de cascatas que servem como sistemas de amplificação. Finalmente, discutiremos o controle da *síntese de enzimas* pela regulação da tradução.

INTRODUÇÃO

O crescimento e manutenção de uma célula exigem uma coordenação altamente integrada entre os processos anabólicos e catabólicos. Uma vez que a unidade funcionante da maquinaria metabólica é a reação catalisada por enzima, o controle dessa unidade torna-se o aspecto essencial da regulação metabólica.

Os mecanismos de regulação metabólica foram intensivamente investigados nos últimos dez anos em organismos procarióticos e eucarióticos. Embora o assunto seja complexo e ainda em fase inicial, princípios unificadores estão começando a emergir. Sendo um termo polivalente, a regulação metabólica envolve: (a) compartimentação de enzimas; (b) vias alternadas ou separadas para catabolismo e anabolismo de um substrato-chave; (c) fatores cinéticos envolvendo as interações de substratos, cofatores e enzimas, e (d) controle da concentração enzimática.

COMPARTIMENTAÇÃO DA ENZIMA

A célula procariótica. A célula procariótica, por cerca de vinte anos, tem sido empregada pelos bioquímicos como uma célula-modelo para explorar todos os aspectos do metabolismo celular. Em termos de estrutura, é uma célula bastante simples, com uma membrana plasmática, à qual um número importante de enzimas-chaves estão associadas (Cap. 9), e uma região citoplasmática, na qual as principais vias do metabolismo são realizadas de uma maneira surpreendentemente ordenada. A membrana plasmática aparentemente serve como um substituto para as organelas, pois as enzimas freqüentemente associadas a membrana de organelas eucarióticas — como as que participam da cadeia respiratória e fosforilação oxidativa, assim como as da biossíntese de fosfolipídeos — são encontradas nas membranas plasmáticas procarióticas. A primeira vista, o citoplasma do procariote parece exibir pouca estrutura, mas há evidência crescente de que, mesmo nessa região, as enzimas podem assumir uma estrutura organizada, embora frouxa e frágil. Evidências recentes sugerem, por exemplo, que a proteína transportadora de acil, ACP (p. 187), uma proteína altamente solúvel, essencial para a síntese de ácidos graxos, em vez de estar uniformemente dispersa na região citoplasmática da célula de *E. coli*, está, ao invés, frouxamente associada ou assentada sobre a superfície interna da membrana plasmática da célula. É bastante possível que agregados frouxos e instáveis de enzimas, que estão envolvidos nas reações metabólicas seqüenciais realmente existam na célula procariótica, mas sejam imediatamente desfeitos, quando a célula é submetida a violentos tratamentos pelos bioquímicos.

A célula eucariótica. Na célula eucariótica, entretanto, existe uma situação inteiramente diferente. Nessas células, a compartimentação das maquinarias metabólicas ocorre com propósitos muito específicos. A membrana plasmática de organismos eucarióticos, como a de procarióticos, está envolvida no transporte seletivo de cátions, ânions e compostos neutros importantes, e serve como uma barreira contra o meio externo, e como suporte dos sítios aceptores para grande número de hormônios. O núcleo é o local da informação genética e da transcrição dessa informação, isto é, da biossíntese de mRNA e de tRNA no nucleoplasma, e de rRNA no nucléolo, e das subseqüentes modificação e transporte dessas moléculas informacionais ao citoplasma para a tradução em unidades catalíticas, as enzimas. A mitocôndria é caracterizada por seu complexo de enzimas envolvido na manutenção energética de toda a célula. O retículo endoplasmático serve como um sítio de importantes enzimas da membrana e de sistemas de síntese de proteínas. Os lisosomas são compartimentos específicos para inúmeras enzimas hidrolíticas. Os lisosomas funcionam como "limpadores" ou "lixeiros" da célula, sendo ativos nas reações autolíticas pós-morte. O aparelho de Golgi está envolvido, nas células eucarióticas, na formação de corpos secretórios e participam também na formação de membranas celulares e de paredes celulares. Nas plantas, o cloroplasto é a organela mais importante para a geração de oxigênio, ATP e poder redutor da célula vegetal. O estudante deve consultar o Capítulo 9 para informações posteriores.

Uma outra consideração de compartimentação é a separação espacial dos sistemas multienzimáticos. Assim, na degradação da glucose a dióxido de carbono e água, pelo menos três vias estão envolvidas: glicólise, ciclo das pentoses-fosfato e ciclo dos ácidos tricarboxílicos. As enzimas glicolíticas e as enzimas do ciclo das pentoses-fosfato são encontradas no citoplasma, enquanto que as enzimas do ciclo do ácido tricarboxílico estão localizadas dentro das mitocôndrias da mesma maneira que as enzimas particuladas do transporte de elétrons e da fosforilação oxidativa. Deve existir associação estrita entre as três seqüências metabólicas, e qualquer interferência nessa associação resultará numa parada ou modificação do metabolismo da glucose. Além do mais, qualquer mudança na concentração dos íons de fosfato e de magnésio, na relação entre ADP e ATP, $NADP^+$ e NADPH, NAD^+ e NADH, ou na tensão de oxigênio e dióxido de carbono também afetaria essa associação.

Ainda outro fator no controle e regulação metabólicos é a capacidade das mitocôndrias, por exemplo, de concentrar coenzimas, substratos e enzimas muito acima da concentração encontrada fora das partículas. Por esse mecanismo, as respostas cinéticas de reações catalisadas por enzimas nas mitocôndrias são muito modificadas.

Um fator final, difícil de avaliar, é a possível compartimentação física de seqüências enzimáticas, que introduziriam novas variáveis, tais como barreiras de permeabilidade para substratos, enzimas e cofatores.

REAÇÕES UNIDIRECIONAIS OPOSTAS

Um número importante de reações bioquímicas que parecem ser reversíveis, só o são por causa do envolvimento de duas enzimas separadas, uma catalisando a reação num sentido e a outra, a reação inversa. Tais reações são chamadas *reações unidirecionais opostas* e podem resultar em *ciclos fúteis.*

$$A \underset{b}{\overset{a}{\rightleftharpoons}} B.$$

Exemplos típicos de complexidade variável podem ser citados, como:

1. (a) Glucose + ATP $\xrightarrow{\text{Hexoquinase}}$ Glucose-6-fosfato + ADP
   (b) Glucose-6-fosfato + H_2O $\xrightarrow{\text{Glucose-6-fosfatase}}$ Glucose + P_i
2. (a) Frutose-6-fosfato + ATP $\xrightarrow{\text{Fosfofrutoquinase}}$ Frutose-1,6-difosfato + ADP
   (b) Frutose-1,6-difosfato $\xrightarrow{\text{Fruto-1,6-fosfatase}}$ Frutose-6-fosfato + P_i
3. (a) Acetato + ATP + CoA $\xrightarrow{\text{Tioquinase}}$ Acetil-CoA + AMP + PP_i
   (b) Acetil-CoA +H_2O $\xrightarrow{\text{Tioesterase}}$ Acetato + CoA
4. (a) Acetil-CoA + CO_2 + ATP $\xrightarrow{\text{Acetil-CoA-carboxilase}}$ Malonil-CoA + ADP + P_i
   (b) Malonil-CoA $\xrightarrow{\text{Malonil-CoA-descarboxilase}}$ Acetil-CoA + CO_2
5. (a) Fosfoenolpiruvato + ADP $\xrightarrow{\text{Piruvato-quinase}}$ Piruvato + ATP
   (b) Piruvato + CO_2 $\xrightarrow{\text{ATP}}$ Ácido oxalacético $\xrightarrow{\text{GTP}}$ Fosfoenolpiruvato + CO_2
6. (a) Glucose-1-fosfato + UTP $\longrightarrow$ UDPG $\longrightarrow$ Glicogênio
   (b) Glicogênio + P_i $\xrightarrow{\text{Fosforilase}}$ Glucose-1-fosfato

Em todos os casos, a reação no sentido direto (a) é catalisada por uma enzima específica, enquanto que a reação inversa (b) é catalisada por uma enzima completamente diferente, que é usualmente hidrolítica e assim essencialmente irreversível. A célula utiliza essas reações que envolvem duas classes completamente diferentes de enzimas para permitir uma regulação fina das reações *a* e *b*, uma vez que seria muito difícil controlar as reações *a* e *b*, empregando uma única enzima. Entretanto, controles devem ser impostos a esses sistemas, uma vez que, de outra forma, essas reações opostas acoplariam-se e levariam a atividade cíclicas inúteis. Assim, as Reações (1) - (6), se não estivessem acopladas a outros sistemas, poderiam levar a uma hidrólise efetiva de nucleosídeos-trifosfato a nucleosídeos-difosfato e fosfato inorgânico. Vejamos, por exemplo, nas reações (2a) e (2b) no parágrafo a seguir.

Obviamente, se a fosfofrutoquinase e a frutose-1,6-difosfatase, que catalisam as Reações (2a) e (2b) respectivamente, não estiverem submetidas a controle, essas reações levarão a um ciclo fútil, que resulta em uma reação efetiva de ATPase. Tanto a glicólise como a gluconeogênese irão enfrentar uma barreira difícil nesse ponto. Felizmente, ambas as enzimas estão sob controle alostérico. Assim, na presença de AMP, o desdobramento da frutose-6-fosfato a uma etapa produtora de ATP será favorecido, uma vez que o AMP é um efetor positivo; simultaneamente, o AMP é um efetor negativo para a reação reversa (2b) e, assim, a atividade de frutose-6-difosfato-fosfatase é reduzida:

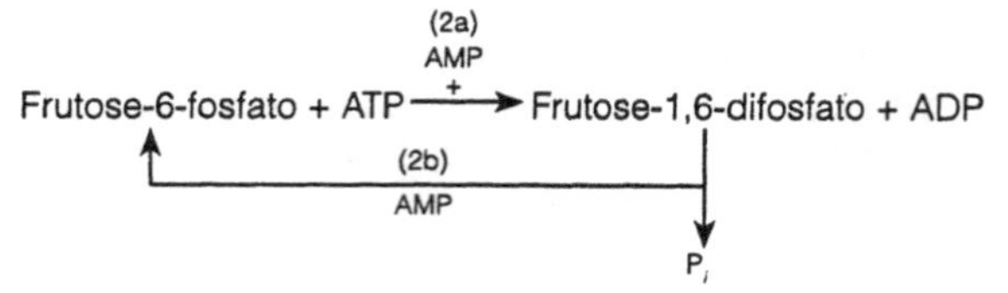

O estudante deve observar que, devido à importância da etapa

$$\text{frutose-6-fosfato} \underset{(2b)}{\overset{(2a)}{\rightleftharpoons}} \text{frutose-1,6-difosfato,}$$

as duas enzimas responsáveis pela catálise têm características adicionais de multi-controle, algumas das quais estão descritas na p. 244-246.

No caso de síntese e degradação de ácidos graxos, a célula impôs outras restrições a esses sistemas catabólicos e anabólicos, em organismos eucarióticos, localizando as enzimas da β-oxidação na mitocôndria (e, nas sementes de algumas plantas, em glioxisomas), enquanto que a sintetase está localizada no citoplasma. Além disso, a β-oxidação emprega como um de seus intermediários o derivado L-β-hidroxiacil-CoA, com CoA como o componente tioéster exclusivo, enquanto que a sintetase, em todos os organismos, utiliza o D-β-hidroxiaciltioéster com a proteína transportadora de acil como o resíduo de tioéster. Em organismos procarióticos, tanto o sistema degradativo como o sintetizante são solúveis, mas o sistema da β-oxidação ocorre em concentrações muito baixas antes da indução pela exposição a substratos de ácidos graxos.

FATORES CINÉTICOS

Discutimos já, no transcorrer deste livro, os efeitos de inúmeros compostos (efetores, moduladores) sobre a atividade de um grupo de enzimas denominadas enzimas regulatórias. As atividades das enzimas regulatórias são moduladas pela ativação de compostos denominados efetores positivos, ou inibidas por efetores negativos. A inibição pode se manifestar por qualquer um dos três tipos (competitiva, não-competitiva, ou incompetitiva) ou por uma combinação entre os três tipos (p. 151). Examinaremos agora em maior detalhe várias modulações importantes de uma atividade enzimática pelos metabolitos (ou efetores).

INIBIÇÃO PELO PRODUTO. Uma inibição simples de uma reação é a chamada inibição pelo produto, onde o produto da reação, por efeito de ação de massa, inibe sua própria formação. Assim, na conversão da glucose a glucose-6-fosfato pela enzima hexoquinase, à medida que a glucose-6-fosfato começa a acumular-se, a reação torna-se mais lenta. É por essa razão que ensaios da enzima devem ser feitos no período inicial da reação, para evitar inibição pelo produto acumulado.

INIBIÇÃO POR RETROALIMENTAÇÃO (RETROINIBIÇÃO) (PRODUTO FINAL). Um tipo mais sutil de controle da ação enzimática é designado por inibição por retroalimentação (*feedback*), e é facilmente demonstrado, considerando-se a seguinte seqüência:

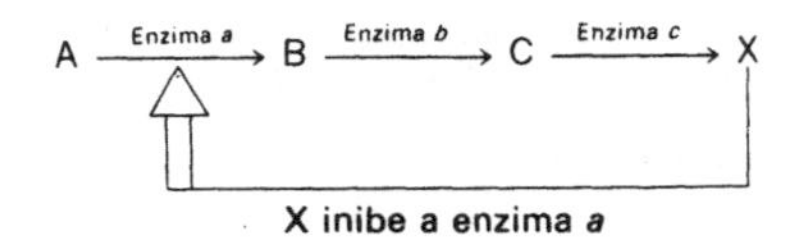

Aqui, X, o produto final da seqüência serve para impedir a formação de um de seus próprios precursores, por inibição da ação da enzima *a*. A primeira enzima da seqüência, que é também chamada uma *enzima alostérica* ou *reguladora* monovalente, a saber, a enzima *a*, pode também ser chamada de *marca-passo*, uma vez que a seqüência toda é efetivamente regulada pela sua inibição. Um exemplo real é a formação de citidina-trifosfato, em *E. coli*, a partir de ácido aspártico e carbamoil-fosfato (Fig. 20-1). A medida que uma concentração crítica de CTP vai sendo alcançada, o trifosfato diminui sua própria formação por inibição da enzima aspartato-transcarbamilase (ATCase), que catalisa a etapa de marca-passo da síntese do carbamil-aspartato. Quanto a concentração do trifosfato é suficientemente reduzida pela utilização metabólica, a inibição é liberada e sua síntese renovada (Fig. 20-1).

Em todos os casos de retroinibição, o inibidor (efetor ou modulador) geralmente não tem semelhança estrutural com o substrato da enzima que ele está regulando. Assim, o CTP de nenhuma forma assemelha-se ao ácido aspártico, o substrato da as-

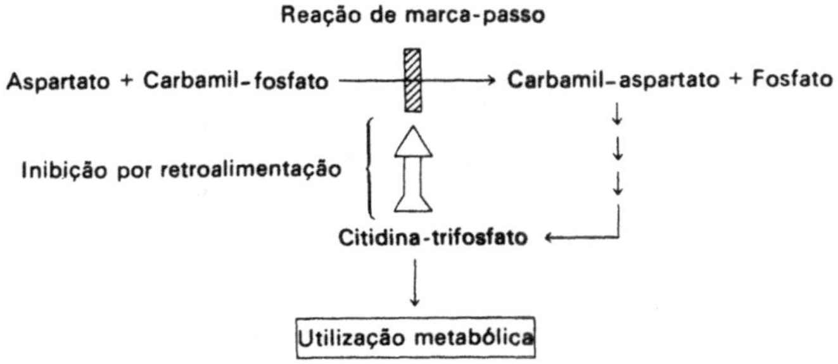

Reação de marca-passo

Aspartato + Carbamil-fosfato ⟶ Carbamil-aspartato + Fosfato

Inibição por retroalimentação

Citidina-trifosfato

Utilização metabólica

Figura 20-1. No diagrama, quando a utilização metabólica é baixa e a concentração de CTP é alta, ocorre inibição por retroalimentação. Quando a utilização metabólica é elevada e a concentração de CTP é baixa, a inibição por retroalimentação é inoperante

partato-transcarbamilase. Além do mais, todas as enzimas alostéricas até agora estudadas são enzimas *oligoméricas*, isto é, têm duas ou mais subunidades distintas. Por exemplo, a aspartato-transcarbamilase pode ser facilmente dissociada em duas grandes subunidades, uma das quais possui o sítio catalítico e a outra o sítio regulatório. A primeira subunidade, uma vez separada da segunda subunidade, ou subunidade regulatória, apresenta cinética de Michaelis-Menten normal, e não cinética sigmoidal e não é mais afetada por CTP. A segunda subunidade não tem atividade catalítica, mas liga-se fortemente a CTP.

Consideremos agora algumas variações da inibição por retroalimentação (*feedback*) de seqüências metabólicas. A regulação da seqüência linear descrita anteriormente é uma inibição direta, pelo produto final, da primeira enzima da seqüência, uma enzima alostérica monovalente. Entretanto, a regulação por X e Y de uma via biossintética ramificada levaria a uma situação, onde um excesso de um produto final acarretaria não somente a diminuição da síntese de X, mas também a do outro produto final, um sistema de controle não muito bom. Entretanto, foram observados alguns mecanismos que resolvem esse dilema.

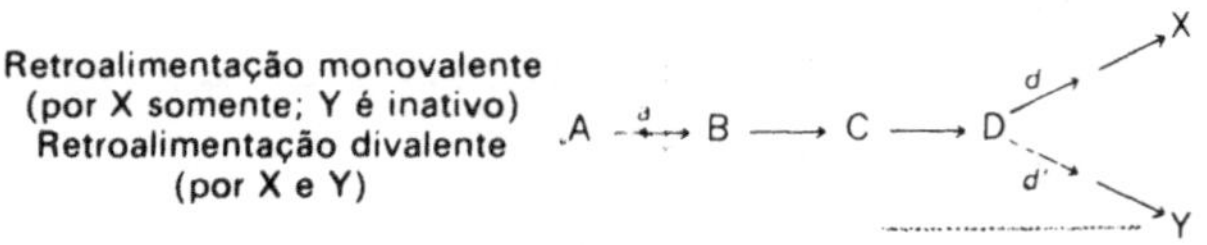

Retroalimentação monovalente (por X somente; Y é inativo)
Retroalimentação divalente (por X e Y)

A ⟶ B ⟶ C ⟶ D ⟶ X (d), D ⟶ Y (d')

Enzimas isofuncionais. Neste mecanismo, a primeira etapa comum é catalisada por duas enzimas diferentes ou *isofuncionais*, que convertem o mesmo substrato ao mesmo produto. Entretanto, a enzima *a* está sob controle específico de X, por retroalimentação,

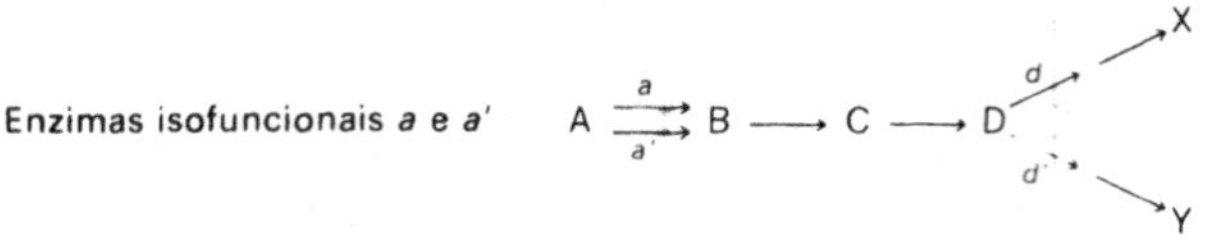

Enzimas isofuncionais *a* e *a'*

A ⟶ B (*a*, *a'*) ⟶ C ⟶ D ⟶ X (d), D ⟶ Y (d')

enquanto que a enzima *a'* é insensível; por outro lado, a enzima *a'* está sob controle específico de Y e é insensível a X. Uma vez que a enzima *a*, no último caso, estaria ainda envolvida na síntese de B, C e D, um controle por retroinibição secundário deve ser exercido pelos dois produtos finais, a saber, X na enzima *d* e Y na enzima *d'*. Assim, se um excesso de X é formado, ele não apenas inibirá as enzimas *a* e *d*, mas também não interfirará com a síntese de Y. Um excelente exemplo deste mecanismo de controle foi descrito por G. Cohen, da França, na biossíntese de lisina, metionina, treonina e isoleucina a partir de ácido aspártico, como está representado na via simplificada indicada na Fig. 20-2.

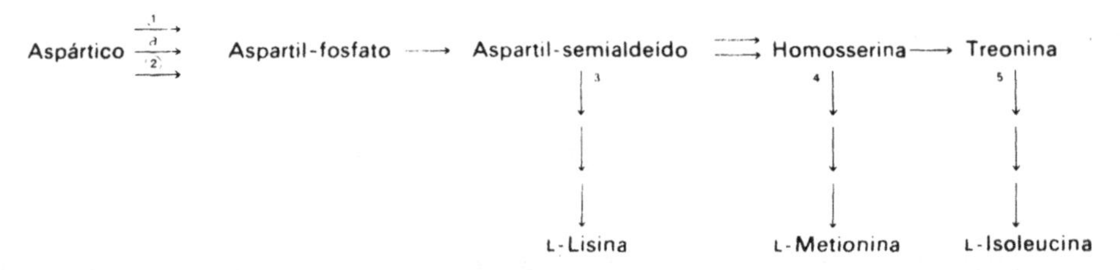

Figura 20-2. Controle por retroalimentação (*feedback*) da síntese de aminoácidos: ①, ②, ⓐ – aspartato-quinases isofuncionais; ① – retroalimentação monovalente inibida pela treonina; ② – retroalimentação monovalente inibida pela lisina; ⓐ – não é uma enzima regulatória; ③, ④, ⑤ – enzimas que sofrem controle por retroalimentação respectivamente por lisina, metionina, e isoleucina

Controle por retroalimentação (feedback) seqüencial. Nesse mecanismo, a enzima *a* não é regulada por qualquer dos produtos finais da via ramificada. Entretanto, X inibirá a enzima que converte o último substrato comum D em precursores de X, e Y inibirá a enzima que converte D em precursores de Y. Dessa forma, D irá se acumular e inibir

Retroalimentação (*feedback*) seqüencial

A --a--> B ⟶ C ⟶ D --d--> X ; D --d'--> Y

a enzima *a*, que interrompe toda a via. Um exemplo desse tipo é observado na biossíntese de ácidos aromáticos em algumas bactérias e na regulação da biossíntese de treonina e isoleucina em *Rhodopseudomonas spheroides*.

Inibição por retroalimentação (feedback) combinada. Neste sistema, a enzima *a* é insensível a X e Y sozinhos, mas, quando ambos estão presentes agem em conjunto para inibir a enzima *a*. Novamente, tanto X como Y exercem controles secundários, X inibindo a enzima *d* e Y, a enzima *d'*. Assim, se houver um excesso de X sintetizado,

Retroalimentação combinada

A --a--> B ⟶ C ⟶ D --d--> X ; D --d'--> Y

ele inibirá somente sua própria síntese, pelo controle da atividade da enzima *d*, permitindo que Y seja sintetizado. À medida que Y se acumula, tanto X quanto Y podem agora, em conjunto, inibir a enzima *a*, que é sensível à inibição somente na presença de X e Y. Um bom exemplo é a inibição da aspartil-quinase de *Rhodopseudomonas capsulatus* pela combinação de treonina e lisina. Sozinhos, esses aminoácidos não são inibidores eficazes.

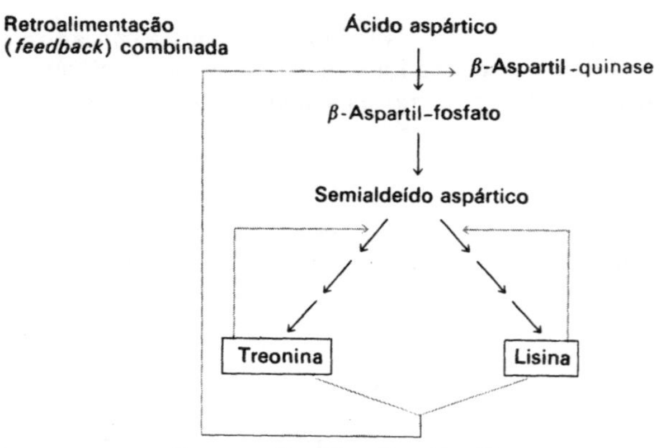

Inibição cumulativa por retroalimentação (*feedback*). Neste mecanismo, X e Y, em concentrações saturantes, causam somente a inibição parcial da enzima *a*, mas, quando estão presentes simultaneamente, um efeito cumulativo é observado. Assim se X em concentração saturante inibe *a*, de modo que sua atividade residual seja, por exemplo

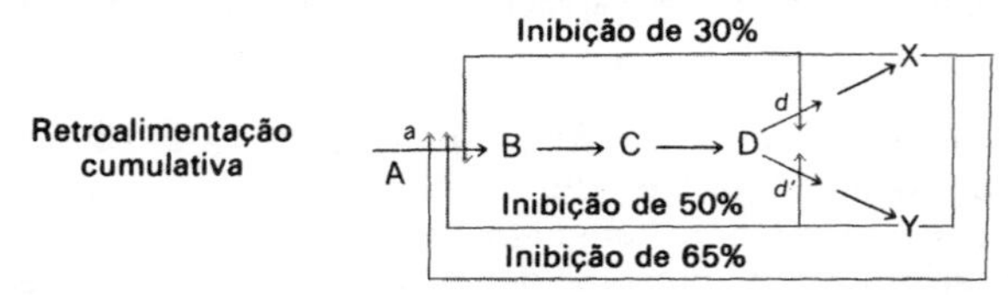

70% e Y sozinho inibe *a* em 50%, então, quanao ambos, X e Y, estão presentes em concentrações saturantes, a atividade residual será 0,7 × 0,5 ou 35% da atividade total. A inibição será de 65%. Um excelente exemplo desse tipo de regulação é a regulação da glutamina-sintetase, que será descrita com algum detalhe neste capítulo.

Modificação química de enzimas regulatórias. Vimos que tanto as vias biossintéticas lineares como as ramificadas podem ser seletivamente controladas por diferentes tipos de controle por *feedback*. Algumas dessas enzimas regulatórias são co^ntroladas

Tabela 20-1. Enzimas reguladas por modificações químicas

Enzima	Origem	Mecanismo de modificação	Modificações	Referência no texto (número da página)
Glicogênio-fosforilase	Eucariotes	Fosforilação/ /desfosforilação	Aumento/ /redução	259
Fosforilase *b*-quinase	Mamíferos	Fosforilação/ /desfosforilação	Aumento/ /redução	259
Glicogênio-sintetase	Eucariotes	Fosforilação/ /desfosforilação	Redução/ /aumento	259-258
Piruvato-desidrogenase	Eucariotes	Fosforilação/ /desfosforilação	Redução/ /aumento	281
Lipase hormônio- -sensível	Mamíferos	Fosforilação/ /defosforilação	Aumento/ /redução	292
Glutamina-sintetase	*E. coli*	Adenilação/ /desadenilação	Redução/ /aumento	470

pelo fato dos efetores induzirem alterações conformacionais na estrutura das proteínas, o que altera fisicamente o sítio catalítico da enzima. Um mecanismo adicional envolve *modificação química da enzima regulatória* por ligação covalente de grupos específicos à enzima, levando à mudança na estrutura primária e, portanto, na conformação da enzima. As proteínas modificadoras são enzimas específicas que estão envolvidas na inserção ou remoção de grupos específicos que incluem componentes fosforil e adenilil. A Tab. 20-1 especifica algumas enzimas que são reguladas por modificação química.

Glutamina-sintetase, um exemplo. A glutamina é um composto-chave no metabolismo do nitrogênio, tanto nos organismos procarióticos como nos eucarióticos. Ela não somente é um componente de muitas proteínas, mas é também o precursor de um grande número de compostos de importância bioquímica (Fig. 20-3). Além disso, ela

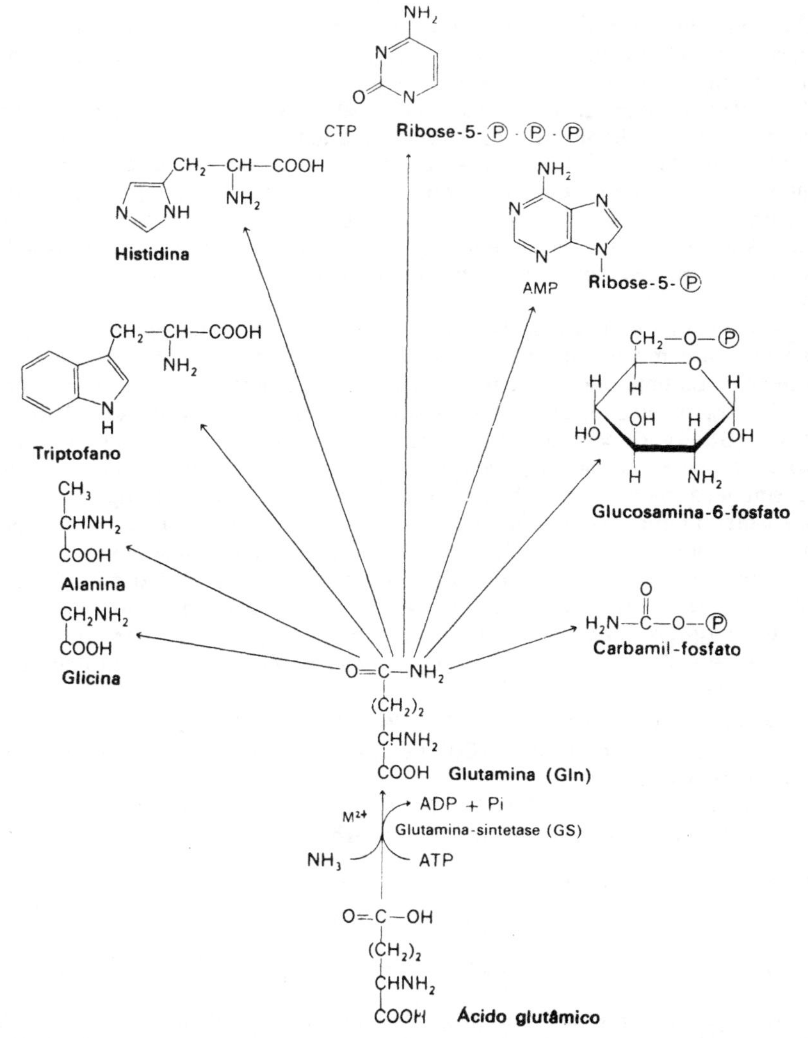

Figura 20-3. Biossíntese e percursos metabólicos da glutamina (Gln). Os produtos finais do metabolismo mostrados aqui (isto é, glicina, alanina, etc.) são *inibidores por retroação pelo produto final* **da glutamina-sintetase** (GS)

participa em uma síntese essencialmente irreversível, ATP-dependente, de ácido glutâmico, a partir de ácido α-cetoglutárico (pp. 370 e 384) e assim serve, por sua vez, como um doador de grupos NH_2 na biossíntese de um grande número de aminoácidos, por transaminação (p. 179):

$$\text{Glutamato} + NH_3 + \text{ATP} \xrightarrow[\text{-sintetase}]{\text{Glutamina-}} \text{Glutamina} + \text{ADP} + \text{Pi}$$

$$\text{Glutamina} + \alpha\text{-Cetoglutarato} + \text{NADPH} + H^+ \xrightarrow[\text{-sintetase}]{\text{Glutamato-}} 2\ \text{Glutamato} + \text{NADP}^+$$

$$\text{Glutamato} + \text{RCOCOOH} \xrightarrow{\text{Transaminases}} \alpha\text{-Cetoglutarato} + \text{RCHNH}_2\text{COOH}$$

$$\text{SOMA: } \text{ATP} + NH_3 + \text{NADPH} + H^+ + \text{RCOCOOH} \longrightarrow \text{ADP} + \text{Pi} + \text{NADP}^+ + \text{RCHNH}_2\text{COOH}$$

Portanto, devido a seu papel central no metabolismo do nitrogênio, a glutamina-sintetase é um alvo estratégico para o controle metabólico. Examinaremos agora, em algum detalhe, como essa enzima é regulada na *E. coli*.

A glutamina-sintetase de *E. coli* (GS) está sujeita a controle por, pelo menos, quatro mecanismos diferentes: (a) fatores cinéticos, incluindo concentração de ATP e cátions bivalentes; (b) repressão e desrepressão da síntese da enzima, em resposta a variações na fonte de nitrogênio na qual o organismo cresce; (c) inibição cumulativa, por retroação por produtos finais do metabolismo do ácido glutâmico; e, finalmente, (d) modificação química da sintetase, por enzimas específicas, através da ligação e liberação de resíduos adenílicos. Discutiremos esse último mecanismo com algum detalhe.

A modificação química de GS envolve um ciclo de adenilação-desadenilação. A GS tem um peso molecular de 600 000, consistindo em 12 subunidades idênticas ou protômeros, cada uma com um peso molecular de 50 000, e um sítio para a adenilação pelo ATP. Assim, uma enzima completamente adenilada deverá ter 12 grupamentos adenílicos ($GS_{\overline{12}}$). O aceptor para o resíduo adenílico é o grupo hidroxílico de um resíduo de tirosina, na cadeia polipeptídica da subunidade monomérica. Quando glutamina-sintetase marcada com ^{14}C no grupo adenílico é digerida por enzimas proteolíticas, é isolado um decapeptídeo que, além da tirosina, contém três resíduos de prolina. Como vimos anteriormente (p. 79), um alto conteúdo de prolina em uma região crítica do sítio regulador, a saber, o resíduo de tirosina, forma uma região de estrutura secundária mínima. Talvez o resíduo de tirosina reativo nessa região esteja colocado de tal forma que o grupo adenílico possa ser facilmente ligado ou removido.

Para esse ciclo de adenilação-desadenilação funcionar, quatro proteínas auxiliares são necessárias:

a) Adenilil-transferase (ATase, 130 000 de peso molecular)

b) Proteína regulatória PII (50 000 de peso molecular), existindo em duas formas: PII-A e PII $(UMP)_2$

c) Uridilil-transferase (UTase, 160 000 de peso molecular)

d) Enzima de remoção da uridilil (URase)

Essas proteínas catalisam as seguintes reações:

$$\text{Inativação de GS: } n\text{ATP} + \text{GS} \xrightarrow[Mg^{2+} \text{ ou } Mn^{2+}]{\text{ATase; PII-A}} \text{GS (AMP)}_n + n\text{PP}_i$$

$$\text{Ativação de GS: } \text{GS (AMP)}_n + n\text{P}_i \xrightarrow[Mg^{2+} \text{ ou } Mn^{2+}]{\text{ATase; PII (UMP) 2}} \text{GS} + n\text{ADP}$$

A atividade da GS é, em parte, diretamente proporcional à extensão de adenilação da enzima. O fator-chave adicional envolvido na expressão da atividade da GS é a relação de íons Mg^{2+} para íons Mn^{2+} na célula. Assim, GS completamente desadenilada ($GS_{\overline{0}}$) não tem atividade com o Mn^{2+} como o cofator catiônico, porém atividade máxima com o Mg^{2+}, enquanto que a GS completamente adenilada ($GS_{\overline{12}}$) não tem atividade com o Mg^{2+}, mas atinge somente 1/4 da atividade de um sistema $GS_{\overline{0}} + Mg^{2+}$, com Mn^{2+}:

	Atividade (%)
$GS_{\overline{0}} + Mg^{2+}$	100
$GS_{\overline{12}} + Mg^{2+}$	0
$GS_{\overline{0}} + Mn^{2+}$	0
$GS_{\overline{12}} + Mn^{2+}$	25

Níveis intermediários de atividades de GS são obtidos tanto pelos níveis intermediários de adenilação quanto pela variação nas razões Mg^{2+}/Mn^{2+} na célula. Provavelmente, em condições fisiológicas, a célula tenha, como seu cátion predominante, o Mg^{2+}, ao invés do Mn^{2+}; portanto, a expressão fisiológica da atividade está sob a influência da ativação do Mg^{2+}.

Conforme indicamos acima, o PII existe em duas formas, PII-A e PII $(UMP)_2$, e sua interconversão é catalisada pelas duas reações seguintes:

$$\text{Formação de PII (UMP)}_2\text{: } 2\ UTP + PII\text{-}A \xrightarrow[Mn^{2+}]{UTase} PII\ (UMP)_2 + PP_i$$

$$\text{Formação de PII-A: } PII\ (UMP)_2 + H_2O \xrightarrow{URase,\ Mn^{2+}} PII\text{-}A + 2\ UMP$$

Assim, a regulação de GS ocorre por dois sistemas de interconversão que estão interconectados pela proteína regulatória PII. A Fig. 20-4 resume esses eventos.

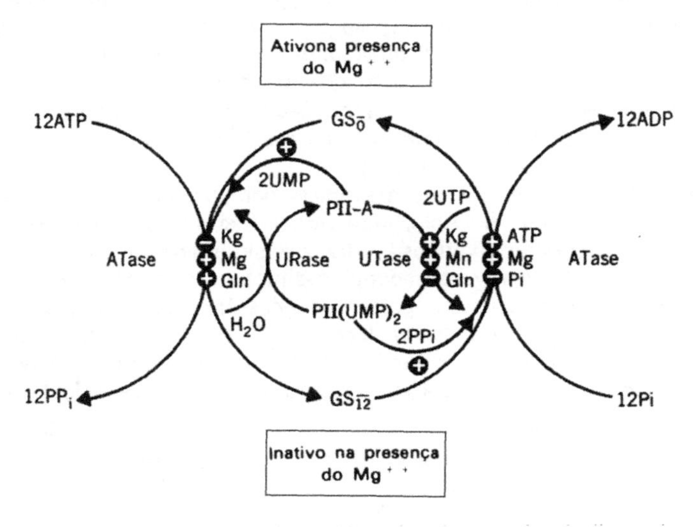

Figura 20-4. Regulação da glutamina-sintetase (GS) pelos sistemas de adenilação-desadenilação e de uridilação-desuridilação. Os vários efetores alostéricos e seus efeitos estão também incluídos. Kg, α-cetoglutarato; Mg^{2+} ou Mn^{2+}; Gln, glutamina; PP_i, pirofosfato; ⊕ estimulação; ⊖ inibição; ATase, adenililtransferase; PII, proteína regulatória ocorrendo como PII-A e PII $(UMP)_2$; UTase, uridililtransferase; URase, enzima de remoção do uridilil (modificado de Stadtman. Veja referência no final do capítulo)

Toda as vezes que consideramos as funções das enzimas regulatórias e seus efetores, é sempre importante relacionar os eventos moleculares como relevantes para as condições *in vivo* da célula. Por exemplo, quando a célula bacteriana está exposta a condições de nutrição nitrogenada carente, existe uma diminuição relativa dos metabolitos que contêm nitrogênio no suco celular, que inclui o ácido glutâmico e seus produtos, e um aumento do ácido α-cetoglutárico, o esqueleto carbonado da glutamina. Nessas condições, a GS desadenilada é usualmente obtida das células crescidas nessas condições. A GS adenilada é isolada de células cultivadas na fase estacionária após crescimento em um meio contendo glucose com excesso de glutamato como única fonte de nitrogênio. A GS em estado intermediário de adenilação é obtida a vários tempos durante a transição da fase exponencial para a fase estacionária de crescimento.

Em resumo, vimos de que maneira a glutamina, um composto central no metabolismo do nitrogênio de uma célula bacteriana, tem sua síntese sob controle rígido. O sistema regulatório envolve cinco enzimas: (a) GS, (b) ATase, (c) PII-A e PII $(UMP)_2$, (d) UTase e (e) enzima UR. Esses eventos regulatórios tornam possível um controle fino de GS em diversas condições nutricionais que a célula pode enfrentar. A GS dos mamíferos, não apresenta as mesmas características.

SISTEMAS EM CASCATA

Discutimos anteriormente exemplos desses sistemas, tais como o efeito indireto do glucagônio ou da adrenalina sobre a modificação química da fosforilase (p. 260) e da adipócito-lipase (p. 292). O controle da glutamina-sintetase por adenilação é outro exemplo de sistema em cascata. Nesses sistemas, uma série de reações está envolvida, em que uma enzima, que é ativada de alguma maneira, age em outra reação, levando a uma amplificação do primeiro sinal. Assim, obtém-se uma amplificação bioquímica. Por exemplo, uma molécula de glucagônio ou adrenalina ativa a adenilato-ciclase que sintetiza um "segundo mensageiro", o AMP cíclico, que, por sua vez, ativa uma proteína-quinase geral, a qual, agora, ativa uma quinase específica que, finalmente, modula a fosforilase. Portanto quatro enzimas são controladas pelo sinal ou mensageiro iniciais. Se houver uma amplificação de uma centena de vezes a cada nível enzimático, por unidade de tempo, uma molécula então do mensageiro inicial será amplificada 10^8 vezes em seu efeito!

Vários sistemas de controle são essenciais para o funcionamento adequado de um sistema em cascata. Por exemplo, enquanto a fosforilase *a* (Fig. 20-5), na forma ativada, converte o glicogênio a glucose-1-fosfato, simultaneamente a proteína-quinase geral fosforila e, portanto, *inativa* a glicogênio-sintetase. O controle duplo em reações metabólicas unidirecionais opostas e, portanto, necessário, uma vez que, caso contrário, ocorrerá um curto-circuito ou se estabelecerá um ciclo fútil. Assim, por exemplo, o glicogênio seria desdobrado a glucose-1-fosfato pela fosforilase *a* ativada, e a glicogênio-sintetase por sua vez, converteria o produto, a glucose-1-fosfato, de volta a

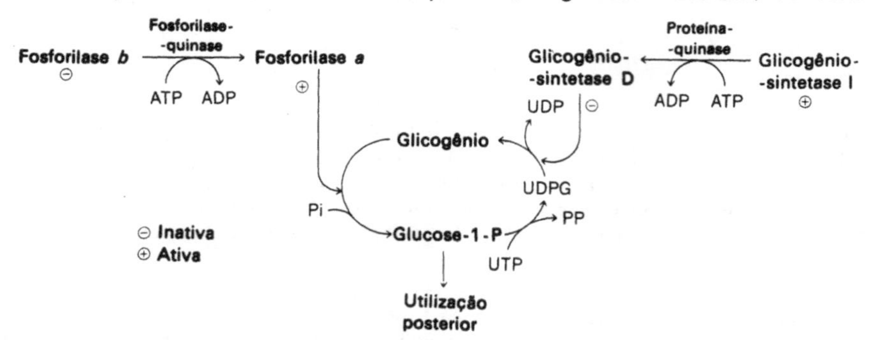

Figura 20-5. Inter-relação entre a síntese e o desdobramento do glicogênio. Com a ativação da fosforilase *b* → *a*, uma inativação paralela da glicogênio-sintetase I → D ocorre, impedindo assim a ocorrência de um ciclo fútil. Veja as Seções 10.2 e 10.11.2, para discussão posterior

glicogênio, se não fosse o fato de a glicogênio-sintetase, quando fosforilada pela proteína-quinase, ser desligada.

Além disso, enzimas colaterais, como a AMPc-fosfodiesterase e a fosfoproteína-fosfatase, participam do sistema de fosforilase para remover o AMPc e defosforilar as proteínas, respectivamente. De eficiência igual é a reação de desadenilação do sistema GS.

Um quadro geral de um sistema em cascata está resumido na Fig. 20-6. Examinemos esse diagrama em mais detalhe. Com exceção dos esteróides, a maioria dos hormônios são proteínas ou polipeptídeos; eles não penetram no interior das células-alvo cujas funções eles modulam. Eles, ao invés, interagem com um receptor específico localizado na ou sobre a membrana plasmática que, por sua vez, afeta a enzima I, indiretamente, via um transdutor. A natureza desse componente é ainda desconhecida, porém, no sistema glucagônio/adenilato-ciclase (p. 260), existem boas evidências para um transdutor agindo como mediador entre o hormônio, o glucagônio, e a primeira enzima do sistema de cascata, a adenilato-ciclase. O transdutor parece ser modulado ou sensibilizado pelo GTP na membrana.

No sistema glucagônio/adenilato-ciclase, a Enz I é a adenilato-ciclase; a Enz Y é a AMPc-fosfodiesterase; a Enz II_I e a Enz II_A são as formas RC e C da proteína-quinase, respectivamente; o Enz II-desativador é uma fosfoproteína-fosfatase; a Enz III_I e a Enz III_A são a fosforilase-quinase nas formas fosforilada e não-fosforilada; a Enz IV_I e a Enz IV_A são a fosforilase *b* e a fosforilase *a*, respectivamente; e o Enz II-desativador e o Enz IV-desativador, as fosfoproteína-fosfatases. Temos, assim, além da amplificação bioquímica, pontos adicionais de controle ao longo do sistema em cascata. Uma discussão posterior desse sistema, em relação à glicólise está analisada na p. 232.

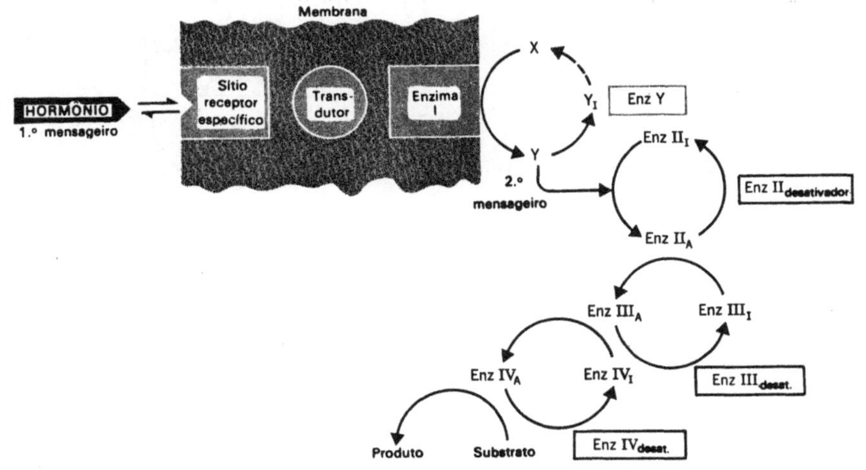

Figura 20-6. Esquema geral para um sistema de cascata. X é o precursor de Y, um segundo mensageiro; Enz I catalisa a conversão de X → Y; a Enz Y inativa Y, pela conversão dele a Y_I; Y_I é reconvertido a X por uma série de reações; Y ativa a Enz II_I a Enz II_A; o desativador da Enz II reconverte Enz II_A em enzima inativa Enz II_I; as reações remanescentes seguem a mesma seqüência. Para exemplos específicos, veja as pp. 280 e 350.

MODIFICAÇÕES ADAPTATIVAS NO CONTEÚDO ENZIMÁTICO

A conversão de pró-enzimas a enzimas inteiramente ativas, a conversão de pré-hormônios a hormônios, bem como a síntese e o desdobramento de enzimas e coenzimas são fatores importantes na compreensão do quadro total da regulação dos processos metabólicos.

Esses fatores são de considerável importância, quando se compara a renovação de proteínas (e enzimas) em organismos procarióticos e eucarióticos. Por exemplo, em bactérias, a atividade total de uma enzima específica, em uma cultura, aumenta quando seu indutor é adicionado à cultura, e essa atividade permanece constante, mesmo quando o indutor é removido. A atividade enzimática total somente diminui, quando, na ausência do indutor, as células continuam a crescer, com resultante diluição da enzima. Em profundo contraste, em tecidos animais, o nível da enzima pode ser aumentado pela ação de hormônios, substratos ou mudanças na nutrição. Entretanto, logo que o estímulo é removido, a atividade enzimática retorna à sua atividade basal. Esses resultados estão indicados na ilustração. Há síntese e degradação contínua de proteínas em células animais, documentada, há cerca de quarenta anos, por R. Schoenheimer. Essa contínua renovação está em profundo contraste com a ausência de degradação de proteínas em células de bactérias em crescimento exponencial. Por exemplo, a reposição de proteína no fígado de rato é rápida, com, pelo menos, 50 % da proteína reposta em 4-5 dias. Essa renovação é intracelular, isto é, a proteína não é excretada, mas está sendo sintetizada e degradada na célula. Além disso, há uma

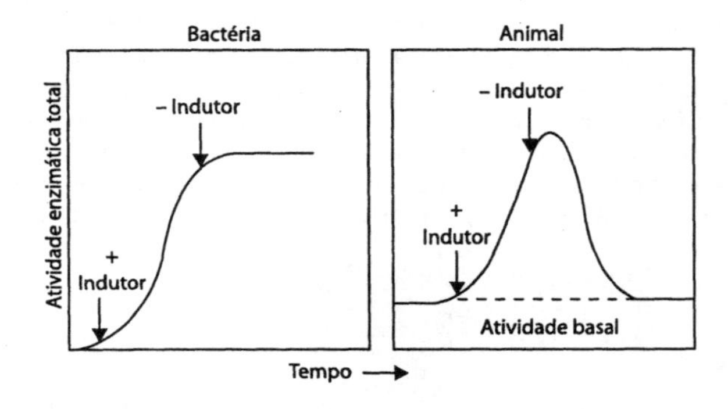

com várias enzimas, incluindo-se a acetil-CoA-carboxilase e a enzima málica em fígados de ratos com diferentes regimes nutricionais.

Muitos exemplos desse tipo de variação podem ser citados para demonstrar o efeito da nutrição na atividade enzimática de tecidos animais. Um bom entendimento do mecanismo de balanceamento das velocidades de síntese e degradação de enzimas e outras proteínas em células animais ainda não foi conseguido. Examinaremos neste capítulo, entretanto, exemplos de regulação de enzimas em células animais que refletem outros mecanismos.

Um mecanismo bem limitado envolve a conversão de um zimogênio inativo numa enzima ativa. A maioria das enzimas digestivas é formada como zimogênios, uma vez que não podem ser formadas na forma ativa nos ribosomas, porque isso resultaria na autodestruição do sistema sintetizador. Assim, como zimogênios, elas são inativas, sendo convertidas em enzimas ativas no local adequado para a sua ação, usualmente no trato digestivo. Já discutimos a conversão de pepsinogênio a pepsina, quimotripsinogênio a quimotripsina, tripsinogênio a tripsina e proinsulina a insulina. Esse mecanismo é um tipo especial de ativação, de valor limitado na regulação fina do metabolismo, todavia.

REPRESSÃO E INDUÇÃO: CONTROLE DA SÍNTESE ENZIMÁTICA PELA REGULAÇÃO DA TRANSCRIÇÃO

Quando as bactérias são cultivadas em um meio mínimo, elas sintetizam todos os compostos nitrogenados necessários ao crescimento a partir de compostos inorgânicos e de uma fonte única de carbono com a glucose. Se o bioquímico desintegrar essa célula para analisar seu conteúdo, por exemplo para a atividade da triptofano--sintetase, ele poderá facilmente detectar sua presença. Se, contudo, o triptofano for adicionado a esse meio mínimo e se as células, crescidas nessas condições, forem desintegradas e ensaiadas para a atividade da sintetase, não conseguiremos detectá-la. A síntese da triptofano-sintetase é considerada *reprimida*. O aminoácido triptofano é denominado *co-repressor*. Esses resultados fazem sentido, uma vez que não há necessidade de o organismo sintetizar um grande número de proteínas, que tornam possível a síntese do complexo da triptofano-sintetase, se o triptofano está facilmente disponível para incorporação em inúmeras proteínas. O termo repressão está empregado para descrever o efeito global. Observe que o produto final, o triptofano, participa na ação de "desligar", em uma etapa inicial, a produção de enzimas para sua própria síntese!

Assim como a *repressão* impede a formação de uma enzima crítica por um produto dessa seqüência, a *indução* é uma forma importante pela qual a velocidade de síntese pode ser estimulada em várias centenas de vezes. Isso é efetuado pela adição do substrato da enzima ao meio no qual a célula está crescendo. O substrato chama-se *indutor* e a enzima cuja síntese é grandemente estimulada pelo indutor é chamada enzima *induzível*.

O estudante deve notar cuidadosamente a diferença entre repressão e indução. Na repressão, a célula está reduzindo à velocidade ou desligando a síntese de um composto, tal como um aminoácido, necessário para a síntese de proteínas, quando suprimentos satisfatórios desse aminoácido tornam-se disponíveis para a célula. Na indução, por outro lado, a enzima induzida é necessária para a degradação do indutor. Os produtos de degradação, por sua vez, são essenciais como fonte de carbono para a célula em crescimento. Assim, a repressão está associada com o controle dos processos anabólicos enquanto que a indução está associada com o controle dos processos catabólicos.

A lactose é um excelente exemplo de um composto indutor. A enzima induzível é a β-galactosidase, que catalisa a reação:

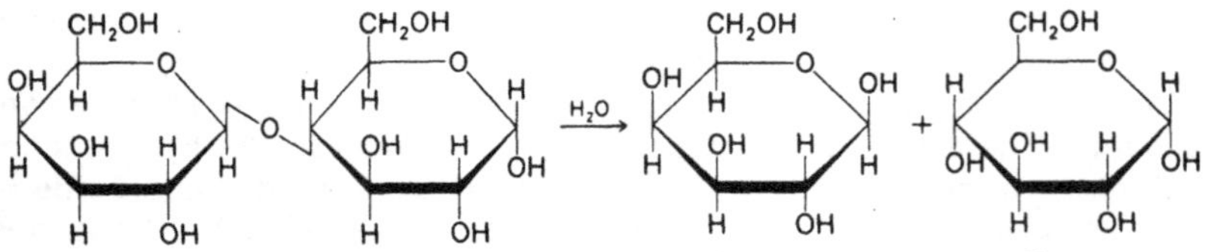

Lactose (não-utilizada) $\xrightarrow{H_2O}$ Galactose (Utilizada) + Glucose (Utilizada)

Indiretamente, a *E. coli* utiliza lactose. Primeiramente, a galactosídeo-permease, que permite a entrada da galactose na célula, deve ser induzida e, em segundo lugar, a β-galactosidase, que hidrolisa o dissacarídeo a galactose e glucose, deve ser induzida. Uma terceira enzima, tiogalactosídeo-transacetilase, é também induzida, mas sua função é desconhecida. Assim, quando a *E. coli* cresce na presença de lactose como única fonte de carbono, essas três enzimas são induzidas em grandes quantidades. Qual é o mecanismo de indução? Esse mecanismo é bem compreendido e serve como um modelo para o conceito geral de indução e repressão.

O ÓPERON LAC

O sítio no DNA de *E. coli* que codifica as enzimas responsáveis pela utilização da lactose é chamado *óperon da galactose* (óperon LAC). O óperon consiste em quatro componentes-chave: (a) alguns genes estruturais que servem de molde para os mRNA responsáveis pela tradução, nos ribosomas, da informação para a síntese das enzimas envolvidas no metabolismo da galactose, a saber, β-galactosidase, galactosídeo-permease e tiogalactosídeo-transacetilase; (b) o gene operador, O, adjacente ao primeiro gene estrutural; (c) a região promotora, P, que consiste em duas sub-regiões, ou seja, a CAP (sítio de ligação da proteína ativada do gene catabolito) e o sítio da RNA-polimerase, por sua vez, contígua ao gene operador; e (d) o sítio regulatório I, estreitamente associado. O *óperon lac* é visualizado como está indicado na Fig. 20-7(a).

O gene regulador codifica a transcrição do mRNA do repressor que, por sua vez, serve de molde para a formação da proteína repressora da galactosidase. Essa proteína foi recentemente isolada e purificada. É um tetrâmero com um peso molecular de 160 000, e cada monômero com 40 000. Essa proteína é peculiar pelo fato de que sua propriedade de ligar-se especificamente à seqüência de nucleotídeos, chamada gene operador, se perde quando uma molécula específica, o indutor, esta presente [Fig. 20-7(c)]. Acredita-se que o indutor (como um efetor alostérico) modifica a conformação da proteína repressora, de forma que a ligação não ocorrerá no sítio operador. Nesse caso, a lactose, ou um seu derivado, é o indutor. Se a proteína repressora não pode mais ligar-se ao sítio operador, a transcrição dos genes estruturais adjacentes em seus mRNA específicos não é bloqueada, e a RNA-polimerase que se liga ao sítio promotor iniciará, então, a síntese dos mRNA do *lac*. Esses mRNA são sintetizados e então traduzidos nas três enzimas do metabolismo da lactose. *Co-repressores*, assim como indutores, são compostos de pequeno peso molecular capazes de converter proteínas repressoras inativas a proteínas ativas aptas a se ligarem a seu sítio operador específico [Fig. 20-7(b)]. Incluem aminoácidos, como, por exemplo, o triptofano, que rapidamente pára a síntese de triptofano-sintetase, pela ativação da proteína repressora específica para uma ligação efetiva. O efeito do produto final, triptofano, interrompendo toda a série de enzimas responsáveis pela sua síntese, é chamada *repressão pelo produto final*.

Se ocorrerem mutações nos sítios de genes reguladores, proteínas repressoras não-funcionantes podem ser formadas, as quais não se ligam ao sítio operador. Esses mutantes são chamados *mutantes constitutivos* (I^-) e as enzimas sintetizadas independentemente da necessidade são chamadas *enzimas constitutivas* [Fig. 20-7 (d)]. Além disso, a estrutura do gene operador pode sofrer mutação, de forma que um repressor não pode ligar-se e enzimas constitutivas serão sintetizadas. Estes são chamados

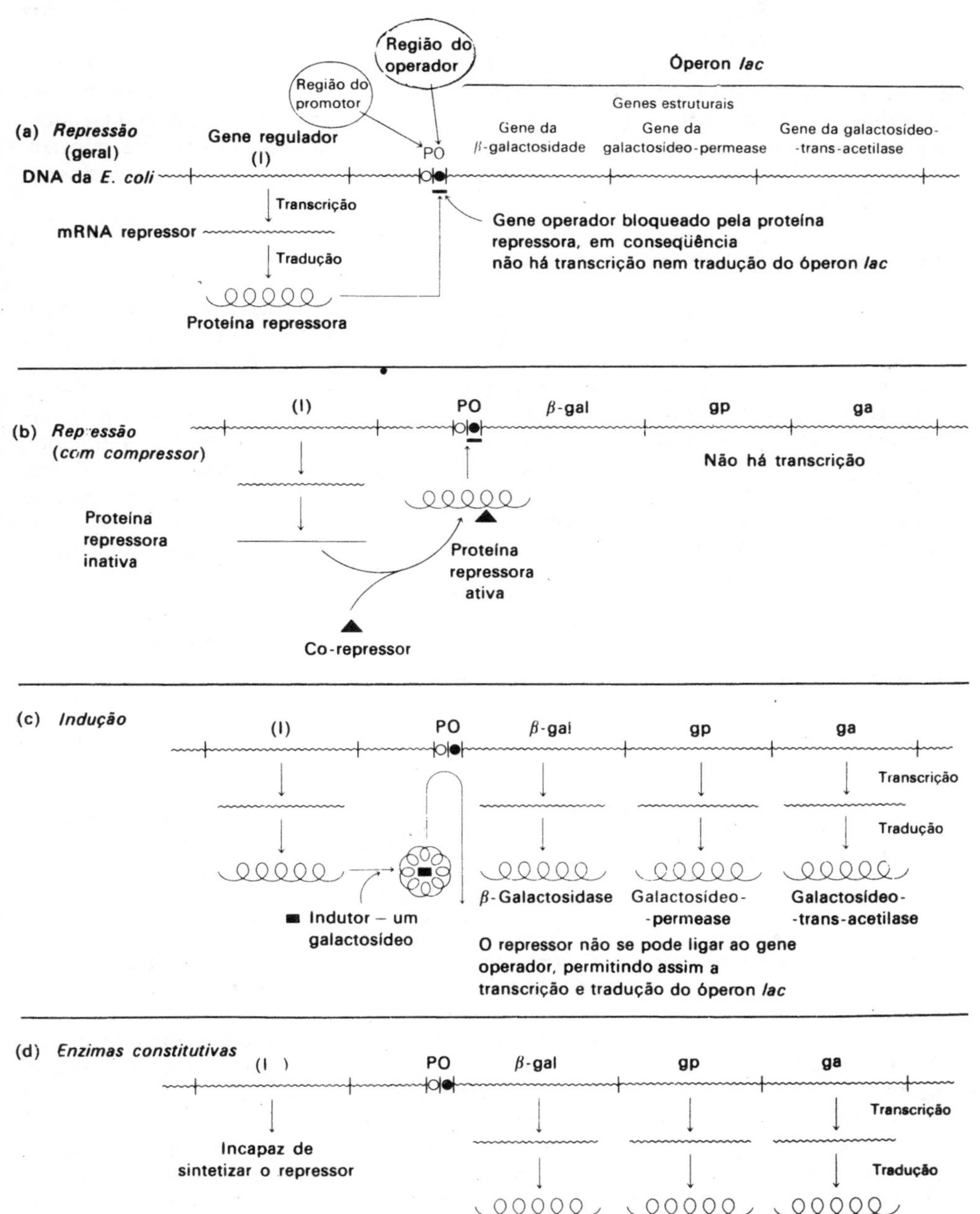

Figura 20-7. Modelos para repressão, indução e formação de enzima constitutiva. I, tipo selvagem e I^-, gene mutante ou regulatório. Para detalhes, veja o texto

de *mutantes operador-constitutivos*. Finalmente, foram descritos mutantes onde a proteína repressora pode se ligar firmemente ao sítio do operador; mas, uma vez que o sítio de ligação do indutor sobre a proteína repressora foi perdido, devido a uma mutação do gene regulatório (I^-), não ocorre indução. Esses mutantes são denominados *mutantes super-reprimidos*.

Em resumo, a transcrição do óperon está sob controle *negativo*. O controle negativo é mediado pela proteína repressora *lac* que se liga especificamente e de maneira firme ao sítio O, impedindo assim a transcrição. As mutações no gene O ou no gene I resultam em síntese constitutiva de enzimas *sem* controle de transcrição. O controle *positivo*, todavia, pode ser exercido por um fenômeno denominado repressão pelo catabolito (Fig. 20-8).

REPRESSÃO PELO CATABOLITO

Em geral, as bactérias somente produzem as enzimas necessárias para a utilização de compostos específicos de carbono, quando o composto está presente no meio como a única fonte de carbono. Por exemplo, *E. coli* normalmente não metaboliza lactose, e as enzimas responsáveis por seu metabolismo, a saber, a galactosídeo-permease, a β-galactosidase, ambas estão ausentes. Adição de lactose como a única fonte de carbono resulta na síntese de grandes quantidades dessas enzimas. Se, entretanto, a glucose é adicionada à suspensão, a utilização de lactose é profundamente reduzida, uma vez que a síntese das enzimas necessárias para sua utilização é intensamente reprimida. Esse efeito é chamado *repressão pelo catabolito*. Em geral, as enzimas envolvidas na utilização de fontes alternativas de energia são provavelmente submetidas a esse tipo de controle.

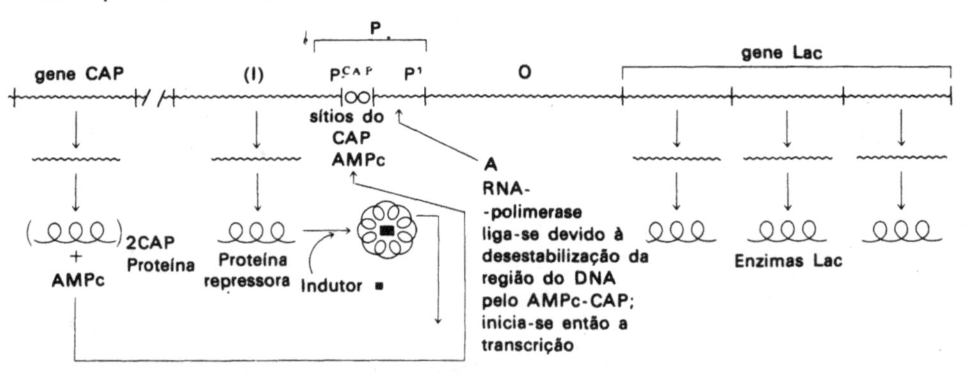

Figura 20-8. Repressão pelo catabolito no controle positivo do óperom *lac* pela interação do AMPc, repressor da proteína ativadora do gene do catabolito (CAP) e sistemas indutores

Uma explicação desse fenômeno só apareceu quando se observou que *E. coli* continha AMP cíclico e que a glucose abaixava a concentração desse nucleotídeo rapidamente. A adição de AMP cíclico às culturas nas quais as enzimas de degradação da lactose estavam reprimidas pela glucose, rapidamente suprimia a repressão. Somente AMP cíclico e não outro nucleotídeo de adenosina, provou ser efetivo. Portanto a repressão estava, de alguma forma, relacionada ao abaixamento da concentração do AMP cíclico. O efeito do AMP é geral, uma vez que a síntese de todas as enzimas sujeitas à repressão por glucose são estimuladas por AMPc. Isso inclui enzimas envolvidas no transporte e metabolismo de carboidratos, metabolismo de aminoácidos e metabolismo de pirimidina. Enzimas não sujeitas à repressão por glucose, como a triptofano-sintetase e fosfatase alcalina, são insensíveis à desrepressão por AMPc.

Uma evidência adicional em apoio ao papel do AMPc resultou do isolamento de mutantes de *E. coli*, deficientes na enzima que sintetiza AMPc, a adenilatociclase:

$$\text{ATP} \longrightarrow \text{AMP cíclico} + \text{PPi}.$$

Tais mutantes não continham AMPc e eram incapazes de crescer em lactose e em alguns açúcares, a não ser que AMPc fosse adicionado, depois do que, respostas de indução normais a esses açúcares podiam ser demonstradas. Embora não esteja claro como a glucose regula o nível de AMPc na célula, há evidência de que a glucose facilita a excreção do nucleotídeo da célula. Qualquer que seja o papel que a glucose possa ter na regulação dos níveis de AMPc na célula, não há uma explicação razoável para o papel do AMPc em si, na estimulação de enzimas induzíveis (Fig. 20-8).

Como salientamos anteriormente (p. 476), o sítio do promotor pode ser dividido em dois sítios funcionais, o sítio de interação do CAP e o sítio da RNA-polimerase. A proteína do CAP é um dímero composto de duas subunidades idênticas, cada uma delas com um peso molecular de 22 000. De alguma maneira o AMPc se liga ao dímero, CAP, que, por sua vez, se associa fortemente com um sítio específico sobre a região do DNA do sítio promotor. Esse complexo de ligação causa, de alguma maneira, a desestabilização de um DNA duplex adjacente, produzindo um complexo aberto. A RNA-polimerase pode agora se associar a esse sítio e iniciar a transcrição. Na ausência de glucose, o nível de AMPc é elevado na célula; o AMPc liga-se a sua proteína específica, CAP, que, por sua vez, associa-se com a região do DNA, facilitando a entrada da RNA-polimerase e a transcrição subseqüente. Quando a glucose está presente, o AMPc cai a níveis submínimos, o CAP é inativo, e a ligação da RNA-polimerase é acentuadamente reduzida. Portanto os controles de transcrição podem ser cuidadosamente modulados pela interação de AMPc, CAP, a proteína regulatória positiva e o repressor — a proteína regulatória negativa. Ainda que o conceito de proteína repressora pareça ser de natureza universal, o conhecimento atual não permite dizer que a mediação pela proteína CAP seja igualmente tão generalizada.

RESUMO

Vimos que, pela compartimentação das enzimas, pelo controle dos percursos alternativos do metabolismo — por controles de retroação de vários modos — por modificações químicas das enzimas, pela repressão e indução, as enzimas dos percursos metabólicos podem ser mantidas em níveis precisos, de modo que os substratos ou intermediários podem, por sua vez, ser mantidos em concentrações fisiológicas adequadas. Enquanto a induzibilidade é a regra para as seqüências de enzimas *catabólicas* — que promovem o desdobramento de substratos exógenos — a repressibilidade é a regra para as seqüências *anabólicas* envolvidas na síntese de aminoácidos e de nucleotídeos. Ambas, repressão e indução, são altamente específicas, porém os indutores são *substratos* das seqüências, enquanto que os *co-repressores* são *produtos* das seqüências de reações.

REFERÊNCIAS

1. E. R. Stadtman — *The Enzymes*. P. D. Boyer, (ed.), 3.ª edição, Vol. I. New York, EUA, Academic Press, 1970, p. 397; Vol. X, 1974, p. 755. Um relato inusitadamente claro de um assunto difícil.

2. G. N. Cohen — *The Regulation of Cell Metabolism*. New York, EUA: Holt, Rinehart e Winston, 1968. Um relato geral dos mecanismos de controle do metabolismo celular.

3. *Annual Review of Biochemistry* — Esmond E. Snell (ed.), Palo Alto: Annual Reviews, Inc. Revisões atualizadas por especialistas no campo devem ser consultadas nesses volumes anuais.

4. E. A. Newsholme e C. Start — *Regulation in Metabolism*. New York: Wiley, 1973. Um relato escrito com clareza sobre os conceitos atuais de regulação do metabolismo dos carboidratos e dos lipídeos.

PROBLEMAS

1. Defina as diferenças entre retroinibição (a) cumulativa, (b) coordenada e (c) cooperativa. Apresente exemplos de cada caso.
2. Descreva os seguintes termos: (a) retroinibição; (b) indução enzimática; (c) repressão enzimática; (d) inibição pelo produto. De que maneira esses processos são usados para controle dos percursos metabólicos?
3. No percurso multirramificado indicado a seguir, A é o precursor dos produtos finais L, G e J. Descreva mecanismos plausíveis pelos quais uma determinada célula poderia regular independentemente as velocidades de biossíntese dos três produtos finais.

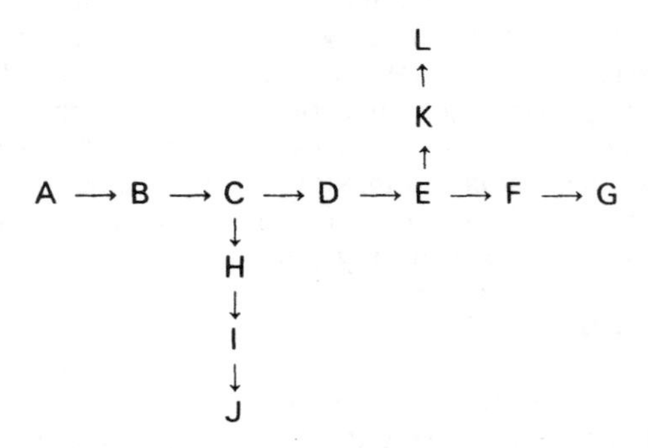

4. De que valor é o sistema em cascata no controle de uma seqüência metabólica? Apresente exemplos e justifique.

apêndice 1

PROBLEMAS DE pH E TAMPÃO

SOLUÇÃO DE EQUAÇÕES QUADRÁTICAS

A equação quadrática 1-30 (Cap. 1) pode agora ser resolvida. Essa equação é

$$\frac{x^2}{1-x} = 1{,}8 \times 10^{-5}.$$

Isto pode ser rearranjado para

$$x^2 = (1{,}8 \times 10^{-5})(1-x)$$
$$x^2 = 1{,}8 \times 10^{-5} - (1{,}8 \times 10^{-5})x$$
$$x^2 + (1{,}8 \times 10^{-5})x - 1{,}8 \times 10^{-5} = 0.$$

Essa equação está, então, na forma $ax^2 + bx + c = 0$, na qual

$$a = 1,$$
$$b = 1{,}8 \times 10^{-5},$$
$$c = -1{,}8 \times 10^{-5}.$$

A solução da equação quadrática é obtida de

$$x = \frac{-b \pm \sqrt{b^2 - 4ac}}{2a}.$$

Substituindo-se os valores para a, b e c na solução quadrática,

$$x = \frac{-(1{,}8 \times 10^{-5}) \pm \sqrt{(1{,}8 \times 10^{-5})^2 - 4(-1{,}8 \times 10^{-5})}}{2},$$

$$= \frac{-(1{,}8 \times 10^{-5}) \pm \sqrt{3{,}24 \times 10^{-10} + 7{,}2 \times 10^{-5})}}{2},$$

$$= \frac{-(1{,}8 \times 10^{-5}) \pm \sqrt{72 \times 10^{-6}}}{2},$$

$$= \frac{-1{,}8 \times 10^{-5} \pm 8{,}48 \times 10^{-3}}{2},$$

$$= +4{,}231 \times 10^{-3} \quad \text{ou}$$
$$-4{,}249 \times 10^{-3}$$

Desde que nesse problema x é a concentração hidrogeniônica (H^+) e pode ter somente valores positivos, apenas o valor positivo para x é apropriado. Portanto,

$$[H^+] = 4{,}23 \times 10^{-3} \text{ mol/litro}.$$

REVISÃO DE LOGARITMOS

Há dois sistemas de logaritmos, um é o sistema natural ou neperiano, que emprega a base *e*, e o outro é o sistema comum, que tem base 10. O logaritmo (respectivamente *x* ou *y*) de qualquer número *a* na base *e* ou 10 é o valor ao qual a base *e* ou 10 deve ser elevada para igualar-se a *a*. Isso pode ser escrito como

$$x = \log_e a = \ln a. \qquad y = \log_{10} a.$$

Os dois sistemas são relacionados por

$$x = \log_e a = 2{,}303 \log_{10} a = 2{,}303y.$$

Neste livro, são usados, quase exclusivamente, os logaritmos de base 10. Exemplos de logaritmos na base 10 são

$$\begin{aligned} \log 10 &= 1, \\ \log 100 &= \log 10^2 = 2, \\ \log 1\,000 &= \log 10^3 = 3, \\ \log 0{,}001 &= \log 10^{-3} = -3, \\ \log 1 &= 0. \end{aligned}$$

Para números entre 1 e 10, existem tabelas de logaritmos ou eles podem ser lidos diretamente em réguas de cálculo. Exemplos,

$$\begin{aligned} \log 2 &= 0{,}301; \\ \log 3 &= 0{,}477; \\ \log 6 &= 0{,}778; \\ \log 7 &= 0{,}845. \end{aligned}$$

O estudante deveria familiarizar-se com as operações empregadas em logaritmos. Por exemplo, os logaritmos são somados na multiplicação; na divisão, os logaritmos são subtraídos. Exemplos,

$$\begin{aligned} 4 \times 6 &= 24, \\ \log 24 &= \log 4 + \log 6, \\ &= 0{,}602 + 0{,}778, \\ &= 1{,}380. \end{aligned}$$

Como uma confirmação,

$$\begin{aligned} \log 24 &= \log (10 \times 2{,}4), \\ &= \log 10 + \log 2{,}4, \\ &= 1{,}0 + 0{,}380, \\ &= 1{,}380. \end{aligned}$$

Nos problemas de pH, duas operações são freqüentemente encontradas. Por exemplo, quando é dado o $[H^+]$,

$$[H^+] = 3 \times 10^{-4} \text{ mol/litro}.$$

Calcule o pH,

$$\begin{aligned} pH &= \log \frac{1}{[H^+]} = -\log[H^+], \\ &= -\log (3 \times 10^{-4}), \\ &= -\log 3 - \log 10^{-4}, \\ &= -0{,}477 - (-4); \\ &= 3{,}523. \end{aligned}$$

A outra operação comum é calcular o $[H^+]$ a partir de um dado pH. Calcule o $[H^+]$ de uma solução cujo pH é 9,26:

$$\begin{aligned} pH &= 9{,}26, \\ [H^+] &= \text{antilog } -9{,}26, \\ &= \text{antilog } (-10 + 0{,}74), \\ &= 10^{-10} \times 5{,}5, \\ &= 5{,}5 \times 10^{-10} \text{ mol/litro}. \end{aligned}$$

Alguns problemas representativos são encontrados aqui e nas páginas seguintes. Muitos problemas adicionais juntamente com suas soluções são encontrados em "*Biochemical Calculations*" 2.ª edição, por I. H. Segel [John Wiley and Sons, Nova York, EUA (1976)].

ALGUNS PROBLEMAS REPRESENTATIVOS

1. Calcule o pH de

$10^{-4} M[H^+]$,	*Resposta*:	4,00;
$7 \times 10^{-5} M[H^+]$,		4,16;
$5 \times 10^{-8} M[H^+]$,		7,30;
$3 \times 10^{-11} M[H^+]$,		10,52.

2. Calcule a $[H^+]$ de uma solução cujo pH é dado:

pH		
2,73,	*Resposta*:	$1{,}86 \times 10^{-3} M[H^+]$;
5,29,		$5{,}13 \times 10^{-6} M[H^+]$;
8,65,		$2{,}24 \times 10^{-9} M[H^+]$;
11,12,		$7{,}59 \times 10^{-12} M[H^+]$.

Problemas sobre estequiometria química. a. O H_2SO_4 concentrado contém 96% de H_2SO_4 em peso e tem uma densidade de 1,84. Calcule a quantidade de ácido concentrado necessário para fazer 750 ml de H_2SO_4 1 *N*.

Resposta. Um litro de ácido concentrado pesa 1 840 g e contém 1 840 × 0,96 ou 1 760 g de H_2SO_4. Um litro de H_2SO_4 concentrado é, portanto, 1 760/98 ou 18 molar (18 *M*). Uma vez que o H_2SO_4 é um ácido diprótico, fornecendo dois prótons para 1 mol de H_2SO_4, o H_2SO_4 concentrado é 36 normal (36 *N*). 750 ml de H_2SO_4 1 *N* contém 0,75 eq ou 750 meq. Portanto, 750/36 ou 20,8 ml de H_2SO_4 conterão 750 meq. Se 20,8 ml de H_2SO_4 concentrado são diluídos a 750 ml, com H_2O, a solução será 1 *N*.

b. HCl concentrado contém 37,5% de HCl em peso e tem uma densidade de 1,19 Descreva a preparação de 500 ml de 0,2 *N* HCl.

Resposta. Dilua 8,18 ml de HCl concentrado a 500 ml, com H_2O.

c. O CH_3COOH glacial contém 100% de CH_3COOH em peso e tem uma densidade de 1,05. Descreva a preparação de 300 ml de CH_3COOH 0,5 *N*.

Resposta. Dilua 8,6 ml de CH_3COOH glacial a 300 ml com H_2O.

d. Calcule a $[H^+]$ da solução final obtida quando 100 ml de NaOH 0,1 *N* são adicionados a 150 ml de H_2SO_4 0,2 *M*.

Resposta. 0,08 *M*.

e. Calcular a $[H^+]$ da solução final obtida quando 100 ml de NaOH 0,1 *N* são adicionados a 150 ml de H_2SO_4 0,2 *M*.

Resposta. 0,2 *N*.

Problemas sobre tampão. a. Calcule o pH da solução final obtida quando 100 ml de NaOH 0,1 *M* são adicionados a 150 ml de CH_3COOH 0,2 *M* ($K_a = 1{,}8 \times 10^{-5}$). 150 ml de CH_3COOH 0,2 *M* contêm 0,03 mol de CH_3COOH; da mesma forma, 100 ml de NaOH 0,1 *M* contêm 0,01 mol de NaOH. Quando esses são misturados, 0,01 mol de NaOH neutralizarão uma igual quantidade de CH_3COOH para formar 0,01 mol de acetato de sódio: 0,02 mol de CH_3COOH permanecerá. Ambos estão contidos num volume de 250 ml. O pH pode ser determinado pelo uso da equação de Henderson-Hasselbalch.

$$pH = pK_a + \log \frac{(\text{base conjugada de Brönsted})}{(\text{ácido de Brönsted})}.$$

Calcule o pK_a antes

$$\begin{aligned} pK_a &= -\log 1{,}8 \times 10^{-5}, \\ &= -\log 1{,}8 - \log 10^{-5}, \\ &= -0{,}26 + 5, \\ &= 4{,}74. \end{aligned}$$

Portanto

$$\begin{aligned} pH &= 4{,}74 + \log \frac{[CH_3COO^-]}{[CH_3COOH]}, \\ &= 4{,}74 + \log \frac{(0{,}01/250)}{(0{,}02/250)}. \end{aligned}$$

Note-se, entretanto, que o volume (250 ml) que contém o ânion de acetato e o ácido acético é encontrado tanto no numerador como no denominador. A última equação simplifica-se a

$$\begin{aligned} pH &= 4{,}74 + \log \tfrac{1}{2} \\ &= 4{,}74 - \log 2 \\ &= 4{,}74 - 0{,}30 \\ &= 4{,}44. \end{aligned}$$

b. Os pK_a para H_3PO_4 são $pK_{a1} = 2{,}1$; $pK_{a2} = 7{,}2$; $pK_{a3} = 12{,}7$. Descreva a preparação de um tampão fosfato, pH 6,7, partindo de soluções de H_3PO_4 0,1 *M* e NaOH 0,1 *M*.

Resposta. A segunda dissociação do ácido fosfórico será o sistema tampão.

$$H_2PO_4^- \rightleftharpoons HPO_4^{2-} + H^+, \qquad pK_{a2} = 7{,}2.$$

A razão entre a base conjugada (HPO_4^{2-}) e o ácido Brönsted (H_2PO_4) pode ser calculada da equação de Henderson-Hasselbalch:

$$\begin{aligned} pH &= pK_{a2} + \log \frac{[HPO_4^{2-}]}{[H_2PO_4^-]}, \\ 6{,}7 &= 7{,}2 + \log \frac{[HPO_4^{2-}]}{[H_2PO_4^-]}, \\ -0{,}5 &= \log \frac{[HPO_4^{2-}]}{[H_2PO_4^-]}, \\ 0{,}5 &= \log \frac{[H_2PO_4^-]}{[HPO_4^{2-}]}, \end{aligned}$$

$$\text{Razão } \frac{[H_2PO_4^-]}{[HPO_4^{2-}]} = \text{antilog } 0{,}5,$$

$$\frac{[H_2PO_4^-]}{[HPO_4^{2-}]} = \frac{3{,}16}{1}.$$

Nesse tampão haverá 316 partes de $H_2PO_4^-$ e 100 partes de HPO_4^{2-} num total de 416. Uma vez que todos os componentes do tampão fosfato devem vir do H_3PO_4 0,1 *M*, começa-se por tomar 41,6 ml de H_3PO_4 0,1 *M* e adicionar 41,6 ml de NaOH 0,1 *N* para neutralizar o primeiro próton que se dissocia em pK_{a1} = 2,1. Adiciona-se então 10,0 ml mais de álcali para produzir 1,0 meq de HPO_4^{2-} e deixar 3,16 meq de $H_2PO_4^-$. Isso daria a razão desejada de $H_2PO_4^-/HPO_4^{2-}$ e conseqüentemente um pH de 6,7. A concentração do tampão seria igual aos miliequivalentes de H_3PO_4(4,16) divididos pelos mililitros da solução final (93,2) ou 0,045 *M*.

c. Descreva a preparação de 100 ml de tampão fosfato 0,1 *M*, pH 6,7, partindo de H_3PO_4 1 *M* e NaOH 1 *M*.

Resposta. A mesma razão de $H_2PO_4^-/HPO_4^{2-}$ de 3,16 precisa ser obtida. Para preparar 100 ml de tampão fosfato 0,1 *M*, tome 10 ml de H_3PO_4 1 *M*; adicione 10 ml de NaOH 1 *M* para neutralizar o primeiro próton que se dissocia. Para obter a razão correta, adicione mais 10 × 1/4,16 ou 2,4 ml de NaOH 1 *M* e dilua para o volume final de 100 ml.

PROBLEMAS

1. Qual seria o pH e a concentração da solução tampão resultante quando 3,48 g de K_2HPO_4 e 2,72 g de KH_2PO_4 são dissolvidos em 250 ml de água desionizada?
Resposta. pH = 7,2; a concentração é 0,16 *M*.

2. Uma solução tampão contém CH_3COOH 0,1 *M* e acetato de sódio 0,1 *M* (isto é, um tampão acetato 0,2 *M*). Calcule o pH depois da adição de 4 ml de HCl 0,025 *N* a 10 ml do tampão. O pK_a do ácido acético é 4,74.
Resposta. pH = 4,65.

3. Descreva a preparação de um tampão de ácido glutárico a pH 4,2 partindo de NaOH 0,1 *M* e ácido glutárico 0,1 *M* (pK_{a1} = 4,32; pK_{a2} = 5,54).
Resposta. Adicione 100 ml de NaOH a 232 ml de ácido glutárico ou qualquer razão similar entre base e ácido.

4. Piridina é uma base conjugada que reage com H^+ para formar hidrocloreto de pirimidina. O hidrocloreto dissocia-se para originar H^+ com um pK_a de 5,36. Descreva a preparação de um tampão de pirimidina a pH 5,2, a partir da pirimidina 0,1 *M* e HCl 0,1 *M*.
Resposta. Adiciona-se 14,5 ml de HCl 0,1 *M* a 24,5 ml de pirimidina 0,1 *M*.

5. Descreva a preparação de um litro de um tampão de cloreto de amônio 0,1 *M*, pH 9,0, partindo de cloreto de amônio sólido (pK_a = 9,26) e NaOH 0,1 *M*.
Resposta. Dissolve-se 5,35 g de NH_4Cl em aproximadamente 500 ml de H_2O, adiciona-se 35,5 ml de NaOH 1 *M* e dilui-se a 1,0 litro.

6. Descreva a preparação de 1 litro de tampão de cloreto de amônio 0,1 *M*, pH 9,0 partindo de NH_4OH 1 *M* e HCl 1 *M*.
Resposta. Adicione 64,5 ml de HCl 1 *M* a 100 ml de NH_4OH 1,0 *M* e dilua a 1 litro.

7. Que volume de ácido acético glacial e que peso de acetato de sódio triidratado ($CH_3COONa \cdot 3H_2O$) são requeridos para fazer 100 ml de tampão 0,2 *M*, a pH 4,5 (pK_a do ácido acético é 4,74)?
Resposta. 0,725 ml de ácido acético glacial e 0,993 g de acetato de sódio triidratado.

8. Qual o peso de carbonato de sódio (Na_2CO_3) e bicarbonato de sódio ($NaHCO_3$) que são necessários para fazer 500 ml de tampão 0,2 *M*, pH 10,7 (pK_{a1}, do H_2CO_3 é 6,1; pK_{a2} = 10,3)?
Resposta. 7,58 g de Na_2CO_3 e 2,40 g de $NaHCO_3$.

9. Que volume de HCl concentrado e que peso de tris-(hidroximetil)-aminometano (base) são necessários para fazer 100 ml de tampão 0,25 *M*, pH 8,0 (pK_a de cloridrato de tris é 8,0)?
Resposta. 3,025 g de tris (como a base) e 1,025 ml de HCl concentrado.

10. Descreva a preparação de 250 ml de tampão de trietanolamina 0,6 *M*, pH 7,2, a partir da amina livre e HCl concentrado (pK_a para o cloridrato da amina é 7,8).
Resposta. Dissolva 224 g da amina em aproximadamente 100 ml de H_2O, adicione 9,85 ml de HCl e dilua a 250 ml.

11. a. Que peso de glicina (pK_{a1} = 2,4: pK_{a2} = 9,6) e que volume de HCl 1 *N* são necessários para fazer 100 ml de tampão 0,3 *M*, pH 2,4? b. Que peso de glicina e que volume de NaOH 1 *N* são requeridos para fazer 100 ml de tampão 0,3 *M*, pH 9,3?
Resposta. a. 2,25 g de glicina e 15 ml de HCl 1 *N*; b. 2,25 g de glicina e 10 ml de NaOH 1 *N*.

12. Uma reação catalisada por enzima foi feita em uma solução contendo tampão tris 0,2 *M* (pK_a = 8,0). O pH da mistura de reação era 7,7 no início da experiência. Durante a reação, 0,033 mol/litro de H^+ foram consumidos. (Note-se que a utilização dos íons de H^+ tem o mesmo efeito no tampão que a produção de uma quantidade equivalente de íons de OH^-.) a. Qual era a razão entre tris (base livre) e o hidrocloreto de tris (forma ácido) no início da reação? b. Qual era a razão tris/tris · HCl no fim da reação? c. Qual era o pH final da mistura de reação?
Resposta. a. 0,5; b. 1,0; c. pH 8,0.

apêndice 2

MÉTODOS EM BIOQUÍMICA

OBJETIVO

Algùmas técnicas empregadas na pesquisa bioquímica foram coletadas, neste apêndice, não como um guia de laboratório, mas para acostumar o estudante com termos e métodos próprios da linguagem da prática bioquímica.

ELETRODO DE VIDRO

A maneira mais efetiva de medir corretamente o valor de pH de um sistema bioquímico é empregar um pHmetro provido de um eletrodo de vidro. O potencial do eletrodo de vidro (E_g) em relação a um eletrodo de referência externa (E_{ref}) está relacionado com o pH da seguinte maneira:

$$pH = \frac{E_g - E_{ref}}{0,0591} \quad \text{a 25 °C}$$

Um sistema típico de eletrodo de vidro consiste de

Ag, AgCl(s), HCl(0,1 *M*) Membrana de vidro Solução X|KCl(Sat), Hg_2Cl_2(s), Hg

Eletrodo de prata-cloreto de prata — Hemicélula de calomelano

Quando duas soluções de concentrações de H^+ diferentes são separadas por uma fina membrana de vidro, obtém-se uma diferença de potencial relacionada com as diferenças no pH das duas soluções. Um eletrodo típico de vidro é ilustrado na Fig. A-2-1.

A diferença de potencial ($E_g - E_{ref}$) é cuidadosamente medida, seja com um pHmetro do tipo potenciômetro ou com um pHmetro de leitura direta, que consistem normalmente de um simples amplificador triodo usando o princípio do *feedback* negativo. Não obstante a magnitude da diferença de potencial medida, o estudante deve notar que os resultados obtidos se relacionam com a *atividade* (a_H) ao invés da concentração de íons de hidrogênio [H^+]. A menos que membranas de vidro especiais sejam usadas, as respostas de pH são geralmente adequadas entre 1 e 11, porém acima e abaixo desses valores o erro se torna evidente, e deve se introduzir correções. O eletrodo de vidro deve ser cuidadosamente lavado após cada determinação de pH, principalmente após ter sido feita uma determinação com soluções de proteína, uma vez que as proteínas podem se adsorver na superfície da membrana de vidro, resultando em erros sérios. Em soluções não-aquosas uma desidratação parcial da membrana de vidro pode ocorrer, com variações na diferença de potencial, levando também a erros. Soluções pouco tamponadas devem ser vigorosamente agitadas durante as medidas, pois uma fina camada da solução na interface solução-vidro pode não refletir a verdadeira atividade do resto da solução. Deve-se notar também que em solventes orgânicos a dissociação dos ácidos está diminuída e, portanto, o pH

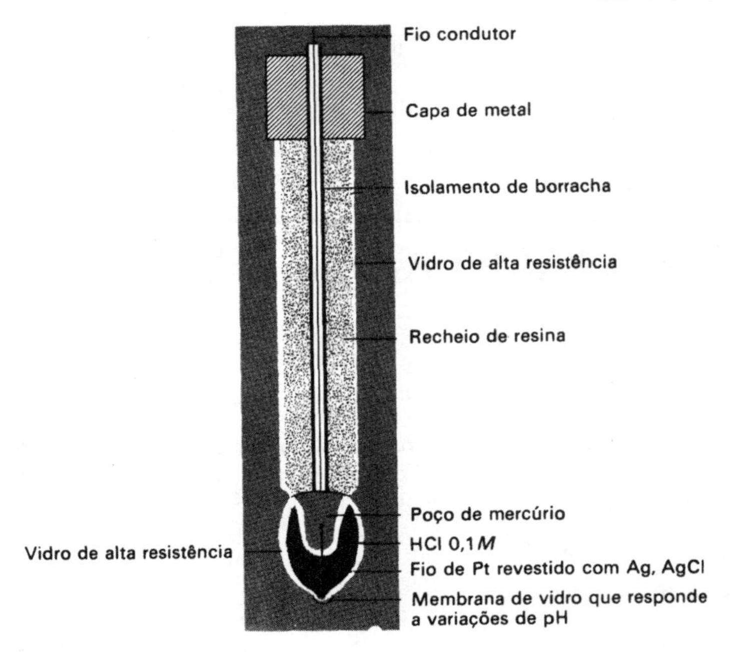

Figura A-2-1. Diagrama de um típico eletrodo de vidro

aumenta. O estudante deve estar alerta para esses fatores. Apesar dessas dificuldades, o pHmetro com eletrodo de vidro é o instrumento de preferência, uma vez que ele é extremamente sensível e estável.

MÉTODOS ISOTÓPICOS

A técnica isolada mais importante em bioquímica é o uso cuidadoso e crítico dos radioisótopos e isótopos estáveis.

Radioisótopos. Do ponto de vista bioquímico, os radioisótopos mais úteis, ^{14}C, ^{35}S, ^{32}P, e ^{3}H, são emissores de radiação β; isto é, quando os núcleos desses átomos se desintegram, um dos produtos é um elétron que se move com energias características do núcleo que se desintegra. Os assim chamados raios β interagem com as moléculas que eles atravessam, causando dissociação, excitação ou ionização dessas moléculas. É a propriedade de ionização resultante que se usa para medir quantitativamente o radioisótopo presente. Veja a Tab. A-2-1 para algumas propriedades úteis dos radioisótopos.

Tabela A-2-1. Algumas propriedades de radioisótopos úteis

Elemento	Radiação	Meia-vida	Energia de radiação (meV)*
^{3}H	β^-	12,1 anos	0,0185
^{14}C	β^-	5 100 anos	0,156
^{32}P	β^-	14,3 dias	1,71
^{35}S	β^-	87,1 dias	0,169

*Milhões de elétrovolts

UNIDADES. Um *curie* é a quantidade de emissor que exibe $3,7 \times 10^{10}$ desintegrações/s (dps). As unidades mais comuns são um milicurie, mc, (10^{-3} curie) e um microcurie, μc, (10^{-6} curie).

ATIVIDADE ESPECÍFICA. Esta é definida como desintegrações/minuto por unidade da substância (mg, μmol, etc.).

FATOR DE DILUIÇÃO. O fator é definido como

$$\frac{\text{Atividade específica da substância precursora}}{\text{Atividade específica do composto isolado}}$$

Esse fator é freqüentemente usado para expressar a relação do precursor de um composto na biossíntese de um segundo composto. Então, na seqüência A ⟶ B ⟶ ⟶ C ⟶ D, o fator de diluição para C ⟶ D deve ser pequeno, enquanto para A deve ser grande. Portanto um fator de diluição pequeno indicaria que o composto C fornecido a um tecido teria uma relação de precursor melhor com o produto final do que o composto A, com um grande fator de diluição.

PORCENTAGEM DE INCORPORAÇÃO. Esta é usada também para comparar a proximidade de um precursor na biossíntese de um segundo composto. Se um composto marcado A é administrado num sistema experimental e alguma radioatividade é incorporada ao composto D, a porcentagem de incorporação é expressa como curies (ou microcuries) em D, dividido por curies (ou microcuries) em A × 100 [(Ci de D/Ci de A) × 100].

MEDIDAS. A contagem por cintilação líquida é talvez a técnica mais popular na medição de radioisótopos. A técnica é baseada no uso de uma solução de cintilação contendo uma substância fluorescente e um fototubo multiplicador. A substância de cintilação converte a energia da partícula radioativa em luz; o fototubo multiplicador responde à luz produzindo uma carga que pode ser amplificada e contada por um circuito adequado.

No contador de cintilação líquida a substância é geralmente dissolvida num solvente orgânico contendo a substância fluorescente. A amostra radioativa, por outro lado, que pode consistir de um papel de filtro contendo a amostra, é suspensa ou imersa no líquido de cintilação. Nessas condições a energia das partículas radioativas é primeiramente transferida para a molécula do solvente, que pode então se ionizar ou tornar-se excitada. É a energia de excitação eletrônica do solvente que se transfere para a substância fluorescente (soluto). Quando as moléculas excitadas do soluto retornam a seu estado basal, elas emitem quantas de luz que são detectados pelo fototubo.

Um problema associado com essa técnica é a extinção (*quenching*) da luz emitida, por substâncias coloridas na amostra. Além disso, a energia de excitação das moléculas da substância fluorescente pode ser extinta se substâncias estranhas absorverem essa energia antes que a luz seja emitida. Existem métodos para determinar a extinção exibida por uma amostra radioativa.

O contador de cintilação é particularmente útil para determinar partículas β fracas de trítio (^{3}H) e carbono-14 (^{14}C). A eficiência da contagem dessas partículas podem ser de até 50 e 85%, respectivamente.

Isótopos estáveis. Os isótopos estáveis de várias substâncias biologicamente importantes estão disponíveis em concentrações razoáveis e, portanto, podem ser usados em compostos marcados. Por exemplo, o deutério, que é o átomo de hidrogênio com massa de 2, está presente na H_2O na quantidade de somente 0,02%. Os demais átomos de hidrogênio tem naturalmente a massa de 1. Essa concentração de 0,02% é conhecida como a quantidade normal de deutério. É possível obter água *pesada* na qual 99,9% dos átomos de hidrogênio são deutério. A concentração de um isótopo pesado é geralmente medido como o excesso de porcentagem de átomos, isto é, a quantidade em porcentagem, pela qual o isótopo excede a sua quantidade normal. Assim, os dois isótopos estáveis do nitrogênio são $^{14}_{7}N$ e $^{15}_{7}N$, que tem uma quantidade normal de 99,62 e 0,38%, respectivamente. Se uma amostra de gás de nitrogênio contém 4,00% de $^{15}_{7}N$ (e 96,00% $^{14}_{7}N$), diz-se que a concentração do $^{15}_{7}N$ nessa amostra tem 3,62% de excesso de átomos. Outros isótopos estáveis que estão disponíveis em concentrações enriquecidas e, portanto, podem ser usados como traçadores bioquímicos, são: $^{17}_{8}O$, $^{18}_{8}O$, $^{13}_{6}C$, $^{33}_{16}S$ e $^{34}_{16}S$; a quantidade normal desses isótopos pode ser encontrada em qualquer manual de química.

Os princípios relativos ao uso de isótopos estáveis são semelhantes àqueles empregados com os radioisótopos. Os isótopos estáveis são quantificados num espectrômetro de massa. Uma discussão dos diferentes tipos de espectrômetros disponíveis pode ser encontrada nas referências no fim deste apêndice. Antes do desenvolvimento do espectrômetro usavam-se métodos baseados no índice de refração, densidade e condutividade térmica, para medir a concentração dos isótopos estáveis.

Uso de isótopos. Inúmeras técnicas foram desenvolvidas para estudar as seqüências de reações bioquímicas. Centenas de produtos bioquímicos marcados são disponíveis com diferentes isótopos em posições conhecidas e são usados na pesquisa moderna, e esse livro cita muitos exemplos. Algumas precauções devem ser acentuadas, sendo a mais importante o efeito isotópico nas *velocidades das reações*. Devido às diferenças no peso atômico, ligeiras variações nas velocidades das reações serão notadas. Com o trítio ($^{3}_{1}H$) o efeito na velocidade é grande e pode representar um vigésimo da velocidade da quebra da ligação $C—^{1}_{1}H$. Com o deutério ($^{2}_{1}H$) o efeito na velocidade é cerca de um sexto. Na quebra da ligação $^{12}C—^{14}C$ os efeitos na velocidade são pequenos, desde que esses sejam os passos limitantes.

É importante notar também que com o trítio e o deutério ligações como $N—^{3}_{1}H$ e $O—^{3}_{1}H$ trocam rapidamente hidrogênio com a água ($^{1}_{1}H_2O$) do meio. O marcador $^{3}_{1}H$ no ácido acético, CH_3COO^3H, sairá desse composto imediatamente, devido à grande troca que ocorre, por ionização, com os prótons normais da água. Além disso, todos os compostos que são contados devem ser cuidadosamente purificados; uma outra técnica é remover qualquer radioisótopo contaminante ocluído, pela "troca" com o composto não-radioativo correspondente. Assim, o CH_3C^*OOH (ácido acético com a carboxila marcada) é rapidamente removido de um composto que se necessita pela adição de grandes quantidades de ácido acético normal ($^{12}_{6}C$) que pode se misturar, e diluir bastante o ácido acético-C*. Um outro critério útil é a purificação até a atividade específica constante.

ESPECTROFOTOMETRIA

Esta técnica é de suma importância na pesquisa bioquímica. Três usos diferentes são comumente encontrados. (a) Se o índice de absorbância (a_s) num comprimento de onda específico for conhecido, a concentração de um composto poderá ser prontamente determinada medindo-se a densidade óptica naquele comprimento de onda. Com um a_s grande, como nos nucleotídeos, quantidades muito pequenas de material (2-4 μg) podem ser medidas com grande exatidão. (b) O curso de uma reação pode ser determinado pela medida da velocidade de formação ou desaparecimento da substância que absorve a luz. Assim, o NADH absorve fortemente em 340 mμ, enquanto que a forma oxidada (NAD^+) não absorve nesse comprimento de onda, e as reações envolvendo produção ou utilização do NADH (ou NADPH) podem ser seguidas por essa técnica. (c) Compostos podem ser freqüentemente identificados determinando-se suas características de absorção espectral nas regiões do visível e do ultravioleta do espectro.

Duas leis fundamentais estão associadas com a espectrofotometria; são as leis de Lambert e Beer. A lei de Lambert diz que a luz absorvida é diretamente proporcional à *espessura* da solução analisada, isto é,

$$A = \log_{10} \frac{I_0}{I} = a_s b,$$

onde I_0 é a intensidade da luz incidente, I é a intensidade da luz transmitida, a_s é o índice de absorbância característico da solução, b é o comprimento ou a espessura do meio, e A é a absorbância.

A lei de Beer estabelece que a quantidade de luz absorvida é diretamente proporcional à *concentração* do soluto na solução, isto é,

$$\log_{10} \frac{I_0}{I} = a_s c$$

e a lei combinada de Lambert-Beer é $\log_{10} I_0/I = a_s bc$. Se b se mantém constante pelo emprego de uma cubeta-padrão, a lei de Lambert-Beer se reduz a

$$A = \log_{10} \frac{I_0}{I} = a_s c.$$

O índice de absorção a_s é definido como A/Cb, onde C é a concentração da substância em gramas por litro e b é a distância em centímetros atravessada pela luz na solução. O índice de absorção molar a_m é igual a a_s multiplicado pelo peso molecular da substância.

Todos os espectrofotômetros têm as seguintes partes essenciais: (a) uma fonte de energia radiante (L); (b) um monocromador, que é um dispositivo para isolar luz monocromática ou bandas estreitas de energia radiante.

O espectrofotômetro Beckman, que é um instrumento típico, é esboçado no Esquema A-2-1. Ele consiste ou de uma grade ou de um prisma B, que é usado para dispersar a energia radiante num espectro, junto com uma fenda de passagem de luz C, que seleciona uma porção estreita do espectro. A cubeta D é colocada numa unidade de suporte; a luz incidente passa pela cubeta e a luz que dela emerge passa para a fotocélula, que converte a energia da luz emergente num sinal de energia elétrica mensurável.

Algumas substâncias de importância bioquímica, com suas absorbâncias molares características, são

Composto	λ_{max} (mμ)	$a_m \times 10^{-3}$
NADH	340	6,22
ATP	260	15,4
NADPH	340	6,22
FAD	445, 366	11,3 (a 445 mμ)
Acetil-*N*-acetilcisteamina	232	4,6

Por exemplo, baseando-se na a_{m340} do NADH, 0,1 μmol de NADH, em 3,0 ml, com um caminho óptico de 1 cm, tem uma densidade óptica de 0,207.

CROMATOGRAFIA GASOSA

Amplamente desenvolvida desde 1951, essa técnica tem se tornado um método preferido para a análise rápida e exata de muitas substâncias voláteis. Em essência, o material volátil é injetado numa coluna que contém um líquido absorvente em um suporte sólido inerte. A base para separação dos componentes do material volátil

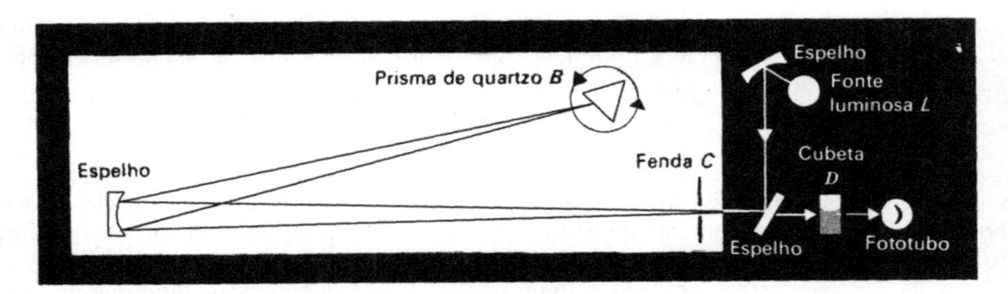

Esquema A-2-1

é a diferença nos coeficientes de partição dos componentes, à medida que eles são carregados através da coluna por um gás inerte, tal como o hélio. O aparelho, na realidade, é bastante simples, como pode ser visto no Esquema A-2-2.

A coluna é inicialmente nebulizada com o gás carregador, para remover algum material anteriormente injetado e formar uma linha de base estável. A amostra é injetada em *A*. O gás carregador transporta o material volátil injetado para a coluna, onde os componentes interagem com o líquido absorvente e se separam; periodicamente uma fração passa através de um dispositivo de detecção conveniente, que envia sinais para um registrador, o qual converte os sinais numa seqüência de picos. Dois dispositivos de detecção (entre muitos) serão resumidamente descritos, para dar ao estudante uma idéia da técnica.

A ***célula de condutividade térmica*** é um dispositivo de detecção baseado no princípio de que o calor é conduzido de um filamento incandescente, por um gás que passa sobre ele. Duas espirais finas de um filamento com alto coeficiente de variação de resistência com a temperatura são colocadas em duas partes de um bloco metálico (C^1 e C). Resistores elétricos convenientes são inseridos no circuito de C^1 e C para

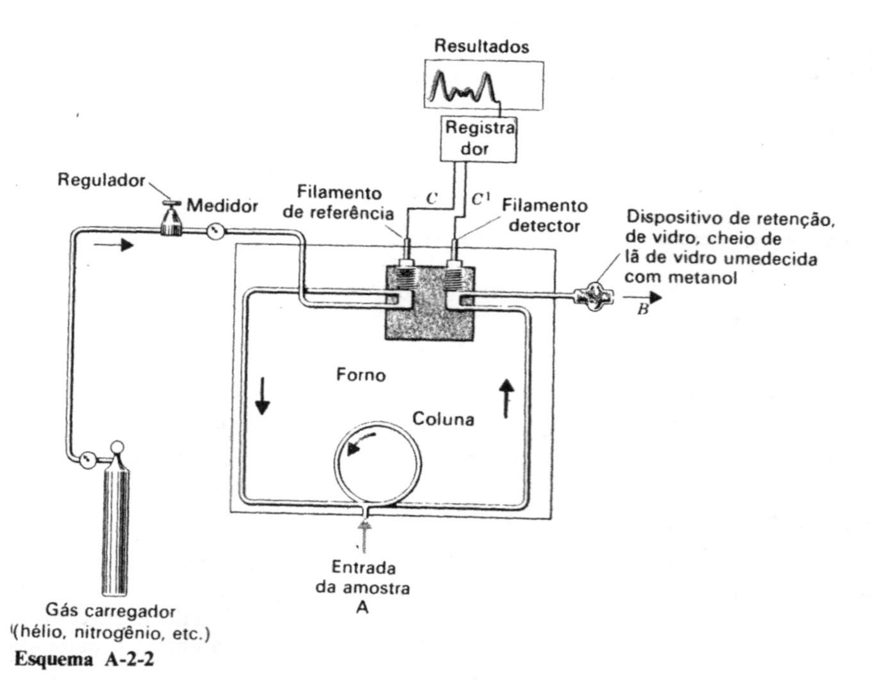

Esquema A-2-2

formar um circuito tipo ponte de Wheatstone. Quando a corrente passa através da ponte, os filamentos C^1 e C são aquecidos. A temperatura de equilíbrio final dos filamentos depende da condutividade térmica do gás que passa sobre as espirais do filamento. Se o gás é o mesmo, os filamentos estarão na mesma temperatura e terão a mesma resistência e, portanto, a ponte estará em equilíbrio; se agora um gás efluente passa através de C^1, enquanto que somente o gás carregador passa através de C, a temperatura do filamento será diferente; a resistência por sua vez será mudada e a ponte sairá do equilíbrio. A ordem de grandeza desse desequilíbrio é medida com um potenciômetro registrador, como indicado no Esquema A-2-2.

Um segundo tipo de dispositivo de detecção é um detector de *ionização de chama de hidrogênio*. Ele é extremamente sensível, tem uma resposta bastante linear e é insensível à água. Teoricamente quando o material orgânico é queimado numa chama de hidrogênio, são produzidos elétrons e íons. Os íons negativos e os elétrons movem-se num campo de alta voltagem em direção a um anodo e produzem uma corrente muito pequena, que é transformada numa corrente mensurável por um circuito apropriado. A corrente elétrica é diretamente proporcional à quantidade de material queimado.

O uso da cromatografia gasosa revolucionou a análise dos lipídeos, ácidos graxos, componentes aromáticos, misturas gasosas e qualquer composto que possa ser convertido num material volátil. Recentemente, grandes avanços têm sido feitos na conversão quantitativa de aminoácidos não-voláteis em derivados voláteis e, se essa pesquisa tiver sucesso, ela terá uma grande aplicação na pesquisa da estrutura de proteínas.

CROMATOGRAFIA EM PAPEL

Como todas as técnicas simples, esse método revolucionou a separação ou detecção dos produtos de reação e a determinação e identificação dos compostos. Desenvolvida em 1944 por Martin na Inglaterra. Tiras de papel de filtro são usadas para suportarem uma fase aquosa estacionária enquanto que uma fase orgânica móvel se desloca, de cima para baixo, na tira de papel suspensa no interior do cilindro, como é indicado no Esquema A-2-3. As substâncias a serem separadas são aplicadas próximo à parte superior da tira de papel. A separação é baseada na partição líquido-líquido dos compostos.

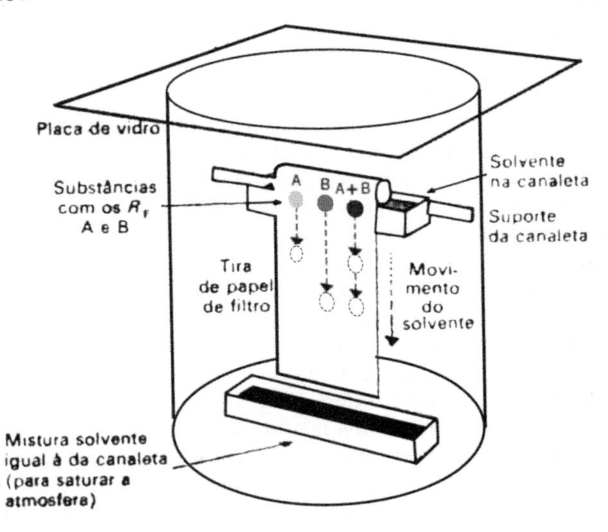

Esquema A-2-3

Frente do primeiro solvente

Rotação de 90° após a remoção do primeiro solvente

Sistema do segundo solvente

Esquema A-2-4

A relação entre a distância percorrida pelos compostos e a distância percorrida pela frente do solvente, a partir do ponto de aplicação original no topo do papel, é denominado R_F do composto. Em condições bem controladas o R_F é uma constante importante para fins de identificação. Com o conhecimento de como uma variedade de compostos se movem numa série de solventes, pode-se dizer muito sôbre os grupos funcionais de compostos desconhecidos.

O método que acabamos de descrever é a cromatografia unidirecional. A cromatografia em duas dimensões é uma variante com um considerável poder de separação, desde que possam ser empregados dois solventes diferentes, em seqüência, para mover um único composto (Esquema A-2-4).

Um grande número de variações na cromatografia em papel tem se desenvolvido, incluindo (a) cromatografia em fase reversa, onde a fase estacionária é não-polar e a fase móvel é polar; e (b) uma combinação de cromatografia em papel e eletroforese, que envolve cromatografia de partição e mobilidade elétrica das espécies iônicas.

Um experimento simples para estudantes consiste em fazer uma cromatografia de tintas de escrever em papel de filtro Whatman N.° 1. Amostras de diferentes tintas são aplicadas como pequenos pontos ao longo de uma linha estreita de uma tira de papel de filtro Whatman N.° 1 (20 × 25 cm), a 2 cm da borda do papel. Depois que a tinta tenha secado, justapõem-se as duas bordas mais longas do papel de filtro formando-se um cilindro com os pontos de tinta formando uma circunferência. A extremidade com as tintas é colocada em recipiente com H_2O até a altura de 1 cm. A água subirá rapidamente (em 1 h) e os diferentes compostos coloridos das tintas migrarão diferentemente, segundo suas solubilidades em H_2O e sua adsorção na celulose.

CROMATOGRAFIA EM CAMADA DELGADA

A cromatografia em camada delgada é uma cromatografia de adsorção desenvolvida em camadas de materiais adsorventes suportadas em placas de vidro. Um filme fino e uniforme de sílica-gel contendo um meio aderente, tal como sulfato de cálcio, é espalhado sobre uma placa de vidro. Deixa-se a camada delgada secar à temperatura ambiente e é depois ativada pelo calor numa estufa entre 100 e 250 °C, dependendo do grau de ativação desejado. A placa ativada é então posta horizontalmente sobre a bancada de laboratório e as amostras aplicadas cuidadosamente na superfície da camada delgada. O material é aplicado com micropipetas, na quantidade de 0,05 a 50 mg ou mais. Uma vez que o solvente tenha se evaporado, as placas são colocadas verticalmente num recipiente de vidro que contém um solvente adequado (veja Esquema A-2-5). Em 5-30 min uma separação é produzida pelo solvente que sobe através da camada delgada, carregando diferentemente os componentes aplicados na origem, dependendo da adsorção dos componentes na sílica-gel, ou devido a uma distribuição entre o solvente móvel e a água presa pela sílica-gel. A placa é removida do recipiente de vidro, deixando-a secar e, então, dependendo do

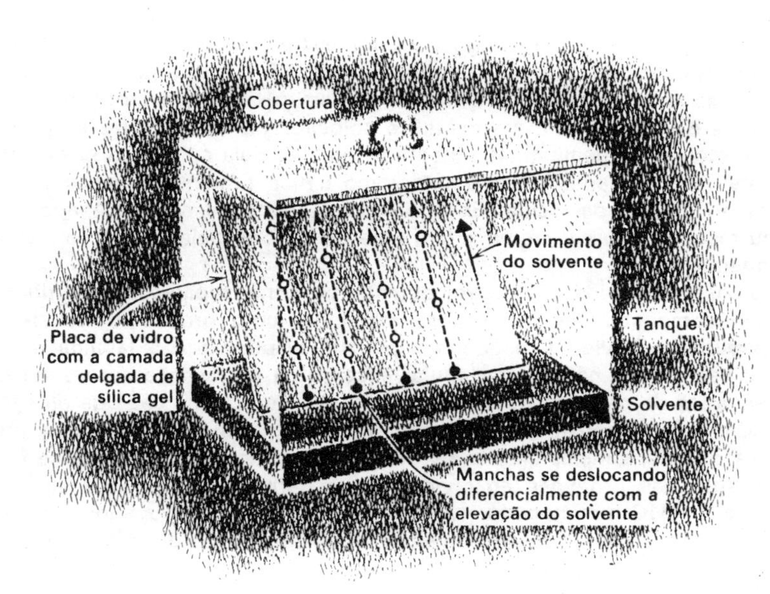

Esquema A-2-5

tipo de composto no gel, as manchas são detectadas pulverizando a placa com uma variedade de reagentes ou corantes. Além disso, a camada delgada inorgânica do adsorvente pode ser usada com reagentes de natureza bastante corrosiva. A possibilidade de usar técnicas de altas temperaturas, tal como carbonização, em conjunção com a pulverização de ácido sulfúrico concentrado, oferece um meio universal de detecção, com alta sensibilidade. Assim, a velocidade, eficiência e sensibilidade da cromatografia em camadas delgadas fez dessa técnica uma das mais poderosas à disposição do bioquímico.

TROCA IÔNICA

A atração eletrostática de íons de cargas opostas na superfície de um polieletrólito forma a base da cromatografia de troca iônica. Os sistemas típicos incluem polímeros de resina sintética, tal como Dowex-50, um trocador de cátions fortemente ácido, que consiste em um ácido sulfônico preso a uma resina de poliestireno e um trocador de ânions fortemente básico; Dowex-1, um sal de amônio quaternário preso numa resina de poliestireno. Derivados de celulose, tal como a. carboximetilcelulose (CMC) e a dietilaminoetilcelulose (DEAE), têm sido usados com grande sucesso na purificação de proteínas.

O princípio básico envolve uma interação eletrostática entre os íons a serem trocados e a carga normal na superfície da resina. Essas reações são consideradas como processos de equilíbrio e envolvem a difusão de um dado íon para a superfície da resina e então para o local de troca, a troca real, e finalmente a difusão para longe da resina. A velocidade do movimento de um dado composto ionizável através de uma coluna é função do seu grau de ionização, da concentração de outros íons e da afinidade relativa dos vários íons presentes na solução pelos locais carregados da resina. Pelo ajuste do pH do solvente de eluição e da força iônica, os íons presos eletrostaticamente são eluídos diferencialmente, promovendo a separação desejada.

Um exemplo do uso de resinas de troca iônica na purificação do citocromo c pode ser citado. O citocromo c tem um ponto isoelétrico (pI) de 10,05; isto é, no pH 10,05 o número de cargas positivas será igual ao número de cargas negativas. Uma coluna contendo um trocador de cátion, tamponada a pH 8,5, é preparada. Essa coluna tem uma carga totalmente negativa. O citocromo c em pH 8,5 tem carga positiva. Uma solução impura de citocromo c, em pH 8,5, é colocada na coluna e faz-se passar água por ela. As proteínas contaminantes passam livremente pela coluna (o p*I* das proteínas é usualmente 7,0 ou menos) mas o citocromo c fica firmemente preso por atração eletrostática no interior da resina. Se o pH do solvente de eluição é agora elevado até mais ou menos 10, o citocromo c terá uma carga total nula e sairá da resina como um componente puro.

As colunas de resina são extremamente úteis na separação e purificação de nucleotídeos, compostos de baixo peso molecular com grupos ionizáveis, aminoácidos e peptídeos. Devido à pequena superfície disponível e à labilidade das proteínas, as resinas iônicas não tiveram muito sucesso na purificação dessas substâncias.

Os derivados de celulose foram então desenvolvidos, uma vez que eles têm uma alta capacidade de absorção mas mesmo assim seguram fracamente as proteínas. Isso significa que por simples ajustes de pH e concentração salina, pode-se fazer uma eluição eficiente das proteínas adsorvidas. Dois derivados muito comuns, já mencionados, são a CMC, um trocador catiônico, e a DEAE, um trocador aniônico.

Na prática os passos que descrevemos aqui podem ser descritos como:

CM—Celulose:

$$\mathrm{CMC}^{\ominus}_{\mathrm{pH\,4}} + \left.\begin{matrix}\text{Mistura de}\\ \text{proteínas}\end{matrix}\right\}^{\oplus} \longrightarrow \mathrm{CMC}^{-} - \begin{bmatrix}\text{Mistura de}\\ \text{proteínas}\end{bmatrix}^{\oplus}$$

1 + 2 + 3 — Adsorção — 1 + 2 + 3

Separação: Proteína 1, Proteína 2, Proteína 3

Eluição por aumento do pH do solvente de eluição, neutralizando, assim as cargas ⊕ nas proteínas ou aumentando a concencentração de sal, o que desloca as proteínas a pH constante

Um procedimento reverso pode ser usado com colunas de DEAE, isto é, colocando a proteína numa coluna de DEAE em pH 8 e eluindo com pH decrescente ou aumentando a concentração de sal ou ambos.

FILTRAÇÃO EM GEL

A técnica de separação de moléculas de diferentes tamanhos pela passagem em coluna de gel é denominada filtração em gel. O polissacarídeo, dextran, é cuidadosamente polimerizado para formar uma trama, fornecendo pequenas superfícies hidrofílicas, de natureza insolúvel, que, quando colocadas na água, incham consideravelmente para formar um gel insolúvel. O nome comercial desse gel é *Sephadex*. A propriedade do Sephadex de excluir solutos de peso molecular grande e de ser acessível por difusão às moléculas de pequenas dimensões, é a base do método de separação.

A expressão geral para o aparecimento de um soluto no efluente é

$$V = V_0 + K_D V_i$$

onde V é o volume de eluição de uma substância com um dado K_D, V_0 é o volume de exclusão ou volume total de água externa (porção externa dos grãos de gel), V_i é o volume de água interna nos grãos de gel, e K_D é o coeficiente de distribuição para um soluto entre a água no grão de gel e a água dos arredores. Uma substância com K_D de zero é completamente excluída do interior do gel e substâncias com K_D entre 0 e 1 são parcialmente excluídas. Se uma amostra contendo um soluto com um $K_D = 1$ e outra com $K_D = 0$ for introduzida numa coluna, a última aparecerá no efluente após um volume V_0, e a primeira aparecerá após um volume $V_0 + K_D V_i$.

A técnica de diálise pode ser prontamente executada numa coluna de Sephadex. A coluna primeiramente é equilibrada com um tampão novo. A solução de proteína é introduzida no topo da coluna e eluída com o novo tampão. Quando o volume V_0 passou pela coluna, a proteína é eluída num meio de tampão novo, enquanto que o tampão original e os compostos de peso molecular menores, etc., são eluídos após um volume de $V_0 + K_D V_i$. O processo é muito rápido e, portanto, especialmente útil quando se trabalha com proteínas lábeis. Uma vez que K_D varia com proteínas de diferentes pesos moleculares, é possível fracioná-las por filtração em gel. O bioquímico pode escolher entre vários tipos de Sephadex para preparar colunas para essa finalidade. Assim, o Sephadex G-25 exclui compostos de peso molecular de 3·500 — 4 500, Sephadex G-50, 8 000 —10 000 e Sephadex G-75, 40 000 — 50 000. O Sephadex G-100 e o G-200 podem ser usados para proteínas de peso molecular maiores. A Fig. A-2-2 apresenta os resultados de uma separação típica.

Uma aplicação igualmente útil da filtração em coluna de gel é o de usá-la na determinação dos pesos moleculares, mesmo que a proteína nao tenha sido extensivamente purificada. Dependendo do peso molecular provável é escolhido um gel conveniente. Geralmente é selecionado o Sephadex G-100 ou G-200, uma coluna é cuidadosamente preparada, e são determinados os volumes de emissão de proteínas puras, estáveis e de peso molecular conhecido, a fim de se estabelecer uma curva de calibração. A proteína cujo peso molecular se deseja determinar é colocada na mesma coluna e determina-se seu volume de eluição nas mesmas condições usadas par

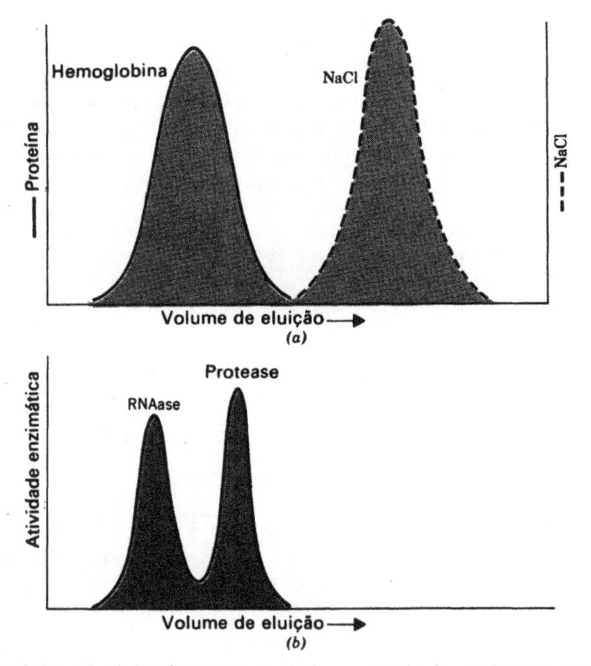

Figura A-2-2. Padrões típicos de eluição de (*a*) uma diálise em Sephadex G-25 para separar a hemoglobina do sal; e (*b*) para mostrar a separação entre RNAase e uma protease, em extratos pancreáticos, empregando uma coluna de Sephadex G-75

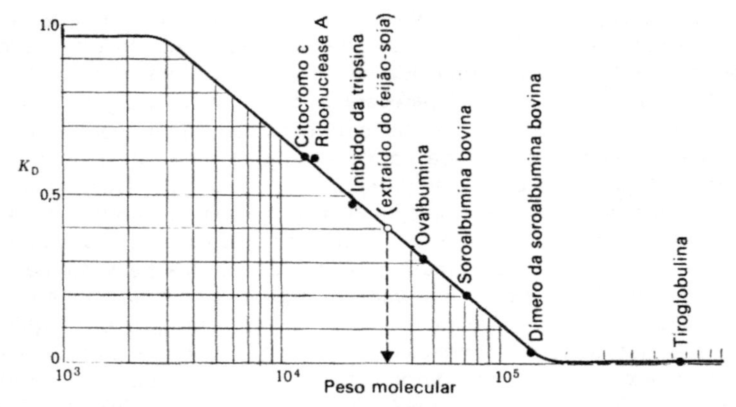

Figura A-2-3. Inter-relação entre K_D e o logaritmo do peso molecular de proteínas, conforme determinado pela gel-filtração em coluna de Sephadex G-150

as proteínas conhecidas. Os resultados são levados a um gráfico K_D *versus* log peso molecular, como exemplificado na Fig. A-2-3.

PURIFICAÇÃO DE ENZIMAS

Se a reação A ⟶ B é estudada num dado tecido, o primeiro passo para esse estudo é o desenvolvimento de um ensaio rápido e exeqüível para essa reação. Um sistema de ensaio requer uma unidade de atividade enzimática. Uma unidade enzimática é definida como a quantidade de enzima que realiza uma reação específica na unidade de tempo. O tecido é geralmente homogeneizado em tampão, a 0-4 °C. Se mitocôndrias ou partículas devem ser isoladas, é empregada uma solução isotônica ou hipertônica, isto é sacarose 0,25-0,8 *M*, com um tampão conveniente para controlar o pH. Nessas condições, o Esquema A-2-6 pode ser aplicado para a separação de sistemas de partículas. O termo *g* empregado no nosso diagrama é comumente usado para especificar a força gravitacional exercida no homogenado a ser centrifugado. Essa força é definida como a força gravitacional que age numa massa de 1 g,

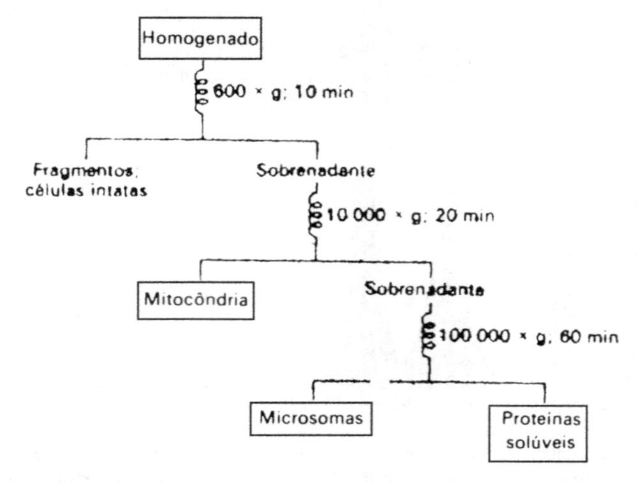

Esquema A-2-6

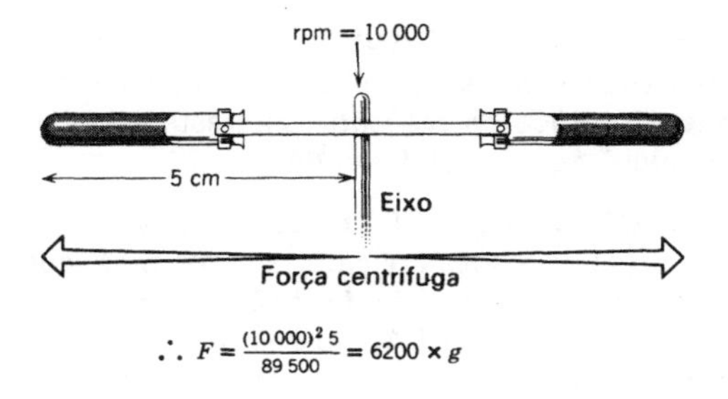

Esquema A-2-7

à distância r (cm) do eixo de rotação. Pode-se calcular essa força pela fórmula

$$F = \frac{S^2 r}{89{,}500}$$

onde F é a força centrífuga relativa (g), r é a distância radial (cm) do centro ou eixo de rotação, e S é a velocidade de rotação do rotor (rpm). Assim, no rotor mostrado, F é 6 200 × g no fundo do tubo de centrifugação (Esquema A-2-7).

As técnicas de gradiente de sacarose, que são de grande valor na obtenção de separações mais limpas de partículas e mesmo de proteínas de alto peso molecular foram já descritas no Cap. 9.

Em algumas ocasiões podem ser preparados pós de tecidos obtidos com acetona. Esses pós são freqüentemente bastante estáveis e podem ser guardados por longos períodos, com pequenas perdas na atividade. Na prática, o tecido (1 vol) é homogeneizado num homogeneizador do tipo de liquidificador, em 5-10 vol de acetona a 0 °C. A papa de tecido é filtrada em um funil Buchner, o filtrado é ressuspendido em 5 vol de acetona fria e novamente filtrado. Esse processo é repetido até que o pó apareça desidratado, e desengordurado. Um volume de dietil-éter gelado é aplicado sobre o filtrado num funil de Buchner, e o filtrado é succionado até a secura. Traços de acetona e éter são removidos em secador a vácuo, com raspas de parafina. Esses pós são excelentes fontes iniciais de enzimas para a purificação.

Um homogenado, um extrato soluvel de proteína, ou um extrato de pó acetônico podem ser agora submetidos a uma série de técnicas-padrões de purificação. Estas podem envolver os procedimentos mencionados a seguir.

PRECIPITAÇÃO FRACIONADA COM SULFATO DE AMÔNIO. Pela adição de solução saturada de sulfato de amônio, as proteínas precipitarão e serão separadas por centrifugação. Se as condições forem mantidas constantes, obtém-se uma boa reprodutibilidade.

ADSORÇÃO SELETIVA E ELUIÇÃO EM GÉIS DE FOSFATO DE CÁLCIO. As proteínas são prontamente adsorvidas nesses géis e são, então, diferencialmente eluídas, pelo aumento das concentrações de sal.

INATIVAÇÃO DIFERENCIAL, POR CALOR, DE PROTEÍNAS CONTAMINANTES. A exposição de soluções proteicas a temperaturas crescentes, em pHs diferentes, é uma técnica útil. Frequentemente podemos selecionar condições adequadas, para as quais a proteína desejada permanece estável e as proteínas contaminantes são desnaturadas e removidas.

PRECIPITAÇÃO ISOELÉTRICA. Devido ao caráter iônico das proteínas, o ajustamento do pH ao ponto onde não há cargas resultantes produzirá um mínimo de solubilidade e, possivelmente, precipitação da proteína.

PRECIPITAÇÃO POR SOLVENTE ORGÂNICO. Tanto acetona fria como etanol são freqüentemente usados para precipitar proteínas diferencialmente de uma solução, pela diminuição da constante dielétrica da solução. Isso resulta numa maior interação entre as proteínas e uma diminuição na solubilidade.

COLUNAS DE DERIVADOS DE CELULOSE. Esses derivados, tais como a CMC ou a DEAE, são extremamente úteis e suas aplicações já foram discutidas nas pp. **495-498**.

Colunas de Sephadex — técnicas de filtração em gel, usando géis não modificados ou géis com cadeias laterais de DEAE ou de CM na molécula do polissacarídeo — são largamente empregadas para a purificação de enzimas (veja pp. **496-498** para a discussão da teoria da filtração em gel).

Esses métodos são, em geral, as abordagens mais comuns para a purificação de enzimas. Todos os passos devem ser testados quanto a unidades enzimáticas, atividade específica, rendimento e recuperação. Deve-se consultar livros altamente especializados nessas técnicas para maiores detalhes.

CRITÉRIOS DE PUREZA

Para se examinar detalhadamente estruturas de proteínas complexas é fundamental ter-se proteínas homogêneas. Por um período de anos foram desenvolvidas técnicas para analisar as soluções de proteínas quanto a sua homogeneidade.

ELETROFORESE EM GEL. Uma vez que as proteínas são polieletrólitos com cargas dependentes do pH do meio circundante, técnicas de eletroforese têm sido desenvolvidas, as quais podem separar uma mistura de proteínas num campo elétrico. A mobilidade de uma proteína num campo elétrico depende do número de cargas da proteína, do sinal das cargas resultantes, do grau de dissociação — que é uma função do pH e da magnitude do potencial do campo elétrico. Uma resistência que se opõe à mobilidade das moléculas de proteínas está relacionada com o tamanho e forma do íon, viscosidade do meio, concentração do íon, solubilidade da proteína e propriedades de adsorção do meio de suporte.

Por muitos anos empregou-se a técnica de eletroforese de frente móvel pela qual as proteínas se moviam através de um tampão; mas o equipamento caro, grandes quantidades de proteína e resolução limitada de misturas de proteínas levaram ao desenvolvimento recente de técnicas de eletroforese de zona, pelas quais as proteínas se movem através de um suporte uniforme tal como um gel, amido, etc. Esse método tem sido bastante empregado, uma vez que o equipamento usado é barato, rápido e extremamente sensível.

O meio de suporte mais divulgado e usado atualmente é um polímero de acrilamida, polimerizado com *N*, *N*-dimetil-bis-acrilamida, seguinte:

$$H_2C{=}CH{-}\overset{\overset{\displaystyle O}{\|}}{C}{-}NH_2 \xrightarrow[(NH_4)_2S_2O_8]{\text{Amina terciária}} \left[-CH_2-\underset{\underset{\displaystyle NH_2}{|}}{\underset{C=O}{\underset{|}{CH}}}-CH_2-\underset{\underset{\displaystyle NH_2}{|}}{\underset{C=O}{\underset{|}{CH}}}- \right]$$

Sistema de polimerização

Embora muitas variações tenham sido desenvolvidas com a polimerização de géis de acrilamida, descreveremos resumidamente uma que é denominada *gel-eletroforese em disco*. A beleza do método de eletroforese em gel é que "o tamanho do poro", isto é a ação de filtração do gel, é diretamente relacionada com a concentração do gel. Assim, pelo aumento do intervalo de concentrações do gel de 3% para 9-10%, o tamanho do poro diminui e as proteínas se movem mais lentamente. Por essa simples variação, pode-se alterar a mobilidade das proteínas carregadas e então estudar proteínas de um intervalo amplo de tamanho molecular.

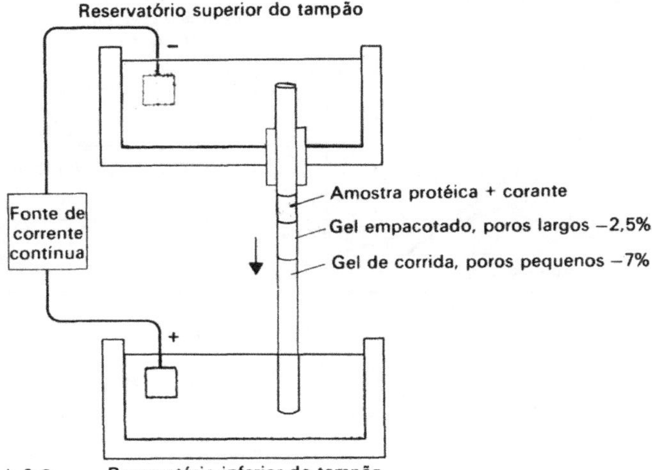

Esquema A-2-8

Como mostra o Esquema A-2-8, o aparelho envolve uma fonte de corrente contínua e um sistema superior e outro inferior de reservatórios de tampão, que são conectados por tubos de vidro contendo, pela ordem, a amostra de proteína, um gel a 2,5% e um gel a cerca de 6-7%. Os tubos de gel são preparados misturando-se acrilamida com o componente de polimerização (metileno-bis-acrilamida) e o iniciador da polimerização (persulfato de amônio), num tubo de vidro, com um gel de 6-7% no local; o gel de 2,5% é preparado sobre ele, o tubo é convenientemente montado no aparelho, a solução de proteína é aplicada sobre esse último gel e a corrente é ligada. Freqüentemente, um corante é adicionado com a mistura de proteínas, para indicar a frente da zona móvel à medida que ela desce pelo tubo. Quando o corante se move até o fundo da coluna de gel a corrente é desligada, o tubo de gel é removido, corado com um corante apropriado e examinado para se localizar os vários componentes proteicos (Esquema A-2-9).

Por uma pequena modificação, isto é, correndo uma proteína desconhecida e uma proteína conhecida em diferentes concentrações de gel e colocando num gráfico seus log R_m contra a concentração de gel e por sua vez a inclinação de cada curva contra o peso molecular pode-se determinar com boa precisão o peso molecular da proteína desconhecida (veja a Fig. A-2-4). Desse modo pode-se obter a pureza assim

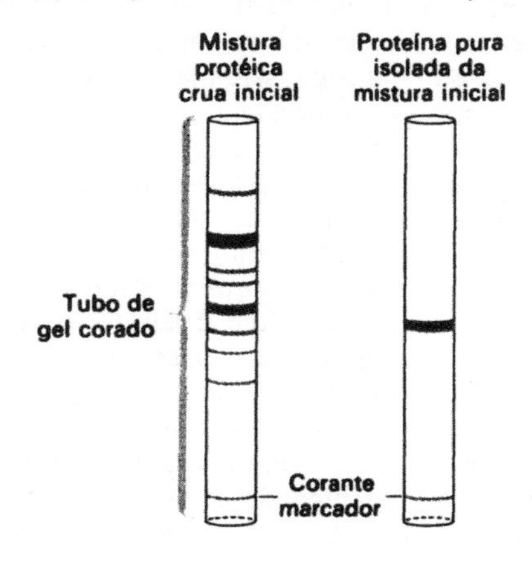

Esquema A-2-9

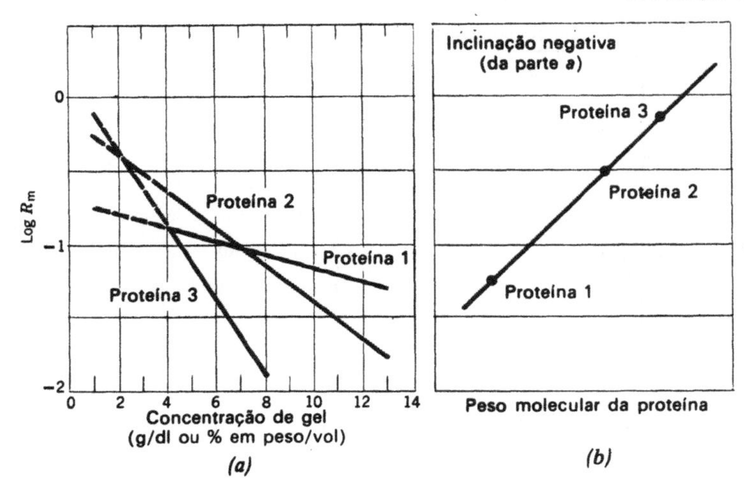

Figura A-2-4. Dois gráficos mostrando (*a*) O log R_m vérsus concentração de gel quando R_m = a relação entre a distância que a proteína migrou no gel, e a distância que o corante marcador se deslocou no mesmo gel; (*b*) inclinação negativa vérsus peso molecular. (Figuras publicadas, com permissão, de *Biochemical Experiments*, por G. Bruening, R. Criddle, J. Preiss, e F. Rudert, Wiley-Interscience, New York, EUA, 1970, p. 113)

como o peso molecular de pequenas quantidades de proteínas (microgramas) por eletroforese em gel. Modificações envolvendo incorporação de detergentes ou uréia ao sistema de gel permitem a avaliação do número de subunidades e de seus pesos moleculares numa dada proteína.

Atividade específica/relação de coenzima. Se uma proteína tem uma coenzima firmemente associada a ela e, por séries diversas de precipitações, se obtém uma relação constante de atividade específica da enzima em função da concentração da coenzima, isso é uma evidência sugestiva de que se conseguiu um razoável grau de purificação. Entretanto isso pode indicar também que a criatividade do sistema do complexo proteico é maior do que aquela do investigador e que sua técnica tenha alcançado pequena ou nenhuma separação das proteínas contaminantes.

Ultracentrifugação. Esse instrumento pode medir certas propriedades de uma molécula, tais como peso molecular, forma, tamanho, densidade e número de componentes de uma solução proteica. A ultracentrifugação submete um pequeno volume de solução (célula de quartzo com um volume menor do que 1 ml) a uma força centrífuga controlada e registra, por meio de sistemas óptico e fotográfico, o movimento das macromoléculas no campo centrífugo.

Um método específico, no qual a ultracentrífuga opera em cerca de 55 000 rpm, será descrito. Como é indicado na Fig. A-2-5, as moléculas de soluto, que estão inicialmente uniformemente distribuídas pela solução no interior da célula, são forçadas para o fundo da mesma por um campo centrífugo. Essa migração deixa uma região, livre de soluto no topo da célula, e que contém somente moléculas de solvente. A migração deixa também uma região na célula onde a concentração de soluto é uniforme. Estabelece-se um limite na célula entre o solvente e a solução na qual a concentração varia com a distância a partir do eixo de rotação. A medida do movimento dessa frente (limite entre solvente e solução), que representa o movimento das moléculas de proteínas, é a base desse método analítico. Pelos dados obtidos, isto é, velocidade de sedimentação, as características de ultracentrifugação podem ser calculadas em unidades Svedberg (*S*). Uma unidade Svedberg, nome de um pioneiro

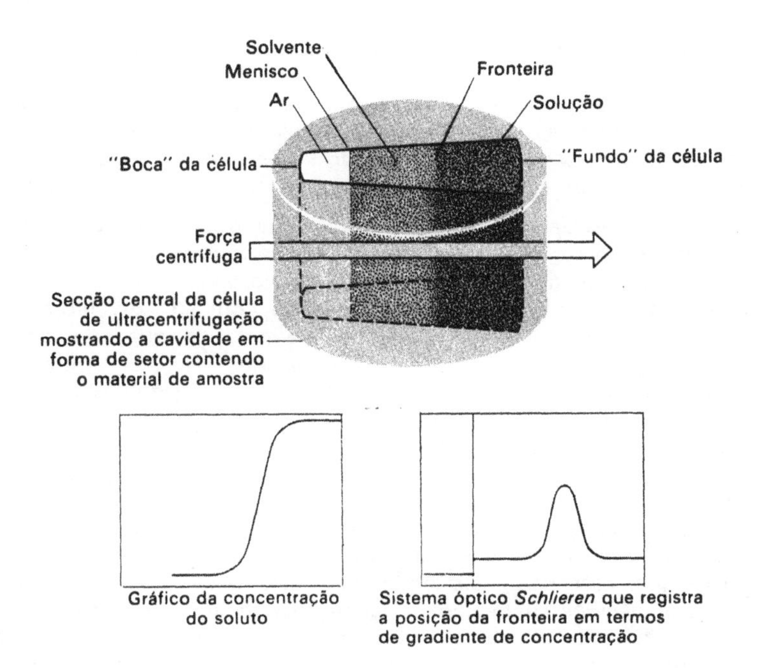

Figura A-2-5. Um estudo típico da velocidade de sedimentação, mostrando como uma fronteira formada entre as moléculas do soluto e do solvente pode ser registrada por um método óptico conhecido como *schlieren*. (Cortesia de *Beckman Instruments, Inc.*)

sueco no campo, é definida como a velocidade de sedimentação da molécula por unidade de campo gravitacional, ou 1×10^{-13} cm/s/dina/g. Valores típicos de S são 4,4 para albumina sérica bovina, 1,83 para o citocromo c e 185 para o vírus mosaico do tabaco. Com o conhecimento do coeficiente de difusão os pesos moleculares podem ser prontamente calculados. A equação básica que relaciona S e o peso molecular é

$$\text{P. M.} = \frac{RTS}{D(1 - V\rho)}$$

onde R é a constante dos gases, T a temperatura absoluta, S a unidade Svedberg, D a constante de difusão, V o volume parcial específico e ρ a densidade da solução.

Para determinar o número de componentes de uma solução, uma simples centrifugação pode ser prontamente feita e o número de frentes, baseado nos máximos do gradiente de concentração, pode ser determinado. O coeficiente de difusão não precisa ser medido.

MÉTODOS PARA A DETERMINAÇÃO DA SEQÜÊNCIA DE AMINOÁCIDOS NUMA PROTEÍNA

A seqüência de aminoácidos numa proteína pode ser determinada por meio dos três procedimentos analíticos básicos seguintes: (a) identificação do aminoácido NH_2-terminal na proteína; (b) identificação do aminoácido COOH-terminal; e (c) clivagem parcial do polipeptídeo original em polipeptídeos menores cuja seqüência pode ser determinada. Nesse último procedimento, a clivagem da proteína original deve ser feita pelo menos de dois modos diferentes de tal maneira que os polipeptídeos menores produzidos por um procedimento se "superponham" àqueles produzidos por um segundo procedimento, dando oportunidade de identificar a seqüência de aminoácidos na área da cadeia original onde ocorre a clivagem. A proteína cuja estrutura está sendo determinada deve obviamente estar livre de quaisquer aminoácidos ou peptídeos contaminantes. Conhecendo seu peso molecular e sua composição de aminoácidos pode-se determinar o número de vezes que cada resíduo ocorre numa proteína. Com essa informação a determinação da seqüência pode prosseguir.

Identificação do aminoácido NH_2-terminal. Quando um polipeptídeo reage com 2,4-dinitrofluorobenzeno, o grupo NH_2-terminal (e o ε-aminogrupo da lisina que está presente no peptídeo) reage para formar um derivado amarelo intenso, o 2,4-dinitrofenilpeptídeo. A subseqüente hidrólise do peptídeo com HCl-6*N* hidrolisa todas as ligações peptídeas, e o derivado do resíduo NH_2-terminal (e aquele da lisina) pode ser separado por cromatografia em papel, dos aminoácidos livres, e identificado comparando-o com derivados conhecidos dos aminoácidos. O resíduo NH_2-terminal pode também ser identificado com o reagente de dansil.

A reação de polipeptídeos com o **fenilisotiocianato** em solução alcalina diluída (p. 72) é a base para a degradação seqüencial de um polipeptídeo, que foi desenvolvida por P. Edman. Nesse procedimento, o grupo NH_2-terminal reage para formar um derivado feniltiocarbamílico. O tratamento agora em condições levemente ácidas causa a ciclização e clivagem do aminoácido NH_2-terminal na forma de seu derivado de feniltioidantoína. Esse composto pode ser separado e comparado com o mesmo derivado dos aminoácidos conhecidos e daí ser identificado. As condições ácidas utilizadas na clivagem da feniltioidantoína não são suficientemente drásticas para quebrar qualquer das ligações peptídicas. Conseqüentemente, esse método resulta na remoção

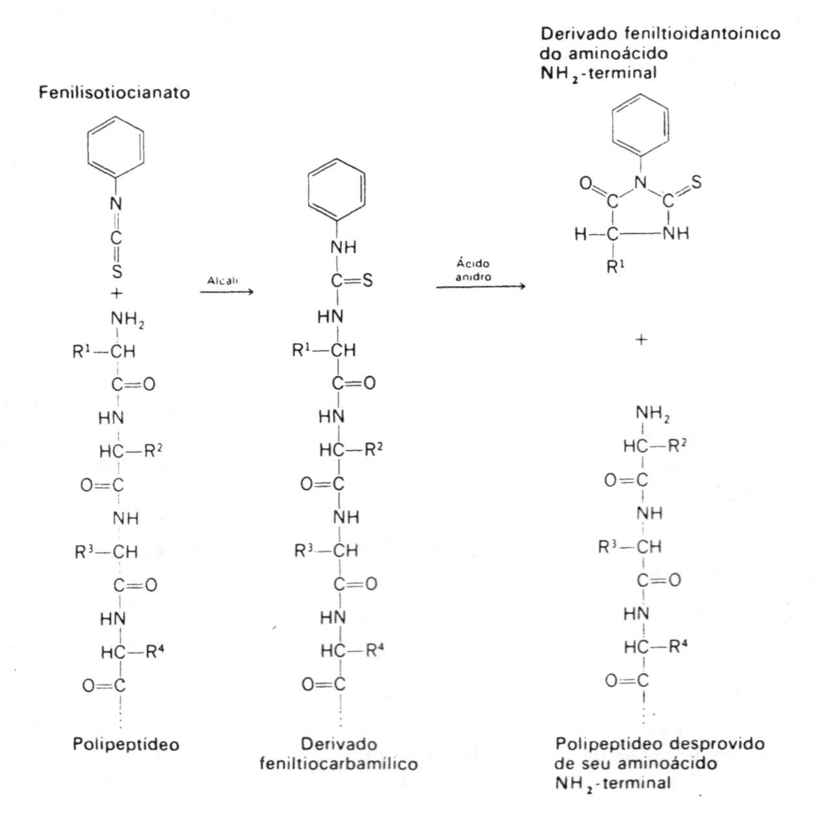

e identificação do aminoácido NH_2-terminal juntamente com a produção de um polipeptídeo contendo um aminoácido a *menos* do que o original. Esse novo polipeptídeo pode ser agora tratado com mais fenilisotiocianato em meio alcalino da mesma maneira e o processo repetido muitas vezes em etapas para degradar o polipeptídeo original.

Identificação do aminoácido COOH-terminal. O grupo carboxílico terminal de um polipeptídeo (e os grupos carboxilícos dos resíduos ácido aspártico e glutâmico no peptídeo) pode ser reduzido ao álcool correspondente com o boroidreto de lítio, $LiBH_4$. É necessário em primeiro lugar proteger os aminogrupos livres por acetilação e esterificar os grupos carboxílicos. O polipeptídeo pode ser hidrolisado para produzir seus aminoácidos constituintes e o correspondente aminoálcool do resíduo COOH-terminal. O álcool pode ser separado, comparado com compostos de referência e identificado.

A ação da enzima carboxipeptidase nos polipeptídeos pode ser usada para identificar o aminoácido COOH-terminal, uma vez que sua ação é a de hidrolisar aquele aminoácido no polipeptídeo. A principal desvantagem é que a enzima não age exclusivamente no polipeptídeo original mas também hidrolisará a nova ligação peptídica COOH-terminal assim que ela for formada. Portanto, o investigador deve seguir a velocidade de formação dos aminoácidos livres para determinar qual resíduo representa a porção terminal do polipeptídeo original.

Clivagem da proteína em unidades menores. Ambos os procedimentos enzimáticos e químicos têm sido utilizados para produzir polipeptídeos menores, que se sobrepõem em seqüências com a proteína apresentada. A hidrólise parcial por ácido diluído pode ser empregada. O brometo de cianogênio (CNBr) é também usado, desde que as condições possam ser escolhidas, as quais irão clivar somente aquelas ligações peptídicas nas quais o grupo carbonílico pertence ao resíduo metionina. O resíduo metionina torna-se uma lactona substituída da homosserina que é ligada a um dos dois peptídeos produzidos na reação. Esse procedimento permite uma determinação dos aminoácidos na região dos resíduos da metionina no peptídeo original. Além disso, conhecendo-se o número de resíduos de metionina no polipeptídeo original pode-se predizer o número de polipeptídeos menores que resultarão do tratamento com o CNBr.

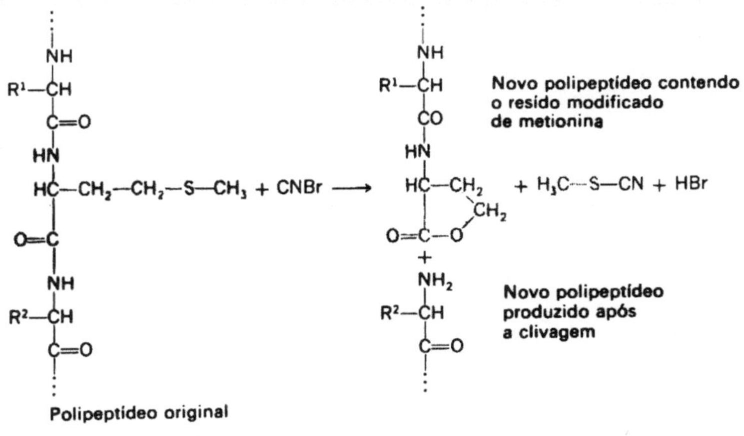

$$\cdots NH{-}CH(R^1){-}C(=O){-}NH{-}CH(CH_2{-}CH_2{-}S{-}CH_3){-}C(=O){-}NH{-}CH(R^2){-}C(=O)\cdots + CNBr \longrightarrow$$

$$\cdots NH{-}CH(R^1){-}CO{-}HN{-}HC{<}\text{(lactona: } CH_2{-}CH_2{-}O{-}C{=}O) + NH_2{-}CH(R^2){-}C(=O)\cdots + H_3C{-}S{-}CN + HBr$$

Polipeptídeo original

Novo polipeptídeo contendo o resído modificado de metionina

Novo polipeptídeo produzido após a clivagem

Enzimas proteolíticas têm sido extensivamente usadas na clivagem de proteínas em polipeptídeos menores que podem então ser analisados pelos procedimentos descritos acima. A tripsina, por exemplo, hidrolisa aquelas ligações peptídicas nas quais o grupo carboxílico é fornecido ou pela lisina ou pela arginina. Como na reação com o brometo de cianogênio pode-se prever o número de polipeptídeos que se formarão pela ação da tripsina se o número de resíduos de lisina e arginina for conhecido na proteína.

A quimotripsina hidrolisará aquelas ligações peptídicas nas quais o grupo carbonílico pertence à fenilalanina, tirosina ou triptofano. A pepsina cliva as ligações peptídicas nas quais o grupo amina é fornecido pela fenilalanina, tirosina, triptofano, lisina e ácidos glutâmico e aspártico. Utilizando a tripsina, cuja ação é bastante específica, e também a quimotripsina ou pepsina, o investigador pode obter fragmentos da proteína original ou polipeptídeo que se sobrepõem na seqüência. Uma vez que a seqüência de aminoácido nesses fragmentos seja conhecida o processo de coordenar os fragmentos individuais pode ser feito. Se, como no caso da insulina (p. 456-458), a proteína original pode ser facilmente separada em duas partes por uma simples redução das pontes de dissulfeto, a determinação da seqüência nas duas cadeias separadas pode ser feita.

REFERÊNCIAS

1. S. P. Colowick e N. O. Kaplan (eds.) – *Methods in Enzymology*. New York, EUA, Academic Press, 1955 até agora. Esse trabalho em diversos volumes contém referências gerais e específicas a quase todos os processos e métodos empregados em bioquímica. Os artigos foram feitos por especialistas no assunto.

2. G. Bruening, R. Criddle, J. Preiss, e F. Rudert, *Biochemical Experiments*. New York, EUA: Wiley-Interscience, 1970. Um manual de laboratório muito útil, com boas discussões de técnicas de interesse geral dos bioquímicos. Garante-se que os experimentos funcionam!

apêndice 3

apêndice 3

Glicólise e fermentação alcoólica

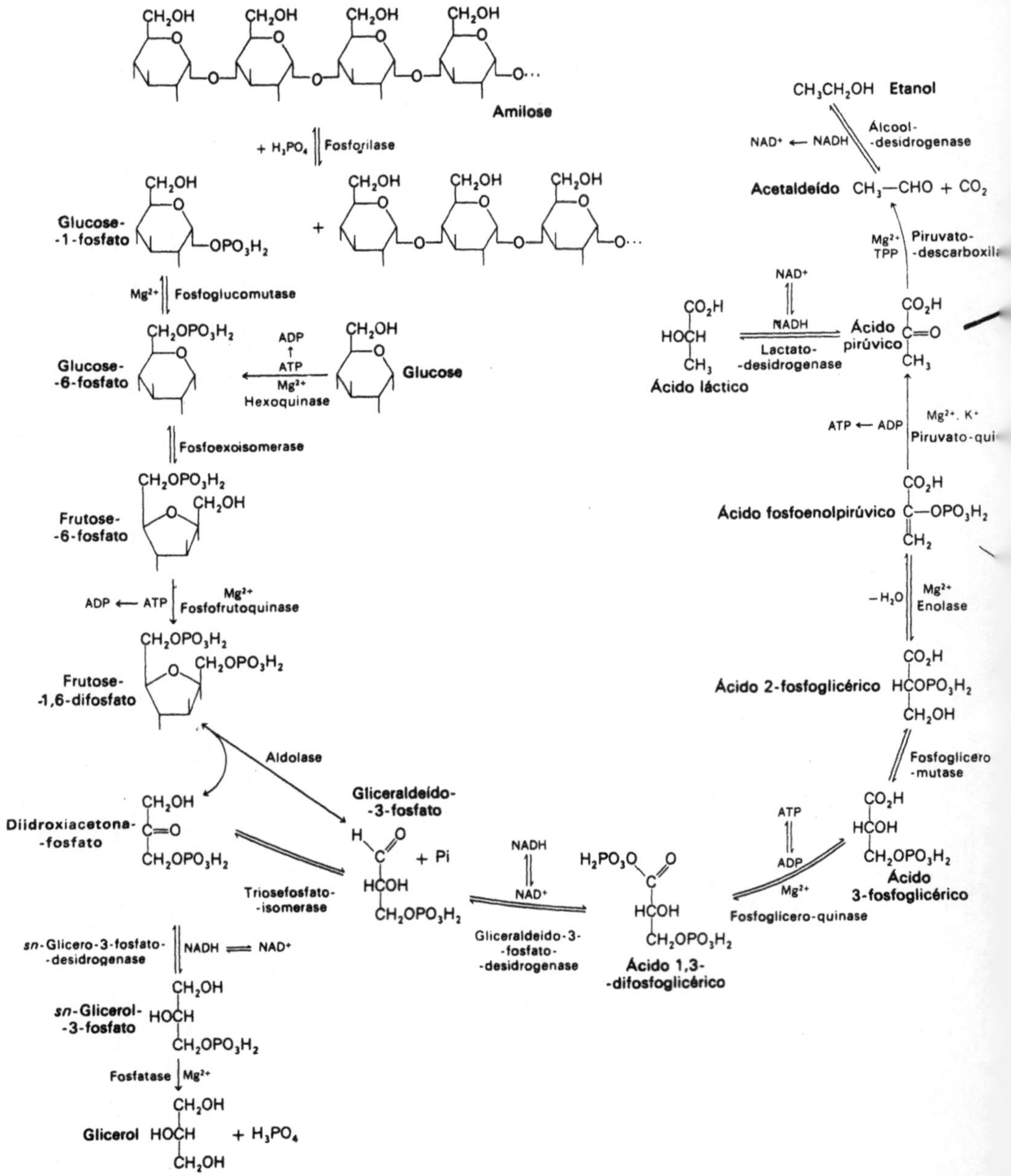

Amilose
+ H_3PO_4 Fosforilase
Glucose-1-fosfato
Mg²⁺ Fosfoglucomutase
Glucose-6-fosfato
ADP ← ATP Mg²⁺ Hexoquinase
Glucose
Fosfoexoisomerase
Frutose-6-fosfato
ADP ← ATP Mg²⁺ Fosfofrutoquinase
Frutose-1,6-difosfato
Aldolase
Diidroxiacetona-fosfato
Gliceraldeído-3-fosfato + Pi
Triosefosfato-isomerase
sn-Glicero-3-fosfato-desidrogenase NADH ⇌ NAD⁺
sn-Glicerol-3-fosfato
Fosfatase Mg²⁺
Glicerol + H_3PO_4
NADH NAD⁺
Gliceraldeído-3-fosfato-desidrogenase
Ácido 1,3-difosfoglicérico
ATP ADP Mg²⁺ Fosfoglicero-quinase
Ácido 3-fosfoglicérico
Fosfoglicero-mutase
Ácido 2-fosfoglicérico
$-H_2O$ Mg²⁺ Enolase
Ácido fosfoenolpirúvico
ATP ← ADP Mg²⁺, K⁺ Piruvato-qui[nase]
Ácido pirúvico
NAD⁺ NADH Lactato-desidrogenase
Ácido láctico
Mg²⁺ TPP Piruvato-descarboxil[ase]
Acetaldeído $CH_3-CHO + CO_2$
NAD⁺ ← NADH Álcool-desidrogenase
CH_3CH_2OH Etanol

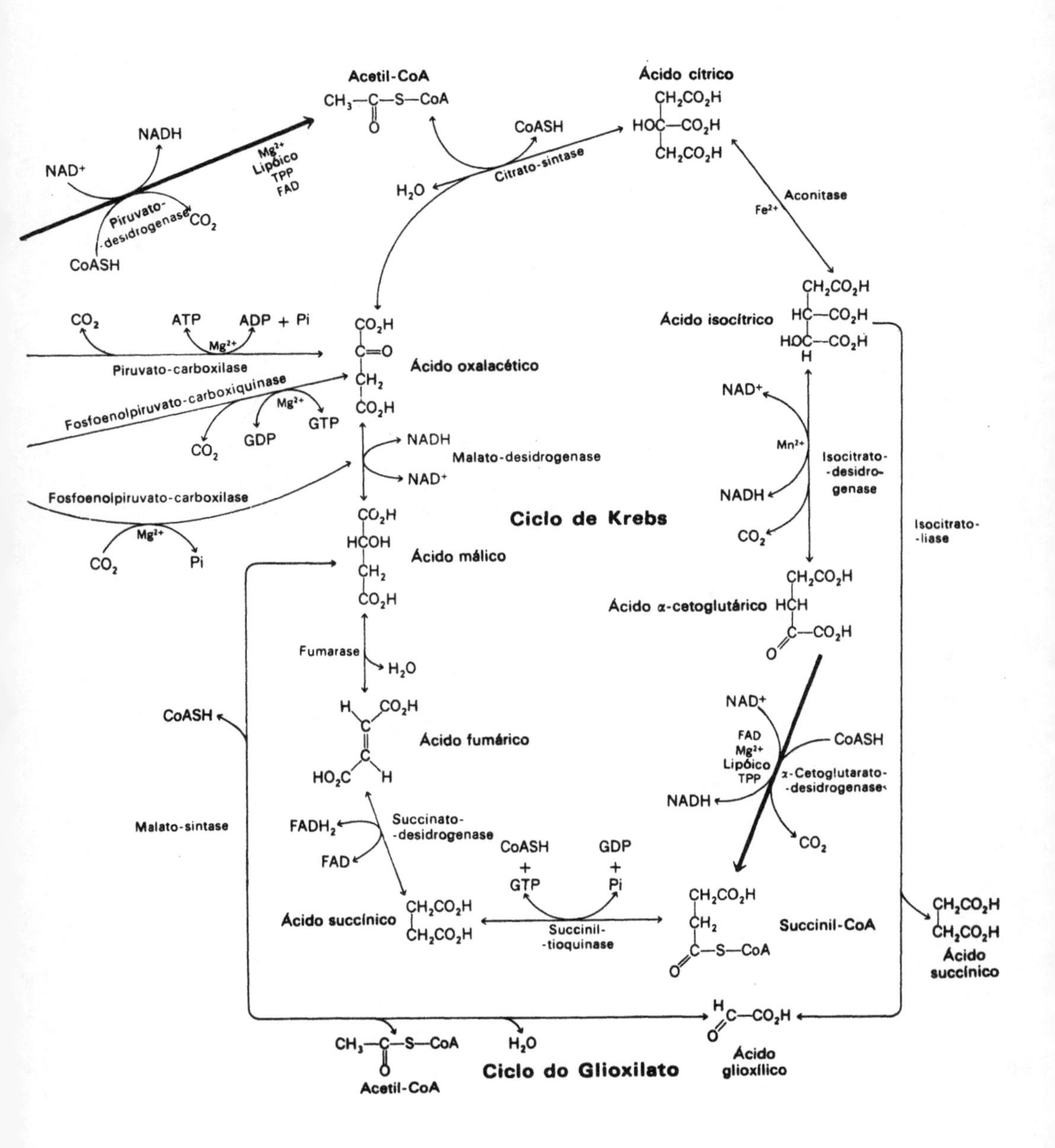

Acetil-CoA
Ácido cítrico
NADH
NAD+
Mg2+
Lipóico
TPP
FAD
Piruvato-desidrogenase
CO2
CoASH
Citrato-sintase
H2O
Aconitase
Fe2+
Ácido isocítrico
ATP
ADP + Pi
Piruvato-carboxilase
Ácido oxalacético
Fosfoenolpiruvato-carboxiquinase
GTP
GDP
Malato-desidrogenase
Fosfoenolpiruvato-carboxilase
Pi
Ciclo de Krebs
Mn2+
Isocitrato-desidrogenase
Isocitrato-liase
Ácido málico
Ácido α-cetoglutárico
Fumarase
Ácido fumárico
α-Cetoglutarato-desidrogenase
Malato-sintase
FADH2
Succinato-desidrogenase
Ácido succínico
Succinil-tioquinase
Succinil-CoA
Ácido glioxílico
Ciclo do Glioxilato

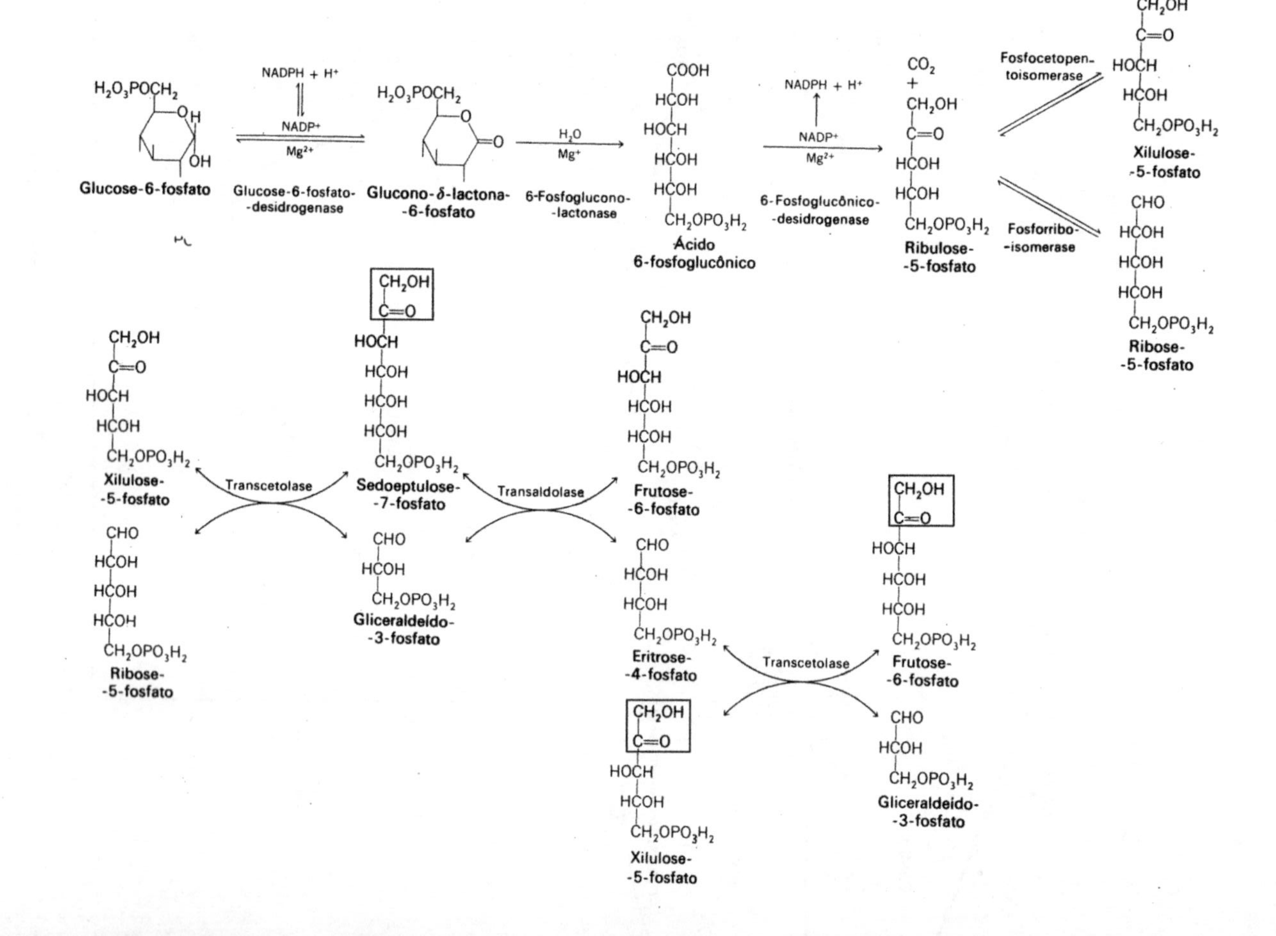
Metabolismo das pentoses-fosfato
Glucose-6-fosfato
NADPH + H+
NADP+
Mg2+
Glucose-6-fosfato-desidrogenase
Glucono-δ-lactona-6-fosfato
H2O
Mg+
6-Fosfoglucono-lactonase
Ácido 6-fosfoglucônico
NADPH + H+
NADP+
Mg2+
6-Fosfoglucônico-desidrogenase
CO2 +
Ribulose-5-fosfato
Fosfocetopentoisomerase
Xilulose-5-fosfato
Fosforribo-isomerase
Ribose-5-fosfato
Xilulose-5-fosfato
Ribose-5-fosfato
Transcetolase
Sedoeptulose-7-fosfato
Gliceraldeído-3-fosfato
Transaldolase
Frutose-6-fosfato
Eritrose-4-fosfato
Xilulose-5-fosfato
Transcetolase
Frutose-6-fosfato
Gliceraldeído-3-fosfato

β-Oxidação dos Ácidos Graxos

$R-CH_2-CH_2-COOH$

① ATP, CoASH

$R-CH_2-CH_2-C(=O)-S-CoA$

② $-2\,H$ (FAD)

trans

$R-CH=CH-C(=O)-S-CoA$

③ H_2O

$R-CHOH-CH_2-C(=O)-S-CoA$

④ $-2\,H$ (NAD^+)

$R-C(=O)-CH_2-C(=O)-S-CoA$

⑤ CoASH

$R-C(=O)-S-CoA$ + $H_3C-C(=O)-S-CoA$

C_2 C_2 C_2

$H_3C-C(=O)-S-CoA$

① Tioquinases dos ácidos graxos
② Acil-CoA-desidrogenases
③ Enoil-hidrase
④ β-Hidroxiacil-desidrogenase
⑤ β-Cetoacil-tiolase

ÍNDICE